PLAN AND DESIGN OF BRIDGE

새로운 구성

교량계획과 설계

NO. 1

토목구조기술사 **오 제 택** 지음

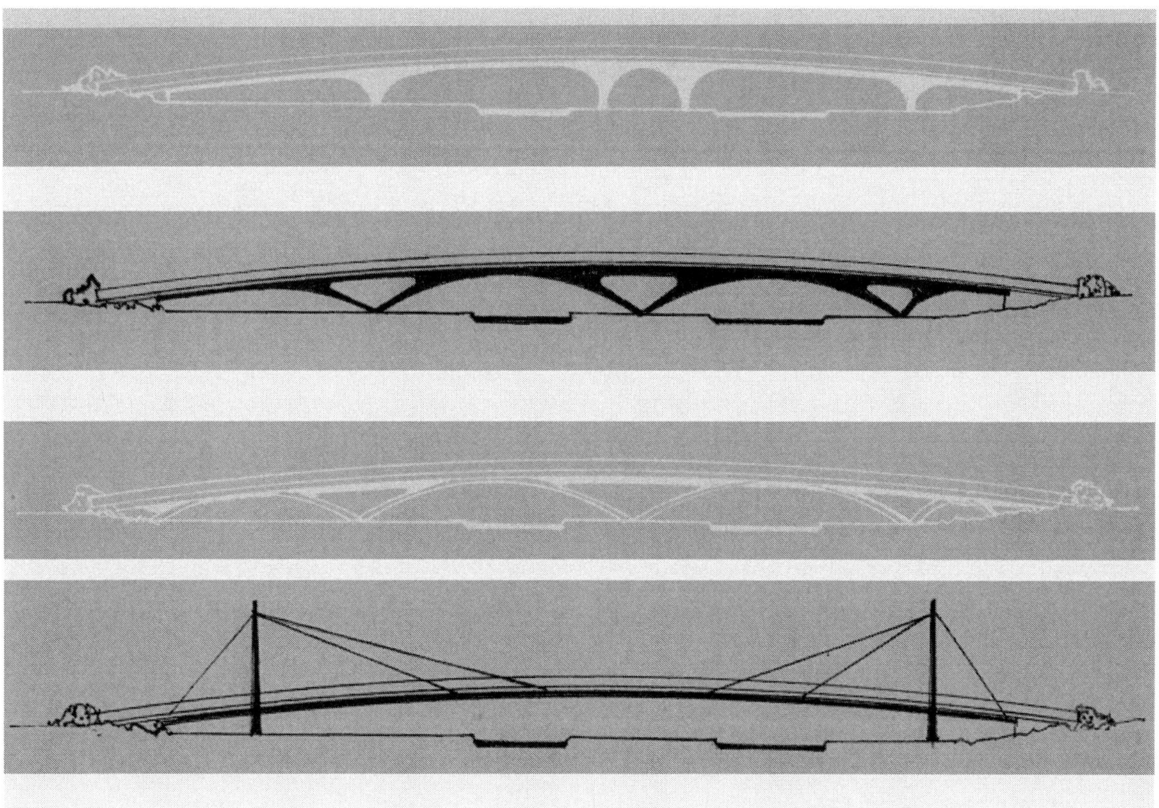

도서출판 **반석기술**

머리말 Recommend

교량은 이쪽에서 저쪽을 연결하여 사람이나 운반수단이 장애물을 건너갈 수 있게 하는 시설물을 말한다. 교량의 시초는 언제, 어디에, 어떻게 설계하고, 무엇으로 축조하였는지 유사이전의 일이기 때문에 알수 있는 방법은 없다. 다만 고고학자들의 추측만 있을 뿐이다. 예나 지금이나 교량은 인간생활에 있어서 주거시설에 못지 않게 밀접한 관계를 유지하고 있는 구조물로서, 현대에서 우리의 일상생활에 없어서는 안되는 시설물로 자리매김하고 있는 실정이고, 앞으로도 그러할 것이다.

현대에 와서 구조해석을 위한 실용적이고 다양한 SoftWare개발과 구조해석방법의 정립, 설계의 자동화, 고강도의 재료개발, 건설장비의 효율성 증대 및 경량화에 따른 장대교량의 가설이 가능하게 되었고, 새로운 재료와 건설공법을 이용한 신공법의 개발이 하루가 다르게 이루어져 건설현장에서 실용화하고 있는 실정이다. 또한 가교위치 지역의 주민의식 수준이 높아 옛날에는 안전하고, 경제적인 교량형식이면 만족하던 시설물을 그 지역특성에 맞게 디자인하여 교량을 하나의 예술작품처럼 설계하기를 요구하는 경향이 많아 졌다.

교량계획은 도로, 철도 및 운송시설등이 하천, 도로, 철도, 바다, 계곡 및 기타 장애물을 가로질러 가기 위하여 가설하는 구조물을 설계, 시공하는데 가장 기본이 되는 작업이다.

교량을 계획하는 것은 토목구조기술자들에 의해서 이루어지는 것이 아니며, 토목분야의 거의 모든분야의 기술자와 재료 · 전산기술자 그리고 경관 디자이너 등의 많은 분야의 전문가가 참여하게 된다. 따라서 교량의 계획은 이들의 전문가에게 조언 · 자문과 협의를 거쳐서 토목공학적인 모든 기술을 도입하고 예술적인 감각을 총 동원한 하나의 공학과 예술이 접합된 종합예술작품이 탄생하기 위한 가장 기본적인 과정이다. 또한 가교위치 지역의 역사성, 상징성 등을 그 지방의 향토사 및 주민의견을 수렴하여 가설하고자 하는 위치의 경관 및 현장여건을 세심하게 검토하여 교량의 규모, 형식 및 시공공법을 결정하는 단계이다.

따라서 교량을 가설하는데는 가교위치의 입지조건에 따라 많은 제약을 받게되며, 이 제약조건을 계획시 철저하게 조사 · 검토 · 분석하여야 하며, 시공시 불필요한 설계변경, 공사지연, 공사비 증가등을 초래하여 교량기술자의 자질에 대하여 지탄을 받는 경우가 종종 발생한다. 그러므로 교량을 계획하는데는 구조, 기초, 지질, 설계 · 시공 · 공사원가산출 및 유지관리 측면 등 토목 전반에 걸친 전문지식과 경관에 대한 심미감을 가지고 있어야 하며 이들에 대하여 고도의 기술적인 판단이 요구된다.

이 책의 내용은 전문적인 교량계획에 대하여 이론적인 내용보다는 계획 · 설계에 필요한 내용을 각종문헌, 실적보고서에서 발췌하여 참고하고, 저자의 경험을 토대로 기술하였다.

또한 이 책은 대학생에서 부터 교량설계업무 및 연관분야에 종사하는 사람들이 교량을 계획하고 설계 · 시공하는데 필요한 기본적인 사항과 실무적인 내용을 기술하였으나 부분적으로 실무를 경험하지 않은 부분은 난해한 부분도 있으리라 생각되며, 실질적인 예를 많이 삽입하고자 하였으나 자료의 량이 방대하여 계획하는데 필요한 기본적인 자료만 기술하였다. 기술용어는 "도로교 설계기준"에 사용하는 용어를 표준어로 하여 기술하는 것을 원칙으로 하였다.

이 책을 저술하는데 자료를 제공하여 준 토목분야 선 · 후배님과 출판하는데 적극적으로 도와주신 반석기술의 황광문 사장님께 감사하다는 말을 전합니다.

끝으로 이책을 집필하는데 언제나 후원해주는 우리가족 및 저의 아내 안행남 여사님께도 깊이 감사를 드립니다.

2010. 6

저자 오 제 택

목차 Contents

제 I 편 계획설계 일반

⊙ 제1장_ 서론

⊙ 제 2 장_ 각종 기준, 규칙 등

제II편 강교

⊙ 제 1 장_ 강교의 개요

⊙ 제 2 장_ 강교의 바닥판

⊙ 제 8 장_ 곡선교 · 사교(斜橋)

⊙ 제 9 장_ 강 TRUSS교

⊙ 제 10 장_ 강 아치교(STEEL ARCH BRIDGE)

⊙ 제 11 장_ STEEL RAHMEN BRIDGE(강 라멘교) 및 강제교각

목차 Contents | 2권 미리보기

제Ⅲ편 콘크리트교

제Ⅳ편 교량의 하부구조 계획과 설계

⊙ 제1장_ 교량기초의 계획과 설계

⊙ 제2장_ 교대의 계획과 설계

⊙ 제3장_ 교각의 계획과 설계

제Ⅴ편 부대시설

⊙ 제1장_ 교량받침

⊙ 제2장_ 신축이음

새로운 구성

교량계획과 설계

I

계획설계 일반

제 I 편 계획설계 일반

서론 1장

⊙ 제 1 장_ 서 론

1.1 개 요

인류가 지구상에 최초로 모습을 나타낸 이후로 인간은 자연에 순응하고 극복하는 과정에서 원시시대의 인류는 자연적으로 형성된 동굴을 이용하여 생활을 하며, 식량채집여건과 기후변화에 따라 일정주거지역을 두지 않고 떠돌이 생활을 하였다. 이 떠돌이 생활을 하는 유랑인들은 수렵과 채집을 위하여 이동중에 물살이 빠르고 수심이 깊은 하천, 경사가 가파른 골짜기나 계곡을 만났을 때 이들이 장애물을 건너기 위하여 무엇인가가 필요하는데 당시의 인간의 능력으로는 건너질러 놓을 수 있는 방법이 없었을 것이다. 따라서 인류는 생존을 위하여 이쪽에서 저쪽으로 건너야 했고, 건너가야 하는 수단이 다리였다.

인간들은 한곳에서 다른 곳으로 인적 · 물적자원을 운반하는 것에 항상 관심을 가져왔다.

인류는 식량채집단계인 구석기시대를 거쳐서 고기잡이나 농사에 편리한 강이나 바닷가에 모여 사는 정착문화가 시작되는 신석기시대에 이르러 식량생산단계에 이르게 된다. 이들은 정착생활을 하면서 활동하는데 있어서 불편한 장애물이 있기 마련이다. 또한 자연적으로 만들어진 천연다리를 이용하는 데는 너무 많이 돌아다녀야 했다. 이때부터 어떠한 형태인지는 알수 없으나 장애물건너는 방법을 연구하게 되고, 태풍 · 지진 등으로 계곡에 가로질러 쓰러진 나무를 이용하여 계곡을 안전하게 건너는 방법을 알게 되었을 것이다.

또한 강가를 중심으로 정착하면서 물이 갖는 지역적인 차단성을 극복하고, 이웃지역과의 연결을 위하여 가급적 육상보다는 수로(바다, 강, 호수 등)를 이용하였으며, 예나 지금이나 마찬가지로 물건을 운반하는 가장 경제적인 방법은 배에 의한 것이다, 그러나 배에 의한 운송은 도착지에 따라 제한을 받을 뿐만 아니라 수로 자체도 충분하지 않았다. 따라서 육상운송의 필요성이 제기되면서 강 및 깊은 협곡을 횡단하는 수단이 필요하게 된다. 이러한 발상에서 출발하여 쉽고 빠른 육상수송을 위하여 교량을 가설하게 된다.

교량이란 도로, 철도 등의 운송로에 장애가 되는 하천, 계곡, 강, 호수, 해안, 해협 등을 건너거나, 또 다른 도로, 철도, 가옥, 농경지, 시가지 등을 통과할 목적으로 건설되는 구조물을 총칭 할 수 있다.

처음의 교량은 도로, 철도의 계획노선상의 장애물을 통과하는 것이 주된 목적이었으나, 인간의 생활이 풍족해지면서 교량은 단순한 교통수단으로서의 기능만 갖는 것이 아니라, 인류환경에 중요한 부분을 차지하면서, 고대에서 현대에 이르기까지 문학과 예술작품의 대상이 되었고, 한 도시의 대표적인 상징물로서 문화유산이며, 아름다운 조형물로서 심미적 · 환경적인 면에서도 매우 중요한 기능을 갖고 있다. 그렇지만 모든 사람이 교량을 똑같이 보고 이해하는 것은 아니다. 이러한 사실은 교량에 대한 연구를 더욱 매력적으로 만드는 요인이 된다. 일반시민들은 교량을 이용하고 기술자는 교량을 설계, 시공 및 유지관리를 한다. 다시 말하면 교량가설 위치선정, 교량형식선정, 작용하중에 의한 구조해석, 상세설계, 시공, 유지관리 등의 과정에서 교량 기술자들은 고도의 기술 · 경험과 첨단 구조공학에 바탕을 둔 설계, 해석, 분석이론과 설계, 시공실무가 필요하게 된다.

또한 교량은 일반적으로 기능적인 면과 정신적인 면에서 인간생활과 밀접한 관계를 가지고 있다. 기능적인 면이란 교량 위에 운송하고자 하는 목적물을 지장없이 통행할 수 있도록 충분한 내하력, 사용성, 내구성(durability), 필요한 구조규모를 갖는 것을 의미한다. 문화적, 환경적, 정신적인 면은 주로 교량의 조형미를 의미한다. 교량의 조형미는 교량자체의 형태미(propotion)와 교량이 주위 환경이나 경관에 결합하여 창출하는 구성(구도)미(composition)로 구성된다. 이상의 조건을 만족하는 교량을 건설하기 위해서는 교량의 생애주기(life cycle), 즉 교량의 계획, 설계, 시공, 유지관리, 폐기의 5단계를 고려하여 교량의 안정성, 경제성, 미관, 유지관리 등을 종합적으로 검토 · 분석하여 교량의 계획하여야 한다.

교량의 기본계획 단계는 교량의 가설위치, 규모, 주위환경과의 조화, 주위여건, 경제성과 시공성 및 유지관리 등을 고려한 교량형식을 선정하고, 그에 적합한 교량경간을 분할하는 과정으로 이 과정을 교량경제(bridge economy)라고 한다.

설계단계는 기본계획의 골격에 맞추어 설계하는 단계이다. 이때 가장 좋은 설계를 이루는 기본원리는 효율성(efficiency), 경제성(economy), 미적품위(elegance of aesthetics)이다.

효율성이란 교량의 기능을 유지하면서 재료를 절감시키는 과학적 원리이고, 경제성이란 시간과 장소(공간)의 개념을 가진 사회과학적 원리로서 효율성을 유지하면서 건설경비를 절감시키는 원리이다.

미적품위란 설계자의 주관적인 개념에 따라 교량이 상징적이고 가시적인 미적의미를 갖도록 하는 원리로서 교량의 구심점이나 통일성(unification), 명확성(definition), 변화성(variety)에 주안점을 두고, 교량을 한마디로 표현할 수 있는 특징은 무엇이며, 구조가 어떻게 하중을 지지하고 주위환경조건에 적응할 수 있으며, 교량의 구조요소가 어떻게 조합되었는가를 다루는 것이다.

그러나 이러한 과정을 다루는 것은 결코 쉬운 일이 아니며, 위의 모든 기능을 충족하며 안전하고, 경제적이며 유지관리가 용이한 교량을 축조하기 위해서는 교량기술자와 교량건설에 필요한 각 분야 전문가들의 Team Work에 의한 계획, 설계, 시공이 이루어져야 하며, 고도로 발전된 재료공학 및 교량설계 및 시공을 위한 신기술을 최대한 활용할 수 있어야 한다.

1.2 교량공학에서 사용하는 일반용어

한국어	한자어	영 어	용 어 설 명
가도교	架道橋	overbridge	• 철도와 도로가 입체교차시 철도가 도로위로 지나가도록 가설하여 놓은 철도교
가동교	可動橋	movable bridge	• 하천이나 항로에서 선박등의 항해의 편리함을 목적으로 필요에 따라 교량의 상부구조를 이동할 수 있도록 한 다리. 도개교, 승개교, 선회교, 전개교가 있음
가동교량받침	可動橋梁받침	movable bearing expansion bearing	• 교대, 교각위에서 교량상부구의 신축에 따라 움직일 수 있게 만든 받침
가로보	橫桁	floor beam cross beam	• 교량의 「바닥틀」의 한 요소로서 주거더(보)에 대하여 직각방향으로 설치된 보
강바닥판	鋼床板 直交二方性板	steel orthotropic plate, steel deck plate	• 직교하는 두 축에 대하여 항복모멘트가 다르며 또한 방향에 따라 그 성질이 다른 바닥판
강바닥 판교	鋼床板橋	steel orthotropic deck bridge, steel deckplate bridge	• 강바닥판을 교량의 바닥판으로 사용하는 교량
거더교	桁橋	beam bridge girder bridge	• 거더를 주체로 하는 교량
계곡교	溪谷橋	viaduct vally bridge	• 주로 계곡 · 구릉지에 가설하는 교량
고가교	高架橋	elevated bridge viaduct, overpass	• 도시내의 도로 위에 가설하는 도로교, 고속도로교 • 교차로 등에서 교차하는 도로면 보다 높게 설치하는 교량
경간	徑間	span	• 교대 받침 중앙에서 교각 중심사이의 거리 • 교각 중심간 거리
고속도로교	高速道路橋	highway bridge freeway bridge	• 자동차전용도로 상에 놓여 있는 교량
과선교	跨線橋	overbridge over-line bridge	• 철도 선로를 건널 수 있도록 만들어진 교량 -종류: 과선도로교, 과선선로교, 과선인도교 등
관통교	貫通橋 下路橋	through bridge	• 하로 트러스 · 아치교처럼 주구조 아래쪽에 통로가 있는 교량
교각	橋脚	pier	• 교량의 하부구조의 하나로 2경간 이상의 경우 중앙부에서 교대 또는 다른 교각과 함께 상부구조를 지지하는 구조물
교대	橋臺	abutment	• 교량의 하부구조의 하나로 교량시 · 종점부에 설치하여 상부구조 하중을 아래쪽 지반으로 전달함과 동시에 배면에서 작용하는 토압을 지지하는 구조물
교량받침	橋梁받침	bearing	• 교량상부구조와 하부구조의 접속부에 위치하여 교량상부구조의 하중을 하부구조에 전달하고, 상부구조가 온도에 의한 거동을 원활하게 하는 장치
교량받침대	橋梁받침臺	bearing chair	• 교량받침을 받치고 있는 보나 벽체, 또는 블록
교량받침면	橋梁받침面 橋座,橋座面	bridge seat	• 상부구조물을 지지하기 위하여 받침을 설치하는 교대 또는 교각 위의 면

한국어	한자어	영 어	용 어 설 명
교량연석	橋梁緣石	curb, curbstone	• 도로교의 한 부분으로 보도나 분리대와 차도와의 경계에 인접하여 설치하는 경계석 또는 측단부에 도로면보다 높게 설치한 부분
기둥	柱	column	• 연직 또는 연직에 가까운 압축부재로서 높이가 단면 최소치수의 3배 이상인 것
기초	基礎	foundation	• 하부구조의 일부로 하중을 지반에 전달하고 지지하는 부분의 총칭. 교량기초에서는 교각 또는 교대 구체를 뺀 하부구조
날개벽		wing wall	• 교대의 배면토사 보호하기 위하여 양 측방에 설치하는 옹벽 또는 벽체
농로교	農路橋	agricultural road bridge	• 농업지대에서 농경을 위하여 개설된 도로 상에 있는 교량
다이아프램	隔璧	diaphragm	• Box형 단면 등 폐단면 부재의 형상을 유지하기 위하여 내부의 부재축에 직각으로 배치하는 판. 휨을 받는 상자형 부재의 좌굴현상을 방지하고, 비틀림에 대하여 단면형상을 유지하기 위해 설치됨
단부가로보	端部가로보	end cross beam edge cross beam	• 교량의 바닥보와 같이 주형의 단부에 가로방향으로 배치되는 보
도로교	道路橋	highway bridge road bridge	• 도로상의 하천, 계곡, 다른 교통로 등의 장애물 위를 건너게 하는 구조물
램프교	漣結路橋	ramp bridge	• 입체교차 또는 서로 다른 평면도로사이의 접속부를 상호연결하는 도로상에 놓인 교량
랭어교	랭어橋	langer bridge	• 단순지지보를 아치형으로 연결되는 상현부재와 연직재(달재)로 보강한 아치교의 일종. 종류는 랭어거더교, 발란스드 랭어교, 랭어트러스교, 역랭어교가 있다.
랭어보 랭어거더		langer beam langer girder	• 보와 휨강성이 없다고 가정한 아치와의 복합구조로 아치는 비교적 가는 직선부재를 절점으로 배치하여 구성되며, 축방향 압축력만을 담당하고, 보 또는 트러스로써 휨에 견디게 한 것임. 창안자의 이름을 따서 랭어보라고 함.
랭어트러스		langer truss	• 랭어보(들보)의 보 부분이 트러스로 되어 있는 보강구조물
로커교량받침	로커橋梁받침	locker bearing tilting bearing	• 가동받침의 일종으로 부품과 부재로 진자와 같이 요동되는 것을 로커라고 하며, 이 로커를 이용한 받침을 말한다.
롤러교량받침	롤러橋梁받침	roller bearing	• 가동받침의 일종으로 원형강을 정확한 원주형으로 가공하여 1개 또는 여러 개를 활동방향에 직각으로 둔 보의 받침. 이로 인하여 보의 온도변화로 인한 활동이 원활하게 잘 된다.
바닥판	바닥板	floorslab, slab, deck, deckplate	• 교량을 구성하는 것 중의 하나로 교량을 통행하는 자동차, 보행자 등을 직접 지지하고, 그 하중을 교량의 주거더에 전달하는 구조부분

한국어	한자어	영 어	용 어 설 명
박스(형)거더	箱子桁거더	box girder	• 속이빈 폐쇄된 단면을 갖는 보. 단면형에는 장방형이 많이 쓰이나 역제형의 것도 있다.
박스(형)거더교	箱子桁거더橋	box girder bridge	• 주거더의 단면이 상자형으로 되어 있는 교량.
바닥틀		floor system floor construction	• 바닥을 받들고, 그 받는 하중을 주보에 전달하는 구조인데 보통 세로보와 가로보로 구성되어 있음. 바닥틀이 전혀 없는 교량도 있음.
방수막	防水膜	waterproof sheet	• 방수를 위해 구조물이나 물의 침투가 예상되는 곳에 형성시키는 막을 말하며 합성수지나 금속 등이 이용됨.
방수층	防水層	sealing	• 주로 역청재료를 써서 방수할 목적으로 구조물의 표면에 엷은 피막을 만든 것을 말한다.
벽식구조	壁式構造	bearing wall structure	• 보나 기둥을 두지 않고 모든 하중을 슬래브와 벽으로 지지하도록 구성된 구조
보도교 (인도교)	步道橋 (人道橋)	foot bridge pedestrian bridge	• 사람의 보행목적으로 가설한 교량
사장교	斜張橋	cable stayed bridge	• 주탑으로 부터 비스듬하게 인장된 경사 cable에 의해 지지되는 교량
산악교	山岳橋	bridge along vally flank	• 산지의 비탈면에 연하여 가설하는 교량
상부구조	上部構造	superstructure	• 교량의 하부구조와 기초를 제외한 부분
삼현교	三弦橋	triangulay truss three chord bridge	• 상 · 하 양현 중 한쪽은 2현 다른 한쪽은 1현으로 횡단단면이 삼각형을 이루는 트러스교
선교량받침	線橋梁받침	linear bearing line bearing	• 평면이나 원통면과 같이 상 · 하의 양부분이 이론적으로는 하나의 직선으로 고려되는 받침
수관교	水管橋	aqueduct pip line bridge	• 관이 하천, 수로, 또는 계곡을 횡단할 때 가설되는 수도전용교
수로교	水路橋	aqueduct elevated flume	• 수로가 깊은 골짜기나 하천을 횡단하는 수로 전용교량
신축이음	伸縮이음	expansion joint movable joint	• 교량 상부구조가 온도변화 등에 의해 신축할 경우 그것이 매끈하게 행해져 과대한 응력이 발생하지 않도록 설치하는 이음의 총칭
아치교	아치橋	arch bridge	• 아치를 주 구조로 사용한 교량. 홍교, 홍예교라고도 한다
연도교	連島橋		• 섬과 섬을 연결한 교량
연육교	連陸橋		• 섬과 육지를 연결한 교량
이층교	二層橋	double deck bridge	• 노면이 상 · 하 2개로 되어 있는 교량
운하교	運河橋	canal aqueduct canal bridge	• 운하를 통과하는 교량
운반교	運搬橋	transporter bridge	
점교량받침	点橋梁받침	point bearing	• 교량의 받침이 반경이 다른 두 구면(球面)에서 접촉된 것
자정식현수교	自定式懸垂橋	self-anchored suspension bridge	• 현수케이블의 양단을 보강거더 또는 보강트러스 단부에 연결해서, 케이블의 수평분력을 구조물의 내부응력으로 처리시킨 현수교

한국어	한자어	영 어	용 어 설 명
접속교	接續橋	approach bridge	• 하천교나 고가교에 접속시키는 다리 밑 공간을 갖는 연결교량
주거더	主桁(주형)	main girder	• 교량 상부구조의 주체를 이루는 보(거더)
지간	支間	span, effective span	• 이웃한 두 지점사이의 거리
차량방호책	車輛防護柵	guard rail guard fence	• 주로 주행중에 진행방향을 잘못 잡은 차량이 길 밖으로 대향차선 또는 보도 등에 일탈하는 것을 방지하기 위하여 차도에 따라 설치하는 시설
철도교	鐵道橋	railway bridge	• 철도를 통과시키기 위해 가설된 교량
탑승교	搭乘橋	loading bridge	• 주로 승객 및 승무원의 탑승을 위하여 공항의 시설과 항공기 사이를 연결하는 교량(구조물)
통로교	通路橋	underpass-crossing	• 도로면 아래에 가설하는 교량 • 도로나 철도 또는 타 도로와 교차할 경우에 그 밑을 입체교차로 통과하는 교량
비렌딜교	비렌딜橋	vierendeel bridge	• 피렌델이 고안한 형식으로 라멘교의 일종. 상하에 배치된 부재를 연직인 복부재로 연결하고, 각 부재의 결합점을 강접합시킨 교량
하부구조	下部構造	substructure	• 교량의 상부구조를 지탱하며 지반과 연결시키는 부분의 구조계를 총칭하는 말로 교대와 교각 등이 이에 해당됨
하천교	河川橋	bridge crossing a stream	• 강이나 하천 위에 놓인 교량
현수교	懸垂橋 吊橋 (조교:일본어)	suspension bridge	• 케이블을 주체로 하여 구성된 교량. 교량의 양쪽 끝 부근에 주탑을 설치하고, 그 위로 인장 주케이블을 설치하여 교량의 주형을 행어에 의해 주케이블에 연결한 교량
활동교량받침/ 활동받침	活動橋梁받침/ 活動받침	sliding bearing sliding expension bearing	• 로울러나 로카 등을 사용치 않고 활동에 의해 상대적인 이동이 가능케한 가동받침

1.3 교량공학에서 사용하는 동의어 및 유사용어

기술용어가 설계표준시방서 및 설계기준이 개정될 때 마다 같은 뜻의 용어를 다르게 표현하여 사용자의 혼돈을 초래하는 경우가 빈번히 있어서 1962년도 강도로교 설계시방서부터 2005년도 도로교 설계기준까지 8번의 개정을 한 것을 2005년도 설계기준의 용어를 기준으로 하여 정리한 것이며, 이 기간동안에 출판된 교량공학, 설계편람, 설계요령 등을 조사하였다.

(1) 가동받침 : 교대나 교각위에서 교체의 신축에 따라 움직일 수 있게 만든 받침.

• 신축받침, • 신축shoe, • movable bearing, • expansion bearing

(2) 가로보 : 교량의 바닥보와 같이 주거더에 대해 가로방향으로 배치된 보

• 횡형(橫桁), • 횡(橫)거더, • cross beam, • floor beam

(3) 강바닥판 : 강판에 종 · 횡리브를 만들어 그 위에 방수공 포장을 한 바닥판의 일종

• 강상판(鋼床板), • 강(鋼)바닥, • steel orthotropic deck bridge

(4) 강바닥판교 : 강교에서 다리 바닥판을 강바닥판으로 사용한 교량

• 강상판교(鋼床板橋), • 강바닥교, • steel orthotropic deck bridge

• bridge with steel plate deck

(5) 강재(鋼材)주거더 : 강재로 만든 주거더(들보)

• 강재들보, • 강형(鋼桁), • steel girder

(6) 거세트판 : 트러스나 브레이싱 등에서 다른 부재를 서로 연결하기 위한 넓은 이음의 철판

• 연결판, • gusset, • gasset plate

(7) 시설한계 : 도로 및 철도 위에서 차량이나 보행자의 안전을 확보하기 위하여 어느 일정한 폭, 높이, 범위내에서는 구조물이나 장애가 될 만한 시설물을 설치하지 못하게 하는 공간확보의 한계

• 건축한계, • construction gauges, • clearance

(8) 격벽(隔壁) : 상자형 단면 등 폐단면 부재의 형상을 유지하기 위하여 내부의 부재축에 직각으로 배치하는 판, 또는 벽

• 칸막이, • diaphragm

(9) 겹침이음 : 연결하려고 하는 재편을 서로 겹쳐 잇는 이음

• 겹이음, • lep joint

(10) 경간분할 : 교량길이를 교각중심간거리 또는 교각중심에 교대받침거리로 분할하는 것

• 도로교 설계기준에는 "지간분할"이라고 되어 있는데 잘못된 개념임

(11) 고정하중 : 구조물과 부속설비의 중량이 상시 작용하는 하중

• 사하중, • dead load

(12) 곡선거더교 : 곡선의 도로 및 철도 등을 통과하기 위하여 주거더가 평면위에서 곡선으로 되어 있는 교량

• 곡선형교(曲線桁橋), • 곡선들보교, • carved girder bridge

(13) 교량가설위치 : 가교위치

(14) 교량받침 : 교량을 지지하는 받침

• 교좌장치(橋座裝置), • 교좌받침, • 지승(支承), • shoe, • bearing, • bearing support

(15) 교문브레이싱 : 교량의 주구조물 끝부분에 설치되는 구조물로서 좌우 양측의 주구조물을 연결하여 전체 구조물의 강성을 증가시키기 위하여 사용됨

• 교문구(橋門構), • portal bracing

(16) 교번응력(交番應力) : 하중에 의해 생기는 응력이 정 · 부가 번갈아 발행하는 응력

• 상반응력(相反應力), • 교번내력(交番耐力), • alternating stress, • 교반응력(交返應力)

(17) 교좌(橋座) : 교대 · 교각 위의 교량받침이 놓이는 면

• 교좌면(橋座面), • bridge seat

(18) 굽힘철근 : 철근콘크리트에서 휨모멘트에 저항하도록 배치하는 철근으로 사방향으로 위어올리거나 휘어내린 철근

• 절곡철근

(19) 긴장력(緊張力) : 긴장재에 인장력을 도입하는 장치에 의해 발휘되는 임시적인 힘

• 인장력, • tensile force, • jacking force

(20) 긴장재(緊張材) : 인장을 받는 부재

• 인장재, • tension member, • tension bar

(21) 깊은보 : 보의 높이가 지간에 대하여 비교적 큰 보. 단면의 응력분포가 비선형임을 고려하여 설계하는 보

• 높은 보, • 높이가 큰 보, • deep beam

(22) 다리밑 공간 : 교량본체의 최하단에서 수면 또는 노면까지의 유효높이

• 형하공간(桁下空間), • 교하공간(橋下空間), • clearhead, • overhead clearance

(23) 다이아프램 : 격벽 참조

• 격벽, • 격막, • 칸막이, • diaphragm

(24) 단부거더 : 주된 보에 대하여 가로방향으로 배치되는 바닥보로서 단부에 배치된 가로보

• 단부보, • 단부가로보, • end cross beam

(25) 맞대기이음 : 둘 이상의 모재의 단과 단을 거의 동일한 평면내에서 맞붙여서 접합하는 이음

• 맞이음, • 맞대기 용접이음, • butt joint

(26) 바닥판 : 포장면의 유무에 상관없이 윤하중을 직접적으로 지지하고 다른 부재에 의해 지지되는 판부재

• 슬래브(slab), • 상판(上板), • 상부slab, • deck

(27) 바닥판 앵커 : 비합성의 슬래브교 등에 있어서 철근콘크리트 바닥판을 강거더에 고정하는 결합재

• 슬래브 앵커, • slab anchor

(28) 바닥판 콘크리트 : • 슬래브콘크리트, • 상판콘크리트

(29) 박스거더 : • 상자형(箱子形), • 상자형들보, • 상자형거더

(30) 방호울타리 : 주로 주행중에 진행방향을 잘못 잡은 차량이 길 밖으로 대항차선 또는 보도 등에 일탈하는 것을 방지하기 위하여 차도에 따라 설치하는 책시설

• 방호책, • 난간, • 방호벽, • guard, • safety fence

(31) 보강거더 : 현수교, 랭어교 등의 강성을 유지하기 위하여 설치된 거더

• 보강형, • stiffening girder

(32) 부착시설물(付着施設物) : 교량상부구조에 별도의 시설을 하지 않고 설치하는 시설물. 즉 상수도

관, 통신 · 전력 등

• 교량첨가물

(33) 세로보 : 교량의 바닥틀 중에서 가로보에 지지되는 교축방향 보

• 종형(縱桁), • stringer

(34) 속빈슬래브교 : 콘크리트슬래브교의 일종으로 교체의 중량을 줄이기 위해 교체의 내부를 공동으로 한 슬래브교

• 중공(中空) 슬래브교, • 중공 상판교, • hollow slab bridge

(35) 수직브레이싱 : 교량의 주 구조물 또는 주거더의 상대변위를 방지하거나, 교량의 강성을 크게하기 위하여 교축과 수직한 면내에 설치되어 주 구조물 또는 주거더를 연결하는 골조구조

• 대경구(對傾構), • sway bracing

(36) 수평브레이싱 : 교량과 같은 구조물에서 수평방향의 하중에 구조물이 효과적으로 저항할 수 있도록 주거더 또는 주트러스와 같은 주 구조물을 횡방향으로 연결하는 골조구조

• 횡(橫) 브레이싱, • 횡구(橫構), • lateral bracing

(37) 시설한계(施設限界) : 건축한계와 같은 의미로 사용

(38) 신축거더 :

• 신축들보

(39) 신축이음 : 구조물이 온도변화 등에 의해 신축할 경우 매끈하게 행해져 과대한 응력이 발생하지 않도록 설치하는 이음의 총칭

• 신축장치(伸縮裝置) • 신축이음장치 • expansion joint

(40) 주구조 : 주거더와 같은 기능을 하는 구조로 트러스, 아치 등을 의미하며 상부구조의 주체적인 구조이다

• 주구(主構), • 아치구조 또는 트러스구조, • main truss or arch

(41) 연속거더교 : 주거더가 2경간 이상에 걸쳐 역학적으로 연속되어 있는 교량

• 연속형교, • continuous girder bridge

(42) 이완(弛緩) : 강재에 인장응력을 가해서 양단에 고정하고 일정한 길이로 유지시킬 경우 시간의 경과와 함께 일어나는 응력감소

• 되풀림, • relaxation

(43) 이음판 : 부재의 이음에 있어서 부재를 접합하기 위해 측면에 붙이는 강판

• 첨접판, • 덮개판, • splice plate

(44) 접속장치 : PS강재와 PS강재 또는 정착장치와 정착장치를 접속시키기 위한 장치

• 접속구는 접속장치와 같이 쓰고 있음, • coupler

(45) 정착구, 정착장치 : 강선, 강연선, 강봉 등의 긴장재로부터 콘크리트로 포스테션 힘을 전달하는데 사용되는 조립장치

• anchorage, • anchorage device

(46) 정착장치에서의 "활동량" : 포스트텐션 방식의 프리스트레스트 콘크리트에 있어 PS강재를 정착시킬 때 정착구의 헐거움 또는 변형에 의하여 강재의 미끄러짐

• 세트(set)량, • anchorage slip

(47) 주거더 : 상부구조의 주체가 되는 들보

• 주형(主桁), • 들보, • 세로보(경우에 따라서), • main girder

(48) 주거더 단부의 바닥판 : • 들보 단부의 바닥판, • 들보 단부의 슬래브

(49) 주거더 작용 : 합성거더의 바닥판 콘크리트가 주거더로서 거동하는 것을 말한다

• 주형작용, • 바닥판의 합성작용

(50) 지점부 수직브레이싱 : • 단수직브레이싱, • 지점위 수직브레이싱

(51) 채움판 : 강재 접합부에서 생기는 공극을 메꾸기 위한 판재

• 충진판(充진板), • 채움재, • 덧댐판, • filler

(52) 철근콘크리트 바닥판 : • 철근콘크리트 슬래브, • 바닥판

(53) 캔틸레버 바닥판 : • 캔틸레버판, • 캔틸레버 슬래브

(54) 피복두께 : • 덮개

(55) PS강재 : • PC강재

(56) PSC교 : • PC교

(57) 플레트 거더교 : • 판형교, • plate girder bridge

(58) 하중집중점의 보강재 : • 단 보강재, • 지점보강재

(59) 합성거더 : • 합성판형, • 합성형, • 합성보, • composite beam

(60) 행어 : • 조(적)재, • 달재, • hanger

(61) 현수교 : • 조교(적교), • suspension bridge

1.4 교량의 구성과 명칭

1.4.1 일반적인 교량의 구성

교량은 일반적으로 상부구조와 하부구조로 구성되어 있으며, 하부구조는 교대 · 교각 및 기초 부분으로 구성된다. 상부구조는 자동차 · 열차, 보행자 및 기타시설을 지지하는 바닥판, 주거더 등에 의해 차도 및 보도를 형성하며, 상부구조를 직접 지지하는 것을 교량받침(bearing support)이라고 부른다.

하부구조는 상부구조를 지지하는 교량중간부에 있는 교각 · 교량양단(시 · 종점부)에 있는 교대가 있다. 교각은 교량 상부구조의 반력과 풍하중 · 유수압을 받으며, 교대는 교량과 도로 성토부와의 연결부분에 위치하여 도로성토에 의한 토압과 상부구조의 반력을 받으므로 교각과는 역학적 거동 및 기능이

다르다.

기초는 하부구조 구체로부터의 하중을 지지지반에 전달하는 동시에 교량을 기초지반에 고정시켜 주는 역할을 한다.

또한 교량의 형식에 따라서는 상부구조와 하부구조가 명확하게 구분되는 것은 아니며, 라멘교(rigid frame bridge)와 같이 상부구조와 하부구조가 일체로 되어 있는 경우도 있다.

일반적인 교량의 구성 예는 다음 그림 1.4.1과 같다.

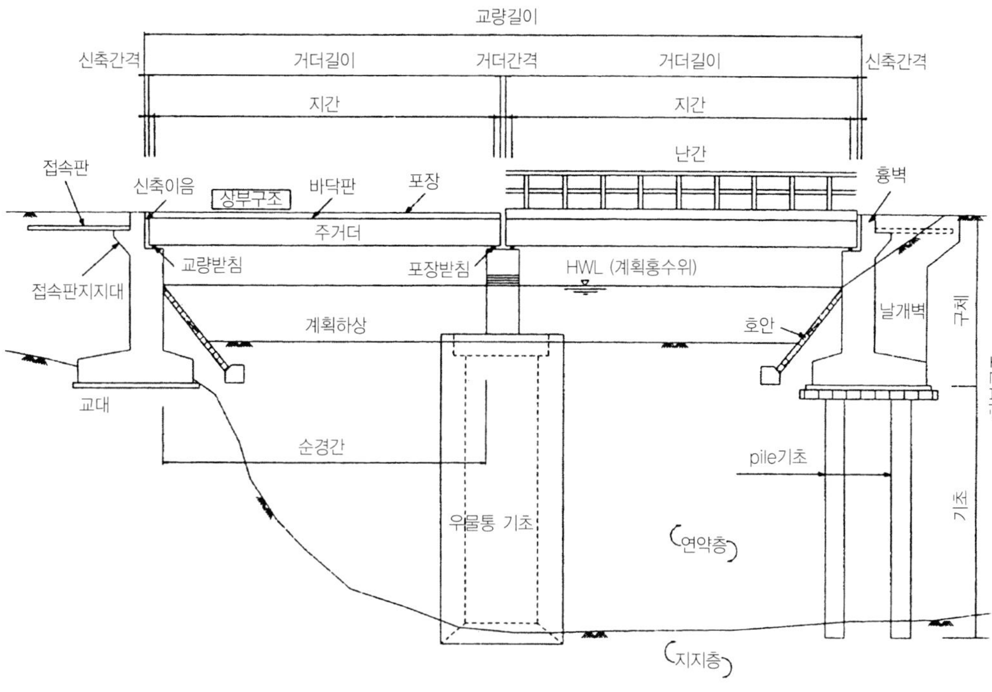

그림 1.4.1 일반적인 교량 각 부분의 명칭

(1) 교량길이(橋長)

교량 시 · 종점부 교대 흉벽(parapet wall)의 전면과 전면 사이의 길이를 말하며, 라멘교의 경우는 교대 전면간의 길이를 말한다.

(2) 경간(徑間)

경간은 중앙경간과 측경간으로 구분하며, 중앙경간은 교각구체 중심간 거리를 말하고, 측경간은 교대 흉벽의 전면에서 교각구체 중심간 거리를 말한다.

(3) 순경간(純徑間 : clear span)

교대와 교각 전면간의 거리 또는 교대와 교대 전면간 거리를 말한다.

(4) 지간(支間)

교량받침 중심선간의 거리를 말한다.

(주) 1. 연속교에서는 지간과 경간이 일치한다.
2. 어떠한 형식의 교량이라도 지간은 경간보다 클 수가 없다.
3. 도로설계기준에서 "지간분할"이라고 되어 있는데 이는 "경간분할"이라고 이해바람.

(5) 연석(curb stone)

보도와 차도 사이에 설치하는 경계석 및 교량횡단부의 구조강성 확보, 차량의 방호기능 · 방호시설물 지지기능, 배수관리 등의 기능을 하는 것을 말한다.

(6) 난간(차량방호책)

통행차량, 보행자 및 자전거의 안전을 확보하기 위하여 교량횡단부 연식 위에 설치하는 시설물을 말한다.

(7) 신축이음(伸縮이음)

교량상부구조 단부에 설치하는 시설로서 교량상부구조가 온도변화에 대응하는 부분을 말하며, 통행차량의 주행성을 확보하기 위하여 신축이음부에 설치하는 시설을 신축이음장치라고 한다.

(8) 교량받침(bearing support)

교량상부구조를 직접 지지하여 하부구조에 하중을 전달하는 기능과 온도변화에 따른 상부구조의 신축이 가능하도록 하는 기능을 갖는다. 경우에 따라서는 지진 시 낙교방지 기능도 있다.

1.4.2 상부구조(superstructure)의 명칭

상부구조는 구조상으로 교량의 주체가 되는 slab, girder, 보, truss, 아치 · 라멘 등으로 나눌 수 있으며, 또한 교량형식에 따라 차이는 있지만 바닥판(deck), 바닥틀(가로보, 세로보), 브레이싱(수평 · 수직 브레이싱), cross beam(가로보 : transversed beam), 격막(격벽), 받침 등이 있고, 신축이음, 난간, 방호벽, 배수시설, 교량점검설비, 조명설비 등의 부속설비도 포함된다.

(1) 콘크리트 슬래브교의 명칭

슬래브교는 슬래브 자체가 교량의 바닥판 역할과 교통하중을 직접 지지하여 하부구조에 하중을 전달하는 일종의 판구조 형식이다. 다음에 언급한 바닥판 구조와는 하중전달체가 서로 다른 점이 있다. 또한 슬래브는 하중을

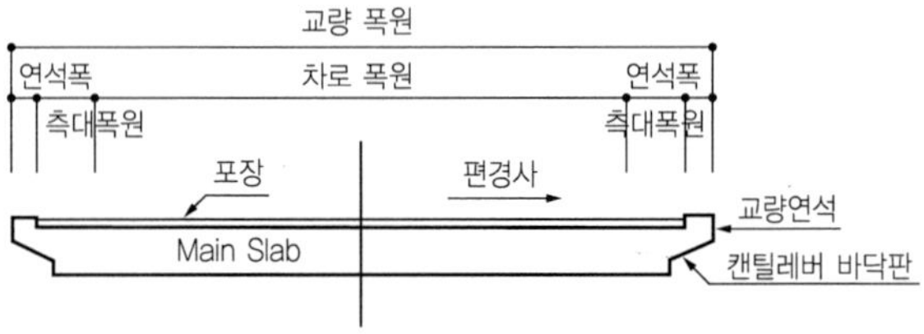

그림 1.4.2 슬래교의 슬래브 명칭

직 · 간접적으로 받아 하부구조에 전달하는 주슬래브와 작용하중을 주슬래브에 전달하는 캔틸레버 바닥판으로 구분된다. 주요명칭은 그림 1.4.2 와 같다.

(2) 콘크리트 박스거더교의 명칭

콘크리트 박스거더교는 상부구조의 횡단면 형상이 상자모양 또는 역사다리꼴 모양으로 구성된 콘크리트 또는 PSC 교량을 말하며 박스거더교의 기본적인 단면형상은 단일박스거더교 (그림 1.4.3 (a)), 다주박스거더교(그림 1.4.3(b)), 다중박스거더교(그림 1.4.3(c))가 있으며, 특수한 경우는 상부바닥판에 보강재를 갖는 박스거더교(그림 1.4.3(d))가 있다. 박스거더의 주요명칭은 상부바닥판, 복부, 하부바닥판(Slab), 격벽, 가로보, 보강재가 있다.

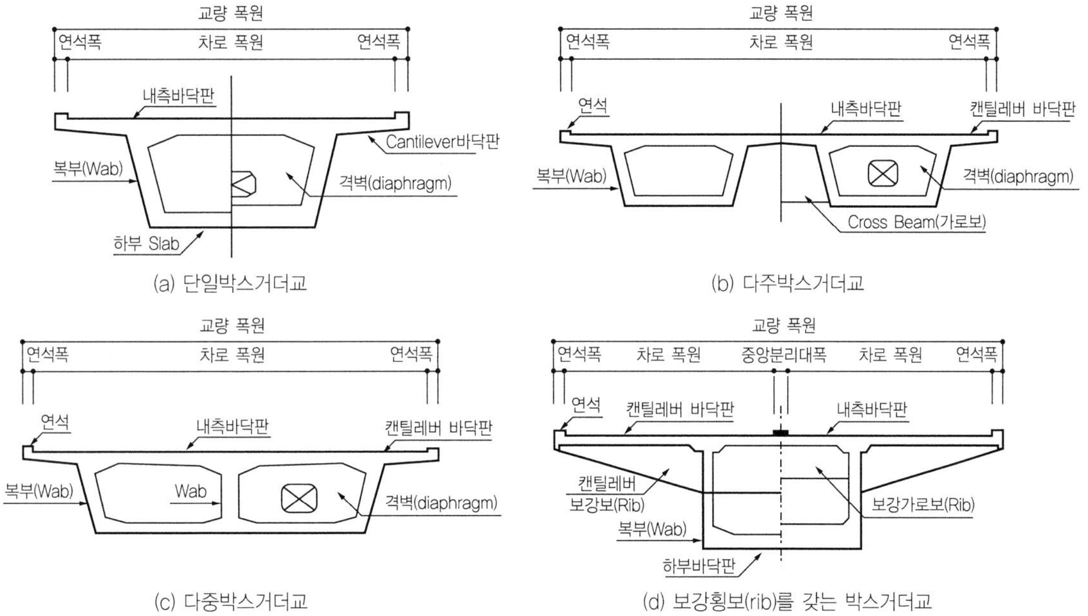

그림 1.4.3 콘크리트 박스거더교의 각 부재 명칭

(3) PSC beam교(prestressed concrete beam bridge)의 명칭

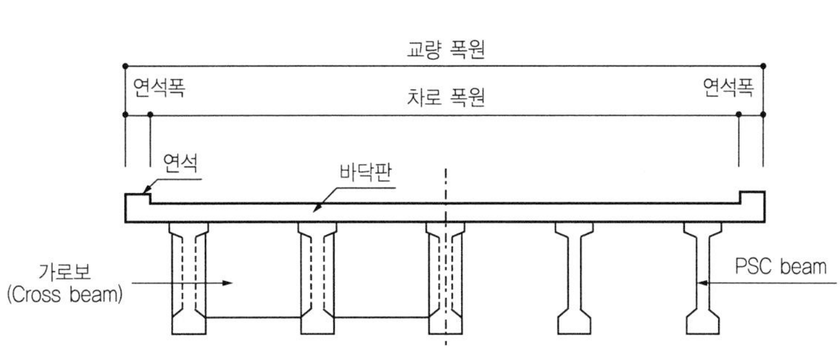

그림 1.4.4 PSC beam교의 각 부재의 명칭

일반적으로 우리나라에서는 가교위치 주변이나 공장에서 제작하여 운반 · 가설하는 기성제품(precasting)의 PSC beam교라고 말하며, PSC beam위에 콘크리트 바닥판을 설치하여 바닥판에 의해 직접 교통하중을 받아 beam에 전달시켜 beam에 의해 내하력을 갖도록 한 교량이다. 교량 각 부분의 명칭은 다음 그림 1.4.4와 같다.

(4) steel plate- I 형 거더교의 명칭

steel plate- I 형 거더교는 우리나라에서는 통상적으로 plate girder교라고 부르고 있으며 이 교량의 형식은 상부바닥판의 합성여부에 따라 합성형 plate girder교, 비합성 plate girder교로 구분한다. steel plate- I형 거더교의 구성은 상부바닥판, I-형거더, 수직브레이싱(sway bracing) 수평브레이싱으로 구성되어 있다. steel plate- I형 거더교의 각 부재의 주요명칭은 다음 그림 1.4.5와 같다.

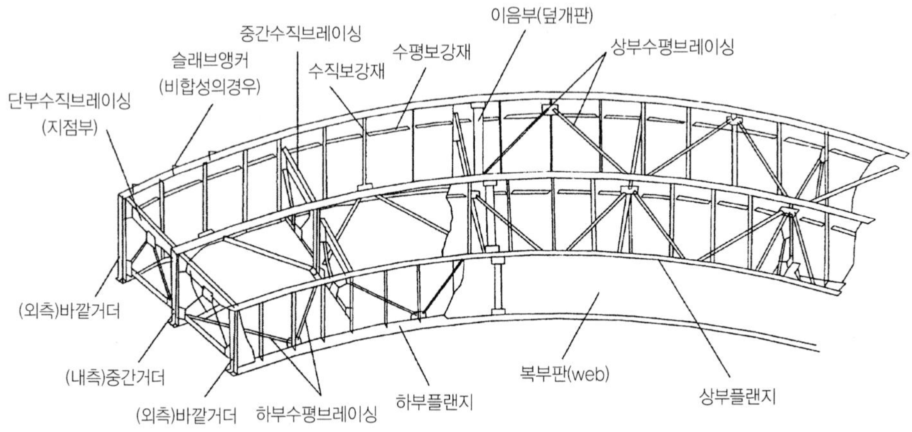

그림 1.4.5 (a) steel plate- I형 거더교의 각 부재의 명칭

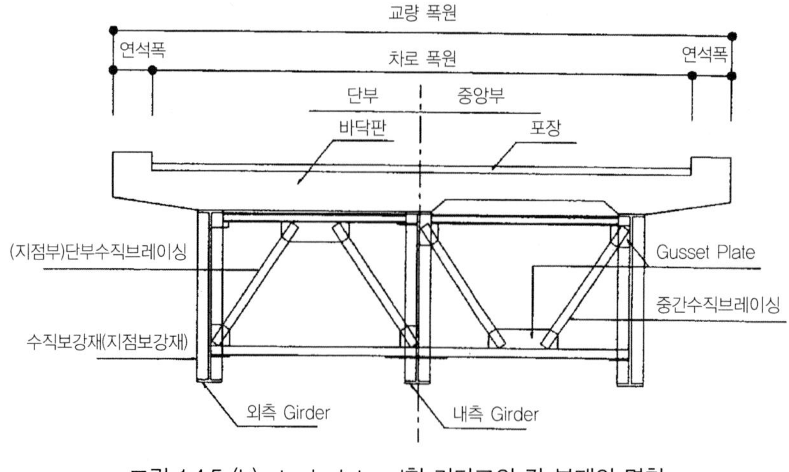

그림 1.4.5 (b) steel plate- I형 거더교의 각 부재의 명칭

(5) 강 박스거더교(steel box girder bridge)

강 박스거더교는 교량상부구조의 횡단면 형상이 강판으로 제작된 폐단면(상자모양)을 가진 거더교를 말한다. 박스거더의 배치형상에 따라 단일박스거더교, 박스거더를 병렬로 여러개 배치한 다주형박스거더교, web수를 3개 이상 가진 다중박스거더교가 있으며, 횡단면의 형상에 따라 사각형모양의 박스거더교, 역사다리꼴의 박스거더교, 및 U-자형 박스거더교가 있다. 또한 특수한 형태로 Double web 박스거더교, I-형 거더와 병용하는 박스거더교 등도 있다.

박스거더교의 주요명칭은 상부 flange · 강바닥판, 하부 flange, 복부(web), 세로리브, 가로리브, 다이아프램(diaphragm), 수직보강재, 수평보강재, 가로보(cross beam) 또는 바닥보, 세로보(stringer), bracket, bracing으로 구성되어 있다.

강 박스거더교의 각종 횡단면 형식은 그림 1.4.6과 같으며, 각 부재의 주요명칭은 합성(비합성)교의 경우는 그림 1.3.7(a), (b), 강바닥판교의 경우는 그림 1.4.8(a), (b)와 같다.

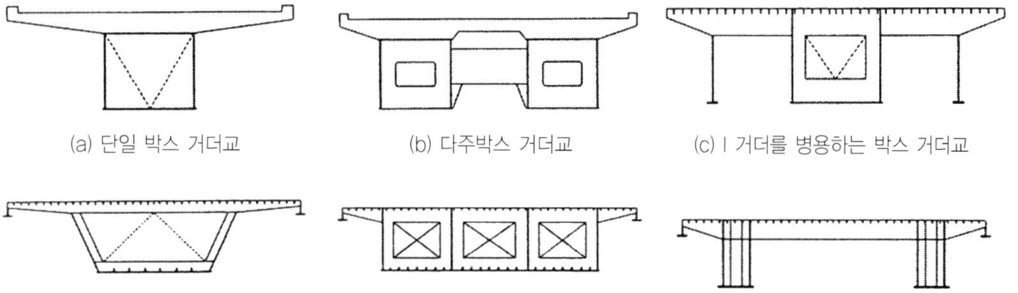

(a) 단일 박스 거더교 (b) 다주박스 거더교 (c) I 거더를 병용하는 박스 거더교

(d) 역사다리꼴 박스 거더교 (e) 다중박스 거더교 (f) 더블 웨브형 박스 거더교

그림 1.4.6 각종 형식의 박스거더교

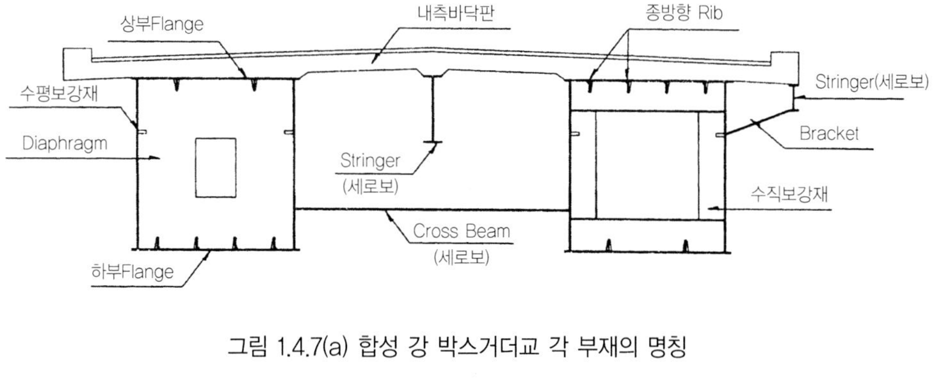

그림 1.4.7(a) 합성 강 박스거더교 각 부재의 명칭

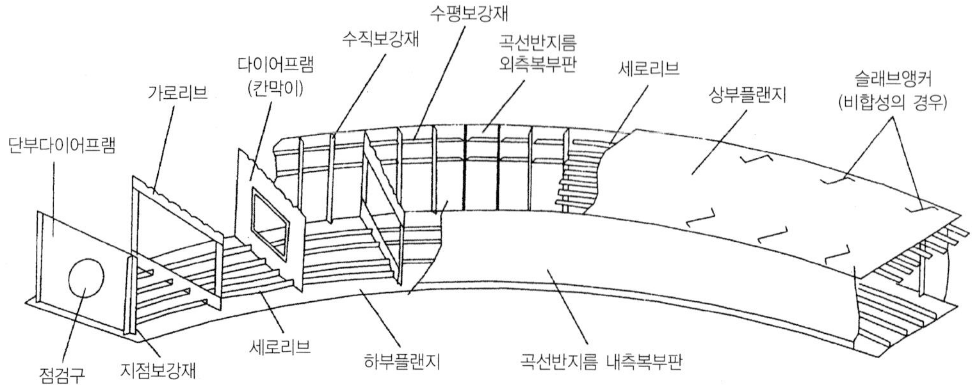

그림 1.4.7(b) 합성 강 박스거더교 각 부재의 명칭

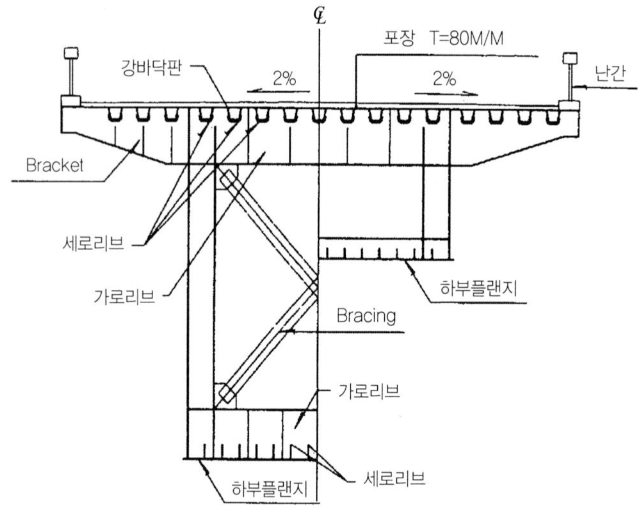

(a)

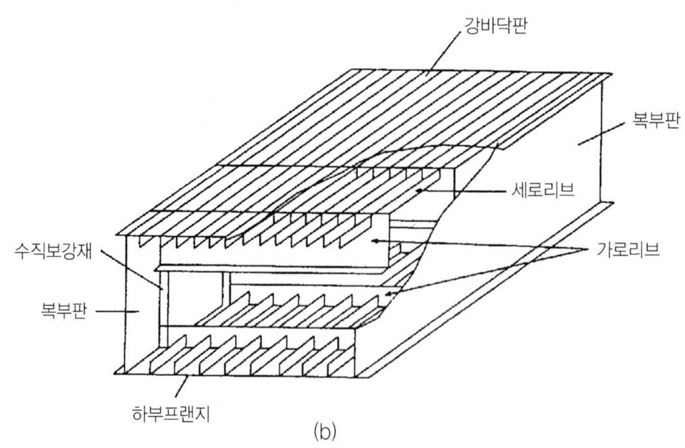

(b)

그림 1.4.8 강바닥판교 각 부재의 명칭

(6) Truss교의 명칭

트러스교는 직선부재의 양단을 마찰 없는 Hinge가 되게 하여 삼각형 모양으로 연속조합하여 작용하중을 지지하도록 하는 구조이며, 기본 삼각형을 기준으로 하여 차례로 마찰이 전혀 없는 Hinge로 직선부재를 조립한 구조를 이상트러스라고 한다.

트러스교를 구성하는 주요 구조는 그림 1.4.9와 같이 주트러스, 교문브레이싱, 단부수직재, 수평브레이싱(lateral beacing), 수직브레이싱(sway bracing) 및 바닥틀(floor system)로 구성되어 있다.

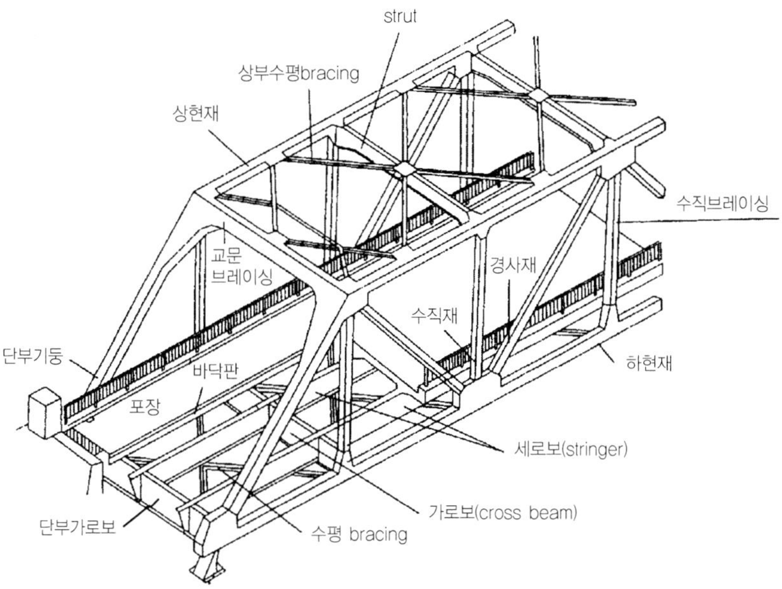

그림 1.4.9 하로 트러스교의 구성

1) 주트러스(main truss)

일반적으로 2개 이상으로 구성되어 있으며 수직하중으르 지지하고, 그 하중을 교대 · 교각에 전달한다.

① 현재(chord member) : 트러스의 외부형상을 형성하는 부재. 위쪽에 배치하는 부재를 상현재, 아래쪽에 배치되는 부재를 하현재라고 함.

② 단부기둥 : 트러스교의 단부를 형성하는 압축부재의 일종으로 하로 트러스교에서는 단부경사기둥, 상로트러스교에서는 단부수직기둥을 말함.

③ 복부재(web member) : 트러스의 상하의 현재를 연결하는 부재. 수직, 경사재를 말함.

2) 수평브레이싱(lateral bracing)

트러스 구조물에서 수평방향 하중(풍하중, 지진하중, 원심하중 등)에 구조물이 효과적으로 저항할수 있도록 주트러스를 횡방향으로 연결하는 구조부재. 경우에 따라서는 상 · 하현재, strut의 좌굴길이를 짧게 하는 역할을 한다.

① 상부 수평브레이싱 : 트러스교의 상현재에 설치한다.

② 하부 수평브레이싱 : 트러스교의 하현재에 설치한다.

3) 수직브레이싱(sway bracing)

주트러스의 상대변위를 방지하거나, 트러스교의 강성을 크게 하기 위하여 교축과 수직한 면내에 상·하현재를 연결하여 설치하는 골조구조를 말함.

4) 바닥틀(floor system)

바닥을 받들고, 그 받는 하중을 주트러스 격점에 전달하는 역할을 함. 바닥틀의 구성은 가로보(cross beam), 세로보(stringer)로 되어 있다.

(7) 강(鋼) 아치교(Steel arch bridge)교의 명칭

아치교(Arch bridge)는 주구조가 아치 또는 보강아치(braced arch)로 구성된 교량을 말하며 연직하중의 재하로 인해 생기는 반력이 효과적으로 작용하고 부재의 단면력을 줄일 수 있는 교량형식이다.

아치교를 구성하는 주요구조 명칭은 상로교는 그림 1.4.10, 하로교는 그림 1.4.11과 같다.

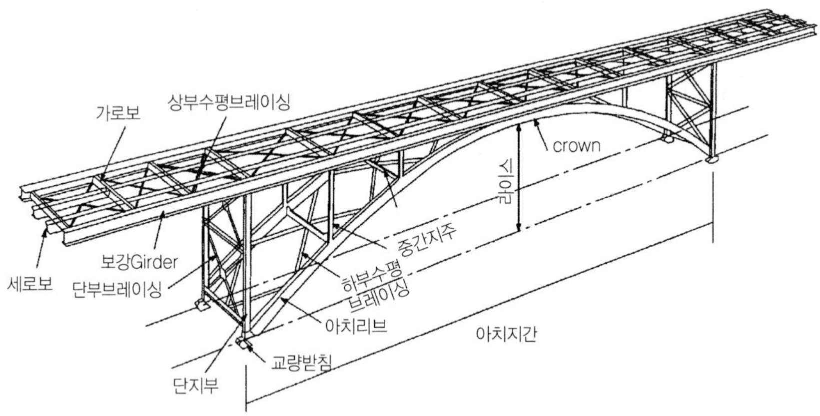

그림 1.4.10 상로 아치교의 구성

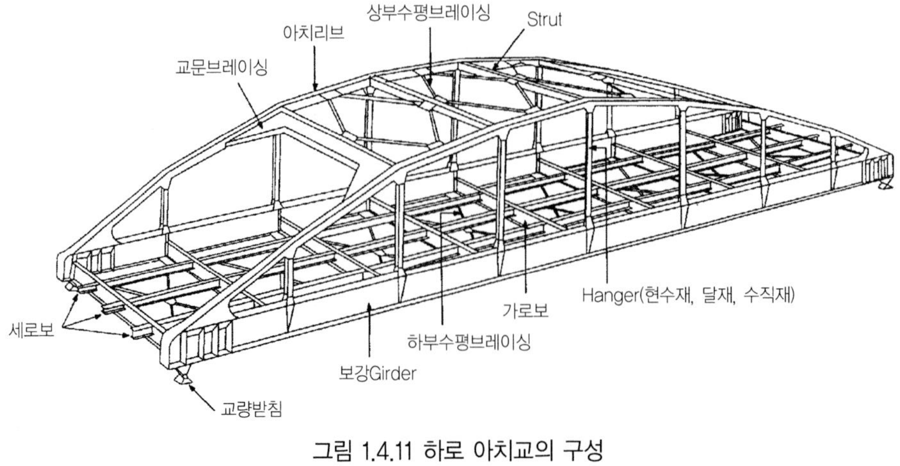

그림 1.4.11 하로 아치교의 구성

1.4.3 특수교량의 명칭

(1) 콘크리트 아치교의 명칭

콘크리트 아치교는 일반적으로 상로교에 적용하며, 복부부(Spandrel)를 기둥 또는 벽체로 하는 개복식 아치(Open spandrel arch)와 Spandrel부를 토사나 기타 재료로 채운 충복식 아치(Closed spandrel arch)가 있으며, 주요 부재의 명칭은 다음 그림 1.4.12와 같다.

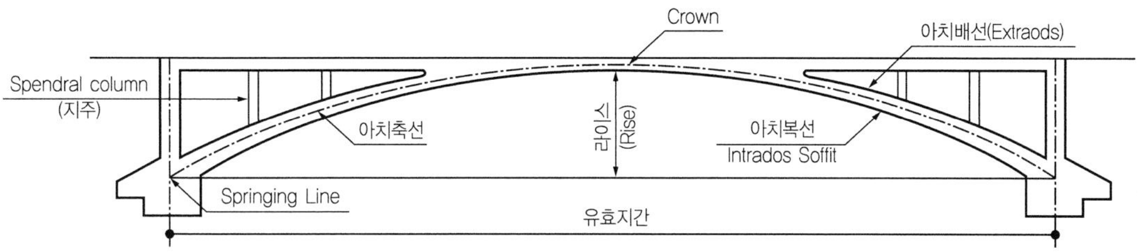

그림 1.4.12 개복식 아치(Open spandrel arch)교의 구성

1) 아치링(Arch Ring) : 아치부의 본체를 말한다.
2) 아치리브(Arch Rib) : 아치링과 동의적으로 사용하며, Box 단면의 경우 장방형 단면의 web를 지칭한다.
3) 아치축선(Axis of Arch) : Arch Rib 단면 중심선을 연결한 선을 말한다.
4) Arch crown : 아치구조의 정점을 말한다.
5) Springing Line : Arch Rib와 기초가 연결되는 아치지점을 말한다.
6) 아치배선(Extrados) : Arch Rib의 외측선을 말한다.
7) 아치복선(Intrados) : Arch Rib의 내측선을 말한다.
8) 라이스(Rise) : 아치축선의 양지점을 연결하는 선에서 Arch crown부의 높이를 말한다.

(2) 현수교의 명칭

현수교(Suspension bridge)는 교량 양기슭의 Anchorage와 주탑사이에 인장재인 Cable을 걸쳐서 그것에 Hanger에 의해 보강 girder 또는 보강트러스를 달아서 그 위에 바닥판을 설치하여 교통이 통행할 수 있도록 한 교량형식이다. 현수교를 구성하는 주요 구조부재는 주케이블(Main Cable), Hanger, 주탑(Tower), 보강Girder(Stiffening Girder) 및 Anchorage 등이 있으며 그림 1.4.13에 이를 표시하였다.

1) 주 케이블(Main Cable)

주부재는 인장재이며 옛날에는 체인, 바(bar)도 사용되었으나, 현재는 와이어 케이블이 주로 사용되고 있다.

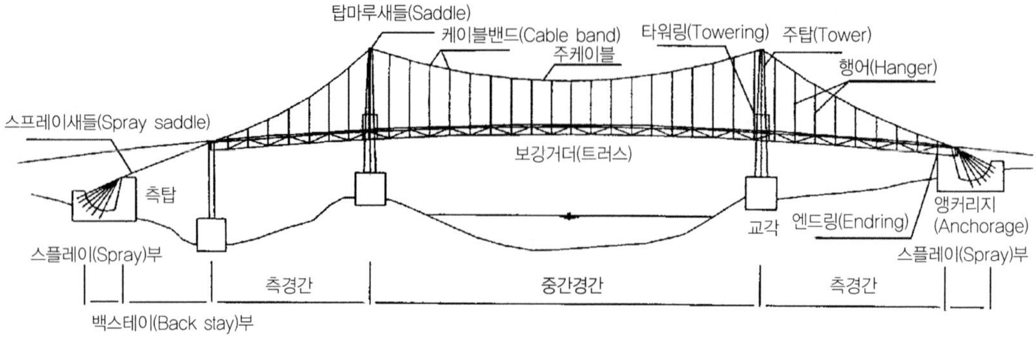

그림 1.4.13 현수교의 주요 구조부재 및 명칭

2) 앵커(Anchor)

케이블의 장력을 대지에 고정시키기 위한 것으로 중력식 앵커, 터널식 앵커 등의 형식이 있다. 자정식 현수교(자정식 현수교)에서는 케이블의 장력을 보강 형의 축력으로 전달시키므로 특별한 앵커는 설치하지 않는다.

3) 주탑(Tower)

케이블의 최고점을 지지하기 위한 것으로 탑마루에서 케이블을 교축방향으로 구속하지 않는 구조로 한다.

4) 보강거더 또는 보강 트러스

교량바닥에 작용하는 활하중을 분산시켜 변형하기 쉬운 케이블을 보강한 것이다. 보강거더가 없는 무보강 현수교도 있다.

5) 행어(Hanger)

교량바닥판 보강형을 케이블에 달아매기 위한 인장재이다.

(3) 사장교의 명칭

사장교(Cable stayed bridge)는 교량 중간의 교각이나 기초위에 세운 주탑(tower)으로부터 비스듬히 뻗힌 Cable로 주형(Main girder) 또는 Truss를 지지하는 교량 구조물이다. 사장교를 구성하는 주요 구조 부재는 주거더 또는 Truss, 경사cable(사재, stay cable), 주탑 등이 있으며, 그림 1.4.14에 이를 표시하였다.

(4) 석조 아치교(홍예교, 홍교)의 명칭 (참고자료)

석조 아치교(Masonry Arch Bridge)는 돌(석재)를 사용하여 건설한 아치교량을 말하며 상로교 형식의 충복식(Closed spandral) 아치교이다. 이에 대한 주요 명칭은 그림 1.4.15에 표시하였다.

자세한 명칭은 저자가 저술한 “우리의 옛다리”[반석기술] 제4장 4.5절 참고 바람

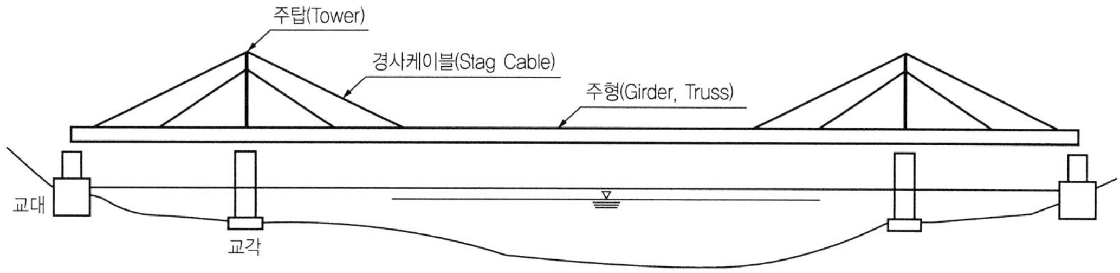

그림 1.4.14 사장교의 주요 구조부재 및 명칭

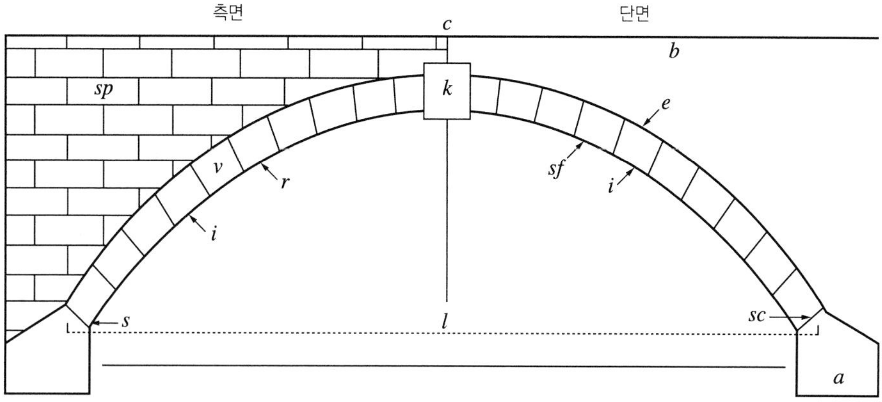

a 지대석(교대, abutment)	*i* 아치 복면(intrados)	*sc* 스규백(skew back)
b 뒷채움(Back filling)	*k* 이맛돌(정석 : key stone)	*sf* 소핏(soffit)
c 아치정첨(crown)	*l* 경간(span)	*sp* 무사석(spandrel)
e 아치 배면(extrados)	*r* 아치링(arch ring)	*v* 홍예석(아치석, 부소아 : arch stone, voussoir)
f 라이스(rsie)	*s* 스프링깅(springing)	

그림 1.4.15 석조 아치교의 주요 명칭

1.4.4 하부구조의 명칭

교량의 상부구조를 지탱하며 지반과 연결시키는 구조부분을 총칭하는 말로 교각과 교대가 하부구조에 해당된다. 여기서 일반적으로 지상에 있는 부분을 구체(body), 지중에 묻혀있는 부분을 기초(foundation)라 한다. 기초는 상부구조에 못지않게 중요한 부분으로 직접 보이지 않으며, 지반의 성질, 지지지반의 깊이에 따라 말뚝기초, 우물통기초 등 여러 가지가 있다. 하부구조는 주로 콘크리트 및 철근콘크리트로 축조하며 때에 따라서는 콘크리트와 강재의 합성구조 · 복합구조 형식을 사용하기도 한다. 기초는 상부구조를 지지하는 교대나 교각과 일체로 되는 경우도 많고, 경우에 따라 명확히 구분되지 않는 경우도 있다.

(1) 교대의 명칭

교대는 교량시 · 종점부에 위치하며 일반적으로 접속도로의 성토와 교량을 연결하는 하부구조로 상부구조의 반력과 배면의 토압을 동시에 받는 구조를 말한다.

1) 흉벽(parapet) : 교량받침대부 위쪽의 배면토압과 도로표면 재하하중을 지지하는 벽체부분.
2) 받침대(bearing seat) : 교량상부구조의 하중과 횡하중을 받는 교량받침이 놓이는 부분.
3) 구체부(body) : 배면토사를 보호하기 위해 구체에 설치하는 판.
4) 기초부(footing) : 교대가 받는 모든 하중를 기초에 전달하는 부분.
5) 날개벽(wing wall) : 토압과 노면재하하중을 지지하기 위하여 교대구체에 직각에 가깝게 설치한 벽.
6) 접속판(approach slab) : 교대배면의 침하에 의해 접속부의 단차가 일어나지 않게 설치하는 슬래브.

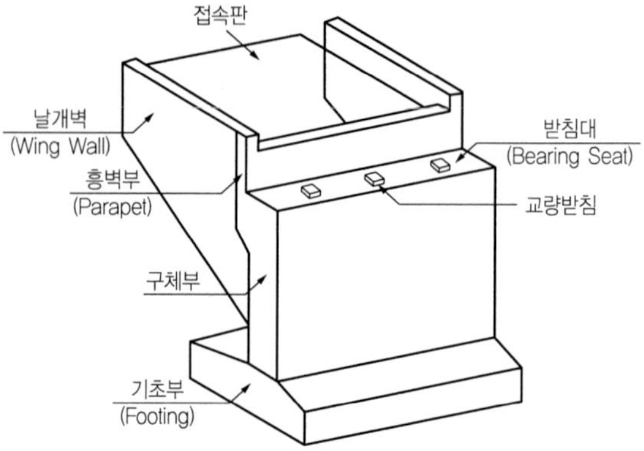

그림 1.4.16 교대 주요 세부 명칭

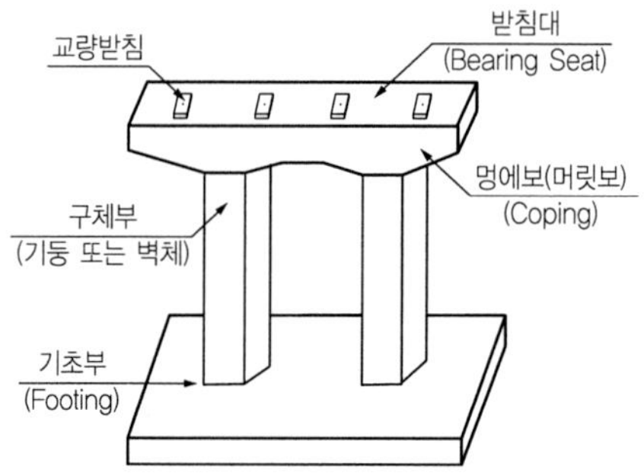

그림 1.4.17 교각 주요 세부 명칭

(2) 교각(pier)의 명칭

교량하부구조의 하나로 2경간 2경간 이상의 경우 중앙부에서 교대 또는 다른 교각과 함께 상부구조에서 작용하는 하중을 지지지반에 전달하는 구조부분을 말한다.

1) 멍에보(머릿보 : coping) : 교량상부구조의 하중을 받는 교량받침이 놓이는 기둥머리부에 있는 보.
2) 받침대(bearing seat) : 교량상부구조의 하중과 횡하중을 받는 교량받침이 놓이는 벽체나 보를 말한다.
3) 구체부(body) : 교각의 구체로서 상부하중과 횡하중를 지지하는 부분으로 벽체 형식과 기둥 형식등이 있으며 형상은 다양하다.
4) 기초부(footing) : 교각이 받는 모든 하중을 기초에 전달하는 부분.

1.5 교량의 분류

교량은 사용용도, 사용재료, 노면의 위치, 교량의 평면형상, 교량의 평면선형, 가설지점, 교량의 가동 여부, 내용년수, 설계하중, 구조형식 등에 따라 분류할 수 있으나, 이들을 복합적으로 고려하여 형식을 분류하기도 한다.

1.5.1 사용용도에 따른 분류

교량의 이용자의 사용용도에 의한 분류로서 일반적으로 아래와 같이 분류한다.

(1) 도로교 : 도로를 개설할 때 가설하는 교량을 총칭하며 노면에 전차 다니는 교량, 보도교(인도교)가 포함된다.

(2) 철도교 : 철도를 개설할 때 가설하는 교량을 총칭하며 철도교라고 한다. 즉 철도 선로를 통과시키는 교량을 말한다.

(3) 수로교 : 수도용, 관개용수로, 수력발전수로 등을 통과시키는 교량을 말한다.

(4) 관로교(管路橋) : 수로에 관로를 사용하는 교량을 말하며 상수도, 석유 등을 하천, 항만 계곡 등을 통과할 수 있도록 가설하는 교량이다.

(5) 보도교 : 사람만 통행하도록 가설하는 교량을 말한다. (육교, 구름다리, Viaduct)
(참고) 육교(陸橋)는 일본어라고 판단되며 우리 말로는 "구름다리"라 하는 것이 타당함.

(6) 운하교 : 운하를 통과하는 교량을 말한다.

(7) 군용교 : 군사작전을 목적으로 사용되어지는 교량을 말한다. ; 일반적으로 응급시 놓는 교량으로 가변성이 있고 조립식의 형태가 많다. 즉 군이 도강작전 시 전차, 작전용차량 및 군인이 통과하도록 가설하는 부교, 조립식 비축강교, 군사작전도로 상에 가설하는 교량을 총칭하여 말한다.

(8) 공용교(병용교) : 2가지 이상의 용도 즉 이종의 수송로를 동시에 사용토록 가설하는 교량을 말한다.

(예) 보도교+도로교, 철도교+보도교, 철도교+도로교(서울지하철7호선 청담대교, 영종대교), 도로교+관로교, 관로교+철도교 등

일반적으로 관로의 경우는 특별한 경우를 제외하고는 교량의 부착시설물로 취급하여 설계 · 시공하며 교량의 부착시설물은 상수도관, 통신cable, 전력cable 등이 있다.

1.5.2 사용재료에 따른 분류

(1) 목교(木橋, 나무다리)

목재를 사용하여 가설한 교량을 말한다. 옛날에는 산림이 울창하여 목재를 쉽게 구할 수 있어 목교를 많이 가설하였으나, 지금은 산간지방에서도 보기 드물다. 간혹 관광지에 미관을 위해 건설하는 경우를 제외하고는 없다. 내하력과 내구년한이 짧고, 불에 약하기 때문에 차츰 소멸되고 있는 실정이다.

(2) 석교(石橋, 돌다리)

돌로 만든 교량으로서 지간이 짧은 경우에는 널다리(보다리), 장지간에는 홍예교를 많이 만들었다. 내구년한이 길기 때문에 옛날에는 많이 만들었으나 철근 콘크리트가 나옴으로써 특정 목적 이외에는 거의 석교는 가설하지 않는 실정이다.

(3) 강교(鋼橋)

현재 장대 교량에서 제일 많이 가설하는 교량으로써, 교량에 사용되는 강재는 보통 탄소강 중의 구조용 압연강재이다.

(4) 철근콘크리트교

시멘트, 모래, 자갈 및 철근을 재료로 하여 가설하는 교량으로써 철근콘크리트의 개발은 오래되지 않았으나 사용성이 용이하여 여러 가지 형식의 교량을 만들 수 있고, 내구성, 내하력이 우수하며, 유지관리비가 저렴하여 현재 가설하는 중소 교량의 대부분을 차지하고 있다.

(5) Prestressed concrete교(PSC교)

철근 콘트리트와 비슷하나, 강도가 큰 콘크리트를 사용하고, 고장력의 P.S강재에 Prestress를 주어 내하력을 증진시킨 교량이다. 현재 우리나라에서 가설하고 있는 25.0m 이상의 지간의 콘크리트 교량은 거의 PSC교이다.

(6) 경금속교

고장력 알루미늄 합금을 주재료로 한 교량이다.

(7) 경량골재 콘크리트교

콘크리트교에서 골재를 가벼운 재료로 사용하여 가설하는 콘크리트교이다. 교량의 자중을 줄여 지간을 길게 하기 위하여 사용하고 있다.

(8) 합성교(복합재료교)

2가지 이상의 재료를 이용하여 교량의 상부구조를 건설하는 교량으로서 각 사용재료의 장점을 최대한 활용하는 것으로 합성 Steel Box Girder교 · I형 Girder교, 철근 콘크리트교, PSC Beam교 등도 여기에 속한다.

1.5.3 노면의 위치에 따른 분류

(1) 상로교(Deck Bridge)

노면이 교량의 Girder, Beam, Truss, Arch 위에 있는 교량을 말한다. 우리나라에 건설되어 있는 중소 교량의 90% 이상이 상로교에 속한다.

(2) 중로교(Half Through bridge)

노면이 교량 상부구조 종단면의 중간부근에 있는 교량을 말한다. 중로교는 Arch교, Truss교 등의 형식에서 많이 적용하며, 우리나라의 한강상의 교량 중에 방화대교가 대표적인 예이다.

(3) 하로교(Through bridge)

교량의 노면이 교량 상부구조의 종단면 아래쪽에 있는 교량을 말한다. 우리나라의 대표적인 하로교는 Arch교로서는 한강대교, Truss교로서는 한강의 동호대교, 동작대교 등의 다수의 Truss교가 있다.

(4) 이층교(Double-Deck Bridge)

교량의 노면이 2층으로 나누워진 교량을 말한다.

이층교는 ;

1) 도로는 상로, 철도 또는 전철은 중로(서울지하철 7호선 청담대교, 영종대교)
2) 도로는 중로, 철도 또는 전철은 하로로 하는 경우
3) 도로는 상로, 철도 또는 하로로 하는 경우의 3가지 형식이 있다.

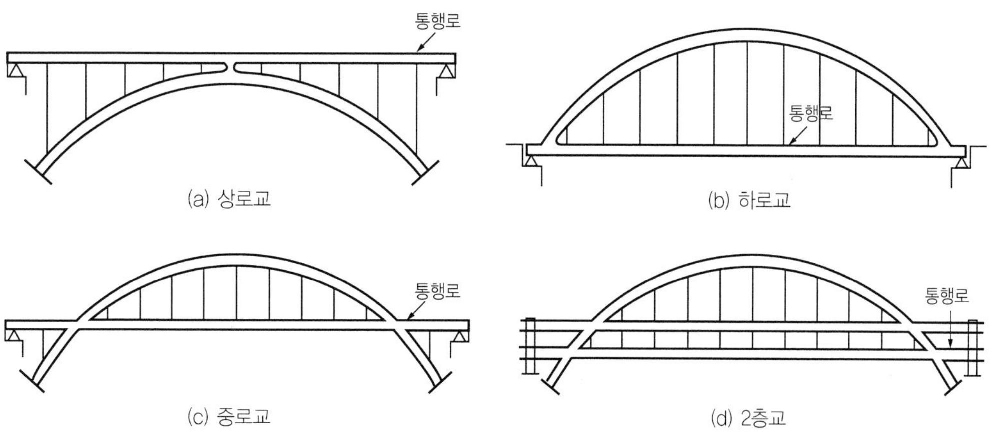

그림 1.5.1 교량의 노면 위치에 의한 분류

1.5.4 교량평면 형상에 따른 분류

(1) 직교(Righr Bridge)

교량의 평면형상이 교량 교축방향에 직각으로 가설하는 교량

(2) 사교(Skew Bridge)

교량의 평면형상이 교량 교축방향에 사각으로 가설하는 교량

(3) 곡선교(Curved Bridge)

교량의 교축선이 곡선을 이루는 교량

(4) 제형교(사다리꼴교)

교량의 평면에서 시 · 종점부의 폭이 다른 교량

(5) Haunch교(Taper교)

교량의 시점부 또는 종점부에 교량의 일부분을 확폭하는 교량. 이러한 교량의 형식은 교차로 부근에 교량을 가설할 때 차량의 좌 · 우 회전이 용이하게 하기 위해 많이 적용한다.

(6) 상기의 (1)~(5)의 경우를 복합적으로 조합하며 교량을 가설하는 경우가 많다.

(예) 사교+곡선교, 제형교+사교, 제형교+곡선교, 사교+Hounch교

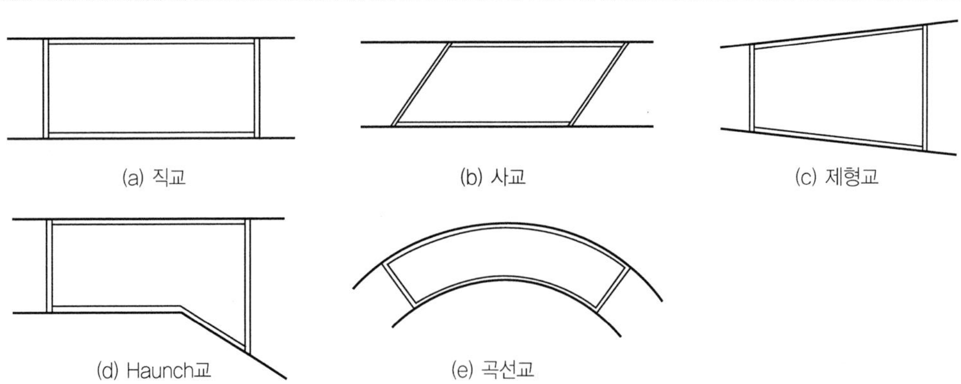

그림 1.5.2 교량의 평면형상

1.5.5 가설 위치에 따른 분류

(1) 하천교{Bridge crossing a river(stream)}

하천을 통과하는 교량을 말한다.

(2) Over Bridge

도로, 철도를 횡단하는 교량을 말한다. 일반적으로 철도를 횡단하는 교량을 과선교, 도로를 횡단하는 교량을 과도교라고 부르기도 한다.

(3) 고가교(Elevated Bridge)

도시의 시가지를 관통한다거나, 농경지 또는 기타 장애물을 횡단하는 교량을 총칭하여 부른다.

(4) 연육교

육지에서 섬을 연결하는 교량을 말한다. 우리나라의 대표적인 교량은 부산의 영도대교, 여수의 돌산대교, 진도의 진도대교, 남해의 남해대교 등이 있다.

(5) 연도교

섬과 섬을 연결하는 교량을 말한다. 우리나라의 대표적인 교량은 신안군의 각 섬과 섬을 연결하는 교량, 비금-도초간, 자은-암태간, 안좌-팔금간 연도교, 남해의 창선대교 등이 있다.

(6) 잠수교(Submerged Bridge)

일명 수침교라고도 하며 하천에 가설되어 지는 교량으로 노면이 평소에는 수면보다 위에 있지만 홍수시에는 교량의 상부노면이 수중에 잠기도록 가설한 교량을 말한다.

노면을 낮은 위치에 설치하였으므로 하부구조를 작게 할 수 있고, 비교적 적은 건설비용으로 가설할 수 있는 이점은 있지만 홍수시에는 교통차단이 되는 결점이 있다. 우리나라의 대표적인 교량은 서울 한강에 건설되어 있는 잠수대교이다.

(7) 부교(Pontoon Bridge, Bateau Bridge, Floating Bridge, 浮橋, 舟橋)

수상에 배를 나란히 띄워놓고 그 위에 복공을 하여 차량이나 사람이 통행할 수 있게 건설한 교량을 말한다. 즉 교각이 없이 교량의 자체 부력을 이용하여 가설하는 교량이다.

현재 우리나라에서는 하천에 놓인 교량은 없으며 군사작전용으로 임시로 가설하는 경우가 있다.

(8) 잔교(棧橋 : Landing Pier or stage)

주로 항만의 선착장에 많이 건설하는 교량으로써 교체에 보를 설치하여 슬래브를 붙이는 교량을 말한다. 평면형식에 돌출부두 전면을 잔교 구조로 하는 돌출잔교, 육지에 접하는 횡잔교(편잔교), 섬, 부두의 본체를 이루는 섬잔교 등이 있다.

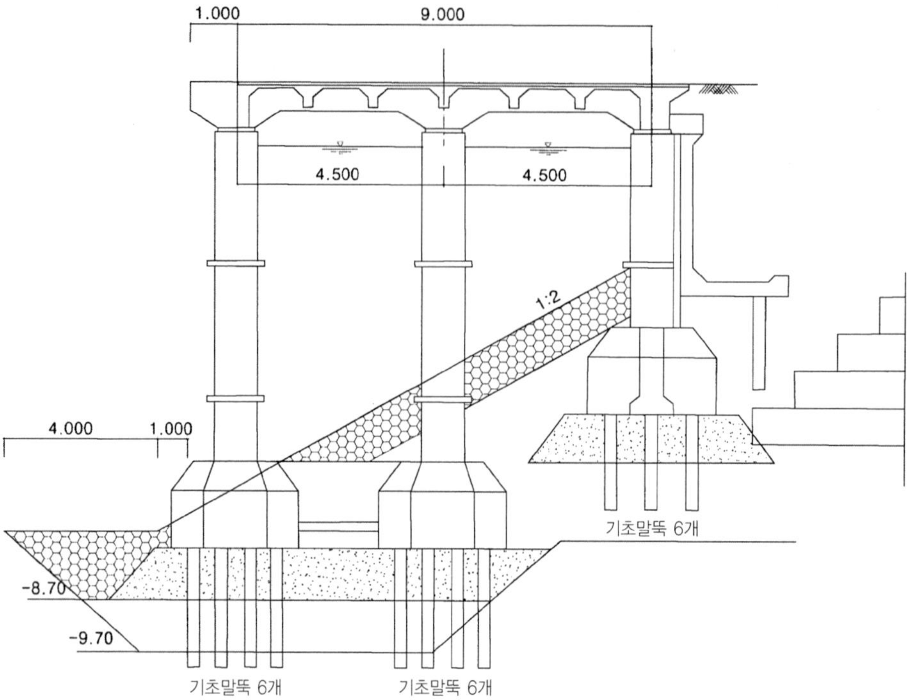

그림 1.5.3 잔교의 단면도 (예)

(9) 부잔교(Floating pier)

항만에 화물의 하역 및 승객의 승선을 위하여 설치하는 교량으로서 육안(陸岸)으로부터 어느 정도 거리를 떨어져 Pontoon이라고 불리우는 상자선을 띄워서 이것과 육지와의 사이에 도교(Tranfer Bridge)를 가설하여 연락하고, Pontoon에 배를 접안시키는 계선시설이다.

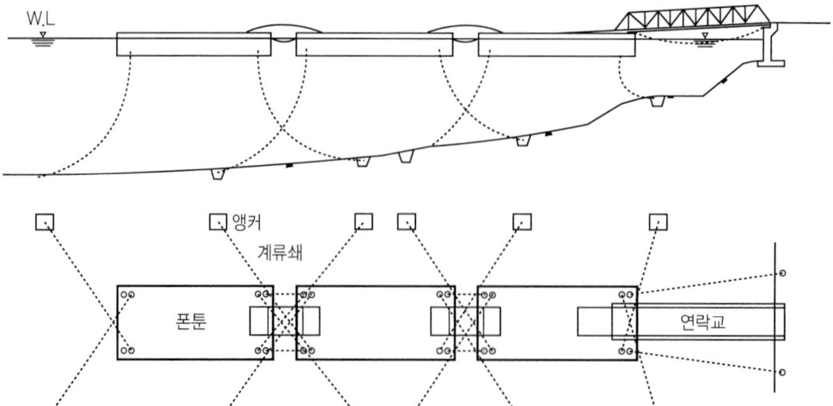

그림 1.5.4 부잔교 (예)

1.5.6 교량의 가동여부에 따른 분류

하천이나 항로 또는 항만을 횡단하는 교량의 다리밑 공간 부족으로 선반의 항행에 지장을 초래할 때 가설하는 교량으로 교량의 상부구조를 개폐하는 교량을 총칭하여 가동교(Movable Bridge)라고 한다.

(1) 도개교(Bascule Bridge)

교량의 상부구조를 교축에 수직한 수평축을 중심으로 하여 위로 들어 올려서 교량의 상부구조를 개폐하는 방식의 가동교를 말한다. 개폐되는 상부구조(Girder)가 하나 인 것을 1엽 도개교(Single-leaf Bascule Bridge), 양쪽으로 개폐하는 것을 2엽 도개교(Double-leaf Bascule Bridge)라고 한다. 우리나라에서 유일한 가동교는 부산 영도대교이며 현재는 사용하지 않고 있다. (그림 1.5.5 참조)

(2) 승개교 또는 승강교(Lift Bridge)

교량 상부구조 양 끝에 탑을 설치하여 탑을 이용하여 Girder를 수직으로 승강할 수 있도록하여 개폐하는 가동교를 말한다. 우리나라에서는 포항시에서 설계하여 가설할려고 시도하였으나, 시행단계에서 계획자체를 변경하였다. (그림 1.5.6 참조)

(3) 선개교 또는 선회교(Swing Bridge)

교량의 상부구조 2-SPAN을 교각의 수직축을 중심으로 하여 수평방향으로 회전하도록 하여 개폐하는 가동교를 말한다. (그림 1.5.7 참조)

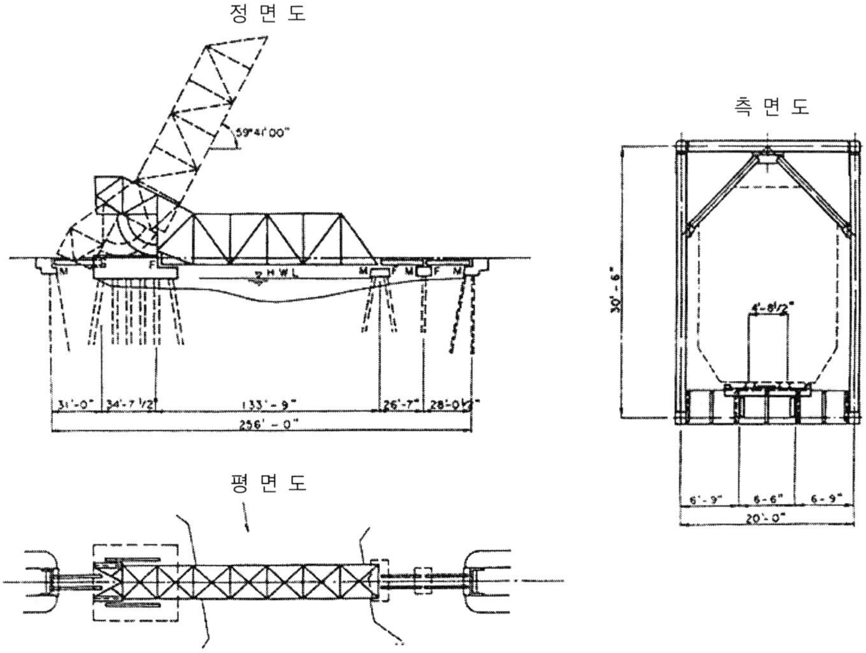

(a) 1엽 도개교 (예)

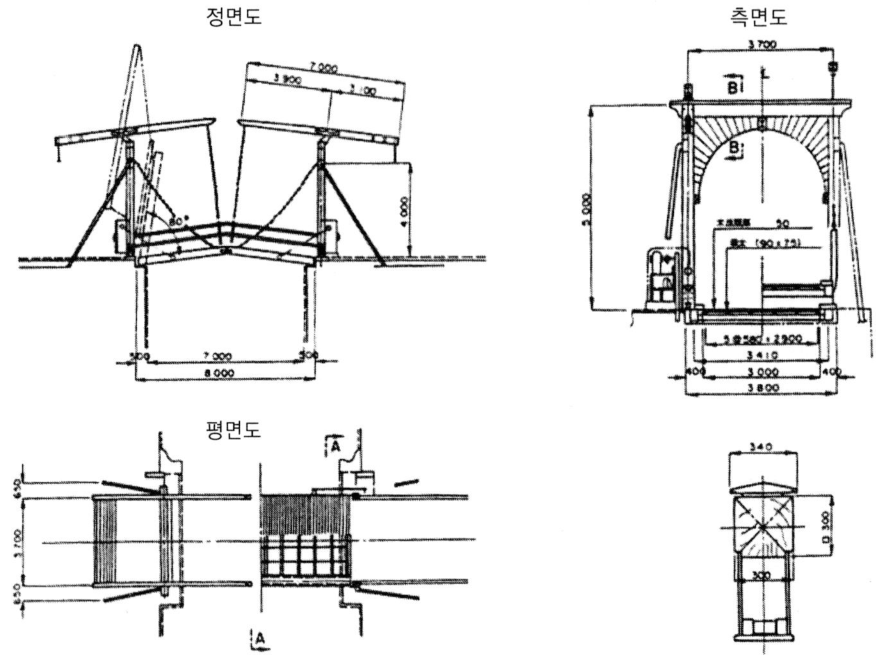

(b) 2엽 도개교 (예)

그림 1.5.5 도개교 형식 예

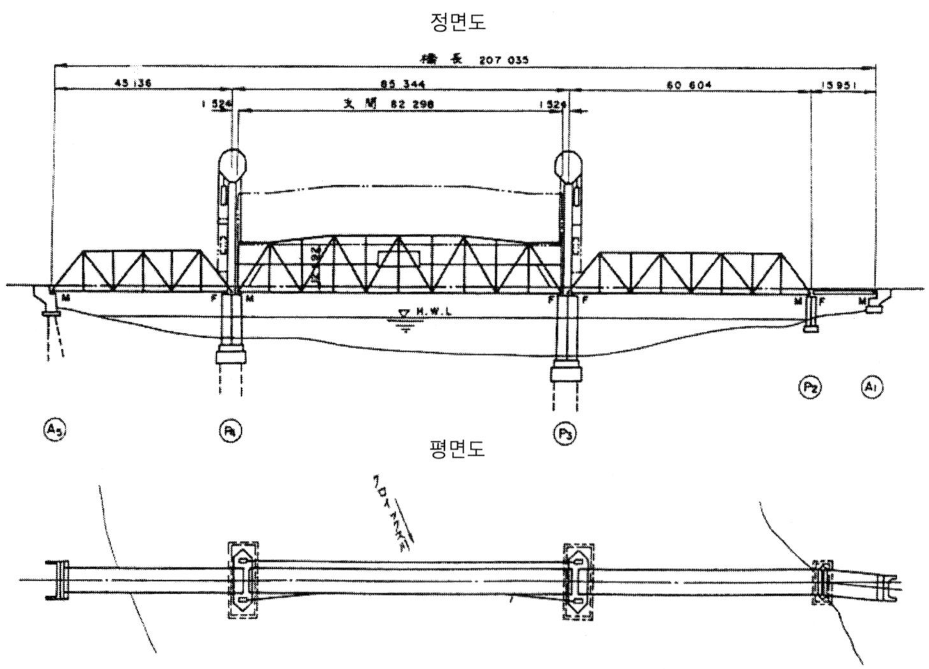

그림 1.5.6 승개교(Lift Bridge) 예

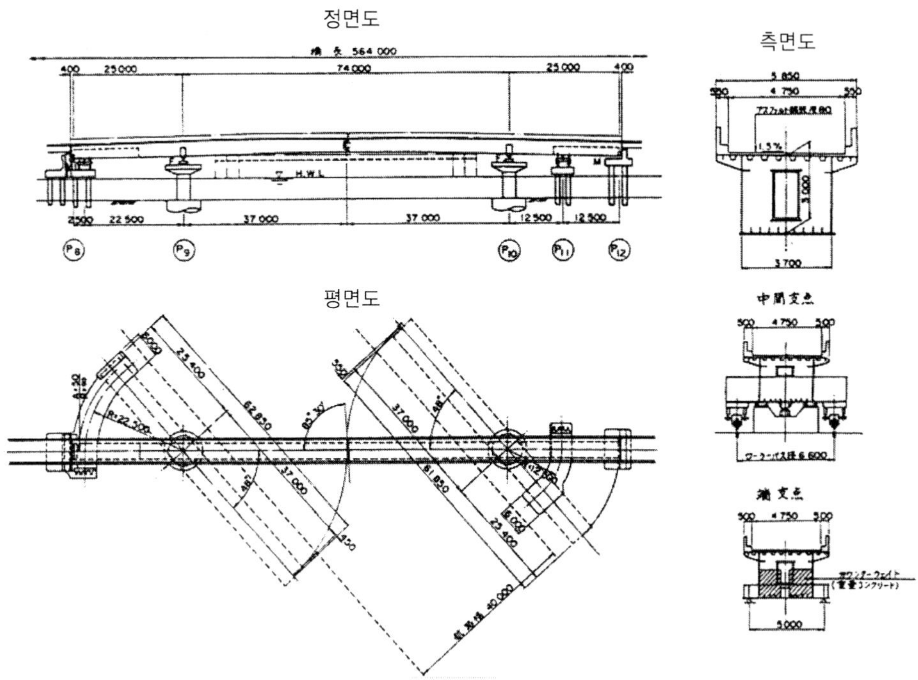

그림 1.5.7 선개교(Swing Bridge) 예

(4) 전개교(Rolling Bridge, Rolling Draw Bridge, Pull Back Draw Bridge)

교량의 상부구조를 차륜이나 Roller에 의해 편측으로 끌어들여 교량의 Girder를 개폐하는 가동교를 말한다. (그림 1.5.8 참조)

공항의 Boarding Bridge의 예가 많다.

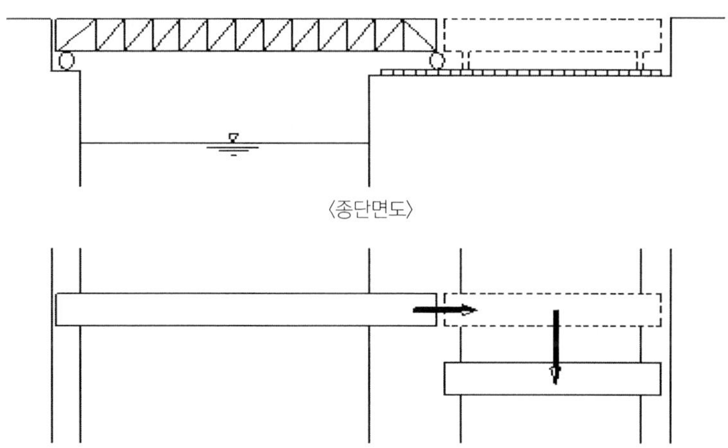

그림 1.5.8 전개교

1.5.7 구조형식에 따른 분류

(1) Beam교, Girder교

상부구조의 주체가 Beam 또는 Girder가 주체가 되는 교량을 말한다.

[예] T빔(거더)교, I 형거더교, 박스거더교 등이 여기에 속한다.

(2) Slab교

상부구조가 판으로 된 교량형식을 말한다.

[예] Slab교, 속빈Slab교, PSC Slab교 등이 있다.

(3) 격자교

상부구조가 가로보와 세로보를 격자(문살)모양으로 배치하고 노면을 Slab로 한 교량을 말한다.

[예] Steel box girder교, Steel I 형 girder교, 하천의 복개교, 항만 접안시설의 잔교가 있다.

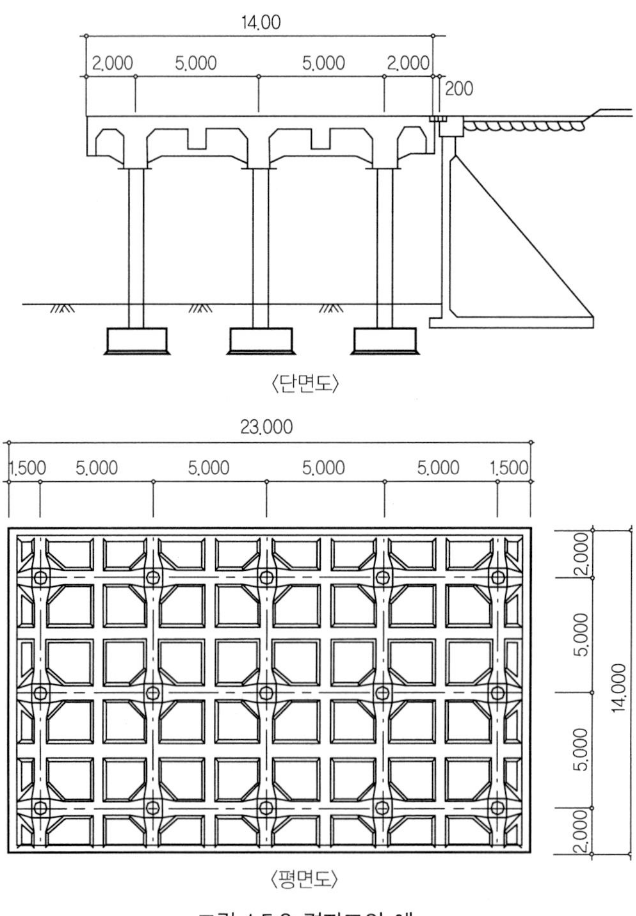

그림 1.5.9 격자교의 예

(4) Rahmen교

교량의 상부구조와 하부구조가 일체로 된 교량의 형식을 말한다. 즉 라멘구조를 주체로하여 건설하는 교량을 라멘교라고 하며 주된 사용재료는 철근콘크리트 구조, PSC 구조, 강구조 등이 있다.

또한 트러스 구조에서 사재를 없애고 현재와 수직재를 강결시킨 비렌딜(피랜델)교(Vierendeel Bridge)는 외국에서 많이 채용되고 있다.

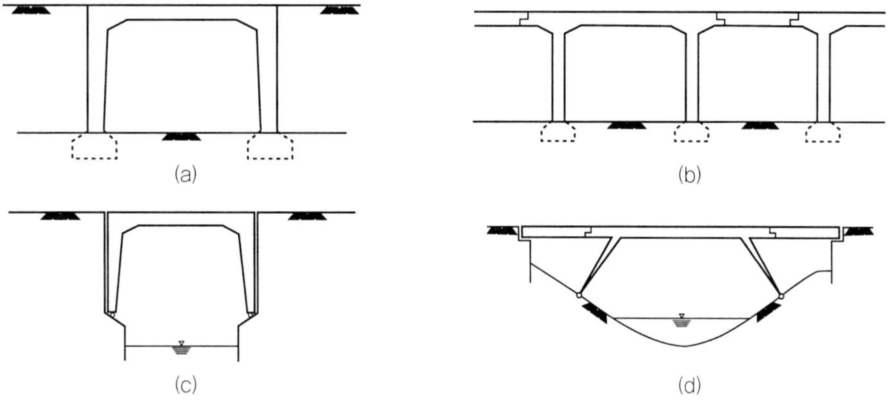

그림 1.5.10 라멘교

그림 1.5.11 비렌딜교

(5) 트러스교(Truss Bridge)

몇 개의 직선부재를 한평면 내에서 양단을 마찰이 없는 Hinge로 삼각형 모양으로 조립하고, 이 기본 삼각형을 기준으로 하여 차례로 마찰이 없는 Hinge로 직선부재를 조립한 삼각형의 뼈대구조를 트러스라고 하며, 트러스를 이용한 교량을 트러스교라고 한다. 교량에 많이 사용되는 트러스형식은 다음 그림 1.5.12와 같으며 이중에서 Warren Truss와 Pratt Truss가 가장 많이 사용되고 있다.

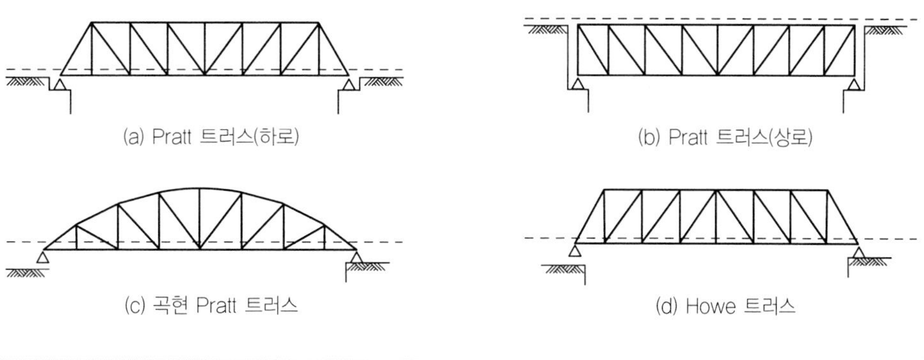

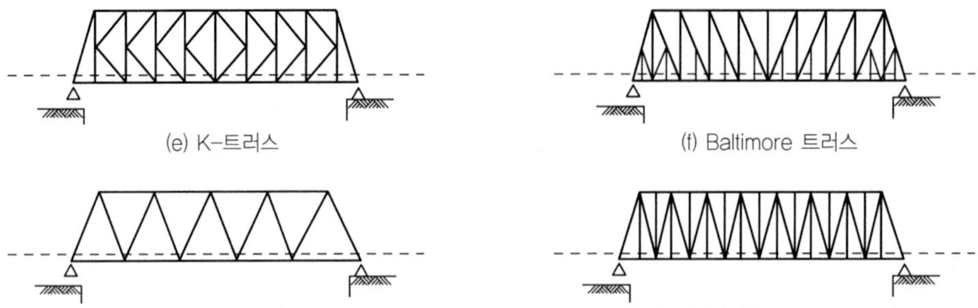

(e) K-트러스　(f) Baltimore 트러스

(g) Warren 트러스　(h) 수직재가 있는 Warren 트러스

그림 1.5.12 교량에 많이 사용되는 Truss 형식

(6) 아치교(Arch Bridge)

교량의 주체인 Arch 부재에 압축력만 발생케 하는 아치구조의 성질을 이용한 교량형식이다. 아치교는 교량바닥판에 작용하는 차륜하중을 Hanger 또는 기둥 등을 통하여 Arch Rib에 전달하고, 이 Arch Rib를 통하여 지반으로 전달케 하는 구조체계를 갖고 있다. Arch교는 사용재료에 의해 석조 아치교, 콘크리트 Arch교, 강 Arch교 등으로 구분한다.

1) 석조 아치교 : 석조 아치교는 상로교로서 Spandrel를 토사나 기타 재료로 채운 충복아치(Closed spandrel Arch) 구조의 교량을 말한다.

2) 콘크리트 아치교 : 콘크리트 Arch교는 상로교로서 Spandrel부에 기둥 또는 벽을 설치하여 노면의 하중을 Arch Rib에 전달하도록 하는 Arch(Open spandrel Arch)와 토사나 기타 재료를 spandrel에 채운 충복 아치(Closed spandrel Arch) 구조가 있다.

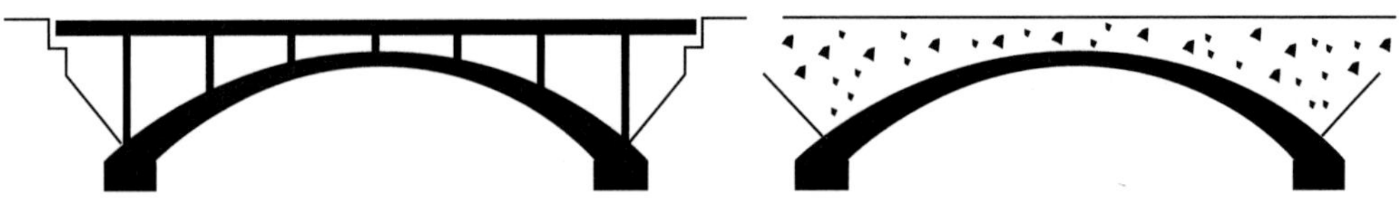

(a) 개복식 아치　(b) 충복식 아치

그림 1.5.13 콘크리트 아치교 종류

3) Steel Arch교(강아치교) : Arch 작용에 의해 발생하는 수평 반력을 기초지반에 직접 전달하는 것과 타이(Tie)에 의해 분담시키는 것으로 분류하고, 또 Arch Rib의 형식에 따라 분류한다.

① **아치교를 구조계에 따라 분류하면** (a) 3힌지 아치교(Three hinged Arch Bridge), (b) 2힌지 아치교(Two hinged Arch Bridge), (c) 1힌지 아치교(One hinged Arch Bridge), (d) 고정 Arch교(Fixed Arch Bridge), (e) 타이 아치교(Tied Arch Bridge)가 있다.

② **아치리브 형식에 따른 분류를 하면** (a) 리브(Rib)가 충진되어 있는 즉 통단면으로 된 아치교를 Solid Rib Arch교라고 하고, (b) 리브(Rib)가 Truss 형식으로 된 것을 Braced Rib Arch교라고 하고,

(c) 아치리브와 교량바닥판 사이 즉 Spandrel부를 뼈대(Frame)로 한 것을 Spandrel Braced Arch교라고 한다.

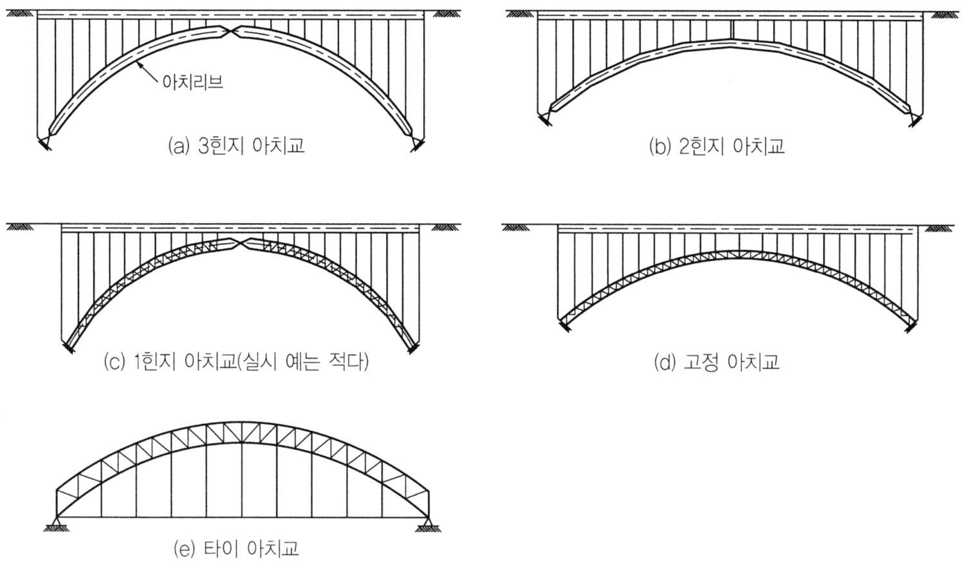

(a) 3힌지 아치교 (b) 2힌지 아치교 (c) 1힌지 아치교(실시 예는 적다) (d) 고정 아치교 (e) 타이 아치교

그림 1.5.14 구조계에 따른 아치교의 분류

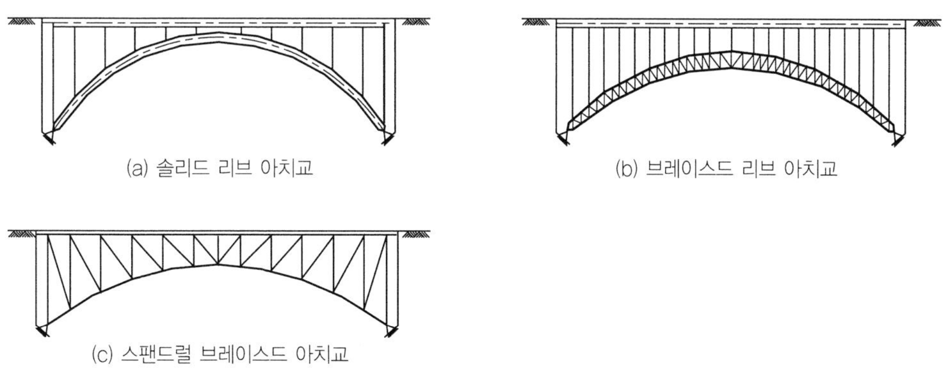

(a) 솔리드 리브 아치교 (b) 브레이스드 리브 아치교 (c) 스팬드럴 브레이스드 아치교

그림 1.5.15 아치 Rib 형식에 따른 Arch교 분류

③ 기타 아치형식의 교량

(A) 타이드 아치교 (Tied Arch Bridge)

다음 그림 1.5.16과 같이 아치의 양단을 Tie로 연결하면 지점에서 일어나는 수평반력을 Tie가 받게 되어 수평반력이 발생하지 않는다. 이 구조는 내적으로는 1차 부정정이나 외적으로 정정이므로 반력은 단순 보에서와 같은 계산방법을 그대로 쓸수 있다. 이러한 Arch를 Tied Arch라고 한다.

타이드 아치교는 Arch의 정의는 벗어나지만 응력해석이 2-Hinge Arch와 거의 같음으로 아치류에 예속시킬 수 있다.

그러나 가설시의 어려움은 물론 경제적인 측면에서 매우 불리한 단점이 있다. 우리나라에서 이 교량 형식의 교량으로 한강대교(제1한강교)가 있다.

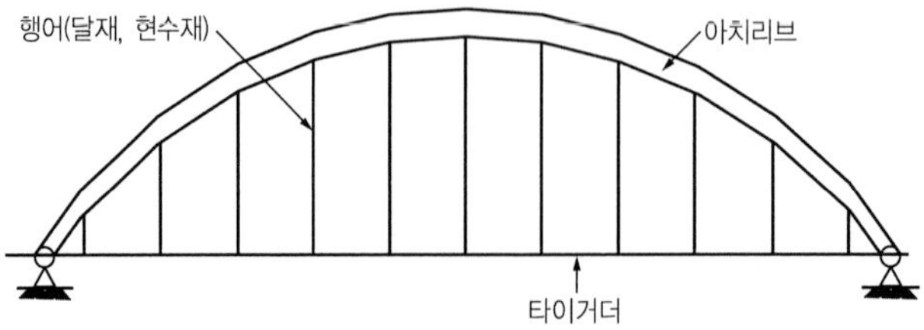

그림 1.5.16 타이드 아치교

(B) 랭어교(Langer Bridge)

이 구조의 고안자인 오스트리아의 기사 Langer의 이름을 딴 것으로 아치리브와 수직재(Hanger : 현수재)의 결합은 핀(Pin) 결합이라고 가정하며, 보강Girder(Girder 또는 Truss)를 이용하여 안정된 형상이 된다. 아치부재에는 작용하중에 의해 축방향력만 발생하는 것으로 설계한다. 따라서 로제교에 비하면 아치부재의 단면이 작아지고 수직(현수재)와 아치부재의 격점(연결점)의 구조가 간단해 진다. 일반적으로 하로교에 많이 적용되며 상로교 형식에서는 역랭어교(Stabbogen)이라고 불리며, 아치부재에는 축방향 압축력만 발생하는 것으로 설계한다.

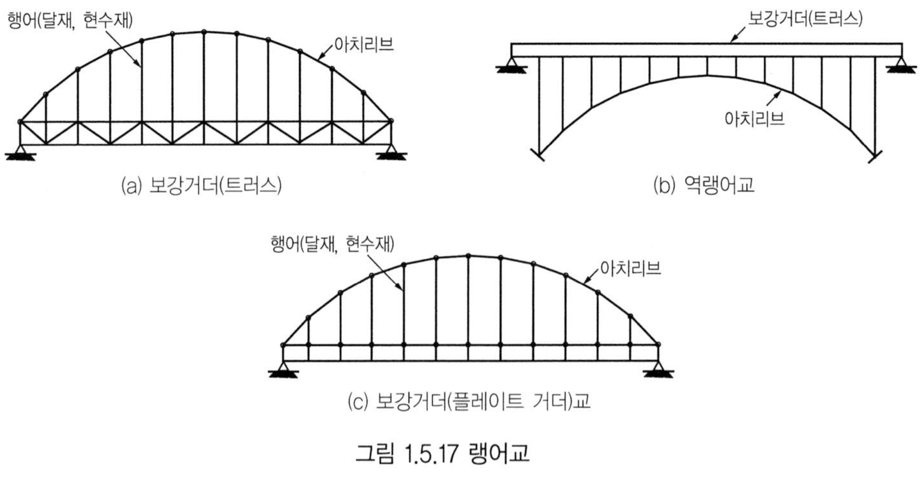

그림 1.5.17 랭어교

(C) 로제교(Lohse Bridge)

교량의 상현재(아치부재) 및 하현재(보강형)를 구성하는 2개의 휨강성이 있는 부재를 그 양단에 연결하고, 또한 양현재의 중간을 양단 Hinge의 수직재로 연결한 거더구조로 일반적으로 Langer Girder와 Solid Rib 충복타이 아치의 중간적인 성질을 가진 구조물이다. 즉 Langer교와는 달리 아치부재에 축방향력 이외 휨모멘트와 전단력이 발생하는 것으로 설계한다. 양단에서 아치부재와 보강형은 Hinge나 강결부재로 결합시킬수 있으나 일반적으로 강결구조로 설계하고 있다. 상로교 형식은 역 Lohse교라고 불린다.

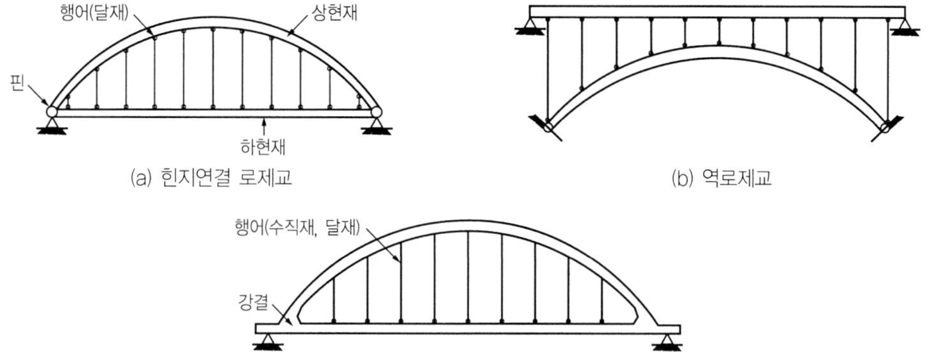

(a) 힌지연결 로제교

(b) 역로제교

(c) 강결로제교

그림 1.5.18 Lohse교

(D) 닐슨교(Nielson Bridge)

닐슨교는 O.F Nielsen에 의해 제안되었으며, 1929년 스웨덴에서 특허권을 얻은 교량형식으로 Langer Girder의 수직재 대신 사재를 사용한 것을 종래에서는 Truss Langer라고 칭하였다. 이에 대해 스웨덴에서는 Tied Arch, Langer Girder 및 Lohse Girder 등 Arch 부분을 가진 교량형식의 수직재(Hanger)를 warren Truss형으로 조립한 Flexible한 경사재(Hanger) [Rod. Cable]로 치환한 교량을 Nielsen System Bridge(닐슨계 교량)라고 정의하였다. 이러한 종류의 교량 즉 수직재 대신 경사재로 치환한 것을 총칭하여 Nielsen Bridge라고 부르기도 한다. 우리나라에서 이 형식의 교량으로서는 서울 한강상의 서강대교, 대전의 Expo교 등이 있다.

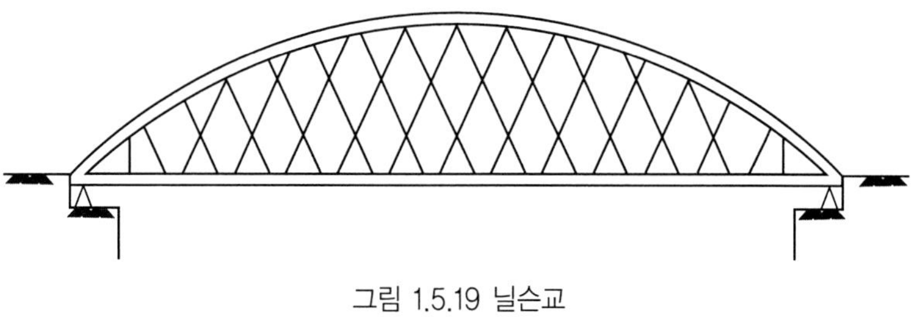
그림 1.5.19 닐슨교

(E) Balance Arch Bridge

교량 계획시 경간을 분할할 때 측경간이 긴 경우에는 중앙경간의 아치 또는 보강 하현재를 측경간으로 Cantilever로 연장시키고 여기에 Girder나 Truss로 지지하게 하면 중앙경간의 상현재(Arch 부재)의 응력을 감소시키며 미관을 좋게 할 수 있는 이점이 있다. 이러한 형식의 교량을 Balanced Arch

교라고 하며, 다음 그림 1.5.20과 같은 형식이다.

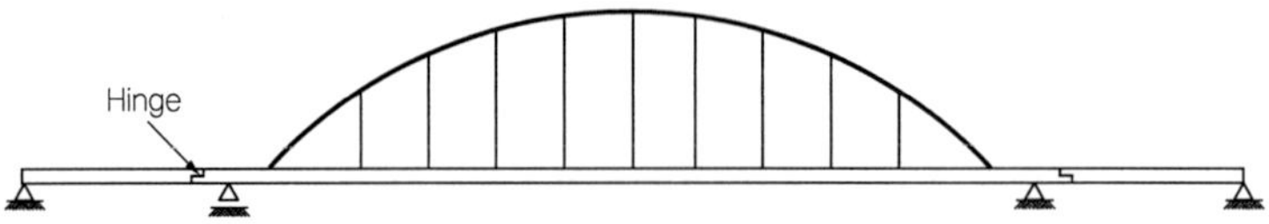

(a) Gerber Girder

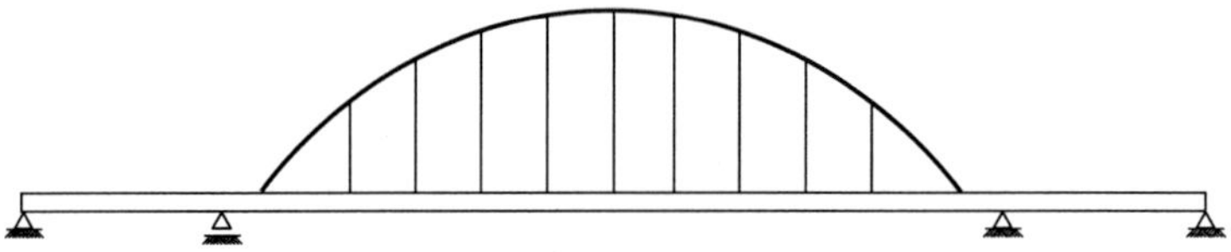

(b) 연속거더

(A) Langer Balanced Arch Bridge

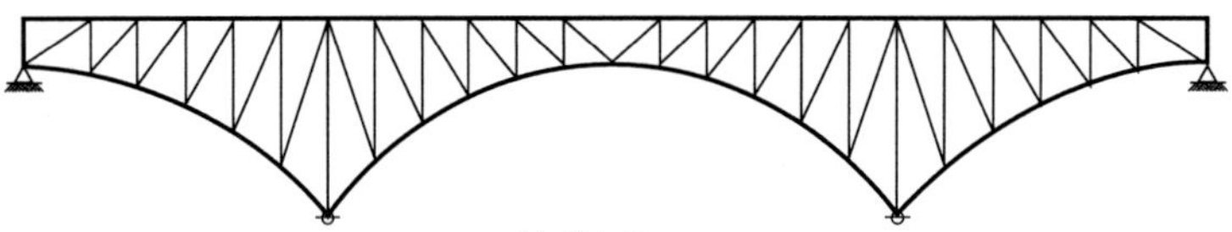

(a) 연속 Truss

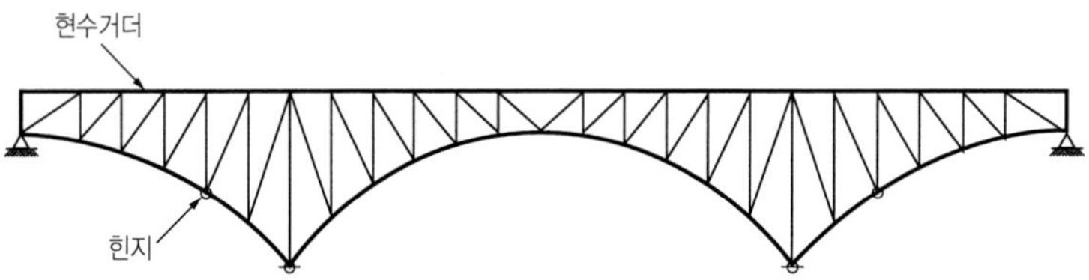

(b) Gerber Truss

(B) Spandrel Braced Arch Bridge

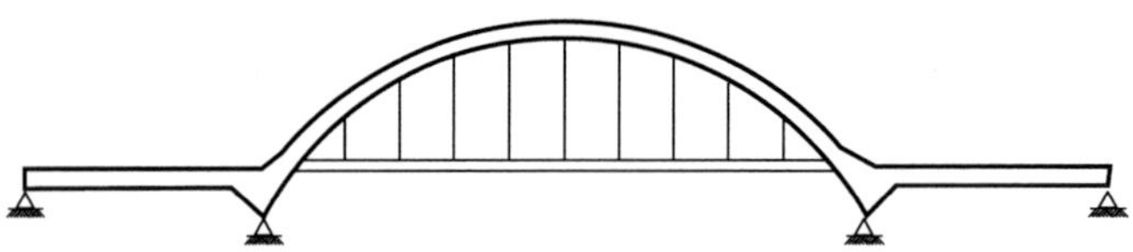

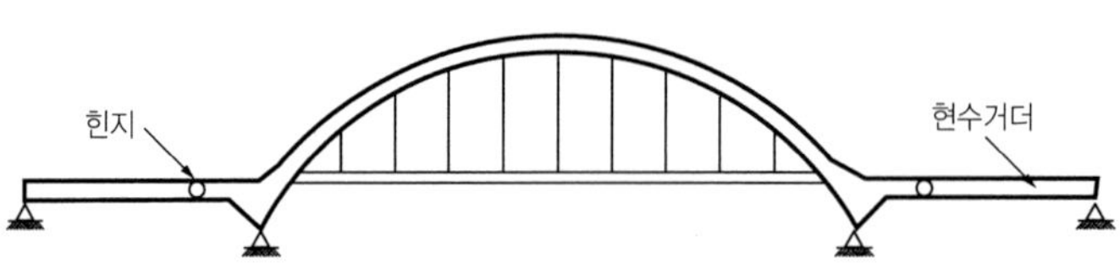

(C) Balanced Rib Tied Arch Bridge

그림 1.5.20 Balanced Arch Bridge

(G) 현수교(Suspension Bridge)

현수교는 양단 주탑(Tower)에 Cable을 걸고, 이게 보강 Girder 또는 Truss를 Hanger(Suspension Rod)로 매달은 형식의 교량으로 교량가설 위치의 여건상 경간을 길게 할 수 밖에 없는 지형에 적합한 형식이다. 일반적으로 현수교의 구조형식은 다음 그림 1.5.21과 같이 단경간 현수교, 3경간 2힌지 현수교, 3경간 3힌지 현수교, 3경간 연속지지 현수교, 다경간 현수교 등이 있으며, 또한 주 Cable의 정착방법에 따라 Cable을 양단 지중에 정착시키는 블록 정착식(타정식) 현수교(Block Anchored Suspension Bridge)와 전장을 통하여 연속한 보강형(Girder)을 사용하고 Cable 양단을 이 보강 Girder 양단 결합하여 정착하는 형식이 있는 이를 자정식 현수교(Self Anchored Suspension Bridge)라고 한다. 우리나라에는 블록 정착식(타정식) 현수교는 남해대교(128+404+128=660m)가 있으며 자정식 현수교는 영종대교(125+300+125=550m)가 있다.

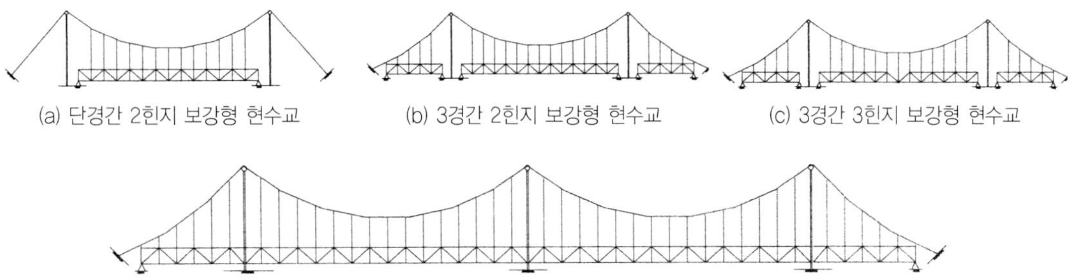

(a) 단경간 2힌지 보강형 현수교 (b) 3경간 2힌지 보강형 현수교 (c) 3경간 3힌지 보강형 현수교

(d) 다경간 현수교

그림 1.5.21 현수교의 구조형식

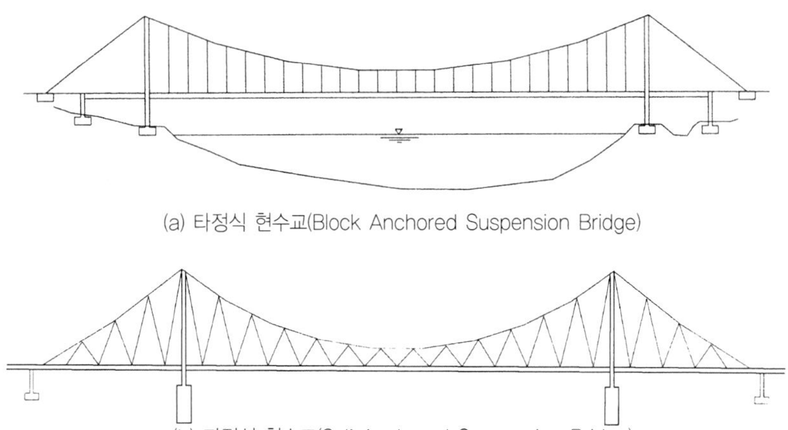

(a) 타정식 현수교(Block Anchored Suspension Bridge)

(b) 자정식 현수교(Self Anchored Suspension Bridge)

그림 1.5.22 현수교의 Cable Anchor 방법

(H) 사장교(Cable stayed bridge)

사장교는 Cable을 주요부재로 사용하는 구조물로 교량중간의 교각이나 기초 위에 세운 주탑으로부터 경사된 인장재로 Girder 또는 Truss를 지지하도록 한 교량이다. 연속 Girder교나 Truss교, 또는 Arch교에서 그 경간이 길어지면 사하중에 의한 단면력이 급격히 증가하여 어느 정도의 경간 길이에 도달하면 결국 그 적용한계에 도달하여 적용이 어렵게 된다. 경간의 장대화에 따라 증가하는 사하중에 의한 단면력을 경감하기 위하여 고안된 구조계가 바로 사장교이다.

사장교 특징의 하나로는 다양한 구조계가 가능하다는 것을 들 수 있다. 즉 Cable의 배치방법, 주탑의 형상, 보강 Girder 또는 Truss 등에 대하여 변화가 가능하고 그것의 조합이 수없이 많다는 것이다. 대표적인 Cable 배치방법은 그림 1.5.23와 같다.

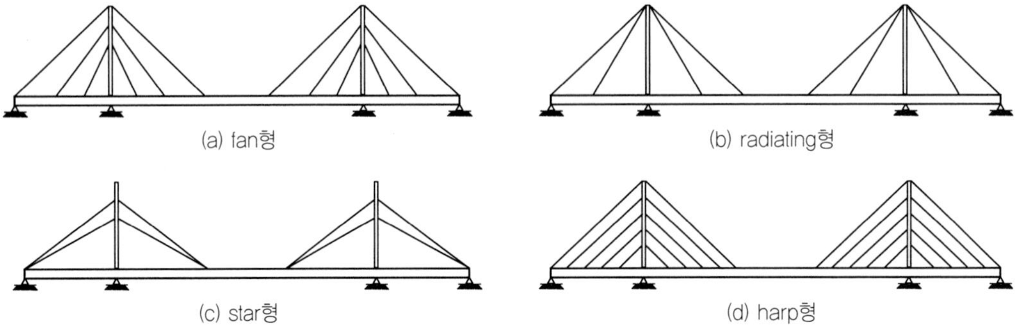

그림 1.5.23 사장교의 Cable 배치

1.5.8 지점(Bearing support) 조건에 따른 분류

(1) 단순교(Simple Bridge) : 양 받침에서 일단은 Hinge(회전), 타단은 가동으로 한 교량을 말한다. 일반적으로 구조해석이 쉬우나 경간을 길게 할 수 없거나 같은 경간의 경우 교량의 상부구조의 높이가 높게 된다.

[예] 구조적 형식으로 a) 단순 Slab교 b) 단순 Girder교 c) 단순 Beam교 d) 단순 Truss교 등 ....

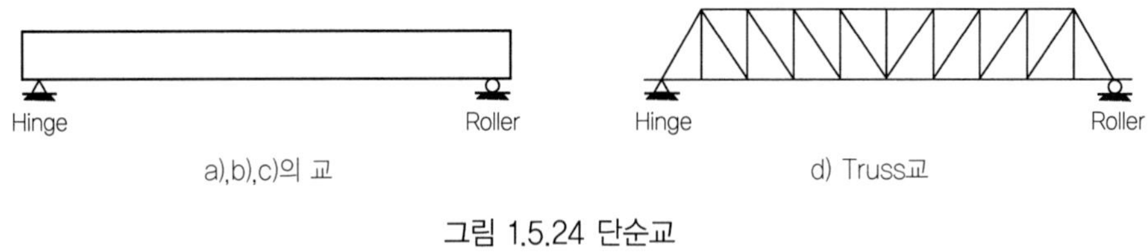

그림 1.5.24 단순교

(2) 연속교(Continuous Bridge) : 교량의 상부구조를 2경간 이상을 연속으로 한 교량을 말한다. 같은 경간의 단순형교에 비하면 휨 모멘트는 감소하고 전단력은 단부는 감소하고 첫째 지점부는 증가하는 경향이 있으나 단순교에 비하여 상부구조의 높이를 얇게 할 수가 있어서 경제적인 설계를 할 수 있는 장점이 있으나, 부정정 구조물로서 설계가 까다롭고, 교량가설 위치의 지반조건이 지점침하의 위험이 있는 곳은 가설할 수 없는 단점이 있다.

[예] 구조적인 형식으로는 a) 연속 Slab교, b) 연속 Girder교, c) 연속 Beam교, d) 연속 Truss교, e) 연속 Rahmen교, f) 다경간 현수교, g) 다경간 사장교, h) 연속 Langer Arch교, I) 연속 Balanced Arch교

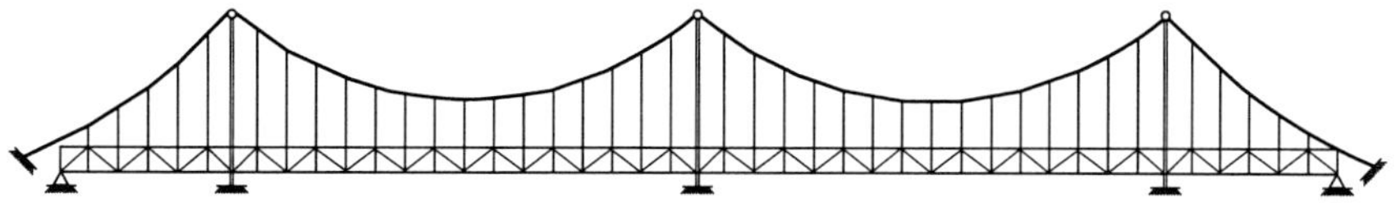

(f) 다경간 현수교

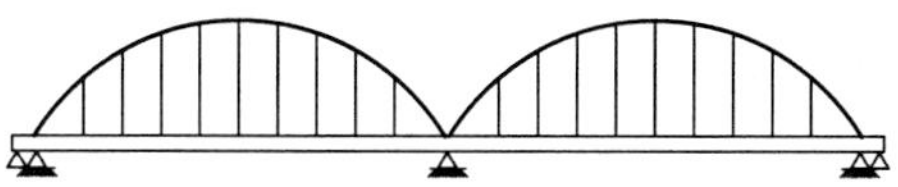

(h) 연속 랭어 거더

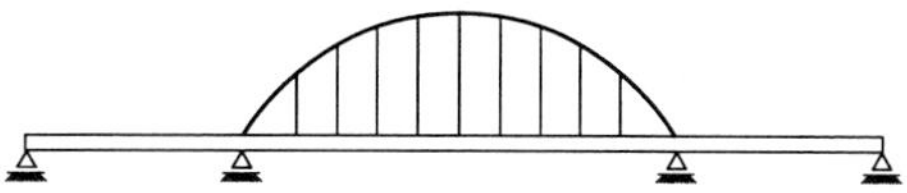

(i) 연속 Balanced Arch교

그림 1.5.25 연속교

(3) 게르버교(Gerber Bridge) : 연속교에 Hinge를 넣어 부정정 구조물을 정정구조물 교량으로 만든 것을 말한다. 이 교량형식은 연속교와 마찬가지로 경간을 길게 할 수 있고, 기초지반이 견고하지 않은 곳에서 지점 침하가 있어도 상부구조에 별 지장을 주지 않은 장점이 있으나 Hinge점의 파손이 심하고 주행성이 좋지 않은 단점이 있다. 우리나라의 대표적인 교량으로서는 성수대교, 성산대교(Truss Gerber교)가 있다.

[예] 구조적인 형식으로는 a) Gerber Slab교, b) Gerber Girder교, c) Gerber Beam교, d) Gerber Truss교, e) Gerber Balanced Arch교 등

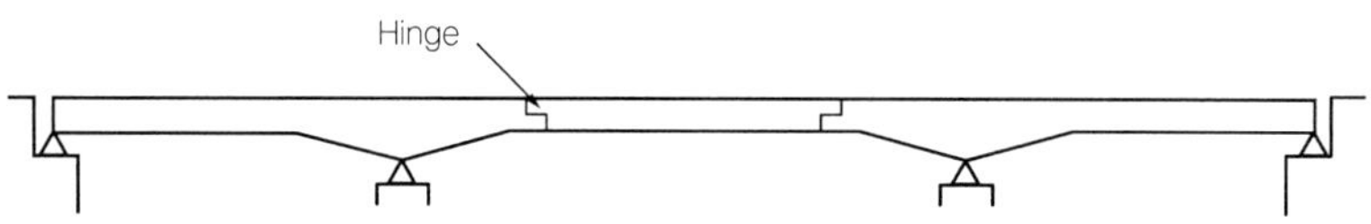

a), b), c) 게르버교

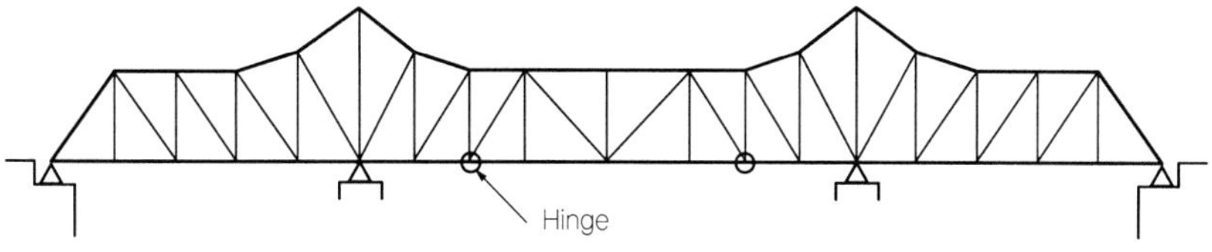

d) 게르버트러스교

그림 1.5.26 Gerber교

(4) 3-Hinge교 : 교량의 지점이 3개이며 지점이 구속 요건이 3-Hinge인 교량을 말한다.

[예] a) 3-Hinge Arch교, b) 경간 3-Hinge 보강형 현수교 등

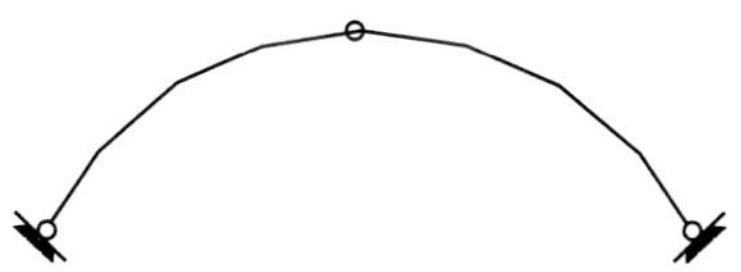

(a) 3-Hinge Arch교

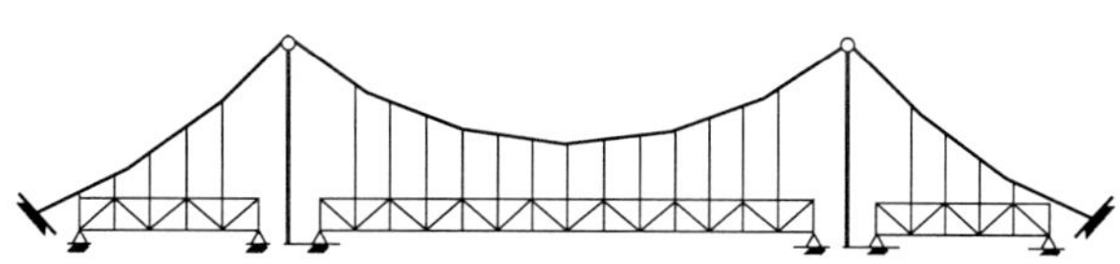

(b) 3경간 3힌지 보강형 현수교

그림 1.5.27 3-Hinge교

(5) 2-Hinge교

[예] 2-Hinge Arch교, 2-Hinge Rahmen교, 2-Hinge교

(a) 2-Hinge Arch교

(b) 2-Hinge Rahmen교

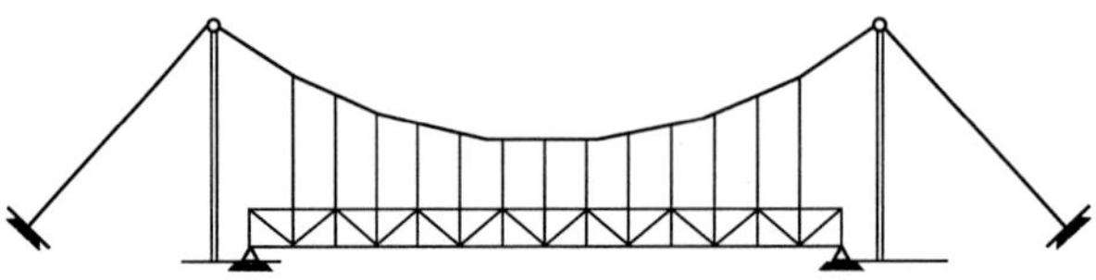

(c) 단경간 2힌지 보강형 현수교

그림 1.5.28 2-Hinge교

(6) 1-Hinge

[예] 1-Hinge Arch교, 1-Hinge Rahmen교

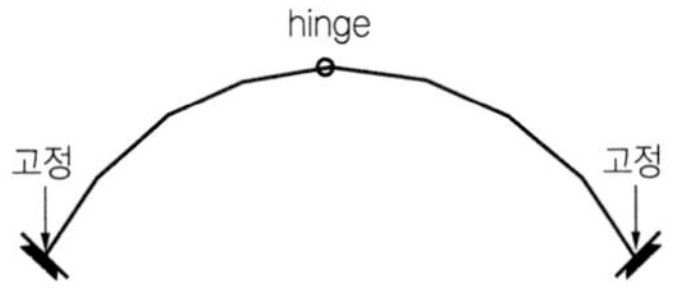

(a) 1-Hinge Arch교

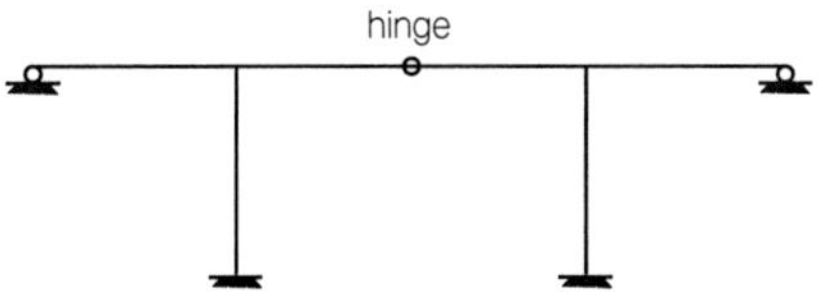

(b) 1-Hinge Rahmen교

그림 1.5.29 1-Hinge교

(7) 고정교

[예] 고정 Arch교, 고정 Rahmen교

1.5.9 교량 상부구조 횡단면의 형상에 따른 분류

교량의 상부구조 횡단면 형상에 따라 다음과 같이 분류할 수 있으나, 이들은 변형한 수많은 형상으로 상부구조를 결정하여 설계하기도 한다.

a) Slab교, b) 속빈 Slab교, c) Box Girder교(역사다리꼴 Girder교),

d) T-Beam교, e) Pre-casting Beam교, f) I-형교, g) Truss교,

h) Box-Beam(Pre-casting)교, I) 기타사항

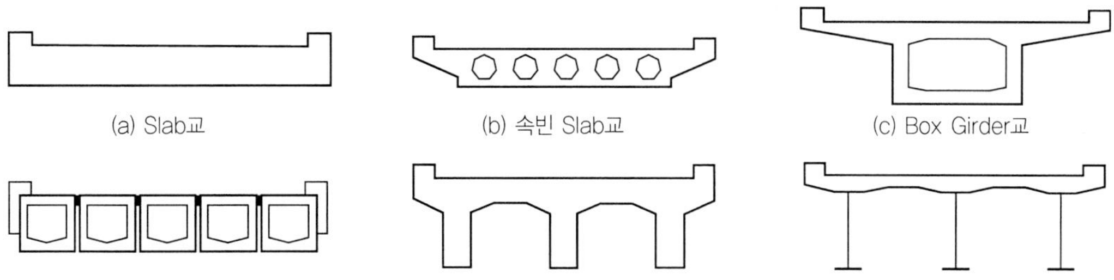

그림 1.5.30 교량 상부구조 형상

1.5.10 내용 년수에 따른 분류

교량의 내용 년수에 따른 분류는 교량의 사용목적에 따라 영구교, 공사중 임시로 사용하는 임시교(가교), 수해 또는 지진 및 전쟁에 의해 파괴된 교량을 일시적으로 사용하기 위하여 가설하는 응급교(복구교)로 분류한다.

1.5.11 설계하중에 따른 분류

교량설계 시 구조계산에서 사용하는 활하중의 등급에 따라 도로교에서는 a) 1등교, b) 2등교, c) 3등교로 구분한다. 도로교 설계 시는 DB-24, DL-24, DB-18, DL-18, DB-13.5, DL-13.5를 사용하며 철도교 설계 시는 L-25, L-22, L-18, L-15 하중을 사용한다.

참고문헌

1) 건설부 : 강도로교 설계 표준시방서 1962.
2) 건설부 : 프리스트레스트 콘크리트교 설계 표준시방서 1966.
3) 건설부 : 철근콘크리트교 설계 표준시방서 1972
4) 건설부 : 도로교 표준시방서 1978~1996 (4차 개정)
5) 건설교통부 : 도로교 표준시방서 1999.
6) 건설교통부 : 도로교 설계기준 2000, 2005.
7) 한국도로공사 : 도로설계요령 1992
8) 건설부 : 콘크리트교량 가설 특수공법 설계 시공 · 유지관리 지침 1994
9) (사)강구조학회 : 강구조편람 (제4권) 1995
10) 건설교통부 : 강도로교 상세부 설계지침 1997
11) 건설교통부 : 도로설계편람 2001
12) 대한토목학회 : 토목용어사전
13) 박일천, 노효래 : 교량용어사전 원기술 1997
14) 전인식 외 5인 : 토목용어사전 건설연구사 2000
15) 조효남 : 교량공학 구미서관
16) 황학주 : 최신교량공학 동명사
17) 집문사 편 : 토목공학대사전 집문사
18) 최영박 : 해안 및 항만공학 문운당
19) (주)건설산업조사회 : 최신 교량 설계 · 시공 Handbook (일본)
20) 건설도서 : 강교(鋼橋) 〈설계 I편〉
21) Fritg Leon hartt : VorLesungen uber Massivbau, Vol 16.
22) 국토해양부 : 철도의 건설기준에 관한 규정 2009.

제 I 편 계획설계 일반

2장 각종기준, 규칙 등

⊙ 제 2 장_ 각종 기준, 규칙 등

2.1 도로교에 관계되는 기준, 규칙

2.1.1 도로교에 관계되는 법령

(1) 법령체계

「도로의 구조 · 시설 기준에 관한 규칙」은 도로법(법률 제 9730호, 2009.5.27) 제 37조 및 제 61조에 따라 도로를 신설 또는 개량하거나 자동차 전용도로를 지정하는 경우 그 도로의 구조 및 시설에 적용되는 최소한의 기준을 규정함을 목적으로 하고 있다.

도로의 구조 · 시설 기준에 관한 규칙(국토해양부령 제 101호, 2009.2.19)을 이하 "도로구조령"이라고 부르겠음.

1) 도로법 제 37조 : 도로의 구조 · 시설 등

제 ①항 도로의 구조 및 시설, 도로의 유지 · 안전점검 및 보수는 국토해양부령으로 정하는 기준에 따른다.

제 ②항 국토해양부장관은 제 1항에 따른 기준을 정하려면 도로공사에 따르는 자연생태계의 훼손을 최소화하고 도로구조나 교통의 안전을 확보할 수 있도록 하여야 한다.

2) 도로법 제 61조 : 자동차 전용도로의 지정

제 ⑤항 자동차 전용도로의 구조 및 시설기준 등 전용도로의 지정에 관하여 필요한 사항은 국토해양부령으로 정한다.

3) 도로법 제 64조 : 교차방법과 다른 시설의 연결

제 ①항 자동차 전용도로나 대통령령으로 정하는 도로와 다른 도로, 철도, 궤도, 교통용으로 제공하는 통로, 그 밖의 시설을 교차시키려고 할 때에는 특별한 사유가 없으면 입체 교차시설로 하여야 한다.

제 ②항 자동차 전용도로나 제 ①항에 따라 대통령령으로 정하는 도로에 다른 도로, 통로, 그 밖의 시설을 연결시키려는 자는 도로관리청의 허가를 받아야 한다. 허가받은 사항을 변경하려는 때에도 또한 같다.

4) 도로의 구조 · 시설 기준에 관한 규칙 제 43조 교량 등

제 ①항 교량 등의 도로구조물은 하중조건 및 내진성, 내풍안전성, 수해내구성(水害耐久性) 등을 고려하여 설치하여야 하며, 그 기준에 관하여 필요한 사항은 국토해양부 장관이 정한다.

제 ②항 교량에는 그 유지관리를 위하여 필요한 교량 점검로 및 계측시설 등의 부대시설을 설치하여야 한다.

(2) 도로의 구분

우리나라의 도로구분은 「도로법 제 3조」, 「도로의 구조 · 시설 기준에 관한 규칙 제 3조」 및 「도시계획시설의 결정구조 및 설치기준에 관한 규칙 제 9조」에 명시되어 있으며, 도로의 구분은 도로가 제공하는 또는 이용자가 기대하는 기능, 도로가 소재하는 지역 및 지형의 상황과 계획교통량에 따라 동일한 설계기준을 적용해야 하는 구간을 도로의 구조와 시설기준이라는 관점에서 분류하여 체계 있게 구분하도록 한 것이다.

도로를 기능별로 구분하면 다음 표 2.1.1과 같다.

⊙ 표 2.1.1 도로의 구분

도로의 기능별 구분		도로의 종류	지역에 의한 구분	
			지방지역	도시지역
자동차전용도로		고속도로, 도시고속도로	고속도로	도시고속도로
일반도로	주간선도로	일반국도, 특별시도, 광역시도	주간선도로	광로, 대로
	보조간선도로	일반국도, 특별시도, 광역시도, 지방도, 시도	보조간선도로	대로, 중로
	집산도로	지방도, 시도, 군도, 구도	집산도로	중로
	국지도로	군도, 구도	국지도로	소로
특수도로		보행자전용도로, 자전거전용도로		

(3) 도로의 설계속도

1) 도로의 구조 · 시설기준에 관한 규칙 제 8조

⊙ 표 2.1.2 도로의 기능별 구분에 따른 설계속도 〈단위 : ㎞/h〉

도로의 기능별 구분		지방지역		도시지역
		평지	산지	
고속도로		120	100	100
일반도로	주간선도로	80	60	80
	보조간선도로	70	50	60
	집산도로	60	40	50
	국지도로	50	40	40

2) 농어촌 도로의 구조 · 시설기준에 관한 규칙 제 4조

⊙ 표 2.1.3 농어촌 도로 설계속도

〈단위 : ㎞/h〉

구 분		설계속도
면 도	평 지	50
	산 지	40
리 도		40
농 도		20

3) 자전거 이용시설의 구조 · 시설기준에 관한 규칙 제 3조

⊙ 표 2.1.4 자전거도로의 설계속도

〈단위 : ㎞/h〉

구 분	설계속도
자전거 전용도로	30
자전거 · 보행자 겸용도로	20
자전거 · 자동차 겸용도로	20

(4) 도로의 폭원구성

1) 도로의 폭원구성 요소

도로의 폭원구성은 해당 노선의 기능 및 교통상황에 따라 결정되어진다. 도로의 기하학적 구조요소 중 곡선반지름, 편경사, 시거 등의 선형요소는 설계속도에 의해 정해지며, 차로, 길어깨, 중앙분리대와 같은 횡단구성은 일반적으로 설계속도가 빠르고 계획교통량이 많은 노선은 기능면에서도 중요한 노선으로 지정되어 넓은 폭 규격의 횡단구성으로 이루어진다.

도로의 횡단면 구성 요소는 그림 2.1.1에 표시된 차도, 중앙분리대, 길어깨, 정차대(차도의 일부), 자전거 전용도로, 자전거 · 보행자 겸용도로, 보도, 식수대, 측도(차도의 일부, frontage Road)가 있으며 이에 대한 조합의 예는 그림 2.1.1과 같다.

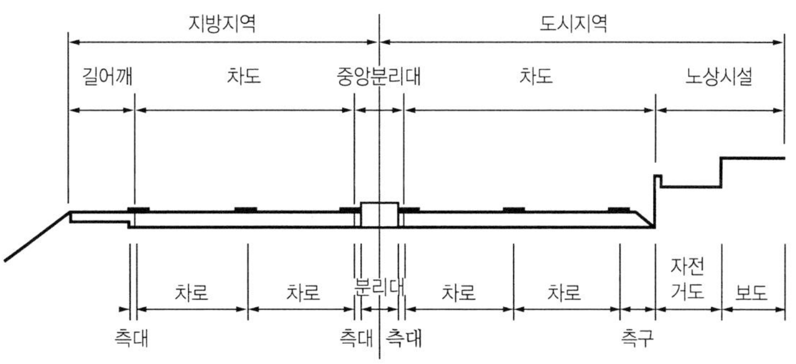

(a) 식수대가 없는 경우(교량에 적용)

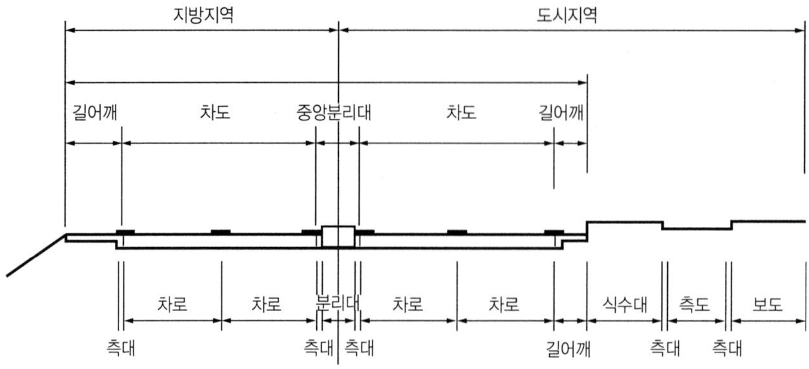

(b) 식수대가 있는 경우

그림 2.1.1 도로의 횡단면 구성 요소와 조합(예)

2) 차로 및 길어깨

① 「도로의 구조 · 시설기준에 관한 규칙 제 10조〈차로〉」, 제 12조〈길어깨〉

⊙ 표 2.1.5 차로 및 길어깨 최소폭(m)

도로의 구분			차로의 최소 폭(m)			차도 오른쪽 길어깨 최소 폭(m)			차도 왼쪽 길어깨 최소 폭(m)	
			지방지역	도시지역	소형차도로	지방지역	도시지역	소형차도로	지방 · 도시지역	소형차도로
고속도로			3.50	3.50	3.25	3.00	2.00	2.00	1.00	0.75
일반도로	설계속도 km/hr	80이상	3.50	3.25	3.25	2.00	1.50	1.00	0.75	0.75
		70이상	3.25	3.25	3.00	1.50	1.00	0.75	0.50	0.50
		60이상	3.25	3.00	3.00	1.50	1.00	0.75	0.50	0.50
		60미만	3.00	3.00	3.00	1.00	0.75	0.75	0.50	0.50

② 농어촌도로의 구조 · 시설기준에 관한 규칙 제 5조〈차로 및 차도〉, 제 7조〈길어깨〉

⊙ 표 2.1.6 농어촌 도로 차로 폭 및 길어깨 폭

〈단위 : ㎞/h〉

구 분	차로 수	차로 폭(m)	길어깨 폭(m)	
			보도를 설치하지 아니하는 경우	보도를 설치하는 경우
면 도	2	3.0	1.0	0.5
리 도	1	5.0	0.75	0.5
농 도	1	3.0	0.5	

③ 자전거 이용시설의 구조 · 시설기준에 관한 규칙

(a) 제 4조〈자전거의 폭〉: 자전거도로의 폭은 1.1m 이상으로 한다. 다만, 연장이 100m미만의 터널 · 교량 등의 교량의 경우에는 0.9m 이상으로 할 수 있다.

(b) 제 5조〈갓길〉: 자전거도로의 양측에 0.2m 이상의 갓길을 설치하여야 한다. 다만, 다른 시설물과 접속되어 갓길의 설치가 필요하지 아니하는 경우에는 그러하지 아니하다.

3) 중앙분리대 및 측대 폭

도로에는 왕복의 교통류를 분리하기 위하여 중앙선을 표시하거나 중앙분리대를 설치한다. 이는 중앙선에서 자동차의 흐름방향이 반대로 되므로 정면충돌 사고를 방지하고 동시에 교통마찰을 감소시켜 교통용량을 증대시키는 역할을 한다.

① 도로의 구조 · 시설기준에 관한 규칙 제 11조〈차로 분리〉

중앙분리대에는 측대를 설치한다. 이 경우 측대의 폭은 설계속도 80km/h 이상인 경우에는 0.5m이상, 설계속도 80km/h 미만인 경우는 0.25m 이상으로 한다.

⊙ 표 2.1.7 중앙분리대의 최소폭

도로구분	지방지역	도시지역	소형차도로
고속도로	3.0	2.0	2.0
일반도로	1.5	1.0	1.0

중앙분리대의 구성은 측대와 분리대로 구성되며, 분리대는 중앙분리대 중 측대부분을 제외한 부분을 말한다. 분리대에는 왕복교통을 명확하게 분리해야 하기 때문에 분리대용 방호시설을 설치하거나 또는 측대에 접속하여 연석을 설치한다.

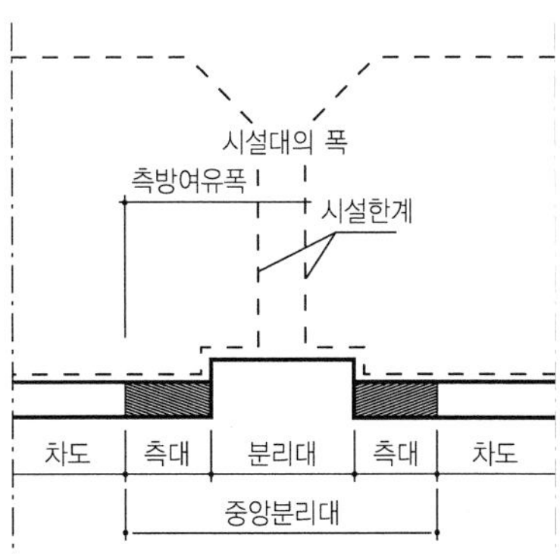

그림 2.1.2 중앙분리대 측방여유

② 농어촌 도로의 구조 · 시설기준에 관한 규칙 제 6조〈차선의 분리〉

중앙분리대의 폭은 1.0m이상으로 한다. 중앙분리대 내의 측대의 폭은 0.25m이상으로 한다.

4) 보도 폭

보도는 보행자의 통행을 공용하기 위하여 방호울타리, 연석 및 기타 이와 유사한 공작물로 구획하여 설치되는 도로의 부분으로서 자동차로부터 독립한 보행자용 도로이다.

① 도로의 구조 · 시설기준에 관한 규칙 제 16조〈보도〉

보도의 유효 폭은 보행자의 통행량과 주변 토지 이용 상황을 고려하여 결정하되 최소 유효 폭은 2.0m 이상으로 하여야 한다. 다만, 지방지역의 도로와 도시지역 국지도로는 지형상 불가능하거나 기존도로의 증설 · 개설시 불가피하다고 인정되는 경우에는 1.5m이상으로 완화할 수 있다.

② 농어촌 도로의 구조 · 시설기준에 관한 규칙 제 10조

농어촌 도로의 보도의 폭은 다음 표 2.1.8의 폭 이상으로 하고 노상시설물이 가로수인 경우에는 0.75m를, 기타 시설인 경우에는 0.25m를 가산한 폭으로 한다.

⊙ 표 2.1.8 농어촌 도로의 보도 폭

구 분	보도의 최소 폭(m)		가산 폭	
	양측에 보도를 설치하는 경우	한쪽만 보도를 설치하는 경우	노상시설물 가로수인 경우	기타시설물
면 도	1.0	1.5	0.75	0.25
리 도	0.75	1.0	0.75	0.25

(5) 도로의 시설한계, 철도의 건축한계

1) 도로의 구조 · 시설기준에 관한 규칙 제 18조〈시설한계〉

① 차도의 시설한계 높이는 4.5m이상으로 한다.

② 차도부의 시설한계

⊙ 표 2.1.9 차도의 시설한계

차도에 접속하여 길어깨가 있는 도로		차도에 접속하여 길어깨가 설치되어 있지 아니한 도로	차도중 또는 중앙분리대안에 분리대 또는 교통섬이 있는 도로
터널 및 100m 이상인 교량을 제외한 도로의 차도	터널 및 100m 이상인 교량의 차도		
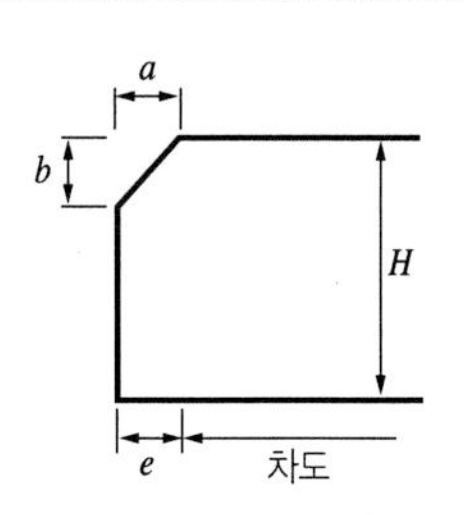	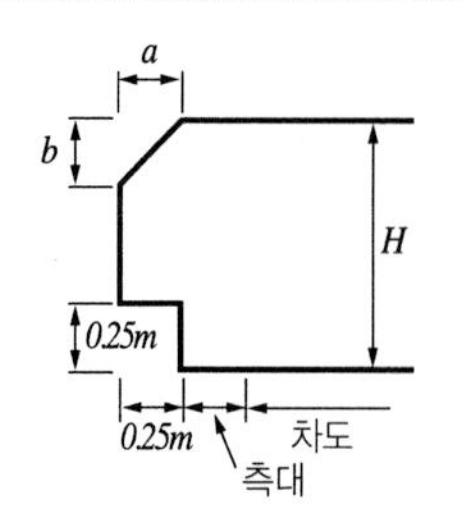	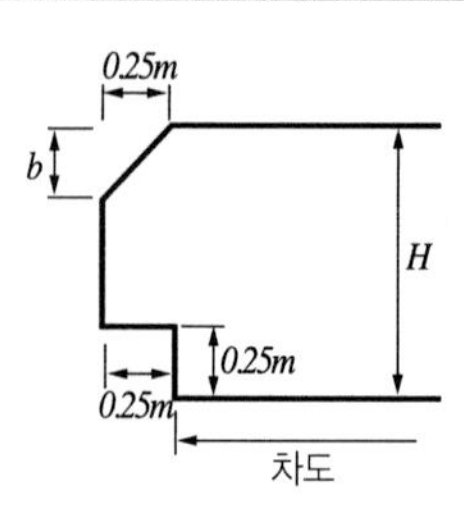	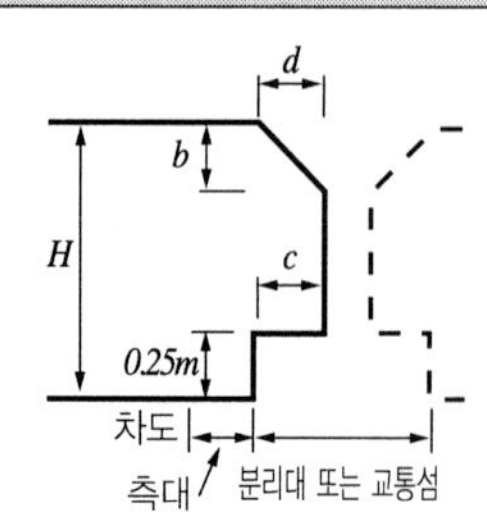

여기서,

a 및 *e* : 차도에 접속하는 길어깨의 폭. 다만, *a*가 1m를 초과하는 경우에는 1m로 한다.

b : *H*(4m 미만인 경우에는 4m)에서 4m를 뺀 값

d 및 *d* : 분리대와 관계가 있는 것에 있어서는 도로의 구분에 따라 각각 다음 표에서 정하는 값으로 하고, 교통섬과 관계가 있는 것에 있어서는 *c*는 0.25m, *d*는 0.5m로 한다.

H : 도로 시설한계 높이(m)

⊙ 표 도로 구분에 따른 c, d의 값 (단위 : m)

도로구분	c	d
고속도로	0.25이상 0.5이하	0.75이상 1.00이하
도시고속도로	0.25	0.75
일반도로	0.25	0.5

③ 보도 및 자전거도로의 시설한계

⊙ 표 2.1.10 보도 및 자전거도로의 시설한계

<table>
<tr><th>노상시설물을 설치하지 아니한
보도 및 자전거도로</th><th>노상시설을 설치하는
보도 및 자전거도로</th></tr>
<tr><td>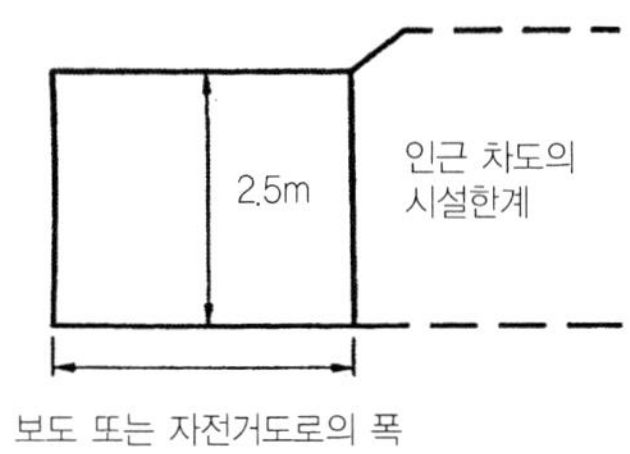
</td><td>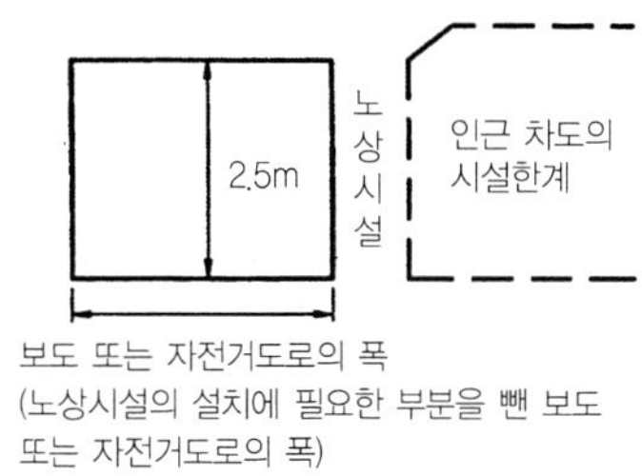
</td></tr>
</table>

2) 철도건설규칙 제 14조〈건축한계〉

건축한계란 차량한계 내에 차량이 안전하게 운행될 수 있도록 궤도상의 일정한 공간을 확보하는 한계로서 정거장 홈, 신호기, 터널 등 일체의 건물이나 시설물이 건축한계 내측으로 허용되지 않는 경계를 말한다.

① 철도를 횡단하는 과선교 및 시설물이 설치되는 구간에서 다리밑 공간높이는 7010mm이상을 확보해야 한다.

- 레일 상단에서 전차선 표준높이 : 5200mm
- 전차선의 표준가고 : 960mm
- 가압부와 접지물간 이격거리 : 300mm
- 조기선과 급전선간의 이격거리 : 550mm

계 ; 철도횡단 과선교의 다리밑 공간 최소높이 : 7010mm

② 직선구간의 건축한계

철도건설규칙 제 14조 제 ①항 별표 1에서 나타나 있다.

그림 2.1.3 철도 직선구간의 건축한계 참조

③ 곡선구간의 건축한계

철도의 건설기준에 관한 규정 제 13조 ③항

곡선구간에서의 건축한계의 폭은 직선구간에서의 건축한계 폭보다 궤도중심 양측에서 다음식에 의해 계산한 치수 이상으로 확대하여야 한다. 다만 가공 전차선과 그 현수장치를 제외한 상부에 대한 한계는 식에 의하여 아니할 수 있다.

$W = 50{,}000/R$ (전기동차 전용선인 경우 W=24,000/R)

여기서, W : 궤도중심양측에서 확대할 치수(mm)

R : 곡선 반지름(m)

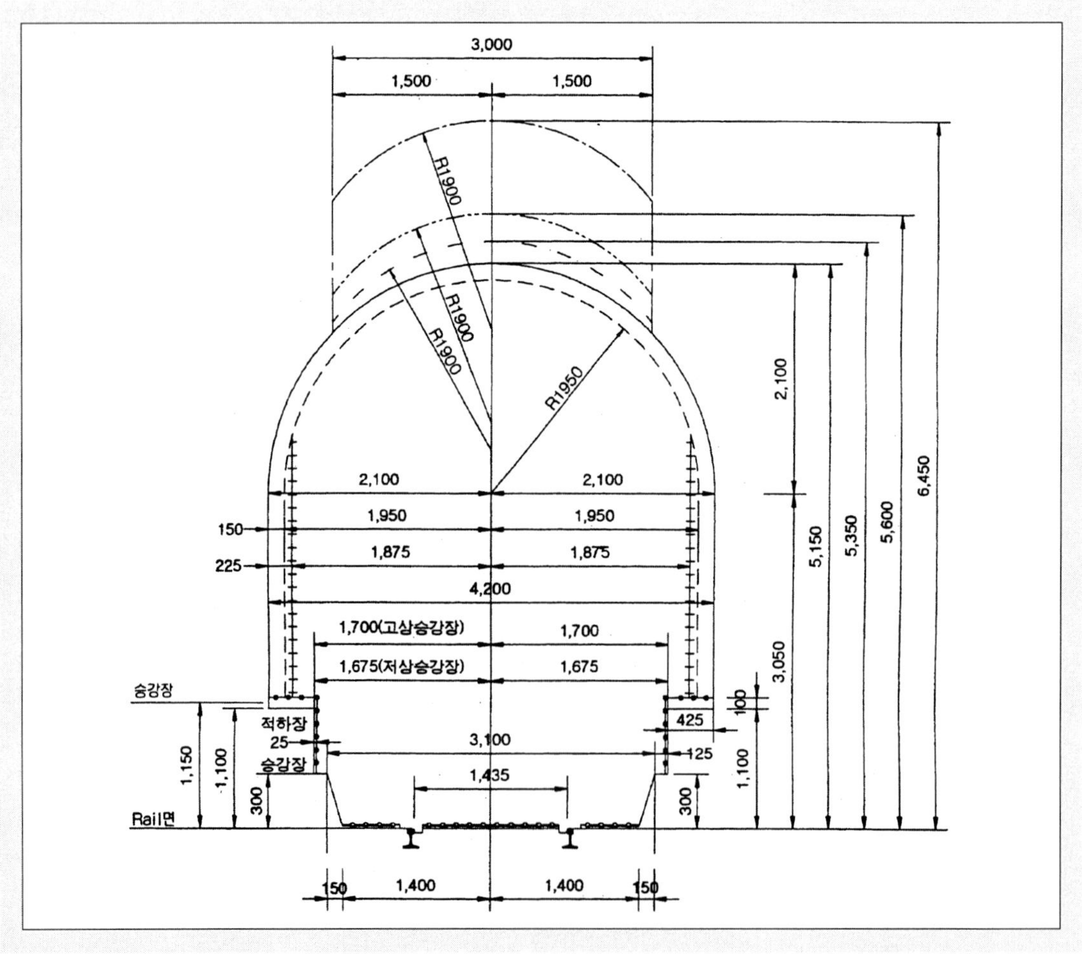

주) 건축하계 범례

- 일반의 경우에 대한 건축한계. 다만, 철도를 횡단하는 시설물이 설치되는 구간에는 7,010mm 이상을 확보하여야 한다.
- 전차선로지지주 및 그 현수장치를 제외한 상부에 대한 시설한계 (이 한계는 교량, 터널, 구름다리 및 그 앞뒤에 있어서 필요한 경우에는 -·-·-·-·-·- 까지, 기설된 교량, 도시지역 터널, 눈덮개, 구름다리 및 그 앞뒤에 있어서 필요한 경우에는 개수할 때까지 잠정적으로 -··-··-··-··-··로서 표시된 한계)까지 축소할 수 있다.
- 측선에 있어서 급수, 급탄, 전차, 계중, 세차 등의 모든 설비, 신호주, 전차선로지지주, 차고의 문 및 내부장치 또는 본선에 있어서 기설된 교량, 터널, 구름다리 및 그의 앞뒤에 있어서 부득이한 경우에 전차선로지지주 지지물에 대한 건축한계를 축소할 수 있는 한계
- 전철기 표지 등에 대하여 건축한계를 줄일 수 있는 한계
- 승강장 및 적하장에 대하여 건축한계를 줄일 수 있는 한계
- 타넘기 부분에 대하여 건축한계를 줄일 수 있는 한계

그림 2.1.3 철도직선구간의 건축한계

또한 곡선에 있어서 건축한계는 캔트(cant)에 따라 경사시켜야 한다. 곡선상에 있어서 차량의 전후 양끝은 곡선 밖으로, 중앙부는 안쪽으로 편기된다.

④ 궤도의 중심간격

철도의 건설기준에 관한 규정 제 14조 ①항, ②항

(a) 정거장외의 구간에서 2개의 선로를 나란히 설치하는 경우에 궤도의 중심간격은 설계속도에 따라 다음 표 2.1.11의 값 이상으로하여야 한다. 다만 궤도의 중심간격이 4.3m 미만인 구간에 3개이상의 선로를 나란히 설치하는 경우에는 서로 인접하는 궤도의 중심간격 중 하나는 4.3m이상으로 해야한다.

⊙ 표 2.1.11 설계속도에 따른 궤도 최소 중심간격

설계속도 V (Km/H)	궤도의 최소 중심간격(m)
200 < V ≤ 350	4.8
150 < V ≤ 200	4.3
V ≤ 150	4.0

(b) 정거장안에 나란히 설치하는 궤도의 중심간격은 4.3m이상으로 하고, 6개 이상의 선로를 나란히 설치하는 경우에는 5개 선로마다 궤도의 중심간격을 6.0m이상 확보하여야 한다. 다만 고속철도 전용선의 경우에는 통과선과 부본선간의 궤도의 중심간격은 6.5m로 한다.

⑤ 시공기면의 폭

철도의 건설기준에 관한 규정 제 15조

토목구간에서의 궤도중심으로부터 시공기면의 한쪽비탈머리까지의 거리(시공기면의 폭)는 직선구간에서는 설계속도에 따라 다음표 2.1.12의 값 이상으로 한다.

⊙ 표 2.1.12 설계속도에 따른 최소 시공기면의 폭(m)

설계속도 V (Km/H)	최소 시공기면의 폭(m)	
200 < V ≤ 350	자갈도상	4.5
	콘크리트도상	4.25
120 < V ≤ 200	4.0	
70 V ≤ 120	3.5	
V ≤ 70	3.0	

다만, 전철화 구간의 시공기면의 폭은 4.0m이상으로 한다.

(6) 도로의 선형(평면, 종단, 횡단)

도로의 선형은 지형 및 지역의 토지이용과 조화를 고려하여야 하고, 선형의 연속성 및 평면, 종단 양 선형의 조화를 도모하고, 시공 · 유지관리, 경제성 및 교통운용상의 득실 등을 검토하여 결정한다.

선형은 도로의 중심선을 입체적으로 묘사한 형상으로서 이를 평면적으로 나타낸 도로의 중심선의 형상을 평면선형, 종단적으로 나타낸 도로중심선형의 형상을 종단선형이라고 한다.

평면선형은 직선, 원, 완화곡선으로 구성되고, 종단선형은 직선 및 종곡선으로 구성된다. 이에 대한 선형요소는 도로구조 시설기준에 관한 규칙(도로구조령)의 규정에 설계속도에 따른 최소곡선반지름, 완화곡선길이(최소치), 정지시거(최소치), 종단경사(최대치), 종단곡선의 변형(최소치), 종단곡선의 길이(최소치)와 도로의 편경사의 최대치가 규정되어 있다.

1) 평면선형, 종단선형, 편경사

① 도로의 구조 · 시설 기준에 관한 규칙 (국토해양부령 제 101호 2009.2.19)

제 19조(평면곡선 반지름), 제 23조(완화곡선 및 완화구간), 제 24조(시거), 제 25조 종단경사, 제 27조(종단곡선 최소치)

⊙ 표 2.1.13 도로의 선형요소(평면선형, 정지시거, 종단선형)

설계속도 (km/hr)	최소평면곡선반지름(m) 적용최대 편경사 6%	7%	8%	완화곡선의 최소길이 (m)	최소 정지 시거 (m)	최대종단경사(%) 고속도로 평지	고속도로 산지	간선도로 평지	간선도로 산지	집산 · 간선도로 평지	집산 · 간선도로 산지	국지도로 평지	국지도로 산지	종단 곡선 최소 길이(m)
120	710	670	630	70	215	3	4							100
110	600	560	530	65	185	3	5							90
100	460	440	420	60	155	3	5	3	6					85
90	380	360	340	55	130	4	6	4	6					75

80	280	265	250	50	110	4	6	4	7	6	9			70
70	200	190	180	40	95			5	7	7	10			60
60	140	135	130	35	75			5	8	7	10	7	13	50
50	90	85	80		55			5	8	7	10	7	14	40
40	60	55	50		40			6	9	7	11	7	15	35
30	30	30	30		30					7	12	8	16	25
20	15	15	15		20							8	16	20

제 21조〈평면곡선부의 편경사〉

⊙ 표 2.1.14 도로의 선형요소(곡선부의 편경사)

구 분		최대편경사(%)
지방지역	직설 · 한랭지역	6
	그 밖의 지역	8
도시지역		6
연결로		8

② 농어촌 도로의 구조 · 시설기준에 관한 규칙(내무부령 제 24호 1995.7.28)

제 12조〈곡선반경〉, 제 16조〈완화구간〉, 제 17조〈정지시거〉, 제 18조〈종단경사〉, 제 20조〈종단곡선〉

⊙ 표 2.1.15 농어촌도로의 선형요소(평면선형, 정지시거, 종단선형)

설계속도 (km/hr)	최소곡선 반경(m)	완화곡선구간의 최소길이(m)	정지시거 (m)	종단경사(%)		종단곡선의 최소길이(m)
				표준	부득이한 경우	
70	200	40	110	4	7	60
60	140	35	85	5	8	50
50	90	30	65	6	9	40
40	60	25	45	7	11	35
30	30	20	30	8	13	25
20	15	15	20	10	14	20

제 21조〈횡단경사〉

⊙ 표 2.1.16 농어촌도로의 선형요소(곡선부의 편경사)

노면의 종류	횡단경사(%)
아스팔트 및 시멘트 콘크리트 포장도로	1.5이상 2.0이하
간이포장도로	2.0이상 4.0이하
비포장도로	3.0이상 6.0이하

③ 자전거이용시설의 구조 · 시설기준에 관한 규칙(행정자치부령 제329호 2006.5.30)

제 6조〈정지시거〉, 제 7조〈곡선반지름〉

⊙ 표 2.1.17 자전거도로의 선형요소(평면선형, 정지시거)

설계속도(km/hr)	곡선반지름(m)	정지시거(m)
30이상	24	30이상
20이상	17	15이상
10이상	10	10이상

제 9조〈종단구배〉 자전거도로의 종단경사에 따른 제한길이

⊙ 표 2.1.18 자전거도로의 종단경사에 따른 제한길이

종간경사(%)	제한길이(m)
7이상	90이하
6이상	120이하
5이상	160이하
4이상	220이하
3이상	제한없음

2) 평면곡선부의 확폭

① 도로의 구조 · 시설기준에 관한 규칙 제 21조〈평면곡선부의 확폭〉

⊙ 표 2.1.19 평면곡선 반지름 및 설계기준 자동차에 따른 확폭량

세미트레일러		대형자동차		소형자동차	
평면곡선반지름(m)	최소 확폭량(m)	평면곡선반지름(m)	최소 확폭량(m)	평면곡선반지름(m)	최소 확폭량(m)
150이상-280미만	0.25	110이상-200미만	0.25		
90이상-150미만	0.50	65이상-110미만	0.50		
65이상-90미만	0.75	45이상-65미만	0.75	45이상-55미만	0.25
50이상-65미만	1.00	35이상-45미만	1.00	25이상-45미만	0.50
40이상-50미만	1.25	25이상-35미만	1.25	15이상-25미만	0.75
35이상-40미만	1.50	20이상-25미만	1.50		
30이상-35미만	1.75	18이상-20미만	1.75		
20이상-30미만	2.00	15이상-18미만	2.00		

② 농어촌도로의 구조 · 시설기준에 관한 규칙 제 15조〈곡선부의 확폭〉

⊙ 표 2.1.20 차도곡선부의 확폭량

곡선반지름(m)	차로당 최소확폭량(m)	곡선반지름(m)	차로당 최소확폭량(m)
100이상~200미만	0.25	25이상~30미만	1.25
55이상~100미만	0.50	20이상~25미만	1.50
40이상~55미만	0.75	18이상~20미만	1.75
30이상~40미만	1.00	15이상~18미만	2.00

3) 종곡선 변화비율

① 「도로의 구조시설기준에 관한 규칙」 제 27조 제 2항

⊙ 표 2.1.21 종곡선 변화비율(도로구조령)

설계속도 (km/hr)	종단곡선의 형태	종단곡선의 형태	설계속도 (km/hr)	종단곡선의 형태	종단곡선 최소변화 비율(m/%)
120	볼록곡선	120	60	볼록곡선	15
	오목곡선	55		오목곡선	15
110	볼록곡선	90	50	볼록곡선	8
	오목곡선	45		오목곡선	10
100	볼록곡선	60	40	볼록곡선	4
	오목곡선	35		오목곡선	6
90	볼록곡선	45	30	볼록곡선	3
	오목곡선	30		오목곡선	4
80	볼록곡선	30	20	볼록곡선	1
	오목곡선	25		오목곡선	2
70	볼록곡선	25			
	오목곡선	20			

② 「농어촌도로의 구조 · 시설기준에 관한 규칙」 제 20조 제 1항

⊙ 표 2.1.22 종곡선 변화비율(농어촌도로 구조령)

설계속도 (km/hr)	종단곡선의 형태	종단곡선의 형태	설계속도 (km/hr)	종단곡선의 형태	종단곡선 최소변화 비율(m/%)
70	볼록곡선	30	40	볼록곡선	5
	오목곡선	25		오목곡선	7
60	볼록곡선	20	30	볼록곡선	3
	오목곡선	20		오목곡선	4
50	볼록곡선	10	20	볼록곡선	1
	오목곡선	12		오목곡선	2

(7) 횡단경사

① 차도부 횡단경사 〈도로의 구조 · 시설기준에 관한 규칙 제 28조, 농어촌도로의 구조 · 시설기준에 관한 규칙 제 21조〉

⊙ 표 2.1.23 차도부 횡단경사

노면의 종류	횡단경사(%)
아스팔트 및 시멘트 콘크리트 포장도로	1.5이상 2.0이하
간이포장도로	2.0이상 4.0이하
비포장도로	3.0이상 6.0이하

② 보도 또는 자전거 도로 횡단경사 : 2%이하 부득이한 경우 4%까지 적용

③ 길어깨의 횡단경사 : 8%이하 한다.

(8) 입체교차의 연결로(도로의 구조 · 시설기준에 관한 규칙 제 33조)

1) 연결로의 차로 폭, 길어깨 폭 및 중앙분리의 폭

⊙ 표 2.1.24 연결로 횡단면 구성요소의 폭

<table>
<tr><th rowspan="3">횡단면 구성요소 / 연결로 기준</th><th rowspan="3">최소 차로폭 (m)</th><th colspan="5">길어깨의 최소폭(m)</th><th rowspan="3">중앙 분리대 최소폭 (m)</th></tr>
<tr><th colspan="2">1방향 1차로</th><th>1방향 2차로</th><th>양방향 다차로</th><th>가감속 차 로</th></tr>
<tr><th>오른쪽</th><th>왼쪽</th><th>오른쪽 · 왼쪽</th><th>오른쪽</th><th>오른쪽</th></tr>
<tr><td>A기준</td><td>3.50</td><td>2.50</td><td>1.50</td><td>1.50</td><td>2.50</td><td>1.50</td><td>2.50(2.00)</td></tr>
<tr><td>B기준</td><td>3.25</td><td>1.50</td><td>0.75</td><td>0.75</td><td>0.75</td><td>1.00</td><td>2.00(1.50)</td></tr>
<tr><td>C기준</td><td>3.25</td><td>1.00</td><td>0.75</td><td>0.50</td><td>0.50</td><td>1.00</td><td>1.50(1.00)</td></tr>
<tr><td>D기준</td><td>3.25</td><td>1.25</td><td>0.50</td><td>0.50</td><td>0.50</td><td>1.00</td><td>1.50(1.00)</td></tr>
<tr><td>E기준</td><td>3.00</td><td>0.75</td><td>0.50</td><td>0.50</td><td>0.50</td><td>0.75</td><td>1.50(1.00)</td></tr>
</table>

여기서 교량 등의 구조물로 인하여 부득이한 경우에는 중앙분리대의 폭을 괄호안의 폭까지 줄일 수 있다.

〈비고〉

1. 각 기준의 정의

ⓐ A기준 : 길어깨에 대형자동차가 정차한 경우 세미트레일러가 통과할 수 있는 기준

ⓑ B기준 : 길어깨에 소형자동차가 정차한 경우 세미트레일러가 통과할 수 있는 기준

ⓒ C기준 : 길어깨에 정차한 자동차가 없는 경우 세미트레일러가 통과할 수 있는 기준

ⓓ D기준 : 길어깨에 소형자동차가 정차한 경우 소형자동차가 통과할 수 있는 기준

ⓔ E기준 : 길어깨에 정차한 자동차가 없는 경우 소형자동차가 통과할 수 있는 기준

2. 도로등급별 적용기준

상급도로의 도로등급		적용되는 연결로의 기준
고속도로	지방지역	A기준 또는 B기준
	도시지역	B기준 또는 C기준
일반도로		B기준 또는 C기준
소형차도로		D기준 또는 E기준

(9) 변속차로(도로의 구조 · 시설기준에 관한 규칙 제 34조)

1) 변속차로 중 감속차로의 길이

⊙ 표 2.1.25 감속차로 길이

본선설계속도(km/hr)			120	110	100	90	80	70	60
연결로 설계속도 (km/hr	80	변이구간을 제외한 감속차로의 최소길이 (m)	120	105	85	60	–	–	–
	70		140	120	100	75	55	–	–
	60		155	140	120	100	80	55	–
	50		170	150	135	110	90	70	55
	40		175	160	145	120	100	85	65
	30		185	170	155	135	115	90	80

2) 본선의 종단경사의 크기에 따른 접속차로 길이 보정률

⊙ 표 2.1.26 감속차로의 길이 보정률

본선의 종단경사 (%)	내리막 경사				
	0-2미만	2이상-3미만	3이상-4미만	4이상-5미만	5이상
감속차로의 길이 보정률	1.00	1.10	1.20	1.30	1.35

3) 변속차로 중 가속차로의 길이

⊙ 표 2.1.27 가속차로의 길이

본선설계속도(km/hr)			120	110	100	90	80	70	60
연결로 설계속도 (km/hr	80	변이구간을 제외한 감속차로의 최소길이 (m)	245	120	55	–	–	–	–
	70		335	210	145	50	–	–	–
	60		400	285	220	130	55	–	–
	50		445	330	265	175	100	50	–
	40		470	360	300	210	135	85	–
	30		500	390	330	240	165	110	70

4) 본선의 종단경사의 크기에 따른 가속차로 길이 보정률

⊙ 표 2.1.28 가속차로의 길이 보정률

본선의 종단경사 (%)	오르막 경사				
	0-2미만	2이상-3미만	3이상-4미만	4이상-5미만	5이상
가속차로의 길이 보정률	1.00	1.20	1.30	1.40	1.50

5) 변속차로의 변이구간, 최소길이

변속차로의 변이구간 길이는 다음 표의 길이 이상으로 하여야 한다.

⊙ 표 2.1.29 변이구간의 최소길이

본선설계속도 (km/hr)	120	110	100	90	80	60	50	40
변이구간의 최소길이(m)	90	80	70	70	60	60	60	60

2.1.2 도로교 계획 · 설계에 관계되는 설계기준

(1) 다리밑 공간 높이

1) 하천을 횡단하는 경우

① 하천설계기준

(a) 일반하천

⊙ 표 2.1.30 하천에서의 다리밑 공간(하천설계기준 · 도로교 설계기준)

계획홍수량(m^3/sec)	여유고(m)
200미만	0.60이상
200이상~500미만	0.80이상
500이상~2,000미만	1.00이상
2,000이상~5,000미만	1.20이상
5,000이상~10,000미만	1.50이상
10,000이상	2.00이상

(b) 주운수로

⊙ 표 2.1.31 콘테이너 수송 선박을 위한 공간높이(하천설계기준, 2005)

콘테이너 층수	수면에서의 평균높이(m) (50% 초과가능성)	다리밑 높이(m)	
		EEC*	PLANC**
2층	-	5.25	-
3층	7.20	7.00	7.50
4층	9.30	9.10	9.60

* 주요 내륙운하에 대한 유럽협정, ECC/TRANS/120-19, UN-ECC/내륙수송위원회, 1996.
** 라인강의 콘테이너 바지선 높이, PLANC Bulletin, 1995-1997, pp. 22-24.

② 철도설계기준(철도교편)

⊙ 표 2.1.32 계획홍수량에 따른 거더밑 공간높이

계획홍수량(㎥/sec)	거더밑 공간높이(m)
100이하	0.6
100이상~300미만	1.0
300이상~2,000미만	1.2
2,000이상~6,000미만	1.5
6,000이상	2.0

③ 소하천 설계기준

⊙ 표 2.1.33 제방의 여유고

일반적인 경우		특수한 경우(제방고 2m이하의 경우)	
계획홍수량(㎥/sec)	제방여유고(m)	제방여유고(m)	제방여유고(m)
2.00미만	0.6이상	50미만	0.3이상
2.00이상~500미만	0.8이상	50이상~100미만	0.3이상

2) 항로를 횡단하는 경우

① 철도설계기준(철도교편)

⊙ 표 2.1.34 최고수면(대조평균고조위)와 다리밑 여유 높이와의 관계

선박명	다리밑 여유높이(m)
범선 또는 소기선 통과	최고수면에서 30.0m
대기선 군함	최고수면에서 40~60m
소중기선	최고수면에서 4.5m
폰툰(Pontoon), 바지선(Barge)	최고수면에서 3.0m

② 어항 및 항만설계기준

⊙ 표 2.1.35 선박의 마스트 높이

선형(총톤수)	수면에서의 마스트높이(공선시)	적 요
50톤 이하	7~8m	부선은 제외
50~500t	7~18m	
500~1,000t	15~26m	
1,000~5,000t	20~35m	
5,000~10,000	30~45m	
10,000 이상	30~50m	대형 유조선 포함
대형여객선	50~65m	

해상교량의 다리밑 높이는 약 최고 고조면에서 통과선박의 최대마스트(Mast) 높이에 조석 선박의 트림(Trim), 파고 및 조선자의 심리적 영향 등의 요소를 고려한 여유높이를 더한 값으로 산정하여야 한다.

(2) 교량길이, 경간길이

1) 하천을 횡단하는 경우

① 교량의 길이는 하천폭 이상이어야 한다.

② 경간장은 산간 협곡부라든지 그 외 하천의 상황, 지형의 상황 등에 따라 치수상 지장이 없다고 인정되는 경우를 제외하고는 다음 식으로 얻어지는 값 이상으로 한다. 단, 그 값이 70m를 넘는 경우에는 70m로 한다.

$$L = 20+0.005Q \qquad (37.10)$$

여기서 L은 경간장(m)이고 Q는 계획홍수량(m^3/sec)이다.

③ 다음의 각 항목에 해당하는 교량의 경간장은 하천관리상 큰 지장을 줄 우려가 없다고 인정될 때는 ②항의 규정에 관계없이 다음 각 호에서 제시하는 값 이상으로 할 수 있다.

(a) 계획홍수량이 500m^3/sec 미만이고 하천폭이 30m미만인 하천일 경우 12.5m이상

(b) 계획홍수량이 500m^3/sec 미만이고 하천폭이 30m이상인 하천일 경우 15m이상

(c) 계획홍수량이 500~2000m^3/sec 인 하천일 경우 20m이상

(d) 주운을 고려해야 할 경우는 주운에 필요한 최소 경간장 이상

④ 단, 하천의 상황 및 지형학적 특성상 ②, ③에서 제시된 경간장 확보가 어려운 경우, 치수에 지장이 없다면 교각 설치에 따른 하천폭 감소율(설치된 교각폭의 합계/설계홍수위에 있어서의 수면의 폭)이 5%를 초과하지 않는 범위내에서 경간장을 조정할 수 있다.

2) 주운수로를 횡단하는 경우

① 최소수로 여유공간

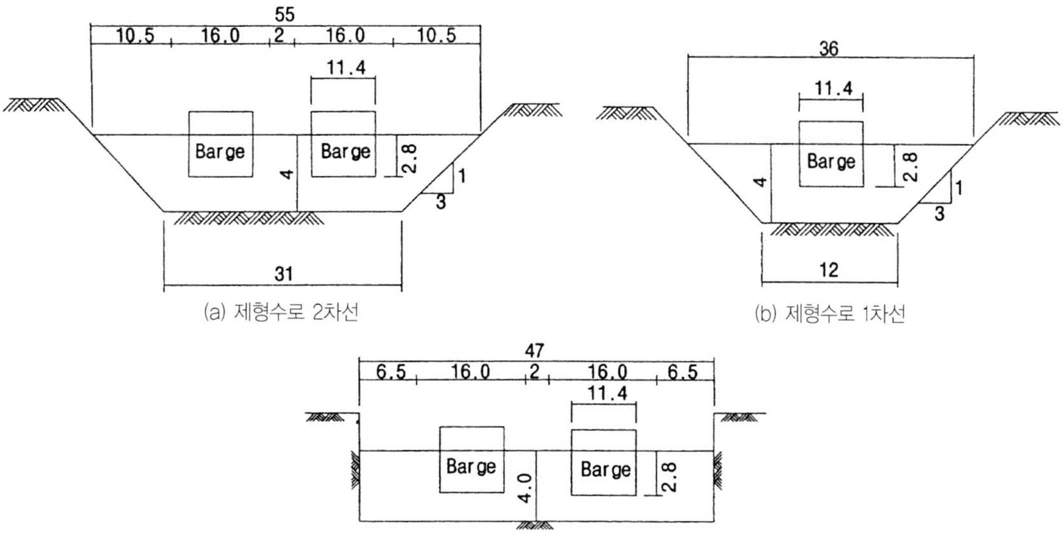

(a) 제형수로 2차선

(b) 제형수로 1차선

(c) 구형수로 2차선

그림 2.1.4 직선구간에서의 최소수로 여유공간

② 미국 육군공병단 권장수로폭

⊙ 표 2.1.36 권장수로폭

예인선단의 폭(m)	수로폭(m)	
	양방통행	일방통행
31.5	90.0	55.5
21.0	69.0	45.0
15.0	57.0	39.0

3) 항로를 횡단하는 경우

① 일반 항로 폭

일반항로에서의 항로 폭은 다음 값을 표준으로 한다. 여기서, L은 대상선박의 전장(全長)을 말한다.

(a) 선박이 운항 중 교행(交行) 가능성이 있는 항로에서는 1L 이상의 적절한 폭으로 한다.

a) 항로의 길이가 비교적 긴 경우 : 1.5L

b) 대상선박들이 항로 항행 중 빈번하게 교행할 경우 : 1.5L

c) 대상선박들이 항로 항행 중 빈번히 교행하고, 항로의 길이가 비교적 긴 경우 : 2L

(b) 선박이 운항 중 교행 가능성이 없는 항로에서는 0.5L 이상의 적절한 폭으로 한다. 그러나 항로 폭이 1L이 되지 않을 경우, 항행지원 시설의 정비 등에 대한 안전성의 충분한 대비를 하는 것이 바람직하다.

② 어선을 대상으로 하는 항로 폭

⊙ 표 2.1.37 어선을 대상으로 하는 항로 폭(왕복항로)

항로의 위치	항로 폭	비 고
외해에서 외항으로 들어오는 항로	6B~8B	악천후 파랑에 대한 여유를 고려
외항에서 내항으로 들어오는 항로	5B~6B	

(주) 여기서 "B"는 대상어선의 선폭

2.1.3 도로교에 관계되는 기술 기준

국내에서는 국토해양부, 행정안전부 등 정부 주도로 구조물 설계 및 시공시 적용할 각종 설계기준 및 지침 등과 건설공사 기준을 제정하고 있다. 국토해양부의 「건설기술개발 및 관리 등에 관한 운영규정(국토해양부 2008)」에 따르면 건설공사와 관련된 기준은 사실상 법령이나 다름없는 구조물 별 설계기준, 시방서와 같은 상위기준과 지침, 편람, 표준도, 기술지도서, 요령 등과 같은 하위기준으로 구분된다.

각종 건설공사와 관련된 기준은 그 종류가 다양하고 지속적으로 개정작업을 거치며 세부적인 사항들에 대한 기준들이 계속해서 개정 및 제정되고 있다.

교량구조물의 설계자는 대상구조물에 따라 반드시 적용해야 할 법규와 시방서 및 관련기준 등의 규정에 적합하게 설계하게 된다. 그러나 이러한 기준이나 시방서 등은 일반적인 지침만을 제공할 뿐이며, 올바른 설계를 위해서는 올바른 판단 및 풍부한 경험이 필요하다. 이는 관련기준이 최저기준 위주로 설정되어 있고 기술개발에 다른 기준 및 시방서 제정 및 정비가 되어 있지 않은 실정이다. 또한 아무리 많은 기준이나 시방서가 제정된다고 하여도 모든 사항을 전부 포함할 수 없기 때문이다.

교량설계기술자는 교량의 계획 · 설계에 착수하기 전에 필요한 설계기준, 지침, 편람, 요령, 표준도 등을 엄밀히 검토하여 적용여부를 판단하여야 한다.

(1) 교량에 관련된 설계기준

⊙ 표 2.1.38 교량에 관련된 설계기준

해당기준	제정기관	제정 및 최근개정년도
• 도로교 설계기준	국토해양부	2008
• 도로교 표준시방서(부로 하중-저항계수 설계편)	건설교통부	1996
• 콘크리트구조설계기준	건설교통부	2007
• 도로설계기준	건설교통부	2005
• 구조물기초설계기준	국토해양부	2008
• 하천설계기준 · 해설	건설교통부	2005
• 소하천 설계기준	행정자치부	1999
• 항만시설물 설계기준	해양수산부	2005

해당기준	제정기관	제정 및 최근개정년도
• 철도설계기준(철도교편)	건설교통부	1999
• 도로교 설계기준 및 해설(하부구조편)	(사)대한토목학회	2001
• 도시철도 설계기준	각 광역시	
• 도시계획도로의 계획 및 설계기준	건설교통부	1988
• 건설공사의 설계도서 작성기준	건설교통부	2005
• 기본설계 등에 관한 세부시행기준	국토해양부	2009

(2) 교량에 관련된 시방서

⊙ 표 2.1.39 교량에 관련된 시방서

해당시방서	제정기관	제정 및 개정년도
• 도로교 표준시방서	건설교통부	2005
• 콘크리트 표준시방서	건설교통부	
• 토목공사 일반표준시방서	(사)대한토목학회	2005
• 고속도로공사 전문시방서	한국도로공사	2005
• 도로공사 표준시방서	(사)한국도로교통협회	2005
• 가설공사 표준시방서	건설교통부	

(3) 교량에 관련된 설계지침

⊙ 표 2.1.40 교량에 관련된 설계지침

해당설계지침	제정기관	제정 및 개정년도
• 강도로교 상세부 설계지침	건설교통부	2006
• 콘크리트 교량가설, 특수공법 설계 · 시공 · 유지관리지침	건설부	1994
• 케이블 강교량 설계지침	(사)대한토목학회	2006
• 고속도로 교량의 내진설계지침	한국도로공사	1997
• 유지관리를 고려한 교량의 설계 및 시공지침	건설교통부	2001
• 도로포장설계 및 시공지침	건설교통부	1997
• 환경친화적인 도로건설지침	건설교통부	2004
• 입체교차로 설계지침	건설교통부	2005
• 평면고차로 설계지침	건설교통부	2004
• 국도의 노선계획 · 설계지침	건설교통부	2006
• 토목섬유 설계 및 시공지침	(사)한국지반공학회	
• 설계의 경제성 등 검토에 관한 시행지침	국토해양부	2009
• 생태통로 설치 및 관리지침	환경부	2003

(4) 교량에 관련된 편람

⊙ 표 2.1.41 교량에 관련된 편람

해당편람	제정기관	제정 및 개정년도
• 도로설계 편람 제 5편 교량	국토해양부	2008
• 강구조 설계편람	(사)한국강구조학회	1998
• 고속도로 교량의 내진설계편람	한국도로공사	2000
• 수해예방을 위한 산악지 도로설계매뉴얼	건설교통부	2007
• 시설물 설계 및 시공편람	서울특별시	1995
• 도로설계 실무편람	한국도로공사	1996

(5) 교량 관련 실무요령

⊙ 표 2.1.42 교량 관련 실무요령

실무요령	제정기관	제정 및 개정년도
• 도로설계 요령	한국도로공사	2009
• 강도로교 시공 · 검사 실무요령	건설교통부	1995
• 교좌 장치의 종류 및 관리요령	건설교통부	1995
• 국도건설공사 설계실무요령	건설교통부	

(6) 교량에 관련된 지도서

⊙ 표 2.1.43 교량 관련 지도서

교량 관련 지도서	제정기관	제정 및 개정년도
프리플렉스 합성형의 설계제작 및 시공지도서	(사)대한토목학회	1993

(7) 교량 관련 표준도

⊙ 표 2.1.44 교량 관련 표준도

교량 관련 표준도	제정기관	제정 및 개정년도
• 고속도로 건설공사 표준도	한국도로공사	2003
• 교량 및 가시설 표준도	국토해양부	2008
• 도로교 상부구조 표준도	건설부	1978
• 도로교 하부구조 표준도	건설부	1979
• 도로 부대시설 표준도	건설교통부	1998
• 일반국도 구조물 표준도	건설교통부	
• IBRD Typical Drawing(TD)	건설교통부	

(주) 1) 건설교통부는 현 국토해양부
2) 행정자치부는 현 행정안정부
3) 해양수산부는 현 국토해양부로 통합됨
4) 건설부는 현 국토해양부

2.2 도로교에 관계되는 시방서, 설계기준 개정 과정

2.2.1 도로교 시방서 · 설계기준

(1) 강도로교 설계표준시방서 건설부 1962.5
(2) 도로교 표준시방서 제정 건설부 1972.12
(3) 도로교 표준시방서 1차 개정 건설부 1977.12
(4) 도로교 표준시방서 2차 개정 건설부 1983.12
(5) 도로교 표준시방서 3차 개정 건설부 1992.11 (내진설계도입)
(6) 도로교 표준시방서 4차 개정 건설부 1996.4 (하중저항계수설계법 : 부록)
(7) 도로교 표준시방서 5차 개정 건설교통부 1999.8 (시방서와 설계기준분리)
(8) 도로교 설계기준 제정 건설교통부 2000.7
(9) 도로교 설계기준 개정 건설교통부 2005.2 (단위 : CGS→SI로 변경)
(10) 도로교 표준시방서 6차 개정 건설교통부 2005.10
(11) 도로교 설계기준 개정 국토해양부 2009.

2.2.2 콘크리트 시방서 · 설계기준

(1) 철근콘크리트 표준시방서 제정 일반토목학회 1931
(2) 콘크리트 표준시방서 교통부 시설국(1950) 한글로 번역하는 수준추정
(3) 콘크리트 표준시방서 제정 건설부 1962.8 (무근, 철근, 포장, 댐 콘크리트 시방서)
(4) 콘크리트 표준시방서 1차 개정 건설부 1968.12 부록 : 강도설계법수록
(5) 콘크리트 표준시방서 2차 개정 건설부 1972.
(6) 콘크리트 표준시방서 3차 개정 건설부 1983.
(7) 콘크리트 표준시방서 4차 개정 건설부 1988.
(8) 콘크리트 표준시방서 5차 개정 건설교통부 1996.5 시방서와 설계기준분리
(9) 콘크리트 구조 설계기준 제정 건설교통부 1999.6 토목 · 건축 통합
(10) 콘크리트 표준시방서 6차 개정 건설교통부 2003.4 (단위 : CGS→SI로 변경)
(11) 콘크리트 구조 설계기준 1차 개정 건설교통부 2003.4 (단위 : CGS→SI로 변경)
(12) 콘크리트 구조 설계기준 2차 개정 건설교통부 2007.10

2.2.3 구조물 기초설계기준

(1) 구조물 기초설계기준 제정 건설부 1971.12

(2) 구조물 기초설계기준 1차 개정 건설부 1986.11

(3) 구조물 기초설계기준 2차 개정 건설교통부 1997.6

(4) 구조물 기초설계기준 3차 개정 건설교통부 2002.12

(5) 구조물 기초설계기준 4차 개정 국토해양부 2009.3

참고문헌

1) 국토해양부 : 도로법(법률 제 9730호, 2009.5)
2) 국토해양부 : 도로의 구조 · 시설에 관한 규칙(국토해양부령 제101호, 2009.2)
3) 내무부 : 농어촌도로의 구조 · 시설에 관한 규칙(내무부령 제 24호, 1995.7)
4) 행정자치부: 자전거 이용시설의 구조 · 시설 기준에 관한 규칙(행정자치부령 제 329호 2006.5)
(주)내무부, 행정자치부 : 현 행정안전부임
5) 국토해양부 : 도로교 설계기준
6) 사)대한토목학회 : 철도설계기준(교량편)
7) 해운항만청 : 어항 및 항만 설계기준
8) 국토해양부 : 철도건설규칙(2009.1)
9) 국토해양부 : 철도의 건설기준에 관한 규정(2009.9)
10) 국토해양부 : 하천설계기준(2009.)
11) 행정자치부 : 소하천시설기준(1999.6)

제 I 편 계획설계 일반

3장 교량계획의 일반사항

⊙ 제 3 장_ 교량계획의 일반사항

3.1 교량계획에 있어서 기본적인 고려사항

일반적으로 교량은 하천, 철도, 도로, 계곡, 해협, 농경지, 도심지 및 지하매설물 등 장애물을 입체적으로 통과하는 것이 주목적이었지만, 경제발전에 따른 사람의 의식수준의 변화로 말미암아 교량은 단순한 교통수단으로만 계획하는 것이 아니라 상징적인 대상물로 계획하게 되는 경우가 있으므로, 교량상세설계에 앞서 교량계획 단계에서부터 이러한 점을 충분히 인식하고 교량계획단계를 통하여 교량의 효율적인 설계를 도모하여야 한다.

이를 위해 교량의 계획단계에서는 도로의 선형(교량의 중심평면 · 종단선형), 교량가설 위치의 지형조건, 교량가설상의 제반 제약조건, 구조설계기준을 만족하여야 한다. 또한 교량의 내구성 및 안전성이 확보되고 경제적이며 미관을 고려하고 경우에 따라서는 지역의 상징성을 가지거나 land mark가 될 수 있는 교량형식을 선정하여야 한다.

그리고 교량계획단계에서는 교량길이 결정 및 경간분할, 상부구조 형식 및 배치계획, 하부구조의 형식 및 형상, 기초형식 및 교량건설공법 결정 등이 이루어지게 된다.

교량계획단계에서 치밀하고 철저한 조사와 체계적인 계획수립은 장래 교량상세 설계시 또는 공용수명기간 동안 교량의 성능에 큰 영향을 미치게 되므로 교량계획에 있어서 매우 중요하다고 할 수 있다.

교량기술자가 교량계획을 능숙하게 하려면 어느 학문에서도 마찬가지지만 특히 교량분야에서는 설계 · 시공분야에 대한 실무경험 또는 간접경험이 풍부하여야 하고, 특히 교량의 역학적인 거동에 대한 이해, 설계 및 구조해석기법, 교량가설공법에 대한 폭 넓은 지식 및 신소재, 신기술의 접목방법, 연관분야의 기술에 대한 이해가 있어야 가능하다. 이러한 교량공학의 기술적인 지식을 바탕으로 교량기술자는 교량계획 단계에서 안전성, 경제성, 시공성을 확보하고 미관이 고려된 적절한 교량형식과 가설공법을 선정하여야 하며, 장래의 유지관리, 편의성, 새로운 교량가설에 의해 지역사회에 미치는 사회적 · 환경영향 등에 대하여 철저한 분석 및 검토가 따라야 한다.

3.1.1 교량 채용에 대한 인식확립

교량가설 위치선정은 도로노선을 횡단하는 장애물만을 건너는 것에 한정되는 것이 아니라 교량건설공사비가 도로성토구조의 공사비와 도로의 비탈면에 의해 점유되는 너비의 토지보상비를 합산한 금액과 비교하여 공사비가 낮으면 교량으로 계획하는 것이 일반적이다.

또한 도로의 성토높이가 높아 토지점용면적이 과다하여 장래토지이용계획에 영향이 있다거나 환경적인 영향이 있다고 판단되면 교량으로 계획하여야 한다.

이러한 점을 고려하여 개설되는 도로주변의 환경과 도로노선의 본질적인 특징을 충분히 검토하여 교량의 가설위치와 교량길이를 결정하는 것이 바람직하다.

교량을 계획하는 경우에는 다음의 사항을 거론한다.

(1) 다리밑 공간(clearance)

교량을 계획할 때 보통의 경우 교량 밑의 도로, 철도, 항로, 하천(수로) 및 기타 지장물에 의해 필요한 공간이 확보되어야 한다.

도로는 시설한계, 철도는 건축한계, 하천의 경우 계획홍수위 위에 여유고 및 경간 길이, 항로의 경우는 항행선박에 따른 높이와 항로 폭이 설계기준에 규정되어 있다.

이들의 시설한계(건축한계)를 적용시 장래에 교량상부구조의 유지관리를 위한 여유고, 점검시설설치에 따른 영향 등을 감안하여 다리밑 공간을 결정하여야 한다.

또한 저지부의 침수지역, 통수단면적 확보가 필요한 경우에도 다리밑 공간 확보가 필요하다.

(2) 경제성

일반적으로 교량을 건설하는 것보다 다른 수단 즉 도로, 성토 비탈면을 성토구조 또는 옹벽구조로 하는 경우가 경제적인 경우가 있다. 대체적으로 교량자체의 건설비는 높으나, 도심지역이나 장래개발예정지 등에서 용지보상비가 현저하게 고가인 지역, 이전 · 이설 및 보상 물건이 많은 지역, 용지 점유 폭이 넓은 성토구조일 때 전체 도로건설공사비가 고가가 되므로 교량을 가설하는 것이 경제적이다.

또한 옹벽 등 토목구조물의 규모가 도로폭원에 비교하여 큰 경우, 연약지반 지역에 대규모 지반개량을 필요로 하는 경우에도 교량으로 가설하는 것이 경제적인 때도 있으니 충분한 검토가 필요하다.

그리고 경제성을 분석할 때는 교량가설위치의 지형을 감안한 시공성을 동시에 검토하여야 한다. 특히, 교량의 공사비는 교량의 경간 길이와 관계가 있으므로 다리밑 공간의 시설한계를 검토하여 이에 적합한 형식을 결정하고 이에 따른 하부기초공법의 시공가능여부를 고려하여야 한다.

(3) 안전성

연약지반 지역에 성토를 높게 하여 도로를 축조하였을 때 지반이 장기압밀침하가 발생하든지, 사면붕괴가 발생하여 위험한 경우가 있다. 또한 급경사지역 및 사면붕괴 예상지역에 대규모 절 · 성토를 하였을 시 사면붕괴를 유발할 수 있다. 이러한 지역의 경우 도로를 토공으로 건설시 토공공사비가 교량공사비보다 초기 투자비면에서는 적게 드나 장래의 유지 관리면과 안전성을 고려할 때 교량으로 가설해야 되는 경우도 있다. 이러한 경우 토공사에 의해 대규모 산사태가 발생하여 도로가 절단되고 계곡에 토사유출의 원인을 제공하여 하류부의 교량·가옥의 안전성이 문제되는 경우도 있으므로 이를 염두에 두고 도로를 토공사로 할 것인가, 교량으로 할 것인가 고민하여야 한다.

(4) 사회성, 환경성

마을의 중앙을 관통하거나 마을과 마을 사이를 지나 도로를 축조하는 경우 마을이 분단되거나 마을과 마을의 통행이 차단되어 생활의 편리성을 저해하든지, 통풍성에 악영향을 미치거나, 마을의 전망을 저해할 수 있다. 또한 장래의 토지의 유효이용의 관점과 농경지 축소에 따른 지역주민의 생활근거지 박탈 등 문제점이 많은 경우가 있다. 이러한 경우는 상기의 이유에 따라 고가교를 요구하게 된다.

도로의 노선이 불가피하게 자연보호지역을 관통하여 지나가는 경우, 천연기념물인 양서류, 파충류, 어류 및 식물 분포지역의 점유너비를 최소화하기 위하여 교량으로 가설하는 것을 검토하여야 한다. 또한 국립공원 및 해상공원에서 도로개설에 따른 자연경관, 식생의 훼손이 심한 경우도 도로의 중심선을 이동하여 교량으로 가설하여 환경 보호하는 방안도 검토되어야 한다.

3.1.2 교량계획의 기본사항

교량계획은 단순히 교량의 구조형식에만 국한된 검토를 하여 계획하는 것이 아니다. 교량의 계획은 도로나 철도의 노선계획을 관련시켜 지형, 지질, 기상 등의 자연조건을 고려하고 노선에 교차하는 도로, 철도, 하천, 항로 및 기타 지장물 등의 입지조건에 관한 제반조건을 만족하여야 한다. 교량구조의 안전성, 내구성, 이용자의 쾌적성, 자연환경, 사회 환경과의 조화, 경관을 고려한 교량이 일정한 수준의 기능을 갖추어야 하고, 교량 가설·공용시에 시공 및 유지관리가 용이하고 안전성을 확보되어 있으면서 경제적이어야 한다. 다른 말로 표현하면 Life Cycle Cast(L.C.C)가 적은 교량의 실현을 말하며 이는 교량의 위치 설정과 교량의 형식을 선정하는데 필요하다. 교량의 가설위치와 형식을 결정한 후, 설계단계에서 교량을 구성하는 부재의 재료와 규격을 결정하여야 한다.

다음에 열거된 내용은 교량 계획하는데 있어서 일반적인 사항이므로 이 외의 사항은 각종 설계기준, 시방서, 지침서, 편람, 설계요령과 과거의 경험, 건설실적 등을 참작하여 교량을 계획하여야 한다.

(1) 노선계획 중심의 교량계획

교량은 도로를 건설하는데 그 구조의 일부로서 기능을 갖고 있다. 따라서 일반적으로 교량은 도로의 선형계획의 일환으로 계획하는 경우가 많은데 그 경우에 정도의 차이는 있지만 교량의 위치나 규모는 도로 선형에 많은 영향을 받는다. 따라서 소규모의 교량은 도로선형에 충실히 따르는 경우가 허다하다. 이러한 경우에 교량의 사각이 현저하게 큰 사교가 된다. 이는 교량의 건설, 유리 관리면에서 불리하고 비경제적이 되므로 가급적이면 피하는 연구·검토가 필요하게 된다.

또한 교량의 규모가 큰 경우에 있어서는 건설비·공사기간이 도로자체의 건설비·공사기간에 크게 영향을 미치게 되므로 이러한 경우에는 도로의 선형계획이 교량계획에 크게 좌우되거나 의존하게 된다.

따라서 교량계획을 하는데 있어서 노선계획과의 정합성(整合性)을 고려하고 지형 · 지반조건과 교차시설의 조건, 차후의 기능의 만족도, 경제성을 종합적으로 판단하여 교량가설위치의 선정과 교량의 형식을 결정하는 것이 필요하다.

교량계획시 도로의 선형, 교량의 선형이든 어느 것을 따라 하든 경제성과 안전성이 항상 동시에 요구된다. 도로건설비에서 차지하는 교량의 건설비는 노선선정 및 선형설계 단계에서 대개 결정된다고 하여도 과언이 아니다. 노선선정은 수많은 주변의 제반요건을 검토 · 분석하여 결정되는 것이지만 도로의 기능적인 측면 또는 교량중심의 선형을 결정하는 것은 도로기술자의 재량에 따른다고 할 수 있다.

어느 경우든 적어도 교량공사비가 도로건설의 총공사비에서 차지하는 비율이 크다는 것을 염두에 두고 노선을 선정하여야 한다.

예를 들면, 대략의 노선선정을 거쳐서 평면선형, 종단선형을 최종적으로 결정하는 단계에서 교량가설위치 부근의 도로평면선형을 조금만 조정하여도 설계 · 시공상 상당히 유리한 경우와 공사비가 절감되는 경우가 많다. 이 점을 도로기술자나 교량기술자들은 항상 생각하고 노선계획을 하여야 한다.

(2) 교차시설물의 제반조건

교량계획에서 우선 문제가 되는 것은 교량가설위치, 교량 길이, 경간 분할, 교대 · 교각의 위치 및 형상, 다리밑 공간 등은 교량이 교차하는 하천, 도로, 철도, 항로 및 기타 지장물 등의 교차물로 이들에 대하여 사전에 충분한 현장여건조사, 즉 기초지질조사, 하천조사, 도로 및 철도의 확장여부, 항로의 통과조건, 선박의 규모 및 항로 폭 등을 조사하고 교량가설 예정지점의 관할기관과 충분한 협의를 하여 필요조건을 결정하여야 한다.

1) 하천에 가설하는 교량의 경우

① 교량가설위치, 교량길이와 교대의 위치 결정에는 하천의 형상, 하천개수 · 계획 등을 고려한다.

② 경간(지간) 길이, 다리밑 높이, 교각의 형상의 결정에는 계획 홍수위, 계획 홍수량, 제방여유고, 선박통과의 조건, 인접구조물, 주변 상황 등을 고려한다.

③ 기초상단(첨단)높이 결정은 개수계획 · 세굴상태 등을 종합적으로 고려할 필요가 있다.

2) 도로 · 철도 위에 가설하는 교량의 경우

① 교량길이, 경간 길이, 다리밑 높이, 교각의 위치 · 형상 등의 결정은 도로 · 철도의 폭원구성, 시설한계(건축한계), 시거 등을 고려한다.

② 교대 · 교각의 기초위치 · 형상의 결정은 지하 매설물 또는 지중구조물에 대한 영향을 고려할 필요가 있다.

3) 해협이나 운하에 가설하는 경우

① 지간(경간) 길이, 다리밑 높이의 결정은 항로를 통과하는 선박의 크기, 항로폭 등을 고려할 필요가

있다.

(3) 교량의 기능성 확보

교량은 도로 · 철도 구조의 일부로서 도로 교통이나 열차가 안전하고 원활하게 통행할 수 있도록 요구되는 기능을 공용기간 중에 유지할 필요가 있다.

교량이 요구하는 기능의 제일은 구조의 안전성이며, 그 안전성이 장기간에 걸쳐서 유지될 수 있는 내구성이다. 이는 교량의 계획 · 설계 · 시공 · 유지관리 등 각 단계에서 유의할 점이다. 계획 단계에서 교량가설위치의 선정과 교량 형식선정에 있어서, 예를 들면 지반이 미끄러지는 지대를 피하고, 교량의 내진성 확보를 위하여 교량구조를 연속화를 도모하는 것과 안전성과 내구성 면에 연구 · 검토가 중요하다.

도로의 사용자의 쾌적성 확보는 교량에 요구하는 첫 번째 기능이다. 교량노면의 평탄성 확보와 구조의 진동 억제는 계획 · 설계 · 시공 · 유지관리 등 각 단계에서 배려할 필요가 있다. 교량 형식의 선정은 구조의 각 부재의 치수와 형상을 결정하기 전에 한다는 관점에서 검토하여야 한다.

교량의 공용시 자동차의 주행이 주변의 자연경관 · 사회 환경과 조화되는 것은 광의적인 의미에서 교량이 가져야 할 기능의 첫째이다. 따라서 교량의 조형이 주변의 경관에 미치는 영향이 일정한 수준 이상을 가져야 한다. 그러므로 자동차가 주행시 소음진동이 주변 환경에 미치는 영향이 일정 수준이하로 억제되게 하여야 한다. 이러한 배려가 똑같이 계획 · 설계 · 시공 · 유지관리 등 각 단계에서 필요하다. 특히 이러한 것은 성격상 노선계획에서 교량계획의 초기 단계에서 검토가 필요하며, 교량가설위치의 선정 · 교량형식 선정에 있어서 충분히 유의할 필요가 있다.

(4) 교량의 경제성 추구

교량은 공공시설로서 일정수준의 기능성을 확보하여야하고 경제적이어야 함을 요구한다.

이 경우의 경제성은 건설비를 포함하여 공용후 유지관리비 및 폐기 비용까지 포함한 Life Cycle Cast(L.C.C)가 최소가 되어야 함을 말한다. 또한 시공과 유지관리가 용이하고 구조적인 안전성이 확보되는 것도 경제성의 한 요소이다.

교량계획은 기능성을 만족하고 경제성이 우수하다고 판단되는 2~3개의 복수안을 선정하여 기능성을 만족하는 정도를 비교 · 검토하여 가장 경제성이 있다고 판단되는 안을 채용하는 방법을 일반적으로 쓰고 있다. 예를 들면, 교량의 형식 선정과 규모 결정은 다음의 항목에 대해서 비교 · 검토하는 것이 바람직하다.

Ⅰ. 구비하여야 할 기능의 종류들의 수준

① 안전성 : 강도(안전성), 내구성

② 사용성 : 쾌적성, 교통의 안전성

③ 환경과의 조화 : 자연환경, 생활환경, 경관

Ⅱ. 기능을 실현과 유지하는 난이도(시공성)

① 건설(계획 · 설계 · 시공)의 난이도

② 유지관리의 난이도

Ⅲ. 기능의 실현 · 유지에 필요한 비용(경제성)

① 건설비

② 유지관리비

③ 건설비 + 유지관리비(Life Cycle Cast)

상기의 항목에 대하여 2~3개의 복수안을 정량적으로 표현할 수 있는 것은 정량적으로 표현하여 비교 · 검토하여야 하나, 정량적으로 표현하기 곤란한 경우에는 정성적으로 표현하여 비교하고 단계적으로 정도가 높은 안을 찾아서 최종적으로 가장 적합하다고 판단되는 하나의 안을 채택하는 방법을 고려한다. 실무에서 실제로 이 방법을 사용하는 경우가 많다.

필요한 기능을 가장 우수하다는 관점에서 구비하여야 할 각각의 기능 수준과 각각의 기능 수준을 실현과 유지하는 난이도를 정량화하여 그에 대한 비용을 정확하게 산출하는 노력이 필요하다. 그러나 data 부족으로 인하여 정량화 하여야 할 항목에 대하여 현시점에서 구하기 어려운 경우에는 정성적으로 구하여 비교 · 가능한 표현을 하기 바란다.

각각의 안을 비교하는 경우, 정량화한 항목의 내용과 정성적으로 표현한 내용을 종합적으로 판단하여야 한다.

또한 교량의 경제성을 검토할 때 교량 자체의 공사비뿐만 아니라 도로 종단선형변화에 따른 일정구간의 접속도로의 공사비도 비교 대상이다.

특히, 비교에서 주의할 것은 계획단계에서의 정도문제는 있겠지만, 금후 설계 · 시공에서 예상되는 공사비의 증가에 대해서 고려하여야 하고 지나치게 안전성만 강조하거나 경제성만 강조하여 계획하여서는 안된다. 동일한 경제성을 갖는 교량의 경우, 시공성 · 유지관리가 용이한 형식을 선정하는 것이 요망된다.

(5) 시공성

교량계획시 교량자체의 기능성 면에서 우수하고 경제적인 교량형식이라고 하여도 교량가설위치와 주변 여건, 지형 · 지질에 따라 교량형식 선정시 제외되는 경우가 있다.

특히, 교량형식 선정시 현장여건을 정밀조사하고 분석하여 시공 가능한 건설공법을 찾아야 하며 경제성보다 시공성을 먼저 검토하는 것이 착오를 줄이는 방법 중의 하나이다. 교량의 기초 및 상부구조 건설공법을 검토할 때 다음의 조건에 대하여 세심한 연구 · 검토가 필요하다.

① 교량 길이 및 경간 길이

② 교량의 최대 높이 및 교대 · 교각 위치의 비탈면 경사도

③ 가교지점의 지형 및 지질상태

④ 하천 · 바다의 수심 및 유속

⑤ 기존도로와 가교 위치의 거리 및 공사용 가설도로 건설가능 여부

상기의 사항을 검토하여 일반적인 건설공법으로 시공이 가능한 교량 형식이면 별문제가 없지만 교량 형식 및 지형 · 지질에 따라 적합한 건설장비 조달 및 조달시기, 정비의 능력이 문제가 되고, 연약지반의 심도가 깊고, 건설장비의 진입을 위한 가설도로의 공사비가 추가되고 수심 · 유속의 영향에 의해 시공이 불가능하거나 교량의 경간 길이를 조정이 불가피하여 교량 형식을 변경하는 경우도 있다.

또한 교량형식에 따라서는 건설기능공 부족 및 신공법의 적용에 의해 이론적으로는 안전성이 보장된다고 하여도 심미적으로 안전성에 확신성이 없는 경우도 있으므로 이러한 점을 고려하여 시공성을 검토하여야 될 줄로 여겨진다.

(6) 교량 구조물 자체 및 주변 경관과의 조화

일반적으로 교량에서 요구되는 기능으로는 안전성, 시공성, 경제성 및 미관의 4가지 요소가 있다. 교량의 미관을 뺀 3가지 요소를 협의 기능으로, 이에 미관을 합친 것은 광의의 의미에서 교량의 기능으로 생각할 수 있다. 미관적 설계가 새로운 것은 아니지만 그 해석 방법에 따라 상당한 차이가 있다. 교량의 미관설계에서는 주변의 자연경관, 도시환경과의 조화 또는 대비(Contrast)를 어떻게 할 것인가를 고려하여 교량을 이용하는 사람들에게 호감을 주도록 배려하는 것이 중요하다.

경제성과 경관상의 배려는 대개의 경우 상반되므로 양자택일 또는 조화가 요구될 수 있으므로, 도로건설의 의의를 인식함과 동시에 자연경관의 중요성을 함께 인식하고 조화시키는 노력이 필요하다. 대체로 교량설계에서 경관설계를 하는 경우 공사비가 증가하고 시공성이 떨어지는 것은 당연하며, 교량의 미관을 위해서는 경제성과 시공성의 하락은 어느 정도 감수하여야 한다.

3.2 교량설계과정

3.2.1 교량설계 단계 및 설계발주 방법

교량설계는 일반적으로 도로 · 철도 설계와 동시에 진행되므로 이들의 설계과정은 ① 타당성 조사(기본계획단계) ② 기본설계 단계 ③ 실시설계(상세설계) 단계로 구분하여 진행한다.

발주자는 이들의 설계단계를 발주청의 방침에 따라 직영발주방법과 도급발주방법을 선정하여 발주하며, 일반적으로 도급발주 방식을 채택하는 경우가 많다.

발주자가 이들의 설계 3단계를 발주하는 방법의 예는 다음과 같은 것이 있다.

ⓐ 타당성 조사, 기본설계, 실시설계 분리발주

ⓑ 타당성조사 실시 후, 기본설계와 실시설계 동시 발주

ⓒ 타당성조사와 기본설계후 실시설계 별도 발주
ⓓ 타당성조사후 기본설계, 실시설계 및 시공을 발주(Turn Key방식)
ⓔ 타당성조사와 기본설계 실시후 실시설계 및 시공을 발주(Turn Key방식)

이들의 설계 발주방법은 발주청의 방침에 따라 결정되면, 설계 범위 중에서 기본설계의 범위는 공사의 특성, 발주자의 의지에 따라 과업지시서 내용이 결정되고 실시설계의 경우는 공사의 특성, 규모에 관계없이 상세설계의 범위와 수행절차는 유사하다.

교량 기술자는 어느 경우든 교량설계는 타당성조사(기본계획), 기본설계, 실시설계의 3단계 순서를 따라 설계를 하는 것이 가장 합리적이다. 그림 3.2.1은 일반적인 교량설계 업무의 흐름을 나타낸 것이다.

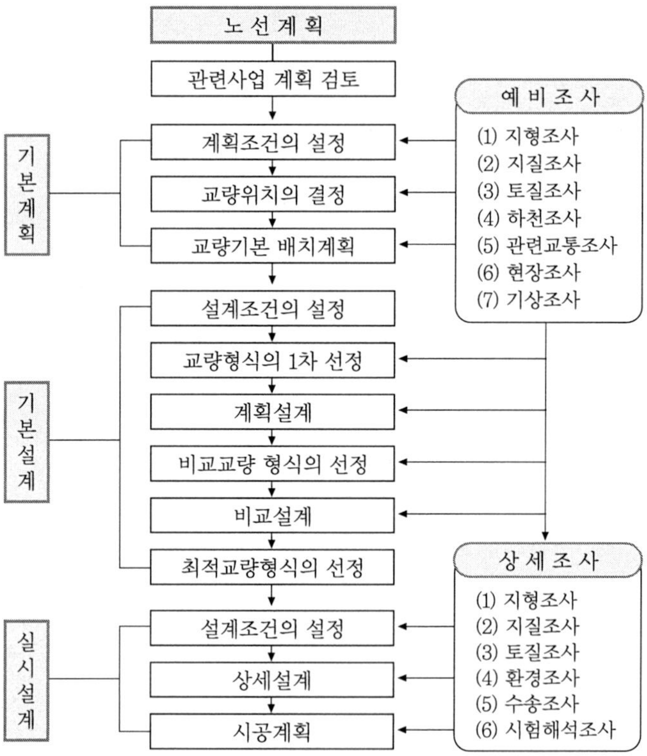

그림 3.2.1 일반적인 교량설계 흐름도

3.2.2 교량설계 단계별 업무내용

(1) 타당성조사(기본계획)

타당성조사는 교량공사에 대한 사업비의 기본구상을 토대로 사업의 목표와 이를 위한 수단을 설정하여 경제적 타당성, 기술적 타당성, 사회 및 환경적 타당성을 사전에 종합적으로 판단하며, 교량의 규모나 중요성, 교량가설위치의 조건 및 상태를 정확히 판단함으로써 교량건설기간 중에 큰 변경없이 합리적이고 경제적인 계획, 설계, 시공을 위한 목적으로 본 조사를 실시한다.

또한 교량시설물의 실현방법에 있어 여러 대안을 비교 · 검토하여 최적안을 선정하고 그에 대한 교량 기본계획을 수립하고 기본설계용역에 대한 기본이 되는 기술 자료를 작성하는 단계를 말한다.

타당성 조사에서는 실측도 작성, 교량가설위치 선정, 교량 형식 및 교량길이 · 경간 길이를 결정하기 위하여 기본조사를 실시하고 이를 바탕으로 실측도를 작성하며 교량가설 지점의 지형, 토질 · 지질상태, 교차시설물, 장래도로신설 및 확장계획, 인접도로와의 관계, 인근 구조물의 부식상태, 기초형식 및 기초 지지층, 시공성을 조사하며 하천의 유량 · 유속과 주변의 지형, 하상변화 등을 조사하여야 한다

타당성조사는 교량의 계획단계에서 수행하는 것이 일반적이며, 교량가설을 위한 용지보상의 근거자료인 용지도 및 지장물 조서를 작성하여야 하고, 타당성 조사과정에서 사업비 추정을 위한 교량구조의 개략 설계를 실시하는데 그 내용은 다음과 같다.

1) 설계기준 제안

① 도로의 종류, 교량 등급 제안

② 설계속도 및 교량의 폭원구성 제안

③ 교량의 설계방법과 내진설계 등급 제안

④ 교량설계 및 계획시설물 설계에 적용할 홍수재현빈도에 따른 계획홍수량, 계획홍수위, 다리밑 공간 및 경간 길이 등을 제안

⑤ 교량이 해상에 설치되는 경우 조석(간만)의 차 및 설계파고 계산

⑥ 교량설계에 적용할 설계하중의 종류 및 크기 등을 제안

2) 노선설계

① 노선대 설계 : 축척 1/50,000~1/25,000 지형도 상에서 후보 노선대 설계를 수행하고 최적 노선대를 결정한다.

② 개략 노선 설계

최적 노선대에 대하여 축척 1/5,000 지형도 상에서 개략적인 노선설계를 계획하고 주요 교량을 계획하여 경제성 분석에 필요한 사업비 산출을 위한 설계도를 작성한다.

3) 타당성 조사시 교량 설계

① 교량가설 위치에 적합한 실현가능성이 있는 여러 계획안과 설계기준을 토대로 교량형식을 결정한다. 과업수행방법은 용역계약서 또는 과업 지시서에 특별한 사항이 없는 경우에는 기존설계자료 및 관련 기술 자료를 참조하고, 필요시에는 주요부재의 구조계산을 통하여 선정된 최적의 교량형식에 대하여 안전성고 적정성을 확인할 필요가 있다.

② 최적 교량 형식안에 대하여 안정성, 시공성, 내구성, 환경성 및 장래유지관리 등을 고려하여 사용

재료를 선정하고 사용성 등을 고려하여 경간 구성을 결정한다.

③ 노선이 통과하는 시설물 또는 장애물 즉 도로, 철도, 하천 및 항로 등의 다리밑 공간을 결정하고 지하시설물이 교량의 교대 · 교각의 기초에 작용하는 하중의 영향을 고려하여 교량의 길이 또는 경간 길이를 반영하여 교량개략 설계에 반영한다.

(2) 기본설계

기본설계는 타당성 조사시 기본계획에서 제시된 교량가설위치, 교량 길이, 다리밑 공간, 경간 길이, 평면배치형태, 기초 및 상부구조 시공법 및 공사기간, 소요비용 등에 있어 일반적인 조사 및 분석, 비교 · 검토를 거쳐서 최적안을 선정하고 교량에 대하여 예비 설계를 수행하며 설계기준 및 조건 등 실시설계(상세설계)용역에 필요한 기술 자료를 작성하는 단계를 말한다.

교량의 평면형상, 상부구조 높이(거더 높이 등), 주거더 배치, 상부구조의 주요 부대치수, 하부구조치수, 기초 형식 및 형상 등을 결정하고, 물량을 개략 산출하여 교량형식 비교에 필요한 자료를 작성하는 교량형식 선정단계와 비교대상 교량 중 최적 형식에 대한 교량치수결정, 난간, 배수구, 신축이음, 교량받침 등 교량부속물의 형식 결정, 사용재료의 종류 및 수량결정, 기타 교량 주요 단면의 크기산정, 구조계산, 교량가설공법을 명확히 하는 비교설계단계로 나눌 수 있으며 이를 교량의 기본설계라고 한다.

기본설계단계의 교량구조의 기본설계를 수행하는데 일반적인 내용은 다음과 같다.

1) 교량계획 단계

① 교량 형식

교량의 형식은 다음과 같은 요소의 장 · 단점을 비교 · 검토하여 경간, 상부구조, 하부구조 형식을 결정한다.

- 경제성(초기 건설공사비, 유지관리비, 내구년한 등의 적정성)
- 시공성
  - 자연조건: 지형, 지질, 지반, 기상, 수문, 유속, 수심 등
  - 사회적인 조건: 환경 보존지역, 지역 주민의 감정 및 민원, 사유재산권 확보
  - 교통 및 수송조건: 공사용 진입도로
  - 교량가설조건: 작업공간 확보, 공사용 기 · 자재
- 기능성(소음, 진동의 최소화, 다리밑 공간(시설한계) 확보, 주행성)
- 안전성
- 미관(교량 자체의 조형미, 주변 경관과의 조화)
- 유지관리 등

(a) 경간구성

a) 사용재료 등을 고려하여 적정한 경간을 계획한다.

b) 하상 또는 해저면까지 수심, 지형 등과 기초지반의 상태를 고려하여 지간을 계획한다.

c) 계획 홍수량 및 홍수위 등을 고려하여 적정한 경간을 계획하고 홍수시 교각 설치에 의한 수위 상승으로 기존 제방에 미치는 영향이 최소화 되도록 한다.

d) 교차시설(도로, 철도, 선박의 항로 등)들이 갖는 시설한계이상의 적정폭을 고려하여 경간을 계획한다.

e) 지장물 및 기타 장애물을 고려하여 경간을 계획한다.

f) 주변 경관과 조화를 고려하여 경간 구성을 계획한다.

(b) 교량 상부구조 형식

a) 하중의 종류, 크기, 하부구조에 미치는 영향 등을 고려하여 계획한다.

b) 운전자의 승차감을 고려하여 가능하면 연속구조로 계획한다.

c) 교차시설(도로, 철도, 선박의 항로 등)을 고려하여 적정한 다리밑 공간을 유지할 수 있도록 계획한다.

d) 하부구조는 하천 흐름이나 선박의 항해에 방해가 되지 않도록 계획한다.

e) 공사자재 및 장비 등의 운반 및 진입, 공사방법 등을 고려하여 적정한 구조 형식을 계획한다.

② 공법

(a) 계획교량의 규모, 위치 및 지형지질, 동원가능 장비의 능력 및 수준, 가설 제작장 설치 가능여부, 공사소요기간 및 가설장비 등을 비교 검토하여 계획한다.

(b) 주변시설 및 인근 주민에 미치는 소음, 진동과 교통의 혼잡을 최소화할 수 있는 공법을 검토한다.

(c) 하천 또는 해상 공사중 토사유출 등으로 주변이 오염되지 않는 공법을 검토한다.

2) 교량기본설계단계

교량기본설계단계에서는 타당성조사 단계에서 설정한 설계기준에 대하여 적정성을 연구 · 검토하여 실시설계에서 적용할 설계기준을 확정하고 이에 따라 설계를 수행하며 그 내용은 다음과 같다.

① 설계기준

(a) 설계속도, 소요차로, 폭원구성, 교량길이 등을 결정한다.

(b) 교량설계방법과 내진설계 등급을 결정한다.

(c) 재현빈도에 따른 계획 홍수량 및 계획 홍수위를 결정한다.

(d) 교량설계에 적용할 하중의 종류, 크기 등을 규정한다. 특히 도로교량으로서의 통상적인 하중의 부가적인 하중(상수도관, gas관, 통신 · 전력 cable 등)과 교량계획 위치에 따른 하중(설하중, 풍하중 등) 등을 규정한다.

(e) 교량 설계에 적용할 사용재료의 종류 및 특성(재질, 강도) 등을 규정한다.

(f) 해상에 설치되는 경우: 조수간만의 차, 설계파고 등을 결정한다.

(g) 설계에 적용할 설계기준, 시방서, 지침, 편람 및 외국의 설계기준, 참고문헌을 규정한다.

② 교량기본설계

(a) 조사 및 계획업무 결과로 주요 교량의 형식을 비교 · 검토하여 최적형식을 결정한다. 이 때 구조형식에 따라 구조물의 상부구조, 하부구조, 기초구조의 단면을 설정하고, 구조물의 안정성, 내구성, 사용성 등을 검토하여 설계한다.

(b) 주요 구조물들에 대한 단면을 가정하고, 관련 설계기준 등에 규정된 해석방법으로 모델링하며 구조계산에 필요한 단면계수를 산출한다.

(c) 최대 단면력이 산출될 수 있도록 하중조합은 불리한 조건이 되도록 하고 재하 위치를 정한다.

(d) 설계방법에 따른 하중계수, 강도 감소계수 등을 적용한다.

(e) 시공방법 및 순서를 고려하여 구조계산을 수행하되 교량의 각 형식에 대한 대표적인 교량에 대해 수행한다.

(f) 산출된 최대 단면력(휨모멘트, 축력, 전단력, 비틀림 모멘트)에 대한 안정성을 관련 설계기준에 근거하여 검토 · 확인다.

(g) 사장교, 현수교와 같은 특수교량은 풍하중 등에 따른 동적 하중에 대한 구조물 안정성이 검토되어야 한다.

(h) 구조계산을 위한 전산 Program은 반드시 검증된 것을 사용한다.

(i) 개략 구조계산에 따른 주요 구조물의 표준 단면도 및 표준 구조상세도를 작성한다.

(j) 기타사항

교량 기본설계시 설계자는 용역계약서, 과업 지시서에 의해 과업내용을 충분히 파악하고 해당 과업에 대하여 발주청의 의도를 정확하게 파악하며, 설계 및 제반법규 등을 조사한다. 또한 교량 가설에 따른 관련계획(상위계획, 지역 관련계획, 교통관련계획, 기타관련 계획)을 조사하여 저촉 여부를 명확히 하여야 한다.

해당 사업의 기본계획, 기본설계 보고서에 대하여 발주청의 자료, 관련 설계자료 등을 참고하여 추가 조사항목, 수집할 자료 등 설계에 필요한 정보를 검토하여 반영하여야 한다.

(3) 실시설계

실시설계는 기본설계에서 검토하여 결정된 교량에 대하여 가교위치, 교량형식, 교량길이, 경간길이, 교량폭원, 규격, 시공방법 및 기간, 재료의 재질, 건설비용, 유지관리 등에, 관하여 상세조사 및 분석, 비교 · 검토를 거쳐서 최적의 교량형식과 시공법을 선정하고 상세설계를 수행하여 시공 및 유지관리하는데 필요한 기술자료를 작성하는 단계이다. 다시 말하면, 기본설계에서 미쳐 고려 및 검토 못했던 조사 · 시험, 현장여건, 시공성 · 안정성에 대하여 기본설계를 구체화하여 교량구조물은 정확하게 시공하고 유지관리하는데 필요한 기술자료를 제공하기 위한 설계이다. 따라서 교량가설 및 건설공법적용에 필요한 주의사항을 설계보고서, 공사시방서 및 전문시방서에 기술하여 시공자나 추후 교량관리 주체에게 설계자의 설계의도가 정확하고, 충분하게 전달될 수 있어야 한다.

실시설계단계는 설계기준 검토 및 보완, 구조해석, 설계도면 작성, 공사 및 전문 시방서 작성, 건설사업비 산출 등의 업무로 구분된다. 따라서 실시설계단계에서는 계획단계의 타당성조사 보고서, 기본설계 도서검토결과, 유사 규모의 교량설계 · 시공자료 및 외국의 설계 및 시공자료 등 관련 설계 · 시공자료를 이용하여 실시설계 단계에서 구조계산서, 실시설계도면, 공사 및 전문 시방서, 설계내역서 등을 작성하며, 이들의 설계도서에 대하여 설계자문 · 설계감리(해당될 때만 적용), 설계심의 단계에서 지적 또는 보완사항이 있을 경우에는 설계자는 반드시 보완 또는 수정하여야 한다.

실시설계 업무도 계획단계와 설계단계로 구분할 수 있으며, 그 상세내용은 다음과 같다.

1) 교량계획단계

① 교량형식

기본설계에서 검토하지 않은 소교량, 지역 주민의 민원 및 기본설계 완료 후에 계획된 관련 계획에 의해 신설하고자 하는 모든 교량에 대해 기본설계에서 검토한 각 항목에 따라 교량 형식별 각각의 장 · 단점을 비교 · 검토하여 형식을 결정한다.

(a) 경간구성

a) 앞항 기본설계(2),①,(a)와 동일

(b) 교량 상부구조 형식

a) 앞항 기본설계(2),①,(b)와 동일

b) 신기술, 신공법, 외국기술 도입여부를 검토하여 적용가능여부를 결정한다.

(c) 하부구조 및 기초형식

a) 앞항 기본설계(2),①,(c)와 동일

② 공법선정

(a) 앞항 기본설계(2),②와 동일

(b) 신기술, 신공법, 외국기술 도입여부를 검토하여 적용가능 여부를 결정한다.

(c) 도시 고가교의 경우 인근 건물 등 구조물의 영향을 검토하여 가설공법을 결정한다.

(d) 교통처리계획을 수립하여 교통 혼잡을 최소화할 수 있는 가설공법을 결정한다.

2) 교량 상세설계단계

기본설계단계의 설계도서를 검토하여 미비점을 발견시에는 보완하며, 다음과 같은 사항을 확정하고 상세설계를 수행하여야 한다.

① 설계기준

(a) 교량의 소요차로, 폭원구성, 교량길이

(b) 교량구조물의 설계방법과 내진등급

(c) 계획 홍수량 및 계획 홍수위, 유속
(d) 설계하중의 종류, 크기 및 부가하중의 종류, 크기
(e) 조수간만의 차, 설계파고, 조류속도(해상구조물 설계시)
(f) 장대교설계의 경우 설계풍속
(g) 설계기준, 시방서, 지침, 편람, 기타 설계 기준서를 규정

② 공법 검토

(a) 앞항 실시설계 (3),1),②항과 동일

③ 교량 구조의 상세설계

(a) 기본설계 및 교량계획 단계에서 선정된 최적의 구조 형식에 따라 교량 상 · 하부구조, 기초구조의 단면을 설정하여 구조물의 안전성, 내구성, 사용성을 검토 후 상세설계를 실시한다.
(b) 관련 설계기준 및 규정, 지침에 따라 세부사항 검토 후에 상세설계를 실시한다.
(c) 주하중 및 부하중을 선정하여 최대 단면력이 산출되도록 작용하중 재하위치 결정 및 하중조합
(d) 구조형식에 따른 각 부재의 단면을 상세하게 선정하고 관련 설계기준에 부합되도록 Modeling하고 구조계산에 필요한 단면계수 산정 및 지점조건 선정
(e) 건설공법 및 시공순서를 고려한 구조계산을 수행한다.
(f) 설계방법에 따른 하중계수, 강도감소 계수, 허용응력 증가계수 등을 적용한다.
(g) 지진력 계산은 구조물 형식, 형태를 고려하여 구조해석 방법을 결정하여 수행한다.
(h) 각 부재별, 최대 단면력(휨모멘트, 축력, 전단력, 비틀림 모멘트)에 대한 안전성, 내구성, 사용성 등을 검토, 확인한 후 상세설계를 실시한다.
(i) 상부구조의 형식에 따라 처짐에 대한 검토를 한다.
(j) 하부구조의 활동, 전도 및 기초구조의 접지압: 변위(침하)등을 검토한다.
(k) 구조물 형식에 따라 국부적으로 작용하는 하중 및 단면력을 산정하여 국부응력에 대해 안전성을 확인하여 상세설계를 실시한다.
(l) 강도설계 및 피로설계에 따른 상세사항을 관련기준에 따라 설계한다.
(m) 하중집중부는 상세설계 기준에 따라 설계한다.
(n) 현수교, 사장교와 같은 특수교량은 풍하중에 대한 안전성을 반드시 검토하고, 경우에 따라서는 동적 해석을 실시하여 그 결과를 상세설계를 반영하여야 한다.
(o) 받침부의 상 · 하부 구조물이 연결구조를 상세히 검토하여 설계한다.
(p) 온도변화에 따른 구조물의 변위 및 구조물의 단면력을 상세히 검토하여 설계한다.
(q) 교량받침은 작용하중(수직반력, 수평력, 지진력), 신축량, 최적량을 검토하여 필요에 따라서 상세설계를 실시한다.
(r) 상세설계시 구조도에 표현이 불가능한 사항이나 시공시 주의사항은 주기를 하여 시공에 편의성을

도모하여야 한다.

(s) 신축이음은 신축량과 평탄성, 유지관리를 고려하여 적정 형식을 선정한다.

(t) 구조해석은 검증된 전산 프로그램을 사용한다.

(u) 구조계산이 필요한 가시설물은 시공단계별로 상세하게 검토하여 설계한다.

④ 교면 포장설계 및 교면 방수

(a) 교량의 바닥판 종류(콘크리트 바닥판, 강바닥판, Pre-cast 바닥판)를 고려하여 적정 포장공법을 채택한다.

(b) 소음, 진동과 승차감을 고려하여 채택.

(c) 차량하중에 의한 급제동시 충격과 우수 및 적설들 기상조건에 교량 바닥판이 보호될 수 있도록 포장설계를 하여야 한다.

(d) 추정 교통량, 내구년한, 기후 등을 기초로 하여 포장설계를 하여야 한다.

(e) 교량 상부 바다판과 포장 사이의 부착성이 우수하고 반복, 휨응력에 내구성을 갖도록 마모층과 방수층을 설계하여야 한다.

(f) 콘크리트 바닥의 경우, 우수침투에 의한 바닥판 보호를 위한 방수방법을 고려하여야 하며, 강바닥의 경우 포장과의 접촉면을 보호할 도장을 실시하여야 한다.

(g) 도로와의 접속부, 갓길, 보도 등의 포장은 폭우에 의해 세굴 또는 파손되지 않도록 설계한다.

(h) 하절기 소성변형을 고려하여 적정 포장공법을 선정, 설계한다.

⑤ 부대시설설계

(a) 난간, 방호책, 방호벽, 중앙분리대, 연석 등의 규격, 재질, 형상을 검토하여 교량의 안전기능이 확보되도록 설계한다.

(b) 교명주, 교량상징 조형물 등은 발주청과 협의하여 위치, 규격, 재료를 결정하여야 한다.

(c) 교량의 종단 및 편경사를 고려하여 교량의 배수구 위치, 배수구 형식, 우수처리 방법 등을 검토하여 설계한다.

(d) 도로의 조명기준에 의해 가로등의 간격, 높이, 밝기 등을 검토하여 설계한다.

(e) 선박 운행을 고려하여 관련 규정에 따른 항로 표시등 설치 및 선박충돌로 인한 하부구조(교각, 기초)의 피해를 막기 위해 적정 방충시설을 검토하여 설계한다.

(f) 다음과 같은 유지관리 시설을 검토하여 계획한다.

a) 점검통로 및 교각 점검 안전난간

b) Box Girder교의 경우, Box 내부 점검조명 및 환기시설, 결로수 및 우수처리대책

c) 교량에 따라 교량의 거동, 안전점검을 위한 계측기 설치 위치, 계측방법 등을 검토

d) 기타 발주청과 설계자가 필요하다고 인정한 유지관리를 위한 시설

3.2.3 교량설계 단계별 협의 사항

협의는 설계업무를 적정하고 원활히 수행하는데 목적이 있으며, 협의사항은 발주청과 협의, 교차시설의 관계기관과의 협의 및 경우에 따라서는 민간 시설의 관리자와의 협의로 구분된다. 교량계획서에 관계기관 또는 민간과의 협의 내용은 발주청에 보고하여 문제점이 있으면 대책을 강구하여야 한다. 협의는 설계업무 착수 전에서부터 설계성과물 제출시까지 주요 단계별로 행한다.

주요 단계는 통상적으로 표 3.2.1의 내용을 의미한다. 단계별 협의과정은 그림 3.2.2와 같으며 협의 결과는 지시, 승인, 협의사항 별로 기록하여 발주청과 설계자가 서류상으로서로 확인하여야 한다.

⊙ 표 3.2.1 설계과정의 주요단계

기본계획 및 기본설계 단계	실시(상세)설계 단계
1. 비교안 검토시	1. 일반도 작성시
2. 비교안 작성시	2. 상부공 상세도 작성시
3. 보고서 작성시	3. 하부공 상세도 작성시
4. 성과품 작성시	4. 시공계획 작성시
	5. 보고서, 시방서 작성시
	6. 성과품 작성시

(1) 발주청과 협의 사항

1) 교량 기본계획 · 설계시 협의사항

① 과업지시서 확인
② 과업의 목적 및 의도 이해
③ 과업의 내용, 설계범위 및 설계변경조건 확인
④ 설계조건 확인(도로의 규격, 설계속도, 폭원구성, 교량의 등급, 계획홍수량 · 홍수위 등)
⑤ 외적제약조건(교차시설물, 지장물 등) 확인
⑥ 교량의 비교형식 선정
⑦ 교량건설공법 선정
⑧ 적산방법 및 자재 단가
⑨ 제출 서류의 내용과 부수 및 제본방법

2) 교량 실시설계(상세설계)시 협의사항

① 과업지시서 확인
② 작업내용 · 설계단계의 확인
③ 설계 조건에 따른 외적 제약조건 확인

④ 구조해석 방법

⑤ 시공계획

⑥ 제출서류의 내용과 부수 및 제본 방법

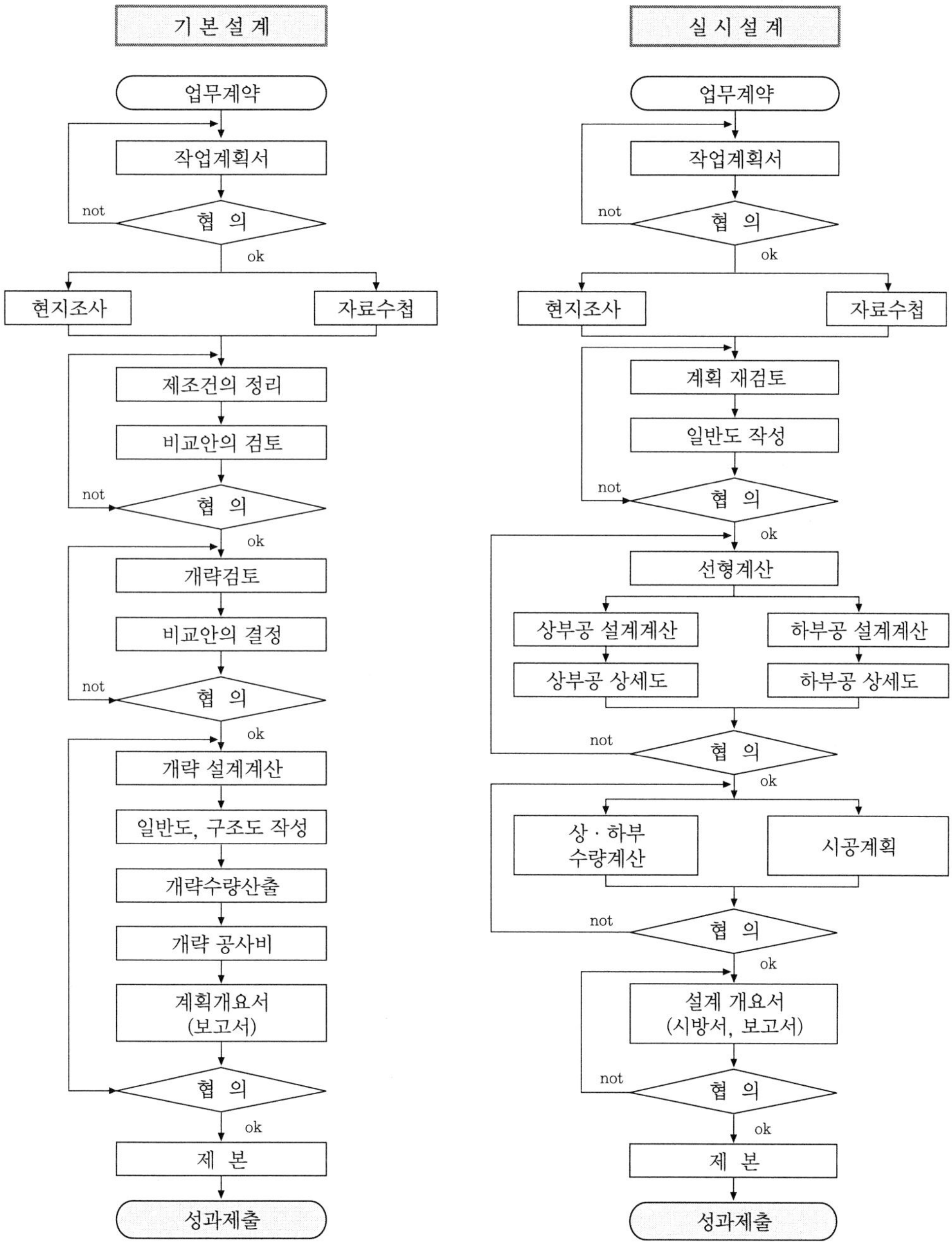

그림 3.2.2 교량계획 · 설계의 순서에 따른 협의 과정

(2) 관계기관 및 민간과의 협의 사항

1) 관계기관 및 민간과의 협의 및 조사일반

① 기본적인 조사항목

조사항목은 각종 교차시설물에 따라 다르지만 필요한 기본적인 항목은 다음과 같다.

(a) 대상시설물 이름
(b) 소재 위치
(c) 관계기관 이름
(d) 시설현황
(e) 장래계획
(f) 적용 법령, 규제기준 등

상기 항목 중에서 우선적으로 할 항목은 (c)항으로 관계기관이 어디에 소재하고 있는지 명확히 하여 두는 것이 중요하다. 예를 들면, 분쟁이 발생하기 쉬운 시설은 용수로, 저수지 등 농업시설을 들 수 있다. 또 하천에서는 수리권, 어업권이 설정되어 있는 경우가 있으므로 필요에 따라 권리권을 가진 사람과 협의하여야 한다. 바다를 횡단하는 경우, 항로 폭, 높이 등이 통행 선박의 톤수에 의해 정해져 있고, 양식장이 산재해 있으므로 어업권 및 양식권 권리자와의 협의를 하여야 한다.

② 법률에 의해 허가가 필요한 지역

교량이 통과하는 지역이 법률에 의해 허가가 필요한 경우에는 교량공사에 제한을 받으므로 도로노선 전체에 대한 협의가 필요한 공공지역으로는 다음과 같다.

(a) 하천보전 지역
(b) 하천예정지
(c) 사방 지정지 및 산사태 위험지역
(d) 해안보전 지역
(e) 자연환경 보존지역
(f) 국립공원
(g) 문화재 매장지역및 문화재 보호지역
(h) 국가 주요시설지역
(i) 군사 작전시설지역

또한 기타 연관시설로서는 다음과 같은 것이 있다.

(a) 공장
(b) 항만
(c) 송전선 및 송전철탑

(d) 전파시설

(e) 도시계획 등

상기의 시설은 대상 법률에 의해 규제 조건이 정해져 있어도 도로노선전체에 대해서 협의하여야 하는 경우가 있으므로 교량계획시 충분한 협의를 하여야 한다.

2) 교차시설에 따른 조사 · 협의사항

① 교량이 도로와 교차하는 경우

(a) 사전 확인 · 조사할 항목

도로와 교차하는 교량은 도로를 관리하는 관계기관과 협의하여 필요조건을 충족시켜야 하는데 사전에 확인 · 조사할 사항은 다음과 같다.

a) 도로의 현황(도로의 규격, 폭원; 시설한계, 종단경사, 편경사, 평면곡선, 보도 및 자전거 도로 등)

b) 도로의 장래계획(장래확장계획 및 이설계획, 도시계획 결정 유무)

c) 지하매설물 규모(지하차도, 공동구, 광역상수도, 통신 · 전력구, 지하상가, 도시철도, 지하터널 등)

(b) 주요협의 사항

a) 교량길이, 경간길이, 교량형식, 교량평면 형상(사교, 곡선교 등)

b) 교대 · 교각의 위치

c) 다리밑 공간(시설한계)

d) 부체도로, 우회도로

e) 시공방법(안전시설 포함), 기시설 및 교통처리 계획

f) 지하매설물 이설가능여부(관계기관과의 협의) 및 시공중 보호공

g) 고가교의 경우 부착시설물(상수도, 전기 · 통신 cable 등)

② 교량이 철도와 교차하는 경우

(a) 사전확인 · 조사할 항목

철도와 교차하는 경우, 철도시설관리자와 사전에 협의하여 필요조건을 충족시켜야 하는데 사전에 확인할 사항은 다음과 같다.

a) 철도의 현황(노선종별, 선로등급, 궤도 폭, 궤도중심간격, 시공기면폭, 선로수, 건축한계, 차량한계, 장래전철화여부)

b) 장래 노선개량 및 증선계획

c) 지하매설물(교량이 도로와 교차하는 경우와 동일)

d) 철도건설규칙 및 철도건설기준에 관한 규정

(b) 주요협의 사항

a) 교량길이, 경간 길이, 교량형식

b) 교대 · 교각의 위치 및 형상
c) 다리밑 공간(건축한계 · 시설한계)
d) 지하매설물 · 지하구조물(관계기관과의 협의)
e) 시공계획(기존철로 보호방안, 상부구조 가설공법, 지하매설물 보호공, 철도시설 이설 등)
f) 낙하물 방지공(방호책 설치방법 및 범위)
g) 공사 위탁의 가능 유무
h) 공사중 감독원, 철도 신호수 및 안전관리 요원 파견 유무

③ 교량이 하천에 평행으로 가설되거나 횡단하는 경우(하천교의 경우)

교량이 하천에 평행하게 가설되거나 횡단시는 하천관리기관(하천관리자)과 사전에 협의하여 필요조건을 충족시키고, 구조상 안전하고 경제적이며 시공성이 용이한 것이어야 한다.

(a) 사전 확인 · 조사할 항목

a) 하천현황(하천횡단면의 치수, 수심, 계획홍수량 · 홍수위, 유속 등)
b) 하천개수 또는 정비계획 유무 및 유로변경 유무
c) 유수의 방향, 계획단면치수, 제방고, 제방형상 및 구성, 하천관리용도로, 하상경사도, 저수부 및 고수부(둔치부) 길이, 농업용수용 보 규모, 취수 및 배수문의 규모 등)
d) 주운 여부 및 장래계획(유람선, 화물선 운행여부)
e) 수원사용 유무(상수원 보호구역, 농업용수)
f) 교량가설 지점 및 하류측에 양식장 유무(어업권 · 권리자와의 협의)
g) 매설물 조사(차집관로 및 하수도관로, 상수도관로, 한전 및 통신관로, 장거리 송유관, gas관 등)

(b) 주요협의 사항

하천관리자와 "하천설계기준"의 교량 등 "하천점용 시설물" 항과 "하천정비 기본계획" 등에 기초하여 협의하지만 하천법 시행령에 규정되어 있지 않은 경우에는 문서확인 등을 통하여 신중한 협의를 하여 문서로 보관하여야 한다.

a) 교량길이, 경간 길이
b) 교대 · 교각의 위치
c) 교각의 단면현상 및 기초근입 깊이
d) 세굴심도 및 세굴방지공 설치 유무
e) 하천관리용 도로와 교차방안
f) 교각에 의한 하천폭 감소율(5% 이내)
g) 교각에 의한 상류부 수위상승높이
h) 호안공
i) 시공중 수방대책 및 하천오염에 따른 환경대책

④ 바다를 횡단하는 교량의 경우

(a) 사전 확인 · 조사할 항목

항만, 해안, 해협을 횡단하는 교량을 계획시에는 해양관할 기관과 협의하여 필요조정을 충족시켜야 하며 사전에 확인 · 조사할 사항은 다음과 같다.

a) 운항선박 톤수(G/T: Gross Tonnage)
b) 마스트높이(공선시의 수면 위의 높이)
c) 항로 현황(항로폭, 항로선형)
d) 교량가설위치의 조위
e) 해상국립공원, 자연환경 보존지역 및 해안보전지역 지정여부
f) 양식장 등 어업권 설정지역
g) 해저 매설 pipe line 또는 전력 및 통신 cable
h) 태풍의 경로, 방향, 풍속(관할 기상청 관측자료)

(b) 주요협의 사항

a) 교량형식, 교량길이, 경간 길이(항로부 주경간 길이, 접속교량 경간 길이)
b) 교대 · 교각의 설치 위치 및 교각 현상
c) 다리밑 공간(높이 및 너비)
d) 교각기초의 형상 및 근입깊이
e) 교각에 선박충돌에 대한 보호시설 및 충돌 하중크기
f) 시공계획(기초공사방법, 상부구조가설공법, 시공중 항로 저해여부, 선박안전운행을 안전표시 설치방안)
g) 어업권 보상대책
h) 환경보존대책 및 자연환경 침해 최소화 방안
i) 공유수면 점용에 대한 사항
j) 교량부착시설물(상수도, 전력, 통신 등)

⑤ 도시고가교(elevated bridge)의 경우

(a) 사전 확인 · 조사할 항목

도시고가교의 경우 도시관리기관과 협의하여 필요조건을 충족시켜야 하며, 사전에 확인 · 조사할 주요 사항은 다음과 같다.

a) 도로현황(도로폭원(차도, 보도, 자전거도로), 차로폭, 중앙분리대 유무, 교차로 간격, 횡단보도 위치 및 간격, 교차로 간격 등)
b) 보도교, 고가교 위치 및 규모
c) 교통처리 현황

d) 지하매설물 및 지하구조물 현황(도시철도(터널 및 박스 구조물), 지하차도, 공동구, 전력 · 통신구, 상수도관, 도시 gas관, 지하상가, 하수처리시설 등)

e) 인접건물 규모현황(구조형상 및 규모, 지하 · 지상 층수, 건물상태(시공중 민원발생요인), 건물용도)

f) 도로의 장래계획(장래확장 · 도시계획 고시여부)

g) 주요 문화재 위치

(b) 주요협의 사항

a) 교량길이(시 · 종점부의 위치), 경간 길이

b) 상부구조 형식 및 교각 형식 · 형상

c) 교각의 위치

d) 다리밑 공간(하부도로 이용방안)

e) 시공 · 공용중 하부도로 교통처리 방안

f) 교각 · 교대 기초시공방안(안전시설, 근접시공, 지하수처리 방안 등)

g) 지하 매설물 보호 및 이설대책

h) 상부구조 시공방안

i) 교량의 미관설계

j) 방음벽 설치규모(높이, 형식, 길이 등)

k) 건설자재 적치장소 및 가공장소

l) 환경대책(공사중 소음 · 진동, 공사용 하수처리 등)

m) 주요 문화재 보호 및 보존대책

n) 무선통신 및 전파장애 대책

⑥ 계곡 · 산악교의 경우

(a) 사전 확인 · 조사할 항목

계곡, 산지에 가설되는 교량의 경우에는 임야관리자, 국지도로관리자, 공동묘지관리자 등과 협의하여 필요조건을 충족시켜야 하며 사전에 확인 · 조사할 사항은 다음과 같다.

a) 임야의 소유주 조사(국유림, 공유림, 사유림, 공공단체 소유림 등)

b) 국립공원, 자연경관 보존지역, 천연동식물 보존지역, 관광지 지정여부

c) 주요문화재 또는 고분위치, 사찰소유여부

d) 국지도로 현황조사

e) 공동묘지(국립묘지, 도립 · 시립 공동묘지, 각종 이익단체 공동묘지 등)

f) 산사태 및 낙석 위험 지역

g) 공사용 임시도로 개설가능여부

(b) 주요협의 사항

a) 교량형식, 길이, 경간 길이

b) 교각의 위치(교각에 의한 계곡 유수에 지장 초래여부)

c) 임야 훼손과다 여부(자연경관 훼손에 따른 환경 침해)

d) 천연 동식물의 이주 · 이설 대책

e) 국지도로 교차부의 다리밑 공간

f) 높은 교각의 시공방법(대형 패널공법, climbing form 공법, sliding form 공법 등)

g) 자재 운반용 도로

h) 공사용 기 · 자재 적치장소 확보방안

i) 상부구조 가설을 위한 장비운용부지 확보방안

⑦ 저수지, 호수, 댐 등을 횡단하는 교량의 경우

(a) 사전 확인 · 조사할 항목

저수지, 호수, 댐 등을 횡단하여 가설되는 교량의 경우에는 이들의 관리기관 또는 관리자 등과 협의하여 필요조건을 충족시켜야 하며, 사전에 조사 · 협의할 사항은 다음과 같다.

a) 수자원 사용용도(다목적댐, 발전용댐, 상수원, 공업용수 · 담수 농업용수용 등)

b) 관리기관

c) 어업권 설정여부(담수어 양식장의 담수어종)

d) 교량가설 지점의 수심(담수 최대 · 평균 · 최저 수위)

(b) 주요협의 사항

a) 교량길이(교량 시 · 종점 담수지역 침범여부), 경간 길이

b) 교각 및 교각 기초 시공방법(수중공사 가능공법)

c) 교량상부형식 및 가설공법

d) 기초공사 중 오탁수 처리방안

e) 어업권 보상방안

f) 건설가능 공기(배수후 기초공사시)

g) 교각기초와 언제(dam)와의 근접시공 사항

⑧ 기타 교량계획시 협의사항

(a) 교량건설공기

(b) 교량받침형식(설계자가 선정하고 협의는 발주청 요구시한다)

(c) 신축어음 형식(설계자가 선정하고 협의는 발주청 요구시한다)

(d) 난간 · 교명주 형상, 방호벽 및 중앙분리대(설계자가 선정하고 협의는 발주청 요구시한다)

(e) 배수시설

(f) 점검시설(고정 · 이동방식, 점검통로, 점검대 등)
(g) 교각보호공(충돌방지공)
(h) 방음벽 및 높이
(i) 가로등 설치 여부

3.3 공정보고 및 성과품

3.3.1 설계착수시 및 수행중

설계자는 과업착수시 예정공정표, 사업책임기술자 선임 신고서가 포함된 착수보고서를 제출하고 현장답사 후 현장여건을 검토한 후 과업수행계획서를 제출한다. 또한 과업 수행기간 중에 월간 진도보고(필요시) 또는 중간보고를 발주청에 하여야 한다.

(1) 착수보고서 제출

착수보고서에 포함될 내용은 다음과 같다.

1) 예정공정표
2) 사업책임기술자 선임신고서

(2) 과업수행계획서

설계자는 발주청에 과업착수보고서를 제출하고 현장을 답사하여 현장여건을 검토한 후 과업수행 계획서를 제출하여야 한다. 과업수행계획서에 포함될 사항은 다음과 같다.

1) 세부공정계획서
2) 과업의 단계별 성과품 제출계획서
3) 과업수행조직 및 인력(장비)투입계획서
4) 건설기술경력사항 확인서
5) 참여기술자 인적사항, 참여과업내용 및 참여예상기간
6) 참여기술자의 보안각서

설계자는 상기 과업수행계획서를 발주청에 제출하여 승인을 받아야 한다.

(3) 기본설계 및 실시설계시 전차 용역과 검토 보고

설계자는 타당성조사 · 기본설계를 검토하여야 하고 검토보고서를 과업착수 후 ( )일 이내에 감독원에게 제출하여야 한다.

(4) 월간 진도보고(필요시)

설계자는 과업수행기간 중 다음사항을 포함한 월간 진도보고를 매월 말일을 기준으로 하여 다음달 ( )일까지 감독원에게 제출하여야 한다.

1) 과업추진 내용 및 공정현황
2) 각종 도서수취 · 발송현황(승인사항 포함)
3) 과업수행상 중요 문제점 및 대책
4) 참여기술자 현황
5) 다음달 과업수행 계획

(5) 중간보고

설계자는 감독원의 요구가 있거나, 다음 각각의 경우에는 관련 자료를 제출하고 담당분야별 책임기술자로 하여금 설명토록 하여야 하며 감독원의 지시사항(구두 및 서면지시 포함)에 대하여 성실히 수행하고 조치결과를 서면으로 제출하여야 한다.

1) 주요 단계별 과업이 종료되었을 때
2) (분기, 반기 등) 1회 이상의 중간보고서
3) 주요계획 및 방침의 설정과 변경시

3.3.2 설계준공단계의 성과품

설계용역 성과품과 관련하여 일반적인 설계도서 작성기준을 「건설기술개발 및 관리 등에 관한 운영규정(국토해양부, 2008.03)」, 「건설공사의 설계도서 작성기준(건설교통부, 2005.12)」에서 설계단계별 업무를 명확하게 구분하고 있으며 발주청의 과업별 과업지시서 및 기준에 따라 성과품을 추가 · 변경하여 적용하도록 하였다.

일반적으로 제출하는 설계단계별 성과품의 작업내용과 성과품 내역은 다음과 같다.

(1) 타당성 조사

1) 작업내용

① 설계자는 후보 · 최적노선대에 따라 가교 위치를 선정한 후 현장답사 및 조사, 관련 계획조사를 실시하고, 이를 바탕으로 가교위치, 교량길이 등의 타당성을 분석 · 검토한다.

② 도로분야에서 결정한 노선대에 따라 가교위치가 결정되면 축척 1/5000 지형도 상에서 도로의 종 · 평면도를 작성한 후, 교량길이, 경간 분할 등을 실시하고 여기 적합한 교량형식을 2-3개 선정하여 정량적 또는 정성적으로 소요건설공사비를 산출한다.

③ 설계자는 도로의 종류, 교량의 등급, 설계속도, 교량의 폭원 구성 등의 설계기준을 제안한다.

④ 하천교인 경우에는 교량에 적용할 홍수재현 빈도에 따른 계획홍수량 · 홍수위 등을 제안한다.

⑤ 교량구조물 및 일반구조물에 적용할 설계하중의 크기, 종류 등을 제안한다.

⑥ 구조물의 기본계획은 제안할 설계기준과 교량계획 결과를 토대로 교량의 형식, 교량길이, 경간 분할을 결정하며 과업지시서에 특별한 사항이 없는 경우에는 기존설계자료 및 관련 기술자료를 참조한다.

⑦ 교량형식 비교검토는 경제성, 시공성, 안전성, 내구성, 유지관리 등을 고려하고 사용재료의 선정을 하는데도 같은 항목에 대하여 검토하여 결정한다.

⑧ 교차시설물을 통과하는 경우 다리밑 공간을 결정시 상부구조의 높이 및 시설한계, 장래 유지관리에 필요한 여유고를 고려하여야 한다.

2) 타당성조사 성과품

타당성조사의 교량기본계획에 관련 성과품 및 주요내용은 다음과 같다.

① 타당성 조사보고서

(a) 과업의 개요(목적, 범위, 내용, 과업수행 방법 등)

(b) 조사 :

a) 관련계획조사

b) 현지조사 및 답사

c) 교통량 및 교통시설 조사

d) 수리, 수문 조사

e) 기상, 해상 조사

f) 선박운항조사

g) 환경영향조사

(c) 교량의 기본계획 및 형식 비교 검토 · 평가

(d) 노선대 검토

a) 후보 노선대 설정 및 검토 평가

b) 최적 노선대 선정 및 노선계획

c) 최적노선대의 교량가설 위치 및 교량길이 검토

(e) 추정 · 교량건설비 산출

② 타당성조사보고서 별책 부록

(a) 교통 분석

(b) 경제성 및 재무 분석

(c) 추정수량 및 추정공사비 산출서

③ 설계도면

(a) 노선도(축척 : 1/25,000~1/5000)

(b) 계획 설계도

a) 전체일반도: 평면 · 종단면도, 횡단면도, 토질주상도, 교차시설물의 시설한계

b) 구조일반도: 상부구조(주요단면치수, 구조배치도), 하부구조(구체치수, 주요단면 등), 기초배치 및 치수 등

c) 기본계획 개요시

ⓐ 규모형식의 선정이유와 기타 형식과의 비교, 교차시설물의 조건

ⓑ 주요 단면의 치수, 기초규모 및 말뚝기초의 본수, 우물통기초의 주요치수

ⓒ 개략구조계산서 및 개략 산출 수량 및 공사비 및 문제점

(2) 기본설계

1) 작업내용

① 교량계획설계 단계

(a) 앞서 실시한 타당성조사 성과품을 분석 · 검토하여 조사, 계획설계업무의 각 결과치를 기본설계에 최대한 활용한다. 지형도 및 계획설계도 등을 참고하여 가교 위치의 지형 · 지질 · 하천 · 교차시설 · 지장물 등의 현황 및 가교위치 전 · 후 노선계획 등을 세심하게 검토한 후, 현지조사를 실시하여 현장여건과 상이하거나 조정이 필요하다고 판단되면 발주청에 보고하여 승인을 받아 수정한다.

(b) 교량가설위치 또는 도로후보노선에 대하여 환경적인 측면에서 분석이 필요하며 환경적인 문제를 설계가자 지방자치단체, 관계기관과 협의하여 교량가설로 인한 소음 · 진동 등을 분석하여 가교위치 인근주민 및 주변시설물 또는 생업시설물 등에 미치는 영향으로 인한 방음 · 방진시설 등의 설치 위치를 검토하여 반영한다.

(c) 타당성조사에서 결정한 교량의 최적노선은 경제성, 시공성, 환경성 등을 평가하여 실시설계에서 가교 위치가 변경되지 않도록 관련계획, 민원사항, 지장물 · 교차시설에 대하여 조사 · 검토후 행정절차법에 의거 주민공청회를 개최하여 주민 의견을 최대한 수렴하여 교량 시 · 종점 및 경간 길이를 확인 후, 최종적으로 결정한다.

(d) 교량의 선형은 설계속도에 따른 종 · 평면 선형, 주위의 지형 및 주위의 자연경관 등을 고려하여야 할 뿐만 아니라 가교 위치 전후의 선형과 조화를 이루고 「도로의 구조 · 시설기준에 관한 규칙」, 설계기준, 설계지침 · 편람 등에 따라 합리적으로 계획되어야 한다.

(e) 기본계획시 조사업무에서 결정된 계획홍수량 · 홍수위 등이 적정하게 산정되었는지 검토하여 교량 가설에 의해 홍수의 상승으로 인하여 기존 제방에 미치는 영향을 검토하여야 한다.
또한 교각 설치에 따른 물흐름의 변화로 인한 침식 및 세굴, 하천 하류부 또는 삼각주가 형성될 여지가 있는 지역에서는 퇴적 등에 대한 검토를 하여 교각의 위치를 결정하여야 한다. 그리고 홍수시

기존 지반의 세굴, 하부구조에 미치는 영향을 분석 · 검토한다.

(f) 교량형식 선정시 경간분할을 하고 시설한계를 결정한 다음, 시설기준 및 현장여건에 적합한 다수의 교량형식을 선정하여 경제성, 시공성, 경관 등을 충분히 검토후에 비교안을 제시한다.

(g) 교량설계기술자는 현장답사 결과와 현장조사 기술자와 협의하여 교량상부형식 3종류, 하부구조 형식 2종류 정도를 최종적으로 선정하여 일반도를 작성한다.

② 교량예비설계 단계

(a) 예비설계단계에서는 경간분할, 다리밑 공간에 적합한 교량형식에 교량평면형상, 주거더의 배치 등을 실시하여 최대부재력이 발생하는 개소의 개략단면검토를 수행한 후 최종적으로 경간분할, 주거더 배치, 상부구조 높이 및 바닥구조를 결정한다. 또한 개략 구조계산에 따른 구조물의 표준단면도 및 표준구조상세도를 작성한다.

(b) 상부공의 개략 계산에 의한 반력을 이용하여 하부구조구체 또는 기초공의 형식 및 규모를 결정하고 기초지지력, 개략단면력 및 안정계산을 시행한다.

(c) 최적형식이 결정되면 교량의 제원, 난간, 배수구, 신축이음, 교량받침 등의 부속시설물의 형식을 결정하고 사용재료의 종류 및 수량을 정량적으로 산출한다.

(d) 교량형식에 따른 기초 · 하부구조 · 상부구조의 시공법에 대하여 명확히하여 실시설계시 참고하게 한다.

2) 기본설계 성과품

기본설계의 성과품은 타당성조사를 바탕으로 하여 교량의 규모, 평면형상, 공사방법, 기간 및 공사비에 있어서 일반적으로 조사 · 분석, 비교 · 검토를 하여 최적의 교량안을 선정하고 이에 대하여 예비설계를 수행하여, 설계기준 및 조건 등 실시설계에 필요한 기술자료를 작성하는 단계의 성과품이다.

기본설계에서 수행한 교량설계 관련 성과품의 주요내용은 다음과 같다.

① 기본설계보고서

(a) 공사개요(목적, 규모, 범위, 내용, 과업수행방법 등)

(b) 조사(현지조사 및 답사, 수리수문조사, 환경영향조사, 측량조사, 지질 및 지반조사, 지장물 및 구조물 조사)

(c) 계획(교량계획, 설계기준 작성, 관계기관 협의, 기타)

(d) 기본설계(설계기준 및 조건, 선형, 교량설계, 기타)

(e) 기본사업비

(f) 부록(각종 조사자료, 선형계산서, 기술심의 및 자문사항, 업무협의 및 지시사항, 관계기관 협의자료, 주민공청회 결과, 설계의 경제성 등)

② 주요구조 및 수리계산서

(a) 주요구조계산서

a) 개요

b) 개요도

c) 설계조건(교량형식, 설계방법, 설계하중, 사용자재 및 특성, 지반조건 및 물성치, 사용program, 설계기준 및 지침, 기타)

d) 교량구조계산(개요, 사용자재, 단면상수, 하중조건, 설계단면력, 단면응력검토, 안정검토 등)

(b) 주요수리계산서

a) 수리계산(설계홍수량 · 홍수위, 세굴검토, 하천정비 기본계획상 하천개수 계획검토)

③ 지질 및 지반조사 보고서

④ 기본설계 예산서

(a) 기본설계내역서

(b) 기본단가산출서

(c) 기본수량산출서

⑤ 기본설계도면

(a) 교량위치도

(b) 일반도(종 · 평면도, 횡단면도, 토질주상도, 교차시설물 시설한계)

(c) 선형도(계산좌표 위치도, 계산수치표)

(d) 구조일반도(골조도, 외형도)

(e) 구조도(상부구조, 하부구조, 기초구조, 부속물 등)

(3) 실시설계

1) 작업내용

① 앞서 실시한 기본설계 성과품을 검토 · 분석하여 실시설계에 최대한 활용하며 특별 과업지시서에 지시한 설계조건에 따라 현지조사를 실시하여 현지 입지 조건을 충분히 파악한 후, 현장여건과 기본설계 내용이 상이하여 조정이 필요하면 발주청의 승인을 받아 다시 실시하도록 한다.

② 기본설계에서 검토되지 않았거나 민원 또는 지방자치단체의 요구에 따른 신설교량이 필요할 때는 기본설계 과정에 따른 경제성, 안정성, 시공성, 미관, 유지관리의 각 장 · 단점을 비교 · 검토하여 형식을 결정한다.

③ 상부공(교체, 바닥판, 교량받침, 난간, 신축이음 등), 하부공(교대, 교각의 구체 및 기초 등), 교량 접속에 따른 토공 법면 보호 옹벽 등의 필요한 구조물에 대한 설계계산을 시행하여 각 구조의 형식 및 치수를 결정한다.

④ 강교, PSC교, RC교, 특수교량 등의 주거더(Main Girder) 및 바닥틀 등 주요부재를 설계할 때 교

량가설 위치의 자재 및 부재 반입조건 및 가설조건을 고려하여야 한다.

⑤ 도로선형 계획에 대해서는 도로기술자의 자문을 얻어 도로 평면 및 종단선형도 등을 작성하고 해당 구조물 필요 개소(교량평면, 교량받침, 받침면 등)에 대하여 상세한 선형계산을 수행하며, 평면 및 종단 좌표를 구한다.

⑥ 상부공 가설에 있어서 도로설계자와 협의하여 설계내용, 현지입지조건 및 부재의 수송조건 등에 대하여(가설단계에 따른 안전성을 포함하여) 상세한 검토를 수행한다. 또한 하부공 및 기초공에 대하여 시공방법을 검토하여야 하며, 토류공 · 가시설 · 가교 등의 부대(간접)공사가 필요한 경우에는 설계를 하여야 한다.

⑦ 수량산출은 상부공, 하부 및 기초공(접속부, 옹벽공, 토공을 포함) 간접공사 등 공종마다 실시하여 필요한 경우에는 단위 재료표를 작성한다.

⑧ 시공계획에서는 상부공, 하부 및 기초공의 규모, 형식, 도로, 철도, 항로의 교차 및 하천 등의 횡단조건, 구조물 각 부재의 검토 내용 및 문제점, 개략 시공순서 및 시공방법, 가설 계획 기타 설계 및 시공상의 문제점 등에 대하여 검토결과를 기재한다. 또한 시공상 특히 유의할 점, 특기사항에 대하여 기록한다.

2) 실시설계 성과품

실시설계 성과품은 기본설계를 바탕으로 하며 교량의 규모, 평면형상, 공사방법 · 기간 및 공사비, 유지관리 등에 대하여 상세조사 및 분석, 연구 · 검토하여 선정된 최적의 교량형식에 대하여 상세설계를 수행하여 시공 및 유지관리에 필요한 기술 자료를 작성하는 단계의 성과품이다.

① 실시설계보고서

(a) 공사개요(목적, 범위, 내용, 기간, 과업수행방법, 공사비 등)
(b) 조사(현지조사 및 답사, 측량조사, 지질 및 지반조사, 지장물 및 구조물 조사, 용지조사, 기타)
(c) 계획(주요 교량 및 소교량계획, 설계기준 및 기타, 관계 기관협의, 기타)
(d) 상세설계(설계기준 · 조건, 선형, 교량공, 부대공, 기타)
(e) 사업비분석
(f) 부록(각종조사자료, 선형계산서, 기술심의 및 자문사항, 업무협의 및 지시사항, 관계기관 협의자료, 주민공청회 결과, 설계의 경제성 검토 등)

② 지질조사 보고서

③ 구조 및 수리계산서

(a) 구조계산서
a) 개요
b) 구조계획도

c) 설계조건(구조형식, 설계방법, 설계하중, 사용자재 및 특성, 지반조건 및 물성치, 사용 program, 설계기준 및 지침, 기타)

d) 구조계산(개요, 구조해석방법 및 모델, 사용자재, 단면상수, 하중조건, 구조해석, 설계단면적, 단면응력검토, 기초허용지지력 계산, 안정검토)

e) 내진설계

f) 가시설

(b) 수리계산서

④ 설계예산서(설계설명서, 설계내역서, 단가산출서, 수량산출서)

⑤ 실시설계도면

(a) 교량일반도(종 · 평면도, 횡단면도, 토질주상도, 교차시설물 시설한계 등)

(b) 구조일반도(교량 상 · 하부구조, 기초, 가시설, 기타)

(c) 구조도(상부구조, 하부구조, 기초구조, 부속물 등의 상세구조도)

(d) 구조상세도(상부구조, 하부구조, 기초구조, 부속물 등의 상세구조도)

⑥ 공사시방서

제 I 편 계획설계 일반

교량계획 · 설계시 조사

4 장

⊙ 제 4 장_ 교량계획 · 설계시 조사

4.1 개 요

조사는 합리적이고 경제적인 교량계획 · 설계 · 시공을 하는데 필요조건을 명확히 하기위하여 교량구조물의 규모, 중요성 및 가설지점의 상황 등을 충분히 고려하여 조사가 이루어져야 하며 조사결과는 공학적으로 필요한 정밀도와 내용을 갖는 것이어야 한다.

교량계획 · 설계 · 시공 및 유지관리를 위한 조사로서는 다음과 같은 것이 있다.

- 설계를 위한 조사: 가교위치, 교량길이, 경간분할에 따른 상부구조로부터 힘이 어떻게 지반에 전달되는가를 알기위한 현장조사와 지반에 관한 조사
- 시공을 위한 조사: 건설공법, 사용할 건설기계 및 장비의 결정 및 시공시 민원예방에 필요한 조사
- 유지관리를 위한 조사: 건설후의 유지관리를 위한 조사

① 설계를 위한 조사

일반적으로 소규모의 교량에서는 측량, 토질, 지반조사와 같은 기본적인 조사로 충분하다고 하여도 틀린 말이라고 할 수는 없을 것이다. 그러나 현재와 같이 경제활동이 광범해짐에 따라 관련계획, 관련사업의 다양화 · 대형화되고 건설기술의 진보에 따라 교량구조물이 대형화 되었으며 지금까지는 건설이 불가능하다고 생각되었던 바다 · 산으로 토목공사가 광범위하게 이루어짐에 따라 설계에서 지형 · 기상 · 해상 등의 새로운 요인을 조사할 필요가 생기게 되었다.

또 교량공사에 따른 자연환경에 대한 영향 및 새로운 도시경관 창조 등과 주위환경에의 영향이라는 지금까지는 없었던 새로운 문제에 관해서도 조사가 필요하게 되었다.

② 사공을 위한 조사

각종 건설공법에 따르는 건설기계 · 장비를 효율적으로 이용하여 합리적 · 경제적으로 시공하기 위한 조사와 기계화 및 대형화된 공사에 수반되는 굴착토사 운반, 기자재 운반으로 공사장 주변주민에 미치는 소음 · 진동 · 분진의 영향 및 교량가설 주변건물에 미치는 영향에 관한 조사를 들 수 있다.

③ 유지관리를 위한 조사

사후에 유지관리 등 교량건설 후의 지반침하, 강말뚝의 부식, 지하수 저하에 따른 기초에 미치는 영향을 예방하기 위한 조사이다.

이와 같은 조사는 당초 건설기술이 미발달시기의 조사로서의 측량, 지질, 지반조사를 주체로 했던 시기를 거쳐서 건설을 얼마만큼 경제적, 효율적으로 진행시킬 수 있는가를 위한 조사로 옮겨졌고, 지금은 그 시기도 지나 교량건설이 어떻게 환경에 적용되는지 또 건설공사 공해, 재해를 주변에 주지 않게 하기 위한 조사로 그 주체가 바뀌었다고 생각해야 할 것이다. 그리고 장래의 방향으로서는 유지관리 및 장래계획을 위한 조사가 건설재료의 다양화와 사회기반시설 확충의 요청에 따라 서서히 그 비중이 커질 것이라고 예측할 수 있다.

또한 교량의 계획 · 설계 · 시공시 잘못된 조사에 의해 교량길이, 경간 길이, 기초공법 등에 대하여 변경이 불가피하게 되어 건설공사비 증가, 공사기간 연장 및 교량형식 변경 등의 착오가 종종 발생하고 있으므로 사전 조사 및 조사결과 확인이 절대적으로 중요하다. 교량설계자는 이러한 점을 명심하여 조사항목에 따른 check list를 작성하여 점검하고, 설계반영 여부를 사전에 확인하여야 오차를 최소화 할 수 있다.

4.2 조사 내용과 목적

교량계획을 조사목적은 교량가설위치 및 주변에 대하여 교량의 계획, 설계, 시공시에 필요한 공학적인 자료를 얻는데 있으며 조사내용은 교량의 규모, 가설위치에 따라 상이 하겠지만 교량계획에 필요한 조사내용 및 목적을 개략적으로 요약하면 다음 표 4.2.1과 같다.

교량계획시 불충분한 조사로 인하여 교량시공단계에서 설계변경이 발생하지 않도록 사전에 교량의 규모에 따른 조사계획을 수립하여 철저한 조사를 하여야 한다. 특히 인접구조물 시공기록 및 조사자료를 인용하는 경우, 관련기관 및 타기관에 대한 자료출처, 근거, 판단기준을 명확히 하여야 하며 구체적인 자료에 의한 것과 추정에 의한 자료를 구분하여 정리하여야 한다.

또한 기초지반조사, 지질조사가 불충분하여 기초형식 · 공법 및 기초지지심도를 변경하는 경우도 있으므로 기초조사 항목, 시추조사 간격과 심도, 시추공배치 등에 신중한 검토가 있어야 한다. 그리고 가교위치의 현황조사 미흡으로 인하여 시공시 교량길이가 가감되거나, 교대 · 교각의 높이가 변하는 경우도 있으니 교량기본설계시 교량의 전체 종 · 평면도가 완성되면 현지를 답사하여 확인할 필요가 있다.

⊙ 표 4.2.1 조사의 종류 및 조사내용 · 목적

조사종류	조사내용	조사목적
지형조사	• 지형도작성(항공측량 또는 지형측량)	• 교량가설위치, 교량길이, 경간분할 및 경간길이 결정 • 시공계획
지질조사	• 지질역사, 지질자료수집 • 지질도 작성 • 물리탐사	• 교량가설위치, 교량길이, 경간분할 및 경간길이 결정 • 시공계획 • 지지층의 선정

조사종류	조사내용	조사목적
교차시설조사	• 교차도로 및 철도 등의 시설한계, 표고, 교량의 높이, 폭원, 횡단구조, 종단경사 등의 상황 및 장래계획 • 지하매설물 조사 • 부착시설물 등의 현황 및 장래계획의 조사 • 가공교차물의 조사(높이, 종류, 규모)	• 교량길이, 경간분할, 다리밑 공간 결정 • 시공공법 선정
하천조사	• 하천횡단형상, 유량, 유속, 고수위, 저수위, 유심방향, 하천경사 등 현황 및 장래계획 조사 • 세굴, 조류, 표층토질구성, 부유물 등의 변화에 대한 조사 • 항해선박의 조사 • 농업용수 · 어업 등에 이용상황조사 • 관리상의 조건 및 장래계획	• 경간분할, 다리밑 공간, 교각형상, 기초근입 깊이, 시공시기 · 방법의 선정 • 충돌하중 선정 및 선박충돌 방지공 계획 • 월류방지 소요단면의 결정 • 교각형상, 시공법의 결정 • 세굴방지공결정
바다, 호수, 저수지 조사	• 조수위, 파고, 조류의 조사 • 항해선박규모 및 장래계획조사 • 수위변동폭조사	• 계획고, 경간분할, 다리밑 공간 결정 • 수압시공시기 및 시공방법 선정 • 교각형상, 충돌하중의 결정 • 선박충돌방지공 계획
토질조사	• 시추조사, 표준관입 시험, 공내재하 시험, 토질시험, 지하수위추정, 테스트비트, 평판재하시험	• 지반물성의 파악(N치, 단위중량, 내부마찰각, 점착력, 변형계수 등) • 지지층 선정, 지지력 추정 • 시공방법 선정 • 기초형식선정 • 지반반력계수 • 말뚝의 부마찰력 검토
지진조사	• 지진기록, 지진피해기록의 조사 • 지반 상시 미진동측정 • 내진설계상의 지반면 확인 • 활단층 위치의 조사	• 설계진도 결정 • 내진, 구조형식 선정
기상조사	• 기상관측기록조사(풍향, 풍속, 온도, 강수량, 천후, 비산염분, 적설량)	• 온도변화량, 내풍설계, 설하중결정 • 재료선정, 피복두께의 선정, 시공시기 및 방법선정 • 염해대책
교량부착물조사	• 교량위치의 기설 지하매설물 조사 • 상 · 하수도, 전력, 통신선 등의 신설계획조사	• 부착시설물의 위치, 치수, 중량결정
부식조사	• 기존구조물의 부식상황조사 • 유기물조사, PH조사 • 도로에 대한 조사	• 사용 재료에 대한 방청방법 결정 • 사용재료 선정
재료조사	• 콘크리트용 골재 및 물의 품질과 물량조사	• 재료의 선정 및 적산
시공조사	• 재료 및 부재 운반로의 현황조사 • 제작장, 조립장의 현황조사 • 주변건물의 조사	• 교량형식의 결정 • 운반될 최대부재의 결정 • 공사용 도로계획, 타공사와의 관련

조사종류	조사내용	조사목적
시공조사	• 양식장 축산농가의 조사 • 사적, 문화재 등의 유무	• 교차물(도로, 철도, 하천)에 의한 제약조건 • 제작장, 조립장 위치 선정 • 시공중 소음, 진동 등의 주변 영향파악 • 환경보존 대책수립
주변환경조사	• 교량의 조망권 조사 • 생태환경 보호구역 유무조사 • 교량주변의 지형조사 및 병원, 학교 등 조사 • 교량주변의 문화적, 역사적 유적지 유무조사 • 주변 개발계획 조사	• 교량의 경관설계 • 교량형식 및 시공방법의 선정
지역특성 조사	• 비행 고도한계(항공장애)유무조사 • 군작전지역 유무 조사 • 고공전력 Cable 조사	• 교량형식 및 시공방법의 선정 • 교량 계획고의 결정 • 거부시설의 유무 결정

4.3 설계업무의 구분에 따른 조사업무

4.3.1 설계 · 시공과 조사와의 관계

구조물의 계획 및 설계에 있어서 각종 조사 자료에 기초하여 지역사회와의 관계, 자연환경과의 조화, 기술적인 제약조건 등과의 조정을 충분히 도모하는 일이 중요하다.

교량의 계획 및 설계단계는 일반적으로 타당성조사(기본계획), 기본설계, 실시설계(상세설계)로 구분되는데, 타당성조사 단계는 지형, 지반의 상황 등 전체의 상황을 파악하는 정도의 현지답사로 충분하지만 기본설계 이후의 각 단계에서는 교량가설 지점 및 그 주변을 답사하여 기존 시설물의 상황, 지형, 지질, 토질분포 및 지하매설물, 매장 문화재의 위치 등을 상세히 답사하여 확인할 필요가 있다.

또한 기본설계단계에서 실시하는 현장답사에서는 험준한 지형, 연약지반, 교량, 고가교 등의 구조물 등이 기술적 제약조건이 되므로 기술경험이 풍부한 전문기술자의 협조를 얻을 필요가 있다.

시공에 있어서는 공사의 내용(교량구조물의 종류, 규모, 구조형식, 시공법, 공사기간 등)을 충분히 파악한 다음에 각종조사 자료나, 현장조사의 결과를 기본으로 하여 시공계획을 입안하지만 설계 및 시공조건에 맞는 건설공법의 선정이나, 공사기간의 설정이 필요하게 된다.

일반적으로 시공계획의 입안은 교량계획 및 설계의 각 작업과 중복하여 각각 이루어지며 반드시 정연한 작업의 흐름은 없지만 지금까지의 조사 및 설계의 성과를 기본으로 비교 검토하여 합리적, 경제적 또는 효율적으로 시공 가능한 공법을 대국적, 종합적으로 판단하여 설계도서와 모순이 없는 시공계획을 입안하는 것이 중요하다.

구체적으로 건설기계, 사용재료, 가설계획 등인데 이들은 교량가설 현장의 조건에 좌우되는 불확정

요소를 많이 포함하고 있으므로 사전에 불확정 요소의 소재와 정도를 정확히 파악하는 일이 필요하다. 이 때문에 지형, 지반, 기상, 수리, 동력, 자재, 교통, 사회적 조건(환경보존, 매장문화재 발굴조사)등의 결과를 분석하는 한편 교량가설 주변의 공사 실적을 조사하는 것이 필요하다.

타당성 조사, 기본설계, 실시설계, 시공단계, 유지관리 단계별로 조사업무에 대하여 일반적으로 구분하면 그림 4.3.1과 같다. 그림에 나타난 사항은 설계 발주청의 발주방법에 따라 다르며 교량가설 위치의 현장여건에 따라 항목이 다를 수 있다.

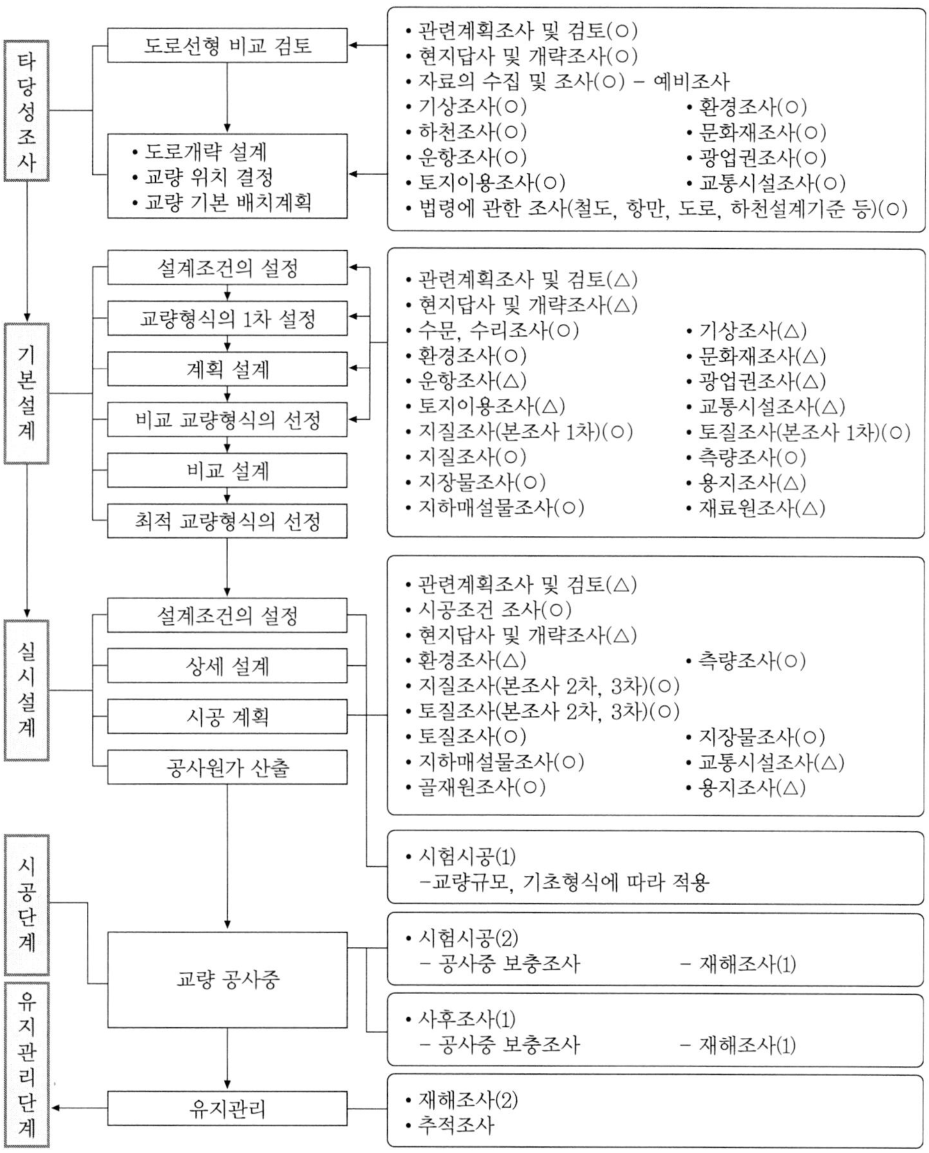

【주】(○) 수행하는 업무, (△) 필요시 수행하는 업무

그림 4.3.1 교량설계, 시공, 유지관리 진행방법에 따른 조사업무

4.3.2 조사단계와 조사사항

(1) 조사 진행 방법

조사는 예비조사(자료조사, 현지조사, 개략조사), 본 조사(1차 조사, 2차 조사), 보충조사(3차 조사)와 공사의 계획, 설계, 시공의 각 단계를 병행시켜 진행된다.

즉, 교량가설 위치를 선정하기 전에 도로 노선을 선정하기 위한 노선조사로서의 예비조사, 설계와 시공계획을 진행시키기 위한 본 조사가 있다. 그러나 각각의 단계에 어느 정도까지는 조사하는 범위는 반드시 일정한 것이 아니고 현지 조건이나 공사의 기술적 난이도 등의 공사의 성격에 따라 달라지는 것은 당연하다.

따라서 설계 · 시공은 물론 공사 대책에 관한 조사는 불가결한 것이므로 조사항목은 여러 분야에서 구하고, 필요로 하는 내용의 정밀도도 상황에 따라 크게 달라지므로 조사는 효율적으로 진행하지 않으면 안 된다.

조사는 원칙적으로 예비조사, 본 조사, 보충조사 순서에 따라 시행하며, 우선 전반적인 개요와 문제점을 파악한 다음에 문제점을 돌출시켜 정밀하게 진행시켜야 한다. 이러한 방법이 가장 효율적이고 경제적이다.

혹시 획일적인 내용을 한 번의 조사로 끝내려 한다면 예상치 못한 사항이 빠져 재조사를 시행하여야 하는 경우가 있으며, 공사착공 후 다시 조사를 강요당하거나, 경우에 따라서는 교량자체 공사가 일시 중지되고, 시공을 다시 시작하게 되는 막대한 일이 발생할 수 있으므로 단계적 조사는 빠르고 정확하게 해야 한다.

또한 조사는 실험, 측정 등에 의한 측정값의 수집과정이 필요하지만, 본래의 목적은 자료를 활용하여 공학적 판단에 따라 설계, 시공에 필요한 수치를 결정하는 것이고, 현장여건, 장래계획, 지하지장물 등의 위치를 명확히 하여 교량기초 계획에 참고자료를 제공하는 것이다.

그리고 조사는 설계단계에서 시공까지 매우 장기간에 많은 사람에게 이어져 행해지고 때로는 다른 관련기관 또는 타 기관의 자료를 인용하는 경우가 많다. 따라서 기존 자료의 출처, 근거, 판단기준을 명확히 하는 한편, 구체적인 자료에 근거한 것과 추측을 구별하는 것이 중요하다.

기초 예정지점에는 어떠한 기초가 가능한가, 시공법은 무엇인가, 각각의 문제점은 무엇인가, 그 대책은 무엇인가를 생각하면서 조사를 하지 않으면 안 된다. 따라서 조사에 있어서는 조사기술과 함께 보다 폭넓은 토목적 지식과 경험이 있는 기술자의 협력을 얻어 진행하여야 한다는 것에 유의해야 한다.

(2) 조사단계별 조사사항

다음 표 4.3.1은 교량구조물 기초에 관한 조사단계를 나타낸 것이다. 표의 조사를 구체적으로 진행하기 위해서는 조사의 종류나 그 방법이 조사단계나 조사항목에 적합하고 또한 확실한 내용을 가지고 있는 것이 중요하다.

⊙ 표 4.3.1 조사 · 시험구분에 따른 조사사항(1)

구분	예 비 조 사	본 조 사		보 충 조 사
		1차조사	2차조사	3차조사
목적	• 교량선형 비교검토 • 교량가설위치 결정 • 교량 기본배치 계획	• 교량설계 조건 설정 • 교량계획 설계 • 교량최적 형식 선정 • 교량 경간 및 길이 결정 • 교량의 하부구조, 기초 형식 결정 • 기초의 근입깊이 결정 • 공정 검토	• 상세 설계 • 교량건설 공법 검토(2) • 시공계획 • 교량공사 원가 산출	• 교량의 설계 · 시공의 안전성 검토
관련 자료 조사	• 관련계획 조사(1차) –도로설계 관련 상위계획 –지역 관련계획 –교통 관련계획 –기타 관련계획 • 도면류 조사 –지형도 및 해도 –국토개발 기본도 –토지개발, 이용계획도 –전국 유적지도 –도시계획도 –기타 필요한 팸플렛 • 관측기록, 조사, 보고서 등 –기상관측 자료 –재해 피해 기록 –하천 개수 등 공사기록	• 관련 계획조사(2차) 및 검토	• 관련 계획조사(3차) 및 검토	
현지 답사 및 조사	• 교량 가설지점의 상황조사 • 생활 · 사회환경 조사 • 주변구조물에 대한 조사 • 수리수문 조사 • 문화재, 공공건물 조사 • 자연환경에 대한 조사	• 교량 가설지점의 상황 조사 • 생활 · 사회환경 조사 • 주변구조물에 대한 조사 • 수문 수리조사 • 문화재, 공공건물 조사 • 자연환경에 대한 조사 • 지하매설구조물 조사 • 수송로에 관한 조사 • 지역 특성	• 교량 가설지점의 상황 조사 • 생활 · 사회환경 조사 • 주변구조물에 대한 조사 • 수문 수리조사 • 문화재, 공공건물 조사 • 자연환경에 대한 조사 • 지하매설구조물 조사 • 수송로에 관한 조사 • 지역 특성	
지형 조사	• 지형도, 해도 이용 • 항공사진	• 지형측량 • 지형도 작성 • 해저 지형측량 • 교량 평면 · 종단측량	• 1차조사 내용과 현지답사 결과 상이점 보완 • 세부측량 • 교대, 교각 위치의 횡단, 종단 측량	

구분	예 비 조 사	본 조 사		보 충 조 사
		1차조사	2차조사	3차조사
지반 지질 조사	• 과거 자료 조사 • 지형조사 –현장답사 및 지표 조사 –Boring –표준관입시험 등	제1차 지질조사 • Boring 및 각종 토질 시험 • 조사의 목적 –토질의 성층 상태 –지지층의 선정 –압밀 침하의 유무 –측방 이동 가능 여부 –지하수의 상태	제2차 토질 · 지질조사 • 교량기초 계획 위치에서 Boring • 각종 토질시험 • 조사의 목적 –지지력, 침하량의 계산 –지하수위, 피압 지하수	제3차 토질조사 • 시공을 위한 확인 Boring • 설계시 조사 보류 지역 Boring 실시 • 보충 Boring –각종 토질시험
수리 수문 조사	• 하천조사 –하천정비 계획 조사 –과거 홍수, 침수 피해조사 –기타 하천에 관한 장래 계획 조사 –최대계획홍수위, 최소수위 조사 –수문조사	• 하천조사 –하천현황, 횡단, 종단 –하천개수 계획 유무 –하천관리 도로 및 제방 도로 –하천 구성 상태 조사 –하천 세굴 퇴적 조사		
교차 시설 조사	(1) 교차도로 조사 –장래계획 조사 –도시계획 조사 –관련 자료 조사	(1) 교차도로 조사 –도로의 현황 –도로의 개수, 확폭 등 장래계획 조사	(1) 교차도로 조사 –1차 조사에서 미비점 보완 조사	
	(2) 교차철도 조사 –장래계획 조사 –관련 자료 조사	(2) 교차철도 조사 –철도의 현황조사 –증설계획, 전철화 유무 조사	(2) 교차철도 조사 –1차 조사에서 미비점 보완조사	
	(3) 운항 · 해운조사 및 매설물 조사 –해도, 조위표 조사 –통행 선박 톤수 및 회수 조사 –장래계획 조사 –해저 Pipe Line 및 cable 조사	(3) 운항조사 및 해운조사 –항로 폭원 조사 –해저 종단 조사 –수심 조사 –간만의 차 조사	(3) 운항조사 및 해운조사 –조류 유속 조사 –파압 계산 –조류의 방향 조사 –해저 Pipe Line조사	
기상 조사		• 기상조사(과거기록조사) –기상조건 조사 –태풍의 경로 조사 풍속, 방향 조사 –부식조사		

구분	예 비 조 사	본 조 사		보 충 조 사
		1차조사	2차조사	3차조사
환경 조사	(1) 사회환경 조사 –교량 가설 주변의 주거 · 공업 지역 등 조사 –사적, 문화재 조사 –병원, 학교, 요양원 등 조사	(1) 사회환경 조사 확인 –교량 가설 주변의 주거 · 공업지역 등 조사 –사적, 문화재 조사 –병원, 학교, 요양원 등 조사 –공사용 도로 조사	(1) 사회환경 조사의 미비점 보완 –교량 가설 주변의 주거 · 공업지역 등 조사 –사적, 문화재 조사 –병원, 학교, 요양원 등 조사 –공사용 도로 조사	
	(2) 작업환경 조사	(2) 작업환경 조사 –작업제약 조건 –인접구조물 조사 –지하매설물 조사	(2) 작업환경 조사 –작업제약 조건 –인접구조물 조사 –지하매설물 조사	
	(3) 해상공사 등	(3) 해상공사 등 –어업 · 수리의 실태 –어업권, 수리권 –항로, 항행선박	(3) 해상공사 등 –추가조사	
지진 조사		• 지진기록, 지진피해 기록조사 • 지반 상시 미동 측정 • 지진기반의 확인 • 설계진도		
재료 조사		• 골재, 수질및 수량의 조사 • 토취장 조사 • 재료운반 경로 조사		• 1차 조사결과 확인 · 검토
시공 조건 조사			• 하천에서의 작업기간 • 출입제한지역 및 제한시간 • 작업공간 및 작업시간 • 공사용 도로, 전력설비 • 지하매설물 조사 • 어업권, 수리권의 유무 • 각종 이수상황 실태 • 인접구조물에 대한 영향	• 하천에서의 작업기간 • 출입제한지역 및 제한시간 • 작업공간 및 작업시간 • 공사용 도로, 전력설비 • 지하매설물 조사 • 어업권, 수리권의 유무 • 각종 이수 상황실태 • 인접구조물의 영향
시험 시공			• 시험시공(I) • 모형시험(하천, 항만 등) • 실시실험 –시험굴착 –항타시험 –재하시험 –기타시험	• 시험시공(II) • 재하시험 • 시험굴착

4.3.3 예비조사

예비조사는 조사대상 지역에 대해서 전반적인 자료를 수집하여 이들 자료를 읽고, 해석하고, 현지를 실제로 도보로 답사하여 현지의 지형, 지질, 이수의 개요를 조사해 거시적 관점에서 조사의 중요지역에 대하여 문제점을 추출하며, 지질, 토질 상태 문제점이 있는 지역을 중점적으로 시추조사 또는 탄성파 검사 등으로 조사하기 위한 것이다.

일반적으로 예비조사는 a) 관련계획 조사, b) 자료조사, c) 현지조사, d) 개략조사를 말하며, 조사목적은 조사대상물의 노선비교를 포함한 노선선정, 교량구조물의 위치선정, 경간길이 결정, 형식선정 등 교량기본계획에 관한 사항을 결정하기 위한 기술검토 자료를 획득하는 것이다. 또한 발주청의 발주방법에 따라서는 교량구조물의 규모 및 중요도 등에 따라 개략조사를 현지조사에 포함시키는 경우 또는 본 조사에 포함시키는 경우가 있으므로 설계자는 과업지시서, 과업내용을 사전에 검토하여야 한다.

(1) 관련계획 조사

관련계획조사는 도로 타당성조사시 도로기술자에 의해 수행하는 범위에 속하나 교량의 위치선정, 경간분할 등 교량계획시에는 교량기술자가 이에 대한 내용을 파악하고 있으면 유용하다.

도로설계에 관련된 계획으로는 a) 상위계획, b) 지역관련계획, c) 교통관련계획, d) 기타 관련계획이 있으며 이들에 대하여 직접 영향권 내의 계획안에 대해서는 집중적인 검토가 필요하다.

따라서는 관련기관과 협의하여 사업의 추진현황 및 관련도면, 자료 등에 대한 세부조사를 실시한다.

상기 관련계획 외에 교량계획시 관계되는 관련계획에 대해서 참고하도록 표 4.3.2에 나타내었다.

⊙ 표 4.3.2 기타 관련 계획(예)

관련 계획		자료수집 및 협의 대상 기관	주요 분석 대상	비 고
기간시설계획	통신	• 한국통신공사 운영국	• 통신시설 현황 및 계획	• 사업 시행자 • 시행 및 기간 • 사업용도 • 사업비 • 추진상황 • 관련도면 • 자료 등 세부조사와 필요시 현장조사 시행
	전기	• 한국전력공사	• 송전시설 현황 및 계획	
	가스	• 한국가스공사 시설부	• 가스관 매설 현황 및 계획	
	송유관	• 대한송유관공사 시설부	• 송유관 매설 현황 및 계획	
	용수로	• 한국농어촌공사	• 농업 용수로 현황 및 계획	
	광역 상수도	• 한국수자원공사 지역본부	• 상수도시설 현황 및 계획	
	군사시설	• 국방부 및 해당 군부대	• 군사시설 현황 및 계획	
농지관련계획		• 농림수산식품부 농업정책과 • 한국농어촌공사	• 대단위 농업정리 사업계획 • 절대 농지지역의 확인	
산림관련계획		• 산림청 정책과 지역영림소 • 경영과	• 산림보호구역(등급별) 현황 • 특정보호림 지정현황 • 국유림 실태조사	

관련 계획	자료수집 및 협의 대상 기관	주요 분석 대상	비 고
하천관련계획	• 국토해양부 수자원정책과 • 지방국토관리청 하천국 • 관할 시 · 도 · 군 행정기관	• 하천 정비 기본계획 수립여부 • 수리 · 수문 자료 • 하천관리 현황	
광업관련계획	• 지식경제부 광업등록 사무소	• 광업권, 광산 관련 자료	

(2) 자료조사

조사는 어떠한 목적을 가지고 있다고 하여도 미리 현지 부근의 지형도 · 항공사진 및 토지이용도 등에 의해 그 지역의 개황을 파악하는 것이 우선 자료조사의 시작이다. 자료조사 때의 유용한 자료를 표 4.3.3에 나타낸다. 이들 자료에서는 지형과 함께 상당한 정밀도를 가진 지질 · 지반조건, 수리조건 등 자연조건 및 농업지역, 공업지역의 구별 등 개개인 생활상황이 추측 가능하다. 따라서 공사면에서의 문제는 물론 공해측면, 환경측면 등의 대상지역에 대한 장래 문제점에 관해서도 어느 정도의 유용한 자료를 얻을 수 있다.

또한 지역의 장래개발계획이나 각종 통계자료로부터 그 지역의 현황과 장래의 추진계획을 알 수 있고 그 지역의 태풍, 홍수 및 지진 등의 재해기록 등을 조사한다.

특히 그 지역의 대형공사의 공사기록(건설지, 감리보고서 등)이나 공사를 담당했던 기술자의 경험담은 하나의 기술정보에 그치지 않고, 설계 · 시공에 필요한 간접 기술자료가 될 수 있다. 또 자연조건 등 그 지역 특성을 반영한 특수한 설계상의 수치나 판단에 기초한 공사기록은 설계시 착안하는 방법을 변화시키며, 시험시공의 기록으로 볼 수 있는 귀중한 자료이다.

⊙ 표 4.3.3 자료조사시 유용한 자료

1) 도면류	a) 지형지도 : 1/50,000, 1/25,000, 1/5000 b) 해도, 항해용 해도, 바다의 기본도, 항공사진, 해저지형, 지질, 조류, 해상, 기상 c) 관내도(지방자치단체발행) : 도로, 하천, 공원 등 d) 개발계획, 토지이용 계획 등의 자료, 장래계획의 팜플렛 등 e) 도시계획도, 도시계획도로 등이 표시된 도면 f) 국토이용 계획 g) 전국 유적, 사적, 명승, 천연기념물, 매장문화재 등을 표시한 도면 h) 지질도
2) 관측, 기록조사 보고서 등	a) 기상관측 자료 b) 풍수해, 지진피해, 붕괴, 산사태, 지반침하, 수위변동 기록 c) 하천개수, 도로공사 등 대형토목공사 기록 d) 철도계획, 도로계획 등 보고서 e) 수해백서 f) 설계단계 이전의 관련 설계도서

한편 자료조사는 광범위하게 수집할 필요가 있으나 각각의 자료는 작성시기와 작성자의 입장에 따라 목적, 방법, 정밀도가 다르므로 교량계획, 설계, 시공자료로서는 한계가 있다는 것을 인식하여야 한다.

(3) 현지답사

지형 · 지반상황이나 자연 및 사회환경을 현지에서 직접 확인하는 것이 목적이다. 따라서 현지답사에서의 유의점은 현지답사의 목적이나 방침없이 현지를 답사하는 것이 아니라 답사 이전의 자료조사에서 대체적인 파악을 하고 사전 문제점을 추출하여 현지에서 확인할 수 있도록 목록을 정리해 두어야 한다는 것이다.

조사는 여러 가지로 진행되어 교량공사 자체 및 교량공사가 주변에 미치는 영향까지 관련이 있으나 교량공사의 성격 혹은 현지여건에 따라 조사 책임기술자 개인의 판단에 따라 행하는 경우가 있다.

현지답사 결과는 항목별로 문제점의 유무를 판정해 다음의 본 조사를 진행시키는 자가 결론을 내는 자료가 되면 조사책임기술자의 개인적 능력에 따라 결과가 다르다는 것이 중요한 점이다.

다음 표 4.3.4는 현지답사시 조사하여야 할 사항을 예로 나타낸 것이다.

교량계획시 참고하면 좋을 줄로 여겨진다.

⊙ 표 4.3.4 현지답사시 조사 확인 사항

구 분	조사 확인 사항
1) 교량가설 예정지 상황	• 지형조건 : 지반침하, 산사태 또는 붕괴 등 지반조건 • 자연조건 : 해상, 기상 등 • 토지이용 상황
2) 사회 · 생활 환경	• 교량가설 예정지 주변 주민의 반응 • 민원발생 가능 여부 • 행정쪽은 지역에서의 대처
3) 수송로	• 주변도로의 폭, 혼잡상황, 공사용 차량 운행가능 여부, 기자재 적치장, 제작장 등 • 소음, 진동, 분진 등의 영향(시공시)
4) 교차시설 및 주변 구조물	• 도로, 철도의 폭원 및 성토사항, 하천제방과 교대, 교각, 기타 주요 구조물 • 인접 교량의 균열, 침하, 경사, 구조형식, 경간, 기초형식 등
5) 지하 구조물	• 지하철, 지하차도, 지하상가, 터널 등 대형 구조물 • 광역상수도, 장거리 송유관, Gas관, 통신구, 전력구, 차집관로 등 • 공사중의 구조물이 인접해 있을 때 그 영향 정도
6) 수리 · 수문	• 하천의 하상구성 상태, 이수상황, 홍수의 흔적 • 해상의 간만의 차, 해일의 피해 상황 등
7) 문화재 및 공공건물	• 사적지, 묘지, 병원, 학교, 각종 문화재 • 국립공원의 위치, 개발제한구역, 군사, 안보통제 구역
8) 지역특성	• 도서부에 가설하는 연도교인 경우 : 수송수단, 기자재 조달조건, 전력상황 • 그 지역의 특수사정 • 군사 보호지역
9) 자연환경	• 국립공원, 자연경관 보존지구, 동식물 등 그 지역에서 보존해야 할 사항

(4) 개략조사

개략조사는 현지답사에서 얻어진 자료수집 결과를 토대로 교량을 계획하려는 지역에 대하여 시추조사(Boring), 물리탐사 등을 실시하는 것으로 그 개략조사의 결과를 근본으로 교량가설 위치를 선정한다.

이 단계에서는 개략의 지형상태, 지층분포, 토성 등을 파악하여 교량구조물의 규모, 기본 배치계획, 공사비 산출을 할 수 있는 정밀도의 조사가 된다. 이 단계에서도 조사 자료의 수집에 정성을 들이는 정도에 따라 현지조사를 상당히 적게 하여도 목적을 달성하는 경우가 있다.

1) 시추조사(Boring) 및 시굴(試掘) 등에 의한 조사

① 기초 자료를 수집할 수 없는 경우에는 교량계획 위치의 계획 노선에 따라 필요한 최소 시추조사 및 시굴조사를 실시하며, 시추조사는 지반의 성층상태, 지하수의 유무 등을 파악하는 기초인 동시에 표준관입시험이나 기타 원위치 시험과 병용해서 지지층을 선정하는 자료가 된다.

② 그 외에 얻어진 시료로써 각종 시험을 하여 압밀층의 유무나 지층의 투수성 등을 추정한다.

③ 지지기반이 얕은 경우에는 시굴이나 기타 방법에 의해 지층의 상태나 지지층의 성상을 확인한다.

2) 물리탐사

물리탐사는 많은 방법이 있으나 예비조사에서는 탄성파탐사로 지반의 깊이나 풍화, 균열의 정도를, 음파탐사로서 해저면의 지형 등을 조사하는 경우가 있다.

4.3.4 본 조사

본 조사는 각종 조사방법을 사용하여 교량구조물의 세부결정, 교량하부구조 기초 등의 설계, 시공을 하기 위한 상세조사로서 조사 대상물(노선) 설정이나 교량가설범위를 결정하기 위한 예비조사에서부터 계획 · 설계에 필요한 제 1차 조사, 상세설계(실시설계), 시공법의 검토에 필요한 제 2차 조사, 보충조사로 단계적으로 진행한다. 실시해야할 조사항목 · 방법, 정밀도 등은 상황에 따라 달라지고 인접 구조물의 공사기록으로부터 충분한 자료를 얻을 수 있는 경우에는 조사항목 중에서 어떤 것은 자료조사 또는 현지조사로 목적을 달성할 수 있다.

이 단계의 조사는 항목이 여러 가지로 구분되어 있고 전문분야에 관련되므로 외부의 전문기술자에게 위탁하는 일이 많다. 따라서 측정값 등의 자료조사는 양적으로 비교적 쉽게 얻을 수 있으나 조사는 기계적으로 되기 쉽다.

또 측정값 등의 조사결과는 대부분의 경우 편차가 크고 측정오차를 수반한 각종 현상이 중복된 결과로서의 측정값이다.

그러나 실제로 필요로 하는 자료는 측정값 혹은 조사자료가 아니라, 이들 측정값 혹은 조사자료에 공학적 분석을 가하고 설계 · 시공의 경험이 가미된 자료이어야 한다.

실제의 설계 · 시공에의 적용값은 경우에 따라 조사결과에 다른 수치, 경험 값을 사용한다. 이렇게 본 조사에서의 조사작업은 타 분야의 전문기술자인 경우가 많고, 조사결과의 적용에 있어서 최종적인 공학적 판단은 교량설계 · 시공 기술자가 하지 않으면 안되는 점에 어려움과 특징이 있다. 이들 조사는 설계 · 시공 검토의 진행과 함께 필요로 하는 정밀도를 단계적으로 올려가는 것이 일반적이지만 기상 · 해상 관계 자료처럼 측정을 위해 현지에 관측 시설을 설치하고 장기적인 측정을 필요로 하는 것이 있다. 따라서 조사항목에 따라서는 단계적으로 정밀도를 올라가는 순서로 반드시 따르지 않는 경우도 있어 조사 당시에 설계 · 시공 흐름을 고려한 전체적인 조사 계획을 세우는 것이 매우 중요하다.

(1) 지형조사

예비설계(기본설계)에서 사용한 지형도의 축척이 상세한 지형을 표기하는데 어려움이 있으므로 실시설계 단계에서는 기 작성한 기본설계 내용(교량가설에 따른 평면선형, 종단선형, 하부구조 배치 상태 등)에 따라 교량가설 주변에 대하여 항공 측량한 결과를 토대로 현황을 보완할 수 있도록, 주변상황, 지형상태, 각종 시설물 등에 대한 세부측량을 하여 1/1200~1/600의 지형도를 작성한다.

실시설계시는 종단측량을 할 때 지형의 표고 변화를 정확히 표기하여야 하며 교대, 교각 위치별로 종단측정에 대하여 횡단측량을 시행하여야 한다. 상세측량이 미비한 산악교의 경우, 하부구조기초를 시공할 수 없어서 설계변경이 불가피하여 건설공기 지연, 공사비 증가 등을 초래하는 수도 있다.

또한 지형도가 작성되면 관련계획조사 자료조사 및 현장답사 결과와 비교 검토하여 미비점이 있으면 보완하여 표기하고 기본설계 내용과 비교 · 검토하여 기본계획 내용을 수정 보완할 수 있도록 자료를 제공하여야 한다.

또한 최종적으로 교량계획을 확정지을 수 있도록 각종 지장물 교차시설, 지하 매설물 등이 포함된 지장물도를 작성하여 지형도에 Over Lap 시켜서 지형도를 완성하는 것이 바람직하다.

(2) 기초지반조사

1) 지반조사의 목적

교량의 안전성을 합리적으로 적정하게 평가하고 경제적인 기초형식, 규모를 결정하여 지반조건에 적합한 시공방법을 선택하는 것이 지반조사에 극히 중요한 요소이다. 지반 조사의 목적은 구체적으로 기술하면 다음과 같다.

① 하부공 및 기초형식이 선정
② 지지력 추정
③ 탄성 변위량 추정
④ 압밀 침하량, 압밀 시간의 추정
⑤ 지진시의 액상화의 판단

⑥ 시공방법의 선택

지반조사 사항은 표 4.3.5와 같다.

⊙ 표 4.3.5 지반조사의 목적과 조사항목

조사목적		대상지반	필요한 조사사항
• 하부구조의 구체 및 기초 형식의 산정		모든 지반	지질구성(지층도, 주상도), 자갈, 옥석(호박돌)의 직경, N치, 지하수위
• 지지력 추정		모든 지반	단위중량, 지하수위
		점성토	점착력(C)
		사질토	전단마찰각(ψ)
• 탄성 변위량 추정		모든 지반	변형계수(Eo)
• 압밀침하량, 압밀시간의 추정		점성토	단위중량(γ), e–Log p곡선, 체적 압밀 계수(mv), 압밀계수(Cv)
• 지진시의 액상화의 판정		느슨한 사질토 (N ≦ 10)	단위중량(γ), 지하수위, N치, 평균입경(D50)
		연한 점토 (N ≦ 4)	일축압축강도(Qu)
• 지진 설계상의 지반종류의 판별		모든 지반	지층의 두께, 평균 전단 탄성파 속도(Vs)
시공방법의 선택	토압의 계산	모든 지반	지하수위, 단위중량(γ), 점착력(C), 전단 마찰각(ψ)
	Boiling 판정	사질토	간극비(e), 흙의 비중(Gs)
	Heaving 판정	점성토	점착력(c), 흙의 중량(γ)
	지하수의 규모	사질토	투수계수(K)

2) 조사 단계별 조사 시험구분

각각의 조사 단계별 조사 · 시험 사항은 표 4.3.6와 같다.

제 1차 조사는 교량구조물의 일반도 작성 및 설계를 위한 조사로서 교량의 길이, 상부공의 구조형식 결정, 경간 분할, 기초형식 및 기초의 근입 깊이 결정 및 설계조건 설정하기 위하여 실시하며 토질 및 지진의 성층상태, 압밀침하, 지지층의 상태, 지하수 및 피압 지하수의 상태 및 지반의 역학적 특성을 파악하여 설계에 반영한다.

제 2차 조사는 실제로 시공을 하기 위한 상세설계에 필요한 조사로서 각 교대, 교각의 기초설계 및 시공수량, 교량의 부대구조물의 건설 및 시공수량을 결정하고 공정 · 시공계획을 수립하기 위하여 실시하며 조사항목은 제 1차 조사에 준하여 시행한다.

⊙ 표 4.3.6 조사시험 구분

구분	예 비 조 사	본 조 사		보 충 조 사
		1차조사	2차조사	3차조사
목적	• 교량가설위치 결정	• 일반도 작성과 계획(교량형식, 경간, 하부구조 및 기초형식 결정)	• 상세 설계 • 건설공법 검토	• 설계 및 시공의 안전성 검토
지반에 관한 조사	• 기존자료 조사 • 지형조사 • Boring 표준관입시험 • 시굴에 의한 조사	• Boring(시추조사) –Sampling –표준관입시험 • 원위치 시험(주2) • 각종 토질시험 –비중시험 –함수량 시험 –입도시험 –액성, 소성 한계시험 –단위체적 중량시험 –일축 압축시험 –3축 압축시험 –압밀시험	• 기초계획 위치에서의 Boring –표준 관입시험 • 원위치 시험 • 각종 토질시험	• 보충 Boring(시추조사) • 원위치 시험 • 각종 토질시험 • 실시설계에서 시행 못한 조사 실시

(주 1) 형식과 지질상태를 알고 있는 경우는 제 1차 조사와 제 2차 조사의 구분없이 동시에 시행한다.
(주 2) 여기서 말하는 원위치 시험은 보링 구멍 내 가로 방향 재하시험, 평판재하 시험, 암반절단 시험, 블록절단 시험을 가리킨다.

3) 지반조사 방법

지반조사 내용과 조사방법과의 관계는 표 4.3.7과 같고 조사방법과 조사사항의 관계는 표 4.3.8과 같으며 교량 하부구조 형식, 기초형식, 지반조건에 적합한 조사, 시험방법을 선택하는 것이 필요하다.

⊙ 표 4.3.7 조사내용과 조사방법과의 관계

조사의 방법			현지답사	물리탐사				사운딩					보링과 흙의 샘플링									지하수조사			재하시험		시굴횡갱
				탄성파탐사		전기탐사		동적관입시험	포터블콘테스트	네덜란드식콘관입시험	스웨덴식사운딩테스트	베인테테트	보링 및 샘플링					테스트피트·트랜지	암반의 코어보링			간극수압측정	양수시험	지하수변동측정	평판재하시험	공내횡방향재하시험	
				P파굴절법	S파굴절법	수평	수직						표준관입시험	오거보링	박판관샘플러	2중관심	호일샘플링		수평	경사	수직						
중소구조물(중소교량고가)	산악구릉부		○	○	○					○			◎			○		○			◎				○	◎	
	평지부(보통)		○	○	○					○			◎			◎		○							○	◎	
	평지부(연약)		○	○	○					○	○	○	◎		◎											◎	
중요구조물	산악 구릉지	지지층의 검토	○	○	○								○					○	○	○	◎				○	◎	◎
		굴착의 검토	○	○									○					○			◎						◎
		대규모굴착의 검토	○	○									○			○		○			◎	○		○			◎
	평지부 (평지)	지지층의 검토	○	○	○					○			◎			○		○			○				○	◎	
		굴착의 검토	○	○						○			◎			○		○				◎	○	○			
		수중굴착의 검토											○			○						◎	◎	○			
	평지부 (연약)	지지층의 검토	○	○	○					○			◎			○					○				○	◎	
		굴착의 검토	○	○						○			○		◎							◎	○	○			
		수중굴착의 검토											○		○							◎	◎	○			

(주) ① 예비조사, 본조사, 사후 조사 등의 조사단계에 의한 적응성의 구별이나 구조물의 대소에 의한 필요성 등에 대해서는 각 절을 참조하기 바란다.
② 현지 답사는 모든 현장에서 필요하지만 이 표의 답사는 특히 전문가에 의한 지질학적 답사의 의미로서 ◎는 꼭 필요 혹은 매우 유효한 것.
③ 시굴 횡갱은 지형이나 지질 조건에 따라 자주 채용된다. 또 도갱(導坑) 등 본공사 일부를 겸해 실시하는 경우도 있다.

⊙ 표 4.3.8 조사방법과 조사사항(1)

조사 방법	조사방법의 종류	대상지반의 종류	조사사항	조사 결과 이용 추정하는 사항
1. 보링	1. 로타리 보링	모든 지반	토질, 층두께, 심토 지하수위	추상도, 지층도
	2. 오거보링	점성토, 사질토	〃	
	3. 워시보링	연약점성토	〃	
	4. 퍼커션보링	연약사질토	〃	
2. 샘플링	1. 코아튜브	모든 지반	시료재취, RQD(암) 시료재취	흙의 분류
	2. 고정스피톤식 박판관샘플러	연약점성토 사질토	〃	
	3. 데니슨샘플러	경질점성토	〃	
	4. 샌드샘플러	사질토	〃	
	5. 호일샘플러	연약점성토	〃	
	6. 삼중관식 샘플러	사질토	〃	
	7. 블록샘플링	점성토, 암	〃	
3. 사운딩	1. 표준관입시험	사질토, 점성토	N치, 시료재취	전단저항각(ψ), 점착력(C), 변형계수(Eo), 전단탄성파속도(Vs), 지지력
	2. 베인전단시험	연약점성토	전단강도	
	3. 정적 콘 관입시험	연약점성토, 사질토	콘 지지력	1축압축강도
	4. 스웨던식샘플링	사질토, 점성토	관입저항치	1축압축강도, N치
4. 토질 암석 시험	1. 물리특성시험	모든 지반	입도, 컨시스턴시, 밀도, 함수비	흙의 분류, 물리적 성질
	2. 일축압축시험	점성토, 암	일축압축강도, 변형계수	점착력, 지지력, 탄성변형량
	3. 삼축압축시험	모든 지반	점착력, 전단저항각 변형계수	지지력, 탄성침하량
	4. 직접전단시험	사질토, 점성토	전단저항각, 변형계수	지지력
	5. 압밀시험	점성토	압축지수, 압밀계수, 압밀항복응력	압밀침하량, 압밀침하시간
	6. 초음파전파시험	암	초음파 전파속도	
	7. 크리프시험	암	크리프 정수	
	8. 침수붕괴도시험	암	침수 붕괴도	
5. 지하수 조사	1. 지하수위 측정	모든 지반	지하수위	
	2. 간극수압 측정	〃	간극수압	
	3. 흐름방향, 유속측정	〃	흐름방향, 유속	
	4. 투수시험	〃	투수계수	침투 유량
6. 재하 시험	1. 지반의 평판재하시험	모든 지반	연직지지력 지반반력계수	수직방향 극한지지력, 흙의 변형계수, 수직방향 지반 반력 계수
	2. 공내 수평재하시험	〃	변형계수	수직방향 극한지지력, 흙의 변형계수, 수직방향 지반 반력 계수

⊙ 표 4.3.8 조사방법과 조사사항(2)

조사 방법	조사방법의 종류	대상지반의 종류	조사사항	조사 결과 이용 추정하는 사항
6. 재하 시험	3. 말뚝의 연직재하 시험	〃	연직지지력, 말뚝의 축방향 스프링정수	압입극한지지력, 주위면의 지반반력계수
	4. 말뚝의 수평재하 시험	〃	지반반력계수	지반반력계수, 주위면의 지반반력계수
	5. 말뚝의 인발재하 시험	〃	인발 저항력	인발 극한 지지력
	6. 블록전단시험	암	점착력, 전단저항각	점착력, 전단저항각
7. 물리 탐사 및 물리 검층	1. 탐성파 탐사	모든 지반	탄성파 속도, 지질구조	지질구조, 기초깊이
	2. 음파 탐사	〃	〃	지질구조
	3. 전기 탐사	〃	지질구조, 지하수위	지질구조, 지하수위
	4. 속도 검층	〃	탄성파 속도,	지질구조
	5. PS 검층	〃	지질구조	지질구조
	6. 전기 검층	〃	〃	지질구조, 지하수위
	7. 밀도검층	〃		밀도

4) 조사간격 및 토질시험 빈도

① 제 1차 조사(기본설계 단계)

교량의 기본계획시 행하는조사로서 조사의 간격 및 토질시험빈도는 표 4.3.9, 표 4.3.10을 표준으로 하여 시행한다. 또한 설계 과업지시서, 과업내용을 조사 전에 엄밀히 검토하여 발주청과 협의하여 결정하는 것이 바람직하다.

⊙ 표 4.3.9 제 1차 Boring 조사의 간격

교량 · 고가교의 규모		조사간격(m)
교량의 종류	교량길이	
장대교량 및 고가교	50m 이상	양 교대 이외 100~200m, 교각의 위치
중소교량 및 고가교	50m 미만	어느 쪽이든 교대에 1점 또는 양 교대

⊙ 표 4.3.10 토질시험 등의 빈도

시 험 항 목		시 험 빈 도
표준관입시험		1회/m를 원칙으로 한다.
원위치 시험	보링구멍내 가로방향재하시험	기초 밑면에서 10m의 범위(1/β를 기준으로 한다)에서 3점
	평판재하시험	적 당
	암반전단시험 등	상 동
실내 토질 시험	비중 시험	1개/3m 또는 1개/각 층
	함수량 시험	1개/m 또는 채취한 시료 전부
	입도 시험	1/3m 또는 1개/각 층
	액성 · 소성 한계 시험	상 동
	단위 체적 중량 시험	상 동
	1축 압축 시험	2개/3m 또는 2개/각 층
	압밀 시험	2개/각 층

② 제 2차 조사(실시설계 단계)

조사항목은 제 1차 조사에 준하여 하지만 조사간격과 토질시험 빈도는 다음과 같다.

(a) 각 교대 · 교각 위치에 있어서 조사하는 것을 원칙으로 한다. 단, 고가교 또는 경간이 짧은 교량으로 교량 길이가 긴 경우, 혹은 지반구성이 비교적 평탄하고 연속성이 있다고 예상될 경우에는 적당히 조사 개소 수를 줄이고 불필요한 조사는 하지 않는다.

(b) 제 1차 조사결과, 지지층에 경사가 있거나 부정합(지층간의 퇴적과정에 의해 경계면에 요철이 있음) 혹은 연속성이 없는 토층상태 등이 예상되는 복잡한 지층의 경우에는 표 4.3.11를 기준으로 하여 조사한다.

(c) 원위치 시험은 N치 값을 주체로 해서 1m에 1개 실시하고 그 밖의 토질시험은 제 1차 조사의 보충에 한정시키고 그 빈도는 필요로 하는 최소한으로 실시한다.

(d) 유동화가 예상되는 모래지반은 전문가의 의견도 반영해서 종합적으로 판단되는 것이 바람직하다.

⊙ 표 4.3.11 조사간격

기초형식 / 지반조건			직접 기초	말뚝기초		케이슨	적 요
				기성	현장치기		
지지층의 예상되는 상태	불연속의 토층		A	A	A	A	기호설명
	부정합		B	B	A	A	A : 1기당 적어도 1점
	경 사 (산악지를 포함)	10°~30°	B	B	B	B	B : 1기당 적어도 상하 2점
		30° 이상	C	B	B	C	C : 1기당 적어도 4구석에 4점

5) BORING 조사 깊이

① 제 1차 조사(기본설계 단계)

조사의 깊이는 교량의 기본계획 · 설계를 위한 조사이므로 신뢰되는 지지지반 즉 기반층을 확인하지 않으면 안 된다. 예를 들면, 그림 4.3.2에 나타내는 바와 같이 중간에 견고한 모래층이 출현하여도 그 아래에 연약층이 있으면 이 모래층에서 지지한 구조물은 침하를 일으키는 일이 있다.

따라서 조사 깊이 목표로서는 사질토에서 N 〉 50, 점성토에서 N 〉 30의 견고한 지지층을 표 4.3.12에 나타낸 두께까지 확인할 필요가 있다. 단, 시추도중 지질학적으로 신뢰할 수 있는 기반층이 있으면 그 기반층은 2~3m 확인하고 거기서 Boring 깊이를 중단해도 좋다.

또 같은 연약한 층이 두껍게 퇴적하여 토층이 어디까지 계속되는지를 예측이 어려운 지반에서는 기초공사의 시공 가능한 범위에서 지지층은 확인할 수 있는 깊이까지를 원칙으로 한다.

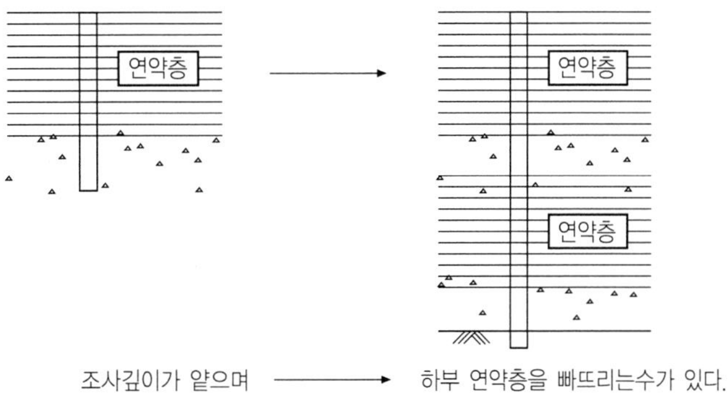

그림 4.3.2 조사 깊이가 얕은 경우의 문제점

⊙ 표 4.3.12 조사심도

토 질	N 값	층의 두께(m)			
		층의 출현심도	10~20	20~30	30~40
점성토	20이상	20	15	10	5
사질토	30이상	20	15	10	5
모래 · 자갈, 호박돌 · 전석 섞인 토사	50이상	10	10	5	5
풍화암, 연암	50이상	8	6	4	2
경 암	–	4	3	2	2

(주) 표준관입시험에 의한 N값은 충적층의 지하 수면 아래에 있는 N값 15 이상의 매우 가는 모래 및 실토질 모래로부터 생기는 토층 및 입자 지름 1cm 이상의 자갈을 함유하는 토층에 대해서는 과대한 결과가 얻어지므로 표 4.3.12의 적용에 있어서는 실제 얻어진 N값을 아래표로 수정한 N값으로 환산한 값을 사용할 것.

N값의 수정에 사용하는 환산계수

심도(m)	환산계수
20~40	2/3

② 제 2차 조사(실시설계 단계)

조사깊이는 제 1차 조사와 같이 깊게 하지 않아도 제 1차 조사결과로 판단된 지지층을 확인하는 정도로 한다. 단, 토층구조가 불연속적인 경우에는 제 1차 조사를 참고로 정한다. 제 1차 조사결과를 이용하여 교량하부구조 기초형식과 기초심도가 결정되었으므로 2차조사 단계에서는 기초형식에 따른 Boring 조사 깊이를 결정하여 조사하는 것이 유용하다.

(a) 직접기초 · Caisson 기초의 경우

직접기초, 케이슨기초에서는 기초(Footing) 저면에서 최소폭정도의 깊이까지 양질의 지지층(사질토 N≧30~50, 점성토 N≧20)이 연속으로 존재하는지 여부를 확인 조사한다.

양질의 지지층 아래에 압밀침하가 발생하는 지층이 분포되었다고 예상되는 경우에는 기초저면에서 최소 폭의 3배의 깊이까지 조사할 필요가 있다.

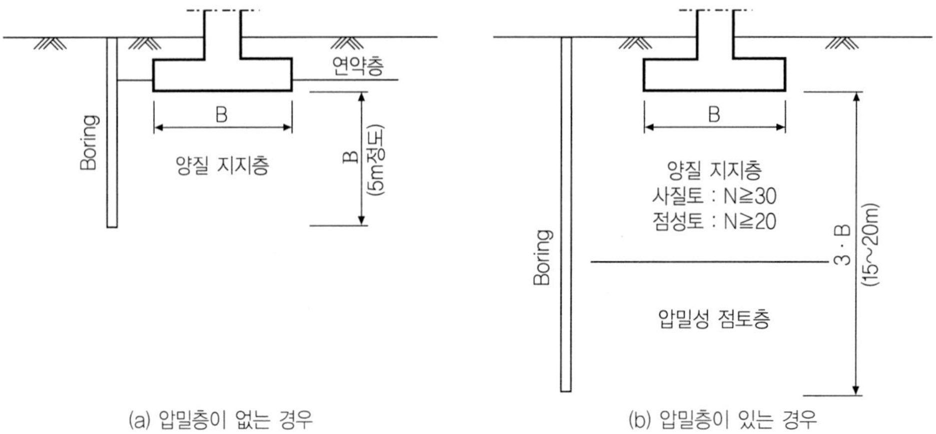

그림 4.3.3 직접기초의 조사 깊이

(b) 말뚝기초

말뚝기초의 경우는 양질의 지지층이 3~4m 정도 확인될 때까지 조사하는 것이 좋다.

지지층 아래에 압밀층이 존재하는 것이 예상되는 경우에는 말뚝의 선단에서 Footing 최소 폭의 3배 정도의 구간을 조사할 필요가 있다.

조사시점에 Footing 최소 폭을 예상 못하는 경우에는 지지층에서 5.0m 정도깊이까지 조사하는 것이 좋다.

6) 지하수 조사

지하수 조사는 지하수 그 자체의 조사와 대수층(帶水層)의 분석 및 그의 성질 등의 조사로 분류된다. 표 4.3.13에 지하수 조사의 중요한 항목을 나타냈다.

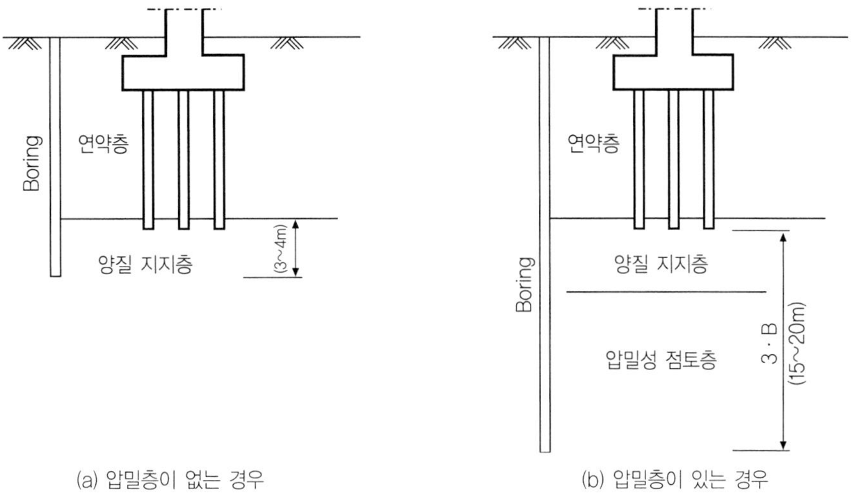

그림 4.3.4 말뚝기초의 조사 깊이

⊙ 표 4.3.13 지하수 조사

종 류	조사항목	조사방법
지하수의 조사	지하수위 측정 간극수압의 측정	우물, 보링을 이용한 수위측정 간극수압 측정
	흐름방향과 속도 측정 수질시험	수온, 비저항, 드레자에 의한 측정, 유속측정, pH 경도, 비저항, 각종 화학분석
대수층의 조사	분포범위, 두께	보링, 전기탐사, 전기, 검층 지하수 검층
	투수성	양수시험, 투수시험
	물리적 성질	입도시험, 간극비 측정, 전기 검층

7) 재하시험

재하시험은 지반이나 말뚝에 직접 재하해서 지지력이나 지반반력계수, 스프링 정수 등을 구하는 시험으로 평판재하시험(平板裁荷試驗), 공내재하시험(孔內裁荷試驗), 말뚝의 연직 또는 수평재하시험 등이 있다. 재하시험 결과로서 지지력 기타를 결정하는 경우는 표준관입시험, 토질시험, 지층의 구성 등의 결과와 대조해서 결정하지 않으면 안 된다.

재하시험에서 측정되는 지반반력 계수나 스프링정수는 지반의 종류, 하중의 대소, 재하 면적의 대소나 형상, 말뚝의 길이, 재하방법 등에 따라 변화하므로 목적에 적합한 방법으로 구해야 한다.

8) 물리탐사 및 물리검층

물리탐사 및 물리검층(物理檢層) 중 주로 쓰이는 것을 표 4.3.14에 나타냈다. 이들의 탐사 및 검층으로 측정되는 각종 물리량은 지반의 역학적, 공학적 성질을 그대로 나타낸 것이 아니고 어디까지나 전체의 지반 상태를 나타내는 것임을 인식하고 다른 조사를 병용해서 그의 해석에 틀림이 없도록 함이 대단히 중요하다.

⊙ 표 4.3.14 물리 탐사법, 물리 검층법의 종류

구 분	측정방법	측정항목	조 사 사 항
물리탐사법 (지표탐사법)	탄성파 탐사	탄성파 속도	지지구조, 기초의 깊이, 지반의 상대적 경연
	음파 탐사	음향 임피던스	해저지형, 지질구조
	전기 탐사	자연전위, 비저항	지질구조, 지하수위
	기 타	자기량, 방사능	
물리검층법 (공내탐사법)	속도검층	P파 속도	지층구성, 지반의 상대적 경연
	PS검층	P파, S파 속도	지층구성, 지반의 동적성질, 지반의 상대적 경연
	전기검층	자연전위, 비저항	지층구성, 대수층
	밀도검층	γ선 강도	지층구성, 밀도
	기 타	열중성자, 수온	지하수의 용출

9) 유해가스 산소결핍 공기 등의 조사

지중에는 각종의 유해물의 축적되어 있는 경우가 있고 대개는 가스상태로 존재하며 하부구조를 시공할 때 유해가스를 발생시키는 경우가 많다. 또 철광물질을 많이 함유하고 있는 지층 중에는 환원성이 강하여 산소의 소비가 많기 때문에 산소가 결핍된 공기를 발생하기 쉬운 지층이 있다. 이 유해 가스나 산소결핍 공기의 유무는 하부의 구조형식이나 공법의 선택에 큰 영향을 주는 요소이고 이들의 선택여하에 따라서는 작업원의 생명에도 관계된다. 따라서 보링의 단계에서 유해가스나 산소결핍공기를 발생하는 지층이라고 생각될 때 더 많은 시료를 채취해서 그 성질을 충분히 살필 필요가 있다. 그래서 하부구조의 형식이나 공법의 선택에 영향을 미친다고 생각될 때는 그의 위치, 심도(深度), 분포상태 등에 관하여 보다 더 상세한 조사를 해야 한다.

(3) 기상 · 해상 조사

기상, 해상은 계획을 비롯해 설계, 시공 및 장래의 유지, 수선, 재해복구 등의 관리면에서도 중요하다. 조사의 내용은 강우, 기온, 바람, 파 · 조류, 세류, 표사, 조석 등이다. 이들 자료는 기상청이나 기타 많은 기관에서 측정하고 있어 우선 이들 기관에 협조를 얻어 입수해야 한다. 그러나 이들 자료가 국지적인 특성을 가지는 것이 많은 것은 당연한 일이므로 사용할 때는 적용성에 관하여 충분히 검토할 필요가 있다.

따라서 목적에 따라 정확한 것이 요구될 때에는 독자적인 관측시설로 측정해서 상세하게 검토할 필요가 있다.

또 지방에서는 숙련된 어부의 조류 등에 관한 지식이나 독특한 기상 예측 방법 등이 있는데 이것들은 작업선의 운항이나 피난시기 판단에 유효한 것이 많으므로 충분히 참고해야 한다. 바람, 조류, 파도, 세굴, 표사, 앵커 효과는 교량의 교각을 해상에 설치하는 데는 특히 중요한 것으로서 현지 측정이나 실내

시험(풍동시험)등으로 파악하지 않으면 안 되지만 실제의 설계 혹은 시공에의 적용법에 관해서는 문제 있는 부분의 많으므로 적용할 때는 충분히 검토할 필요가 있다.

해상 · 기상 자료는 교량 설계시 풍하중 산정, 공사기간 산출이나 시공법의 검토에는 당연히 필요한 것이지만 표 4.3.15에 나타낸 바와 같이 공사 가능 여부 판단, 공사 중지나 피난 시기의 결정, 배수 대책의 검토 등 공사의 안전면에서도 중요하다.

육상공사는 다소 악천후에도 공사는 가능하지만 높은 곳의 작업, 용접작업은 비바람에 의해 당연히 가동률이 낮아진다. 또 수상공사에서는 더욱 천후에 좌우되어 공사 한계기상은 엄격하게 되고 작업의 종류, 사용 선박에 따라 달라진다.

또 하천에서의 공사는 유량, 수심, 유속은 당연히 필요한 자료이며 특히 물푸기, 물막기, 교각공사에서는 계절적 변화의 파악이 매우 중요하다. 즉, 물의 계절적 변화가 작업시기, 공사방법 및 교량기초 형식을 결정하는 중요한 요소가 된다.

대기오염 등 환경예측에는 바람 등의 자료가 필요하지만 환경예측에 상용하는 자료와 설계, 시공에 사용하는 자료는 자연히 달라져 목적에 따른 자료의 정리방법 및 설치하는 측정기의 종류, 기록을 재는 법에도 연구가 필요하다. 이처럼 자연 조건의 조사는 현지조건과 사용목적에 맞는 조사를 할 필요가 있다.

또 자연재해에 관련된 것에는 적설, 눈사태, 동결깊이, 설하중 등 이외에도 이상 조위 등과 같이 조사항목이 많으나 어떤 지역에서 어떤 조사를 하는가는 그 지역의 기록이나 인근 주민들의 의견을 충분히 참고해서 결정해야 한다.

⊙ 표 4.3.15 기상 조건과 시공계획

기상조건	관련된 시공 계획
월간 강우 일수	평균 작업 가능 일수
강우량	홍수 유량, 임시 배수로 계획 유량
강우기	임시 물막이, 바닥 파기 시기, 리프트 스케줄
강설량	작업 완료기, 하산 시기
강설기	작업 휴지기간
적설 깊이	임시 건물, 가교의 철거
농무 일수와 시거	작업 가능일, 작업 가능 시간
기 온	콘크리트의 타설 가능 일수, 양생 방법, 거푸집 해체 시기
토석류 위험 우량	공사의 안전 시공, 임시 설비의 배치

(4) 교차 교통시설 및 지장물 조사

교차 교통시설물로는 도로, 철도, 항로 등이 있으며 이들 시설물을 횡단할 때는 도로의 경우 도로의 폭원 및 횡단구성 상태, 평면선형 상태, 종단경사, 장래 확장계획을 조사하여 설계에 반영하여야 한다.

철도의 경우에는 철도의 선로현황(선로수, 선로간격, 선로배치 상황 등), 평면선형, 시설한계, 작업 공간, 열차 운행 시간대, 장래 증선 계획 등을 조사하고 철도청 관리자와 협의하여 최소 작업 공간, 정거장, 구내에서 작업가능 시간대, 열차운행에 따른 안전시설물 설치방안을 조사한다. 특히, 교량 상부구조의 가설시 가설가능 시간대는 공사원가를 산출하는데 중요한 자료가 되므로 조사자는 이점에 유의하여야 한다. 항로의 경우에는 항로의 폭, 통행 선박의 선형(총톤수), 선박의 척수, 일변화 등의 항행상황(수면점유, 출입 가능시기, 점유면적에 관하여 관리자의 관리방법, 법적 규제, 보호에 주의) 및 항행선박 선형에 따른 마스트 높이를 해운항만청의 관리자와 협의하여 조사한다.

특히 해상공사시는 교량의 하부 교각 공사 중 통행선박에 의한 충돌사고가 발생하므로 교량 경간 분할시 이점을 감안하여 설계자는 항로 폭 안에 교각을 설치하지 않도록 사전에 검토하여야 한다.

지하지장물은 교량 하부구조 기초 건설시 이전이 불가능한 시설과 이설이 가능한 시설로 구분되며 이전이나 이설이 불가능한 시설로는 도시철도 시설, 지하차도, 지하상가, 터널(도로터널, 도시철도, 철도터널, 전력구 터널 등), 도시고가교, 도심을 횡단하는 하천에 가설되어 있는 하천교 등이 있고 이설은 가능하나 이설비가 고가이고 관리자가 이설을 승인하지 않은 시설물로는 광역 상수관, 장거리 송유관이 있다.

또한 차집관로, 암거, 통신구, 전력구 등은 이설이 가능하나 경우에 따라서는 이설이 곤란한 경우도 있다. 이들 지장물에 대해서는 관계기관의 관리자와 협의하여 매설 위치, 토피, 규모 등에 대하여 조사하여야 한다.

특히 이설이 불가능한 경우에는 조사결과를 토대로 기존 구조물의 보호대책을 검토하여야 하며, 이들에 대한 충분한 검토가 따르지 않았을 시에는 시공 중 교량의 경간을 새로 분할하는 등 상부구조에 대한 설계변경을 하게 되어 공사비 증가, 공사기간 연장 등을 초래하는 경우가 있다.

(5) 하상, 이수상황 등의 조사

하상, 이수상황 등의 조사는 하천의 형태나 장래계획 및 이수 · 주운 등에 대하여 하도록 한다. 하상, 이수상황 등에 대한 조사는 유수 등에 의한 교량의 피해를 피함과 동시에 하부 구조의 설치나 시공시 이수나 주운 등에 지장을 주지 않도록 하기 위하여 시행한다. 따라서 미리 하천관리자들과 충분한 협의를 해 두는 것이 좋다. 또 관계법령, 특히 (하천설계기준, (사)한국수자원학회) (하천시설규준, 국토해양부)에 교각, 교대 등의 설치 위치, 그의 형상, 기초계획, 하상으로부터 근입 깊이나 경간 길이, 다리밑 공간 등이 규정되어 있으므로 이들 준수할 필요가 있다. 하상에 관한 조사로서는 수위, 유속과 과거의 수심, 하상의 변동, 홍수나 고조(高潮)의 기록조사 등이 있다. 또 개수계획(하천정비 기본계획, 실시설계 등)이 있는 하천에는 계획홍수위, 홍수량, 하상의 계획 준설고, 하천의 횡단구성 등을 조사해서 하부 구조의 위치, 기초근입 깊이 등을 결정한다. 기타 교각의 배수 작용과 세굴, 유목, 유빙, 토사류, 유수압, 조류, 파고, 표사, 간만의 차에 의한 유수의 변화 등의 자료가 필요한 경우에는 이들의 조사를 실시한다.

또 관개, 수력발전 등의 이수상황, 어업권, 주운 등에 관해서도 조사하고 관계기관과 충분한 협의가 필요하다.

(6) 시공조건 조사

시공조건 조사는 기존 자료의 조사, 생활환경, 사회환경 등에 대하여 조사함을 원칙으로 한다. 설계단계에서는 시공조건의 조사에 대해서 경시되는 경우가 있지만, 시공의 안전성 확보, 민원발생 예방 등이 충분히 고려된 설계를 하기 위해서는 이들에 대한 면밀한 조사가 필요하다.

시공계획 단계에서는 건설공법, 기계의 선정, 설비의 규모, 배치, 공기 및 공정 등을 결정하기 위하여 다음 표 4.3.16의 조사 항목에 대하여 조사하여야 한다.

⊙ 표 4.3.16 공사 단계와 조사 항목

공사 단계	특 색	조 사 항 목
1. 비계 물막이 공사 (주로 수상공사)	(1) 선박사용, 수리적 문제에 의한 어업, 환경상의 문제가 커짐 (2) 선박사용에 의한 경비증가, 불안정한 해상에서 공사 (3) 수리적 문제, 선박 사용 등에 의한 설계, 시공상의 문제 (4) 조사 정밀도, 시공 정밀도가 낮아짐, 또 시공 관리 곤란 (5) 안정성과 경제성이라는 양립하기 어려운 조건 (6) 비계공 등이 흙막이공, 기초공에 공용되는 경향이 있음	i) 지형, 해도, 수위, 조류, 파도 ii) 해상, 기상, 앵커 효과, 조류 등 iii) 선박 충돌 하중, 표사, 세굴, 공사 한계기상 조건, 항행 안전, 어업 영향, 수질오염 iv) 안전율, 시공 정밀도 v) 시공성, 조선성(操船性) 등
2. 터파기 흙막이 공사	(1) 흙과 물의 관계, 공학적으로 불명확한 점이 있음 (2) 사고, 공해(지하수 저하, 침하, 오탁, 붕괴 등)는 흙과 물에 의한 것이 많음 (3) 가시설공에서 안전성과 경제성이라는 양립하기 어려운 조건 (4) 주변 구조물 등 공사 공해는 흙막이공의 설계, 시공순서에 의한다 (5) 기초공에 공용되는 경향 있음	i) 용지, 가옥, 지하 매설물, 지장물 ii) 주변 구조물의 용도, 특징, 권리 관계 iii) 굴착, 흙막이공에 수반되는 작업 공간, 사토 조건 iv) 진동, 소음, 지하수, 지반 침하 등 v) 공사용 도로, 지역 사회, 토지 이용 vi) 경관, 문화재, 재해, 동식물
3. 기초본체공사	(1) 본체공은 가설공 단계의 조건에서 결정되는 경향 있음 (2) 대형 공사 등에서는 가설공에서 본체공까지의 전체 계획 검토의 필요 있음 (3) 완성 후의 장기적 전망, 상부공에서의 조건을 고려할 필요 있음 (4) 지반 조건 이외의 조건 비중이 크게 되는 경향 있음 (5) 기타, 비계 물막이, 터파기, 흙막이공과 공통	i) 기자재 조건, 도로, 교통, 철도, 항만 ii) 산소 결핍, 유독 가스, 부식 iii) 지반 침하 등 주변 구조물에의 영향 iv) 하천, 도로 등 교차 관계 v) 주변경관, 지역에의 영향 vi) 기타 비계 물막이공, 터파기, 흙막이공과 공통

1) 기존 자료의 조사

시공개소 부근에서 과거에 하부구조의 시공 예가 있는 경우, 과거 예에 대한 설계 및 시공 전반에 걸쳐 검토하여 이를 참고하는 경우가 많다. 따라서 실시예의 설계도서, 시공기록 및 관계 자료를 수집함과 동시에 그 당시의 시공 관계자의 체험을 청취하는 등의 조사를 하는 것이 바람직하다.

2) 생활환경의 조사

하부구조의 시공에 있어서는 소음, 진동, 지반침하, 토사의 굴착, 물푸기, 기름이나 먼지 및 공사용 차량의 통행에 따른 교통장애 등에 의해 주변의 환경에 영향을 미치는 일이 많다. 따라서 사전에 시공개소 주변의 구조물의 상태, 소음, 지반침하, 우물의 수위, 수질 및 교통 등의 실태를 조사하고 공사시공에 의해서 시공 중의 소음, 진동이 주변에 주는 영향에 대하여 충분한 조사를 하지 않으면 안 된다. 또 공기케이슨 기초인 경우는 어느 정도의 범위에 걸쳐서 우물의 위치나 수위를 살피는 등, 공기 케이슨 공법 특유의 영향에 대하여도 조사해 두는 것이 좋다. 또한 토질 상태에 따라 시멘트 그라우팅을 요하는 경우, 우물 및 하수관에 유입되어 사용 불가능한 경우도 있으니 주변의 이들에 대하여서도 조사하여 두는 것이 필요하다.

3) 사회 환경의 조사

교량공사로 인한 영향이 문제되는가 안되는가는 교량구조물의 구조규모, 시공법과 함께 영향을 받는 주위의 사회 환경 즉, 공사에 의해 영향을 받는 것이 얼마나 있는가에 따라 다르다. 따라서 공사 계획을 할 때는 교량공사 지역과 그 주변의 주민환경, 문화환경, 상공업환경, 문화교육, 후생 등 각 시설과 사회기반 시설 등의 현황을 조사할 필요가 있다.

구체적인 조사항목은 현장 주변의 민가 밀집도, 상 · 공업 현황, 사적, 문화재 및 방풍림, 수원지, 묘지 등 특수 물건의 유무와 그 현황, 시공시 배려를 요하는 근린시설인 병원, 학교, 도서관, 양어장, 가축사육장의 유무 등이며 그 밖에 해상 공사 등 수상 공사에서는 어업권과 관련된 어업 영향 조사, 항행선박과 관련된 항행안전조사, 또 수리권, 공사안전, 오탁방지 등과 관련된 것을 조사한다.

4) 작업 환경의 조사

시공개소의 지형, 작업 공간 및 작업면적은 기초 형식이나 규모, 공법, 공사용 제반설비의 구조, 배치 사용되는 기계기구와 재료, 작업방법 등을 선택함에 중요한 요소이고 이들에 대해서는 현지를 답사하거나 각종 자료를 조사함으로써 충분히 그 실상을 파악해 둘 필요가 있다.

시공개소 부근의 근접 구조물이나 지하매설물 등의 유무도 기초형식의 종류에 따라서 하부구조의 시공에 중대한 영향을 미치므로 이들에 대해서는 그 위치, 종류 및 기초근입깊이 등을 조사해 두어야 한다. 특히 근접 구조물에 대해서는 그 설계도서나 시공기록 등을 수집하고 또 경우에 따라서는 보링 등을 하여 기초근입깊이를 확인하고 해당 하부구조물과 근접구조물 등과의 상호 영향도를 조사해 둘 필요가 있다. 또 기계기구, 재료 등의 운반의 편의나 경로, 굴착토의 처분 가능량 및 전기, 급배수(給排水)의 편의나 용량 등에 관해서도 현지에서 면밀히 조사해 둘 필요가 있다. 특히 운반경로에 대해서는 폭원, 선형(線形), 교통량, 교통규제의 유무와 그 내용, 교량이 있는 경우는 제한하중 등을 조사해 두어야 한다. 또한 시공개소의 예정 공기 내의 기상을 고려하여 이에 대처하는 공법, 사용 기계기구 및 작업방법 등을 선택하기 위해서는 기온, 풍속, 풍향, 강우, 적설 등에 대한 과거의 기록을 조사할 필요가 있다. 이것에 대해서는 시공지역에서의 환경보전에 관한 법, 규제 등에 대해서도 사전에 조사를 하여 설계시공계획의 자료로 삼아야 한다.

(7) 특수한 조건에서의 조사

연약지반, 산지부(山地部), 근접시공(近接施工)인 경우와 같은 특수 조건에서 조사를 함에 있어서는 기존 자료, 지형과 지질, 주변 환경 등에 대하여 특히 유의해야 한다.

1) 연약지반에서의 조사

연약지반에서는 일반적으로 토질 제조건의 평가가 어렵고 그 평가가 구조물 본체 뿐만 아니라 주변의 지반이나 구조물에 미치는 영향도 크다. 따라서 연약지반 개소에서의 조사는 일반적으로 다음 사항에 유의하여 조사하여야 한다.

① 기존 자료

지반의 개요는 우선 토질주상도(土質柱狀圖) 혹은 지층단면도를 검토하는 것으로부터 시작이 된다. 연약지반에서는 보다 상세한 조사가 필요하기 때문에 조사 계획을 세움과 동시에 기존의 지질자료를 수집하여 세심한 검토를 하는 것이 중요하다. 동시에 주변에서의 공사 사례를 조사하여 구조물의 규모, 토질, 정수의 평가, 보조 공법의 유무와 형식 등을 참고하는 것은 설계 · 시공 계획에 매우 유익하다.

② 지형과 지질

연약지반에서 설계시공을 하는 경우 압밀침하, 부(−)의 주면마찰력, 측방이동, 흙막이 및 물막이 벽의 안정, 혹은 지진시에서의 풍화사질토의 액상화 등에 관하여 충분히 검토해야 한다. 이들의 검토에는 지반 정수의 적정한 평가가 필요하다.

특히 성토 등의 상재하중, 시공시의 편토압(偏土壓), 지반의 크리프, 지하수위의 저하 등 지반에 변화를 일으키는 지반조건, 시공조건 등을 고려할 경우에는 조사개소와 시험항목을 늘리고 지층의 변화, 층두께, 구성 등 지반 상황을 충분히 파악하여 시험치의 타당성을 확인할 필요가 있다.

③ 주변환경

연약지반에서는 본체 기초공사, 이에 전후해서 물막이 등의 가설공사, 또한 연약지반 대책공사 등 공사량 그 자체가 많으며, 진동의 전파나 지반 변위의 증대, 지하수의 오탁 등 주변 환경에 대해서도 조사할 필요가 있다.

2) 산지부에서의 조사

산지부(山地部)에서 하부구조물 설계 시공하는 경우에는 지반(주로 암반)의 평가와 시공법의 검토가 중요하다. 산지부에서의 지반조건, 시공조건은 평야부에서의 조건과는 상당히 다르기 때문에 그 평가가 지반의 특수성을 고려한 것이라야 한다.

① 기존 자료

지반활동이나 사면 붕괴 혹은 토석류(土石流) 등의 염려가 있는 경우에는 기존 지질조사를 근거로 하여 필요한 조사를 실시한다. 또 주변의 재해사례 등에 대해서도 조사하여 하부 구조의 형식, 시공법, 보조 공법 등의 검토를 하는 것이 좋다.

② 지형과 지질

산지부의 지형은 사면인 경우가 많고 지층의 구성도 복잡할 것으로 보기 때문에 충분한 정밀도로 측량을 실시하고 정확한 지형 정보를 얻을 필요가 있다.

또, 지반은 암반인 경우가 많으며 일반 토사지반의 경우와 조사항목 및 그의 평가가 다르므로 주의를 요한다. 암반의 평가로서는 암상(岩相), 층리, 편리(片理)와 절리(節理) 등의 상태나 빈도, 단층파쇄대(斷層破碎帶)나 풍화 변질대의 위치 및 정도 등의 암질상태의 조사, 일축 및 삼축압축시험 등의 역학시험, 탄성파탐사 등의 물리탐사를 하여 종합적으로 검토하고 판단하여야 한다.

③ 주변환경

산지부에서는 시공성의 검토가 중요 항목이 된다. 예를 들면 공법, 기계의 선정, 가설작업대의 필요성, 기자재의 반입 및 반출경로의 계획 등이 문제가 되며 시공지점 뿐 아니라 주변 환경에 대해서도 조사를 할 필요가 있다.

3) 근접시공(近接施工)인 경우의 조사

기존 구조물에 근접해서 신설 공사를 하면 시공에 의해 발생하는 주변 지반의 이완이나 변위 등이 기존 구조물에 변위나 변상(變狀)을 줄 경우가 있다. 이와 같이 변위나 변상의 주요 원인으로서는 다음과 같은 것들을 들 수 있다.

- 흙막이 · 물막이벽 및 배면지반의 변형
- Heaving, 보일링(Boiling)
- 시공기계의 진동에 의한 연약 모래지반의 침하
- 배수 등에 의한 지하수위 저하나 공극발생에 따른 지반 침하
- 말뚝의 타설이나 케이슨의 침하에 따른 지반의 변위,

기존 구조물에 근접해서 시공할 경우에는 사전에 충분한 조사를 하여 기존 구조물에 변위나 변상을 주지 않도록 해야 한다.

① 기존 자료

기존 구조물의 변상사례(變狀事例)나 대책 예, 현장계측 예 등의 과거의 근접시공사례를 조사하는 것은 중요한 일이다. 이들의 사례는 유사한 공사의 변상예측이나 대책공(對策工)의 계획에서 유익한 자료가 된다.

② 지형과 지질

과거의 근접 시공에 있어 기존 구조물의 변상사례를 조사한 바로는 사전의 지반조사 부족에 의한 것이 많다. 근접 시공에서는 기존 및 신설 구조물 주변의 지반상황을 충분히 파악하여 기존 구조물에 변상을 줄 염려가 있을 경우에는 그의 판정이나 대책공을 위한 지반조사나 토질시험 등을 실시하여야 한다.

③ 기설 구조물

근접 시공에서는 기존 구조물의 제원(諸元)에 대하여 충분히 파악해 둘 필요가 있다. 특히 굴착공사 등에서는 주변 지반에의 영향을 고려함과 동시에 기존 구조물의 안전성을 검토하지 않으면 안 될 경우가 있다. 이때 기존 구조물의 허용 변위량을 정한다거나 대책공법을 검토할 때에는 준공도면을 바탕으로 기존 구조물의 기초형식, 형상치수, 근입 깊이 등을 조사함과 동시에 설계도서 등에 대해 설계조건, 설계방법, 응력상태 등을 조사해 둘 필요가 있다.

또 현장조사를 하여 구조물이 실제로 도면과 같이 시공되어 있는가, 노후화에 따른 내력(耐力)의 저하는 없는 가 등에 대해서도 확인해 두는 것이 좋다.

참고문헌

1. 건설교통부 : 도로교 표준 시방서 (1996)
2. 대한토목학회 : 도로교설계기준해설 (2008)
3. (사)한국도로교통협회 : 도로교 하부구조 설계요령
4. (사)한국도로교통협회 : 도로교 하부구조 설계기준
5. 국토해양부 : 구조물 기초 설계기준
6. 과학기술 : 토질조사의 계획과 적용 (제 8장)
7. (주)건설산업조사회(일본) : 최신 교량설계 · 시공 Hand book
8. 한국도로공사 : 도로설계요령(교량)
9. 건설교통부 : 도로설계편람
10. (일본)건설기초 : 건설기초 지반설계 시공 편람, 지반설계 · 시공편람 위원회 편

제 I 편 계획설계 일반

교량계획 및 설계

5 장

⊙ 제 5 장_ 교량계획 및 설계

5.1 교량 기본계획(도로 타당성 조사단계)

5.1.1 개요

교량의 기본계획은 도로계획시 기술적, 경제적, 사회적 및 환경적 측면을 고려하여 도로의 타당성조사 단계의 과업지시서에서 제시한 시 · 종점부를 연결하는 노선축을 수용하는 노선대와 과업노선의 기본적인 방향에 건설이 가능한 통과노선대를 검토한 몇 개의 후보노선대를 제시하여 이들 노선대 중에서 선정한 최적노선대에 최초로 교량을 계획하는 것으로 주어진 노선대에 계획조건을 설정하고 예비조사를 실시하고, 관련계획 및 장래계획 등을 참고하여 기하구조설계 및 교량의 개략설계를 실시하며, 교량

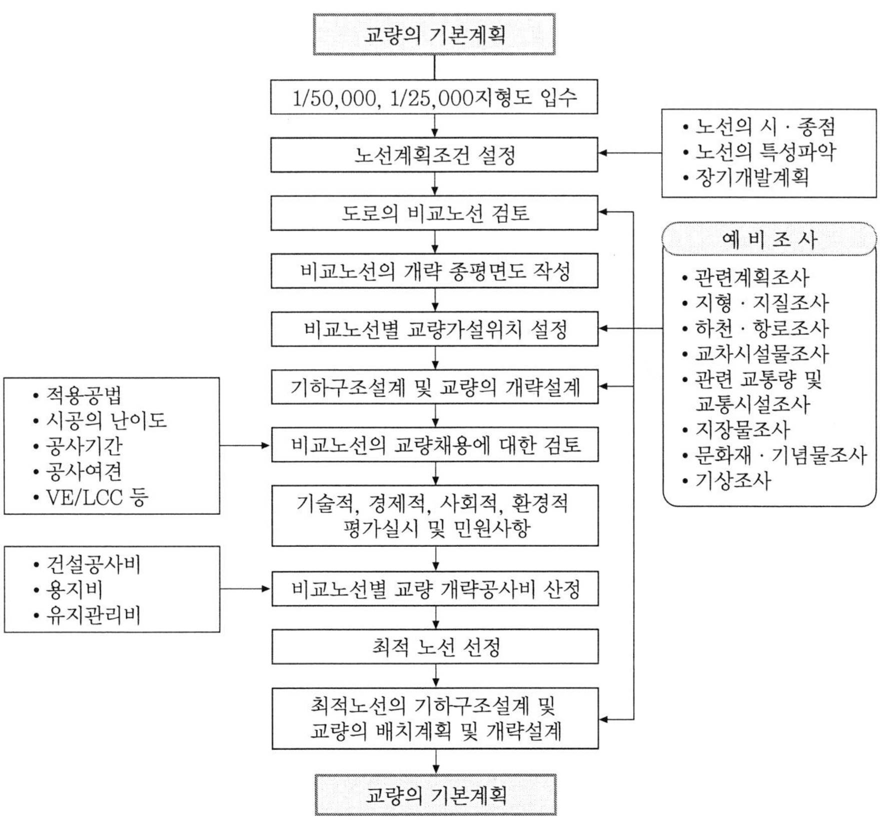

그림 5.1.1 교량의 기본계획 흐름도

을 가설하여야 하는 타당성, 적정성 여부를 판단하여 기본설계(예비설계) 실시하기 위한 필요한 조건 및 정보를 제공하기 위한 단계이다.

교량의 기본계획은 공사의 규모, 발주청의 발주방법에 따라 발주청의 기본구상만 가지고 기본설계 단계에서 실시하는 경우와 실시설계 단계에서 기본계획, 기본설계를 일괄적으로 실시하는 경우도 있다.

타당성조사 단계에서는 소교량의 기본계획을 실시하지 않고 실시설계 단계에서 기본설계와 같이 하는 것이 일반적이다. 타당성조사시 일반적인 교량의 기본계획은 그림 5.1.1과 같이 실행하는 것이 바람직하다.

5.1.2 관련계획 검토

도로기본계획에 있어서 관련되는 계획에 대한 검토는 각종 관련계획의 계획주체, 계획기간, 계획목적 등을 종합적으로 검토하여 계획하고 있는 노선에 관련성, 연계성을 파악하고 이들에 대해 직접적인 영향이 있는 계획안에 대해 검토하여 반영한다.

(1) 관련계획의 분류

도로를 계획함에 있어 검토되어야 하는데 주요 관련계획은 전국적이고 광역을 갖는 상위계획과 지역에 따라 범위를 갖는 지역 관련계획 및 교통 관련계획 등이 있으며 그 계획별 주요 내용은 다음과 같다.

1) 상위계획(예)

① 제 4차 국토종합계획(2000~2020년)
② 국가기간 교통망 계획(2008~2019년)
③ 전국도로망체계 재정비 Ⅰ, Ⅱ 단계(1991~2020년)
④ 제 7차 경제사회발전 5개년 계획
⑤ 각 시 · 도 및 권역별 종합개발 계획
⑥ 신 경제 5개년 계획
⑦ 고속철도망 계획
⑧ 관련도 및 광역시 정비 기본계획

2) 지역관련계획(예)

① 해당 시 · 군의 도시계획
② 기타 지역과 관련된 계획
③ 관련지역의 개발 계획

3) 교통시설 관련계획(예)

① 전국 도로망 체계 재정비

② 도시 내 국도정비 기본계획 및 읍 · 면 급 도시 내 우회도로 기본계획
③ 관련도 및 광역시 도로, 전철교통망 장기 개발 계획
④ 관련지역의 교통정비 기본계획
⑤ 기타 관련 교통시설 계획
⑥ 교통시설 도시계획
⑦ 공항개발계획, 철도계획, 경전철계획, 항만개발계획 등

4) 기타(예)

도로설계에 관련되는 관련계획

(2) 관련계획 검토

도로계획에 있어서 관련계획의 검토는 각종 관련계획의 계획주체, 계획기간, 목적 등을 종합적으로 검토하여 계획하고 있는 도로계획과의 관련성, 연계성을 파악하고 이를 반영하는 것이다. 특히 교량계획에 있어서는 최적대안 노선이 도로 · 철도 · 항만 등의 횡단에 따른 교량의 가설위치, 규모를 결정하기 위해서 관련계획을 검토한다.

5.1.3 기본계획 조건설정

기본계획 조건은 제 4장에서 실시한 각종 조사, 관련계획조사, 기존자료수집 등과 현지답사 결과를 토대로 하여 설정한다.

(1) 도로의 계획조건

① 도로의 구분 : 제 2장 표 2.1.1에 따른다
② 설계속도 : 제 2장 표 2.1.2, 표 2.1.3, 표 2.1.4에 따른다.
③ 평면선형, 종단선형 : 제 2장 표 2.1.13, 표 2.1.15에 따른다.
④ 도로의 횡단면 구성 : 제 2장 2.1.1(4)항에 따른다.
⑤ 교량의 등급 및 설계하중 : 도로의 구분
⑥ 교차시설의 시설한계(건축한계) : 제 2장 표 2.1.9, 표 2.1.10, 그림 2.1.3, 표 2.1.30, 표 2.1.31, 표 2.1.32, 표 2.1.33, 표 2.1.34, 표 2.1.35 및 2.1.2(2)항에 따른다.

(2) 자연조건

1) 지형조건 : 교량가설 계획지침의 지형상태
2) 지질조건 : 지표 · 지질조사에 의한 지반의 지질, 과거 인접 구조물의 시공기록
3) 토질조건 : 과거 토질조사 및 시험 결과 자료 수집에 따른 기초지반의 토질 상태

4) 지진기록 : 과거의 지진 · 재해기록에서 고려할 필요가 있는 내진조건 및 '도로교 설계기준 내진편' 에 따른 내진 조건
5) 염해 : 교량계획 위치와 바다와의 거리 및 계절풍 방향, 염분비산에 따른 구조물 부식조사, 계절풍에 의한 염입자 비산범위
6) 하상조건 : 하천횡단 구성조건, 하상종단경사, 세굴상황
7) 해상조건 : 조수위, 간만의 차, 해저지반의 상태, 해저의 종단지반고
8) 바람 : 태풍경로, 풍향, 풍속 등 바람에 관한 사항
9) 적설 : 적설지역에서의 동절기 기간에 교통통제 상황, 적설량
10) 눈사태 : 해빙기에 눈사태 발생상황
11) 산사태, 유목발생 : 폭우시 산사태의 토사유출 및 유목에 의한 하류교량에 대한 과거 피해사항 및 산사태 위험지구 및 낙석위험지구에 대한 대책 연구 · 검토

(3) 환경조건

1) 소음 · 진동 : 교량계획 위치 근처에 가옥, 병원, 요양소, 연구소, 축사 등 기타 시설이 소음 · 진동의 영향 최소화
2) 대기오염 : 교량공사시 공사용 중장비에 의한 분진의 영향 최소화
3) 수질오염 : 교량기초공사시 수질오염 가능성 배제
4) 동 · 식물보호지역 피해최소화
5) 천연기념물 보호
6) 양식장 피해 : 교량가설에 따른 하천 또는 바다에 있는 양식장 피해 최소화

(4) 사회조건

1) 근접구조물 : 교량계획 위치에 근접한 기존 구조물 현황 · 각종 하천시설물 등을 파악하여 교량가설에 따른 기존 구조물의 안전성의 영향을 분석 · 검토
2) 문화재 · 유적지 및 공동묘지 : 노선계획을 실시하기 전에 유적지에 대하여 지표조사를 실시하여 유물의 존재 가능성 여부를 확인
3) 교량가설에 따른 일조권 침해 및 전파장애로 인한 민원 최소화
4) 지역주민의 고립화 및 생활동선 영향의 최소화
5) 단위 부락의 분할에 대한 검토
6) 지역주민의 일조권 및 통풍에 따른 건강문제 고려
7) 일조권에 따른 농작물 개화시기 불규칙에 따른 피해 최소화
8) 기타

(5) 교량의 계획 조건

1) 상위계획 및 관련계획과의 부합성

① 관련계획 및 장래계획을 포함한 최적의 교량위치 선정

② 현장여건을 감안한 경간 길이 및 교량형식 선정

2) 경제성, 시공성, 안전성 및 사용성에 대하여 균형유지

① 최적의 교량형식 선정에 따른 최적설계 및 건설공법 선정으로 경제성 추구

② 교량형식 및 현장여건에 적합한 교량가설의 편의성 및 시공성을 고려

③ 구조적으로 안전성이 확보된 교량형식 선정

④ 자동차 주행시 쾌적성이 확보된 구조형식 및 포장의 일원화 추구

3) 주변 환경과의 조화 및 교량자체의 형상미 추구

① 주변의 지형 · 지물의 등의 여건에 적합한 교량형식 선정

② 조형감 있는 상 · 하부구조의 균형미 고려

4) 환경영향 최소화

① 시공중 소음 · 진동이 적은 공법 선정

② 하부구조 기초시공시 기초 굴착폭 및 토공범위 축소를 위한 방안 강구

5) 시공중 설계변경요소의 최소화

① 민원발생요인을 충분한 사전 검토하여 설계에 반영

② 철저한 현장조사 및 답사를 통하여 현지 여건을 최대한 설계에 반영

③ 지하 매설물의 철저한 조사에 따라 시공시 피해 최소화 방안 강구

④ 상세한 시공계획 및 공정계획 수립

6) 유지관리 비용 절감 및 편의성 도모

① 유지관리 최초화를 위한 단순성 고려

② 유지관리의 편의성과 경제성 고려

7) 교량기초는 구조적 안정성 및 경제성을 확보할 수 있는 최적의 기초형식 선정

① 지반조건 및 주변 환경을 검토하여 구조적 안정성 및 경제성 확보가 가능한 형식 선정

② 지지층, 지층분포, 지반특성, 작용하중 규모 등을 종합적으로 분석하여 기초안정성 검토

③ 기초시공법 비교검토를 통한 합리적인 공법 선정

5.1.4 비교노선 및 최적노선의 선정

도로의 계획은 크게 노선선정과 예비설계의 2단계로 구분되며 노선선정은 과업의 시점과 종점을 연결하기 위해 고려될 수 있는 여러 개의 노선 중에서 가장 합리적이라고 판단되는 하나의 노선을 선정하는 작업으로서 우선 1/50,000 또는 1/25,000 지형도상에서 개략의 노선을 결정한 다음, 1/5,000 또는 1/3,000 지형도상에서 개략의 노선에 따라 몇 개의 비교노선을 설정하여 각각에 대한 비교 · 분석을 실시하여 기본설계를 수행할 노선을 결정하기까지의 단계이다.

(1) 노선선정 과정

일반적으로 노선선정 작업의 과정은 과업의 성격과 기간에 따라 일부 과정이 생략될 수도 있으나 다음과 같은 순서를 통하여 계획 노선을 결정한다.

① 축척 1/50,000 또는 1/25,000 지형도 상에서 거시적인 관점에서 개략 노선을 도출하여 1/5,000 또는 1/3,000 지형도에서 작성범위를 결정한다.

② 작성된 1/5,000 또는 1/3,000 지형도 상에서 개략적인 노선에 따라 가능성이 있는 몇 개의 비교노선을 설정하여 발생할 수 있는 장애요소를 피하면서 기본적인 노선을 도출한다.

③ 도출된 비교노선에 대하여 개략적인 평면 · 종단선형 계획 등 기하구조계획과 교량출입시설 등 주요 구조물 계획을 대상으로 하여 개략설계를 실시한다.

④ 비교노선 각각에 대해 건설비, 용지비, 유지관리비 등을 산출하여 사업규모를 판단한다.

⑤ 각각의 비교노선에 대한 기술적, 경제적, 사회적, 환경적 측면의 평가를 시행한다.

⑥ 장래 교통량 변화요인, 연약지반 조건 특히 지형 · 지질 등 불확정적 요소를 가진 변수의 영향에 대한 검토를 수행한다.

⑦ 각 비교노선별로 적용공법, 시공성, 공사기간, 공사여건, V.E/LCC 등에 대해 검토한다.

⑧ 위와 같은 내용을 종합적으로 비교 · 검토하여 문제점에 대해서는 수정 · 보완하여 문제점이 없는 경우 검토결과에 따라 최적노선을 선정한다.

(2) 노선선정시 고려사항

1) 상위계획 및 장래 전국도로망계획과의 연계성
2) 주변 관련계획과 주변도로와의 접근성 및 교통체계와의 조화
3) 생태적, 문화적, 경관보존가치가 높은 지역의 보존
4) 자연환경 훼손을 최소화한 환경친화적인 노선
5) 기존 마을의 단절을 가급적 피하고 민원발생을 최소화하는 노선
6) 농경지 편입을 최소화할 수 있는 노선대
7) 상수원 보호구역이 환경영향의 최소화 및 지역주민의 편익을 고려한 노선
8) 경제성, 시공성 및 유지관리비 최소화를 확보할 수 있는 노선

9) 문화재, 자연보존지역을 고려한 노선

10) 500m 이상 되는 하천을 횡단시 가급적 직각으로 교차되도록 노선 결정

11) 건설사업의 구체화 과정에서 변경요인을 최소화하는 노선

12) 산사태 발생지대, 사면붕괴지대, 절리발생지대 등을 고려

13) 연약지반 처리가 요구되는 지역, 고성토 발생지역, 장대교량가설 지점을 고려

14) 기상조건(안개 발생빈도와 상태, 눈사태, 겨울철 도로 결빙 등) 고려

15) 교차시설물(하천, 바다, 철도, 도로 등)과의 교차각도

(3) 최적노선 선정

비교노선의 선정과정에서 최적노선 기본대안으로 선정된 노선대 범위에서 축척 1/5,000 지형도를 이용하여 과업의 기본목적에 잘 부합되고 설계기준에 부합되는 2-3개의 노선을 선정하여 기술적 타당성과 경제적 건설이 가능한 최적안을 선정하여 최적노선으로 선정한다.

1) 최적노선 선정시 고려사항(예)

① 기본사항

(a) 상위관련계획 검토

(b) 도로구조 · 시설기준에 적합한 평면 · 종단선형

(c) 계획도로의 기능 극대화

(d) 시 · 종점부 도로와 연계 및 접속 고려

(e) 민원발생 최소화 방안 도모

(f) 환경훼손 최소화하는 노선선정

(g) 관련기관 요구사항 수용여부

(h) 기타

② 최적노선 선정시 검토사항(예)

(a) 기술적인 측면 검토

a) 설계기준 검토

b) 선형검토

c) 운전자의 시각적 측면, 선형의 연속성 등 검토

d) 교차시설물 통과방안 검토

e) 지형 · 지질 및 지형에 적합한 교량형식 검토

f) 시공성 및 유지관리비

g) 주요 구조물 가설 위치의 타당성

h) 장래확장계획

i) 출입시설계획
j) 교통망 체계와의 연계성
k) 주행의 쾌적성
l) 산악통과 방법
m) 기타

(b) 경제적 측면 검토
a) 공사비 및 유지관리비가 경제적이 되도록 계획(VE/LCC)
b) 보상비, 용지매입비
c) 용지비에 대한 교량건설비 및 토공공사비와 비교검토
d) 노선사용과 비용

(c) 환경적 측면 검토
a) 기상; 지형 · 지질, 생태계, 천연자원
b) 대기질, 수질, 소음 · 진동, 폐기물 등
c) 상수도 보호구역, 어족보호구역
d) 농경지 보호 및 잠식 최소화 방안
e) 자연환경 피해 최소화 방안
f) 자연 및 주변경관과의 조화
g) 생태계 보전
h) 기타

(d) 사회적 측면 검토
a) 장래 토지 이용 계획
b) 기존 마을의 생활권 분리 및 침해 최소화
c) 유적지, 문화재, 천연기념물의 보호
d) 민원발생 최소화 계획
e) 지역개발 및 기타 효과 분석
f) 기타

5.1.5 교량 기본계획

(1) 선형계획

교량의 선정계획은 도로의 평면선형 및 종단선형을 미리 선정하여 놓고 지형 · 지질 및 교차시설물 등에 대한 시설한계를 고려하고 경제성 · 시공성, 유지관리 등에 대하여 충분한 분석 · 검토를 통하여 교량 가설 위치, 교량 길이, 경간 분할에 따른 교량형식을 정하는 것이 첫 번째 단계이다.

도로노선 선정시 결정한 최적노선의 선형이 교량에 의해서 많이 변경해서는 안되며 도로기술자는 선형을 결정하기 전에 교량기술자와 미리 협의하여 교량계획에 대한 사항을 반영하는 것이 바람직하다.

기본계획 단계에서 선형계획시 고려사항은 다음과 같다.

1) 평면선형

① 주행성과 교통안전을 고려한 선형

② 가급적 최소곡선반경 이상 사용

③ 가급적이면 장대교 가설위치는 직선 또는 동일원곡선 적용

④ 지형과의 조화

⑤ 교차시설의 폭원이 넓은 경우 사각에 대한 검토

⑥ 연약지반지대, 산사태 및 사면붕괴지역은 가급적 피하는 방안 검토

⑦ 교량상부구조 가설공법에 적합한 선형

2) 종단선형

① 종단경사 제한길이 고려

② 가급적 큰 종단곡선 사용

③ 교량구간 오목곡선 설치 배제하는 것이 좋다

④ 배수 및 중차량의 오르막 능력 고려

⑤ 교량상부구조의 시공성을 고려

3) 선형의 조화

① 평면선형과 종단선형의 조화

② 주변 지형과의 조화

③ 시각적 연속성

(2) 교량계획 위치 선정 및 교량길이 선정

1) 교량계획 위치 선정

도로의 타당성조사 단계에서 비교노선선정과정을 거쳐 최적노선이 결정되면 1/5,000 지형도에 평면선형을 계획하여 노선에 따른 현지답사, 개략현지조사, 지표지질조사를 실시하고, 노선주변의 관련계획조사, 수문 · 기상자료 수집 및 기존 자료 수집을 통하여 계획도로의 평면 · 종단선형을 검토를 거쳐 그 결과를 토대로 교차시설 또는 지형 · 지물을 횡단하기 위하여 입체화를 필요로 하는 지점을 확인하여 이들에 대한 시설규모, 지형형상, 지장물 및 장래계획 등에 대하여 확인을 한 후, 이에 따른 자료를 관리기관에서 수집할 수 있는 데까지 하여 이들의 자료를 신중히 검토하여 교량계획 위치를 선정한다.

교량계획 위치선정시 다음의 사항들을 고려하면 편리하다.

① 도로를 횡단하는 과도교의 경우

(a) 도로의 구분(고속도로, 국도, 지방도, 농로, 자전거도로 등)

(b) 기존도로의 규모

(c) 장래계획(확장시 확장방향, 이설가능여부, 확장 · 이설시 도로의 규모)

(d) 지형에 따른 기존도로의 종단선형

(e) 성토높이 및 절토높이에 따른 교량 길이

② 철도를 횡단하는 과선교의 경우

(a) 선로(궤도)의 중심 간격(철도건설규칙 제 15조), 철도의 건설기준에관한규정 제 14조 참조)

(b) 선로배선 규모(철도의 건설기준에 관한규정 제 14조 참조)

(c) 장래확장계획

(d) 지형에 따른 종단선형

(e) 절 · 성토 높이에 따른 교량 길이

③ 하천을 횡단하는 경우

(a) 하천의 규모

(b) 제방도로 입체화 여부

(c) 하천정비 기본계획

(d) 하천이설계획(대단위 단지개발, 지역개발 등)

(e) 소하천 또는 마을앞개울, 농수로 등(제방높이가 1.0m 미만인 경우)

(f) 하천정비가 이루어지지 않은 하천

(g) 상류지역이 산사태 또는 토사유출이 많은 지역

(h) 대하천과 합류하는 하천의 삼각주지역(퇴적에 의해 통수면적이 적어지는 경우)

④ 바다를 횡단하는 경우

(a) 항로 규모

(b) 수심

(c) 지형에 따른 종단선형

2) 교량길이 결정

기본계획단계에서는 지형측량을 실시하지 않고 항공측량에 의한 1/5,000 지형도를 이용하여 교량의 시 · 종점을 결정하게 되므로 정확도가 떨어지며 산악지의 경우 수목에 의해 지표고의 차가 발생하여 기본설계단계에서 조사한 내용을 토대로 한 교량 길이와 비교할 때, 교량의 길이가 증감되는 경우가 있다. 이 점을 착안하여 교량계획위치가 결정되면 현지답사를 하여 종단선형과 현지지형 · 지세를 확인하고 지형에 대한 개략적인 스케치를 하여 교량을 계획하는 것이 바람직하다.

교량길이 결정은 교량의 사용목적, 경제성, 주변 환경과의 관계, 지형 등을 고려하여 교대의 위치를 결정하는 것으로서 조사 단계에서 조사한 각종 제약조건을 만족하여야 한다.

또한 교량길이는 교량 상부구조형식에 따라 증감되는 경우가 있고, 주변 시설물 이용자의 욕구에 의해 길이가 길어지는 경우도 있다.

교량길이 결정시 고려할 일반적인 사항은 다음과 같은 것이 있다.

① 각종 시설의 구조 · 시설기준
② 장래계획 및 개발계획에 대한 검토
③ 각종 설계기준(도로, 철도, 하천, 항만 등)
④ 교량계획 위치의 지형, 지질 상태
⑤ 교차시설의 횡단구성 및 폭원
⑥ 교차시설의 평면 · 종단선형
⑦ 계획교량의 평면 · 종단선형
⑧ 계획교량의 평면형상
⑨ 접속도로의 성토체 높이
⑩ 성토체의 안전성
⑪ 교대의 안전성
⑫ 교대의 시공성, 경제성
⑬ 연약지반의 분포상태
⑭ 지역 주민의 일조권 및 통풍성
⑮ 농경지 또는 마을의 우물 및 관정
⑯ 배수장, 펌프장 등

(3) 교량의 평면형상

교량의 평면형상은 일반적으로 계획도로의 중심선형, 도로중심선형과 교차시설물과의 교차각, 주요 지장물, 지형형상, 연결도로의 연결방법 등에 의해 결정되는 것이 대부분이다. 타당성조사(기본계획단계)에서는 개략 조사에 의해 도로의 선형을 계획하고 교량계획 장소에 대하여 개략적인 조사에 의해 도로의 평면을 계획하는 것으로 정확한 교량의 평면형상을 결정하는 것은 어려운 일이다. 따라서 축척 1/5,000 지형도 상에서 지형지물을 고려하여 교량의 평면형상을 결정한다.

기본계획단계에서 평면형상을 결정하기 위해 고려사항은 다음과 같은 것이 있다.

1) 1/5,000 지형도 상에서 계획도로의 평면선형과 등고선과의 관계
2) 계획도로의 평면선형(도로중심선형)
3) 계획도로의 평면선형과 교차시설물(도로, 철도, 하천, 항로 등) 및 지하시설물(지하상가, 지하철도, 기타 지하시설물 등)과의 교차각

4) 도로교 설계기준에서 규정한 제한 사각(45°)

5) 계획도로의 폭원

6) 가급적이면 직교형상으로 계획

(4) 교량의 경간분할

기본계획단계에서 교량의 경간분할은 위 (2). 2)항에서 기술한 내용을 고려하여 결정한 교량의 길이를 기초로 하여 예비조사 결과 즉 관련계획, 기존자료조사, 현지답사 및 조사결과를 근거로 검토하여 경간분할을 한다. 기본계획단계에서 경간분할은 뚜렷한 지형 · 지물이 없는 한, 일반적인 교량형식이 적용 가능한 경간으로 분할하여 계획하는 것이 좋다. 기본계획단계에서 교량경간분할시 고려하는 사항은 다음과 같은 것이 있다.

1) 교차시설물의 시설한계 및 횡단구성

2) 장래확장계획 및 신설계획

3) 각종 시설의 설계기준

4) 기존에 많이 적용하였던 상부구조형식의 적용가능 지간

5) 경간 길이와 경제성과의 관계를 고려

6) 교량 높이와 경간 길이에 따른 시공성 고려

기본계획 단계에서 완벽한 경간분할을 한다는 것은 불가능한 일로서 기본설계를 시행하는데 필요한 설계 자료로서 가급적이면 변경요소가 적게 계획하는 것이 바람직하다.

(5) 교량형식 선정

1) 교량형식 선정의 기본방침

교량의 형식선정은 교량가설계획 위치의 지형, 지질, 교차시설물 등의 조건에 대하여 경제성, 시공성, 장래유지관리, 경관 등에 대한 많은 요소들을 고려하여 적적한 교량 길이, 경간 분할을 하여 교량의 종류에 따른 교량형식을 정하는 행위를 말한다. 이것이 교량계획 · 설계에 있어서 가장 중요한 첫 단계이다.

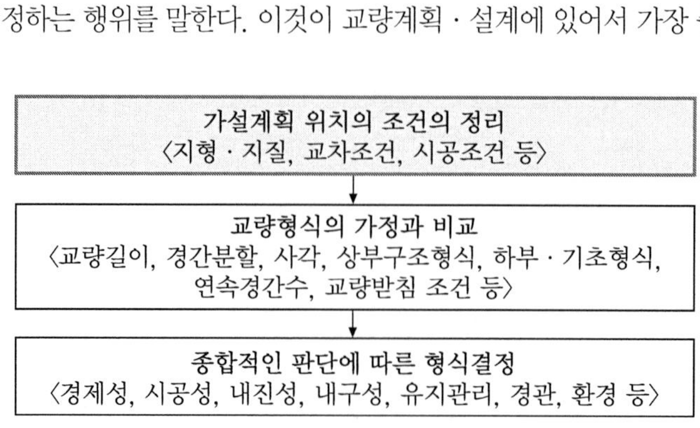

그림 5.1.2 교량형식 선정의 흐름도

교량형식 선정은 개개의 조건에 따라 여러 가지 방안을 고려하지만 일반적으로 도로교를 계획하는 경우에 대한 형식을 선정하는 수순은 그림 5.1.2에 표시하였다.

또한 여기서 도로노선의 평면 및 종단선형을 미리 결정하여 선형의 변경을 최소화가 되도록 한 상태에서 교량을 계획하게 되면 교차조건에 따라 교량형식을 크게 변경되어지는 경우가 있다는 것을 명심하고 선형결정시 교량계획에 대한 사항을 심도 있게 고려하는 것이 중요하다.

교량형식 선정시 고려할 사항은 아래와 같다.

① 교량은 도로의 노선 중에 점유하는 건설비, 유지관리비가 크므로 일반적으로 교량 길이를 짧게 하는 것이 바람직한다.

② 경간 길이와 다리밑 높이에 대한 다리밑 공간에 대해서는 교각배치에 대하여 검토하여야 하며, 이에 따른 상부구조형식은 대체로 한정된다. 이는 교량전체의 이미지가 고정되므로 교량형식 선정상의 중요한 요소이다.

③ 경간 분할은 교차조건에 제한을 받는 경우를 기초로 하여 결정한다. 교차조건을 첫 번째로 정하는 경우에는 경간 길이는 ls = (1.0~1.5)×(교각높이+1/3×기초구조심도)를 착안하여 경간은 분할하는 것을 고려한다.

④ 교량의 사각에 대해서는 교량길이를 짧게 하는 경우에는 시공성의 문제와 내진시 거동이 불명확하므로 꼭 사각을 두어야 하는 경우에는 직교에 가깝게 하는 것이 요망된다.

⑤ 교량의 내진성 향상과 도로교에 있어서 약점인 신축이음을 적게 하며, 가급적이면 상부구조를 연속구조로 하기 바란다.

⑥ 상 · 하부를 연결하는 교량받침 조건은 고정, 가동, 반력분산 받침 및 면진받침을 사용하며 다점고정, 강결 등이 있으며, 다점고정 및 강결 고정은 부정정차수가 높은 구조 및 면진받침을 사용하는 구조 등 면진성이 높은 구조를 채용하기 바란다.

⑦ 교차시설물의 현재 · 장래의 조건으로 도로, 철도의 시설한계(건축한계), 하천의 구역과 기준 경간 길이 및 그의 시공 중에 있어 완화조건에 대해서 관리자와 협의한다.

⑧ 시공 중의 조건으로 구조물 굴착 및 영구비탈면의 영향 범위, 공사용 진입도로, 자재 적재장 등의 조건, 공사가능시간, 시간대, 근접구조물의 현황 등을 필요에 따라 적당히 고려한다.

⑨ 교량가설지점의 상황에 따라 주변 환경에 대한 영향으로 공사 중 및 완성후의 소음, 진동, 지하수의 영향, 일조권 저해, 전파장애 등을 고려할 필요가 있는 경우가 있다.

2) 상부구조 형식 선정

상부구조는 크게 분류하면 강교와 콘크리트교가 있고 이들의 각각에 대하여 많은 형식이 있다. 이들 형식에 대하여 적용할 때 착안하는 경간 길이는 표 5.1.1에 나타낸다.

⊙ 표 5.1.1 표준적용 지간(경간)

형식		지간 (50m, 100m, 150m)	곡선여부 주구조	곡선여부 교면	거더 높이	비고
상로강교	트러스아치, 파이프아치		×	○	1/6.5	
	강관아치		×	○	1/6.5	
	랭거트러스		×	○	1/6.5	
	랭거거더		×	○	1/6.5	
	단순트러스		×	○	1/8	
	연속트러스		×	○	1/10	
	연속합성박스		○	○	1/25	
	연속박스		○	○	1/20	
	단순박스		○	○	1/20	
	단순합성거더		○	○	1/18	
	연속합성거더		○	○	1/22	
	연속거더		○	○	1/20	
	절단합성보		○	○	1/18	
	단순H형강보		×	○	1/20	
	사장교		×	×		
중하로강교	트러스아치		×	×	1/6.5	
	강판아치		×	×	1/6.5	
	랭거트러스		×	×	1/6.5	
	랭거거더		×	×	1/6.5	
	단순트러스		×	×	1/8	
	연속트러스		×	×	1/10	
	단순거더		○	×	1/17	
	연속거더		○	×	1/17	
PSC교(PRC교)	연속박스(캔틸레버공법)		○	○	1/17	
	연속박스		○	○	1/22	
	단순합성거더		×	○	1/15	
	연속합성거더		×	○	1/17.5	
	단순거더		×	○	1/17.5	
	연속거더		×	○	1/20	
	단순박스		○	○	1/20	
	속빈슬래브		○	○	1/22	
	프리텐션보		×	○	1/15	
	π형 라멘 (중앙경간)		○	○	1/32	
RC교	속빈슬래브		○	○	1/20	
	라 멘		○	○	1/12	

※ 아치형식의 거더높이는 Sag-ratio를 표시함.

※ 곡선 여부에서 주구조의 ○표는 교량구조물 곡선에 따라 구부린 것.
×표는 교량구조물 곡선에 따라 구부리지 않은 것.
교면의 ○표는 브라킷 등을 사용하여 노면 구조만을 곡선으로 한 것.
×표는 곡선이 되지 않은 것.

상부구조 형식 선정시에 유의할 점은 다음과 같다.

① 강교는 경량이므로 하부구조 규모가 적고 부재를 공장에서 제작하여 가설하므로 현장공정이 단축되는 이점이 있는 반면, 강재의 방청 및 수송 · 가설에 따른 부재단면 치수의 제약, 강성이 적어 진동에 대한 배려 등에 유의할 필요가 있다.

② 콘크리트 교는 품질을 충분히 확보하면 콘크리트에 대한 유지관리가 쉽고, 강교보다는 부재의 치수에 대한 제약이 적고 강성이 크므로 진동의 문제가 없는 등 이점이 있다. 한편으로는 중량이 크고, 콘크리트 본체 및 콘크리트 내의 강재가 열화하는 경우에 보수가 곤란한 점에 유의할 필요가 있다. 또한 종래 콘크리트 교에서 철근 콘크리트 교(RC교)와 Prestressed Concerete교(PSC교)에서는 아치교를 제외한 지간길이가 20m 정도 이상의 경우에 PSC교를 적용하는 경우가 많았다. 현재는 RC교와 PSC교의 중간적 성질인 철근과 PSC강재를 사용하여 균열을 제어하는 PRC교가 개발되어 사용하는 실정이다.

③ 상부구조 형식선정은 교량가설위치의 현장조건에 따른 적합한 가설공법을 고려할 필요가 있다. 강교의 경우는 Crane가설(Truck crane, cable crane, Traveler crane, floating crane) 송출공법, 횡방향 이동공법(횡취공법) 등이 있다. 또한 콘크리트교는 현장타설(고정지보공, 이동지보공), Cantilever 공법, 압출공법)이 있고, pre-cast 거더 crane 가설, 가설거더가설 등의 가설공법이 있으며 지형에 따라 Bent, crane 등의 공사용 부지, 교차시설물의 조건에 따른 적절한 공법을 검토하여야 한다.

또한 교량형식 선정시 다음과 같은 사항을 고려하여 선정하는 것이 기본 계획시는 바람직하다.

① 교량형식은 과거의 설계 · 시공 실적이 많은 경우
② 교량상부구조 높이가 낮고 진동이 적은 형식
③ 기설이 용이한 형식
④ 설계 · 시공 실적이 없는 형식은 외국의 사례를 참조한다.
⑤ 특수공법에 대해서는 기본설계 또는 실시설계에서 검토되도록 하나의 제안 정도로 제시한다.

3) 교량하부구조의 형식 선정

하부구조는 교대와 교각이 있다. 교대 및 교각의 형식을 선정할 때 유의하여야 할 점은 아래와 같다.

① 교대는 통상적으로 철근 콘크리트 구조를 사용한다.

② 교대의 높이는 15m 정도 이상의 경우는 상자식을 사용하는 것이 많고 그 이하는 역T형, 라멘식(교대부에 교차시설물을 통과하는 경우)을 사용한다.

③ 교각은 철근콘크리트 구조가 많이 사용되고 있다. 교차시설물의 시설한계 또는 건축한계가 엄격한 경우에는 강재 교각을 사용하는 경우도 있다.

④ 교각의 형식은 벽식, 기둥식, 라멘식 등이 있다. 벽식, 기둥식의 적용은 교각의 교축직각방향 폭과

상부구조의 폭원에 관계가 있으며 이는 거더 또는 보를 설치하는 경우이다. 라멘식 교량은 교각부에 교차시설물이 있는 경우에 사용한다. 라멘식 및 Cantilever가 긴 멍에보(Coping)를 가진 콘크리트 머릿보를 PSC구조로 하는 경우도 있다.

⑤ 교각 높이가 아주높은 경우에는 자중을 줄이기 위하여 기둥 및 벽을 중공(속 빈)으로 하는 경우도 있다.

⑥ 교각의 단면은 사각형 단면, 원형 단면, 타원형 단면 등이 있다.

원형 및 타원형 단면은 하천의 가운데 유수의 저항을 경감하는 경우에 사용한다.

(a) 교대형식 선정시 고려사항

a) 교대지지 지반의 상태

b) 교대높이(성토높이)

c) 기초지반(암반, 연약지반, 토사 등) : 연약지반에서의 측방이동

d) 교대부에 부득이 교차시설물 설치여부

e) 교대설치부의 지형의 비탈면 경사도

교대의 형식 선정시 적용하는 교대의 높이는 다음 표 5.1.2와 같다.

⊙ 표 5.1.2 교대형식 선정기준(예)

교대형식	높이(m)				비 고
	10	20	30이상		
중력식	4				RC슬래브인 경우
반중력식	6				
역T형식	6	12			
뒷부벽식					
라 멘		15			
박스형		12			속빈 벽식 포함
중간이음식		15			

(b) 교각형식 선정시 고려사항

교각의 형식은 도로, 철도, 하천, 바다 및 계곡 등 부대적인 조건에 의한 외적요소에 제약을 받을 수도 있다. 형식선정은 주변 경관을 고려하고 입지조건, 구간에 따라 통일시킬 필요가 있다. 교각형식 선정은 다음과 같은 지형조건을 고려하고 교각 높이에 따라 선정하는 때는 표 5.1.3에 따라 선정하는 것이 바람직하다.

a) 하천부 : 벽식, 기둥식(원형, 타원형)

b) 평지부 : 라멘, 기둥식, 벽식 교각

c) 산간부 : 라멘교각, 기둥식 교각, 벽식교각, I −형 단면 교각

d) 도시부 : 라멘, 기둥식 교각

e) 인터체인지부, 교차로부 : 라멘교각, 기둥식 교각(로커교각)

f) 산악지대의 도로에서는 교각 높이가 50m이상이 되는 경우가 늘고 있는데 높은 교각에 대해서는 상부구조와 함께 교량 전체를 형식, 구조를 검토해야 하며, 시공법도 검토하는 것이 바람직하다.

⊙ 표 5.1.3 교각높이에 따른 형식선정(예)

교대형식	높이(m)				비 고
		10	20	30이상	
2기둥식	────	────15 ····			RC슬래브인 경우
라멘식(1층)	5 ──	────15			기둥단면 형상에 따라 100m까지도 가능함
라멘식(2층)		15 ──	────25		
벽식 · 기둥식	────	────	────	────	속빈 벽식 포함
I 형	····		25 ──	────	

4) 교량기초형식 선정

교량구조의 형식은 지반조건, 주변 환경을 검토하여 구조적으로 안전하고 시공이 용이하며, Risk가 적고 경제성을 확보하여야 한다. 또한 이러한 조건에 적합한 기초 형식 중에서 가장 적합한 형식을 선정하는 것은 쉬운 일이 아니다. 특히 기본계획 단계에서 현장 답사, 지표지질조사 결과 및 과거의 주변의 조사실적 조사재료 등을 참고하여 기초형식을 결정은 토질 · 지질분야에 많은 경험이 있는 기술자가 해야 한다.

① 교량기초구조 선정할 때 주의사항

(a) 지지층 깊이가 5.0m 정도 이하의 비교적 낮은 위치의 경우는 직접기초가 일반적이다.

(b) 말뚝기초는 지지층이 깊은 경우에 일반적으로 사용하며 말뚝기초 중에는 경관말뚝, 현장타설 철근콘크리트 말뚝, 심초말뚝(일본에서 적용공법) 등 종류가 다양하다. 또한 시공방법에서 강관말뚝은 타입공법 및 선굴착부 직타공법, 현장타설 철근콘크리트 말뚝에는 all casing공법 및 reverse 공법, earth drill 공법 등과 같은 종류의 공법이 있다. 이들 각각의 공법 특징에 따라 현지 조건에 적합한 공법을 선정할 필요가 있다. 또한 심초 말뚝은 시공기계의 규모가 비교적 적으므로 산악지대에서 비탈면에 기초를 설치하는 경우에 일본에서는 사용하는 경우가 많다.

(c) Caisson 기초 및 강관 sheet 기초는 말뚝기초와 같이 지지층이 깊은 경우에 기초로 적용하며 비교적 규모가 크고 하천 내 또는 바다에서 시공시 지수가 되어야 유리한 경우 등에 사용하는 것이 많다.

(d) 지중 영속벽 기초는 인접구조물의 제약조건 등에 의해 기초규모가 한정되는 경우에 사용하는 경우가 많은 기초이다.

② 기초형식 선정시 고려사항

기본계획 단계에서 기초형식 선정시 고려사항은 다음과 같은 것이 있다. 기초심도에 따른 기초형식 선정시 착한사항은 표 5.1.4와 같다.

(a) 설계조건

a) 상부구조의 형식
b) 기초에 작용하는 외력(수직, 수평 및 토압, 지진력)
c) 변위조건(허용, 수평, 수직 변위량)
d) 지지력의 특성

(b) 지반조건

a) 지층분포 및 특성 파악
b) 기반암의 공학적 특성 분석
c) 지지층의 심도
d) 지지층의 경사도

(c) 시공조건

a) 시공심도
b) 작업공간
c) 수심
d) 공사관리의 난이도
e) 인접 구조물의 영향
f) 소음 · 진동의 영향

⊙ 표 5.1.4 기초심도에 따른 기초형식선정시 착안사항

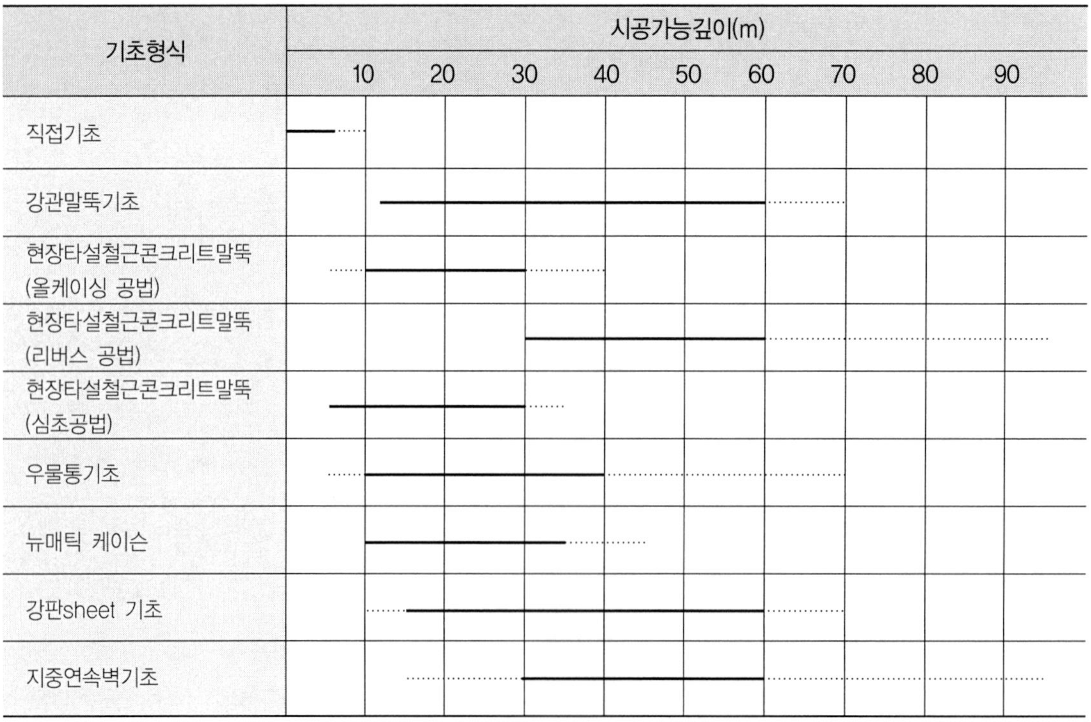

5.2 교량기본설계

5.2.1 개요

도로교에서 기본설계는 타당성조사 및 기본계획에서 제시된 교량가설위치, 교량 길이, 다리밑 공간, 경간 길이에 따른 교량 형식 및 기초 형식에 대하여 현장조사(본조사)를 실시하여 재검증하고 최종적인 교량기본설계를 위한 설계제원을 설정하여 교량의 상부구조, 하부구조, 기초형식에 대하여 비교분석한 후, 형식을 결정하는 일련의 과정으로 구성된다. 이때 기본계획단계에서 제시한 교량 길이, 경간 길이 등에 대하여 보완 및 수정이 필요하게 되는데 실시설계 단계에서 변경이 되지 않도록 기본적인 제원에 대하여 세심한 주의를 요한다.

기본설계 단계에서는 주어진 설계조건을 기초로 해서 비교 대상이 될 수 있는 수 종류의 교량형식에 대하여 가치공학(Value Engineering)적인 경제성, 구조물의 안정성, 시공성, 주변 환경과의 친화성 등의 관점 및 유지관리비(교량 수명기간 전체에 걸친 유지관리비)와 해체비용까지 포함하는 개념을 도입한 생애주기 비용(Life Cycle Cost)을 종합적으로 비교 검토하여 그 결과를 근거로 최적의 교량형식을 선정하여야 한다. 또한 실시설계 단계에 필요한 교량의 평면형상, 최적형식, 최적 경간길이, 상부구조의 높이, 주거더의 배치, 상부구조의 단면치수, 하부구조의 치수, 기초공법 및 형상, 상부구조의 건설공법 등을 결정하며 설계조건 및 기술적인 자료를 작성하여 실시설계시에 미비사항 또는 보완사항이 최소가 되도록 하여야 한다. 일반적으로 교량의 기본설계는 다음 그림 5.2.1과 같은 흐름으로 이루어진다.

5.2.2 계획조건의 설정

기본계획에서 검토한 교량의 계획조건, 자연조건, 환경조건, 관련기관의 협의사항, 인접구조물과의 관계 및 경관조건 등에서 다음과 같은 설계조건을 설정한다.

ⓐ 설계기준: 기본 및 실시설계에 적용할 각종기준(도로 기하구조 조건, 재료의 강도, 재료의 적용성 등)

ⓑ 설계과업지시서: 예비 설계시 필요한 각종 조건 및 제한조건

ⓒ 각종 설계기준: 도로교 설계기준, 철도교 설계기준, 하천 설계기준, 항만 및 어항 설계기준, 고속도로 공사 설계기준 등 과업에 필요한 각종 제기준 및 시방서〈제 2장 2.1절 참조〉

ⓓ 교량가설위치: 기본계획에서 검토한 교량의 위치

ⓔ 교량의 등급: 설계하중, 특수하중 적용여부를 검토하여 선정

ⓕ 교량의 규격: 교량횡단구성, 교량의 평면선형 및 종단선형, 다리밑 공간의 제한조건(시설한계, 건축한계, 다리밑 여유공간, 관련기관의 협의사항)

ⓖ 교량의 기본배치 계획: 교량에 길이, 경간 길이, 교량하부 구조의 지지층, 교량의 평면형상, 받침조건 등

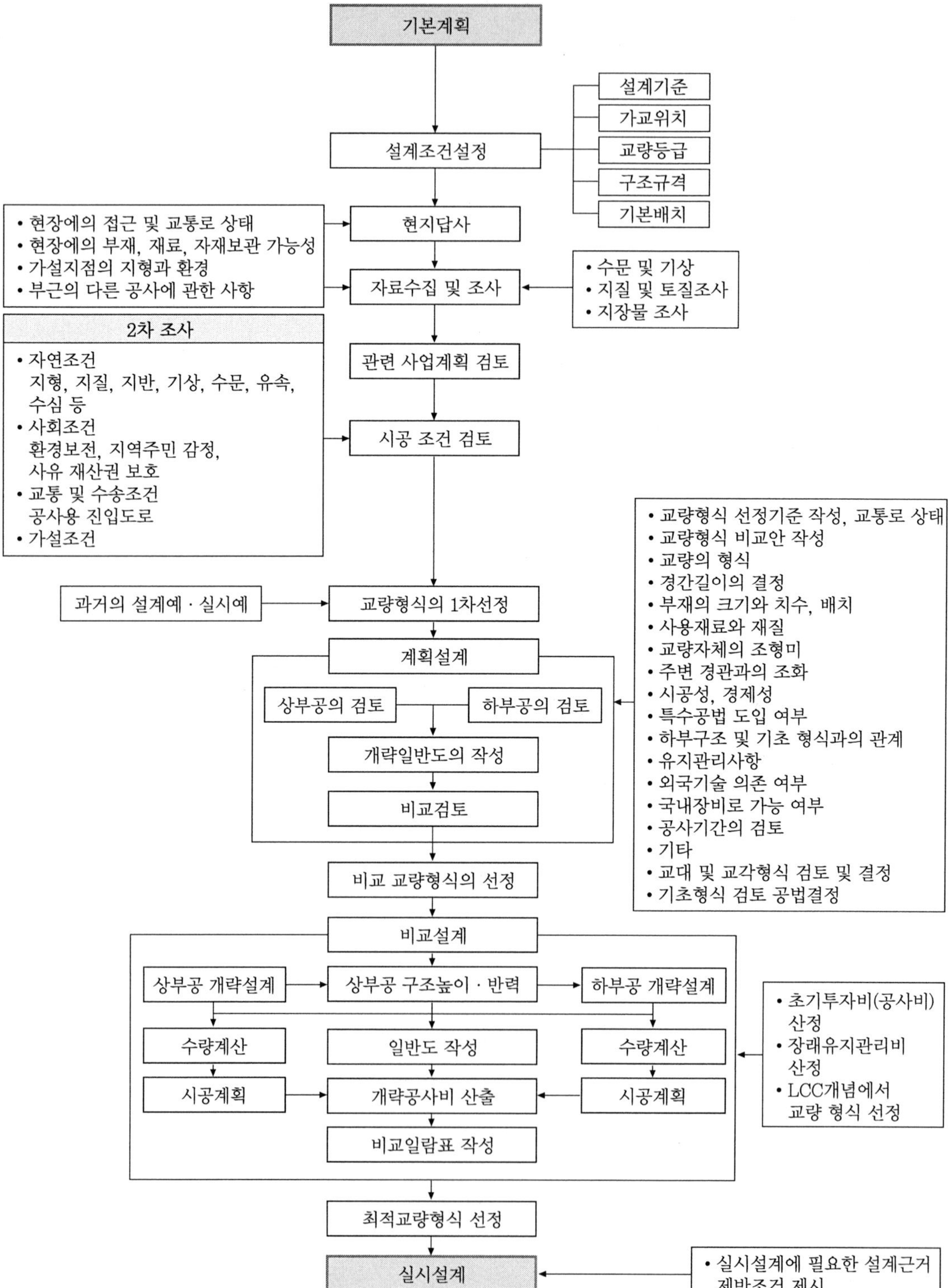

그림 5.2.1 기본설계흐름

ⓗ 그 밖의 필요조건: 교량에 부착하는 시설물(관련기관과 협의), 주변 환경조건에서 필요한 시설(방음벽, 오물 또는 위험물 투척방지 시설), 경관조건에서 결정되는 교량의 형식, 교량상부구조의 높이의 제약이 있는지 여부 등의 사항은 예비설계 착수단계에서 충분히 검토 분석하여 설계 발주자와 협의하여 결정하여야 한다.

5.2.3 교량의 선형계획

(1) 개요

일반적으로 특수목적으로 가설하는 교량(부교, 잔교, 관로교 등)을 제외하고는 대부분의 교량은 도로·철도의 일부분으로 설계·건설된다. 교량의 선형은 도로나 철도의 평면선형 및 종단선형을 미리 계획하여 놓고 지형과 지질, 교차시설물의 종류에 대한 조건, 경제성과 시공성, 유지관리 및 경관 등을 고려하여, 교량가설위치와 교량길이, 경간분할, 교량의 종류에 따른 교량 형식을 정하는 것이 첫째 단계이다.

일차적으로 도로노선 선정시 결정한 최적의 노선이 교량에 의해서 많이 변경되게 해서는 안 되며 도로기술자는 교량기술자와 선형을 결정하기 전에 미리 협의하여 교량계획에 대한 사항을 반영하는 것이 중요하다.

교량이 도로 전 노선중에 점하는 길이는 짧지만 건설비, 유지관리비가 크게 차지하므로 일반적으로 교량의 길이를 짧게 하는 것이 바람직하다. 그러나 경제성만 강조하다 보면 도로의 사용성 및 쾌적성에 저해될 뿐만 아니라 자동차의 주행성에도 문제가 있으므로 이들을 잘 조화시켜 교량의 선형을 계획하여야 한다. 그러므로 고속도로, 도시고속도로, 국도와 같이 설계속도가 빠른 도로에서는 도로의 평면선형을 중요시하여 교차시설물을 횡단할 때 부득이 교차시설과 계획도로의 중심선형이 사각을 이루거나 곡선으로 밖에 설치할 수 없는 경우가 많다.

교량의 계획시 도로의 기능·사용자의 안전 및 운용을 원칙적으로 우선하여 도로의 중심선형을 결정하여야 하며 특수한 현지조건(바다를 횡단시 항로의 폭이 넓을 때, 교량 길이가 500m 이상 대하천을 횡단하는 경우, 계곡을 횡단하고 계곡이 깊을 때)과 특수교량형식(사장교, 현수교, 하로·상로 아치교 등)을 적용이 불가피한 경우를 제외하고는 교량의 중심선형을 가급적이면 직선을 계획할 필요까지는 없다.

교량의 종단선형은 교량구간에서 볼록하게 설치하나 한 방향으로 종단경사를 가지게 하는 것이 좋으며 교량부에서는 장대교량의 경우에 종단선형을 수평 또는 오목하게 설치하지 않는 것이 좋다. 이는 시각적으로 교량의 상부구조가 처져있게 보여 불안정한 느낌을 주기 때문이다.

그러나 부득이한 경우 즉, 도로의 선형 설치시 종단선형과 평면선형이 병합되어 있는 경우에는 오목하게 종단선형을 설치할 수 있다. 또한 교량가설 위치의 지형, 지장물 등과의 관계로 교량건설비가 과대해지거나 특수한 교량상부구조 가설공법(예: 압출공법)을 적용할 경우에는 교량의 평면선형 및 종단선형을 우선해서 계획하고 나서 도로의 선형을 교량의 선형에 맞추어서 계획하는 경우도 있다.

이와 같이 교량의 선형계획은 교량 가설위치 전후의 도로선형과 밀접한 관계가 있으므로 교량기술자는 교량계획시 도로에 대한 상당한 지식이 필요하며 교량계획 전에 도로선형에 대하여 도로기술자와 충분한 협의를 거쳐서 상호보완점을 찾아서 보완하고 교량계획시 미비점이 발견시는 수시로 서로 협의하여 계획하는 것이 차후에 설계변경 및 보완점이 적게 발생하게 하는 지름길이다.

(2) 교량 선형설계

교량은 도로의 일부분으로 선형 설계시에는 선형의 양부, 교량공사의 난이성 및 경제성을 고려하여 종합적으로 연구 · 검토해야할 뿐만 아니라, 가교위치 · 주변 환경, 교차시설물과의 관계, 시공 · 사용 중에 발생하는 민원사항 등을 고려하여 선형을 설계한다.

교량의 선형설계에 있어서 고려하여야 할 사항은 다음과 같은 것이 있다.

㉠ 자동차의 사용자의 쾌적성 및 안전성, 경제성

㉡ 교량가설위치의 환경에 적합하고 시공성이 고려된 선형

㉢ 주위경관과의 조화 및 균형

설계자는 교량선형설계시 도로의 기하구조기준에 정해진 최소한도 규정에 구애됨이 없이 설계조건, 지형조건, 교차조건 등에 적용될 수 있는 설계값을 효율적으로 사용하여야 하며 종단선형, 평면선형을 개별적으로 검토하지 말고 양자를 종합한 입체적인 선형으로서의 세심한 검토를 하여야 할 필요가 있다.

교량의 선형은 교량구간에 대해서 고려하여야 할 뿐만 아니라 도로전체의 연속된 선형으로 검토하여야 될 줄로 여겨진다. 교량구조설계에 영향을 주는 도로선형조건의 대표적인 규정은 다음과 같다.

1) 평면선형

교량의 평면선형은 경제적 여건이 허락하는 한도 내에서 주행의 안전성, 쾌적성 및 연속성을 고려하여야 하며, 도로의 설계속도에 따라 자동차가 주행하기에 무리가 없도록 직선, 원곡선, 완화곡선으로 구성된다. 이 세 가지 요소는 적절한 길이 및 크기로 연속적이고 일관성 있는 흐름을 갖도록 하여야 하며 특히 평면곡선부인 원곡선과 완화곡선 구간에서는 설계속도와 평면곡선 반경의 관계는 물론 편경사, 확폭 등의 요소들이 조화를 이루어야 한다.

① 평면곡선 반지름

자동차가 평면곡선부를 주행할 때에 원심력에 의하여 자동차가 곡선 외측으로 힘을 받게 되며 이때 원심력은 자동차의 속도 및 중량, 평면곡선 반지름, 타이어와 포장면의 마찰력 및 편경사와 관련하여 자동차에 작용하게 된다.

이와 같이 평면곡선부에 주행하는 자동차에 작용하는 힘의 요소들에 대하여 주행의 안전성과 쾌적성을 확보할 수 있도록 편경사의 값으로 설계속도에 따른 최소 평면곡선반지름을 산정하게 된다.

차도의 평면곡선의 반지름은 고속도로, 일반도로의 경우는 「도로의 구조 · 시설기준에 관한 규칙」의 제 19조〈평면곡선반지름〉, 농어촌도로에서는 「농어촌도로의 구조 · 시설기준에 관한 규정」의 제 12조,

자전거이용시설에 대해서는「자전거이용시설의 구조 · 시설기준에 관한 규칙」의 제 7조〈곡선반경〉에 따라 결정한다. 이에 대한 최소곡선 반지름에 대하여 제 2장 2.1.1(6)의 표 2.1.13, 표 2.1.15, 표 2.1.17를 참조하기 바란다.

② 평면곡선부의 편경사

자동차가 평면곡선부를 주행할 때 작용하는 원심력에 저항하는 힘은 횡방향 마찰력과 노면에 곡선밖은 높고 안쪽은 낮게 설치한 경사에 의해 노면에 수직으로 작용하는 분력으로서, 원심력 가운데 운전자에게 불쾌감을 주는 횡방향력을 작게 하기 위하여 도로의 횡방향으로 설치한 경사를 편경사라고 한다.

차도의 평면곡선부가 위치한 지역, 적설정도, 설계속도, 평면곡선반경 및 지형상황에 따라 고속도로 · 일반도로는「도로의 구조 · 시설기준에 관한 규칙」제 21조〈평면곡선부의 편경사〉, 농어촌도로의 경우는「농어촌도로의 구조 · 시설기준에 관한 규칙」제 21조〈횡단구배〉에 따른다.

이에 대한 최대편경사는 제 2장 2.1.1(6) 표 2.1.14, 표 2.1.16를 참조하기 바란다.

이러한 규정에도 불구하고 평면곡선반지름을 고려하여 편경사가 필요없는 경우, 설계속도가 60km/hr 이하의 도시지역의 도로에서 도로주변과의 접근과 다른 도로와의 접속을 위하여 부득이하다고 인정되는 경우에는 편경사를 두지 아니할 수 있다.

③ 평면곡선의 확폭

도로의 차로 폭은 도로의 구분, 설계속도 및 그 도로의 설계기준 자동차에 따라 결정하게 되나 평면곡선반지름이 작은 곡선부에서 설계기준 자동차의 회전에 따라 뒷바퀴가 앞바퀴의 안쪽을 통과하게 되어 그 차로를 넘어서는 경우가 발생하게 되어 교통안전에 큰 영향을 미치게 된다. 그러므로 이러한 구간에서는 설계기준 자동차의 궤적이 정해진 차로로 운행할 수 있도록 차로 폭을 넓혀야 한다.

확폭을 하는 경우에, 이를 편경사의 설치와 같은 변화비율을 갖추어 반드시 완화곡선의 전 길이에 걸쳐서 확폭할 필요는 없지만 본래 확폭을 필요로 하는 것은 작은 평면곡선반지름부에서는 완화곡선 전 길이에 확폭을 실시하는 것이 좋다.

또한 도시지역의 일반도로에서 도시계획이나 주변의 지장물 등으로 인하여 확폭이 불가능하다고 인정되는 경우, 설계기준자동차가 승용차인 경우에는 확폭을 하지 아니할 수 있다.

이에 대한 평면곡선부 확폭량은 일반도로부는「도로의 구조 · 시설기준에 관한 규칙」의 제 21조〈평면곡선부의 확폭〉, 농어촌도로에서는「농어촌도로의 구조 · 시설기준에 관한 규칙」제 15조〈곡선부의 확복〉에 따라 설계한다. 이에 대한 확폭량은 제 2장 2.1.1(6) 표 2.1.19, 표 2.1.20을 참조한다.

④ 완화곡선 및 완화구간

자동차가 평면선형의 직선부에서 곡선부로, 곡선부에서 직선부로 또는 곡선부에서 다른 곡선부로 원활하게 주행하도록 하기 위하여 주행궤적의 변화에 따라 운전자가 쉽게 적응할 수 있도록 변이구간을 설치하여야 한다.

완화곡선은 이러한 변이구간에 적용하게 되며 편경사의 변화 또는 확폭량을 설치하기 위하여 취하게 되는 변이구간이다.

이러한 변위구간의 설계속도가 시속 60km 이상인 도로의 평면곡선부에는 설계속도에 따라 고속도로 · 일반도로에서는 「도로의 구조 · 시설기준에 관한 규칙」의 제 22조〈완화곡선 및 완화구간〉의 ②항과 ③항〈완화구간의 최소 길이〉, 농어촌도로에서는 「농어촌도로의 구조 · 시설기준에 관한 규칙」 제 16조〈완화구간〉에 따라 설계한다. 이에 대한 완화곡선의 최소길이 및 구간의 최소길이는 제 2장 2.1.1(6)의 표 2.1.13, 표 2.1.15을 참조한다.

2) 종단선형

도로의 형상을 설계하는 요소인 종단선형은 직선과 곡선으로 구성되며 설계요소로는 종단경사와 종단곡선이 있다. 종단선형을 직선으로 할 때에는 종단경사의 기준을 적용하고 종단선형을 곡선으로 설계하는 경우는 2차 포물선으로 설계하며 종곡선 변화비율에 대한 기준과 종단곡선의 최소길이 기준을 적용한다.

① 종단경사

도로를 설계하기 위하여 결정된 설계속도에 따라 일정하게 정해지는 도로의 기하구조 요소 중의 종단경사는 도로의 구분, 지형상황에 따라 종단경사의 적용값이 구분되며 평지부에서 지하차도, 고가도로 설계시 산지부의 값을 적용할 수 있다. 주변 상황 등으로 산지부 종단경사적용이 부득이한 경우에는 설계구간을 설정하여 적용할 수 있다. 종단경사는 주변상황 및 설계속도에 따라 고속도로, 일반도로에서는 「도로의 구조 · 시설기준에 관한 규칙」의 제 24조〈종단경사〉 ①항과 ②항, 농어촌도로에서는 「농어촌도로의 구조 · 시설기준에 관한 규칙」 제 18조〈종단구배〉, 자전거이용시설에 대해서는 「자전거이용시설의 구조 · 시설기준에 관한 규칙」의 제 9조〈종단구배〉에 따라 설계한다. 이에 대한 최대종단경사는 제 2장 5.1.1(6) 표 2.1.13, 표 2.1.15, 표 2.1.16를 참조한다.

② 종단곡선

종단곡선은 두 개의 다른 종단경사가 접속될 때는 접속지점을 통과하는 자동차의 운동량 변화에 따라 충격완화와 정지시거를 확보할 수 있도록 서로 다른 두 종단경사를 적당한 변화비율로 접속시켜야 하며 이러한 종단곡선은 그 형태에 따라 볼록형과 오목형으로 구분된다.

종단곡선은 2차 포물선으로 설치하며 충분한 범위 내에서 주행의 안전성과 쾌적성을 확보하고 있다고 하여도 교량구간 내에서 오목곡선을 설치하면은 자동차의 제동시 충격이 크게 작용할 뿐만 아니라 장대교량에서는 교량전체가 처지게 보여 외관상 불안정감을 줄 수 있다.

차도의 종단경사가 변경되는 부분에 종단곡선을 설치할 때 종곡선의 길이, 종곡선 변화비율은 고속도로, 일반도로에서는 「도로의 구조 · 시설기준에 관한 규칙」의 제 27조〈종곡선〉 제 2항과 제 3항의 규정에 의한 종단곡선의 길이 중 큰 값의 길이이상으로 하고, 농어촌도로에서는 「농어촌도로의 구조 · 시설기준에 관한 규칙」 제 20조 제 1항, 제 2항에 따라 설계한다. 이에 대한 종곡선 최소길이는 표 2.1.13, 표 2.1.15, 종곡선변화비율은 표 2.1.21, 표 2.1.22을 참조한다.

(3) 도로 및 교량 선형계획시 주의사항

1) 도로선형 계획시 주의사항

① 볼록형 종단곡선의 정점부 또는 오목형 종단곡선의 저점부에 급한 평면곡선 반지름의 삽입을 피한다.

② 볼록형 종단곡선의 정점부 또는 오목형 종단곡선의 저점부에 배향평면곡선의 변곡점을두는 것을 피한다.

③ 하나의 평면곡선 내에서 종단선형이 볼록과 오목의 반복을 피한다.

④ 같은 방향으로 굴곡하는 두 곡선사이에 짧은 직선의 삽입을 피한다.

2) 교량계획시 주의사항

① 교량의 종곡선은 특별한 사유가 있는 경우를 제외하고는 오목곡선을 피한다.

② 교량형식에 따라 다르지만 교량평면 내에서 평면곡선의 방향이 바뀌는 변곡점을 피하는 것이 좋다.

〈예〉 PSC Beam의 경우 평면곡선의 변곡점이 경간 중앙부근에 있는 경우, 편경사의 변화가 한 경간 내에서 이르워지는 경우가 있으므로 시공성, 유지관리상에 문제가 있다.

③ 가급적이면 종단곡선의 길이를 길게 하는 것이 좋다.

〈예〉 pre-casting beam의 경우 교량의 종단에 맞추어 시공시 바닥판 두께 또는 헌치치수변화에 따른 시공성 결여 또는 고정하중 증가에 따른 처짐 및 안정성에 문제가 발생한다.

④ 지형조건 또는 교량상부구조의 가설공법을 고려하여 교량의 선형을 계획한다.

〈예〉 교량가설공법 중에 압출공법 적용시

(a) 종단, 평면선형을 교량 내에서는 직선 또는 동일 원곡선으로 계획한다.
(b) 종단선형과 평면선형이 서로 병합되지 않게 계획한다.
(c) 시공 가능한 종단경사(5%이하)

⑤ 교량의 상부구조가 거더 형식 또는 beam 형식에서는 종단곡선의 반경을 크게 한다.

〈예〉 종단곡선의 반경이 적은 경우

(a) 고정하중, 활하중에 의한 처짐으로 인하여 교량받침의 수평이동이 크게 발생하여 받침의 파괴 및 신축이음부의 여유간격이 부족하여 교대의 흉벽 파괴 및 신축이음 파손이 되는 경우도 있음.
(b) 종단계획시 종곡선의 Rise를 적게하는 것이 바람직하다.

⑥ 현지여건 및 도로선형계획시 교량가설지점에 평면곡선을 삽입이 불가피한 경우는 가급적이면 교량폭이 좁은 단순 경간 교량은 지양하는 것이 바람직하다.

⑦ 계획도로와 교차시설물과의 교각을 가급적이면 적게 되도록 평면선형을 계획한다.

⑧ 장대교량은 가급적 직선으로 하는 것이 바람직하다. 또한 교량의 선형을 먼저 결정하고 접속도로의 선형을 다음에 계획하는 것이 시공성 · 경제성 및 유지관리적인 측면에서 유리한 경우가 있으므로 이에 대하여 충분한 연구 · 검토를 하여야 한다.

⑨ 송전 고공선이 계획하고자 하는 교량을 횡단하는 경우에는 교량 상면과 고공 송전선간의 이격거리에 대하여 관계기관과 협의하여 교량의 종단계획을 하여야 한다.

5.2.4 교량의 횡단구성

(1) 교량 횡단구성 요소

도로의 기하학적 구조 요소 중 곡선반경, 편경사, 시거 등의 선형적인 요소는 설계속도에 의해 정해지며, 교량의 횡단구성은 설계속도, 교통량, 교통처리 능력, 시거 및 유지관리 등을 고려하여 결정한다.

교량의 횡단구성 요소는 다음과 같다.

1) 차도(차로 등에 의해서 구성되는 도로 부분)
2) 중앙분리대
3) 길어깨
4) 자전거, 보행자 겸용 도로
5) 보도
6) 연석(보도가 있는 경우, 보도가 없는 경우)

위의 사항 외에 교량설계자가 망각하고 고려하지 않은 사항은 다음과 같은 것이 있다.

㉠ 곡선교에서 방음벽설치에 따른 정지시거를 고려한 확폭
㉡ 곡선교에서 확폭
㉢ 곡선교에서 곡선내측에 인접구조물 또는 교각에 따른 정지시거

일반적인 교량에서 횡단면의 구성요소에 대한 조합의 예는 다음 그림 5.2.2와 같다.

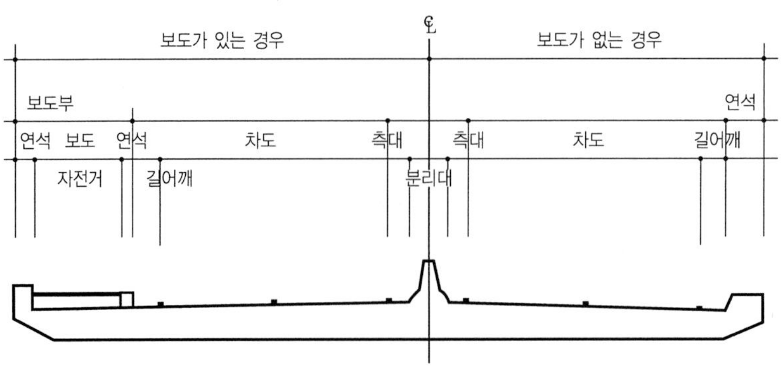

그림 5.2.2 교량 횡단면 구성조합(예)

이 외에 사장교, 현수교, 하로 아치교 등의 횡단면 구성 요소는 해당교량에서 기술하기로 하고 여기는 일반적인 교량에 대해서만 기술하였다.

(2) 설계속도

설계속도는 도로의 구분에 따라 결정하지만 지형상황 및 경제성을 고려하여 결정하는 경우도 있다. 도로의 구분에 따른 설계속도는 제 2장 2.1.1(3)의 표 2.1.2, 표 2.1.3, 표 2.1.4와 같다.

(3) 도로의 횡단면 구성에 따른 시설기준

- 도로의 구조 · 시설기준에 관한 규칙: 국토해양부
- 농어촌도로의 구조 · 시설기준에 관한 규칙: 내무부
- 자전거이용시설의 구조 · 시설기준에 관한 규칙: 행정자치부

1) 차로폭 및 길어깨폭

제 2장 2.1.1(4)의 표 2.1.5, 표 2.1.6과 2.1.1(4). 1). ③에 따른다.

2) 중앙분리대 및 측대폭

제 2장 2.1.1(4). 3)항에 따른다.

다음은 지금까지 사용하여온 국내 고속도로 및 도시고속도로, 자동차전용도로 구간에서 적용중인 중앙분리대 형식별 규격이다.

⊙ 표 5.2.1 중앙분리대 시설물의 폭원구성(예)

형 식	형 상	중앙분리대(m)		비 고
		분리대(a)	측방여유폭(b, 측대포함)	
가드레일	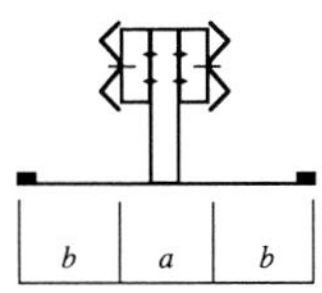	0.60	1.28 0.75 0.50	고속도로 도시고속도로 자동차 전용도로
콘크리트방호벽	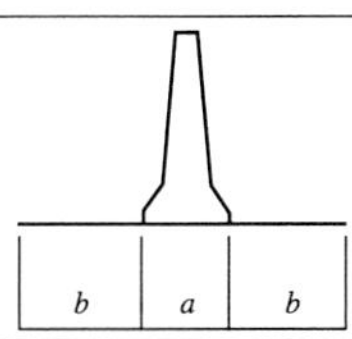	0.60	1.20 0.70 0.50	고속도로 도시고속도로 자동차 전용도로
콘크리트 연석	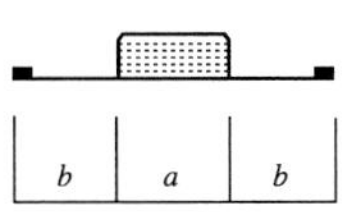	1.0 0.50 0.30	0.75 0.50 0.35	고속도로 연결로 주 간선도로 보조 간선도로

3) 보도 폭

제 2장 2.1.1(4). 4)항에 따른다.

보도부 횡단구성은 다음 그림 5.2.3와 같다.

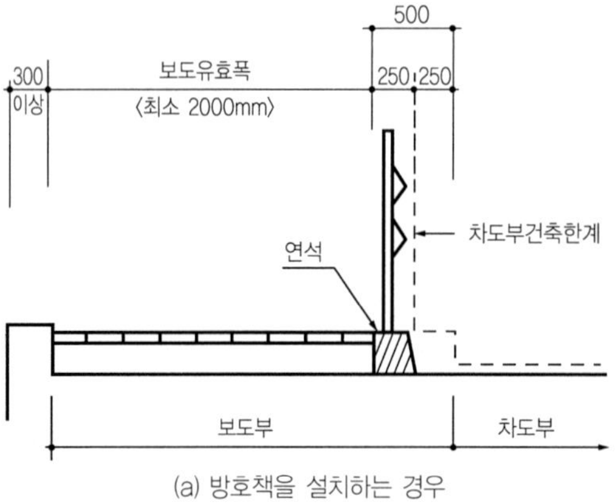

그림 5.2.3 보도의 횡단구성

4) 방호울타리, 방호벽, 연석

교량 폭원을 결정할 때 교량의 외측에 설치하는 방호울타리, 방호벽 및 연석의 형식은 시행청마다 다소 치수가 다르나 다음과 같은 사항을 고려하여 폭원을 결정하여야 한다.

① 연석, 방호울타리 및 방호벽은 도로폭원 밖에 설치한다.

② 연석의 폭은 길어깨만 있는 교량의 경우에는 60cm로 하고, 보도가 있는 경우, 외측 연석은 방호울타리 및 난간의 기둥의 정착을 위한 Base plate 폭 뿐만 아니라 Anchor Bolt매설이 가능한 폭원이 확보되어야 한다.

③ 연석대신 방호벽을 설치하는 경우 45.0cm 정도로 한다.

방호울타리 설치부 연석 치수 및 방호벽에 대한 예는 다음 그림 5.2.4와 같다.

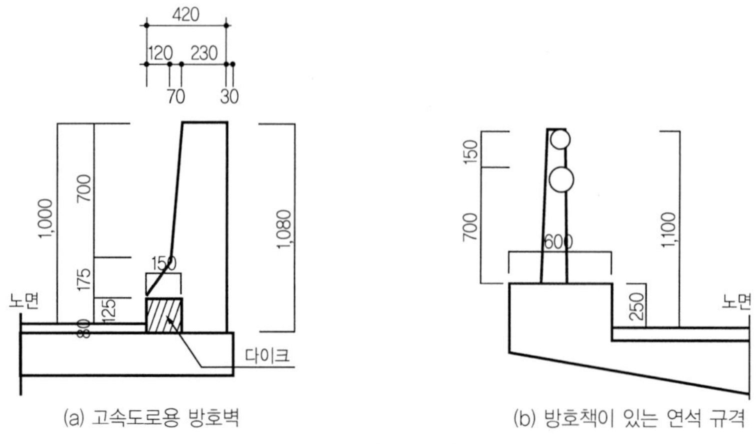

그림 5.2.4 연석 및 방호벽(예)

(4) 교량횡단면 산정

1) 교량횡단면 시설기준 집계

① 도로의 구조 및 시설기준에 관한 규칙 분석

제 2장 2.1.1(4)항의 표 2.1.5, 표 2.1.7 및 2.1.1(4)의 4)에 의해 산정한다.

⊙ 표 5.2.2 교량 폭원구성의 최소 폭에 대한 집계표(1) (단위 : m)

도로의 구분		설계속도 (km/hr)	차로 폭(m)			중앙 분리대 폭			오른쪽 길어깨 폭		
			지방지역	도시지역	소형차도로	지방지역	도시지역	소형차도로	지방지역	도시지역	소형차도로
고속도로		120~100	3.50	3.50	3.25	3.00	2.00	2.00	3.00	2.00	2.00
일반도로	주간선도로	80이상	3.50	3.25	3.25	1.50	1.00	1.00	2.00	1.50	1.00
	보조간선도로	70이상	3.25	3.25	3.00	1.50	1.00	1.00	1.50	1.00	0.75
	집산도로	60이상	3.25	3.00	3.00	1.50	1.00	1.00	1.50	1.00	0.75
	국지도로	60미만	3.00	3.00	3.00	1.50	1.00	1.00	1.00	0.75	0.75

⊙ 표 5.2.2 교량폭원 구성의 최소 폭에 대한 집계표(2)

도로의 구분		설계속도 (km/hr)	왼쪽 길어깨 폭		보도폭		연석, 방호벽 폭	
			지방, 도시	소형차도로	방호책 유	일반보도	보도가 없는 경우	보도가 있는 경우
고속도로		120~100	1.0	0.75	–	–	0.45	
일반도로	주간선도로	80이상	0.75	0.75	2.50	2.0	0.60	0.30 이상
	보조간선도로	70이상	0.5	0.5	2.50	2.0	0.60	〃
	집산도로	60이상	0.5	0.5	2.50	2.0	0.60	〃
	국지도로	60미만	0.5	0.5	2.50	2.0	0.60	〃

② 농어촌도로의 구조 · 시설 기준에 관한 규칙 분석

⊙ 표 5.2.3 농어촌도로 교량 폭원구성의 최소폭에 대한 집계표 (단위 : m)

도로의 구분	차로수	최소차로폭	중앙분리대	길어깨 폭		보도폭	
				보도가 없는 경우	보도설치하는 경우	양측보도설치	한 측만 설치
면도	2	3.00	1.00	1.0	0.5	1.0	1.5
리도	1	5.00	–	0.75	0.5	0.75	1.0
농도	1	3.00	–	0.5	–	–	–

2) 교량의 표준폭원

① 고속도로

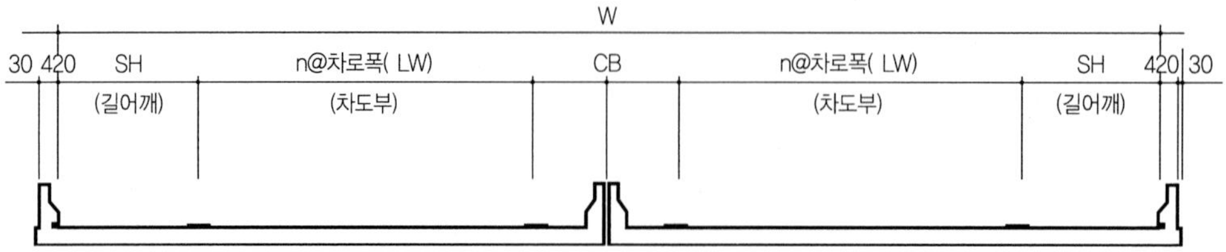

그림 5.2.5 고속도로 교량표준 폭원

⊙ 표 5.2.4 고속도로 교량 폭원 치수표

(단위 : m)

구 분	편도차로수 (n)	차도폭 (Lw)	중앙분리대 (CB/2)	길어깨 (SH)	도로폭계 (W/2)	방호벽 (Pw)	교량전체폭 (WT)	도로공사기준 교량전체폭
지방 지역	2	2@3.5=7.0	1.5	3.0	11.5	0.45	23.9	24.1
	3	3@3.5=10.5	1.5	3.0	15.0	0.45	30.9	31.2
	4	4@3.5=14.0	1.5	3.0	18.5	0.45	37.9	38.3
	5	5@3.5=17.5	1.5	3.0	22.0	0.45	44.9	45.4
	6	6@3.5=21.0	1.5	3.0	25.5	0.45	51.9	52.5
도시 지역	2	2@3.5=7.0	2.0	2.0	11.0	0.45	22.9	23.1
	3	3@3.5=10.5	2.0	2.0	14.5	0.45	29.9	30.2
	4	4@3.5=14.0	2.0	2.0	18.0	0.45	36.9	37.3
	5	5@3.5=17.5	2.0	2.0	21.5	0.45	43.9	44.4
	6	6@3.5=21.0	2.0	2.0	25.0	0.45	50.9	51.5
소형차 도로	2	2@3.25=6.5	2.0	2.0	10.5	0.45	21.9	–
	3	3@3.25=9.75	2.0	2.0	13.75	0.45	28.4	–
	4	4@3.25=13.0	2.0	2.0	17.0	0.45	34.9	–

② 주간선도로(V=80km/hr 이상)

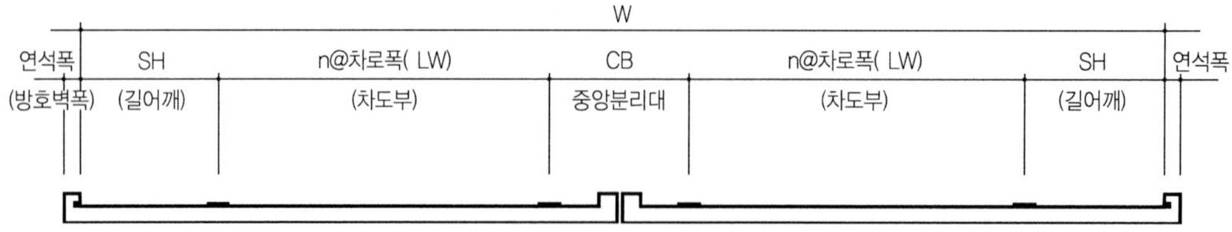

그림 5.2.6 주간선도로 교량표준 폭원

⊙ 표 5.2.5 주간선도로 교량 폭원 치수표

(단위 : m)

구 분	편도차로수 (n)	차도폭 (Lw)	중앙분리대 (CB/2)	길어깨 (SH)	도로폭계 (W/2)	방호벽 연석	교량전체폭 (WT)
지방 지역	2	2@3.5=7.0	0.75	2.0	9.75	0.45 (0.6)	20.40 (20.70)
	3	3@3.5=10.5	0.75	2.0	13.25	〃	27.4 (27.7)
	4	4@3.5=14.0	0.75	2.0	16.75	〃	34.4 (34.7)
	5	5@3.5=17.5	0.75	2.0	20.25	〃	41.4 (41.7)
	6	6@3.5=21.0	0.75	2.0	23.75	〃	48.4 (48.7)

구 분	편도차로수 (n)	차도폭 (Lw)	중앙분리대 (CB/2)	길어깨 (SH)	도로폭계 (W/2)	방호벽 연석	교량전체폭 (WT)
도시 지역	2	2@3.25=6.5	0.5	1.5	8.50	0.45(0.6)	17.9 (18.2)
	3	3@3.25=9.75	0.5	1.5	11.75	〃	24.40 (24.70)
	4	4@3.25=13.0	0.5	1.5	15.0	〃	30.9 (31.2)
	5	5@3.25=16.25	0.5	1.5	18.25	〃	37.4 (37.7)
	6	6@3.25=19.5	0.5	1.5	21.5	〃	43.9 (44.2)
소형차 도로	2	2@3.25=6.5	0.5	1.0	8.0	〃	16.90 (17.2)
	3	3@3.25=9.75	0.5	1.0	11.25	〃	23.4 (23.7)
	4	4@3.25=13.0	0.5	1.0	14.5	〃	29.9 (30.2)

③ 보조간선도로(V=70km/hr이상)

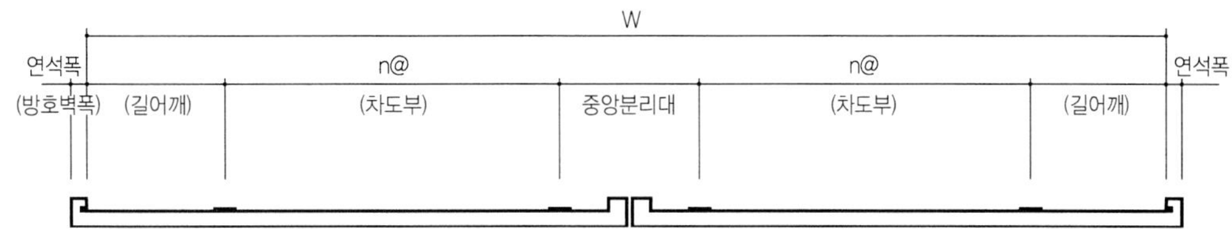

그림 5.2.7 보조간선도로 교량표준 폭원

⊙ 표 5.2.6 보조간선도로 교량 폭원 치수표 (단위 : m)

구 분	편도차로수 (n)	차도폭 (Lw)	중앙분리대 (CB/2)	길어깨 (SH)	도로폭계 (W/2)	방호벽 연석	교량전체폭 (WT)
지방 지역	2	2@3.25=6.5	0.75	1.5	8.75	0.45 (0.6)	18.40 (18.70)
	3	3@3.25=9.75	0.75	1.5	12.0	〃	24.9 (25.2)
	4	4@3.25=13.0	0.75	1.5	15.25	〃	31.4 (31.7)
	5	5@3.25=16.25	0.75	1.5	18.50	〃	37.9 (38.2)
	6	6@3.25=19.5	0.75	1.5	21.75	〃	44.4 (44.7)
도시 지역	2	2@3.25=6.5	0.5	1.0	8.0	〃	16.9 (17.2)
	3	3@3.25=9.75	0.5	1.0	11.25	〃	23.40 (23.70)
	4	4@3.25=13.0	0.5	1.0	14.5	〃	29.9 (30.2)
	5	5@3.25=16.25	0.5	1.0	17.75	〃	36.4 (36.7)
	6	6@3.25=19.5	0.5	1.0	21.0	〃	42.9 (43.2)
소형차 도로	2	2@3.0=6.0	0.5	0.75	7.25	〃	15.40 (15.7)
	3	3@3.0=9.0	0.5	0.75	10.25	〃	21.4 (21.7)
	4	4@3.0=12.0	0.5	0.75	13.25	〃	27.4 (27.7)

④ 집산도로(V=60km/hr 이상)

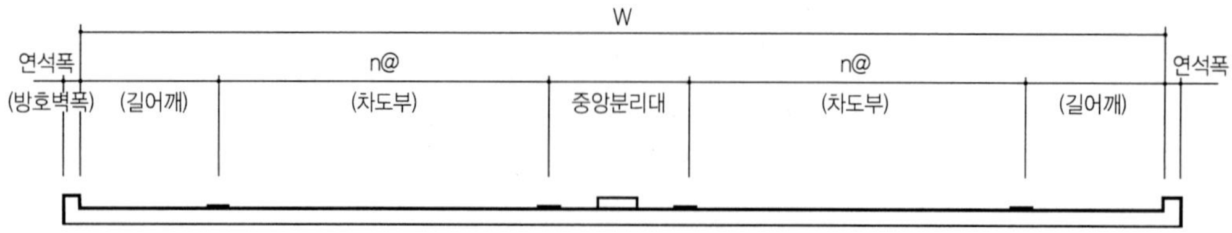

그림 5.2.8 집산도로 교량표준 폭원

⊙ 표 5.2.7 집산도로 교량 폭원 치수표

(단위 : m)

구 분	편도차로수 (n)	차도폭 (Lw)	중앙분리대 (CB/2)	길어깨 (SH)	도로폭계 (W/2)	방호벽 연석	교량전체폭 (WT)
지방 지역	2	2@3.25=6.5	0.75	1.5	8.75	0.45 (0.6)	18.40 (18.70)
	3	3@3.25=9.75	0.75	1.5	12.0	〃	24.9 (25.2)
	4	4@3.25=13.0	0.75	1.5	15.25	〃	31.4 (31.7)
	5	5@3.25=16.25	0.75	1.5	18.50	〃	37.9 (38.2)
	6	6@3.25=19.5	0.75	1.5	21.75	〃	44.4 (44.7)
도시 지역	2	2@3.0=6.0	0.5	1.0	7.50	〃	15.9 (16.2)
	3	3@3.0=9.0	0.5	1.0	10.50	〃	21.90 (22.20)
	4	4@3.0=12.0	0.5	1.0	13.50	〃	27.9 (28.2)
	5	5@3.0=15.0	0.5	1.0	16.50	〃	33.9 (34.2)
	6	6@3.0=18.0	0.5	1.0	19.50	〃	39.9 (40.2)
소형차 도로	2	2@3.0=6.0	0.5	0.75	7.25	〃	15.40 (15.7)
	3	3@3.0=9.0	0.5	0.75	10.25	〃	21.4 (21.7)
	4	4@3.0=12.0	0.5	0.75	13.25	〃	27.4 (27.7)

⑤ 국지도로(V=60km/hr 미만)

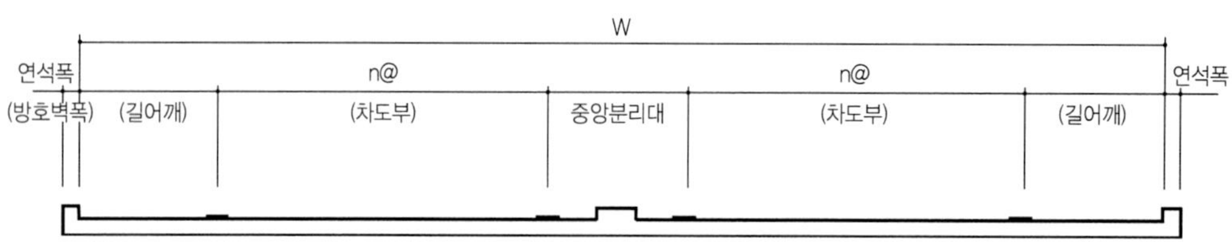

그림 5.2.9 국지도로 교량표준 폭원

⊙ 표 5.2.7 집산도로 교량 폭원 치수표

(단위 : m)

구 분	편도차로수 (n)	차도폭 (Lw)	중앙분리대 (CB/2)	길어깨 (SH)	도로폭계 (W/2)	방호벽 연석	교량전체폭 (WT)
지방 지역	2	2@3.0=6.0	0.75	1.0	7.75	0.45 (0.6)	16.40 (16.70)
	3	3@3.0=9.0	0.75	1.0	10.75	〃	22.4 (22.7)
	4	4@3.0=12.0	0.75	1.0	13.75	〃	28.4 (28.7)
	5	5@3.0=15.0	0.75	1.0	16.75	〃	34.4 (34.7)
	6	6@3.0=18.0	0.75	1.0	19.75	〃	40.4 (40.7)

구 분	편도차로수 (n)	차도폭 (Lw)	중앙분리대 (CB/2)	길어깨 (SH)	도로폭계 (W/2)	방호벽 연석	교량전체폭 (WT)
도시 지역	2	2@3.0=6.0	0.5	0.75	7.50	〃	15.4 (15.7)
	3	3@3.0=9.0	0.5	0.75	10.25	〃	21.4 (21.7)
	4	4@3.0=12.0	0.5	0.75	13.25	〃	27.4 (27.7)
	5	5@3.0=15.0	0.5	0.75	16.25	〃	33.4 (33.7)
	6	6@3.0=18.0	0.5	0.75	19.25	〃	39.4 (39.7)
소형차 도로	2	2@3.0=6.0	0.5	0.75	7.25	〃	15.4 (15.7)
	3	3@3.0=9.0	0.5	0.75	10.25	〃	21.4 (21.7)
	4	4@3.0=12.0	0.5	0.75	13.25	〃	33.4 (33.7)

⑥ 농어촌 도로

(a) 면도

a) 보도를 설치하지 않은 경우

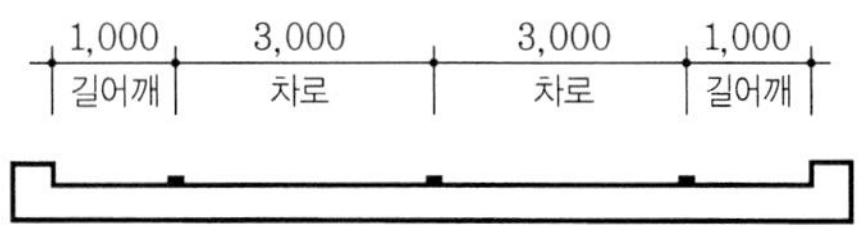

그림 5.2.10 면도 보도가 없는 경우

b) 보도를 설치하는 경우

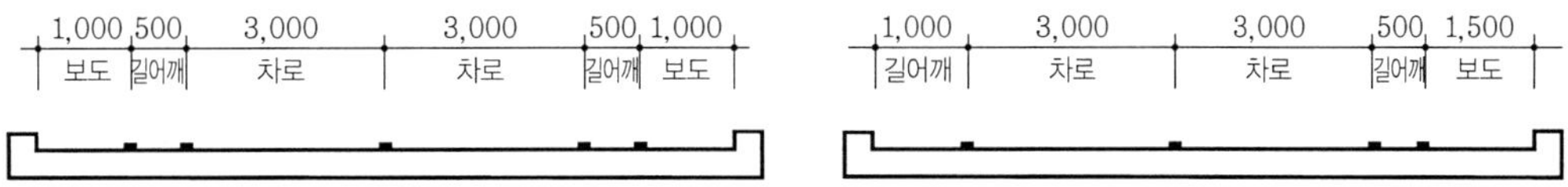

ⓐ 보도를 양측에 설치하는 경우 ⓑ 보도를 편측에 설치하는 경우

그림 5.2.11 면도 보도가 있는 경우

(b) 리도

a) 보도를 설치하지 않은 경우

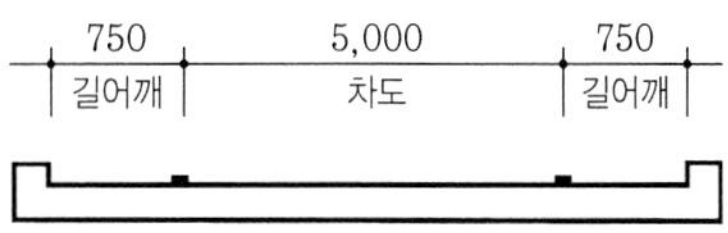

그림 5.2.12 리도 보도가 없는 경우

b) 보도를 설치하는 경우

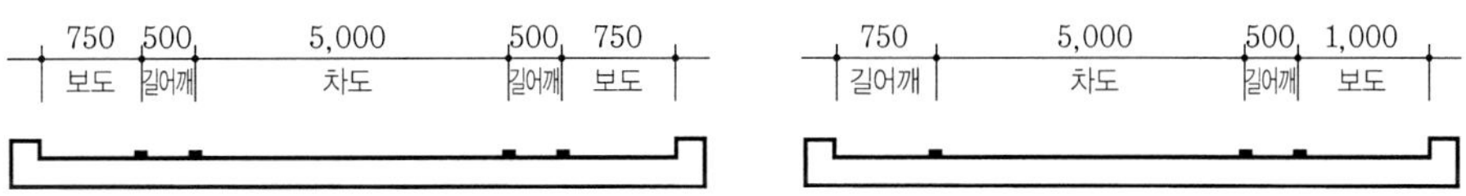

ⓐ 보도를 양측에 설치하는 경우 ⓑ 보도를 편측에 설치하는 경우

그림 5.2.13 리도 보도가 있는 경우

5.2.5 교량의 가설위치 및 교량 길이 결정

도로의 타당성조사 단계에서 비교노선에 대한 교량위치선정 과정을 거쳐 최적 노선이 결정되면 이 노선에 대하여 관련계획, 현지답사, 개략 현지답사, 지질조사, 수문 기상자료 수집 및 기존자료 수집을 통하여 계획도로의 평면선형과 종단선형을 검토하여 그 결과를 토대로 교량가설에 필요한 지점에 대한 교차시설(도로, 철도, 하천, 항로 등)과 지장물(지하매설물) 한전 고압가공선 등을 조사하고 이들에 대한 자료를 관계기관에서 수집하여 교량위치 및 길이를 결정하는데 참고자료로 활용한다.

기본계획 단계에서는 지형 측량을 실시하지 않고 항공 측량에 의한 축척 1/50,000 ~1/5,000 지도를 이용하여 위치 결정 및 교량 길이를 결정하게 되므로 정확도는 낮다. 기본설계 단계에서 제 1단계 조사 결과에 따라 교량의 길이가 변동할 여지가 있으므로 현지 답사시 지형에 대한 개략적인 스케치를 하여 교량을 계획하는 것이 바람직하다.

(1) 교량가설 위치의 결정

교량가설 위치는 교차시설(도로, 철도, 하천, 항로 등)을 횡단하기 위하여 가설하는 경우를 제외하고는 다음과 같은 현지 여건을 감안하여 교량 가설에 대한 검토를 하여 교량 위치를 결정한다.

또한 교량가설 위치를 결정할 때는 사회적인 여건, 환경적인 여건, 건설공사비, 인근 주민의 경제활동 측면 등을 고려하여 발주청과 협의하여 결정한다.

1) 관련계획에 의한 지역

계획도로와 교차하는 장래계획 도로(고속도로, 이설국도 및 지방도) 및 장래 이설 철도, 장래계획 철도, 고속전철, 장래도시철도, 택지, 단지조성계획에 따른 신설도로 등 각종 장래계획에 대하여 타당성 조사 또는 기본설계 도서를 관련 기관에 협조 요청하여 위치를 확인하고 횡단 방법을 검토를 하여 교량 가설 여부를 결정한다.

2) 도로의 성토 높이가 높은 지역

최근에는 급속한 산업발전에 따른 도시화에 의해 토지의 가격이 급등하고, 장래의 지가 상승에 대한 기대감 때문에 도시근교에서는 토지 수용에 대한 거부감이 팽배하고 있는 실정으로 가급적이면 적은 면적의 수용을 원하는 주민이 늘어나고 있다. 일반적으로 도로설계시의 성토고가 12~15m 정도일 때는 교량을 가설하는 것이 경제적이나 개설하고자 하는 도로의 폭원이 성토고보다 낮을 때는 도로 폭원이 점유하는 면적보다 도로 비탈면이 점유하고 있는 면적이 3배 이상으로 용지보상비가 교량공사비 보다 높은 지역도 종종 있다. 이러한 점을 감안하여 교량계획시 현지의 지가를 조사하여 도로토공 공사비 및 용지 보상비와 교량건설비를 비교 검토하여 교량가설 위치를 결정하여야 한다.

3) 개설하고자 하는 도로의 절토 · 성토가 곤란한 산간지역

현지 산세가 험악하고 산비탈면의 경사도가 심하여 도로개설시 절토 및 성토시 비탈면의 높이가 높아 자연파괴 및 안전성에 문제가 있다고 판단되는 지역은 세심한 검토를 하여 교량으로 가설하는 것이 도로의 비탈면의 안전성에 도움이 되며, 최근 들어 환경보존 측면에 대한 국민들의 의식이 향상되어 자연훼손을 가급적 지양하는 쪽으로 건설공사를 추진하고 있는 실정이므로 설계자는 교량계획시 이점을 명심하여야 한다.

4) 산간지역의 계곡의 깊이가 깊은 경우

계곡을 메우는 공사로 인하여 성토량이 부족하거나, 토취장에서 흙을 운반하여 공사시 공기가 지연되거나, 대성토로 인하여 계곡에 하나의 저수지를 형성할 여지가 있고 이로 인하여 자연파괴가 많은 계곡에는 교량으로 계획하는 것이 바람직하다. 교량으로 계획시는 공사용 기자재 운반, 교량 가설공법 등에 대하여 사전에 염두에 두고 결정하는 것이 기본설계 단계, 실시설계 단계에 충분한 설계 자료를 제공할 수 있다.

5) 도로 개설로 인한 동물의 이동통로가 차단되는 지역

도로개설로 인하여 산의 능선을 절개하거나 구릉지에 대성토를 하여 동물의 이동에 제한을 하는 경우가 있다. 교량 계획시 지역 일대의 식생, 동식물 서식현황 등 환경 영향 평가 내용을 염두에 두고 현지의 지형을 사전에 답사하여 동물이 이동에 저해가 되지 않은 시설을 하여야 한다. 산능선 절개부에는 ECO Bridge, 구릉지에는 교량 또는 암거의 설치하는 것이 바람직하다. 이는 공사비적인 측면을 떠나서 자연보호 측면에서 고려되어야 한다.

6) 도로 개설로 인하여 마을과 마을이 분리되는 지역

마을과 마을 사이에 고성토에 의한 도로개설시 지역간의 공동체 의식 상실, 경제활동의 격리, 농경지 경작시 불편을 초래하며 사회 활동시 우회하여 활동함으로써 시간적인 측면 및 경제적인 측면의 손실이 크게 발생하고 경우에 따라서는 1개 마을을 고립시키는 경우가 있다. 이러한 지역은 현지 답사시 충분한 조사를 하여 교량계획에 반영하는 것이 바람직하다.

7) 도로의 개설로 인하여 마을의 통풍 · 조망권 등의 장애가 있는 지역

마을 앞에 고성토에 의한 도로개설로 인하여 도로개설 이전과 비교하여 고온 다습한 현상이 일어날 여지가 있는 지역 또는 관광지에서 조망이 좋은 마을 및 주변의 경관이 수려한 지역에서 도로개설로 인하여 조망권이 상실되는 경우가 있다. 이러한 지역은 기상 조사에서 하절기 통풍, 동절기시 햇빛차단 등을 조사하고 현지 조사시 상기 사항에 대한 충분한 조사를 하여 교량으로 처리하는 것에 대한 타당성을 충분히 검토하여 교량으로 계획하는 것이 타당하다고 판단되면 발주청과 협의하여 교량으로 계획한다.

8) 농경지를 횡단하는 경우

절대 농지 지역에 도로를 개설하는 경우에 식량의 자원화 측면에서 가급적이면 농경지 최소로 점용하는 것이 좋으며 경우에 따라서는 도로가 농경지 보다 높게 건설되어 인근 경작지의 통풍이 잘되지 않아

병충해가 심하여 농산물 수확량 감소, 농산물 생산비 증가 요인이 되기도 한다. 이러한 점을 감안하여 교량으로 계획 여부의 타당성을 검토하여야 한다.

9) 저수지를 횡단하는 지역

토공으로 도로를 개설할 경우에는 담수능력 저하에 따른 수자원 이용자의 손실이 크므로 이런 지역은 교량으로 계획하여야 한다.

10) 연약지반의 심도가 깊은 지역

연약지반 처리에 따른 공기 지연 공사비 증대, 도로의 안전성 문제, 침하에 의한 포장파손 및 유지관리비 등에 대하여 충분한 사전 지식을 가지고 또는 토질 기술자의 자문을 구하여 교량 건설비와 비교 검토하여 교량으로 건설하는 것이 타당성이 있다고 판단되면 교량으로 계획한다. 이에 대해서는 조사 단계에서 과거의 공사기록, 공사실적 등을 충분히 조사하고, 현장에서 Boring을 하여 확인한 결과에 따라 계획하여야 한다.

11) 지하시설물이 있는 지역

도로 토공에 의해 상재하중 증가에 따른 이설 불가능한 지하 시설물을 말하며 이들 시설물에 대해서는 사전에 건설기록, 설계 자료를 관련기관에 협조 요청하여 그 자료로 성토에 대한 안전성을 검토하여 교량계획 여부를 결정하여야 한다. (지하상가, 지하차도, 지하 저장시설, 이설이 곤란한 pipe line, 광역 상수도 또는 하수도 암거, 토피가 낮은 지하터널, 차집관로 등)

12) 기타 이설이 불가능하거나 이설비가 많이 소요되는 시설물, 소규모, 문화재, 기타 사회기반시설 등

(2) 교량 길이 결정

도로의 타당성조사 단계에서 교량의 길이 결정은 항공측량에 의한 지형도를 사용하기 때문에 정확성이 떨어지며 산악지의 경우 수목에 의해 지표고의 차가 발생하여 기본설계 단계에서 조사한 내용을 토대로 한 교량 길이와 비교할 때 교량의 길이가 증감하는 경우가 있다. 이점을 착안하여 교량가설 위치가 결정되면 현지를 답사하여 종단선형에 대하여 확인할 필요성이 있다.

교량의 길이 결정은 교량의 사용 목적, 경제성, 주변 환경과의 관계, 지형 등을 고려하여 교대의 위치를 결정하는 것으로서 조사단계에서 조사한 각종 제약조건을 만족하여야 한다.

또한 교량 길이는 교량 상부구조의 형식에 따라 증감하는 경우가 있고, 주변 시설물 이용자의 욕구에 의해 길이가 길어지는 경우도 있다.

1) 하천을 횡단하는 교량(하천교)

하천을 횡단하는 교량(하천교)의 경우에는 하천 정비 기본계획 수립, 계획 홍수위, 홍수량 등에 대하여 조사단계에서 자료를 수집하고 현지답사, 하천정비 유무, 하천의 폭, 제방도로, 제내지 도로 유무, 제방도로와 기존 도로와의 접속 상황 및 주변현황, 장래 계획 등을 검토하여 교량의 길이를 결정하는 것이 중요하다.

① 하천폭이 50.0m 미만의 경우

하천폭이 50.0m 미만인 소하천의 경우에는 제방 첨단(앞비탈머리)에 교량 교대의 제외측 전면을 일치시키든지 아니면 제내측으로 여유 공간을 두고 계획한다. (그림 5.2.14 참조)

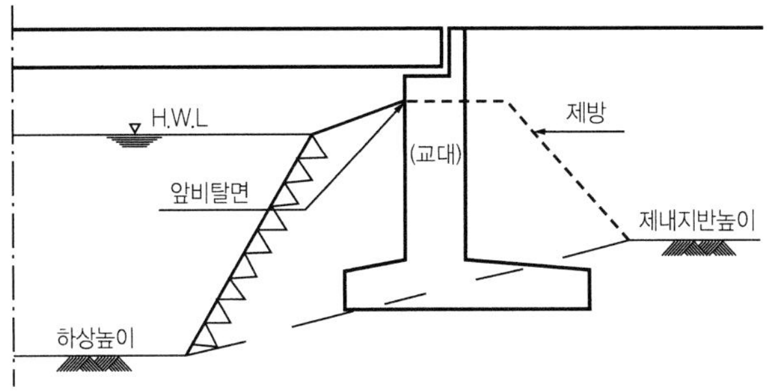

(구체는 제방비탈면보다 뒤쪽)

그림 5.2.14 하천폭 50.0m 미만인 경우 교량의 교대 위치

② 하천폭이 50.0m 이상인 경우

하천폭이 50.0m 이상인 하천에는 계획 홍수위(HWL)가 제방(뚝) 앞비탈머리면과 교차하는 교점에 제외측 교대 전면을 일치시키든지 또는 제내측으로 여유공간을 두고 교대를 설치하도록 하여 교량 길이를 결정하여야 한다. 또한 계획 홍수위(HWL)는 교각에 의한 수위상승도 고려하는 것이 좋다. (그림 5.2.15 참조)

이 경우에 홍수시 제체에 누수발생으로 제방의 붕괴 등 안전성에 문제가 없는 곳에서는 상기의 방법으로 계획하여도 되며 또한 제방의 붕괴에 대하여 충분한 대책을 강구하는 경우에는 적용하여도 된다.

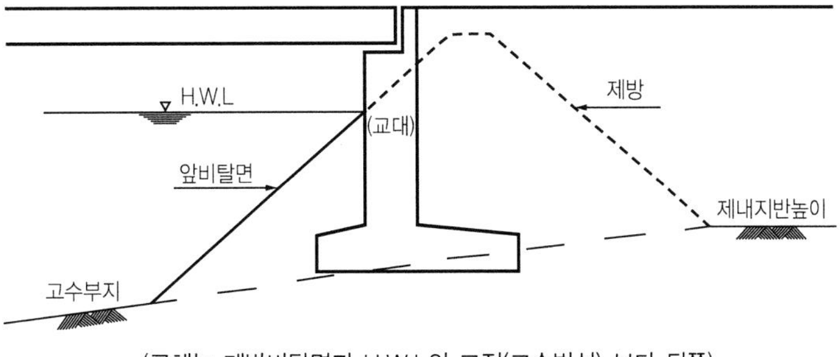

(구체는 제방비탈면과 H.W.L의 교점(고수법선) 보다 뒤쪽)

그림 5.2.15 하천폭 50.0m 이상인 경우 교량의 교대 위치

③ 미개수 하천인 경우

정비되지 않은 하천에서는 하천의 주변지형, 하천의 상 · 하류의 상황을 고려하여 제방의 위치를 하천

관리자와 협의하여 결정하고 그에 따라 교량의 길이를 결정하는 것이 바람직하다. 가급적이면 하천관리자와 협의하였다 하더라도 하천정비 기본계획하는 자의 의도에 따라 조금씩 위치가 변동될 여지가 있으니 교량길이를 조금 길게 여유를 두는 것이 합리적인 경우도 있다.

④ 개수 계획이 있는 하천의 경우

하천정비 기본계획이 수립되었거나 하천정비 실시설계가 되어 있는 하천의 경우는 교량을 계획하고자 하는 지점의 하천의 이설여부(수로 변경여부) 확인하여야 하며 설계자는 하천관리자와 협의하여 하천 계획 · 설계도서를 차용하여 하천폭, 제방형상, 계획홍수량, 계획홍수위, 최대유속 등을 확인하여 교량의 길이를 결정하여야 한다.

⑤ 제방에 도로가 있는 경우

뚝마루 폭은 "하천 설계기준(국토해양부)"에 규정되어 있으며 제방도로는 경우에 따라서는 지방행정자치단체에서 도시의 가로로 사용하는 경우도 있으므로 지방행정자치 단체에 "도로가로망계획" 또는 "도시정비기본계획" 등을 확인하여야 한다. 제방을 도로로 사용하는 경우에는 교량의 접속도로 주변상황과 교통처리 계획 등을 고려하여 도로와 제방도로에 대한 교차방법에 대하여 관련기관과 협의하여야 한다.

또한 제방도로와 입체교차시에는 제방도로의 제내 · 외지로 이설 가능 여부, 입체교차시 제방도로의 폭원 구성에 대하여 관련기관과 협의하여 교량 길이를 결정하여야 한다.

다음 그림 5.2.16는 제내지 측의제방 뒷비탈면에 교대를 설치하는 것을 나타낸 것이다.

특히 제방도로와 교량이 입체교차 하는 경우에는 도로의 시설한계를 만족해야 할 뿐만 아니라 교대전면과 도로의 차로경계선과의 여유 공간을 두어 장래 유지관리상 문제가 없도록 하여야 한다.

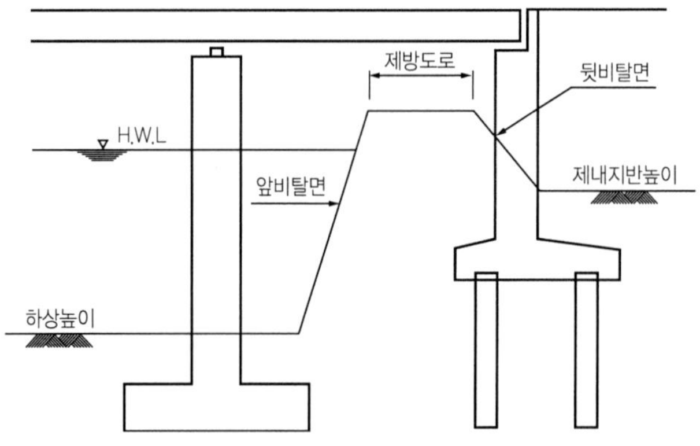

그림 5.2.16 하천교량의 교대위치 (제방도로 입체교차의 경우)

⑥ 제방 내측에 제방에 근접하여 도로가 있는 경우

제내측에 도로가 있는 경우에는 제방도로의 다리밑 공간을 고려하여 교량의 길이를 결정하는 방안과

위의 1) ①, ②항의 경우처럼 교량이 길이를 결정하고 별도의 교량은 가설하는 경우가 있으나 후자의 경우 공사중 제방 훼손에 따른 수방 대책과 건설공사비 등을 고려하여 길이를 결정하여야 한다.

또한 하천교와 과도교 사이가 근접하는 경우에는 도로의 성토재 반입, 다짐에 대하여 검토가 있어야 한다.

어느 경우든지 설계발주청과 협의하여 교량길이를 결정하여야 한다.

그림 5.2.17은 제내측에 도로가 있는 경우의 교대 위치에 대한 예이다.

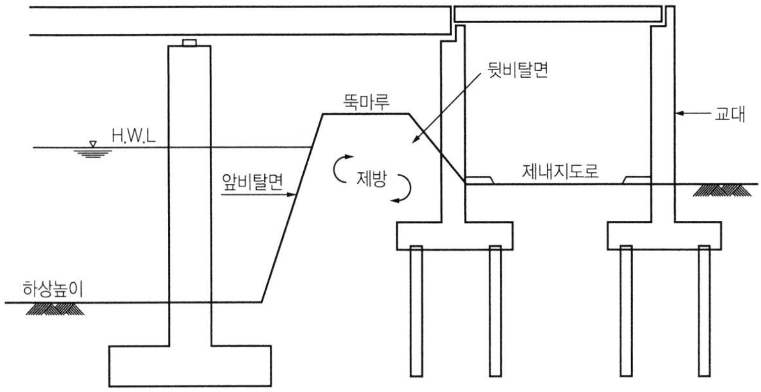

그림 5.2.17 하천교량의 교대위치 (제내측에 도로가 있는 경우)

⑦ 교량의 평면형상이 사교인 경우

도로의 평면선형이 하천제방(뚝)과 이르는 각이 예각인 경우가 있다. 특히 45° 미만의 예각을 가질 때에는 최소의 사각 45° 로 교량의 평면형상을 계획하면 제방을 침범하거나 하천의 제외지를 침범하게 계획되는 수가 있다.

제외지로 침범하는 경우에는 예각부 교대 전면이 위의 1)항 ①, ②에 저촉되는지 여부를 검토하여 교량의 길이를 결정하여야 한다.

그림 5.2.18은 교량계획시 검토하여 할 지점(Control Point)을 나타낸 것이다.

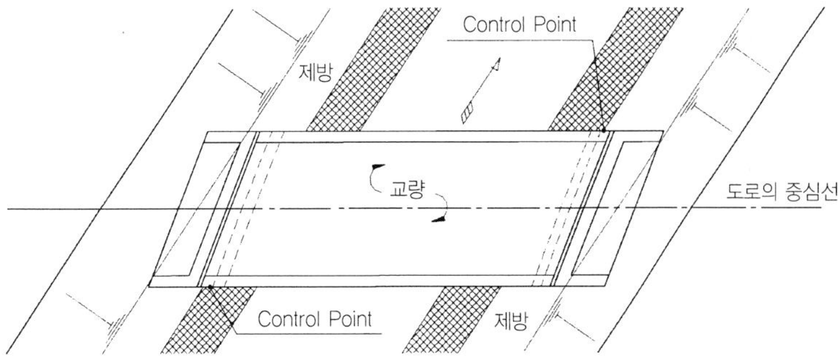

그림 5.2.18 사교인 경우의 검토지점

2) 고가교

고가교는 계획하고자 하는 도로가 기존 도로, 철도 및 장래 계획 도로와 교차하여 다리밑 공간(시설한계, 건축한계)의 확보가 필요한 경우, 침수지역에서 배수를 위한 단면확보가 필요한 경우, 농경지를 가로질러서 높은 성토로 도로를 개설하고자 할 때 농경지 점용이 많은 경우 및 토지 이용상 유리한 경우 등에 계획한다.

교량계획 위치가 연약지반인 경우에는 교량 접속도로의 성토재의 안전성, 교대의 안전성, 경제성 및 장래의 유지관리성 등을 고려하여야 한다.

또한 도시 고가교의 경우에는 도로개설에 따른 시민의 통행성 저해 즉 고가교 접속도로부에 위치한 횡단보도 차단으로 인한 통행차단 또는 우회, 도시기반시설(도시철도 출입구, 공동구, 전력구, 하수암거 등)이 고가교 접속도로부에 위치하는 경우의 안전성, 도로 주변의 민가, 상가들의 통풍성 및 조망권 등을 고려하여야 한다.

일반적으로 고가교에서는 다음과 같은 사항을 검토하여 교량의 길이를 결정하는 것이 바람직하다.

① 고가교 접속도로 흙구조체(성토)의 안전성

고가교의 접속도로(Ramp)를 연약 지반상에 성토를 높게 하여 설치하였을 때에는 지반의 전단파괴, 압밀침하의 문제가 발생한다. 따라서 접속도로 구간의 성토높이가 사면 안정상 한계 높이 이하가 되도록 교량의 교대 위치를 결정하여야 한다. 성토부 사면의 안정 검토시 전단파괴에 대한 한계성토 높이는 원호활동 계산으로 계산하는 것이 일반적이다. 교량 계획시 개략적으로 한계성토 높이 결정은 다음 식으로 구하고 교량계획 후에 토질조사 및 토질시험을 실시한 후, 이를 토대로 토질 정수를 정밀 추정하여 성토부의 사면에 대한 재검토를 하여 안정성을 확인하여야 한다.

【일본도로협회: 도로토공 · 연약지반 대책공 지침 : 소화 52년】

$$\mathrm{Hc} = \frac{N_c \cdot C_u}{r_t} \qquad (5.2.1)$$

여기서, *Hc* : 전단파괴에 대한 한계 성토고(m)

Cu : 연약지반의 점착력(t/m²), $Cu \fallingdotseq N/1.6(N=N\text{치})$

rt : 성토재의 단위중량(tf/m³)

Nc : 안정계수

연약지반의 두께가 두꺼운 경우 : $Nc = 3.6$

보통의 연약지반인 경우 : $Nc = 5.1$

연약지반의 두께가 얇은 경우 : $Nc = 7.3$

압밀침하에 대한 한계 성토 높이는 포장 후, 허용잔류 침하량을 10cm로 하여 압밀 계산한다.

② 교대의 안정성

연약지반 상에 구조물을 구축하여 구조물 배면에 성토를 하면 배면성토의 중량에 의해 연약지반의 안정성이 붕괴되어 구조물 주변의 지반에 소성유동이 일어나 구조물 전방에 큰 변위가 일어난다. 이러한 현상을 측방 이동이라고 한다.

연약지반 상에 구축되는 교대와 같이 성토하중에 의해 평상시에 수평하중을 받는 구조물에서는 기초의 측방이동 현상을 가끔 볼 수 있다. 이 때문에 신축이음이 파손 또는 변상의 문제가 발생한다.

교대 측방이동을 일으키는 원인으로써는 토질조건, 교대배면의 성토형상과 크기, 기초(말뚝기초, 우물통기초)가 깊은 기초인 경우에 기초의 구체와의 상호작용 및 성토의 시공조건, 교대 전면의 압성토 여부, 교대의 형식 등 많은 인자가 있다. 따라서 교량의 계획 · 설계시에 교대의 측방이동을 정량적으로 파악하는 것이 아주 어려운 일이다.

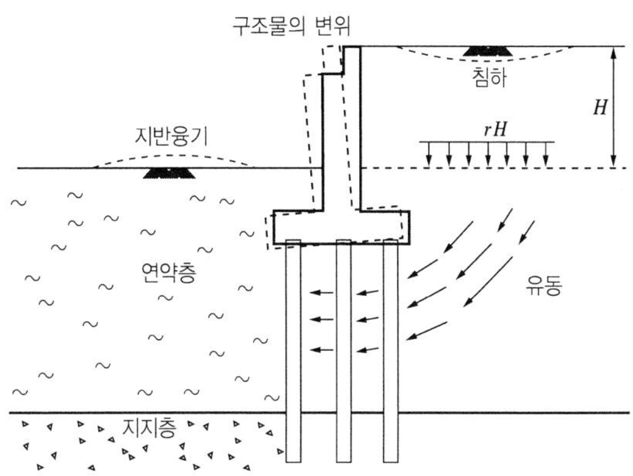

그림 5.2.19 교대의 측방이동

측방이동을 방지하는 방안으로는 기초지반을 개량하는 방안, 교량의 길이를 길게 하는 방안 및 교대배면의 성토고를 낮게 하는 방안 등이 가장 유력한 처리방법이다.

측방이동의 판단 방법에 대해서는 여러 종류의 제안 방법이 있으나 이들 중 도로교 설계기준(건설교통부) 하부구조편의 내용을 소개한다.

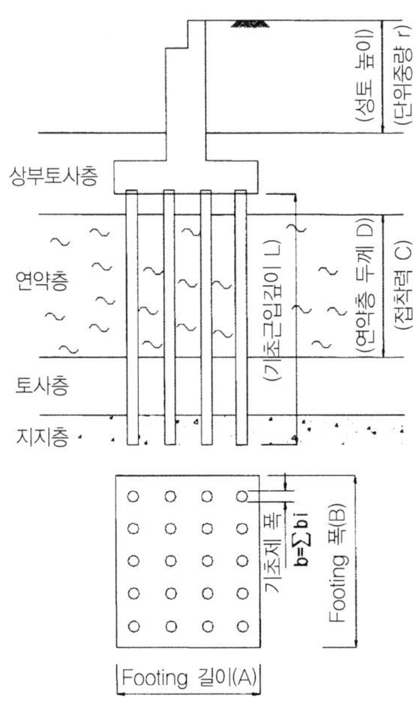

$$I = \mu_1 \mu_2 \mu_3 \frac{rh}{c} \qquad 5.2.2$$

여기서, I : 측방이동 판정값

μ_1 : 연약층 두께에 관한 보정계수로 $\mu_1 = D/l$

μ_2 : 기초체 저항폭에 관한 보정계수로 $\mu_2 = b/B$

μ_3 : 연약층 두께에 관한 보정계수로 $\mu_3 = D/A\ (\leq 3.0)$

D : 연약층의 두께(m)

γ : 성토재료의 단위 중량(tf/m^2)

h : 성토높이(m)

c : 연약층의 점착력의 평균값(tf/m^2)

A : 교대길이(m)

B : 교대폭(m)

b : 기초의 폭의 총합(m)

l : 기초의 근입깊이(m)

판정 $I < 1.2$: 측방이동에 대한 검토 생략

$I \geq 1.2$: 측방이동에 대한 검토 필요

그림 5.2.20 기호설명

③ 경제성

도시근교 또는 공업단지 부근에 도로를 개설할 때는 그 지역의 지가를 조사하여야 하며, 도로의 성토 높이가 높은 경우에는 도로경사면이 점용하는 폭의 보상비가 교량공사비 보다 높은 경우가 있다. 또한 이런 지역에서 도로를 성토하여 사면을 자연 경사지게 할 때는 토지를 효율적으로 이용하는데 문제가 있다.

토지 이용의 효율성을 높이기 위해 도로의 경사면에 옹벽구조물을 설치하여 토지 점용폭을 줄이는 경우도 있으나 도로의 폭과 옹벽의 높이 및 옹벽 공사비 등을 감안할 때 교량으로 계획하는 경제적일 수 있는 경우가 있다. 이러한 점을 감안하여 다음 같은 사항을 검토하여 교량의 길이를 산정할 필요가 있다.

(a) 교량 접속도로의 경사면이 차지하는 용지보상비에 토공공사비를 더한 총 공사비와 교량 공사비를 비교하여야 한다.

(b) 접속도로의 토공공사비에 옹벽공사비를 더한 총 공사비와 교량 공사비를 비교하여야 한다.

(c) 부체도로 개설 여부를 검토하여야 한다.

(d) 도로개설 위치에 횡단하는 지하구조물(지하철, 공동구, 통신구, 기타시설)이 있는 경우 안정성에 문제와 이설비용을 검토하여야 한다.

(e) 이들을 이설하는 것이 경제적일 수 있는 경우라도 교량으로 가설하여야 되는 경우가 있다(지하구조물 관리자의 협의가 안 될 때).

상기의 사항을 고려하여 성토고~공사비 곡선을 추출하여 경제적인 한계 성토고를 산정하여 교량의 길이를 결정하는 것이 좋다. 또한 경제성만을 강조하여 교량길이를 결정하면 지역 간의 단절, 통풍장애, 조망권 손상 및 주민의 민원발생 여지가 있다. 이러한 지점에서는 경제성을 무시하고 교량으로 하여 길이를 결정하는 경우가 있으므로 유의하여야 한다.

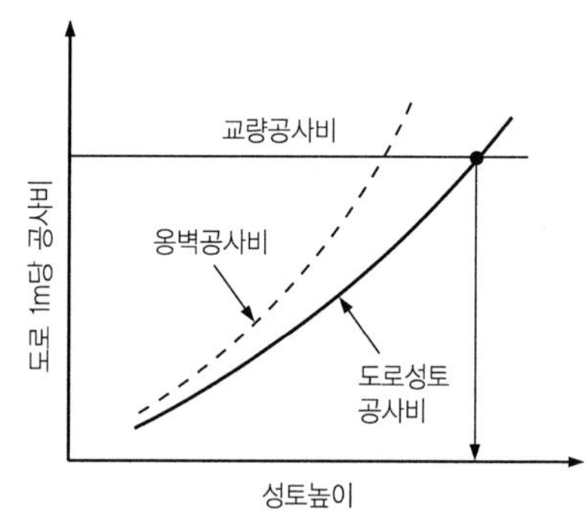

그림 5.2.21 성토높이~공사비 곡선

④ 장래유지 관리성

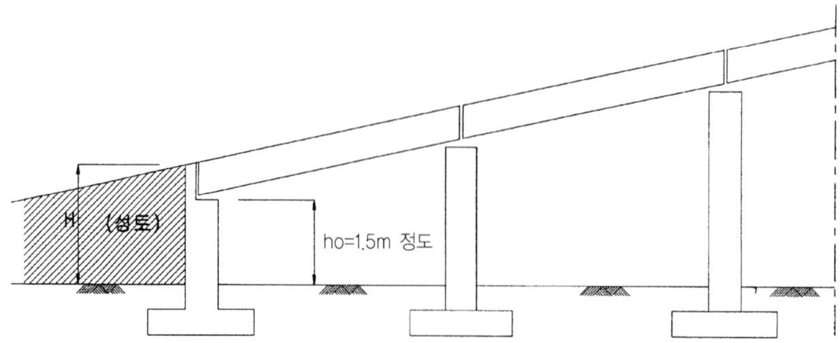

그림 5.2.22 교대 전면 최소 다리밑 공간 높이

교량의 교대전면의 다리밑 공간 높이는 낮게 하는 것이 바람직하지만 교대에 놓인 교량받침 점검, 보수, 교체시 필요한 공간을 확보하여야 하며, 강교의 경우 재도장 작업에 지장을 초래하지 않는 최소의 공간은 있어야 한다. 이러한 점을 감안할 때 교대 전면의 다리밑 공간 높이는 최소한 1.5m 정도 확보하는 것이 바람직하다.

3) 도시고가교

① 도로를 성토하였을 때 인접 건물, 주택의 시야 차단 여부 및 중압감을 주는지 여부를 검토하여야 한다.

② 인접 횡단보도, 존치 및 이전 가능 여부 검토

장래 교량 공용시 교통처리계획을 검토하여 계획교량 하부로 이전이 가능한지 여부를 검토하여야 하며, 또한 전후의 횡단보도 시설의 거리 등을 감안하여 보도교, 지하보도 등의 공사비, 이들 시설 설치가능 여부를 엄밀히 검토하여 교량 길이를 결정하여야 한다.

③ 지하매설물에 대한 안정성 검토

지하매설물이 개착공법으로 구축되었거나 토사터널인 경우에는 도로 성토에 따른 안정성을 검토하여야 한다. 특히 지하도시철도, 지하상가, 지하차도, 지하터널, 공동구 등인 경우에는 이설이 불가능하므로 충분한 검토가 이루어져야 한다.

④ 기존 도로의 중심방향으로 전력구, 통신구, 공동구 및 하수 암거 등에 대한 저촉 여부 검토

계획도로와 이들 시설이 저촉되면 이설가능 여부 및 보강가능 여부를 검토하여 관련기관의 관리자와 협의하여야 하며 특히 교대 위치에 분기구가 있는 경우에는 교량의 길이를 길게 연장하는 것이 경제적인 경우가 있으며 지하 암거 구조물이 교량 접속도로 성토부에 저촉되는 경우에는 이설보다 보강, 보호공법을 적용하는 것이 경제적일 수 있으니 충분한 검토, 협의가 따라야 한다.

⑤ 기존 도로 횡단 지하시설물의 안정성 검토

하수암거, 전력구, 통신구 및 공동구 등의 위치를 정밀 조사하여 교대 및 교량 접속도로와의 저촉 여부를 검토하고 이들에 대한 처리방안 및 안전성에 대하여 세심한 검토를 수행한 후 관련기관 관리자와 협의하여 결정하여야 한다. 보강이 불가능할 때는 이설비와 교량 길이 연장 방안을 비교 분석하여 교량 길이를 결정하여야 한다.

⑥ 장래 도시계획에서 도로 개설 및 확장계획 여부 조사

도시계획 또는 도시 재정비 계획 등을 열람하여 가로망 계획에 대한 조사를 하여 도시 계획상의 도로인지 여부를 확인하여야 한다. 이 때 가로망 계획이 확립되어 있으면 도로 폭원, 교차로 지점 등을 감안하여 교량의 길이를 결정하여야 한다.

4) 도시(대도시, 중 · 소도시)에 인접한 고가교

① 기존 도로의 확장 및 기존 철도의 증선 또는 이설 여부를 관련기관과 협의하여 교량길이를 결정한다.

② 기존도로, 철도를 횡단하는 경우에 인접한 배수시설에 대한 검토

기존도로, 철도에 평행하게 수로 등의 배수시설이 있는 경우에 기존도로 및 철도와 배수시설 사이의 공간이 교량 교대 설치가 가능한 충분한 폭인지 여부를 검토하여 교량길이를 결정한다.

③ 횡단 시설물 주변의 지하매설물에 대한 검토

기존도로 및 철도 주변에 광역상수도, 장거리 송유관, 장거리 통신시설이 매설되어 있는 경우가 있다.

이들에 대한 이설, 보호에 대하여 충분한 검토 후 관련기관과 협의하여 교량의 길이를 결정하여야 한다.

④ 기존도로 및 철도의 평면선형이 곡선일 때 안전시거 검토를 하여야 한다.

⑤ 기존도로 및 철도의 경우에는 장래유지관리, 시공중 교통처리에 대한 여유공간을 검토하여 교량의 길이를 결정한다.

⑥ 관련기관과 협의하여 장래 중·장기 개발계획에 대한 검토를 하여야 한다.

5) 농경지를 횡단하는 고가교

계획하는 도로가 농경지, 간척지 등을 횡단하는 경우에 농경지의 지반 상태가 연약할 때가 많다. 이런 현장조건에서 도로의 성토를 높게 하였을 경우, 지반의 전단파괴, 압밀침하 및 교대의 측방이동 등의 문제점이 발생하는 경우가 많다.

따라서 성토에 대한 안전성 확보를 위하여 연약지반 처리를 하는 경우가 있으며 이때 연약지반 처리의 공사비 및 건설 공기를 감안하여 교량으로 계획하였을 때의 교량공사비 및 교량가설 공기를 비교 검토하여 교량 길이를 결정하여야 한다.

① 연약지반 처리공사비 및 성토공사비를 포함한 총 공사비와 교량 공사비를 비교 검토하여 한계성토 높이를 설정하여 교량 길이를 결정한다.

② 도로공사에서 계획 공기 내에 연약지반 처리 후에 토구조물의 구체를 완성할 수 있는지 여부와 교량건설 공기를 비교 검토하여야 한다.

③ 교량으로 하였을 때 교대부에 기존 농로가 있어 다리밑 공간 높이 확보를 위해 성토 높이를 조정하여야 할 필요가 있는 경우에는 통로 암거를 설치하는 방안과 도로의 종단계획고의 상향조정에 따른 교량 접속도로의 공사비 증가여부를 검토하여야 한다.

④ 농경지 수용에 따른 농지 점용 보상비와 교량 보상비를 비교 검토

농지에 재배하고 있는 농작물의 품목 및 수종에 따라 보상비가 다르므로 이에 대한 조사를 실시하여 비교 검토하여야 한다. 특히 과수원, 인삼밭, 정원수 등의 재배 지역은 특별히 분석하여야 한다.

⑤ 장래 도로의 유지관리비 비교 검토

현지 지반이 연약지반인 경우에는 연약지반 처리를 시행하였다고 하여도 장기 압밀침하에 의해서 포장이 파손되는 경우가 있으므로 교량으로 가설시의 장래 유지관리비를 비교 검토하여야 한다.

⑥ 교량 시·종점의 기존 횡단 시설물에 대한 검토

농경지에 산재해 있는 마을 연결도로, 농로, 용배수로 등의 저촉 여부와 이설 가능 여부를 검토하여 교량의 길이를 결정하여야 한다.

⑦ 마을과 마을간 격리여부 검토

마을과 마을 사이에 도로를 계획시 도로의 격리 및 고립 여부를 검토하여야 하며, 또한 마을의 통풍성, 조망권 등을 감안하여 교량의 길이를 결정해야 한다.

6) 기존 도로를 횡단하는 고가교(과도교, 도로교) – 단순교 중심으로

계획하는 도로가 기존도로와 입체 교차하는 경우 다리밑 공간에 도로의 시설한계를 확보하기 위하여 고가교를 계획한다. 「도로의 구조·시설에 관한 규칙(국토해양부)」을 만족하는 위치에 교대 위치를 결정하는 것은 당연하며 이 기준 이외에도 다음의 사항을 고려하고 검토하여 교대의 위치를 결정하여야 한다.

① 고려사항

(a) 하부도로의 평면선형

일반적으로 교량의 길이를 결정할 때 상부도로의 중심선에서 결정하게 되는데 하부도로의 평면선형이 곡선일 때 상부도로의 폭에 의해서 중심선상에 계획한 교량 길이보다 길게 계획하여야 되는 경우가 많다. 이 때 계획시 주의하여야 할 Control Point는 다음 그림 5.2.23과 같다.

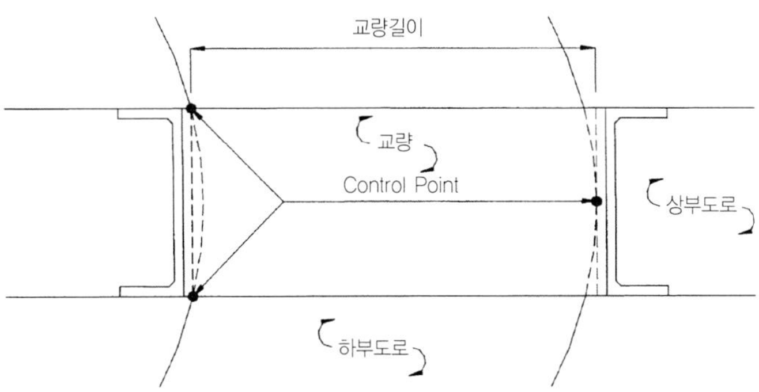

그림 5.2.23 하부도로 평면선형이 곡선인 경우 검토지점

(b) 하부도로의 횡단구성

하부도로의 횡단구성은 일반적으로 차도부와 길어깨부로 구분되며 도시고가교의 경우 하부도로에는 보도부, 측대부가 있다.

이러한 도로의 횡단구성 제치수에 위배되지 않도록 교량의 교대위치를 고려하여야 한다.

(c) 장래 유지관리시 또는 고가교 가설시에 안전관리를 위한 여유 공간을 확보하는 것이 바람직하다.

일반적으로 장래유지관리시 비계설치를 위한 여유 공간은 도로의 포장면에서 교대 전면까지

1.50m 이상 여유를 두는 것이 좋다.

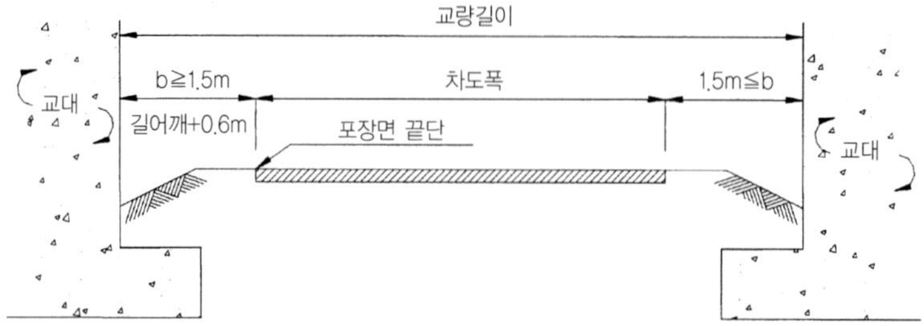

그림 5.2.24 장래유지관리를 위한 여유 공간을 고려한 교량 길이

(d) 하부도로 경사면 하단의 수로, 농수로 등의 배수시설의 처리방안을 고려해야 한다.

(e) 하부도로의 평면선형이 곡선일 때 운전자의 시거 및 운전습관을 고려해야 한다.

(f) 기존도로의 장래 확장계획

(g) 기존도로의 부체도로 유무

② 검토사항

(a) 장래 하부도로의 확장여부를 관련기관과 협의하여 검토한다.

(b) 교대 시공중 도로의 교통처리 방안을 검토할 때는 교대 전면 기초폭 가시설 방안 등을 검토한다.

(c) 상부계획도로의 성토 경사면의 하단이 도로 시설물을 침범하는지 여부를 검토한다.

도로의 경사면이 도로시설물을 침범할 때는 교대 전면에 옹벽을 설치하거나 배면에 날개벽을 옹벽으로 설치하는 공사비와 교량 길이를 길게 하였을 때의 공사비를 비교 검토하여 교량 길이를 결정하여야 한다.

(d) 교량의 점검시설을 교대 전면에 설치하는 경우에는 점검시설의 폭과 여유 공간을 고려하여 교량 길이를 결정해야 한다.

7) 기존철도를 횡단하는 고가교(과선교) - 단순교 중심으로

계획도로가 기존철도를 입체교차하는 경우에 다리밑 공간에 철도의 건축한계를 확보하기 위하여 고가교를 계획한다. 철도 건설규치(건설교통부령 제 453호)(그림 4.1.2)의 건축한계를 만족하는 위치에 교대를 설치하여야 하며 이 규준 이외에도 다음의 사항을 고려하여 교대의 위치를 결정하여야 한다.

① 고려사항

(a) 철도의 평면선형

철도 궤도의 평면선형이 곡선일 때에 건축한계는 Cant 값을 고려하여야 하며 또한 기관사의 운전시거를 고려하여 곡선 내외 측에 여유 공간을 고려하여야 한다. 이는 철도공사 관계자와 협의하여 결정해야 한다.

(b) 철로의 횡단구성

철로는 단선, 복선일 때 횡단 구성이 서로 상이하고 선로의 부설 위치의 지형, 궤도의 평면곡선에 의한 궤도 간격이 서로 상이하므로 이에 대해서는 철도공사와 협의하여 자료를 입수해야 한다.

a) 일반선로의 복선의 궤도 중심 간격 : 4.0m이상(직선구간)

b) 정거장 내에 병설되는 궤도의 중심 간격 : 4.30m이상(직선구간)

c) 시공기면폭 4.5m이상

이상의 규칙 이외에 곡선 구간에서는 식 4-1에 산정한 값의 2배 이상을 좌우로 확대하여야 한다. (철도의 건설기준에관한규정 제 14조, 제 15조 참조)

(c) 기존 철로의 부대시설, 배수시설의 점용폭

철도의 부대시설은 철도의 열차 운행과 직결되는 시설이 많은데 고가교 가설시 이들 시설에 손상이 있어서는 안 되므로 이들 시설을 보호하는 충분한 여유 공간을 확보하여야 하며 철로의 배수시설은 이설 가능 여부를 관련기관과 협의하여 결정하여야 한다.

(d) 교대의 전면 기초폭 및 깊이

다음 그림 5.2.25에 표기된 사항을 고려하여 교대의 위치를 결정하여야 한다. 이는 최소한의 구축한계를 표시한 것이다. 이에 대하여 철도공사와 협의하여 결정하여야 한다.

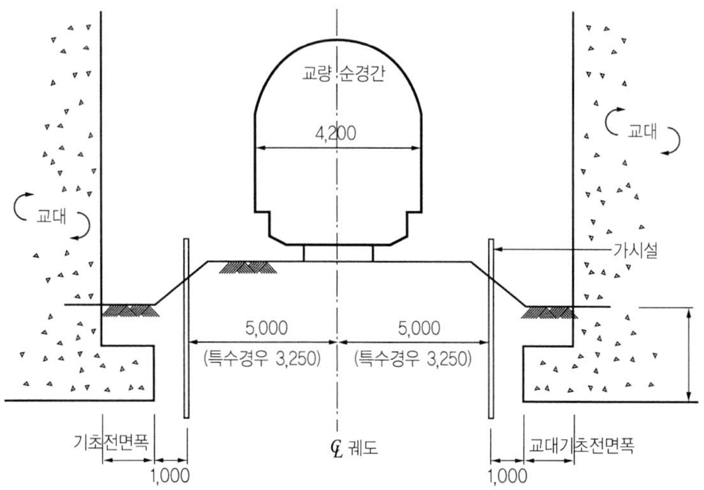

그림 5.2.25 과선교의 교대 구축한계

② 검토사항

(a) 교대를 철로에 근접하여 시공할 때는 이에 따른 선로의 침하, 사면붕괴 여부를 검토해야 한다.

(b) 철로의 주변이 연약지반인 경우, 교대의 기초 시공시에 궤도의 부등침하에 대한 검토 및 예방 대책을 강구해야 한다.

(c) 철로 근접시공 방법 또는 공법을 검토하여야 하며, 경우에 따라서는 특수시설에 대한 검토 및 설계를 하여야 한다.

(d) 고가교의 접속도로의 경사면 아래 부분이 철도시설물 또는 철로를 침범하는지의 여부를 검토하여 교대 위치를 결정하거나 교대의 날개벽을 옹벽으로 처리하여 계획하여야 한다.

8) 산악교(산간부의 계곡을 횡단 또는 산비탈면에 가설하는 교량)의 경우

산악교는 산악지대의 깊은 계곡을 횡단하거나 산비탈면을 따라 가설하는 교량으로써 급경사면에 교대 및 교각을 시공하는 경우가 많다. 교량의 길이는 교대의 높이, 시공성 등에 의해 결정한다.

통상적으로 교량의 길이는 교대 위치에 따라 결정되며 여러 가지 교량의 길이를 선정하여 경제성, 시공성을 비교 검토하여 결정한다.

교대의 높이가 높은 경우에는 교량의 길이는 짧아지지만 교대의 기초 폭의 증가에 따라 산의 비탈면의 절취가 많아져 토공량이 기하급수적으로 증가할 뿐만 아니라 시공이 곤란한 경우가 있다. 또한 경우에 따라서 산비탈면의 절취면 안정성 및 성토경사면의 안정성에 문제가 발생할 수 있으며 환경파괴가 심하여 복구 불가능하게 되는 수도 있다. 따라서 교대 위치 결정시에는 절성토부의 사면의 안정성, 시공성, 환경조건 등을 충분히 감안하여야 하며 가급적이면 교대의 높이를 적게 하는 것이 바람직하다. 일반적으로 교대의 최대 높이는 8.0m 정도 이하로 하는 것이 바람직하다.

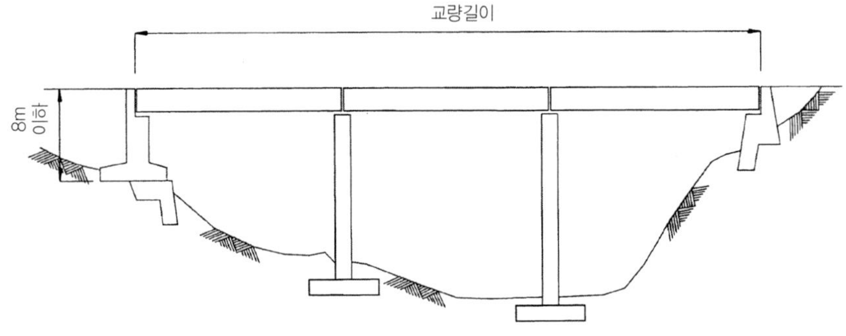

그림 5.2.26 산악교의 교대위치

① 고려사항

(a) 교량의 교대부에서 도로중심선과 교대 양 끝단(길어깨부분)의 산비탈면의 종단경사도 조사

(b) 가정 교대 위치의 산비탈면의 횡단경사도 조사

(c) 교대에 근접하는 국지도로 또는 산간도로 조사

(d) 산비탈면의 절토 및 성토 범위와 시공성, 환경 파괴 범위

경우에 따라서는 산비탈면의 경사가 급하여 성토시 계곡을 점용하여 계곡을 폐쇄되게 하거나 사면의 안정성 문제를 일으킬 수 있으며 또한 자연파괴가 심하여 분쟁의 소지가 있을 수가 있다는 점을 알아야 한다.

② 검토사항

일반의 고가교는 교대의 위치가 한정되는 경우가 많지만 산악교에서는 교대의 위치에 따른 경제성 비교 검토에 따라 교량의 길이가 결정되고 시공적, 환경적인 측면이 교량의 길이를 결정하는 주요 요소인 경우가 있다.

(a) 2점법에 의한 교대 위치 검토

도로의 계획고와 지반고를 검토하여 교대의 높이가 8.0m 정도 되는 지점과 설계자의 경험에 의한 임의점을 선정하여 이들의 2점에서 산비탈면의 종단경사 및 횡단경사를 항공측량도에 의해 추정하여 교대의 높이를 결정한다.

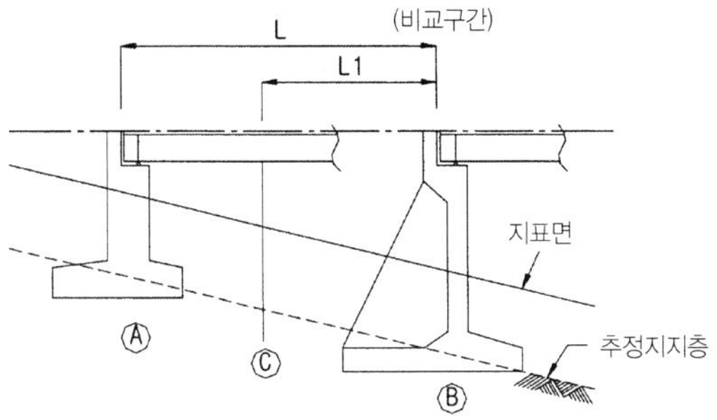

Ⓐ점의 공사비 : ① 하부공(교대 Ⓐ) ② 상부공(연장 L)
Ⓑ점의 공사비 : ① 하부공(교대 Ⓑ) ② 토 공(연장 L)

또 Ⓐ,Ⓑ 2점의 중간의 Ⓒ점을 고려한 경우 Ⓒ점의 공사비는 다음과 같다.
① 하부공(교대 Ⓒ) ② 상부공(연장 L1)
③ 토 공(연장 L-L1)

그림 5.2.27 산악교의 교대위치 검토

다음 그림 5.2.27은 교대 위치를 결정하기 위한 방법을 나타낸 것이다.

교대 위치로서 Ⓐ, Ⓑ의 2점을 처음에 선정하여 양 지점에 대한 총 공사비를 비교한다.

다음 그림 5.2.28은 이상의 3점에 대하여 상부공, 하부공, 토공 및 총 공사비를 Graph로 나타낸 것이다. 이 그림에서 총 공사비 곡선의 최소점이 교대의 위치가 된다. 즉 ⓒ점이 가장 경제성이 있는 위치라는 것이 된다. 이와 같은 비교검토는 개략계산에 의해 이루어지는 것으로 어느 정도의 오차는 가지고 있게 된다.

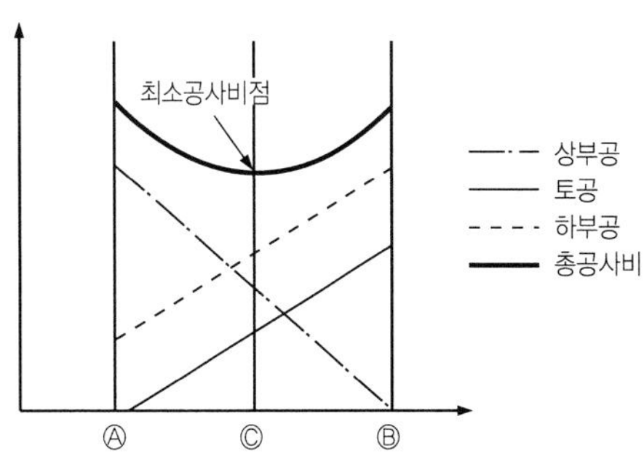

그림 5.2.28 교대 위치와 공사비와의 관계

따라서 총 공사비 최소점 전후의 어떤 범위 내에서 교량의 길이를 결정하게 된다. 이와 같이 비교검토할 때 상부공에 대해서는 사전에 상부 구조의 형식에 대해서 결정을 해 두는 것이 필요하고 개략적인 경간 분할에 대해서도 검토가 따라야 한다.

그림 5.2.29는 산악교의 교대 위치 결정시 검토한 설계 예이다.

(b) 교대의 기초 터파기 할 때 터파기량 및 산비탈면의 절취 토공량과 시공성, 공사비를 검토

교대 위치 검토도 (상행선-A1)		
위치도	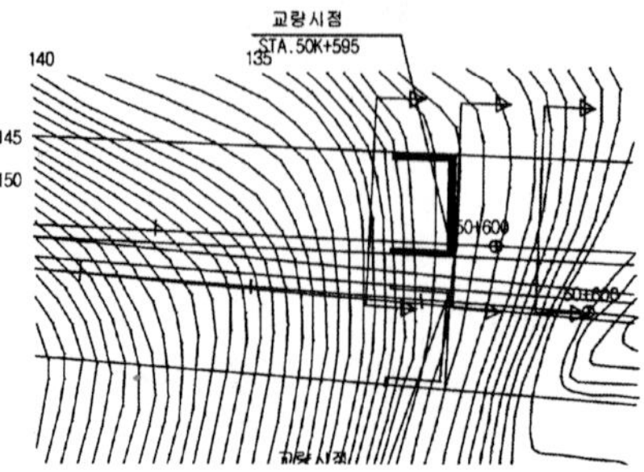	
구 분	종단면도	횡단면도
단면 ①-① (50+595)	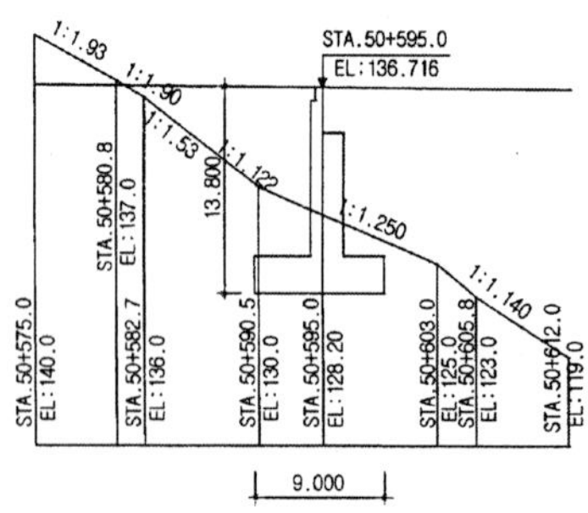	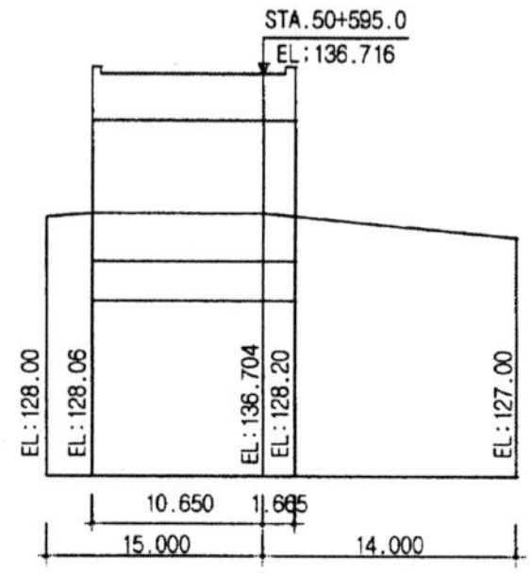
단면 ②-② (50+605)	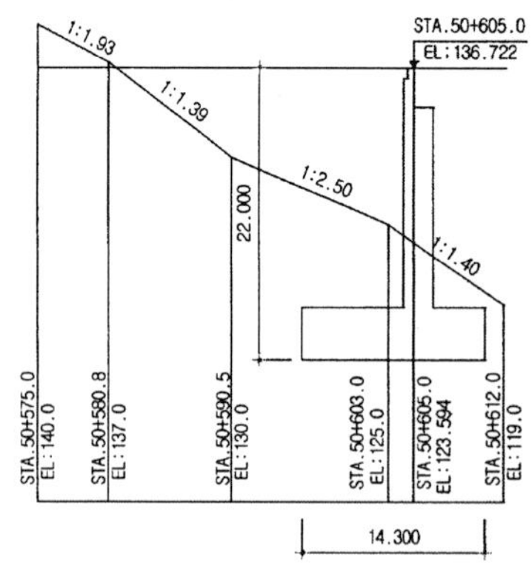	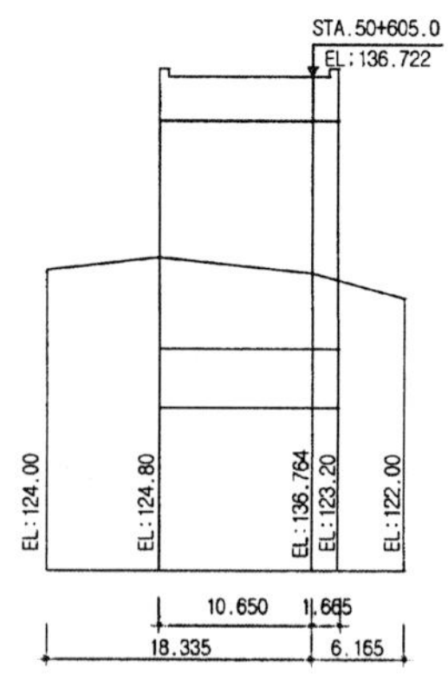
단면 ③-③ (50+585)	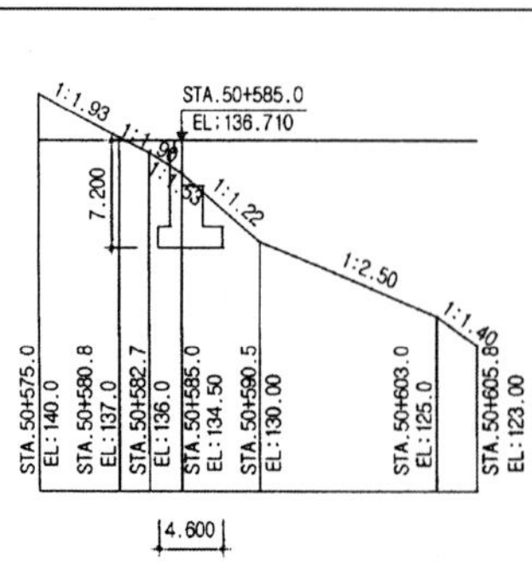	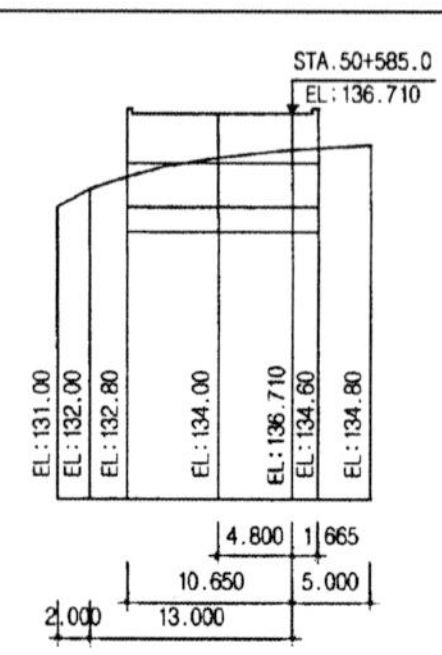

그림 5.2.29 산악교 교대 위치 선정 예

(c) 교대 전면에 성토가능 여부 검토

(d) 교량 접속도로의 비탈면에 성토 또는 옹벽설치 가능 여부를 검토

(e) 교대 기초의 압굽의 노출 여부 및 교대의 사면 안정 여부 검토

(f) 도로 토공의 경사면이 계곡을 점유하는지 여부 및 환경피해 여부 검토

산의 비탈면을 따라 도로를 계획할 때는 성토법면에 의해서 계곡이 점용되거나 자연환경 파괴가 많은 경우에는 산비탈면에 옹벽 또는 특수시설을 설치하는 경우의 공사비와 교량으로 계획할 때의 공사비를 비교 검토하여 교량의 위치 및 길이를 결정하여야 한다.

9) 특수한 여건에서 교량길이 결정(단순교에 대하여)

산업사회의 발전에 따른 교통 수요 증대, 물류비용 과다 및 교통사고 발생건수 증대에 대한 개선 방안으로 도로와 도로를 연결하는 입체교차시설인 I/C, J/C를 건설함에 따라 기존도로 및 신설도로를 횡단하는 고가교를 계획하게 된다.

또한 도시의 비대화에 따른 도로용지 부족에 따라 도로개설을 하고자 할 때 교차시설물(도로, 철도, 하천 등)을 횡단하는 고가도로를 계획하게 되는데 위 두 경우 모두 하부교차 시설물과의 교차조건 상 곡선교가 부득이한 경우가 많다. 그리고 이들은 경제적인 이유, 용지 확보 곤란, 지형적인 여건상 단순 고가교로 계획하게 된다.

다음은 교량 폭원 2차로 이하의 단순 곡선교를 계획할 때 검토 및 대책에 대하여 기술한다.

① 검토사항

(a) "도로 구조 시설기준에 관한 규칙(국토해양부)"에 따라 도로 설계속도와 평면곡선 반경 및 편경사에 대한 검토를 하여 적정 곡선 반경 및 편경사를 결정한다(표 2.1.2, 표 2.1.3, 표 2.1.13, 표 2.1.14, 표 2.1.15, 표 2.1.16 참조).

(b) 교차시설물의 폭원, 시공성, 시설한계 등을 고려하여 교량 길이 검토

도로의 시설한계, 철도의 건축한계, 하천의 최대 홍수위 및 하천폭 등을 고려하여 관련기관과 협의하여 최소 교량길이를 검토한다.

(c) 교량 상부구조의 평면형상에 대한 검토

일반적으로 교량의 평면형상은 교차시설물과 계획하고자 하는 교량의 평면선형과의 교차각, 중심선형의 양상에 따라 결정된다(여기에 대해서는 5.2.7절에서 언급하기로 함).

다음 그림 5.2.30은 교량의 평면선형이 곡선일 때의 단순교에서 평면형상의 예를 나타낸 것이다. 이는 상부구조의 형식에 따라 결정되는 경우가 많다.

(d) 교량 상부구조의 단면 형식에 대한 검토

교량의 상부형식은 교량의 평면 형상 및 경간 길이에 의해 결정하는 것이 일반적이며 경우에 따라서는 구조적 모순이 있어도 경제적인 이유, 시공성 때문에 Precast Beam 형식을 적용하는 예도 있다.

일반적으로 I/C, J/C에 있는 연결로에 적용할 수 있는 교량 형식은 다음과 같다.

a) 박스거더 형식
   ⓐ 강박스거더 : 단박스거더 형식
   ⓑ 강박스거더 : 2주형박스 형식
   ⓒ PSC B박스거더 : 단박스거더 형식
b) Pre-cast Beam 형식
   ⓐ PSC 박스거더
   ⓑ Pre-cast Beam(Pretension 방식)
c) I-형 강거더
d) 슬래브 형식(RC. PSC 슬래브)
e) 기타 T-형 RC, PSC교 형식

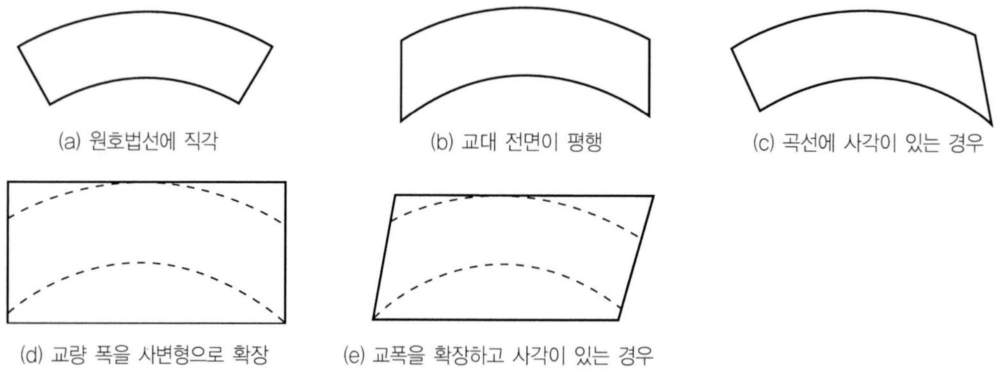

그림 5.2.30 교량의 평면선형이 곡선일 때 단순교에서 평면형상

(e) 지점 조건에 대한 검토

일반적으로 단순 곡선교에서는 교량받침 배치 방법에 따라 곡선내측 받침에 부반력(Up Lift Reaction)이 발생한다. 구조해석 단계에서 여기에 대한 확인이 필요하며 부반력은 아주 특수한 상황이 아니면 발생하지 않도록 하는 것이 바람직하다. 교량받침으로는 부반력을 제어한다고 생각하는 것은, 교량폭이 적은 교량에서는 곡선외측 교량받침에 무리한 작용력이 발생하여 교량받침의 파괴를 유발하고, 전도에 대한 안전성도 확보되지 않으므로, 지양하는 것이 바람직하다.

(f) 교량상부 구조의 전도에 대한 검토

교량상부 구조의 전도에 대한 검토는 평면곡선 외측에 설치한 교량받침 중심선을 기준축으로 하여 무게중심을 계산하여 전도에 대한 안전성을 확인하는 것이다.

전도에 대한 검토시 안전율에 대한 설계기준은 설정되어 있지 않으나 가급적이면 고정하중만 작용시에는 Fs = 1.5이상, 활하중 작용시에는 Fs = 1.2이상은 되어야 한다.

전도에 대한 안정계산은 다음 그림 5.2.31과 같이 수행한다.

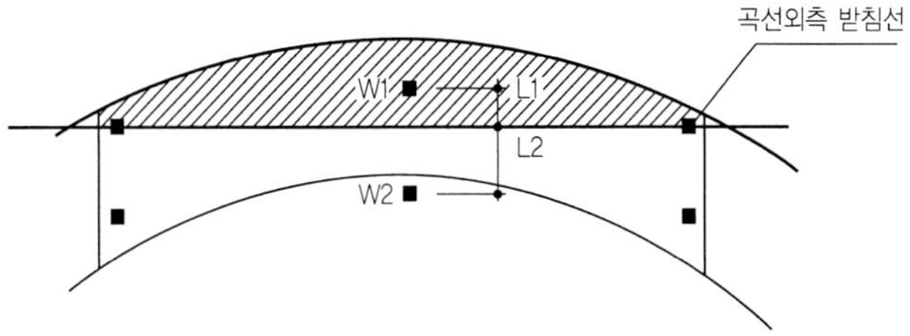

- 전도 모멘트 : $Mt = W1 \times l1$
- 저항 모멘트 : $Me = W2 \times l2$
  W : 중심선을 기준으로 한 중량
  l : 단면의 무게중심까지 거리
- 전도에 대한 안전율 : $Fs = \dfrac{M_c}{M_t} \geq 1.2 \sim 1.5$

그림 5.2.31 교량상부 구조의 전도에 대한 검토

② 전도방지 대책 방안

(a) 교량의 평면형상이 그림 5.2.34의 (a), (b), (c)인 경우에서 강박스 거더를 단박스로 계획할 때는 다음과 같은 방안이 있다.

a) 외측 cantilever 바닥판의 길이를 내측보다 적게 하는 방안으로 그림 5.2.32(b)와 같이 계획한다.

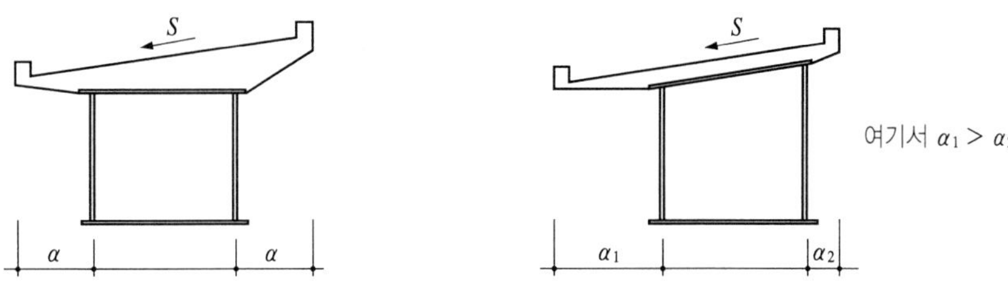

그림 5.2.32 전도 방지방안(1)

b) 박스 단면을 일반적인 상자형으로 하고 외측 Cantilever 바닥판 길이를 내측보다 적게하고 내측 바닥판에 Counter Weight를 설치하는 방안

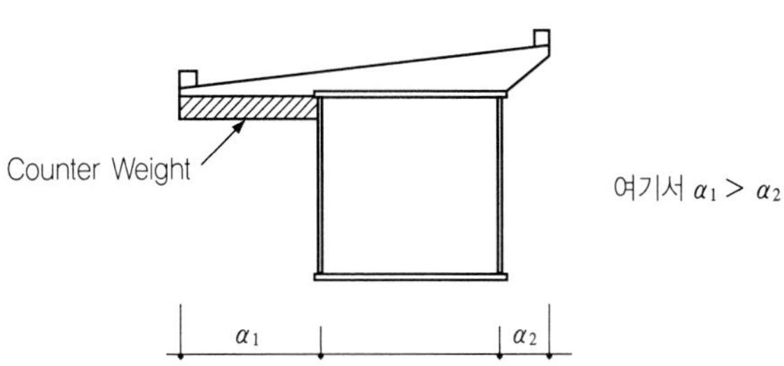

그림 5.2.33 전도방지를 위하여 Counter Weight를 설치하는 방안

c) 2주형 박스거더로 계획하려고 할때 내측 박스거더내의 일부분을 콘크리트로 채움을 하여

Counter Weight 역할을 하게 하는 방안

d) 다음 그림 5.2.34(b)와 같이 평면곡선 외측에 Bracket를 설치하여 받침의 위치를 이동시켜 전도에 대한 저항 모멘트를 크게 하여 안전성을 확보하는 방안

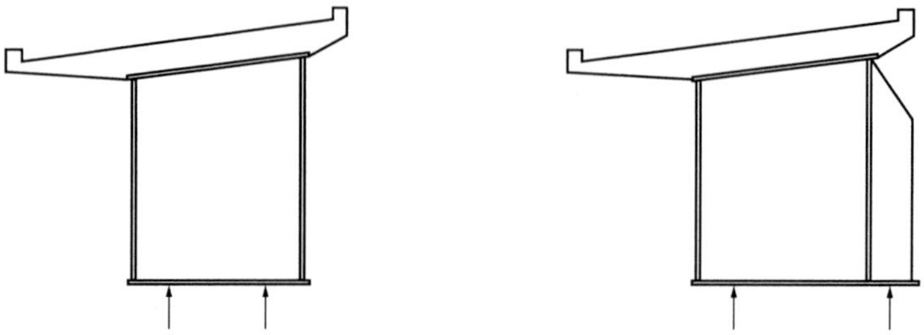

(a) 일반적인 받침설치 방안 (b) 외측에 Brachet(out leg) 설치받침 이동방법

그림 5.2.34 Brachet 설치방법

e) 그림 5.2.35(c)와 같이 별도의 전도방지 Girder를 설치하는 방안

상기의 전도방지 방법 중 한 가지 방안만을 적용해야 하는 것은 아니며 서로 복합적으로 검토하여 2가지 방안 이상을 적용하여 확실한 안전성을 확보할 수도 있다.

(b) 그림 5.2.30의 평면형상 (d), (e)는 ①항의 전도방지 대책으로 처리가 곤란한 경우에 Beam, Girder 형식의 교량에 적용할 수 있다. 다만 이때 상부구조의 높이가 다리밑 공간의 시설한계에 제약이 있는지 여부를 검토하여야 한다.

③ 곡선 단순교 교량 길이 결정에 있어서

현장 여건을 세심하게 조사하고 가능한 교량길이를 사전에 검토한 후 상기 ②항의 대책방안으로 단순교가 가능한지를 판단해야 하며 위 대책방안으로 처리가 불가능하면 교차시설의 횡단면을 검토하여 2-Span 내지 3-Span 교량으로 계획하거나 주변 여건을 재검토하여 도로의 평면곡선 반경을 크게 하는 방안을 검토하여 교량 길이를 결정하여야 한다.

④ 다음 그림 5.2.35는 단순곡선교의 경우에 대한 예를 나타낸 것이다.

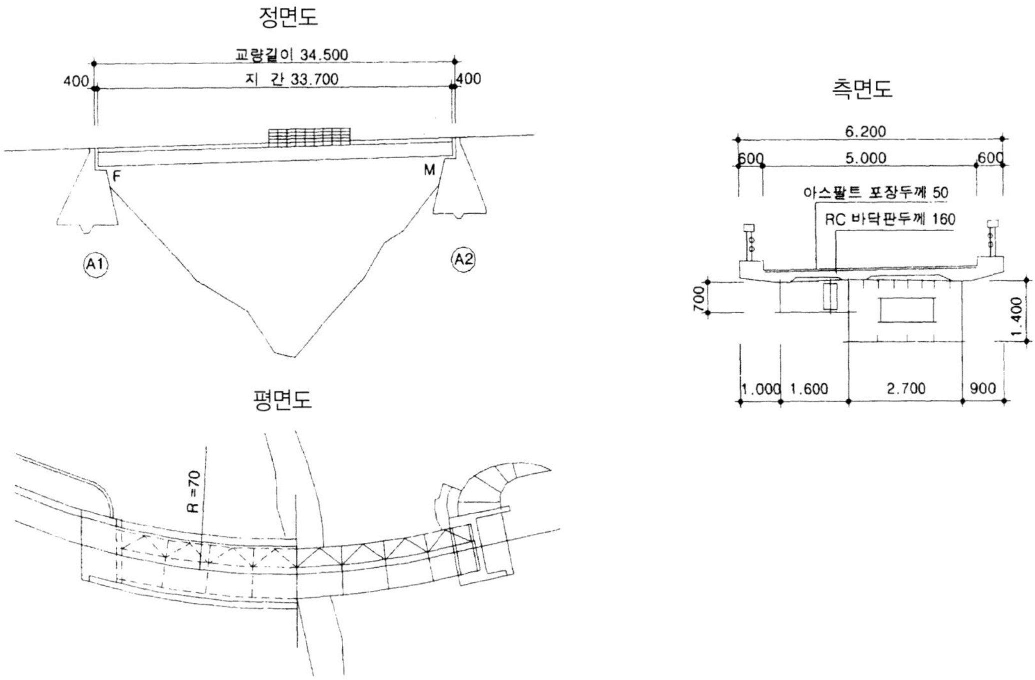

(a) Counter Weight 설치하는 경우

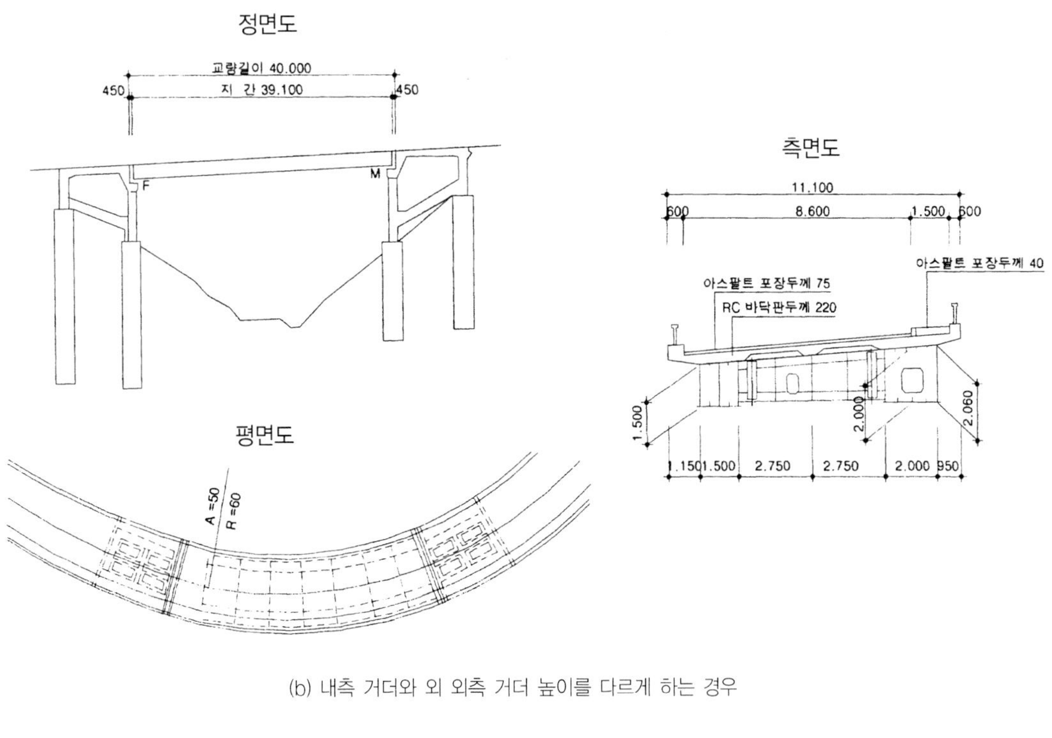

(b) 내측 거더와 외 외측 거더 높이를 다르게 하는 경우

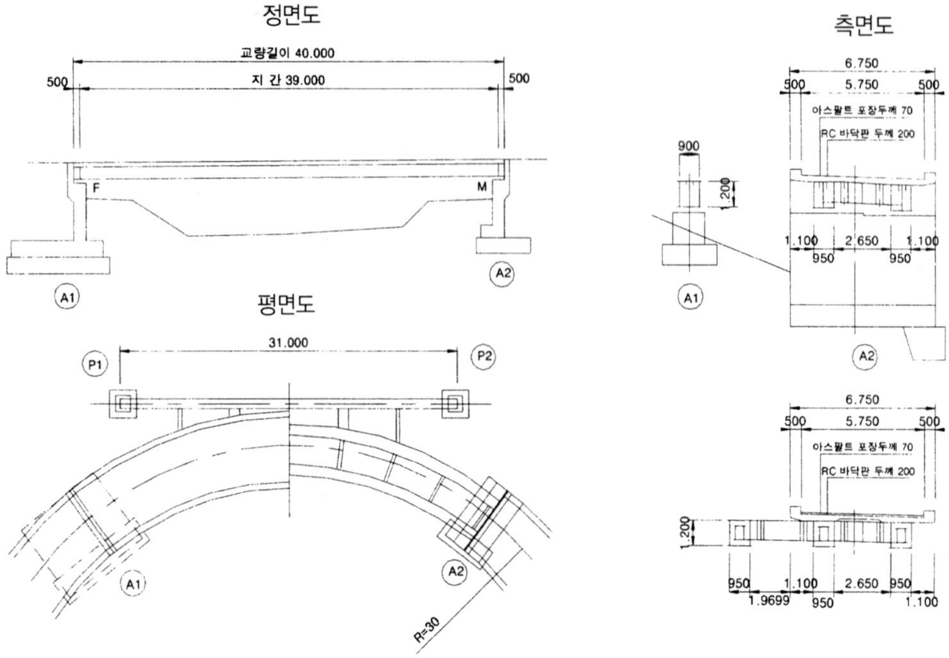

(c) 전도방지 Girder를 설치하는 경우

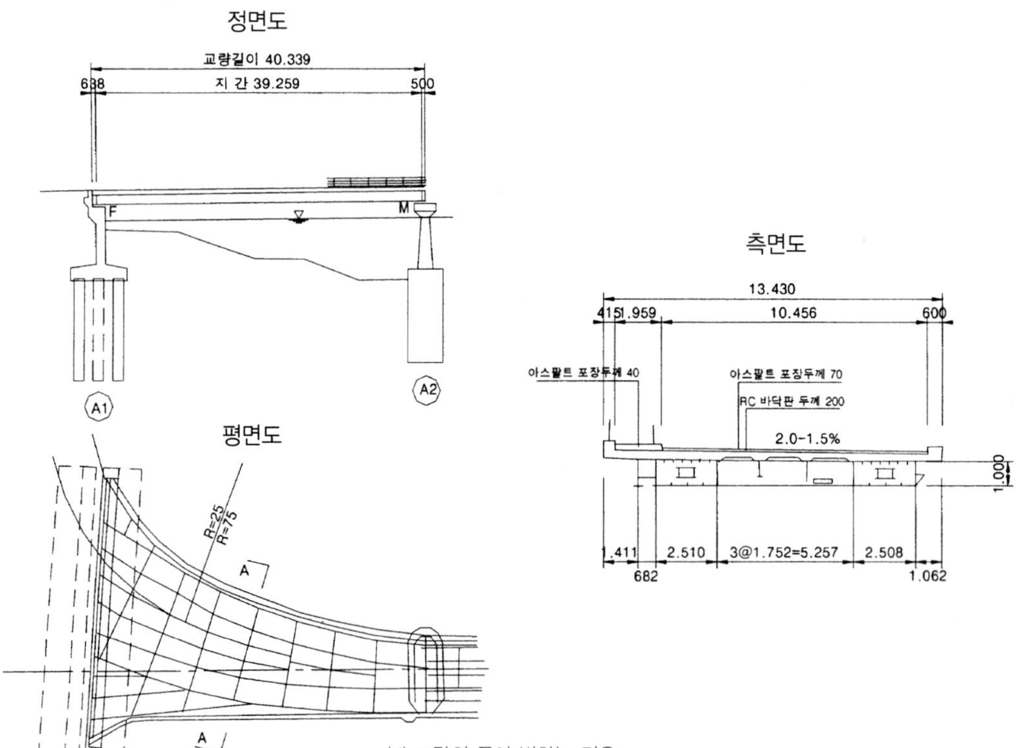

(d) 교량의 폭이 변하는 경우

그림 5.2.35 곡선 단순교의 예

5.2.6 교량의 다리밑 공간

(1) 개요

계획 · 설계, 가설하고자 하는 교량의 교차시설인 도로 · 철도 · 하천 · 항로 그리고 기타 시설을 횡단할 때 다리밑에 일정한 공간을 확보하여야 하며, 이들에 대해 확보하여야 할 공간이 각각 다르기 때문에 관련 횡단시설에 대하여 시설기준을 검토하여 적정한 시설한계를 설정하여야 한다.

시설한계 또는 건축한계라 함은 도로 · 철도 · 항로를 통행하는 차량 · 보행자 · 자전거, 열차, 선박이 안전하고 쾌적하게 운행하기 위한 최소의 일정 폭 · 높이 범위 내에는 장애가 될 만한 시설물을 설치 못하게 하는 공간 확보의 한계를 법으로 규정하고 있는 것을 말한다.

따라서 시설한계 내에는 교대, 교각은 물론 교량점검시설, 조명시설, 신호기기, 도로표지판, 가로수, 전주, 항로표지, 충격방호시설 등의 제반시설을 설치할 수 없다. 시설한계의 폭을 결정할 때는 각종 시설의 설치 계획에 대하여서는 충분한 검토를 하여야 한다.

하천교의 경우에는 계획홍수량에 의해 다리밑 여유고 및 교량의 경간 길이를 규정하고 있으며, 이는 계획홍수량을 교량이나 주변에 피해없이 안전하게 유하시키기 위하여 홍수시 하천에서 발생할 수 있는 여러 가지 불확실한 요소들에 대한 안전값으로 주어지는 공간이다.

다리밑 공간은 단순히 교량의 공용시 교차시설물을 통과하는데 필요한 공간뿐만 아니라, 도로 · 철도 · 항로를 횡단하는 경우에 교량건설기간 중이나 장래유지 관리시에 작업비계 설치를 위한 여유 공간을 두는 것이 중요하며 도로를 횡단하는 경우에는 장래에 하부도로의 재포장두께도 감안하며 차량의 진동에 의한 충격을 예방할 수 있는 여유 높이를 두는 것이 좋다.

또한 기존도로 및 철도의 평면선형이 곡선인 경우에는 운전자의 안전 시거 확보 및 자동차 운전습관, 항로를 횡단하는 경우에는 조선자의 심리적 영향 등도 고려하여 충분한 폭을 확보하는 것이 장래의 안전사고 예방측면에서 중요한 사항이다.

교량의 기본계획 단계에서는 제 4장 예비조사 단계에서 조사한 내용을 엄밀히 검토 · 분석하고 관련 장래계획을 충분히 검토 후 관련기관과의 협의를 통하여 다리밑 공간을 결정하여야 한다.

(2) 교량의 다리밑 높이 산정

타당성조사 단계(기본계획)에서 도로의 종단선형계획을 할 때 도로 전문기술자는 교량가설 위치에 대하여 사전에 교량형식별 상부구조에 대한 지식을 갖고 있어야 하며, 특수교량을 가설하지 않으면 안 되는 지역에 대해서는 교량구조 기술자와 사전에 협의하여 계획에 대한 충분한 자료를 확보하여야 한다.

교량의 다리밑 높이 산정시에는 다음의 사항을 고려하여 검토하여야 하며, 설계자가 교통시설물, 하천, 지장물을 횡단하는 교량을 계획할 때에는 다리밑 높이 산정 착오로 인하여 도로 전체 또는 일부를 재검토하여야 하는 경우가 있으므로 도로종단 계획시 이점을 명심하고 세심한 주의를 하여야 한다.

1) 기존도로 및 계획도로를 횡단하는 경우

차도부의 시설한계는 「도로의 구조 · 시설 기준에 관한 규칙」 제 18조〈시설한계〉 제 1항, 제 2항에 규정되어 있으며, 차도의 시설한계높이는 4.5m이상으로 한다 라고 되어 있으며 동계적설에 의한 한계높이 감소 또는 도로포장 덧씌우기 등이 예상되는 경우에는 도로노면에 직각방향으로 4.7m이상으로 계획하는 것이 바람직하다.

「한국도로공사 설계기준」에서는 설계차량 높이를 4.7m이상으로 하고 가급적이면 5.0m로 하는 것을 권장하고 있다.

보도, 자전거도 및 자전거 보행자도의 시설한계는 「도로의 구조 · 시설 기준에 관한 규칙」 제 18조 제 2항 별표-2에 따른다.

이에 대한 "시설한계"는 제 2장 2.1.1(5) 표 2.1.9, 표 2.1.10을 참조한다.

① 고려사항

(a) 상부 구조의 높이 :

상부구조의 높이는 여기서 포장면 상단에서 상부구조 하면까지의 높이를 말하며 상부구조 하면에 Haunch를 크게 설치하거나 미관을 위하여 종곡선을 두었을 때는 검토하고자 하는 위치의 상부구조의 높이를 말한다.

(b) 상부 교량면의 편경사(편구배) :

교량의 평면선형에 따라 편경사가 변화하게 되므로 편경사도가 큰 곳, 종단경사에서 가장 낮은 곳에서 고려한다.

(c) 상부도로의 종단경사 :

종단계획고가 가장 낮은 곳에서 고려한다.

(d) 하부도로의 종단경사 및 편경사 :

계획하고자 하는 교량의 폭 범위 내에서 하부도로의 편경사 및 종단경사에 의해 지표고가 가장 높은 곳에서 높이를 산정한다.

(e) 도시고가교에서 하부도로를 이용하거나 좌회전 차선의 설치가 불가피 한 경우에는 교량 받침 높이와 교각 멍에보(coping) 높이를 고려한다.

② 검토, 협의사항

(a) 계획하고자 하는 교량이 사교의 경우 :

계획하고자 하는 교량의 종단선형의 계획고가 가장 낮고, 평면형상에서 둔각부 또는 예각부에서 하부도로 지반고가 가장 높은 곳을 선정하여 검토한다.

(b) 계획하고자 하는 교량이 곡선교의 경우 :

평면선형의 곡선 내측 하단지점의 수직 하단에서 하부도로 지표고가 가장 높은 지점을 선정하여 검토한다.

(c) 하부도로의 평면선형이 곡선이고 종단경사가 있는 경우 :

하부도로의 외측의 지표고가 가장 높은 지점과 상부구조 편경사, 종단경사를 고려하여 가장 낮은 지점에서 검토하여야 한다.

(d) 기존도로의 장래 확장 계획이 있는 경우 :

기존도로의 전후 선형 및 지형을 검토하여 장래 확장시 종단계획고 변경가능 여부, 확장에 따른 편경사 변화 가능여부 등에 대하여 관련기관과 충분한 협의를 하여 협의 결과에 대하여 발주청에 보고하고 검토하여야 한다.

(e) 하부도로 이용자에 대한 안전시설을 하는 경우 :

계획하고자 하는 교량의 하부도로의 시설 한계를 만족하도록 종단계획이 되었다고 하여도 교량 상부구조 가설시 장래 강교의 재도장시 및 유지관리를 위하여 비계를 설치할 수 있는 여유 공간을 두는 것이 바람직하다. 이와 같은 여유 공간의 설치시는 교량 자체 공사비 뿐만 아니라 교량가설 지점 전후의 도로공사비 및 용지 보상비가 추가로 증가하게 되므로 이에 대해서는 발주청과 협의하여 여유 공간의 범위를 결정하여야 한다.

다음 그림 5.2.36은 「일본의 교량건설협회」에서 제안한 기준이며 주형밑의 여유 공간이 60cm 정도이면 작업하는데 있어서 최소 공간이 되므로 최소한 비계 등의 치수를 합하여 최소한 90cm 정도의 여유 공간을 두는 것이 바람직하다.

단, 강교의 재도장 및 유지관리시 높은 운행차량을 우회시킬 수 있는 도로가 있으면 이 항에 대하여 검토할 필요가 없다.

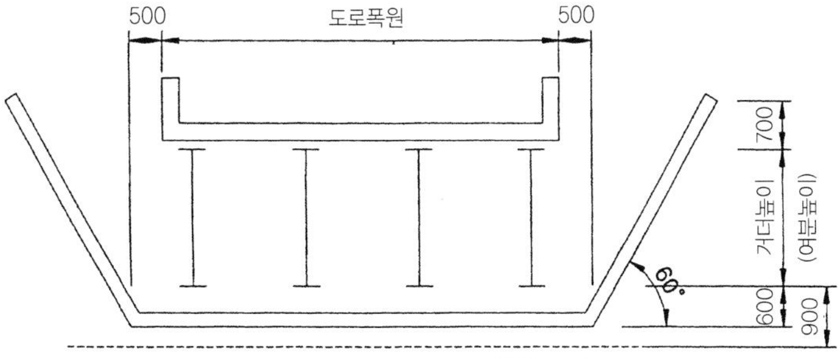

그림 5.2.36 다리밑 비계공을 위한 여유 공간

2) 철도를 횡단하는 과선교의 경우(건축한계)

건축한계란 차량한계 내에 차량이 안전하게 운행될 수 있도록 궤도상에 일정한 공간을 확보하는 한계로서 정거장 홈, 신호기, 터널 등 일체의 건물이나 시설물이 건축한계 내측으로 들어오는 것이 허용되지 않는다.

「철도건설규칙」〈국토해양부령 제 163호〉 2009.9.1. 제 14조〈건축한계〉 제 2항에 의하면 철도를 횡단하는 과선교 및 시설물이 설치되는 구간에서 7010mm 이상을 확보해야 한다고 규정하고 있다. 이에 대한 사항은 제 2장 2.1.1(5) 2)항과 그림 2.1.3을 참조한다.

① 고려사항

(a) 상부구조의 높이: Rail 상단에서 상부구조 하면까지의 높이를 말하며 상부구조 하면에 Haunch를 두었거나 종곡선을 두었을 때는 검토하고자 하는 지점의 상부구조의 높이

(b) 상부교량면이 켄트량: 도로를 횡단하는 경우와 동일

(c) 상부도로의 종단경사: 도로를 횡단하는 경우와 동일

(d) 기존 철도의 종단경사: 계획하고자 하는 교량의 폭 범위 내에서 철도 Rail의 표고가 가장 높은 곳에서 고려한다.

(e) 기존 철도의 평면선형: 평면선형이 곡선일 때 캔트 값 및 종단경사를 고려한다.

② 검토 · 협의사항

(a) 계획하고자 하는 교량이 사교인 경우 :

계획하고자 하는 교량의 종단선형의 계획고가 가장 낮고 평면형상에서 둔각부 또는 예각부에서 하부 철로의 Rail 상단고가 가장 높은 곳을 선정하여 검토한다.

(b) 계획하고자 하는 교량이 곡선교인 경우 :

평면선형이 곡선 내측 하단 지점의 수직하단에서 하부철로의 Rail 상단고가 가장 높은 지점을 선정하여 검토한다.

(c) 하부 철로의 평면선형이 곡선이고 종단경사가 있는 경우 :

계획하고자 하는 교량의 폭 범위 내에서 하부 철로의 Cant 값, 종단경사를 고려하여 Rail 상단고가 가장 높은 위치에서 검토한다.

(d) 기존 철로의 선형개량 및 증선 계획이 있는 경우 :

장래 전철화 계획에 따른 고압 가공선의 높이, 선형개량에 따른 노반승상계획, 장래증선계획에 따른 종단계획 조정에 대하여 철도청과 협의하여 협의 결과를 발주청에 보고하고 검토하여야 한다.

(e) 열차 안전 운행을 위한 안전가시설을 하는 경우 :

계획하고자 하는 교량의 하부 철도의 건축한계를 만족하게 도로의 종단계획을 하였다고 하여도 교량가설, 재도장 및 유지관리를 위하여 비계를 설치할 수 있는 여유 공간을 확보하는 것이 바람직하다. 이와 같이 여유공간을 설치할 경우에는 교량자체 공사비 뿐만 아니라 교량가설 지점 전후의 도로 공사비 및 용시 보상비가 추가로 증가하게 되므로 이에 대하여 철도시설관리공단과 여유공간 확보방안을 협의하고 이 결과에 대하여 발주청과 협의하여 여유공간의 범위를 결정하여야 한다.

다음 그림 5.2.37과 표 5.2.9는「일본의 국유철도」의 예이므로 교량계획시 참고하기 바란다.

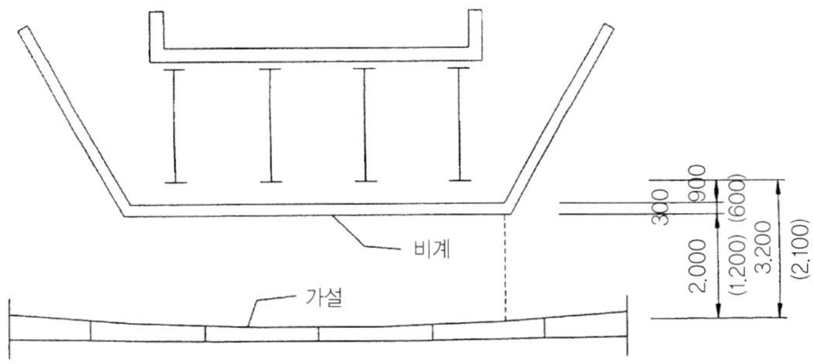

(주) ( )안의 수치는 최소로 필요한 수치임

그림 5.2.37 철도 가공선과 비계하면까지 이격거리

⊙ 표 5.2.9 주형밑의 여유 공간 높이

J · R 기준	2000mm
J · R의 최소값	1200mm

3) 하천을 횡단하는 교량의 경우

하천을 횡단하는 교량의 여유 높이는 교량가설을 전제로 하여 산정한 설계홍수위로 부터 충분한 여유고를 확보하여 제방의 안전성에 영향이 미치지 않도록 결정하여야 한다.

여유높이는 계획홍수량에서 교량받침 하단면 즉, 받침면까지의 높이를 말하며, 라멘교의 경우에는 슬래브의 헌치 하단까지의 높이를 말한다.

주운수로에 설치된 교량의 다리밑 공간 높이 결정은 수로를 항해하는 선박의 형태 및 전재된 하물형태를 기초로해서 결정한다. 특히 콘테이너 선인 경우에는 콘테이너(Container) 규모가 다리밑 공간높이 설정에 결정적인 요소가 되고 있으므로 이를 반영하여 결정하여야만 한다. 수로를 통한 콘테이너 수송에서 콘테이너는 운항가능 최고수위(N.H.W.L)에서의 교량의 다리밑 높이를 설정하여야 한다.

이에 대한 시설기준은 제 2장 2.1.2 표 2.1.30, 표 2.1.31, 표 2.1.33를 참조한다.

① 고려사항

(a) 교량상부 구조 높이 :

여기서 상부구조 높이는 교량 포장면 상단에서 교량하부 구조 하면까지를 말하며, 상부구조 하면에 Haunch 또는 곡선을 설치하였을 때 또는 직선으로 하였을 시에도 교각부(Bent Part) 또는 교대부의 높이를 말한다.

(b) 상부 교량면의 편경사 : 도로를 횡단하는 경우와 동일

(c) 상부 도로의 종단경사 : 도로를 횡단하는 경우와 동일

(d) 교량의 계획고 :

여기서 교량의 계획고란 교각이나 교대에서 교량상부구조를 받치고 있는 교량받침 하단부이 Elevation을 말하며 이는 제방고 또는 제방계획고 보다 낮아서는 안 된다.

(e) 교량가설지점의 여유고는 파랑이나 홍수시 이송잡물 등의 영향으로 수위상승은 이보다 높아서는 안 되고, 교량에 유지관리 통로가 있을 경우 이에 대한 여유고도 충분히 확보하여야 한다.

(f) 주변의 여건상 치수에 문제가 없는지의 여부를 정밀하게 분석 · 검토한 후 신중하게 결정하여야 한다.

(g) 계획홍수량이 50㎥/sec 이하이고 제방고가 1.0m이하인 하천에서는 다리밑 공간높이를 0.3m 이상을 확보해야한다.

(h) 계획홍수위에 파랑의 영향을 고려하여 파랑고가 여유고 보다 높은 경우에는 파랑고를 여유고로 한다.

(i) 계획 홍수위 :

제 3장에서 조사한 수문에 관한 자료에 의한 홍수위 또는 수문분석에 의한 계획 홍수위, 여기에는 하천 합류부에 가설하는 교량의 경우 Back water에 의한 수위 상승과 교각 신설에 의한 하천폭 축소에 따른 수위상승 높이도 포함하여 고려한다.

(j) 주운 계획이 있는 경우 : 운행 또는 운행계획의 선박에 대한 마스트 높이를 고려한다.

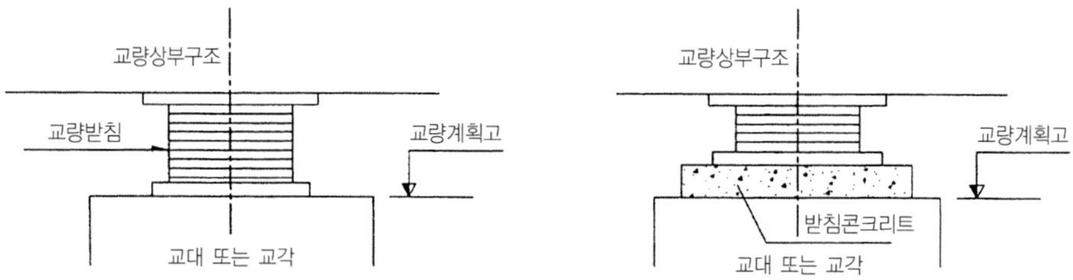

(a) 교량받침의 교각 또는 교대 직접 설치하는 경우 (b) 교량받침 하단에 받침콘크리트 있는 경우

그림 5.2.38 교량받침 설치방법에 따른 교량 계획고(제방고)

② 검토 · 협의사항

(a) 하천 정비 기본계획에 대한 검토 :

기본계획이 수립되었다고 하더라도 기본계획 수립 이후 상류부에 지형변화 즉 대단위 도시정비, 단지개발, 택지개발이 많은 경우에는 강우에 대한 유출량이 다르기 때문에 계획홍수위에 대한 재검토가 있어야 한다.

(b) 하천 정비가 되어 있지 않은 하천의 경우 :

하천에 대한 수문분석과 더불어 현지에서 홍수의 흔적 조사 및 주민들에 의한 청문조사를 실시하여 비교 검토한다.

(c) 제방에서 여유고는 파랑이나 홍수시 이송 잡물 등의 영향으로 일시적인 수위상승이 발생하였을 때

라도 제방을 월류 못하도록 정해진 높이로서 홍수시 이송잡물에 의한 교량지점에서의 수위 상승은 이보다 높아지게 된다. 상류에서 다수의 이송잡물이 떠내려올 가능성이 있는지 여부를 조사하여 다리밑 여유고에 대한 검토를 하여야 한다.

(d) 주변의 여건상 부득이 교량의 계획고(교량받침 하단면)를 제방고 낮게 하여야 할 경우에는 제방 및 교량의 안전성과 치수에 문제가 없는지 여부를 정밀하게 분석 · 검토한 후 하천 관리자와 협의하여 결정하여야 한다.

(e) 교량가설위치 상류부에 산사태 위험지구 및 사면 붕괴위험지구로 지정되어 있거나, 예측되는 경우 토석 유출에 의한 하상퇴적으로 통수단면 감소여부를 검토하여 수위상승에 따른 교량계획고 조정 여부 협의하여야 한다.

(f) 교량의 종단경사가 급한 경우에는 교대에 설치한 교량받침 중에서 가장 낮은 교량 받침 하단면에서 검토한다. 다음 그림 5.2.39는 교량의 다리밑 공간(여유높이) 검토 지점을 나타낸 것이다.

(g) 주운수로에 설치하는 교량의 경우 교량이 다리밑 공간높이(형하고) 결정은 수로에 운행하는 선박의 형태 및 적재된 화물형태를 기초로 하여 계산하여야 한다. 특히 콘테이너선일 경우 콘테이너 규모가 다리밑 높이의 결정에 결정적인 요인이 되고 있으므로 이에 대한 조사 및 검토를 하여 결정하여야 한다.

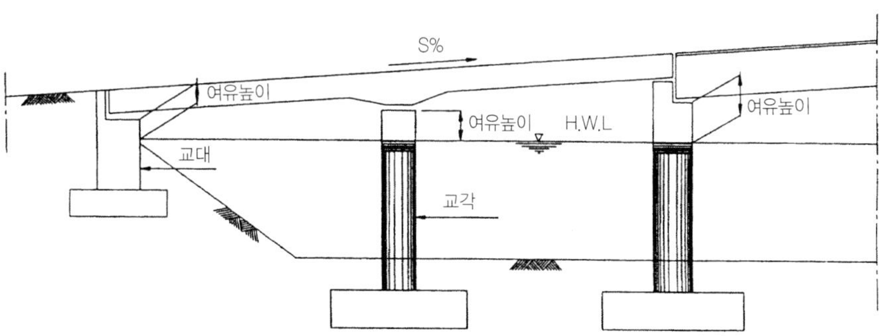

그림 5.2.39 하천교의 다리밑 공간높이 검토지점

(h) 교량상부 구조 점검시설 :

교량상부 구조의 점검을 위하여 교량 종방향으로 주거더하단에 돌출되게 점검시설을 설치하는 경우 또는 이동식 고정식 점검시설을 설치하는 경우에는 점검시설 설치 필요성 설치방법 등을 발주청과 협의하여 결정하고 점검시설에 대한 여유공간을 결정하여야 한다.

4) 바다(항로, 항만)을 횡단하는 교량

항로를 횡단하는 경우의 다리밑 여유높이 및 마스트높이에 대한 설계기준은 철도설계기준(철도교 편)과 어항 및 항만설계기준에 있으며 이에 대한 사항은 제 2장 2.1.2(1), 21)항에 있다.

실제로 운행되고 있는 선박의 마스트 높이 예를 다음 표 5.2.10에 나타내었다.〈참고 바람〉

⊙ 표 5.2.10 각종 선박의 마스트 높이 (실제)(1)

(단위 : m)

선 종	선 명	톤 수	선저로부터 마스트 높이	만 재 흘 수	경 흘 수	곡선시의 수면에서의 높이
여객선	Queen Merry	81,237 G/T	72.3	11.6	9.3	63
〃	Cambernia	45,000 G/T	64.0	9.7	7.0	57
〃	Carornia	34,183 G/T	67.3	9.4	7.1	60
〃	Arcadia	26,665 G/T	56.9	9.1	7.0	50
〃	Iberia	29,614 G/T	56.9	9.1	6.8	50
〃	Orsova	28,790 G/T	51.2	9.4	6.8	44
〃	Orcades	28,396 G/T	57.6	9.1	7.0	51
화물선	Himalaya	27,995 G/T	56.7	9.1	7.0	50
〃	Oronsay	27,632 G/T	56.9	9.4	6.8	50
〃	Cheesan	24,261 G/T	59.4	8.8	6.6	50
〃	Neradamaru	10,193 G/T	40.5	9.4	2.5	38
유조선	Toryomarue	96,193 G/T	57.0	16.0	4.7	52
군함	레인져	60,000 G/T	67.2	10.8		57
〃	샹쿠리라	33,000 G/T	74.1	9.7		65
범선	Nipponmaru	2,300 G/T	54.0	6.0	2.0	48
〃	Kaiomaru	2,300 G/T	54.0	6.0		48
작업선	200t 해상크레인		직립시 67.0			65
			경사시 49.0			47

(주) 수면에서의 마스트 높이는 Trim, 진동 등에 의해서 다소 변동한다.

① 고려사항

(a) 계획하고자 하는 교량 형식 :

상로 아치교, 트러스교, 하로 아치교, 사장교, 현수교, Girder교 등

(b) 항로 범위내의 교량상부구조의 높이

(c) 교량의 편경사 및 종단경사

(d) 통행선박의 공선시 최대 마스트 높이 :

선박의 마스트 높이는 항로에 운행되고 있는 선박의 선형(총톤수)에 따라 높이가 다르므로 해운항만청의 관계자와 협의하여 결정한다.

(e) 파고, 조석에 의한 영향 :

(f) 여유고(조선자의 심리적 영향) : 여유고를 설정하는 것은 관계자와 협의하여 결정한다.

(g) 선박의 Trim

(h) 기본수주면(DL), 평균해면(M.S.L), 대조평균 고조위(H.W.O.S.T)

(i) 다리밑 높이는 대조평균 고조위(H.W.O.S.T)에서 해당 수역을 이용하는 선박의 공선시 수면에서 마스트 높이를 고려한다.

② 검토 · 고려사항

(a) 항로의 기본 수준면(DL)은 지방에 따라 다르므로 항로 관리자와 협의하여 결정하고 또한 지정항의 항만 구역 외의 구역에 있어서는 지형, 기상 등을 고려하여 가장 가까운 지점의 기본수준 표석 또는 지정항만에서 사용하고 있는 기준 수준면을 이용한다.

(b) 교량 구조가 아치형태의 교량인 경우에는 항로폭의 외측에서 아치Rib 하단까지 높이를 산정하여 대조평균 고조위까지 여유 높이에 대하여 검토하여야 한다.

(c) 선박의 마스트 높이를 고려한 다리밑 높이는 항만청 관리자와 협의하여 결정한다.

(d) 종단경사가 있는 경우에는 교량계획고가 가장 낮은 항로 경계에서 검토한다.

(e) 경간이 긴 장대 교량에서는 활하중에 의한 처짐량도 크기 때문에 처짐까지 감안한 여유고를 검토한다.

(f) 표 2.1.35에 2~3m 정도 여유 높이를 확보하는 것이 바람직하다.

(g) 파고의 영향은 설계파고의 1/2 정도 높이를 고려한다.

(h) 선박의 Trim의 영향은 통행선박 길이의 0.25% 정도 고려하여 검토한다.

(3) 교량의 경간 분할(지간분할)

기본계획 단계에서 교량의 경간 분할은 제 5장 5.1.5(4)항에서 결정된 교량의 길이를 기초로 하여 예비조사 결과 즉, 관련계획, 기존자료 조사, 현지답사 및 조사결과를 근거로 검토한다.

교량의 경간 길이는, 하천내에 계획하는 교량(하천교)의 경우에는 치수상의 문제가 없도록, 또 운항계획이 있는 하천에서는 선박의 운항에 지장이 없도록 결정되어야 하며, 도로 및 철도를 횡단하는 고가교의 경우에는 시설한계(건축한계)규정을 만족하도록 결정되어야 하지만 이외에 외적인 요건에 의해 경간이 결정되는 경우도 있다. 또한 바다를 횡단하는 교량 즉, 연도교, 연육교의 경우는 항로폭, 항행하는 선박의 톤수, 해저에 매설되어 있는 pipe line 및 해저 지형조건에 따른 시공성에 의해 경간을 결정하고 있다.

기타의 경우에는 지형적인 요인, 지장물 및 경제성을 고려하여 경간을 분할하고 있다. 지형적인 요인은 지세가 험준하여 교각의 시공이 불가능하거나 공사용 도로건설비가 고가 또는 환경피해가 큰 경우를 말하며 지장물에 의한 요인은 지장물 이설비가 교량 공사비보다 고가이거나, 이설이 불가능한 경우이며, 경제성은 광의적인 의미에서 재료비, 시공비, 기타의 건설공기, 안전성, 장래의 유지관리비(Maintenance cost), 지역개발의 효과, 수요창출의 효과 등을 종합적으로 고려한 경제적 판단을 말한다. 이들을 수치화하여 객관적인 평가를 한다는 것은 불가능한 일이므로 이들 인자들을 종합적으로 고려하여 판단하여야 한다. 그러므로 대개의 경우, 시공성과 건설공사비를 대상으로 경간 길이를 결정하고 있다. 또한 경간 분할은 교량상부 구조형식에 대하여 미리 착안하여야 기본설계 단계에서 공법에 따른 경간 조정을 최소화 할 수 있다. 여기에서는 교량의 기본설계 단계의 내용까지 포괄적으로 기술하고자 한다.

1) 경제적인 경간 분할

① 경험적인 경간 분할

일반적으로 기본계획 단계에서 예비조사 결과를 기초로 하여 확정된 노선에 대해 도로의 종단도, 평면도가 완성되면 교량계획 위치에 대하여 교량전체 일반도(종 · 평면도) 작성시에 경험적인 방법에 의해 경간을 분할할 필요가 있다.

「일본도로공단, 일본 본서공단」등의 설계기준은 교차지점의 제한 조건이 되는 지장물이나 시설물이 없는 경우에는 다음(5.3)식으로 구한 경간을 경제적인 경간 길이를 구하는 착안 사항으로 제안하고 있다.

$$Lo = (1.0 \sim 1.5) \times \{\text{교각높이} + 1/3(\text{기초공의 심도})\} \qquad (5.3)$$

여기서, 기초공의 심도(깊이)는 직접기초의 경우에는 "0"이다.

저자의 경험으로 볼 때는 식(5.3)의 계수 1.0~1.5는 1.5~2.0으로 하는 것이 더욱 경제적인 경간 길이가 될 것으로 판단된다.

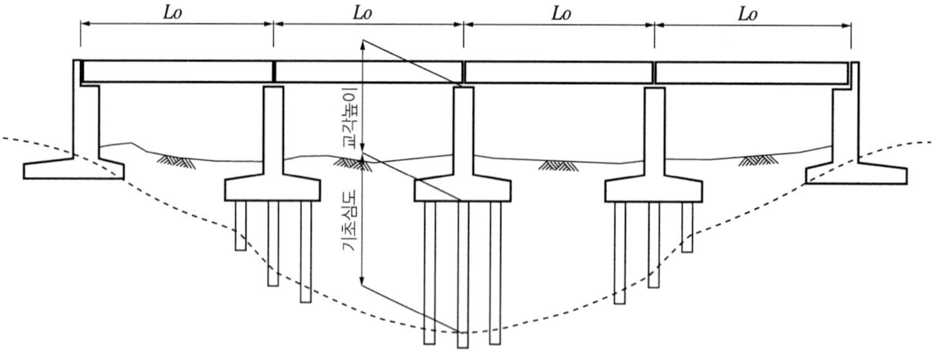

그림 5.2.40

② 수학적 수법을 이용한 경간 길이를 산정 방법

교량의 경간 길이가 길 때는 상부구조의 공사비가 개략적으로 경간 길이(ℓ)의 제곱에 비례하여 증가하며 역으로 하부 공사비는 경간 길이가 길 때는 교각의 개수가 줄어들어 감소한다.

상부구조 공사비와 하부구조 공사비의 합계가 최소가 되도록 결정된 경간 길이를 경제적인 경간 길이라고 한다. 수학적인 수법에 의해서 경간 길이를 결정할 때에 교대는 토압의 하중에 의해 지배를 받으므로 교대의 형상 · 치수는 경간 길이의 결정시, 영향을 주지 아니하므로 거론하지 않는다. 따라서 하부구조 공사비는 교각의 공사비를 대상으로 산출하는 것이 좋다.

수학적인 수법으로 다음 식(5.4)을 만족하는 경간 길이(ℓ)를 경제적인 경간 길이라고 정의한다.

$$\frac{d}{d\ell}\left[\text{상부구조의 1m당 공사비} + \frac{\text{교각1기당의 공사비경간}}{\text{경간길이}(l)}\right] = 0 \qquad (5.4)$$

상부구조의 1m당 공사비는 일반적으로

$Cu = al^2 + bl + c$의 형태로 표시한다.

일차적으로 경험적인 경간 길이를 식(5.3)에서 구하여 그에 따른 교각의 형상, 치수를 가정하고 교각 1기당의 공사비 Cp를 산정한다.

여기서, 식(5.4)를 적분하여 대입하면

$$2al^3 + bl^2 + Cp = 0 \qquad (5.5)$$

형태로 된다.

이 3차 방정식의 해를 구하면 경제적인 경간 길이가 된다.

③ 3점법에 의한 경간 길이를 산정 방법

3점법은 식(5.3)에 의해 경제적인 경간을 가정하여 가정 경간 길이의 전후에 2점의 경간 길이를 정하여 각 안에 대한 상부구조, 하부구조(교각공)의 공사비를 산출한다.

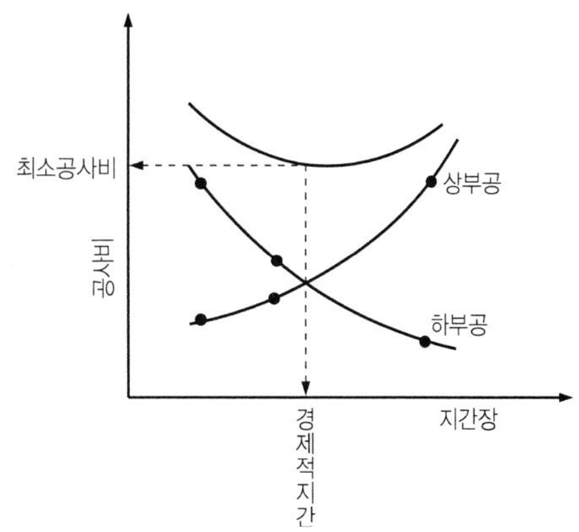

그림 5.2.41

경간 길이와 공사비 관계를 Graph화하여 상 · 하부공의 합계 공사비 곡선의 꼭지점에 있는 경간 길이를 경제적인 경간 길이라고 도출하는 방법이다.

공사비를 산정하는데 있어서 상부구조 공사비는 상부공의 가설비가 포함되어야 하며, 하부구조의 공사비는 교각의 가설비, 기초터파기 및 되메우기 공사비, 가교 공사비 등을 고려하여야 한다.

도시고가교 또는 진동, 소음의 영향이 있는 지역에 교량을 가설할 때는 기초터파기시에 무진동, 무소음 공법, 특수가설공법이 요구되는 경우가 있다.

전체 공사비중에 가설비가 점유하는 비율이 증대하였을 경우에는 시공방법에 따라 경제적인 경간 길이가 변경되는 경우도 있으므로 세심한 검토가 따라야 한다.

3점법에 의한 구체적인 경간 분할의 결정순서는 그림 5.2.42의 순서로 나타낼 수 있다.

통상 전체 공사비 곡선은 포물선이 되며 경간 길이를 10m 정도 변화시켜 공사비에 대한 변화를 추정하면 된다.

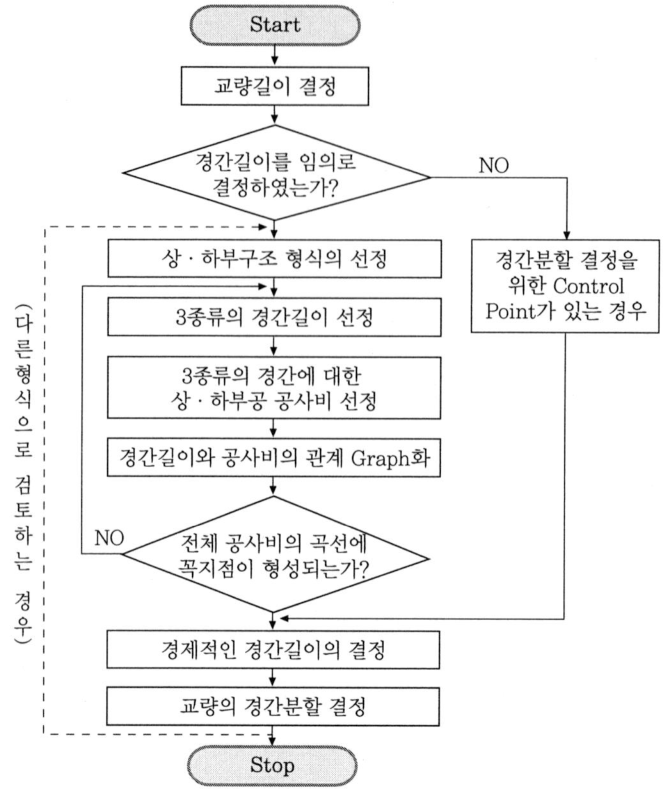

그림 5.2.42 3점법에 의한 경간 분할 결정 순서

2) 기타 방법에 의한 경간 분할

일반적으로 교량의 길이가 결정되면 교량의 전 경간 길이를 일정하게 배치하는 것이 비경제적인 경우가 있다. 다 경간 연속교의 경우에는 교량의 시종점부의 외측경간을 내측경간보다 적게 계획하는 것이 경제적인 설계가 될 수 있고, 경간 분할시 교량 다리밑의 일정 경간에만 시설한계(건축한계)의 제약을 받는 경우에는 일정 경간으로 교량을 계획하는 것은 비경제적이고 미관에도 좋은 효과를 거두지 못하는 수도 있다.

① 제약조건(Control Point)이 없는 연속교의 경우

3경간 이상의 연속교에서는 측경간의 길이를 중앙경간 길이보다 짧게 계획하는 것이 등경간으로 하는 것보다 단면적 균형이 이루어져 경제적이다. 일반적으로 교량계획시 측경간 길이대 중앙경간 길이의 비는 1:1.2~1:1.4 정도가 적용되고 있다(그림 5.2.43).

② 두 개의 표준 경간에 의한 교량의 경우

경간분할 결정에 있어 제약조건을 만족하기 위하여 중앙경간 길이(Li)를 길게 측경간 길이를 짧게 하

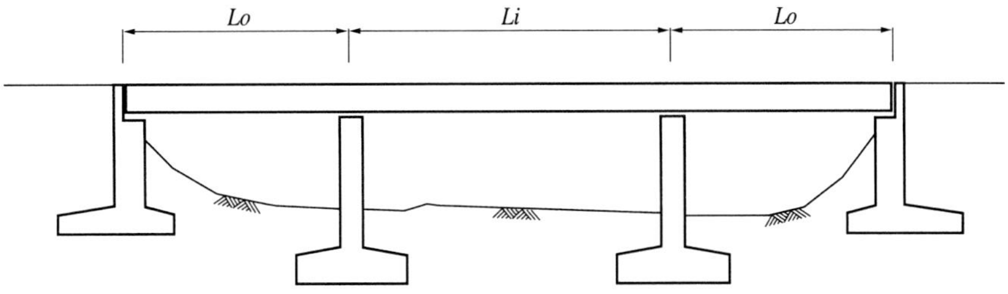

$Lo : Li = 1 : 1.2 \sim 1 : 1.4$

그림 5.2.43 제약조건이 없는 연속교의 경간분할

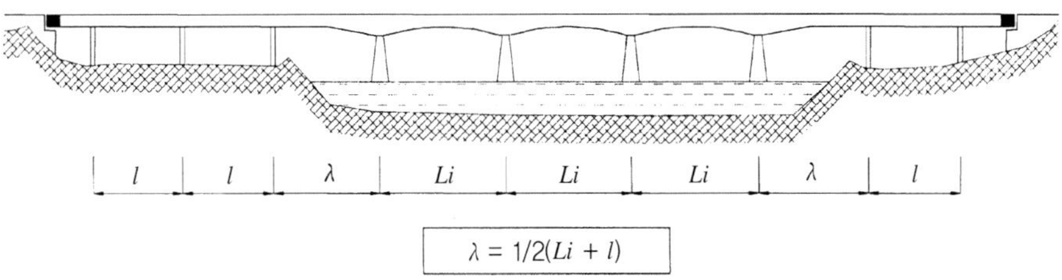

그림 5.2.44 두 개의 표준경간에 의한 교

는 것이 경제적인 때가 있으며 이때 중앙경간 길이(*Li*)와 측경간길이(ℓ)의 평균 길이 또는 그에 가까운 길이 λ의 조정용 경간을 설치하면 단면력의 급격한 불균형이 개선된다.

이와 같이 경간을 분할하는 경우는 대하천의 유심부와 고수부지(둔치)가 있는 곳, 연도교, 연육교 등에 적용하는 것이 바람직하다. 다음 그림 5.2.44는 그 예이다.

여기서, $\lambda = (L_i + l) \times 1/2$이다.

③ 경간의 길이가 변화하는 교량의 경우

일반적으로 폭이 넓고 깊은 협곡 또는 해협을 횡단하는 교량의 경우에는 교각 높이와의 균형을 고려해서 경간 분할에 어느 정도의 규칙성을 가지게 하는 것이 경관에 좋다고 한다.

다음 그림 5.2.45와 그림 5.2.46은 이에 대한 예를 나타낸 것이다.

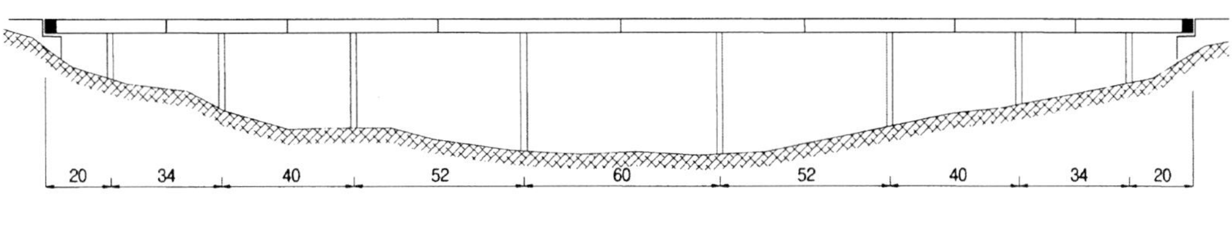

그림 5.2.45 경간 길이가 규칙적으로 변화한 사례

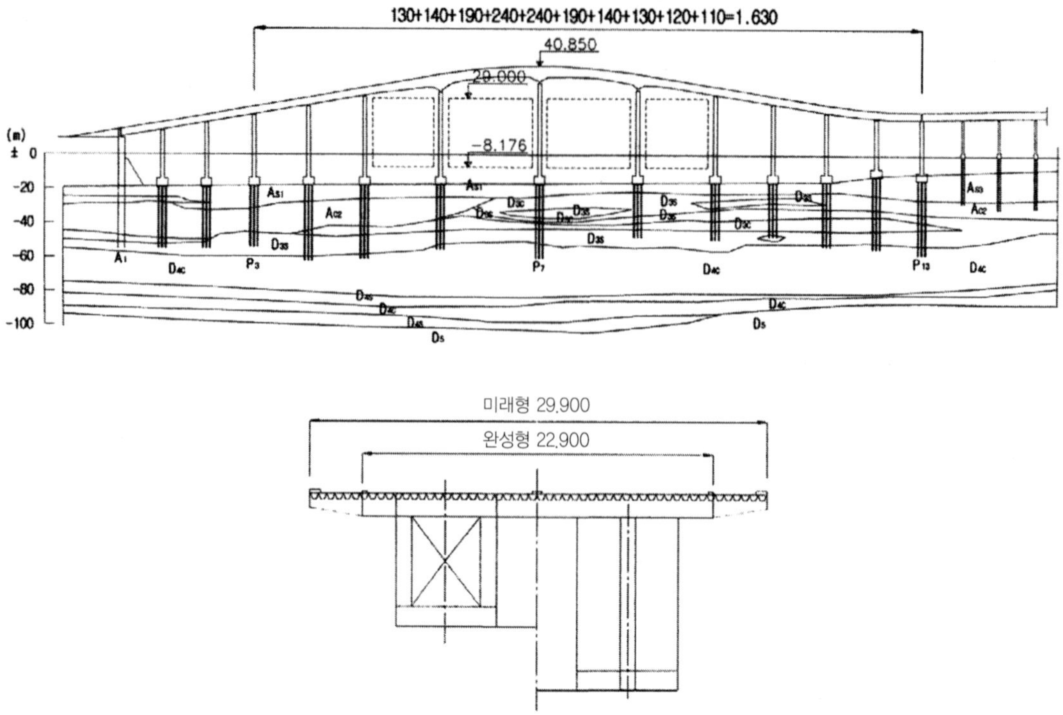

그림 5.2.46 경간 길이가 변화하는 교량 (일본 동경만 횡단교)

④ 중앙경간 길이가 급격히 변하는 교량의 경우

현장조건에 의하거나, 제약조건에 의해 중앙경간 길이를 급격히 변화시키는 경우가 있다. 또는 가급적이면 꼭 필요하지 않은 중앙경간 길이를 적게 하기 위하여 경간 길이를 급격히 변화시키는 수도 있다. 다음 그림 5.2.47은 Seine 강을 건너는 Gennevilliers교이다.

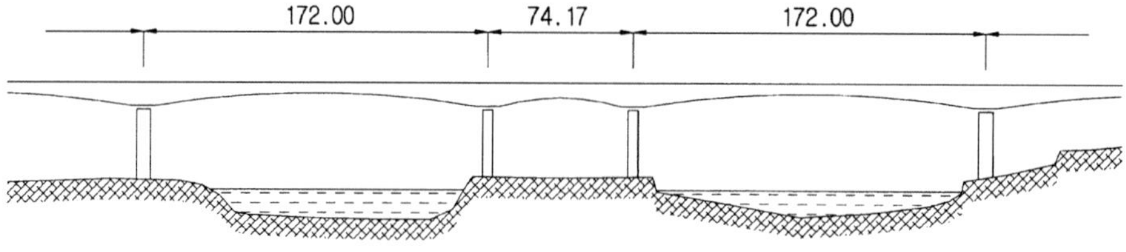

그림 5.2.47 Gennevilliers교의 예

3) 교량의 경간 분할시 검토 및 고려사항

① 하천을 횡단하는 교량(하천교)의 경우

하천을 횡단하는 교량의 경간 길이는 「하천설계기준(국토해양부)」 또는 「고속도로 건설공사 교량설계기준(한국도로공사)」에 규정되어 있는 기준 경간 길이 이상으로 설계하여야 한다.

기존 경간 길이는 하천의 유량, 치수관리상의 문제 등에 의해 결정되지만, 유심부의 경간 길이는 배를 운항하는 경우에는 배의 운항에 다른 제약조건, 교량가설위치의 지반조건 및 수심, 하부기초 구조물의 시공성 등에 의해 결정되는 경우도 있다.

(a) 고려사항

a) 하천의 폭 : 하천정비가 되어 있지 않는 경우에는 관련기관과 협의하여 결정한다.

b) 하상 상태 : 고수부(둔치), 저수부 조성 여부 및 폭, 저수부의 수심

c) 계획홍수량 : 하천정비 계획이 수립되어 있지 않은 중소하천은 수리분석을 시행하여 최대 홍수량을 결정해야 한다.

d) 도시를 횡단하는 하천의 경우에는 지하매설물(차집관로, 광역상수도, Gas관, 공동구, 송유관 등)의 매설위치를 관련기관과 협의하여 조사하여야 한다.

e) 하천 횡단면 구성 : 뚝마루의 지반고, 제방(뚝)의 비탈면 경사도, 고수부 및 저수부의 지반고

f) 근접교량(기존교량)의 경간 길이

ⓐ 기존 교량을 확장 또는 개수하는 경우 또는 별도로 기존교량과 평행하게 교량을 가설하는 경우

ⓑ 근접시공에 따른 기존교량의 안전성

(b) 검토사항

a) 제기준 이외에 제약조건이 있는지 여부, 교량 특성상에 부득이 제한을 두어야 하는지 여부

b) 하천폭 감소율에 대한 검토

교량계획시 교량의 하부구조에 의해 하폭이 축소되는 비율을 하천폭 감소율이라고 한다. 하천폭 감소율은 원칙적으로 5% 이내로 하는 것이 좋다.

그러나 교량의 구조상 부득이한 경우에는 수리시험 또는 수치해석을 통하여 경간 길이를 조정할 수 있다.

다음 식(5.6)에 의해 계산하다.

$$\text{하천폭 감소율(n)} = \frac{\Sigma \text{교각폭}}{\text{하천폭}(B)} \times 100(\%) \qquad (5.6)$$

여기서, 교각폭은 하천직각 방향의 폭을 말한다.

c) 사교의 경우 경간 길이 검토

사교의 경우, 경간의 기준길이는 하천 직각방향 투영 단면의 길이로 산정한다.

d) 교각의 위치에 대한 검토

교각의 위치는 제외지 측 즉 제방 앞비탈기슭, 저수부 호안의 비탈머리에서 10m 이상 떨어진 곳에 설치해야 한다. 이러한 규정을 설정하는 것은 치수상의 문제로서, 홍수시에 교각에 의한 세굴이 발생하여 호안 및 제방의 비탈면이 붕괴되는 것을 방지하기 위해서이다.

단, 홍수량 Q = 500㎥/sec 이하의 경우에는 5.0m 이상 이격시켜야 한다.

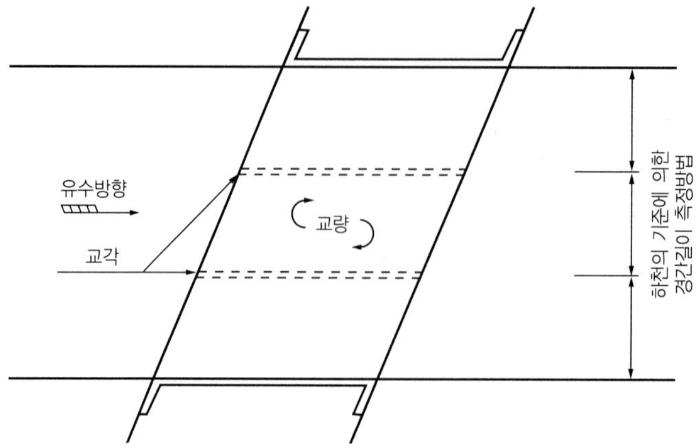

그림 5.2.48 하천에서 본 사교의 경간 길이

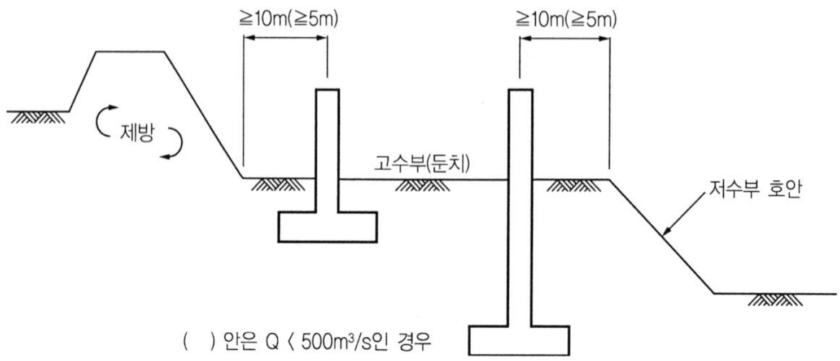

그림 5.2.49 교각의 위치

교량의 경간 분할시 부득이 상기 규정을 지키지 못하는 경우에는 세굴에 대한 충분한 검토를 하여 보호공을 설치하여야 한다.

e) 지하매설물 처리 방안에 대한 검토

기준 경간 길이를 결정하여 경간을 분할할 때 교각의 위치가 지하매설물에 의해 간섭을 받는 경우가 있다. 이때 교각시공을 위하여 매설물의 보호나 이설 여부를 관계기관과 협의하여야 한다. 보호공으로 가능할 때는 보호공에 대한 검토를 시행하여야 하며, 보호공 및 이설이 불가능할 때는 교량의 경간 길이를 재조정하여야 한다.

f) 교량 교각의 기초 시공성에 대한 검토

하천 저수부의 수심이 깊어서 하부공사비가 교량 전체 공사비에 미치는 영향이 클 때는 표준 경간 길이 이상으로 경간 길이를 조정하여야 한다. 또한 고수부(둔치)와 저수부가 구분되는 하천의 경우에는 교량 전체를 기준 경간 길이로 할 필요는 없다. 그러나 고수부의 경간 길이는 「하천설계기준」의 표준 경간 길이 이상으로 경간 분할하여야 한다.

g) 대하천 또는 강에서 주운에 대한 검토

현재 선박이 운항하고 있거나 장래에 주운계획이 있는 경우에는 하천 관리자와 협의하여 주항로의 최소 경간 길이를 결정하여야 한다.

h) 근접 교량에 대한 검토

우리나라의 설계기준에는 규정되어 있지 않아서 일본의 설계 매뉴얼을 여기에 소개한다.

교량의 경간 길이는 전술한 규정을 따르는 외에 다음 조건을 만족하여야 한다. 다만, 기존 교량의 개축 또는 철거가 5년 내에 시행되는 경우에는 다음 사항의 제한을 받지 않는다.

ⓐ 기존교량과 근접교와의 거리가 기준 경간 길이(L = 20+0.005Q) 미만인 경우에는 근접교량의 교각을 그림 5.2.50과 같이 기존 교각의 연장선상에 설치하는 것으로 한다.

ⓑ 기존교량과 근접교량과의 거리가 전항의 기준 경간 이상이고 또한 하천폭 200m를 넘을 경우에는 근접교량의 교각을 기존 교각의 연장선상 또는 기존교량의 경간 중앙 예상선상에 설치하는 것으로 한다.

ⓒ 근접교량의 경간 길이가 70m이상의 경우는 경간 길이를 기준 경간 길이보다 10m를 줄인 값 이상으로 할 수 있다.

ⓓ 근접교량의 유심부 경간 길이가 70m이상의 경우는 경간 길이의 평균값을 기준 경간 길이에서 10m를 줄인 값(30m 미만이 되는 경우는 30m)이상으로 할 수 있다.

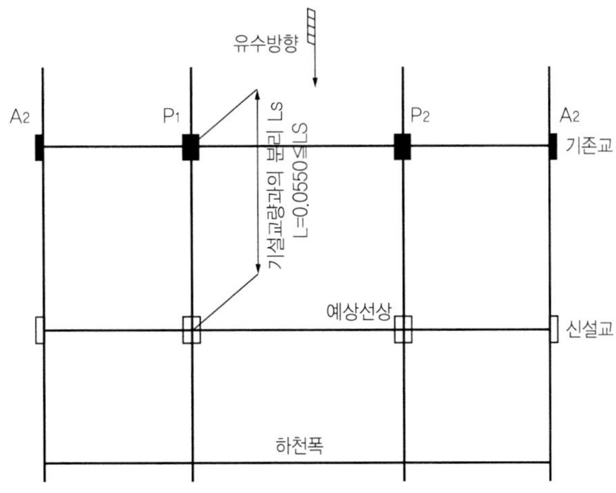

【설계 Manual(안) [교량편] 일본 동북지방 건설국】

그림 5.2.50 하천 관리에 대한 교각의 배치

② 도시고가교의 경우

계획도로 위에 가설하는 교량의 경우 경간 분할에 대한 특별한 규정은 없으나 교차로부, 철도 횡단부, 지하매설물 등에 의해서 경간 길이가 결정되며, 건설공사비, 하부도로의 교통처리방안, 도시미관, 하부공사의 용이성 등을 고려하여 경간을 분할한다.

(a) 고려사항

a) 교차지점의 도로의 폭원 및 폭원 구성 요소 (보도, 차도, 중분대 및 녹지 공간 등)

b) 교차도로의 장래확장 계획 (도시 재정비 계획)

c) 도시철도 육상구간 횡단구성 및 교차각

d) 고가도로 공용시에 교차로부의 교통처리계획 : 좌 · 우회전, 횡단보도설치 유무)

e) 지하 구조물 매설 위치 및 규모 (지하도시철도, 통신구, 전력구, 공동구, 지하차도, 지하상가, 지하보도 등)

f) 장래 지하시설계획(도시철도, 지하상가, 지하차도 등)

g) 교량 기초 시공시 인접건물과의 관계

h) 도시 내 소하천에 가설되어 있는 기존 교량 및 복개교

i) 기존 보도교 위치 및 이설 가능 여부

(b) 검토사항

a) 경제적인 표준 경간 길이 검토

b) 장래 교통처리에 대한 검토

ⓐ 교차로에 횡단보도가 있는 경우

도로와 교차하는 지점에서 교차부 중앙에 교각을 설치하는 것은 바람직하지 않다. 부득이 교차하는 도로 폭원이 넓어서 교각을 중앙에 두는 경우에는 좌회전 차량의 안전대책도 검토하여야 한다. 교차부에서는 다음과 같은 경우를 검토하여 경간 길이를 결정하여야 한다.

다음 그림 5.2.51과 같이 교차부에 횡단보도가 있을 때는 가급적이면 교차하는 도로 내측 방향으로 횡단보도가 설치되도록 계획하는 것이 보행자의 안전 확보에 도움이 된다.

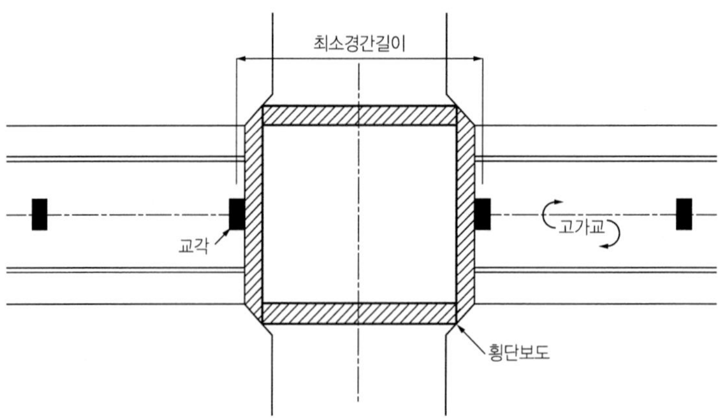

그림 5.2.51 교차부에 횡단보도가 있는 경우

ⓑ 교차로에 횡단보도가 없는 경우

다음 그림 5.2.52와 같이 교차부에 횡단보도가 없는 경우에는 교차도로의 차도 갓선에서 도로

의 측대폭 이상 또는 1.5m 정도 이상을 교각 전면과 이격시키는 것이 좋다. 또한 장래 고가교 유지관리자(점검원 및 보수원)의 안전 확보를 위한 점검시설의 공간 등을 검토하여 경간 길이를 결정하여야 한다.

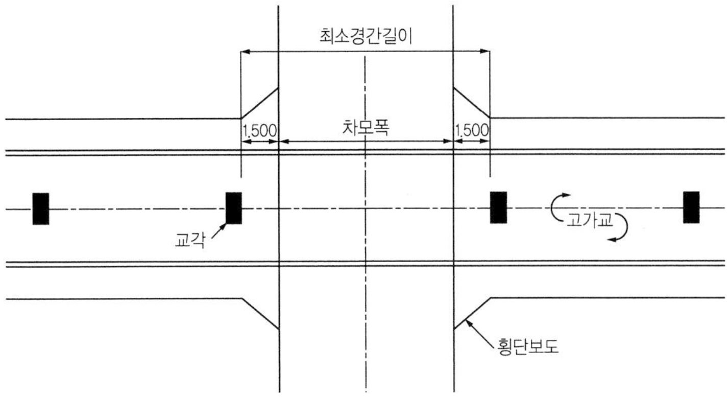

그림 5.2.52 교차부에 횡단보도가 없는 경우

ⓒ 기타사항

• 고가교의 폭원이 넓어 부득이 Π형 Rahmen 구조의 교각을 계획하는 경우에 좌회전, U-Turn 차로의 설치가 필요할 때는 대기차로 길이를 고려하여 인접 경간을 결정하는 경우도 있으므로 계획시 세심한 검토를 하여 경간 길이를 결정하여야 한다.

• 교차로의 폭원이 넓어 표준 경간 길이로 하면 교각이 교차도로의 내측에 위치하는 경우는 상부구조 형식을 변경하여 경간을 늘이는 방안과 강제문형 교각으로 교각 기둥을 보도에 설치하는 방안을 검토하여야 한다.

c) 지하 영구시설물의 안전성에 대한 검토

이설이 불가능한 지하시설물 또는 이설시 이설 비용이 고가인 시설물이 있는 경우에는 고가교 교각시공중 이들 시설물에 대한 안전성이 확보되는 범위 내에서 근접시공 방안을 검토하여야 한다.

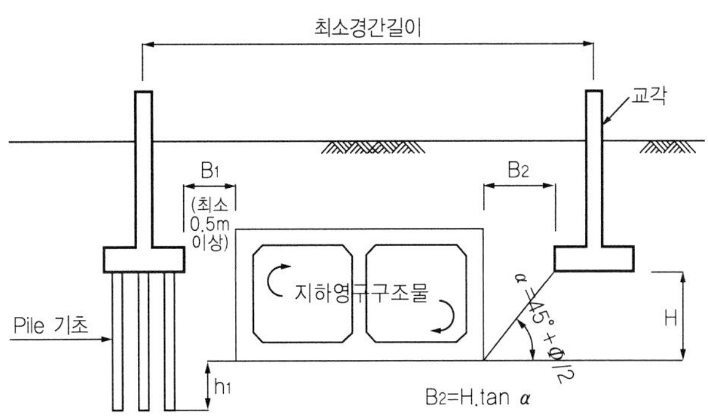

그림 5.2.53 근접시공시 검토 방법

다음 그림 5.2.53은 지하 영구구조물에 대하여 근접시공시 검토 방법을 표시한 것이다.

ⓐ B1은 교각기초가 영구시설물 저판 보다 아래(h1)에 지지되도록 하여 교각에 의한 하중이 지하 구조물에 전달되지 않게 하였을 때 교각 기초터파기 가시설을 위한 여유 공간이다.
이때 교각 기초를 Pile 기초로 하는 경우에 항타시 영향을 검토하여야 하며, 영향이 있는 경우에는 Pile 항타 방법에 대하여 검토가 따라야 한다.
일반적으로 엄지말뚝을 천공 항타하는 경우에는 최소한 2.0m 정도를 확보하는 것이 좋다.

ⓑ B2는 교각 기초가 확대기초일 때 교각기초의 접지압이 영구구조물에 영향이 없는 범위 이상이어야 한다. 이때 교각기초를 낮게 하는 것과 고가교 경간 길이를 길게 하는 것이 경제적인지에 대하여 비교검토가 따라야 한다.

d) 도시 소하천 횡단 교량 및 복개교 위에 가설되는 교량의 경우

ⓐ 기존 교량의 길이, 경간 길이에 대한 조사

ⓑ 교대의 위치, 기초형식, Footing 깊이에 대한 조사(관계기관과 협의하여 조사 ; 기존교량 준공도 또는 설계도)

ⓒ 시공중 교통처리에 대한 검토

ⓓ 기존 교각위치에 교각시공 가능한지 검토 또는 기존교량 중앙 경간 사이에 교각시공 방안 검토 ; 기존교각과 고가교의 교각에 의한 하천의 하천폭 감소율에 대하여 검토가 따라야 한다.

ⓔ 고가교의 표준 경간 길이로 기존 교량 횡단이 가능한지 여부 검토

ⓕ 기존교량의 접속도로의 현황에 대한 검토(그림 5.2.54 참조)

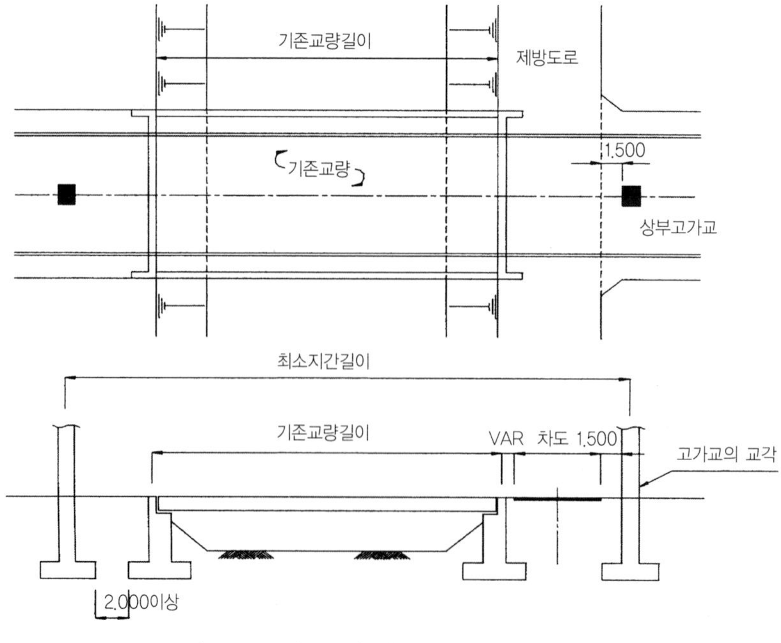

그림 5.2.54 기존교량 접속도로와의 관계

ⓖ 기존교량의 교대에 대한 근접시공 검토(그림 5.2.55 참조)

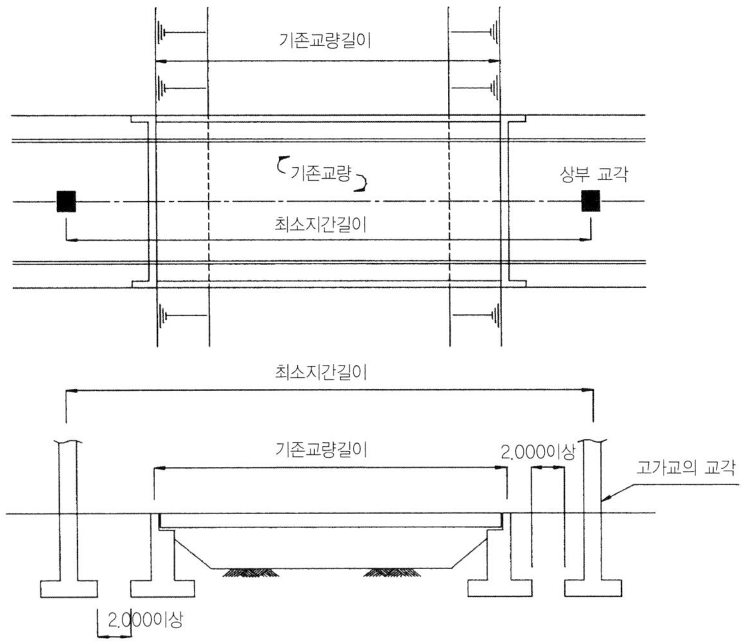

그림 5.2.55 기존교량 교대에 근접 시공하는 경우

③ 기존도로를 횡단하는 교량(과도교)의 경우

기존도로를 횡단하는 교량의 경우에는 가설 여건상 단순교로 가능한 경우와 다경간으로 경간을 분할하는 경우가 있으며 단순교와 다경간교에서 다소 고려하는 요소가 서로 다르나 여기에서는 총체적으로 언급하기로 한다.

여기에 기술하는 내용은 교량길이 결정시 검토 및 고려 요소와 중복되는 부분은 제외한다.

(a) 고려사항

a) 고가교의 교각기둥 위치

하부도로의 평면선형이 곡선일 때 횡단교의 교각 벽체 또는기둥으로 인하여 운전자의 시거를 불량하게 할 수 있으므로 이를 미리 고려하여 경간장을 결정하여야 한다.

b) 운전자는 평면선형이 곡선일 때 곡선 내측으로 차로를 이탈하여 운전하려는 습관이 있다. 이러한 점을 고려하여 다음 그림 5.2.56과 같이 교각의 위치를 결정하여 고가교의 경간장을 결정해야 운전자의 공포심을 감소시킬 수 있다.

여기서 여유 a는 1.5m 정도 두는 것이 바람직하다.

c) 눈이 많이 오는 지역에서는 제설을 위한 측방여유폭을 고려한다.

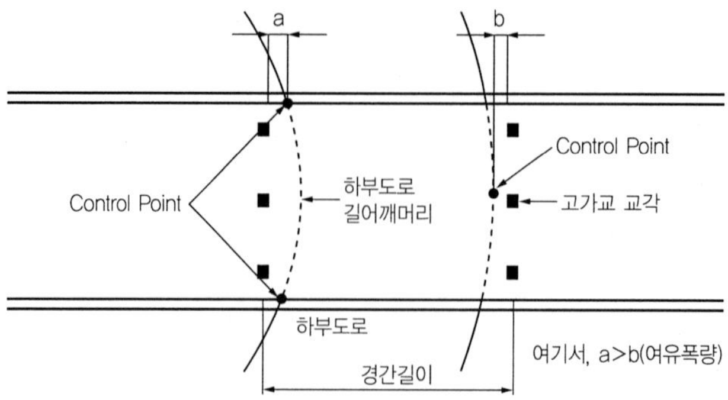

그림 5.2.56 하부도로가 곡선일 때 교각위치

(b) 검토사항

a) 교각시공중 교통처리를 위한 가설도로 설치 방안 검토 및 우회도로가 있는지 여부 조사

b) 보도가 있는 경우에 보도 점유에 따른 보도 이설 방안 검토(그림 5.2.58 참조)

c) 기존도로에 중앙분리대가 있고 분리대에 교각을 설치하는 경우 기존도로의 교통흐름에 지장이 있는지 여부 검토

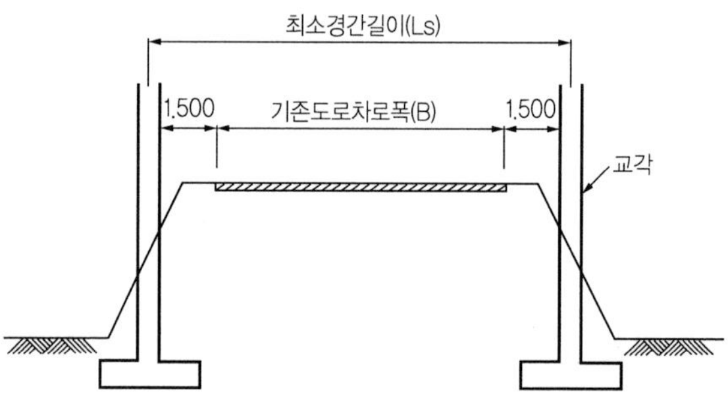

$$Ls = B + 2 \times 1.5 + \text{교각두께}$$

여기서, 1.5m는 교량의 점검을 위한 점검시설 또는 점검자의 안전 통로 폭이다.

그림 5.2.57 과도교의 최소 경간 길이

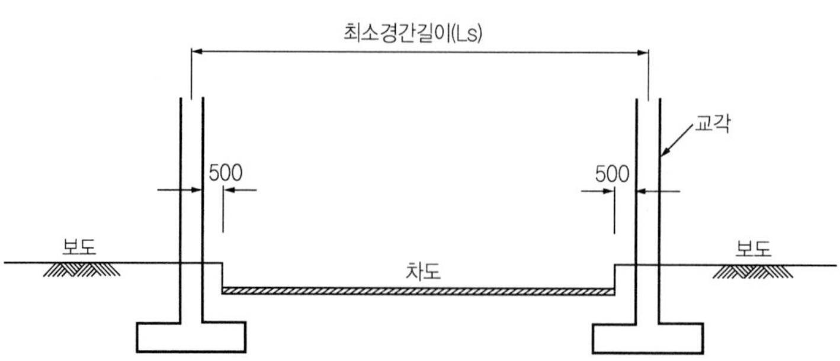

* 차량에 의한 교각의 충돌을 방지하기 위한 여유폭 500mm를 두는 것이 좋다.

그림 5.2.58 보도에 교각을 설치하는 경우

d) 기존시설을 이설하지 않고 교량을 가설할 수 있는 방안 검토

다음 그림 5.2.59~그림 5.2.61은 기존 시설물을 이설하지 않고 고가교의 경간 길이를 결정하는 방안을 제시하는 것이다.

e) 표준 경간 길이에 대한 검토, 표준 경간을 도로 횡단 경간에 적용 가능한지 여부 검토

f) 눈이 오는 지역에서는 필요에 따라 제설 여유폭과 퇴설 여유폭을 검토한다.

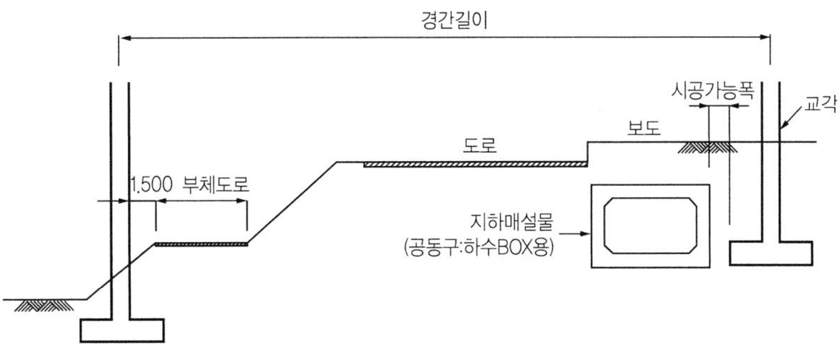

그림 5.2.59 기존시설을 존치시키고 경간장을 결정하는 경우

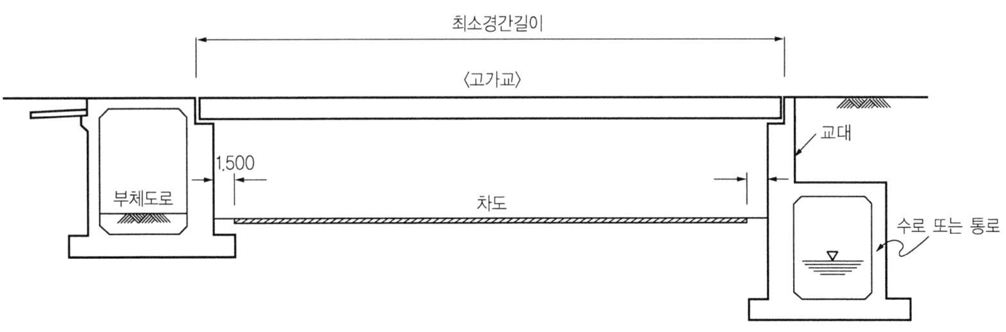

그림 5.2.60 기존시설을 교대에 수용하는 경우

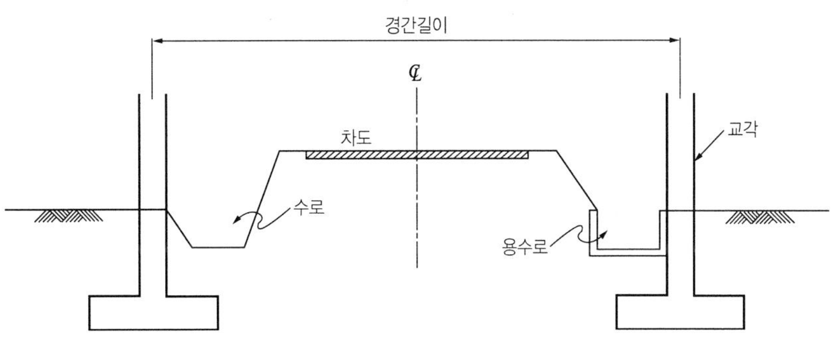

그림 5.2.61 기존배수로, 용수로의 이설이 불가능한 경우

④ 기존철도를 횡단하는 교량(과선교)의 경우

기존철도를 횡단하는 교량을 계획하는 경우에는 궤도의 배선상황, 기 부설되어 있는 철도 노선의 현지 궤도 레일면고와 지반고의 높낮이 차이 등에 의해 단순교 또는 다경간 연속교로 결정되며, 또한 도로의 종단경사가 급한 경우 성토고가 과도하여 다경간 연속교로 계획하여야 하는 경우도 있다. 단순교와 다경간교에서 다소 고려하는 요소가 다르나 여기에서는 총체적으로 언급하기로 한다.

여기서 기술하는 내용은 교량길이 결정시 검토 및 고려사항과 중복되는 부분은 제외한다.

(a) 고려사항

a) 기존철도의 선로수 및 유치선, 분기선 유무 조사 : 철도청 관계자와 협의

b) 기존철도의 설계속도에 따른 궤도 간격, 시공기면의 폭 조사(철도청 관계자와 협의)

c) 장래 철도의 증선 계획 및 선로개량 계획 유무(철도청 관계자와 협의)

d) 기존철도의 궤도와 궤도 사이의 여유 공간의 폭에 대한 조사(교각 기초시공 가능한 공간 여부)

e) 기존철도와 평행한 도로의 폭원구성 및 철도와 도로 사이의 여유 공간 조사(교각 기초시공 가능한 공간 여부)

f) 정거장(역) 구내를 횡단하는 교량의 경우에는 궤도 사이에 교각 시공할 때 운행철로 변경 여부(철도청 관계자와 협의하여 결정)

g) 철로의 평면선형(Slack, Cant에 따라 건축한계 확보)

h) 역구내를 횡단하는 교량의 경우 철도 건설규칙의 건축한계(교각전면과 건축한계까지 1.5m 이상 유지)

i) 철도 부지 점용 여부

(b) 검토사항

a) 근접시공에 대한 검토

과선교 길이 결정시에 이미 검토한 사항 이외에 근접시공시 가시설 시공에 사용되는 장비와 안전시설에 대하여 검토하여야 하며, 교각기초의 형식, 기초심도 및 궤도면고가 주변 지반고 보다 높은 경우의 기초터파기 공법 등에 대하여 검토하여야 한다(그림 5.2.62, 그림 5.263 참조).

b) 차량기지, 정거장 구내의 대피선, 유치선, 화물하차선 구간에서 궤도 사이의 여유 공간 활용가능 여부를 검토하여 철도청 관계자와 협의한 후 경간 구성을 결정한다.

c) 철도부지 활용 가능 여부를 검토하여 관계자와 협의한다.

d) 장래의 증선 계획이 있는 경우에는 궤간 거리를 철도청 관계자와 협의하여야 하며, 교각의 전면에 장래 유지관리에 지장을 초래하지 않는 여유 공간을 두어야 한다.

e) 표준 경간에 대한 검토, 표준 경간을 철도 횡단 경간에 적용 가능한지 여부 검토

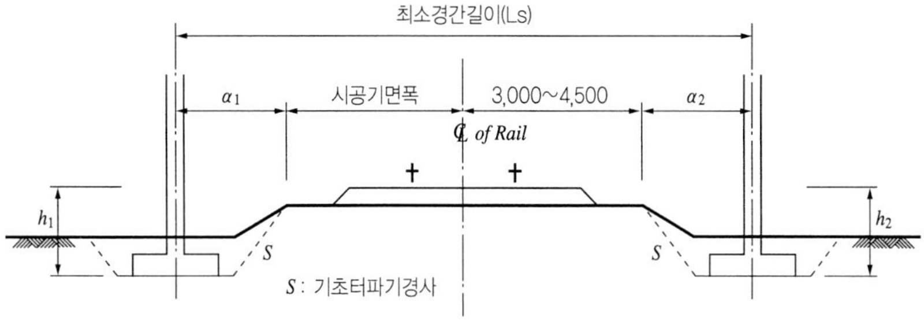

여기서,
$\alpha_1 = h_1 \times S + 1/2 \times$ 교각기초폭
$\alpha_2 = h2 \times S + 1/2 \times$ 교각기초폭
최소 경간 길이(L_S) ; $L_S = 6.0 + \alpha_1 + \alpha_2 +$ 기타 여유공간

그림 5.2.62 근접시공 예(1) : 자연경사로 터파기 하는 경우

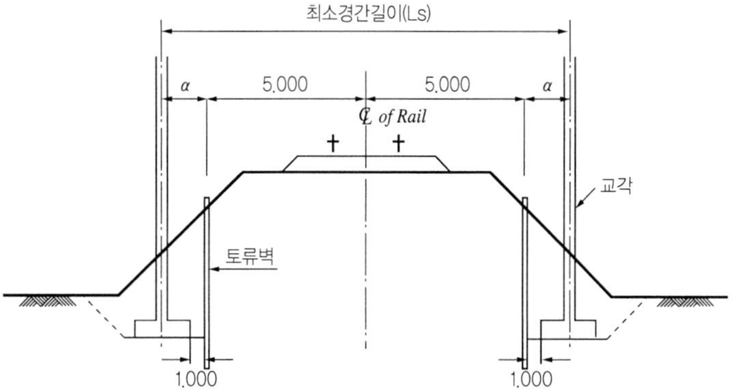

여기서,
$\alpha = 1.0 +$ 교각기초 폭 $\times 1/2$
최소 경간 길이(L_S) ; $L_S = 10.0 + 2\alpha +$ 기타 여유공간

그림 5.2.63 근접시공 예(2) : 가시설하는 경우

⑤ 산악교(계곡을 횡단하는 경우)

산악교는 교각이 산비탈면에 가설되거나 계곡에 가설하여야 하는데 이때 교각시공을 위한 공사용도로를 개설할 수 없는 경우와 산비탈의 급경사로 교각을 설치할 수 없는 경우가 있다. 설계자는 이러한 점을 충분히 감안하여 경간을 분할하여야 한다.

(a) 고려사항

a) 교량가설 위치의 산비탈면의 경사

b) 국지도로가 있는 경우 위치 및 도로폭원 구성

c) 계곡의 하천 폭 및 횡단구성

d) 교각 시공을 위한 공사용도로 개설 가능 여부

e) 경우에 따라서는 송전철탑의 위치

(b) 검토사항

a) 상기 [1]항의 경제적인 경간 분할에 따라 경간을 분할하여 교량의 일반도를 작성한 후에 현지조사를 실시한 결과를 토대로 교각의 시공성에 대하여 검토

b) 경간 분할을 하기 전에 개략적인 교량의 상부구조 형식과 교각의 형식에 대하여 검토

c) 예상하고 있는 교각위치에 접근할 수 있는 공사용 도로 개설방안 검토

d) 교량 상부공의 시공법 검토 및 상부공 시공에 적합한 도로 선형인지 여부 검토
예를 들면, 교량상부공을 압출(밀어내기) 공법으로 시공하고자 할 때 종단곡선 또는 경사, 평면선형이 이 공법에 적합한지 여부를 검토하여 부득이한 경우에는 상부공 시공에 알맞은 도로 선형으로 변경할 필요가 있다.

e) 국지도로 및 철탑에 대하여서는 관련기관과 협의하여 결정한다.

f) 기타사항은 산악교 길이 결정시 검토사항과 동일함

⑥ 인터체인지에 위치한 교량(I/C교, 육교)의 경우

인터체인지에 가설하는 I/C Ramp 도로(연결로)는 평면선형이 대개의 경우 "도로의 구조 시설에 관한 규칙"(국토해양부)에서 요구하는 최소곡선 반경으로 계획하고 있다.

이러한 원인으로 교대 및 교각의 위치선정이 잘못되면 주행자의 시거불량으로 교통사고가 다발할 수 있는 실정이다. 설계자는 이런 점을 고려하여 I/C교의 경간을 결정하는 것이 중요하다.

(a) 고려사항

a) 교량하부 Ramp 도로(연결로)의 평면선형의 곡선반경 및 횡단구성

b) 곡선 내측의 도로 확폭량(설계속도 확인 요망)

c) 운전자의 시거 및 운전습관

d) 장래 유지관리시에 교통장애를 주지 않는 여유 공간

e) 눈이 오는 지역에서는 제설을 위한 측방 여유폭을 고려한다.

(b) 검토사항

a) 연결로의 평면곡선에 따른 차로의 확보에 대한 검토
차로 평면곡선부의 각 차로는 평면곡선반경 및 설계기준 자동차에 따라 표 2.1.19, 표 2.1.20의 폭 이상으로 확폭하여야 한다.

b) 설계속도에 따른 정지시거 확보 여부에 대한 검토

ⓐ I./C교의 교각배치시 제 2장 2.1.1(6)의 표 2.1.13, 표 2.1.15, 표 2.1.17의 정지시거를 확보하였는지 여부를 검토하여야 한다.

ⓑ 교각 위치 검토시에는 도로의 평면곡선 반경의 내측에 시거가 확보될 수 있도록 배려하여야 한다. 시거는 곡선부 내측차로 중심선상에서 측정하고 다음(5.8)식에서 산정한 S값 이상으로 교대, 교각의 전면과 내측차로 중심선까지 거리를 확보하여야 한다.

시거 확보를 위한 시선과 내측차로 중심선과의 간격의 최대치 S는 다음 식에서 구해진다.

$$S = R(1 - \cos\frac{\theta}{2}) = R(1 - \cos\frac{D}{2R}) \fallingdotseq \frac{D^2}{8R} \quad (5.8)$$

여기서, S : 내측 차로 중심선에서 시선까지의 최대 거리(m)

R : 내측 차로의 곡선반경(m)

θ : 중심각(라디안)

D : 시거(m)

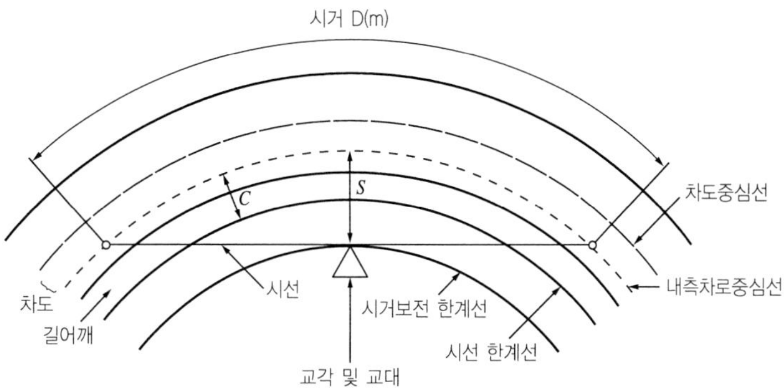

그림 5.2.64 시거 취하는 방법

S를 확보하려고 할 때, 내측차로 중심선에서 건축한계선까지의 거리(여유폭) C는 반드시 보증되어 있으므로 실제로 장애물을 후퇴시키는 양은 S−C이다. 따라서 S가 C보다 작게 되는 반경 이상인 경우에는 특별히 시거 보존을 생각하지 않아도 된다.

내측차로 중심선에서 시설 한계선까지의 거리(C)는 다음 식(5.9)과 같이 구한다.

$$C = 내측차로폭 \times 1/2 + 측대 + 길어깨폭(m) \quad (5.9)$$

c) 교대, 교각의 위치에 대한 검토

I/C교, 고가교에서 하부도로의 평면선형이 곡선일 때에 고가교의 교각 · 교대의 위치를 선정할 때는 그림 5.2.65와 같이 검토하여야 한다.

그림 5.2.65에서 Bo는 시거를 고려하여 결정되는 경우와 교량 유지관리시 필요한 공간을 확보하기 위하여 결정되는 경우가 있으며 그 값 Bo = S−C이다.

B1은 교각, 교대의 유지관리시 필요한 공간으로 최소한 1.5m 정도는 확보하는 것이 바람직하다. 가급적이면 B0 > B1이 되도록 교각, 교대의 위치를 결정해야 운전자가 교량하부에 진입할 때 교각에 대한 충돌 위험감을 감해주게 된다. 운전자는 곡선내측으로 운전하려는 습관 때문에 여유거리가 같으면 내측교각의 충돌위험이 크다는 점을 감안하여 S값은 시거 확보량보다 크게 결정하는 것이 사고예방 차원에서 바람직하다.

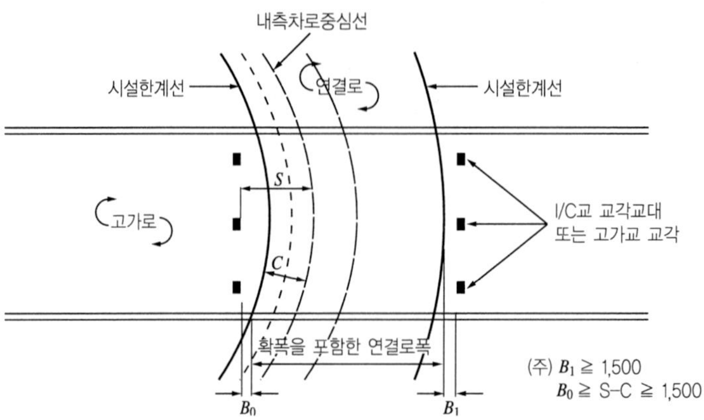

그림 5.2.65 고가교 교각 배치

d) 인터체인지의 배수계획에 대한 검토

I/C 내의 배수계획시 I/C교의 교대전면으로 측구 또는 암거를 설치하는 경우에는 이에 대하여 검토를 하여 교량의 길이 및 경간 길이를 결정하여야 한다.

e) 상부도로의 비탈면 기슭이 연결로를 침범하는지 여부 검토

f) 측방 여유폭에 대하여 검토한다.

⑦ 농경지를 횡단하는 고가교의 경우

일반적으로 농경지를 횡단하는 교량은 경간수가 많고 기존지반이 연약지반인 경우가 많으므로 상부공 시공시 동바리공법 적용은 가급적 피하여 경간 분할을 하는 것이 좋다.

(a) 고려사항

a) 지반조건, 시공성 및 경제성

b) 용·배수로의 위치 및 규모

c) 농경지를 횡단하는 하천, 강, 소하천 등의 규모 및 홍수량

d) 농경지에 있는 못, 연못, 저수지, 대규모 관(管)정 등의 위치 및 규모, 수심

e) 농로 및 국지도로의 위치 및 폭원

(b) 검토사항

a) 교각, 교대의 위치가 용배수로, 농로, 국지도로 및 배수 펌프장, 관정 등에 저촉되는지 여부 검토

b) 강, 하천을 횡단하는 경우는 "하천교" 검토 내용에 따라 검토한다.

c) 상부구조물 Pre-cast 부재로 하는 경우의 경제성 검토

d) 못, 연못, 저수지 등을 횡단하는 경우에는 교각 기초의 시공성을 검토하여 경간 길이를 결정한다.

⑧ 바다를 횡단하는 교량(연도교, 연육교)의 경우

바다를 횡단하는 교량은 항로에 운항되고 있는 선박의 규모 또는 운항예상 선박의 규모 및 항로의 폭

에 의해 주경간 길이가 결정되는 경우와 하저 지형조건 및 기초시공 조건에 따라 경간 길이가 결정되는 경우가 있다.

(a) 고려사항

a) 운항 또는 장래운행예상 선박의 규모(선박의 길이 및 선폭)

b) 교량 가설 위치의 수심 및 유속

c) 항로폭

ⓐ 일반항로

일반항로에서의 항로폭은 제 2장 2.1.2(2), 3)항의 ①에 따른다.

ⓑ 특수한 항로(통행량이 아주 많은 항로, 항로를 횡단하는 항해선박이 예상되는 항로, 초대형선을 대상으로 하는 항로, 해상조건의 영향이 심한 항로 등) 일반적인 항로에 있어서 표준으로 하는 값을 실태에 따라서 여유를 포함시킨 쪽으로 한다.

ⓒ 어선 또는 500GT 이하의 선박을 대상으로 하는 항로에서는 이용실태에 따라 적당한 폭으로 한다. 어선을 대상으로 하는 항로의 폭은 대상 어선의 크기, 통행량 및 지형, 파도, 자연조건 등을 고려하여 제 2장 2.1.2(2)의 표 2.1.35를 표준으로 한다.

d) 탁월풍, 교각형성에 의한 조류의 변화, 조류

e) 선박의 속력, 조종성능, 정지성능

f) 조선자의 심리적 영향(여유폭)

g) 교각 및 기초의 폭원

h) 경우에 따라서는 교량의 하부구조 시공을 위한 가축도 또는 가선재의 폭

i) 하저의 지반상태(지반조건) 및 하저고

j) 교량설계 과업지시서 내용

설계과업 발주시 교량의 주경간에 대해 제한을 두는 경우에는 과업지시서의 최소 경간 길이를 고려한다.

(b) 검토사항

a) 수심, 유속에 따른 교각기초의 시공성에 대한 검토

관련기관과 협의 또는 과업지시서에서 제한한 경간 길이로 교량의 주경간을 설정하여 교량을 계획한 경우에 현지의 해상조건 즉 수심, 유속에 따라 하부기초 공사비가 증대하게 되는 경우가 있다. 이 때는 교량의 경간 길이를 길게 하는 것이 경제적이고 공기가 단축될 수 있다. 그러므로 주경간 길이를 결정할 때는 교각 기초공과 상부공의 공사비 증감여부, 공사기간, 시공성에 대해 비교 검토하여 주경간 길이를 결정하여야 한다.

b) 교각기초의 폭에 대한 검토

대체로 연육교와 연도교의 경우에는 교량의 주경간이 장대하여 기초의 폭이 크게 계획되면, 기초

⊙ 표 5.2.11 대상 선박의 일반적 주요 치수

종류	톤 수	전 장 (L)	형 폭 (B)	만재흘수 (d)
화물선	(DWT)	(m)	(m)	(m)
	1,000	67	10.9	3.9
	2,000	83	13.1	4.9
	3,000	94	14.6	5.6
	5,000	109	16.8	6.5
	10,000	137	19.9	8.2
	12,000	144	21.0	8.6
	18,000	161	23.6	9.6
	30,000	185	27.5	11.0
	40,000	200	29.9	11.8
	55,000	218	32.3	12.9
	70,000	233	32.3	13.7
	90,000	249	38.1	14.7
	100,000	256	39.3	15.1
	150,000	286	44.3	16.9
컨테이너선	(DWT)			
	30,000	218	30.2	11.1
	40,000	244	32.3	12.2
	50,000	266	32.3	13.0
	60,000	286	36.5	13.8
카페리선	중단거리(300km미만)			
	(GT)			
	400	50	11.8	3.0
	700	63	13.5	3.4
	1,000	72	14.7	3.7
	2,500	104	18.3	4.6
	5,000	136	21.6	5.3
	10,000	148	23.0	5.7
	중단거리(300km이상)			
	(GT)			
	6,000	142	22.3	6.0
	10,000	167	25.2	6.4
	13,000	185	27.3	6.8
	16,000	192	28.2	6.8
	20,000	192	28.2	6.8
	23,000	200	28.2	7.2
롤온롤오프선	(DWT)			
	700	75	13.6	3.8
	1,500	97	16.4	4.7
	4,000	115	18.5	5.5
	6,000	134	20.7	6.3
	10,000	154	22.9	7.0
		182	25.9	7.4

종류	톤 수	전 장 (L)	형 폭 (B)	만재흘수 (d)
여객선	일반여객선(GT)	(m)	(m)	(m)
	2,000	83	15.6	4.0
	4,000	107	18.5	4.9
	7,000	130	21.2	5.7
	10,000	147	23.2	6.6
	20,000	188	27.5	6.6
	30,000	217	30.4	6.6
	세계의 여객선(GT)			
	20,000	180	25.7	8.0
	30,000	207	28.4	8.0
	50,000	248	32.3	8.0
	70,000	278	35.2	8.0
자동차전용선	(GT)			
	500	70	11.8	3.8
	1,500	94	15.7	5.0
	3,000	114	18.8	5.8
	5,000	130	21.5	6.6
	12,000	165	27.0	8.0
	18,000	184	30.0	8.8
	25,000	200	32.3	9.5
탱커	(DWT)			
	1,000	61	10.2	4.0
	2,000	76	12.6	4.9
	3,000	87	14.3	5.5
	5,000	102	16.8	6.4
	10,000	127	20.8	7.9
	15,000	144	23.6	8.9
	20,000	158	25.8	9.6
	30,000	180	29.2	10.9
	50,000	211	32.3	12.6
	70,000	235	38.0	13.9
	90,000	254	41.1	15.0
개스운반전	(GT)			
	1,000	70	11.7	5.0
	2,000	87	14.3	5.9
	3,000	99	16.1	6.6
	5,000	117	18.6	7.5
	10,000	145	22.7	9.0
	15,000	165	25.5	10.2
	20,000	181	27.7	11.0
	30,000	206	31.2	12.0
	50,000	242	36.1	13.5

⊙ 표 5.2.12 대상 선박을 특정할 수 없는 경우 소형화물선의 주요치수

재화중량톤수(DWT)	전 장(L)	형 폭(B)	만재흘수(d)
500톤	51m	9.0m	3.3m
700톤	57m	9.5m	3.4m

⊙ 표 5.2.13 어선의 표준선형

선 종	톤 수	표준선형(m)						선석의 치수	
		길이 (M)	폭 (M)	선심 (M)	전장 (M)	전폭 (M)	만재흘수 (M)	선석실이 (M)	선석수심 (M)
어 선	1	6.5	1.8	0.7	6.7	1.8	0.4		
	3	8.8	2.5	1.0	9.5	2.5	0.8		
	5	10.0	2.6	1.3	10.8	2.6	1.0		
	7	12.5	3.0	1.4	13.5	3.0	1.1		
	10	13.0	3.6	1.5	15.0	3.6	1.2		
	13	13.9	3.7	1.6	16.0	3.7	1.3		
	15	15.2	3.8	1.8	18.0	3.8	1.4		
	20	16.3	4.1	1.9	18.5	3.9	1.5	20	2.0
	30	18.5	4.7	2.0	21.5	4.35	1.6	25	2.5
	50	23.0	4.9	2.2	27.0	5.0	1.8	30	2.5
	60	25.0	5.0	2.3	28.7	5.2	2.0	35	2.5
	70	25.0	5.3	2.4	29.6	5.5	2.1	35	3.0
	100	28.3	5.6	2.75	32.0	5.6	2.5	40	3.0
	120	31.8	7.3	2.9	39.2	7.7	2.5	40	3.0
	200	32.5	7.5	3.3	40.5	8.0	2.9	45	4.0
	300	41.3	7.7	3.6	47.9	8.2	3.2	55	4.0
	350	41.5	8.6	3.8	47.2	8.8	3.4	55	4.0
	420	49.0	8.6	4.0	55.1	8.8	3.4	65	4.0
대 형 어 선	500	47.0	8.1	4.3	52.8	8.3	4.1	65	5.0
	750	56.2	9.5	5.1	61.2	9.7	4.6	75	5.5
	1,000	64.5	10.5	5.4	71.0	10.7	4.8	85	6.0
	10,000	150.0	20.5	12.0	162.0	20.7	10.0	175	10.5
	17,000	176.3	23.4	12.7	189.5	23.6	10.8	210	13.5

⊙ 표 5.2.14 거대선 및 특수선 치수(예)

선 종	선 명	총톤수 (톤)	재하중량 (톤)	전 장 (M)	형 폭 (M)	형 심 (M)	만재흘수 (M)
유조선	日情丸	238,517	484,337	379.00	62.00	36.00	28.20
〃	KAKUHO	150,479	258,084	332.00	59.00	29.20	19.10
〃	코리아배너	138,764	267,038	344.42	51.82	26.52	20.77
〃	코스모안도르메타	140,272	238,500	315.00	54.50	30.30	19.70

선 종	선 명	총톤수 (톤)	재하중량 (톤)	전 장 (M)	형 폭 (M)	형 심 (M)	만재흘수 (M)
광석선	현대자이언트	129,325	259,587	328.55	54.00	26.40	19.72
〃	BEGONIA	85,003	158,118	289.00	44.00	24.20	17.92
컨테이니선	AMERICANKENTUCKY	57,075	58,948	289.50	32.22	21.50	11.68
벌크선	현대대양주	74,052	139,877	266.50	42.97	23.77	16.67
	팬야드	64,863	122,928	202.32	39.00	22.30	16.14
석탄선	현대아일랜드	67,897	127,852	274.36	42.50	22.20	15.56
광석, 석탄 겸용선	현대올림피아	93,005	186,330	291.57	48.00	24.50	18.02
광석, 석탄 겸용선	웨스틴세븐	93,643	186,260	291.52	48.00	24.50	18.02
벌트, 광석 겸용선	자스만	95,748	188,333	291.40	48.00	24.50	18.03
	오션퀸	94,666	187,864	294.00	48.00	24.50	18.03
광석, 유겸용선	熱田丸	116,298	217,453	327.80	50.00	25.50	19.20
〃	아도리아환	96,760	183,572	312.00	47.50	24.10	18.00
광석, 벌크, 유겸용선	자팬미모사	96,102	168,367	297.50	47.40	24.80	17.60
〃	敦賀丸	81,831	142,286	284.20	45.60	23.40	16.50
벌크, 유겸용선	UniversePatriot	91,100	156,000	290.00	43.30	24.70	17.40

의 머리부가 평균해면 수위고 위로 돌출되도록 설계하고 있다. 이 때에 기초 폭이 항로를 침범하는 경우도 있으므로 교량의 일반도를 작성하여 확인하여야 하며, 이로 인하여 교량의 경간 길이가 늘어날 수도 있다.

c) 조선자의 심리의 영향을 고려하여 여유폭을 1.0~2.0B(선박의 폭) 정도를 두는 것이 선박의 운행시 조선자의 심리적 안정감을 줄 수 있으므로 이에 검토가 따라야 한다.

d) 항로에 설치하는 교량은 상기의 사항을 검토하여 교량의 일반도를 작성하여 관련기관과 협의하여 교량의 주경간 길이를 결정하는 것이 바람직하다.

e) 주경간 이외의 교량의 경간 길이는 미관, 구조적인 안정성, 시공성, 경제성을 검토하여 결정하여야 한다.

⑨ 고가 Interchange교 Junction교의 경우

이 항에서 다루는 고가 Interchange교라 함은 입체교차 구조와 교차로 상호간의 연결로를 갖는 도로의 부분으로 주로 출입제한도로와 타도로와의 연결 혹은 출입제한 도로 상호의 연결을 위하여 설치되는 고가교를 말한다. 이러한 경우에 지형상 또는 I/C 형식상 전체의 Interchange를 교량구조로 계획할 때 교량의 규모도 거대할뿐더러 연결로 선형도 복잡하고 주도로의 평면형상도 변화가 다양하게 된다. 그러므로 교량설계자는 사전에 도로에 대한 충분한 지식을 갖추어야 하며 필요시에는 도로설계자의 자문을 구하고 협의하여 교량의 경간분할을 하여야 한다.

(a) 고려사항

a) I/C, J/C의 형식

도로와 도로를 연결하는 연결로의 배치상태 즉, 연결로의 종단선형 및 평면선형, 교차각 등에 대하여 충분한 이해가 있어야 한다.

b) 본선도로의 횡단면 구성 및 접속도로의 횡단구성

연결로의 횡단구성(제 2장 2.1.1(8) 1)항의 표 2.1.24에 따른다.

c) 본선도로 교량 또는 접속도로 교량의 가감속차로의 형식 및 길이

ⓐ 변속 차로의 길이

변속 차로의 형식은 평행식과 직접식이 있다. 가 · 감속차로의 형식은 도로설계자에 의해 결정되므로 교량설계자는 계획된 교량평면 형상에 따라 일부 수정하여 교량의 경간분할을 하게 된다. 수정하는 경우에는 "도로의 구조 · 시설기준"에 위배되는지 여부를 검토하여야 한다. 가 · 감속차로의 형식은 다음 그림 5.2.66(a), (b)와 같다.

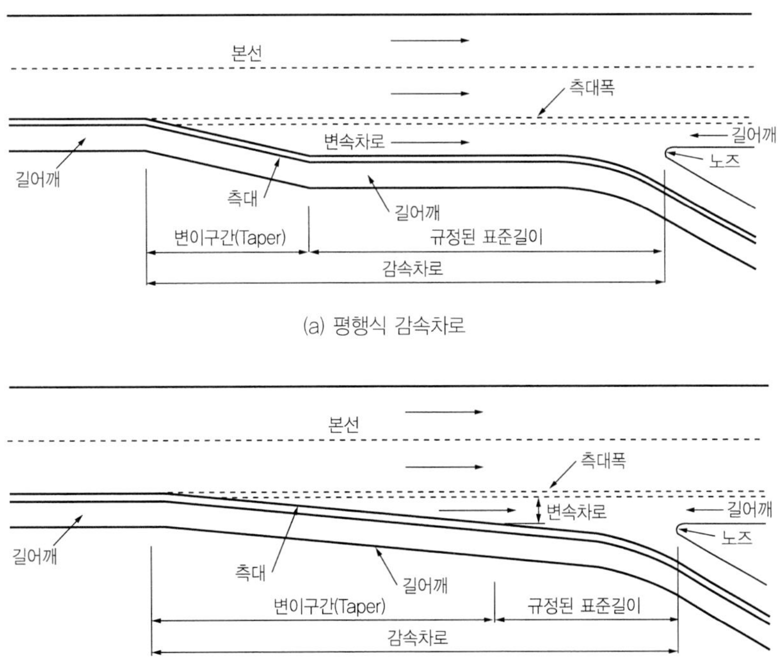

그림 5.2.66 변속차로의 형식

ⓑ 변속차로 중 감속차로의 길이

감속차로의 길이는 제 2장 2.1.1(8) 표 2.1.25의 길이 이상으로 해야 한다. 다만, 연결로가 2차로인 경우에는 감속차로의 길이를 표 2.1.25의 1.2배 이상으로 하여야 한다. 또한 본선의 종단

경사가 내리막 경사일 때는 표 2.1.26의 비율로 보정하여야 한다.

ⓒ 변속차로 중 가속차로의 길이

가속차로의 길이는 제 2장 2.1.1(8) 표 2.1.27의 길이 이상으로 해야 한다. 다만, 연결로가 2차로인 경우에는 가속차로 길이를 표 2.1.27의 길이의 1.2배 이상으로 해야 한다. 또한 본선의 종단경사가 오르막 경사인 경우에는 표 2.1.28의 비율로 길이를 보정하여야 한다.

ⓓ 변속차로의 변이구간(Taper) 길이

변이구간의 길이는 제 2장 2.1.1(9)의 표 2.1.29의 길이 이상이어야 한다.

d) 연결로에 위치한 교량의 평면선형

e) 연결로의 교량과 교차하는 도로 및 기타 교량의 평면선형 및 교차사각

f) 하부에 횡단하는 하천의 최대홍수량, 하천의 폭원 및 교차사각, 기타사항은 하천교에 준한다.

g) 교각의 높이, 지형 상태, 지반조건 및 기타사항은 도시고가교, I/C(육교)교, 산악교에 준해서 경간 분할한다.

(b) 검토사항

a) 본선교량(하천교, 도시고가교, 산악교, 농경지 횡단교 등)의 경제적인 경간 길이 검토

b) 본선교량의 교차시설(접속도로, 하천)의 경간 길이 검토

교차시설에 대한 검토는 앞에서 언급한 각종 교량의 검토사항과 동일하게 검토한다.

c) 본선에 연결하는 연결교량의 전도에 대한 안전성 검토

연결교량의 평면선형이 곡선인 경우에는 상부구조의 전도에 대해 안정성을 검토하여야 하며, 상부구조의 형식에 따라 다소 다르겠지만 곡선의 반경이 적은 경우에는 단순교가 되도록 경간분할은 하지 않는 것이 좋다.

또한 연속인 경우에도 교량 단부에 부반력이 발생되지 않게 경간 분할하는 것이 좋으며, 부득이 한 경우에는 이에 대한 대책에 대한 세심한 검토를 하여야 한다.

d) 본선도로의 변속차로 구간의 교각배치에 대한 검토

설계자가 변속차로 구간에 교각배치를 할 때는 먼저 교량상부구조의 형식을 가정하고 나서, 교량 상부구조가 평면변화 및 시공법에 대응할 수 있는지 여부에 대한 세심한 검토가 따라야 하며 다음과 같은 절대점(Control Point)는 교각을 배치하는 것이 상부구조의 안정성, 경제성면에서 유리하다.

ⓐ 강교의 경우 Nose에는 절대적으로 교각을 배치한다.

만일의 경우에 Nose부에 교각을 설치하지 않은 경우에는 본선교량과 연결로 교량의 거동이 서로 상이하여, 강교의 경우에는 Camber 조정에 문제가 있으며 공용시 또는 시공시 Cross Beam에 변형이 발생하여 문제가 되는 경우가 많다.

ⓑ 변속차로의 형식이 평행식인 경우에는 변이구간(Taper)의 시점, 종점에 교각을 배치한다.

교량 상부구조의 형식이 평면형상 변화에 대응하는 형식이면 그러하지 않지만 보, 거더교의 경우에는 이 지점 부근에 교각을 배치하는 것이 합리적이다.

ⓒ 변속차로의 형식이 직접식인 경우에는 변이구간 시점에 교각을 배치한다.

ⓓ 상기의 사항에 의해 교각을 배치할 때 하부의 지장물에 의해 교각을 배치할 수 없는 경우에는 변속차로의 길이를 증가시켜서 교각을 배치하는 것을 권장한다.

또한 Beam교, 거더교를 연속교로 하는 경우에는 Beam, 거더의 배치의 가능여부 및 교량받침의 부반력 발생여부도 검토하여 인접교각을 배치하여야 한다.

다음 그림 5.2.67은 변속차로부에 교각을 배치한 예이다.

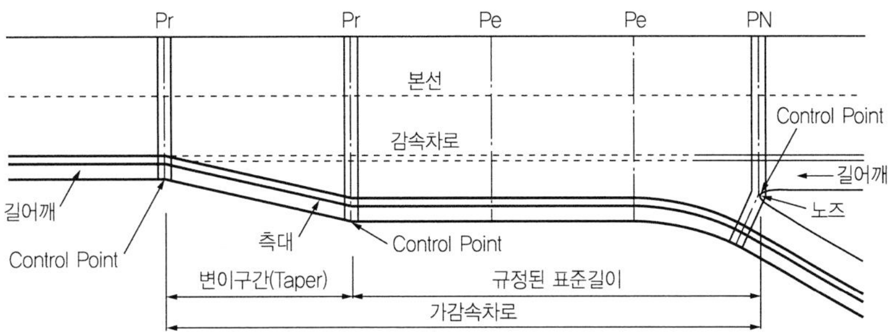

(a) 평행식인 경우 교각 배치

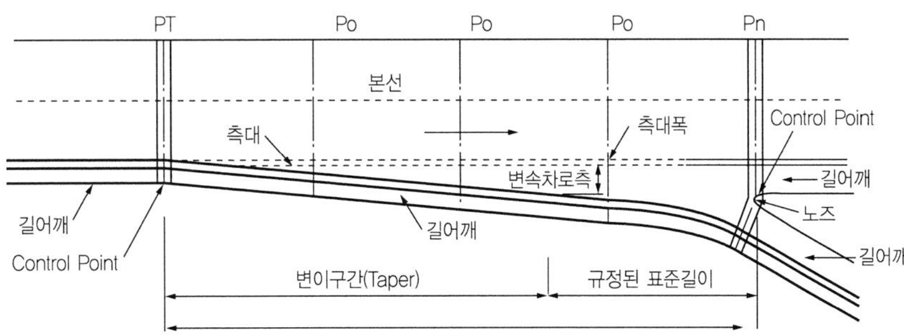

(b) 직접식의 교각 배치

그림 5.2.67 변속차로부의 교각 배치(예)

5.2.7 교량의 평면형상 결정

교량의 평면형상은 제 1장, 1 · 4 · 7 절에서 기술한 것과 같이 다양한 형상으로 계획할 수 있지만 가급적이면 단순화한 형상으로 계획하는 것이 바람직하다.

교량의 평면형상은 도로의 평면선형, 도로 중심선형과 교차시설물과의 교차각, 주요 지장물, 지형형상, 연결도로의 연결방법 등에 의해 결정되는 것이 대부분이나 구조물의 안전성, 시공성, 교량 상부구조의 형식, 경제성 및 설계의 편리성 등에 의해 결정될 수도 있다.

(1) 고려사항

1) 계획도로의 평면선형과 교차 시설물(도로, 철도, 하천) 및 지하시설물(지하상가, 지하 도시철도 시설물, 기타 지하시설)과의 교차각
2) 계획도로의 평면선형(직선, 원곡선, 완화곡선)
3) 도시계획 도로의 가각 및 가각길이(하천 단시 제방도로가 도시계획도로로 지정되어 있는 경우)
4) 산악지대에 계획하는 교량의 경우 도로의 평면선형과 등고선이 교차하는 각도
5) 도로교 설계기준에서 규정한 제한사각(45° 이상의 사각)
6) 교량 상부구조형식에 의해 제한 받는 경우
7) 교량 평면 선형에 의한 교량 상부구조 전도가능 여부
   이 사항에 대해서는 5.2.6(2)의 9)항에 자세히 설명하였으니 참고하기 바람.
8) 교량의 다리밑 공간
9) 계획하는 교량의 교각의 구조형식 및 기둥형상
10) 교량의 길이
11) 교량의 폭원

(2) 검토사항

1) 도로 평면선형과 교차시설이 사각을 이룰 때 직교로 계획 가능한지 여부 검토

① 교량의 횡단구성이 상 · 하행선 분리 가능한지 여부

② 사교로 계획할 때와 직교로 계획하였을 때의 증가 교량길이에 의한 공사비에 대한 검토
   소교량인 경우에는 경제성이 없으나 교량 길이가 100m 이상일 때는 상부구조 철근 보상비 및 하부구조 공사비 감소, 신축이음 공사비 및 장래 유지관리적인 측면에서 유리하다. 단, 이 경우에 직교로 하였을 때 다리밑 시설한계에 대하여 충분한 검토가 따라야 한다.

③ 사각을 두어 교량의 길이를 짧게 하는 경우에 시공성의 문제, 지진시 거동이 불명확하므로 가급적이면 피하는 것이 좋다. 사각을 갖는 사교로 하는 경우 직교에 가깝게 하는 방안을 검토해야 한다.

2) 하천교에서 뚝마루(제방)에 도로가 있는 경우

① 도시하천의 경우에는 도시가로망 계획시에 교차도로에 가각을 어떻게 두었는지 여부를 관련기관과 협의하여 교량 시종점부에 가각을 설치 여부를 검토한 후, 교량의 형상을 결정하여야 한다.
   다음 그림 5.2.68은 교량에 가각을 두는 예이다.

② 제방도로와 본선교량이 입체 교차하고 사교인 경우에는 교량의 교각형상 및 교각 멍에보(Coping)의 높이, HWL 및 도로의 시설한계 등을 고려하여 직교로 평면형상을 할 수 있는지 여부를 검토해

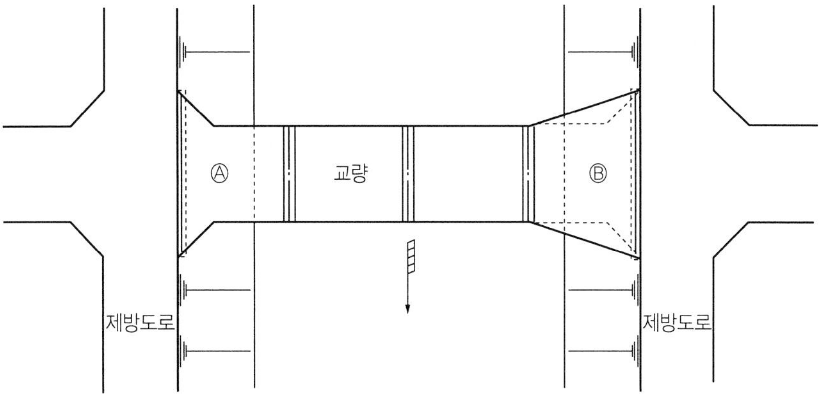

Ⓐ의 경우, 도로의 가각 형상 그대로 형상 결정
Ⓑ의 경우, 도로의 가각을 변형하여 형상 결정

그림 5.2.68 교량평면 형상에서 도로의 가각을 교량에 두는 예

야 한다. 대하천에 가설하는 장대교의 경우에는 직교로 하는 것이 시공성, 경제성, 유지관리적인 측면에서 우수하다. 또한 소하천의 경우 직교로 하는 경우에 교량길이는 교량의 폭원이 크면 상하행선을 분리하여 사교로 하였을 때의 교량길이 보다 2배 이상 교량길이가 늘어나는 경우가 있으니 주의하기 바란다.

여기서 주의할 점은 상하행선 분리시 교각의 교각의 기둥배치가 유수방향과 일치하도록 한여야 한다는 것이다.

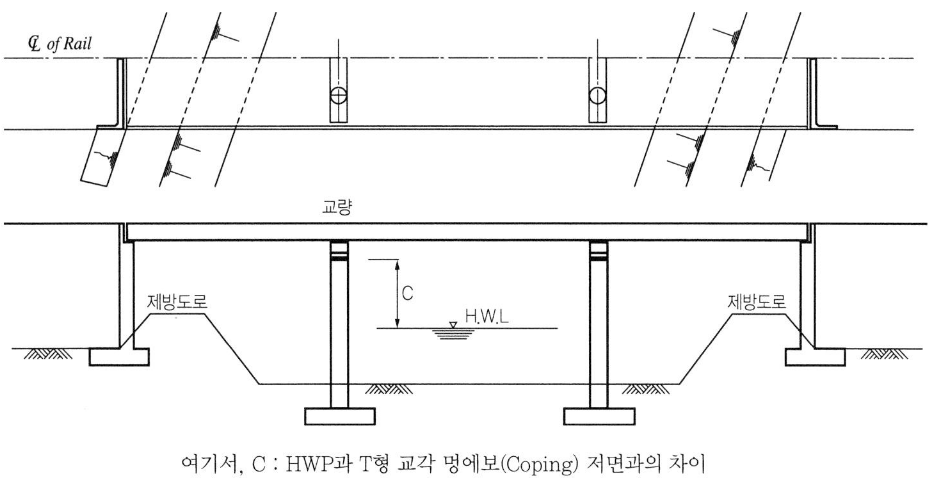

여기서, C : HWP과 T형 교각 멍에보(Coping) 저면과의 차이

그림 5.2.69 도로의 평면선형과 하천의 교차시 사각이 있는 경우에 직교로 계획하는 예

3) 도로, 철도를 횡단하는 경우

교량의 경간 분할시 경제적인 경간 길이가 도로의 시설한계 및 철도의 건축한계보다 넓은 경우에는 이

들 시설물과 교량의 중심선이 사각을 이룬다고 하여도 직교로 하는 것이 바람직하다. 직교로 하는 경우에 교각 멍에보(Coping)의 시공가능 여유폭 및 여유 높이, 장래 유지관리 상에 문제가 없는지 검토하여야 한다.

다만, 교량의 상부형식이 충분한 경간을 가질 수 있는 형식일 때만이 가능하다.

4) 도로 및 하천과 이루는 사각이 45° 미만인 경우

사각이 45° 미만인 소교량의 경우에 주변의 여건상 교량의 길이를 연장할 수 없는 경우가 있다. 이 때는 설계기준의 제한조건에 제약을 받게 된다. 이때는 다음 그림 5.2.70과 같이 검토하여 평면형상을 결정하는 것이 구조적인 측면 및 수리적인 측면에서 우수하다.

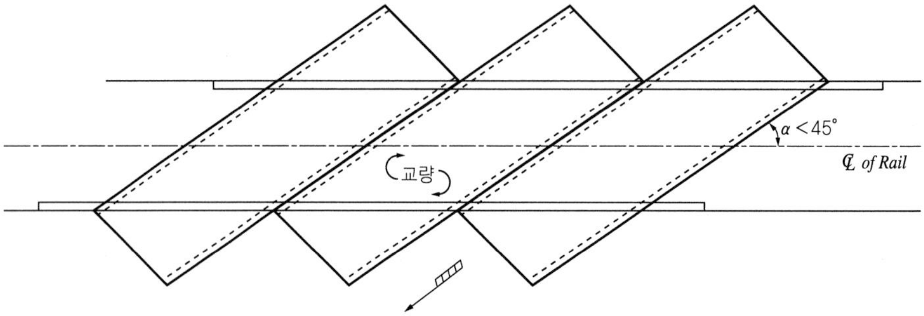

그림 5.2.70 사각 45° 미만의 변형적인 교량 평면 형상의 예

5) 교량의 상하행선 분리시공이 가능한 경우

교차시설물과 교량의 중심선형이 사각을 이루는 경우에 직교로 계획할 때에는 교차시설물의 시설한계 또는 건축한계를 검토하여 교량의 경간 길이, 교각의 형상 등을 검토하여 다음 그림 5.2.71과 같이 교량 평면형상을 검토하여 설계하는 것이 바람직하다.

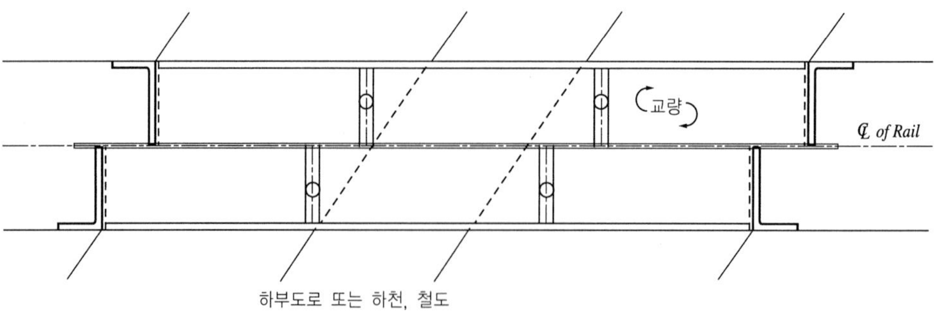

그림 5.2.71 상하행선 분리하여 사각을 처리하는 교량의 예

6) 곡선교의 교대, 교각 배치에 따른 사각에 대한 검토

도로 평면선형 계획시 부득이 한 경우에 교량은 곡선교를 하고 있다. 곡선교로 하는 경우에는 교량의

경간분할시에 받침선의 방향을 배려할 필요가 있다.

곡선교의 교대, 교각 배치는 다음의 사항을 검토하여 결정하여야 한다.

① 배치 방법에 대한 검토

(a) 도로 평면곡선의 법선에 직각이 되도록 배치하는 방법(그림 5.2.72 참조)

이 방법은 교대 시 · 종점부 및 교각의 폭이 일정하여 설계, 시공, 받침선의 배치 등이 용이한 점이 있으나 교각의 형식에 따라 하천교에서는 유수를 저해하는 하천폭 감소율이 커지는 경우가 있고 도로, 철도를 횡단하는 교량에서는 경간 길이가 길어지는 결점이 있다.

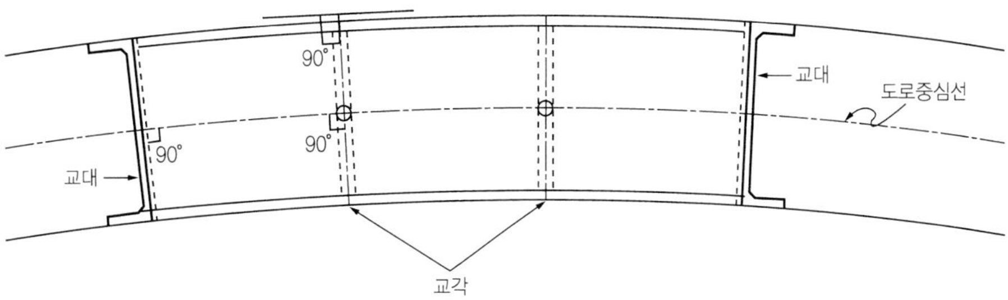

그림 5.2.72 곡선의 법선에 직각으로 배치(예)

(b) 교대, 교각의 전면을 평행하게 배치하는 방법(그림 5.2.73 참조)

이 방법은 교대 또는 교각 1개소를 기준으로 하여 모두 평행하게 배치하는 방법으로써 교차시설물의 다리밑 공간 확보에 이점이 있고 교량 받침선 방향을 일정하게 맞출 수 있으며, 거더 길이를 일정하게 할 수 있다. 다만, 시종점 교대, 교각의 폭이 각각 상이하여 하부구조의 설계, 시공의 품질관리 면에서는 불리한 배치방법이라고 할 수 있다.

이러한 결점을 가지고 있어도 교량가설 위치의 지형조건상 부득이한 경우에는 이 방법을 적용하고 있다.

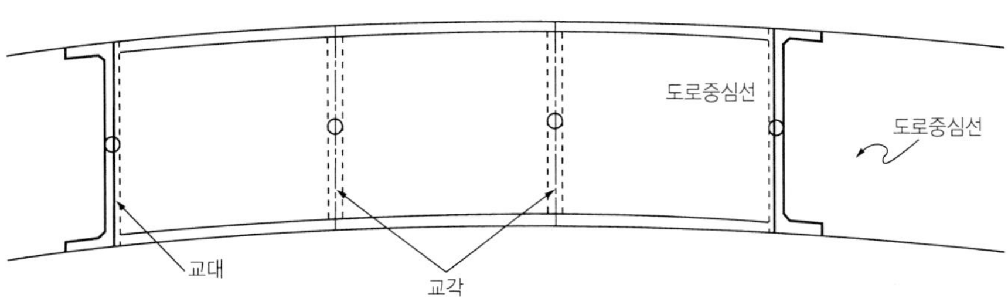

그림 5.2.73 교대, 교각의 전면이 평행하게 배치(예)

(c) 교량에 반향곡선을 설치하도록 평면계획된 교량의 경우

교량의 평면곡선을 S자 곡선으로 설치하는 경우, 교량 구조 중심선과 곡선의 변곡점(KA)이 일치

하도록 평면선형 계획과 교량의 구조계획을 하여 교각을 배치하는 것이 바람직하지만 실제 설계에 있어서는 주위 여건상 일치시키는 것은 어려운 일이다.

다음 그림 5.2.74는 S자 곡선교의 예이다.

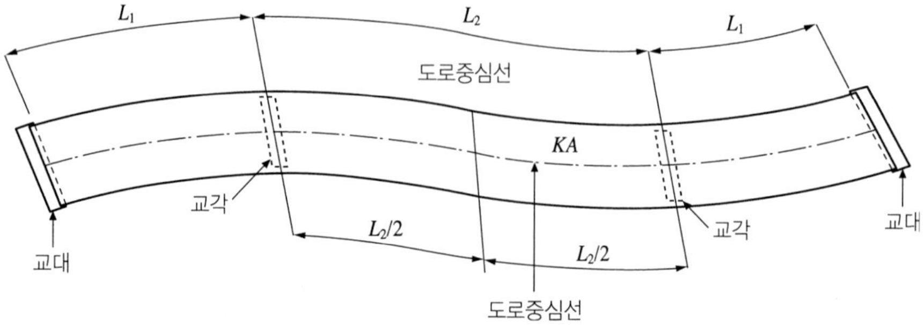

그림 5.2.74 반향곡선(S자 곡선)을 가진 교량의 합리적인 교각 배치(예)

② 곡선교에서 교차시설과 사각을 가지는 경우

곡선교에서는 교차시설과 사각으로 배치하더라도 가급적이면 직교로 계획하는 것이 바람직하다.

특히 완화곡선 구간에서 사교로 계획하는 경우 교량의 횡단경사가 변화하여 교대, 교각의 계획고를 결정하는데 어려움이 있다. 교량의 상부형식에 따라 다르겠지만 상기 5)항에서 기술한 방법으로 교차시설물을 횡단하는 것이 바람직한 방법이다.

7) 도로 평면곡선 반지름이 적은 곡선교의 안전성 검토

① 단순교로 계획하였을 때의 검토사항은 5.2.5(2)의 9)항에 기술하였으며, 부득이 연속교로 계획하였을 시에는 교량 상부구조의 단부에 부반력이 발생하는지 여부를 검토하여 상부 평면형상을 결정하여야 한다.

② 교대, 교각의 배치방법은 상기 6)을 참고하기 바람.

③ 교량 경간 분할에 따른 교량의 평면형상에 대한 예는 그림 5.2.75와 같다.

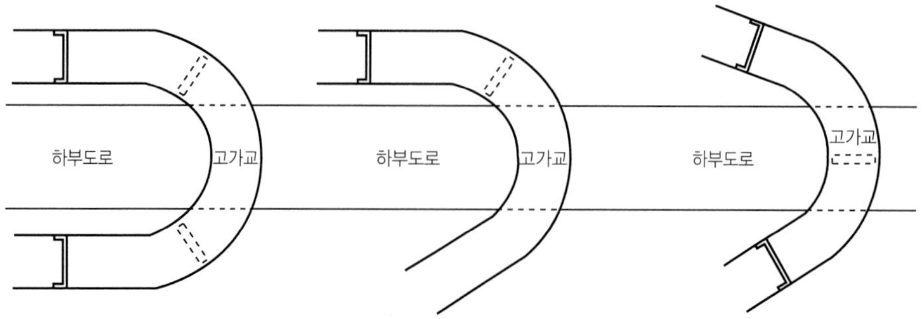

그림 5.2.75 교량평면 곡선반경이 적은 교량의 평면형상의 예

8) Interchange, Junction 고가교의 변속차로부의 단면형상

변속차로부의 교량 평면형상은 교량의 상부구조 형식에 의해 좌우되며, 거더 또는 Beam교의 경우는 이들의 배치방법에 따라 형상이 변화하게 된다. 또한 교량 상부구조의 연속성을 어떻게 하여 거더 또는 Beam을 배치하느냐에 따라 다른 형상으로 계획하게 되므로 충분한 검토가 따라야 한다.

다음 그림 5.2.76은 변속차로부의 교량 평면형상의 예를 나타낸 것이다.

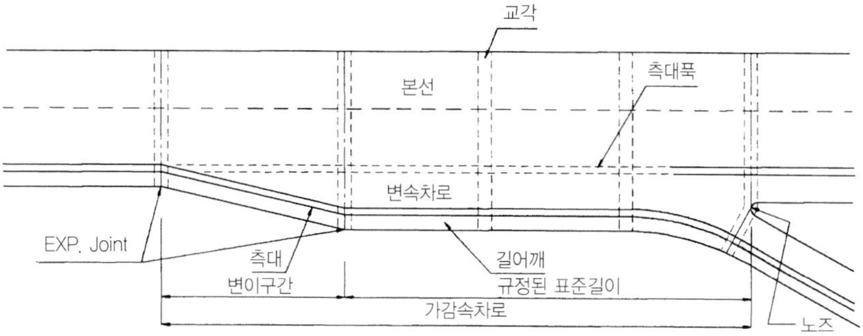

(a) 평행식 변속차로부의 시설기준 대로 평면형상을 결정한 예

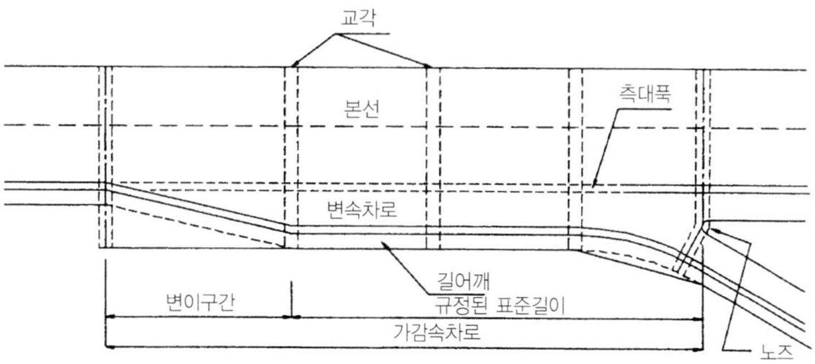

(b) 평행식 변속차로부의 변이구간을 확장한 평면형상의 예

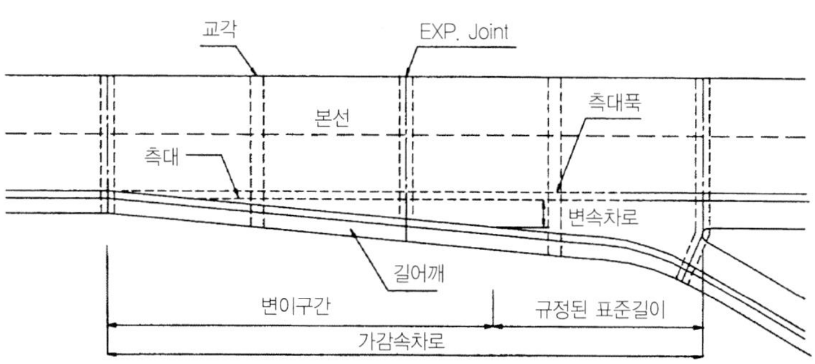

(c) 직접식 변속차로부를 시설기준대로 평면형상을 결정한 예

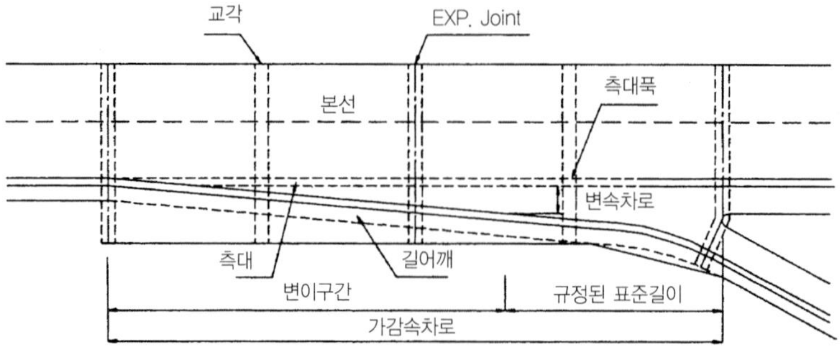

(d) 직접식 변속차로부 변이구간을 확장한 평면형상의 예

그림 5.2.76 변속차로부의 교량평면 형상의 예

9) 교량 상부구조의 시공법 및 형식에 대한 검토

교량의 평면형상은 교차시설물, 지형에 의해서만 결정되는 것이 아니며 교량 상부구조의 시공법에 의해 결정되는 경우가 있다. 설계자는 교량의 평면형상 결정시 교량의 상부구조의 시공법을 어떻게 할 것인가를 사전에 검토하고 경간 분할을 하여 평면형상을 결정하여야 한다. 아래와 같은 교량 형식은 직교만이 가능한 형식이다.

① 압출공법에 의한 Prestressed concrete(직교, 원곡선교 가능)

② Free Cantilever 공법의 PSC Box Girder(직교, 곡선교)

③ Truss교(직교, 곡선교)

④ Arch교(직교)

⑤ 사장교, 현수교(직교, 특별한 경우의 곡선교)

10) 사교에 있어서 둔각, 예각부 처리에 대한 검토

사교에 있어서 교량평면의 예각부를 교량 평면선형에 직각이 되게 하여, Cantilever부의 안전성을 확보하는 방안도 검토하여야 한다. 다음 그림 5.2.77은 그 예이다.

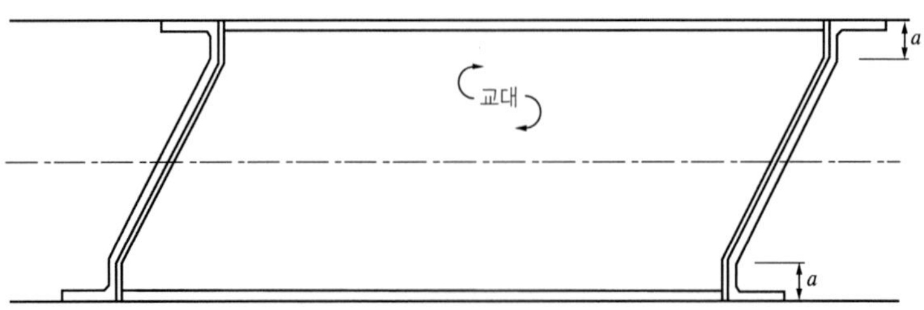

여기서 a : 연석폭 이상 또는 Cantilever 내민 길이 이상

그림 5.2.77 사교의 둔각부, 예각부 처리의 예

11) 교량 폭원에 따른 교량받침의 안전성에 대한 검토

교량폭이 과다하게 크면 내진설계시 고정받침의 교축직각방향 수평력이 지나치게 커지고 교축직각방향의 신축량이 크게 되어 교량받침의 크기가 수직반력에 의해 결정되는 것이 아니라 교량받침에 작용하는 수평력과 교축직각 신축량에 의해 결정되는 경우가 있다.

5.2.8 교량 기본 설계

기본계획에서 설정한 교량계획노선을 검토하여 교량기본설계에 필요한 조건을 설정한다. 도로의 계획조건(도로의 규격, 선형, 폭원, 도로의 등급), 자연조건(지형, 지질 등)을 설정하여 관계기관의 관리자(도로, 철도, 하천, 항만 등)와 협의하여 교량 계획에 필요한 조건을 설정한다. 또한 적용하고자 하는 최신의 기술 기준을 정비한다. 따라서 기본조건을 정확히 조사하고 발휘하는 것이 교량계획에서 가장 중요한 일이다. 교량계획조건 설정의 미비에 따라 여태 진행되어온 계획을 원점으로 돌아가 다시 시작하는 경우가 종종 발생하므로 주의가 필요하다.

계획조건에 타당한 교량가설위치를 결정하여 교량의 배치계획을 한다. 이에 따라 기본선형(평면 · 종단 · 횡단 선형), 교량길이, 경간분할, 사각 등의 교량 기본제원을 결정한다. 결정된 교량 기본제원에 따라 설계조건에 만족하는 교량형식을 입안한다.

소규모 교량에 있어서는 검토의 대상이 되는 교량형식이 한정되어 있으나 어느 정도 규모 이상의 교량에서는 많은 형식의 교량이 고려되는 경우가 많다.

경우에 따라서는 설계조건에서 경간길이 제한을 설정하였을 때 교량형식이 2~3개로 제한을 받는 경우가 있고 지형 · 지질조건에 따라 교량형식이 제한받을 수도 있다. 따라서 교량별로 많은 수의 교량형식에 대해서도 일반도, 개략 수량, 개략공사비를 구하여 비교 검토한 후, 이들 가운데 가장 유망한 3개안 정도를 선정하여 다시 정밀도가 있는 비교검토를 수행하는 것이 좋다. 또한 교량의 내구성 및 유지관리적인 측면 즉 생애주기 비용(Life cycle cost)을 비교검토 대상에 포함시켜야 한다. 건설교통부에서는 2000년 9월 1일부터 "설계의 경제성 등 검토에 관한 시행지침"을 제정하여 시행하도록 규정하고 있다.

(1) 교량계획 필요조건 설정

계획하고 있는 교량이 어떤 조건을 만족해야 하고, 어떤 기능과 역할이 요구되는지 교량 가설위치조건과 발주청의 의지를 충분히 확인해서 많은 제한, 요구조건을 명확히 설정한 후에 계획하는 것이 계획의 효율성을 기하는데 중요하다.

설계자는 다음과 같은 특수조건을 설정하여 계획하는 것이 편리하다.

1) 다리밑 공간(시설한계)에 제약을 받아 교량 상부구조의 높이에 제약을 받는 교량
2) 교량 평면 형상에 제약을 받는 교량(사교의 사각, 평면곡선 등)
3) 교량 종단 형상에 제약을 받는 교량(종단경사, 직선+원곡선 등)

4) 발주청의 의지에 따라 상징성을 강조한 교량
5) 공원, 유적지 등 주변환경 속에서 심벌성을 강조한 교량
6) 제반 조건이 외국의 기술도입이 필요한 교량
7) 특수한 가설공법, 가설공기가 요구되는 교량
8) 장래의 유지관리비가 고가 이거나 유지관리가 어려운 교량
9) 특히 설계 과업지시서에서 제반조건을 제시한 교량(경간 길이, 다리밑 공간(시설한계) 등)
   이들의 교량을 계획할 때는 상기 조건을 만족하는 것이 비교 항목에서 우선하는 경우가 많으므로 설계자는 사전에 충분한 검토, 조사를 시행해야 한다.

(2) 비교검토 대상의 교량 형식

1) 특수한 조건이 없는 교량 형식의 입안

특수한 조건이 없는 경우의 교량형식 입안에서는 다음과 같은 점에 유의한다.

① 설계 · 시공실적이 많은 교량을 선정

동일 또는 유사조건, 유사규모의 교량에서 설계 · 시공실적이 많은 교량형식을 선정한다. 또한 계획하고 있는 조건에서 어떤 형식의 교량이 실적이 있는지를 조사하여 조건이 맞는 것이면 실적이 다소 적더라도 그 형식을 선정한다.

경우에 따라서는 외국의 문헌, 잡지 등의 자료를 조사하여 교량을 입안하는 것이 효과적일 수도 있다.

② 노면의 위치

특별한 제한조건이 없는 경우에는 상로형식의 교량을 계획한다.

노면위치가 하로형식, 중로형식의 경우 상로형식에 비해 사용자 주행시의 시계장애, 부재의 충돌, 교량 유지관리시 안전성 등을 고려해야 할 문제가 많다. 또 적설지대의 경우에는 특히 빙설의 낙하에 의한 운전자의 안전운행 위험성, 교량바닥면의 제설작업 등에 문제가 있으므로 상로형식이 바람직하다.

③ 다경간 교량계획

(a) 단순 거더로 계획하는 경우

다경간의 교량을 단순 거더로 계획할 경우에는 특수한 경우를 제외하고 되도록 지간 길이를 통일시키는 것이 좋다. 특히 표준도가 있는 경우에는 표준도를 참고하여 지간길이를 결정하는 것이 바람직하다. 이는 설계의 표준화를 도모하고 시공의 효율성, 장래 유지관리 System을 구축하는데 효과적이다.

(b) 연속교로 하는 경우

연속교로 할 경우에는 Span Balance를 고려한 경간(지간)을 분할하는 것이 재료를 경감할 수 있는 이점이 있다.

3경간 연속교로 계획할 경우 그림 5.2.78에서 알 수 있듯이 경간비를 1:1.25:1 정도로 하였을 시 휨모멘트 Balance가 이상적이다. 그러나 3경간 연속교로 몇 개를 연결하여 하는 경우에는 외관상(미관)의 이유로 등경간으로 계획할 때가 많다.

단순교에 비해 연속교는 다음과 같은 특징이 있다.

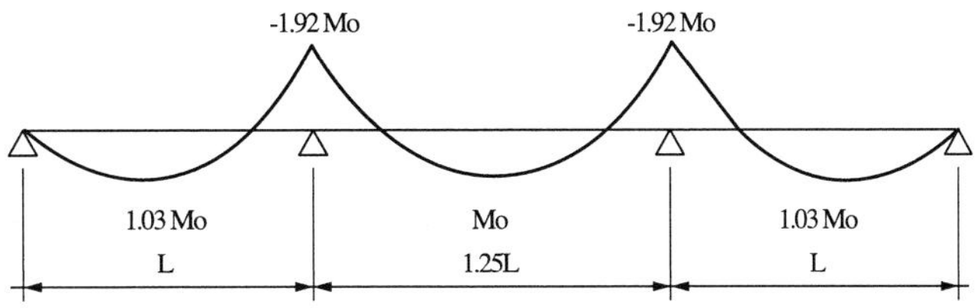

그림 5.2.78 3경간 연속교의 휨모멘트 (휨강성 일정, 등분포 하중의 경우)

a) 작용 휨모멘트가 정(+)에서 부(−)로 분산하므로 상부구조의 높이를 줄일 수 있다.
b) 교각의 교량받침면의 폭을 줄일 수 있다.
c) 신축이음수가 적어 주행성이 좋다.
d) 연속구조이므로 지진시 교량 상부구조가 떨어지는 일이 적다.
e) 지진시의 교축방향 수평력을 고정받침에 집중하므로 교정단 교각은 다른 교각에 비하여 크게 된다.
f) 교각의 부등침하에 의해 부가 단면력이 발생한다.
g) 측경간이 지나치게 짧은 경우에는 측경간 단부에 부(−)반력이 생기는 일이 있으므로 특별한 주의를 요한다.
   특수한 경우는 부반력에 저항하도록 Counter Weight를 설치하여 계획하고 있다.

2) 특수한 조건의 교량형식

교량가설 위치의 현장여건, 도로의 평면선형, 종단선형에 의해 부득이 사교, 곡선교로 계획해야 하거나 상부구조 높이제한 등의 조건이 있는 경우 다음의 사항을 참고로 해서 교량 형식을 선정하는 것이 좋다.

① 사교

사각은 교량 중심선과 교축 직각방향과의 이르는 각을 말하며 교량의 사각이 작아지면 구조적으로 각 부재에 복잡한 힘이 작용하데 된다.

"도로교 설계기준(국토해양부)"에서는 사각을 45° 이상으로 규정하고 있으나 도로의 평면선형과 횡단 시설물과의 관계에서는 부득이 45° 이하로 계획하는 경우가 있으나 구조적 문제, 시공성의 문제, 지진시 거동이 불명확한 점이 있으므로 특별한 주의와 검토가 따라야 한다.

특히 사각이 극단적으로 심한 경우에는 거더교에서는 과대한 비틀림 변형이 발생하고 둔각부에 과대한 반력이 발생하며, 예각부에 부반력이 발생하게 되므로 교량받침 설계에 주의를 요한다.

② 곡선교

곡선교는 비틀림 모멘트가 크게 발생하므로 교량 상부구조 형식을 판구조(Slab) 또는 박스거더 형식으로 하는 것이 바람직하다. 그러나 곡률반경이 큰 경우에는 주거더에 작용하는 비틀림 모멘트가 적기 때문에 Pre-Cast Beam 또는 I-형 거더교를 사용하여도 된다. 그러나 Pre-Cast Beam의 경우에는 교량 바닥판의 Cantilever 바닥판 길이에 의해 적용성이 결정되므로 설계자는 이 점을 감안하여 교량형식을 결정하여야 한다.

곡선교에서 단순교를 박스거더교로 계획할 때는 교량의 폭원에 따라 다르지만 만일 박스거더(1-Cell Box Girder)교일 경우는 상부구조의 전도(Over Turn)에 대한 안전성을 확인하여야 한다.

강교에서 곡선 교량의 단부는 예각이 되는 경우가 많다. 이 경우 부(-)반력이 발생하면 콘크리트 바닥판이 인장응력에 의한 파손 가능성이 있으므로 이에 대하여 검토하여 형식을 선정하는 것이 바람직하다.

③ 교량 상부구조의 높이 제한을 받는 교량

도로의 종단계획시 도로 · 철도 · 하천 등에 의해 상부구조의 높이 제한이 엄격한 경우에는 교량의 경간 길이를 고려하여 다음과 같이 상부구조 높이가 낮은 형식을 적용하고 있다.

(a) 판구조 형식(R · C 슬래브교, PSC 슬래브교, 속빈 슬래브교 등)

(b) 강바닥판교

(c) 하로교 · 중로교(하로 Truss교, 하로 Arch교, 중로 Truss교, 중로 Arch교 등)

(d) 변단면 거더교

거더의 높이 변화를 하부 Flange는 직선, 상부 Flange는 도로의 종단곡선과 같게 하는 거더교

(e) Pre-Flex Beam교(일본에서는 Pre-Beam교라고 함)

(f) 특수교량(사장교, 현수교)

교량 상부구조의 높이 제한을 받는 경우에 처짐 제한에 의해 단면이 결정되는 일도 있으므로 형식 선정 전에 개략적인 구조계산을 하여 적용하는 것이 좋다.

(3) 교량형식의 1차 선정

교량계획에서 설정한 설계조건을 기초로 해서 과거의 설계, 시공실적 등의 예를 참고로 하여 교량가설 조건에 적합한 상부공, 하부공, 기초공을 비교대상이 될 수 있는 여러 종류의 교량형식에 대해서, 가능한 많이 추출하여 비교 대상안을 선정한다.

1) 상부구조 형식 선정

교량 길이, 평면선형, 종단선형, 경간분할 및 지간길이에 대응한 적용가능한 상부구조의 형식을 충분

히 이해하고 교량의 형식과 표준적용 경간 길이에 적합한 형식을 선정해야 한다("5.1.5 (5)항 상부구조 형식선정"참조).

2) 하부구조의 형식 선정

하부구조의 형식은 상부구조의 하중크기, 횡단면구성, 교량가설위치의 조건, 지반조건, 시공조건, 경우에 따라서는 교통처리계획 등을 충분히 고려하여 선정한다.

하부구조 형식은 "5.1.5 (5), 3)항 하부구조 형식 선정"을 참고하여 선정하는 것이 바람직하다.

3) 교량 기초형식의 선정

교량 기초형식은 하중전달 형식에 의해 크게 직접기초, 말뚝기초, 우물통기초로 분류되며 사용재료, 시공공법에 의해 많은 종류의 기초형식이 있다.

기초형식은 "5.1.5 (5), 4)항 교량기초 형식선정"을 참고하여 선정하는 것이 바람직하다.

(4) 계획설계

교량형식 1차 선정시에 계획한 교량형식 마다 개략적인 일반도를 작성하여 시공성, 경제성, 유지관리 측면 등에 대해 비교 검토하여 적당하다고 판단되는 3종류 정도의 형식을 선정한다.

이 작업에 있어서 다음 같은 점에 유의한다.

1) 시공실적이 많은 교량형식

동일규모의 교량에서 시공실적이 많은 교량형식의 경우에는 특히 개략설계를 하지 않아도 시공 예를 준해서 일반도를 작성하는 일이 가능하다.

2) 설계 · 시공 실적이 적은 교량형식

설계 · 시공 실적이 적은 교량형식의 경우에는 주요 부재의 배치, 부재 단면 등의 제작 · 가설상 문제가 없는지를 간단한 개략 설계를 통해서 검토할 필요가 있다.

특히 특수교량의 경우에는 국내 · 외의 설계 · 시공 예를 수집하여 입안하는 것이 바람직하다.

3) 개략 가설계획의 검토

개략 일반도에서 교량 상부구조의 수송, 가설계획, 교량기초의 시공계획을 검토하여 문제가 없다는 것을 확인하여 두는 일이 필요하다.

강교의 경우 부재의 길이, 중량, 높이에 대해서도 검토가 따라야 하며, 교량계획에 앞서 반입로의 현지조사를 실시하는 동시에 필요한 대책을 강구해 두어야 한다.

한국도로공사에서는 **"제한 차량 운행 허가"**에서 **"운행제한 제원 기준"**을 다음과 같이 설정하여 고속도로 운행제한을 하고 있다.

① 차체와 적재량을 포함한 폭이 3.0m를 초과한 차량

② 차체와 적재량을 포함한 높이가 4.15m를 초과한 차량
③ 차체와 적재량을 포함한 길이가 17.6m를 초과한 차량
다만, 트레일러 4륜차 운행시 19.0m
④ 차체를 포함한 적재중량이 40.0ton을 초과한 차량
⑤ 차체의 축 중량이 10ton을 초과한 차량
⑥ 정상운행 속도가 시속 50km 미만의 차량(다만, 2차축의 경우 시속 40km 미만)
⑦ 기타 고속도로의 구조 안전과 운행의 위협을 방지하는데 지장이 있다고 인정되는 차량

현장제작 Pre-Cast Beam의 경우에는 교량 가설위치 부근의 제작장 확보여부를 사전에 조사하여야 하며, 산간부에 가설하는 교량의 경우에는 교량부재의 반입, 현지 조립 가능여부가 교량형식 선정에 영향을 미치는 일도 많다.

예를 들면 PSC Beam교 또는 강박스거더교를 채용하려 할 때 산비탈 경사도가 급하면 크레인 가설이 불가능하여 압출공법으로 하거나 또는 Cable Crane 등의 대규모 가설설비를 동원해야 한다.

4) 특수공법 및 국내장비로 가설 가능 여부 검토

교량 길이, 교량 경간 길이, 도로의 평면선형, 종단선형에 의해 교량가설 공법이 결정되는 경우가 많으므로 이에 대하여 충분한 검토가 따라야 한다.

예를 들면, 산간부에서 교각의 높이가 50.0m 이상이고 길이가 600m인 교량의 경우에 PSC 박스거더교 또는 강박스거더교로 할 때 교각의 가설 공법은 Climbing공법, Sliding Form공법 등의 특수공법이 시공성, 공기 등에서 우수하며 상부구조 가설공법은 압출공법, Cantilever 가설공법 등의 특수공법이 유리하다. 그리고 기타의 일반공법은 적용이 불가능한 경우도 있다.

또한 기초시공 시 현장타설 말뚝의 경우 말뚝의 직경이 2.0m 이상이 될 때는 경제성은 우수하나 외국의 장비를 도입하여야 되는 경우가 있으므로 국내장비에 대해서도 사전에 충분한 조사를 실시하여 두는 것이 바람직하다.

5) 개략 공사물량 추정

이 단계에서 구조계산은 주요 부재의 배치, 주요 부재 단면 등의 제작, 운반, 가설 상에 문제가 없는가를 Check하는 정도이므로 이들 결과에서 교량 전체의 수량을 추정하는 것은 어렵다.

따라서 과거의 실적 예에서 공사물량을 추정하는 것이 바람직하며 실적이 적거나 특수교량의 경우에는 외국의 예를 참고하여 구하는 것이 좋다.

6) 개략 공사비

일반적으로 개략 공사 물량 추정시 정밀도가 떨어지므로 개략 공사비의 산출에는 시공실적에서 교량의 상부 평면 면적 당(m^2)단가, 또는 m^3당 단가를 구해서 전체 공사비를 추정하는 방법을 사용하고 있다.

가급적이면 정성적인 방법보다 정량적인 방법으로 공사비를 추정하는 것을 권장한다.

(5) 비교설계

계획설계 단계에서 선정된 3종류 이상의 비교대상 교량형식에 대하여 개략 구조계산 및 비교 검토용 자료를 작성한다.

1) 개략 구조계산 및 비교검토용 구조일반도

각각의 교량형식에 대하여 계획설계 단계에서 추정한 교량 길이, 횡단면, 경간 등의 기본 치수를 기준으로 개략 구조계산을 시행하여 주요 부재의 치수가 구조적 안전성, 제작, 시공상에 문제가 없는지 확인하여야 할 뿐 아니라 교량 상부구조의 처짐이 "도로의 설계기준"의 허용값을 만족하는지를 확인하여야 한다.

① 상부구조 개략 구조계산서 내용

상부구조의 개략 구조계산에 포함될 내용은 다음과 같다.

(a) 주요 부재 단면의 응력 계산
(b) 처짐의 조사
(c) 상부구조의 반력(하부구조 계산용)

② 하부구조 개략 구조계산서 내용

하부구조의 개략계산에 포함될 내용은 다음과 같다.

(a) 교각, 교대, 기초의 형식 검토
(b) 응력계산
(c) 안정계산

③ 비교 검토용 구조일반도

개략 구조계산 결과를 기초로 계획 설계에서 작성한 개략 전체 일반도를 수정 · 보완하고 비교 검토용 구조일반도를 작성한다.

작성도면 항목은 다음과 같다.

(a) 개략 전체 일반도(종평면도)
(b) 상부구조 일반도[평면도, 측면도(단면도), 평면도, 주요단면도]
(c) 하부구조 일반도[정면도, 측면도(단면도), 평면도, 기초평면도]
(d) 기초(Footing 평면도, 기초형식별 일반도)

2) 비교 검토용 공사 수량산출

개략의 계획설계에서 선정한 각각의 교량형식 「안」에 대해 수량은 산출하여 경제성 비교를 위한 Data

의 정밀을 높이는 일이 중요하다. 또한 교량형식에 있어서 교량 받침, 신축이음, 난간 등과 분리해서 고려할 수 없으므로 이들 주요한 교량부속 구조물에 대해서도 수량을 산출하여 비교 검토하는 것이 필요하다.

수량 산출시 포함되어야 할 최소의 항목은 다음과 같다.

① 콘크리트 및 철근수량(철근수량은 정밀한 산정에 어려움이 있으므로 m^3당 Ton으로 가정하여 산정하는 경우가 많다)
② 강재의 수량(강재의 수량은 정밀하게 산출하는 것이 어려우므로 과거의 설계·시공 실적 등을 참작하여 산출하든지 아니면 표준단면에 의해 산출하는 것이 정밀도를 높일 수 있다)
③ 비계·동바리 수량
④ 기초터파기 수량
⑤ 기초공의 수량
⑥ 교량가설 수량(가교, 가도, 축도비 포함)
⑦ 실시설계에서 필요한 공종별 수량은 필히 산출하는 것이 공사비의 정밀도를 높이는데 중요한 요소가 된다.
⑧ 장래유지 관리비(강교의 도장비, 신축이음 교체 비용), 점검·보수비도 추정하여 포함시켜야 한다.

3) 비교 검토용 공사비 산출

비교 검토용 수량산출서를 근거로 각 공종별로 원가산출(적산)을 하여 비교 검토용의 공사비를 산출한다. 교량 형식별로 교량가설 공법이 다른 경우가 있으므로 가설비의 원가 산출에서는 교량가설 공법의 설정이 필요하다.

가설공사비가 교량형식 결정에 크게 영향을 미치는 경우에는 정밀도를 높인 원가산출이 필요하다. 일반적으로 하면 충분하고 PSC 박스거더교의 경우 1-Segment 가설시 가설공기, 가설재(지보공, Launching Girder, Form Traveler, Jack)등을 포함하여야 한다.

또한 특허사용료, 외국기술도입에 따른 기술료도 포함시켜 공사비를 산출하여야만 한다.

그러나 개략공사비라고 하여도 이 단계에서 산출한 공사비는 발주청에서 사업예산 편성 등에 사용되는 일이 많으므로 총액으로서 큰 오차가 없도록 과거의 시공 예와 비교 검토하여 두는 일이 중요하다.

일반적으로 "국토해양부"에서는 오차의 범위를 ±20% 범위 내로 추정하도록 권장하고 있다. 특히 강조하고 싶은 것은 교량 자체만의 공사비만 비교하지 말고 교량 접속도로의 공사비도 비교 대상이 되어야 한다. 경우에 따라서는 교량 공사비는 고가이나 접속도로 공사비가 저렴하여 도로의 전체 공사비가 저렴할 수가 있다. 이러한 경우는 도로개설에 따른 토지보상비까지 검토가 따라야 한다.

(6) 최적 교량형식의 선정

비교 설계에서 선정한 각 교량형식에 대하여 다음과 같은 항목에 대해 비교 검토하여 평가한다. 이때 각각의 교량에 대해 검토 항목 중 우선비율이 다르므로 초기 건설비가 적은 것이 꼭 최적의 교량형식이라고 할 수 없다.

예를 들면, 초기 건설비는 저렴하지만 미관이 좋지 않거나 장래유지관리비가 고가인 경우 등 발주청의 의지, 시공성 등에 의해 교량의 형식이 결정되는 경우도 많다. 설계자는 이러한 점을 충분히 인식하여 종합적으로 판단하는 일이 필요하다.

1) 구조의 특성

교량의 각 부재는 실시설계(상세설계) 단계에서 각종 설계기준에 준해서 결정되는 것이지만 교량형식마다 갖는 고유 조건에 대한 검토가 필요한데 예를 들면 받침조건에 대한 검토가 특별히 필요한 교량이 있을 수 있다.

상로 아치교나 π형 Rahmen교는 지반이 나쁜 지점에서는 적용이 어렵고 다경간 연속 거더교나 슬래브교는 고정받침위치 등이 교량형식 및 지반조건 등 외적조건과 연관되어 문제가 되는 일도 많다.

또 대규모 특수교량(현수교, 사장교, 100m 이상의 장경간 교량)에 있어서는 강성, 내진성, 내풍성 등 구조 특성을 상세하게 나누어 평가하는 일도 있다.

2) 주행성

주행성 면에서는 단순교, 단순 Beam을 연속시키는 것보다 연속교로 하여 신축이음의 수를 줄이는 것이 좋다. 또한 상부구조와 교각을 강결구조 또는 상부구조와 교대를 강결시켜 Integral Rahmen 구조가 되게하여 내진성, 경제성을 높이는 경우도 있다.

그리고 주행시 사용자의 시계 및 접근시 충돌 공포감 등을 고려할 때 하로교, 중로교 보다는 상로교가 유리하다.

3) 상 · 하부공의 받침조건

받침조건은 고정 · 가동, 반력분산받침과 면진받침을 사용한 다점고정, 강결 등이 있고 다점고정과 강결구조로 하여 부정정차수가 높은 구조와 면진 받침을 사용한 구조 등, 내진성이 높은 구조로 하는 것이 바람직하다. 따라서 지반조건과 교각높이, 지간 차이에 의해 진동특성이 다른 구조의 경우에 지진력의 기울림 등을 충분히 검토하여 연속경간수와 받침조건을 선정할 필요가 있다.

4) 유지관리

유지관리는 교량수명 연장이라는 관점에서 고려하여야 하며, 교량의 제기능 발휘 및 안전성 확보를 위한 필요한 조건이다.

유지관리비는 어느 정도의 시간과 비용이 추가로 들어가는지, 또 장래 보수 · 보강이 용이한가에 대해서도 검토해 두어야 한다.

재료적인 측면에서는 콘크리트 구조가 강구조에 비해 유지관리비가 저렴하고 내구성면에서는 콘크리트 구조보다 PSC구조가 우수하고 보수보강만 철저히 하면 강구조가 월등하다.

또한 강구조에 있어서는 부식대책에 대해서 도장을 할 것인가 아니면 내후성 강재 교량으로 할 것인지 비교 검토가 필요하다.

특히 교량가설 위치의 환경조건을 감안하여 사용재료를 선정하여 교량 형식을 결정하는 것도 중요한 사항이다.

5) 경관(미관)

교량 건설이 주변환경, 경관에 미치는 영향도 적지 않다. 설계자가 경관설계를 한다는 것은 미적 감각이 우수하지 않으면 어려운 점이 많으며, 경관설계에 지나치게 치우치면 건설공사비가 증가하여 실현이 될 수 없는 경우도 있다.

경관설계는 다음의 사항을 고려하여 평가하는 일이 필요하다.

① 돋보이지 않게 하는 방법 : 주변경관을 보존시키는 방법
② 주변환경과 조화하여 융합시키는 방법 : 경관을 유지시키는 방법
③ 상징성 또는 심벌로서 강조하는 방법 : 경관을 창조하거나, 도시의 상징 구조물로 하는 방법

【예】 Newyork의 Golden Gate Bridge가 대표적인 예이다.

6) 시공성

시공이 확실하며, 용이하다는 것도 중요하다. 또 교량가설 현장여건에 의해서 공사기간이 제약을 받는 경우도 많으므로 이러한 점도 검토가 필요하다. 특수한 가설공법을 요하는 특수교량의 경우 특수한 가설 자재, 중기 등을 사용하는 일도 많으므로 국내에서의 수배가능 여부, 현장반입 가능여부 등을 조사하는 것도 필요하다.

일반적으로 교량의 가설공법은 교량형식, 현장의 지형환경, 횡단시설물의 규모, 교통로, 가설시기 등의 조건에 의해 선정한다. 또한 가설공법 선정시 안전성, 경제성, 공사기간, 구조조건 등에 대해서도 고려하여 결정하는 것이 바람직하다.

다음 그림 5.2.79, 5.2.80은 강교와 PSC 교량의 가설공법을 선정하는 Flow chart이며, 이 Flow chart는 주로 횡단시설물의 지형조건을 기초로 하고 있으며, 표준적인 단경간의 교량가설공사를 전제로 하고 있다.

7) 경제성

교량형식, 규모를 결정하는데 경제성은 가장 중요한 요소이다. 경제성으로서는 교량건설시의 상부구조 공사비, 하부구조 공사비 등의 초기 건설비 외에도 장래 관리비를 고려할 필요가 있다.

또한 교량형식이 같은 경우에도 상부구조 공사비가 경간 길이(Ls) 제곱에 비례하므로 교량경간분할시 이점을 염두에 두고 경제성을 분석하여야 하며, 다경간 교량에서 단순교 형식을 연속화하는 것보다 연속교로 하는 것이 교량받침 갯수, 신축이음의 개소가 줄어들어 유지관리비가 저렴하게 된다.

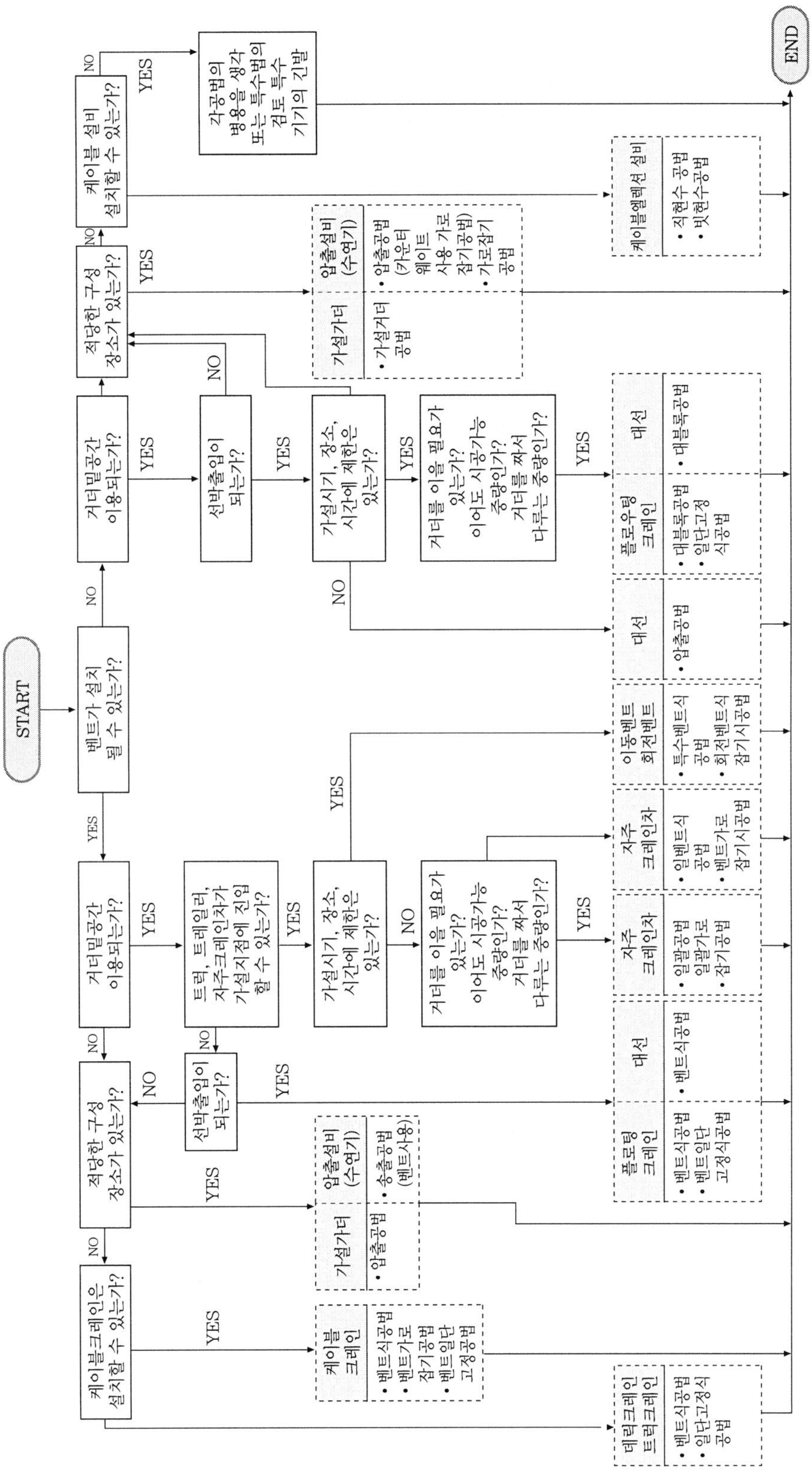

그림 5.2.79 강교 가설 공법선정의 Flow chart (강교도로교시공편람)

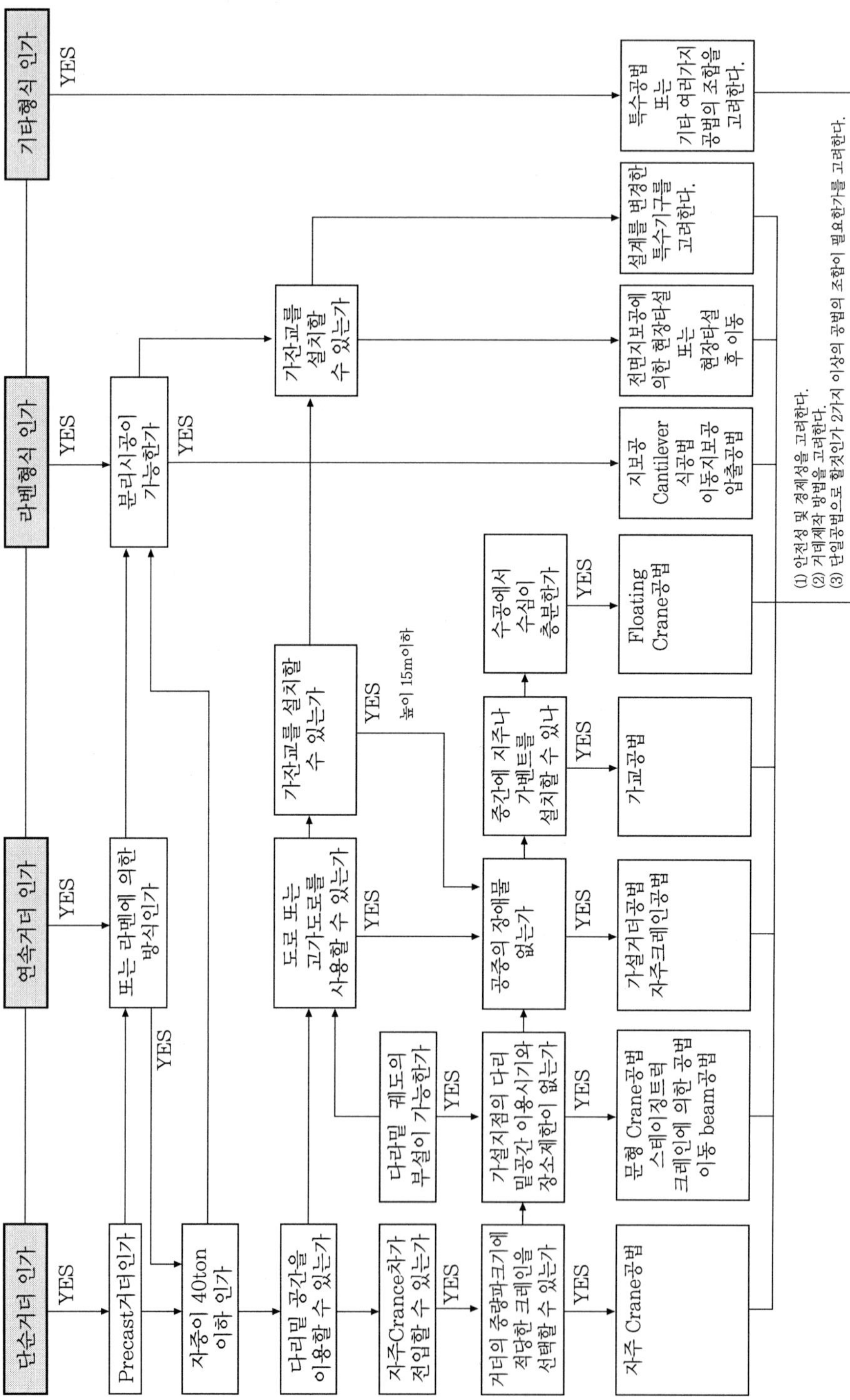

그림 5.2.80 PSC교 가설공법의 선정 Flow chart

8) 교량형식 비교 열람표에 포함될 사항

교량형식 선정시 비교 열람표에 포함될 사항은 다음과 같다.

① 교량계획조건

(a) 교량의 선형(종단선형, 평면선형)

(b) 교량사각

(c) 횡단시설의 제원(지장물의 규모, 폭원, 장래 확장계획 등)

(d) 교량 다리밑 공간(시설한계, 건축한계)

(e) 지질조건

(f) 기타 교량계획시 고려 요소

② 교량 길이, 경간 길이

③ 상부 · 하부 구조의 건설공법의 개요

④ 구조의 특성

⑤ 주행성

⑥ 유지관리(내구성 포함)

⑦ 경관(미관)

⑧ 시공성

⑨ 경제성(상 · 하부 공사비, 부대시설 공사비, 유지관리 포함)

⑩ 비교검토 의견(교량 최적안 추천사유)

9) 교량 형식 최종안 선정시 첨부자료

앞에서 언급한 비교설계 자료를 기초로 최적안을 선정하여 다음의 첨부자료를 작성하여 발주청과 협의 또는 설계 자문을 거쳐서 최종안을 결정한다.

① 지형도(1/50,000)

② 평면도(1/1,000), 종단면도(1/100~1/200)

③ 현장사진

④ 비교일람표

⑤ 각안 구조일반도

⑥ 비교형식선정 이유서

⑦ 개략설계 계산서 및 수량표

⑧ 지질조사 자료

⑨ 철도, 하천관리자, 그 밖의 관계기관과의 협의 자료

⑩ 형식설정에 대한 유의점

참고문헌

1. (사)대한도로교통학회(2008) : 도로교 설계기준 해설, 교량설계 핵심기술단
2. (사)대한토목학회 : 도로의 구조, 시설에 관한 규칙 해설
3. (사)대한토목학회 : 철도 설계기준(철도교편)
4. (사)한국항만협회 : 항만 및 어항 설계기준
5. 건설교통부 : 도로 설계편람(Ⅲ)
6. 국토해양부(2008) : 도로설계 편람 제 5편 교량
7. 한국도로공사(2009) : 도로설계요령 제 3권 교량
8. 건설산업조사회(일본) : 교량 설계 · 시공 Hand Book
9. 일본교량건설협회 편 : 강교의 계획과 설계 · 시공
10. 노만영(저) 원기술 : 인터체인지 계획과 설계
11. (사)일본교량건설협회 : 교량년감
12. 일본하천협회(산해당) : 하천관리 시설물 구조령
13. Jacgues Malhivat(저) 오제택(역) : P.C교의 캔틸레버 가설공법 원기술
14. 건설도서 : 교량 기술 Vol 25 No.1
15. 오제택(저) : 교량계획과 설계(2003), 반석기술
16. 손원표(저) : 아름답고 새로운 도로공학원론, 반석기술

5.3 실시설계

실시설계는 기본설계에서 선정된 교량형식 및 미처 고려하지 못한 교량 위치, 형식에 대하여 최종적으로 검토하여 교량을 건설하는데 필요한 설계도서를 작성하는 설계의 마지막 단계이다.

실시설계 흐름도는 다음 그림 5.3.1에 나타낸 순서대로 하면 편리하다.

구조형식에 따른 설계상의 유의점은 제Ⅱ편 강교, 제Ⅲ편 콘크리트교, 제Ⅳ편 하부구조 및 기초에서 기술하기로 한다.

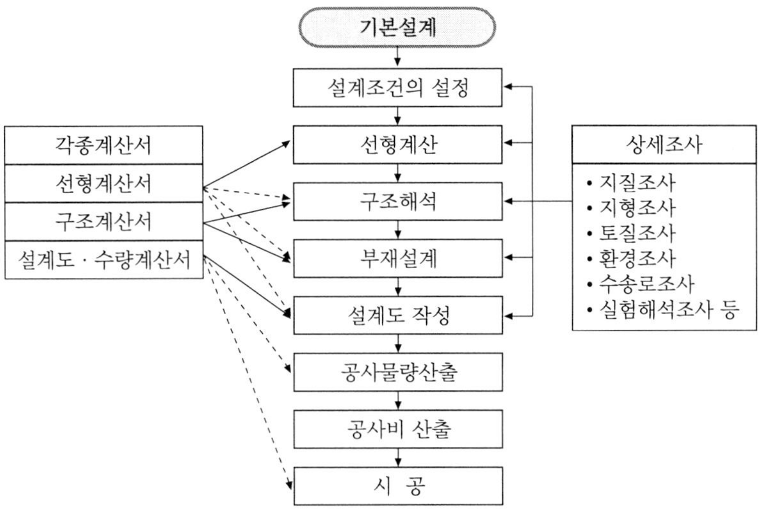

그림 5.3.1 실시설계 흐름도

5.3.1 설계조건 최종검토

기본설계에서 선정된 교량은 어떠한 조건을 만족하고 어떤 기능, 역할이 요구되는지를 충분히 확인하여 미비점이 있으면 보완하여 명확히 하는 것이 중요한 사항이다. 다음의 사항을 확인한다.

(1) 설계기준 및 시방서 개정, 적용시기 명확히 할 것

(2) 교량가설위치 최종확인: 3차 조사결과 상이점이 있으면 수정

(3) 구조물의 재료 강도

(4) 구조물의 규격 : 평면 · 종단선형, 교량의 횡단구성, 시설 · 건축한계 등

(5) 기본배치계획 : 교량길이, 경간길이, 교량의 사각, 받침조건 등

(6) 기타 조건 : 계획홍수위, 지지층, 교차조건 등

(7) 그 밖에 필요한 조건 :

  1) 선형계획 조건에 따른 교량의 형식 및 상부구조 높이 제약

  2) 설계 과업지시서에 의한 제한조건(경간길이, 다리밑 높이 등)

3) 교량계획 높이와 교량상부 위에 지나가는 한전고공고압케이블 이격허용거리(25.0m이상)
4) 기타 경관 및 상징성을 요구하는 교량 등
5) 동물이동통로를 위한 생태교량(Eco Bridge)
6) 지역 주민의 의견 수렴여부

5.3.2 교량형식 선정에 있어 고려사항

(1) 교량가설장소에 대한 사항

교량가설장소의 특성에 따라 형식선정에서 고려할 사항은 다음과 같은 것이 있다.

1) 해안 또는 해변부의 경우

염분에 의한 부식환경이 엄격하여 부재수가 적고 단순한 교량 형식을 선정하고 가급적이면 염해에 강한 콘크리트 구조 형식, 강교의 경우는 중방식 도장을 하는 것으로 한다. 그리고 난간 및 부속물에 대하여서는 염해에 강한 재료를 선택하는 것을 고려하여야 한다.

2) 산간지역의 경우

산간지역의 경우 시공시 공사용 도로신설에 따른 수송방법 및 시공방법에 제약이 있고, 부재 및 기재의 크기에 대하여 한정하는 경우가 있으므로 주의가 요망된다.

일반적으로 부식 환경에는 양호한 편이지만 점검이나 보수비가 저렴한 형식을 채택하는 것이 바람직하며 특히 강교의 경우에는 내후성 강재인 무도장 강재를 채택하는 것이 바람직하다. 또한 한냉지역에서는 노면의 동결방지를 위하여 강바닥판 보다는 철근 콘크리트 바닥판이나 PSC 바닥판을 적용하는 것이 바람직하다.

교량 공사에 따른 산림벌채 및 대굴착으로 인한 경관 및 환경파괴를 하는 경우가 있으므로 경관, 환경면에서 상세한 검토가 필요하며 특히 산사태 위험지역에서는 교량가설 위치뿐만 아니라 계곡상류지역의 영향도 엄밀히 검토하여 이에 대한 대책을 강구하여 교량형식 선정에 반영하여야 한다.

3) 도시내 고가교

도심지를 지나는 고가교의 경우는 유지관리와 경간을 배려하여 부재수가 적은 형식과 상부구조 높이가 낮은 PSC계통의 교량, 강합성교 및 내후성 강재인 아연도금 강재를 사용하는 것에 대하여 신중히 검토한다. 또한 교통량이 많으므로 주행성을 배려하여 연속교형식을 채용하는 것이 좋다. 더욱이 도심에서는 교량의 외관을 중요시하는 경향이 있으므로 화장판을 사용하여 외장 처리하는 것도 생각해 볼만하다.

(2) 선형계획 및 경제성 검토

선형계획은 선정된 교량형식에 대하여 교량바닥부의 기본배치 및 교체의 구조 골조성을 검토하여 결정하는 작업이다. 교량바닥부의 기본배치 계획은 교량길이, 폭원구성, 교각 · 교대와의 교차 각도(사각),

종 · 횡단경사, 계획도로면 높이 등이다. 구조골조치수에는 경간 길이, 주거더 간격, 가로보 간격 등이 있다. 그리고 기본제원은 대체적으로 교량 기본설계시에 결정하지만 실시설계시에 변경사항이 있는지 확인하여 주거더, 가로보 등 주구조부재의 배치가 최적이 안될 수도 있으므로 주의하여야 한다.

다경간으로 계획된 교량에서 주거더의 높이 및 바닥판의 내민 길이가 인접교량과 통일되었는지, 연속성을 가지고 있는지 배려할 필요가 있다.

교량의 구조특성, 제작성, 시공성, 유지관리 등 대부분의 성능은 기본골조가 지배하게 되므로 선형계획이 검토가 아주 중요한 작업이다.

콘크리트계 교량에서는 시멘트 품질의 향상에 따른 고강도 콘크리트가 실현되어 부재의 두께가 얇아지고 경량화가 가능하여져 현장 타설보다는 시공성 및 품질이 우수한 Pre-Cast제품의 Beam, Box 등의 교량을 선정하여 진동에 제약을 받는 도심지 교량, 해변부, 산악지역에 적용하는 것이 바람직하다.

도심 교량의 경우, 교량에 도장을 한다거나 화장판을 붙여 도심미관에 조화되게 하는 방안도 모색하여 봄직하다. 강교에 있어서 지금까지는 사용강재를 최소로 하는 것이 가장 경제적이라고 생각하였다.

강재의 중량이 적게 드는 것이 경제적인 교량이라고 하나 주부재의 단면을 단면적 변화에 따라 적합한 단면을 세분하여 변화시켜서 엷은 부재단면에 보강재를 많이 사용하여 강재량을 극력 경감시키는 설계를 하였다. 또한 전체구조가 많은 수의 경량부재를 사용하여 구성되도록 계획하여 재편수가 많아서 그들의 용접 및 볼트접합으로 전체를 경량화하는데 주안점을 주는 것은 경제적인 설계에 위배되는 설계가 된다.

근년에는 재료비에 비교하여 상대적으로 상승하는 인건비, 재료비와 가공비를 구분하는 교량적산방식, 유지관리의 용이성, 경관과 창조성이 우수한 교량에 대하여 다방면에서의 요인과 욕구에 따라 교량의 경제설계에 관계되는 환경이 변화하여 부재수 · 재편수의 저감, 구조의 간소화를 위하여 용접접합을 많이 사용하여 덮개판, 볼트갯수를 적게 하는 구조, Life Cycle Cost 최소화 교량, 이것이 경제적인 교량을 설계하는 Key Word이다.

(3) 구조면에서 고려할 사항

1) 연속구조 형식

복수의 경간인 경우에는 적극적으로 연속형 형식을 채택하는 것을 권장한다. 연속 거더는 신축이음 및 받침의 수가 적어 주행성이 우수하며 소음 · 진동이 적고 유지관리가 용이하다.

거더가 교각 위에 거치되어 있을 때 갑작스런 돌풍에 의하거나 실수에 의해 거더 낙하로 인하여 대형사고 발생을 예방할 수 있고 내진성이 우수하다.

최근에는 탄성(고무)받침을 사용하여 온도변화에 대한 대응이 용이하고 상 · 하부공을 포함하여 전체를 연속구조로 한 합리적 계획을 하고 있는 실정이다.

합성거더교량은 단순거더(보) 합성교에서 바닥판 연속 합성교를 거쳐서 연속구조 합성거더교로 발전하여 왔다. 또한 도시고가교, 고속도로교 등에서 다경간이 경우에는 다경간 연속화를 목표하는 경향이 있다. 다경간 연속교에서 교량가설조건에서는 앞으로는 연결방식을 채용할 것이다. 이들의 연결방식의 분류는 그림 5.3.2에 표시하였고 각 방식에 대한 특징은 다음과 같다.

① 1점 고정방식

상부구조와 하부구조의 연결을 1개소에 고정으로 하고 다른 받침을 가동으로 하는 방식이다.

구조계가 단순명쾌하고 온도변화에 의한 신축이음에 대한 수평력이 발생하고 지진시에 교축방향 수평력이 1기의 고정교각에 집중한다. 도시고가교처럼 평평한 지형에서는 고정교각이 과대해지지 않아 문제가 없으나 산악지대나 지형의 굴곡이 심하여 교각의 높이차가 심한 경우에는 높이가 낮은 교각에 고정점을 설치하는 것이 합리적이다.

② Damper 병용방식

1점 고정방식의 연속 거더교에서 Oil Damper 및 점성 전단형 Damper를 가동교각과 거더를 연결하는 방식이다. Damper는 일상의 온도변화에 따른 완만한 신축이동에 대해서는 저항하지 않고 지진시의 급격한 거동에 대하여 저항하여 가동교각에 수평력을 분담하게 한다.

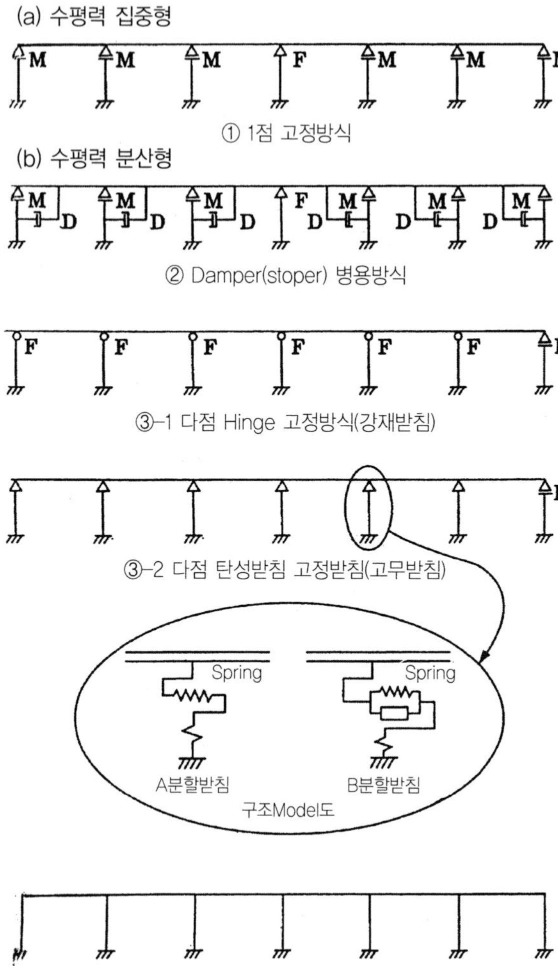

그림 5.3.2 다경간 연속 거더의 연결방식

③ 다점고정방식

지진시에 수평력을 복수의 교각에 분담시키는 방식으로 각 교각을 비교적 균등화 한다. 온도변화에 대해서는 고정교각에 수평력이 작용하고 이로 인하여 상부공에 축력이 발생한다. 이러한 작용력의 구조물의 단면결정을 지배하는 경우가 많으므로 주의를 요한다. 고정방식에는 황동주물받침을 사용하여 강하게 고정하는 방식과 고무받침을 사용한 탄성적 고정방식이 있다.

④ 상 · 하부 강결 방식

상부공과 하부공을 직접 강결하여 일체화하는 것으로 받침이 없으므로 유지관리면에서 유리하다. 구조계가 입체라멘으로 지진에 대하여 잉여내력이 높고, 우각부에는 큰 전단면력이 복잡하게 작용한다.

따라서 구조해석 및 피로설계, 모델실험을 통하여 응력의 흐름이 smooth하게 하는 강결 구조를 채용하여야만 한다. 또한 전체 구조가 여유가 없으므로 가설을 고려하는 구조설계가 필요하다.

2) 교량바닥면의 위치

교량의 바닥면의 위치에 따라 상로형식, 중로형식, 하로형식으로 분류되며 교량가설 위치의 제반조건에 따라 각각을 선택하여 적용한다. 상로형식은 이용자의 시계가 개방되어 있어 주행차량 및 보행자에게 안정감, 쾌적감을 주고 있다. 또한 우수, 자외선에 대하여 주구조 및 부속구조물을 보호역학을 하는 교량바닥면이 노출되어 있어 유지관리면에서 유리하다. 따라서 교량의 점검, 유지 · 보수 및 재도장하는 시점에서 이용자에게 주는 불편이 적다. 상로교 형식은 이와 같은 이점이 있고 다른 제조건에 대하여 다른 형식과 크게 차이가 없으므로 많은 교량에서 채용되고 있다.

3) 교량의 바닥부

교량은 도로의 일부로서 기능적인 면에서 생각할 때 노면 즉, 교량바닥면의 건전성이 가장 중요한 문제이다. 종래에는 교량기술자들이 PSC 거더나 강구조에 중점을 두는 경향이 있고 바닥판구조에 대해서는 경시하는 경우가 있었다. 최근에는 인식이 바뀌어서 바닥판에 대한 연구개발이 진전되고 있다. 바닥판의 내구성 확인을 하는 시험방법도 종전의 정점재하방법을 대신하여 륜하중 주행시험법을 사용하여 피로내구성 시험을 채용하여 그에 대한 바닥판의 손상 mechanism을 해명하여 새로이 개발한 바닥판의 내구성을 확인하기가 용이하게 된다.

바닥판은 철근콘크리트 바닥판, PSC 바닥판, 콘크리트강의 합성 바닥판, 강바닥판 등이 있다. 따라서 각각의 종류에 대한 많은 수의 형식이 개발되어 적용되고 있는 실정이다. 그러므로 이러한 여러 종류의 바닥판 형식을 선택하는 폭이 넓어졌고 교량가설 조건에 알맞는 최적의 형식을 선택하는데 충분한 조사검토가 필요하다. 또한 교량바닥면의 체수를 방지하기 위한 동수구배 확보, 교면 방수공 실시, 교량 바닥면에 Drain pipe의 채용, 교량구조 특성에 알맞은 바닥판 시공계획, 바닥판의 내구성 향상을 위한 다방면의 배려가 필요하다.

4) 부속 구조물

부속구조는 다소 비용이 들어가더라도 내구성이 우수한 것을 채용하는 것이 좋다. 예를 들면, 난간, 첨가물용 시설, 점검용 시설에 대해서는 고도의 금속피복 및 알미늄 재료, 스테인레스 강재를 사용하여 방청 · 방식에 대한 배려를 하는 것이 좋다.

신축이음은 차량주행에 따라 반복하중이 직접 작용하므로 다른 구조부위에 비하여 아주 과혹한 사용조건에 있고 설계하중의 대부분을 활하중이 차지하고 있으므로 제 외국에서 채용하고 있는 하중저항계수 설계법적 관점에서 설계하고 있으며, 다른 외부의 구조부에 비하여 안전율이 상당히 저하한다.

따라서 안전율이 높고, 내구성 우수하고 교축방향분할이 되지 않고 교체가 용이한 것이 요망된다. 부속구조물의 등급을 높여 초기 단가가 다소 증가하더라도 유지관리 및 교체(갱신)의 단가를 낮게 하여

Life cycle cost최소가 되는 것을 목표로하여야 한다.

5.3.3 교량 경간길이에 의한 교량형식 선정

일반적으로 교량의 형식은 경간 분할하여 경간길이가 결정되면 경간길이에 적합한 형식을 선정하고 있다. 또 동일 경간에 대하여 적용가능 형식에 대하여 설계자가 교량이 평면선형, 종단선형, 평면사각 등을 종합적으로 검토하여 상부구조 높이가 낮고, 경제적이며, 시공성이 용이한 형식을 선정하여야 한다. 또한 사용적인 측면에서 가급적이면 유지관리비가 저렴하고, 주행성이 양호한 연속교로 하는 것이 단순교에 비교하여 형고가 낮으므로 이를 선정하는 것이 좋다.

다음 그림 5.3.3, 그림 5.3.4은 단순교와 연속교 계획에 따른 교량길이 감소 및 접속도로 길이 감소에 대한 예를 나타낸 것이다.

동일한 시설 공간을 확보하고 교량의 접속도로 종단경사를 가질 때, 연속교가 단순교에 비교하여 교량길이 또는 접속도로의 길이가 짧아짐을 알 수 있다.

이러한 비교는 교량의 상부구조 높이의 제한을 받거나 접속도로 설치에 제약을 받는 도시고가도로, 철도 및 도로를 횡단하는 교량에서는 특별히 비교 검토하여 교량형식을 결정하여야 한다.

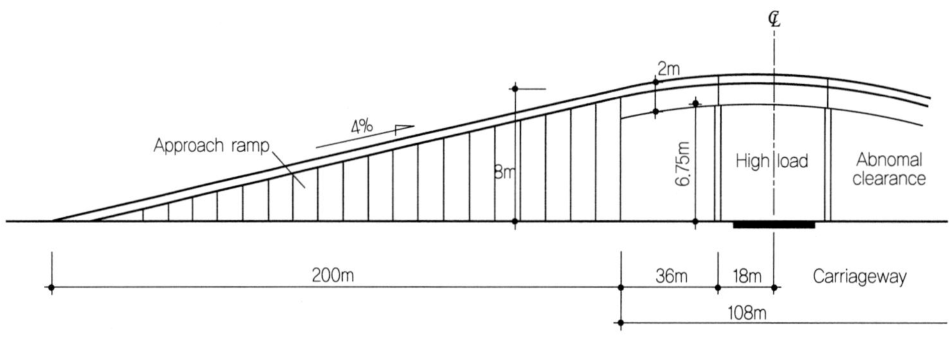

(a) 단순지지

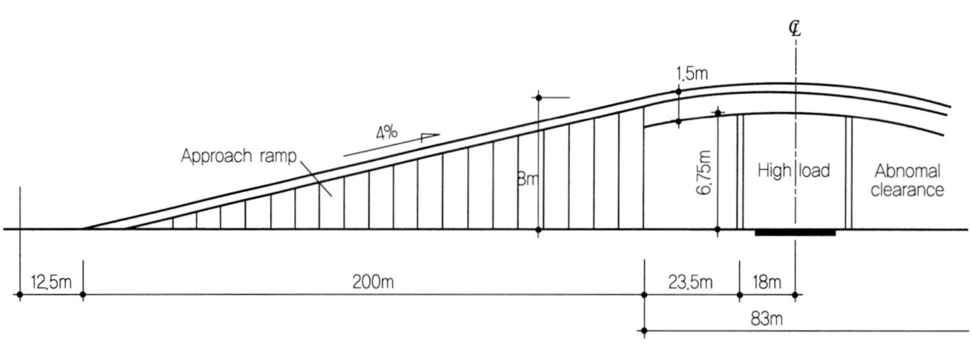

(b) 연속지지

그림 5.3.3 교량길이 감소(예)

제 5장 5.1.5 (5)항 표 5.1.1, 표 5.3.8(1), (2) 과거의 실적을 참고로 하여 교량형식과 적용표준 지간과의 관계를 나타낸 것이다. 이들 표에서 교량의 거더높이는 단순지지 교에서는 지간 중앙부의 거더높이이고, 연속교에서는 지점부(교각부)의 거더높이를 나타낸 것이다. 적용시 거더높이/지간은 단순교에서는 분모가 적은 것을 적용하고 연속교에서는 지간길이가 긴 것일수록 분모가 적은 것을 적용하는 것이 바람직하다. 또한 설계자는 상부구조의 거더높이를 결정할 때 계획하고자 하는 교량형식에 대한 과거의 유사한 설계, 시공실적을 참고하여 결정하는 것도 설계기간을 단축할 수 있는 좋은 방편이다.

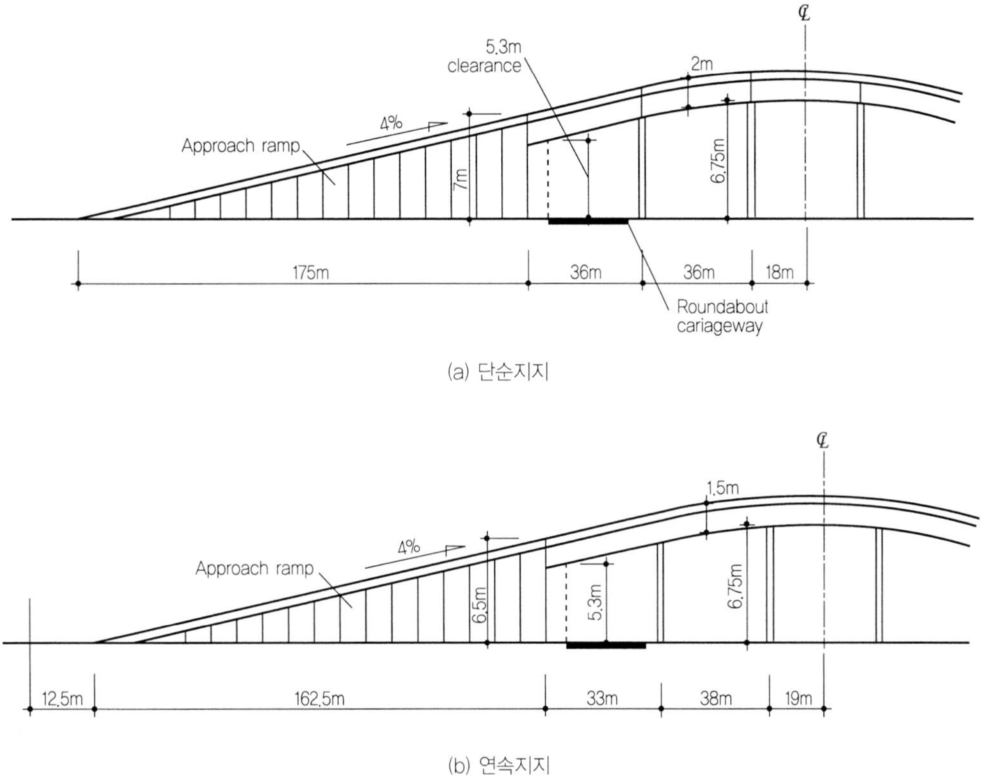

(a) 단순지지

(b) 연속지지

그림 5.3.4 Ramp 길이 감소(예)

⊙ 표 5.3.1 일반적인 교량의 적용기간 및 한계사각(1)

교량형식			적용지간(m) (5 10 15 20 30 40 50 60 70 80 90)	거더높이비 (거더높이/지간)	한계사각	비 고
철근콘크리트교	슬래브교	단순교	2	1/10~1/16	45°	
		연속교	2, 18	1/15~1/20	45°	
	속빈 슬래브교	단순교	18, 19	1/17~1/18	60°	
		연속교	13, 25	1/19~1/19	60°	
	T-BEAM교	단순교		1/8~1/10	60°	설계에 적용이 적음
		연속교		1/10~1/15	60°	〃
	Box Girder교	단순교		1/13~1/20	60°	〃
		연속교		1/20~1/30	60°	〃
	RAHMEN교 (슬래브TYPE)	단순분형교	2, 10	1/12~1/16	60°	45° 사각에도 적용하고 있음
		연속교	18, 25	1/16~1/20	60°	〃
	아치교		25, 420	1/4~1/7	90°	Rise/span 비임
프리스트레스교 (포스트텐션공법)	슬래브교	단순교	10	1/18~1/23	60°	
		연속교	25	1/18~1/23	60°	
	속빈 슬래브교	단순교	25	1/22~1/28	60°	
		연속교	18	1/22~1/28	60°	

⊙ 표 5.3.2 일반적인 교량의 적용기간 및 한계사각(2)

교량형식				적용지간(m) 5 10 15 20 30 40 50 60 70 80 90	거더높이비 (거더높이/지간)	한계사각	비 고
프리스트레스트교	포스트텐션공법	T-형거더교	단순교	35 45	1/16~1/18	60 °	동바리, 현장 타설공법
			연속교		1/18~1/22	60 °	〃
		Box Girder교	단순교		1/18~1/20	60 °	〃
			연속교		1/20~1/22	60 °	동바리공법
		Rahmen Box Girder교	"	200	1/16~1/20	90 °	압출공법 (I.L.M)
			"		1/17~1/19	90 °	캔틸레버공 (F.C.M)
		슬래브교	"		1/20~1/22	90 °	특수동바리공법 (M.S.S)
			π-라멘교		1/30~1/32	60 °	
		속빈 슬래브교	연속라멘교		1/30~1/32	90 °	
			중앙힌지 라멘교		1/30~1/32	90 °	
		합성 PSC BEAM교			1/14~1/20	60 °	
강교		I 형 Plate Girder	단순교		1/15~1/17	60 °	합 성: 60 ° 비합성: 45 °
			연속교	55	1/18~1/21	60 °	
		Box Girder	단순교		1/20~1/22	60 °	
			연속교	100	1/22~1/24	60 °	
		강상(강바닥)판 교		150	1/22~1/28	60 °	연속교일 때
		PRE-FLEX BEAM			1/17~1/4	60 °	

5.3.4 사각(Skew)을 갖는 교량

(1) 사각에 적합한 교량형식

가장 이상적인 교량은 직교로 하는 것이 최소지간, 최소 바닥판의 면적, 교각 Coping 길이 최소화에 의해 경제적인 교량이 된다. 사교는 직교에 비교하여 설계, 시공이 번잡하고 공사비도 20~30% 정도 높다.

기본적으로 사교는 피하는 것이 바람직하나 지형, 용지, 교량 가설 위치의 장애물(도로, 철도, 하천 및 각종 장애물)과의 관계에 의해 사교가 불가피한 경우가 많다.

사교를 채용시에는 다음 그림 5.3.5에 표기된 사항을 상세설계(실시설계)시 충분한 검토가 따라야 하며, 교량의 구조 특성을 이해하고 적합한 교량형식을 선정하는 것이 바람직하다. 표 5.3.1(1), (2)는 각종 교량 형식에 적용한계사각을 표시하였다. 이의 적용 한계사각은 꼭 절대적인 것은 아니지만 한계 사각을 넘을 때는 구조해석, 상세 설계에서 충분한 배려가 있어야 한다.

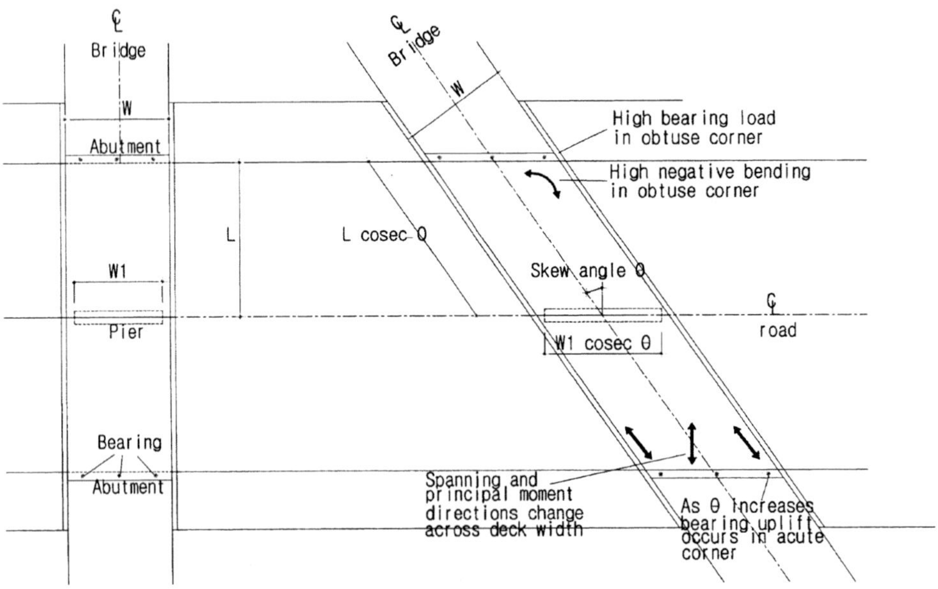

그림 5.3.5 직교와 사교의 비교

(2) 교량의 사각 45° 미만인 교량의 처리 방안

교량 가설 위치의 제반조건을 검토하여 노선을 결정한 결과 교량의 사각이 적은 경우에는 다음 그림 5.3.6과 같은 방법으로 처리하는 것이 좋다.

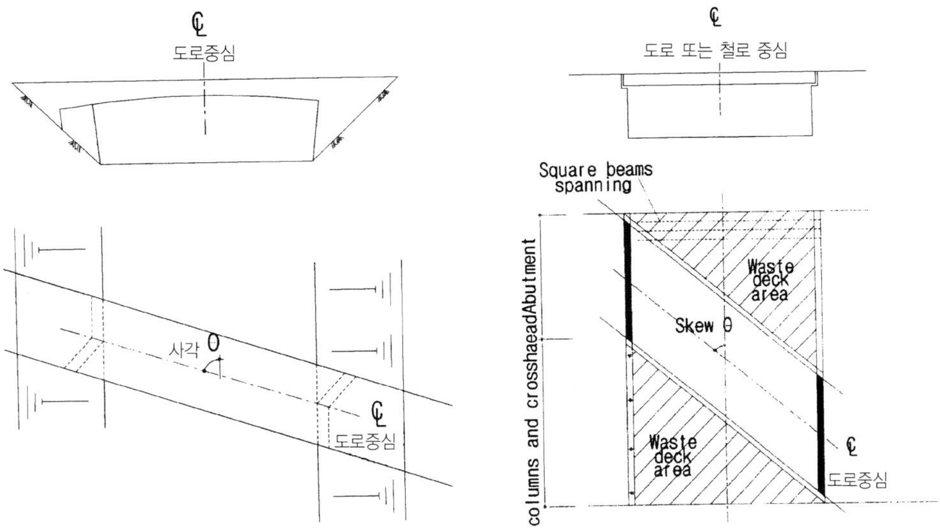

(a) Cutwater 교대의 경우

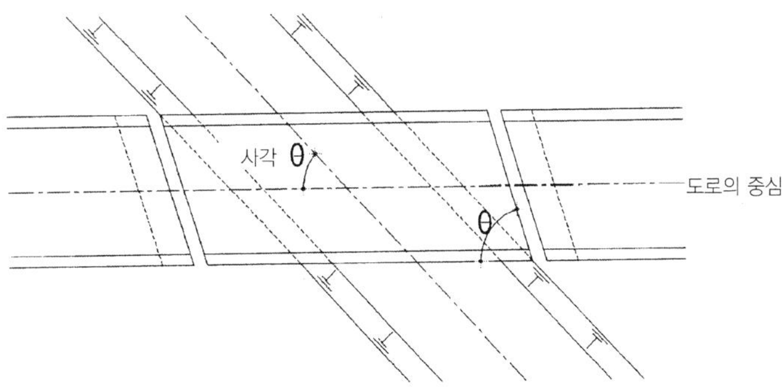

(b) Waste Deck 두는 경우

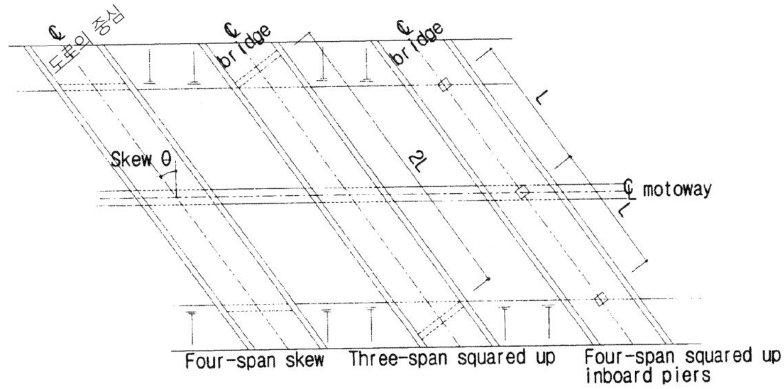

(c) 내측에 단일 교각(Inboard pier)을 두는 경우

그림 5.3.6 교량의 사각이 적은 경우 처리 방안 예

5.3.5 곡선구간의 교량

(1) 곡선교에 적합한 교량형식

가장 이상적인 교량의 평면선형은 직선이지만 도로의 평면선형 계획시 부득이 하여 교량의 일부 또는 전부가 곡선으로 되는 경우가 있다. 이 때 교량의 주구조는 직교로 교량상부 바닥판은 곡선으로 하는 경우, 주구조와 상부바닥판을 평면선형에 따라 적용하는 경우 및 곡선부를 확장하여 직교로 하는 경우 3가지가 있다. 5.1.5.(5) 표 5.1.1은 교량 형식별 주구조 곡선 처리 및 바닥판 곡선처리 가능 여부를 나타낸 것이다. 다음 그림 5.3.7은 상기 3가지 처리 방안을 나타낸 것으로 (a)의 방법은 소교량에 적용하여야 하며, 지간이 긴 경우 Waste Deck Area가 많아 비경제적이 되므로 적용하지 않는다.

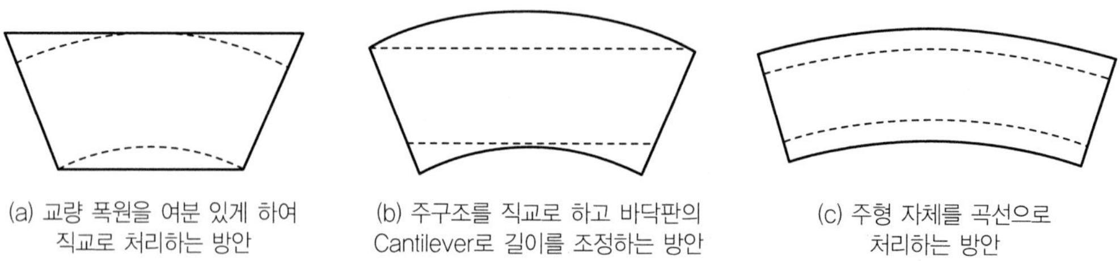

그림 5.3.7 곡선교 처리 방안

(2) 교량 바닥판 Cantilever부 처리 방안

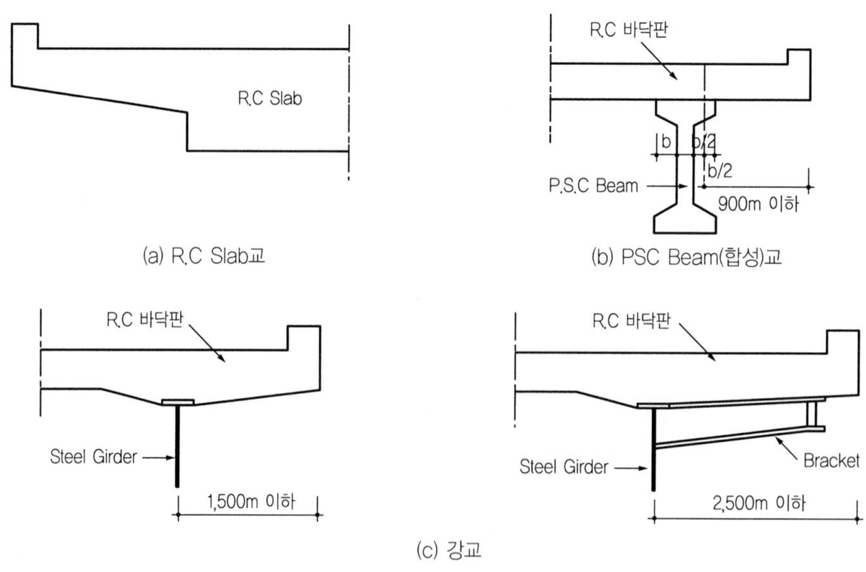

그림 5.3.8 R.C 바닥판 Cantilever 처리방법

(3) 곡률반경에 따라 Girder교 형식 선정 착안사항

강거더교의 경우, 평면곡선반경이 적을 때 Main Girder는 Moment 뿐만 아니라 곡선교의 특유 문제가 발생한다. 따라서 평면곡선반경에 적절한 Main Girder 형식의 선정이 필요하다. 곡선교에 대하여 많은 종류의 연구가 발표되었으며 여기에 대표적인 형식에 대하여 그림 5.3.9~그림5.3.10에 표시하였다. 교량계획시 참고하기 바란다.

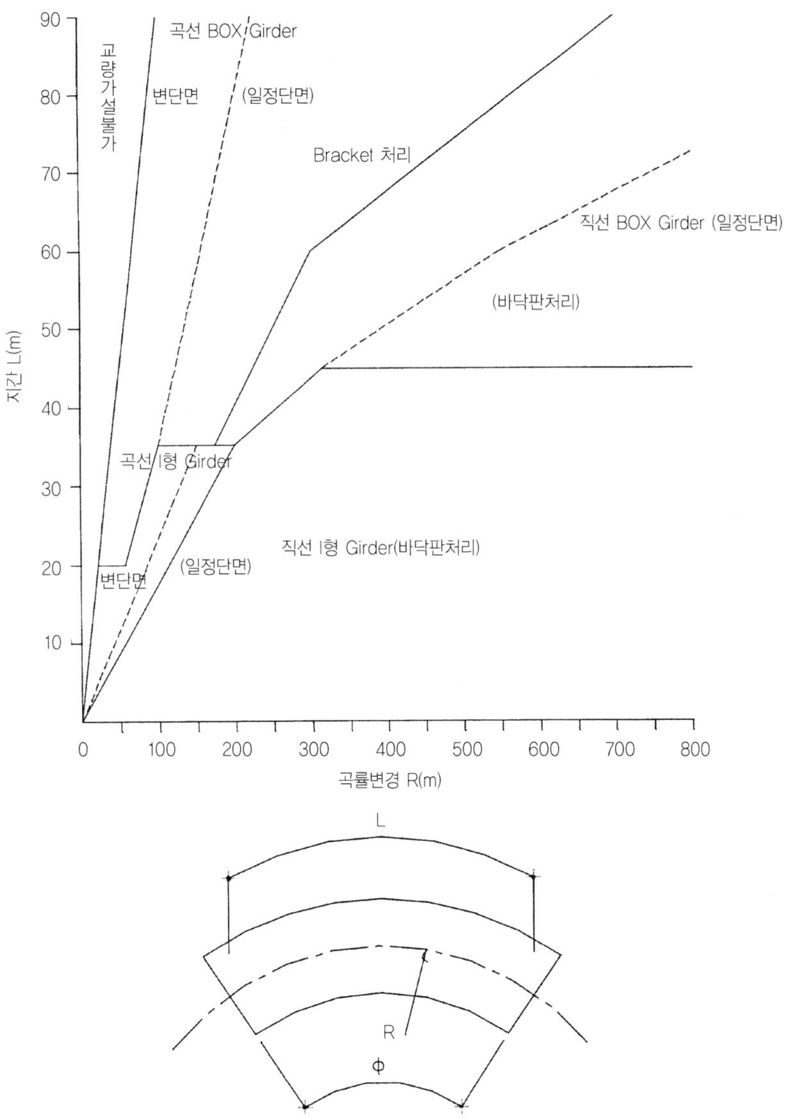

그림 5.3.9 평면곡선 반경에 의한 주형형식의 착안사항
【일본: 本州西國 연락교 공단 : 육상교 설계요령(안)】

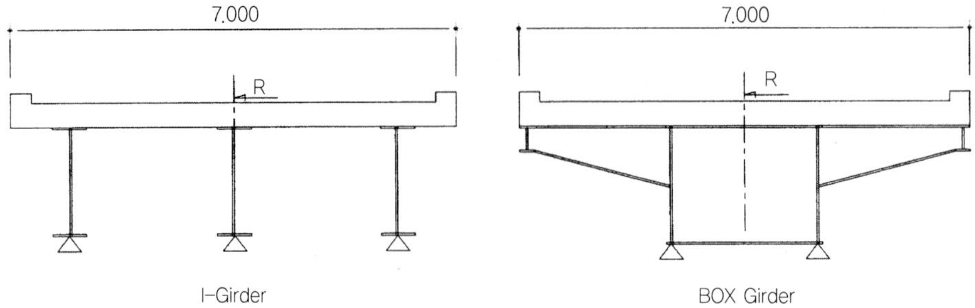

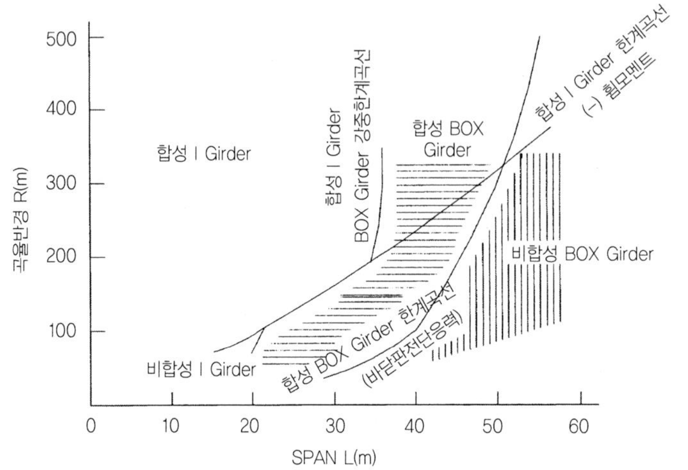

그림 5.3.10 곡선 Girder에 있어서 Main Girder 형식 판정
(河井章好他 : 곡선현의 설계에 관한 2.3의 고찰 : 교량과 기초 Vol. 14-4 1980.4)

(4) Pre-Cast Beam교 형식 선정시 착안사항

곡선교에서 Pre-Cast Beam을 적용시에는 다음 사항을 고려하여야 한다.

1) 교대 · 교각을 도로 평면곡선의 법선과 평행하게 Beam을 배치하는 방법(그림 5.3.11(a))
2) 교대 · 교각을 도로 평면곡선의 법선과 직각으로 Beam을 배치하고 Beam 길이를 내측으로 짧게 하는 방법(그림 5.3.11(b))
3) 교대와 교각의 전면을 평행하게 하여 Beam의 길이와 연속부 또는 신축이음부의 간격을 일정하게 배치하는 방법(그림 5.3.11(c))

이들의 3가지 방법은 각자의 장단점이 있으며, 장단점을 교량 가설 위치의 현황, 지장물을 충분히 검토하여 Beam 배치방법을 결정하여야 한다.

또한 Pre-Cast Beam의 표준도는 표준도 설계시 Beam의 최대 간격 Cantilever 바닥판의 최대 길이 등을 검토하여 도로의 평면선형의 곡선 반경에 적합한 Beam의 길이를 결정하여야 하고, 교량 교면의 횡단경사를 고려하여 횡단경사에 따른 고정하중 증가에 대해서도 세심한 검토가 따라야한다.

그리고 Beam의 배치에 대해서 검토할 때는 Beam의 받침 중심을 지나는 곡선에 대하여 검토하는 것이 상세(실시)설계시 편리하다.

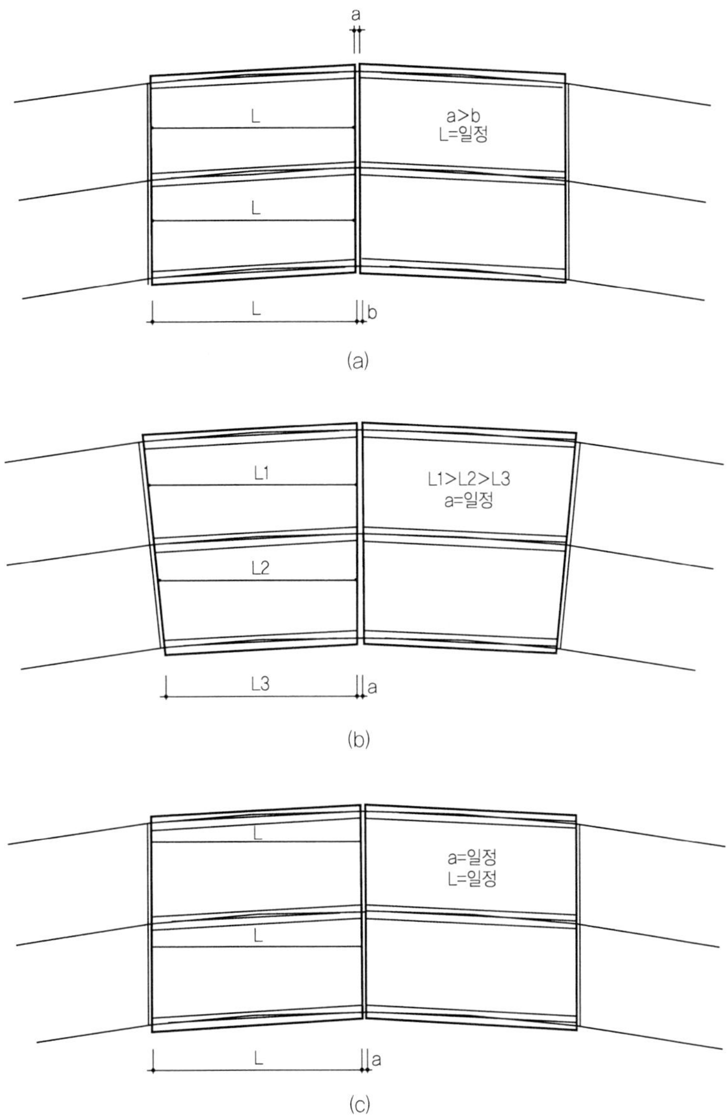

그림 5.3.11 Pre-Cast Beam 방법

Pre-Cast Beam을 배치시 평면곡선의 반경이 적을 때는 표준구간의 Beam 배치보다 Beam의 본수가 늘어나는 경우, 그림 5.3.11(a) 경우는 교량의 폭원이 넓으면 교각의 Coping 교량 받침면이 지나치게 넓게 되며, 그림 5.3.11(b)는 Pre-Cast Beam의 길이가 다양하여 Beam 제작시 세심한 검측이 따라야 하는 점, 그림 5.3.11(c)는 교량 길이가 길 때는 교대의 폭, 교각 Coping의 길이가 변하게 되어 직교가 사교로 변하게 된다. 이러한 점을 교량 계획자는 염두에 두고 교량의 평면형상을 결정하여야 한다.

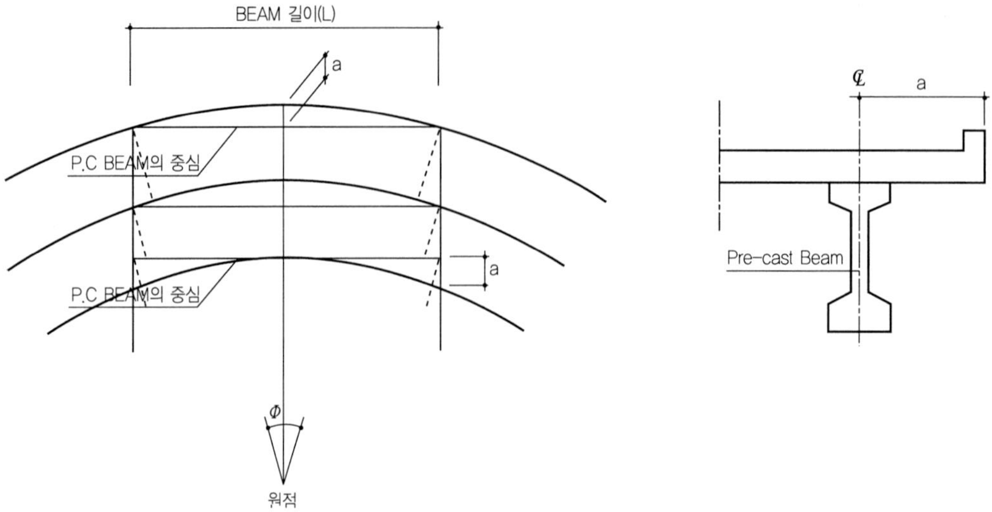

그림 5.3.12 곡선반경에 따른 Cantilever 길이 기호

⊙ 표 5.3.2 곡선 반경에 따른 Cantilever 길이

곡선반경	L=30.0m		L=25.0m		L=20.0m	
	θ / 2	a(m)	θ / 2	a(m)	θ / 2	a(m)
R=100.0	8.636927	1.1314	7.180759	0.7843	5.739170	0.5013
R=125.0	6.892103	0.9033	5.739170	0.6266	4.588566	0.4006
R=150.0	5.739170	0.7519	4.780192	0.5217	3.822554	0.3337
R=175.0	4.917100	0.6440	4.096044	0.4470	3.275829	0.2859
R=200.0	4.301222	0.5633	3.583322	0.3910	2.865984	0.2502
R=225.0	3.822554	0.5006	3.184739	0.3475	2.547318	0.2223
R=250.0	3.439813	0.4504	2.865984	0.3127	2.292443	0.2001
R=300.0	2.865984	0.3752	2.388015	0.2605	1.910213	0.1667
R=325.0	2.645360	0.3463	2.204228	0.2405	1.763225	0.1539
R=350.0	2.456286	0.3216	2.046713	0.2233	1.637245	0.1429
R=400.0	2.149096	0.2813	1.790785	0.1954	1.432544	0.1250
R=425.0	2.022624	0.2648	1.685413	0.1839	1.348260	0.1177
R=450.0	1.910213	0.2501	1.591754	0.1736	1.273344	0.1111
R=475.0	1.809641	0.2369	1.507958	0.1645	1.206316	0.1053
R=500.0	1.719131	0.2251	1.432544	0.1563	1.145992	0.1000

5.3.6 기타 제약조건

(1) 제작 · 적치장의 공간 및 면적에 대한 제약

Pre-Cast Beam인 PSC Beam교 및 Pre-flex Beam교를 채용시에는 Beam 제작 장, 적치장이 필요하게 된다. 제작 장은 교량 접속도로 상, 제방용지, 하천이 고수부지(둔치) 부근의 평탄지가 선정 대상이 된다. 제작 장, 적치장의 필요한 면적은 Beam의 길이, Beam의 본수, Beam 제작 공기 등을 고려하여 결정한다. 그러나 이들을 위한 용지 확보가 어려운 경우에는 Pre-Cast공법이 적당하지 않으므로 현장타설 콘크리트 P.S 공법으로 하든지 아니면 강교로 선정하는 것이 필요하다.

이러한 경우는 산간지역에 교량을 계획할 때에는 충분한 검토가 따라야 한다.

(2) 운송부재 길이, 중량, 높이의 제작

도로 상황에 따라 운송부재의 길이에 대한 제한, 운송로 상의 기존 교량의 통과 가능여부, 도로상 육교의 다리밑 공간의 제한을 받는지 여부를 교량 계획시 검토가 따라야 하며, 이러한 제약 조건이 교량 형식선정에 제한을 받을 수도 있다.

이러한 경우에는 현장에서 시공이 가능한 현장타설 콘크리트교, Post tension방식의 P.S교 또는 현장에서 Splice가 가능한 강교로 형식을 선정하는 것이 유리하다.

(3) 상부구조 형식 선정에 있어서 기타의 제 조건

1) 유지관리성

강교의 경우에는 도장을 7~8년에 1회 도장을 하는 도장방법으로 교체할 필요가 있으며, 콘크리트교의 경우에는 콘크리트 열화에 문제가 있으므로 충분한 검토가 따라야 한다.

강교는 최근에 도장이 불필요한 내후성 강재, 아연 도금을 행하여 유지관리비를 절감하는 방법도 있으니 충분한 검토를 행하여 적용하는 것이 필요하다.

2) 경제성

교량의 경제성을 단순히 상부구조의 시공비 뿐만 아니라 하부공사비, 가설비, 장래의 유지관리비를 포함한 생애 주기 비용(L.C.C)을 비교 검토하여야 한다.

3) 기타

교량건설 공기, 사용자의 주행성, 미관 등을 고려하여야 한다.

5.3.7 교량 바닥부 체수(滯水) 처리 방법

(1) 보도부 횡단경사 설치방법

도심지, 하천을 횡단하는 교량에서 보도 및 자전거도로를 두는 경우가 있다. 이러한 경우에 교면에 배수를 원활하게 하기 위하여 차도부 뿐만 아니라 보도·자전거도로부에도 필요한 횡단경사를 두어야 한다. 교량을 유지 관리하는데 있어서 부식에 대한 고려는 가장 중요한 사항 중 하나로 교면으로부터의 누수나 체수는 부식의 원인이 된다. 또한 보도부의 체수는 우기나 동절기 눈에 의해 통행인의 불편을 초래하고 겨울철에는 보도부 동파원인 뿐만 아니라 보도부가 결빙되어 안전사고가 종종 일어나는 경우도 있다. 이러한 점을 고려하여 보도부의 바닥면의 횡단경사에 대하여 많은 배려를 하여 횡단경사를 결정하여야 한다.

1) 보도부 횡단경사 결정시 고려사항

① 설계기준: 보도 또는 자전거도로 횡단경사 2%이하, 부득이한 경우 4%까지 적용

② 장래교량확장 유무(관계기관과 협의)

③ 보도부에 매설시설물(통신cable, 전기cable, 상수도관 등) 유무

④ 유지관리

2) 보도부 바닥판 횡단경사 설치방법

보도부 바닥판의 횡단경사 설치방법은 5.3.13과 같이 3가지 방법이 있다. 이 중에서 그림 5.3.13(a), 5.3.13(b) 방안은 장래에 교량을 확장하여 차로부 횡단경사를 같게 하는 데는 이상적인 방법이다. 그러나 그림 5.3.13(a)의 경우는 보도부의 침투수에 의하여 난간부 연석과 접하는 부분에 체수가 생기는 결점이 있고, 그림 5.3.13(b)는 교량 시·종점부에서 토공부 보도와 단차가 발생하여 통행인에게 불편을 주고, 보도부에 생활편익시설을 매설할 수 없는 결점이 있으나 교량의 고정하중을 경감시켜주고 장래 교량확장시에 아무 무리없이 할 수 있는 장점이 있다.

그림 5.3.13(c)는 보도부 바닥판의 횡단경사를 보도면의 횡단경사(2%)와 같게 하여 배수를 차로부와 만나는 연석앞 배수관으로 배수시키는 방안으로 가장 바람직하다. 그러나 이 방안은 장래교량을 교축직각방향으로 연결하여 확장가능성이 있는 경우에는 배제하는 것이 좋다.

이 중 어느 방법을 선택하여 설계하느냐는 설계자의 판단에 따라 할 일이지만 가급적이면 그림 5.3.13(a)의 방법은 배제하고 설계하는 것이 좋다.

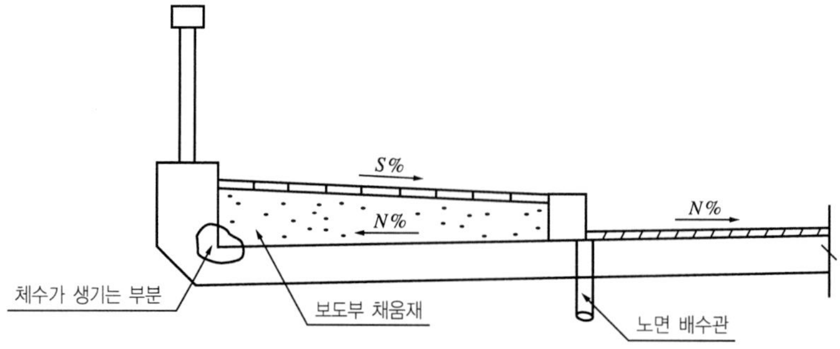

(a) 차로부 횡단경사와 같게 하는 경우

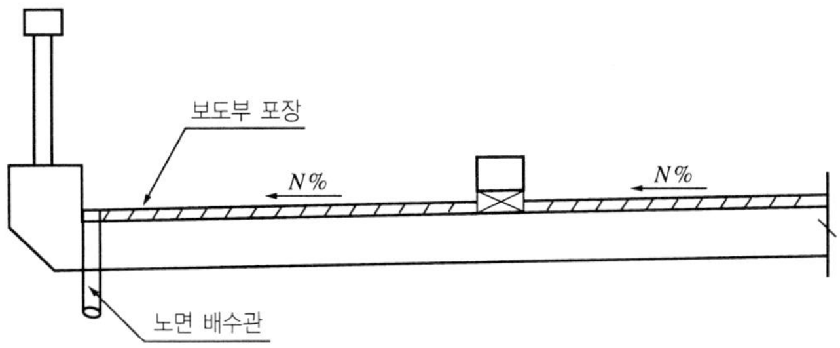

(b) 차로부 횡단경사와 같게 하는 경우

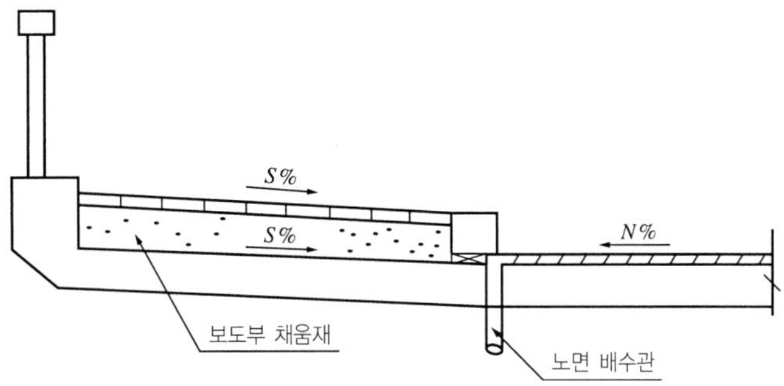

(c) 보도부 횡단경사와 같게 하는 경우

그림 5.3.13 교량 보도부 슬래브 횡단경사

(2) 신축이음부 부근 체수현상

신축이음부 부근의 포장은 교량바닥면 전체포장 중에서 파손되기 쉬운 곳이다. 우수나 적설에 의해 교량종단경사가 낮은 신축이음부는 언제나 포장 밑에 체수현상이 발생하여 물이 흘러나오는 경우가 있다. 이는 겨울철에 포장의 동파 우려가 있고 교통사고 원인을 제공하는 경우도 있다. 따라서 교량의 편경사 · 종단경사가 가장 낮은 신축이음부에는 포장면 아래에 배수시설을 하여야 한다.(그림 5.3.14 참조)

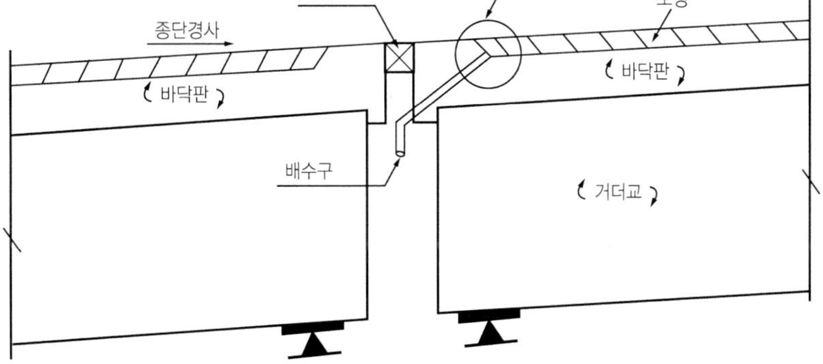

그림 5.3.14 신축이음부 포장 체수 위치

새로운 구성

교량계획과 설계

II

강 교

제 II 편 강교

강교의 개요

1 장

⊙ 제 1 장_ 강교의 개요

1.1 일반사항

강재는 타 재료에 비교하여 강도가 높고, 가공성, 품질 등의 여러 점에서 우수하여 오래 전부터 교량의 재료로 사용하였다. 강교량은 콘크리트 교량과는 달리 기본적으로 박판(薄板)을 보강하여 교체를 형성함으로써 외력에 저항하는 구조물이므로 구조계획 · 구조형식 · 부재배치 · 상세 보강방법 등에 따라 구조응답 · 거동이 상이한 구조물이 된다.

1.1.1 강교의 특징

(1) 강교의 일반적인 특징

콘크리트교와 비교하는 경우 강교의 일반적인 특징은 다음과 같다.

1) 장점

① 재료가 균질하고 제작의 정도가 높으므로 구조물에 대한 신뢰도가 콘크리트교 보다 높다.

② 자중이 가벼워 운반, 가설이 용이하며, 교량가설 위치의 지반이 연약할 경우에 하부 공사비가 저렴하다.

③ 공장에서 제작하므로 품질이 우수하고, 현장작업이 적으므로 시공관리가 용이하다.

④ 파손하는 경우 콘크리트교에 비교하여 보수가 용이하다.

⑤ 충분한 유지관리를 실시하면 일반 콘크리트교 보다 교량의 수명이 길다.

⑥ 현장에서 이음을 할 수 있으므로 운반을 위한 부재의 길이에 제한을 받지 않는다.

⑦ 가공성이 양호하므로 다종다양(多種多樣)한 구조형식에 적합하다. 곡선교, 사교, 아치교의 제작이 용이하다.

⑧ 자중이 가벼워 장대 경간의 교량이 가능하다.

2) 단점

① 재료비가 고가이므로 교량가설비가 일반적인 콘크리트교 보다 높다.

② 강재는 부식하므로 7~8년에 1회의 도장(Paint)이 필요하다. 또한 유지관리비가 콘크리트교에

비교하여 고가이다. 최근에는 내후성 강재(무도장 강재)의 사용, 아연도금 처리한 교량도 가설하고 있으며, 이는 Cost가 높다.

③ 콘크리트교에 비교하여 강성이 적으므로 자동차 주행시에 진동이 크다.

(2) 강교의 구조적인 특성

1) 강교량은 형식별로 단면구성 · 기하학적 형상 · 2차 부재의구성이 달라지고 구조응답과 지배적인 구조거동이 달라지며, 특히 박판 보강부재나 요소의 세장성에 따른 각종 좌굴 파괴 모두가 구조내력을 지배하며 부재 내에 Frame works, 보강박판의 세장성 등에 따라 거동해석이 난해하기 때문에 좌굴 거동, 설계 경험식에 대한 올바른 이해가 중요하다.
2) 강교량의 손상이나 파손은 거의 예외 없이 보강재, 연결부의 불량, 접합부에서 시작하고 그 원인은 제작, 가설 단계의 용접결함이나 불량한 접합 · 과도한 초기변형 · mis-alignment 등에 기인한다.
3) 특히 보강재 또는 2차부재 외에 연결상세부위에서의 응력집중 · 잔류응력 · 용접결함은 활하중에 의한 Cyclic 하중으로 인해 2차응력 및 변형을 유발시키며, 높은 피로응력이 발생하게 되어 피로파손으로 인한 피로균열의 진전 · 성장과 이로 인한 피로파괴로 의하여 강교량의 붕괴를 촉발하는 가장 주된 원인이 된다.
4) 부식은 단면내력을 감소시키고, 세장재의 국부좌굴은 응력집중과 2차응력을 유발시키고 강도를 저하시켜 결과적으로 붕괴를 유발하는 원인이 되기도 한다.
5) 극심한 기후환경에 노출된 강교량은 모재나 용접재료의 결함이 있으면 취성 파괴가 일어나기 쉽고, 특히 저온에서의 충격하중이나, 층상박리(lamella tearing), 응력부식 등은 취성 파괴의 원인이 되기도 한다.
6) 강교량의 구조배치에 따른, 강성의 부족으로 인한 과도한 처짐과 진동은 통행차량이나 보행자에게 불안감을 조성하는 등 사용성을 해칠 뿐만 아니 라 피로균열발생의 원이 되어 내구성을 저하시키는 원인이 된다.

1.1.2 강교, 설계시 고려할 사항

(1) 설계기준

강도로교는 국토해양부에서 제정한 도로교 설계기준에 당연히 따라야 한다. 그러나 외국일 경우에는 그 나라의 설계기준 또는 설계지침을 따라야 함은 말할 것도 없다.

국내 공사라 할지라도 설계기준 외에 지역 또는 재료에 따라 설계 과업지시서을 작성하며 이에 따라야 할 때가 많다. 각종 설계기준, 시방서, 지침 및 표준도 등은 반드시 지켜야 할 규정일수도 있고, 원칙적 기준을 말하는 경우도 있다. 따라서 설계자는 그러한 규정이나, 표준의 근거를 올바르게 이해한 후에 이를 적용하여야 한다. 이러한 설계기준, 지침 등은 과거의 귀중한 경험이나 연구 성과를 고려하여 하루가 다르게 발달하는 재료나 공법 등 현실적 여건 들이 고려되어 앞으로도 계속해서 개정되어 나갈 것이다.

설계자는 설계기준에만 맹목적으로 얽매여도 안되며, 특히 최근에 전자계산기를 이용한 자동설계 기법이 점차 자리를 굳혀가고 있는 상황에서 자칫하면 설계자의 본질적 근거에 대한 이해가 소홀히 되지 않도록 더 많은 노력을 기울려야 한다.

(2) 부재간의 부가적 협동작용

1) 통상 교량설계는 하중의 전달순서에 따라 바닥판, 바닥틀, 거더와 주거더의 같이 부재별로 차례로 해나간다. 그러나, 최근에 와서 역학적 합리성과 경제성을 고려하여 부재간의 부가적 협동작용을 적극적으로 수용한 구조가 많아 졌다.

   예를 들면, 합성형은 바닥판, 거더(Main girder), 수직 브레이싱(sway bra-cing)이나 가로 보를 일체로 생각하여 협동케하는 형식이며, 강바닥판교도 바닥판과 주거더를 일체로 한 구조이다. 이런 경우 바닥판은 바닥판으로서의 기능 외에 거더의 플랜지로서의 기능도 겸하며, 브레이싱 혹은 가로보도 주부재로서 하중분배 작용을 분담한다고 보고 설계하는 것이다.

2) 단일 기능으로서 설계한 부재가 실제로는 타부재와 협동하여 복합적 기능을 수행함으로써 실제로 발생하는 응력이 과대해지는 경우가 있다.

   예를 들면, 그림 1.1.1과 같이 연결된 트러스의 세로보는 주부재(상현재 또는 하현재)의 기능을 부담함으로써 단모멘트에 합성되어 연결부가 손상되는 경우가 많다.

   또 그림 1.1.2와 같이 수평 브레이싱(Lateral Bracing)의 경우도 주구조의 변형에 따라서 응력이 발생하며, 특히 주구조의 현재가 고강도 재료일 경우는 그 값이 크게 된다.

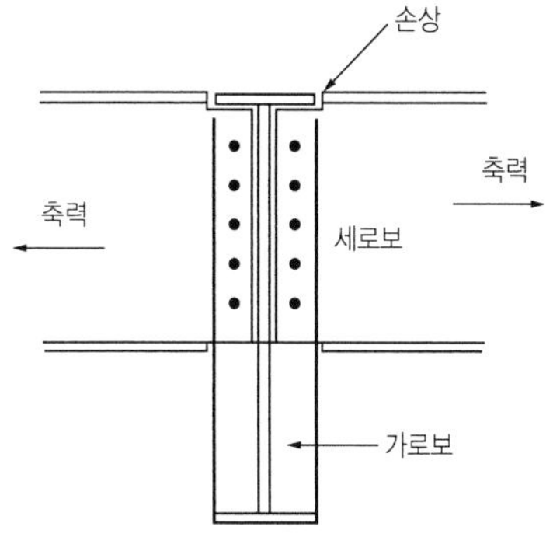

그림 1.1.1 세로보의 연결부의 손상

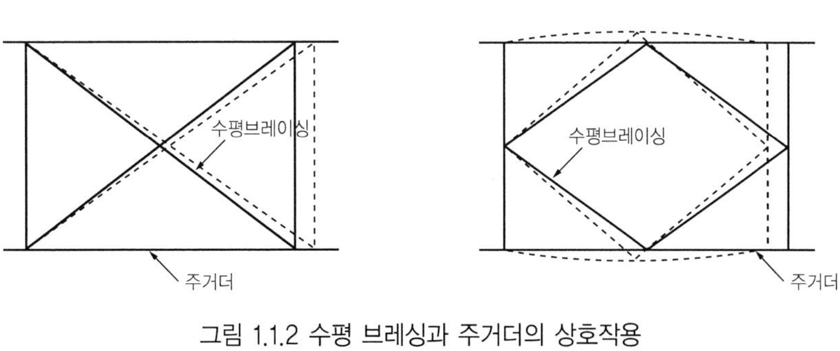

그림 1.1.2 수평 브레싱과 주거더의 상호작용

3) 이외에도 계산상의 가정과 실제구조의 차이에 의한 부가응력이 경우에 따라서 전체 구조물에 큰 영향을 미칠 수 있다.

예를 들면, 트러스의 격점구조나 부재의 편심 등에 의한 2차 응력을 무시 못하는 경우가 있다. 실무 계산에는 너무 과도한 정밀계산 등을 통하여 문제를 복잡하게 하는 것이 좋지 않지만, 설계자는 이러한 부가적 응력의 발생을 염두에 두고 적절한 검사이나 구조상의 배려를 해야 한다.

(3) 강교설계에서 특히 주의하여야 할 부위

설계, 시공상 문제을 일으키기 쉬운 곳으로서 특히 주의를 요하는 부위로서는 구조나 단면이 갑자기 변하거나 불연속되는 부위 및 하중집중점 등을 들 수 있다. 즉

1) 받침부 상부와 하부구조물의 접점
2) 부재단 연결부, 뼈대구조의 절점, 주구조와 바닥틀의 연결부(격점부)
3) 하중집중점의 보강재 및 격벽 등
4) 각종 현장 연결부
5) 신축이음(현장 이음부)와 보의 연결부 및 콘크리트 바닥판의 정착부위
6) 케이블이나 Rod등의 정착부
7) 라멘의 우각부

등이다. 이들에 대한 상세설계의 결정은 과거의 설계 예 등을 참조하여 충분히 검토할 필요가 있다. 또 종래의 표준적 구조와 크게 다르다거나 같다 할지라도 규모가 크게 달라지는 경우에 정밀한 구조해석이나 실험에 의한 검증이 필요한 것이다.

(4) 피로 및 진동

1) 강도로교에서는 반복 응력을 받는 부재와 이음부를 제외하고는 일반적으로 피로설계를 하지 않고 있으나 최근에 통과 하중이 점차 증대해지고, 구조나 시공의 불량 등으로 앞의 항에서 언급한 여러 부위들에서 피로 손상의 사례들을 볼 수 있으므로 주의를 요한다.
2) 교량의 진동원은 차량이나 보행자 등과 같은 교통하중과 바람 및 지진 등이 있다. 일반적으로 교량에서도 설계상 활하중의 의한 최대처짐을 제한하고 있으며, 교통에 의한 교체의 진동이 문제가 되는 경우는 드물다. 그러나 날씬한 형식의 교체진동이라든가 교량구조 중 가늘고 긴 부재들이 진동으로 문제되는 수가 있으므로 검토를 요한다.
   예를 들어, 트러스교의 경우 수평브레이싱이 상하진동을 일으켜 연결부가 손상되는 경우가 있다. 바람에 의한 진동은 주로 장대교가 문제의 대상이나 일반교량에 대하여도 아치의 수직재 또는 행어와 같이 가늘고 긴 부재가 낮은 풍속에서 한정진동 등이 일어날 수 있으므로 검토하여야 한다.
   지진의 경우는 진동보다는 파손, 낙교 등과 같은 치명적 파괴의 방지라는 관점에서 검토되어야 한다. 바람이나 지진에 대한 내진설계는 별도의 전문 참고서적을 참조하기 바란다.

(5) 구조해석

설계에서는 복잡하고 입체적인 구조를 될 수 있는 한 단순한 모델로 치환하여 계산하는 것이 일반적이고, 이러한 방법이 경험적으로 또 공학적으로 타당하다는 전제를 하고 있다. 그러나 경우에 따라서는 입체적 해석, 동적 해석, 국부응력의 점검 등 보다 엄밀한 계산이 필요하게 된다. 이러한 구조해석은 목적에 따라서 합당한 모델을 설정하지 않으면 계산결과는 무의미하므로 실제구조, 실제하중 외에도 경계조건과 해석방법 등의 중요 특성을 세심하게 분간(分揀)하고 이해한 후에 행하여야 한다.

(6) 제작상의 배려

교량의 공장제작비가 전체 공사비에서 차지하는 비율은 무시할 수 없다. 설비의 합리화, NC화, 자동화 등에 의해서 시공단계가 점차 줄어들고 있으나 설계시에 다음과 같은 점을 유의하면 제작공수를 줄일 수 있다.

1) 구조계가 될수록 간단명료한 것이 좋고 대칭구조를 활용하여 부재의 종류가 적어지도록 한다.
2) 용접개소나 용접연장이 적을 것, 단면변화의 종류가 적을 것, 용접변형이 적은 구조로 하고 형강을 활용한다.
3) 부재수가 적을 것, 큰 블록으로 제작하여 현장 이음 개소가 적어지도록 할 것.

이외에도 강재를 선택할 때 특히 고강도 강을 채용할 때 용접설계 및 시공상의 문제등 강재의 종류별로 그 특성을 파악해야 한다. 상세설계의 한 예로서 트러스의 격점과 같이 여러 부재가 집중하는 부분이나 공간이 좁은 부분 등에서 조립, 용접, 구멍 뚫기, 볼트 채우기 등의 시공성을 반드시 점검해야 한다.

제작된 부재는 여러 가지 오차가 따른다. 시방서에는 제작의 정확도를 규정하고 있으나, 용접 변형이나 잔류응력 등이 강도에 주는 영향도 이해해 둘 필요가 있다.

(7) 가설 및 유지관리상의 배려

교량의 규모나 가설공법에 따라서 부재단면이 가설시의 응력에 의하여 결정되는 수도 있다. 따라서 가설공법, 형식, 경간분할, 블록수 등의 기본제원은 가급적 조기에 검토하여 확정되어야 하고, 이들에 의거하여 부재응력의 검사 및 제반설계에 차질이 없도록 하여야 한다.

실시설계세는

1) 바닥판용 거푸집뿐만 아니라 가설, 점검 및 보수시의 작업용 동바리를 매달기 위한 부위 등
2) 상자단면 때의 점검구, 핸드홀, 물구멍, 관리용 전기시설, 환기구 등
3) 수직 또는 경사부재를 오르내리기 위한 사다리

등의 가설, 점검, 보수에 대한 치밀한 배려가 필요하다.

이러한 세부사항은 표준화되어 있는 것이 많으므로 반드시 참고하여야 한다.

제 Ⅱ 편 강교

강교의 바닥판

2 장

⊙ 제 2 장_ 강교의 바닥판

2.1 개 요

교량의 바닥판은 차량의 륜하중을 직접 받는 부재이다. 또한 비바람의 영향 및 한냉지에서 제설제 살포의 영향을 받으며 아주 가혹한 조건 아래 있는 교량 부재이다.

현재 강도로교에 사용하고 있는 바닥판의 현황은 그림 2.1.1에 나타낸 바닥판에서 보통 현장 타설 철근콘크리트 바닥판(RC 바닥판)이 가장 많이 적용되고 있다. 최근에는 그림 2.2.2에 표시한 흐름도에서 prestressed concrete(PSC) 바닥판 및 합성바닥판의 적용이 시도되고 있는 실정이다. 이는 보수시의 급속시공 및 현장작업의 효율성 제고와 공기단축을 목적으로 하는 precast 바닥판에 대한 욕구와 신설교에 대한 건설비 저감의 요구가 다시 주목을 받아 I형2주거더교 및 개단면상자형교의 적용에 대하여 요구되고 있다.

최근의 신설교에서 바닥판 구조가 steel girder의 구조형식에 영향을 받아 바닥판 구조의 선정은 교량을 계획하는데 중요한 요소가 되고 있다.

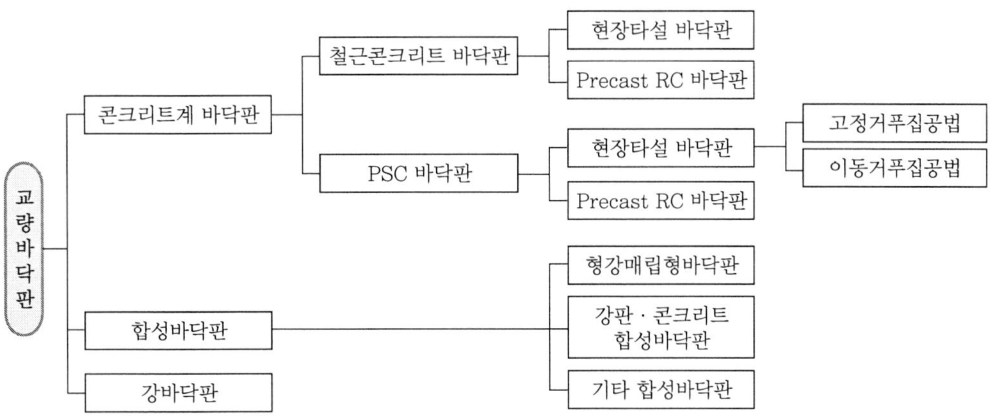

그림 2.1.1 강교 바닥판의 종류

강바닥판은 바닥판건설비가 가장 높으므로 하부공사비를 포함하여 경제적인 경우는 장대교량에서 지간길이가 70.0m 정도의 연속교, 거더높이가 특히 제약을 받는 교량이거나 하부구조에 가해지는 중량이 적어야 되는 경우에 적용하는 형식이다.

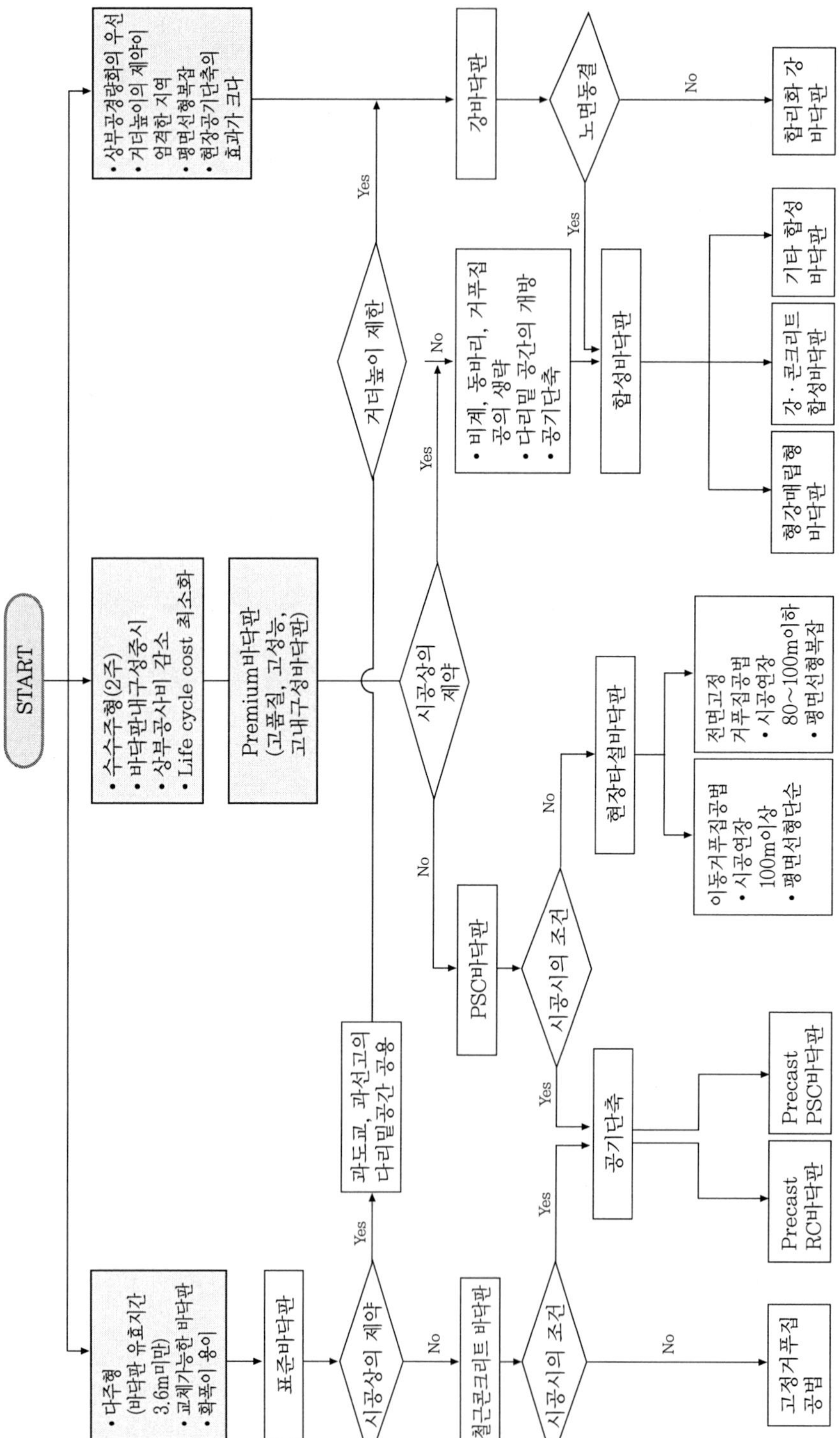

(주) 평면선형이 부분적으로 복잡한 경우는 고정거푸집공법과 병용한다.

그림 2.1.2 강교 바닥판 선정 흐름도(예)

여기서 강거더바닥판에 대하여 도로교 설계기준에서는 성능규정을 만족하지 않으면 적용못하도록 하고 있어 RC바닥판, PSC바닥판 및 강바닥판은 도로교 설계기준의 규정에 따라 성능규정을 만족하도록 한다. 이러한 규정이 정해져 있지 않은 바닥판에 있어서 PSC바닥판의 지간은 7.3m로 가장 크게 적용지간을 규정하고 있으나 강 · 콘크리트 합성바닥판, PSC 합성바닥판에 대해서는 규정이 없으므로 이에 대해서는 외국의 시공실적 및 관계기관이 정하는 지침 등을 사용하는 수밖에 없는 실정이다.

또한 강교의 바닥판의 설정시 다음 표 2.1.1을 참조하여 보면 각각 바닥판이 특징이 있으므로 상세한 분석 및 시공사례, 적용기준 등을 검토하여 설계에 반영하기 바란다.

⊙ 표 2.1.1 강교 바닥판 형식별 비교

항목 \ 종류	현장타설철근 콘크리트 바닥판	현장타설PSC 바닥판	강바닥판	precast 바닥판	합성바닥판
적 용	• 가장보편적 • 다주형바닥판 (지간 3.6m미만) • 교체가 가능한 바닥판 • 장래확폭이 가능	• 소수주형교에 적용 • 바닥판의 내구성 중시 • 고성능, 고품질 요구 • LCC최소화 • 평면선형이 복잡 • 장래확폭 불가능	• 상부공의 경량화 우선 • 거더높이 제약 • 평면선형이 복잡 • 환경성은 떨어짐	• 소수주형교에 적용 • 바닥판의 내구성 중시 • 고성능, 고품질 요구 • LCC최소화 • 장래확폭 불가능	• 소수주형, 일반거더교 • 바닥판내구성 중시 • 거더높이 제한이 있는 곳 • 환경성은 떨어짐
중 량	매우 크다	크다	가장 가볍다	크다	중간 정도
활하중에 의한 처짐	매우 작다	작다	매우 크다	작다	중간 정도
내구성	매우 작다	작다	도장만 하면 매우 크다	매우 크다	크다
바닥판 경제성	크다	매우 크다	작다	작다	중간 정도
주거더 경제성	매우 작다	중간 정도	매우 크다	중간 정도	중간 정도
시공법	고정식 거푸집공법	• 고정식거푸집공법 • 이동식거푸집공법	• 공작제작 및 현장 용접 Bolt 접합	공장제작, 현장조립	공장제작, 현장조립
공 기	길다	길다	짧다	중간 정도	중간 정도
품 질	현장작업에 의해 콘크리트가 타설 · 양생되므로 품질은 떨어진다.	현장작업에 의해 철근콘크리트가 타설 · 양생되고 PS작업이 일으워지므로 다소 품질은 떨어진다.	부재 자체는 공장에서 제작되어 품질이 좋다 그러나 현장이음은 고도의 기술을 요한다.	엄격한 품질관리로 제작되므로 고품질이 보장된다.	공장제작 외에도 현장작업에 따른 시공도 해야 하므로 공정이 복잡하나 품질은 대체로 양호.
유지관리	바닥판에 균열이 발생하면 내구성에 문제가 있어 평상시 유지관리가 필요하다.	현재까지는 양호하다고 보고되어있으나 PS강재의 이완에 의해 균열이 발생하면 내구성 문제가 발생함. 어느정도 유지관리 필요	피로균열의 유무검사. 부식방지를 위한 페인트 교체를 강구해야 하며 어느 정도의 유지관리 필요함.	현재까지는 양호하다고 보고되어 있으나 어느 정도 유지관리가 요구됨.	강판의 바깥면에 부식의 문제가 있지만 RC바닥판, 강바닥판과 같이 유지관리를 잘하면 된다.
비 고	바닥판 지간이 짧고 두께가 얇으면 콘크리트에 균열이 발생하여 내구성이 떨어진다.		• 기초지반의 지내력이 낮은 지역에 적용 • 경량이라는 장점이 있으나 피로균열, 부식에 유의해야 한다.	• PSC의 경우, pre stress를 도입하기 위한 강재 필요 • PS도입한 것은 내구성이 특히 좋다 • 복잡한 선형에 대해서는 시공법을 연구 필요	구조를 합리화하여 바닥판을 얇게 한 경우 엇갈림 방지를 위해 설치한 stud 연결부의 피로균열이나 합성바닥판 간의 이음균열에 유의해야 한다.

2.2 콘크리트계 바닥판

2.2.1 현장 타설 철근콘크리트 바닥판

현장 타설 철근콘크리트 바닥판은 강거더위에 거푸집을 설치하고 철근 조립 · 콘크리트 타설을 하여 만들어지는 일종의 판으로서 다른 형식의 바닥판에 비교하여 단면형상에 대한 적합성과 재료운반 및 시공성이 용이하고, 지역적 조건에 영향을 받지 않는다. 또한 시공관리만 충분히 하면 강도면에서 신뢰성이 높고, 바닥판을 지지하는 거더와의 결합이 확실하여 다른 부재의 내력 증대에 기여하는 등의 장점이 있어 옛날부터 교량바닥판으로 많이 사용하여 온 가장 보편화된 바닥판 형식이다.

그러나 현장타설 철근콘크리트 바닥판은 자중이 무겁고, 거푸집설치와 콘크리트 양생기간을 필요로 하기 때문에 공사기간이 길고 노동력이 많이 들어가는 단점이 있으므로 장대교량의 바닥판으로 사용은 드물고, 주거더의 간격이 넓은 경우에는 바닥판의 두께가 두꺼워져 자중이 증가하여 비경제적이 된다.

(1) 철근콘크리트 바닥판의 구조

그림 2.2.1은 철근콘크리트의 바닥판의 구조를 나타내고 있다. 그림 2.2.1(a)는 단지간의 철근콘크리트 바닥판의 예를 보여주고 있으며 그림 2.2.1(b)와 (c)는 가로보로 지지된 장지간의 철근콘크리트의 바닥판의 예를 보여주고 있다.

그림 2.2.1에서 철근콘크리트 바닥판은 차량 륜하중을 직접적으로 받아서 그 하중이 가로보와 세로보 및 주거더(Main Girder)로 이루어진 바닥 틀로 지지된다.

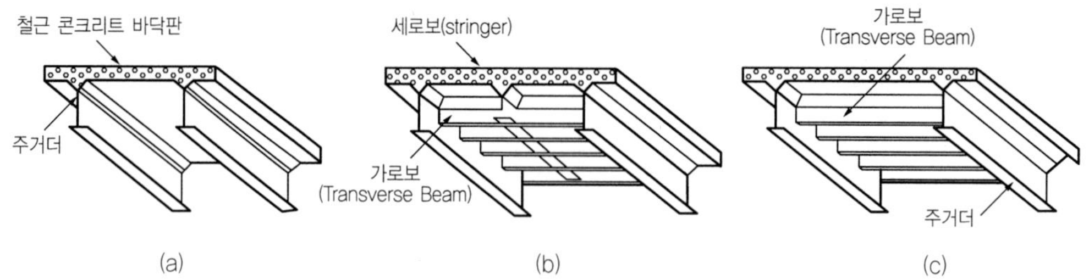

그림 2.2.1 철근콘크리트 바닥판의 구조

(2) 철근콘크리트 바닥판의 최소 두께

도로교의 바닥판은 차량하중을 직접 받는 철근콘크리트 바닥판의 경우에 하중의 크기 및 반복되는 하중으로 유해한 균열이 발생하고 손상되는 경우가 생길 수 있기 때문에 바닥판의 최소 두께를 규정하고 있다. 교량바닥판 최소 두께에 대한 현 도로교 설계기준 규정은 주로 거더 간격이 좁은 교량바닥판을 대상으로 하였기 때문에 최근에 많이 적용하는 2거더교 또는 3거더교와 같은 장지간 바닥판에 바로 적용하는 경우, 바닥판의 두께가 두꺼워져 고정하중의 영향이 증가되는 문제점을 내포하고 있다.

강도로교의 경우, 도로교 설계기준에 차도부분의 최소 두께는 220mm로 정하고 있다.

도로교 설계기준에서는 차도 부분의 바닥판 최소 두께를 표 2.2.1의 식으로부터 얻어지는 값고 220mm중에서 큰 값을 사용하도록 규정하고 있다. 또한 보도부 바닥판의 최소 두께는 140mm를 표준으로 하고 있다.

⊙ 표 2.2.1 차도부분의 바닥판의 최소 두께 (단위 : mm)

바닥판구분 \ 바닥판지간방향			차량진행방향에 직각	차량진행방향에 평행
1등교 2등교 3등교	단순판		40L + 130	65L + 150
	연속판		30L + 130	50L + 150
	캔틸레버판	L≤0.25	280L + 180	240L + 150
		L>0.25	80L + 230	

여기서 "L"은 바닥판의 지간으로 바닥판 거더 중심 간격을 말하며 적용 중심 간격은 0.6m~7.3m 범위 내에 있을 때 적용한다.

지금까지 장지간 바닥판에 대한 명확한 기준이 제시되지 않았지만 경험적인 설계법의 적용범위가 바닥판의 유효지간이 표준 차로폭 3.6m이하인 점을 감안하면 거더의 중심 간격(L)의 최대치를 4.0m이하로 하여 경험식에 대입하여 철근콘크리트 바닥판의 최소 두께를 결정하는 것이 바람직하다고 여겨진다.

또한 바닥판의 지간이 길어져 표 2.2.1에 있는 경험식으로 산정한 바닥판의 최소 두께가 지나치게 두꺼워지는 경우에는 균열과 처짐에 대한 사용성이 만족하도록 바닥판의 두께를 산정할 수 있다.

바닥판 지간에 따른 바닥판의 최소 두께는 표 2.2.2와 표 2.2.3에 산정하여 놓았으니 단면계획시 참고하기 바란다.

⊙ 표 2.2.2 단순바닥판 두께(1) (단위 : mm)

바닥판지간 (m)	차량진행방향 직 각	차량진행방향 평 행	바닥판지간 (m)	차량진행방향 직 각	차량진행방향 평 행
2.0	210(220)	280	4.7	318	456
2.1	214(220)	287	4.8	322	462
2.2	218(220)	293	4.9	326	469
2.3	222	300	5.0	330	475
2.4	226	306	5.1	334	482
2.5	230	313	5.2	338	488
2.6	234	319	5.3	342	495
2.7	238	326	5.4	346	501
2.8	242	332	5.5	350	508
2.9	246	339	5.6	354	514
3.0	250	345	5.7	358	521
3.1	254	352	5.8	362	527

⊙ 표 2.2.2 단순바닥판 두께(2)

(단위 : mm)

바닥판지간 (m)	차량진행방향 직 각	차량진행방향 평 행	바닥판지간 (m)	차량진행방향 직 각	차량진행방향 평 행
3.2	258	358	5.9	366	534
3.3	262	365	6.0	370	540
3.4	266	371	6.1	374	547
3.5	270	378	6.2	378	553
3.6	274	384	6.3	382	560
3.7	278	391	6.4	386	566
3.8	282	397	6.5	390	573
3.9	286	404	6.6	394	579
4.0	290	410	6.7	398	596
4.1	294	417	6.8	402	592
4.2	298	423	6.9	406	599
4.3	302	430	7.0	410	605
4.4	306	436	7.1	414	612
4.5	310	443	7.2	418	618
4.6	314	449	7.3	422	625

⊙ 표 2.2.3 연속바닥판 두께(1)

(단위 : mm)

바닥판지간 (m)	차량진행방향 직 각	차량진행방향 평 행	바닥판지간 (m)	차량진행방향 직 각	차량진행방향 평 행
2.0	190(220)	250	4.7	271	385
2.1	193(220)	255	4.8	274	390
2.2	196(220)	260	4.9	277	395
2.3	199(220)	265	5.0	280	400
2.4	202(220)	270	5.1	283	405
2.5	205(220)	275	5.2	286	410
2.6	208(220)	280	5.3	289	415
2.7	211(220)	285	5.4	292	420
2.8	214(220)	290	5.5	295	425
2.9	217(220)	295	5.6	298	430
3.0	220	300	5.7	301	435
3.1	223	305	5.8	304	440
3.2	226	310	5.9	307	445
3.3	229	315	6.0	310	450
3.4	232	320	6.1	313	455
3.5	235	325	6.2	316	460
3.6	238	330	6.3	319	465
3.7	241	335	6.4	322	470
3.8	244	340	6.5	325	475
3.9	247	345	6.6	328	480

◉ 표 2.2.3 연속바닥판 두께(2) (단위 : mm)

바닥판지간 (m)	차량진행방향 직 각	차량진행방향 평 행	바닥판지간 (m)	차량진행방향 직 각	차량진행방향 평 행
4.0	250	350	6.7	331	485
4.1	253	355	6.8	334	490
4.2	256	360	6.9	337	495
4.3	259	365	7.0	340	500
4.4	262	370	7.1	343	505
4.5	265	375	7.2	346	510
4.6	268	380	7.3	349	515

(3) 캔틸레버 판의 길이

교량바닥판 계획시 캔틸레버 판의 길이를 길게 하면 길이 제곱에 비례하여 휨모멘트가 크게 작용하여 단면의 유효높이가 증가되고 이에 따라 고정하중이 증가를 초래하여 비경제적인 설계가 되는 경우가 많다. 따라서 바닥판의 캔틸레버 길이를 크게 하지 않는 것이 좋다. 그러나 반대로 캔틸레버 길이를 적게 하였을 시에는 바닥판 내측 지간의 정모멘트가 증가하고 우수가 직접적으로 주거더에 접촉되는 경우가 많아 좋지 않다.

통상적으로 캔틸레버 바닥판은 철근 배치, 방수, 배수 등을 고려하여 캔틸레버 판의 길이를 철근콘크리트 바닥판의 경우 0.9m~1.5m 범위에서 계획하는 것이 좋다. 부득이 캔틸레버 길이를 1.5m 이상으로 하여야 하는 경우에는 바닥판 두께 증가에 따른 주거더와 강중 증가에 따른 공사비 증가와 가로방향으로 주거더에 Bracket를 설치하여 바닥판을 지지하는 것(그림 2.2.2 참조)이 교량 전체 건설비에 어떤 영향이 있는지 검토하여 결정하여야 한다.

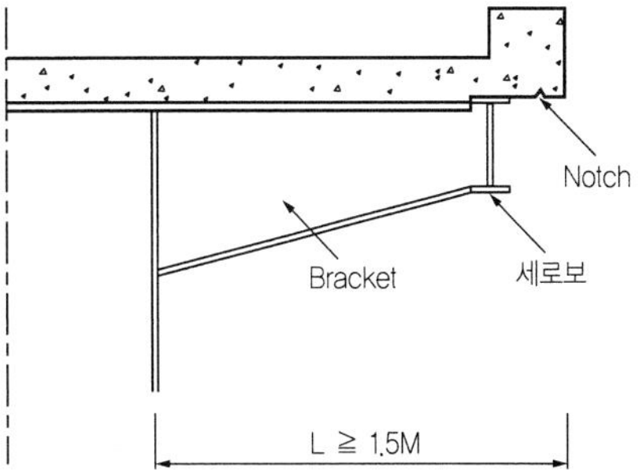

그림 2.2.2 캔틸레버 판 길이 제한

2.2.2 현장 타설 프리스트레스트 콘크리트 바닥판

프리스트레스트 콘크리트 바닥판은 콘크리트 바닥판에 프리스트레스(PS)를 도입하여 바닥판에 균열을 예방하고 바닥판의 장지간화를 가능케 함에 따라 바닥판을 지지하는 강거더를 2거더 또는 3거더로 소수 거더교를 설계가설을 도모케 하였다. PSC 바닥판은 내구성에 대한 문제가 있지 않느냐 하는 의구심이 있어 왔으나 최근에 이동하중 재하시험 결과 내구성이 높다는 것이 확인되었다. 최근에 주목받고 있는 2거더교 또는 3거더교와 PSC바닥판을 조합하여 공사비 저감, 거더 본수 소수화를 도모하여 강재 중량저감을 가져온 것은 부재수 및 용접 연장의 감소에 따라 제작 공수의 저감, 현장작업의 효율화를 도모하였기 때문이다.

PSC 바닥판 적용에 따른 자재단가 상승분을 고려하더라도 교량 전체적으로는 경제적이라고 보고 되고 있다.

(1) 프리스트레스트 바닥판의 최소 두께

교량 바닥판에서 프리스트레스트 바닥판의 최소 두께에 대한 현(2009년) 도로교 설계기준의 규정은 주로 거더 간격이 좁은 교량바닥판을 대상으로 하였기 때문에 최근 도로교에 적용되고 있는 2거더교 또는 3거더교와 같은 장지간 바닥판에 적용하는 경우 바닥판의 두꺼워져 고정하중의 영향이 지나치게 증가하는 문제점이 있다.

따라서 장지간의 바닥판 최소 두께는 설계하중에 대한 안정성 및 충격을 포함한 활하중에 대한 사용성을 만족하는 수준으로 결정하는 것이 바람직하다고 여겨진다.

1) 차도부분 바닥판의 최소두께는 어느 부분에서도 200mm보다 작아서는 안된다.
2) 프리스트레스트 콘크리트 캔틸레버판 끝부분의 최소 두께는 200mm이상으로 하는 것이 바람직하다.
3) PS강재의 물리적인 배치 및 정착구와 필요로하는 바닥판 두께를 확보해야 한다.
4) 캔틸레버 바닥판의 끝부분의 두께는 1)항을 따르는 것 외에 표 2.2.1에 규정되어 있는 캔틸레버판 최소 두께의 50%이상으로 하여야 한다.
5) 바닥판의 한 방향으로만 프리스트레스를 도입하는 경우, 차도부분 바닥판의 최소 두께는 1)항 및 4)항을 따르는 것 외에 표 2.2.4의 값으로 한다.
6) 보도부분 바닥판의 최소 두께는 140mm로 한다.

⊙ 표 2.2.4 바닥판의 한 방향으로만 프리스트레스를 도입한 경우, 차도부분 바닥판의 최소두께(mm)

바닥판지간방향 / 프리스트레스 도입하는방향	차량진행에 직각인 방향	차량진행에 평행인 방향
바닥판 지간방향에 평행	표 2.2.1에서 바닥판 지간의 방향이 차량진행 방향에 직각인 때의 90%(그림 2.2.3(a))	표 2.2.1에서 바닥판 지간의 방향이 차량진행 방향에 평행인 때의 65%(그림 2.2.3(b))
바닥판 지간방향에 직각	표 2.2.1에서 바닥판 지간의 방향이 차량진행 방향에 직각인 때의 값(그림 2.2.3c))	표 2.2.1에서 바닥판 지간의 방향이 차량진행 방향에 평행인 때의 값(그림 2.2.3(d))

(주) 바닥판 지간의 방향과 PS강재배치방향은 그림 2.2.2에 따른다.

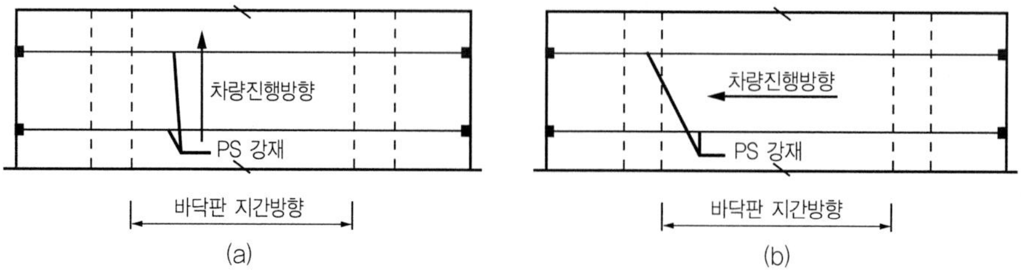

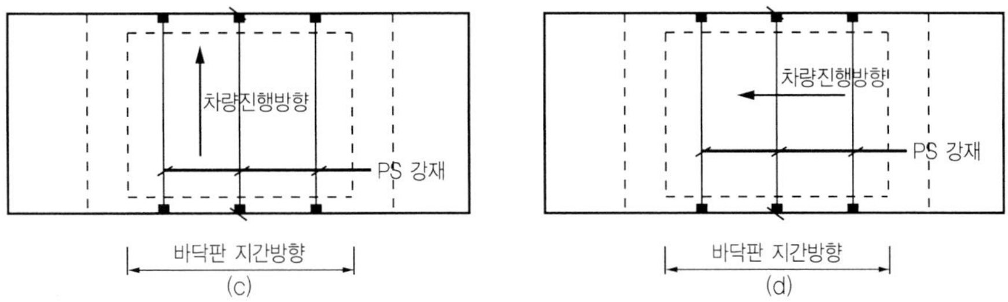

그림 2.2.3 바닥판 지간 방향과 PS강재배치 방향

2.2.3 프리캐스트 콘크리트(Precast Concrete) 바닥판

(1) Precast 바닥판의 종류

프리캐스트 바닥판의 종류는 프리캐스트 PSC 바닥판 및 프리캐스트 RC 바닥판으로 구분된다. 교량의 보수용 또는 신설하는데 적용되며 precast 바닥판의 개요는 그림 2.2.4과 같다.

프리캐스트 바닥판은 처음에 교량바닥판 손상에 따른 급속시공이 가능하도록 프리캐스트 바닥판이 개발되었으며 차츰 바닥판 고정하중의 증가에 따라 대체할 수 있는 공법이 요구되어 2방향 프리스트레스를 도입한 프리캐스트 PS바닥판을 개발하여 사용하게 되었다.

또한 신설교량에 대하여서는 현장작업의 생력화와 공기단축을 목적으로 프리캐스트 바닥판의 적용이 시도되었다. 일본의 경우, RC 프리캐스트 바닥판을 1970년, 교축방향 prestress를 도입한 프리캐스트판을 1974년에 적용한 이래 RC 구조와 PS 구조를 포함하여 많은 종류의 프리캐스트 바닥판이 개발되었다.

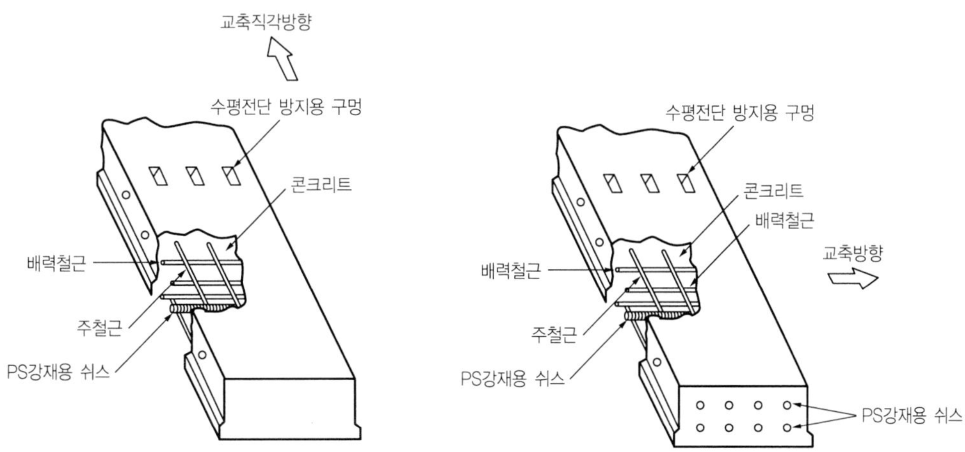

(a) RC 프리캐스트판 (b) PSC 프리캐스트판

그림 2.2.4 RC 또는 PSC 프리캐스트 구조

(2) 프리캐스트 바닥판의 특징

1) 장점

① 거푸집 · 지보공, 철근, 콘크리트 타설의 현장작업이 생력화되고, 바닥판 공의 현장공기단축을 도모한다.

② 공장제품으로 프리캐스트 바닥판의 품질이 안정적이다(고품질화에 따른 내구성 경향).

③ RC바닥판과 비교하여 건조수축에 따른 내 균열성 향상

④ 프리캐스트 PS 바닥판은 바닥판 두께를 엷게 할 수 있어 고정하중의 저감을 도모한다.

2) 단점

① 판넬의 종류는 다양하나 단가가 고가이다.

② 선형대응(곡선, 횡단경사, 사각)에 대한 적응성이 낮다.

③ 프리캐스트 부재의 운반, 가설상의 제한을 받고, 블록의 규격, 중량, 운반거리 등에 의해서 운송비 증가

④ 프리캐스트 부재 상호간의 불연속적인 접합

신설교에 프리캐스트 PS바닥판을 채용하면은 바닥판 시공공정과 현장노무수의 대폭 저감이 가능하고 강교전체의 공비저감의 관점에서 보면 프리캐스트 PS바닥판을 종래에는 거더 수가 많은 교량에 사용하여 강교전체 공사비가 상승하였으나 최근에는 2 거더교 또는 3거더교에 프리캐스트 PS 바닥판을 조합하여 공사비 저감의 하나의 방법으로 시공한 사례가 종종 있다.

(3) 프리캐스트 콘크리트 바닥판의 설계상 유의점

강거더와 바닥판과의 결합방법과 바닥판 상호의 연결 이음구조이다.

1) 강거더와 바닥판의 이음

강거더와 프리캐스트 바닥판의 결합은 일반적으로 전단포켓을 갖는 프리캐스트 바닥판을 제작하여 거치한 후, 포켓 내에 스터드를 현장 용접으로 설치하고 모르터 혹은 콘크리트를 충전하여 결합하는 방법과 헌치가 없는 평평한 판에서 강거더 플랜지의 끝단을 따라 모르터를 멈추는 스폰지 씰을 붙여서, 바

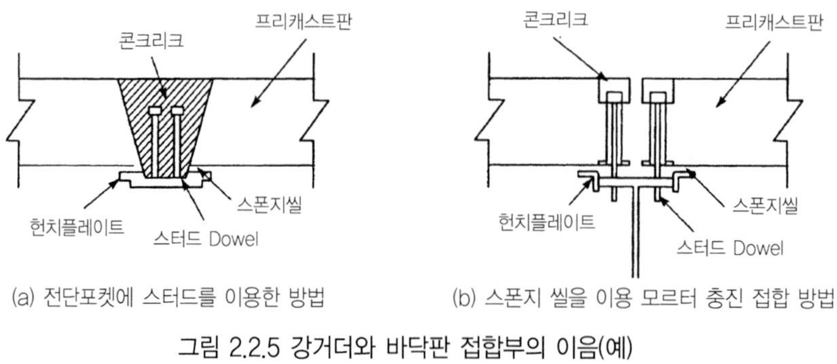

(a) 전단포켓에 스터드를 이용한 방법　　(b) 스폰지 씰을 이용 모르터 충진 접합 방법

그림 2.2.5 강거더와 바닥판 접합부의 이음(예)

닥판 하면과 플랜지 면 사이를 1cm정도 간격을 두고 플랜지 전면에 모르터를 충진하여 부착하는 것도 있다.

강거더와 바닥판 접합부분의 단면형상은 다음 그림 2.2.5와 같은 예가 있다.

2) 프리캐스트 바닥판 이음

현장 타설 콘크리트 바닥판의 시공과는 달리 프리캐스트 바닥판의 경우, panel 간에는 이음부가 발생하게 된다. 바닥판 간의 이음에는 다양한 방법이 개발되어 있는데 이중에 loop 철근이음방법, 종방향 프리스트레싱을 하는 방법 그리고 리브가 부착된 프리캐스트 바닥판에 강봉으로 체결하는 방법 등이 있다.

프리캐스트 바닥판 이음구조 예는 그림 2.2.6과 같다.

① 철근콘크리트 Loop 철근이음방법(그림 2.2.6(a))

철근콘크리트 Loop 철근이음은 프리캐스트 바닥판의 상호의 이음을 루프철근의 겹이음에 의해 바닥판을 연속일체화하는 현장타설 이음공법으로 채움콘크리트는 건조수축에 의해 초기 균열이 발생하게 되므로 이러한 균열을 예방하기 위하여 팽창성 콘크리트를 사용한다.

이러한 루프 철근이음의 장점으로는 다음과 같다.

(a) 루프정착의 효과에 의해 필요 겹이음 길이가 짧아지고 이음간격이 적어 채움콘크리트량이 적어진다.

(b) 이음부만이 현장시공을 함으로서 생력화와 경제성이 향상된다.

(c) 철근콘크리트 접합으므로 교축방향 프리스트레스의 creep 변형에 따른 영향을 고려하지 않아도 된다.

(d) 바닥판 손상시 바닥판 교체가 용이하다.

이러한 장점이 있는 반면 다음과 같은 문제점이 있다.

(a) 이음부가 한 단면에 집중된다.

(b) 루프이음의 필요겹이음길이에 관한 명확한 규정이 없다.

필요 겹이음 길이 산출규정 : ⓐ 일본 도로교 시방서, ⓑ CEP-FIP Model code(1990), ⓒ DW 1045 등의 규정이 있음

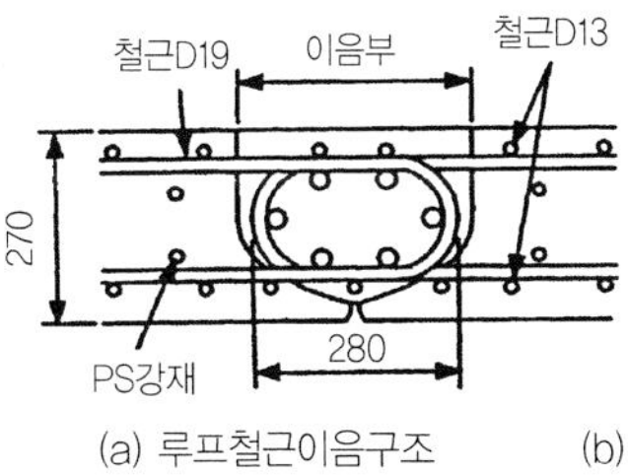

(a) 루프철근이음구조

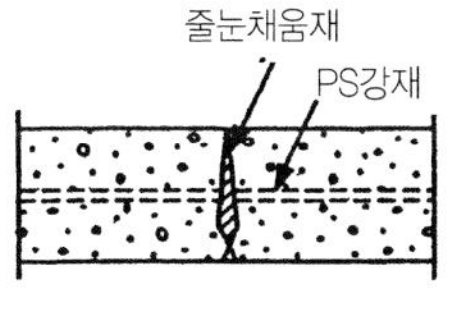

(b) PS강재를 이용한 바닥판 이음구조

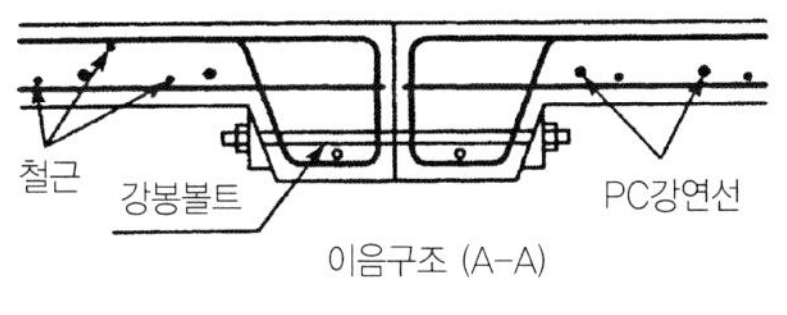

(c) 리브부착 바닥판 이음구조

그림 2.2.6 프리캐스트 바닥판 이음구조(예)

② 종방향 PS강재를 이용한 이음(그림 2.2.6(b))

이 이음의 장점은 기존의 철근콘크리트 루프이음과는 달리 프리스트레스 압축력을 이용해 프리캐스트 바닥판 사이의 휨모멘트 및 전단력의 확실한 전달이 가능하다는 점이다.

또한 종방향 PS 긴장을 이용한 이음은 이음성능에 비해 많은 장점을 가지고 있다.

(a) 교축직각방향으로 PS긴장을 하는 교량에서 종방향으로 덕트시공에 따른 어려움이 있다.
(b) 철근배근에 어려움이 없다고 하더라도 콘크리트 타설시 콘크리트 충진에 문제가 발생할 소지가 높아 콘크리트 품질에 문제가 발생한다.
(c) 바닥판 일부 손상시 일부만 교체가 불가능하다.

③ 리브부착 바닥판 이음(그림 2.2.6(c))

리브부착 바닥판 이음은 바닥판 접합부에 리브를 두어 리브상호를 교축방향으로 볼트를 체결하여 접합하는 방식이고 이 접합방식을 이용하여 이음부에서의 전단력과 휨모멘트의 전달을 유지시키고 각 panel을 일체화시켜 연속판 효과를 내는 방식이다.

이 리브 부착 바닥판 이음의 특징은 다음과 같은 것이 있다.

(a) 시공이 간략화 되어 손상과 누수의 원인이 되는 취약부가 없어진다.
(b) 접합부의 강성이 높고 처짐량이 적어 바닥판 간의 전단력에 의한 어긋남의 영향이 감소한다.
(c) 바닥판 손상시 부분교체가 가능하여 교량유지관리가 용이하다.
(d) 교축직각방향의 휨에 대하여 리브의 강성이 유효하게 작용하여 일반부의 바닥판 두께를 줄일 수 있어 전체 중량의 경감을 도모할 수 있다.

2.2.4 프리캐스트 합성 바닥판(프리캐스트 콘크리트 패널 거푸집 합성바닥판)

프리캐스트 합성 바닥판은 프리캐스트 콘크리트판을 교량바닥판의 거푸집 겸용 동바리로 사용하고 현장타설 콘크리트와 일체화시킨 바닥판이다. 현장타설 콘크리트 하중, 프리캐스트판 자중 및 작업하중에 대해서는 바닥판 저면에 배치되어 있는 프리캐스트 판의 프리스트레스 힘이 저항하고 바닥판 합성 후에 작용하는 영구하중, 변동하중에 대해서는 프리캐스트판 내에 배치되어 있는 PS 강재와 철근 일부를 고려한 합성바닥판으로서 저항하는 구조이다.

바닥판의 내하력은 계산상의 휨내력 보다는 실제에 작용하는 자동차 주행에 따른 윤하중에 의해 피로내력의 영향이 크기 때문에 최근에는 여러 바닥판에 대해서 윤하중 주행시험을 실시하여 내하성능을 확인한 결과, 프리캐스트 합성교에서 프리캐스트 바닥판에 대하여 동일조건으로 설계한 철근콘크리트 바닥판과의 비교실험을 실시한 결과 100배 이상의 피로내력을 갖고 있음이 확인되었다.

프리캐스트판 표면에 현장타설 콘크리트와의 접촉면에 생기는 전단력에 저항할 수 있도록 4mm 정도의 요철을 만들어 현장타설 콘크리트와 일체화를 도모하는 경우와 프리캐스트 상면에 Truss Dowel

Bar를 설치하여 일체화에 도움이 되도록 하는 형식도 있다.

프리캐스트 콘크리트 패널을 강거더교에 적용하는 경우는 철근콘크리트 바닥판보다 약간 두꺼운 경우도 있으나 시공성이 우수하다. “도로교설계기준”에서는 현장타설 콘크리트와 합성되는 프리캐스트 콘크리트 패널의 두께는 합성된 최종 바닥판 두께의 55%를 초과할 수 없으며 최소두께는 90mm보다 커야 한다고 규정하고 있다.

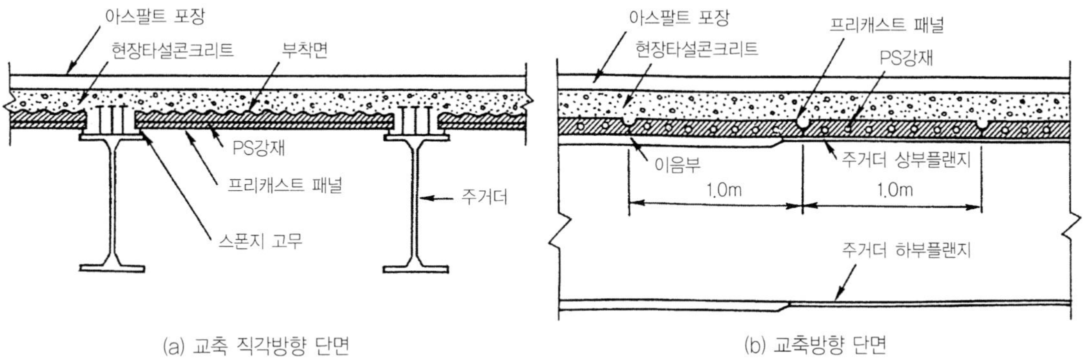

그림 2.2.7 프리캐스트 콘크리트 패널 거푸집 합성바닥판(예)

2.3 강 · 콘크리트 합성바닥판

2.3.1 강 · 콘크리트 합성바닥판의 개요

합성바닥판은 이질적인 재료인 강재와 콘크리트를 사용하여 그 합성을 도모한 바닥판으로 일반적인 철근콘크리트 바닥판과 프리스트레스트 콘크리트 바닥판을 제외한 것을 말한다. 합성바닥판은 기본적으로 2종류로 크게 분류할 수 있다. 하나는 소형의 형강을 철근 대신 주부재로서 사용하여 거기에 콘크리트를 타설하여 만든 콘크리트 충진 합성 바닥판으로 강격자 바닥판 일명 그레이팅 바닥판이고 또 하나는 stud를 배치한 강판에 콘크리트를 타설하여 만든 바닥판이다. 합성 바닥판의 대부분은 공장에서 panel을 제작하여 교량가설위치의 거더위에 거치한 후에 패널간 연결처리를 콘크리트를 타설하여 바닥판을 완성하는 것이 대부분이다. 따라서 강판은 콘크리트 타설시에는 거푸집의 역할을 하게 된다. 이 합성형 바닥판의 특징은 공통적으로 다음과 같은 이점이 있다.

1) 가설현장에서 바닥판 시공을 위한 거푸집이 필요 없고, 철근콘크리트 바닥판에 비하여 공기가 대폭 단축된다.
2) 바닥판 밑면에 강판을 가지고 있으므로 낙하물에 대한 염려없이 안전시공이 가능하다.
3) 형강매립형의 합성바닥판, 강판콘크리트 합성바닥은 강성이 높아 바닥판 두께를 엷게 할 수 있어 고정하중의 저감이 가능하다.

이러한 특징은 일반적인 거더간격(3.5m미만)을 가진 중소지간의 교량에서 다리밑공간 이용에 제한을 받는 과선교 및 공기단축이 요구되는 보수공사에 적용한다. 또한 최근에 합성바닥판의 내구성이 PSC바닥판과 동등하다는 것이 확인되어 장지간 바닥판에도 적용하고 있는 실정이다.

2.3.2 강 · 콘크리트 합성 바닥판의 종류

강 · 콘크리트 합성 바닥판은 크게 분류하면 표 2.3.1과 같이 분류하고 다음에는 실적이 많은 대표적인 예를 소개하기로 한다.

⊙ 표 2.3.1 합성 바닥판의 종류

<table>
<tr><td colspan="2" rowspan="3">콘크리트 내에 형강 매립형 바닥판</td><td>I–형강 격자 바닥판</td></tr>
<tr><td>ㄷ–형강 매립형 바닥판</td></tr>
<tr><td>H–형강 매립형 바닥판</td></tr>
<tr><td rowspan="11">강판 · 콘크리트
합성 바닥판</td><td rowspan="10">강판 1매</td><td>로빈슨형 합성바닥판</td></tr>
<tr><td>Pipe Dowel 합성바닥판</td></tr>
<tr><td>PBL Dowel 합성바닥판</td></tr>
<tr><td>돌기부착 T형강 Dowel 합성 바닥판</td></tr>
<tr><td>Truss형 Dowel 합성바닥판</td></tr>
<tr><td>입체 트러스형 Dowel 합성바닥판</td></tr>
<tr><td>트러스 철근 보강 합성 바닥판</td></tr>
<tr><td>SFRC 합성 강바닥판</td></tr>
<tr><td>Trough Rib(U–Rib) 합성바닥판</td></tr>
<tr><td>파형강판 합성 바닥판</td></tr>
<tr><td>강판 2매</td><td>sandwich 구조 합성 바닥판</td></tr>
<tr><td colspan="2" rowspan="3">기타의 합성 바닥판</td><td>GRC 거푸집 합성 바닥판</td></tr>
<tr><td>프리캐스트 거푸집 합성 바닥판</td></tr>
<tr><td>FRP 합성 바닥판</td></tr>
</table>

(주) PBL : Perfo Band Leisten (독어)의 약자임. 구멍뚫인 강판 Bowel

(1) I 형강 격자 바닥판

I 형강 격자 바닥판은 장대교의 바닥판으로 사용하도록 미국에서 개발된 것이다. I 형강 격자 바닥판의 구조는 그림 2.3.1에 나타낸 바와 같이 바닥판의 주요 부재로 I 형강을 사용하여 이와 직각으로 배치되는 배력철근과 I 형강 밑면에 점용점으로 설치하는 아연도금 강판을 밑바닥으로 한 격자구조의 panel을 구성하고 있어 일종의 prefab바닥판이다. I 형강 web에는 punch hole 을 뚫어 콘크리트 타설시 유동성을 좋게하기 위한 배려가 되어 있다. 최근에는 장대교 뿐만 아니라 일반 교량에도 현장작업의 노무절감의 이점이 있어 이 바닥판을 적용하고 있는 실정이다.

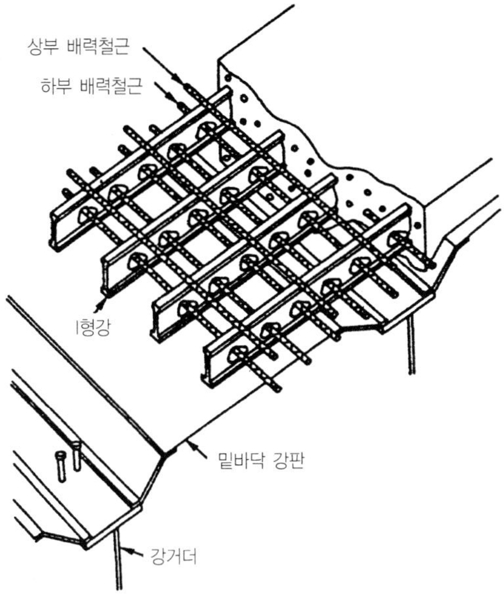

(a) 전체구조

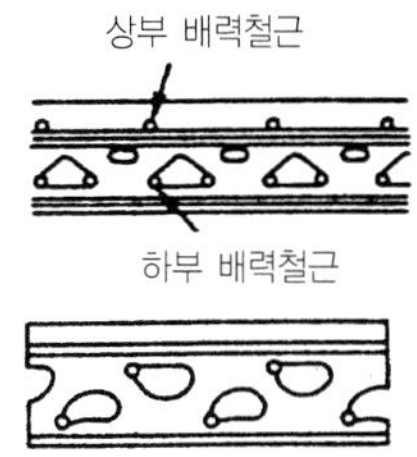

(b) 펀칭구멍의 상세(예)

그림 2.3.1 I 형강 격자 바닥판 구조(예)

(2) ㄷ-형강(channel bar) 매립형 바닥판

ㄷ-형강 매립형 바닥판은 구조적으로 종래의 PSC바닥판 형식을 대폭 변형한 것이 아니고 현장에서 바닥판을 시공할 때 노무절감을 가능하게 하기 위한 공법으로 개발된 것이다.

ㄷ-형강 매립형 바닥판의 구조는 그림 2.3.2에 나타낸 바와 같이 시공순서는 먼저 주철근과 배력철근을 교차부에 격자상으로 용접하고 폭 2~3m, 길이 6~12m의 mesh를 만든다. 다음에 이 mesh 2장 중간에 경량 ㄷ-형강을 끼워넣어 조립하고 밑면에 아연도금강판을 밑바닥으로 설치하며 거푸집으로 사용한다.

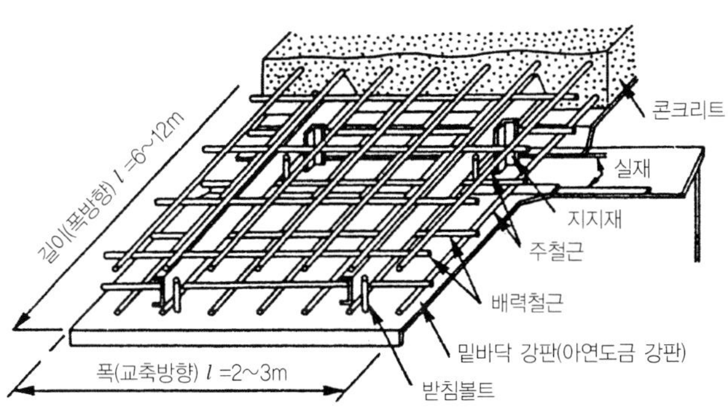

(a) 전체구조

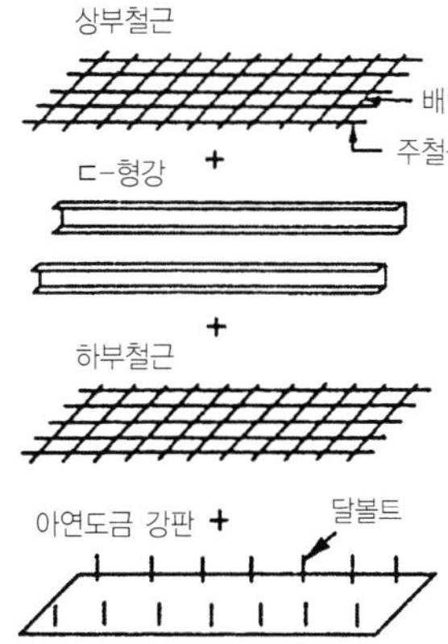

(b) 각 부재 배치법

그림 2.3.2 ㄷ-형강 매립형 바닥판 구조(예)

(3) 로빈슨형 합성 바닥판

로빈슨형 합성 바닥판은 엇갈림 방지를 위하여 밑바닥 강판에 stud를 적당하게 배치하여 고정시키고 상부측에 철근을 격자상으로 설치하고 콘크리트 타설한 바닥판이다. 이 바닥판은 엇갈림 방지의 효과에 의해 강판과 콘크리트 바닥판이 합성되어 큰 강성을 발휘한다. 이 때문에 바닥판 두께를 얇게 할 수 있는 가능성을 갖고 있다. 그러나 엇갈림 방지를 위해 stud를 이용하는 경우에는 자동차의 주행에 의해 stud에 작용하는 전단력의 방향이 교번되면서 stud 용접부에서 피로 파괴가 발생하는 것이 윤하중 주행시험기에 의한 실험에서 명확해지고 있다. stud의 피로강도의 개선을 도모하기 위한 것으로 고장력볼트를 대신하는 것을 개발하여 피로내구성에 대해 확인할 수 있었다.

로빈슨 합성 바닥판의 적용에는 그림 2.2.8과 같다.

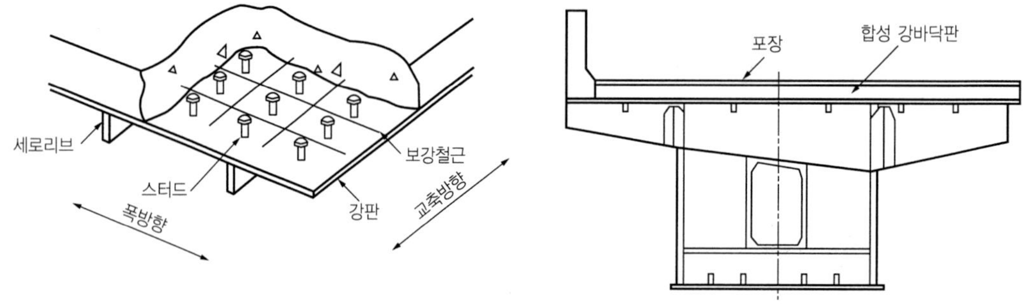

(a) 로빈슨 합성 강바닥판의 상세　　(b) 실제 다리에 적용한 예

그림 2.3.3 로빈슨 합성 강바닥판의 상세와 실제 교량에 적용한 예

(4) Pipe Dowel 합성 바닥판

일종의 합성 바닥판으로 바닥판 밑면에 배치된 얇은 강판에 pipe 모양의 Dowel을 용접하여 상면에 철근을 격자로 조립하여 놓고 콘크리트를 타설하여 합성시킨 완전일체가 된 프리캐스트 합성 바닥판을 말한다.

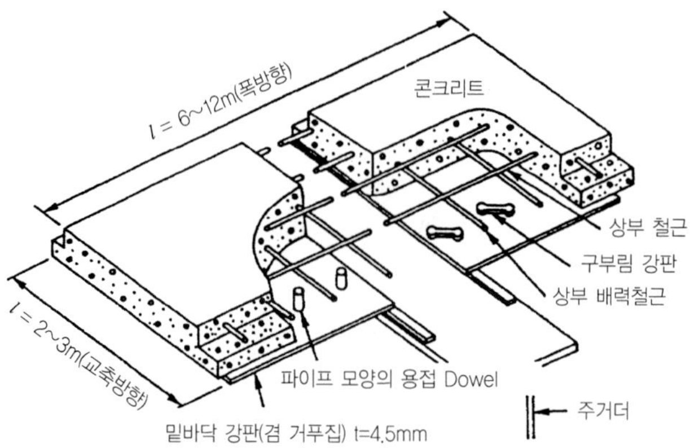

(a) 파이프 모양의 듀벨을 사용한 경우(왼쪽)　　(b) 구부림 강판의 듀벨을 사용한 경우(오른쪽)

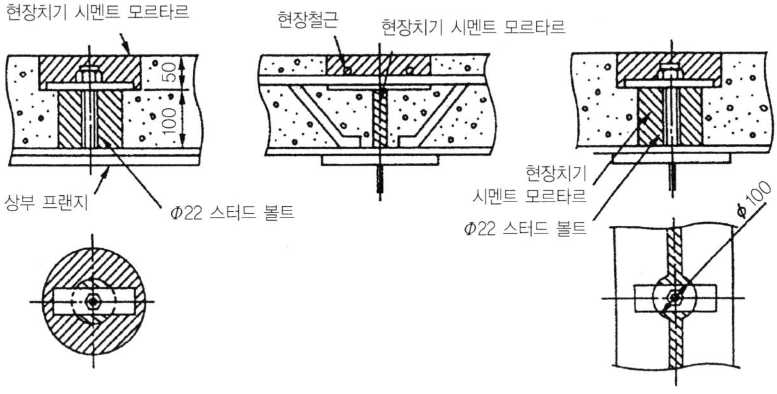

(c) 주거더 설치부의 상세

그림 2.3.4 Pipe 또는 강판 Dowel(듀벨) 합성 바닥판 구조(예)

이의 제작은 로빈슨 합성 바닥판과 거의 같으며 Pipe Dowel 합성 바닥판의 구조는 그림 2.3.4에 나타낸 바와 같다.

(5) PBL(구멍뚫인 강판) Dowel 합성 바닥판

그림 2.3.5에 나타낸 PBL Dowel 합성 바닥판은 밑면의 강판의 교축직각방향으로 띠판 용접하고 이들 철근콘크리트 바닥판의 주철근의 역할을 하도록 하고 콘크리트 타설시의 바닥판 저면 강판 보강재 기능을 하도록 하였다. 저면강판은 강도 부재로서 설계한다. 띠강판에 개구부를 설치하여 콘크리트의 타설성을 향상시키고 아래측 배력철근의 배치가 가능하도록 하였다.

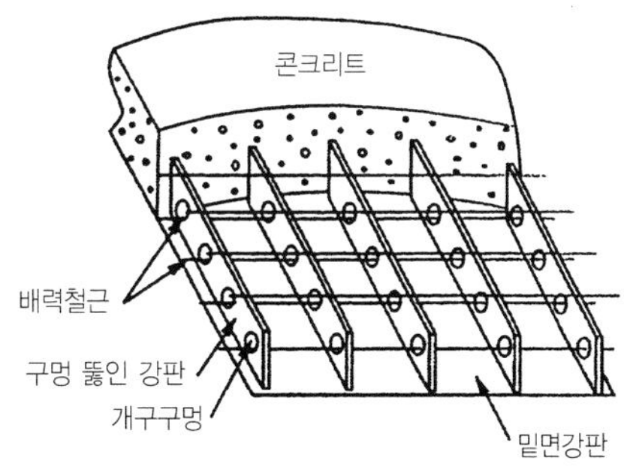

그림 2.3.5 PBL Dowel 합성 바닥판 구조(예)

이 형식은 강판콘크리트 합성 바닥판에서 적용 예가 많은 형식 중의 하나이다.

(6) Truss형 Dowel 합성 바닥판

그림 2.3.6에 나타낸 Truss형 Dowel 합성 바닥판은 띠강판을 파형으로 절곡시켜 Truss 사재를 만들어 밑면강판에 용접하고 그 트러스 사재 위에 트러스 현재를 띠강으로 용접한 후에 콘크리트를 타설하여 만든 바닥판이다. 밑면 강판은 강도부재로 설계하고 트러스 사재는 바닥판의 전단보강 부재로서 기능을 하고 있다.

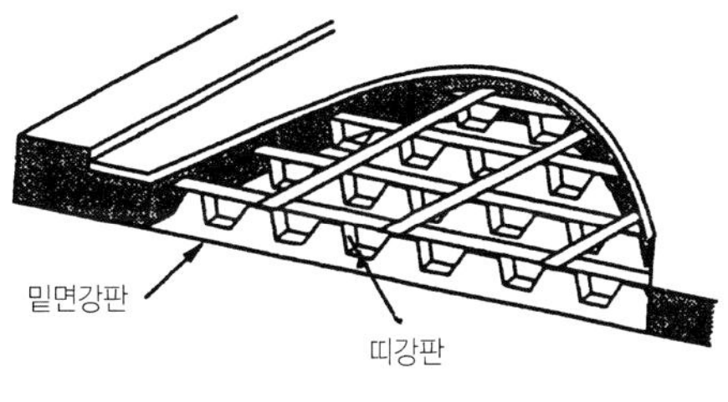

그림 2.3.6 Truss 형 Dowel 합성바닥판 구조(예)

강판 콘크리트 합성 바닥판 중에서 적용 예가 많은 것 중에 하나이다. Truss 형 Dowel을 입체 Truss 구조로 한다.

(7) Truss 철근 보강 합성 바닥판

Truss 철근 보강 합성 바닥판은 기계가공 제조한 입체 Truss 철근을 밑면 강판에 용접으로 붙인다. Truss 철근 상면에 철근콘크리트 바닥판의 상면철근과 같이 격자형으로 주철근과 배력철근을 배치한 후, 콘크리트를 타설하여 바닥판을 만든다.

밑면 강판은 강도부재로 설계하고, Truss 사재는 판의 전단보강 부재로서 기능을 하도록 한다. 강판 콘크리트 구조 합성 바닥판에서 적용사례가 많다.

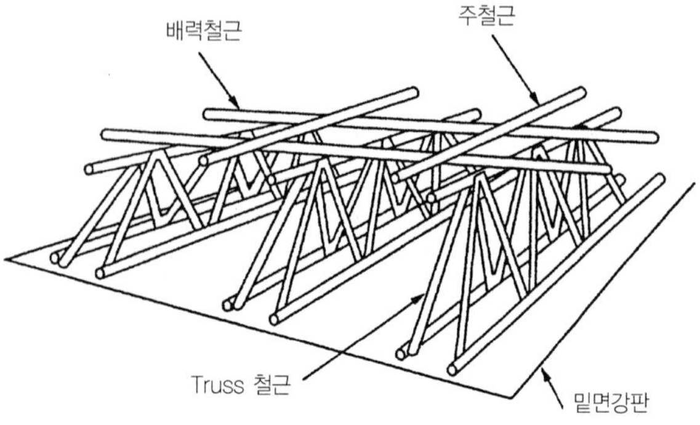

그림 2.3.7 Truss 철근보강 합성 바닥판의 구조(예)

(8) sandwich 구조합성 바닥판

sandwich 구조 합성 바닥판은 바닥판의 상 · 하면에 강판을 가지고 강막안에는 콘크리트를 충진하여 강막은 강도부재로 설계한다. 본형식은 콘크리트가 강막으로 밀폐되어 있으므로 물의 침투가 안되고 또한 콘크리트 자체의 creep 및 건조수축의 영향이 적은 이점이 있다.

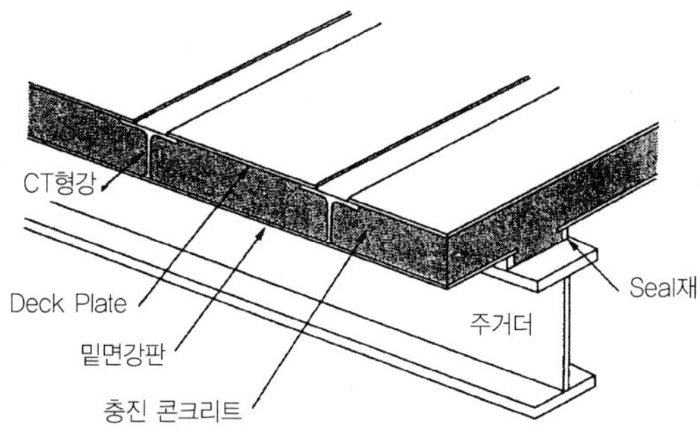

그림 2.3.8 sandwich 구조 합성 바닥판의 구조(예)

2.4 강바닥판(Orthotrpic Steel Plate Deck)

2.4.1 강바닥판 구조의 개요

강바닥판은 철근콘크리트 바닥판에 비하여 고정하중이 1/2~1/3 정도 적다. 주로 장대지간 교량에 적용하면은 강바닥판의 특징을 발휘한다. 최근에는 중소지간의 교량에 적용하는 경우가 있으며, 이는 상부구조 높이를 극단적으로 제한하는 경우, 지반조건 및 시공시의 제약 때문에 고정하중의 저감이 요구되는 경우에 강바닥판 구조를 적용한다. 그림 2.4.1은 강바닥판의 예를 나타낸 것이며 일반적으로 바닥판을 바닥틀과 주거더의 일부분으로 구성하므로 바닥판에 작용하는 하중을 지지하는 기능(이것을 바닥판 작용이라고 한다.)과 동시에 거더의 Flange 일부로서 거더작용에도 협력하는 기능을 갖고 있다. 강바닥판을 트러스, 아치 및 현수교와 같은 교량에서는 고정하중 경감 및 상부구조의 높이를 낮게 요구하는 주구조와 협동하지 않고 단지 바닥판 구조로만 사용한 예이다.

강바닥판과 콘크리트계 바닥판은 크게 다르며 이는 이방성판과 등방성판으로 차이가 있고 활하중이 점하는 비율에서 강바닥판이 크고, 강판의 국부적인 변형에 있어서는 콘크리트계 바닥판은 일반적으로 등방성 판으로 취급하는데 대하여 강바닥판은 가로 · 세로의 강성이 다른 다수의 리브(Rib)가 배치되어 있어 이방성 판으로 취급하고, 단면적 및 변형을 계산한다. 또한 자동차가 주행할 때 발생하는 반복 응력이 크다. 그래서 강바닥판의 피로파괴에 대한 안전성을 조사할 필요가 있어 도로교설계기준에서 강바닥판에 대한 허용응력도를 규정하고 있다.

더욱이 윤하중을 직접 지지하고 있으므로 구조 Detail에서 피로에 강한 구조가 요구되고 Detail에 대한 규정을 하였다.

강바닥판은 Deck Plate가 가로 · 세로의 강성이 다른 다수의 리브에 지지하고 있으므로 윤하중에 의한 국부변형이 포장의 내구성에 영향을 무시하여서는 안되며 방수 및 포장에 대하여 주의할 필요가 있다.

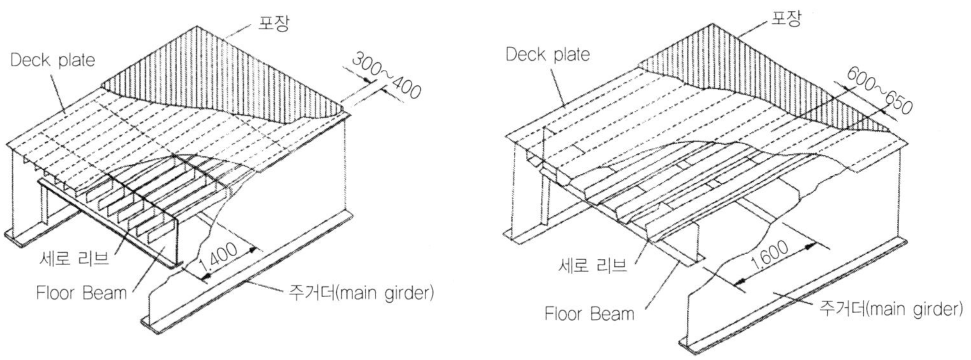

(a) 비틀림에 약한 개단면 세로리브를 이용한 강상판 (b) 비틀림에 강한 폐단면 세로리브를 이용한 강상판

그림 2.4.1 세로 Rib를 이용한 강바닥판

(1) 특징

① 철근콘크리트 바닥판에 비교하여 자중이 1/2~1/3 경감하여 장지간의 교량에 적용이 유리한 면이 있다.

② 강바닥은 단순바닥판, 바닥틀의 거더로서 주거더, 가로거더(가로보)의 상부 Flange의 기능을 동시에 하고 있다.

③ 기타 구조에서 철근콘크리트 바닥판의 두께가 상당부분 차지하므로 거더가 높은데 반하여 거더의 높이를 낮게 할 수 있으므로 거더의 높이 제한을 엄격히 받는 경우에 유리하다.

④ 큰 극한 내력을 갖는다.

⑤ 적용 범위가 넓다.

(2) 강바닥판의 세로 리브의 종류

강바닥판은 그림 2.4.1에 나타낸 것처럼 Deck Plate를 교축방향과 교축직각방향으로 배치한 보강재를 이용한 보강한 바닥판이다. 가로방향으로 배치된 Beam을 가로 Rib 또는 Floor Beam이라 한다.

가로 Rib 단면이 다른 경우, 큰 단면의 것을 특히 가로 거더 또는 Floor Beam이라고 하는 경우가 있다.

강바닥판의 세로 Rib(Longitudal Rib)로서 그림 2.4.2에 나타낸 비틀림(Torsion) 저항이 적은 개단면 Rib와 비틀림 저항이 큰 폐단면 Rib(Through Rib)가 있다.

(a) 개단면 리브

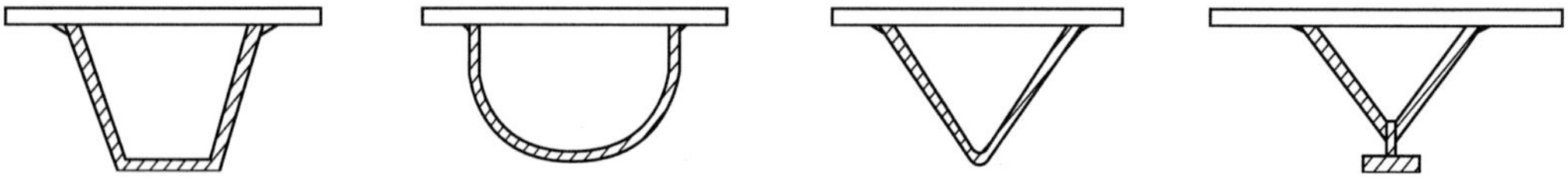

(b) 폐단면 리브 (Through Rib)

그림 2.4.2 세로 리브의 종류(Through Rib)

강바닥에 대한 개단면 Rib의 일반적인 특징은 다음과 같다.

1) 장점

(a) Rib 제작에 강판의 절단작업이 적고 휨가공이 필요하지 않다.
(b) 가로Rib와의 교차부에 대한 가로Rib의 Web에서 Notch를 일반적으로 작게 해결할 수 있다.
(c) 조립작업이 쉽다.
(d) 현장이음의 구조, 시공도 간단하다.
(e) 유지보수가 용이하다.

2) 단점

(a) Deck Plate와의 접합 용접 길이는 폐단면 Rib의 경우 거의 2배이다.
(b) 가로 Rib의 간격이 좁아서 세로 Rib와 가로 Rib의 교차부 수가 많아진다.
(c) 용접에 따른 Deck Plate의 변형이 폐단면 Rib의 경우보다 크다.
(d) 비틀림 강성이 작으므로 바닥판으로서의 변형도 폐단면에 비하여 약간 크다.
(e) 도장면적이 폐단면 Rib보다 넓다.
(f) 축방향 압축력에 대한 안전성도 폐단면 Rib의 경우보다 뒤떨어진다.

폐단면 Rib의 장·단점은 일반적으로 위의 기술한 개단면 Rib의 경우와 거의 반대의 관계가 된다.

2.4.2 강바닥판 구조

(1) 강바닥판의 최소 두께

바닥판의 최소두께 t(mm)는 다음 식으로 구한 값 이상이어야 한다.
(도로교 설계기준, 강도로교 상세부 설계지침)

- 차도부분 : $t = 0.043b$ 다만 $t \geqq 14$mm
- 주거더로서의 작용 일부를 받는 보도부 : $t = 0.025b$ 다만 $t \geqq 10$mm 〈2.4.1〉

여기서, b : 세로 Rib의 간격 mm

(2) 세로 Rib(종 Rib)의 단면 및 구조

1) 세로 Rib의 적용성

① 차도부에서 세로 Rib는 원칙적으로 폐단면을 사용하는 것을 원칙으로 한다. 그러나 보도부 등에서는 개단면을 사용할 수 있다.

② 세로 Rib의 최소 두께는 개단면의 경우 8mm, 폐단면의 경우 6mm로 한다.

③ 강바닥판의 세로 Rib는 폐단면의 원칙으로 하나 곡선교의 경우나 교량폭원이 변하는 경우에 부분적으로 개단면 Rib를 사용해도 좋다. 또한 곡선 반경 R=300m 정도가 되면 폐단면 Rib의 휨 가공이 곤란하기 때문에 Bulb Plat 등의 개단면 Rib를 사용하여야 좋다.

④ 강바닥판 단부는 단부 세로 Rib의 단면력 증가 등을 고려하여 충분한 보강이 이루어져야 한다.

2) 세로 리브(Rib) 단면

① 폐단면 리브 단면 특성치

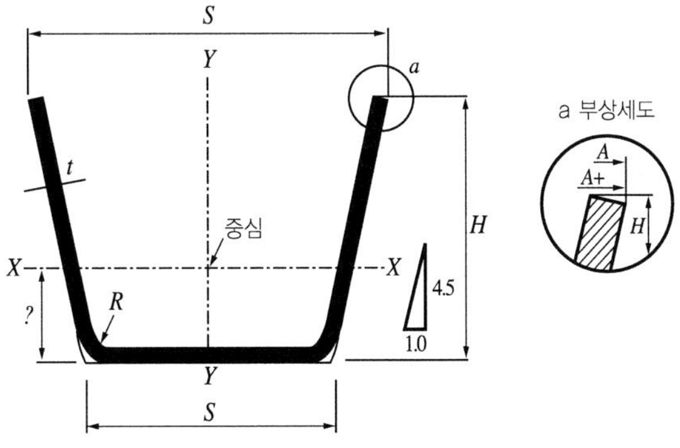

여기서,
$300 \leq A \leq 340$ mm
$B = A-2H/4.5$
$6 \leq t \leq 8$ mm
$R \geq 5$t

그림 2.4.3 Through Rib(u자형 리브) 단면도(u형 보강재)

⊙ 표 2.4.1 u형 리브 단면 특성치

보강재 종류	치수(mm)						단면적 (㎠)	단위 중량 (kgf/m)	단면성능	
	A	A'	B	H	t	R			중심 위치 (㎝)	단면2차 모멘트 (cm^4)
320.0×240×6-40	320.0	319.4	213.3	240	6	40	40.26	31.6	8.86	2,460
320.0×260×6-40	320.0	319.4	204.4	260	6	40	42.19	33.1	9.91	3,011
324.1×242×8-40	324.1	323.3	216.5	242	8	40	53.90	42.3	8.99	3,315
324.1×262×8-40	324.1	323.3	207.7	262	8	40	56.47	44.3	10.03	4,055
340.0×260×8-40	340.0	339.2	224.4	260	8	40	57.48	45.1	9.71	4,092
304.1×222×8-40	304.1	303.3	205.5	222	8	40	49.73	39.0	8.21	2,563
304.1×260×8-40	304.1	303.6	205.5	260	8	40	55.55	43.6	8.21	3,928
340.0×260×9-40	340.0	339.1	224.4	260	9	40	64.46	50.6	9.75	4,566

② 개단면 리브의 단면 특성치

(a) Bulb Plate 치수 (b) 부등변 ㄱ형강(Inverted Angle) 치수

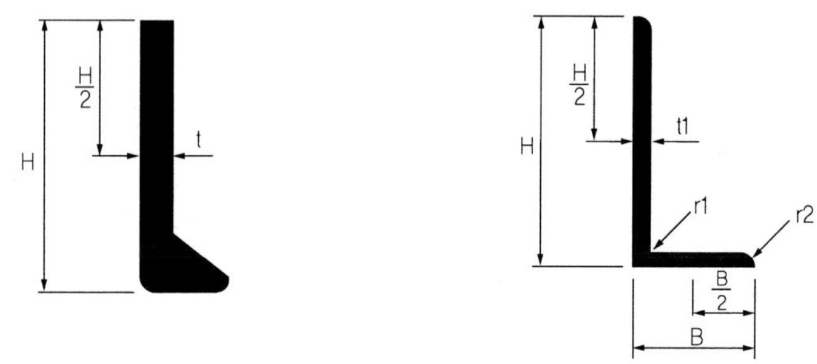

(a) Bulb Plate 단면도 (b) 부등변 ㄱ형강 단면도

그림 2.4.4 개단면 리브 단면도

⊙ 표 2.4.2 Bulb Plate 단면 특성치

(ks D 3502)

표준단면치수				단위중량	단면적	무게중심	
H×B	t	r_1	r_2	W	A	Cx	Cy
180×23	9.5	7	2	16.5	21.06	7.49	0.746
200×26.5	10	8	2	19.8	25.23	8.16	0.834
230×30	11	9	2	25.1	31.98	9.36	0.927
250×33	12	10	2	29.9	38.13	10.1	1.02

단면2차 모멘트 (cm^4)				단면2차 모멘트 (cm^4)				Tan α	단면계수 (cm^3)	
Ix	Iy	max Iu	min Iv	ix	iy	max iu	min iv		Zx	Zy
671	9.48	673	7.34	5.64	0.671	5.65	0.591	0.0568	63.8	3.79
997	15.1	1,000	11.4	6.29	0.773	6.30	0.672	0.0611	84.2	5.35
1,680	24.2	1,680	18.3	7.24	0.870	7.25	0.755	0.0599	123	7.62
2,360	35.2	2,370	26.4	7.87	0.960	7.88	0.832	0.0612	159	10.1

⊙ 표 2.4.3 부등변 ㄱ형강 단면 특성치 (ks D 3502)

표준단면치수				단위중량	단면적	무게중심	
H×B	t	r_1	r_2	kg/m	cm^4	Cx	Cy
200× 90	9	14	7	23.3	29.66	6.36	2.15
200× 90	10	15	8.5	29.4	37.47	8.61	1.92
250× 90	12	16	8.5	33.7	42.95	8.99	1.89
300× 90	11	16	9.5	36.3	46.22	11.0	1.76
300× 90	13	17	9.5	41.3	52.67	11.3	1.75
350×100	12	17	11	45.3	57.74	13.0	1.87
400×100	13	18	12	53.8	68.59	15.4	1.77

단면2차 모멘트 (cm^4)				단면2차 모멘트 (cm)				Tan α	단면계수 (cm^3)	
Ix	Iy	max Iu	min Iv	ix	iy	max iu	min iv		Zx	Zy
1,210	200	1,290	125	6.39	2.60	6.58	2.05	0.263	88.7	29.2
2,440	223	2,520	147	8.08	2.44	8.20	1.98	0.182	149	31.5
2,790	238	2,870	160	8.07	2.35	8.18	1.93	0.173	174	33.5
4,370	245	4,440	168	9.72	2.30	9.80	1.90	0.136	229	33.8
4,940	259	5,020	181	9.68	2.22	9.76	1.85	0.128	265	35.8
7,440	362	7,550	251	11.3	2.50	11.4	2.05	0.124	338	44.5
11,500	388	11,600	277	12.9	2.38	13.0	2.01	0.0996	467	47.1

(c) 개단면 Rib 돌출길이

개단면 Rib 중 I형 Rib의 자유 돌출부 길이는 다음 표 2.4.4에 나타낸 값을 만족해야 한다. 다만 Bulb형 Rib의 경우는 표 2.4.2에 나타낸 돌출길이 보다 크게 취할 수 있다.

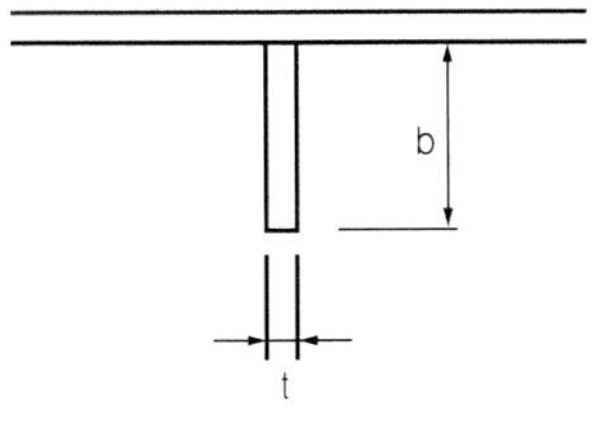

그림 2.4.5 I형 Rib의 돌출부 길이

⊙ 표 2.4.4 I형 Rib의 자유돌출부 길이

강 종	b / t	비 고
SM 400	13	
SM 490	11	
SM 490y, SM 520	10	

3) 세로 Rib의 배치

① 세로 Rib는 가로 Rib(횡 Rib)의 Web를 관통시킨 연속구조로 한다.

② 세로 Rib는 주거더(Main girder)에 평행하게 배치하는 것을 원칙으로 한다.

(a) 폐단면 Rib(u-Rib) 배치

- $275mm \leqq a_1, a_2, a_R \leqq 340mm$
- 용접일 때 : $150mm \leqq a'_1, a'_2 \leqq 250mm$
- Bolt일 때 : $190mm \leqq a'_1, a'_2 \leqq 250mm$
- $275mm \leqq a_J \leqq \ell$

여기서 ℓ = 365mm(Deck Plate의 종방향이음 방법을 고장력 Bolt 마찰이음의 경우)

ℓ = 340mm(Deck Plate의 종방향이음을 현장 용접을 하는 경우)

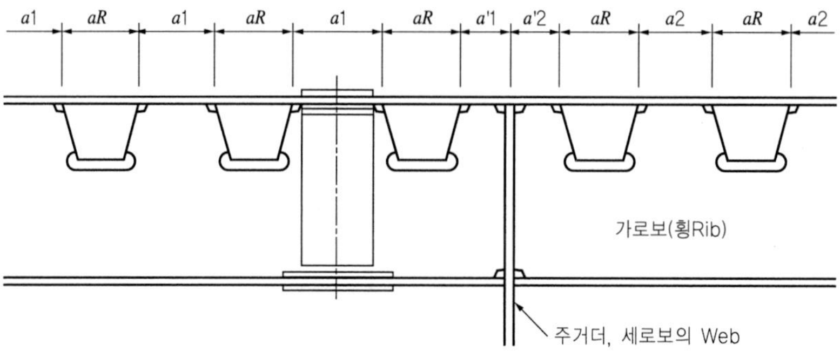

그림 2.4.6 폐단면 Rib의 배치

(b) 개단면 Rib 배치

- $305mm \leqq a_1, a_2 \leqq 340mm$
- $150mm \leqq a'_1, a'_2 \leqq 250mm$
- $305mm \leqq a_J \leqq \ell$ (ℓ은 폐단면과 동일하게 한다)

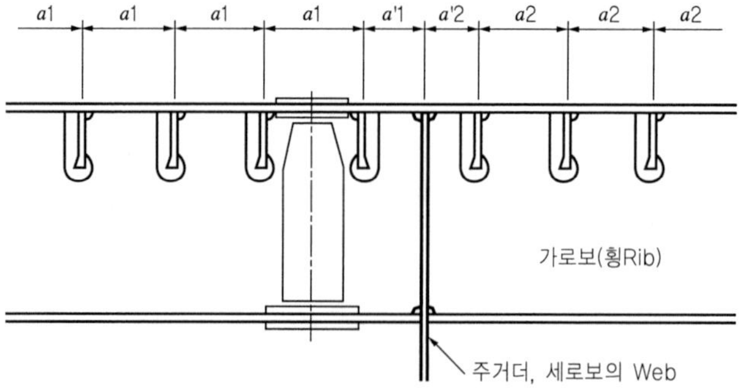

그림 2.4.7 개단면 Rib의 배치

(3) 가로 Rib(횡 Rib)

1) 가로 Rib의 구조

① 가로 Rib는 강바닥판을 상부 Flange로 하여 복부판 및 하부 Flange로 구성하는 것으로 한다.(그림 2.4.8 참조)

② 가로 Rib의 복부판은 세로부(Main Girder) 및 세로 Rib에 Fillet Welding으로 접합하고 하부 Flange는 세로보에 전단면 홈용접(Groove Welding)으로 접합하는 것으로 한다.

③ 가로 Rib는 강바닥판에 대해서 수직으로 연결하는 것을 원칙으로 한다.

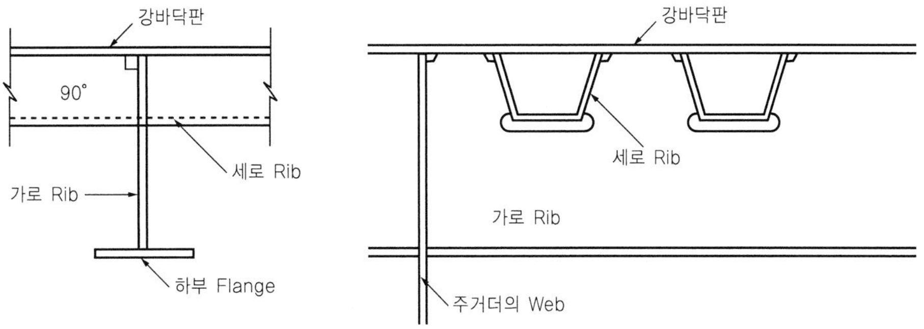

그림 2.4.8 가로Rib의 구조

2) 세로보 지점 위치의 가로 Rib

① 강바닥판은 세로 Rib와 가로 Rib를 강바닥판에 용접으로 연결한 구조이므로 용접변형이 크다. 또한 강바닥판 위에 높은 온도의 특수 아스팔트가 포설 될 경우에는 정규상태로 거치 되어 있던 강바닥판에 지금까지 구속되어 있던 용접 변형이 제거됨에 따라 솟음이 발생할 수 가 있다. 세로보가 교량받침에 작용하는 고정하중에 의한 (+)정반력이 클 때에는 이솟음에 의한 받침의 반력 변동이 작지만, 여기에서 대상으로 하는 세로보와 같이 고정하중 (+)정반력이 작을 경우에는 이 솟음에 의해서 세로보가 받침으로부터 부상할 수 있다. 이와 같은 상태를 방지하기 위하여 세로보 지점 위치에 설치되는 가로Rib는 일반부 가로Rib 보다 강성을 크게 하고 있다.

이가로Rib는 가능한 Web를 높게 하는 것이 바람직 하지만 가로Rib를 세로보에 용접할 수 있는 높이로 할 필요가 있다.

② 비합성 강바닥판에 있어서 단부지점 위치에 설치되는 가로Rib의 높이는 인접 가로Rib와의 사이에 있는 공간부의 유지관리가 용이하도록 높이를 결정한다.

다음 그림 2.4.9에 나타낸 빗금 친 부분의 유지관리가 용이하도록 가로Rib 높이를 결정하여야 한다.

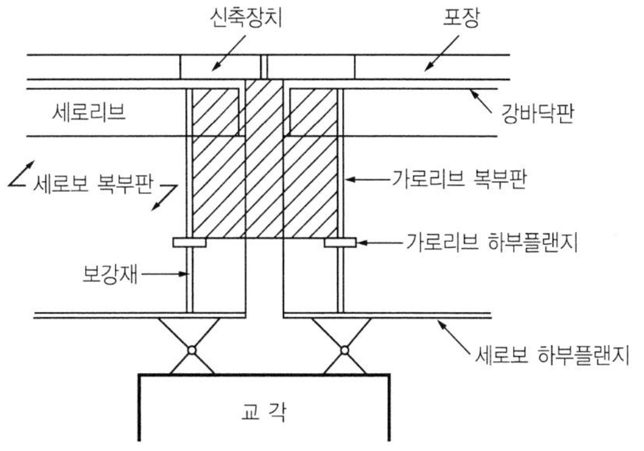

그림 2.4.9 단부 가로Rib에 의한 폐쇄부분

3) 가로 Rib의 배치

① 세로리브 위 및 세로보 위의 강바닥판에 생기는 볼록(凸) 변형은 강바닥판의 약점의 하나인 교면

포장균열의 원인이 되고, 특히 세로보 위는 포장의 강성에 관계없이 커다란 변형이 발생하므로 포장은 가능한 그 변형을 작게 하는 것이 바람직하다. 따라서, 가로리브의 간격은 될 수 있으면 좁게 하는 것이 포장에 대해 좋으므로 난간지주의 연결구조를 고려하여야 하며 도로교 설계기준에서는 가로리브 간격은 2.0~2.5m를 표준으로 한다.

그러나 상자형 구조의 합성 강바닥판에서 주거더 다이아프램이 강바닥판의 가로리브로서의 기능을 병용하는 경우 등에서 가로리브 강성이 크게 되므로 가로리브 간격을 2.5m 보다 크게 해도 강바닥판의 변형을 어느 정도 억제할 수가 있다. 따라서 이와 같이 가로리브 단면이 큰 경우에는 가로리브 간격을 크게 하는 쪽이 경제적이기 때문에 강바닥판의 변형, 세로리브의 내력, 교면 포장의 영향 등을 충분히 고려하면 가로리브 간격을 2.5m 보다 크게 할 수 있다.

② 세로리브는 보통 무한연속보로서 설계되므로 그 단부 지간에서는 일반부 보다 단면력이 크게 되고 단면이 부족하게 된다. 또한 강바닥판의 신축량에 의해서 자동차의 주행성이 나빠지고 세로리브 단부지간의 강바닥판에는 주행차량으로부터 일반부에서 생기는 이상의 충격력이 작용할 우려가 있다. 이와같은 형상에 대처하는 방법은 여러 가지가 있지만 제작상 가로리브를 많이 배치하는 방법이 유리하므로 세로리브의 단부지간에는 이 지간을 2등분하는 위치에 가로리브를 설치하는 것으로 바람직하다. 또한 이 가로리브는 일반부와 같은 정도의 단면 성능을 갖도록 하는 것이 좋다.

제Ⅱ편 강교

바닥틀 3장

⊙ 제 3 장_ 바닥틀

3.1 일반사항

바닥틀(Floor System)은 바닥판을 지지하고, 하중을 지점부로 전달시켜 주는 역할을 하는 구조계로 세로보(Stringer), 가로보(Cross Beam, Floor Beam), 주거더(Main girder) 그리고 Bracing 등으로 구성되어 있다. 그림 3.1.1은 바닥틀의 예를 보여주고 있으며 이러한 바닥틀의 형태는 설계자의 의도에 따라 다양하게 변화시킬 수 있다.

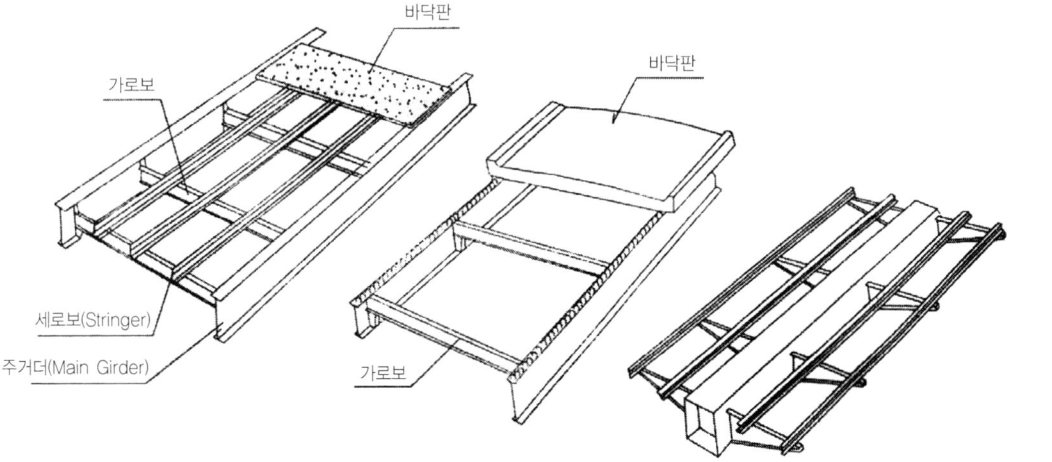

그림 3.1.1 바닥틀의 일반적인 형식의 예

(1) 바닥틀의 기능

1) 세로보(Stringer)는 주로 바다판에 직접 연결되어, 바닥판의 설계시 바닥판의 지간을 줄여주고, 바닥판에서 전달된 하중을 가로보(Floor Beam)에 전달하는 역할을 하며, 또한 거더의 일부로서의 역할도 하게 된다.
2) 가로보는 주로 주거더와 주거더 사이을 연결하는 부재로, 하중의 횡분배를 원활하게 해주는 역할을 하며, 또한 거더사이에 세로보가 있는 경우 세로보를 지지하는 역할을 한다. 일반적으로 가로보는 바닥판과 떨어져 있으나, 거더 간격이 넓은 경우 차량하중에 의한 휨모멘트의 증가로 바닥판의 두께가 커지는 것을 막기 위하여 바닥판을 직접 지지하기도 한다.

3) 세로보와 가로보가 모두 바닥판과 붙어 있는 격자형 바닥틀을 이루는 경우 도 있는데, 이는 주로 프리캐스트 바닥판을 시공하는데 적합한 바닥틀이다.

(2) 바닥틀 형식 선정시 고려사항

1) 도로교의 바닥틀로서는 내구성이 우수하고 미끄럼 저항이 있어 평평한 표면이 얻어지는 콘크리트 바닥틀과 강제 바닥틀이 많이 적용된다.
2) 바닥틀을 시공하는데 공사기간이 중요한 요소가 되는 경우가 있다. 보통 현장치기 콘크리트 바닥판을 이용하면 그의 양생에 상당한 기간이 필요하기 때문에 공사 기간의 제한을 받는 경우에는 주의하여야 한다.
3) 바닥틀 구조의 중량경감은 교량전체 고정하중 경감에 큰 영향을 끼치며 그것이 교량 전체 재료의 절약으로 이루어진다. 따라서 장대 지간의 교량에 서는 경량 바닥틀 구조가 교량전체에 실질적인 경세성을 부여하는 것이 된다.
4) 바닥틀 구조의 기능은 거더 작용에 적합해야 한다. 보통 합성 거더교나 강바닥판 거더교에서는 그 바닥판이 주거더의 일부로서 거더 작용에 협력하여 재료의 절감에 기여하고 있다. 일반적으로 활하중에 대한 합성 효과를 기대한 설계가 행해지고 있는데, 가설 방법에 따라서는 바닥틀이 고정하중의 영향을 받는 경우가 있다. 특히 장대 지간 교량에서는 고정하중이 전체 설계하중 중에서 차지하는 비율이 크기 때문에 바닥틀의 합성작용을 계획적으로 피하는 것이 필요한 경우도 있다. 이와 같은 경우에는 비합성 구조가 되는 점을 주의해야 한다.

3.2 바닥틀 구조

(1) 바닥틀의 기능에 의한 분류

1) 바닥틀의 구조 기능에 따라 비합성 바닥틀과 합성 바닥틀로 구분한다. 합성바닥틀이라는 것은 바닥판의 일부가 바닥틀의 부재의 일부로 작용하는 것으로서 합성거더교, 강바닥판교의 바닥틀은 일반적으로 여기에 소한다. 실제로 I-형 거더교, 박스거더교에서 Stringer, Floor Beam은 비합성으로 설계하는 예가 많다.
2) 바닥틀의 자중의 크기에 따라 중량바닥틀과 경량바닥틀로 구분된다. 중량바닥틀은 교량의 바닥판이 철근콘크리트인 경우가 여기에 속하며, 경량 바닥틀의 대표적인 예는 강바닥판을 이용한 바닥틀 구조가 여기에 속하며, 오픈그레팅이나 I형강, 격자 바닥판을 이용한 것도 철근콘크리트 바닥판을 이용한 것 보다 가벼우므로 여기에 포함하는 경우도 있다.

(2) 바닥판 구조의 형상 및 적용성

1) 세로보(Stringer)

① 세로보의 단면형상은 일반적으로 I-형, H-형을 사용한다. 구조적으로는 연속구조가 되도록 계획하여야 한다.

② 세로보의 간격은 철근콘크리트 바닥판으로 교량면을 계획하는 경우「도로교 설계기준의 바닥판」에서 규정하고 있는 최소 두께가 되도록 간격을 조정하는 것이 바닥판의 자중을 줄여서 주거더의 단면이 적어지는 장점이 있으므로 설계자는 적당히 배치하여 간격을 결정하여야 한다.
또한 최대 간격은 3.0m를 넘지 않은 것이 바람직하다. 그러나 Precast 바닥판을 사용시 또는 교량 가설 위치의 여건상 2주거를 사용이 가능 경우에는 그러하지 않다.

③ 세로보와 가로보(Cross Beam)와의 연결방법에 따라 Stringer는 연속보형태가 되고, 격자 구조가 된다. 어느 형태를 선정하느냐는 설계자의 의도에 따라 다르나 Stringer를 Cross Beam 상부 Flange 상단에 설치하는 경우는 온도변화, 바닥판 콘크리트의 건조수축에 의해 Cross Beam에 비틀림(Torsion)이 발생하므로 설계시 여기에 대하여 검토가 따라야 한다.

④ 세로보의 지간은 6.0m 이하로 한다. 도로교에서는 세로보 높이는 지간이 1/12~1/15 정도를 하고 있다.

2) 가로보(Cross Beam, Floor Beam)

① 가로보의 단면형상은 경간 중앙부에서는 I-형 단면을 사용하고 중간 지점부에서는 교량받침 지지조건에 따라 I-형, 박스 단면을 사용한다.

② 가로보(Cross Beam)와 주거더의 연결방법 따라 가로보를 단순보로 설계하느냐, 격자 구조로 설계하느냐에 따라 다르므로 구조해석시 절점의 Boundary condition에 대하여 설계자는 검토가 따라야 한다. 가로보를 단순보로 가정하여 거더를 설계시에는 활하중에 의한 주거더간의 상대처짐에 따라 휨모멘트, 전단력이 발생하므로 여기에 대해서도 검토하여 설계에 반영 하여야 한다.

③ 가로보의 간격은 교량의 바닥판이 강 바닥판교를 제외하고는 6.0m를 초과 하지 않아야 한다.

④ 설계시 Stringer의 온도변화, 바닥판의 건조수축의 영향에 대하여 검토하여야 한다.

⑤ 가로보의 높이는 지간의 1/6~1/8이 적당하며, 주거더(Main Girder)의 간격이 좁은 경우에는 교량 지간의 1/20~1/25 정도까지 낮게 할 수 있다.
다만 주거더의 높이 1/2 이상으로 하는 것이 바람직하다.

3) 바닥틀 구조의 적용성

① 상로교의 바닥틀 구조

그림 3.2.1와 같이 2가지의 형태가 있으며, 또한 이들 구조에 Cantilever부에 Bracket를 붙이는 형상도 있다. 특별한 경우가 아니면 그림 3.2.1(b)이 형상을 적용하여 바닥틀 구조를 격자 구조로 하여 설계하고 있다.

도로교에서는 Stringer, Cross Beam과 바닥판을 완전합성으로 설계는 하지 않고 있는 실정이다. 이는 바닥판 콘크리트의 파손에 따른 교량의 위험성 때문에 하지 않은 것으로 생각된다.

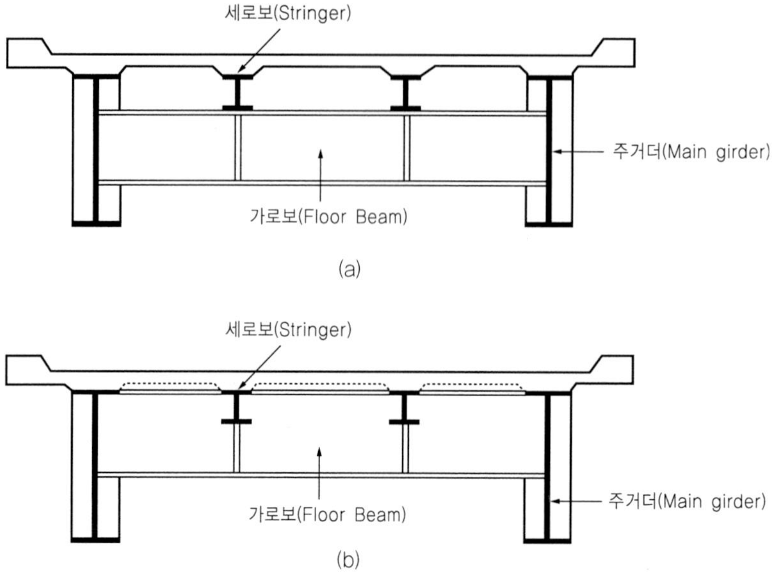

그림 3.2.1 상로교의 바닥틀 구조의 예

② 중,하로교의 바닥틀 구조

그림 3.2.2의 형상은 Truss교, Arch교, 사장교, 현수교 등에 적용하는 예가 많으며, 경우에 따라 하로 I-형 Girder교에도 적용하고 있다. 그림 3.2.2(a)의 경우는 시공성, 설계하는데 편리한 점은 있으나 주

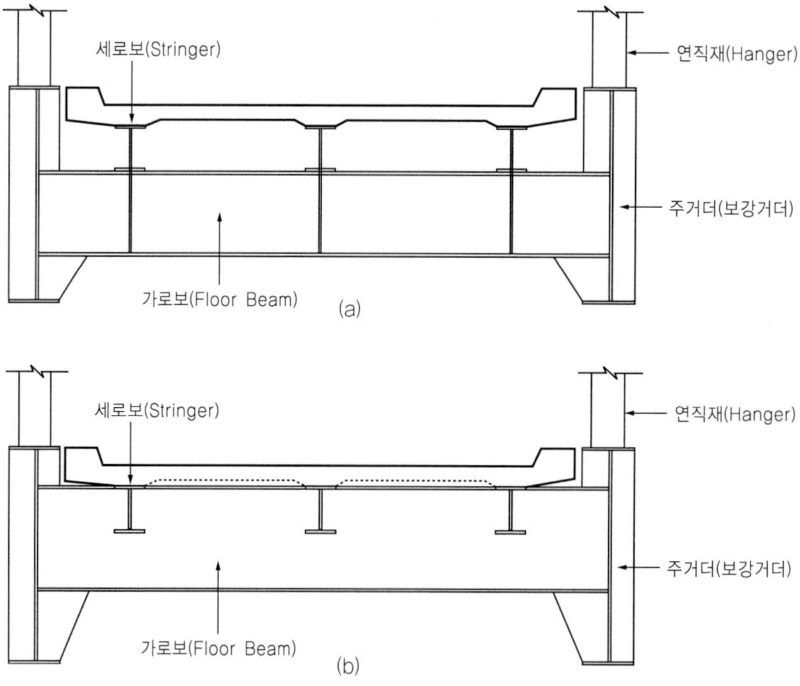

그림 3.2.2 중 · 하로교의 바닥틀 구조(예)

거더(보강형)의 불필요하게 높이가 높아지는 단점을 가지고 있고, 엄격한 다리밑 공간에 제약을 받는 경우에는 적용이 어렵다.

그림 3.2.2(b)는 (a)의 단점을 보완할 수 있으며, 시공이 번거로운 단점은 있으나 가장 많이 적용하고 있는 형식이다.

③ 하로 I-형교의 바닥틀 구조

이 형식은 도로교에서는 특별한 경우를 제외하고는 적용을 안 하는 형태이며 도로 차로 수가 2차선 정도 일 때 다리밑 높이에 제한을 받는 경우에는 추천 할 만한 형식이다.

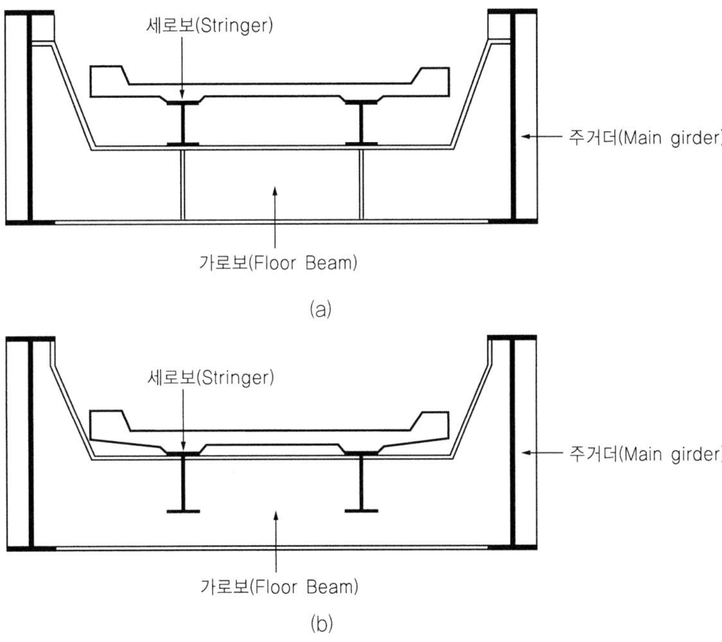

그림 3.2.3 하로 I-형교의 바닥틀 구조(예)

제Ⅱ편 강교

4장 플레이트 거더(Plate Girder) - 일반

⊙ 제 4 장_ 플레이트 거더(Plate Girder) - 일반

4.1 일반사항

플레이트 거더 교량은 강판, 형강을 용접, 볼트에 의해 조립해서 강교에서 가장 기본적인 보 형식의 I 형, 상자형의 단면을 구성하여 주로 휨모멘트와 그것에 수반되는 전단력 또는 특수한 경우에는 축력, 비틀림에 저항하는 목적과 바닥판 하부 거더(보) 구조로 하는 교량이다.

도로교에서는 일반적으로 철근콘크리트 바닥판을 강재 거더가 떠받치는 이른 바 상로형식의 플레이트 거더교가 많이 이용되어 있다.

주거더의 간격은 철근콘크리트 바닥판의 지간이 되므로 주거더간격을 크게 하면 철근콘크리트 바닥판이 두꺼워져 바닥판의 자중이 무거워진다. 또한 주거더의 간격을 좁게 해서 주거더의 개수를 늘리면 강재중량이 증가하여 비경제적이 된다. 일반적으로 철근콘크리트 바닥판의 지간은 3.0m 이하까지는 최소 바닥판 두께 220mm이므로 이에 준해서 주 거더의 간격을 정하여 설계하여 왔다.

최근에는 제 2장 강교의 바닥판에 기술한 것과 같이 바닥판의 지간을 7.3m까지 넓힐 수 있는 여러 형태 바닥판이 개발되어 실용화하고 있는 실정이다.

거더 형식의 교량은 대부분 상로형식이 많으며 바닥판은 강재 주거더 위에 떠받친 형태로 가정하여 바닥판은 판으로서 그리고 거더는 바닥판 자중 및 바닥판을 통해서 전달되는 하중에 대해 각각 독립된 구조로서 설계하는 비합성 플레이트 거더교가 있고 이에 반해서 바닥판과 강재 주거더 사이를 전단 연결재를 사용하여 서로 어긋나지 않게 연결하여 두 부재를 일체로 한 휨부재로 간주하는 상로형식의 합성 플레이트거더교가 있다.

따라서 합성교의 바닥판은 바닥판으로서의 작용은 물론, 거더의 일부(거더작용)로서 주거더의 역할을 동시에 한다.

4.1.1 주거더의 단면형상 분류

플레이트거더의 단면 형상은 일반적으로 I-형 단면, 박스형 단면 그리고 특수형 단면이 있으며 이에 대한 분류를 하면 다음과 같다.

단면 형상은 그림 4.1.1과 같다.

- 플레이트거더교
  - I-형거더교
    - 2주거더교 (a)
    - 다주거더교 (3주거더 이상) (b)
  - 박스거더교
    - 단일박스거더교 (c)
    - 다중 박스거더교 (d)
    - 다주 박스거더교 (e)
  - 특수형식
    - I-형거더와 박스거더 혼용교 (f)
    - 준박스거더교(I형과 상하부 수평브레이싱형상) (g)
    - 개단면 박스거더교 (h)
    - 역제형 개단면 박스거더교 (i)

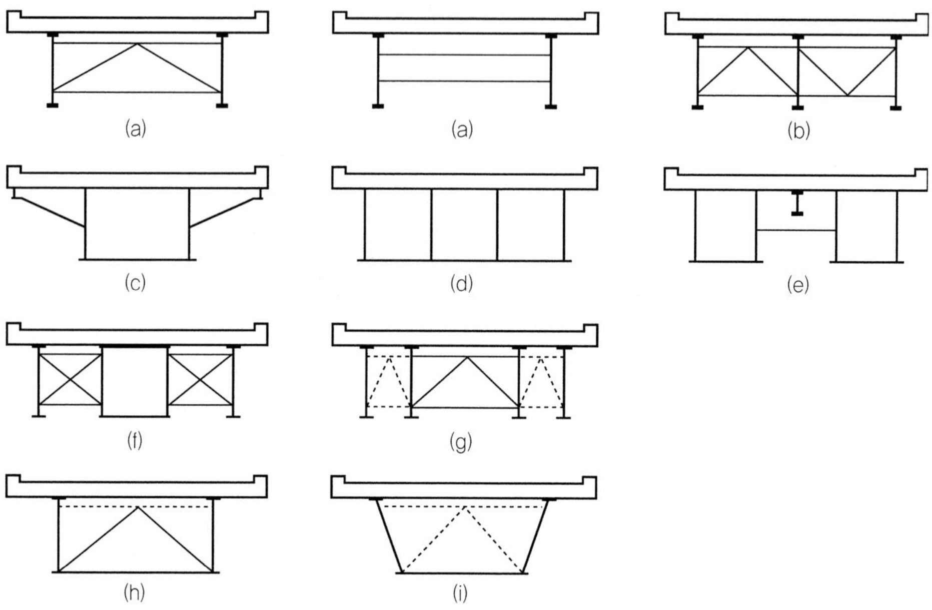

그림 4.1.1 플레이트 거더 단면 형상

(1) 2주거더교 (그림 4.1.1-(a)

2주거더교는 철근콘크리트 바닥판을 하는 경우는 교량의 폭원이 좁은 보도교, 측면도로의 소교량에 채용하는 경우가 많았다. 최근에는 교량바닥판에 대한 연구가 실용화되어 주거더 간격이 7.3m 이하의 교량에 적용하고 있어 경제적, 시공성 등에서 우수한 형식으로 새로운 개념이 도입되고 있는 실정이다.

(2) 다주거더교 (그림 4.1.1-(b)

I 형 거더교 중 다주거더교는 가장 일반적인 교량 형식으로 철근콘크리트 바닥판을 적용하는 경우는 거더 간격을 통상적으로 4.0m미만으로 하고 있으며 각 주거더의 비틀림 강성을 작게 하기 위해 곡선 교량에 곡선 I 형 거더를 채용하여 주거더 전체가 비틀림에 저항하도록 설계한다. 충분한 강도의 가로보, sway bracing을 배치하면은 수평 브레이싱을 생략할 수도 있다.

(3) 박스형 거더교 (그림 4.1.1-(c), (d), (e))

박스형 거더교량은 휨강성, 비틀림강성이 크기 때문에 장대교량과 곡선교량에 적합하다. (c)의 단일박스거더는 응력해석이 비교적 간단 명료하고, (d)의 다중박스거더교는 각실 사이의 엷은 판에 대하여 해석이 필요하며, 각 복부판의 전단력 분담율과 지점반력에 있어서는 실제와의 오차가 있을 수 있으므로 이에 대한 세심한 배려가 필요하다. (e)와 같이 바닥틀이 있는 경우는 stringer(세로보)와 박스거더의 강성의 차가 심하므로 이에 대한 배려가 필요하다.

(4) 박스형 거더와 I 형 거더의 혼용형 (그림 4.1.1-(f))

박스형 거더와 I 형거더의 혼용형은 박스형 거더와 I 형 거더의 강성의 차이가 많이 나므로 바닥판 설계시 두 거더의 상대처짐에 대하여 검토하여 바닥판 및 가로보 또는 sway bracing을 설계한다.

(5) 준박스거더교 (그림 4.1.1-(g))

준박스거더교 형식은 2개의 I 형 거더의 상하에 수평 브레이싱을 설치하여 일종의 박스형거더로 거동하도록 한 형식이다.

(6) 개단면 박스거더교 (그림 4.1.1-(h))

개단면 박스거더교는 상부 플랜지 부분을 바닥판이 대신하도록 한 것으로서 가설시는 강부재만의 상태에서는 u형 개단면이 되지만 바닥판의 콘크리트가 경화하면 완전한 폐단면 박스거더가 된다.

(7) 역제형(역사다리꼴) 개단면 박스거더교 (그림 4.1.1-(i))

역제형 개단면 박스형 거더교는 상부 플랜지 부분을 바닥판이 대신하도록 한 것으로서 가설시에 강부재만의 상태에서는 u-형 개단면 거더가 되지만 바닥판 합성후에는 강재거더와 바닥판이 합성되어 폐단면을 구성한다. 대경간을 실현할 수 있는 프리캐스트패널 합성 바닥판 또는 프리캐스트 합성 바닥판을 이용하는 경우가 많다.

4.1.2 플레이트거더의 교량형식별 적용지간

적용지간은 일반적인 I 거더교는 25m~55m 정도, I 형 2거더교는 20m~80m정도, 박스거더교는 40m~80m정도가 일반적으로 적용하고 있는 실정이다.

플레이트 거더형식의 교량설계시 적용가능지간은 다음 표 4.1.1과 같다.

⊙ 표 4.1.1 플레이트 거더의 적용지간 길이

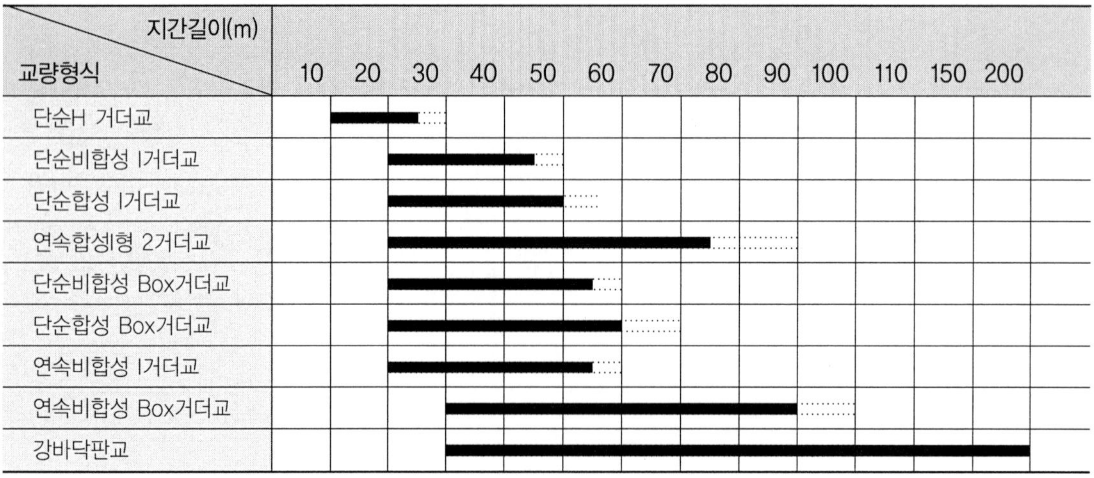

4.1.3 합성 플레이트 거더와 비합성 플레이트 거더

철근콘크리트 바닥판과 Steel Girder와의 연결상태에 따라 Slab Anchor를 사용한 연결 강도가 작은 비합성 Girder와 전단 연결재(Shear connector)를 사용한 연결강도가 큰 합성 Girder로 분류하며, 또한 합성 Girder는 Girder의 상부 Flanger와 바닥판을 합성한 것과 Girder의 상, 하부 Flange를 콘크리트 Slab와 합성할 것으로 분류할 수 있다.

철근콘크리트 바닥판과 Steel Girder를 중복하여 결합시켜 하중이 작용했을 때 그림 4.1.2(b)와 같이 girder와 바닥판에 변형이 발생한다. 그러나 콘크리트 바닥판과 Steel Girder 사이에 엇갈림 방지재를 사용하면은 양자가 일체가 되어 Girder의 변형(c)이 되어 큰 휨강성을 얻을 수 있다.

콘크리트는 압축강도가 크며, 인장강도는 작고, 강재는 인장강도가 크므로 단순교의 경우, 철근콘크리트

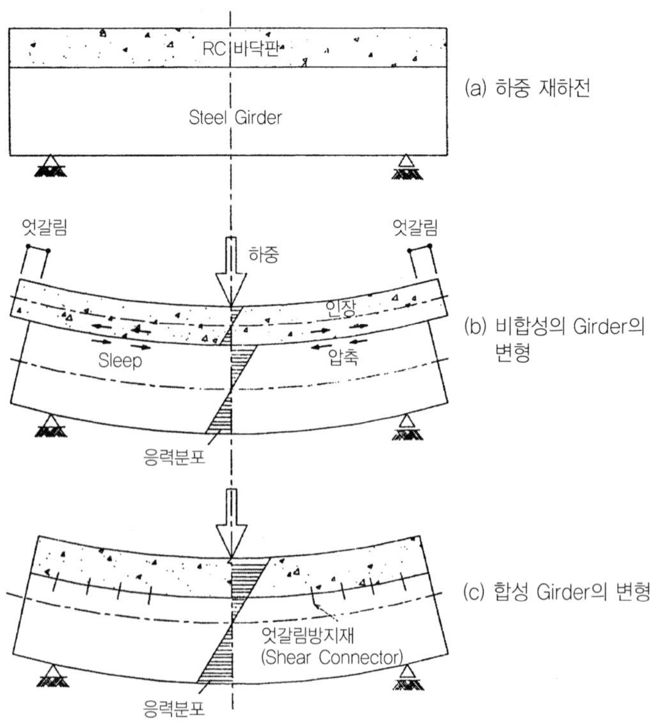

그림 4.1.2 Girder교의 휨변형

바닥판은 상부측 압축응력, Steel Girder의 하부측은 인장응력 상태가 되므로 철근콘크리트 바닥판과 Steel Girder의 합성은 재료의 특징을 유효하게 활용한 것이다.

4.2 합성거더

4.2.1 합성거더의 특징

합성거더는 강거더와 콘크리트 바닥판을 전단연결재로 연결하여 일체구조화 한 거더로서 주거더에 작용하는 단면력에 대하여 강거더와 콘크리트 바닥판이 합성한 단면으로 저항하여 강재단면이 적어져 경제적이지만 콘크리트의 creep · 건조수축 및 강거더와 바닥판과의 온도차에 따른 합성거더 특유의 내부응력을 받아 거동하게 된다. 또한 시공시기에 따라 저항단면(단면상수)이 변화하는 것이 큰 특징이다. 아래에 I 거더교와 박스거더교의 특징 및 단순거더와 연속거더의 특징에 대하여 기술한다.

(1) I 거더교

I 형 단면거더는 바닥판 콘크리트와 합성하지 않은 상태에서는 강성이 적으므로 각 시공단계에서 좌굴에 대한 검토가 항상 필요하다. 특히 강합성 거더에서는 바닥판 콘크리트가 주거더 상부 Flange 단면의 일부로서 거동하게 되므로 강거더 상부 Flange의 단면적이 적어진다. 이에 대해서 가설시 상부 Flange에 압축력이 작용하는 경우에는 좌굴에 대하여 배려가 특히 필요하다. 또한 주거더의 강성이 적으므로 주거더의 본수가 3본 이상의 경우, 하중을 횡분배하는 가로보의 설계가 필요하다. 그러나 2주거더교에서는 가로보를 설치하여도 하중분배효과는 별로 없다.

(2) 박스거더교

다음 그림 4.1.3에 나타낸 폐단면의 경우, 강거더의 비틀림강성이 커서 각 시공단계에 따른 거더의 좌굴에 대하여 안전율이 충분히 확보되어 있다. 그러나 Flange 두께를 결정할 때에 판의 좌굴에 대하여 안전율을 확보할 필요가 있다. 박스거더는 경제적인 면에서는 I 거더보다 불리하다. 이러한 점에서 합성거더의 이점(강거더의 상부 Flange 단면적을 줄일 수 있는 방법)을 충분히 활용 못하는 단면이다. 그

(a) 폐단면

(b) 개단면

그림 4.2.1 합성 박스거더 단면의 종류

러나 비틀림 강성이 커서 곡선교에 대응한다거나 2주거더의 하중분배를 기대하지 않은 경우에는 큰 Flange 단면을 가지게 하여 외관을 좋게 할 수 있는 특징이 있다.

이에 반하여 개단면의 경우에는 폐단면 보다 강거더 단면적을 적게 할 수 있는 이점이 있고 바닥판 콘크리트와 합성하기 전까지는 I 거더처럼 강성이 적으므로 좌굴에 대한 안전율이 저하한다. 이러한 점 때문에 거더에 상부 수평 브레이싱을 배치하여 박스거더에 가까운 효과를 내어서 강성을 높게 하고 좌굴 안전율을 확보한다. 특히 역사다리꼴 박스거더의 경우 거더 직각방향으로 수평방향 분력이 작용하므로 시공시에는 이에 대한 신중한 배려가 필요하다.

(3) 단순거더교

일반적으로 단순교에서는 하중이 재하시에는 상면에는 압축응력, 하면에는 인장응력이 발생한다. 합성거더에서는 이 압축응력을 주로 콘크리트 바닥판이 받게 되고 인장응력은 강거더의 하부 Flange가 받는 것으로 여겨진다. 단순거더교에서는 바닥판 콘크리트가 압축응력을 받게 되므로 콘크리트의 인장에 대하여 특별히 배려할 필요가 없다.

또한 단순합성거더는 가설시의 거더를 지지하는 지보공의 철거시기에 따라 활하중 합성거더와 고정하중 합성거더로 구분한다. 현재 한국에서 적용하는 합성거더는 모두 단순 활하중 합성거더이다.

(4) 연속거더교

연속 합성거더교는 중간지점부의 부휨모멘트가 바닥판에 작용하게 되어 바닥판의 인장응력에 대한 대처법이 문제이고, 바닥판 콘크리트에 유해한 균열이 발생하는 것을 방지하지 않으면 안된다.

또한 가설시에는 단순거더보다 시공관리가 복잡하고 강거더를 먼저 가설하게 되므로 그의 응력분포는 가설하는 방법에 따라 근본적으로 정해진다. 그에 따른 연속 합성거더는 부휨모멘트에 대한 대처법 및 creep · 건조수축의 취급이 더해져 시공관리를 번잡하게 만들지만 공용시에는 주행성, 내진성 및 미관이 우수한 교량이 된다.

4.2.2 합성거더의 종류

합성거더는 다음과 같이 분류한다.

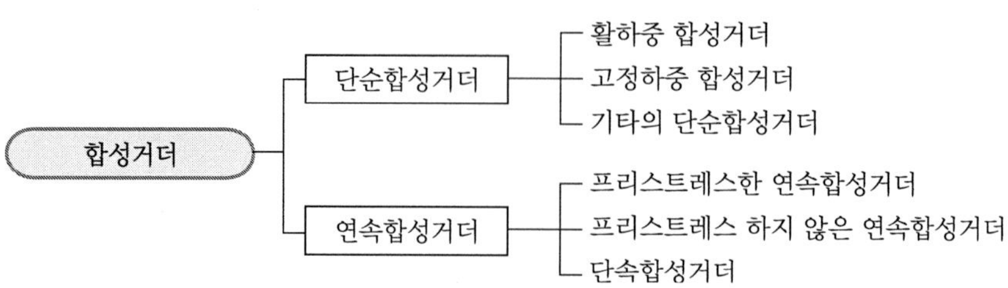

(1) 활하중 합성거더

강거더의 가설을 완료한 후 지보공을 철거한 후에 거더가 교량받침에 의하여 지지한 상태에서 바닥판 콘크리트를 타설하여 경화시켜 합성형을 만든 것을 말한다.

일반적으로 단순 합성거더라고 부르는 형식은 대체적으로 활하중 합성거더이다.

시공순서에 따라 강거더자중, 바닥판 중량, 바닥판 콘크리트 타설을 위한 거푸집과 동바리의 중량은 강거더가 저항하고 바닥판 콘크리트가 경화하여 강거더와 일체가 된 후에 작용하는 고정하중 즉 포장, 연석, 난간과 활하중은 강과 콘크리트의 합성단면이 저항한다. 거푸집과 동바리는 바닥판 콘크리트가 경화후에 철거하게 되므로 합성단면에서는 부(−)의 재하여하여야 한다.

(2) 고정하중 합성거더

강거더의 가설시 거더양단의 교량받침의 중간에 적당한 간격으로 동바리를 설치하여 바닥판 콘크리트를 타설하여 바닥판 콘크리트가 경화하여 합성효과가 기대되었을 때 중간의 동바리를 제거하는 공법이다. 이 경우에 고정하중과 활하중에 대하여 합성단면이 저항하고 있으므로 활하중 합성거더의 경우에 사용하는 강재보다 적은 량이 필요하게 되어 경제적인 교량을 건설할 수는 있다. 그러나 고정하중 합성거더는 시공중에 동바리 침하에 대한 영향 및 콘크리트 경하전의 침하는 강거더에 과응력이 발생하는 불안전한 점이 있다. 그러므로 시공조건이 엄격하고 교량 높이가 높은 경우에는 강재절약 이상의 가설비가 요구되므로 현재 한국에서는 고정하중 합성거더로 설계 시공한 실적이 없다.

(3) 기타의 단순 합성거더

1) 강거더에 미리 변형을 시켜 콘크리트를 타설하여 경화시킨 prefab 합성거더
2) 강거더 하부 Flange에 프리스트레스 강재를 설치하여 하부 Flange에 압축응력을 발생하도록 하는 합성거더
3) 2경간 이상의 합성거더가 연이어 있는 경우에 바닥판 콘크리트가 경화하려는 중에 일시적으로 강거더를 연속시켜서 경화가 완료되면 지점위의 강거더를 절단하여 단순 합성거더처럼 만든 단절 합성거더

(4) 프리스트레스를 한 연속 합성거더

연속거더의 중간 지점 위 부근에 부휨모멘트가 작용하여 바닥판 콘크리트에 인장응력이 발생한다. 이와 같은 형식의 합성거더에 적당한 방법으로 바닥판 콘크리트에 압축응력이 발생하도록하여 바닥판 내에 인장력이 발생하지 않도록 시공을 한다.

바닥판 콘크리트에 압축력을 도입하는 데는 다음의 방법을 사용하고 있다.

㉠ 강 연속거더를 중간지점을 높게 설치하고 바닥판 콘크리트가 경화 후에 하강하여 중간지점 부근의 바닥판 콘크리트에 압축력을 주는 방법

㉡ 바닥판 내에 배치한 PS강재를 사용하여 강재 양단의 정착부에서 긴장하여 바닥판에 압축력을 주는 방법

㉢ 양자를 병용하는 방법을 사용하고 있다.

(3)의 방법으로 프리스트레스를 주는 경우의 시공순서는 그림 4.2.2와 같다. 그림 4.2.2에서 보이는 것처럼 설계계산이 복잡하여지며 가설현장에서 응력조정과 그의 관리가 대단히 번잡하여 설계치의 재현이 곤란한 결점이 있다.

최근에는 내구력이 높고 바닥판 두께가 큰 바닥판을 적극적으로 연속거더에 활용하여 경제성을 추구하는 방향으로 실적이 많아지는 실정이다.

이에 따른 과제는 도입하는 프리스트레스의 량이다. 도입하는 량은 아래의 3가지 방법을 기본으로 하여 결정한다.

① 바닥판 내에 인장력이 발생하지 않도록 도입량

② 바닥판의 균열이 발생한계에서 도입량

③ 규정하고 있는 균열폭을 허용하는 도입량

따라서 고정하중 상태에서 ①을 고려하여 바닥판에 필요한 압축구역에 따라 고정 하중상테에서 어느 정도의 인장력이 작용하도록 허용하는 구조로 설계하는 예가 증가하는 추세이다. 또한 바닥판 콘크리트에 인장응력이 발생하는 ②와 ③의 경우에 대하여 최소 철근량은 아래의 식으로 구한다. 이는 전 인장력을 철근이 받도록 하는 것이다.

$$As = Tc \,/\, fsa$$

여기서, As = 교축방향 철근 단면적(㎟)

Tc = 바닥판에 작용하는 전인장력(N)

fsa = 철근의 허용인장응력도(N/㎟)

(5) 프리스트레스를 하지 않은 연속합성거더

이 형식에서는 프리스트레스를 하지 않고 중간 지점부근의 바닥판에서 인장력이 작용하지 않는다. 바닥판 콘크리트의 인장저항력을 설계계산상 기대하지 않는다. 따라서 콘크리트를 무시하고 바닥판 내에 배치되어 있는 교축방향 철근과 합성작용하는 것으로 철근을 주거더 단면에 넣어 설계를 한다.

콘크리트는 인장력을 받게 되면 균열이 발생한다. 강거더와 철근과의 한단면으로 결합한 역할을 한다. 따라서 전단 연결재를 교량 전길이에 배치하고 콘크리트 균열에 대한 처리는 설계단계에서 특히 세심한 배려가 필요하다.

도로교 설계기준에서는 콘크리트의 단면을 무시하고 균열을 허용하는 형식의 경우에는 이 균열이 주행작용 및 바닥판 작용에 유해한 것이어서는 안되며 아래와 같은 규정을 설정하였다.

1) 교축방향의 최소 철근량은 콘크리트 단면적의 2%이상

2) 그 철근의 주장률은 0.045cm/cm² 이상으로 하면 좋다.

3경간 연속합성거더 가설순서	휨모멘트	전단력
(1) 강거더 자중에 의한 응력 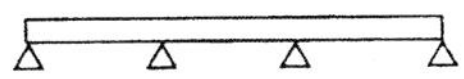	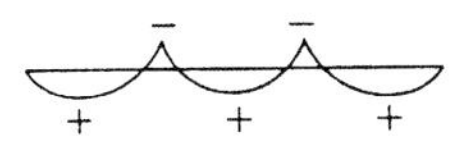	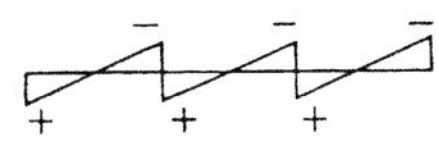
(2) 강거더 중간지점 올림에 의한 응력 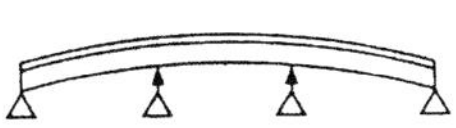	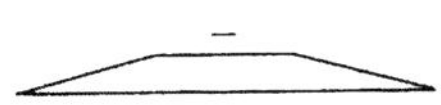	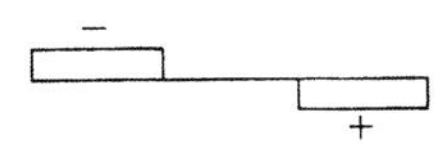
(3) 바닥판 콘크리트 타설에 의한 응력 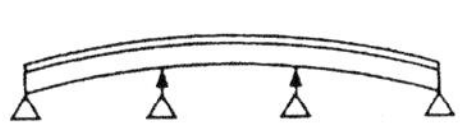	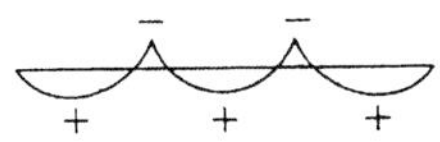	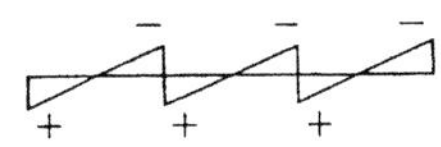
(4) 중간지점부 내림에 의한 응력(t=0) (4) 중간지점 내림에 의한 응력(t=∞) 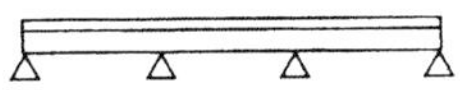	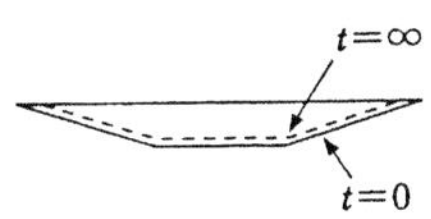 	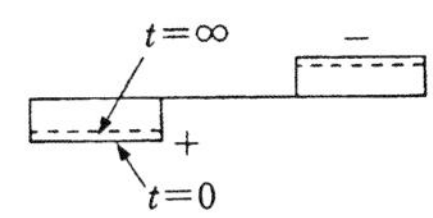
(5) PS강재 긴장에 의한 응력(t=0) (5) PS강재 긴장에 의한 응력(t=∞) 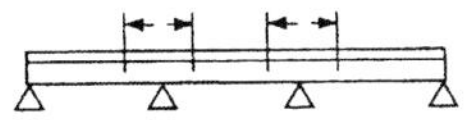	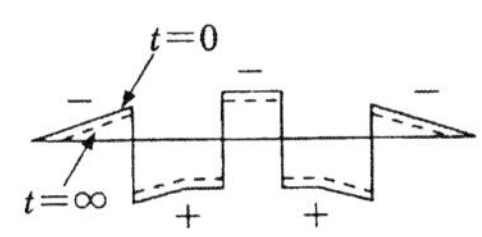 	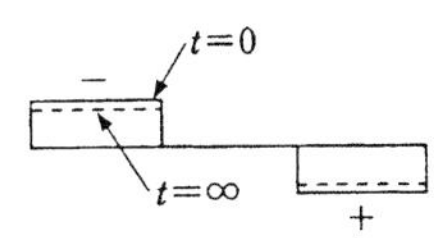
(6) 합성후 고정하중에 의한 응력(t=0) (6) 합성후 고정하중에 의한 응력(t=∞) 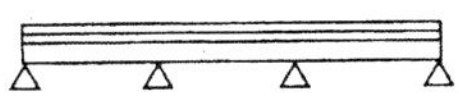	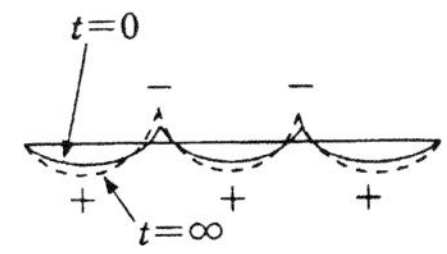 	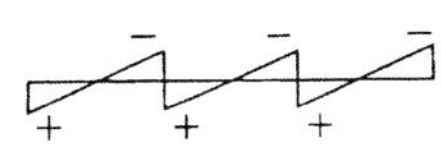
(7) 활하중 최대 응력 (7) 활하중 최소 응력	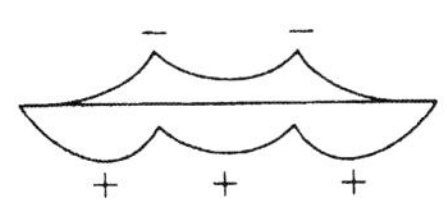	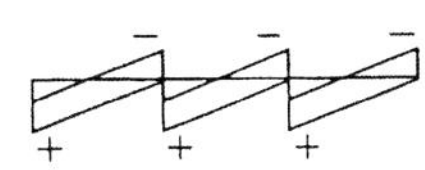
(8) 건조수축에 의한 응력(t=∞)	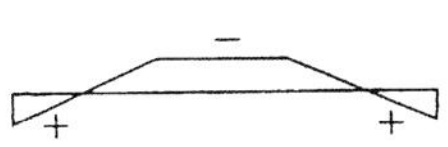	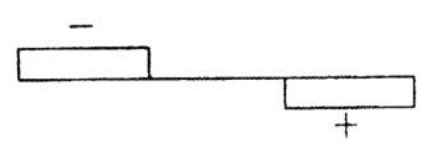
(9) 온도차응력	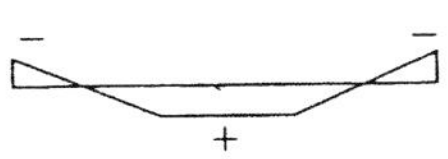	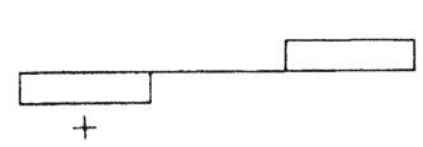

(주) 여기서 (t=0) ; 시공직후를 나타냄

(t=∞) ; 충분한 시간이 경과한 후에 콘크리트의 Creep가 완료된 시점을 나타냄

그림 4.2.2 프리스트레스를 한 연속합성거더의 시공순서와 응력

4.2.3 연속 합성거더

(1) 도로교 설계기준에 의한 합성작용 취급방법

연속 합성거더에서 중간지점부터 바닥판 콘크리트의 인장 저항력을 고려하는가 아니면 고려하지 않는가에 의해 합성작용이 취급하는 방법에 유의하는 것이 중요하다.

도로교 설계기준 표 4.2.1 바닥판 콘크리트의 인장저항력을 고려하는 경우와 고려하지 않는 경우에 대하여 각 바닥판의 항성작용을 취급하는 규정이다. 구체적으로 콘크리트의 인장저항을 고려하는 경우에 중간지점 부근에 프리스트레스를 주는 방법과 또한 고려하지 않은 경우에 바닥판의 축방향 철근에 의해 인장력을 저항하는 방법을 각각 대상으로 한다. 따라서 단면응력의 산출에 대하여 통상 합성단면과 강단면(강거더단면을 바닥판내 축방향 철근단면 일부 포함)의 2종류로 구분된다.

⊙ 표 4.2.1 합성작용의 취급

휨모멘트의 종류	합성작용의 취급	적 용
정	바닥판 콘크리트를 주거더 단면의 일부로 본다.	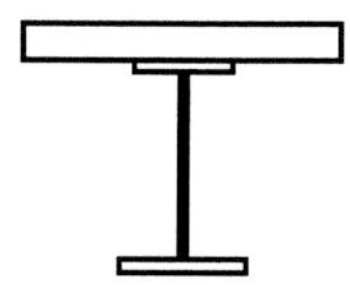
부	1. 인장응력을 받는 바닥판에서 콘크리트의 단면을 유효로 하는 경우, 바닥판 콘크리트를 주거더 단면의 일부로 본다.	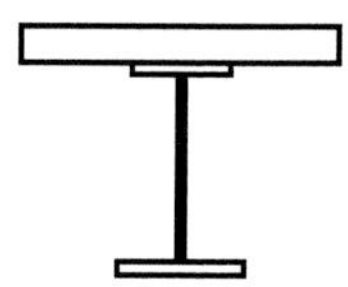
	2. 인장응력을 받는 바닥판에서 콘크리트의 단면을 무시하는 경우 바닥판 내의 교축방향 철근만을 주거더 단면의 일부로 본다.	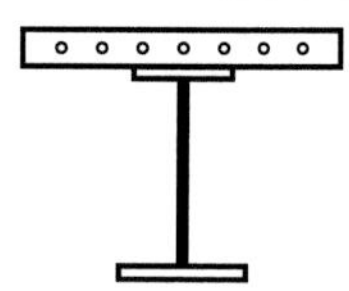

이상의 내용은 도로교 설계기준에서 거더의 전길이에 바닥판과 강거더와의 완전한 합성작용을 하는 경우에 중간지점부의 인장력의 처리방법이다.

(2) 기타 연속합성교

연속거더에서 부(–) 휨모멘트에 의해 바닥판에 생기는 인장응력을 처리하기 위하여 지점의 상승 또는 강하, PS 강봉의 긴장 등에 의한 프리스트레스 도입에 따른 설계 및 시공이 복잡해지는 경향이 있다.

최근에 중간지점 위에 바닥판에 생기는 인장응력의 절대치를 저감하는 방법에 대하여 연구한 것 중에는 불완전 합성거더 및 부분 합성거더이다. 불완전 합성거더는 중간지점부 부근의 일부로 탄성 합성으로 하는 비합성으로 하는 거더의 총칭이며, 완전합성을 포함하는 연속합성거더의 분류는 표 4.2.2과 같다.

⊙ 표 4.2.2 연속 합성거더의 분류

분 류			특 징
완전 합성거더	프리스트레스하는 연속 합성거더		강거더와 바닥판을 거더전길이에 완전합성(강합성)한다 가정하고 부모멘트에 대하여 합성단면을 거더의 저항 단면으로 고려하는 형식
	프리스트레스를 안하는 연속 합성거더		강거더와 바닥판을 거더전길이에 완전합성(강합성)한다 가정하고 부모멘트에 대하여 강재단면을 거더의 저항단면으로 고려한 형식
불완전 합성거더	프리스트레스를 안하는 연속 합성거더	탄성합성거더	강거더와 바닥판을 거더 전길이에 유연한 전단연결재로 결합(불안전합성 또는 유연합성)한다. 또한 정 휨모멘트 받는 구역은 완전합성을 하고 부 휨모멘트 받는 구역에서는 불완전합성을 하는 형식
		단속합성거더	정 휨모멘트를 받는 구역은 완전합성으로 하고, 부 휨모멘트를 받는 전구간 또는 일부구간을 비합성으로 하는 형식
부분 합성거더			고정하중에의 휨모멘트의 정의 영역을 합성구간, 부의 영역을 비합성구간으로 구분하고 그의 경계바닥판에 줄눈을 설치한 바닥판 구조를 불연속으로 하는 형식. 불완전합성거더와 혼동하여 부르는 경우가 많다.

4.2.4 강합성교의 종류

(1) 프리플레스 합성거더교(Preflex Beam교)

프리플렉스 합성거더는 I 형 단면을 가지는 강거더에 휨변형을 주어 콘크리트에 프리스트레스를 도입하는 강거더와 콘크리트 합성거더이다.

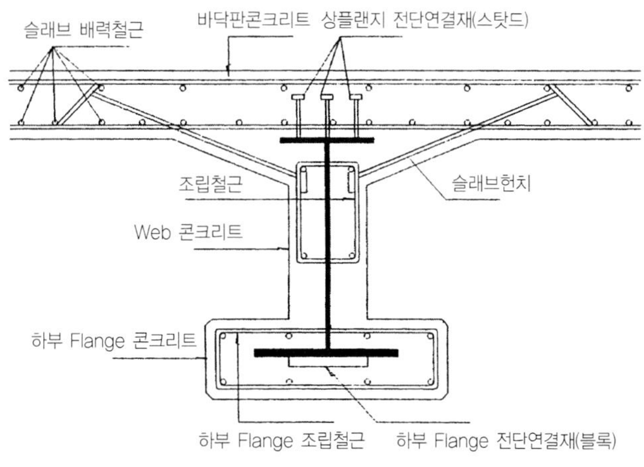

그림 4.2.3 Preflex 합성거더의 단면도

소정의 휨을 준 강거더에 하중을 재하하여 인장측 Flange 주위에 콘크리트를 타설하여 경화된 후, 강거더에 미치는 하중을 제거함으로써 콘크리트에 프리스트레스가 도입된다.

일반적으로 이 상태의 거더를 소정의 장소에 가설하여 복부, 가로보, 바닥판 콘크리트를 타설하여 preflex 합성거더를 완성한다.

(2) 프리캐스트 바닥판 합성거더교

프리캐스트 바닥판은 철근콘크리트(RC) 프리캐스트 바닥판, 프리스트레스트(PS) 프리캐스트 바닥판 및 합성바닥판의 총칭하여 여기에서는 바닥판과 강거더를 합성시킨 교량형식을 프리캐스트 바닥판 합성거더라고 한다.

프리캐스트 바닥판은 비합성거더 또는 합성거더 여하에 관계없이 사용은 가능하지만 현시점에서는 비합성거더에 대한 적용이 압도적으로 많은 것 같다.

프리스트레스트 콘크리트 구조의 바닥판일 경우에는 바닥판의 지간을 철근콘크리트 바닥판 보다 길게 할 수가 있고 바닥판 두께를 얇게 할 수 있어 경량화와 경제성을 도모하는 것과 콘크리트의 품질향상이나 균열방지를 하는 이점이 있다. 따라서 교량의 유지관리를 포함한 종합적인 견지에서 검토할 경우에는 종래의 철근콘크리트 바닥판 보다 넓은 뜻에서 경제적이 될 수도 있다. 특히, 도로교의 경우에는 프리스트레스를 도입한 콘크리트 바닥판을 사용함으로써 콘크리트의 균열발생이나 진전을 극력 방지할 수 있어 내구성 향상도 기대할 수 있다.

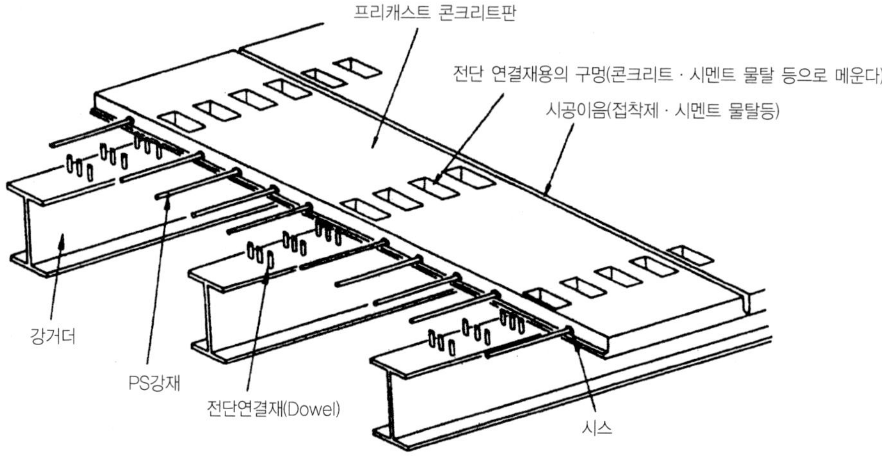

그림 4.2.4 프리캐스트 바닥판 합성거더교의 구조 개요

(3) 프리캐스트 합성바닥판 합성거더교

프리캐스트 합성바닥판은 프리캐스트 콘크리트 패널을 영구 거푸집으로 강거더위에 설치하고 그 위에 현장타설 콘크리트를 쳐서 경하시켜 콘크리트 패널 및 강거더와 합성시킨 합성거더교이다.

프리캐스트 콘크리트 패널을 강교에 적용하는 경우는 철근콘크리트 바닥판보다 약간 두꺼운 경우도 있으나 시공성 뿐만 아니라 현장 노무자 수를 대폭 저감하고 공기단축이 가능한 형식이다.

설계시, 시공단계별 검토시 가설하중 거푸집, 동바리 하중을 고려하지 않아도 된다.

제 2장 2.2.4항 참고하기 바람.

(4) 강판 Web 합성거더교

강판 Web 합성 거더교는 콘크리트 박스거더 단면의 Web를 강판으로 치환한 구조로 강교의 경우와 같이 Web 강판은 스티프너에 의해 보강되고 있다. 이 단면은 종래의 강합성거더의 연장선상에 있으며 상하콘크리트 플랜지를 Web 강판에서 결합하여 박스거더 단면을 구성하는 것이다(그림 4.2.5(b)). 콘크리트 플랜지와 결합을 완전한 것으로 하기 위해 Web 강판의 상하단에 플랜지가 붙어 있다. 긴장재는 박스거더 단면내에 External cable 로서 배치된다.

Web 강판에는 프리스트레싱에 의해 큰 압축력이 작용하기 때문에 수평, 수직 양방향에 Stiffner를 만들 필요가 있다.

이 구조의 문제는 상하콘크리트 플랜지의 크리프 · 건조수축에 의한 경시변형이 크리프를 일으키지 않는 강판 Web에 의해 구속되는 것이다. 이 구속의 결과, 당초 콘크리트 플랜지에 주어져 있던 Prestress는 감소하고, 한편 Web 강판에 작용하고 있던 Prestress는 증가한다. 즉, 콘크리트 플랜지의 Prestress가 Web 강판에 이행하게 되어 Web 강판의 좌굴방지를 위해 더욱 많은 Stiffner가 필요하게 된다.

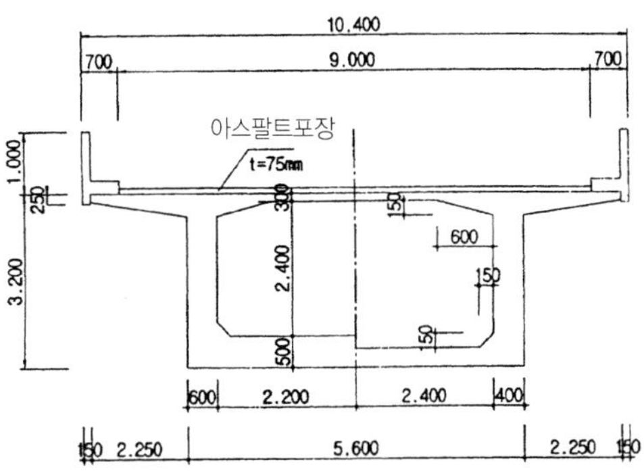
(a) PSC 박스거더교

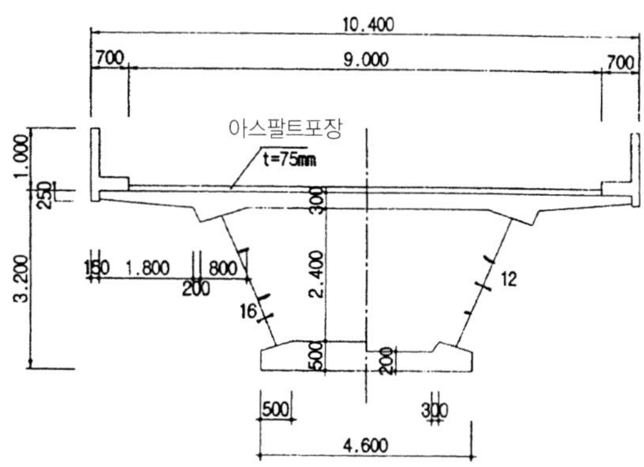
(b) 복부재에 강판을 사용한 합성 거더교

그림 4.2.5 콘크리트 박스거더의 Web를 강판으로 치환한 예

(5) 파형강판 Web 합성거더교

파형강판 Web 합성거더교는 프랑스에서 최초로 개발하여 실용화된 교량형식이다. 그 발상의 원점은 콘크리트 기술자가 PS 박스거더의 중량경감책으로 채용한 것이다. 즉, PS 박스거더 전체중량의 약 20~30%를 콘크리트 Web가 차지하는데, 이것을 경량 또는 교축방향 압축강성이 작은 파형강판으로 치환하고 콘크리트 상 · 하부 Flange(바닥판)를 그대로 남긴 것으로 휨강성을 크게 저하시키지 않고 박스거더 전체의 중량을 저감하려고 하는 것이 이 형식의 기본적인 사고방식이다.

상기(4)에서 서술한 강판 Web 합성거더교에서는 콘크리트 Flange 의 교축방향 변형이 Web 강판에 의해 구속되기 때문에 Web 강판의 좌굴, 콘크리트 단면의 프리스트레스 손실에 문제가 발생한다. 이것을 해결하기 위해서 교축방향에 파형으로 되어 있는 강판을 Web에 사용하는 아이디어가 고안되었다. 이 파형강판을 사용하면 교축방향에 아코디언과 같은 성상을 나타내기 때문에 상 · 하 콘크리트 Flange의 변형을 거의 구속하지 않은 구조가 된다. 이러한 파형강판의 사용목적은 프레스 가공하여 Web Plate를 입체화한 것으로 전단좌굴강도를 향상시킴과 동시에 Stiffner를 생략하여 생산성을 향상시킬 수 있으며, 또한 플랜지와 Web 접점 부분의 강도를 높여 이 부분에 작용하는 바닥판의 면외(面外) 휨에 따른 용접부의 피로 영향을 작게 하는 것을 의도한 것이다.

파형강판은 전단좌굴에 강할 뿐만 아니라 아코디온과 같이 신축되어 프리스트레스의 도입에 따른 콘크리트의 탄성변형과 creep · 건조수축에 의한 변형에 대하여 자재(自在)로 추종할 수 있는 것이 특징이다. 즉 Web면내 방향의 신축에 대한 저항력은 제로(0)로 보고, 아울러 Web 면의 방향에는 비교적 높은 판작용을 확보할 수 있다. 이 착상은 합성구조에 따라 새로운 진전의 계기가 되었다.

(6) 2중 합성 박스거더교

강 · 콘크리트 연속합성 박스거더교에서 교각 위의 중간지점부에는 부 휨모멘트가 작용하여 거더의 하부 Flange는 압축력을 받는다. 이 압축력에 저항하기 위하여 강박스거더 내의 하부 Flange 윗면에 전단 연결재를 배치하고, 적당한 두께의 콘크리트를 타설하여 합성 하부 Flange를 형성하는 것을 생각할 수 있다. 중간지점 부근에 이와 같은 합성하부 Flange가 있으면 경간부는 바닥판 콘크리트와 강박스거더 상부 Flange와 합성되어 있는 연속 박스거더 구조는 2중의 합성작용(Double Composite Action)이 되므로 이를 2중 합성박스 거더교라고 한다.

다음 그림 4.2.6는 Innbrucke Umgehung Wassorbrug교(1987년 완성)으로서 본교는 4경간 연속합성 Box Girder 곡선교(곡선반경 R=1500m)로서 그림 4.1.8(b)와 (c)에 표시한 것처럼 역사다리꼴 Steel Box Girder를 횡방향과 종방향으로 Prestressing한 R.C 바닥판을 합성하였으며 특히 중간지점 부근에서 Steel Box Girder 내부를 R.C 하부 Flange를 보강하기 위하여 Shear Connector를 저판과 Web에 설치하여 합성시켰다. 여기서 R.C 하부 Flange는 중간지점에서 약 16.65m의 범위에서 두께를 21.0cm에서 65.0cm로 변화시키고 특히 중간지점상의 3.0m 범위에서 200.0cm의 두께로 하여 지점의 Diaphragm을 겸하도록 하였다.

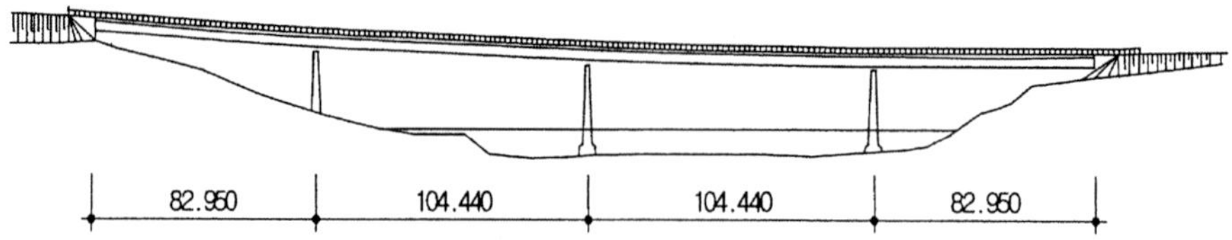

(a) 종단면도

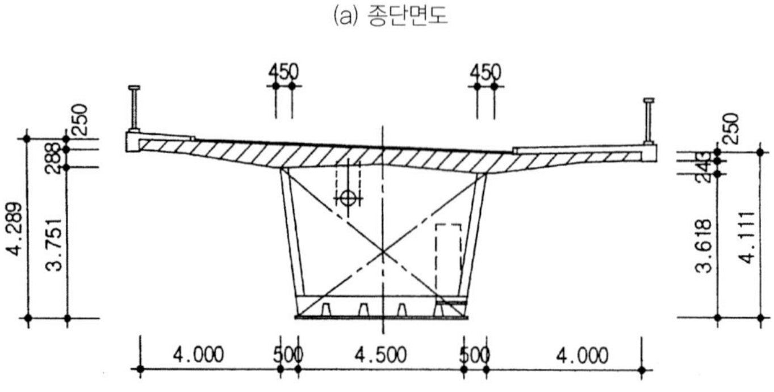

(b) 경간중량부 거더 단면도

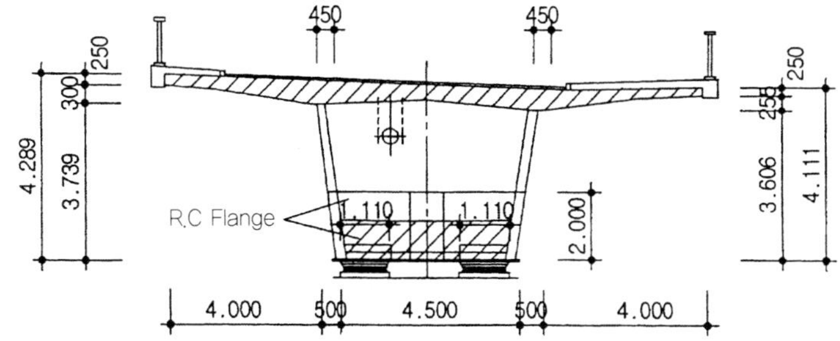

(c) 교각(橋脚)부의 Girder 단면도

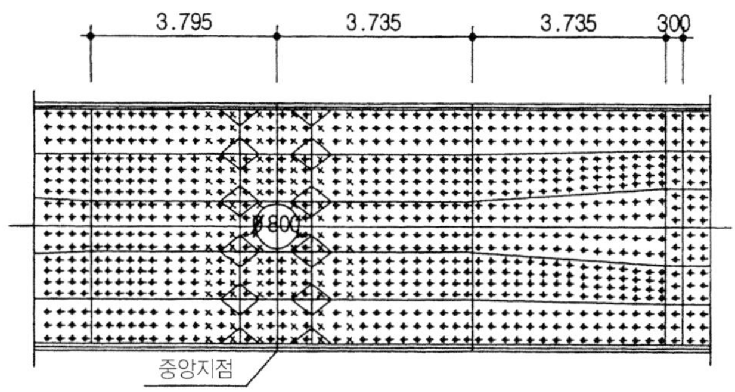

(d) 교각 위의 저판 보강재와 Shear Connector의 배치

그림 4.2.6 Wassorburgy교

(7) 기타 강합성교

1) 합성바닥판교(합성 Slab교)

합성바닥판교는 그림 4.1.9에서 보인 것과 같이 Flange 바깥면에 돌기를 붙인 T형강에 내후성 강판을 붙인 강바닥판에 팽창성 콘크리트를 충진한 바닥판(Slab)교를 말한다.

Flange 바깥면에 돌기를 붙인 것은 콘크리트와 Sleep를 방지하고, 강바닥판과 콘크리트 일체화를 도모하기 위하여 한 것이며 통상적으로 일반 Slab교에 비교하여 형고가 낮다.

합성바닥교의 특징은 다음과 같다.

① 특징

(a) T형강의 Flange 바깥에 횡방향으로 돌기를 설치하여 콘크리트와 강바닥판의 일체화를 도모하여 Stud를 설치할 필요가 없다. 또한 강바닥판에 팽창성 콘크리트로 전체를 충진하므로서 Slabry의 휨강성이 높다.

(b) 지간에 대한 형고비가 지간 10~24.0m의 도로교에서는 1/33 이하이다. 일반적으로 형고비가 강바닥판 1/30~1/26 P.S 중공 Slab 1/22, Post는 tension PSC형 1/20, Pretension PSC형 1/18에 비교하여 현저하게 낮고, 동일 경간의 종래의 교량보다 형고가 낮다.

(c) 강바닥판의 자체가 충분한 강성을 갖고 있으므로 콘크리트 타설시 지보공이 불필요하다. 즉, 하면

이 강판이므로 동바리가 불필요하다.

(d) 콘크리트 타설 시공이 간단하여 안전작업을 할 수 있으며 공기가 현저하게 단축된다.

(e) 내후성 강판을 사용함으로서 재도장에 따른 유지관리비가 감소한다.

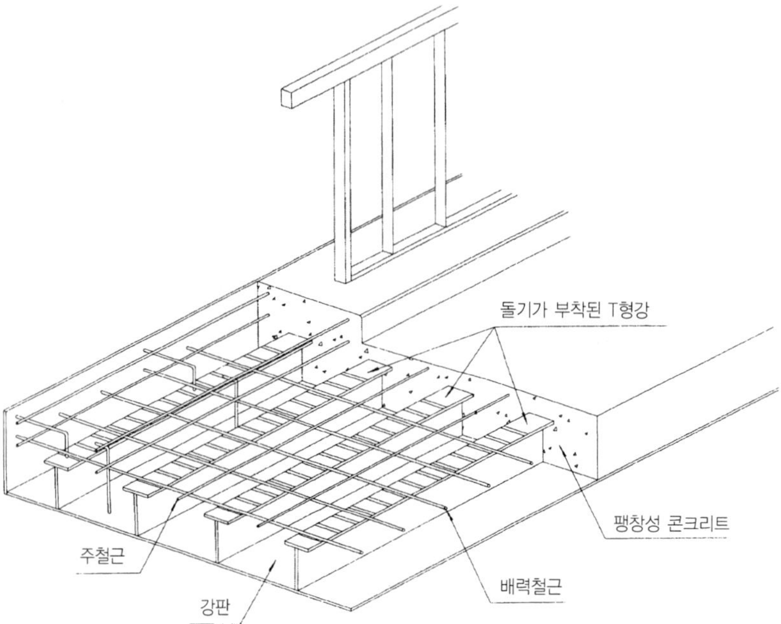

그림 4.2.7 합성 바닥판교의 개념도

② 단점

(a) 교량 단위면적당 사용 강재가 량이 많고, 활하중 합성 H형강 Girder교, PSC Pretension Hollow 교, PSC Pretension T-Girder교 등에 비교하여 1.5~2.0배의 공사비가 요구된다.

(b) 콘크리트의 한쪽면을 강판으로 구속함으로서 건조수축에 의해 콘크리트에 균열이 발생할 염려가 있다.

2) 강트러스(Truss) Web 합성거더교

강트러스 Web 합성거더교는 원래 PSC 박스거더의 중량 경감방안으로 채용된 것으로 그림 4.1.8과 같이 콘크리트 구조의 상 · 하 Flange와 강트러스의 Web 부재로 형성한 박스형 단면거더이며 PS강재가 교축방향으로 배치되어 있다. 이 PS강재는 Web 부재를 따라 꺾인 선형상으로 배치되는 외케이블과 Flange 내에 직선으로 배치되는 내케이블 2종류가 있다.

3) 이 외에 H형강 매립거더교, 콘크리트 충진 강관합성교 등이 있으며 기존 합성교량에 PS 강재로 보강한 합성거더교가 있다.

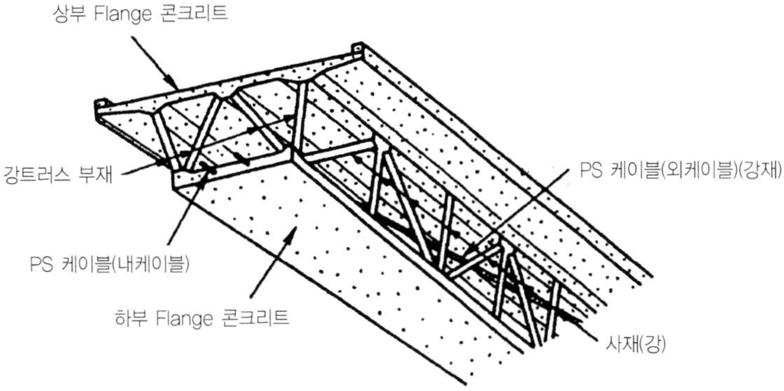

그림 4.2.8 강트러스 Web 구조도

제Ⅱ편 강교

5장

I - 형 단면거더교
(I - type plate girder bridge)

⊙ 제 5 장_ Ⅰ-형 단면거더교(Ⅰ-type plate girder bridge)

5.1 일반사항

Ⅰ-형 단면거더교는 플레이트거더형식 교량의 가장 기본적인 형식이며, 기본적인 단면형상은 압연형강인 경우는 Ⅰ-type 과 H-type이 있고, 공장에서 강판, 형강을 용접, Bolt 등으로 제작한 Ⅰ-형 단면거더가 있다.

Ⅰ-형 단면거더를 병렬로 설치하고 그 위에 철근콘크리트 바닥판을 전단연결재로 연결하여 바닥판이 주거더의 상부 Flange의 일부로서 기능을 하는 구조를 합성거더교라고 하고, 도로의 노상기능만 하는 구조를 비합성교라고 한다. Ⅰ-형 거더의 단면형상은 그림 5.1.1과 같다.

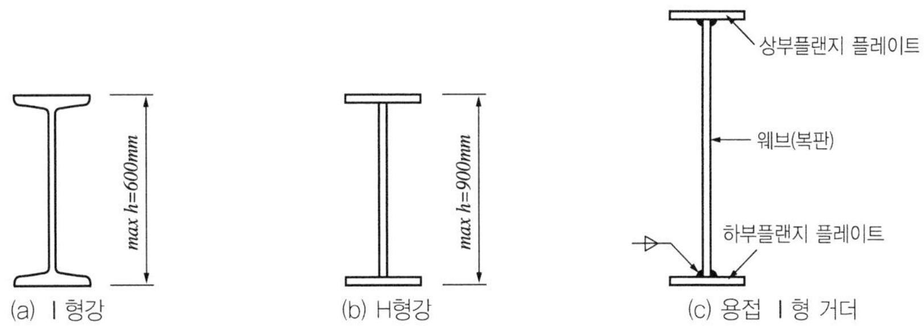

그림 5.1.1 Ⅰ-형 Girder의 단면형상

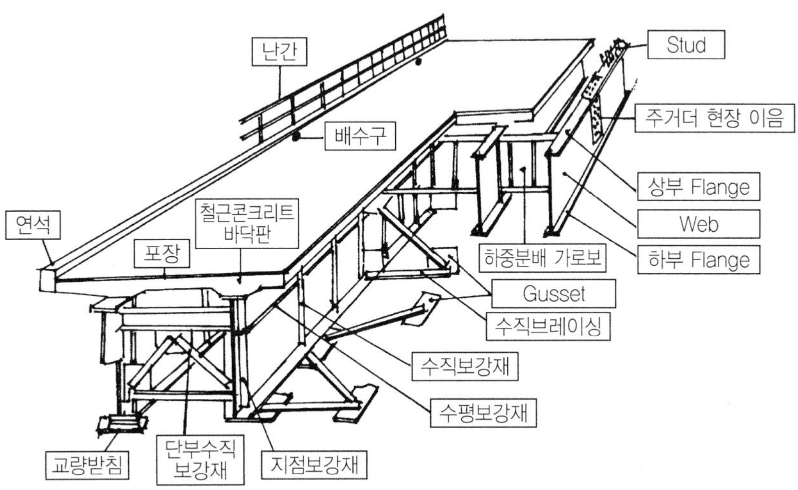

그림 5.1.2 합성 Ⅰ-형 거더교 명칭

I-형 단면거더교는 바닥판, 주거더, 수평 브레이싱, 수직 브레이싱, 하중분배 가로보(Cross Beam, Transversed Beam, Floor Beam), 보강재(수직보강재, 수평보강재, 지점보강재) 등으로 구성된다.

또한 I-형 단면거더의 일반적인 설계순서는 다음 그림 5.1.3에 표시한 흐름도에 따라 하는 것이 편리하다.

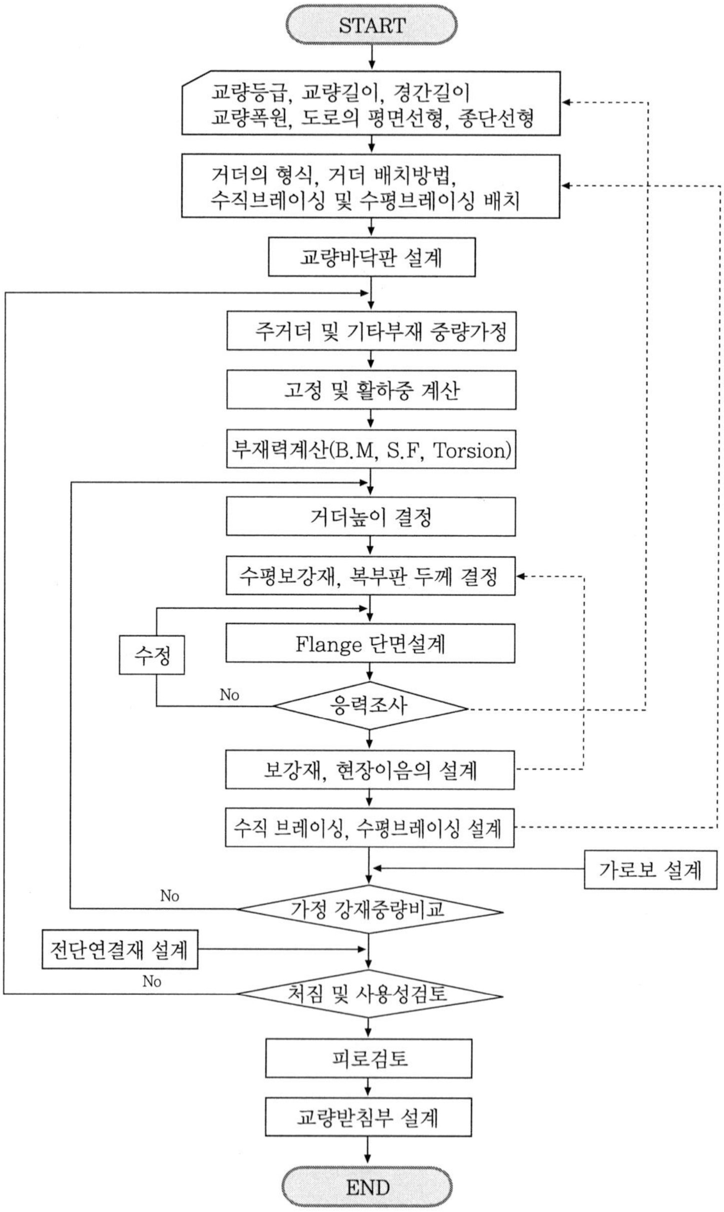

그림 5.1.3 I-형 단면거더 단면설계 흐름도

5.1.1 Ⅰ-형 단면거더교의 특징

Ⅰ-형단면을 병렬로 하는 거더교(plate girder)의 특징은 다음과 같다.

(1) 장점

1) 주거더의 단면이 3개의 재편으로 구성되어 있어 구조가 간단하다. 그의 응력상태도 간명하다.
2) Flange와 Web의 T형 접합 용접을 주로 하므로 용접량이 적다는 점 및 자동용접을 최대한 활용할 수 있는 점이 용접구조로서 최적이다.
3) 또한 종래에 Flange 끼리 및 Web 끼리 맞대기 용접에서 단면 변화시켰으나 최근에는 맞대기 용접을 대폭 줄여서 제작에 용이하게 하고 있다.
4) 교량가설지점의 입지조건에 적합한 다양한 가설공법의 채용이 가능하다.
5) 구조가 간단하여 유지관리를 위한 중점적 점검부위가 특정되어 있다.
6) 외관이 산뜻하고 세련되어 있다(직선적 Image 창조).
7) 전체적으로 붕괴되는 경우를 제외하고 붕괴는 구조계가 변화하면서 단계적으로 진행되기 때문에 한 번에 붕괴되는 일은 없다. 즉, 실제의 안전율은 높다.

(2) 단점

1) 거더의 높이에 비하여 복부판(Web)의 두께가 엷기 때문에 복부판의 좌굴변형에 저항하도록 보강재를 밀접하게 배치할 필요가 있으며 이로 말미암아 재편수가 증가한다.
2) 비교적 큰 block으로 제작되기 때문에 운반 및 가설단계에 부재의 크기가 제약되는 산간부의 경우는 적당하지 않을 수도 있다.

5.1.2 지점 지지상태에 의한 분류

Ⅰ-형 단면거더교에 한정하지 않고 대부분의 교량형식은 지점의 지점상태에 따라 분류하면은 거더교에서는 다음의 세 분류의 특성을 가진 형식을 기본으로 한다.

① 단순거더교

② 연속거더교

③ Gerber 거더교

아래에 단순거더교와 비교하는 형식은 연속거더교와 Gerber 거더교의 특징이다.

(1) 연속거더교

교량길이가 긴 교량에 Plate Girder를 적용하는 경우에 연속거더교를 채용하는 경우가 많다. 그림 5.1.4에서 단순거더교의 지간과 비교되는 연속거더교의 실질지간을 나타내면 측경간 ℓ_1과 중앙경간 ℓ_2

가 단순거더교의 지간 ℓ_0의 약 80%~60% 정도로 연속거더교는 여러 가지 이점이 있다.

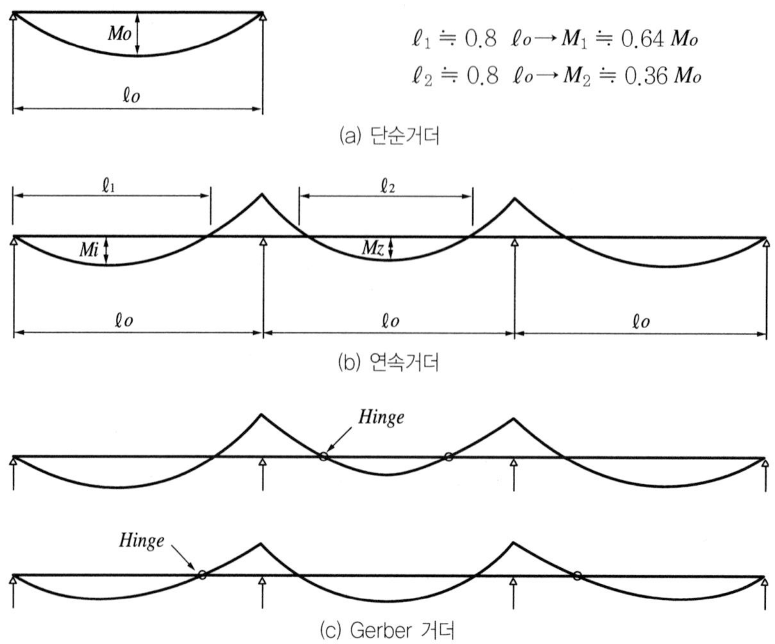

그림 5.1.4 연속거더의 실질지간

1) 장점

① 실질지간이 짧아져서 측경간의 최대 휨모멘트가 적어져 주거더 단면을 적게 할 수 있어 경제적이다.

② 작용응력 및 필요강도가 모두 적기 때문에 거더높이를 낮게 선정할 수 있다.

③ 중간지점부 교각에 1개의 교량받침이 배치되므로 교각머리부 받침면의 폭을 좁게 할 수 있다.

④ 신축이음이 거더의 단부에 각각 1개소씩 설치되므로 주행성이 좋고 유지관리면에서 유리하다.

2) 단점

① 지진시에 교축방향으로 수평력이 고정받침 1개소에 집중하게 되므로 반력분산받침을 사용하여 교량전체의 내진성을 높여야 한다.

② 중간지점 위의 단면에서 큰 휨모멘트와 전단력이 작용하고 연직반력이 집중적으로 작용하여 거더높이와 복부판(Web) 두께의 선정 및 보강재를 배치하는데 적절한 배려가 필요하다.

③ 외적으로 부정정 구조물로서 지점의 부등침하에 따른 추가적인 응력이 발생한다.
또한 중간지점 위에 큰 단면력이 발생하여 발생응력을 경감하는 방안으로 이 부분의 거더높이를 측경간보다 크게 하는 경우가 적지 않다. 거더 높이를 크게 하는 것은 Flange 단면의 급변을 피하고 무리하지 않게 단면을 선택하기 위함과 외관상 악센트를 주는 이점이 있다. 또한 거더높이를 일정

하게 하는 경우에 비하여 제작상의 난이도가 높고, 운반 및 가설공법의 선정에 제약이 있으며 시공성이 떨어지는 점에 유의할 필요가 있다.

(2) Gerber(게르버) 거더교

게르버 거더교는 연속거더교와 유사한 휨모멘트의 분포성상을 나타내며 단순거더교에 비하여 경제적인 구조형식이다. 또한 이 형식은 외적 정정구조로서 지점의 부등침하에 영향이 없고 교축직각방향 지진력은 단순거더의 연결과 동등한 장점을 가지고 있다.

따라서 단면적의 산출이 용이하여 과거에는 많은 교량에 적용하였다. 그러나 Hinge 부에 받침부재를 설치하기 위해 받침거더와 현수거더의 양측에 거더높이 1/2 이하로 절단하는 구조가 되는 약점이 있다. 또한 Hinge 부에는 신축이음을 설치하여서 연속거더교와 비교하여 주행성이 나쁘고 진동이 심한 구조가 되어서 최근에는 적용하는 예가 적다.

5.2 일반 I-형 단면거더교의 계획 · 설계

5.2.1 주거더 본수 및 거더배치

I-형 단면거더교에서 일반적으로 휨모멘트에 대해서는 Flange의 응력이 각 단면을 결정하고 주로 복부판(Web)이 받는 전단력에 대해서는 여유가 있다. 따라서 Web의 총단면적을 적게 하는 것이 효율적이다. 즉, 주거더의 본수를 적게 하고 주거더의 간격을 크게 하는 것이 경제적이다.

(1) 기본사항

① 표준부에서의 거더의 배치는 거더 단부에서의 바닥판의 Cantilever 길이를 1.0m로 하고 거더간격은 3.0m이하로 하는 것이 좋다.

② 거더의 본수가 적고 거더간격이 넓은 쪽이 일반적으로 경제적이다.

③ 거더, 하중분배 가로보(Cross Beam), 수직 Bracing의 배치는 제작, 가설을 고려해서 되도록 단순화를 도모하는 것이 바람직하다. 또한 교량 첨가물이나 교면 배수구 위치도 고려하여야 한다.

④ I-형 거더를 2본 거더로 하는 경우에는 거더 간격(b)와 지간길이(L)과의 관계는 $L/b < 18\sim20$이 일반적이다.

⑤ 차량바퀴 위치가 바닥판 지간의 중앙 부근이 되지 않도록 거더를 배치하는 것이 바람직하다.

(2) 거더 배치

- 확폭부에서 양단의 폭이 다른 경우, 곡선부의 거더의 배치는 다음 나타낸 (a), (b), (c), (d)의 순서로 계획하는 것이 바람직하다.
- 외측 거더만 곡선으로 하는 경우에는 Flange의 휨에 의한 부가응력을 고려하지 않으면 안된다.

① 단순교의 경우

(a) 모두 직선 거더로 한다. [그림 5.2.1(a), (b)]

(b) 외측 거더만 곡선 거더로 한다. [그림 5.2.1(c), (d)]

(c) 모든 거더를 곡선 거더로 한다. [그림 5.2.1(e), (f)]

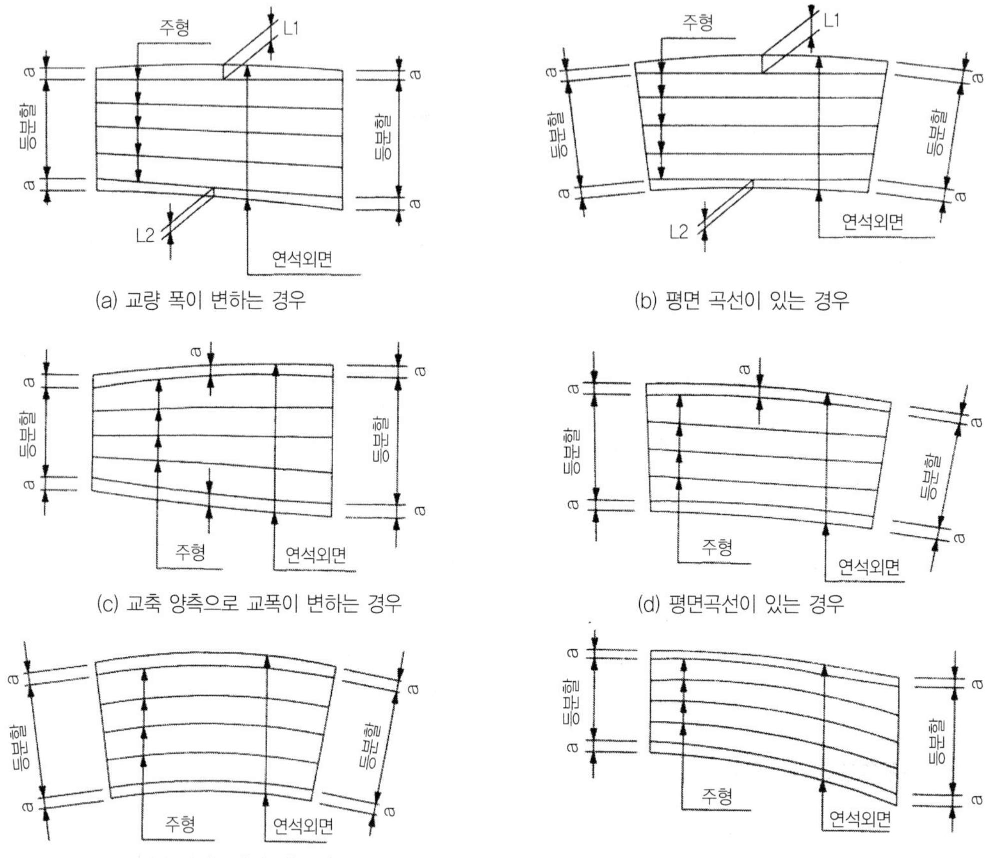

(a) 교량 폭이 변하는 경우

(b) 평면 곡선이 있는 경우

(c) 교축 양측으로 교폭이 변하는 경우

(d) 평면곡선이 있는 경우

(e) 평면곡선이 있는 경우

(f) 평면곡선이 있으며 교폭이 변하는 경우

여기서,

a : Girder 단부의 교축직각방향 Cantilever 길이 = 1.0m 정도

ℓ_1 : 바닥판의 최대 Cantilever 길이로 부득이 한 경우 1.2m까지 해도 좋다.

ℓ_2 : 바닥판의 최대 Cantilever 길이로 부득이 한 경우 0.62m까지 해도 좋다.

ℓ_3 : 중간 바닥판의 최대지간 길이로 부득이 한 경우 4.0m까지로 해도 좋다.

Note, 철근콘크리트 바닥판의 중간 최대지간은 설계기준에서 7.3m까지 할 수 있다고 규정하고 있으나 바닥판의 자중이 증가하여 비경제적이 되므로 4.0m 까지로 권장하고 있다.

그림 5.2.1 단순거더교의 I-형 단면거더 배치

② 연속교의 경우

(a) 모두 직선 거더로 한다. [그림 5.2.2(a)]

(b) 모든 거더를 절곡 거더로 한다. [그림 5.2.2(b)]

(c) 외측 거더만 곡선 거더로 배치하고 내측의 거더는 절곡 거더로 배치한다. [그림 5.2.2(c)]

(d) 모든 거더를 곡선 거더로 한다. [그림 5.2.2(d)]

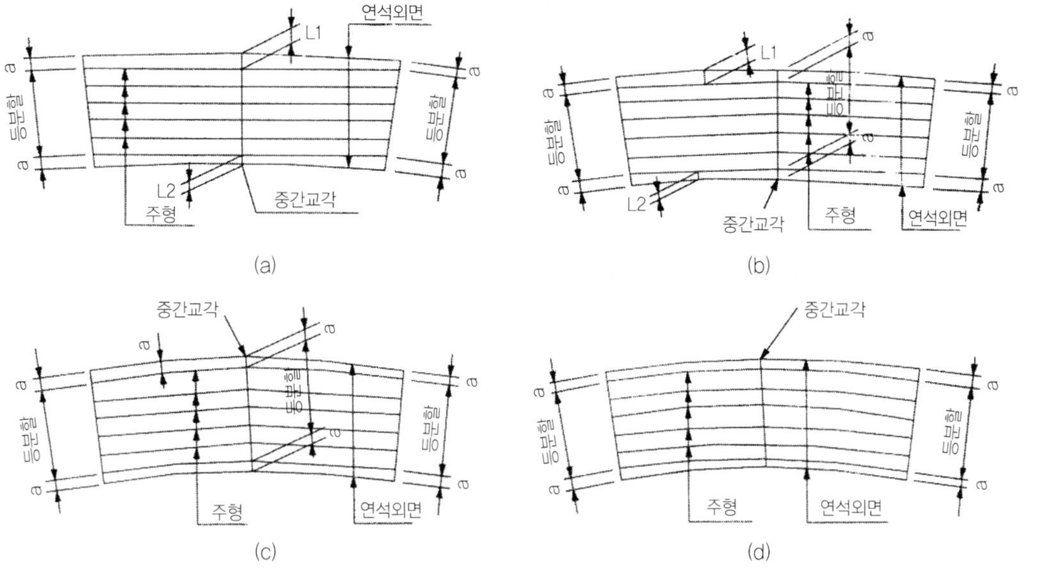

여기서, 그림의 기호는 그림 5.2.1과 같다.

그림 5.2.2 곡선연속교의 거더의 배치

③ 사다리꼴 바닥판의 경우

사다리꼴 바닥판의 경우에는 그림 5.2.3과 같이 거더의 최대간격을 최대 4.0m까지 넓혀도 좋으며 최소간격은 1.8m이상으로 하는 것이 시공성이 좋아 권장한다.

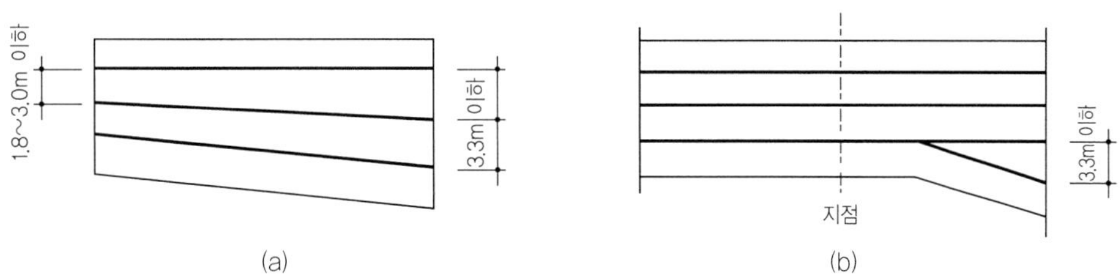

그림 5.2.3 사다리꼴(Taped Type)의 거더배치

3) 주거더의 배치시 주의사항

① 통상 주행차로에 대하여 통행량의 차선 바로 아래에 주거더를 배치한다.

② 보도 및 방호벽의 유무에 유의하고 외측거더와 내측거더의 하중 부담의 밸런스가 되도록 한다.

③ 바닥판의 Cantilever 판의 모멘트와 지간중앙부 모멘트의 밸런스(balance)가 되도록 한다.

④ 노면 배수관 설치위치, 경우에 따라서 배수수관의 배관계통에 주의한다.

5.2.2 I-형 단면거더의 자중가정

강교의 설계에서 첫째로 문제가 되는 것은 I-형 단면 거더의 자중 및 기타 부재의 자중을 어떻게 가정하는가이다. 이것은 강교가 설계 완료되어 자재수량을 확인하였을 때 비로소 가정 중량과 비교되기 때문이다. 따라서 처음 설계단계에서는 정확한 중량을 알 수 없는 것이다.

설계자는 과거의 설계된 유사한 예를 참고하여 강재의 중량을 개략적으로 추정하여 중량을 하중으로 환산하여 구조해석하고 설계를 완료하여 설계된 강재량이 처음 설계에 적용한 강재중량과 비교하여 가정한 강재중량이 현저하게 적은 경우는 설계의 안전성이 확보되지 않은 설계가 되고, 중량이 무거운 경우는 비경제적인 설계가 되므로 또 한번 더 거더설계를 원점으로 돌아가는 Feed Back 을 하여 설계를 하여야 한다.

일반적으로 다음의 식에 의해 강재의 중량을 가정하여 설계하면 편리하다.

설계시 적용하는 강재중량

- 단순비합성 거더 : $Ws = 5.6L + 30$ (kg/m²)
- 연속비합성 거더 : $Ws = 4.9L + 20$ (kg/m²)
- 단순합성 거더 : $Ws = 4.8L + 20$ (kg/m²)
- 연속합성 거더 : $Ws = 3.8L + 10$ (kg/m²)

여기서 L = 교량지간길이(m)

(a) 단순비합성 I형거더

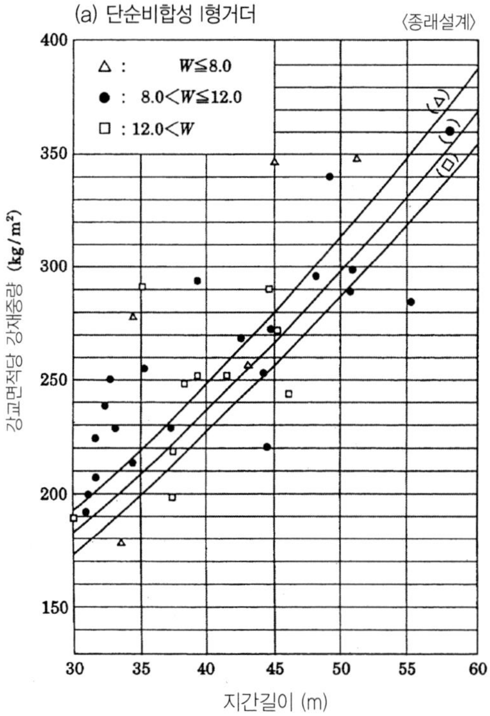

(b) 연속비합성 I형거더

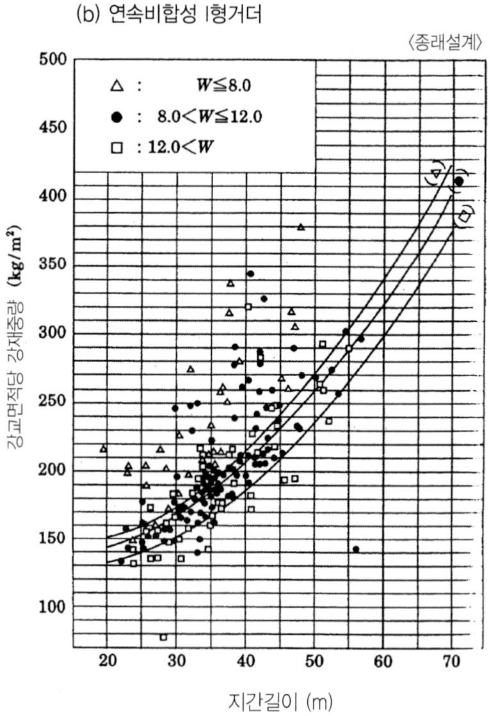

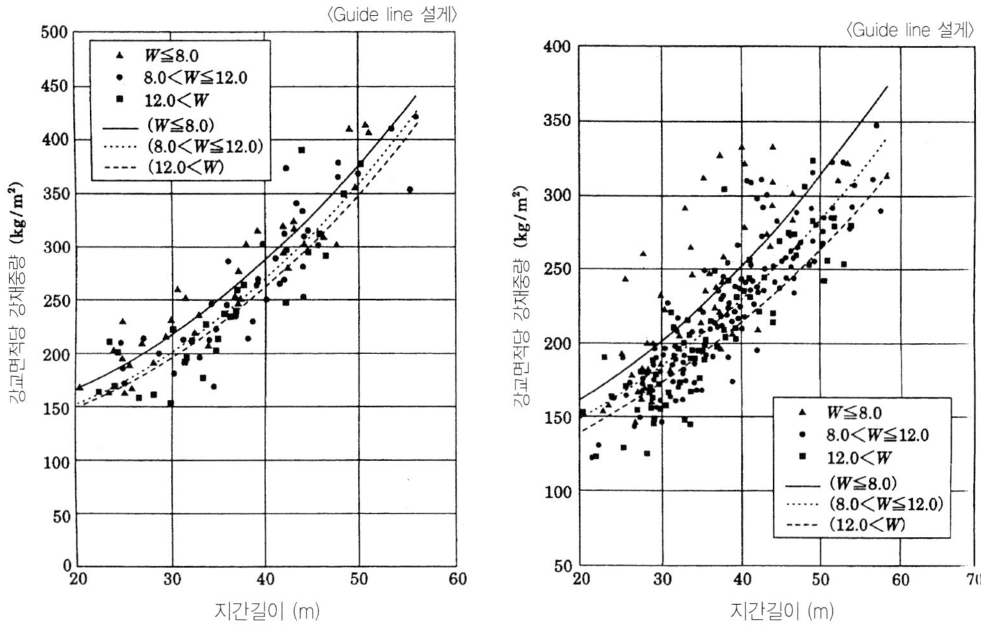

그림 5.2.4 I-형 단면거더교 지간길이와 강재중량 (일본의 실적조사 예)

또한, 거더의 안전성이 응력적으로 확보되었다고 하여도 강도가 부족하면 거더의 처짐이 커지며 또 그에 수반하여 진동하기 쉽고, 보행자의 진동감각이나 자동차의 주행성이 현저하게 나쁜 영향을 미치는 수가 있다. 그러므로 이와 같은 현상에 대하여 공용 적성이 만족되었는지 여부를 판정하여 수정해야 하는 경우에는 Feed Back을 하지 않으면 안 된다.

그 밖에, 그림 5.1.3 중의 원점세선으로 표시한 것처럼 개개의 부재 세부설계에 있어도 다른 부재의 설계와 상호관련성을 가진 점이 많으며 경우에 따라서는 설계의 변경에 수반하는 반복계산을 할 필요가 있다.

그림 5.2.4는 과거 실적을 프로팅하여 강재중량을 나타낸 것이다. 앞의 2개 도표는 비합성교이고 위의 2개 도표는 합리화형 설계시 강재중량을 나타낸 것이다. 참고하기 바란다.

5.2.3 I-형 단면거더의 단면계획

(1) I-형 단면거더의 복부판(Web)의 높이 결정

Web 높이를 결정하는데 가장 중요한 요소는 지간길이이다. I-형 단면거더의 Web 높이는 응력 및 처짐에 큰 영향을 미치며, 높이결정방법이 적절하지 않으면 교량의 다리밑 높이에 엄격한 제한을 받는 경우에는 교량의 계획시 형식을 바꾸거나 Feed Back 횟수가 많아져서 계산량이 광대해지는 경우가 있다.

따라서 I-형 단면거더의 높이는 과거의 실적을 참고하여 계획하는 것이 설계자의 노력을 절감할 수 있으므로 그림 5.2.5를 참고하여 높이를 결정하는 것이 바람직하다.

또한 강재의 강도가 낮으면 거더의 높이가 높고 강도가 높으면 거더의 높이를 낮게 할 수 있다. 다만, 처짐에 대한 제약을 받는 경우는 거더 높이를 낮게 해서는 안 된다.

노선계획 및 교량가설위치에서 피할 수 없는 제약조건에 대하여 유의사항은 다음과 같다.

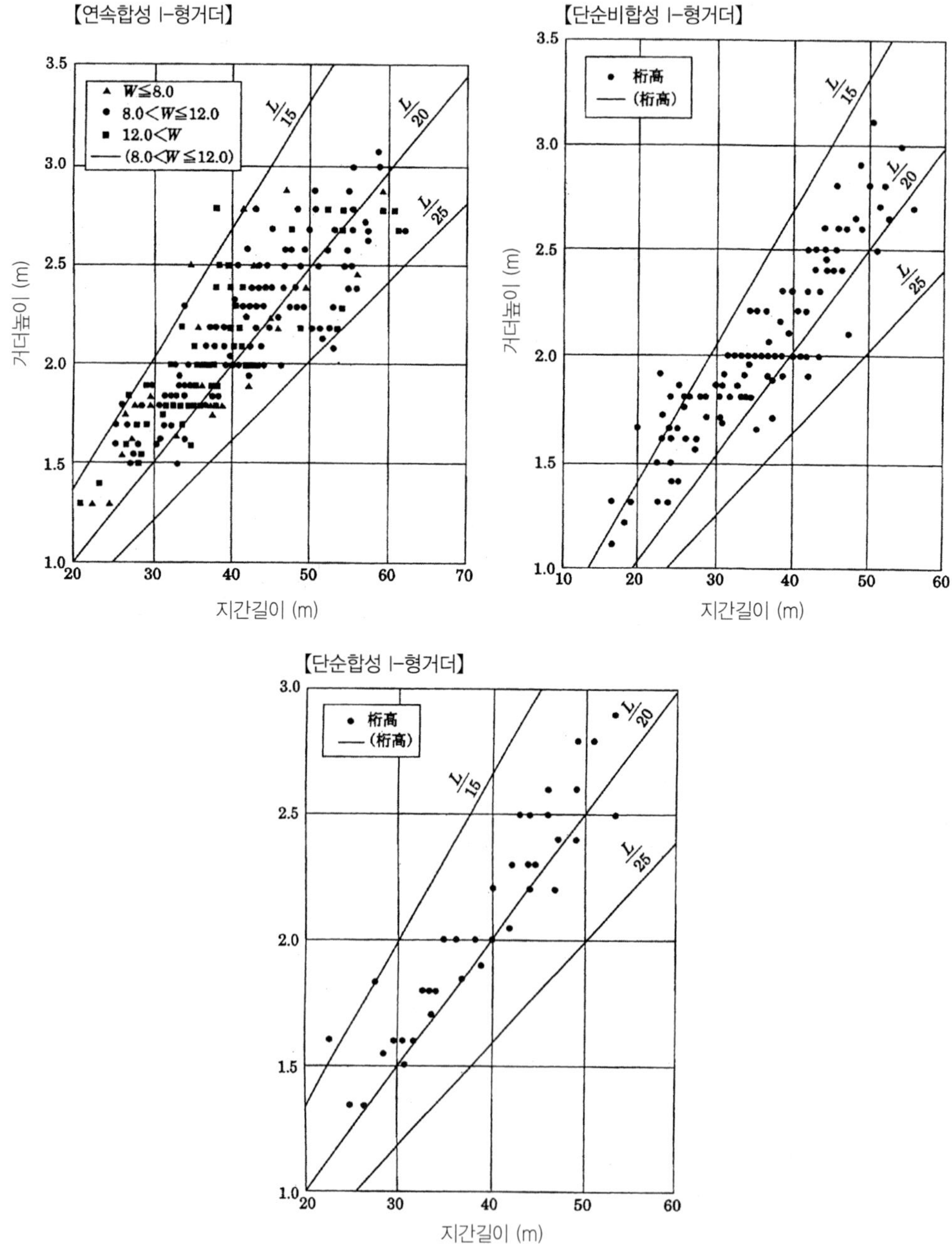

그림 5.2.5 I-형 단면거더교 지간길이와 거더높이

① 계획노면고와 다리밑의 제약공간에 맞추어야 하는 과선교 및 과도교의 경우에는 가설비계의 높이에 유의한다.

② Flange와 Web의 단면적비를 착안하여 경제적인 거더높이의 설정

③ Web 높이와 Web 두께에 대해서는 도로교 설계기준에 따른다.

④ 휨 제한을 산출하여 필요강도를 확보한다.

⑤ 부재의 높이 · 폭 · 길이 · 중량 등이 수송에 제한과 수송조사, 수송경로의 구부러진 각, 보도교, 터널에 대한 제한을 받는지 여부 검토

(2) 복부판의 두께

I-형 거더의 복부(Web)판 높이 h가 정해지면 다음 단계로서 복부판 두께를 결정할 필요가 있다. 거더 전체의 단면 2차 모멘트에 대한 복부판의 차지하는 범위가 작기 때문에 가급적 얇게 하고 그 부분을 Flange에 늘려서 거더의 강성을 크게 하는 것이 경제적으로 유리하다.

① 복부판의 최소두께는 용접성을 감안하여 9mm로 하는 범위에서 가능한 얇게 한다. 단, 수직 보강재를 2단으로 사용하는 경우에는 10mm를 최소로 한다.

다음 표 5.2.1은 「도로교 설계기준」에서 제시한 비합성 Plate Girder의 복부판 최소두께에 따른 복부판의 높이 관계를 나타낸 것이다.

⊙ 표 5.2.1 복부판 높이, 복부판 두께의 관계

재 질	수평보강재가 없을 때				수평보강재 1단 사용시				수평보강재 2단 사용시			
	SS400 SM400 SMA400	SM490	SM490Y SM520 SMA520	SM570 SM400 SMA570	SS400 SM400 SMA400	SM490Y SM520	SM490 SM520 SMA520	SM570 SMA570	SS400 SM400 SMA400	SM490	SM490Y SM520 SMA520	SM570 SMA570
최소복부판높이 / 복부판두께	b/152	b/130	b/123	b/110	b/256	b/220	b/209	b/188	b/310	b/310	b/294	b/262
9	1,368	1,170	1,107	990	2,304	1,980	1,881	1,692	-	-	-	
10	1,520	1,300	1,230	1,100	2,560	2,200	2,090	1,880	3,100	3,100	2,940	2,620
11	1,672	1,430	1,353	1,210	2,816	2,420	2,299	2,068	3,410	3,410	3,234	2,882
12	1,824	1,560	1,476	1,320	3,072	2,640	2,508	2,256	3,720	3,720	3,528	3,144
13	1,976	1,690	1,599	1,430	3,328	2,860	2,717	2,444	4,030	4,030	3,822	3,406
14	2,128	1,820	1,722	1,540	3,584	3,080	2,926	2,632	4,340	4,340	4,116	3,668

여기서

b : 상하 Flange의 순간격(cm)

② 수평보강재를 3단 이상 사용시에는 Plate Girder의 최소 복부판 두께는 임의로 정할 수 있다. 다만, 보강재로 구분되는 패널의 국부 좌굴 응력을 검토하여야 한다.

③ 복부판의 높이는 교량에 점검로를 첨가하는 것을 고려하여 최소 1.5m로 하는 것이 바람직하다.

(3) Flange

Flange는 일매의 플레이트를 복부상하에 수평으로 배치한 것이 현재의 표준형상이다. 그의 외측에 cover plate(외측 플랜지판) 중첩하여 붙인 것도 있으며, 그림 5.2.6에 있는 특수한 형상을 사용하는 경우가 있다.

도로교 설계기준에서는 외측 플랜지판의 설치방법에 대하여 세부적으로 규정하고 있으며 최대 플랜지 두께는 100mm까지 사용가능하도록 하고 있으며 구조적인 면, 시공성, 경제성 등의 여러 가지 면에서 신설교량에는 외측 플랜지판을 사용하는 것이 이득이 없다. 특히 피로강도 저하에 유의하여야 한다.

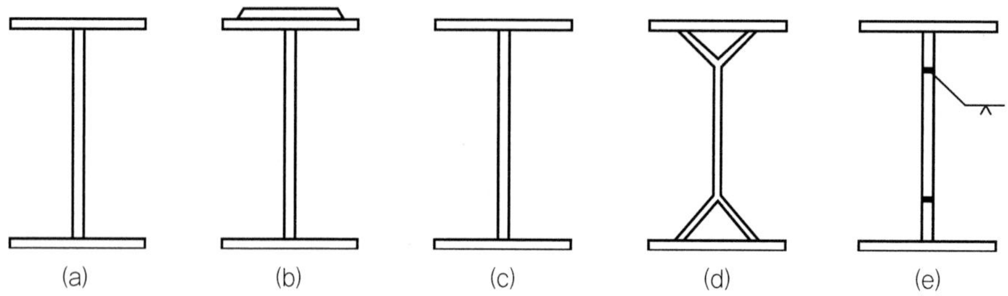

그림 5.2.6 여러 종류의 Flange 형상

1) Flange의 폭

① I -형 단면거더의 최대 플랜지 폭은 복부판 높이의 1/3~1/5를 사용하는 것이 일반적이다.

② 플랜지 폭은 외관을 고려하여 일정하게 하고 판두께를 조정하는 것이 바람직하며 최소의 폭은 200mm 또는 복부판 높이의 1/8을 원칙으로 하고, 최대폭은 복부판 높이의 1/3 정도를 원칙으로 한다.

③ 플랜지의 폭 변화는 그림 5.2.7(a)와 같이 하는 것이 바람직하며 특수한 경우를 제외하고는 그림 5.2.7(b)와 같은 변화를 시키는 것을 피하는 것이 바람직하다.

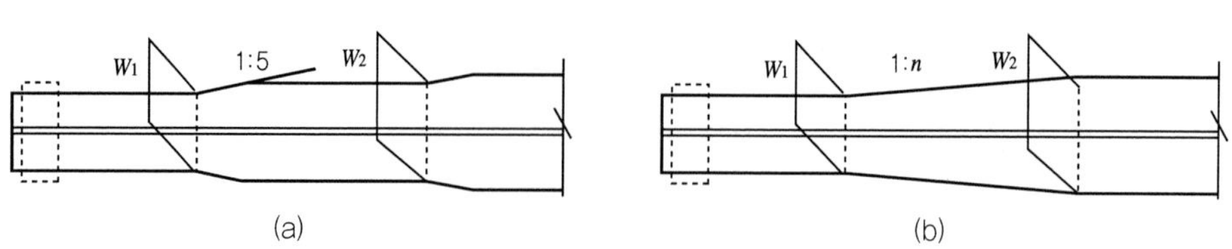

그림 5.2.7 I -형 단면거더 플랜지 폭 변화(예)

④ Flange 단면의 변화수와 그 위치는 표 5.2.2를 표준으로 하고, 단면변화의 개소는 3m이상의 거리를 확보하여 주는 것이 바람직하다. 판두께 차이는 두꺼운 쪽 판 두께의 1/2이하로 한다. 단, 부등경간, 사교, 곡선교 등에서는 전체 휨모멘트 및 전단력을 고려하여 합리적으로 결정하는 것이 바람

직하다.

⑤ 복부판 높이의 비를 극단적으로 하여 플랜지 폭이 적은 경우에 수평방향의 강성이 적다. 제작, 운반, 가설의 각 단계에서 취급에 지장을 주는 경우가 있으므로 주의요망.

⊙ 표 5.2.2 단면수와 변화 위치

기준길이 l (m)		정휨모멘트구역					부휨모멘트
		단면수 n	X_1	X_2	X_3	X_4	단면수 n
단순 I형 Girder	ℓ <35	3	0.109ℓ	0.239ℓ			
	35≤ℓ <45	4	0.081ℓ	0.171ℓ	0.282ℓ		
	45≤ℓ	5	0.065ℓ	0.136ℓ	0.215ℓ	0.310ℓ	
연속 I형 Girde	ℓ <15	1-2	0.167ℓ				2-3
	15≤ℓ <25	2	0.167ℓ				4
	25≤ℓ <35	3	0.109ℓ	0.239ℓ			
	35≤ℓ <45	4	0.081ℓ	0.171ℓ	0.282ℓ		
	45≤ℓ <55	5	0.065ℓ	0.136ℓ	0.215ℓ	0.310ℓ	

(주) 1. 기준길이 ℓ 은 아래와 같이 구한다.
ⓐ 단순거더인 경우에는 지간 길이를 취한다.
ⓑ 연속거더인 경우의 일 예를 그림 5.2.8에 나타낸다.
2. 단면수 n은 그림 5.2.8에 나타낸 것처럼 계산할 수 있다.

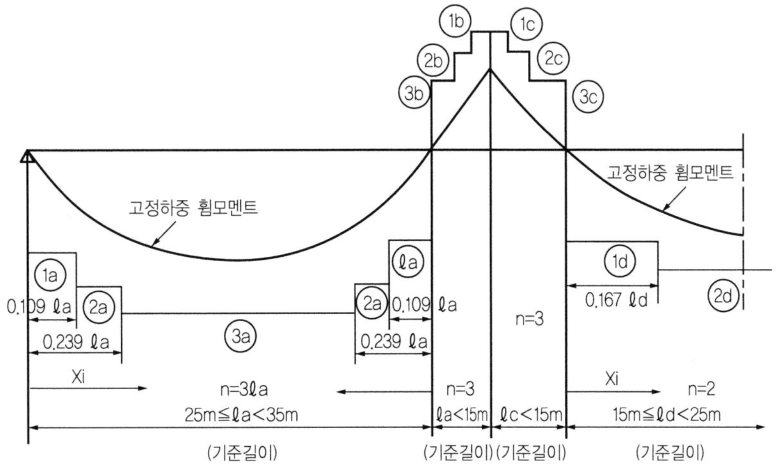

그림 5.2.8 연속거더교의 단면수와 변화 위치 예

2) Flange의 두께

① 압축 플랜지

압축력을 받는 플랜지는 주거더의 휨비틀림 좌굴과 자유 돌출판 국부좌굴의 2가지가 도로교 설계기준의 규정을 만족하도록 설계하지 않으면 안된다. 거더의 좌굴은 압축 플랜지가 콘크리트 바닥판에 직접

지지하지 않은 경우를 대상으로 하고 있으며, 자유돌출판의 국부좌굴에 대한 규정의 일부를 표 5.2.3에 있으며 이 규정은 플랜지 폭을 플랜지 두께에 비하여 극단적으로 크게 하지 않도록 규정한 것이다.

또한 연속거더교의 중간지점부 하부 플랜지는 콘크리트 바닥판과 직접 지지하지 않고 있기 때문에 두 규정을 동시에 만족되도록 플랜지의 폭을 설정하는 것이 중요하다.

⊙ 표 5.2.3 자유돌출판의 국부좌굴에 대한 허용응력 및 판의 최소두께

강 종	강재판두께(mm)	좌굴에 대한 허용응력(MPa)	판의 두께 범위
SS 400 SM 400 SMA 400	40 이하	140	b/13.1 ≤ t
		24,000(t/b)2	b/16 ≤ t < b/13.1
	40 초과 100 이하	130	b/13.6 ≤ t
		24,000(t/b)2	b/16 ≤ t < b/13.6
SM 490	40 이하	190	b/11.2 ≤ t
		24,000(t/b)2	b/16 ≤ t < b/11.2
	40 초과 100 이하	175	b/11.7 ≤ t
		24,000(t/b)2	b/16 ≤ t < b/11.7
SM 490Y SM 520 SMA 520	40 이하	210	b/10.7 ≤ t
		24,000(t/b)2	b/16 ≤ t < b/10.7
	40 초과 75 이하	200	b/11.0 ≤ t
		24,000(t/b)2	b/16 ≤ t < b/11.0
	75 초과 100 이하	195	b/11.1 ≤ t
		24,000(t/b)2	b/16 ≤ t < b/11.1
SM 570 SMA 570	40 이하	260	b/9.6 ≤ t
		24,000(t/b)2	b/16 ≤ t < b/9.6
	40 초과 75 이하	250	b/9.8 ≤ t
		24,000(t/b)2	b/16 ≤ t < b/9.8
	75 초과 100 이하	245	b/9.9 ≤ t
		24,000(t/b)2	b/16 ≤ t < b/9.9

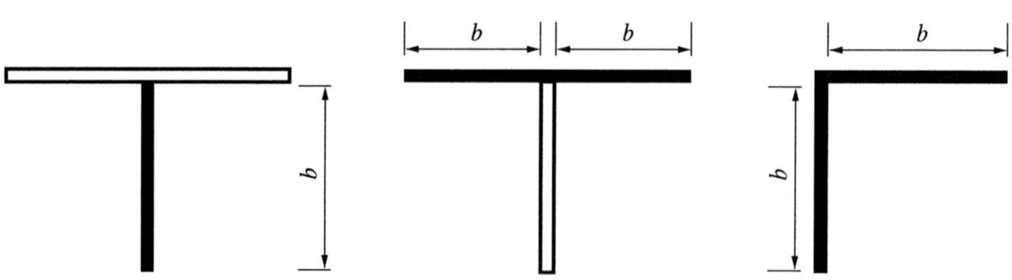

그림 5.2.9 자유 돌출 폭

② 인장플랜지

인장플랜지는 국부좌굴에 대한 우려가 없다. 그러나 인장력을 받는 플랜지의 폭에 비하여 극단적으로 플랜지 두께를 적게하며는 제작 중에 용접에 의한 변형이 크게 발생하고, 운반 및 가설중에 국부변형이 발생하게 되므로 플랜지 두께를 자유 돌출 폭의 1/16이상으로 설계기준에 규정하고 있다. 고장력 볼트

로 현장이음을 하는 경우에는 볼트 구멍을 제외한 순단면적을 고려할 필요가 있으며 볼트 구멍에 의한 단면의 결손율이 크지 않게 플랜지 폭을 확보하는 것이 중요하다.

③ 플랜지 두께의 구성

종래 설계에서는 플랜지의 단면변화를 맞대기 용접을 하면서 행하였다. 2000년대 초반에 일본에서 합리화 거더 설계의 도입에 따라 플랜지 두께 구성을 고려하는 방법이 대폭 변화를 가져왔다.

그림 5.2.10는 플랜지 두께 구성의 예를 나타낸 것으로 기본적인 총강재중량을 최소가 되도록 한다. 따라서 휨모멘트 곡선에 연하여 플랜지 단면을 구성하여 경제성이 있도록 하는 방법은 변한 것이 없다.

그림 5.2.10(a)는 맞대기 용접을 사용하는 경우의 플랜지 두께 구성의 예이다. 이의 경우에는 플랜지의 폭을 변화시키고 최소단면적을 선정하여 단면 변화수를 설정하는 것이 이상적인 것이다.

그림 5.2.10(b)는 맞대기 용접을 생략하는 합리화 거더 설계의 예이다. 그의 경우에는 현장이음 위치와 단면변화 위치가 같으며 그 위치의 휨모멘트의 곡선형상에 따라 수송조건 및 가설조건이 크게 좌우된다. 또한 플랜지 두께 변화는 Filler Plate(채움판) 처리를 하고 플랜지 폭을 경간 내에서는 일정하게 한다.

여기서 플랜지 폭을 설정하는데 유의할 점은 다음과 같다.

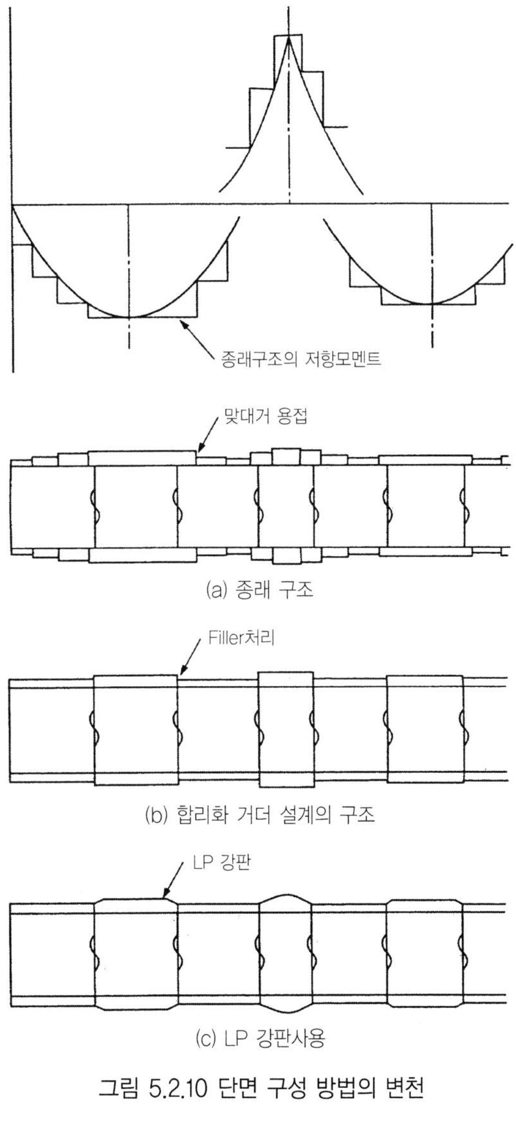

그림 5.2.10 단면 구성 방법의 변천

(a) 합리화 거더 설계의 주지(主旨)는 재편수를 적게 하여 가공인력수를 삭감하는 것으로 「플랜지 폭을 거더 전길이에 일정」의 조문은 주의하여 유연하게 해석하여야 한다.

(b) 상부 플랜지의 폭은 바닥판 거푸집 시공 및 가설시 안전작업을 고려하여 일정하게 하는 것이 좋다.

(c) 연속거더교의 중간지점부의 하부 플랜지는 압축 플랜지의 좌굴규정과 교량받침 Sole Plate 형상에 제약을 받고 이 부분은 일반적으로 거더 전길이의 15% 정도 범위를 고려하고 오히려 적극적으로 이 부위를 대상으로 최적의 플랜지 폭을 설정하도록 하여야 한다.

그림 5.2.10(c)는 강판 두께 변화가 있는 LP강판(Longitudinally Profiled Plate)을 사용한 예이다. 맞대기 용접을 생략하고 채움판을 사용하여 무리하게 휨모멘트 곡선에 연하여 단면변화를 가능케 할 수 있다. 일반적인 강재는 가외의 재료비가 증가하므로 합리화 거더 설계에 아주 적합한 강재이다.

5.2.4 거더 단부의 노치부의 설계

도시고가교에서 교차로 부근에서 교통처리 문제로 다리밑 높이의 제약에 따라 교각의 머릿보의 높이가 장애가 되는 경우에 거더의 단부에 노치를 설치하는 경우가 있다. 이렇게 설계하는 경우 고가교의 종단선형을 수정하지 않고 설계를 할 수 있어 경제적인 측면에서 유리하다.

(1) 거더 단부 노치부의 형상

거더단부의 노치부의 형상은 다음 그림 5.2.11과 같이 크게 3가지로 구분된다.

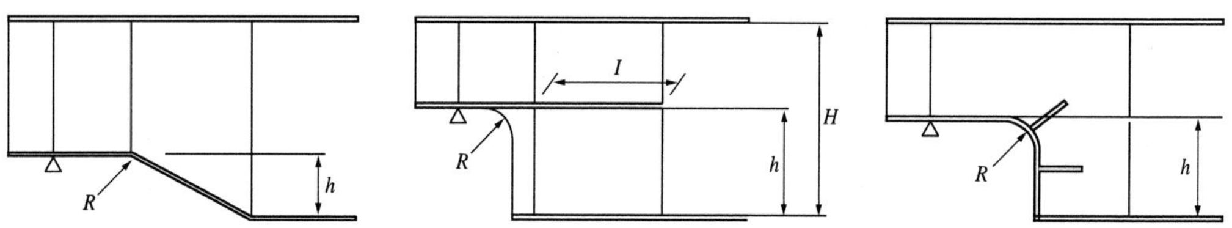

$h < 350$ (a) Taper 형(비낀형)　　$350 \le h < H/2$ (b) 직사각형　　$350 \le h < H/2$ (c) 원호형

그림 5.2.11 거더단부의 노치 형상

(2) 거더단부 노치부 형상의 적용성

1) 노치부 높이 h가 350mm 보다 적은 경우에는 Taper 형을 적용한다.
2) 노치부 높이 h가 350mm 보다 크고, 거더 높이 H/2 이하 인 경우에는 직사각형, 원호형을 많이 적용한다.
3) 거더의 복부판은 노치부를 두지 않도록 설계하는 것이 원칙이지만 부득히 거더단부 복부판에 노치부가 있는 경우 가급적이면 직사각형으로 설계하는 것이 바람직하다.

(3) 거더단부 노치부의 형상 직사각형의 설계시 주의사항

1) 복부판의 단면 변화량 h는 최소 350mm, 최대 H/2로 한다.
2) 보강 Flange 길이 L은 최소 h를 확보하는 것으로 하고 Flange의 힘을 충분히 전달할 수 있는 값으로 한다.
3) 노치부 복부판 단부와 하부 구조와의 간격 b는 도장 및 유지관리의 편의를 고려하여 정한다.
4) 보강 Flange 단부와 Web판 두께 단면 변화부 까지 거리는 H/5 이상으로 한다.

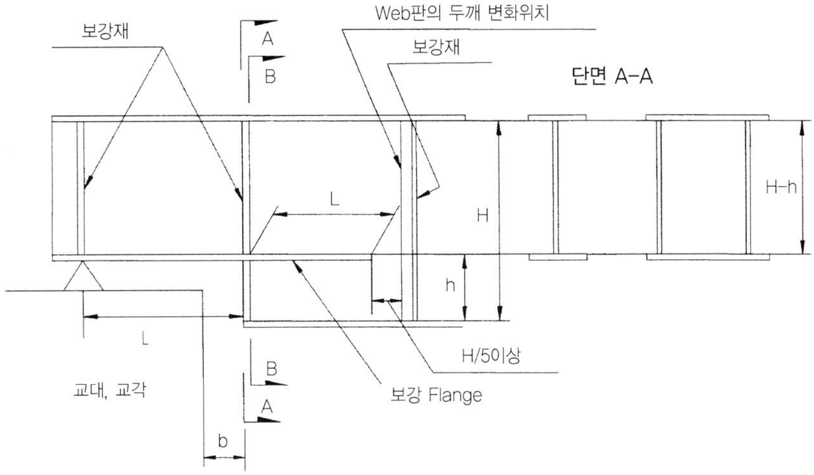

여기서

단면 A~A : 복부판을 절취한 부분의 지간 중앙에 가까운 단면

단면 B~B : 복부판을 절취하지 않은 부분의 지점에 가까운 단면

그림 5.2.12 복부판 노치부 (직사각형)

5.2.5 설계세목과 기타사항

(1) 가로보(Cross Beam, Transversed Beam) 및 수직 Bracing 배치

1) 기본사항

① 하중분배 가로보는 지간 중앙부근(휨모멘트가 최대 값 부근) 설치하는 것이 가장 효과 적이다.
단지점 및 중간지점에 설치하는 가로보는 바닥판의지지 거더로서 작용하는 활하중을 하부 구조물에 전달하는 등 하중분배 가로보와는 다른 기능이 기대되는 부재이다. 따라서 견고한 구조로 설계하지 않으면 안 된다.

② 바닥판이 3본 이상의 주거더로 지지되고 주거더의 지간이 10m 이상인 것에 대해서는 거더 사이에 이에 강한 하중분배 가로보를 설치하고 그 간격은 20m를 넘어서는 않된다.
또한 지간이 40m 이하의 경우 수직 Bracing 배치의 분할은 짝수로 하는 것이 좋다.

③ 수직 Bracing 간격은 6.0m 이내로 설계하되 플랜지폭의 30배를 넘지 않아야 한다. 간격이 너무 좁히면 비경제적 이므로 5.0~6.0m 정도로 배치하는 것이 좋다. 다만 2주형거더의 경우에서 곡선교 및 사교에서는 이보다 좁게 배치하는 것이 좋다.

④ 수직 Bracing 간격은 일반적으로 등간격 분할하는 것이 좋고 되도록 cm 단위로 하고 단수는 지간의 양단 패널에 의해 조정하는 것이 좋다.

⑤ 단 수직 Bracing은 바닥판을 쳐서 상현재와 결합시키기 위해 윤하중에 대해서도 저항할 수 있도록 설계한다. 이 기능을 충분히 발휘시키기 위해, 충복(통판)형식(I-형거더)의 거더가 강성도 크고 편

리하지만 경제성, 교대 또는 교각 위치에서 작업공간의 확보를 고려해서 수직 Bracing 형식이 많이 사용된다.

2) 가로보 · 수직 Bracing 배치

폭이 변하는 사다리꼴 평면형상의 교량, 사교, 곡선거더교의 경우에는 그림 5.2.13~5.2.15를 표준으로 한다. 여기서 교축선이란 교량 폭을 2등분 한 것을 연결한 선을 말한다.

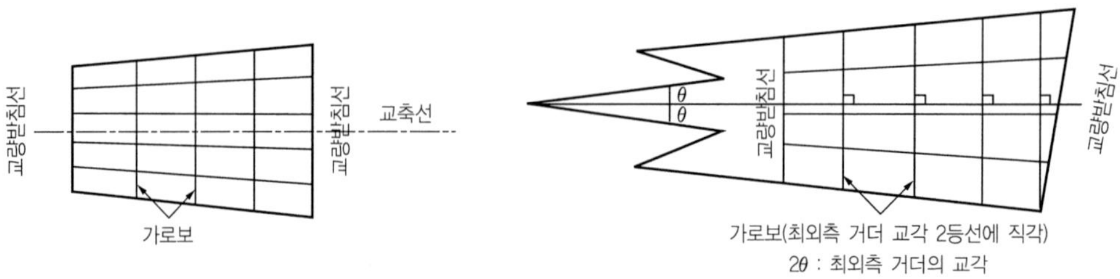

(a) 교량 받침선이 평행인 경우 (b) 교량 받침선이 평행이 아닌 경우

그림 5.2.13 교량 폭이 변하는 거더교의 가로보 · Bracing 배치

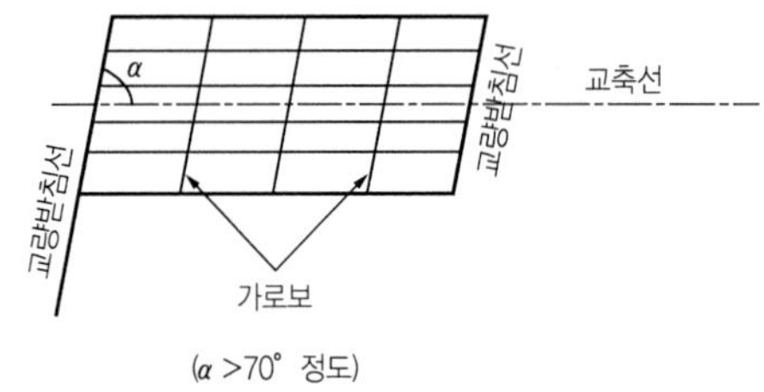

(a) 교량 받침선이 평행이고 사각(α)가 큰 경우

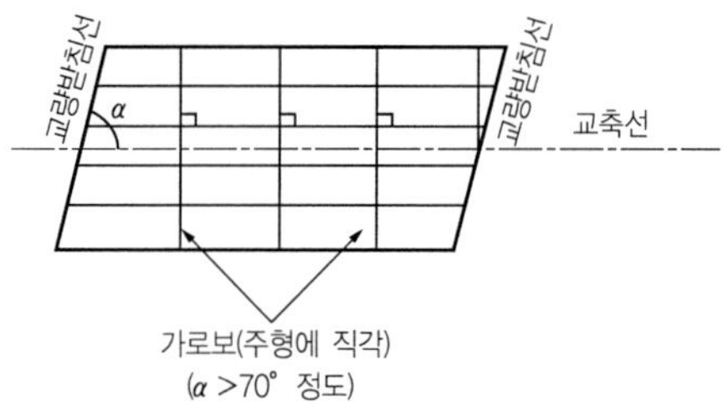

(b) 교량 받침선이 평행이고 사각(α)가 작은 경우

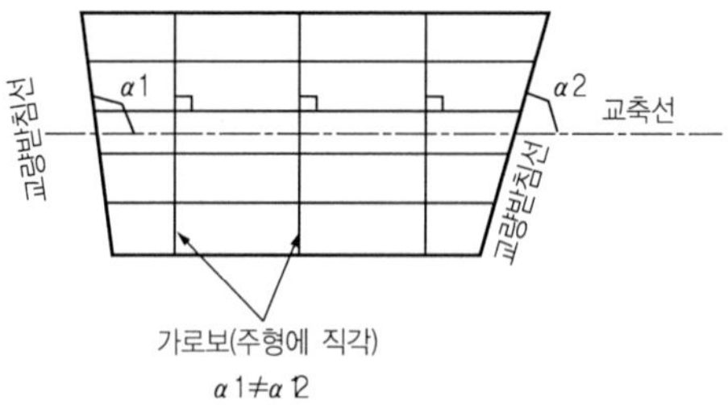

(c) 교량 받침선이 평행이 아닌 경우 (사다리꼴 평면 형상)

그림 5.2.14 사교인 경우 가로보 · Bracing 배치

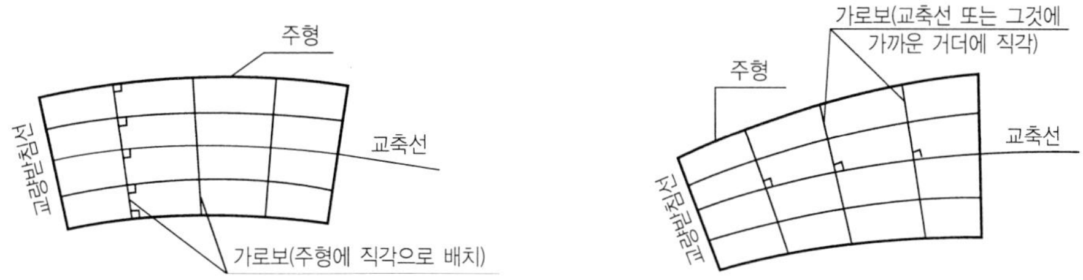

(a) 각 거더가 평행인 경우　　　　(b) 각 거더가 평행이 아닌 경우

그림 5.2.15 곡선교인 경우 가로보 · Bracing 배치

3) 수직 Bracing 및 Cross Beam(하중분배보)

① 수직 Bracing의 형식은 경사재의 결합으로서 그림 5.2.16과 같이 V형과 역 V형이 있는데 단부수직 Bracing의 경우는 윤하중을 부담하므로 역 V형이 효과적이다.

② 단부수직 Bracing은 역 V형으로 결합시키는데 대해서 중간 수직 Bracing은 V형으로 결합한다. 이것은 상현재측이 바닥판 콘크리트 타설 후에 바닥판 보다 상당히 강성이 높아짐으로 하현재 면내 고정 점간 거리를 1/2로 할 수 있도록 결합을 한 것이다.

③ 수직 Bracing 높이와 거더 간격 비가 작은 때는 Truss 형식 보다도 Cross Beam 형식 구조상으로 바람직하다.

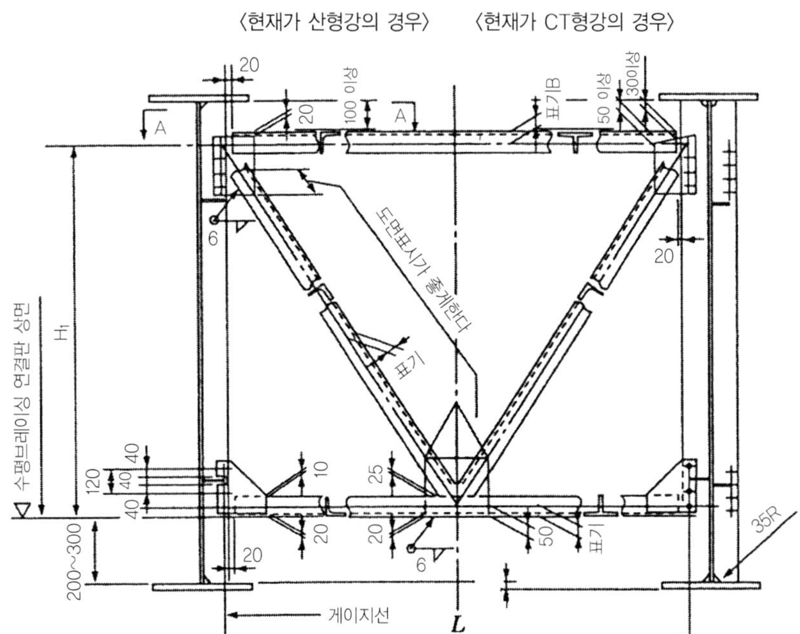

그림 5.2.16 중간 수직 Bracing 단면

④ 하중분배 횡거더의 높이는 거더 높이의 0.8배 정도 또는 1.2m 이상으로 한다.(그림 5.2.18 참조)
⑤ 하중분배 횡거더(가로보)의 Flange 폭은 가로보 높이의 1/4 정도 한다.
⑥ I형 단면 합성형 단부에 수직 Bracing 대신 Cross Beam을 설치한 경우에 는 Cross Beam의 높이는 거더 높이의 0.4배 이상으로 한다.(그림 5.2.17(b) 참조)

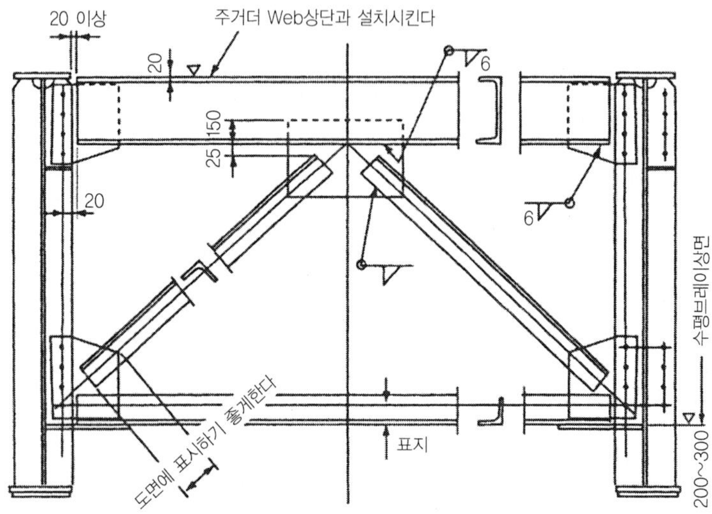

(a) 역 V형 수직브레이싱

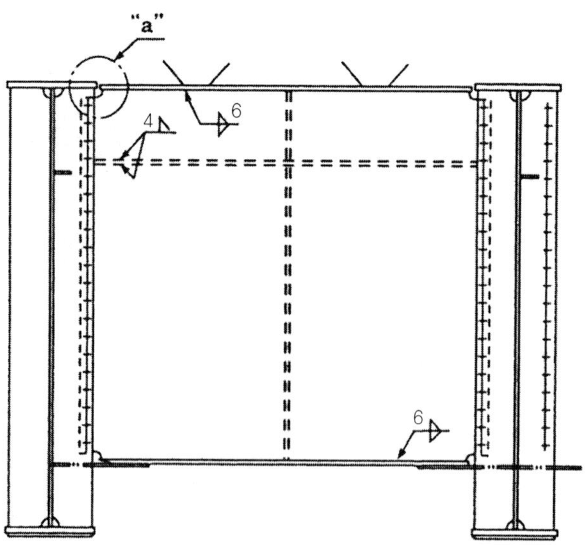

(b) I-형 단면 단부가로보

그림 5.2.17 단부 수직브레이싱 및 가로보

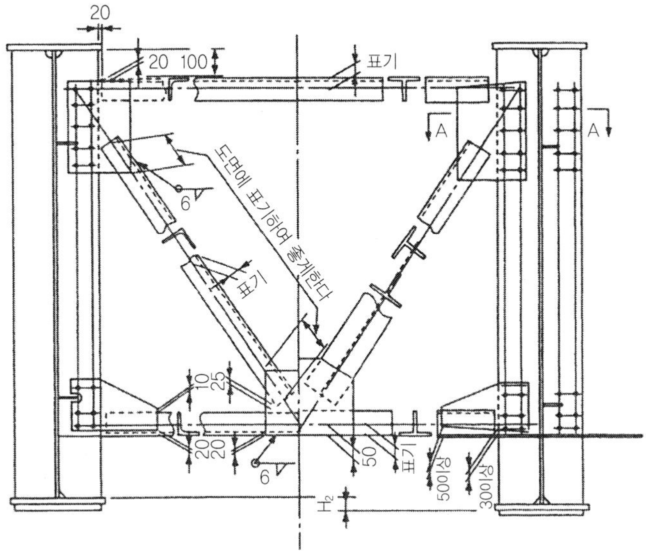

(a) 하중분배 수직브레이싱 · 중간지점 수직브레이싱

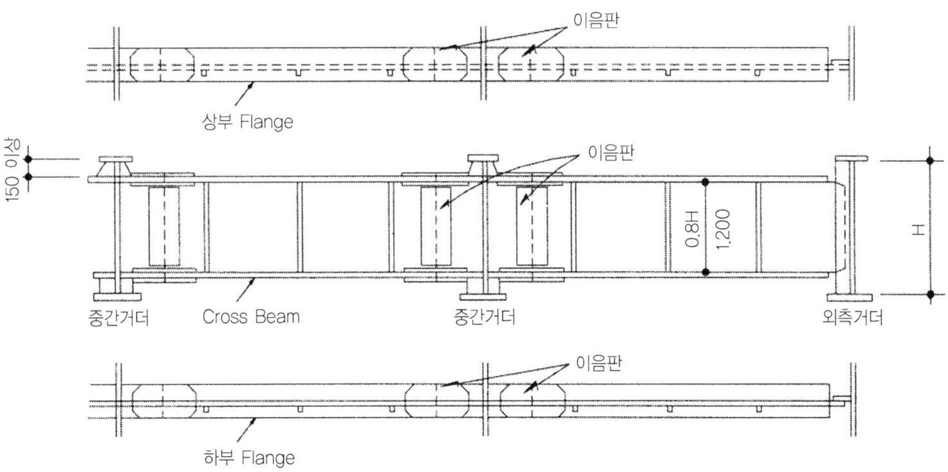

(b) 하중분배 가로보

그림 5.2.18 하중분배 브레이싱 · 가로보

(2) 수평 Bracing(Lateral Bracing)

1) 기본사항

① 지간 25m 이하에서 강성이 큰 Cross Beam이 있는 경우에는 Bracing을 생략하여도 되지만 거더의 배치가 부정형이거나 가설시에 평면형상 유지가 어렵다고 판단되는 경우에는 수평 Bracing을 배치하는 것이 바람직하다.

② 수평 Bracing의 설치 방법은 거더의 수에 따라 다르며, 수평 Bracing은 V형, 역 V형을 원칙으로

한다.

③ 지점에 인접한 수평 Bracing에도 V형, 역 V형을 원칙으로 하지만 거더의 수가 짝수인 교량에서는 X형의 설치를 병용하여도 좋다. 단, Bracing 간격 a가 거더 간격 b에 비교하여 작은 경우에 X형을 채용하면 거더 축선과 수평 Bracing 부재의 교차 각이 작게 되고 Bolt의 배치에 따라서 Gusset Plate가 커지는 등의 문제가 있기 때문에 Bracing 간격의 1/2에 Strut를 설치하는 형식을 채용하는 것이 좋다.

④ 곡선 I형 Girder인 경우에는 그 지간 길이에 관계없이 상부 수평 Bracing 및 하부 수평 Bracing을 설치하여 Flange의 부가응력을 경감시키고 가설시 안정을 도모해야 한다.

2) 수평 Bracing 배치

① 2거더 일 때

(a) 그림 5.2.19(a)와 (b)는 직교의 예를 나타 낸 것이다 (a)에서 α 값이 작은 경우에는 사재의 세장비가 크게 되고 Gusset Plate가 크게 되어 비경제적으로 된다. 이와 같은 경우에는 (b)와 같은 형식을 채용하는 것이 좋다.

(b) 사교의 경우 사각이 클 때에는 그림 5.2.19(a)와 같이 복사재 형식 사용되지만, (c)와 같은 형식이

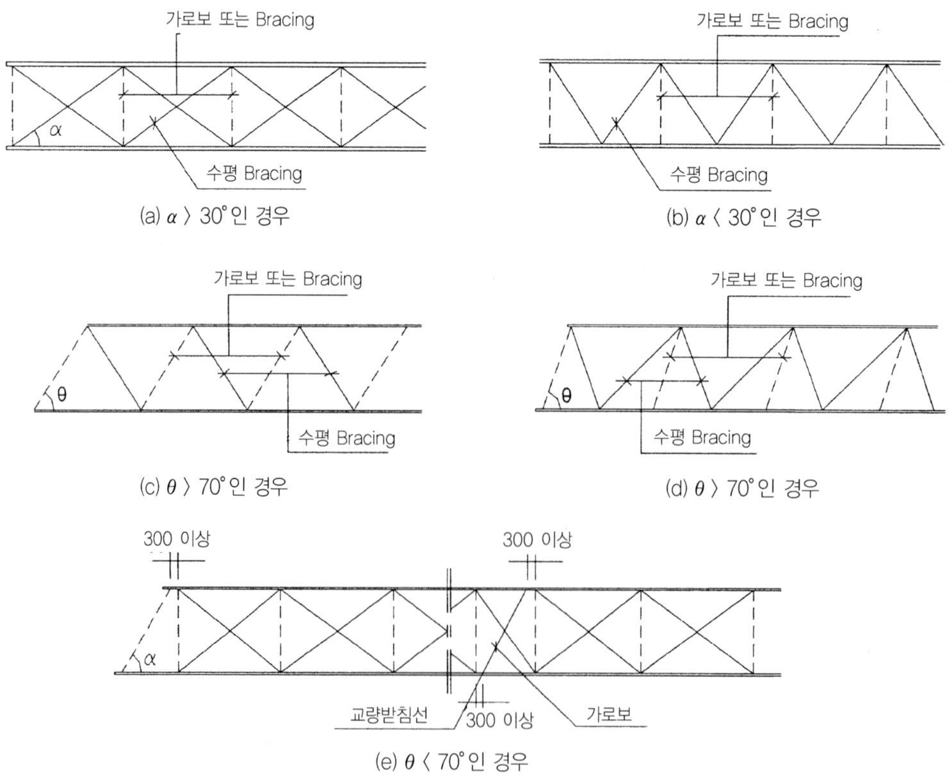

그림 5.2.19 2거더일 때 수평 Bracing 배치

유리하다.

(c) 지간 길이에 비교해서 거더의 간격이 좁은 경우에는 가설시의 안정을 위해서 상부 수평 Bracing을 사용하는 것이 좋다.

② 3거더 일 때

(a) 3거더 이상의 다주거더에서는 그림 5.2.20와 같이 사재의 배치방법은 (a)와 (b)의 2가지 방법이 있다.

a)는 하중분배 가로보의 하부 Flange와의 부착하는데 좋은 경우이다.

b)는 외측 거더의 격간 중앙에 사재로 지지되어 있으므로 상부 바닥판 콘크리트 타설시 거푸집에 의해 생기는 수평력에 대해(a) 보다 안전하고 바닥판의 Cantilever 부가 큰 거더에 대해서 좋은 형식이다. 또한 외측 거더의 격점 중앙을 지지하고 Flange의 수평면내의 고정점간의 거리를 짧게 하여 2차 응력에 대하여 효과적이다.

(b) 그림 5.2.20(c), (d)의 형식 채택하는 경제 사각 θ는 70° 이상인 경우이다.

(c) 형식에서 L1이 길 경우에는 (d)의 형식이 유리하다. L2 < L1로 되는 조건은 $b/a > \tan\theta/4$일때 이다.

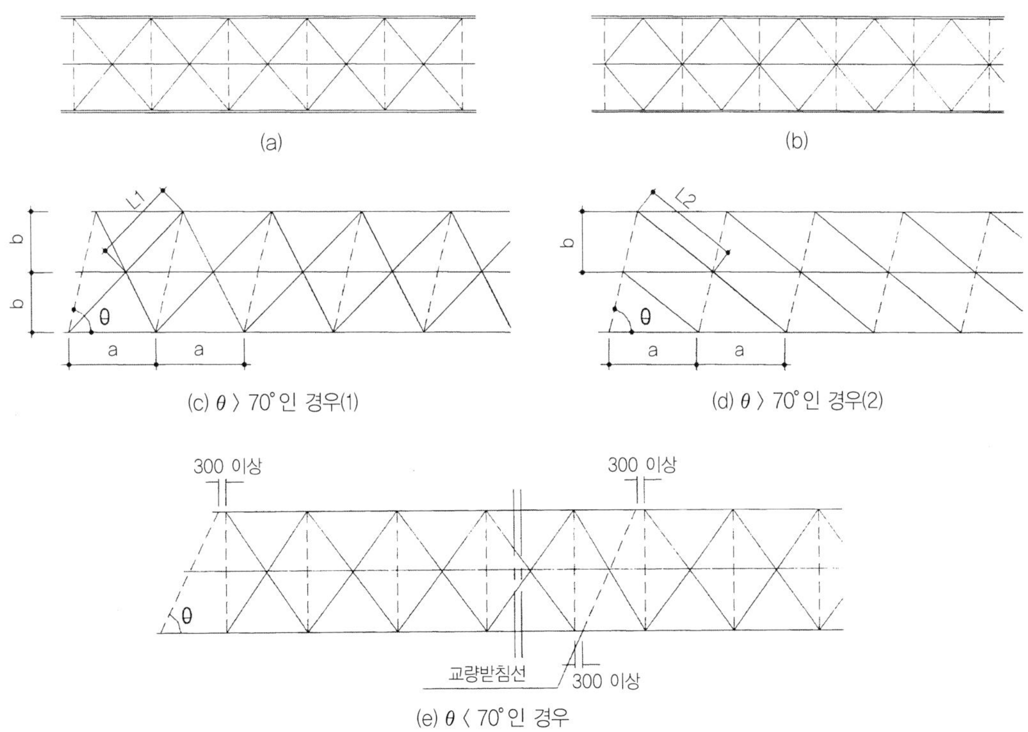

그림 5.2.20 3거더일 때 수평 Bracing 배치

③ 4거더 일 때

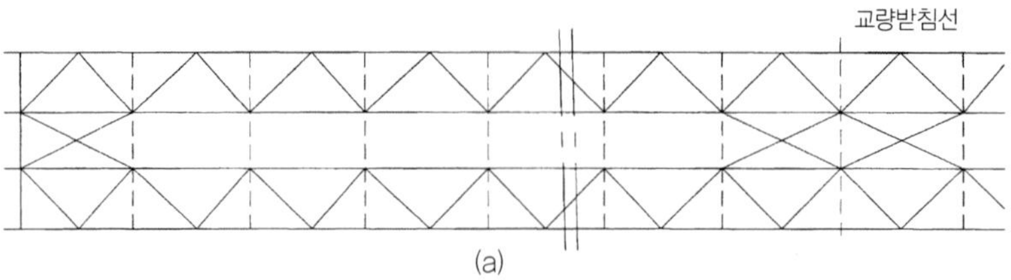

(a)

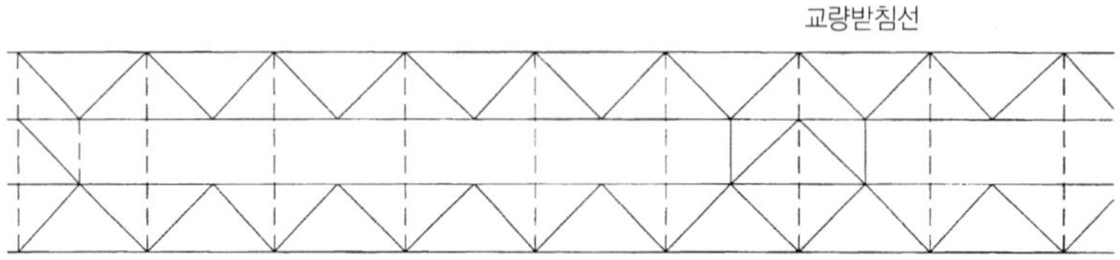

(b)

그림 5.2.21 4거더 일 때 수평 Bracing 배치

④ 5거더 일 때

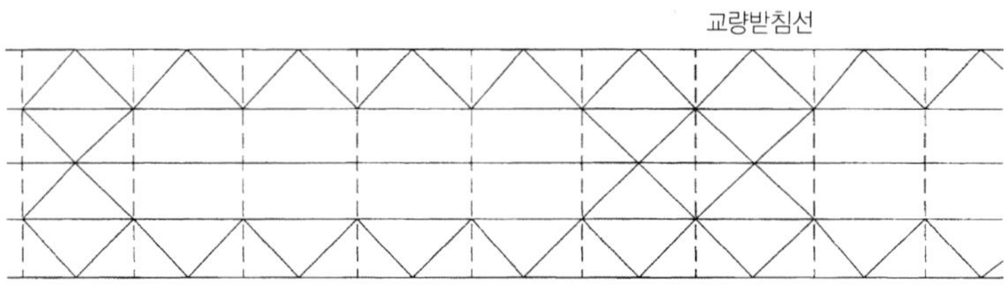

(a)

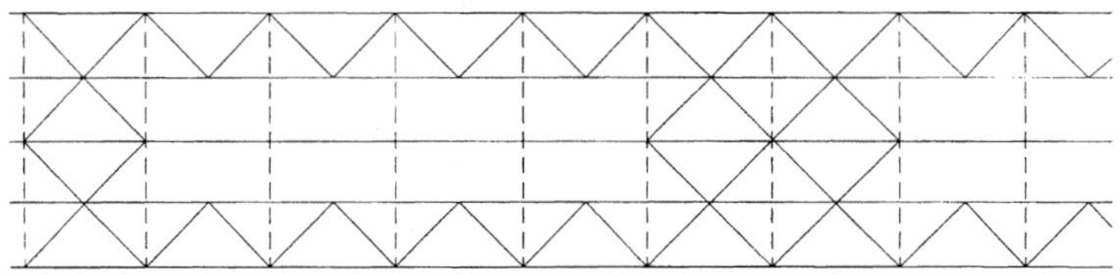

(b)

그림 5.2.22 5거더일 때 수평 Bracing 배치

⑤ 6거더 일 때

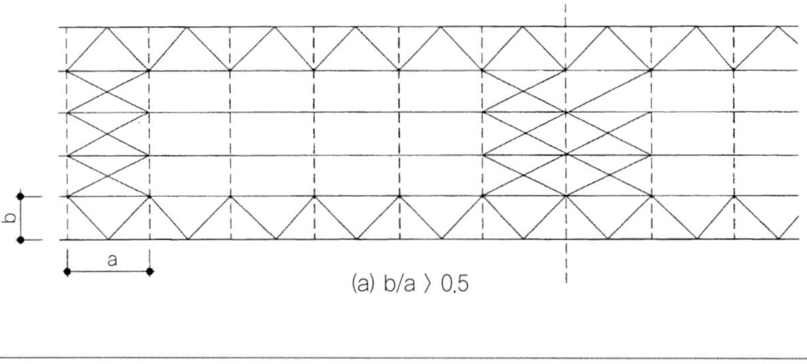

(a) b/a 〉 0.5

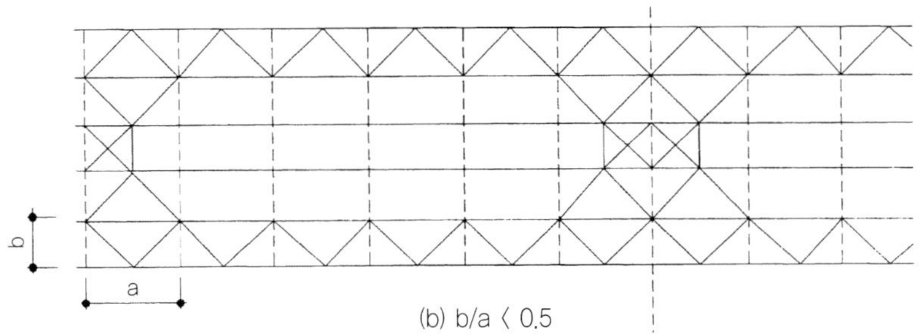

(b) b/a 〈 0.5

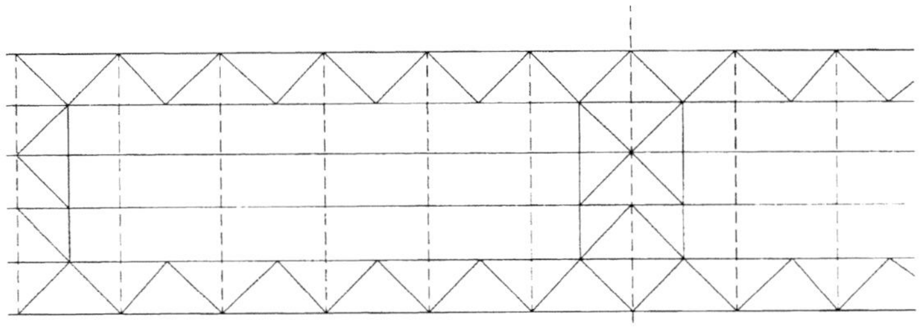

(c)

그림 5.2.23 6거더 일 때 수평 Bracing 배치

3) 거더의 단면 변화가 있는 경우 수평 Bracing 배치

① 거더단면 변화부의 수평 Bracing의 배치 방법은 그림 5.2.24(a), (b), (c)에 준하여 결정하는 것이 좋다.

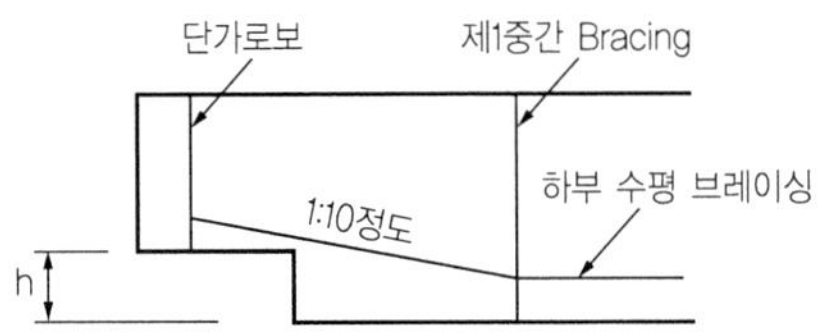

(a) h가 작은 경우

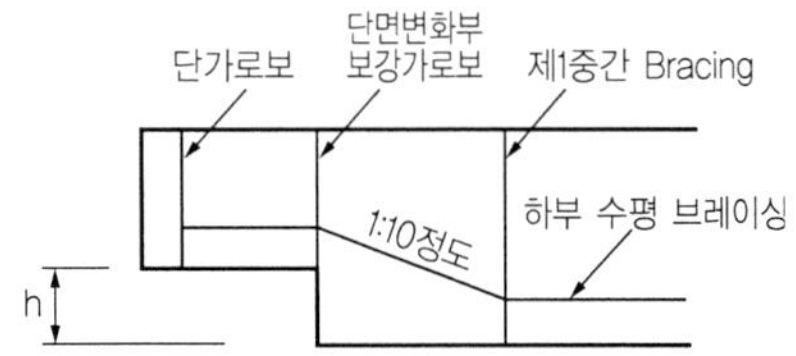

(b) h가 큰 경우(그림1)

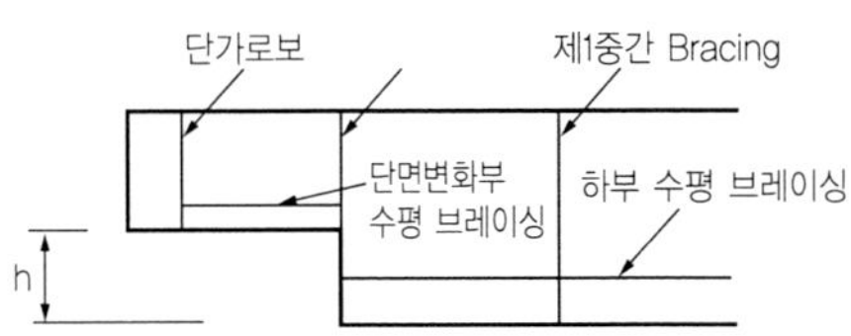

(c) h가 큰 경우(그림2)

그림 5.2.24 단면 변화하는 경우 수평 Bracing 설치 방법

② 그림 5.2.24의 (a), (c)의 경우 수평 Bracing 설치 방법은 그림 5.2.25과 같이 하고 A부의 설치방법은 1) ②항의 첫째 Panel의 그것에 준하여 하 는 것으로 한다.

또 그림 5.2.24(b), (c)의 경우 단면변화부 전면에 수평 Bracing에 작용하는 수평력을 교량받침에 전달하는 데에 충분한 강도를 갖는 가로보(그림 5.2.18 참조)를 설치하는 것으로 한다.

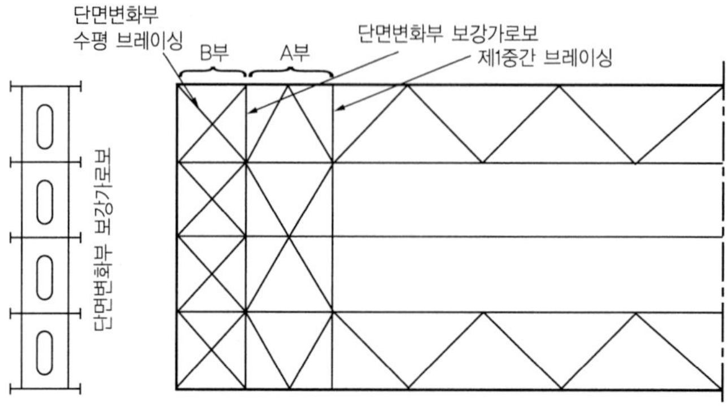

그림 5.2.25 단면 변화부의 수평 Bracing 설치 방법

5.3 2주 거더교(소수 주거더교)

5.3.1 개요

최근에 설계하는 Ⅰ-형 단면 거더교의 특징은 기존의 다주거더교에 비하여 2주거더 또는 3주거더로 지간을 넓게 할 수 있는 장지간 바닥판을 사용하여 거더의 수를 최소화하고 가로보, 수평 브레이싱 등의 구조를 단순화 또는 생략하여 사용재료, 제작인건비, 운반, 가설, 유지관리면에서 합리화를 도출한 교량형식인 새로운 사고방식의 형식을 채용하고 있는 실정이다.

종래에는 교량에 강재중량을 적게 들어가도록 하는 것이 가장 경제적인 설계라고 하였으나 산업화의 급속한 진전에 따라 인건비의 부담이 문제가 되어 강교 설계제작 가설시에 강재의 중량을 경감하는 방안을 강구하는 것도 중요한 일이지만 현재에는 강재중량과 제작 및 시공인건비와의 총화가 경제성의 지표가 되고 있다.

이러한 발상으로 설계에 도입된 Ⅰ-형 단면거더교가 2주형 거더교이다.

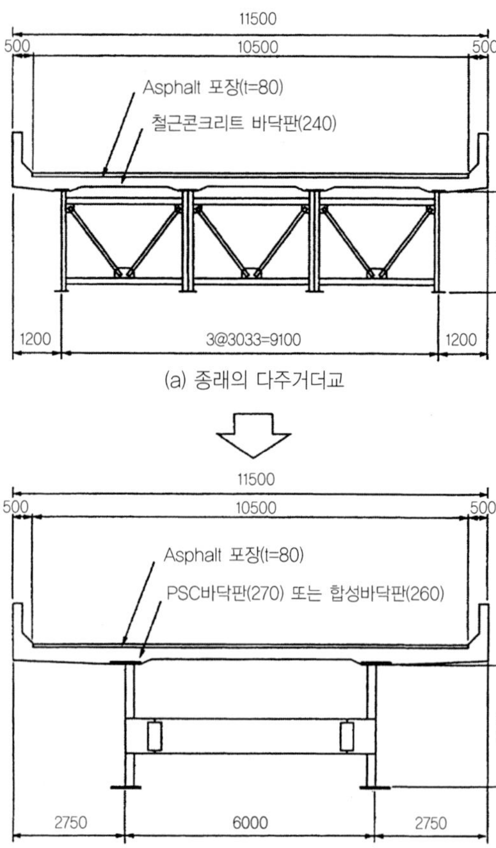

그림 5.3.1 2주거더교 변천 개념도

2주형 거더교는 그림 5.3.1의 개념도에 보는 바와 같이 종래의 철근콘크리트 바닥판에 비하여 대폭 내구성이 높은 장지간용 바닥판을 사용하여 바닥판의 지간 간격을 넓히고 주거더 본수를 적게 하는 교량형식이다.

이와 같은 구조가 가능케 하는 요인은 다음과 같다.

㉠ 장지간용 바닥판으로 프리스트레스트 콘크리트 바닥판 및 합성바닥판의 개발

㉡ 재편수를 줄이고 복부판을 보강하는 수평보강재를 1단으로 설치하여 도로교 설계기준에 따라 복부판 두께 결정

㉢ 복부판의 현장이음에 사용하는 연결판은 표리에 1매씩 총 2매로 하는 것을 원칙

㉣ 강판의 두께가 100mm까지 생산이 가능

이상의 것 중에 특히 장지간용 바닥판의 채용이 크게 기여했다.

(1) 2주형 거더교의 특징

2주형 거더교는 종래의 다주 I-형 거더교를 합리화한 교량으로서 기본적인 I-형 거더교의 장점은 그대로 유지한다. 추가적인 2주 거더교의 특징은 다음과 같다.

1) 장점

① 강재중량이 감소한다. 복부판의 수가 감소하여 5%이상의 강재가 감소한다.

② 상부구조 자체의 미관개선과 주거더가 차지하는 폭이 좁아져 하부구조의 폭이 작아지게 되어 교량 전체적인 공사비 절감 및 미관개선 효과가 있다.

③ 복부판의 좌굴을 방지하기 위해 설치되는 주거더의 수직·수평 보강재 사용을 최소화하여 사용부재수, 용접량, 도장면적의 감소에 따른 인건비 절약효과가 있어 경제적이다. 또한 이는 외관 개선효과가 있다.

④ 다주 거더교에 비해 상대적으로 거더수가 줄어들어 제작상 운반, 가설상 유리하고 공기가 단축된다.

⑤ 큰 가로보를 적점간격으로 사용하여 세로보(stringer), 수직 브레이싱, 수평 브레이싱을 생략가능하게 하여 전체구조의 단순화가 가능하다.

2) 단점

① 다주 거더교에 비하여 거더높이가 높아져 다리밑 공간에 엄격한 제한을 받는 경우는 불리하다.

② 수평하중을 바닥판이 내하하므로 지간이 60m이상에 적용하는 경우에는 내풍안전성을 검증해야 한다.

③ Block 당 중량이 크기 때문에 이에 대응하는 가설공법을 연구해야 한다.

④ Flange의 두께가 크기 때문에 현장이음에 현장용접이음을 할 경우, 이에 대한 용접품질의 확보 및 검사방법을 강구해야 한다.

⑤ 일반의 철근콘크리트 바닥판에 비하여 장지간의 바닥판의 가격이 높다.

⑥ 피로검토시 단재하 경로를 적용하여야 하므로 허용피로응력의 범위가 줄어들어 다소 불리하게 된다. 장지간용 바닥판을 프리캐스팅 콘크리트 바닥판, 프리캐스팅 PS 바닥판을 사용하는 경우에는 거더 상부에 전단연결과의 접합여부에 따라 비합성이 되는 경우도 있으므로 프리캐스팅 바닥판을 적용시에는 각별한 주의가 요망된다.

5.3.2 2주 거더교의 계획 · 설계

(1) 바닥판

도로교에 적용되고 있는 2주형교 및 3주형교와 같은 장지간 바닥판에 적용하려고 하는 「도로교 설계기준」의 최소바닥판 두께 산정식은 바닥판이 두꺼워져 고정하중의 영향을 지나치게 증가되는 문제점을 내포하고 있다. 통상적으로 장지간 바닥판은 프리스트레스가 도입되어 균열이 억제되고 또한 단지간 바닥판 보다 두께가 두껍기 때문에 반복되는 트럭하중에 의한 펀칭파괴가 발생하기 어렵다. 따라서 2주거더교의 바닥판의 설계시 바닥판의 최소두께를 다음과 같이 설계하중에 대하여 균열과 처짐에 대한 사용성이 만족되도록 산정할 수 있다.

㉠ 바닥판의 설계 휨모멘트 산정은 간이계산법 보다 차량바퀴의 접지면적을 고려한 정밀해석 방법을 이용해 산정하는 것을 원칙으로 한다.

㉡ 균열 폭은 도로교 설계기준 콘크리트 편 사용성 설계의 허용균열 폭 이하로 억제해야 한다.

㉢ 활하중(충격포함)에 의한 처짐은 단순 또는 연속경간의 경우 1/800 이하, 다만 보행자가 다니는 도시지역의 교량은 1/1,000을 초과해서는 안된다.

㉣ 활하중(충격포함)을 고려한 캔틸레버의 처짐은 캔틸레버 길이의 1/300, 보행자 용도가 고려된 경우에는 처짐비가 1/375를 초과해서는 안된다.

1) 2주거더교에 적용하는 바닥판은 프리스트레스트 콘크리트 바닥판을 채용하는 것을 기본으로 한다.

2) 2주거더교의 총 폭원은 10.4m~12.4m 정도의 너비에 적용하는 것이 적정하다.

3) 바닥판을 프리캐스트 P.S 바닥판, 합성바닥판을 채용시 바닥판과 거더의 접합면에 대하여 합성시 전단연결재에 대한 신뢰성을 확인하고 적용하여야 한다.

4) 프리캐스트 바닥판을 사용하여 비합성교로 설계하는 경우에 경간중앙부의 정 휨모멘트를 받는 경우는 거더의 상부 플랜지가 두꺼워져 비경제적인 경우와 거더의 높이가 높아지는 경우가 있으므로 세심한 검토가 따라야 한다.

(2) 거더의 간격 및 배치

1) 거더의 간격은 도로교 설계기준에는 최대 7.3m까지 가능하나 7.0m 이내로 하는 것이 바람직하다.

2) 주거더 간격에 대한 캔틸레버 길이의 비는 1:0.4~0.53의 범위로 거의 캔틸레버(1) : 거더간격(2) :

캔틸레버(1) 폭 1:2:1의 배치가 적당하다.

3) 거더의 배치는 가능한 직교가 되도록 배치한다.

4) 사교에 적용시 사각이 15도 이내일 때만 적용한다.

5) 곡선교에 2주거더교를 적용시는 거더의 휨비틀림강성 등을 고려하고 교량전체의 진도에 대한 안정성이 확보여부를 검토한다(곡선교의 중심각 0.06rad 이하).

6) 곡선교의 경우, 현장여건상 곡선교 가설의 가능여부, 동바리 설치가능여부를 충분히 검토하여 적용한다.

(3) 2주거더 단면계획

1) 거더의 복부판 높이 결정

복부판의 높이는 제작의 효율성, 경제성을 고려하여 일정하게 하는 것이 좋다. 다만, 연속거더에서 가설공법에 의하여 중앙지점부 상단의 거더에 과도한 휨모멘트 및 전단력이 작용시에 플랜지 두께 및 복부판 두께의 조정으로 저항이 어려운 경우에는 이 부분의 높이를 높게 하여 변단면 거더교로 하는 것이 경제성과 미관에 공헌하는 경우가 많다.

① 최적인 거더높이/경간비의 설정하는데 있어서 고려사항

(a) 운송로의 곡선반경 및 곡선길이, 도로폭원, 고가보도교 다리밑 높이, 지하차도 등

(b) 거더 블록의 중량(운반 트레일러, 크레인 인양 능력 및 인양 높이)

(c) 교량가설 현장의 조건(인양장비 진입 및 설치위치, 가설장비 진입여부, 가설시간 제한여부 등)

② 최적인 거더높이/경간비 : 1/17~1/18 적용한다.

③ 거더의 최대높이 : 3.5m이하로 한다.

이는 운송높이 제한으로 주거더 인양러그 및 차량적재 바닥까지의 높이를 포함하여 최대 4.5m를 한계로 하고 이를 초과하는 경우에는 복부판에 수평으로 연결부를 설치한다.

가로적재의 경우에는 운속폭 제한으로 3.5m로 한다.

④ 외국의 경우 거더높이/경간비

(a) 일본 : a) 거더높이/경간비 :1/15~1/19

b) 거더높이는 지간길이에 관계없이 2.5~3.0정도로 적용하고 있으며 이는 지간길이가 길어질 때는 강재의 재질 또는 플랜지 두께의 조절로 대응할 수 있을 것이다.

(b) 프랑스 : 거더높이/경간비

- 단경간 : 1/22
- 동일한 높이의 연속교 : 1/28
- 변단면 연속교 : 중앙지점부 : 1/25, 중앙부 : 1/40~1/50

2) 복부판의 두께

① 복부판 두께는 다주교 설계에 적용하는 설계기준에 따라 결정한다.

② 복부판의 두께는 수평보강재를 사용하지 않는 경우가 거더제작시 품이 적게 들어가고 제작기간이 단축되는 장점이 있으나 복부판 두께가 지나치게 두꺼워져 강재중량이 증가하는 경향이 있다.

③ 복부판 두께는 수평보강재 1단이하 설치시에 적용한다. 이는 복부판 두께저감을 위하여 수평보강재를 적용하는 경우에는 거더의 단면 2차 모멘트의 감소로 인해 플랜지 판 두께가 증가될 것이고, 전단력이 크게 작용하는 영역에서는 수평보강재 적용시의 최소판 두께로는 허용전단력을 만족시킬 수 없는 경우가 있다.

3) 플랜지

① 플랜지(Flange) 폭

(a) 상·하 플랜지의 폭은 제작의 효율성, 경제성 및 바닥판과의 위치조정 바닥판 시공성을 고려하여 일정하게 하는 것이 좋으나 중간지점상에서 하부 플랜지 두께가 극단적으로 두꺼워지는 경우에 부분적으로 폭을 변경할 수 있다.

(b) 플랜지 폭은 외관을 고려하여 일정하게 하고 판두께를 조정하는 것이 바람직하며 다음 그림 5.3.2와 같이 단면변화수를 적게 하는 것이 바람직하다. 단면 폭의 변화의 개소는 3m 이상의 거리확보를 하는 것이 바람직하다.

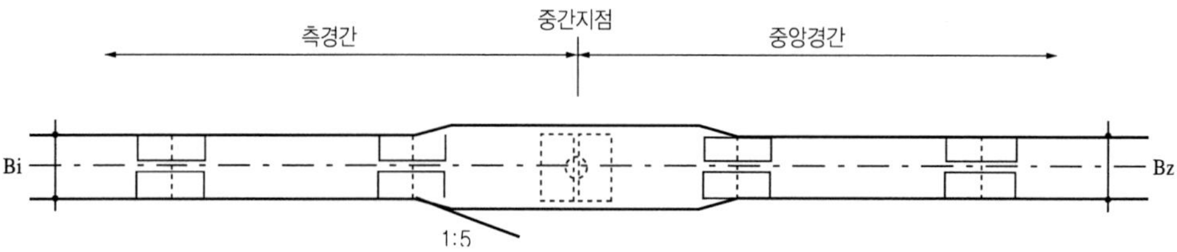

Note : 1. 중간지점의 하부 플랜지 폭을 확장한 때
2. 경간의 하부 플랜지 폭을 변경가능을 검토한다(B1 ≠ B2).

그림 5.3.2 2주거더교에서 플랜지 폭 변화(예)

(c) 최대 플랜지 폭은 복부판 높이의 1/3~1/8을 사용한다.

(d) 최소 플랜지 폭은 200mm이상으로 한다.

(e) 플랜지의 폭은 플랜지와 관련이 있으므로 소요 플랜지 단면적 및 플랜지 판의 좌굴을 고려한 허용응력 측면을 고려하여 제작성 및 시공성 등을 감안하여 최종적으로 결정하여야 한다.

(f) 적정한 플랜지 폭은 복부판 높이의 1/4~1/3.5 정도이다.

② 플랜지 두께

(a) 압축 플랜지 두께

(b) 인장 플랜지 두께

(c) 플랜지 두께의 구성

상기의 사항은 5.2절의 다주 I-형 단면 거더에 따라 계획한다.

5.3.3 설계세목 및 기타사항

(1) 가로보

2주거더교에서는 거더교의 합리화 측면에서 기존의 수직 브레이싱(Sway Bracing)을 I-형 단면거더의 중간가로보로 대체한다. 최근의 연구에 의하면 I-형 단면거더교에서 중간가로보의 배치간격 및 강성의 변화에 대해 편재하된 활하중의 횡분배 역할은 미미한 것으로 밝혀졌으며 이 가로보의 설치는 단지 시공중 주거더의 횡좌굴 강도확보를 위해 필요한 것으로 인식되고 있다.

1) 가로보의 종류

① 단부가로보 : 거더의 단부에 설치하는 가로보

② 중간지점 가로보 : 중간교각위의 지점부에 설치하는 가로보

③ 중간가로보 : 단부가로보와 중간지점 가로보 및 중간지점 가로보 사이에 설치하는 가로보

2) 중간가로보

① 고려할 사항

가로보의 간격은 교량공용시를 기준으로 한다면 크게 하는 것이 가능하지만, 간격의 결정은 다음 사항을 고려한다.

(a) 현장타설 콘크리트 바닥판 시공시 이동거푸집 및 가설거더를 이용할 경우, 이동가설거더를 직접 가로보로 지지하기 위해 이동가설거더의 길이를 고려하여 가로보 간격을 결정한다.

(b) 바닥판 시공중 가로보의 간격을 크게 하면 압축 플랜지의 고정간 거리에 영향을 미쳐 극단적으로 두꺼워질 가능성이 있다.

(c) 중간지점부근의 부 휨모멘트를 받는 영역에서 하부 플랜지가 압축일 때 모든 하중에 대한 안정성

(d) 교량의 유지관리를 위해 교축방향으로 설치하는 점검로의 경간(중간가로보 간격이 길어지면 검사로의 경간이 길어져 자중이 증가함)

(e) 주거더의 횡 비틀림 좌굴의 안정성 : 가로보의 간격을 크게할수록 주거더의 플랜지 단면이 크게 되어 비경제적이 된다.

(f) 2주거더 전체의 횡 비틀림 좌굴의 안정성

(g) 가로보 위에 위치한 전단연결재(stud dowel등)에 작용하는 인발력(pull-out force)

② 가로보의 설치 위치

가로보를 주거더 복부판의 상단에 배치하는 경우 주거더의 복부판과 상부 플랜지가 만나는 위치에서 응력은 작게 발생하지만 바닥판의 시공성 및 바닥판에 프리스트레스를 도입하는 경우 가로보에 의한 구속되어 그 효율이 저하될 수 있고 가설시에 안전성에 문제가 있을 수 있으므로 이를 종합적으로 평가하여 복부판의 중간보다 낮은 위치에 설치하는 것이 좋다. 단, 이 때까지의 실적에서도 시공의 배려로부터 중간 또는 이보다 아래에 배치하는 경우가 많다.

③ 가로보의 간격

(a) 중간가로보는 주거더의 중앙부에 배치한다.

(b) 도로교 설계기준 : 가로보의 간격은 최대 6.0m이하로 한다.

(c) 소수 주거더교 설계지침(2004년) : 한국도로공사 : 최대 6.0m

(d) 강도로교 상세부 설계지침(2006년)

간격은 경간중앙부에 10m 정도로 하는 것이 좋으며 중간지점부에는 하부 플랜지가 압축응력을 받기 때문에 경간중앙부의 1/2간격으로 하는 예도 있다.

(e) 일본의 경우(예) : 5.0~10.0m

(f) AASHTO standard specification(AASHTO 2002) : 최대 7.6m

④ 중간가로보의 제원

(a) 활하중에 의해 가로보에 발생하는 응력은 매우 작으므로 시공시의 하중으로부터 가로보의 규격을 결정하여도 좋다.

(b) 중간가로보의 경우, 일반적으로 공장제작의 간소화와 제작비 절감을 위하여 I-형강 또는 H-형

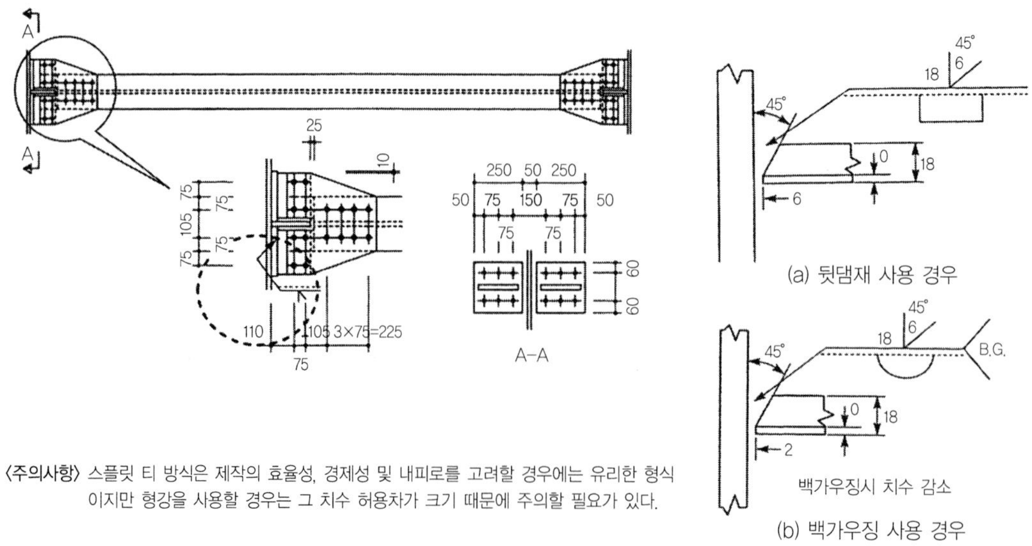

그림 5.3.3 중간가로보 스플릿-티 이음 형식

강을 사용하는 것이 바람직하다. 그러나 원하는 치수의 형강이 없는 경우에는 용접 I-형 거더를 사용할 수 있다.

(c) 중간가로보의 설계 예는 다음 그림 5.3.3와 그림 5.3.4의 두가지 방법이 있으나 그림 5.3.3에서 제시한 스플릿-티 방식은 제작의 효율성, 경제성 및 내피로를 고려할 경우에는 유리한 점이 있으나 가로보를 형강을 사용하는 경우에는 그 치수 허용차가 크기 때문에 주의가 요망된다.

(d) 중간지점부 부모멘트 영역에서 하부 플랜지의 좌굴고정점 역할을 위해 설치하는 가로보는 소요 휨강성을 만족할 필요가 있다.

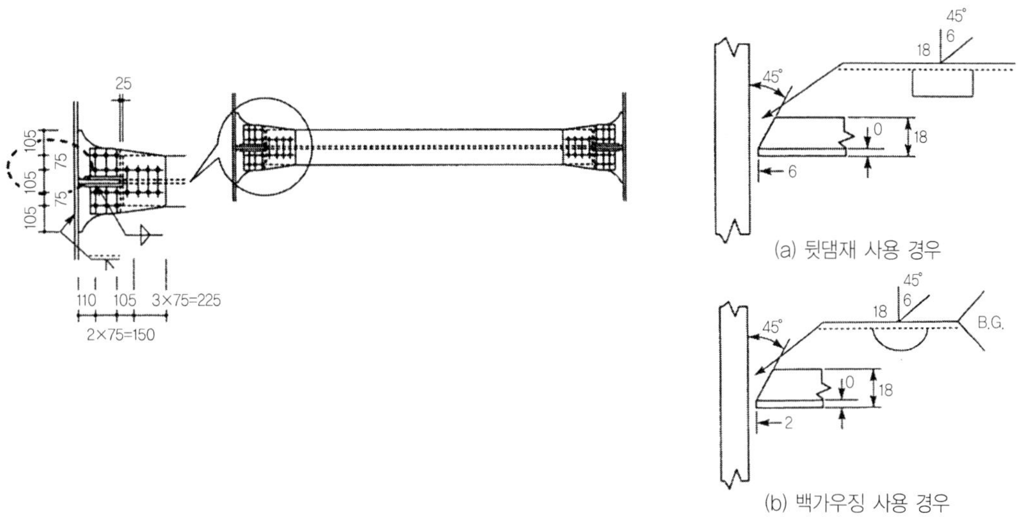

그림 5.3.4 중간가로보 연결판에 의한 접합방식

3) 단부가로보

단부가로보는 모든 횡력을 교량받침에 전달할 수 있는 구조여야 하며, 바닥판에 밀착하는 경우는 차륜하중을 고려하여 도로교 설계기준에 따라 설계하여야 하며 이때 주거더의 간격을 고려하여 차륜수를 결정한다.

또한 거더 단부의 방청, 소음, 진동의 경감, 내진설계 등을 고려하여 콘크리트 타설하여 합성구조로 하는 것이 좋다.

4) 중간지점부 가로보

① 중간내부지점 상의 가로보는 풍하중, 지진하중과 같은 횡하중을 교량받침에 원활히 전달할 수 있도록 구조검토를 실시하고 그 제원을 결정하여야 한다.

② 지점부 가로보는 교량 전체의 안전성 뿐만 아니라 지진하중, 풍하중 등의 수평력을 고려하여 중간가로보 보다 강성을 크게 한다.

③ 지점부의 가로보 높이는 주거더 높이 1/2~3/4 정도의 단면이면 충분할 것으로 판단된다.

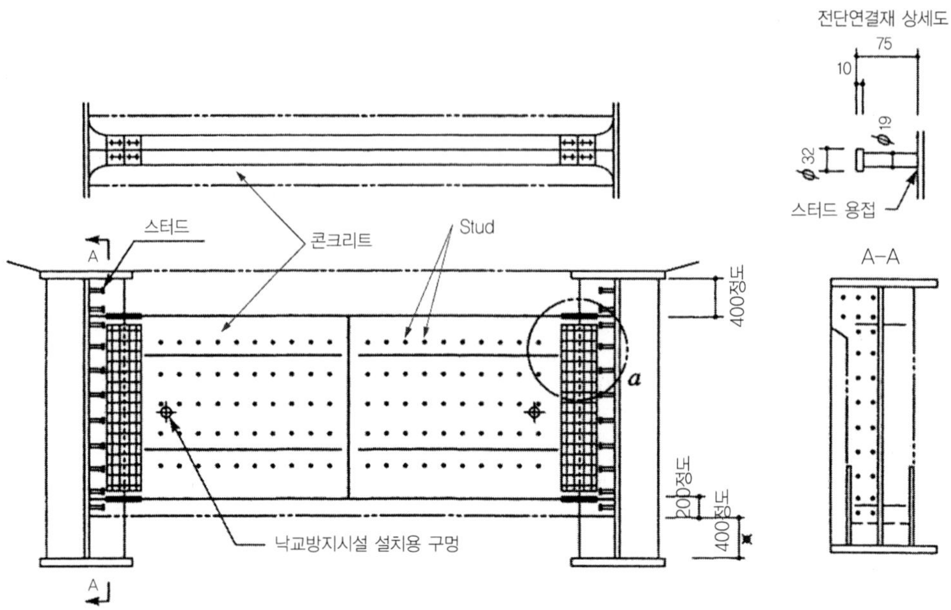

그림 5.3.5 단부가로보(예)

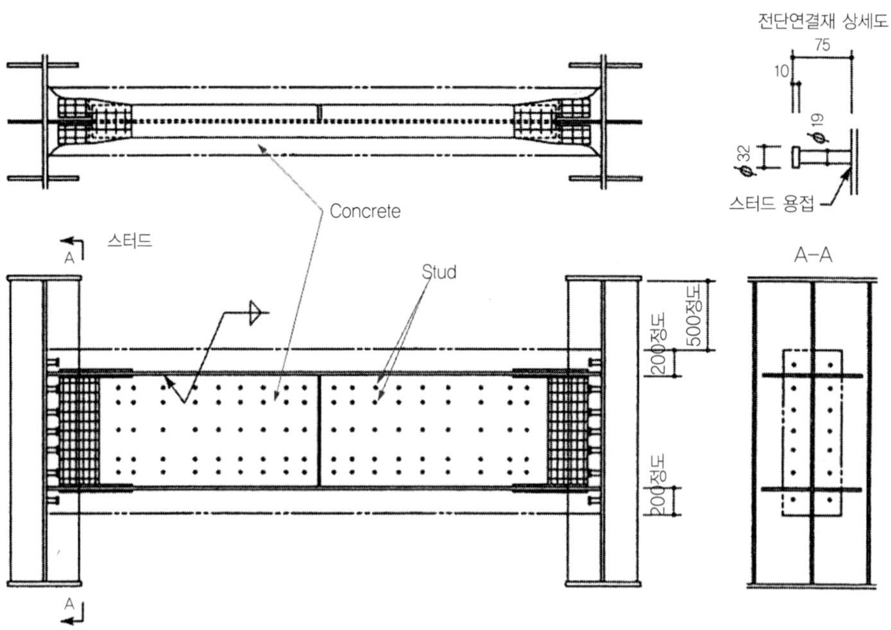

그림 5.3.6 중간지점부 가로보(예)

(2) 수직보강재

1) 중간수직보강재

수직보강재는 복부판(Web)의 전단좌굴강도를 증가시키기 위해 사용하며 수평보강재의 단수와 밀접한 관계가 있다. 수직보강재의 간격변화에 따른 허용응력 만족여부에 따라 간격이 결정된다.

수직보강재의 강성은 주거더의 복부판 뒤틀림에 따른 횡 좌굴강도에 관계가 있다.

① 수직보강재의 간격

(a) 중간수직보강재 간격은 복부판의 형상비는 정모멘트 부에는 $\alpha \leqq 3.0$ 정도까지 허용하고 중간지점부 부근은 $\alpha \leqq 1.5$로 한다.

(b) 수직보강재 배치간격은 도로교 설계기준에 따라 전단력이 큰 구역에서는 주거더 복부판 높이의 1.5배 이내 그 외의 구역에서는 3.0배 이내로 설치한다.

(c) 가로보가 배치된 위치의 수직보강재의 단면 2차모멘트는 도로교 설계기준에서 제시한 필요단면 2차모멘트의 10배 이상의 강성을 갖는 단면이어야 한다.

(d) 시공공법에 따라 압출공법 및 Cantilever공법에 의한 가설시의 안전성을 확보하기 위하여 수직보강재를 추가로 하는 것에 대하여 세심한 검토를 하여야 한다.

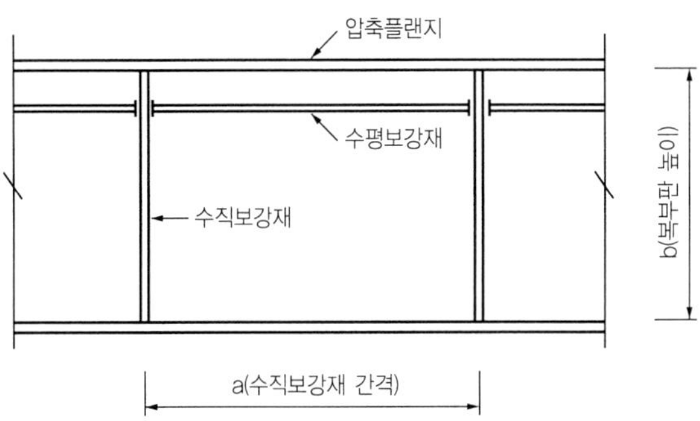

여기서, 형상비 : $\alpha = a/b$

a : 수직보강재 간격(mm)

b : 상 · 하 플랜지 순간격(mm)

그림 5.3.7 수직보강재 간격에 따른 형상비

2) 일반가로보와 연결되는 수직보강재

① 상부플랜지와 중간가로보 부위의 수직보강재는 바닥판의 회전변형 구속으로 응력집중이 발생하므로 연결부 용접에 대하여 충분한 검토가 따른다.

② 중간가로보 연결부의 수직보강재는 주거더 하부 플랜지의 고정점으로의 강도가 확보가능해야 한다.

3) 지점 보강재

가로보와 주거더로 구성되는 라멘기둥으로서의 강도확보 및 응력의 전달이 가능하도록 설계해야 한다.

(3) 수평 보강재

거더의 복부판과 같이 얇은 판을 가진 거더에서 휨압축 응력을 받는 부재는 강재의 허용압축응력보다도 적은 응력상태에서 국부좌굴에 의해 강재의 극한 내하력이 감소한다. 복부판의 좌굴을 방지하기 위해서는 복부판의 두께를 좌굴에 대하여 충분히 두껍게 하거나 수평보강재를 설치하여 지지변의 간격을 줄여주어야 한다.

수평보강재를 많이 사용하면 그만큼 복부판의 휨좌굴강도가 증가는 하나 보강재의 용접연결부에서 피로파괴가 발생할 염려가 있다. 수평보강재 설치에 따른 얻은 휨좌굴강도의 증가효과보다는 만일의 경우 용접부에서 피로균열이 발생했을 경우 구조물에 미치는 손상이 훨씬 크고 재편수 증가 및 용접량의 증가에 따른 품이 많이 들어가 비경제적이 된다.

1) 2주거더교에서 수평보강재는 1단으로 배치하거나 복부판의 두께를 크게 하여 생략한다.
2) 도로교 설계기준의 복부판 최소규정에 따라 수평보강재 생략하는 것과 1단을 사용하는 것을 비교할 때 복부판 두께는 증가하나 제작 및 유지관리 측면에서는 1단을 배치하는 것이 생략하는 것보다 강재중량면에서는 유리하다. 생략하는 것과 1단 배치하는 것 중에서 어느 쪽이 바람직한지는 판단하기 어렵다. 다만, 일반부에서는 가급적 없애고 중간지점부 등에서 판 두께가 지나치게 두꺼워질 가능성이 있는 경우는 수평보강재를 1단을 배치하는 것이 좋다.

(4) 수평 브레이싱

수평 브레이싱은 풍하중이나 지진하중을 지지점에 원활하게 전달하기 위하여 관습적으로 설치하여 왔다. 또한 직선교에서 수평 브레이싱이 활하중 분배에 기여한 것으로 보고되고 있고, 주거더 손상시 여유도 향상에도 기여하는 것으로 제시되고 있다.

1) 고려사항

수평 브레이싱의 필요성에 대해 모든 시공단계와 최종단계에 대해 검토할 필요가 있다. 필요성 검토시 다음 사항을 고려한다.

- 풍하중의 교량받침에 전달
- 횡력의 전달
- 가설 및 바닥판 콘크리트 타설시 변형의 제어
- 수평 브레이싱은 공용시에 필요하지 않으면 제거할 수 있다.

2) 수평 브레이싱 설치

① 2주거더교에서 수평 브레이싱은 생략하는 것을 전제로 한다.
② 하부 수평 브레이싱을 생략할 수 있는 지간은 60m까지고 그 이상의 지간에 대해서는 별도의 검토가 필요하다.
③ 하부 수평 브레이싱의 생략은 주거더와 바닥판이 전단연결재(stud)에 의해 충분히 결합된 것을 전제로 한다.

제 II 편 강교

6장 강박스거더교
(Steel Box Girder Bridge)

(철근콘크리트, 바닥판을 갖는 강박스거더교)

⊙ 제 6 장_ 강박스거더교(Steel Box Girder Bridge)
(철근콘크리트, 바닥판을 갖는 강박스거더교)

6.1 폐단면박스거더교

6.1.1 개요

일반적으로 강박스거더교(Steel Box Girder Bridge)는 얇은 강판을 상자형 단면 또는 U-형 단면으로 결합하여 상부에 철근콘크리트 바닥판 또는 이와 유사한 바닥판을 설치한 합성 · 비합성교를 총칭하여 부르고 있다.

강박스거더교는 폐합단면을 이루고 있어 외관이 좋을 뿐만 아니라 비틀림 강성이 크고 연속교의 내부지점상의 부휨모멘트에 저항하는 압축플랜지 폭이 넓어서 구조적으로 안전하고 경제적인 단면구성이 가능하다.

따라서 일반적인 다른 교량형식에 비교하여 거더높이가 낮은 날렵한 단면을 계획할 수 있다.

이러한 장점 때문에 곡선교와 같은 큰 비틀림 강성이 요구되는 교량이나 도로의 평면선형의 제약을 많이 받는 도시고가교, I/C 또는 J/C에 건설되는 고가교량, 주위의 조형물과 조화를 이루기 위해 미관이 중요시되는 교량 등에 강박스거더교가 많이 채용된다.

강박스거더의 일반적인 단면형상은 그림 6.1.1과 같다.

그림 6.1.1(a)는 강박스거더교의 표준단면으로 우리나라에서 가장 많이 설계에 적용하는 형식이다. 강박스거더 단면에서 하부 플랜지의 폭을 좁히기 위하여 복부판을 경사지게 한 그림 6.1.1(c), 6.1.1(d)의 역사다리꼴 단면에서는 거더에 큰 휨모멘트를 받아 탄성변형을 할 때 복부판의 경사에 의한 상부 플랜지의 직각방향에 응력이 발생한다. 따라서 이 단면을 적용시에는 그것에 얻어지는 경제성과 구조상의 문제점을 충분히 검토할 필요가 있다.

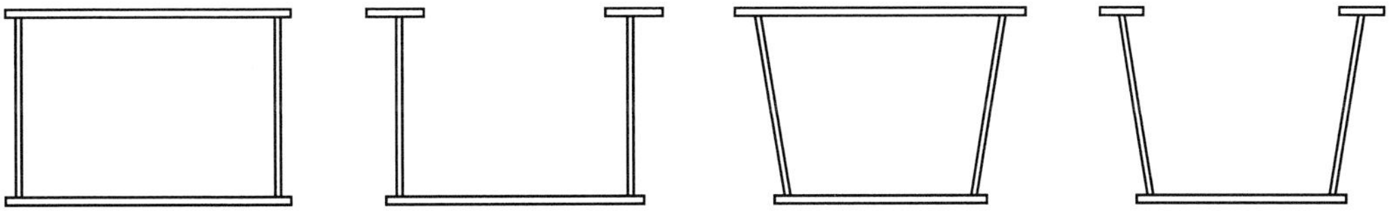

(a) 폐 사각단면 (b) 개 사각단면 (c) 폐 역사다리꼴 단면 (d) 개 역사다리꼴 단면

그림 6.1.1 일반적인 강박스거더 단면 형상

또한 합성 박스거더로 사용되는 그림 6.1.1(b)와 그림 6.1.1(d)의 개단면 박스거더는 상부 플랜지를 교량 바닥판이 대신하도록 한 것으로 개단면을 철근콘크리트 바닥판 또는 프리스트레스트 콘크리트 바닥판의 콘크리트 타설시 또는 바닥판에 프리스트레스 도입에 따른 상부 플랜지 좌굴이나 거더의 가로방향 국부좌굴에 대한 안전성, 바닥판 콘크리트 양생후에 거푸집 및 동바리 철거, 장래 바닥판 균열에 따른 누수에 대한 연구 · 검토가 따라야 한다.

최근에는 교량바닥판에 대한 연구가 활발하여 precast pannel을 이용한 합성바닥판, Deck plate 등을 채용하여 이러한 문제점을 해결하고 있는 실정이다.

개단면을 채용시에는 단순거더교에서는 철근콘크리트의 특징인 압축에 강하고 강재는 인장력에 저항력이 강한 장점을 이용할 수 있으나 연속교에서는 중간지점부의 부휨모멘트에 대한 저항력이 작아 적용시에는 충분한 연구 · 검토가 요구된다.

6.1.2 일반사항

(1) 강박스거더교의 특징

강박스 거더교의 특징을 요약하면 다음과 같다.

1) 비틀림 강성과 비틀림 강도가 크므로 곡선교에 적합하고 활하중 편심재하시 하중의 횡분배가 양호하여 역학적으로 효율성이 좋다.
2) I-형 거더교에 비교해 Flange 폭을 크게 할 수 있어 휨모멘트에 대한 효과적인 단면형태이다.
3) 최근 가설장비가 대형화되어 Block 가설공법, 압출가설공법 등의 가설공법에 적용이 가능하여 가설공사의 능률화와 공기단축이 가능하다.
4) 수직편심하중, 수평하중에 대해서도 입체 구조물로서 저항함으로써 각 부재는 역학적 기능을 발휘하므로 소위 군부재가 없다.
5) 박스 거더의 내부는 그대로 유지관리용 통로로 제공할 수 있다. 특별한 유지관리용 비계가 없이 내부의 각 부분을 관찰, 도장, 보수가 가능하다.
6) 교량첨가물(전력, 통신, 상수도관)을 Box 내부에 용이하게 설치할 수 있다.
7) 박스 거더의 내부를 밀폐함으로써 외기와의 차단이 가능하여 해변, 하천 위의 습기가 많은 지역에서 대기에 접하지 않으므로 방청대책이 유효하다.
8) 거더 높이가 낮게 설계되므로 구조 전체가 Slender하고 경쾌미가 뛰어나다.
9) 보강재, 수직 브레이싱, Gusset 등은 거의 박스거더 내부에 설치되므로 외관이 산뜻하고 아름답다.

(2) 강 박스거더교의 구성

강 박스거더교는 바닥판 거더(Box Girder) 가로보, 세로보(Stringer) 보강재, 종방향 Rib 등으로 구성된다.

기간은 80.0m 정도 이하의 교량에 적용하는 것이 좋다.

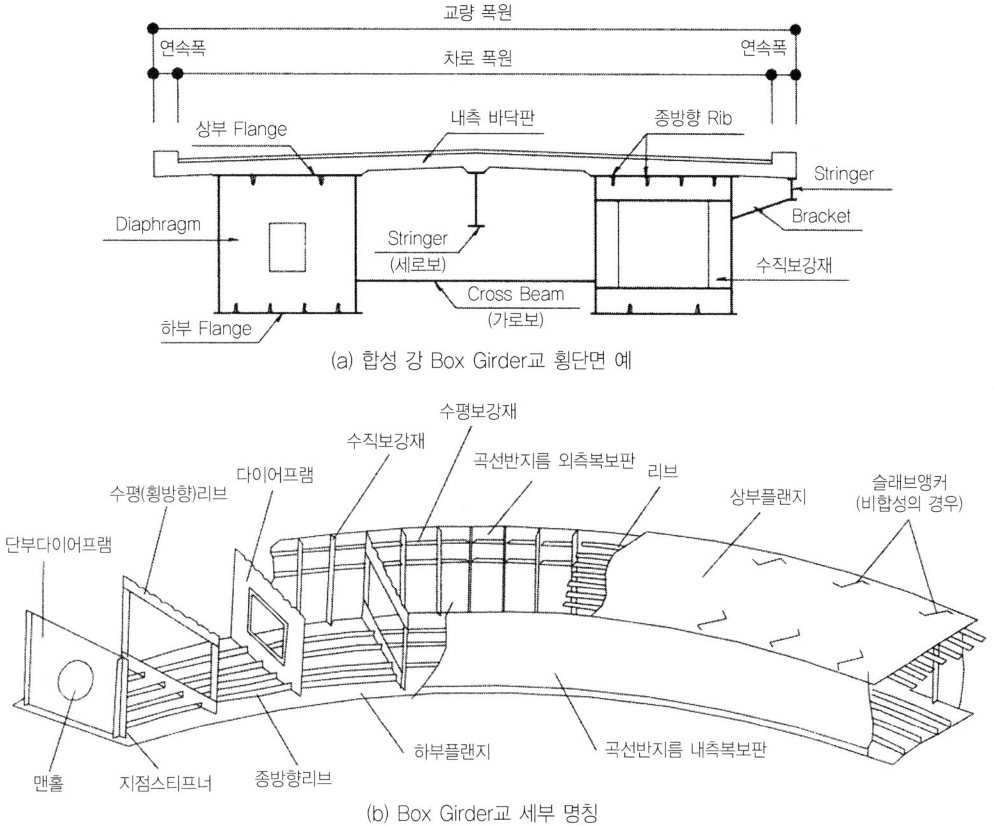

그림 6.1.2 강 박스 거더교의 명칭

(3) 강박스거더교 설계순서 및 설계시 주의사항

1) 설계순서

Steel Box Girder교의 일반적인 설계순서는 그림 6.1.3에 표시한 Flow Chart로 표시 할 수 있다.

2) 강박스거더교의 설계시 주의사항

강박스거더교의 설계시 유의할 점들은 다음과 같이 정리 할 수 있다.

① 합성박스거더교의 경우 강바닥판은 바닥판으로서의 응력과 (-)모멘트를 받는 교각부에서는 박스거더의 상부플랜지로서의 응력을 동시에 고려해야 한다.

② 강박스거더의 단면형상을 유지하기 위하여 적당한 간격과 강도를 가진 격벽이 설치되어야 한다.

③ 플랜지와 복부판은 보강재로서 보강된 얇은 판이므로, 판의 두께와 보강재의 간격 · 강도를 결정함에 있어서 충분한 좌굴안전율을 고려해야 한다.

④ 다중박스 형식에서는 하중 횡분배 계산에 있어서 박스거더의 비틀림 강성이 고려되어야 한다.
⑤ 박스거더는 일반적으로 폭과 지간장의 비가 크므로 플랜지의 유효폭을 산정하여야 한다.
박스거더의 가설공법에 따라 가설시 발생하는 응력에 대해서 충분한 검토가 있어야 한다.

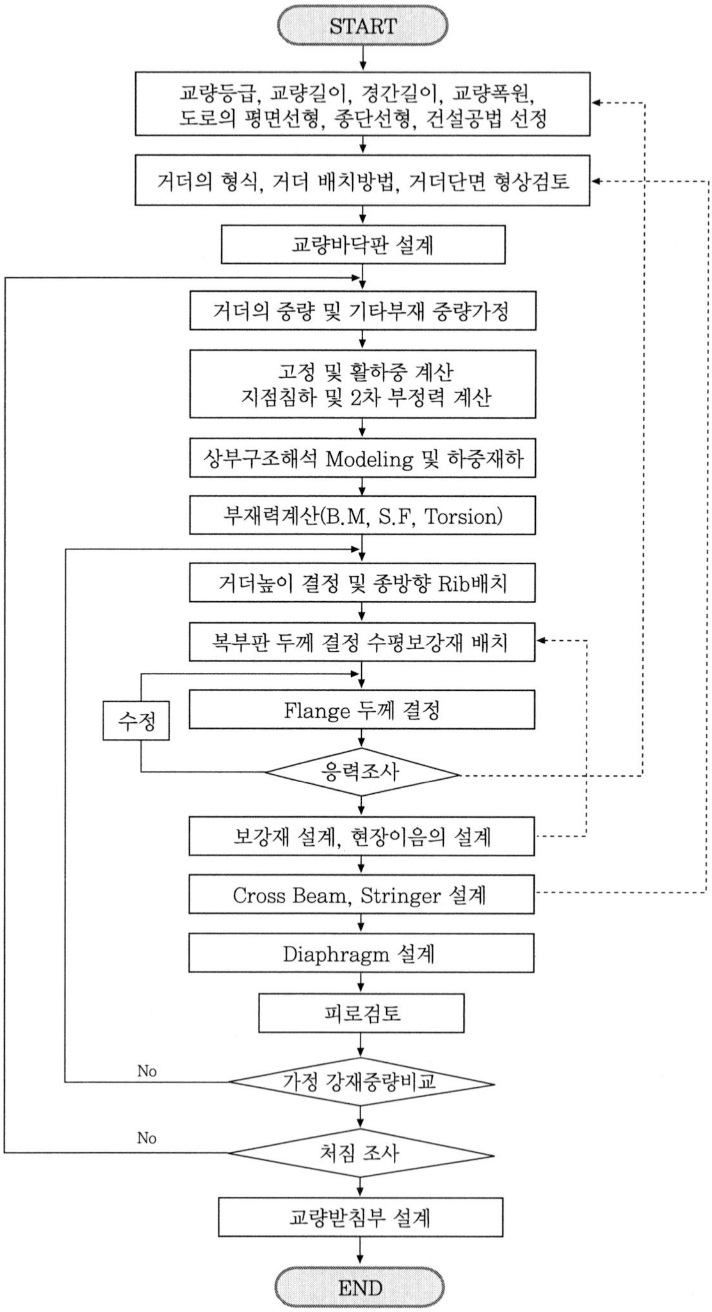

그림 6.1.3 박스거더교의 설계 Flow chart

(4) 박스거더 자중가정

강박스 거더교의 설계에서 첫째로 문제가 되는 것은 박스거더의 자중 및 기타 부재의 자중을 어떻게 가정하는 것이다. 이 자중의 가정은 강교의 설계가 완료되었을 때 비로써 정산하여 확인할 때 알수 있는 것으로 초기단계에서는 알 수 없는 것이다.

따라서 설계자는 과거의 설계된 유사한 예를 참고하여 강재의 중량을 개략적으로 추정하여 설계를 완료하여 실제 설계단면에서 강재 중량을 정산하여 처음에 가정한 강재 중량보다 현저하게 무거운 경우에는 그 설계는 위험하므로 또 한번 거더설계의 원점으로 돌아가는 Feed back을 하여 다시 설계하여야 한다.

일반적으로 다음 식 6.1.1에 의해 중량을 가정하여 설계하면 편리하다.

■ 강재중량 : (6.1.1)

- W = 3.2L + 178(kg/m²)(비합성 단순 거더)
- W = 3.0L + 120(kg/m²)(합성 단순 거더)
- W = 3.0L + 110(kg/m²)(합성 연속박스 거더)
- W = 3.1L + 120(kg/m²)(비합성 연속박스 거더)

또한 거더의 안전성이 응력적으로 확보되었다고 하여도 강도가 부족하면 거더의 처짐이 커지며 또 그에 수반하여 진동하기 쉽고, 보행자의 진동감각이나 자동차의 주행성이 현저하게 나쁜 영향을 미치는 수가 있다.

그러므로 이와 같은 현상에 대하여 공용시 이용자에게 공포 및 불쾌감을 줄수 있는 여지가 있는지 여부를 판정하여 수정해야 하는 경우에는 Feed back 하지 않으면 안 된다.

그밖에 그림 6.1.3 중의 일점 쇄선으로 표시한 것처럼 개개의 부재의 세부설계에 있어도 다른 부재의 설계와 상호 관련성을 가진 점이 많으며, 경우에 따라서는 설계의 변경에 수반하는 반복 계산을 할 필요가 있다.

6.1.3 강박스거더교의 계획 · 설계

(1) 강박스거더교의 분류

철근 콘크리트 바닥판을 갖는 강박스거더교의 횡단면 형태에 따라 분류하면 다음과 같다.

■ 강박스거더교(Box Girder Bridge)

- 단일 박스 거더(1-Cell Box Grider)
- 다중 박스 거더(Multi-Cell Box Girder
- 다주 박스 거더(Multil 1-Cell Box Girder)

상기의 기본적인 단면형태에 Cantilver부에 Bracket 설치하는 경우, 다주 박스거더에서 Stinger(세로보) 설치하는냐에 따라 횡단면 형태가 다양하게 변한다.

이러한 단면 형태는 교량의 폭원, 경제성, 다리밑 공간의 제약 등에 의해 설계자의 판단에 따라 형태를 결정하게 된다. 일반적인 강박스거더의 단면 형태는 그림 6.1.4~6.1.6에 나타낸다.

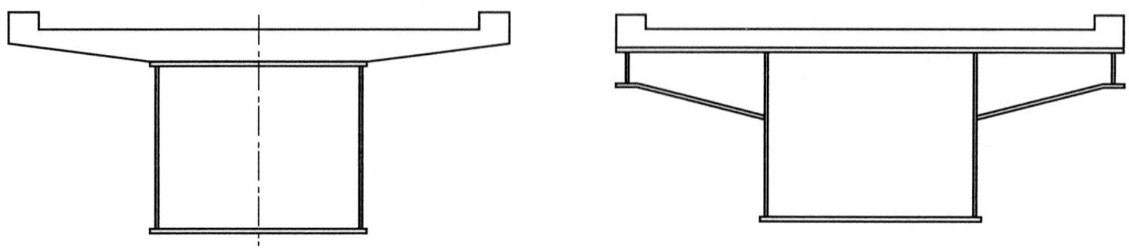

(a) 일반적인 단일 박스 거더　　(b) Bracket가 있는 단일 박스 거더

그림 6.1.4 단일 박스 거더교의 횡단면 (예)

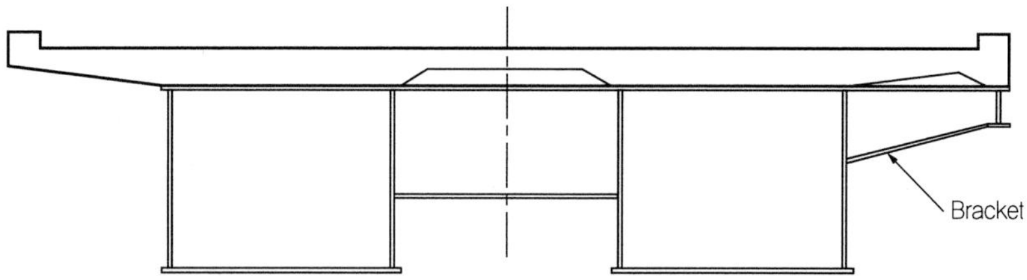

(a) 일반적인 다주 박스 거더　　(b) Bracket가 있는 다주 박스 거더

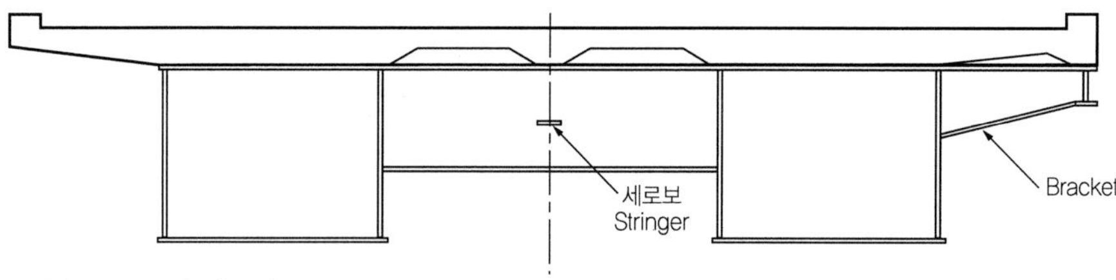

(c) Stringer가 있는 다주 Box Girder　　(b) Stringer, Bracket가 있는 다주 Box Girder

그림 6.1.5 다주 박스 거더교 횡단면 (예)

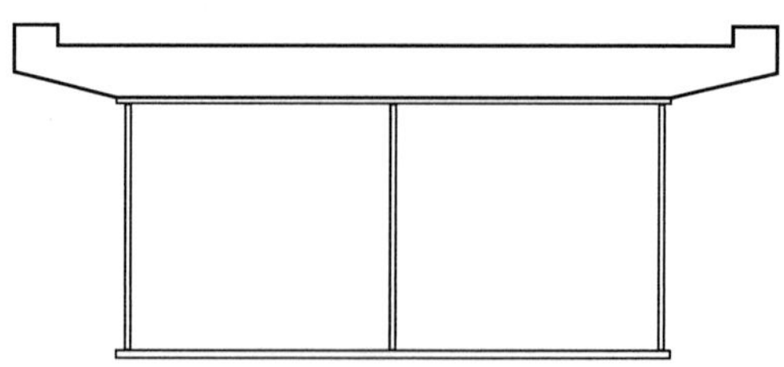

그림 6.1.6 다중 박스 거더교 횡단면 (예)

(2) 박스거더 및 가로보 배치계획

1) 기본사항

① 표준단면 부에서 박스거더의 배치는 거더 단부에서 바닥판의 Cantilever 길이를 1.5m 이하로 하

고 거더 순간격은 3.0m 이하로 하는 것이 좋다.

② 거더를 배치 할 때는 경제성, 제작, 가설 등을 고려하여야 한다.

③ 철근콘크리트 바닥판을 갖는 강박스거더교의 경우 세로보(Stringer)는 바닥판 지간이 3.0m 이하로 하는 것이 좋다. 이는 철근콘크리트 바닥판의 최소 두께 22cm 일 때 최대 지간길이 이다.

④ 거더(Main Girder) 배치시 거더단부 Cantilver부를 철근콘크리트로 하는 경우와 Bracket를 설치하는 경우 2가지가 있으나 이들에 대하여 설계한 결과, 강재의 중량의 차이는 거의 없지만 아래와 같은 장점 및 다른 요소(경관, 인접 거더와 외측 Girder와의 연속성, 교각 형상의 선정, 자동차 륜하중의 위치, 교면 배수구와의 관계, 제작 운반, 가설 등)을 고려하여 선택하지 않으면 안 된다.

(a) Bracket가 있는 경우의 장점(그림 6.1.5(b), (d) 참조)

a) 교량의 폭원이 변화하는 경간에 있어서는 거더의 간격을 변화시키지 않고, Bracket의 Cantilver부 길이를 조정함으로서 확폭이 가능하다.

b) Bracket가 없는 경우에 비교하여 교각의 멍에보 길이를 줄일 수 있다.

c) 바닥판의 유효폭을 넓게 취할 수 있다.

d) 거더(Girder)의 중심에 대하여 바닥판 길이, 하중 재하상태가 좌우대칭에 가까워 거더 단면에 있어서는 바람직 하다.

(b) Bracket가 없는 경우의 장점(철근콘크리트 Cantilver 바닥판) (그림 6.1.5(a), (c) 참조)

a) 박스거더와의 접합부 등에서 바닥판의 Cantilver부 길이를 일정하게 취할 수 있기 때문에 미관상 유리하다.

b) 바닥틀와 관련된 제작 부재수가 (a)의 경우에 비교하여 적다.

또 거더를 배치할 때에는 거더의 간격을 지나치게 넓게 취하면 강도가 저하 되는 경우가 있으므로 주의하지 않으면 안 된다.

⑤ 박스거더 Web의 간격(b)과 지간길이(L)과의 관계는 L/b < 18~20 정도로 하는 것이 바람직하다.

⑥ 차량의 바퀴 위치가 바닥판 지간의 중앙부근이 되지 않도록 박거더 폭 및 거더의 간격을 조정하여 거더를 배치하는 것이 바람직하다.

2) 교량폭에 따른 강박스거더 배치

일반적으로 철근콘크리트 바닥판을 갖는 강박스거더교의 횡단면 구성은 교량의 폭원, 강박스의 운송방법에 의해 결정되며, 도로 운송을 할 때 적용성을 다음과 같다.

① 단일 박스 거더교의 경우

(a) Bracket를 갖지 않은 단일 박스거더교일 때는 교량의 폭원이 B=6.5m 이하 일 때 적용하는 예가 많다.

(b) Bracket를 갖는 단일 박스거더교는 교량의 폭원이 B=7.5m 이하에 적용하는 것이 바람직하다.

이 형식을 적용시에는 Bracket의 길이를 지나치게 길게 하는 경우에는 활하중 및 횡하중에 의한 전도에 대해 안전성을 검토하여야 한다.

(c) 교량 가설 위치의 여건상 단일 박스거더교를 가설하는 것이 불가피하는 경우에 박스 Web의 간격을 부득이 넓게하고 Bracket를 설치하여 박스 2등분 또는 4등분하여 조립하여 박스 단면을 완성하여 가설하는 경우도 있으며, 이때의 적용범위는 6.5m≦B≦8.0m 정도이다.

이 형식을 적용시에는 상부 철근콘크리트 바닥판의 두께가 커져서 고정하중 증가로 인한 비경제적인 설계가 된다.(그림 6.1.7(c) 참조)

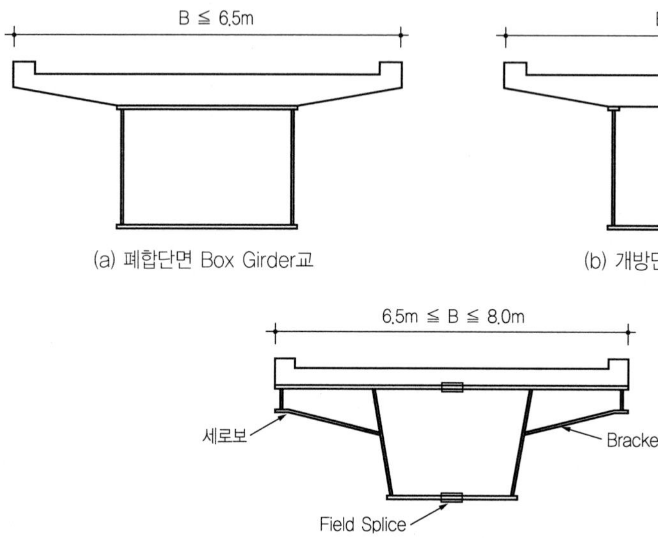

(a) 폐합단면 Box Girder교

(b) 개방단면 Box Girder교

(c) Bracket가 있는 단일 역제형(역사다리꼴) Box Girder교

그림 6.1.7 단일 박스 거더교의 적용 범위

② Twin Box Girder교(다주 박스 거더교)

(a) Bracket를 갖지 않은 일반적인 박스거더교 일 때 교량 폭원이 B=11.5m 이하에 적용하는 예가 많다. 부득하여 최대 적용할 때는 B=12.0m 까지는 적용 가능하다. 이때 내부 바닥판의 지간이 길어져서 바닥판 두께가 최소두께 이상으로 되어 고정하중 이 증가한다.

(b) Bracket를 갖는 경우에는 교량 폭원이 B=13.0m 이하 일 때 적용하는 것이 바람직하며 Bracket 길이를 2.0m 이상으로 하였을 시에는 Bracket 단면이 커지고, 세로보(Stringer)의 단면이 커져서 Bracket의 간격을 좁혀야 되는 경우가 있으니 설계자는 이에 대하여 충분한 경제성을 검토하여야 한다.

(c) 세로보(Stringer) 1개소를 설치하는 경우에는 교량 폭원최대 B=14.0m 이하에 적용한다.

(d) 세로보(Stringer) 2개소를 설치하는 경우에는 교량 폭원최대 B=17.0m 이하에 적용한다. 이 형식을 적용하고져 할 때는 일반적인(c)의 경우 보다 거더 높이가 높아져야 한다.

(e) 세로보 1개소 및 Bracket를 설치하는 경우에는 교량폭원 최대 B=15.0m 이하에 적용한다.

(f) 세로보 2개소 및 Bracket를 설치하는 경우에는 교량폭원 최대 B=18.0m 이하에 적용한다.

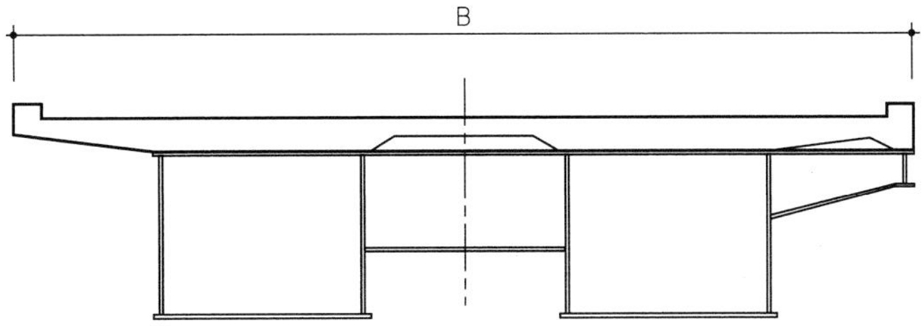

(a) 일반 Twin Box Girder (b) Bracket 있는 Twin Box Girder

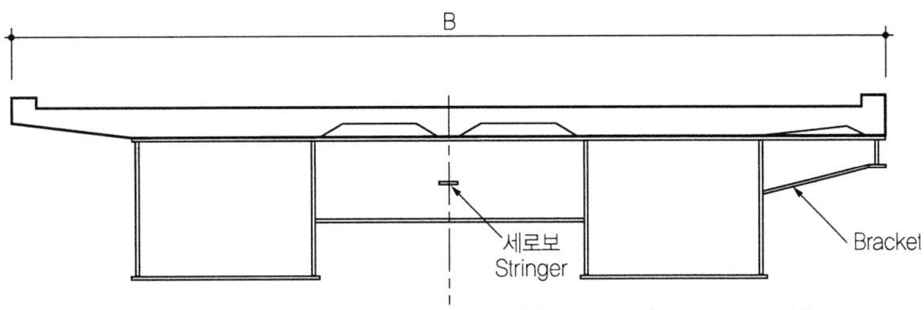

(c) Stringer가 있는 일반 Twin Box Girder (d) Stinger와 Bracket가 있는 Twin Box Girder

그림 6.1.8 Twin Box Girder교의 적용 범위

③ 3-Box Girder교

(a) Bracket를 갖지 않은 일반적인 경우에는 교량폭원 B=17.5m 이하에 적용예가 많다.

(b) Bracket를 갖는 경우에는 교량폭원 B=19.0m 이하에 적용한다. 이 형식은 교량받침을 박스거더 1개에 1개소를 설치 시에는 내부 박스거더에 부반력이 발생하는 경우가 있으니 설계자는 단면 계획 시 확인을 하여 Cross Beam의 단면에 대하여 검토하여야 한다.

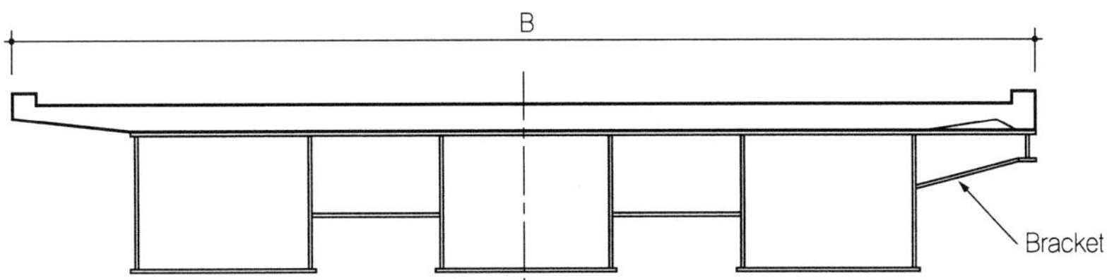

(a) 일반 3-Box Girder (b) Bracket가 있는 3-Box Girder

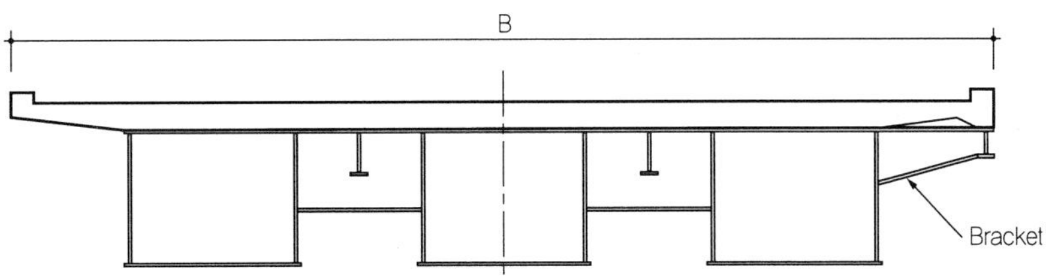

(c) Stringer가 있는 일반 3-Box Girder (d) Stringer와 Bracket가 있는 3-Box Girder

그림 6.1.9 3-Box Girder교의 적용범위

(c) Bracket를 갖지 않고 세로보(Stringer)를 갖는 경우에는 교량폭 B=23.5m 이하에 적용한다.

(d) Bracket를 갖고 세로보를 갖는 경우에는 교량폭 B=25.0m 이하에 적용한다.

④ 다중 Box Girder교

(a) 2-Cell Box인 경우에는 교량폭원 B=10.0m 이하에 적용한다.
다중 박스거더를 사용하는 경우에는 박스거더 종방향으로 현장이음으로 해야 한다. 또한 현장이음 방법에 대하여 설계자는 충분한 검토가 따라야 한다. (Bolt 체결방법, 현장 Welding 방법 등)

(b) Bracket를 설치하는 경우에는 B=12.0m 이하에 적용한다.

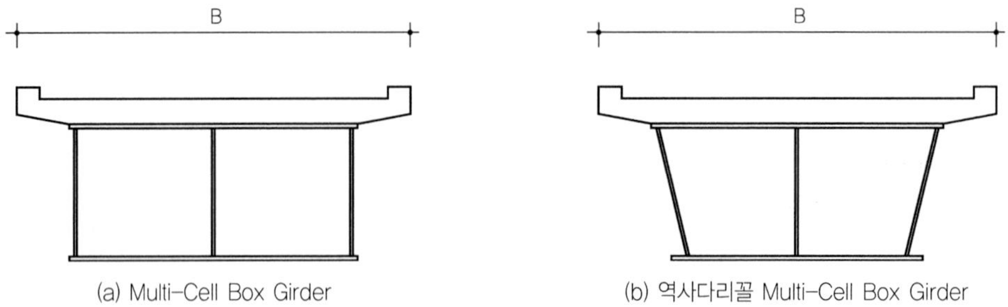

그림 6.1.10 다중 박스 거더교의 적용범위

3) Box Girder 배치(교량 폭이 변하는 경우)

- 교량의 평면형상에서 시 · 종점의 폭이 다른 경우, 직선부, 곡선부의 Box Girder 배치는 다음 그림 6.1.11(a), (b), (c)순서로 계획하는 것이 바람직하다.
- Box Girder의 폭은 거더의 운송이 가능한지 여부를 결정하여야 한다.
- Bracket를 갖지 않는 경우의 바닥판 Cantilever 길이는 최소 1.0m, 최대 1.5m 를 초과하지 않는 것이 좋다.

① 도로 중심선형이 직선인 경우

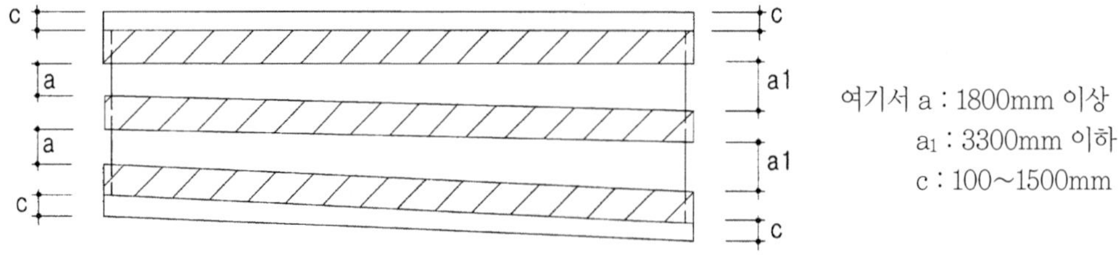

(a) 박스 거더 간격을 조정하는 경우

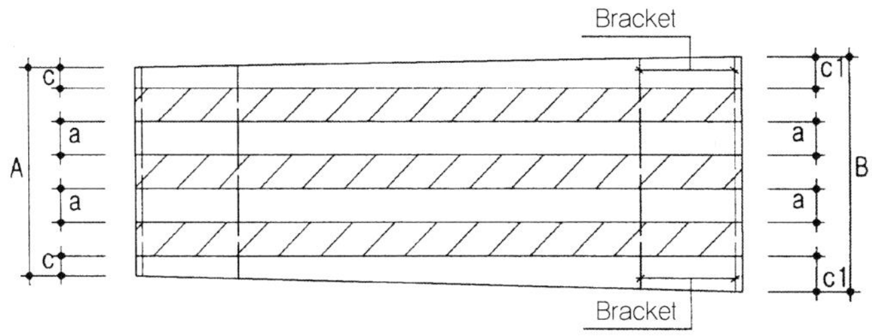

여기서 a ≧ 3300mm
c ≦ 1000~1500mm
c_1 ≦ 1500~2500mm

(b) Box Girder를 일정하게 배치 확폭구간 Bracket 설치하는 경우

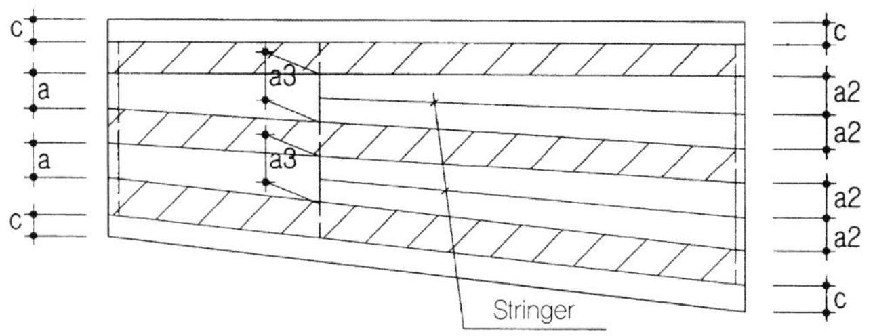

여기서 a ≧ 1800mm
a_2 ≦ 3300mm
(3000mm로 하는 것이 좋다)
a_3 ≦ 3300mm(3000mm)

(c) Stringer를 설치하는 경우

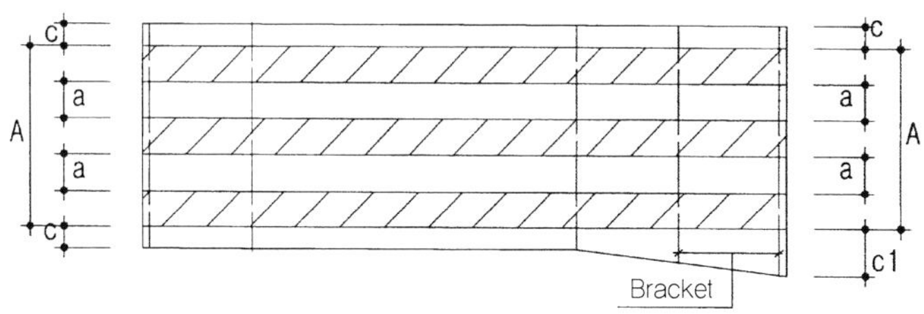

여기서 a ≦ 3300mm
c ≦ 1000~1500mm
c_1 ≦ 1500~2500mm

(d) 교량평면에 Taper(Haunch)가 있는 경우(1)

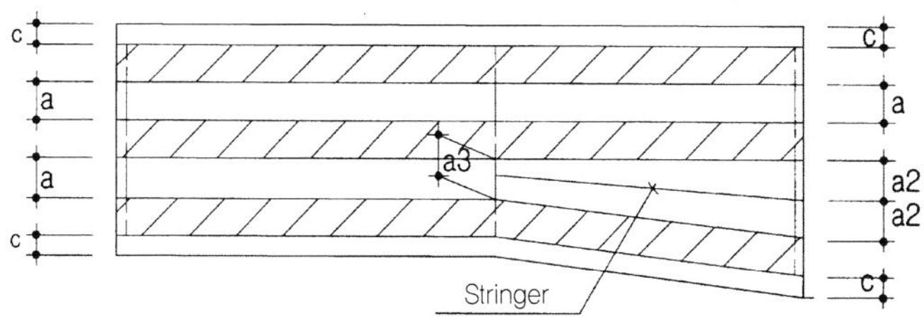

여기서 a ≦ 3300mm
a_1 ≦ 3300mm
c ≦ 1000~1500mm ,
a_3 ≦ 3300mm 또는 3000mm

(e) 교량평면에 Taper(Haunch)가 있는 경우(2)

그림 6.1.11 교량평면 형상이 확폭부가 있는 경우(예)

② 곡선교의 경우

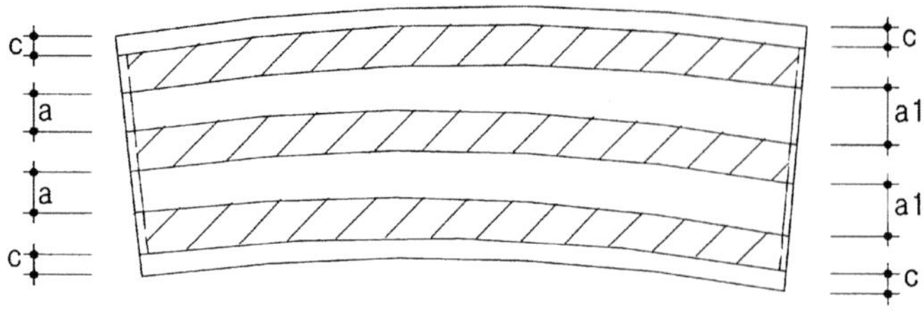

여기서 $a \geqq 1800mm$
$c \leqq 1000 \sim 1500mm$
$a_1 \leqq 3300mm$

(a) Box Girder 간격을 조정하는 경우

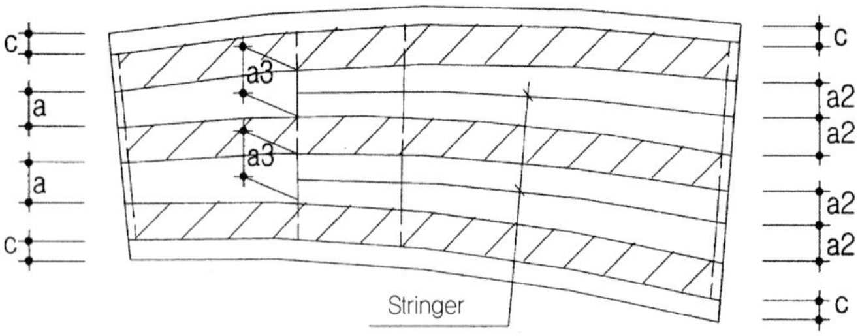

여기서 $a \geqq 1800mm$
$a_2 \leqq 3300mm(3000mm)$
$a_3 \leqq 3300mm$ 또는 $3000mm$
$c \leqq 1,000 \sim 1500mm$

(b) Stringer를 설치하는 경우(1)

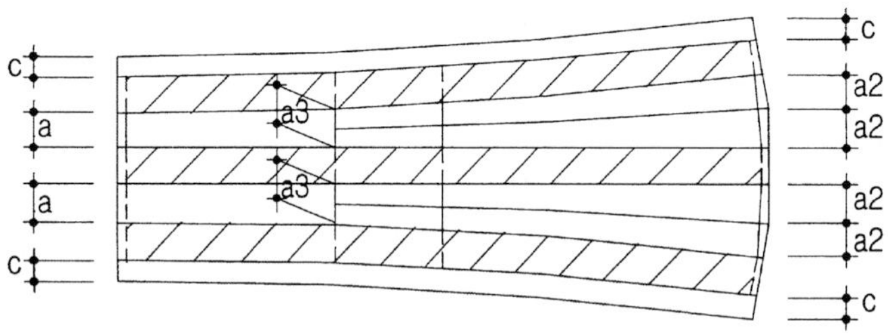

여기서 $a \geqq 1800mm$
$a_2 \leqq 3300mm(3000mm)$
$a_3 \leqq 3300mm$ 또는 $3000mm$
$c \leqq 1,000 \sim 1500mm$

(c) Stringer를 설치하는 경우(2)

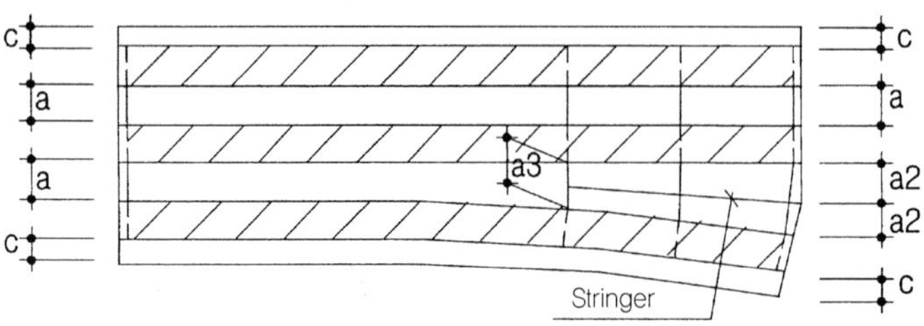

여기서 $a \geqq 1800mm$
$a_2 \leqq 3300mm(3000mm)$
$c \leqq 1,000 \sim 1500mm$

(d) 곡선 Taper가 있는 경우(Stringer 설치)

그림 6.1.12 곡선교에서 교량평면형상이 확폭부가 있는 경우(예)

(3) 강박스거더의 단면계획

1) 박스거더의 복부 높이 결정

① 강박스거더 Web의 최소 높이는 박스 폭이 800mm일 때 1200mm 이상, 폭이 1200mm일 때 1100mm이상 이여야 한다. 단 박스내부 점검로의 최소 공간은 600×1000mm 이상이 되어야 한다.

② 강박스거더의 Web 높이 h는 응력 및 처짐이 큰 영향을 미치며 높이의 결정 방법이 절절하지 않으면 다리밑높이에 엄격한 제한을 받는 경우에는 교량의 형식을 바꾸거나, 도로의 종단 선형을 재조정하여야 하며, 설계의 Feed Back 횟수가 많아서 비효율적이 되는 경우도 있다. 따라서 강박스거더 Web 높이를 과거의 실적을 참고로 하여 결정하는 것이 설계자의 노력을 절감할 수 있다.

일반적으로 강박스거더 Web의 높이 h는 지간(L)에 대한 비를 다음과 같이 적용하고 있다.

$h = L/20 \sim L/25$(정도 사용)

③ 또한 강재의 강도가 낮으면 거더의 높이가 높고, 강도가 높으면 거더의 높이를 낮게 할 수 있다.

④ 거더 Web의 높이를 종방향으로 변화시킬때는 단순교에서는 변화가 없는 것이 좋으며, 연속교에서 지점부의 높이는 지간 중앙부의 높이 h보다 15～20%정도 높게하면, 경제적인 설계가 된다. 또한 하부 Flange부에 곡선을 설치할 때는 사교일 때 강교 제작시 강판의 손실이 많아 비경제적이 되므로 이점에 대하여 설계자는 명심하고 거더 종단면 계획을 하여야 한다.

2) 복부판의 두께

강박스거더의 복부(Web)판 높이 h가 정해지면 다음 단계로서 복부판 tw를 경정할 필요가 있다. 박스거더 전체의 단면 2차 모멘트에 대한 복부판이 차지하는 범위가 작기 때문에 가급적 얇게하고, 그 부분을 Flange 두께를 키워서 거더의 강성을 크게하는 것이 바람직하다.

① 복부판의 두께는 경제성을 고려하여 정하는 것이 바람직하고, 그 최소 두께는 9mm, 수평보강재는 2단까지 한다.

② 5.2.3(2)항의 표 5.2.1은 「도로교 설계기준」에서 제시한 비합성 Plate Girder의 복부판 최소 두께에 따른 복부판의 높이 관계를 나타낸 것이다.

강박스거더 계획을 참고하기 바란다.

③ 수평보강재를 2단 이상으로 사용하지 않은 것이 좋으며 가급적이면 설치하지 않거나 1단을 사용을 권장한다.

3) 박스거더 단면 형상 결정

① 박스거더는 강성은 크지만 박스거더의 배치나 크기에 따라서는 Flange가 응력적으로 유효하게 이용되지 않든지, 제작시에 큰 변형이 일어나든지 또 운반 · 가설에 지장을 초래할 때도 있으므로 박스거더의 형상 및 치수에 대하여 주의를 할 필요가 있다.

② 박스거더의 폭은 지간 길이에 대하여 너무 넓으면 Flange의 유효 폭이 좁아져 비경제적일 때가 있으므로 주의하여야 한다.

③ 박스거더교는 일반적으로 박스거더 폭을 넓이는 경우가 박스거더 본수를 늘이는 것보다 박스거더 사이에 세로보(Stringer) 설치 또는 박스거더 단부에 Bracket를 설치하는 것이 경제적이다. 다만 바닥판을 지지하는 거더의 강성이 상호 현저하게 다르면 바닥판 설계에서는 부가 휨모멘트를 고려해야 한다.

④ 강박스거더는 제작 · 가설을 위해 사람이 박스 거더 안으로 들어가 용접, Bolt 체결, 도장 등의 시공 또 점검이 가능할 공간이 필요하다. 박스거더 안에 설치되는 횡 보강재 · 종방향 Rib 등의 높이를 고려해서 일반적으로 그림 6.1.13(a)에 나타낸 최소 치수 이상으로 박스단면의 크기를 결정하는 것이 바람직하다.

또한 단일 박스 거더의 최대치수는 육상수송을 전체로할 때 운송로의 조건에 따라 다르나 일반적으로 그림 6.1.13(b)

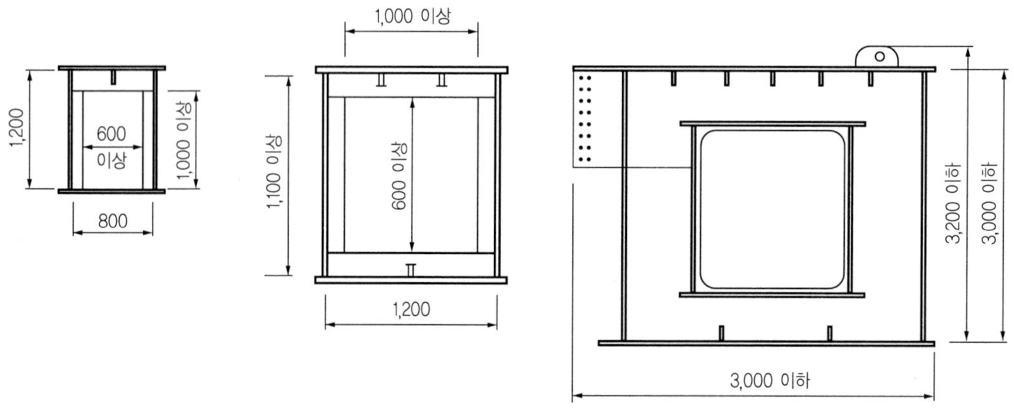

(a) 박스거 내부 작업성의 최소치수　　　(b) 육상수송인 경우의 최대치수

그림 6.1.13 강박스거더 단면의 기본치수

⑤ 육상수송에 의한 경우 박스거더의 폭(B) 혹은 높이(H)가 허용범위를 넘을 때에는 박스단면을 적당한 Block로 분할해서 수송하여 현장가설시 연결할 필요가 있다.

그림 6.1.14(a) 및 (b)는 박스폭이 허용범위를 넘을 때의 분할 예를 나타낸 것이다.

또한 그림 6.1.14(c)와 같이 박스폭은 허용범위내에 있으나 높이가 허용범위가 넘어 운송에 문제가 있는 경우 복부에 현장이음을 둔 예이다.

⑥ 강박스 단면 형상은 일반적으로 그림 6.1.15(d)와 같이 직사각형 단면 형상으로 설계하나 교량 노면의 횡단경사 급할 때에는 Haunch 중량이 커 지므로 그림 6.1.15(b)와 같이 상부 Flange에 경사를 주는 경우도 있다.

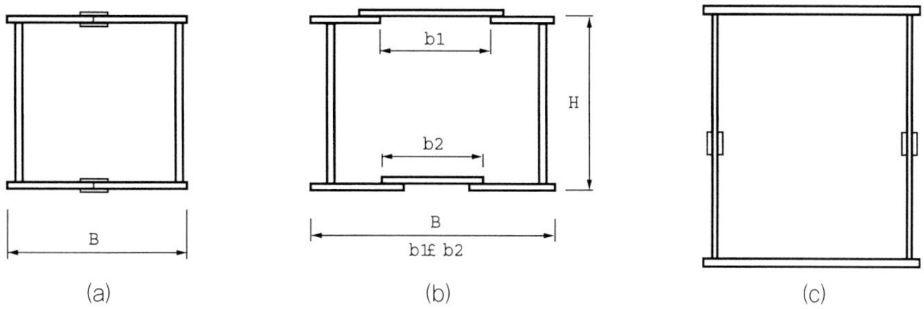

그림 6.1.14 박스단면의 분할 예

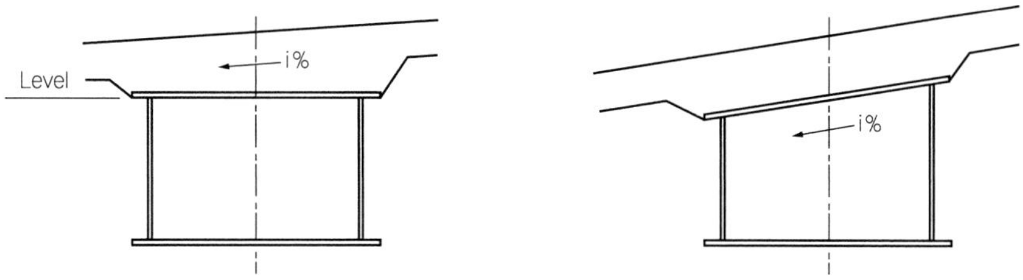

(d) 횡단경사가 작은 경우　　　(b) 횡단경사가 큰 경우

그림 6.1.15 교량노면 경사를 고려한 박스거더 단면 형상

4) Flange의 두께

① 압축 Flange의 최소 두께

압축응력을 받는 보강된 판의 최소두께에 대한「도로교 설계기준」내용은 다음표 6.1.1과 같다.

⊙ 표 6.1.1 압축응력을 받는 보강된 판의 최소판두께

<table>
<tr><th>강 종
강재판두께(mm)</th><th>SS400
SM400
SMA400</th><th>SM490</th><th>SM490Y
SM520
SMA520</th><th>SM570
SMA570</th></tr>
<tr><td>40 이하</td><td>$\frac{b}{56\,in}$</td><td>$\frac{b}{48\,in}$</td><td rowspan="2">$\frac{b}{46\,in}$</td><td rowspan="2">$\frac{b}{40\,in}$</td></tr>
<tr><td>40초과 75 이하</td><td rowspan="2">$\frac{b}{58\,in}$</td><td rowspan="2">$\frac{b}{50\,in}$</td></tr>
<tr><td>75 초과 100 이하</td><td>$\frac{b}{48\,in}$</td><td>$\frac{b}{42\,in}$</td></tr>
</table>

주) TMC 강재일 경우에는 판두께에 상관없이 40mm 이하인 값을 적용한다.

$$t \geq \frac{b}{80\,in} \qquad \text{(식 6.1.2)}$$

여기서, t : 보강된 판의 두께(mm)

b : 보강된 판의 폭(mm) (그림 6.1.16 참조)

n : 종방향보강재에 의해서 구분되는 패널의 수($n \geq 2$)

i : 응력구배계수

$$i = 0.65\left(\frac{\phi}{n}\right)^2 + 0.13\left(\frac{\phi}{n}\right) + 1.0$$

ϕ : 응력구배

$$\phi = \frac{f_1 - f_2}{f_1}$$

f_1, f_2 : 각각 보강된 판의 양연의 응력(Mpa)

다만, $f_1 \geq f_2$ 이며 압축응력을 정으로 한다.(그림 6.1.17)

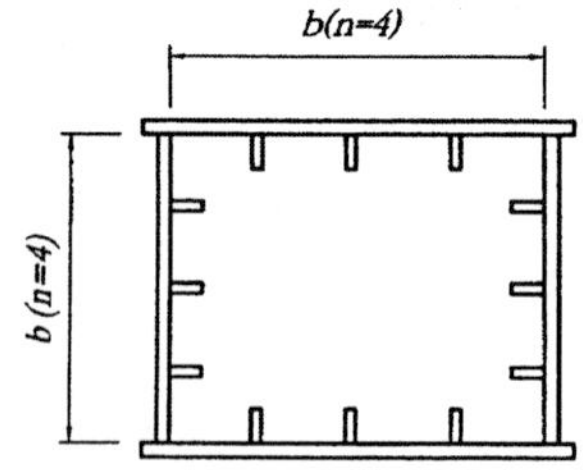

그림 6.1.16 보강된 판의 전폭

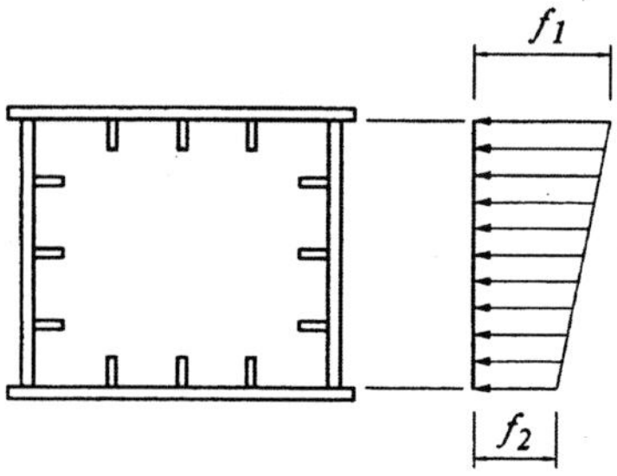

그림 6.1.17 보강된 판의 연응력

② 박스거더의 인장 Flange 두께는 복부판(Web) 중심간격의 1/80이상으로 한다. 그러나 충분한 강성을 가진 보강재가 있는 경우에는 복부판 중심간격 대신 보강재 중심간격을 사용해도 좋다.

③ 박스거더 Flange의 최소 두께는 10mm로 하고 Flange의 최대 두께는 50mm를 초과하지 않은 것이 좋다.

5) 플랜지의 세로Rib(보강판, 종방향Rib)의 계획

① Flange의 세로Rib의 최소 간격은 고장력 Bolt에 의한 연결을 고려하여 결정하며 최소 300mm로 한다.

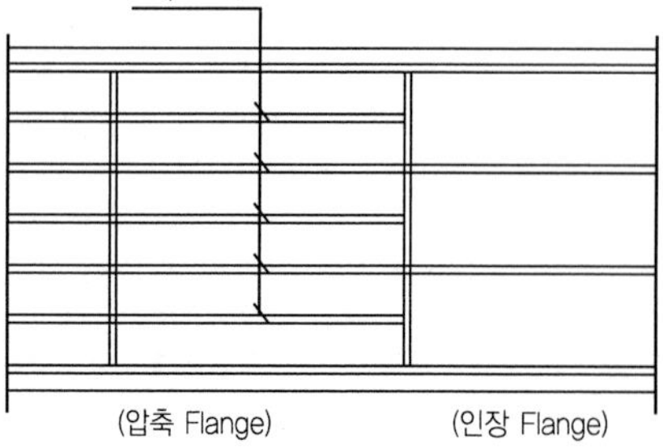

(a) 세로Rib 바람직한 배치(예)

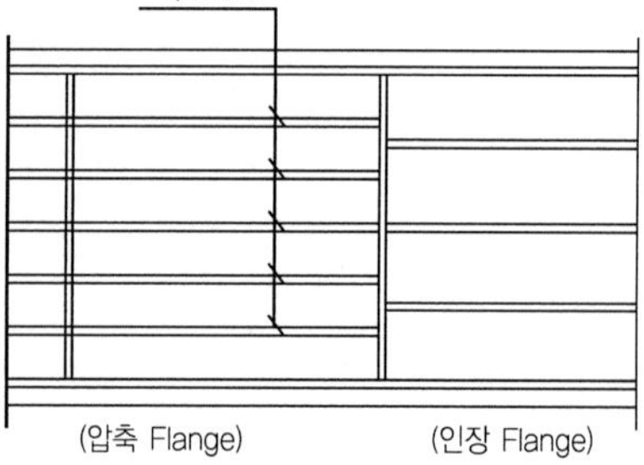

(b) 세로Rib 지양해야 할 배치(예)

그림 6.1.18 강박스 거더 세로 Rib 배치 예

② 연속거더의 경우에는 압축응력, 인장응력을 반복하여 받는 부분이 있다. 압축 Flange의 세로방향 Rib는 Rib에 의해 구분되는 Panel수를 짝수로 분할하고 인장 Flange가 되는 범위는 세로Rib를 1본 건너 빼내어 연속성을 유지하여야 한다.(그림 6.1.18 참조)

단, 단순교에서는 그러하지 않아도 된다.

③ 세로Rib의 두께 t는 자유돌출 폭 b의 1/16이상이라야 한다.

6) 강 박스거더의 단면변화

① 강 박스거더 단면의 변화는 표 6.1.2를 표준으로 하고 각단면의 최소 길이를 3.0m 정도로 한다.

② 최대판 두께 차는 12mm(강도로교 상세부 설계 지침은 9mm)한도로 하여 변화시키는 것이 좋다.

⊙ 표 6.1.2 단면수와 변화 위치

기준 l l(m)		정휨모멘트구역							부휨모멘트
		단면수 n	X_1	X_2	X_3	X_4	X_5	X_6	단면수 n
단순 Box Girder	ℓ <15	2	0.167ℓ						2~3
	15≦ℓ <25	2	0.167ℓ						4
	25≦ℓ <35	2	0.167ℓ						5
	35≦ℓ <45	3	0.109ℓ	0.239ℓ					
연속 Box Girder	45≦ℓ <55	4	0.081ℓ	0.172ℓ	0.282ℓ				
	55≦ℓ <65	5	0.065ℓ	0.136ℓ	0.215ℓ	0.310ℓ			
	65≦ℓ <75	5	0.065ℓ	0.136ℓ	0.215ℓ	0.310ℓ			
	75≦ℓ <85	6	0.054ℓ	0.112ℓ	0.175ℓ	0.246ℓ	0.330ℓ		
	85≦ℓ <95	7	0.046ℓ	0.096ℓ	0.148ℓ	0.205ℓ	0.269ℓ	0.346ℓ	

(주) 1. 기준길이는 단순거더인 경우에는 지간장을 취하고 연속거더인 경우에는 그림 6.1.19를 참조하여 결정한다.
2. 단면수 n은 그림 6.1.19에 나타낸 것처럼 계산할 수 있다.

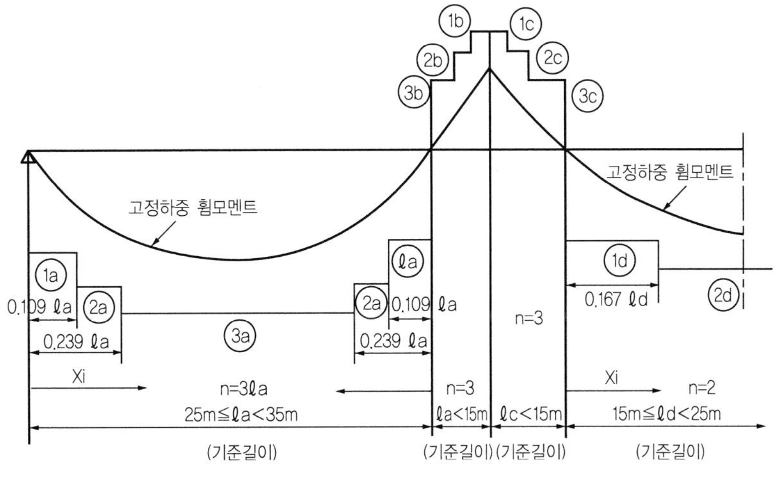

그림 6.1.19 단면수와 변화 위치 (연속거더의 예)

7) 강박스거더 상부Flange와 철근콘크리트 바닥판과의 관계

강박스거더교에서 상부Flange 위의 철근콘크리트 바닥판은 매립거푸집을 사용하여 바닥판 중량을 경감시키는 방법도 고려할 수 있지만, 바닥판 Haunch부의 중량 증가에 의한 강재중량의 증가분이 미소하고 Flange 윗면의 도장이나 거푸집 가공 등의 시공성, 장래 바닥판 파손에 따를 보수(유지관리) 등의 편의를 고려하여 이를 채용하지 않은 것이 좋다. 단, Precast 콘크리트 바닥판을 적용할때에는 적용해도 무방하다.

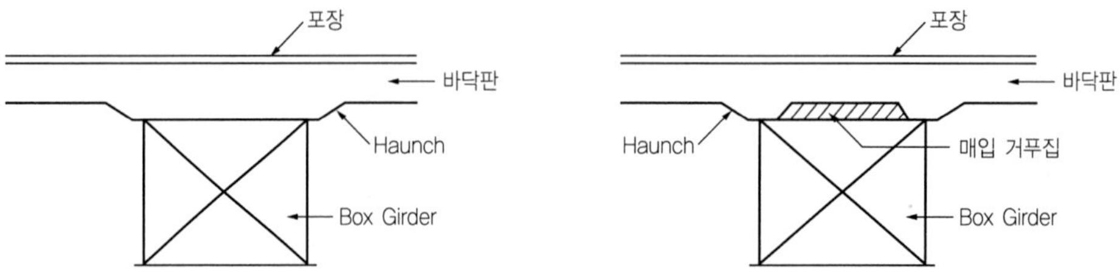

(a) Flange 위의 바닥판을 충진하는 경우 (b) Flange 위치 바닥판 사이에 공간을 두는 경우

그림 6.1.20 바닥판을 충진하는 경우와 공간을 두는 경우(예)

6.1.4 설계세목과 기타 사항

(1) 가로보(Coss Beam, Floor Beam), 세로보의 단면 및 배치

1) 가로보의 단면

① 가로보는 비합성 충복(통판)구조로 한다. Box Girder교에 배치되는 가로보는 거더 사이의 처짐차이가 발생하는 것을 억제하고 교량 전체의 강성을 향상시키는 중요한 부재이다. 따라서 충분한 휨강성을 기대할 수 있는 충복구조의 단면 형상을 채용하는 것이 바람직하다.

② 하중분배 가로보의 복부판(Web) 높이는 박스거더 복부판 높이의 75% 정도로 하고 Flange의 폭은 가로보 복부판 높이의 1/5정도가 적당하다.

박스거더의 경우는 I-형 거더와 달리 거더의 휨·비틀림 강성이 모두 커서 격자 강비에 의한 규정이 곤란하기 때문에 이와 같이 규정을 정하였다. 종래에 비교하면 단면의 치수가 다소 적지만 전 가로보가 하중분배에 기여 하는 부재로서 고려하여 설계하고 있기 때문에 전체 강성에 미치는 경향이 거의 없다.

가로보는 강성을 가지는 부재임과 동시에 일반적으로 점검로의 설치 부재로 이용되기 때문에 부재배치 치수의 면에서도 배려할 필요가 있다.

③ 지점상에 높이는 가로보의 경우 지지점의 조건에 따라 박스거더의 Flange 에 2축 응력이 발생하는 경우가 있으므로 이에 대하여 충분한 검토를 하여 가로보의 단면현상 및 Web의 높이를 결정하여야 한다. 이 경우는 교량의 받침이 가로보에 설치하는 경우를 말한 것이다.

④ 박스거더교의 가로보(Cross Beam)를 설치하는 데는 3가지 방법이 있다.

그림 6.1.21(a)가 가장 많이 사용하는 구조이고 (b)는 바닥판 하면과 가로보 상부 Flange와의 공간이 적어 바닥판에 접근하는 부분의 도장, 바닥판 거푸집 설치 및 철거에 지장이 있다. (c)의 방법은 세로보(Stringer) 설치방법에 따라 결정되는 방법이나 잘 적용하지 않고 있다.
여기서, (a), (b)의 방법으로 설치시에는 박스거더 상부Flange에 2축 응력상태에 대하여 조사하여야 한다.

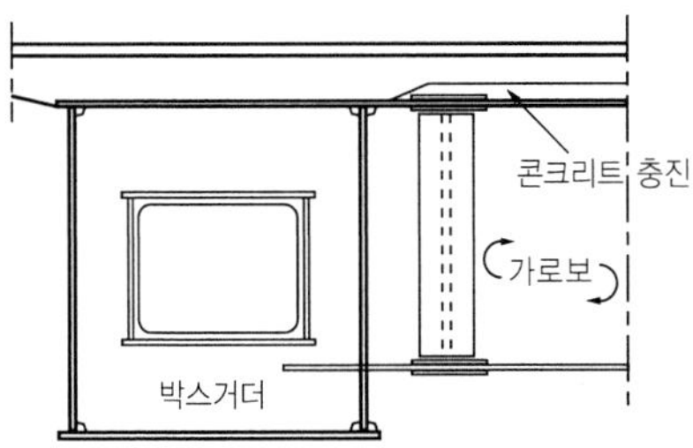

(a) 가로보와 바닥판을 Slab Anchor로 연결하는 방안

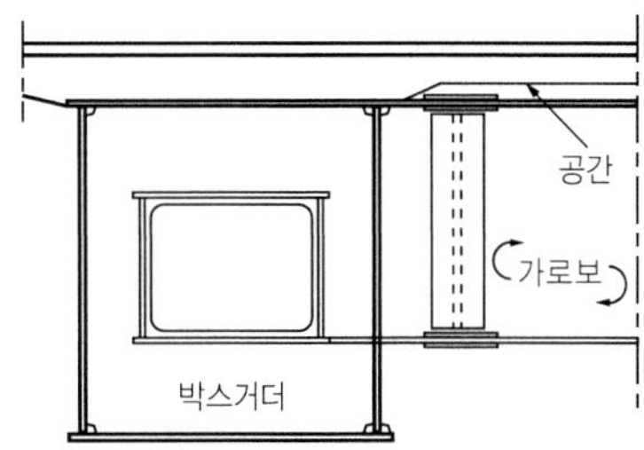

(b) 가로보의 상부Flange와 박스 거더상부Flange 연결하는 바닥판과 가로보 사이를 띄어 놓는 방법

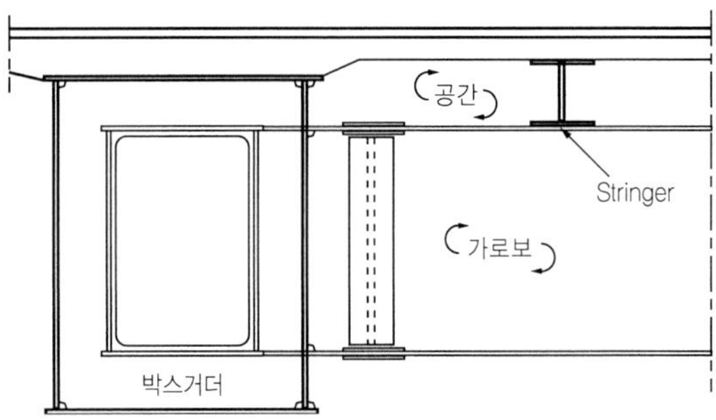

(c) 세로보(Stringer) 설치 방법에 따른 가로보 배치방법

그림 6.1.21 가로보[Cross(Floor) Beam] 형상 (예)

2) 세로보(Stringer) 단면

① Stringer Web 높이 결정

Stringer의 Web 높이는 최대 : h=400mm, 최소 : h=300mm를 결정한다.

② Web의 두께는 용접성을 감안하여 9mm로 하는 범위에서 가능한 얇게 한다.

③ Flange의 최소 폭은 200mm로 하는 것이 Bolt 연결하는데 유리하다.

④ 압축Flange의 최소 두께는 표 5.2.1에 준하여 결정한다.

⑤ 세로보(Stringer)에는 박스거더로부터 휨모멘트가 부가되어 응력이 커질수 있기 때문에 설계자는 주의를 하여야 하며, 바닥판 지지보로서 소정의 강도를 확보하기 위하여 세로보는 단순보로서 설계하지만 중간가로보(Cross Beam) 또는 Bracket와의 연결은 연속구조로 하여야 한다.

세로보(Stringer)의 연결부는 그림 6.1.22(a)에 나타낸 A-Type으로 하는 것이 좋다. 단 가설시 삽입 등으로 인하여 A-Type의 사용이 곤란한 경우에는 B-Type를 사용해도 좋다.

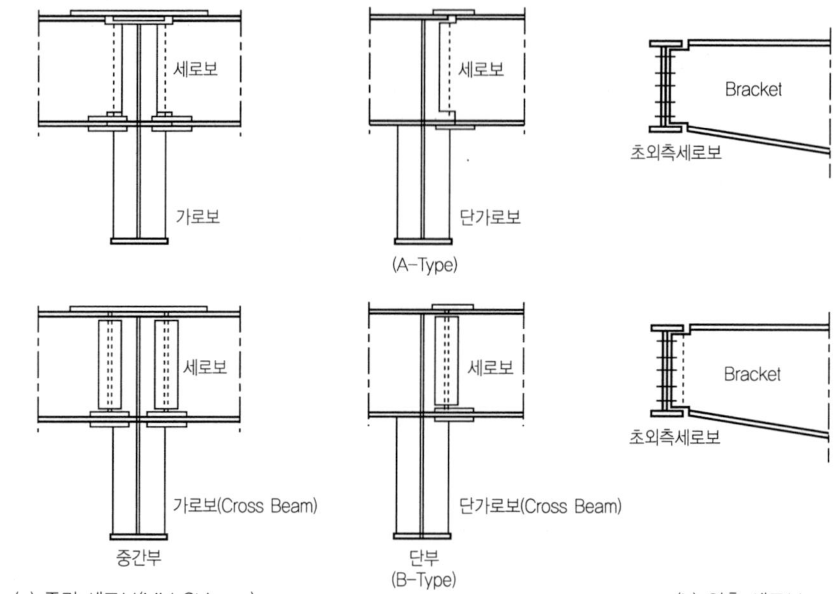

그림 6.1.22 세로보의 설치

3) 가로보 · Bracket 및 세로보(Stringer) 배치

① 기본사항

(a) 가로보(Cross Beam, Floor Beam)의 배치는 철근콘크리트 바닥판을 갖는 박스거더교의 경우 최대간격 6.0m로 한다. 또한 Bracket를 설치하는 경우에는 가로보가 설치되어 있는 위치에 하는 것이 좋다.

일반적으로 강박스 거더교에 배치된 가로보는 모두 격자(Grid) 해석 부재로서 고려한다. 따라서 부재를 설계 할 때에는 격자분배에 의한 단면력과 바닥틀로서의 작용 단면력에 대해서도 안전하게 설계하여야 한 다.

모든 가로보에 대하여 분배작용을 고려하는 경우는 아래와 같은 점에서 유리하다.

- 보다 많은 가로보에서 하중분배 작용을 함으로서 단면력이 집중하는 것을 피할 수 있다.
- 상부구조 전체의 강성이 향상된다.
- 기타 점검로 등의 부속설비의 설치구조를 통일하기 쉽다.

(b) 철근콘크리트 바닥판을 갖는 박스거더인 경우 부등침하의 영향을 고려하여 세로보(Stringer)는 바닥판 지간 3.0m 정도 이하가 되게 배치하는 것이 바닥판의 두께가 최소 두께가 되어 바람직하다. 다만 교량의 폭원이 변화하는 경우에는 최대 3.30m 이하가 되게 하는 것이 좋다.

(c) 교량의 사각이 80° ~90° 범위에서는 가로보 배치는 그림 6.1.23(a) 와 같이 배치하고 사각이 70° 이상인 경우에는 (b)와 같이 가로보를 사 각에 따라 배치하고 Box Diaphragm은 박스 복부판에 직각이 되게 배 치한다. 또한 교량의 사각이 70° 미만인 경우에는 (c)와 같이 배치하고 중간 가로보와

단 가로보와의 간격을 50.0cm 이상 이격시키는 것이 바 람직하다.

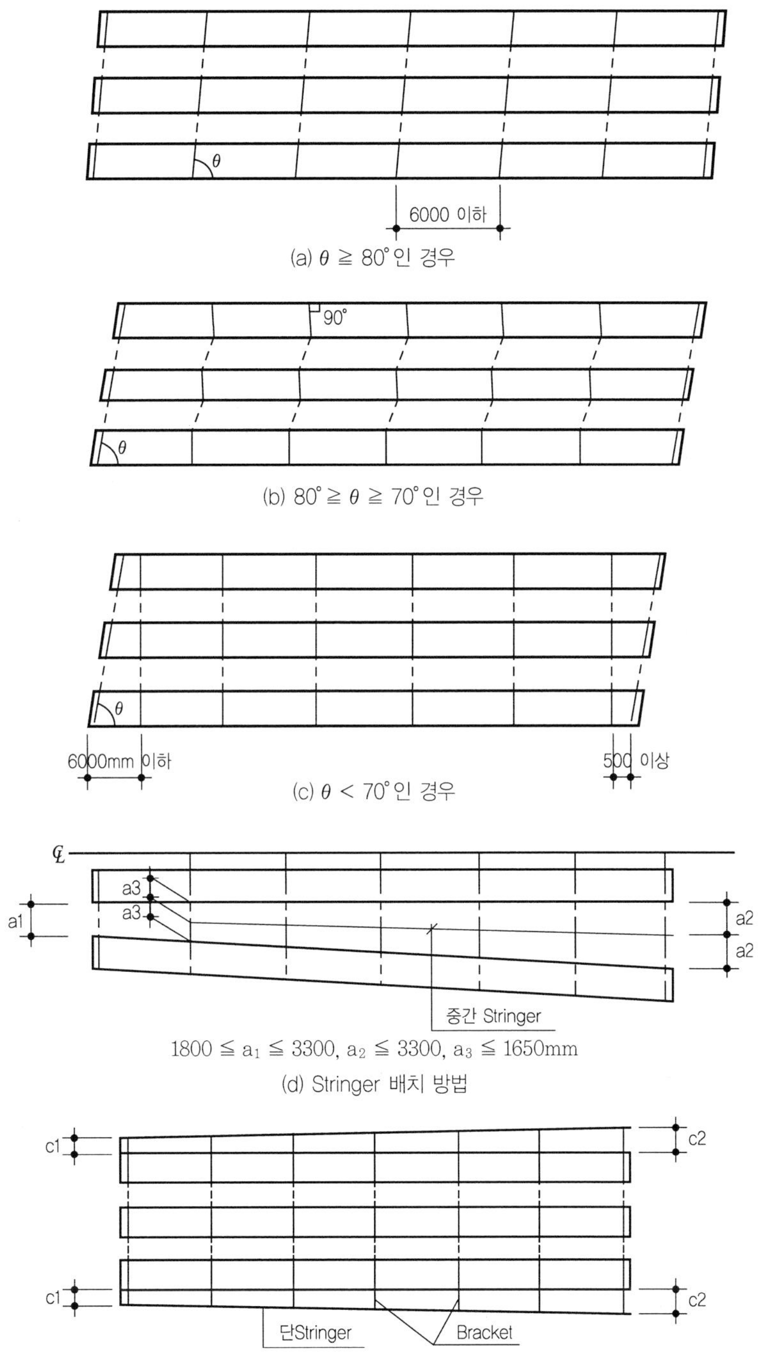

(a) $\theta \geq 80°$ 인 경우

(b) $80° \geq \theta \geq 70°$ 인 경우

(c) $\theta < 70°$ 인 경우

$1800 \leq a_1 \leq 3300,\ a_2 \leq 3300,\ a_3 \leq 1650\text{mm}$

(d) Stringer 배치 방법

$C_1 \geq 1200\ ,\ C_2 \leq 2500\text{mm}$

(e) Bracket 배치 방법

그림 6.1.23 교량 중심선형이 직선인 경우 가로보, Bracket 및 세로보 배치

(d) 교량 폭원이 변화하는 경우에는 그림 6.1.23(d), (e) 순서로 박스거더 를 배치하여 내부 Stringer 설치방법과 Bracket를 설치하는 방법을 비교 하여 경제성과 시공을 고려하여 결정하여야 한다.

(e) 곡선교에서는 하부구조에 교량받침 배치방법에 따라 그림 6.1.24(a)와 같이 가로보와 곡선법선 과의 직각이 되도록 가로보 또는 Bracket 배치 하는 방법과 그림 6.1.24(b)와 같이 가로보의 간격을 일정한 간격 즉 평행하게 배치하는 방법이 있으나 (b)의 방법은 교량 평면형상 계획시 지장물 또는 하천의 유수방향 및 기타 여건상 부득히 한 경우에 적용하며 가로보의 길이가 교량 전체에 결쳐 변화하여 제작이 번거로운 단점이 있다.

또한 곡선 사교의 경우에는 그림 6.1.23(a), (b), (c)를 참고하여 계획하는 것이 바람직하다.

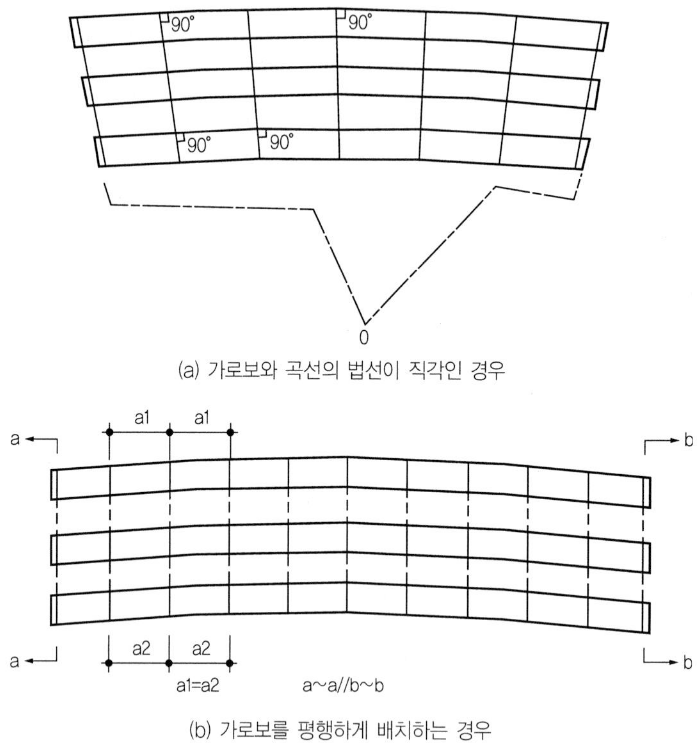

그림 6.1.24 곡선교에서 가로보 배치

(2) DIAPHRAGM

1) 기본사항

① 박스거더에는 휨 및 비틀림에 대한 단면 형상유지, 하중 집중점의 좌굴변형 방지, 가로보 설치부의 하중분산 및 제작, 운반 · 가설시의 안전 확보를 목적 으로 Diaphragm을 설치한다. 박스거더에 단면변형이 발생하면 강성저하 등에 의해 본래의 내하력을 기대할 수 없게된다. 이를 방지하기 위하여 박스거더에는 일반적으로 Diaphragm을 아래의 위치에 설치한다.

(a) 지점부

(b) 가로보, Bracket 등의 설치 위치

(c) 기타 박스거더의 단면 변형을 방지하기 위해 필요한 위치

(d) 제작 · 운송 및 가설상 필요한 위치

② 지점상의 Diaphragm은 박스단면 형상을 유지함과 아울러 복부판(Web)의 전단력에 의한 좌굴됨이 없이 교량받침에 전달할 수 있도록 설계되지 않으면 안된다.

③ 가로보(Cross Beam), Bracket 등의 격점부에 설치되는 Diaphragm은 이러한 부재단면의 단면력을 부담할 수 있도록 설계되지 않으면 안된다.

④ 박스거더의 단면형상을 유지하기 위해서는 Diaphragm의 최대 간격과 소요 강성의 결정이 설계의 중요한 항목이다. 실제 구조물에 있어서의 Diaphragm의 응력상태는 복잡하고 상기 사항을 위한 합리적인 설계법이 확립되어 있지 않은 것이 사실이나, 「각종 설계지침, 설계편람」을 사용하여 설계해도 좋다.

⑤ 일반적으로 Diaphragm의 간격은 6.0m 이하에 설치하며 이는 60m 이하의 지간장을 갖는 교량에 적용하며 60m 이상인 경우에는 다음식에 의해 결정하여도 된다.

■ Diaphragm 간격

$$\left.\begin{array}{l} L_D < 6.0\text{m}(\text{지간길이 } L < 60\text{m}) \\ L_D \leq (0.14L - 2.46\text{m})\ (60\text{m} \leqq L \leqq 160\text{m}) \\ L_D = 20\text{m}\ (L > 160\text{m}) \\ \text{단, } L_D = 20\text{m} \end{array}\right\} \quad (6.1.3)$$

2) 중간 Diaphragm

① 중간 Diaphragm의 간격은 가로보 간격에 맞추어 배치하는 것이 좋다.
원칙적으로 6.0m 이하로 간격은 "cm" 단위까지로 하고 단수는 지간 양단 Panel 의해 조정하는 것이 좋다.

② 중간 Diaphragm의 형상은 일반적으로 (a) 통판형식, (b) Rahmen 형식 (c) Bracing 형식이 있으며 통판형식과 Rahmen 형식의 구분은 개구부의 정도에 따라 구분한다.(그림 6.1.26 참조)

③ 그림 6.1.26(a), (b)는 거더의 Web 높이다 낮은 박스거더에 적용하고 (c)는 거더 Web 높이가 큰 박스거더에 적용한다.

여기서 개구율은

$R = \sqrt{\dfrac{A'}{A}} = \sqrt{\dfrac{bh}{BH}}$ 로 한다.

$R \leqq 0.4$ 일 때 : 통판형식

$0.4 < R < 0.8$ 일 때 : 통판형식과 Rahmen형식의 중간

$R \geqq 0.8$ 일 때 : Rahmen 형식

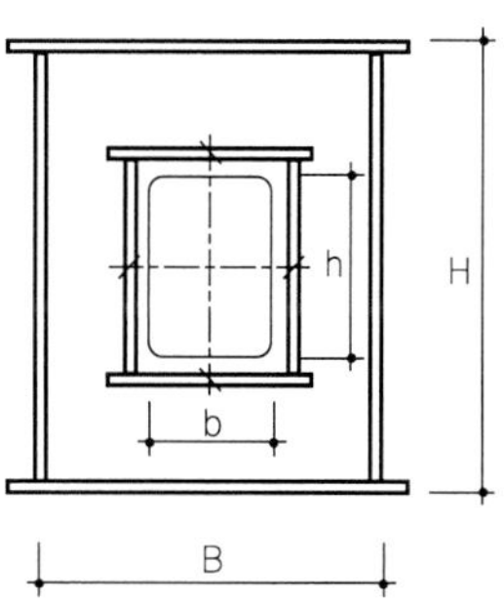

그림 6.1.25 Diaphragm 개구

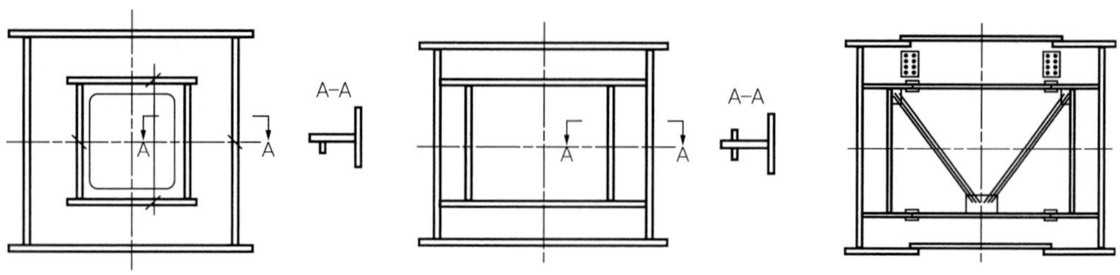

(a) 통판 형식 (b) 라멘 형식 (c) 브레이싱 형식

그림 6.1.26 일반적인 중간 Diaphragm의 형식

④ 중간 Diaphragm의 개구부의 최소치수는 가로 700mm, 세로 400mm이상으로 하고 격점부 등의 Diaphragm 개구부는 구조상의 지장이 없는 경우에는 크게 하는 것이 좋다.

3) 지점부 Diaphragm

① 박스거더의 제작, 가설, 유지관리 등을 위하여 Diaphragm에는 개구부를 설치하여야 한다.

② 지점부의 Diaphragm은 지점반력 등의 큰 집중하중이 작용하기 때문에 개구부 치수는 작게하는 것이 바람직하다. 개구부의 최소 치수는 가로 400mm, 세로 600mm 이상을 표준으로 하고 있다.

③ Diaphragm의 복부판의 두께는 단부에서는 박스거더 복부판(Web) 두께 tw와 같거나 크게하여야 하고 중간 지점부의 두께는 박스거더 복부판 두께 tw의 2배 또는 그 이상으로 계획하는 것이 바람직하다.

④ 지점부의 개구부 설치는 교량설치 방법에 따라 다음 그림 6.1.27과 같이 배치한다.

⑤ 지점부 지점보강재 배치하는 보강재가 2개 이상일 때는 용접을 고려하여 200mm 이상, 종방향 Rib와 간격을 고려하여 배치하여야 한다.

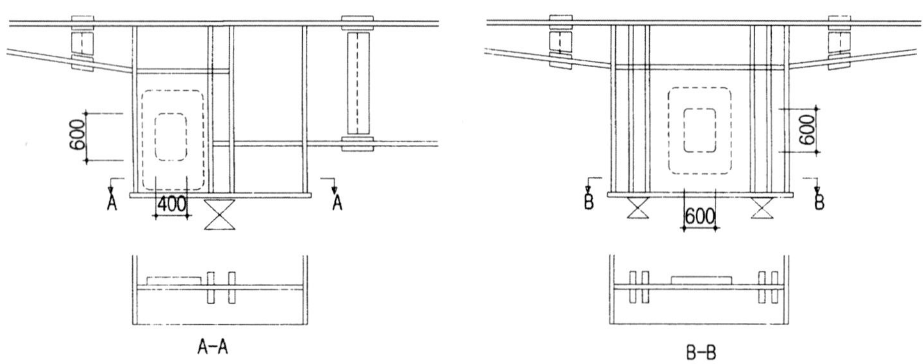

(a) 지점부(1받침 경우) (b) 지점부(2받침 경우)

그림 6.1.27 지점부 Diaphragm 형상

(3) 중간 횡방향 보강재

1) 횡방향 보강재와 수직보강재의 접합부에 대하여서는 용접의 시공성과 피로에 의한 영향을 고려하

며 그림 6.1.28와 같이 중간 횡방향 보강재에 Flange를 설치하는 것이 좋다.

2) 각 부재의 모서리는 용접부의 응력 집중을 피하기 위해 Scalop을 둔다.

3) 횡방향 보강재의 선단과 종방향보강재(Rib) 선단과의 거리는 절단시 변형 방지 및 용접자세 등을 고려하여 100mm 이상의 거리를 유지하는 것이 바람직하다.

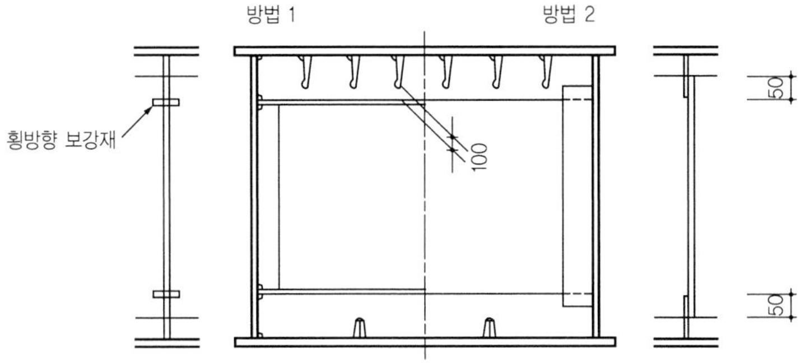

그림 6.1.28 중간 횡방향 보강재 부착

6.2 개단면 강박스거더교

6.2.1 개요

개단면 강박스거더교는 유럽 및 미국 등지에서는 실용화하여 설계에 반영한지가 오랜된 콘크리트 및 강합성 박스거더이다. 개단면 강박스거더교는 박스거더의 상부 플랜지 부분을 교량바닥판이 대신 그의 역할을 하도록 한 것으로서 교량가설시에는 거더의 형상이 u-자 형태로 상부가 개방된 개단면이 되지만 교량바닥판을 시공완료 후에는 강 u-자형 거더가 바닥판과 합성이 되어 폐단면 강박스거더가 된다.

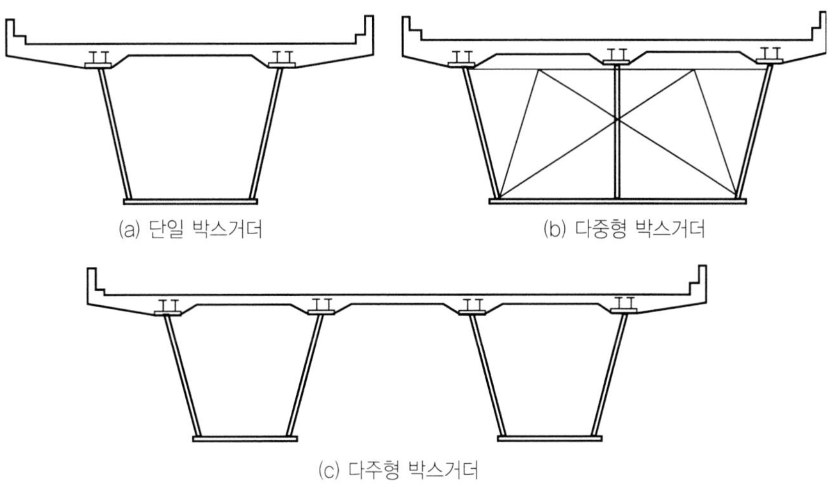

(a) 단일 박스거더 (b) 다중형 박스거더

(c) 다주형 박스거더

그림 6.2.1 개단면 강박스거더교의 가로방향 단면형상

개단면 강박스거더교의 가로방향 단면형상은 그림 6.2.1에 나타낸 (a) 단일 박스거더, (b) 다중형 박스거더, (c) 다주형 박스거더가 있으며 이는 폐단면 강박스거더의 형상과 동일하며 차이가 있다며 상부 플랜지가 콘크리트냐 강재냐의 뿐이다.

(1) 개단면 제형(사다리꼴) 강합성 거더교의 특징

1) 장점

① 강재와 콘크리트의 특성을 최대로 활용한 거더형식이다.
② 재편 수가 적어 제작이 용이하고 제작품이 적게 든다.
③ 적은 양의 강재로 최대의 효과를 실현한다.
④ 하부 플랜지의 폭을 좁게 할 수 있어 세로방향 보강재(Rib) 수가 감소하여 최적설계가 가능하다.
⑤ 가설중에 상부 수평 브레이싱을 가상 플랜지로 활용 가능하여 상부 플랜지의 단면을 줄일 수 있다.
⑥ 중간 다이어그램을 형강을 사용한 수직 브레이싱을 사용함으로서 강재절약 및 제작품을 줄일 수 있다.

2) 단점

① 운반 · 가설중 u-형 단면이 비틀림 및 뒴 비틀림 변형에 취약하다.
② 제형(사다리꼴) 단면에서 고정하중에 의해 상부 플랜지에 수평 방향으로 휨응력이 발생하여 이에 대한 대책이 필요하다.
③ 바닥판을 현장타설 콘크리트 바닥판으로 시공시 내부거푸집 제거에 어려움이 있다.
④ 바닥판 시공에 대한 연구 · 검토 필요하다. (예: 프리캐스트 바닥판, 판넬합성 바닥판 등)

(2) 개단면 제형(사다리꼴) 강합성거더교의 명칭

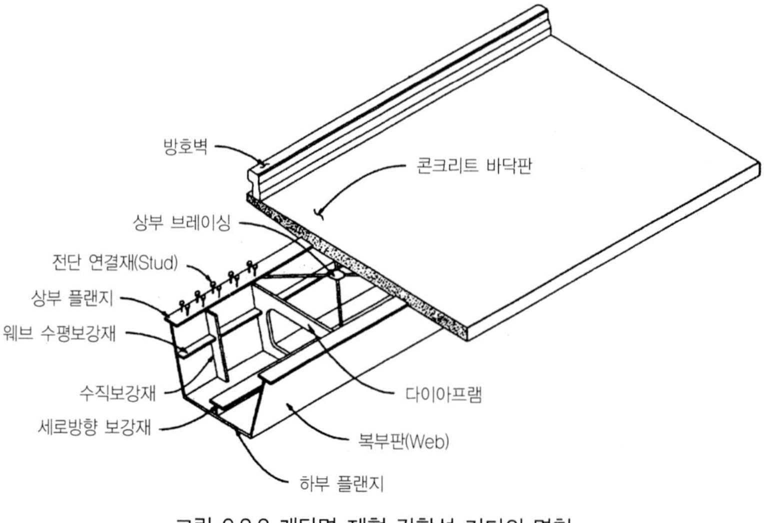

그림 6.2.2 개단면 제형 강합성 거더의 명칭

(3) 개단면 제형 합성거더교의 종류

개단면 제형 거더교는 일반적으로 거더의 높이가 일정한 단면이 합성교를 설계하는 경우가 많다. 이유인즉, 연속교에서 거더높이 변화를 시키는 경우 교량중간지점부에서 하부 플랜지의 폭이 좁아져 압축응력에 저항하는데는 강판의 두께가 무리하게 두꺼워지는 경우가 있다. 이러한 결점을 보완하기 위하여 그림 6.2.3과 같이 바닥 플랜지에 콘크리트를 타설하여 2중합성거더교로 설계한다.

이와 같은 방법은 개단면 제형 거더교에만 적용하는 것이 아니라 폐단면 박스거더교에서도 2중 합성거더교로 설계하면 경제적인 단면이 된다.

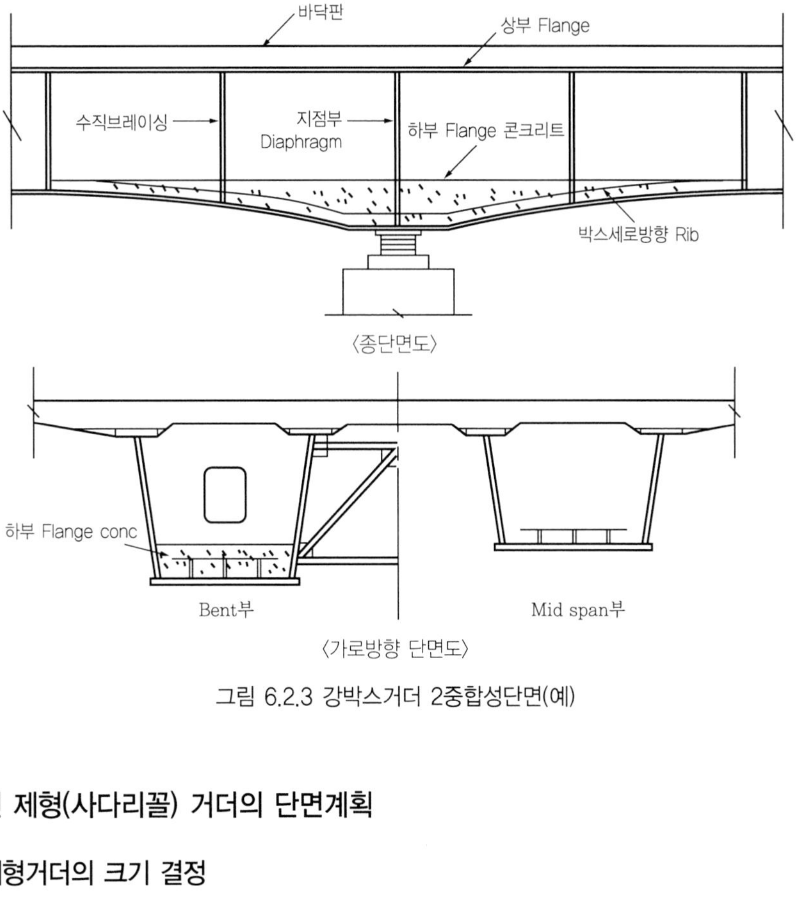

그림 6.2.3 강박스거더 2중합성단면(예)

6.2.2 개단면 제형(사다리꼴) 거더의 단면계획

(1) 개단면 제형거더의 크기 결정

개단면 제형거더의 크기결정은 다음과 같은 사항을 고려하여 개단면 제형거더 형상 및 치수를 결정한다.

1) 교량의 폭원
2) 다리밑 높이의 제한 여부
3) 운송장비 및 운송방법(육상운송, 해상운송, 박스단면 분할여부 등)

4) 바닥판 시공방법
5) 경제성 및 공기
6) 박스패널 조립방법(공장패널 조립공법, 현장패널 조립공법, 블록공법)

(2) 기본형상 결정

1) 복부판 결정

복부판의 간격은 교량바닥판의 형식에 따라 결정되며 바닥판의 형식에 따른 최대 경간길이는 다음과 같다.

① 프리캐스트 PSC 슬래브의 경우 : 최대 7.0m, 권장값 6.0m 이하
② 프리캐스트 콘크리트 패널 합성바닥판의 경우 : 최대 3.5m 이하
③ steel Deck 거푸집을 사용한 합성바닥판의 경우 : 최대 3.5m 이하
④ 현장타설 콘크리트 바닥판인 경우 : 최대 3.2m 이하로 하는 것이 좋다.

2) 하부 플랜지 폭과 복부판 경사

① 하부 플랜지의 폭의 결정시 고려할 사항

(a) 복부판 간격의 1/2 이상 확보
(b) 가설시 거더의 안전성
(c) 복부판 높이 변화를 시키는 경우 중간 교각부의 압축강도
(d) 곡선교의 경우 비틀림 강성
(e) 점검구의 최소규격
(f) 박스거더 단면의 최소규격

② 복부판의 경사도

복부판의 경사도는 너무 심해지면 2차 응력의 증가로 이어지기 때문에 기울기는 1/4~1/3범위 이하로 하는 것이 좋다. 가급적이면 기울기를 1/4이하로 계획하는 것이 바람직하다.

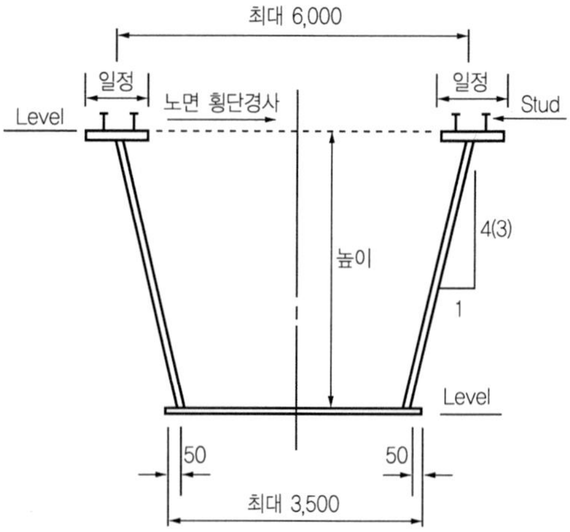

그림 6.2.4 개구제형단면 박스거더의 기본형상

③ 복부판의 높이

그림 6.2.4에서 복부판의 높이는 교량의 지간길이에 의해 결정하는 경우가 많지만 제형거더의 바닥판 지간에 의해 최대높이가 결정되는 경우도 있다.

이는 개단면을 하부 플랜지에 종방향으로 현장이음(seam)을 설치하여 가설하는 경우, 각 재편을 별

도로 제작하여 현장에서 조립하는 경우 등에 따라 복부판의 높이가 결정된다. 이는 거더를 육상운반을 하는 경우에만 적용되며 해상운반시는 부재의 크기, 높이에 제한을 받지 않는다.

일반적으로 개단면제형거더의 단면높이는 일정하게 하는 것이 좋으며 경간길이가 긴 경우에 중간지점 부근에 거더의 높이를 변화시키는 경우도 있으나 높이 변화에 따라 거더하부 플랜지 폭이 좁아져 휨압축응력에 저항하기 위해서 두께가 두꺼워지고 가로방향 보강재의 간격이 변화하여 강교제작에 세심한 주의가 요구된다.

개단면 제형거더의 복부판 높이는 과거의 실적을 참고하여 계획하는 것이 설계자의 노력을 절감할 수 있으므로 일반적으로 복부판의 높이 h는 지간에 대한 비를 다음과 같이 적용하고 있고 최대높이는 3.0m 정도로 설계하는 실정이다.

$h = L/18 \sim L/22$(정도사용)

개단면 제형거더의 최소복부판 높이는 교량의 점검로 및 상부 수평 브레이싱 등을 감안하여 최소 1.5m 이상으로 하는 것이 바람직하다.

④ 복부판의 두께

개단면 제형거더의 복부판 두께는 교량에 작용하는 외력에 의한 휨모멘트에 저항하는 휨강도에 미치는 영향이 적으므로 거더의 형상, 거더제작시 품질 및 유지관리 등을 감안하여 결정하는 것이 바람직하다.

복부판 두께 결정시 다음과 같은 사항을 고려하여 결정한다.

(a) 수평보강재의 설치유무 및 단수(1단, 2단, 3단)
(b) 상 · 하 플랜지의 순간격(b)
(c) 수직보강재의 간격(a)

수직보강재의 간격은 지점부에서는 $a/b \leq 1.5$, 그밖에는 $a/b \leq 3.0$으로 한다.

개단면 제형거더에의 복부판 두께 결정은 거더교의 제작시 인력품 및 재료비와 가설시 거푸집 설치 · 해체 또는 현장 인부의 동선 · 유지관리 등을 고려하여 수평보강재는 1단이하로 설치하고 수직보강재 간격은 수직 브레이싱 및 가로보 간격의 1/2으로 하는 것이 바람직하다. 이렇게 하면 강재의 재료비는 일반적인 설계방법으로 하는 것보다 증가하나 제작시 들어가는 재료비, 인건비 및 공기단축 등에서 경제성이 있으므로 이러한 방향으로 설계하기 바란다.

두께 결정시에는 제 5장 5.2.3(2) 항을 참고하기 바란다.

⑤ 거더 상부 플랜지의 폭 및 두께

(a) 플랜지의 폭

a) 플랜지의 폭은 일정하게 한다.
b) 플랜지의 최대 폭은 복부판 높이의 1/3~ 1/4를 표준으로 한다.

c) 최소 플랜지의 폭은 200m 또는 복부판 높이의 1/8 중에서 큰 것을 적용한다.

(b) 플랜지의 두께

a) 압축 플랜지의 최소 판두께 : 제 5장 5.2.3(3) 참조

b) 인장 플랜지의 판두께는 플랜지의 자유돌출부 폭의 1/16이상으로 한다(강재의 종류에 관계없음).

⑥ 바닥 플랜지 두께

본장 6.1.3(3), 4)항에 따라 결정한다.

⑦ 플랜지의 세로 보강재(세로 Rib)

본장 6.1.3(3), 5)항에 따라 결정한다.

6.2.3 개단면 박스거더 다이어프램(Diaphram)

(1) 중간 다이어프램

개단면 제형(사다리꼴) 강박스거더는 제작, 운반 및 가설중에 작용하는 편심하중이나 활하중의 편심재하로 인하여 비틀림 모멘트를 받게 되는데, 강박스거더에 작용하는 편심하중은 휨모멘트를 발생시키는 수직성분과 비틀림모멘트를 유발시키는 비틀림성분으로 분리할 수 있다. 비틀림모멘트는 순수비틀림 성분과 뒤틀림 성분으로 분리할 수 있다.

설계시 뒤틀림 응력을 고려하는 방법은 ① 강박스거더 단면설계에 뒤틀림 응력을 직접 반영하는 방법과 ② 중간 다이어프램을 적절한 간격으로 설치하여 뒤틀림응력을 무시할 수 있는 정도로 낮게 억제하는 방법이 있다.

일반적으로 국내외의 도로교 설계기준에서는 설계의 간편화를 위하여 후자의 방법을 적용하고 있다.

1) 중간 다이어프램 간격

중간 다이어프램 간격은 다음 식 6.2.1 로 구한다.

$$L_D < 6.0\text{m} \ (L \leqq 50\text{m})$$
$$L_D \leqq (0.14L-1.0)\text{m} \ (L > 50.0\text{m}) \qquad \text{(식 6.2.1)}$$
$$\text{단, } L_D \leqq 20.0\text{m}$$

여기서, L_D : 중간 다이어프램의 간격(m)

L : 교량의 지간길이(m)

중간 다이어프램의 간격은 개단면 박스거더의 운반 · 가설을 위하여 1블록당 다이어프램을 2개소 이상을 설치해야 한다. 즉, 현장가설길이 내에 최소 2개소를 설치해야 한다.

또한 거더에 발생하는 최대 뒤틀림 응력이 최대 휨응력의 5%이내가 되도록 하는 최대간격을 Sakai & Nagai (1977)이 제안하고 있다.

2) 중간 다이어프램의 구조

일반적인 박스거더교에서는 중간 다이어프램의 구조는 충복식 다이어프램을 많이 사용하여 왔지만 이는 제작비용이 많이 들 뿐만 아니라 유지관리상 많은 어려움이 있기 때문에 크로스 프레임(Cross Frame)형식을 사용하는 것이 훨씬 유리하다. 중간 다이어프램의 구조형식은 V형 또는 역V형과 충복식이 있다.

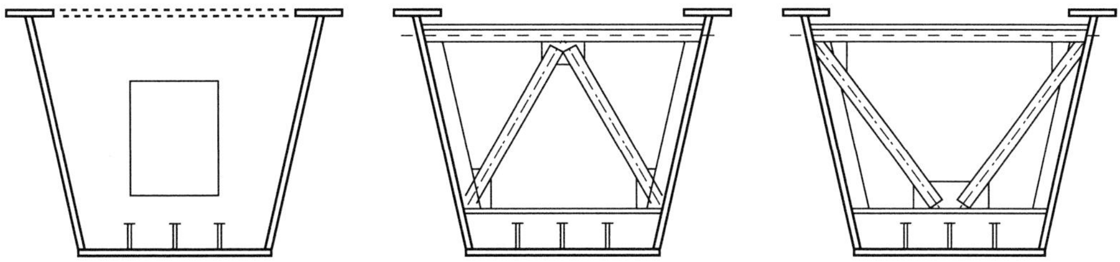

(a) 충복식 다이어프램 (b) 역V-형 다이어프램 (c) V-형 다이어프램

그림 6.2.5 개단면(개구) 제형 중간 다이어프램 단면형상

(2) 지점부 다이어프램

개단면 제형 강박스거더교의 지점부으 다이어프램은 가급적이면 강성을 높이기 위하여 충복식으로 하는 것이 좋다. 지점부 다이어프램에는 상부 플랜지를 설치하고 플랜지의 두께는 개단면 제형 거더상부 플랜지 두께의 1/2이상으로 하며 콘크리트 바닥판과는 전단연결재를 사용하여 합성시킨다.

또한 경우에 따라서는 콘크리트 매립형 S.R.C(Steel Reignforce Concrete) 구조로 하는 경우가 있다. 곡선교에서 내측거더에 부반력이 발생하는 경우나 단일거더로 설계하는 경우에 전도방지 및 부반력 발생을 억제하기 위하여 받침위치를 복부판 위치보다 외측에 배치하여 다이어프램을 설계하는 예가 많다.

6.2.4 개단면 제형 강박스거더의 수평 브레이싱(Laternal Bracing)

(1) 일반사항

수평브레이싱은 가설시에 개단면 박스거더의 형상을 보존하는데 매우 유효하고 곡선교나 편심하중에 의해 발생하는 비틀림 모멘트에 저항하는 역할을 하게 되어 필요하다.

또한 시공중 고정하중(강거더, 콘크리트 바닥판), 시공중 활하중(Deck Finisher 등의 시공장비)에 의하여 강거더에 발생하는 휨모멘트로 인한 수평 브레이싱 부재에 축력(인장 · 압축)이 발생하고 제형 거더에서는 복부판이 기울어져 있기 때문에 시공중에 작용하는 고정하중(바닥판 하중)으로 인하여 상부 플랜지를 양쪽으로 벌어지게 하는 수평분력이 발생하게 된다. 이 때문에 수평 브레이싱의 strut에 인장력이 발생하게 된다. 그리고 거더 상부 플랜지에 수평방향으로 휨모멘트가 발생하게 된다.

다음 그림 6.2.6은 복부판 경사에서 상부 플랜지에 수평방향 휨응력발생을 나타낸 것이다.

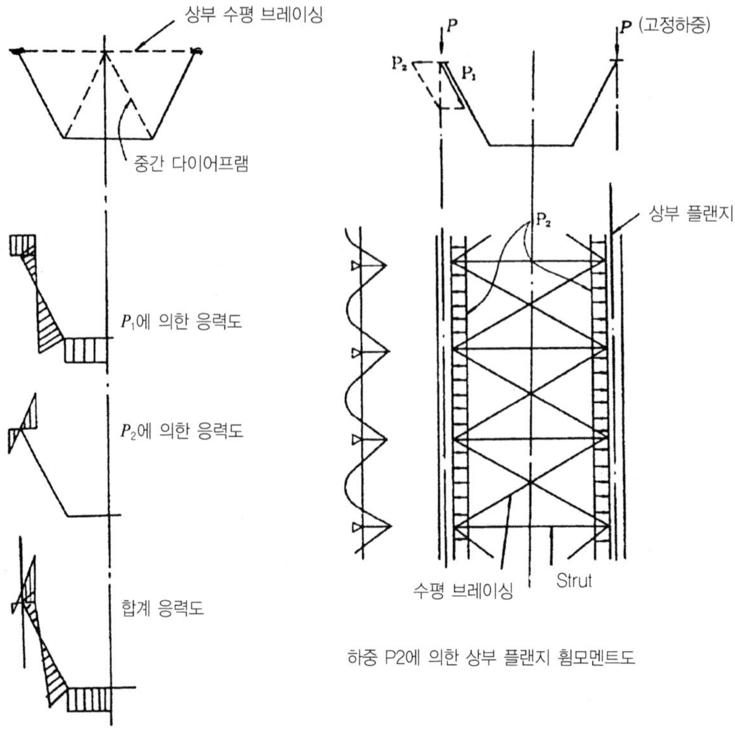

그림 6.2.6 개단면 제형 강박스거더의 응력도

(2) 수평 브레이싱의 형태 및 환산 등가 두께

수평 브레이싱의 형식은 SD단면, X 형식 및 K 형식이 있다. 이들 중에서 SD 형식과 X 형식을 대부분 사용하고 있다.

수평 브레이싱의 환산등가 두께는 다음의 식 6.2.2, 식 6.2.3, 식 6.2.4에 의해 구한다.

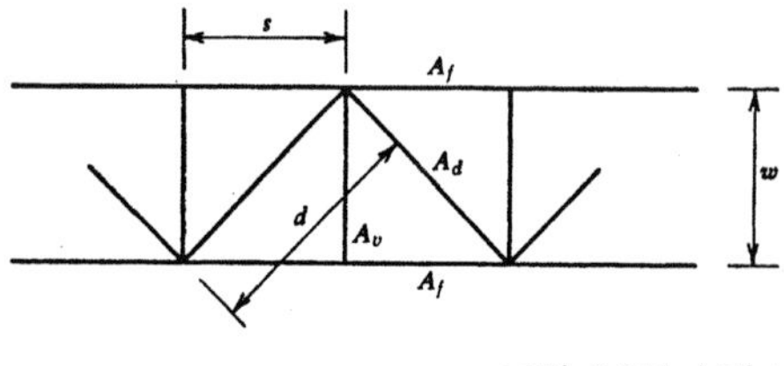

$$t_{eq} = \frac{E}{G} \frac{Sw}{\frac{d^3}{A_d} + \frac{2}{3}\frac{S^3}{A_f}} \quad \text{(식 6.2.2)}$$

그림 6.2.7 수평 브레이싱 SD 형식

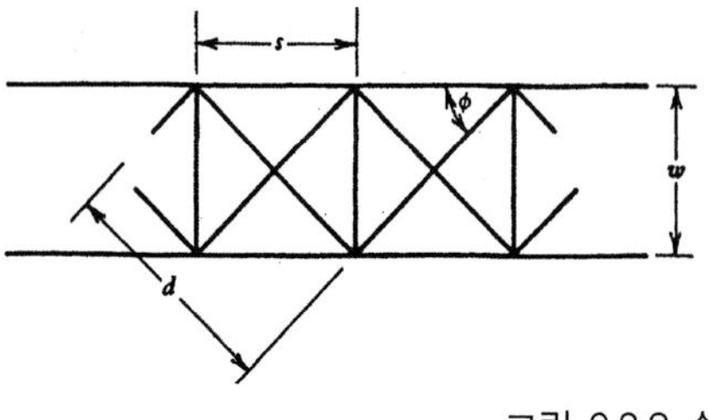

$$t_{eq} = \frac{E}{G} \frac{Sw}{\frac{d^3}{2A_d} + \frac{S^3}{6}\frac{1}{A_f}} \quad \text{(식 6.2.3)}$$

그림 6.2.8 수평 브레이싱 X 형식

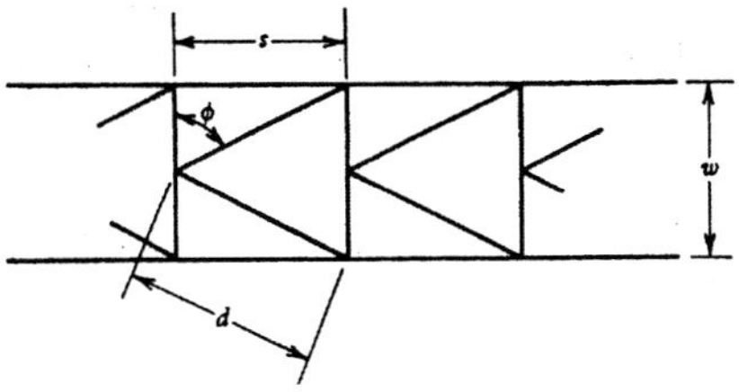

$$t_{eq}=\frac{E}{G}\frac{Sw}{\frac{2d^3}{A_d}+\frac{w^3}{4A_v}+\frac{S^3}{6}\frac{1}{A_f}}$$ —— (식 6.2.4)

그림 6.2.9 수평 브레이싱 K 형식

제Ⅱ편 강교

7장 강바닥판 거더교

⊙ 제 7 장_ 강바닥판 거더교

7.1 개 요

강바닥판 거더교(Steel Orthotropic Deck Bridge)은 강판(Steel plate)에 종방향 보강재(세로 Rib), 횡방향보강재(가로 Rib)를 부착하여 이루워진 강바닥판에 "⊥"형, Ⅱ형, 박스형 I-형 등을 거더 부재를 결합하여 그들의 일체가 되어 외력에 저항하도록 구성된 형(거더)교를 말한다.

여기서 Orthotropic 이라는 용어는 직교이방성을 의미하는 Orthogonal Anisotropi이라는 두 단어에서 유래되었는데 이는 서로 직교하는 방향으로 재료의 특성이 상이하다는 것을 의미한다.

강바닥판 거더교는 교량횡단면 형상으로 분류하면(1) I-거더 형식(Open Web Girder System)과 Box-거더 형식(Box Type plate Girder system)으로 구분한다.

이들에 대한 개략도는 그림 7.1.1, 그림 7.1.2에 나타낸다.

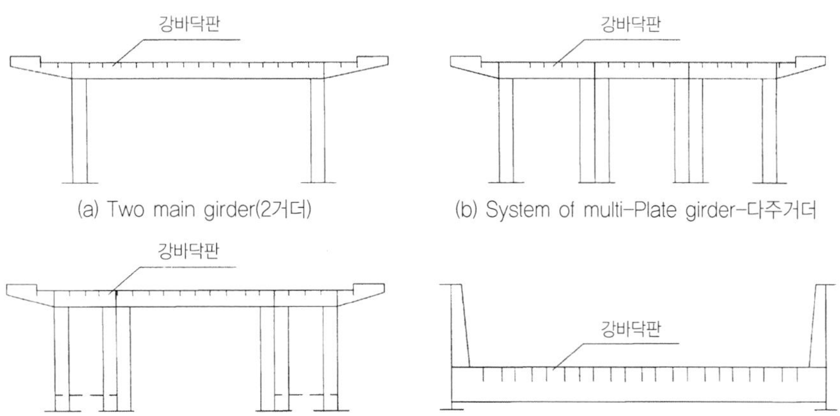

그림 7.1.1 I-거더 형식의 강바닥판 거더교 단면 개략도

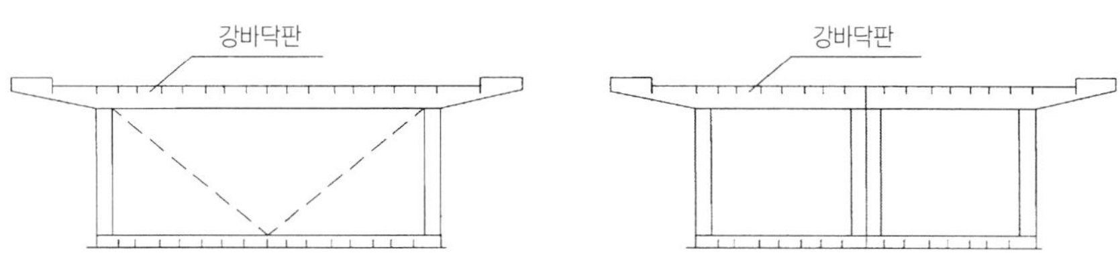

(a) 단일 박스거더(1-Cell Box Girder)　　(b) 다중 박스거더

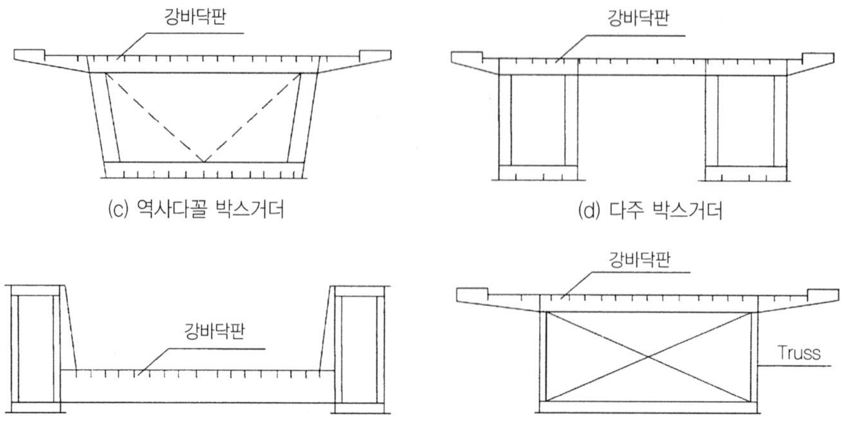

(c) 역사다꼴 박스거더 (d) 다주 박스거더
(e) 하로 박스거더 (f) 강바닥판 TRUSS(기타)

그림 7.1.2 Box 거더형식 및 Truss형식 강바닥판 거더교 단면 개략도

7.1.1 일반사항

(1) 강바닥판 거더교의 특징

1) 강재의 효과적인 이용이 가능하다.
2) 철근콘크리트 바닥판에 비교하여 자중이 가볍다.
3) 강바닥판이 거더의 일부로서 주형작용을 시키는 것이 용이하다.
4) 큰 극한 내하력을 갖는다.
5) 철근콘크리트 바닥판을 가지는 거더교에 비교하여 적용지간을 증대 시킬수 있고 거더 높이를 낮게 할 수 있다.

(2) 강바닥판 거더교의 각 부재 명칭

강바닥판 형교의 일반적인 명칭은 그림 7.1.3에 나타낸다.

1) 바닥강판(deck plate) : 강바닥판에서의 판, 바닥판
2) 강바닥판(steel plate deck) : 바닥강판이 리브로 보강되어 있는 판
3) 바닥틀(floor system) : 활하중을 직접지지하는 바닥판과 그 바닥판을지지하며, 하중을 거더에 전달하는 세로보와 가로보로 구성된 바닥틀 거더로 구성된다.(강바닥판+세로보+가로보)
4) 리브(Rib) : 바닥강판의 보강재
5) 가로보(floor beam, cross beam) : 바닥틀의 한 요소로서 거더에 직각방향으로 설치되는 보
6) 세로보(stringer) : 가로보 위에 지지되는 거더에 평행한 작은 보

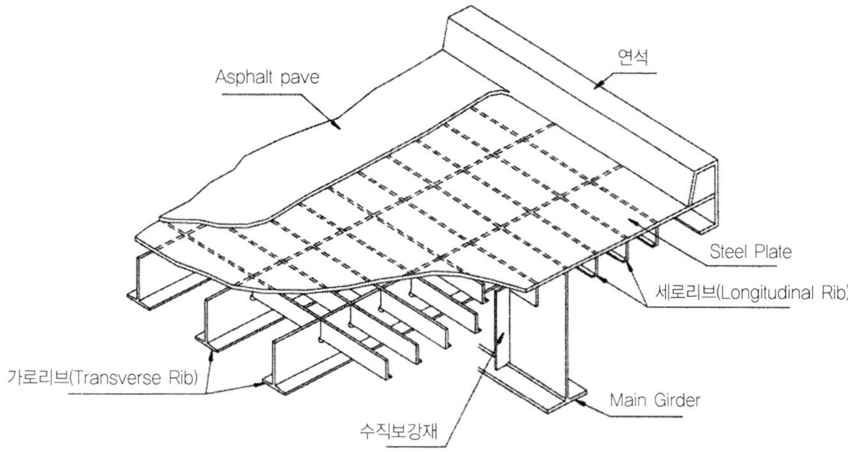

그림 7.1.3 강바닥판의 각 부재의 명칭

7.1.2 강바닥판 거더교 설계순서 및 적용지간

(1) 설계순서

강바닥판 형교의 일반적인 설계순서는 그림 7.1.4에 표시한 Flow chart로 표시할 수 있다.

(2) 적용기간

강바닥판 거더교의 적용지간은 교량의 폭원, 거더의 수에 의해 조금씩 차이는 있으나 일반적으로 교량계획시 적용 가능 지간은 다음표 7.1.1, 표 7.1.2에 나타낸다.

⊙ 표 7.1.1 강바닥판 I형 거더교

형식 \ 지간(m)	10	20	30	40	50	60	
단순거더		┈	■	■	┈		
연속거더		┈	┈■	■	■	┈	

주 1) ■ 일반적으로 적용되는 범위
2) ┈ 비교적 적용되는 범위

⊙ 표 7.1.2 강바닥판 박스거더교

형식 \ 지간(m)	30	40	50	60	70	80	90	100	120	130	140	150	160	170	
단순거더		┈	┈	■	■	■	■	┈	┈	┈					
연속거더		┈	┈	┈	■	■	■	■	■	■	■	■	■	┈	┈

주 1) ■ 일반적으로 적용되는 범위
2) ┈ 비교적 적용되는 범위

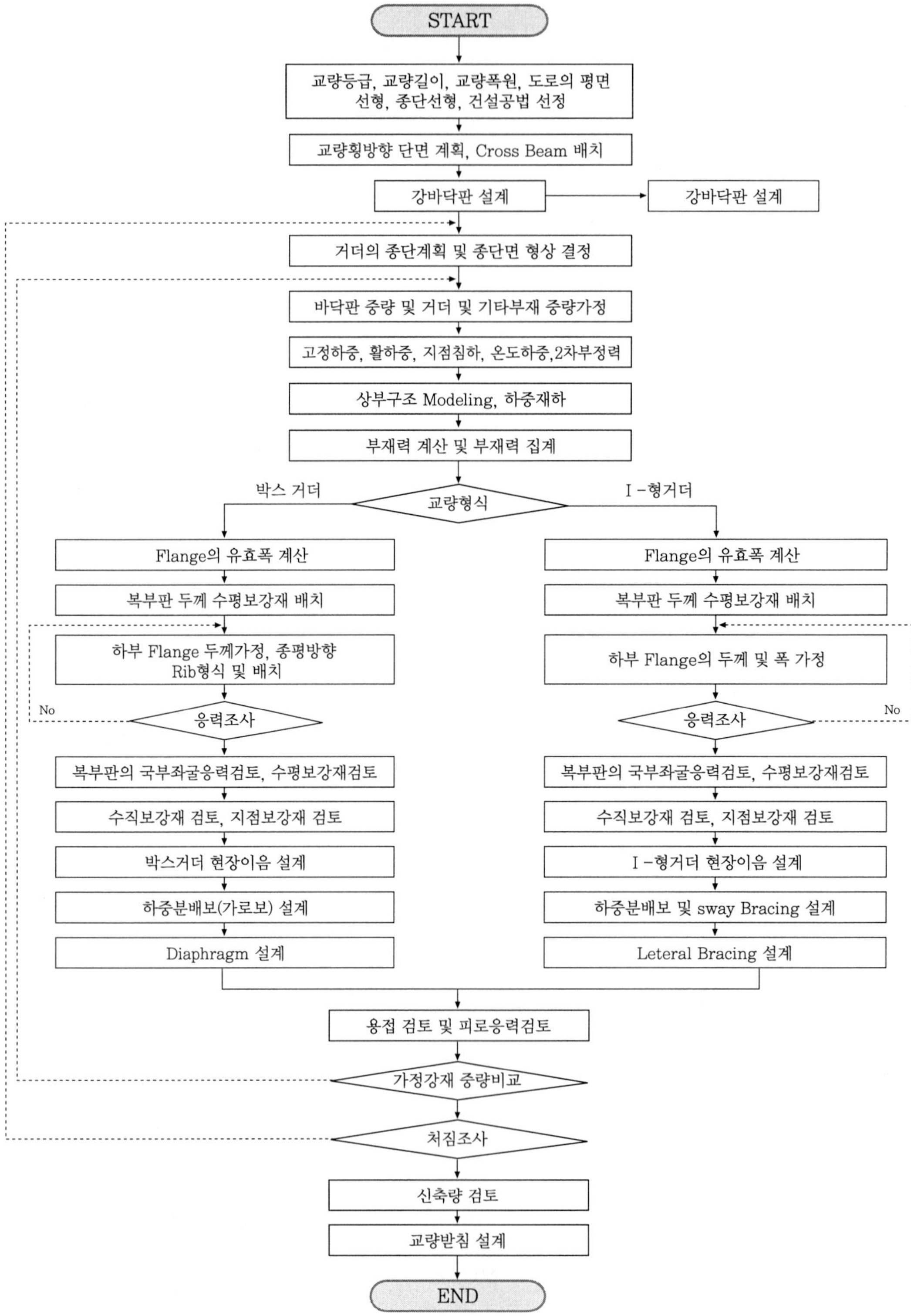

그림 7.1.4 강바닥판 거더교 설계 Flow Chart(1)

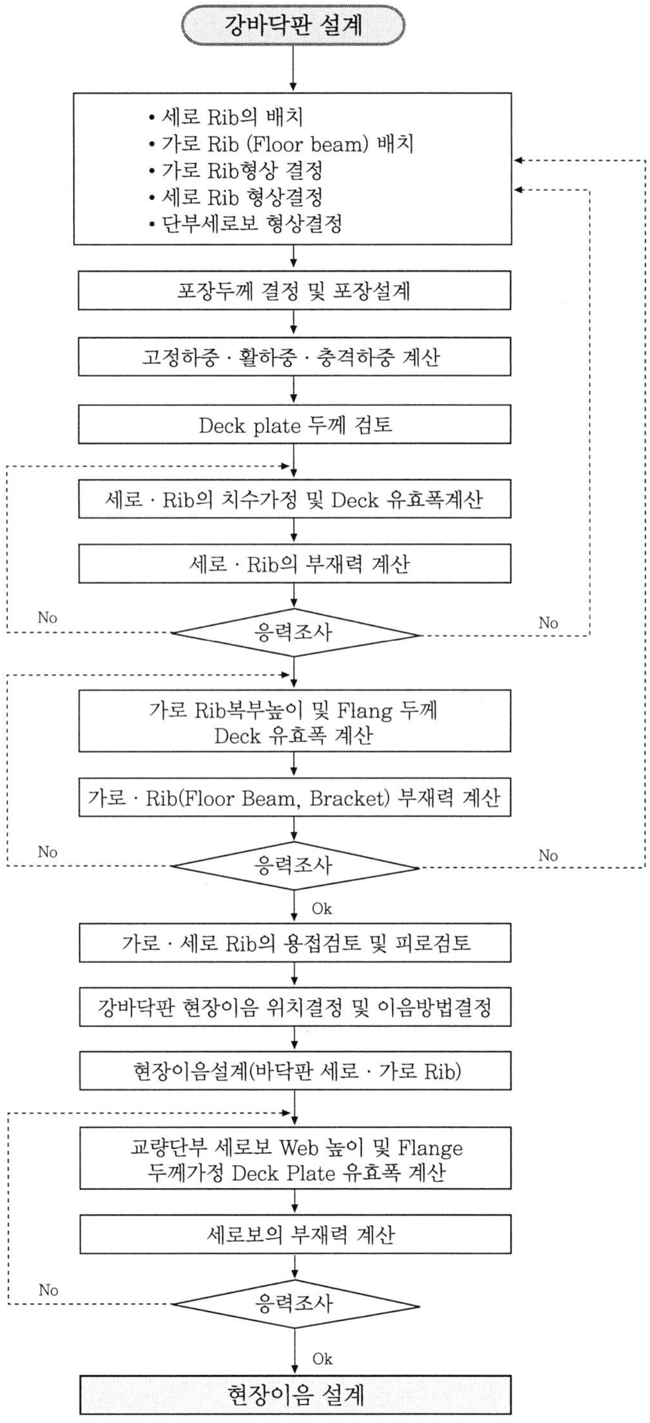

그림 7.1.4 강바닥판 거더교 설계 Flow Chart(2)

7.1.3 교량상부구조 강재 중량 가정

강바닥판 형교에서 강재의 중량을 가정하는 것은 매우 중요한 설계작업이다.

그림 7.1.4의 설계 Flow에서 알수 있듯이 사용강재의 중량가정이 신뢰할 수 있는지 여부는 설계 종료 상태에서 비교 검토하여야 할 사항이므로 계속적인 feed Back을 거쳐서 하나의 교량을 설계 할려면 많은 인력 손실과 시간 낭비가 따르게 된다. 따라서 설계시는 과거의 실적 또는 참고문헌을 참고하여 가정하는 것이 바람직한 설계 방법이다.

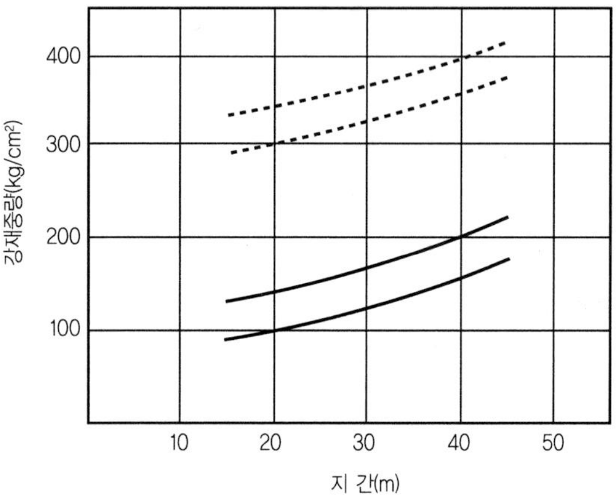

1) ——— 은 거더 자중만
2) ------ 은 교량전체의 강재 중량
3) 폭원의 좁은 경우 및 주형본수가 많은 경우는 위쪽의 값을 사용할 것

그림 7.1.5 강바닥판 I 거더교 (메탈디자인 데이터북)

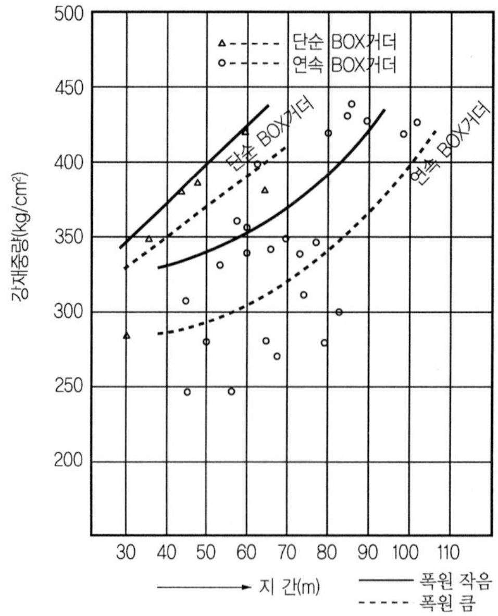

그림 7.1.6 강바닥판 박스거교 (디자인 데이터북)

다음 그림 7.1.5, 그림 7.1.6은 교량지간에 따른 거더의 강재 중량을 나타낸다.

또 강바닥판의 강재 중량(Deck Plate, 세로 Rib, 가로 Rib(Floor Beam)의 강재량 포함)에 대하여 세로 Rib지간, 가로 Rib 지간과의 관련을 그림 7.1.7, 그림 7.1.8에 나타낸다.

단, 실적 값을 Plot한 것으로 세로 Rib의 형상은 U-Type Rib(Through Rib)를 사용한 것이다.

주 1) 아래표에서 사용 종방향리브의 판두께와 재질은

▲ t = 6 SS41
△ t = 6 SM50
● t = 8 SS41
○ t = 8 SM50
로 하다.

2) 첨자는 그림 7.1.7의 경우는 가로리브 지간(m)나타낸다.
그림 7.1.8의 경우는 세로리브 지간(m)

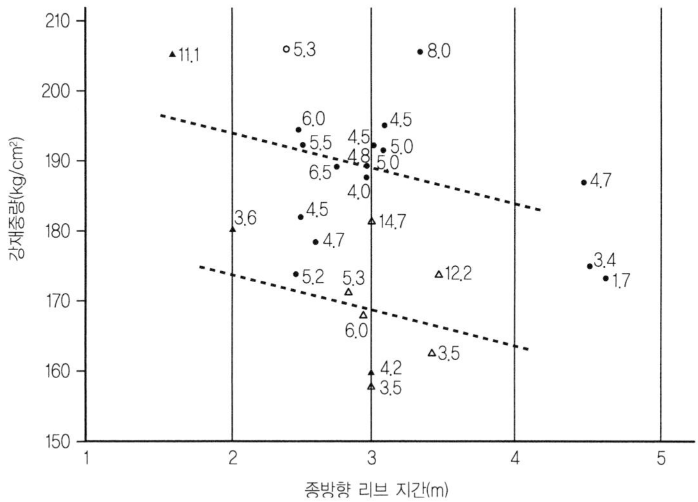

그림 7.1.7 세로 Rib 지간과 강바닥판 강재중량 (교건협 조사자료에서)

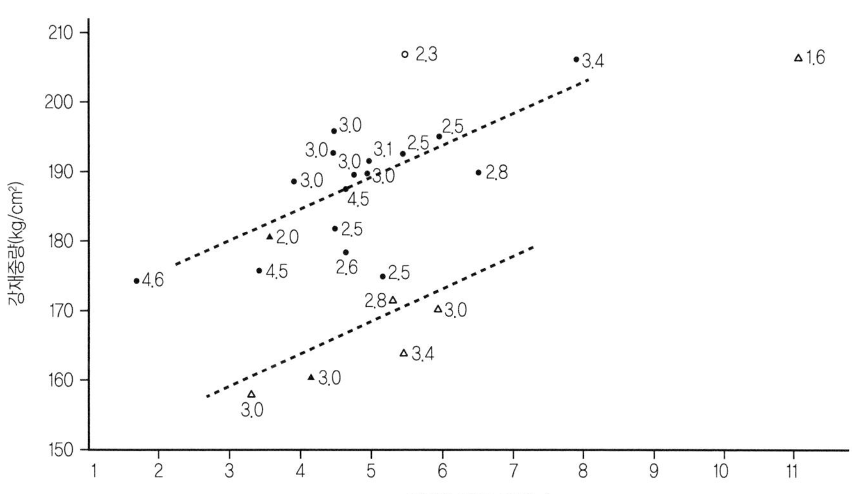

그림 7.1.8 가로 Rib 지간과 강바닥판 강재중량 (교건협 조사자료에서)

7.2 강바닥판교의 계획 · 설계

7.2.1 주거더(Main Girder)의 계획

(1) 주거더의 높이 결정

거더의 측면형상(종단 형상)은 등단면 거더 높이는 60m까지의 단 · 중지간에 대해 최적 결과를 얻을 수 있으며 지간이 길게되면 교각 지점부근의 고정하중에 의한 부(−)의 모멘트가 커져서 거더 높이나 거더 아래면의 형상을 변화시킬 필요가 생긴다. 다리밑 공간에 여유가 있으면, 거더밑 형상을 용이하게 선택되고 만족할만한 미관도 얻을 수 있다. 그러나 다리밑 공간의 여유가 없는 경우에는 교각부에 Haunch를 설치하여 등단면과 변단면의 중간적인 측면형상을 같은 것도 있다.

거더 Web의 높이는 다음 사항을 고려하여 결정하여야 한다.

ⓐ 교량폭에 따른 거더의 수

ⓑ 연속교에서 지간의 구성비(3경간의 경우 1:1:1, 1:1.2:1, 1:1.3:1 등)

ⓒ 교량폭에 따른 거더의 형상(I−형 거더, Box Girder, 기타 형상 등)

ⓐ에 대하여, 거더 Web 수가 2개인 경우와 Web 수가 4개인 경우를 비교하면 등단면을 갖는 교량에서 Web수가 적은 경우가 고정하중에 의한 부재력이 크게 나타나는 것은 자명한 사실이다.

ⓑ에 대하여 등단면을 갖는 경우 지간 구성 1:1:1인 경우와 1:1.2∼1.3:1을 비교하면 최소의 강재 중량 설계에 의하면 전자의 경우가 15∼20% 정도 거더의 높이를 낮게 계획 할 수 있다.〈그림 7.2.1 참조〉

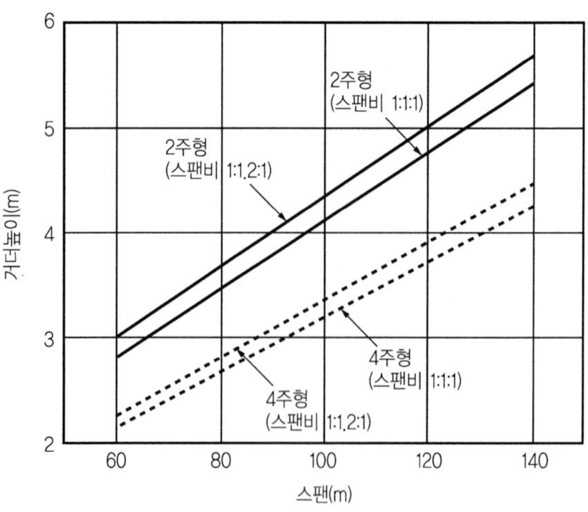

그림 7.2.1 강바닥판교의 거더수와 높이 와의 관계(등단면 일 때)

ⓒ에 대하여 일반적으로 I−형 거더가 Box 거더에 비하여 거더의 높이가 높게 설계된다. 이는 I−형 거더에 비교하여 Box 거더가 Flange의 폭이 크기 때문에 동일한 부재력에서 Box거더가 유리한

단면 계수를 가지기 때문이다.

1) 거더 높이 제한이 있는 경우 최소거더 높이

거더 높이 제한이 있는 경우의 최소거더 높이는 그림 7.2.2에 표시한 치수를 표준으로 한다.

또한 다리밑 공간 높이의 제한을 받는 경우로 지간 중앙 혹은 지점상에서 어느 정도 거더 높이를 확보할 필요가 있는 경우에는 그림 7.2.3에 나타낸 변단면 형태의 Taper 거더도 고려한다.

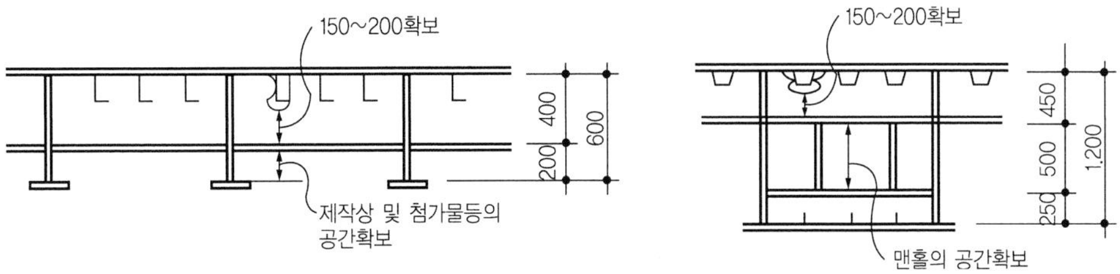

(a) I-형 거더 (b) Box Girder

그림 7.2.2 최소거더 높이의 표준

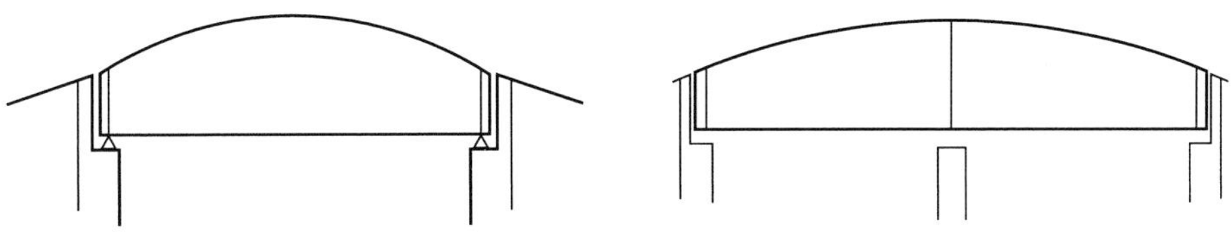

(a) 단순 거더교 (b) 연속 거더교

그림 7.2.3 Taper 단면 거더

2) 거더의 높이

일반적으로 거더의 높이를 그림 7.2.4에 지간길이(L)에 대한 거더 높이(H)의 비(H/L)로 나타낸다.

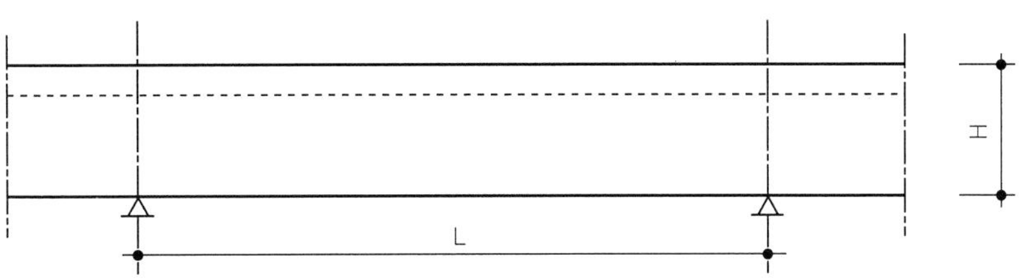

여기서 : 강바닥판 I-형 거더 : H/L = 1/22~1/28
강바닥판 Box 거더 : H/L = 1/24~1/30

(a) 등단면 거더교의 경우

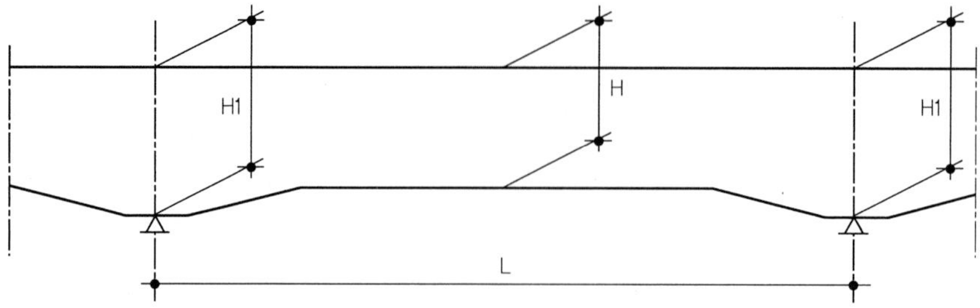

여기서 : 1) 강바닥판 I-형 거더 : H1/L = 1/20~1/25
H/L = 1/22~1/20
2) 강바닥판 Box 거더 : H1/L = 1/22~1/28
H/L = 1/24~1/32

(b) Haunch를 갖는 거더교의 경우

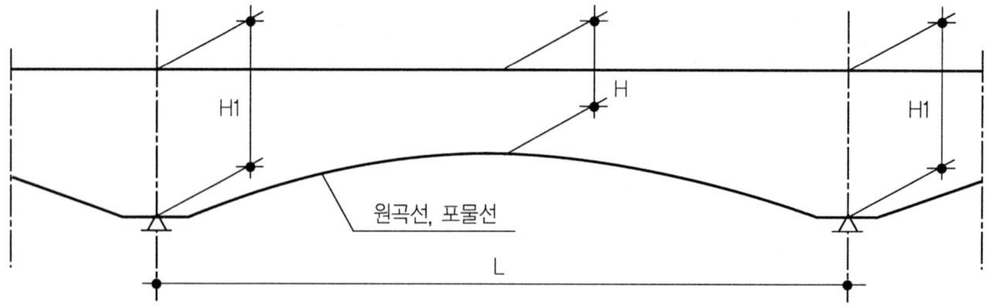

여기서 : 1) 강바닥판 I-형 거더 : H1/L = 1/16~1/20
H/L = 1/30~1/40
2) 강바닥판 Box 거더 : H1/L = 1/18~1/22
H/L = 1/35~1/55

(c) 거더의 높이가 변화하는 경우

그림 7.2.4 상부구조 측면형상에 따른 거더높이

(2) 거더의 배치

1) I-형 거더교

I-형 거더교의 가로단면을 어떻게 선택하는 지는 주로 교량폭원, 지간, 거더 높이의 제한 등이 관계되며, 구조형상으로서는 비교적 작은 간격으로 다수의 거더를 병열로 배치하는 방법, 2개의 거더를 근접해서 배치하는 불규칙 배치방법(Two pair of main girder), 2개의 거더를 큰 간격으로 배치하는 방법 등이 고려된다.

가로단면의 형식을 결정할 경우에 특별한 조건이 없을 때는 경제성이 가장 중요시되는 것을 말할 나위도 없다.

경제성 비교시에 큰 비중을 차지하는 것은 사용강재 중량의 대 · 소, 제 작 · 가설의 난이성 등이다.

① 다수의 거더를 병렬로 배치하는 경우에는 2개의 거더를 일체로서 강성을 높인 Block 분할이 가능한지 여부를 검토하여야 한다. 즉 거더의 배치는 이 Block이 도로의 수송 제한 내에 들어가도록 결

정하는 것이 좋다.

또한 거더의 높이 제한이 있는 경우에는 단면의 치수, 응력 등을 고려해서 적당한 거더 본수를 증가시켜 거더의 높이를 조정하는 것도 바람직하 다.

이때 거더의 간격은 바닥판 및 Floor Beam 가로 Rib의 현장이음 간격을 고려해서 그림 7.2.5(a)와 같이 결정하는 것이 좋다. 단 해상수송이 가능한 경우에는 더 넓게 하여도 된다.

② 2개의 거더를 근접해서 배치하는 경우에는 교량가설 위치의 조건이 다수의 거더를 병렬로 배치 할 수 없고, 비교적 다리밑 공간의 활용이 자유로운 경우에 적용하며, 거더의 배치는 2개의 거더를 일체로서 강성을 높인 Block으로 분할 가능한 범위에서 결정하며, 운송시 높이의 제한을 받는 경우에는 거더의 복부에 현장 이음을 두는 것이 부재의 이음개소가 적어서 경제적이다. 거더의 배치는 그림 7.2.5(b)와 같이 결정하는 것이 바람직하다.

③ 2 거더를 큰 간격으로 배치하는 경우는 교량폭원이 20~30m가 되는 경우에도 적용이 가능하나, 거더의 높이의 제한을 받지 않는 경우에 적용한다. 이때 교량 폭원이 큰 경우에는 바닥틀 구조를 경량화 함으로써 상당한 경제성을 기대할 수 있다.

거더의 배치는 그림 7.2.5(c)와 같이 결정하는 것이 바람직하다.

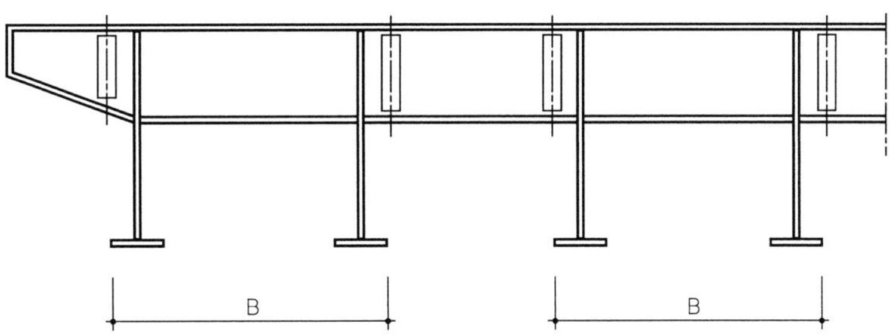

여기서 B ≦ 2.5~3.5m

(a) 다수의 거더를 병렬로 배치하는 경우

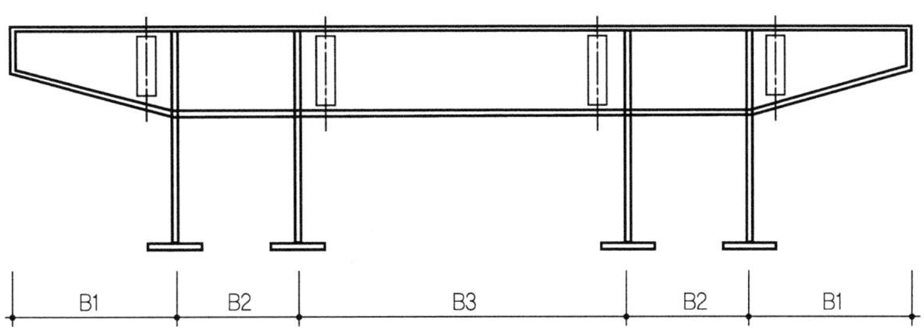

여기서 B_1 = 1.0~2.5m
B_2 = 2~2.8m
B_3 = 3~8m 정도

(b) 2개의 거더를 근접해서 배치하는 경우

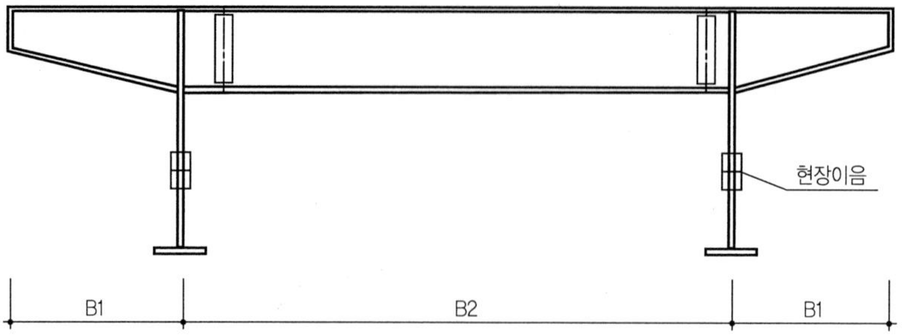

여기서 B_1 = 2.5~5.0m
B_2 = 10~20m 정도

(c) 2 거더로 배치하는 경우

그림 7.2.5 I-형 거더 배치와 Block 분할

2) Box Girder교

박스거더교의 경우는 철근콘크리트 바닥판을 갖는 박스거더와 달리 강바 닥판을 갖는 박스거더는 바닥판 지간에 의한 제약을 특별히 받지 않으므로 거더복부판간격, 거더간격에 대해서 비교적 자유도가 있다. 그러나 너무 크게 잡으면 전체강성과 함께 강바닥판 자체의 강성도 낮아질 염려가 있고, 또 Deck Plate의 포장 내구성에 대해서도 문제를 일으킨다. 따라서 강바닥판의 가로 Rib, 세로 Rib 등의 강성, 수송 기능 Block 폭, 경제성 등을 충분히 검토해서 결정할 필요가 있다.

① 단일박스 거더의 강바닥판 거더교에서는 다음 그림 7.2.6(a)에 나타낸 치수 범위 내에 배치되어 있는 것이 과거의 실적이 많은 것으로 조사되었다.

② 다중박스 거더의 강바닥판 거더교는 교량의 다리밑 공간의 제한이 엄격한 위치 또는 교량평면 곡선 반경이 적어 과도한 비틀림을 받는 경우에 적용하며 그림 7.2.6(b)에 나타낸 범위내에서 배치하는 것이 바람직하다.

③ 다주(2-박스) 박스거더교의 강바닥판 거더교는 그림 7.2.6(c)에 나타낸 치수 범위로 배치하는 것이 과거의 실적이 많이 있다.

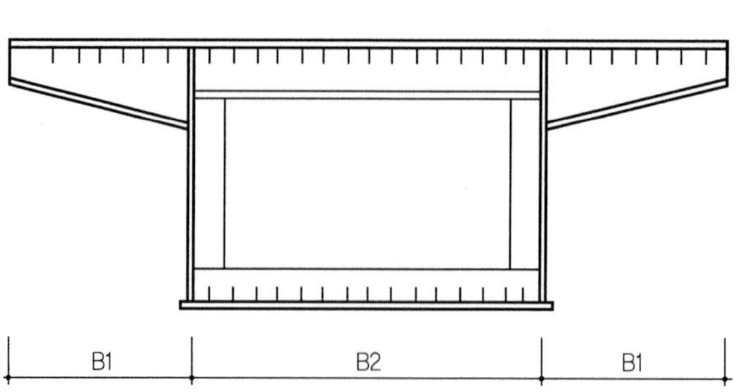

여기서 : B_1 : 1.0~3.0m
B_2 : 3.0~6.0m(최대 8m까지 실적 있음)

(a) 단일박스 거더교의 경우

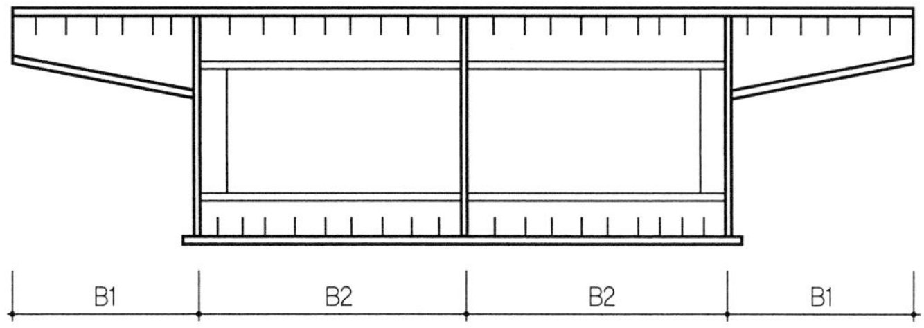

여기서 : B_1 : 1.0~3.0m
B_2 : 3.0~6.0m

(b) 다중 박스거더교의 경우

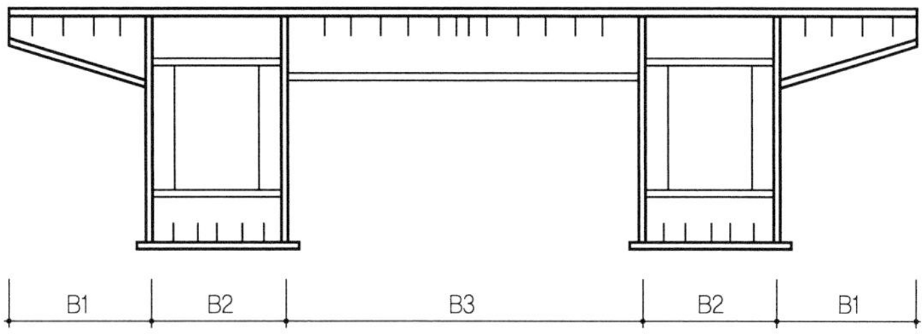

여기서 : B_1 : 1.0~4.5m
B_2 : 2.5~6.0m
B_3 : 3.0~10.0m 정도

(c) 다주 박스거더교의 경우

그림 7.2.6 박스거더의 배치

7.2.2 세로 Rib의 배치계획

세로의 배치는 제 2장 2.4.2항에 의거 배치한다.

세로Rib 배치시 다음 사항을 고려하여야 한다.

(1) 원칙적으로 차로부에는 폐단면 Rib를 사용하고, 보도부는 개단면 Rib를 사용하여도 무방하다.
(2) 세로Rib의 간격은 강바닥판 세로방향 현장이음 위치를 고려하여 배치한다.
(3) 세로Rib는 원칙적으로 거더(Main Girder)와 평행하게 배치한다.
(4) 세로Rib는 가로Rib 또는 하중분배보(Floor Beam)을 관통하여 연속구조가 되게 배치한다.
(5) 세로Rib의 형상은 다음 그림 7.2.7에 나타낸 형상을 현재 많이 사용되고 있는 형식과 특징에 대하여 기술하였으니 참고하기 바라며, 일반적으로 한국, 일본에서는 (a), (b)형식을 많이 적용하고 있다.

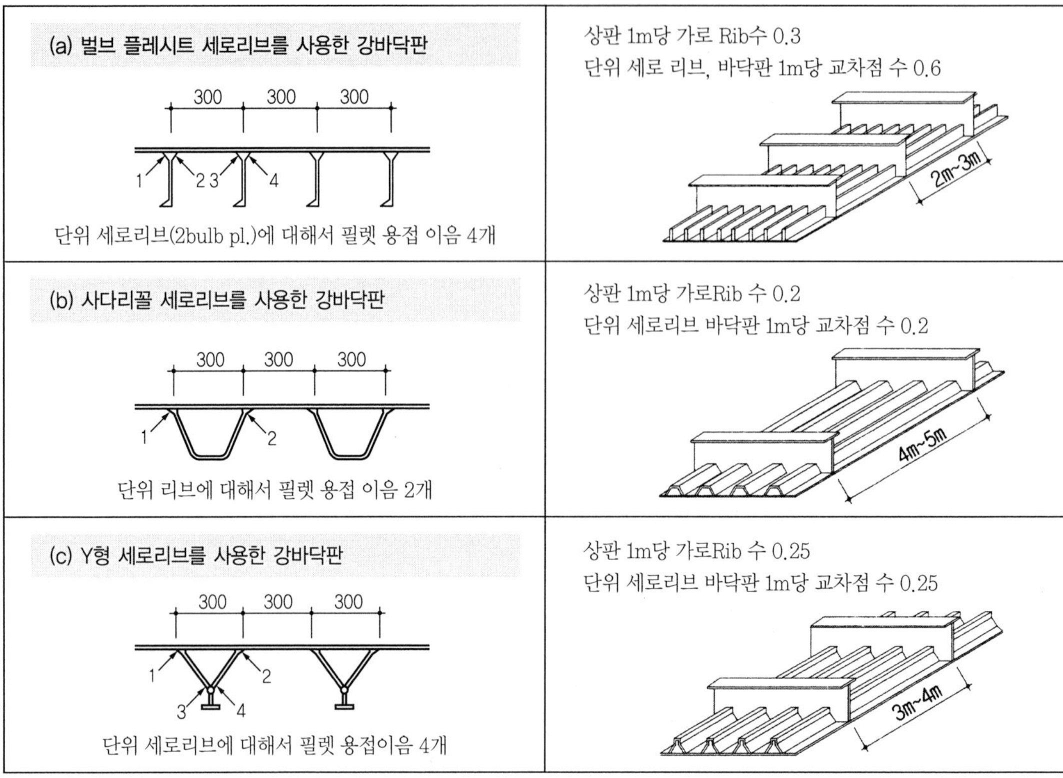

그림 7.2.7 세로 Rib 형식과 그 특징

7.3 설계세목과 기타 사항

7.3.1 가로 Rib 및 하중분배보의 배치계획

(1) 하중분배보의 배치(Floor Beam의 배치)

1) I-형 거더교

① I-형 거더에서는 하중분배보(Floor Beam)의 간격은 6.0m 이내의 간격으로 설치한다.

② 분배보 사이에는 가로 Rib를 등간격으로 배치하며, 가로 Rib의 간격은 세로Rib의 규격 및 작용하중에 의해 결정한다.(그림 7.3.1 참조)

③ 중소의 I-형 거더교의 경우 거더의 높이가 낮고 거더간격도 좁기 때문에 일반적으로 세 로Rib에 개방 Rib를 사용하는 일이 많으나 이때의 가로 Rib의 간격이 1.0m~2.0m 범위가 된다. 다만, 일반적으로 중간하중분배보를 모두 분배 가로보로 설계하는 경우가 많고, 또 특히 분배보 높이가 낮은 경우에는 가로 Rib을 분배보로 생각해서 설계할 때도 있다.

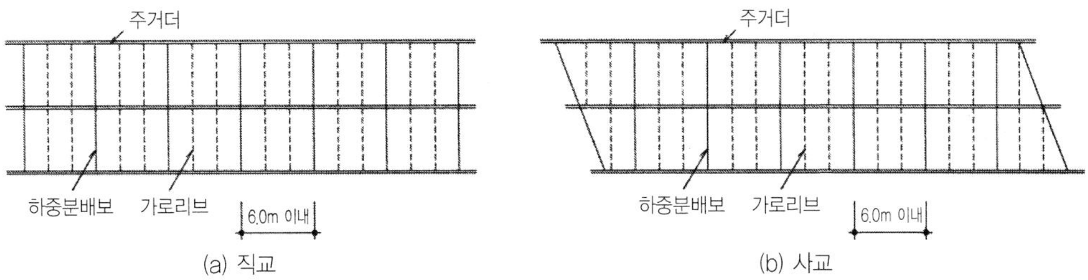

그림 7.3.1 I-형 거더교의 표준 하중분배보(Floor Beam) 배치

2) 박스 거더교

① Box 거더에서는 하중분배보(Floor Beam)의 간격은 20m 이내의 간격으로 배치한다. 일반적으로 12.0m 이내로 배치한 예가 많다.

② 하중분배보의 배치는 박스 내의 Diaphragm 간격에 맞출 경우도 있지만, 반드시 모든 Diaphragm 위치에 설치하지 않아도 된다.

③ 다만 하중분배보의 위치에 박스거더 내에는 반드시 Diaphragm을 설치하여야 한다.

④ Diaphragm 간격은 제 6장 6.3.2항의 식 6.3.1에 의해 결정한다.

⑤ 일반적으로 하중분배보, 중간 Cross Beam을 구분 없이 Floor Beam을 모두 분배보로서 부재의 골조나 강성, 경제성, 시공성 등을 고려해서 6~12m 정도의 배치하고 있다. 또한 이들 사이에 횡 Rib가 설치되나, 소규모 교량, 곡선교 등을 제외하고는 세로Rib에서는 폐단면 Rib가 사용되는 일이 많으므로 그 경우에는 횡Rib의 간격은 2~4m 정도가 된다.(그림 7.3.2 참조)

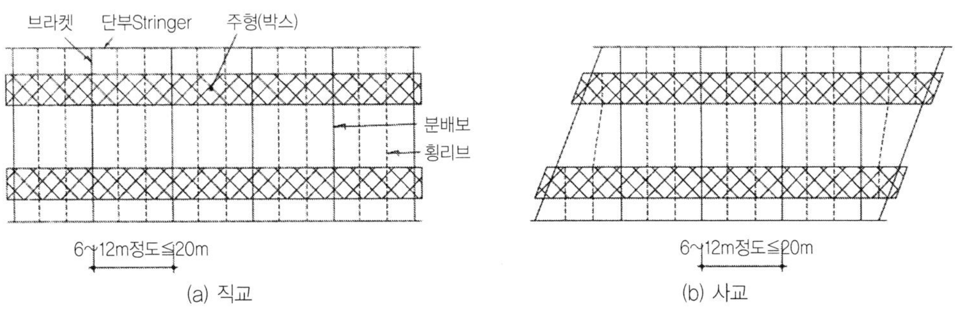

그림 7.3.2 박스거더교의 표준 하중분배보(Floor Beam) 배치

(2) 가로 Rib의 배치

1) 가로 Rib의 배치는 하중분배보(Floor Beam)간격이 결정되며 세로Rib 단면 형상에 따라 적용 가능 지간 내에서 등분할해서 배치한다.(그림 7.3.3 참조)

2) 가로 Rib의 단면 형상은 일반적으로 그림 7.3.4에 나타낸 ⊥형이 많이 사용되고 있다.

3) 구조상으로 세로 Rib를 연속시키기 위해 가로 Rib의 Web에서는 큰 세로Rib 슬롯(Slot)이 설치되고 단면이 크게 결손되어 있다. 그 때문에 가로 Rib 높이는 가로 Rib간격, 가로 Rib의 지간 등에서

응력, 강성을 확보한 다음 결정하는 것은 물론, 최소한 그림 7.3.4에 나타낸 h 치수는 150~200mm 정도 확보하여 여유있는 전단력의 전달을 가능케 하는 것이 바람직하다.

4) 폐쇄단면 Rib 내에 Diaphragm을 설치하는 것도 고려하지만 용접부의 피로강도저하 등의 구조 결함으로도 되기 때문에 바람직하지 못하다.

5) 그림 7.3.4는 과거 설계 실적조사에 의한 가로Rib의 지간길이와 복부판 관계를 나타낸 것이다. 설계시 참고하여 계획하기 바란다.

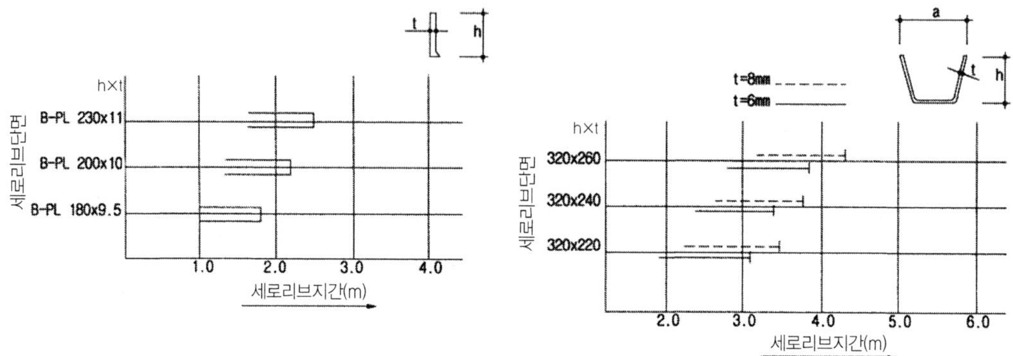

(a) Bulb Plate(개방Rib)

(b) U-Rib(폐쇄 Rib)

그림 7.3.3 세로 Rib의 적용 지간길이(장기연 : 메탈 디자인 데이터에서)

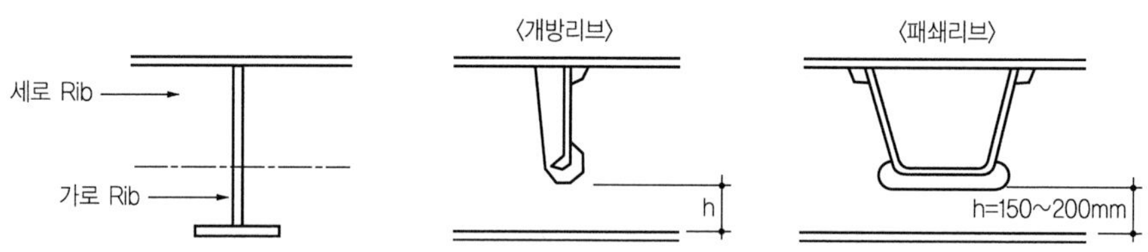

그림 7.3.4 가로 Rib의 단면 형상과 최소 치수

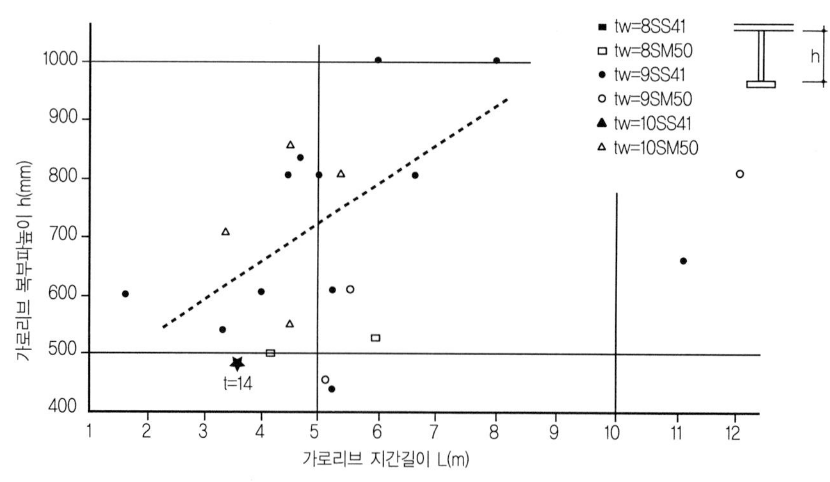

그림 7.3.5 가로리브의 지간길와 복부판 높이의 관계 (건교협 조사자료에서)

7.3.2 하중분배보(Floor Beam) 계획

(1) I-형 거더교

1) 하중분배보는 격자 거더로서의 강도는 최소한 만족할 필요가 있지만 일반 적으로 거더(Main Girder) 높이의 80% 정도로 계획하는 것이 바람직하다.
2) 하중분배보의 하부 Flange 폭은 분배보 Web 높이의 1/4 정도, 다만 200mm 이상 확보하여야 한다.

(2) 박스 거더교

1) 하중분배보의 구조에는 (a) 가로 Rib와 일체구조 (b) 가로 Rib와 분리 구조로 대별한다.(그림 7.3.6 참조)
2) 하중분배보의 구조 선정은 제작, 수송, 가설 등을 고려하여 결정하여야 한다.

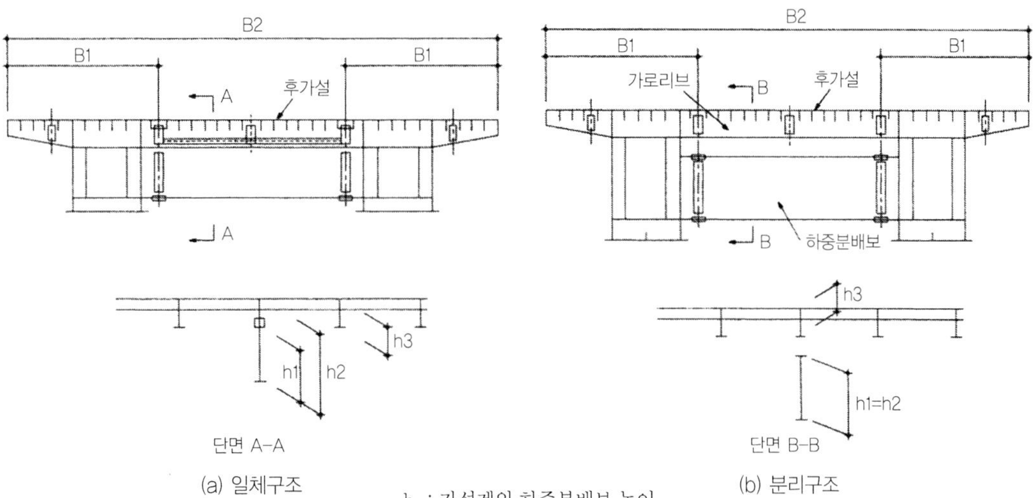

- h_1 : 가설계의 하중분배보 높이
- h_2 : 완성계의 하중분배보 높이
- h_3 : 가로리브 높이
- B_1 : 가설계의 Deck Plate 폭
- B_2 : 완성계의 Deck Plate 폭

그림 7.3.6 하중분배보의 구조 예

3) 일체구조는 분배보에 의한 분배효과나 분배보의 설계기법이 명확하다.
그러나 그림 7.3.6(a)에서 박스거더 사이의 강바닥판은 일반적으로 시공중의 제약(장기간 가Bent를 설치 할 수 없다)때문에 2차 고정하중이 될 수 없는 가설공법을 채용하는 일이 많다. 그러므로 구조계에서는 가설계와 완성계로 나누어지나 그림 7.3.7에 나타낸 것 처럼 가설계에서 강바닥 판을 설치할 때 Deck Plate 축의 축소를 제작시 충분히 고려하여야 한다. 또한 이는 현장이음부의 관계등 문제를 일으키기 때문에 주의를 하여야 한 다.

4) 그림 7.3.8과 같이 분배보와 강바닥판 사이에 수평이음을 설치하지 않고 처음부터 일체구조로 하는 경우도 있으나 현장가설상, 형상관리 등이 어렵기 때문에 거더의 높이가 낮은 경우에 적용하는 것이 좋다.

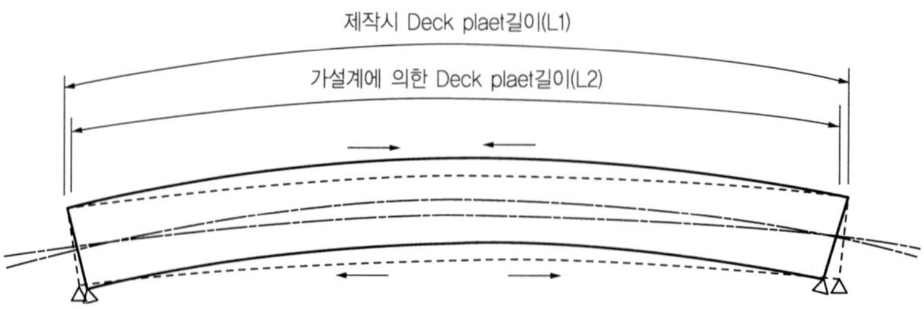

실선 : 제작시의 Deck Plate 캠버
파선 : 가설계의 Deck Plate 캠버
L_1+L_2 : Deck Plate의 측량길이

그림 7.3.7 강바닥판의 Camber 변화량

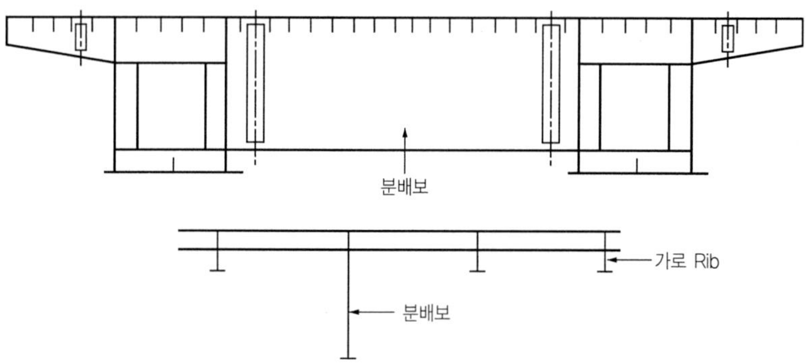

그림 7.3.8 일체구조 예

5) 분리구조는 거더의 높이가 비교적 높은 경우에 적용되나 분배보와 가로 Rib가 분리되어 있으므로 완성계에 있어서 거더 작용력에 대한 여러 가지의 분리효과나 분배보, 가로Rib의 중립위치등 설계상에 불명확한 점이 많다.

6) 분리구조는 일반적으로 그림 7.3.6(b)에서 가로Rib 높이(h_3)에 대하여 분배보의 높이(h_2)의 강성이 충분히 확보되어 있다면(표준적으로 $h_2/h_3>1.5\sim2.0$), 가로 Rib 자체의 분배 효과는 비교적 작으므로 완성계에 대한 분배보로 서는 가로Rib를 무시한 설계를 해도 된다고 생각된다. 또 현장 가설상은 일체구조에 비해서 가로Rib와 분배보(Floor Beam)의 관계가 없다는 것으로 다소 용이하다.

7.3.3 강바닥판의 분할

강바닥판 거더교는 일반적으로 큰 보강판으로 구성되므로 그 분할 방법은 제작, 운송, 가설, 제품의 정밀도, Cost 등에 큰 영향을 끼친다. 따라서 설계자는 이점을 심중하게 검토하여야 한다.

(1) 강 바닥판 분할시 고려사항

1) 현장 이음의 수와 연장을 될 수 있는한 적게할 것
2) 공장, 운반, 현장의 각 부분에서 이용할 수 있는 기계, 기재 모든 설비의 능력을 충분히 이용한 것.
3) 작업(공장과 현장) 능률의 향상
4) 제품의 정밀도 확보

일반적으로 이음은 구조물의 강도와 제작 정밀도에 불리한 영향을 끼치므로 조건 1)이 중요하다. 이 때문에 가설 Unit 즉 가설 Segment의 치수와 무게를 크게 한다.
따라서 조건 2)가 중요하게 된다. 또 각 Segment의 제작, 가설의 능률적으로 또 확실하게 할 수 있음과 동시에 반제품이나, 제품에 대해서 정해진 정밀도가 확보되어야 한다. 이것이 3), 4)의 조건이다.

(2) 강바닥판 거더교의 분할법

강바닥판 거더교의 분할법은 크게 가로분할법과 세로분할법으로 나누어진다.
실제는 양자를 혼용방식도 있다.

1) 가로분할법

그림 7.3.9은 강바닥판 2거더교에 가로분할법을 적용한 경우를 나타낸 것이다. 이 경우에는 갯수가 대단히 많은 종(세로)Rib에 대한 현장이음수 가 많아지므로 일반적으로 분리하지만 가설 Segment 무게가 작으므로 운반, 가설의 능력으로 봐서 Segment의 크기에 제한이 있는 경우에 사용된다.

그러나 유사한 구조와 치수의 제품, Segment가 많아지므로 공장제작이 일정한 리듬에 따라 공정에 맞게 반복적으로 할 수 있게 되며 작업능률을 향상시킬 수 있다.

2) 세로분할법

강바닥판을 분할하는 조건으로서 현장이음을 될 수 있는 한 적게 하기 위해서는 가로방향 이음의 수를 감소시키는 일이 중요하다. 이러한 조건에 충족시키기 위한 방법이 세로분할법이다.

이 세로분할법은 부품(반제품)을 공장에서 대량생산화(Mass production)가 용이하여 작업능률이 향상되는 외에 현장가설에서 반복법 적용이 쉽고, 공정이나 공사비 면에서도 유리하다.

다음 그림 7.3.10는 독일의 Wiesbaden-schierstein 라인 교의 적용 예를 나타낸 것이다.

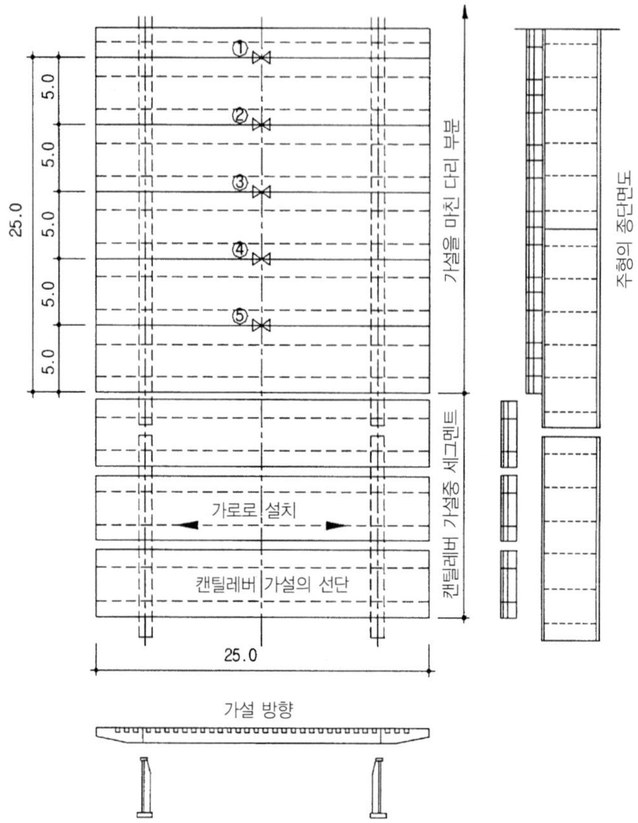

그림 7.3.9 가로분할법을 사용한 경우 예

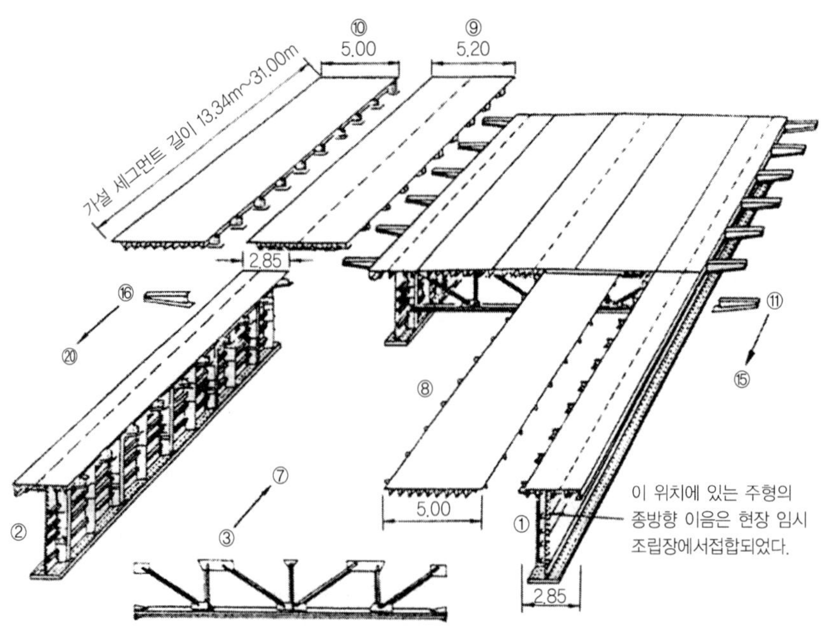

그림 7.3.10 Schierstein 라인교의 세로분할 예

7.3.4 다이어프램

박스거더교에 대한 Diaphragm에는 지점 위와 중간 Diaphragm의 두 종류가 있는데 주요 기능은 다른 점을 가지고 있다. 즉 전자는 박스 거더에 작용하는 하중을 교량받침에 개입시켜 하부구조에 전달하는 역할을 하는데 대하여 후자는 박스거더 단면의 형상을 유지하는 역할을 하고 있다. 철근콘크리트 바닥판을 갖는 박스거더교에 대해서는 제 6장에서 기술하였으므로 여기서 생략하고 여기서는 강바닥판 형교에 대하여 실제 예를 중심으로 기술하고저 한다.

(1) 중간 다이어프램

중간 Diaphragm의 형식은 다음 3종류로 대별할 수 있다.

1) Rahmen형식 Diaphragm

(통판에 구멍을 뚫고 주변을 평판으로 보강하는 구조)

2) Truss 형식 Diaphragm

(X형 또는 V형과 역V형으로 주로 형강을 이용하여 짜는 구조)

3) 통판 형식 Diaphragm(통행에 필요한 최소한이 Man hole만 갖는다)

이들에 대한 적용성은 일반적으로 1)의 유형은 박스거더 단면의 폭과 높이가 비교적 작은 박스거더에 많이 채용되며, 2)의 유형은 수송 가능길이의 관계로 박스 거더에 세로 방향 이음이 채용되는 경우에 시공성면에서 유리한 경우가 많다. 또 그 형상도 일반교량에서는 박스거더 내의 통행관계로 V형식이 많다. 3)의 유형은 박스거더 내의 환기와 통행관계에서 특수한 경우를 제외하고는 중간 Diaphragm으로서는 그다지 채용하지 않는다.

① Rahmen형식 Diaphragm

라멘형식 다이어프램은 구멍 주변의 보강 방법(補强 方法)으로 그림 7.3.11에 나타낸 3가지 유형으로 분류된다.

그림 7.3.11(a), (b)는 다이어프램 구멍에서 좀 떨어진 위치에서 보강(補 强)하는 구조로 (a)는 구멍 주변을 직접 보강(補强)한 것이다. 한편 (c)는 용접 T형 단면을 4장 조합시킨 구조이다.

이들 다이어프램에 대해서 시공상의 문제점을 들면 (a)의 유형은 코너부에서 용접으로 인한 구속 균열의 문제가 있다. 따라서 시공할 때는 용접 순서, 보강(補强) 평판의 휨 가공 정밀도 등에 주의해야 한다. (b)의 유형에서는 이 구속 균열의 염려가 없지만 용접 연장이 (a)의 약 2배가 된다. 충분한 응력 대하여 조사 등이 실시될 경우에는 다이어프램의 한쪽 면만을 보강(補强)하는 방법도 생각할 수 있다.

다음에 일본에서 건설된 박스 거더 다이어프램의 구멍 평판 제원의 실적 조사 결과를 그림 7.3.12, 그림 7.3.13에 나타낸다.

그림 7.3.12은 다이어프램의 개구율(B' /B, H' /H)을 나타낸 것으로 대부분의 다이어프램이 0.5~0.7의 개구율임을 알 수 있다. 그림 7.3.13는 보강 평판의 제원을 나타낸 것이며 평판폭에 대해서는 150mm~250mm, 판두께에 대해서는 9mm~12mm가 많은 듯하다.

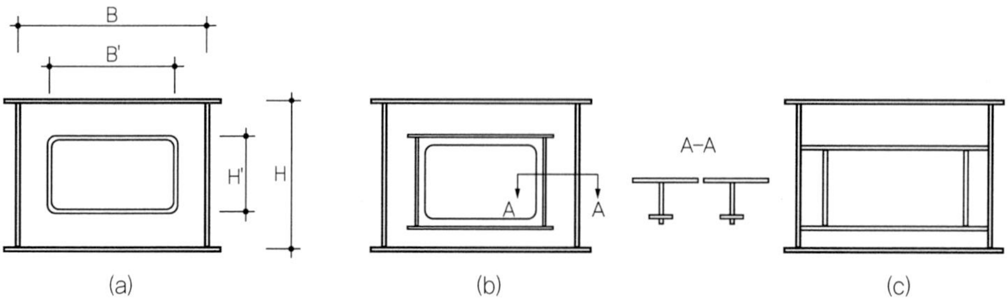

그림 7.3.11 라멘 형식 다이어프램의 종류

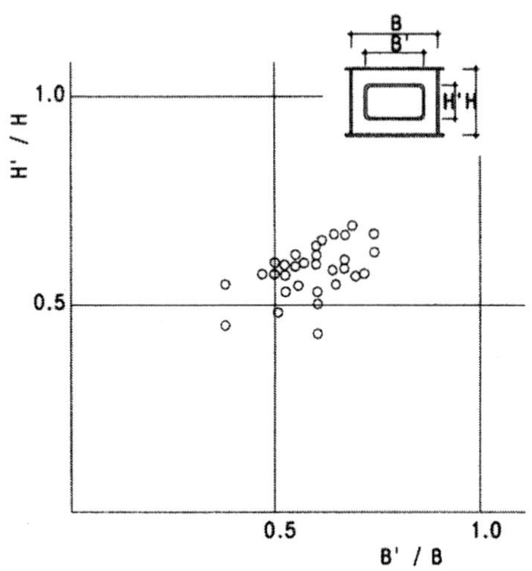

그림 7.3.12 라멘형식 다이어프램의 개구율

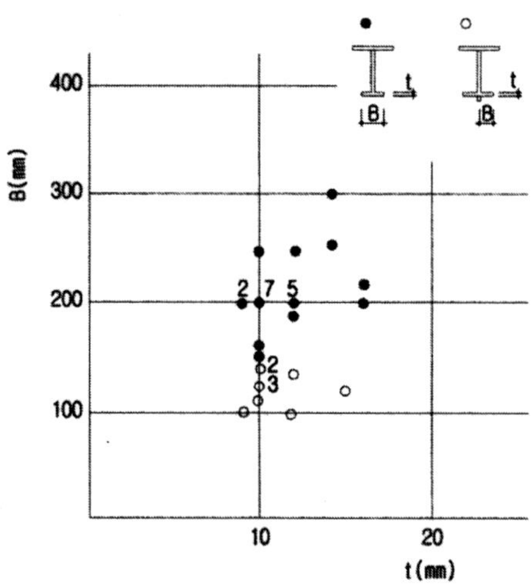

그림 7.3.13 보강(補强)평판 제원
(어깨 숫자는 교량 수를 뜻한다.)

② TRUSS형식 Diaphragm

트러스형식 Diaphragm은 박스거더의 단면이 비교적 큰 경우에 많이 채용 되고 있다. 그 형상도 일반교량에서는 V형식이 많다. 다음 그림 7.3.14은 일본의 第2摩耶大橋의 예를 나나낸 것이다. 이 교량의 복부판 높이가 최대 7.5m 이기 때문에 X형 트러스를 2단으로 배치하고 있다.

③ 통판 Diaphragm

통판 Diaphragm의 사용 예는 사장교와 현수교에 채용되는 편평하고 대형 인 박스거더에 많이 볼 수 있다. 일반교량에서는 한국, 일본에서는 채용한 예는 찾아 볼 수 없으며 외국에서는 일반다리에서 사용한 예도 2-3개 볼 수 있다.

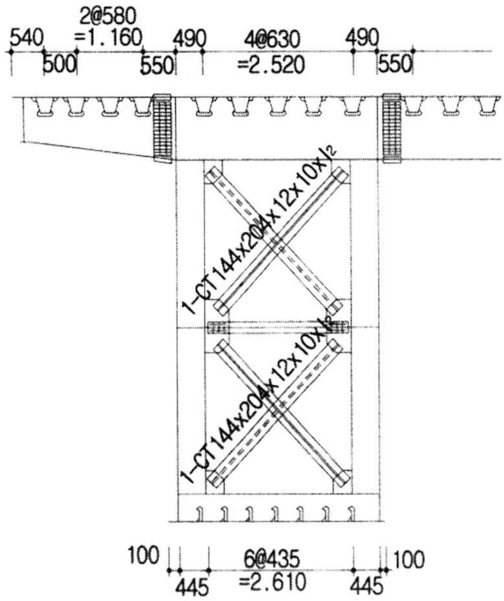

그림 7.3.14 제2 摩耶大橋(日本)의 트러스 형식 다이어프램

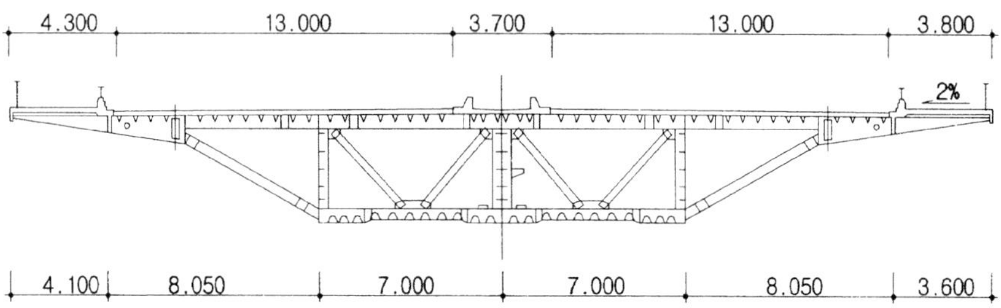

그림 7.3.15 Leverkusen교의 트러스 형식 다이어프램 (Bauingenieur, 5/1966)

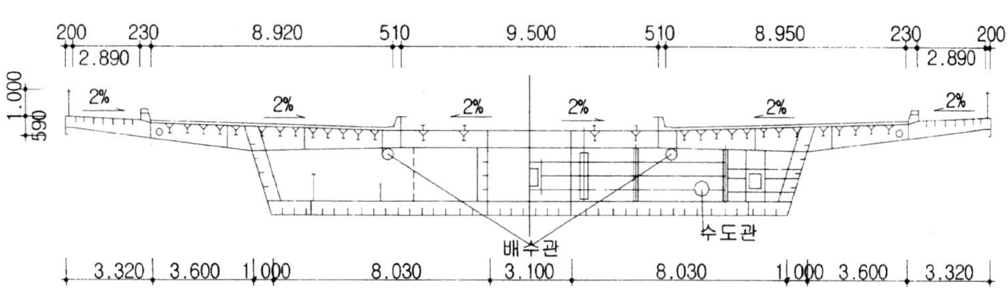

그림 7.3.16 Oberkassel교의 다이어프램 (Stahlbau, 3/1977)

④ Diaphragm 간격과 강도

일본의 경우 Diaphragm 대부분이 4m~6m 전후 간격으로 각기 다른 강도를 가진 Diaphragm이 배치되어 있는 것을 과거의 실적 조사에서 알 수 있다.

간격에 대해서는 일본 도로교 시방서의 규정이 반영되고 있기 때문이라고 생각되며 장경간 교량에서 그러한 경향은 변함이 없다. 또 강도에 대해서도 명확한 규준이 없기 때문이라고 생각된다. 한편 여러나라의 교량 에서는 그 간격이 극히 각기 다르다는 것이 밝혀졌다. 그래서 여기서는 Diaphragm의 형상과 간격 및 강도 등의 관련에 대해 검토해 본다.

다음 그림 7.3.17, 그림 7.3.18은 Diaphragm의 형상과 복부판 간격 Diaphragm 간격을 나타낸 것이다. 그림 7.3.17은 일본의 예로서 대개의 다리가 그림중 일부분(L_D≦4m~6m, B<5m)에 집중한다. 그림중 10m 전후의 Diaphragm 간격에 대해서는 그 중간에 3.3m 간격으로 Rahmen 형식의 Diaphragm이 배치되어 있는 예이다.

그림 7.3.18은 여러나라의 예로서 Truss 형식의 Diaphragm의 예가 극히 많다.

또 복부판 간격이 10m를 넘는 1실 박스 단면을 가진 대형 교량도 많고, 간격 5m 이상의 경우에는 모두 트러스 형식 다이어프램이 채용되고 있다. 그러나 이 경우에도 간격에 대해서는 각기 다르다는 것을 알 수 있다. 복부판 간격이 비교적 좁은 경우(바닥판 병렬 박스 거더교가 많다)는 라멘 형식, 트러스 형식과 충복(통)판 다이어프램의 채용이 혼재한다.

표 7.3.1에 교량에 다이어프램 형상을 나타낸다. 이 표에서 간격은 물론 같은 트러스라도 그 형상까지 각기 다르다는 것을 알 수 있다. 특히 복부판 간격이 좁은 교량에 비스듬하게 1개의 축력 부재를 배치한 다이어프램 형상은 일본에서는 볼 수 없는 것이다. 그리고 다이어프램의 설계에 관한 사상을 찾아보면 크게 나누어 다음 두 종류의 설계법으로 분류된다.

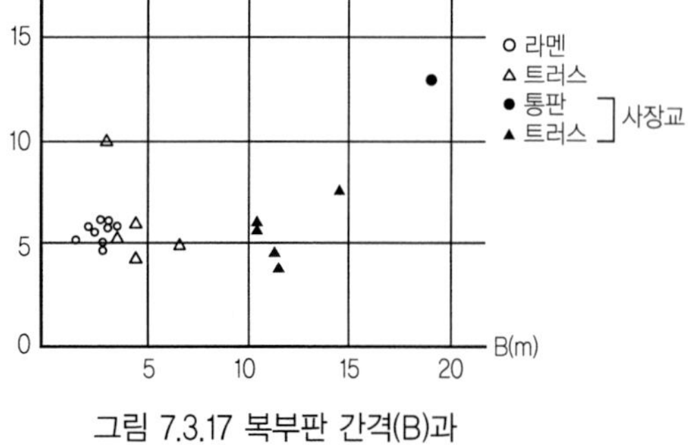

그림 7.3.17 복부판 간격(B)과
다이어프램 간격(L_D)의 관계(日本)

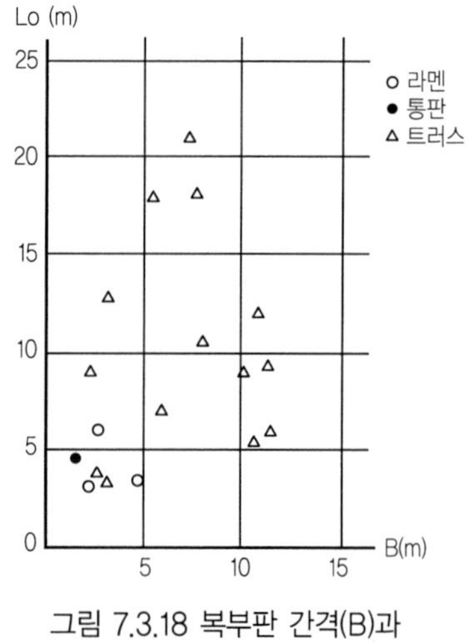

그림 7.3.18 복부판 간격(B)과
다이어프램 간격(L_D)의 관계(여러나라)

ⓐ 유연한 다이어프램을 촘촘히 배치한다.

ⓑ 어느 정도 넓은 간격으로 강한 다이어프램을 배치한다.

어느 것의 배치 방법이 타당한지에 대해서는 언급할 수 없지만 이와 관련하여 현재까지 제안되어 있는 설계법이 모두 강한 다이어프램을 요구하고 있는 것으로 봐서도 전자의 설계법을 채용하는 경우 특히 다이어프램의 강도(强度)도 고려한 상세한 단면 변형 · 변동의 검토를 실시해야 할 것이다.

⊙ 표 7.3.1 외국 교량에 대한 중간 Diaphragm 형식과 간격(1)

교량명	교량형식	경간분할(m)	횡단면 형상	다이어프램 간격(m)
Tay Road (Stb. 8/1966)	연속 합성 박스거더	70.0+76.0 +76.0+70.0	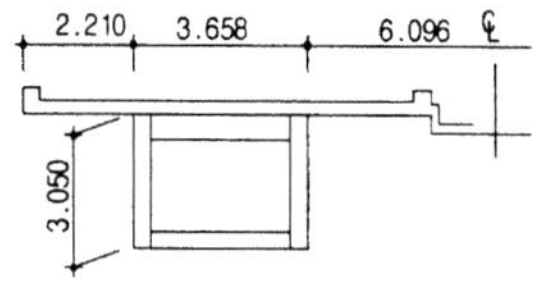	1.524
Alten (Stb. 3/1697)	단순 바닥판 박스거더	70.0	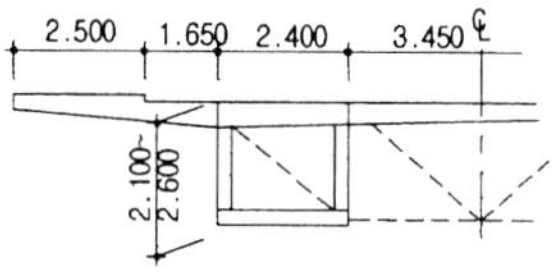	3.333
Popular-Street (Stb. 7/1967)	연속 바닥판 박스거더	91.2+152.5 +183+152.5 +80.8	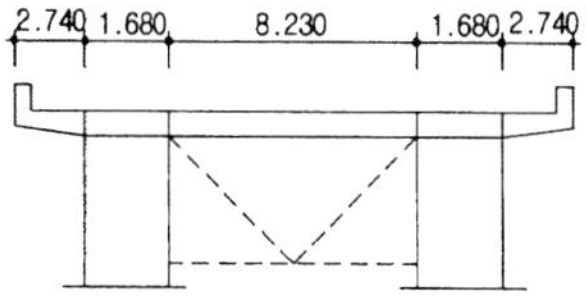	4.57
Usiminus (Stb. 9/1971)	〃	4@80	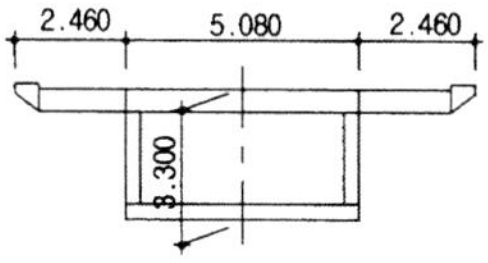	26 충복판 (통판)
Dieblich Winningen (Stb. 7/1973)	〃	156.832+218.16 +170.464 +146.112 +133.936 +109.584	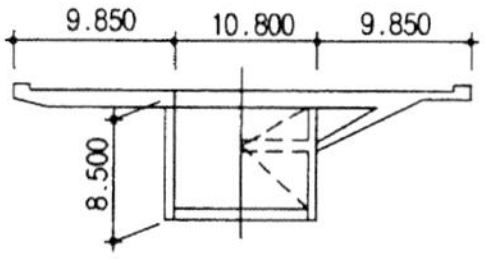	12.0
Jagsttal (bauing 8/1973)	〃	70+100+115 +130+150+120 +110+93	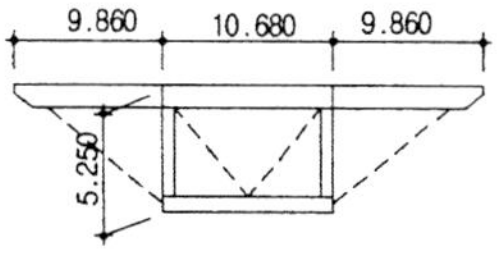	5.0

⊙ 표 7.3.1 외국 교량에 대한 중간 Diaphragm 형식과 간격(2)

교량명	교량형식	경간분할(m)	횡단면 형상	다이어프램 간격(m)
Rio de Janeiro-Niteroi (Acier S. S. 7-8/1975)	〃	200+300+200	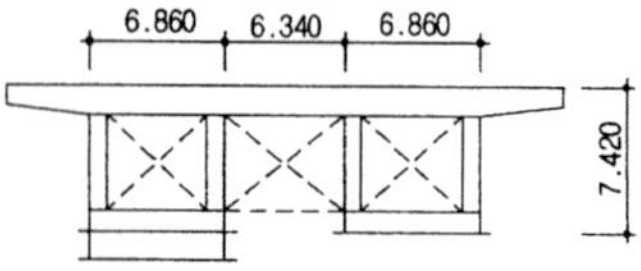	-
Brgrmeister Smidt (Stb. 11/1952)	연속 강바닥판 박스거더	63.24+30.56 +112.0+15.0	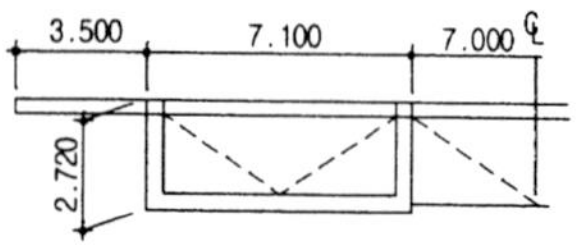	21~24
Porta Wesser (Stb. 5/1955)	〃	63.72+77.88 +106.2	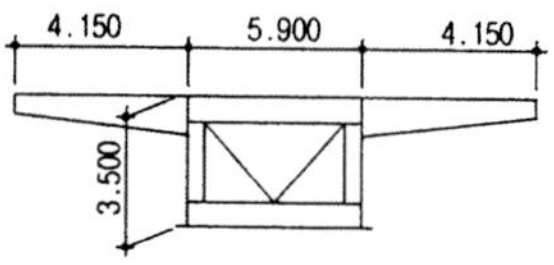	7.1
Speyer (Stb. 2/1967)	〃	52.0+163.45 +109.2	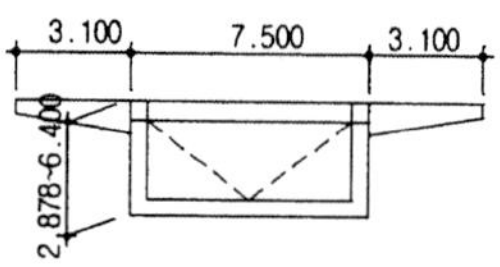	10.5~15.7
Jungbusch (Stb. 9/1957)	〃 (곡선 거더)	64.42+114.40 +64.42	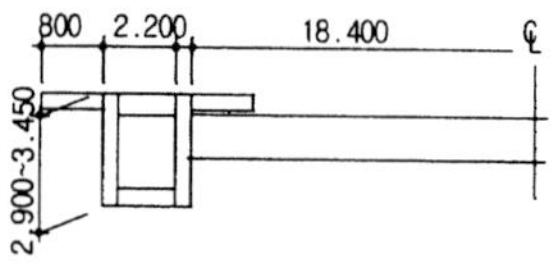	3.0
Mannheim Ludwigshafen (Stb. 11/1960)	〃	3@91.305	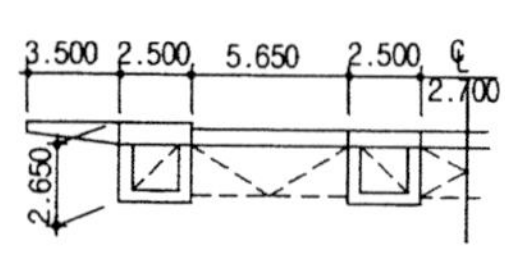	6.09
Mainz-Weisenau (Stb. 1/1963)	〃	73.7+203.94 +131.73	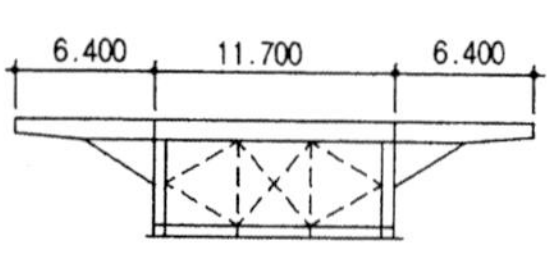	9.27
San-Mateo Hayward (Stb. 6/1966)	〃	114.3+228.5 +114.3	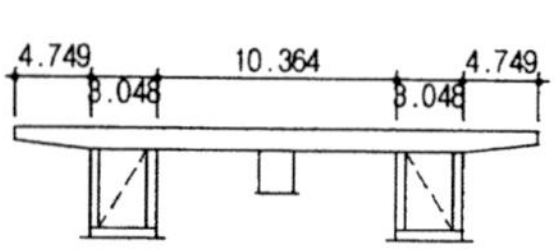	3.17
Zoo (Stb. 8/1966)	〃	73.5+259.0 +144.5+119.7	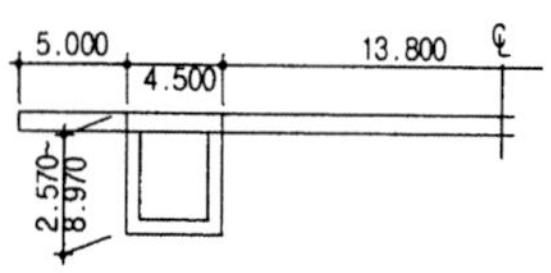	3.0~3.3

(2) 지점 위의 다이어프램

지점 위 다이어프램 형식으로서는 다음의 두 종류를 들 수 있다.

㉠ 통판 형식 다이어프램

㉡ 트러스 형식 다이어프램

이중 ㉡의 유형은 받침 바로 위에서 복부판과 보강된 기둥을 형성하여 수직방향 반력을 담당하고 가로 단면 형상을 트러스 형상 다이어프램으로 보강한 것이다.

이들 형상을 적절하게 구별하여 사용하는 방법은 그다지 명확하지 않지만, 예를 들면 병렬 박스 거더교에서 1실 1받침 형식의 경우에는 필연적으로 통판 다이어프램이 채용되고, 박스 단면이 편평한 경우와 복부판 간격이 좁은 경우에도 필연적으로 통판 다이어프램이 채용되며, 또 곡선박스거더교와 마찬가지로 비틀림 변형이 엄격한 경우에는 이 형상을 추천하는 듯하다. 한편 트러스형상 다이어프램은 비교적 박스 단면이 큰 경우에 특히 세로이음이 있는 경우에는 제작과 가설이 쉬운면에서 이 유형이 많이 채용된다. 또 힘의 흐름에 대해서도 후자의 쪽이 좀더 분명한 해석이다.

다음에 이들 유형의 실시 시공 예를 소개한다.

1) 통판 다이어프램

교량받침 바로 위를 견고한 수직방향 보강재로 보강한 판 형식으로 일반적인 형상으로서 많이 쓰이고 있으며 그림 7.3.19에 일반 교량의 대한 대표 예를 나타낸다.

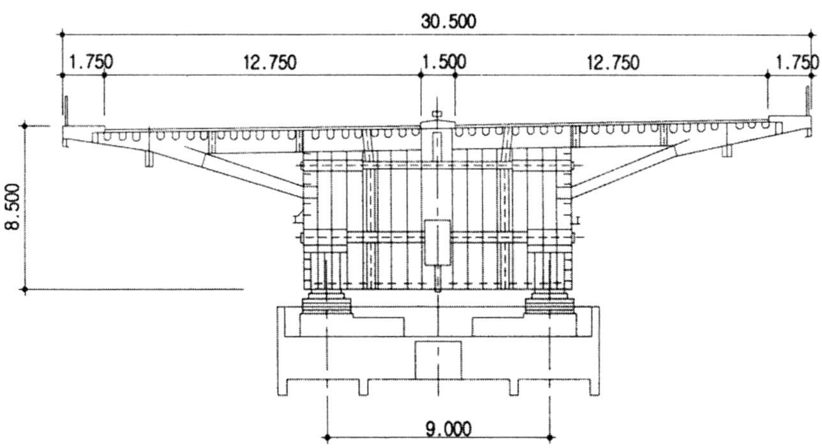

그림 7.3.19 Dieblich-Wihmigen Moseltal교의 다이어프램 (Stahlbau, 11/1973)

2) 트러스 형식 다이어프램

큰 수직방향 반력을 교량받침 바로 위에 배치한 기둥 또는 보로 담당케하고 횡단면을 트러스로 보강한 형식이다. 그림 7.3.20에 견고한 기둥을 사용한 경우이고, 그림 7.3.21에 보를 사용한 경우의 예를 나타낸다.

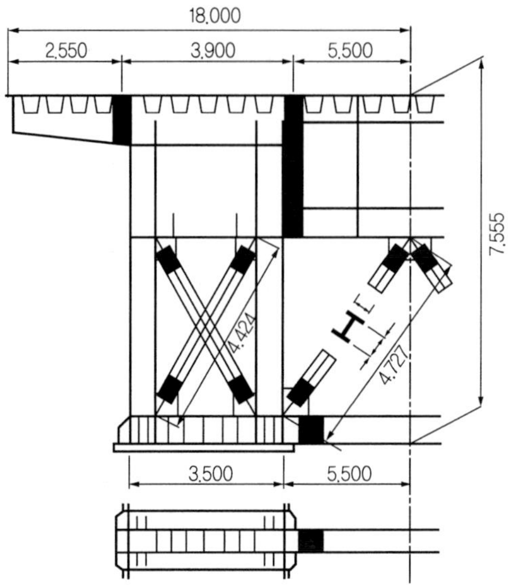

그림 7.3.20 第2摩耶大橋(日本)의 중간 지점 위 다이어프램

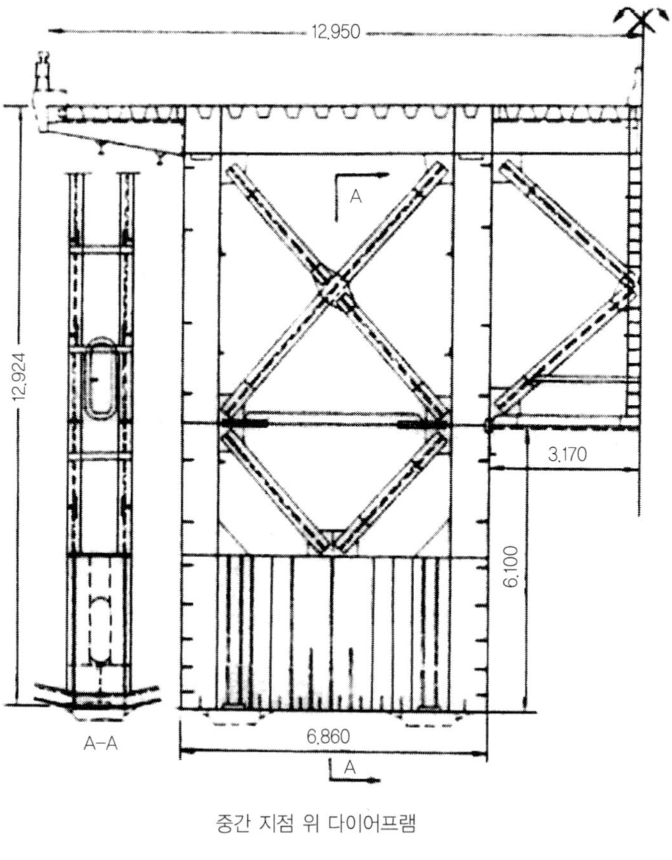

중간 지점 위 다이어프램

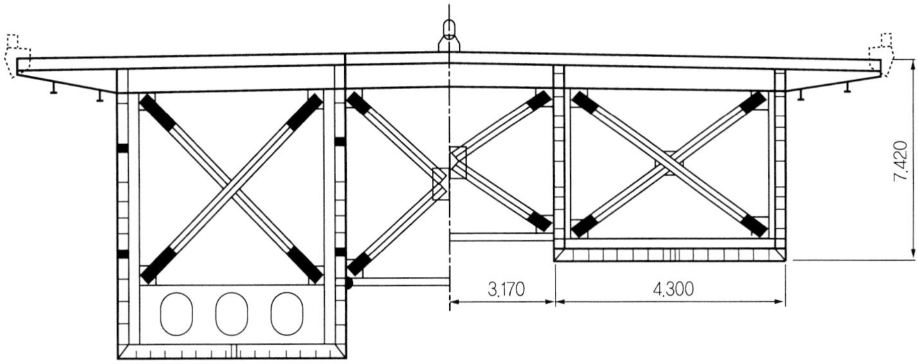

그림 7.3.21 Rio de janeiro–Niteroi교의 다이어프램(Ac. St. St. 7~8/1975)

7.3.5 교량 상부구조 형식별 예

(1) 2거더 거더교(Two main girder교)

그림 7.3.22은 1974년 완성된 최대지간 139.5m의 8경간 연속 강바닥판 2거더교인 Golden Horne교의 예를 나타낸 것이다.

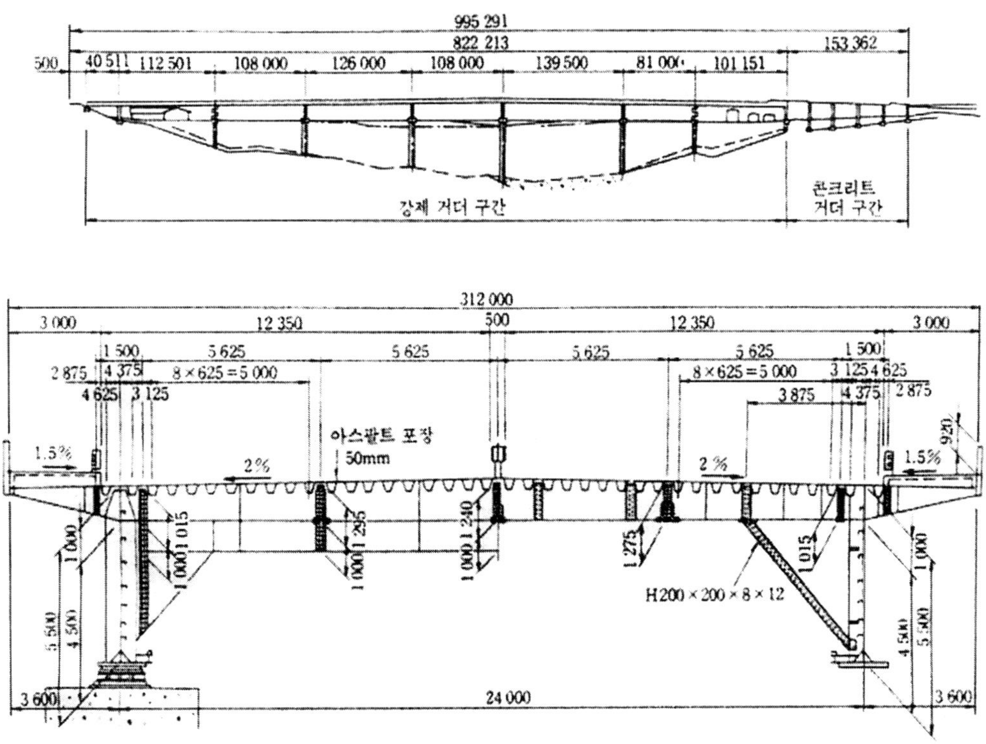

그림 7.3.22 Golden Home교의 개요

(2) 단일 박스 거더교(1-Cell Box Girder교)

그림 7.3.23는 경상남도 사천만을 횡단하는 교량(현재 시공중)으로 총 연장 2060m의 23경간 강바닥판 박스거더교이다.

주경간교의 경간구성은 90+110+130+110+90=530m이고 접속교의 지간길이는 85m이다.

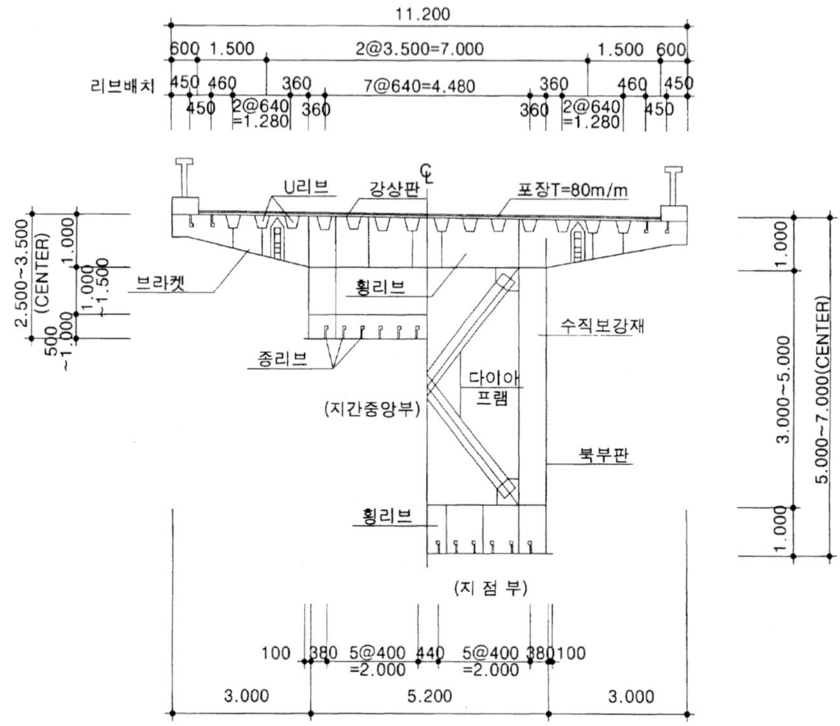

그림 7.3.23 사천대교 횡단면도 (한국)

(3) 다주 박스 거더교

그림 7.3.24은 서울 한강 상에 놓인 가양대교로서 주경간부의 경간구성은 110.0+180.0+110.0= 400.0m이다.

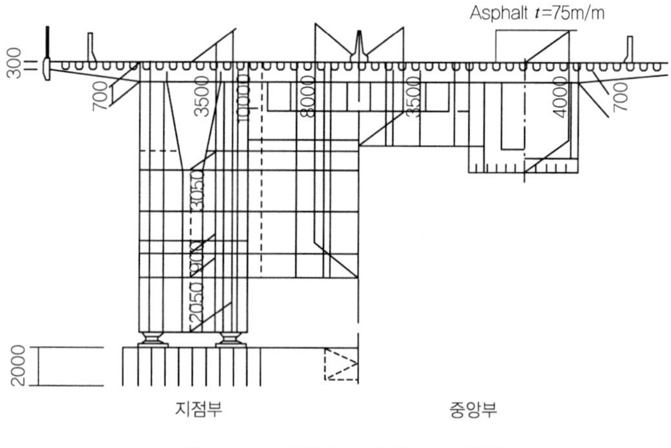

그림 7.3.24 가양대교 횡단면도 (한국)

제Ⅱ편 강교

8장 곡선교 · 사교(斜橋)

⊙ 제 8 장_ 곡선교 · 사교(斜橋)

8.1 곡선교

8.1.1 개요

도로 선형계획시 교통공학적 배려를 우선하여 도로의 형상이 결정된다. 그 때문에 구조물 및 교각은 선형에 맞추어 이형의 기하학적 형상이나 지지조건을 갖도록 설계하여야만 되는 경우가 많아지게 되었다. 특히, 교량의 접속교, 인터체인지 부근에서 구조물은 곡선모양의 노면을 지지하지 않으면 안 된다.
또한 과밀교차점에서의 입체 교차화, 입체바이파스 노선의 신설 등이 실시되어 교통사정의 개량에 역할을 하고 있다. 이들의 노선에서 곡선교가 평범하게 사용되고 있으며 곡선교는 우아한 구조미를 가지며, 특히 경간 길이와 폭의 비가 큰 곡선부에서는 없어서는 안 되는 구조형식이다.

직선교의 경우는 편심하중인 외력 Torque에 의하여 비틀림을 받지만, 곡선교의 경우는 고정하중을 포함한 모든 연직하중에 대하여 비틀림을 받는다. 이 비틀림 모멘트는 변형과 지점반력에 영향을 준다. 결국, 변형은 연직하중에 의한 회전변위와 합성하는 것이 직선교와 곡선교의 다른 점이다.

반력은 지점부에서 발생하고 비틀림 모멘트는 연직반력을 치환하여 저항하게 되어 곡선반경 내측의 지점에 부(−)반력이 발생하는 경우도 있다. 플레이트 거더와 같은 얇은 판으로 구성된 단면에서 비틀림 모멘트는 순수 비틀림 모멘트와 뒴 비틀림(Warping Torsion) 모멘트의 합계로 이루어진다. 순수 비틀림 모멘트는 단면 내에 전단응력만 일으키며, 뒴 비틀림 모멘트는 플레이트 거더 축방향의 수직응력과 이에 평행을 이루는 전단응력을 일으킨다. 엄밀한 의미에서 부재단면에는 반드시 양자가 공존하지만 일반적으로 충실도가 큰 단면이나 박스형처럼 폐단면에서는 순수 비틀림 모멘트 쪽이 크고, I－형 단면처럼 개단면의 얇은 판에서는 뒴 비틀림(Warping Torsion) 모멘트 쪽이 크며 그에 따른 응력도 커진다.

일반적으로 중심각 또는 곡률이 특별히 큰 곡선교를 제외한 플레이트 거더교의 설계에서는 휨 모멘트에 따른 응력이 지배적이고 비틀림 모멘트의 영향은 작으므로 엄밀한 검토가 필요로 하지 않는 한, 그다지 쓰이지 않는다.
교량기술자는 곡선교를 설계할 때, 직선교에서는 고려하지 않은 비틀림 모멘트에 대하여 설계시 고려사항 등을 사전에 숙지하는 것이 중요하다.

8.1.2 일반사항

(1) 곡선교의 주거더 형식에 의한 분류

곡선교에 적용하는 플레이트 거더형식의 가로단면 형상에 따라 분류하면 가장 일반적인 형식은 다음과 같다.

- 곡선교 형식
  - I-형단면거더교
    - 다주 I-형단면 거더교
      - 비합성 다주 I-형거더교
      - 합성 다주 I-형거더교
      - 강바닥판 I-형거더교
    - 2주 I-형단면 거더교
      - 비합성 2주 I-형거더교
      - 합성 2주 I-형거더교
      - 강바닥판 2주 I-형거더교
  - 다주박스거더교
    - 다주폐단면 박스거더교
      - 비합성폐단면 박스거더교
      - 합성폐단면 박스거더교
      - 강바닥판 박스거더교
    - 다주개단면 박스거더교
      - 비합성개단면 박스거더교
      - 합성개단면 박스거더교
  - 단일박스거더교
    - 단일폐단면 박스거더교
      - 비합성 단일폐단면 박스거더교
      - 합성단일폐단면 박스거더교
      - 강바닥판 단일 박스거더교
    - 단일개단면 박스거더교
      - 비합성 단일개단면 박스거더교
      - 합성 단일개단면 박스거더교
  - 준 다중박스거더 곡선교
  - 다중박스거더 곡선교

위의 곡선교 형식 중에서 가장 일반적으로 많이 적용하고 있는 콘크리트 바닥판을 가지는 주거더 형식의 대표적인 가로 단면은 그림 8.1.1(a), (b), (c)와 같고 그림 8.1.2(a)와 같이 2주박스거더에 견고한 수직 브레이싱과 수평브레이싱으로 결합하여 수평 브레이싱을 엷은 판으로 혼산하여 준폐단면으로 간주한 준 다중박스거더 곡선교와 그림 8.1.2(b)와 같이 평편한 다실의 1박스거더 단면인 다중박스거더 곡선교가 있으나 이들은 특별한 경우를 제외하고는 적용을 안하며 경우에 따라 가운데 복부 대신 Truss 부재로 하거나 사재로 처리하여 적용하는 경우도 있어 구조해석시 중간웨브에 대한 하중분담에 대한 문

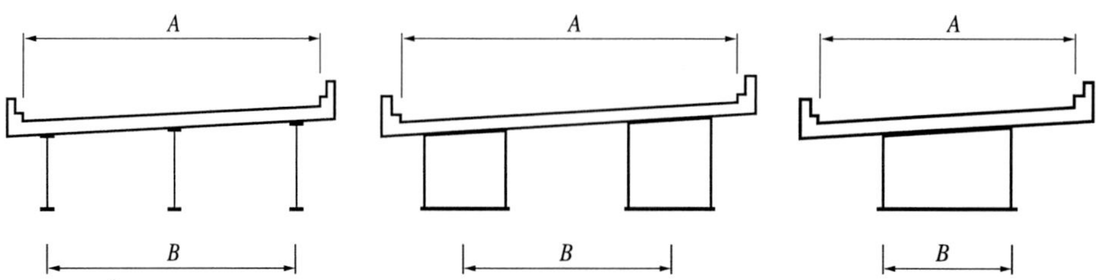

(a) 다주 I-형 거더곡선교 (b) 2주 박스거더 곡선교 (c) 단일박스거더 곡선교

그림 8.1.1 대표적인 곡선거더교의 가로단면도

제, 거더 세로방향으로 플랜지의 현장이음(현장 볼트이음 또는 현장 용접이음) 등이 문제로 대두되어 적용을 기피하는 경향이 있다.

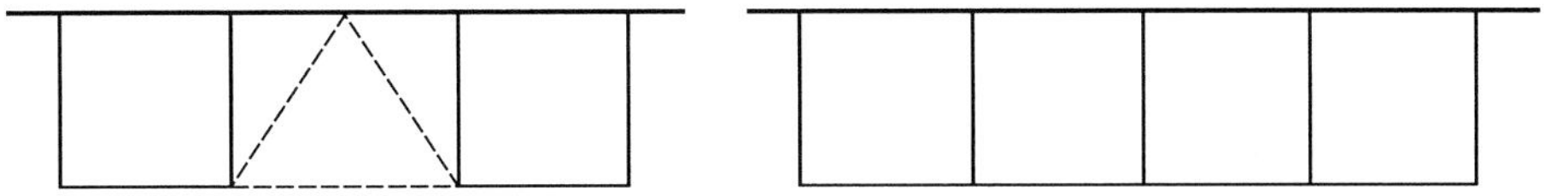

(a) 준 다중박스거더 곡선교 (b) 다중 박스거더 곡선교(단면이 편평)

그림 8.1.2 다중 박스거더 곡선교 가로단면

(2) 곡선교의 특징

곡선교의 특성은 곡선교에 채용하는 주거더형식에 따라 다른 거동을 나타낸다. 단일박스거더교는 비틀림 상수 α가 충분히 크기 때문에 뒴비틀림의 영향을 무시하고 단순비틀림 이론으로 해석한다.

설계에서 비틀림 모멘트를 고려하는 범위는 구조물의 성질상 비틀림에 의한 영향을 무시할 수 없는 경우 즉, 설계상 비틀림을 고려하는 경우의 비틀림에 의한 응력 취급방법을 다음(식 8.1.1)로 비틀림 상수를 계산하도록 하고 있다.

$$\alpha = L \cdot \sqrt{\frac{G_S K}{E_S I_W}} \quad \text{(식 8.1.1)}$$

여기서, L = 지점 사이의 부재길이(mm)

Gs = 전단탄성계수(MPa)

K = 순수비틀림 상수(mm^4)

Es = 탄성계수(MPa)

Iw = 뒴비틀림상수(mm^6)

그림 8.1.3에서 보면은 α>10의 경우에는 뒴비틀림에 의한 응력이 현저하게 작아지기 때문에 계산을 생략하고, 순수전단응력에 의한 비틀림을 검토하는 것으로 충분하다. 비틀림상수 $\alpha < 0.5$의 경우에는 순수 비틀림에 의한 응력을 무시할 수 있을 만큼 작기 때문에 뒴비틀림에 의한 전단응력과 수직응력의 검토를 하면 된다. 또한 $0.5 \leqq \alpha \leqq 10$의 범위에서는 순수비틀림과 뒴비틀림에 의한 응력을 모두 계산하여 검토하여야 한다. 곡선교 구조계 전체를 단일곡선부재로 치환하여 취급하는 경우에 뒴비틀림 응력을 무시할 수 있는 범위와 α의 환계값 αcr 다음(식 8.1.2)와 (식 8.1.3) 같고 이에 대한 사항은 그림 8.1.3을 참고하라.

$$\left.\begin{array}{l} \alpha > 10+40\phi (0 \leqq \phi < 0.5) \\ \alpha > 30 \ (\phi \geqq 0.5) \end{array}\right\} \quad \text{(식 8.1.2)}$$

여기서 ϕ : 곡선부재의 1경간 회전중심각(Radian)

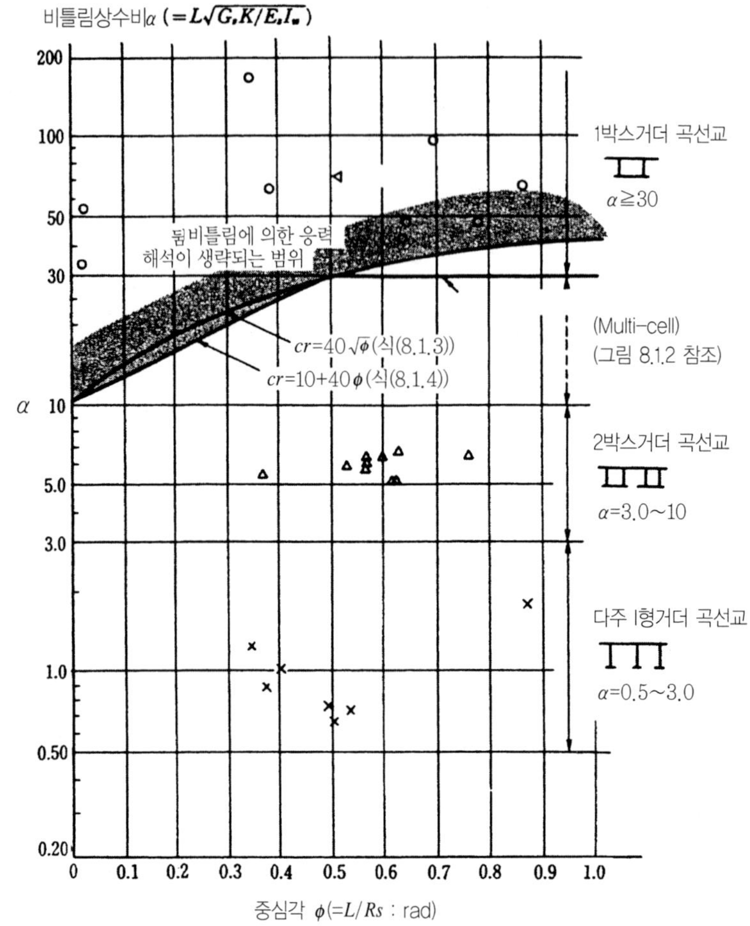

그림 8.1.3 비틀림 상수비와 중심각 ϕ와의 관계

$$\alpha_{cr} \geqq 40\sqrt{\phi} \quad \text{(식 8.1.3)}$$

또한 곡선교 전체를 단일부재로 치환하여 α값을 구하는 경우, 일반적으로 단일박스거더교 이외에는 뒴비틀림 모멘트의 영향을 무시할 수 없다.

비틀림 상수값에 의한 검산은 각각 부재에 대해서도 적용하여야 하며 비틀림에 대한 지간길이 L은 편의상 수직 브레이싱, 가로보 등의 간격을 취하는 것이 가능하므로 I-형 단면 주거더에서는 α값을 0.5 이하, 박스주거더의 경우는 30~100으로 되는 경우가 보통이다.

1) 단일박스거더교에서는 뒴응력도를 무시하고 주거더의 수직응력도와 휨모멘트에 대한 고려한다.
2) 다주 I-형 단면 거더교와 다주박스단면거더교는 비틀림상수 α<10일 때, 단일보이론으로 해석하는 경우에 뒴비틀림을 고려하지 않고, 통상변위법에 의한 격자거더의 해석을 하는 것이 일반적이다.

3) 단일박스거더교에서 수직응력도를 받는 곡선의 영향은 작으므로 다주 박스거더교에서 곡률반경 외측의 주거더와 내측의 주거더와의 하중분담의 차가 생긴다.

(3) 다주 I-형 거더곡선교의 설계상 유의사항

1) I-형 거더가 평면상 곡선으로 되어 있어 Flange에 부가응력이 발생한다. 그림 8.1.4는 평면적으로 곡선을 가지는 주거더 Flange에 수직응력이 작용하면 평면내의 아치작용에 의해 법선방향으로 수평력이 작용하고 Flange가 수평방향으로 휘어진다.

압축 Flange가 곡률반지름의 외측으로 나와 있고 내민 Flange의 내측에서는 가로보 및 수평브레이싱이 부착된 위치에서 구속함으로서 Flange에서 이 점을 지점으로 하는 연속보의 법선방향으로 분포하중이 작용하는 응력상태이다. 여기에 대한 부가응력도는 I-형 단면거더의 뒴비틀림을 고려하는 해석과 이에 따른 뒴응력도 평가를 하는데 통상적으로 근사계산식으로 개별로 고려한다.

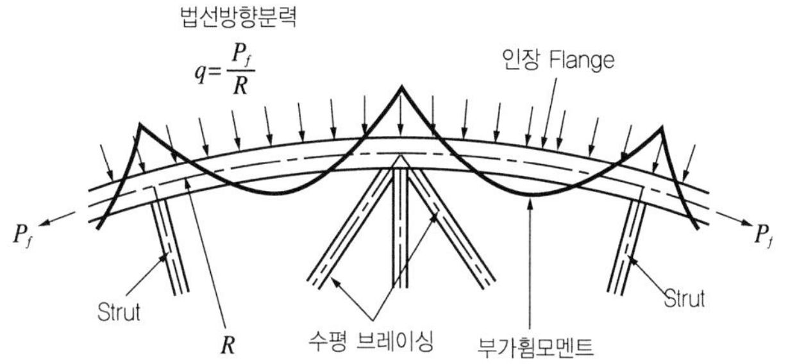

그림 8.1.4 곡선 Flange의 부가응력도

2) 둘째의 유의점은 상 · 하 수평 브레이싱을 설치하여 의사폐단면을 형성한 것의 영향이다. 첫째로 교량구체 전체의 비틀림 강성이 크고, 각 주거더의 하중분담률의 영향을 받는다. 수평 브레이싱의 영향을 무시한 격자거더 해석 결과에서는 곡률반지름의 외측 주거더의 하중분담이 감소하고 내측 주거더의 하중분담은 증대하게 된다. 따라서 이와 같은 경향은 이들의 교량노면교와 완성된 형상의 영향을 받으므로 제작 camber의 산출시에 주의가 필요하다.

또한 상 · 하 수평 브레이싱을 설치한 의사폐단면에서 비틀림 모멘트를 받도록 하면 수평 브레이싱에 전단류가 작용하여 수평 브레이싱은 항상 축력을 받게 된다.

이러한 수평 브레이싱의 폐단면효과를 파악하기 위해서는 수평 브레이싱을 같은 전단강성을 가진 엷은 판으로 치환하여 해석을 하는 의사 박스거더이론과 격자거더 해석을 가미한 별도의 해석을 해야하는 취급상의 번잡하고 정도상의 문제가 있어 이러한 방법은 최근에는 잘 사용하지 않는다.

한편, 상 · 하 수평 브레이싱을 일조로 하여 전단강성이 없고 무게를 가진 보로 모델링하여 통상의 격자거더 모델링으로하여 수평 브레이싱이 조립되어 있는 해석방법을 제안하고 있다. 또 이들의 해석 모델은 위에서 언급한 수평 브레이싱을 이용하여 폐단면 효과를 평가할 수 있고 실용성이 높다.

8.1.3 곡선교의 주거더 형식선정

주거더 단면형상의 선정은 곡선거더교의 경우에는 지간길이와 곡선부재의 1경간 회전 중심각(Φ)에 따라 좌우된다. 과거, 실적조사 결과를 분석하면 비교적 지간길이가 작은 곡선교는 곡선 I-형 거더교로 계획하는 것이 바람직하지만 이 경우에 콘크리트 바닥판에 불리한 인장응력이 생길 우려가 있으므로 충분히 검토하는 것이 중요하다. 만약에 바닥판에 작용하는 인장응력이 과대하면 강바닥판을 채용하는 것이 바람직하다.

비교적 지간길이가 큰 곡선교는 곡선박스거더교로 계획하는 것이 경제적이다. 이 경우 강거더부는 폐단면 박스거더로 하는 것이 좋다. 만약에 강거더를 개단면(열린단면) 거더로 하면 교량가설시에 비틀림 강도가 작아 국부좌굴의 우려가 있으므로 특별한 가설재나 가설용 설비가 필요하다. 이는 바닥판의 균열이 발생하였을시 발견하기 어려운 점 등이 관리상으로 좋지 않은 상태가 생긴다. 지반이 견고하여 부등침하의 우려가 없는 지점에서는 연속곡선거더교가 적합하다.

또한 곡선교의 형식선정시 지간길이(L)와 거더폭(B: 주거더 중심사이 거리)의 비는 최대 L/B=10 정도로 생각하면 된다.

보통, L/B≧10인 곡선거더교의 경우에는 부(−)반력이 현저하게 커져서 설계가 곤란해지는 경우가 있으므로 교량설계기술자는 계획시에 검토하여 지간길이를 결정하여 형식을 선정하는 것이 바람직하다.

주거더형식 선정시 검토대상으로 하는 형식은 철근콘크리트 바닥판을 가진 단일박스거더, 다주박스거더, 다주 I-형 거더의 3종류를 대상으로 하여 기술한다. 이들에 대한 선정은 교량의 폭원의 크기에 관계가 있고 곡률반경이 작을 때는 비틀림 강성이 큰 박스거더가 유리하고 곡률반경이 큰 경우에는 I-형 단면 거더도 설계가 가능하다.

곡선거더교를 설계할 때 단면형상을 선정하는 데는 교량가설 위치의 입지조건, 경제성, 시공성, 강거더의 제작, 미관 등을 고려하여 결정하여야 한다. 그러나 교량을 계획설계시에는 도로선형에 따라 주변의 여건을 고려하고 엄밀한 구조해석을 하지 않아도 되는 고려사항을 아래와 같이 제시한다.

(1) 1경간 거더길이에 대한 중심각(ϕ)을 고려하여 결정하는 방법

- $5° < \phi \leqq 15°$ 일 때 : 다주 I-형 단면 거더교
- $15° < \phi \leqq 20°$ 일 때 : 다주 박스거더교
- $20° < \phi \leqq 25°$ 일 때 : 단일 박스거더교로 한다.

  여기서, ϕ 는 Radian 값이다.

또한 중심각이 25°를 초과하면 설계가 곤란하고 5° 이하의 경우는 직선교에 가까운 성상을 나타낸다.

(2) 중심각(ϕ)과 비틀림 휨강비에 의해 결정하는 방법

곡선거더교의 처짐성상은 비틀림 휨강비(r)와 중심각(ϕ)에만 좌우되는 것을 표시하면 그림 8.1.5와

같고, 이 그림에서 중심각 ϕ 값에 의해 비틀림 휨강성비(r)의 일정한 범위 내에서 곡선거더교 형식을 결정할 수 있다.

$$r = \{G_S K + E_S I_W(\pi / L)^2\}/(E_S I_y) \qquad \text{(식 8.1.4)}$$

여기서, r = 비틀림 휨강비

Gs : 전단 탄성계수(MPa)

L : 지점사이의 부재길이(mm)

K : 순수 비틀림 상수(mm^4)

Es : 탄성계수(MPa)

Iw : 뒴비틀림 상수(mm^6)

Iy : 거더 단면 2차모멘트(mm^4)

ε = 5~25%(처짐 증가율)

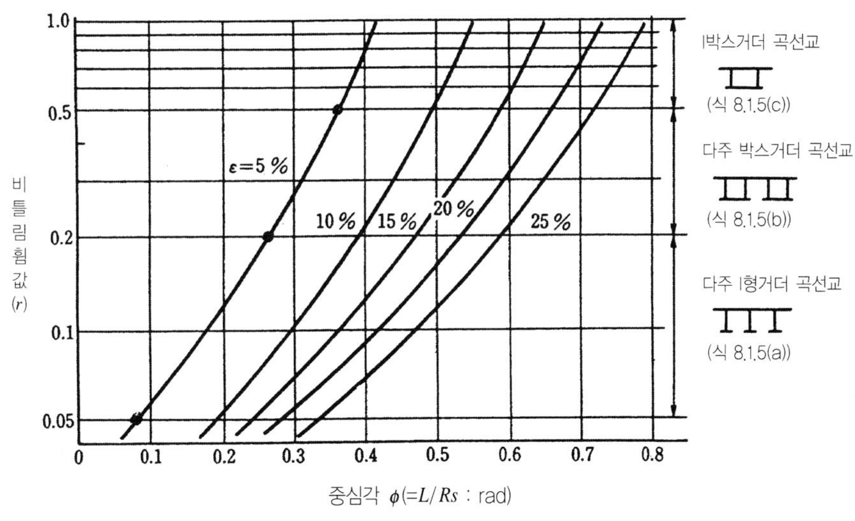

그림 8.1.5 처짐의 증가율 ε과 중심각 ϕ와의 관계

곡선거더교를 직선거더교와 비교하면 일반적으로 처짐이 크다. 그의 대충의 한계는 중심각 ϕ 와 단면형상에 의해 판단되며, 다음은 중심각 ϕ 와 비틀림 휨강비에 따른 교량형식을 선정하도록 만든 (식 8.1.5)에 있으며 그림 8.1.5를 참조하고 곡선교의 처짐이 그것과 등가인 직선거더의 처짐에 의해 5%이상으로는 안 되며, 이 때문에 문제가 생기지 않지만 중심각 ϕ 가 아래식 8.1.5에서 주어진 값 이상으로 할 때는 처짐 계산에 특별히 주의하여 정해진 제한값 이하가 되도록 설계하지 않으면 안된다.

(a) 다주 I-형 거더 곡선교 ($0.05 \leqq r < 0.2$) : $\phi \leqq 0.09+1.0(r-0.05)$

(b) 다주 박스거더 곡선교 ($0.2 \leqq r \leqq 0.5$) : $\phi \leqq 0.24+0.4(r-0.2)$ (식 8.1.5)

(c) 단일 박스거더 곡선교($r > 0.5$) : $\phi \leqq 0.36+0.12(r-0.5)$

(3) 연속교에서 비틀림 휨강비 결정

상기(2)에서 (식 8.1.4)에서 얻어지는 비틀림 강비는 단순 곡선거더교에서 얻어지는 값으로서 이들의 관계식은 연속 곡선거더교에 대해서도 처짐에 대한 등가지간(Leff)를 그림 8.1.6에 표시한 것과 같이 비틀림 휨강비를 다음식에 의해 계산하면은 된다.

$$r = \frac{G_S K + E_S I_W (\pi / Leff)^2}{E_S I_y} \quad \text{(식 8.1.6)}$$

여기서, $Leff$: 등가지간길이(mm)

기타는 식 8.1.4와 같다.

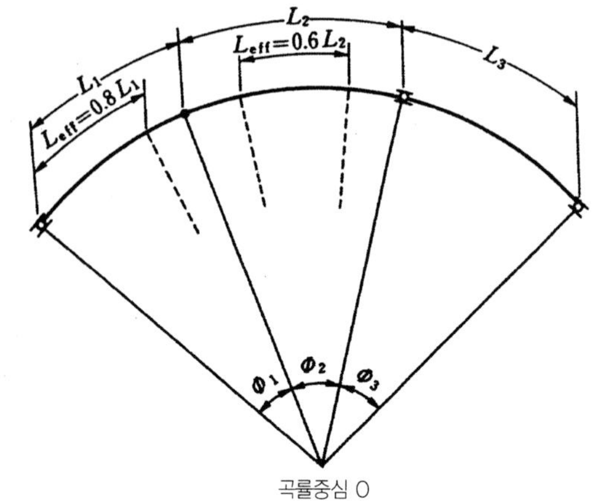

그림 8.1.6 연속 곡선거더교 등가지간(Leff) 취하는 방법

(4) 주거더 형식선정과 받침조건

곡선 I-형 거더교의 경우는 반드시 각 주거더에 받침을 설치하므로 문제가 되지 않는다. 그러나 단일박스거더에 교량받침을 2개 설치한 경우에 비틀림 모멘트를 받는 경우에는 거더끝부분에 수직반력 R과 비틀림 모멘트 T가 작용한다면 받침 ① 및 ②에 대한 반력은 다음 식으로 나타낸다.

$$\left.\begin{aligned} R_1 &= R/2 + T/B \\ R_2 &= R/2 - T/B \end{aligned}\right\} \quad \text{(식 8.1.7)}$$

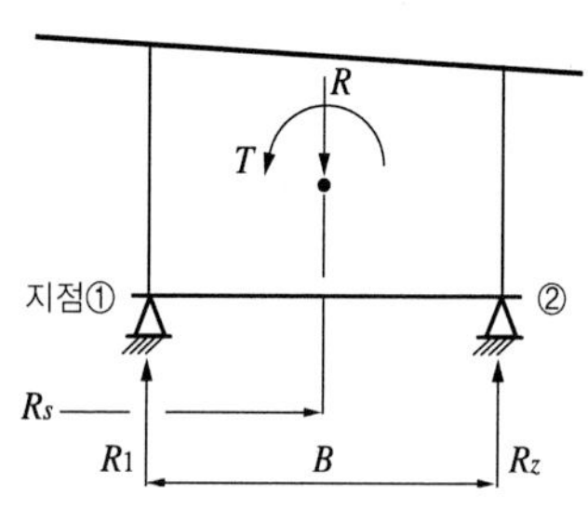

그림 8.1.7 지점반력 R_1과 R_2

곡선거더교의 곡률반지름 Rs가 작고 받침간격이 좁을 때 비틀림 모멘트 T가 커져서 그것에 대한 반력이 $T/B > R/2$가 되기 때문에 곡률반지름 외측지점 ②에 대한 반력 $R2$가 부반력이 일어나는 경우가 있다. 따라서 부반력이 일어나지 않게 하기 위해서는 지간 L과 지점간 거리 B를 다음 식 8.1.8과 같이 제한한다.

$$L/B < 10 \quad \text{(식 8.1.8)}$$

따라서 단일박스거더 곡선교를 제외한 다주 박스거더 곡선교에서는 박스거더마다 1개소의 받침을 설치하여 부반력 발생을 억제 하는 것이 좋다. 단, 이 경우에 각 박스거더에 발생하는 비틀림 모멘트를 휨모멘트로 취하기 때문에 받침이 있는 단면에서는 상당히 강한 가로보를 설치하여 각각의 박스거더를 연결하여야만 한다.

주어진 교량 폭원에 곡선거더교의 단면구성을 계획할 때 단일 박스거더로 할 것인지, 혹은 2주 박스거더로 할 것인지에 대한 기준은 (식 8.1.5)에 표시한 중심각 ϕ 를 참고하면 된다. 그 밖에 각종의 항목에 대하여 양자의 특성을 비교하면 표 8.1.1과 같다. 이밖에 1박스거더에서 2실을 한 다중박스거더도 주거더로 고려한다.

⊙ 표 8.1.1 단일 박스거더와 2주 박스거더와의 비교

항 목	단일 박스거더 곡선교	2주 박스거더 곡선교
(-)부반력	단일 박스거더에 2개의 받침이 되기 때문에 큰 부반력이 발생하는 경우가 있다.	1박스거더에 1개의 받침 때문에 부반력을 발생하지만 그다지 크지 않다.
응력특성	대형박스단면이 되기 때문에 국부변형이 크다. 지점상의 유효폭은 2박스거더에 비하여 10% 정도 뒤진다. 또한 복부판의 전단응력의 부담이 크다.	2주 박스거더로 하기 때문에 국부변형이 작다. 지점상의 유효폭은 단일 박스거더보다 크고 복부판의 전단응력의 부담도 단일 박스거더에 비하면 작다.
강 도	비틀림 강도는 크며 수직처짐이 2주 박스거더보다 크다.	비틀림 강도는 작지만 교량전체의 강도는 단일 박스거더보다 크고 처짐은 작다.
단면형 유지	대형박스단면 때문에 단면 변형에 대해서 고려할 필요가 있다.	단일 박스거더와 비교하면 단면변형을 작게 할 수가 있다.
제작 · 운반 · 가설	큰 블록이 되기 때문에 제작 · 운반 및 가설 때에 많은 노력이 든다.	단일 박스거더에 비하여 별 문제가 없다.
강재량	복부판의 수가 적으므로 2주 박스거더에 비하여 강재중량이 작다.	단일 박스거더에 비하면 약간 강재중량이 커진다.

그러므로 지간이 짧고 곡률반지름이 큰 곡선거더교에 있어서 반드시 박스거더교를 채용할 필요가 없으며 다주 I-형 단면거더교로 설계가 가능하므로 설계자는 교량계획시 설계의 편의성만 강조하지 말고 유지관리, 경제성이 있는 다주 I-형 단면 거더교를 설계하는 것을 권장한다.

8.1.4 곡선거더교의 주구조 설계

계획도로의 설계속도와 도로폭원이 결정되면 노면의 평면선형 및 편경사에 따라 주거더를 배치하고 경제성, 미관(경관)상의 관점에서 보면 곡선교는 중요한 문제가 있다.

즉, 곡선반지름이 큰 경우에는 주거더를 직선으로 하여 바닥판의 캔틸레버 길이와 헌치 높이를 변화시켜 대응하고, 곡선반지름이 작은 경우에는 바닥판 캔틸레버 길이를 일정하게 하여 도로 평면선형에 근접하게 하여 주거더와 교량평면선형과 형상이 같게 하는 것이 일반적이다.

곡선교의 경우는 도로의 설계속도와 도로평면중심선과의 관계에 의해 편경사가 결정된다. 이에 따라 주거더의 단면형상 및 복부높이가 결정된다.

(1) 곡선거더의 단면 형상

1) I-형 단면 거더교

I-형 단면 거더교는 교량가로방향 단면은 직선 거더교와 같은 형상을 가지고 있으나 경우에 따라 곡

선반지름 내측거더와 외측거더 높이가 다르게 교량가로방향 단면을 결정하는데 이는 외측거더가 처짐이 많고 하중분담이 많기 때문에 허용한도 응력에 따라 높이를 결정한 것이다(그림 8.1.8 참조).

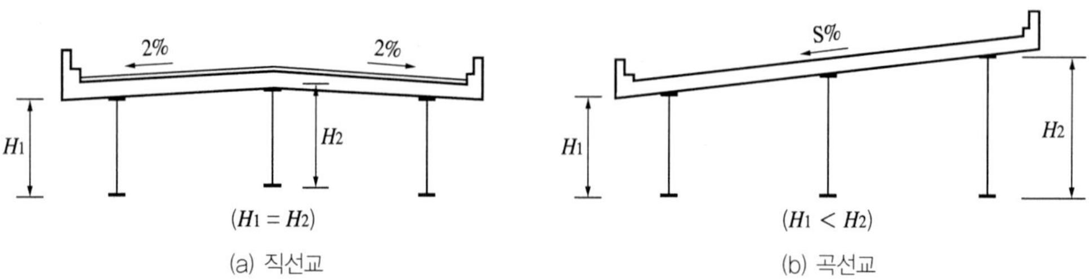

그림 8.1.8 *I*-형 단면 거더교 거더배치 형상

2) 박스거더교

박스거더교의 가로방향 단면은 상부 Flange를 노면의 편경사에 부합되도록 배치하는 방법, 곡선외측 주거더와 내측 주거더와의 단면력 관계를 고려하여 외측거더와 내측거더 높이를 편경사에 따라 같도록 변화시키는 방법, 편경사가 변화하는 구간 또는 부호가 변하는 구간 등과 같이 편경사의 절대치가 작은 경우는 상부 Flange를 수평으로 하여 헌치 높이로 조정해도 고정하중 증가가 적고 경제성에 미치는 영향이 경미할 뿐만 아니라 설계 · 시공상으로도 합리적이다. 즉, 상부 Flange를 편경사와 같은 경사가 지게 하는 것은 상부 Flange와 헌치의 콘크리트 중량을 줄이기 위한 방편이다.

박스거더의 단면 형상결정은 전적으로 설계자의 의도에 따라 결정할 사항이며 다음과 같은 조건을 검토 · 연구하여 형상을 결정하는 것이 바람직하다.

① 도로의 편경사 변화구간과의 관계
② 곡선반지름이 커서 편경사 설치에 따른 콘크리트 중량이 부재력에 미치는 영향이 미미할 때,
③ 시공성, 운반, 가설에 대한 사항

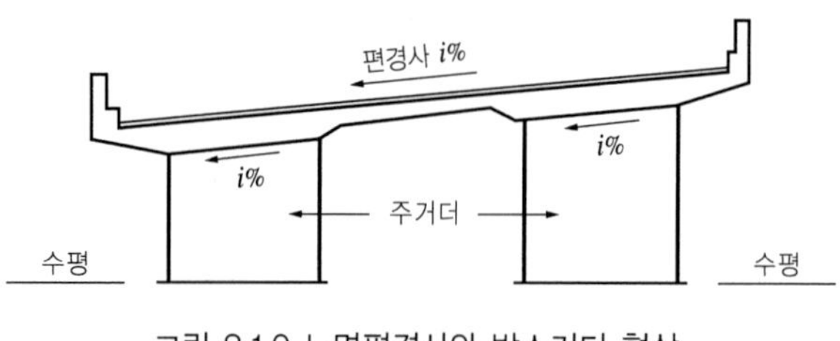

그림 8.1.9 노면편경사와 박스거더 형상

(2) 주거더의 가정 강비(剛比)

주거더의 설계기초단계에서 주거더간의 강비를 어떻게 가정하는가는 설계완료 후, 계산 수렴성에 영향을 미치는 중요한 사항이다. 강비를 낮게하면 강성이 큰 곡선반지름 바깥쪽 거더에 더욱 과대한 휨모멘트가 분배되어 주거더 상호간의 적절한 하중분배가 어려워지는 경우가 있다.

참고로 주거더 3개를 가진 기존 곡선 다주 I-형 거더교에 대하여 곡선반지름 바깥쪽 거더와 안쪽 거더의 강비를 중심각 ϕ 에 대하여 플로터하여 유도한 식이 다음 (식 8.1.8)이다.

$$I_o/I_i = 0.024\phi + 1.0 \quad \text{(식 8.1.8)}$$

여기서, I_o : 바깥쪽 거더의 단면 2차 모멘트

I_i : 안쪽 거더의 단면 2차 모멘트

ϕ : 중심각(degree)

(3) 주거더 설계

1) 강재중량 가정

강교를 설계할 때 가장 문제가 되는 것은 주거더의 자중을 어떻게 가정하는가 이다. 이것은 주거더의 설계가 완성되었을 때 비로서 정산되는 것이며, 처음에는 전혀 알 수 없는 것이다. 처음에는 전혀 알 수

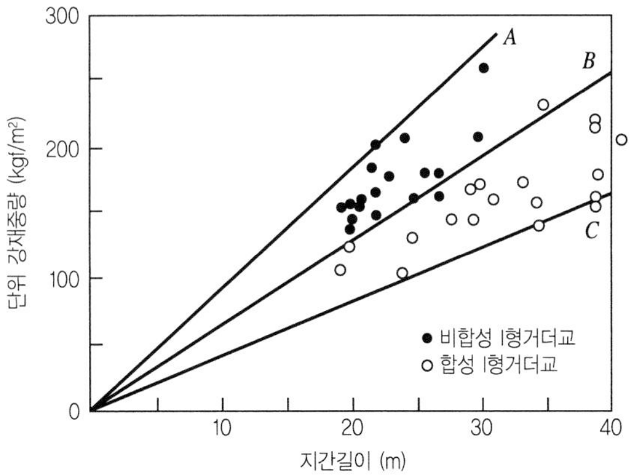

그림 8.1.10 다주 I 형 거더곡선교의 강재중량

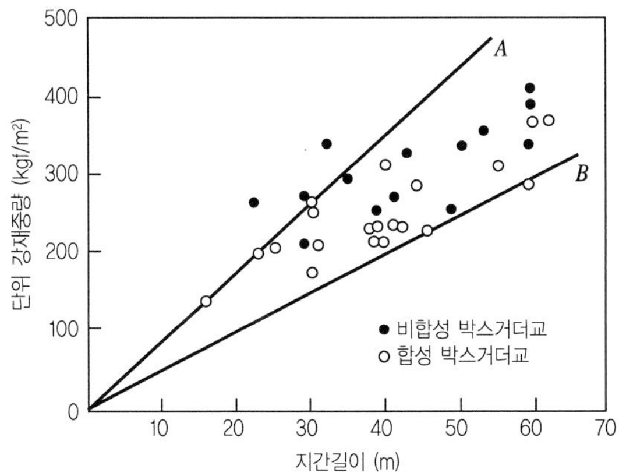

그림 8.1.11 박스거더 곡선교의 강재중량

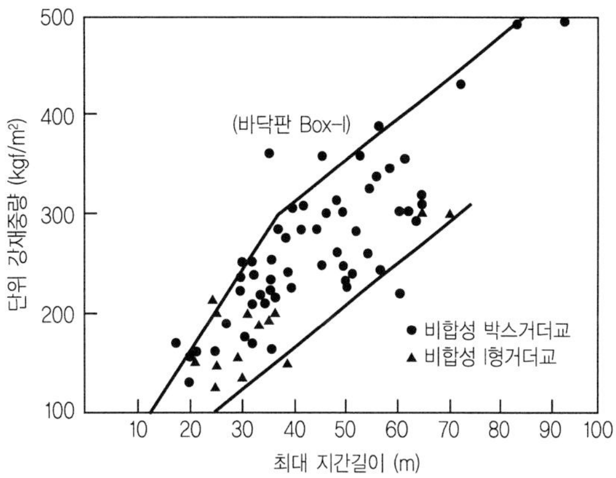

그림 8.1.12 연속곡선 강재중량

없는 것이다. 그렇다면 설계자는 과거의 유사한 설계예에서 강재중량을 추정하는 것이 설계의 편의성에서 필요하게 된다.

다음 그림 8.1.10~8.1.12는 과거의 설계와 기존 교량의 실적을 조사하여 만든 것이므로 설계에서 참고로 적용하는 것이 설계의 편의를 도모하는 것으로 판단되어 책에 넣어둔다.

2) 복부판의 높이

곡선 거더교의 경우, 복부판 높이를 어느 정도 취하는가는 경제성과 밀접한 관계가 된 중요한 사항이다. 최적의 복부판 높이 결정은 곡선 반지름 내 · 외측 거더의 높이를 다르게 하는 경우와 같게 하는 경우에 있어서 복부판 높이 결정에 영향이 있으나 여기서 제시하는 한계는 교량 중심선에서 고려하는 거더 높이에 대해서 기술한 것으로 설계자는 현장여건상 엄격한 제한이 있는 경우에는 Flange의 두께 및 web 두께를 조정하여 이보다 낮게 할 수는 있으며 단, 공용시 진동에 대한 제한 조건을 만족할 때만이 가능하다.

① 단순 비합성 I–형 거더교

h/L = 1/11 ~ 1/15 (L = 20.0~30m의 경우)

h/L = 1/15 ~ 1/20 (L = 30.0~60m의 경우)

② 단순 박스거더교

h/L = 1/20 ~ 1/25 (L ≒ 40m 정도)

h/L = 1/22 ~ 1/30 (L = 40~60m)

여기서, h : 거더복부높이(m)

L : 교량지간길이

(4) 가로보

가로보는 주거더에 대하여 직각으로 설치하거나 곡선교에서는 곡선의 법선직각방향으로 설치하며, 설치간격은 직선교에 비하여 좁게 설치한다. 특히 I–형 거더 곡선교에서는 4~5.0m 정도로 설계하는 것이 일반적이며 곡선교의 가로보는 강성을 크게 하여 휨모멘트가 작용하였을 때 브레이싱 구조 즉, Truss 구조를 사용하는 것보다는 I–형 거더(즉충복구조)를 채용한다. 이는 곡선거더에는 비틀림 모멘트가 크게 작용하여 가로보에 큰 휨모멘트가 발생하기 때문에 트러스 구조를 사용하지 않고 충복구조로 채용하는 것이다.

(5) 수평 브레이싱

곡선 I–형 거더교의 경우, 지간길이에 관계없이 상 · 하 수평 브레이싱을 설치한다. 수평 브레이싱은 교체의 비틀림 강성을 높게 하는 역할 외에 주거더 Flange의 부가 응력을 경감시키는 역할을 한다.

이에 대하여 그림 8.1.13에 있으며 가로보 사이의 중간에 strut를 설치하여 Flange의 수평 휨에 대하여 지지간격을 작게 한다.

수평 브레이싱은 이를 위하여 주거더 Flange 근방에 설치한다. 이는 수평 브레이싱과 주거더 Flange 위치와 간격이 있다. 이 경우 Flange에 휨이 발생하며, 수평 반력에 대하여 수평 브레이싱이 가로보 설치점에 휨모멘트와 전단력을 발생시킨다. 그 부분에는 주거더의 복부에 수직보강재를 설치한다. 그리고 이들의 작용력에 대하여 응력조사가 필요하다. 또한 수평 브레이싱 거세트는 통상적으로 수직보강재의 Scallop를 설치한다. 전단력의 전달을 고려하여 slit 구조로 하여 확실한 용접을 하는 배려가 필요하다.

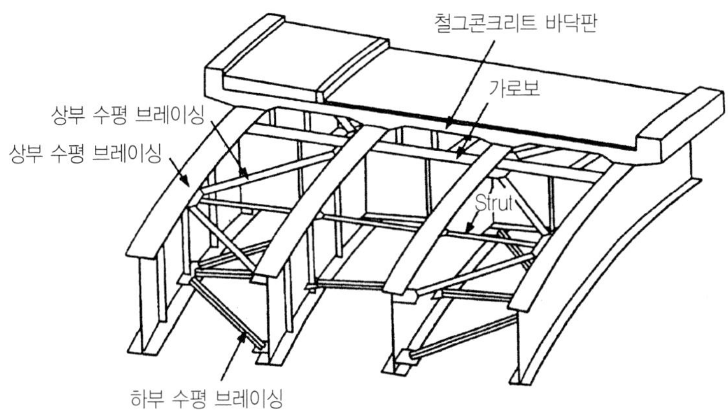

그림 8.1.13 다주 I-형 거더교의 구조도

8.1.5 곡선교의 교량받침

곡선교의 교량받침은 원칙적으로 탄성받침을 사용하며, 탄성받침은 구조적으로 큰 부반력에 대하여 저항할 수 없으므로 주거더 및 받침의 배치는 계획단계에서 부반력이 발생하지 않도록 연구가 필요하다.

교량 받침 설계에 사용하는 부반력의 값은 상시하중에 대한 부반력(R_D+R_L+i)과 활하중에 대한 부반력 2배를 하였을 때 발생하는 최대 부반력(R_D+2R_L+i)값과 고정하중과 풍하중에 의한 부반력(R_D+R_W)를 구하여 이중에서 큰 값을 사용한다. 받침에는 아주 적은 양이라 하여도 상시하중에 대해서는 부반력이 발생하도록 설계해서는 안 된다. 곡선교에서의 지점의 부반력은 지점부에 발생하는 비틀림 모멘트가 연직 반력을 치환하여 발생하는 경우가 많다. 그러므로 부반력을 저감하기 위하여서는 교량받침 간격을 넓히고 받침 위치를 곡률반지름 바깥쪽에 위치하게 한다. 이러한 경우의 그림 8.1.14과 같이 주거더에 out leg인 bracket를 내밀어서 교량받침을 설치한다.

교량 받침의 경우 교축방향의 지지방법으로는 고정받침을 설치하는 경우, 면진받침과 분산받침으로 교축방향을 탄성 지지하는 경우가 있다.

고정받침을 설치하는 경우의 가동받침의 이동방향은 가동받침과 고정받침을 직선으로 연결하는 방향

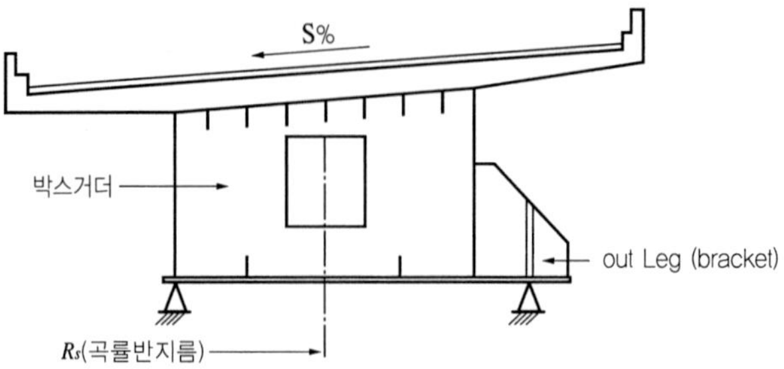

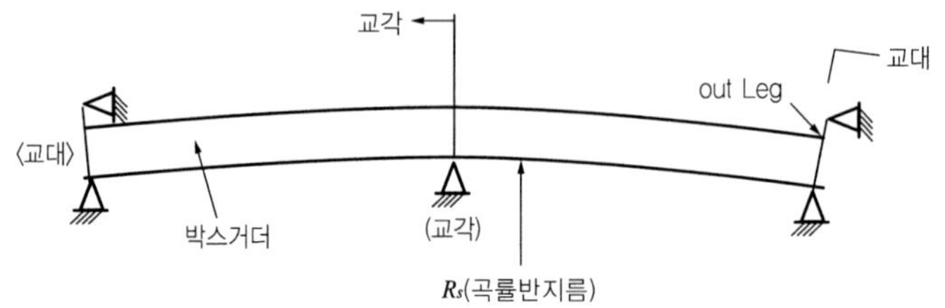

그림 8.1.14 부반력 대책

으로 하는 것을 원칙으로 한다. 곡선 반지름이 적은 경우에 거더 단부에서 교량 바닥면이 어긋남이 발생하여 신축이음이나 낙교 방지시설 등에 나쁜 영향을 주게 되므로 거더의 접선방향으로 받침의 이동방향을 향하게 하고 가로방향 구속력에 대하여 저항하도록 받침을 설계하여야 한다. 이 경우에는 온도 변화에 따른 가로방향 구속력을 받게 되므로 이에 대한 해석을 하여 구속력을 산출하여 교량받침 설계에 반영하여야만 한다.

면지받침 및 분산받침을 채용하는 경우에 받침의 이동방향은 탄성받침의 수평 스프링 강성이 다른 교량 형상의 영향을 받아 복잡한 거동을 나타내게 되므로 사전에 온도 해석을 하여 그 받침의 설치방향을 결정할 필요가 있다.

연속곡선교에서 고정받침 뿐만 아니라 가동받침도 중간지점 상에서 연직반력이 곡선 반지름 안쪽의 받침에 큰 정반력이 발생할 수 있으므로 설계시 이에 대하여 꼭 확인하여 반영하여야 한다. 이것은 중간지간에 작용하는 하중에 의한 뒴비틀림 효과가 원인이다.

8.2 사교(斜橋)

8.2.1 개요

사교란 교량중심선에서 수직선을 그었을 때 교량받침선과 수직선 사이에 예각을 가진 교량을 말하며 이 예각을 교량의 사각이라고 말한다(그림 8.2.1 참조) (옛날의 도로교 설계기준 또는 일본의 교량에 관한 책에서는 교량중심선과 교량받침선과의 교차각 중에서 예각을 교량의 사각이라고 하고 있다. 참고 바람).

사교는 곡선교과 같이 복잡한 구조특성을 가지고 있다. 설계시에 많은 고려할 점을 가진 구조형식이며 그의 구조특성이 많으며 사각을 가짐으로서 교체가 편심하중 재하뿐만 아니라 고정하중을 포함한 연직하중에 의해서도 비틀림이 발생한다.

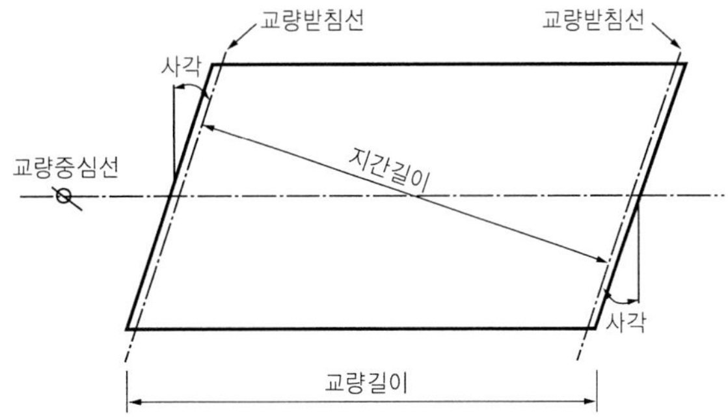

그림 8.2.1 교량사각의 정의

또 직교의 경우와 달리 사각이 커지는 만큼 주거더의 휨모멘트가 작아지고 가로보의 휨모멘트가 증가한다. 이와 같은 경향은 주거더의 비틀림 강성이 큰 경우에 뚜렷이 나타난다. 또한 사교의 최대 모멘트는 외측 주거더 지간 중앙보다 둔각부 쪽으로 가깝게 이동하는 결과를 초래하여 최대 휨모멘트의 분포가 대칭성을 갖지 않는다.

또한 합성 거더교로서 설계하는 경우, 바닥판 둔각부의 부분에 지점반력이 집중되는 한편, 그것들의 부분 근체에는 각종의 단면력이 복잡하게 작용하기 때문에 둔각부 부분의 바닥판에 대해서도 세심한 주의가 요망된다.

이와 같은 이유로 합성 거더교의 사각은 30° 이하로 하는 것이 바람직하다.

8.2.2 일반사항

(1) 사교의 주거더 형식

사교에 적용하는 주거더 형식은 곡선교와 같으며, 일반적으로 다주 I-형 거더교, 단일 박스거더교, 다주 박스거더교의 3종류가 많이 적용되고 있는 실정이다.

곡선교의 경우는 1경간에 대한 곡선의 중심각(ϕ)의 크기에 의해 착안하여 적용교량형식을 구분하지만, 사교의 경우는 폭원의 크기에 대한 지간 길이의 사용에 따라 분류한다.

지간길이에 비하여 교량폭원이 넓을 때에는 다주 I-형 거더를 가로보로 강결시킨 격자 거더교가 많고, 폭원에 비하여 지간길이가 경사지지의 영향에 따라 거더 끝부분에 현저한 비틀림 모멘트가 발생하므로 비틀림에 강한 박스거더가 적용된다.

요컨대 지간길이가 긴 경우에는 박스거더교, 폭원이 적은 경우에는 단일 박스거더교, 2주 I-형 거더교를 적용한다.

사각의 크기는 주거더 형식의 결정요인으로서 대체적으로 교량의 중심선형이 직선인 경우에는 다주 I-형 거더교가 많이 적용되고, 곡선인 경우에는 박스거더교 형식이 많이 적용된다. 단, 곡선교의 경우 곡선 반지름과 중심각(ϕ)에 의해 I-형 거더교를 적용하는 것이 경제적이고 유지관리에 유리한 점이 많은 경우도 있다.

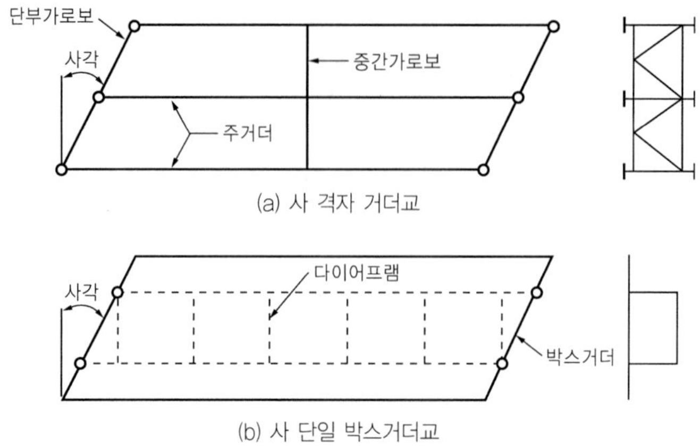

그림 8.2.2 사교의 종류

(2) 가로보 및 수직 브레이싱 배치

강교에서 하중 분배 가로보 또는 수직 브레이싱의 배치 방법은 그림 8.2.3과 같은 2가지 방법이 있다.

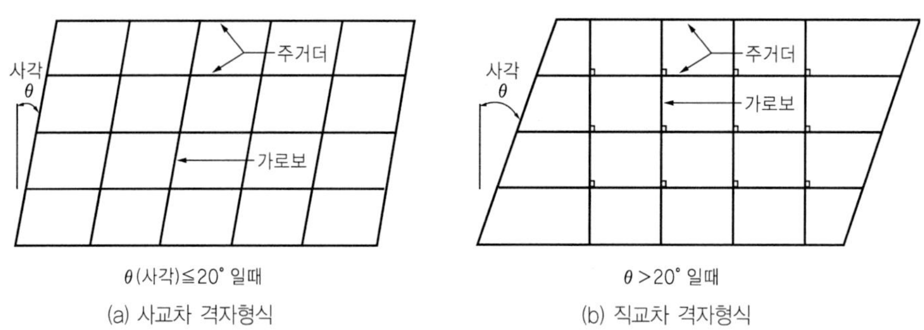

그림 8.2.3 하중분배 가로보 및 수직 브레이싱 배치 방법

사각이 20°보다 적은 경우에는 교량 받침선과 평행하게 가로보를 배치하는 사교차 격자형교를 적용하고 사각이 20°보다 큰 경우에는 직교차 격자형교를 적용한다.

사각이 큰 경우에는 직교차 격자교가 하중분배 효과가 높으며 주거더와의 연결부가 직각이 되어 제작상의 유리한 점이 있고 이와 반대로 주거더의 camber가 가로보 및 수직 브레이싱 위치에서 차이가 있어서 가조립 및 가설시에 이에 대한 특별한 배려가 필요하다.

특히, 교량폭원에 비하여 교량길이가 긴 경우에는 직교차 격자형식을 적용하는 것이 바람직하다.

8.2.3 설계시 고려사항

(1) 단일 박스거더교

단일 거더에 2개의 받침을 설치하여 해석하는 모델은 그림 8.2.4와 그림 8.2.5와 같이 거더의 지점부 견고한 가로보에 주거더를 지지시킨 평면골조형식을 적용하는 경우가 많다.

측면에서 볼 때는 짧은 측경간에 지지된 연속거더와 같은 형상이며 지점반력은 단부에서는 내측지점측, 둔각측 지점이 크게 발생하고 연속교(그림 8.2.5)의 경우, 중간지점부에서는 좌우같다.

거더 단부에서 둔각부 반력 R_B와 예각측 반력 R_A의 불균형을 이르게 되어 거더 단부에서 다음의 휨모멘트 M_S와 비틀림 모멘트 T_S가 활용하게 된다.

$$M_S = \frac{R_A - R_B}{2} \times a, \ T_S = \frac{R_A R_B}{2} \times 6 \qquad \text{(식 8.2.1)}$$

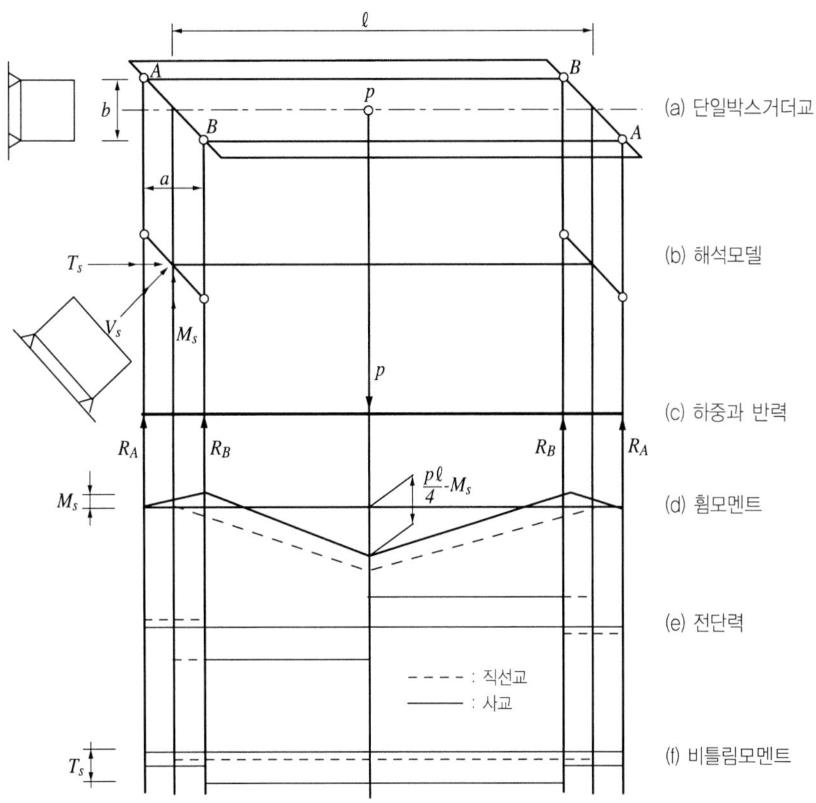

그림 8.2.4 단일 박스거더 사교의 단면력도(예)

Ms는 사 박스거더 단부에서 거더 처짐각(휨각)을 탄성적으로 구속함으로서 생기는 부반력 모멘트이며 지간부의 휨모멘트를 감소시키는 역할을 한다. 또한 거더의 끝부분에 불균형 반력 때문에 지간 내에는 큰 비틀림 모멘트가 거더 단부 사각과 같은 방향으로 전 길이에 일정하게 분포한다.

이는 격자사교의 특유의 단면력이고 사각이 적은 경우에 주거더의 비틀림 강성의 영향을 받아 변화하고 단면력 설계상에는 문제가 되지 않는다. 또한 연속 사 박스거더교의 계산 예를 그림 8.2.5에 표시한다. 연속 사 박스거더교의 중간지점의 휨모멘트를 착안하면 반력이 2개의 중간지점에 분산되기 때문에

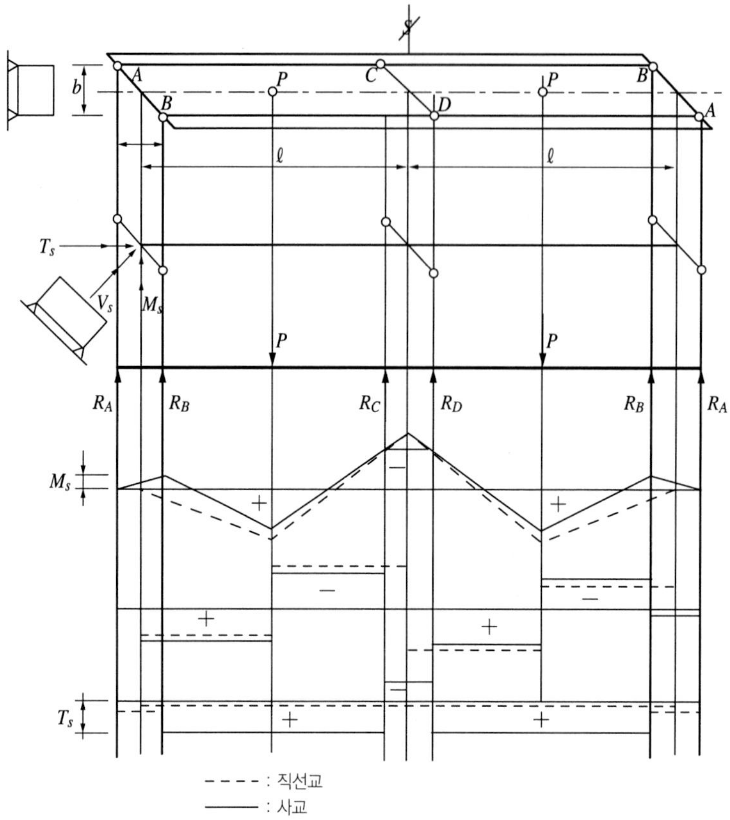

그림 8.2.5 연속 박스거더 사교의 단면력도(예)

휨모멘트는 평탄(전단력이 "0"이다)하며 직교와 같이 삼각형상에 예민하지 않다. 따라서 사박스거더교를 연속거더 형식으로 해도 중간지점의 휨모멘트는 극단적으로 커지지는 않는다. 그러나 그 부분은 휨모멘트, 전단력 및 비틀림 모멘트 등 3가지의 부재력이 동시에 작용하게 되므로 조합 응력에 대한 신중한 조사를 하지 않으면 안된다.

문제는 주거더가 회전변위하게 되어 있으며, 특히 제작 camber를 부치는 방법에 주의를 요한다. 사교의 지점은 교량받침선(사각방향)을 중심으로 하여 회전하고, 제작 camber는 거더 끝이 기울어져 통상 분리하여 각 복부판 축선방향으로 부착하고 가설완료시에는 교축직각방향으로 변위하게 된다. 그의 변위량은 사각이 45° 보다도 큰 경우와 지간이 길고 거더 높이가 큰 경우에는 10mm를 초과하는 수도 있고 연석의 중심선이 어긋나 신축이음부에 지장을 주는 경우도 있다.

이러한 것을 방지하기 위해서는 그림 8.2.6과 같이 단부 다이어프램에 있는 단가로거더를 받침선의 중심선에서 회전하는 형상으로 제작하는데 있어서 주거더가 비틀림을 받지 않도록 가로 변위량에 영향을 검토하고, 이에 대한 가장 신중한 판단을 하여야 한다.

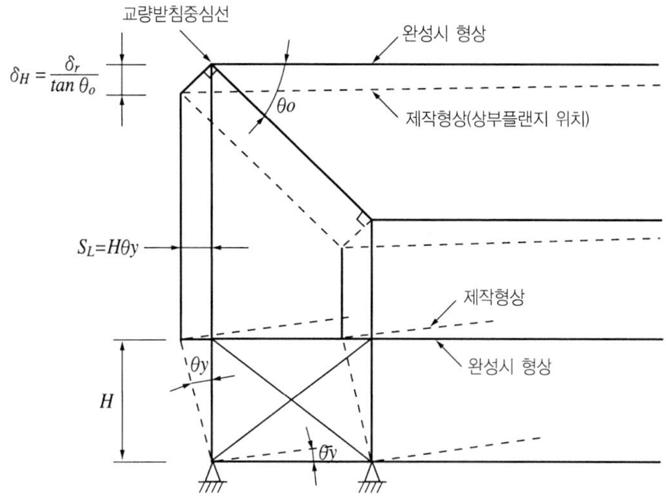

그림 8.2.6 박스거더 사교의 제작형상

(2) 다주 I-형 거더 사교

다주 I-형 거더 사교에서 주거더에 비틀림이 발생하여 주거더 플랜지에 부가 응력이 발생하고 이는 사각이 큰 직교차격자교에서 현저하다. 이 부가응력은 주거더사이의 휨의 차가 가장 크지 않은 지점 부근의 수직 브레이싱 위치에서 증대되는 경향이 있다. 이에 대한 대책을 강구해야 한다.

교량 단부의 수직 브레이싱의 연결방법은 그림 8.2.7과 같이 2가지 방법이 있다. 그림 8.2.7(a)는 거더 d의 지점에 3개의 부재가 연결되기 때문에 연결구조의 세부구조가 복잡해진다. 또 단부 수직 브레이싱에도 힘이 전달되므로 실제로 각 거더에 발생하는 응력도 복잡한 상태가 된다. 즉, 단부의 중간 수직 브레이싱은 거더 a의 지점부에서 단부 수직 브레이싱에 의해 횡방향 변위가 구속되며, 또한 받침부분이 움직일 수 있어서 통상의 계산가정과 일치하지 않아 실제 설계에 적용하는 예가 적다.

그림 8.2.7(b)는 세부구조가 (a)에 비해 간결하며, 받침의 반력분포 영향도 그다지 없지만 단부부근의

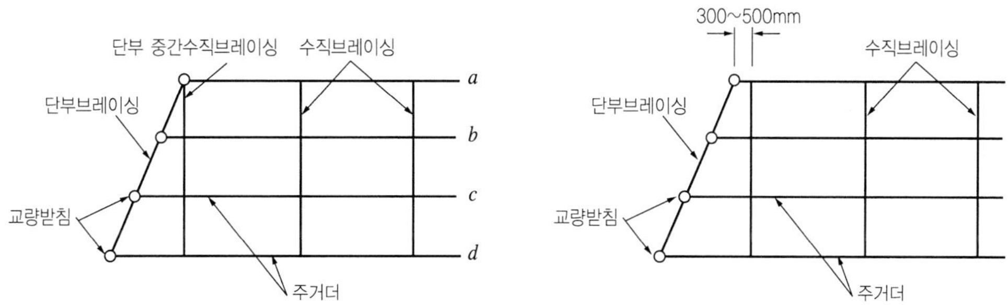

(a) 중간 및 단부 브레이싱을 둔각부에서 만나게 하는 방법

(b) 중간 및 단부 브레이싱을 둔각부에서 이격시키는 방법

그림 8.2.7 교량 단부의 수직 브레이싱 설치방법

주거더에 비틀림이 발생하기 때문에 이에 대한 주의가 요망된다. 그리고 단부 브레이싱과 단부 중간 브레이싱과의 gap이 적으므로 gusset plate를 지점에서 연장하는 대책을 강구해야 한다.

8.2.4 구조설계

(1) 설계법

사교의 계산법은 일반적으로 다음과 같은 방법을 사용하여 왔다.

1) 사방향 이방성판으로 치환하여 그 기초방정식을 추차법에 의해 계산하는 방법(Guyon-Massonnet 방법 응용)
2) 격자이론의 적용(F. Leonhardt, H. Homberg의 방법 확장 응용)
3) 변형법을 이용한 격자구조 계산

여기서 1), 2) 방법은 범용성을 상실하여 실제의 구조해석에 적용하는 데는 약간 곤란한 점이 있어서 적용하여 사용하는 예가 최근에는 거의 없으며 현제는 computer의 soft ware의 발달로 3)을 이용하여 계산하는 경우가 많다. 이 경우 교량의 단부 부근의 가로보에 분배기능을 갖게 하면은 구조의 실상과 이론이 상충되는 경우가 있기 때문에 이에 대한 신중한 검토가 요구된다.

(2) I-형 단면거더의 제작 및 가설

I-형 단면의 거더에서 제작 · 가설 방법으로는 주거더의 camber 차를 합해서 수직 브레이싱의 형상을 평행사변형으로 제작 · 가조립하는 경우와 완성시 형상과 일치하는 수직 브레이싱을 정방형으로 하는 경우가 있다.

전자는 가조립 및 가설시에 특별한 처치를 한 수직 브레이싱을 부착한 것이고 이는 완성시에 주거더에 비틀림이 발생한다. 한편, 후자의 경우는 완성시에 주거더가 연직이 되므로 가조립 및 가설시에 특별한 처치가 필요하게 된다.

I-형 단면의 직교격자형식에서 사각이 큰 경우에는 주거더 상호간에 camber차이가 커지게 되므로 주거더와 수직 브레이싱 및 가로보를 연결하는 데 많은 연구 · 검토가 따라야 한다.

특히 수직 브레이싱을 장방향형으로 제작하여 가설하는 경우는 다음과 같은 특별한 조치를 강구하여야 한다.

1) Pre-twisting 공법

가설시 주거더를 소정의 위치까지 비틀림의 수직 브레이싱 · 가로보를 조립하고 주거더의 비틀림 상태를 확인한 후에 수직 브레이싱 설치부의 확공을 하여 볼트를 체결하여 가설한다.

2) Jack up-Jack down 공법

거더를 바닥판 시공 전에 camber 차 만큼 미리 상승시켜 놓고 바닥판 시공 후에 하강하는 공법으로서 교량공용전에 가로보 및 수직 브레이싱의 연결 볼트에 대하여 전단파괴 및 강판의 지압 변형 발생여부를 확인하여야 한다.

3) Counter-weight 공법

바닥판의 중량 정도의 물 또는 모래를 재하시켜 놓고 수직 브레이싱 또는 가로보를 조립한 후에 제거하는 방법.

4) 볼트 구멍확장 공법

주거더와 수직 브레이싱 · 가로보의 볼트 구멍을 길게 Track 모양으로 확공하여 놓고 바닥판 콘크리트 타설 후에 고장력 볼트를 체결한다. 가급적이면 볼트 체결 후에 확공부를 육성시켜 놓는 것이 좋다.

5) Pin 공법

수직 브레이싱의 사재 및 strut의 한쪽 볼트를 조이지 않고 처짐이 구속되지 않은 상태에서 바닥판을 시공한 후에 고장력 볼트를 체결한다.

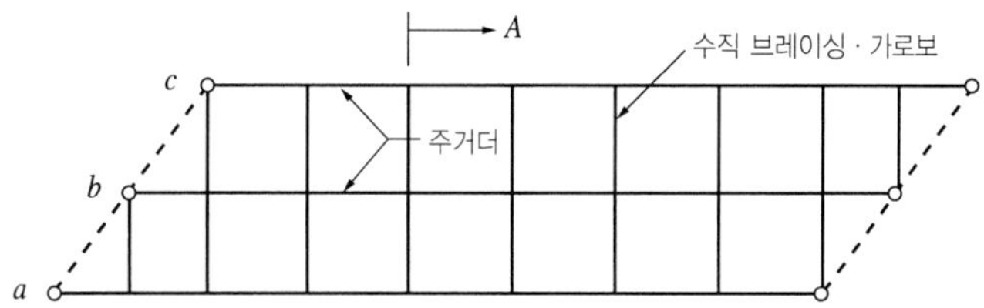

(a)

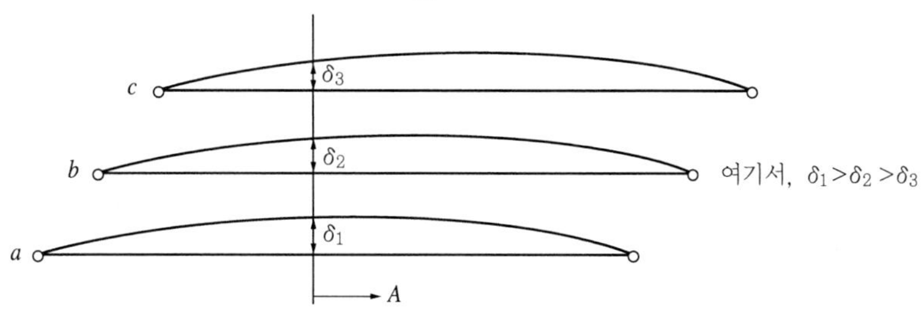

(b) 가조립시 camber 차이

그림 8.2.8 가조립시 솟음차의 영향 예시도

(3) 구조세목

구조세목은 제 6장 및 제 7장을 참조하여 계획하기 바란다.

제 II 편 강교

9장 강 TRUSS교

⊙ 제 9 장_ 강 TRUSS교

9.1 개요

몇 개의 직선부재를 한 평면 내에서 마찰 없는 힌지로 연속된 삼각형의 뼈대구조로 조립한 구조를 이상 트러스라고 한다. 이와 같이 트러스는 인장재, 압축재로 구성되나 실제 트러스에는 휨 비틀림 등의 2차 부재력이 발생할 수 있다. 이때 2차 휨응력을 허용하는 경우를 교량 트러스라고 한다.

트러스는 일반적으로 부재의 중심선이 격점에서 만나도록 조립하고 활하중은 Floor System(세로보, 가로보)을 매개로 주 Truss(Main Truss)의 격점에 작용하도록 설계된다. 주 트러스 격점에서의 부재접합을 이상적인 Pin 접합으로 하면 부재는 주로 축력에 의해 저항하게 된다. 그러나 Pin 접합으로 하면 Pin의 마모나 녹이 발생하여 접합이 불안정하게 되기 쉬우므로 보통은 Gusset Plate를 이용해서 부재를 고장력 Bolt로 접합한다. 그래서 실제로 격점은 강결 구조가 되어 있다. 그 때문에 부재에 단 모멘트가 생기고, 휨에 의한 2차 응력을 유발한다. 이러한 격점 강결에 의한 2차 응력은 부재의 세장비가 작은 경우에 비교적 커지므로 주의를 요한다. 그래서 부재 단면 치수의 산정이나 격점 구조의 강도 계산에 2차 응력을 고려하여만 하고, 보통은 2차 응력이 가능한 작아지도록 설계하는 것이 바람직하다.

9.1.1 일반사항

(1) TRUSS교의 특징

1) 단일 부재의 크기, 중량도 타형식 즉 거더교 형식에 비해 작기 때문에 제작, 운반, 가설상에 취급이 용이하다.
2) 비교적 작은 중량의 부재를 순차적으로 조립하여 큰 강성을 얻는 것이 가능하기 때문에 Cantilver 공법(F.C.M)의 채용이 다른 교량형식 보다 유리 하다.
3) 구조의 높이가 충분히 큰 경우에 하현재의 위치에 노면을 설치함으로써 다리밑 공간의 제약 혹은 노면 계획고의 제약 등을 해결할 수 있다.(하로교 적용)
4) 상현재의 위에 노면을 설치가 가능하므로 상하 2층 형식(Double Deck)에도 적용이 용이하다.
5) 타 형식의 교량에 비해 가벼운 강재 중량으로 비교적 큰 내하력이 얻어 진다.
6) 산지부에 상로교를 적용하면 Bracing 높이 만큼 교각을 낮출 수 있고 상 · 하부공 전체로서의 경제성에서는 유리해 진다.

7) 일반적인 거더교에 비교하여 부재수가 많아 제작상 불리하다.

8) 거더교로 쉽게 설계 가능한 경우에는 트러스교의 형식을 선정하는 것은 운반 가설상의 특별한 조건이 없는 한 피하는 것이 좋다.

트러스교는 미관상의 이유 때문에 대도시 내에서 특별한 경우를 제외하고는 별로 채용되지 않은 형식이다.

그러나 큰 하천, 항만 등의 개발지역에는 건설될 기회가 많고, 해협이나 산지부의 계곡의 사이에 효과적으로 이용될 수 있다.

일반적으로 산지부에서는 부재의 수송, 가설의 제약이 엄격한 경우 지점 꺾기 연속 트러스교, Bracket 부착 상로 트러스교 등을 사용하므로 곡선구간의 교량이 필요한 경우에 적용하며, 평야부에서는 엄격한 노면 계획 제약 때문에 다리 밑 공간 확보가 곤란한 경우, 하천의 하구부, 항만 횡단하는 장경간의 교량을 요구할 때, 교통운용상 상·하로 2층의 노면을 배치가 필요한 Double Deck 교량인 경우에 적용한다.

(2) TRUSS교의 명칭

Truss교를 이루고 있는 주요 구조 부재의 명칭은 다음 그림 9.1.1과 같다.

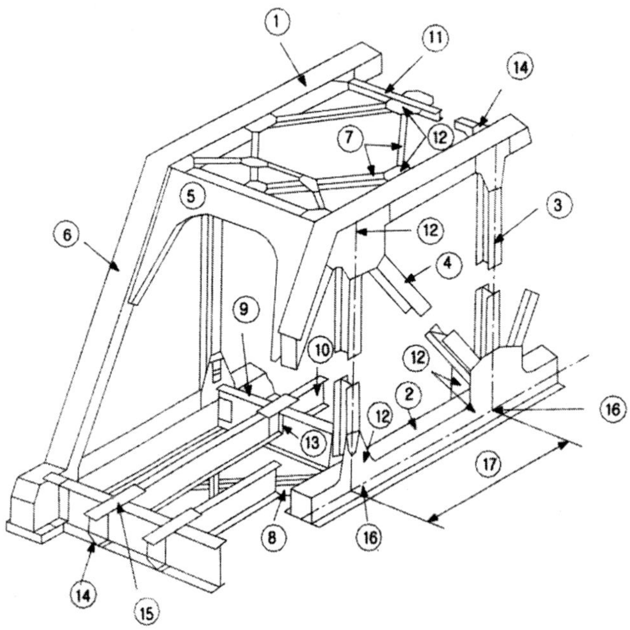

① 상현재 : Upper chord
② 하현재 : Lower chord
③ 수직재 : Vertical member
④ 사재 : Diagonal member
⑤ 교문브레이싱 : Portal Bracing
⑥ 단주(끝기둥) : End post
⑦ 상부 수평브레이싱
⑧ 하부 수평브레이싱
⑨ 가로보 : Floor beam
⑩ 세로보 : Stringer
⑪ 스트러트 : Strut
⑫ 거세트판 : Gusset plate
⑬ 연결앵글
⑭ 브래킷 : Bracket
⑮ 모멘트 연결판
⑯ 격점
⑰ 격간길이

그림 9.1.1 하로 Pratt 트러스교의 구성

1) 주 트러스

① 현재(Chord member) : 한 트러스의 외곽을 형성하고 있는 부재를 말한다. 현재 가운데 위에 있는

것을 상현재(Upper chord), 아래의 있는을 하현재(Lower chord), 양단에 있는 것을 단주 혹은 끝기중(End post)라고 부른다. 단주는 설치 경사에 따라 경사 단주와 수직단주로 구분하며, 가끔 상현재 또는 하현재에 포함시키는 경우도 있다.

② 복부재 : 트러스의 외곽의 현재를 제외한 부재를 복부재라고 부르며, 복부재의 설치 경사에 따라 수직인 경우 수직재(Vertical menber)와 경사재 (Diagonal member)로 나누어 부른다.

2) 수평브레이싱(Lateral bracing)

교량 횡하중 즉 풍하중 또는 지진력과 같은 수평하중에 견딜 수 있게 하기 위하여 받침재(지지재 : Strut)와 경사재로 두 개의 주트러스를 서로 연결해 준다. 그러면 상부에 있는 지지재와 경사재는 주트러스의 상현재와 함께 하나의 평면 트러스를 형성하고, 하부에 있는 지지재와 경사재도 주트러스의 하현재와 함께 또 하나의 평면 트러스를 형성한다. 이들을 각각 상부수평 브레싱(Upper lateral bracing) 및 하부 수평 브레이싱(Lower lateral Bracing)라고 부른다.

3) 수직브레이싱(Sway Bracing)

주 트러스와 수평브레이싱으로 구성된 상자형 구조물이 그 형상을 유지하기 위해서는 가로방향으로 트러스를 설치하여야 하는데 이러한 트러스를 수직 브레이싱(Sway bracing)라고 하며, 이들 가운데 특히 양단부에 있는 것을 단부수직 브레이싱(End sway Bracing) 그 외의 것을 중간 수직브레이싱(Intermediate sway bracing)라고 한다. 하로 트러스교에서는 단부 수직 브 레이싱을 교문 브레이싱(Portal bracing)이라고 부르고, 지간이 짧아 트러스 의 높이가 낮아지면 차량 통행 관계상 상부 수평브레싱을 설치할 수가 없 는 경우에 설치하는 상부 수평브레싱이 없는 것을 Pony truss교라고 한다.

4) 노면 바닥틀(Foor system)

바닥틀은 가로보(Floor beam, Cross beam)와 가로보에 연결된 세로보 (Stringer)로 구성되며 교량 바닥판으로부터 전달되는 고정하중 및 활하중을 현재의 격점에 전달하는 역할을 한다.

9.1.2 TRUSS 형식의 분류

(1) 주 트러스의 골조에 따른 분류

트러스의 상 · 하 현재의 배치 형태에 따라 상현재와 하현재가 평행한 트러스를 평행현(직현) 트러스라고 하고, 현재가 곡선으로 되어 있는 것을 곡현 트러스(Curved chord truss)라고 하며, 보통은 복부재의 연결방법에 따라 다음과 같이 분류한다.

1) Prett 트러스

그림 9.1.2(a), (b), (c)와 같이 경사재가 만재 하중에 의하여 인장력을 받도록 배치된 트러스 형식으로 상대적으로 부재길이가 짧은 수직재가 압축력을 받는 장점이 있다. 그러나 압축력을 받는 상현재가

Howe truss의 상현재 보다 큰 압축력을 받게 되는 단점도 있다. 일반적인 평 행현 Prett truss에서는 경사재가 지점 방향으로 위쪽의 경사져 있으나 상현재가 경사져 있는 경우에는 경사재이 배치방향이 반대가 된다.

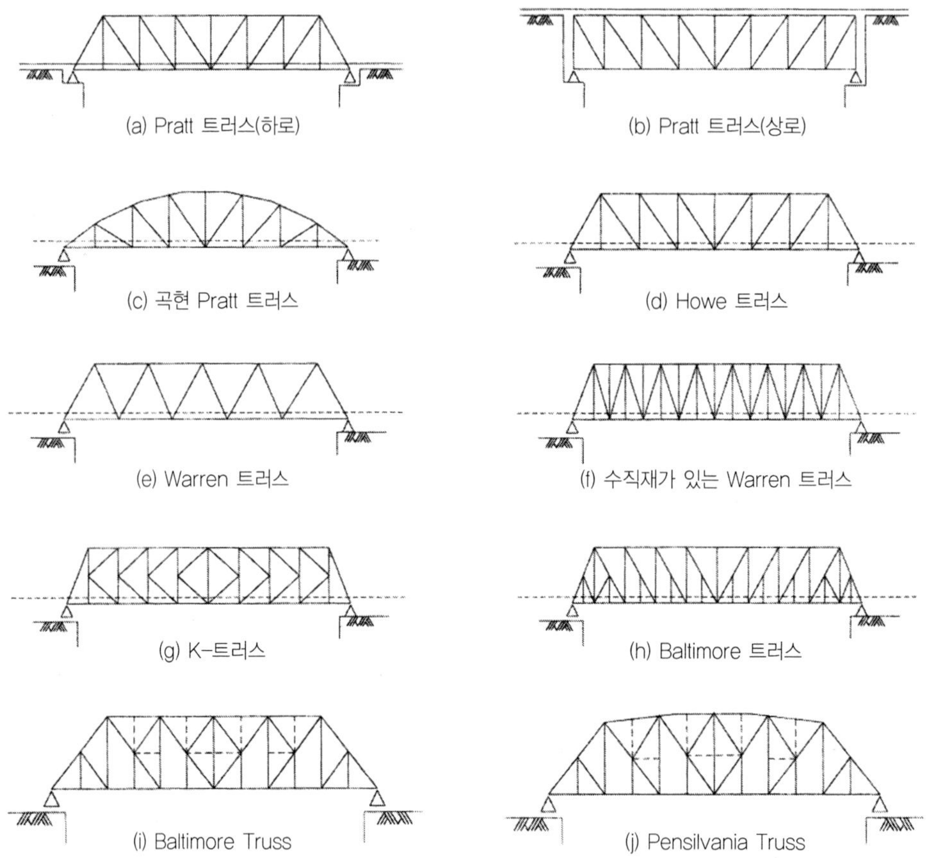

그림 9.1.2 교량에 많이 적용되는 Truss 형식

2) 하우 트러스(Howe Truss)

그림 9.1.2(d)와 같이 경사재의 방향이 지간 중심선에 대하여 위에서 아래로 향하여 바깥 방향으로 나간 트러스이며, 경사재는 일반적으로 압축재, 수직재는 인장재가 되고 강교에서는 보통 적용하지 않고 목교에서 많이 쓰이는 형식이다.

3) 와렌 트러스(Warren truss)

그림 9.1.2(e), (f)와 같은 형식을 말하며, 상로교의 단지간에 좋고 하로교에서는 가로보(Floor Beam)의 연결을 쉽게 하기 위해서 수직부재를 넣어 격간을 나누는 경우가 많다. 현재 트러스교에서 가장 널리 사용되는 형식이다.

4) K-Truss

그림 9.1.2(g)와 같은 형식을 말하며 외관이 좋지 않으므로 주트러스에는 보통 사용하지 않는다.

2차 응력이 작은 이점에 있으며 주로 수평브레싱에 사용한다.

5) 분격 트러스(Subdivided panel Truss)

교량의 길이가 길어지면 트러스 높이가 높아지고, 경사재의 경사각도 커지는 관계로 격간길이가 길어지면, 압축재로서 불리하게 되고, 또 세로보(Stringer)의 길이가 길어져서 비경제적으로 되기 때문에 격간을 나눈 것이다.

그림 9.1.2(h), (i), (j)는 Pratt truss의 분격 트러스로서 페티트(Pettit) 트러스이다.

(2) 용도에 의한 분류

도로 트러스교와 철도 트러스교로 대별되는데 바닥틀 구조에 약간의 차이가 있는 뿐 골조 구조는 유사하다.

철도교의 하중 강도가 크기 때문에 부재의 단면치수가 도로 트러러스교 보다 크다. 열차의 주행성을 고려하여 처짐을 도로 트러스교의 약 절반으로 엄격히 제한하고 있어 트러스의 높이가 도로 트러스교 보다 일반적으로 크다. 또 철도교에서는 반복응력(교번응력)에 의한 부재의 피로를 고려해야만 한다는 점도 설계상으로는 엄격한 조건이 된다.

(3) 노면 위치에 따른 분류

위아래 현재 가운데 노면 시설물을 직접 받치고 있는 것을 재하현 (Loaded chord)라고 한다. 상현재가 재하현으로 되어 있는 상로트러스 (deck truss)교라고 하고, 하현재가 재하현으로 되어 있는 경우에는 하로 트러스(Through Truss)교 라고 하며, 또한 Truss 중간에 노면이 있는 경우를 중로 트러스교, 상하에 노면을 갖는 트러스교를 2중 deck 트러스교라 부른다.

교량의 바닥면 높이는 접속 도로의 건설비 등을 고려하여 경제적으로 결정한다. 일반적으로 상로 트러스교로 하면 바닥면이 높아져 하로 트러스교의 경우보다 접속도로의 종단구배가 급해진다. 그러나 자동차의 주행성이 쾌적하므로 고속도로에서는 상로 트러스교가 적합하다.

따라서 철도 트러스교의 주류를 이루고 있다.

장대 트러스교로서 높이가 큰 경우 바닥면이 트러스 높이의 중간에 위치하는 형식을 중로 트러스교라고 한다. 2층으로 바닥면을 설치한 2중 Deck 교에서는 하부구조뿐 아니라 상부구조의 경제적 설계가 달성되므로 중로 트러스 형식이 사용된다.

(4) 지지형식에 따른 분류

트러스교도 플레이트 거더교와 같이 단순 트러스교, 경사(Skew)지지 트러스교, 연속 트러스교, 게르버 트러스교로 분류된다.

(5) 역학적 분류

트러스구조는 부정정반력의 존재 여부에 따라 외적(外的)으로 정정 또는 부정정구조로 분류할 수 있으며, 부재수와 격점수에 따라 내적으로 안정된 정정 또는 부정정 구조와 부정정 구조로 분류한다.

9.1.3 설계순서

합리적인 설계이론에 따라 그림 9.1.3에 나타낸 Flow Chart 순서에 따라 설계하는 것이 가장 능률적이다. 장대 트러스교에서는 부재의 세장비가 작고 2차 응력이 큰 경우에는 주트러스의 부재단면 산정시에 2차 응력을 고려해야만 한다.

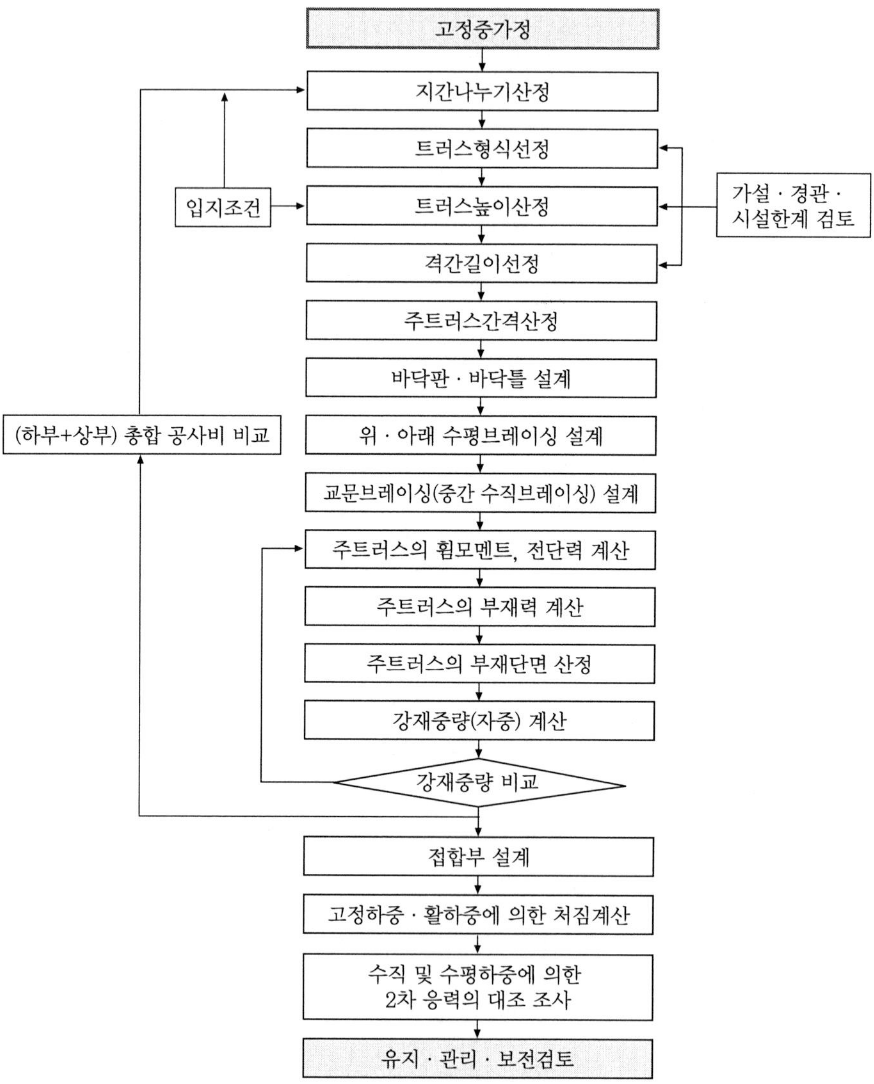

그림 9.1.3 트러스의 설계순서

9.1.4 트러스교의 강재 중량

트러스교는 I-형 거더교 박스거더교 와는 달리 바닥틀(Floor system)부재 이외는 기본적으로는 축력을 받는 부재로 구성되어 있으므로 지간 길이의 비율로는 단위 교량 면적당 강재 중량은 작다.

트러스교의 강재 중량에 영향을 주는 주요 인자는 다음과 같다.

① 주트러스의 높이

② Panel수(Cross beam수)

③ 트러스 형식(Pratt, Warren.....)

④ 평행현/곡현

⑤ 상하 현재의 부재폭

⑥ 상하 현재의 부재의 높이

⑦ 부재의 재질(강종)

⑧ 좌굴 길이

⑨ 기타

이상의 설계변수를 고려하여 설계변수의 범위를 지정 전자계산기에 의해 반복 계산을 하여 이들에 대한 조합한 결과를 출력하여야 한다.

(1) 실제 교량의 강재 중량

그림 9.1.4은 교량 폭 7~8m 전후의 단순 트러스교의 지간길이와 강재 중량과의 관계를 나타낸 것이다.

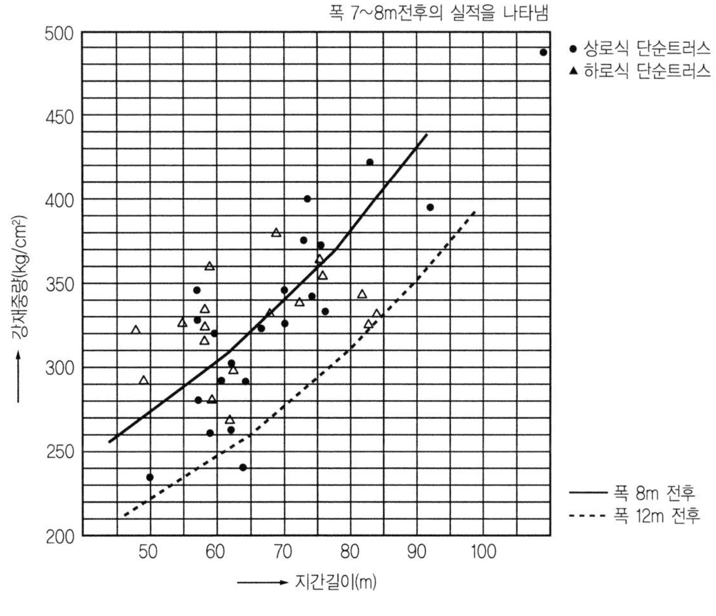

그림 9.1.4 단순트러스교의 지간길이와 강재중량(디자인데이터북에서)

기존 도로교의 단위 강재 중량을 최대 지간 길이에 대해 Plot하면 그림 9.1.5와 같다. 이는 장대 트러스교인 단순트러스, 연속트러스, Gerber 트러스 순으로 직선 구배가 점차로 완만해지고 있다. 이는 단순트러스교에 비교하여 강재중량이 이들의 교량의 상당히 작다는 것을 알 수 있다.

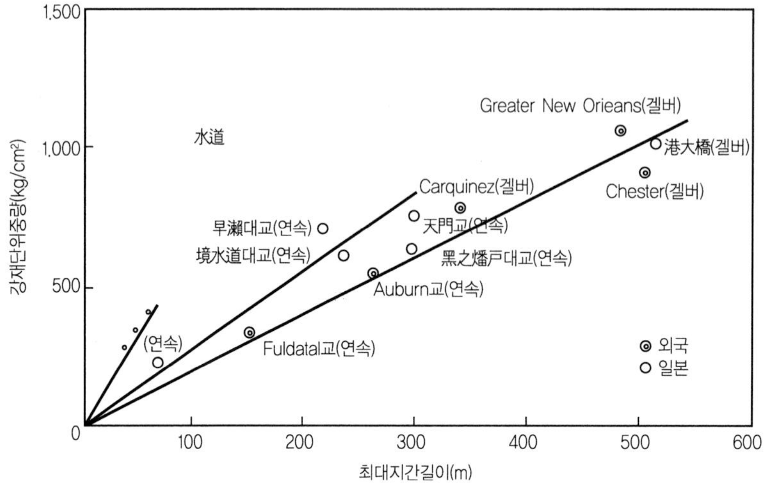

그림 9.1.5 장대트러스교(도로교)의 단위강재 중량

일반적으로 단위 강재 중량은 (ㄱ) 교량폭원에 따라 상당히 다르다. 즉 같은 지간길이의 교량이라고 하여도 교량 폭이 좁은 경우에는 넓은 경우 에 비해 무거워 진다. (ㄴ) 고강도 강의 사용량이 전체 강재 중량에 차지하 는 비율에 따라 대폭 강재중량이 변한다. 그래서 교량폭 6m의 하로 Warren Truss의 1등교량에 대해 강종 SM490을 60~70%만큼 사용한 경우의 단위강재중량을 지간 길이에 대해 Plot하면 그림 9.1.6에 나타낸 바와 같다.

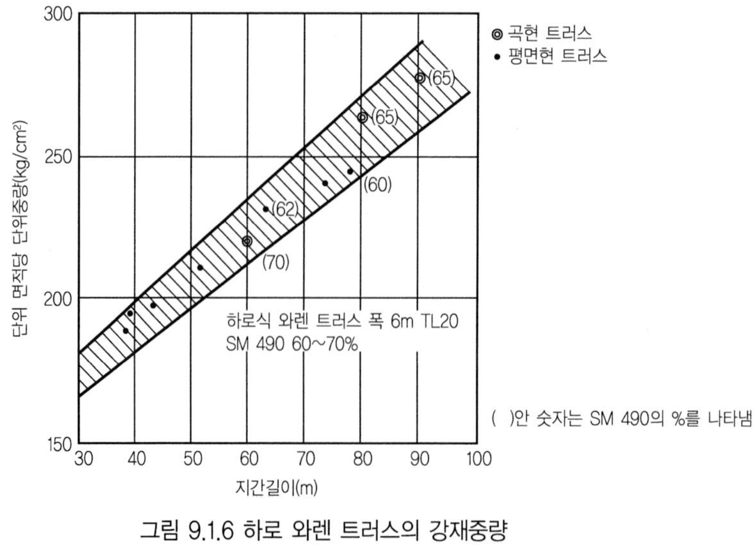

그림 9.1.6 하로 와렌 트러스의 강재중량

또한 트러스교 전체 강재에 대한 부재 종류별 강재의 중량 비율을 미리 알고 있으면 설계 초기단계에 도움이 된다.

보통 트러스교의 경우 표 9.1.1와 같이 추정할 수 있다. 그러나 이러 한 부재 종류별 중량비율은 트러스의 높이가 경간(지간)에 비해서 클 경우 복부재의 중량 비율이 실제와 큰 차이를 불러일으킬 수도 있으니 설계자는 이점을 참조하기 바란다.

⊙ 표 9.1.1 트러스교 전체 강재에 대한 부재 종류별 강재의 중량 비율

부재 종류	중량비율(%)
하현재	20
상현재	25
복부재	25
브레이싱	10
연결 및 기타	20
합 계	100

(2) 바닥틀(Floor System)의 중량

일반적으로 트러스교의 바닥판, 바닥틀 구조는 교량 전체의 경제성과 강성에 대해 영향을 준다.

최근에는 바닥판은 교량의 장대화에 따른 고정하중 감소를 위해 강바닥판 사용하는 경우와 급속 시공성을 위해 Precast 철근 콘크리트 또는 PSC 바닥판을 적용하는 예가 종종 있다. 여기에서는 과거부터 보통 잘 이용되고 있는 철근콘크리트 바닥판을 Stringer(세로보)와 가로보(Cross Beam)로 지지하는 구조에 대해 工藤哲이 바닥틀의 강재중량을 비교 설계한 결과에 대해 기술한다.

즉 Stringer는 Cross Beam 보다 높이가 높지 않는다는 조건에서 그림 9.1.7에 나타낸 3개의 바닥틀 구조에 대해 중량을 격간길이에 대해 Plot하면 그림 9.1.8와 같다. 여기서 바닥틀 배치는 Type-A가 가장 강재중량이 적고 격간 길이는 7~10m가 적당하는 것을 알 수 있다.

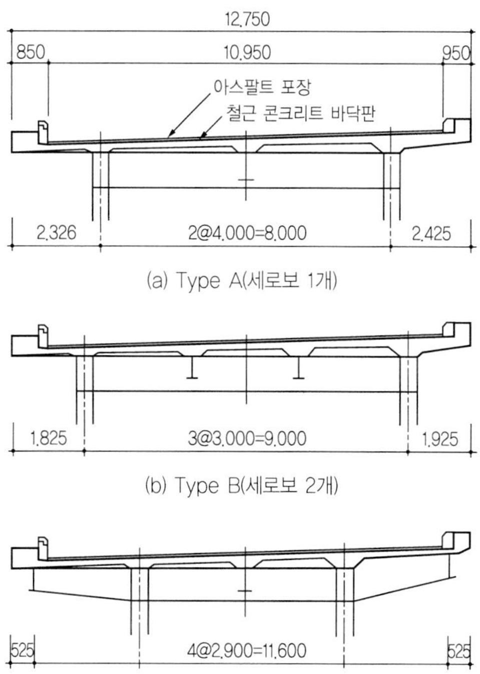

(a) Type A(세로보 1개)

(b) Type B(세로보 2개)

(c) Type C(세로보 3개 Bracket 부착)

그림 9.1.7 대표적인 바닥틀 구조

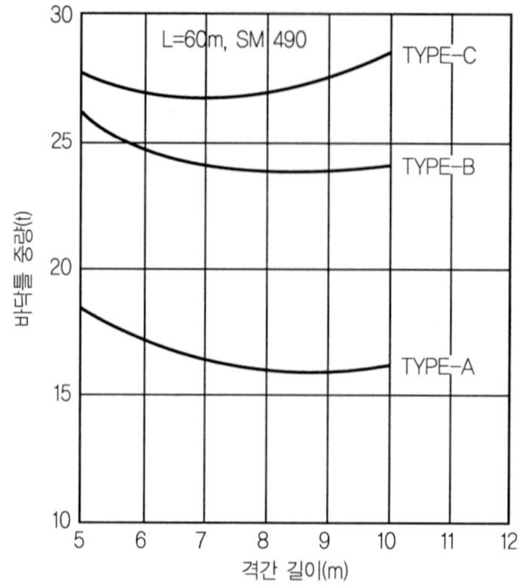

그림 9.1.8 바닥틀 중량

(3) 주트러스의 강재중량

그림 9.1.9에 나타낸 2종류의 트러스 형식에 대해 일본의 고속도로를 대상으로 하여 工藤哲이 비교 설계한 결과에 의하면 거의 강재의 중량에 차이가 인정되지 않는다. 먼저 지간길이 L=60m, 70m, 80m의 각 경우에 대해 트러스 높이를 변화시켜서 강재중량을 Plot하면 그림 9.1.10와 같이 주트러스의 높이와 길이의 비가 1/7~1/8에서 강재의 중량의 최소가 된다.

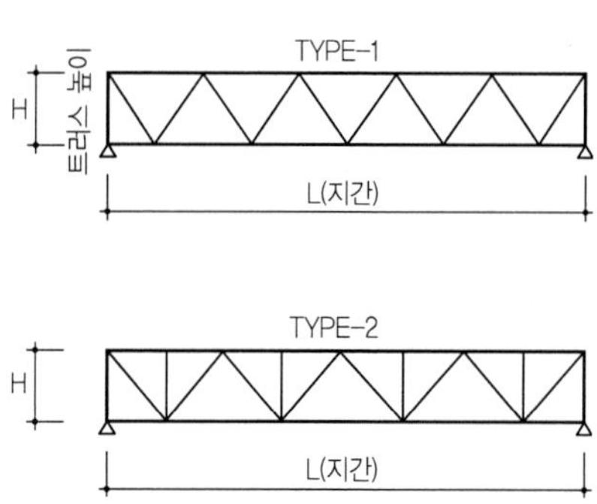

그림 9.1.9 비교 설계에 이용한 트러스 형식

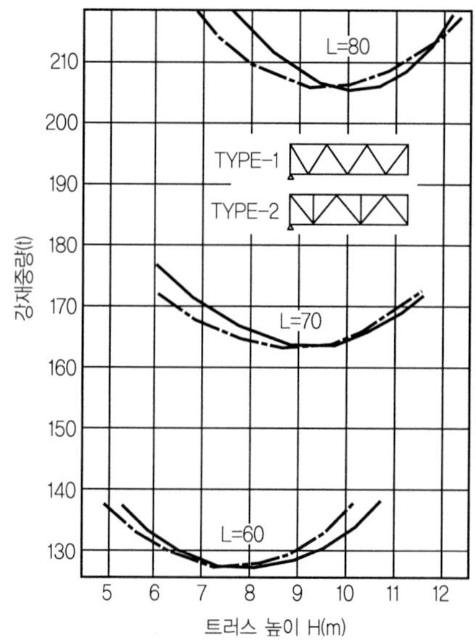

그림 9.1.10 트러스 주구조 높이와 강재중량

9.1.5 적용지간 길이

원래 도로 트러스교의 적용지간으로서는 60.0m~100m 정도로 되어 있지만 전체 건설비(강재 자재비, 제작비, 가설비, 운송비)를 고려하면 지간길이 100m 이하의 도로교에서는 Plate Girder형식 즉 강바닥판 거더교의 형식이 경제적이다. 따라서 현재 트러스 도로교는 100~600m 범위에서 경제성을 발휘한다.

최근에는 이 범위의 중지간 도로교에서 사장교의 진출이 두드러져 트러스교의 가설수가 점차 감소해 가는 경향이 있다. 연속 트러스교의 경우에는 상부구조와 하부구조의 건설비 총합으로 판단하여 지간길이를 결정해야 한다.

등경간에서는 교각 1기의 공사비와 상부구조 1경간의 공사비가 똑같이 되도록 경간 길이를 정하면 된다. 상부구조 1경간 공사비는 경간길이의 증가와 함께 급속히 증가한다. 시행착오적 계산을 여러번 반복하면 충분히 만족한 경간분할이 된다.

경간분할시 주경간은 경제성 이외에 항행조건, 하천관리조건, 다리밑의 교통조건 등에 의한 필요 시설한계, 기초지반 상태 기타의 입지 조건에 의해서 좌우되므로 반드시 상술한 공식에 들어맞지는 않는다.

도로의 트러스가 일반적으로 잘 적용되는 범위는 다음과 같다.

- 단순 트러스교 : 지간 55.0~85.0m 정도
- 연속 트러스교 : 지간 60.0~300m 정도
- Gerber Truss교 : 지간 300~510m(일본의 지간 510m의 港大橋가 있다)

9.2 트러스교의 계획

9.2.1 주 트러스의 높이와 격간수

주 트러스 높이의 결정에는 과거 설계 및 시공실적을 조사하거나 설계자료를 참고하여 결정하는 것이 바람직하다.

그림 9.2.1은 Warren Truss교의 지간길이(L), 주트러스 높이(h), 격간 길이(λ)와의 관계는 표준의 값 정도가 일반적이다. 표준의 하한치 보다 주트러스의 높이를 낮게 계획하면 활하중에 의한 처짐이 커져서 바람직하지 않다. 경제적인 주트러스의 높이는 사용 강재의 각종에 의해 다르나 단순트러스교의 경우 SM 490을 사용하여 주트러스를 설계하는 경우 L/7정도, SM570을 사용하는 경우 L/8 정도가 된다.

또 연속트러스교의 경우에는 단순트러스교와 같은 지간에서는 현재(Chord member)의 축력이 단순트러스교의 경우보다 작아지므로 트러스 주트러스의 높이는 단순트러스교 보다는 다소 낮아진다.

격간길이는 바닥틀의 중량과 경사재(사재)의 중량에 영향을 미친다. 격간 길이가 주트러스 높이에 비하여 길어져 경사재가 현재와 교차 각이 45° 이상이 되는 경우에는 사재의 축력이 급격히 커진다. 또 격간 길이를 너무 짧게 하는 경우도 유리하지 못하다. 경제적인 격간길이는 주트러스 높이 또는 이보다 약간 긴 정도로 생각된다.

평행현 Warren Truss 도로교에 대하여 小堀爲雄, 吉田博은 도로교에 대하여 유효 폭과 지간길이가 주어지는 경우의 최적 주트러스 높이, 최적 격간수를 시산 할 때를 예를 표 9.2.1에 나타낸다.

이 표에서 알 수 있듯이 지간길이 대 주트러스 높이의 비는 교량 폭원에 따라서 달라지고 교량 폭원이 넓으면 트러스 주트러스 높이도 높아진다.

트러스교의 경우 h/L의 선택이 공사비에 미치는 영향은 비교적 적으며 오히려 부재단면 형상의 선정, 강종의 선정 상세 설계 등에 의해 좌우된다.

최근에는 고강도 강을 이용에 따라 h/L가 점차 적어지는 경향이 있다.

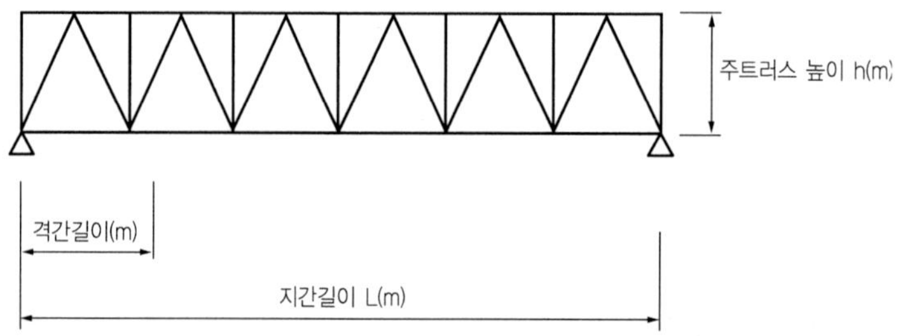

	단순트러스	연속트러스	곡현트러스
h/L	1/6~1/8	1/9~1/10	1/5.5~1/8
λ/L	1/6~1/8	1/8~1/10	1/6~1/8

그림 9.2.1 Warren 트러스교의 지간길이에 따른 주트러스 높이 격간길이의 비

⊙ 표 9.2.1 최적 주트러스 높이, 최적 격간수

유효폭 (m)	지간길이L (m)	최적격간수	주트러스 높이 h(m)	지간길이에 주트러스 높이 비 L/h
6	50	7	7.0	7.1
6	60	7	9.5	6.3
6	70	7	10.5	6.6
6	80	8	13.0	6.2
6	90	9	15.0	6.0
6	100	10	16.0	6.2
9	60	6	12.0	5.0
9	80	8	14.5	5.2
9	100	10	17.0	5.9

9.2.2 격간길이 결정

격간길이의 선정은 트러스 형식에 따라 다소 다르다. 일반적으로 사재(Diagonal member)의 수평에 대한 경사각이 45°~55° 일 때 가장 경제적으로 유리하며, 부재간의 접합도 용이하다. 따라서 지간 길이가 큰 트러스교에서 만약 45°~55°의 경사재 경사각을 채택하면 격간길이가 매우 커진다. 그러면 바닥틀의 중량이 증가하여 고정하중 증가의 원인이 되고 또 경사재의 유효좌굴길이가 커져서 불리해 진다. 그래서 그림 9.1.2(h), (i), (j)에 나타낸 것과 같이 분격간을 구성함으로써 상기의 난점을 극복하면 경제성이 향상된다. 일반적으로 트러스의 격간길이는 도로교에서 6~9m 정도가 경제적이고 격간길이가 그 이상인 경우 또는 바닥틀의 높이에 제약이 있는 경우에는 분격간 구조의 트러스를 이용한다.

9.2.3 주요 골조 구성

하로교의 경우에는 도로의 시설한계로 부터 주트러스 부재간격이 자연히 결정된다. 소정의 지간 길이에 대하여 주트러스의 높이가 결정되면 격간길이, Floor Beam(Cross Beam)의 간격이 결정된다. 트러교에서는 일반적으로 세로보(Stringer)의 지간길이가 비교적 크므로 세로보를 연속구조로 하는 것이 경제적으로도 구조상으로도 바람직하다.

상로 트러스 도로교의 경우 주트러스의 간격의 결정에는 약간의 자유도가 있다. 바닥판을 직접적으로 트러스 상현재에 직접지지 하든지, Cross Beam · Stringer에 의해 간접적으로 지지 하든지의 어느 쪽인가를 택하여 구조계획을 하고 있다.

주트러스 간격이 그다지 크지 않고 주트러스 높이가 큰 경우에는 전체 교량의 가로방향 전도 좌굴을 일으키므로 주트러스 간격을 충분히 넓혀 가로방향 전도 좌굴을 방지해야 한다. 물론 주트러스 간격이 너무 크면 2차부재, 하부구조의 공사비가 증가하므로 경제적 관점에서는 가능한 한 주트러스 간격을 작게 억제하는 것이 좋으므로 양자의 균형이 중요하게 된다. 그렇기 때문에 몇 개의 단면 구성에 대하여 비교하여 공학적인 판단에 따라 선정하는 것이 좋다.

현존하는 장대트러스교의 예에서 알 수 있듯이 트러스교는 주로 기능성은 뛰어 나지만 구조 미학적으로 뛰어나게 아름답다고 말하기는 어렵다. 또 트러스의 부재나 그 외의 구성 요소 선정의 자유도가 극히 많아 전체적으로 난잡하다는 느낌을 받는 예가 많다. 그러나 구조 미학적 견지에서 충분한 고려를 하 면 약간의 공사비 증가로 개선할 수 있다고 생각된다. 그래서 트러스 형식, 주트러스 높이, 격간길이, 부재치수, 바닥틀 · 수평브레이싱, 수직브레싱의 등의 기본설계가 완료된 단계에서 입체 모형으로 제작하든지 Graphic display 등에 의해 트러스교 전체의 외관에 대하여 재검토하는 것이 바람직하다.

부재의 치수와 강종을 너무 자주 변화시켜도 제작 공사비가 많아지므로 이러한 점도 고려하여 트러스교 전체를 간결화 하는 것이 바람직하다.

9.3 트러스교의 주요 부재 배치

9.3.1 주트러스의 간격

(1) 전도에 대한 배려

주트러스의 간격은 도로 폭원이 지배적인 요소이다. 풍화중, 지진하중 등의 횡하중에 의해 충분한 배려가 필요하다. "강도로교 설계 편람" (일본도로협회 1980)에서 주트러스의 간격 B와 지간 L과의 비 L/B의 한계치를 30이하가 되도록 하고 교량폭원이 협소한 보도교의 중심 높이가 높은 상로교에서는 부(-) 반력에 대한 시산을 하여 L/B가 20이하가 되도록 설정하고 있다.

(2) 하로트러스의 경우

주트러스는 연석 외측과의 순간격를 50mm 이상 확보하여 교량 바닥판 시공시 거푸집 설치 철거의 작업성을 고려하여야 한다. 즉 주트러스의 간격은 교량 총 폭원+곡선 라이즈+하현재(Lower chord member)의 폭 +100mm 이상으로 해야 한다.

또한 주트러스의 외측에 Bracket를 설치하여 보도부를 Bracket 위에 설치하는 경우에는 이 구조의 Floor Beam의 지간을 축소하여 휨모멘트의 균일화를 의도하여 배치하든가, 부재수를 늘려서 유지관리 상의 문제를 감안하여 채용하여야 한다.(그림 9.3.1 참조)

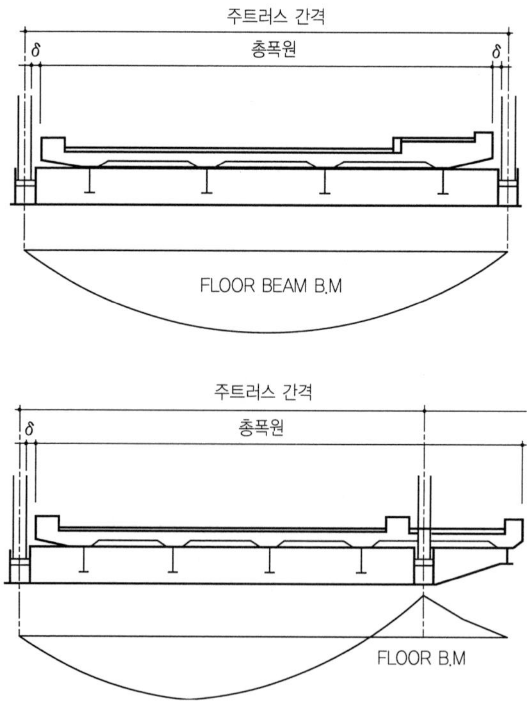

그림 9.3.1 하로트러스의 주트러스 배치

(3) 상로 트러스의 경우

도로의 폭원은 직접 주트러스의 간격에 영향이 있고, 바닥판의 Cantilever 길이는 양 주트러스에 작용하중의 Balance를 고려하여야 한다.

좌우 주트러스의 작용 하중을 균등분배을 하는 것은 단면 구성을 통일 시키는 것은 당연하고, 전체고정 하중에 의한 제작 Camber가 일정하여, Floor Beam 지지재를 수평으로 설치 할 수 있어 제작상의 큰 이점이 있기 때문이다. 여기서 주트러스 배치를 결정하는데 실제 Cantilver 길이 ℓ 가 변수로서 고정하중 강도를 균등하게 배분하는 것은 시산을 하여 결정하여야 할 필요가 있다.(그림 9.3.2 참조)

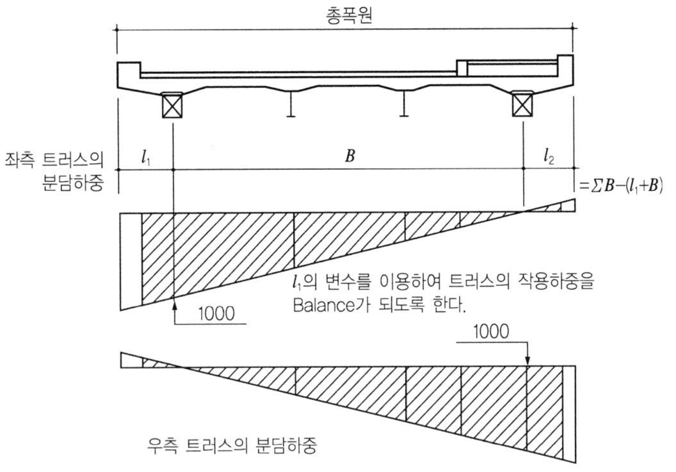

그림 9.3.2 고정하중 강도 Balance 시산

9.3.2 주트러스(Main Truss) 배치

(1) 트러스교는 되도록 직교로 하는 것이 바람직하나 교량 가설 지점의 제약으로 사각, 교대부근의 확폭이 있는 경우에는 하중 편심재하에 의한 영향을 충분히 검토해야 한다.

(2) 도로의 평면선형이 곡선인 경우도 그림 9.3.3과 같이 주트러스를 직교와 같은 평면배치를 하여 좌우 주트러스에 동일한 단면력이 작용하도록 배치하는 것이 바람직하다.

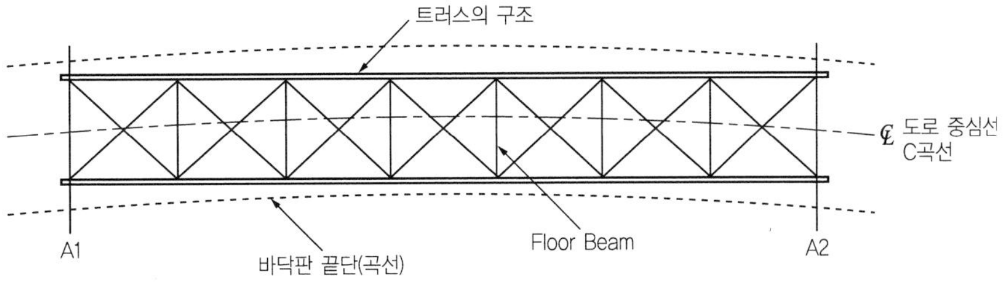

그림 9.3.3 곡선구간의 주트러스 평면배치

(3) 도로의 평면선형이 곡선인 경우에 연속트러스교에서는 그림 9.3.4과 같이 지점 상에서 주트러스를 꺾어 굽힌 배치로 할 때도 있다. 이와 같은 주트러스 중심에 대하여 대칭이 아닌 트러스교의 경우에는 작용하중이 편기 재하하기 때문에 그 영향을 수직브레이싱(Sway Bracing), 수평브레이싱(Lateral Bracing)의 단면력으로서 고려해야 한다.

(4) 중간 지점상에서 주트러스가 꺾은 연속트러스교의 경우에도 해석은 보통 직교와 같이 실시하며, 중간지점의 꺾인 각의 영향에 대해서는 별도 부가 단면력으로 고려하는 경우가 많다.
또한 최근에는 입체트러스로 하여 직접 해석하는 방법도 실시되고 있다.

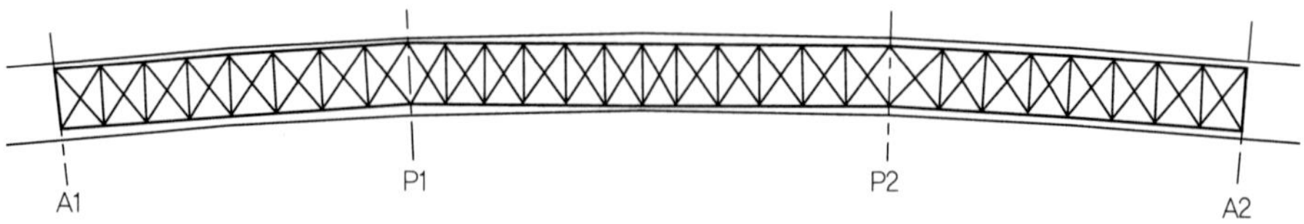

그림 9.3.4 중간 지점상에서 트러스 주구조를 꺾은 연속교의 예

(5) 도로의 종단 경사가 있는 경우 종단 경사 정도에 따라 그림 9.3.5와 같이 부재를 배치한다.

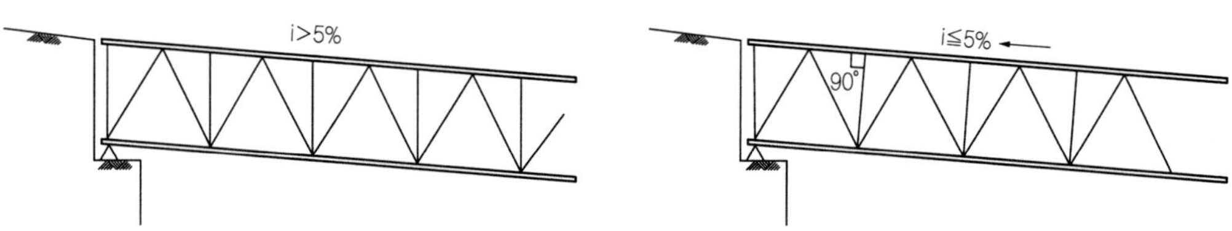

(a) 종단경사 i > 5% 이상인 경우 (b) 종단경사 i ≤ 5% 미만인 경우

그림 9.3.5 종단 경사에 따른 주트러스 수직재 배치

(6) 도로의 종단선형이 곡선인 경우 노면 형상에 맞춰 트러스의 현재를 계획하는 것은 구조가 복잡해져 좋은 방법은 아니다. 곡선의 영향이 크고 주트러스를 직선으로 할 수 없는 경우에는 노면 형상에 가까운 원곡선 등을 고안하여 이 곡선에 대하여 수직재를 경사선 방향으로 설치하는 배려가 필

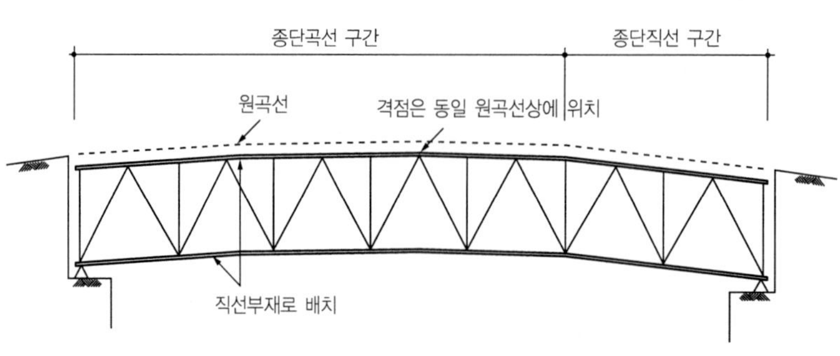

그림 9.3.6 트러스교의 현재의 격점을 원곡선상에 계획한 예

요하다.

그림 9.3.6는 주트러스를 노면형상에 가까운 원곡선으로 하고, 노면과의 고저차는 Haunch 높이를 변화시키면서 대체할 경우의 수직재의 배치 예이다.

9.3.3 바닥틀

(1) 트러스교의 바닥판, 바닥틀(Floor System)구조는 교량 전체의 경제성 및 강성에 커다란 영향을 미친다.
그림 9.1.7과 같은 상로트러스교의 3-Type에 대하여 바닥틀의 강재중 량을 격간길이와의 관계를 비교한 것이 그림 9.1.8이다.
바닥틀의 중량은 세로보(Stringer) 본수가 1본인 A-Type이 적고, 격간길이로서는 7~8m 정도가 적당한 것 같다.

(2) 세로보에 작용하는 하중을 트러스 주구조에 전달하는 가로보(Floor Beam)는 주트러스 구조의 격점 위치에 연결하여 가로보의 복부판 높이를 일정하게 하고, 노면의 편경사의 변화는 바닥판의 Haunch로 조정한다.

(3) 노면 편경사가 급하여 Haunch로만 조정할 수 없는 경우에는 그림 9.3.7과 같이 주트러스를 평행사면형으로 배치한다.

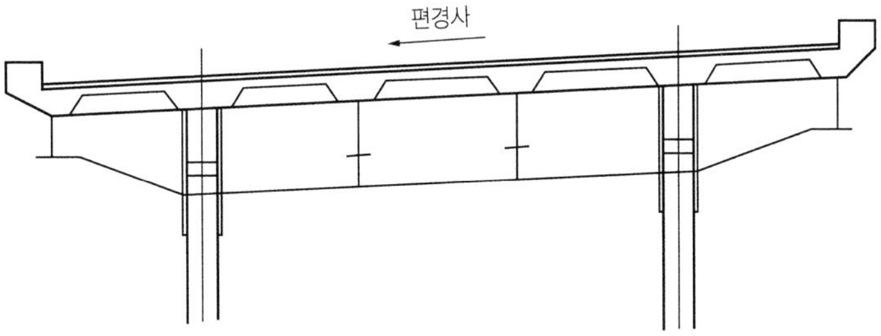

그림 9.3.7 노면 편 경사가 급한 경우

(4) 곡선교에 있어서는 주트러스는 직선으로 배치하고 그림 9.1.7(c)의 좌우 Bracket 길이를 조정하므로써 곡선교에 대응시킬 수 있다.

(5) 보도가 있는 하로트러스교에서는 보도를 트러스 주트러스내에 계획하면 주트러스의 간격이 넓어져 Floor Beam 간격이 넓어져 Floor Beam(가로 보)의 단면이 커지므로 그림 9.3.8와 같이 보도를 주트러스 밖으로 설치하여 Bracket에 지지하는 예도 있다.(예: 한강대교)

(6) 그림 9.1.7에서 알수 있듯이 세로보(Stringer) 간격은 바닥판의 지간이기도 하므로 철근콘크리트 바닥판으로 계획하는 경우에는 바닥판의 두께가 최소가 되게 간격을 결정하는 것이 중요하다.
세로보의 간격은 철근콘크리트 바닥판의 경우 간격은 3.0m 이하로 하는 것인 좋다.

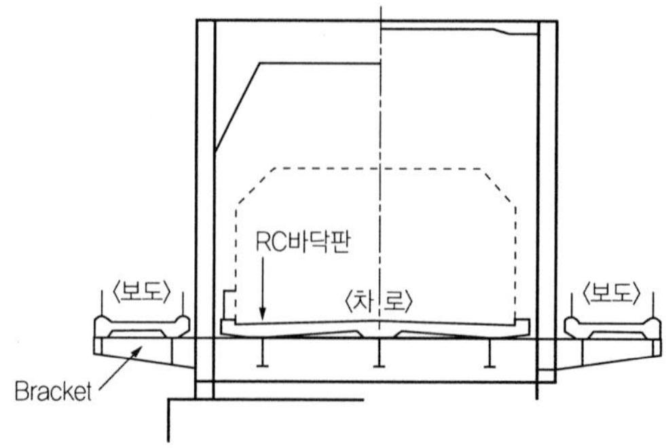

그림 9.3.8 Bracket가 있는 바닥틀 구조

(7) 상로교로 Bracket를 설치하는 경우 세로보(Stringer)와 트러스의 상현재와는 강성이 다르므로 바닥판의 설계에서는 부가 휨모멘트이 영향도 고려할 필요가 있다.

(8) 세로보는 주트러스의 처짐각 변화의 영향도 받는다. 그림 9.3.9은 연속트러스교의 중간 지점부근의 형상 변화를 나타낸 것이다. 제작형상에서 완성현상으로 바뀔 때에 세로보가 부(-)의 휨모멘트와 인장력을 받게된다.

이와 같이 세로보의 부가단면력은 주트러스의 휨변형에 수반해서 발생하는 것으로 지간 중앙부의 정(+)의 휨모멘트와 압축력이 작용하게 된다. 이들의 부가 단면력 가운데 축력은 가로보(Floor Beam)의 수평면에 구속이 작으므로 큰 값이 안되나 반대로 가로보를 수평면 내로 변형시키게 된다. 이와같이 세로보의 부가 단면력, 가로보의 수평면내 변형은 트러스교의 지간이 커지면 무시 할 수 없는 것이 되므로 주의하여 설계하여야 한다.

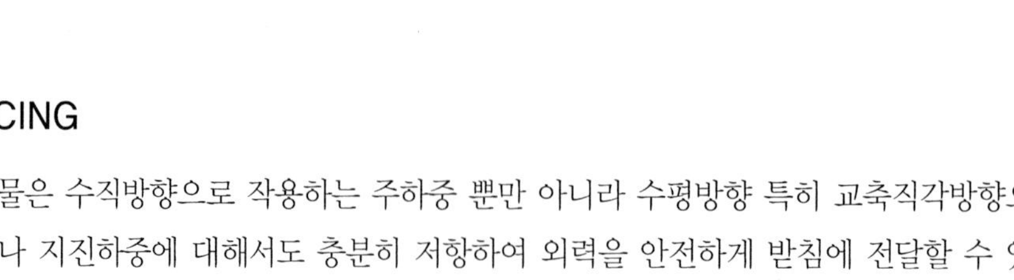

그림 9.3.9 제작 휨에 의한 세로보의 부가 휨모멘트

9.3.4 BRACING

교량 구조물은 수직방향으로 작용하는 주하중 뿐만 아니라 수평방향 특히 교축직각방향으로 작용하는 풍하중이나 지진하중에 대해서도 충분히 저항하여 외력을 안전하게 받침에 전달할 수 있는 구조가 아니면 안 된다.

수평브레이싱(Lateral Bracing), 수직브레이싱(Sway Bracing) 및 교문 브레이싱(Portal Bracing)은 병렬하는 주트러스를 가로로 연결시킴에 따라 교량구조물을 입체적으로 조립하여 수평하중에 대한 내하성을 향상시킨 중요한 기능을 가진 구조부재이다. 또 이들 부재는 교량 전체의 입체 강성을 높이고 전체좌굴에 대한 안전성을 향상시키는 것이 된다.

(1) 수평브레이싱(Lateral Bracing)

수평브레이싱을 보통 트러스 형식을 조립하여 주트러스의 상현재 혹은 하현재를 포함하는 평면내에 설치한다. 따라서 주트러스의 상현재 혹은 하현재가 수평브레이싱 트러스의 현재로서 작용하게 된다. 하현재의 높이에 있는 아래 수평브레이싱은 직접 받침에 지지된다. 상현재 높이에 있는 상부 수평브레이싱은 수직브레이싱 혹은 교문브레이싱을 통하여 횡하중을 받침에 전달한다.

상로 도로교의 경우에는 바닥판이 상부수평브레이싱 역할을 하므로 상부수평브레이싱을 줄일 수 있다. 그러나 교량 가설시에 교량의 조립을 용이하게 하여 안전을 확보하기 위해 가설용의 경량 수평브레이싱을 설치할 수도 있다.

(2) 트러스의 수평브레이싱에는 상현재, 하현재에 각각 안정한 설치를 원칙으로 한다.

이들 수평 브레이싱은 트러스에 작용하는 횡하중에 저항해서 이들의 수평력을 받침에 전달하는 부재이다. 또한 주브레이싱 끼리 연결하므로써 구조체의 비틀림이나 단면 변형에 대한 강성을 높이는 데도 쓰이고 있다.

(3) 수평브레이싱의 형식은 트러스 형식의 골조배치를 하는 것이 일반적이다. 수평브레싱의 형식은 다음 그림 9.3.10과 같은 트러스형식을 주트러스 격간과 격점간 거리에 좌우로 정착한 형식이다.

일반적으로 수평브레이싱의 형상은 주트러스의 간격에 따라 다르나 그림 9.3.10(a)는 Pratt truss 형식으로서 인장력에 저항하도록 설계하는데, 이는 경제적인 단면을 사용하는 골조 형식이다. (b)의 형식은 부재의 고정점감 거리가 적고, 외관을 향상시킨 형식이다. 통상적으로 양형식의 이점을 고려하여 하로트러스의 상부수평브레싱에(b)의 형식, 기타의 수평브레이싱에 (a)의 형식을 사용한 예가 많다.

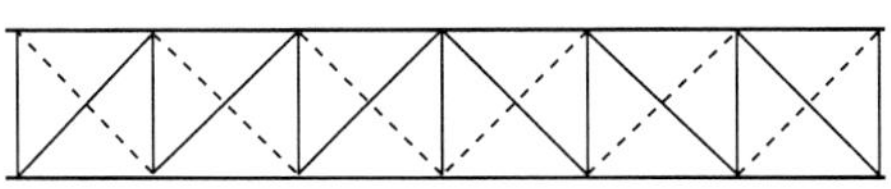

(a) Pratt Truss형식
(파선의 사재를 무시하고 설계한다)

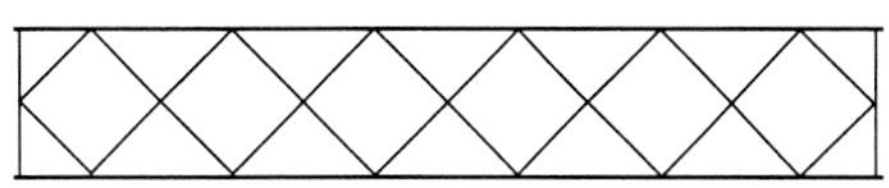

(d) Double Warren truss 형식

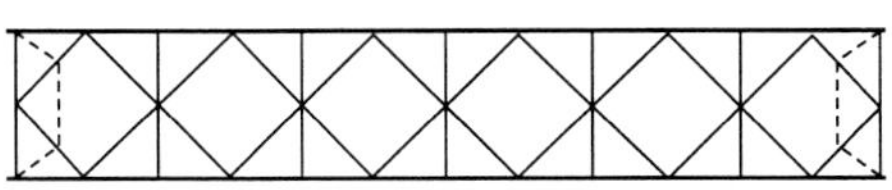

(b) Diamond Truss형식(불안정 구조를
해소하기 위한 Bracke Truss 구조)

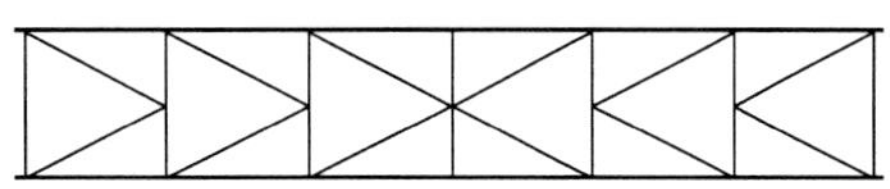

(e) K-Truss형식

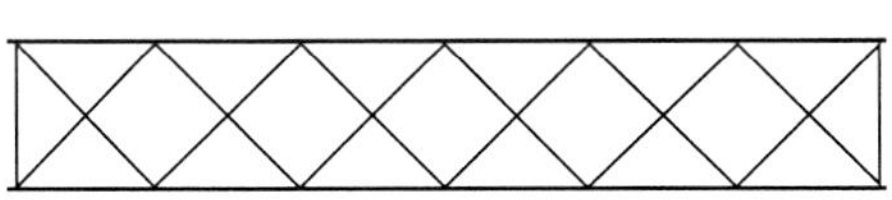

(c) Double warren Truss 형식

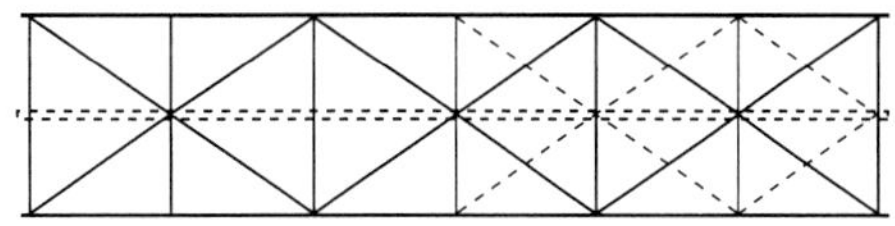

(f) Double warren Truss형식

그림 9.3.10 수평브레싱의 골조 형식의 예

상로교의 상부수평브레싱, 하로교의 하부브레이싱에서는 미관적인 문제가 적으므로 경제적으로, 구조적으로도 안전한 (a)의 형식을 적용한 예가 많다.

또한 중간에 수직브레이싱이 없을때는 상부 수평브레싱으로 (c), (d)의 형 식이 쓰이다.

(4) 비재하 현에 설치하는 수평브레싱 부재는 현재에 연결하는 부분에서 수평브레이싱 높이가 현재 높이보다 낮고 Strut가 그 부분에 없다면 수평브레이싱 부재의 연결부 부근을 현재 높이와 같게 확대해서 현재의 전 높이에 걸쳐서 연결하는 것이 좋다.

(5) 하로트러스교의 Strut의 높이는 적어도 부착할 현재의 높이와 같게 계획한다.

(6) 트러스교에 있어서는 수평브레이싱 설계시 자중의 영향을 무시할 수 없는 경우도 있다. 상로교의 경우 상부 수평브레이싱을 그림 9.3.10(b)와 같이 Diamond Truss 형식을 적용시는 부재의 길이가 짧으므로 자중에 의한 휨모멘트는 무시할 수 있다. 그러나 하부 수평브레이싱에 부재의 길이가 긴 경우에는 자중이 영향을 무시할 수 없다. 그러나 상기의 어느 경우든 설계자는 자중의 영향을 고려하여 설계하는 것이 바람직하다.

(7) 사교의 경우에는 단부 격간길이와 중간부의 표준격간 길이의 대소에 관계에 따라 그림 9.3.11(a)~(d)와 같이 조립한다. 그림 9.3.11(a)는 단부 격간길이가 표준격간 길이와 같은 경우 그림

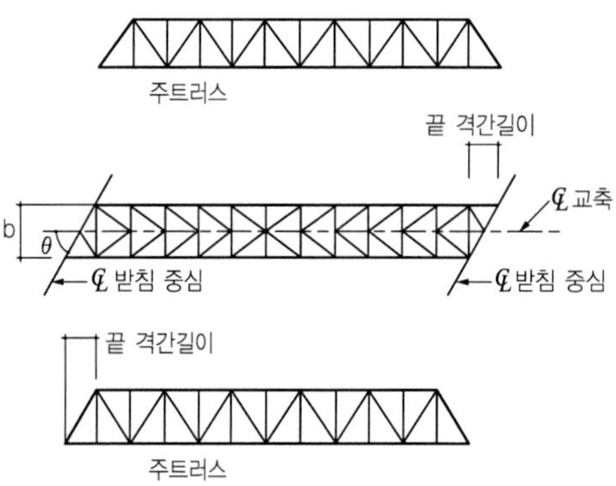

(a) 끝 격간 길이가 표준 격간 길이와 같은 경우

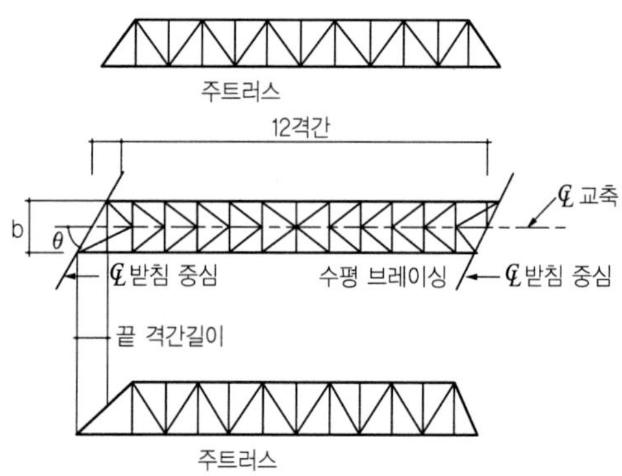

(b) 끝 격간길이가 표준 격간 길이보다 짧은 경우

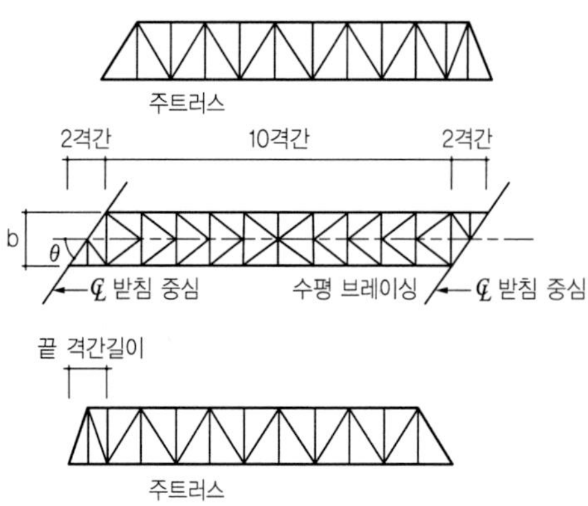

(c) 끝 격간 길이가 표준 격간 길이보다 긴 경우

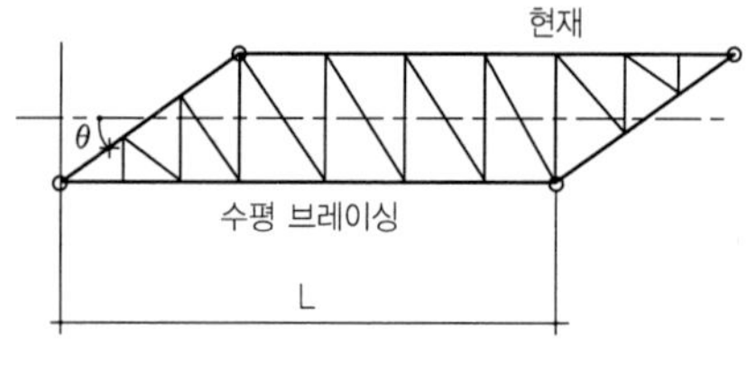

(d) 사각이 작은 사교의 경우

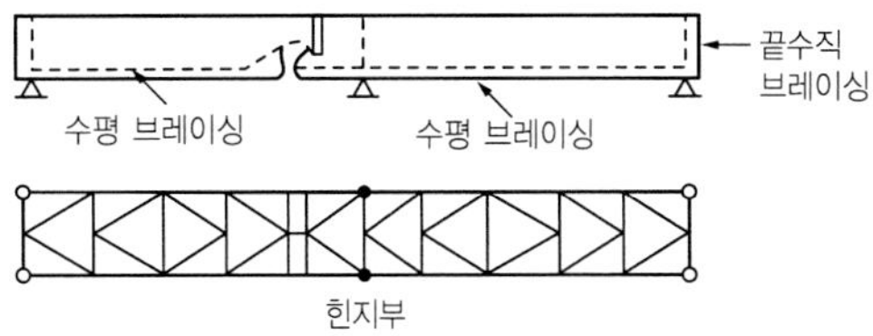

(e) 게르버교의 수평 브레이싱의 골조 구성

그림 9.3.11 사교에 대한 수평브레이싱 골조구성

9.3.11(b), (c)는 각각 단부의 격간길이 쪽이 짧은 경우 및 긴 경우이다. 또 그림 9.3.11(d)는 교량 사각이 대단히 적은 철도교의 수평브레이싱의 예를 나타낸 것이다. 그림 9.3.11(e)는 게르버(Gerber)교의 수평브레이싱을 나타낸 것이다. Hinge부를 K-Truss로 하고 끝 가로보의 중점에 힌지를 삽입하여 수평하중에 대해서 상부 트러스 전체가 중간힌지부에서 단순지지되며 힌지 점에서의 수평반력을 수평브레이싱 경사재에 직접 전달 할 수 있는 구조로 한다.

(8) 수평브레이싱에 적용하는 부재의 단면 형상은 그림 9.3.12에 나타낸다.

그림 9.3.12(a), (b)의 단면을 횡하중에 의한 축력이 적은 지간이 짧은 교량에 많이 적용하며 그림 (c), (d), (e)의 단면은 중대 지간의 교량에 적용하고 있는 예가 많다.

단면의 형상치수 결정은 횡하중에 의한 축력의 크기에 따라 단면현상을 결정하여야 하며 주트러스의 현재와의 연결방법 즉, 격점 구조에 대해서도 검토가 따라야 한다.

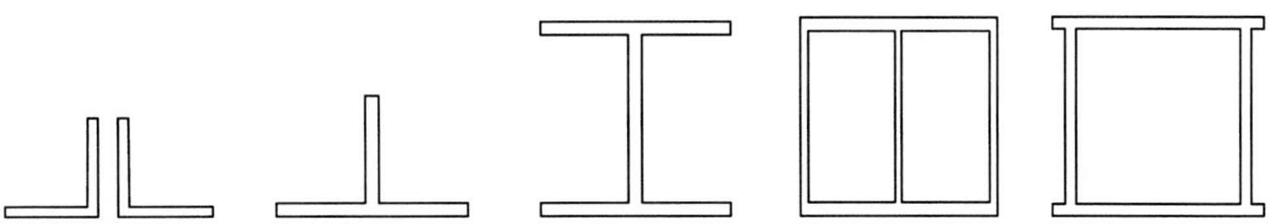

(a) Double Anger (b) T-Type(CT 형강) (c) H-Type (d) 2-Box Type (e) Box Type

그림 9.3.12 수평브레이싱의 단면형상

(2) 수직브레이싱(Sway Bracing)

수직브레이싱은 병렬로 배치된 주트러스의 수직재 및 경사재를 포함한 평면내에 트러스 형식으로 조립된다. 상로교의 경우에는 그림 9.3.12에 나타낸 것처럼 중간 수직브레이싱 및 단부 수직브레이싱을 설치한다. 그러나 하로교에 있어서는 단부에 수직부레이싱을 설치하지 않고 교문구(Portal Bracing)를 설치한다.

1) 트러스의 각 격점에는 원칙적으로 수직 브레이싱을 설치해야 한다.

2) 수직 브레이싱은 주트러스의 단면변형을 억제함과 동시에 횡하중(풍하중 또는 지진하중)에 의한 전단변형을 막는 작용을 한다. 상로 트러스는 가로보와 하현재 사이의 전 높이에 걸쳐서 트러스를 엮

어야 함을 원칙으로 한다. 상로 트러스의 지점상의 수직브레이싱은 특별한 이유가 없는 한 트러스로 엮어 충분한 강성을 확보하고, 또한 상현에 작용하는 횡하중의 전반력이 지점에 전달 할 수 있는 능력을 가져야 한다.

3) 지점상 특히 연속트러스교의 중간지점상에 있어서는 상부 수평브레이싱, 바닥틀이 분담해온 수평력을 지점상의 수직브레이싱을 통하여 교량받침에 전달하게 되므로 큰 부재가 된다.

4) 교량 폭원에 비해 수직브레이싱의 높이가 높은 상로 트러스교에 있어서는 중심위치가 높고 지점상의 수직브레싱에 큰 부재력이 작용하는 점도 고려하여 수직브레이싱의 골조배치에 주의해야 한다. 그림 9.3.13은 상로교의 수직 브레이싱의 골조 배치 예를 나타낸 것이다. 장대지간의 변단면 연속 트러스교 혹은 연속 gerber Truss교에 있어서는 K-형 트러스나 Double Warren 형식이 많이 적용되고 있다.

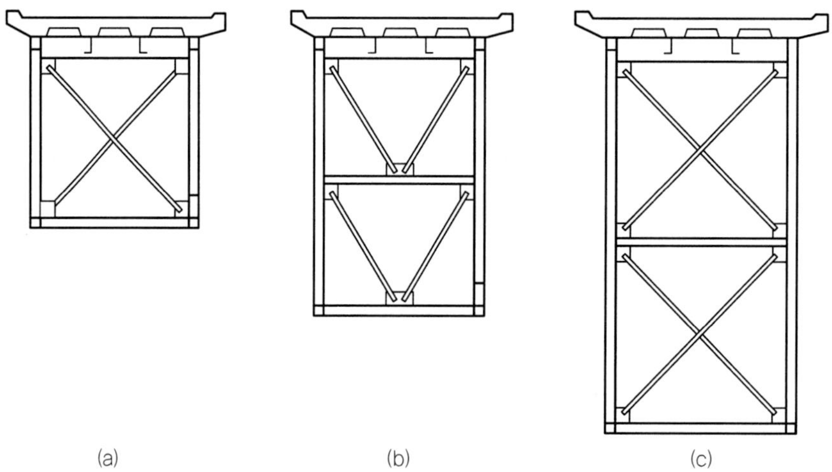

그림 9.3.13 상로 트러스교의 수직브레이싱 골조 예

5) 그림 9.3.14은 하로 Gerber 트러스교의 중간 수직 브레이싱의 골조 구성 예를 나타낸 것이다.

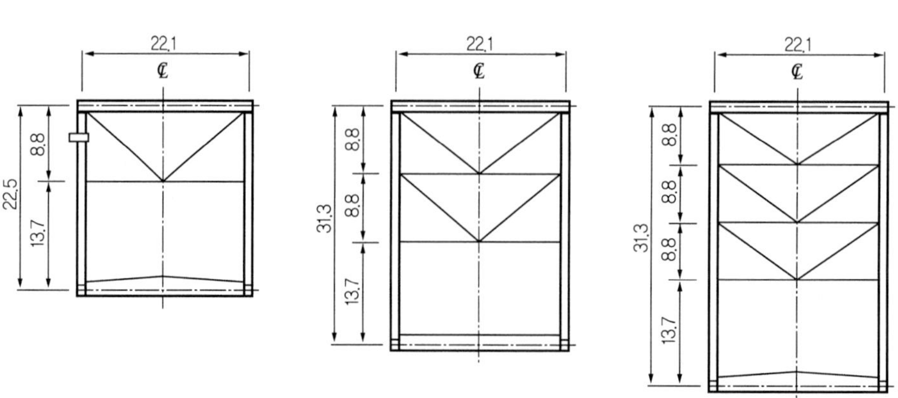

그림 9.3.14 하로 게르버 트러스교의 수직 브레이싱의 골조 구성

6) 수직 브레이싱에 적용하는 부재의 단면형상은 다음 그림 9.3.15에 나타낸다.
수직 브레이싱에는 CT형강, Channel-형강 등의 단면을 사용한다.

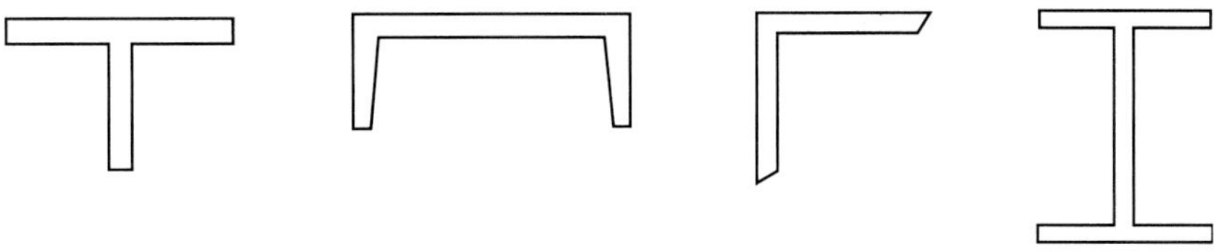

(a) CT 형강 (b) Channels (c) Angle (d) H형 단면

그림 9.3.15 수직 브레이싱의 단면형상

(3) 교문 브레이싱(Portal Bracing)

교문 브레이싱은 병렬로 하는 주트러스의 수직재 및 사재를 포함하는 평면내에 트러스 형식 또는 Rahmen 형식으로 설계된다. 하로트러스교에서는 그림 9.3.16에 나타낸 것처럼 단부에 교문 브레이싱을 설치한다.

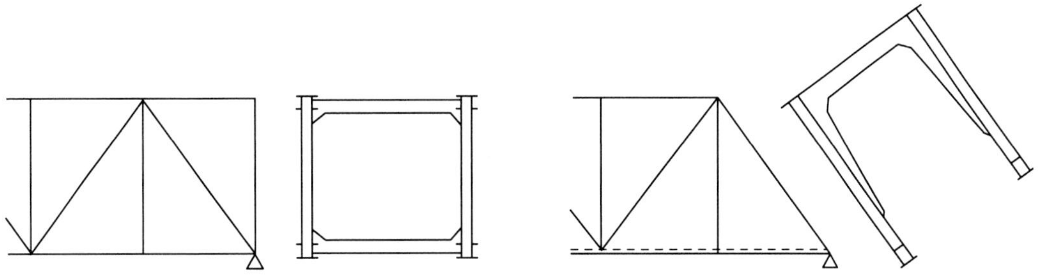

(a) (b)

그림 9.3.16 하로 트러스교의 교문 브레이싱

하로 트러스교에 있어서 상부 수평 브레이싱의 양단이 시설한계를 침범하지 않도록 그림 9.3.17에 나타낸 바와 같이 개구부를 설치한다.

그 때문에 정면의 개구부에 수평 브레이싱으로 부터의 큰 수평력이 작용하므로 충분한 강도와 강성을 가진 문형의 구조 즉 교문 브레이싱이 필요하다.

1) 하로 트러스교의 교문 브레이싱은 상현에 작용하는 횡하중의 모든 반력을 지점에 전달하는 구조로서, 가능한 한 상자형 단면의 부재를 사용하여 단주 및 상현재의 Flange에 직접 연결시키는 것이 좋다.
2) I형 단면이 부재를 사용하는 경우에는 단주의 도심 위치에 연결하고 Diaphragm 등을 이용하여 응력 전달이 확실히 이루어지도록 설계해야 한다.

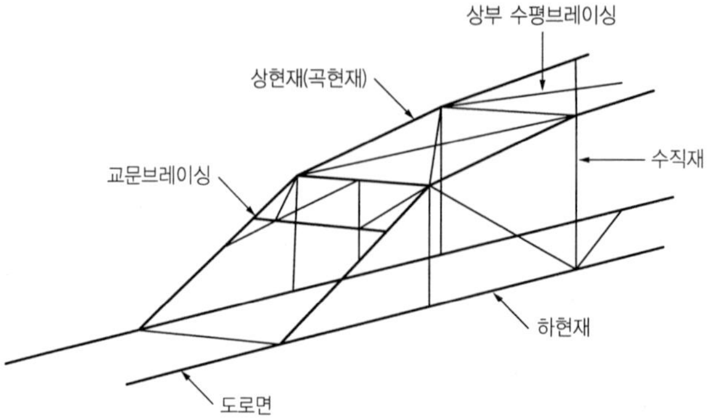

그림 9.3.17 교문 브레이싱(Portal Bracing)

3) 교문 브레이싱은 양측의 단주와 가로보의 Rahmen 구조로 되어 있다. 가로보(교문 브레이싱)의 높이의 결정에 있어서는 노면에서 시설한계를 침범하지 않도록 주의하여 계획하여야 한다.
그림 9.3.18은 하로교의 교문 브레이싱의 형상 예를 나타낸 것이다.

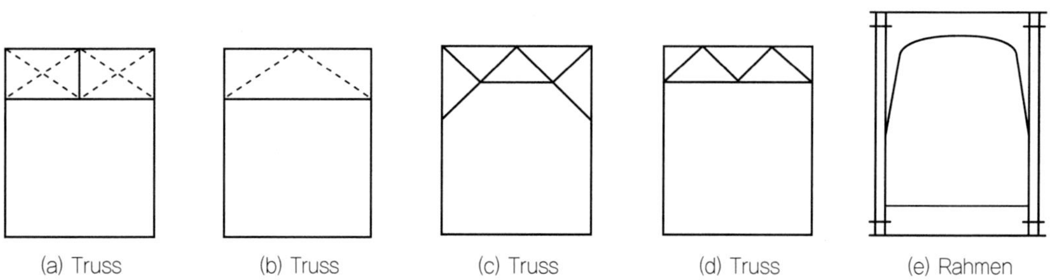

그림 9.3.18 교문 브레이싱의 형상 예

(4) Brake 수평 브레이싱(Brake Truss)

1) 교량의 바닥판이 직접 현재에 지지되어 있지 않는 하로교에서는 바닥판, 바닥 틀(Floor system)의

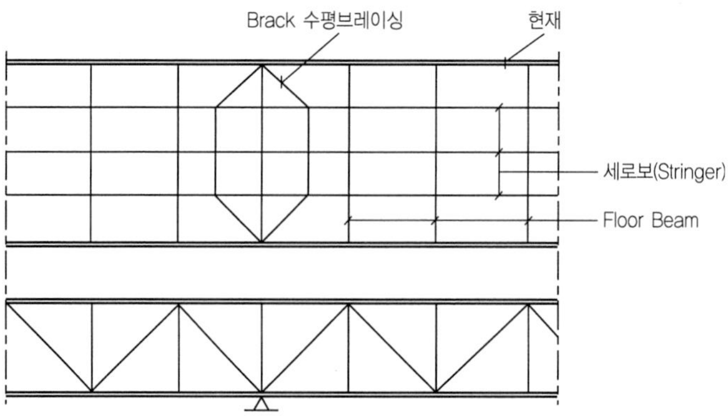

그림 9.3.19 Brake 수평 브레이싱 예

교축방향 지진시의 수평력을 현재에 전달시키기 위해 Brake 수평 브레이싱을 설치할 때가 있다. 그림 9.3.19은 Brake 수평 브레이싱의 설치 예를 나타낸 것이고 연속 트러스의 경우는 지점부 또는 지간 중앙에 설치하는 예가 많다.

2) 주트러스의 휨변형에 수반하는 바닥틀의 수평면내 변형을 방지하기 위해 Truss 부재를 설치할 때도 있다. 이 경우는 단순 트러스의 경우에도 Floor Beam의 변형이 큰 지점부에 설치한다.

9.4 부재단면 및 골조선

9.4.1 부재단면의 형상 치수

트러스교의 경우 부재단면 형상은 전장에 걸쳐서 변화시키지 않은 것이 원칙이므로 단면치수의 결정에 주의를 요한다.

현재 단면 결정시의 주의점은 다음과 같다.

ⓐ 최소 단면력 부재에서 최소 판두께로 구성할 수 있는 점
ⓑ 단면 2차 반경은 트러스 면내 보다 면외의 것이 커지도록 구성되어야 한다.
ⓒ 박스형 단면부재에 있어서는 Web의 단면적은 부재 총단면적이 40%이상 으로 한다.
ⓒ 최대 단면력부에서는 소요단면 구성뿐만 아니고, 연결구조에도 문제가 없어야 한다.
ⓓ 압축 부재에서는 특히 도로교 설계기준의 압축력을 받는 부재에 관한 규정에 주의해야 한다.
ⓔ 상로교에서 상현재에 축력 외에 휨모멘트가 작용하는 경우에는 상현재를 수직방향 단면으로 한 것이 유리해 진다.
ⓕ 트러스 현재는 단면의 도심이 가능한 단면 중심에 일치하고, 골조선과 가능한 일치하도록 배려하여 단면 편심에 의한 2차 응력을 피하도록 유도하 는 것이 좋다.
ⓖ 부재의 조합에 있어서는 용접부가 상 · 하, 좌 · 우 모두 가능하며 대칭 위치에 오도록 고려한다.
ⓗ 압축력을 받는 현재, 단부 수직재 및 내부지점에 연결되는 경사재 등은 원칙적으로 상자형 또는 π형 단면으로 하며, 또한 수직축에 관한 단면 2차반경 지름에 대한 세장비는 수평축에 관한 것보다 작게 해야 한다.

(1) 트러스의 부재 단면 형상

트러스의 부재단면에서 쓰이는 표준적인 용접 트러스의 단면은 그림 9.4.1와 같다.

① 단면의 적용성

(a) 상현재, 하현재

a) 그림 9.4.1(A), (B)의 (a)단면은 격점부에서 Gusset 판의 연결이 쉽고, 개선 가공이 불필요하며, 수송 · 가설 · 유지관리가 용이하다. 또한 조립이 용이하고 내식성이 뛰어나는 장점이 있고, 용접자

동화가 곤란한 단점은 있으나 상현재를 박스단면으로 계획하는 경우에 많이 적용하는 단면이다.

b) 그림 9.4.1(A), (B)의 (b)의 단면은 용접자동화에 적합하나, 덮게판 부착이 곤란한 결점이 있다.

c) 그림 9.4.1(A), (B)의 (c)의 단면은 일반적으로 도로교에서는 적용한 예가 드물고, 보도교 등에 적용한다.

(b) 사재, 수직재

그림 9.4.1(C), (a), (b)의 단면은 도로교에서 수직재, 사재에 적용되는 단면이고 (c)의 단면은 소교량 외에는 적용하지 않는다.

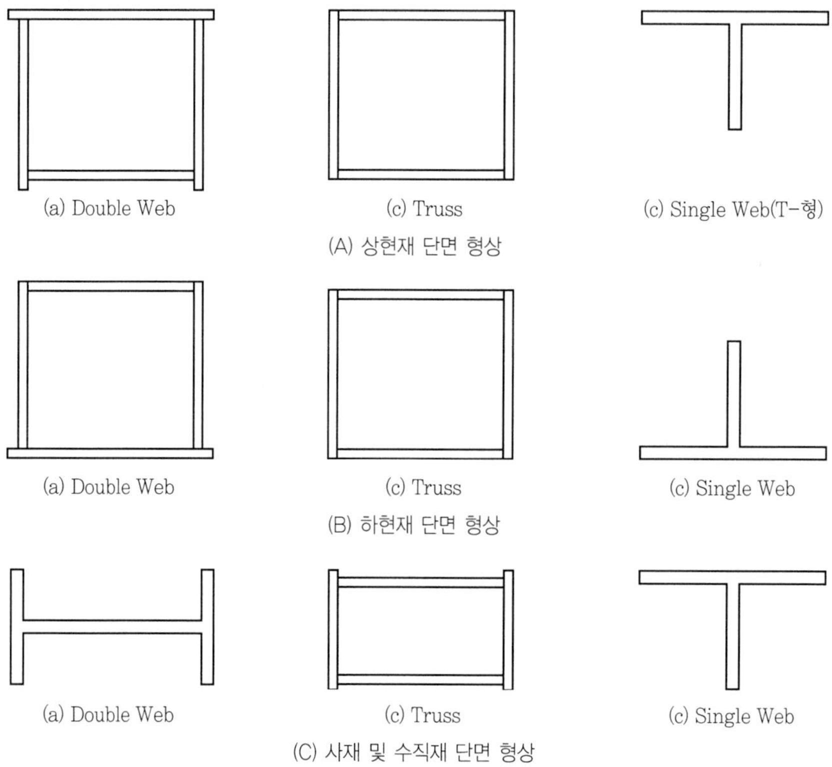

그림 9.4.1 표준적인 용접트러스의 단면형상

(2) 트러스의 부재 치수 결정

① 부재의 단면치수는 유사규모의 교량설계 예를 참고해서 결정하든지, 시산을 반복해서 결정하면 된다.

현재의 작용단면력에 대하여 조사하면 지간 중앙과 지점부근을 크게 차이가 나므로 최소단면, 최대단면에 대해서 시산하여 단면형상 및 치수를 결 정하여야 한다.

② 압축력을 받는 상현재에 박스형 단면을 사용할 때 박스형 단면의 높이(h)와 폭은 아래와 같은 실험공식을 이용하여 그 크기를 결정할 수 있다.

(a) Schäper(세페드)에 의한 식

$$h = L - /400 \text{ (cm)} \qquad (9.1)$$

$$b = h - L / 10 \text{ (중경간의 경우) (cm)}$$

$$b = h - L / 5 \text{ (대경간의 경우) (cm)}$$

(b) Melan에 의한 식

$$h = b + L / 10 \text{ (cm)} \qquad (9.2)$$

$$b = 12 + L / 2 \text{ (}L < 65\text{m) (cm)}$$

$$b = 25 + 3 \cdot L / 10 \text{ (}L > 65\text{m) (cm)}$$

여기서 : h = 부재단면의 높이(cm)

b = 부재단면의 폭(cm)

L = 트러스교의 경간 길이(m)

(c) 주트러스 부재의 높이는 부재길이의 1/10 보다 작게 하는 것이 좋다.
도로교에서는 격간길이에 대한 부재단면의 높이의 비를 대략 1/15~1/20 정도로 하고 있다.

(d) 트러스의 부재에서는 계산상 충분한 강도를 갖더라도 너무 가늘고 긴 부재를 사용하면 강도가 떨어지는 경우가 있다. 그 때문에 세장비를 압축부재는 120(2차 부재의 경우 150), 인장부재는 200(2차부재는 240)으로 제한하는 것이 좋다.

(e) 부재단면을 설계하는 경우에는 현재, 복부재 혹은 바닥틀 등의 모든부재에 대해 연결부에서는 상호관련성을 충분히 고려해야 한다.

③ 인장재의 자유돌출부의 두께는 주유돌출 폭의 1/16 이상이어야 한다.

④ 하현재의 상부 Flange 두께는 모서리부의 용접각장을 확보하기 위하여 9mm 이상을 확보해야 한다.

⑤ 다음의 그림 9.4.2에서 b의 값은 Hand Hole의 폭을 확보하기 위하여 고장력 Bolt를 사용하는 경우 280mm 이상으로 하는 것을 원칙으로 한다.

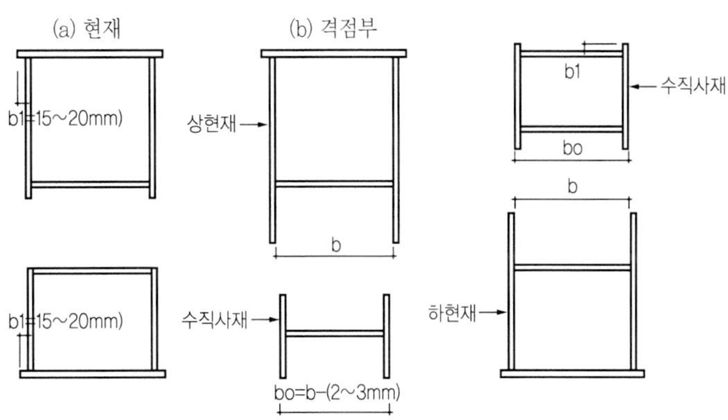

그림 9.4.2 트러스 부재의 단면 치수

9.4.2 골조선

(1) 상 · 하현재의 골조선과 현재(Chord member)의 도심은 되도록 일치되도록 배치해야 한다.
압축부재는 접합부의 편심에 의한 휨모멘트가 생기지 않도록 세심한 주의를 하여야 한다. 그렇지 않으면 휨과 축력을 받는 압축재로 설계해야 한다.

(2) 도심이 변화하는 경우에는 그림 9.4.3과 같이 편심량을 평균해서 주 Truss골조 높이를 결정한다.

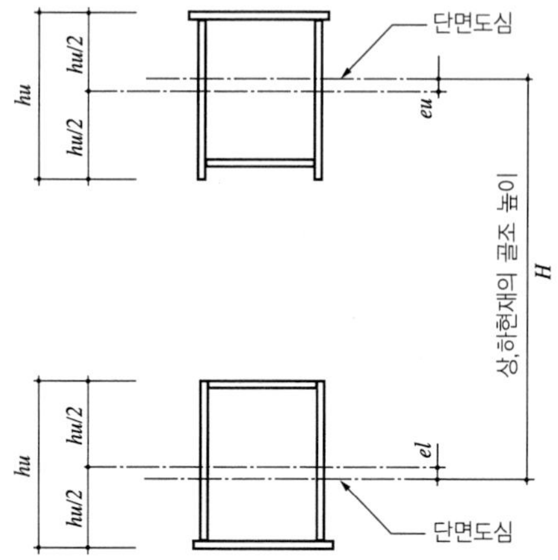

여기서 : 평균 편심량

$$e_u = \frac{l}{n} \sum_{i=1}^{n} e_{u \cdot i}$$

$$e_\ell = \frac{l}{n} \sum_{i=1}^{n} e_{\ell \cdot i}$$

$e_u i$: 상현재 제 i부재의 편심량

$e\ell i$: 하현재 제 i부재의 편심량

n : 부재수

그림 9.4.3 주트러스 상 · 하현재 골조 높이

(3) 수평브레이싱 부재에 대해서도 되도록 편심이 생기지 않도록 부재의 골조선을 맞추어야 한다.(그림 9.4.4(a))
그러나 수평브레싱과 현재와 교차하는 각도에 따라서는 Gusset Plate가 대단히 커지므로 그림 9.4.4(b)와 같이 축선이 엇갈리게 하는 일도 많다.
그 경우에는 축선의 엇갈림에 의해 생기는 부가 응력을 고려하여야 한다.

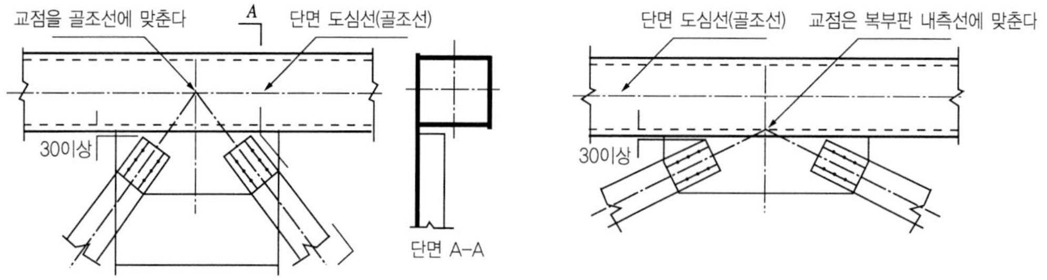

(a) 부재의 단면 도심선을 맞추는 경우

(b) 부재의 단면 도심선을 엇갈리게 하는 경우

그림 9.4.4 수평브레이싱의 축선

(4) 상로교의 수직브레이싱은 Floor Beam(가로보)의 하면에 설치되므로 축선을 골조선에 맞추는 것

은 어렵다. 가로보 측에 있어서는 Gusset plate가 커지는 것을 피하기 위하여 그림 9.4.5의 (a), (b)와 같이 축선을 엇갈리게 해도 된다.

하현재 측은 Strut(지지보) 높이가 커지므로 그림 9.4.5(c)와 같이 축선을 일치시킬 수 있다.

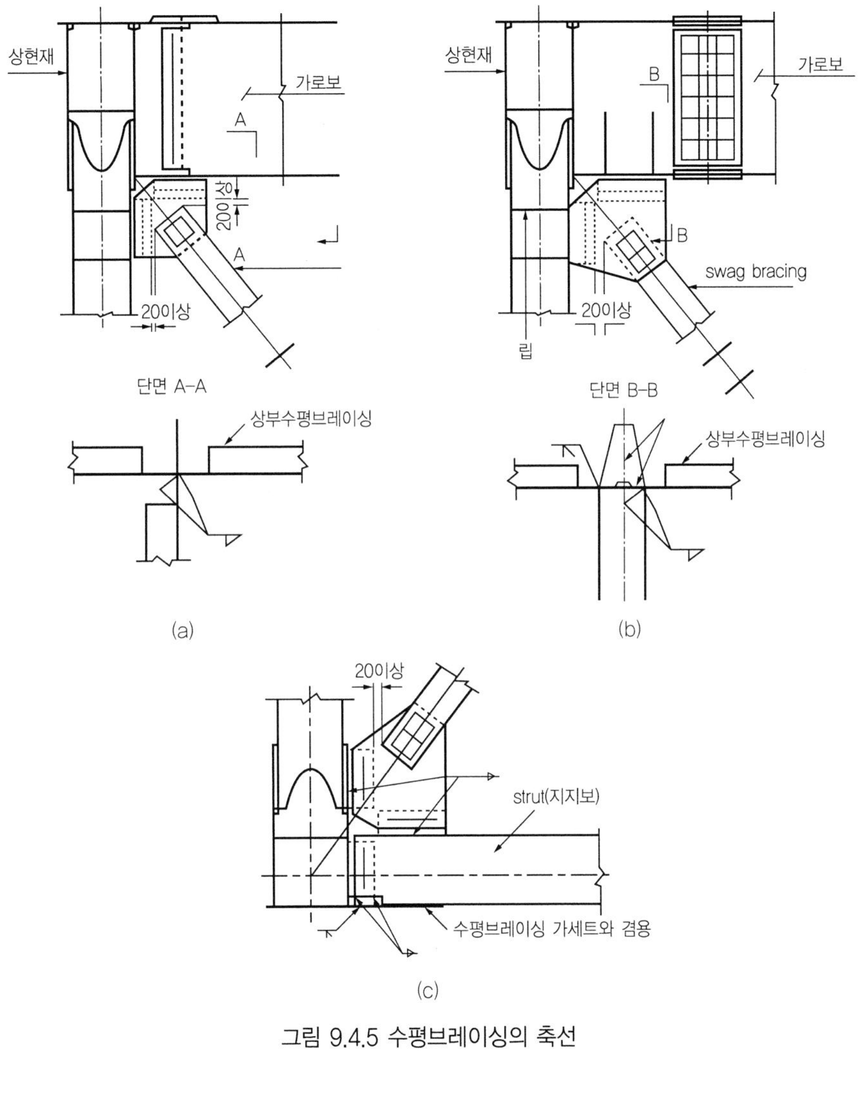

그림 9.4.5 수평브레이싱의 축선

9.5 트러스교 형식별 설계 예

(1) 酒句川橋(일본 : 1969년 준공)

① 도로의 평면선형 : R = 400m

② 주경간 : L = 80.0 + 96.0 + 80.0m

③ 강재의 유효면적당 : 246.5kg/㎠

④ 상부구조 형식 : Warren Truss 연속교

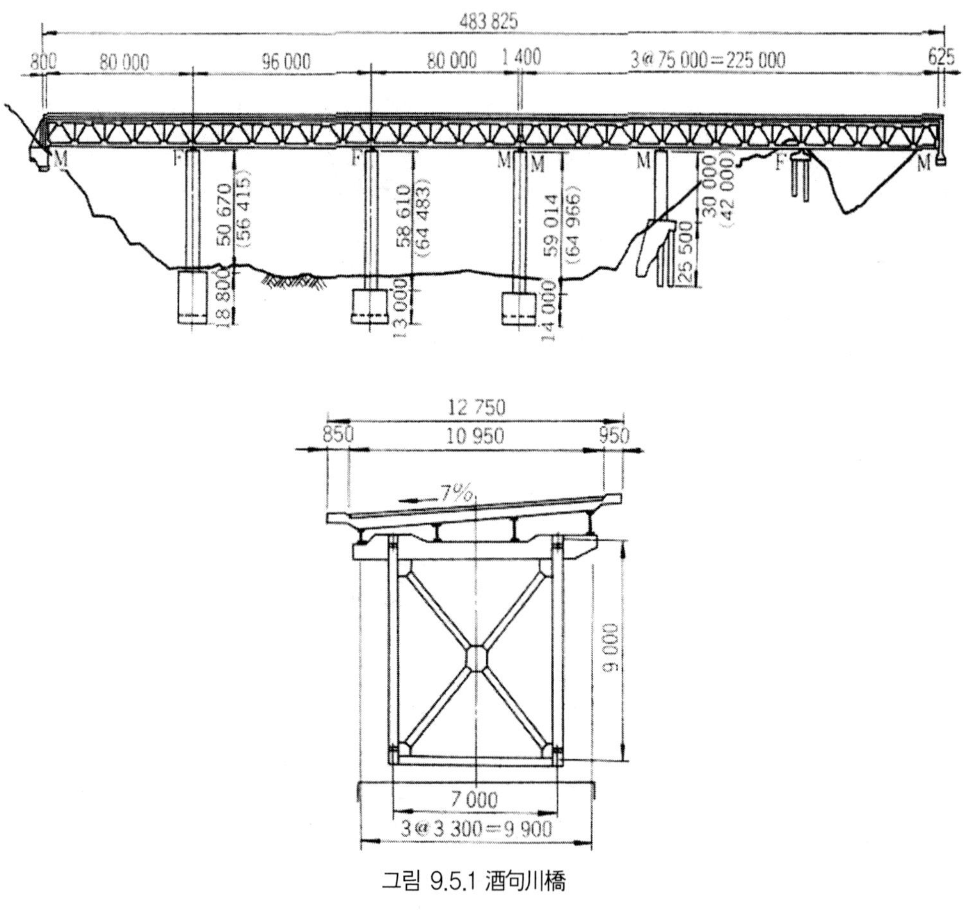

그림 9.5.1 酒句川橋

(2) 境水道大橋

① 교량형식 : Prett Truss 연속교

② 측경간에서 상로, 중로, 하로로 변화하고, 상 · 하 현재를 곡현을 사용한 3경간 연속 트러스교

③ 주경간 : L = 96.0 + 240.0 + 96.0 = 432m

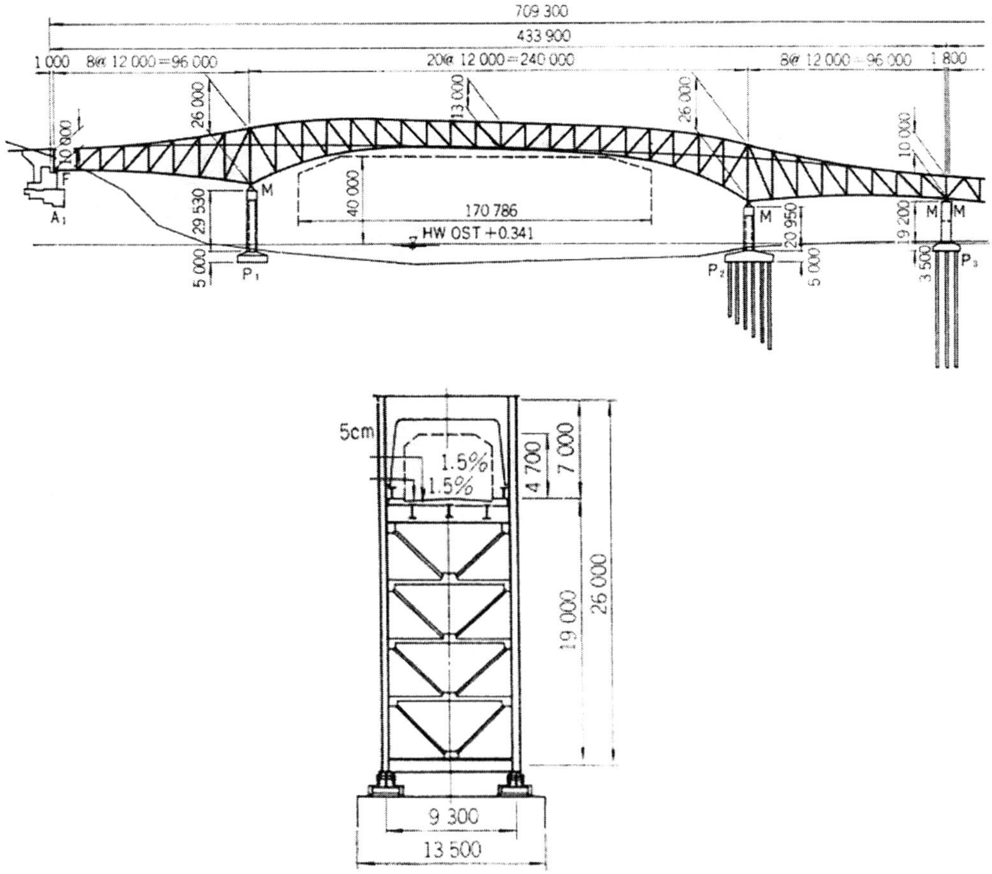

그림 9.5.2 境水道大橋

(3) 港大橋(일본 : 1974년 준공)

① 교량형식 : Gerber 트러스교 [K-Truss, Warren 트러스(중앙경간)]

② 교량길이 : L = 235.0 + 510.0(162.0+186.0+162.0) + 235.0 = 980m

③ Double Deck 자동차 전용교

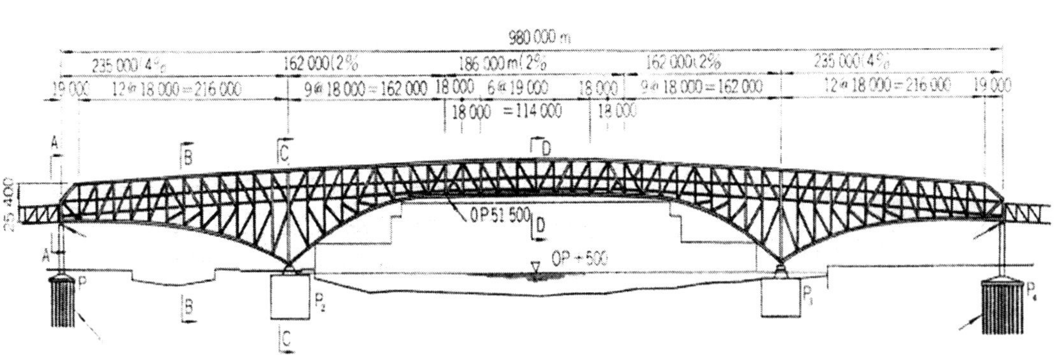

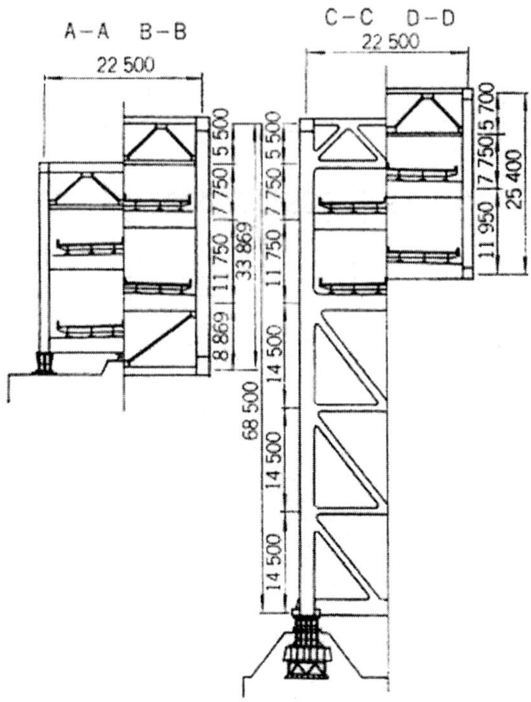

그림 9.5.3 港大橋

(4) 大島大橋(일본 : 1976년 준공)

① 교량형식 : Warren Truss 연속교

② 교량길이 : L = 200.0 + 325.0 + 200 = 725.0m

③ 측경간에서 하로, 중로, 하로로 변하는 연속트러스교

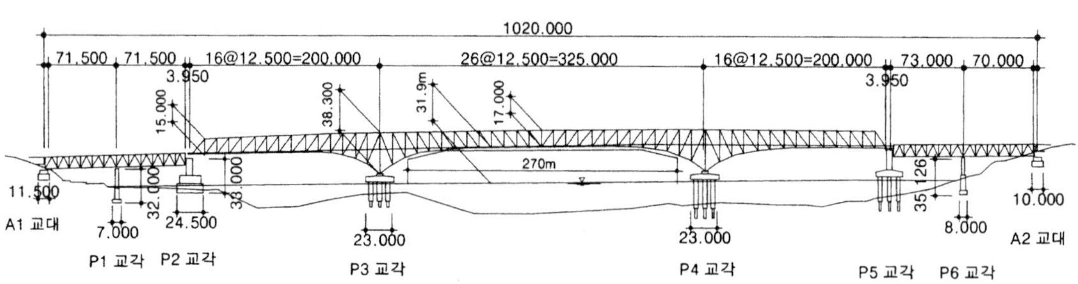

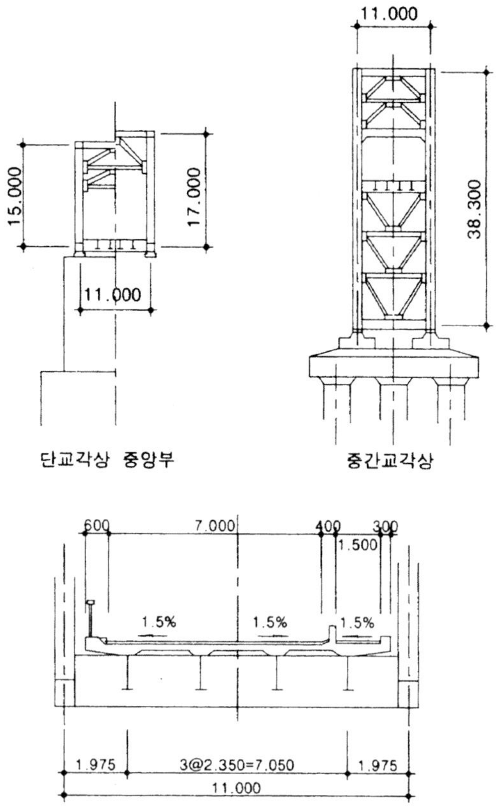
11.000
15.000
17.000
11.000
38.300
단교각상 중앙부
중간교각상
600
7.000
400
300
1.500
1.5%
1.5%
1.5%
1.975
3@2.350=7.050
1.975
11.000

그림 9.5.4 大島大橋

제Ⅱ편 강교

10장 강 아치교(STEEL ARCH BRIDGE)

⊙ 제 10 장_ 강 아치교(STEEL ARCH BRIDGE)

10.1 개 요

아치교는 긴 역사를 가진 인간에 가장 친근한 교량형식이다. 아치교는 구조적으로 매우 이상적일 뿐만 아니라 독특한 곡선의 아름다움 때문에 예로부터 널리 이용되어온 교량형식 중의 하나이다.

아치교는 교량의 형식 선정 할 때 경제성을 중시하고, 미관을 우선하는 구조형식으로써 주구조가 아치 또는 보강 아치로 구성 된 교량으로서 연직하중의 재하로 인해 발생하는 수평반력이 효과적으로 작용하고 부재의 단면력을 줄 일수 있도록 알맞게 설계되었을 경우에 대단히 유리하고 경제적인 교량이 될 수 있다.

교량을 계획하는데는 골조의 형식, 노면의 평면선형, 종단선형, 하부구조와의 관계, 사용부재(재료, 형상, 치수 등) 구조상세 등 설계자의 경험을 토대로 시산을 요구한다.

아치교 이외의 교량에서는 일반적으로 활하중의 지간 만재시에 발생하는 부재력에 의해 부재단면을 결정하지만, 아치교에서는 지간의 편측 재하에 발생하는 부재력으로 단면을 결정하는 경우가 많다. 이는 아치리브(Arch Rib)의 편재하중에 따른 변형이 주원인이다. 설계자는 구조해석시 이점을 명심하여 하중재하 Case를 결정하여야 한다.

10.1.1 일반사항

(1) 아치교의 일반적인 특징

아치교의 일반적인 특징은 다음과 같다.

1) 수평력에 견딜 수 있는 좋은 지반이 필요하다.
2) 현수교, 사장교 다음으로 적용지간이 길다.
3) 계곡이나 바다를 횡단하는 곳에 적용하면 주위환경과 잘 조화를 이룬다.
4) 가설공법에서도 계곡이나 해협에 적합하다.
5) 90~100m 정도의 지간에 많이 사용되고 있다.
6) 아치 지간이 장대화에 다른 비선형성의 불리한 거동을 한다.

(2) Arch교의 구성

Arch교를 이루고 있는 주요구조 부재 명칭은 다음 그림 10.1.1와 같다.

1) 아치 주구조

① 아치리브(Arch Rib) : 구조 부재에 수직하중이 작용하면 수평반력 및 압축력이 발생하는 구조물을 아치라고 하며, 아치를 구성하는 압축부재를 아치리브라고 하며, Arch Rib는 종단면 형상에 따라 Solid Arch Rib와 Braced Arch Rib로 구분한다.

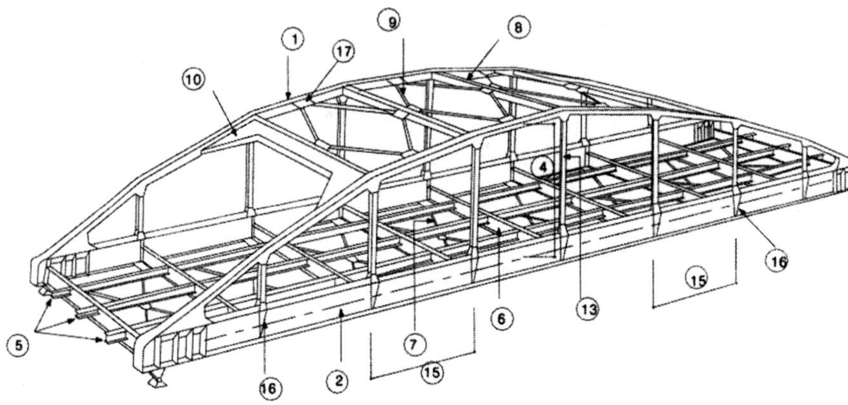

(a) 하로 아치교

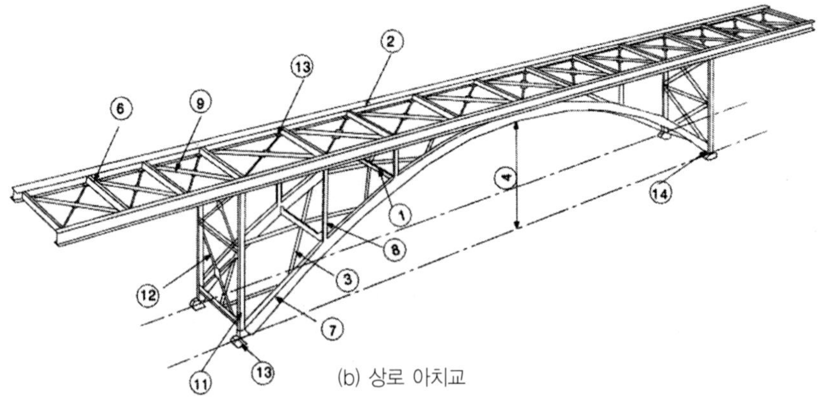

(b) 상로 아치교

① Arch Rib
② 보강거더(Stiffening Girder)
③ 행어수직재, 현수재, 달재 또는 중간지주
④ Rice
⑤ 세로보(Stringer)
⑥ 가로보(Floor Beam)
⑦ 하부 수평 브레이싱
⑧ 지지보(Strut)
⑨ 상부 수평 브레이싱
⑩ 교문 브레이싱(Portal Bracing)
⑪ 단주(끝기둥) : End Post
⑫ 수직 브레이싱
⑬ 교량 받침
⑭ Springing
⑮ 격간길이
⑯ 격점
⑰ Gusset Plate

그림 10.1.1 아치교의 구성

② 보강거더(Stiffening girder) : 교량 바닥틀을 지지하는 세로보로서 Arch의 수직재에 의해 지지되어 바닥판에 작용하는 하중을 Rib에 통하여 교량받침에 전달하는 구조 부재를 말한다.

③ 행어수직재, 현수재, 달재 : 아치교의 Spandrel부에 또는 아치교의 복부 설치 하는 수직부재로서 아치교의 바닥틀의 가로보(Floor Beam)을 통하여 보강거더에 전달되는 작용 하중을 Arch Rib에 전달하는 역할을 한다.

④ Rice : 아치의 정점(Crown)에서 Arch의 양끝(Springing)을 연결하는 직선 까지의 연직 거리를 말한다. 아치정점(Crown)은 아치부재 밑면의 정점을 말할 때가 많지만 구조해석 상으로는 아치 Rib의 축선의 정점을 말한다.

2) 수평 브레이싱(Lateral Bracing)

아치교량이 풍하중 또는 지진력에 견딜 수 있게 하기 위하여 받침대(Strut) 또는 가로보(Cross Beam)와 사재로 두개의 Arch Ring과 보강 거더를 서로 연결해 준다. 그러면 상로교에서는 상부에 있는 가로보와 사재는 보강거더와 함께 하나의 평면 트러스를 형성하고, 하부에 있는 지지재(Strut)와 Arch Rib를 함께 또하나의 평면트러스를 형성한다. 또한 하로교에 있어서는 상 로교의 역으로 생각하면 된다.

이들은 각각 상부 수평브레이싱(Upper Lateral Bracing) 및 하부 수평브레이싱(Lower Lateral Bracing)라고 부른다.

3) 수직 브레이싱(Sway bracing)

지주 또는 수직재와 수평 브레이싱으로 구성된 상자형 구조물이 그 형상을 유지하기 위해서는 가로방향으로 트러스를 설치해야 하는데, 이러한 트러스 구조를 수직 브레이싱이라고 하며, 이들 가운데 특히 양단부에 있는 것을 단부 수직 브레이싱(End sway bracing) 그 외의 것을 중간 수직 브레이싱(Intermediate sway bracing)이라고 부른다. 하로 아치교에서는 단부에 설치하는 브레이싱을 교문 브레이싱(Portal bracing) 교문구라고 부른다.

4) 바닥틀(Floor system)

바닥틀은 가로보(Floor Beam, Cross Beam)와 가로보에 연결된 세로보(Stringer)로 구성되며 교량 바닥판으로부터 전달되는 하중을 보강거더(보강 트러스)의 격점에 전달하는 역할을 한다.

10.1.2 Arch교 형식의 분류

(1) 아치교의 변화

아치교의 분류를 기술하기 전에 아치교의 변화에 대하여 정리하여 그 특징에 대하여 그림 10.1.2에 표시한다. 그림 10.1.2에서 ⓐ 도로의 노면위치 ⓑ Arch Rib의 지지상태 ⓒ Arch Rib의 형상 ⓓ 보강 거더의 구조 ⓔ 보강 거더의 단면 ⓕ 바닥틀의 구조 ⓖ Arch Rib(현재)의 위치 ⓗ 사재의 형상 ⓘ 사재의 성질 등으로 분류하고 ⓙ 이상의 ⓐ~ⓘ을 조합한 형식이다.

여기서, a)는 기본형이고, 특별한 형식은 c)~d)에 나타낸 것이다.

ⓐ 도로의 노면위치

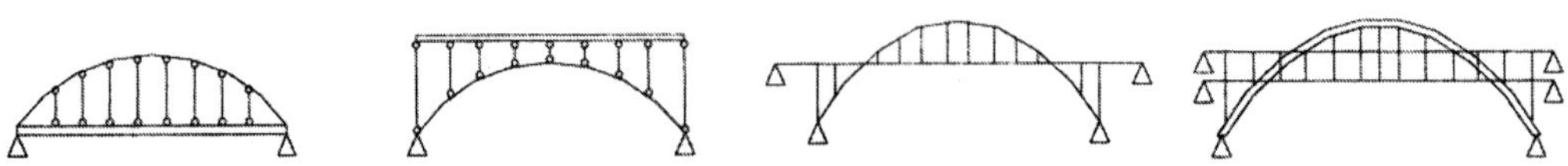

a) 하로 b) 상로 c) 중로 d) Double Deck(2층)

ⓑ Arch Rib의지지 상태

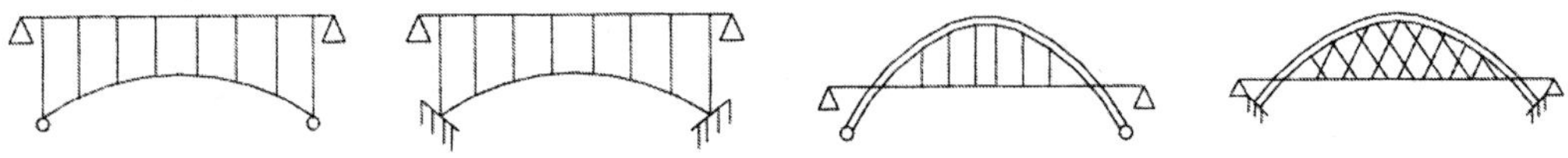

a) Hinge b) 고정(Fix) c) Tie Arch d) 외부 부정정

ⓒ Arch Rib 형상

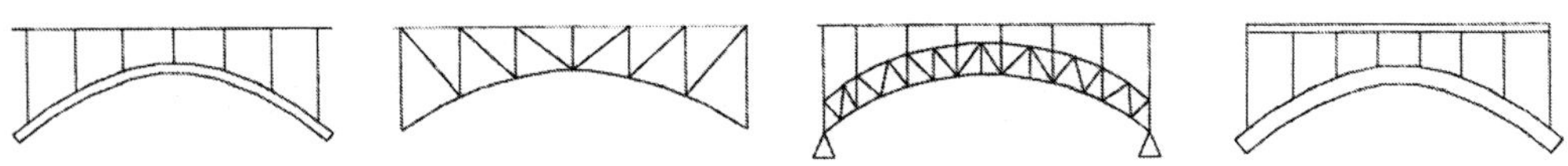

a) Solid b) Spandrel Braced c) Braced d) Pipe

ⓓ 보강 거더의 구조

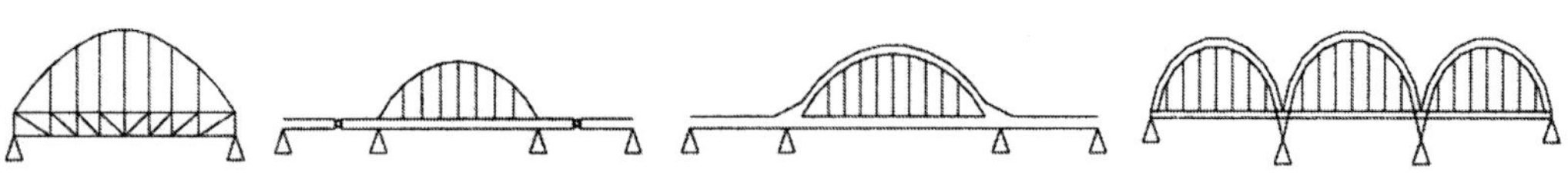

a) 단순거더 b) Gerber 거더 c) 연속거더 d) 연속 Arch

ⓔ 보강 거더의 단면

a) I-형 거더 b) 박스거더 c) 트러스

ⓕ 바닥틀 구조

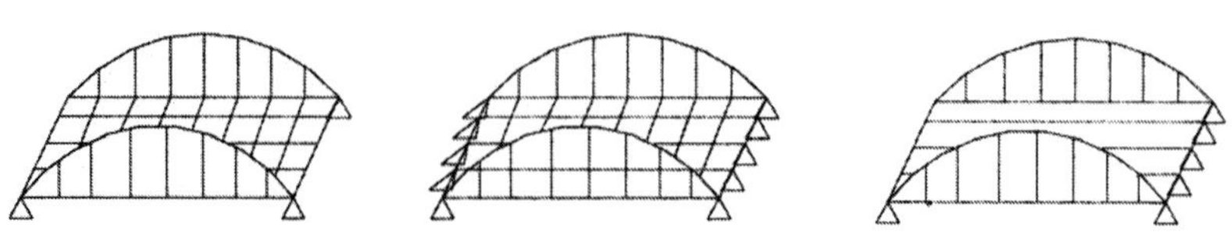

a) 일반(R.C 비합성) b) 격자 거더 c) 분리(Tied Arch)독립된 타이를 Tie Arch와 격자거더 d) 강바닥판

ⓖ Arch Rib(현재)의 위치

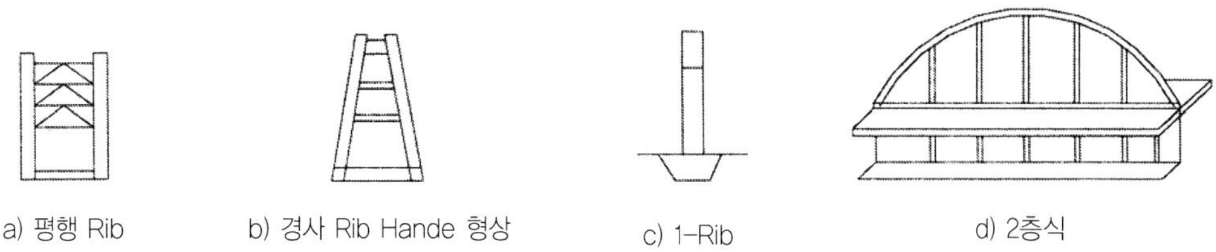

ⓗ 사재의 형상

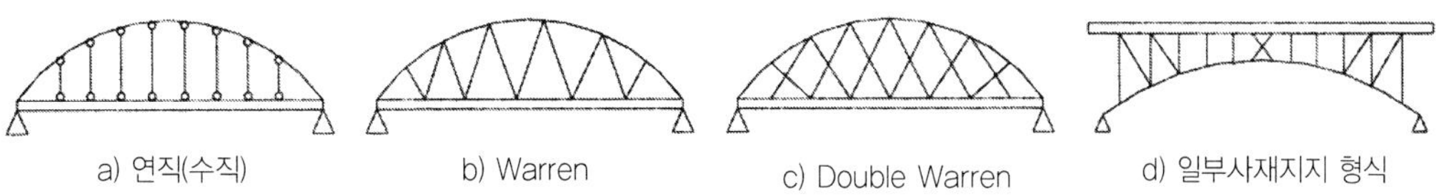

ⓘ 사재의 성질

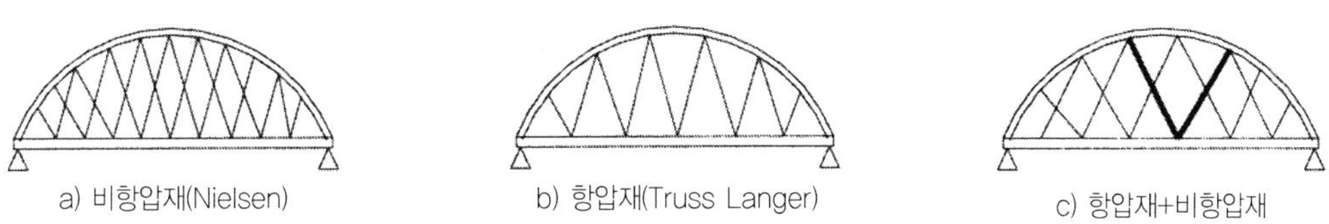

ⓙ ⓐ~ⓘ 조합형식 및 기타

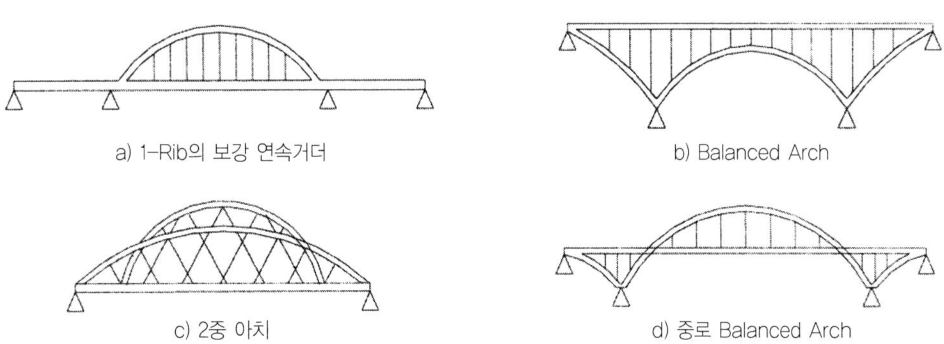

그림 10.1.2 Arch교의 변화

(2) Arch교의 분류 및 형식별 특징

아치계 교량은 크게 나누어 타이드 아치교, Langer교, Lohse교, Lielsen교의 4가지 형식으로 분류된다. 또한 아치작용에 의해 발생하는 수평반력을 기초지반에 직접 전달하는 것과 Tie에 의해 분담시키는 것으로 분류하고, 또 아치리브(Rib)의 형식에 따라 분류하면 다음 그림 10.1.3와 같다.

이들 교량의 구조배치 계획을 실시함에 있어서는 각 형식이 갖는 특성을 충분히 파악하고, 이것에 저촉되는 일이 없도록 세심한 주의를 해야 한다.

아치리브 형식 구조계	솔리드 리브아치	브레이스드 리브아치
3힌지 아치 (Three-Hinge) : 외적 정정	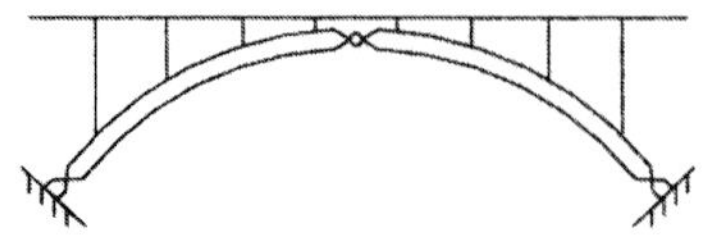	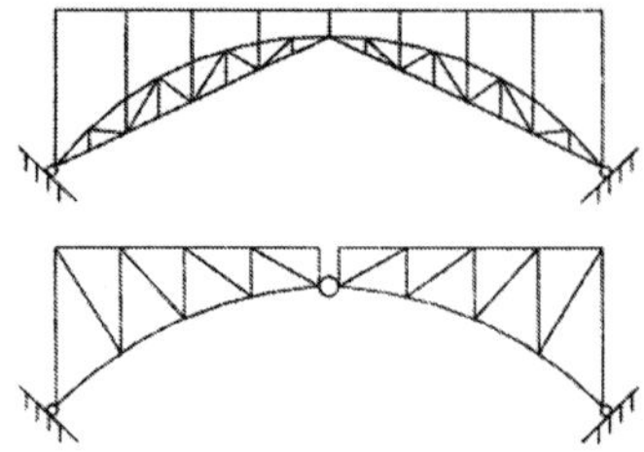
2힌지 아치 (Two-Hinge) : 외적1차 부정정	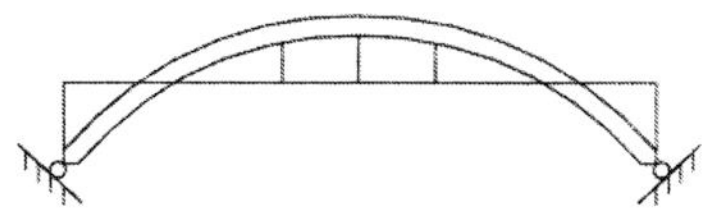	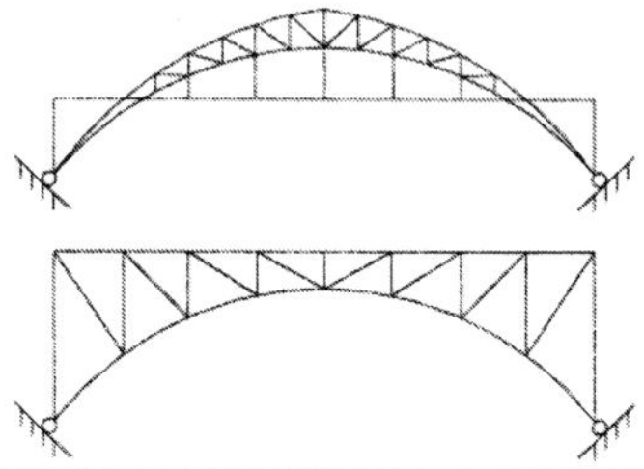
고정 아치 (Fixed) : 외적 3차 부정정	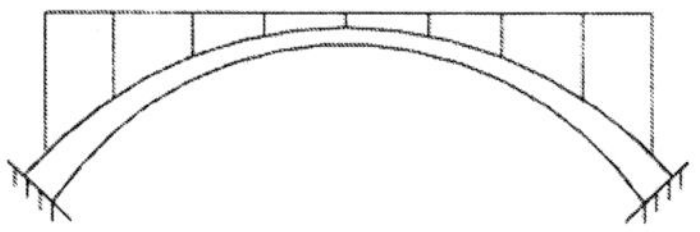	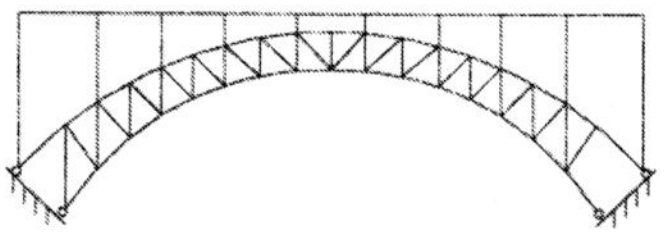
타이드 아치 (Tied) : 내적 1차 부정정	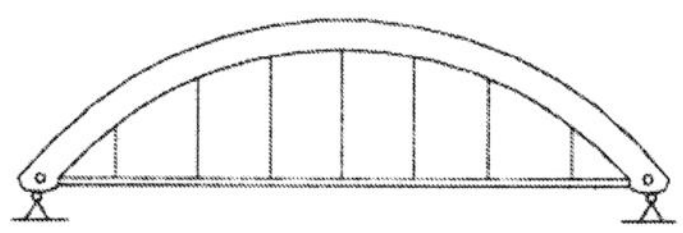	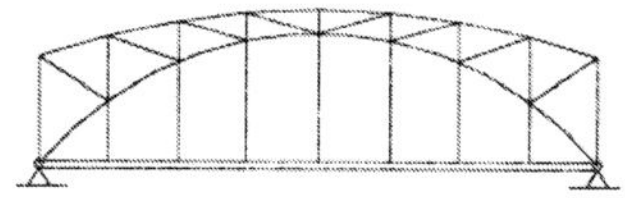

그림 10.1.3 아치교의 종류

1) 구조계에 따른 특징

① 3-Hinged Arch교

교량가설 위치의 지반상태가 나쁨에도 불구하고 아치교를 계획하고져하는 경우에는 이 구조를 적용한다. 그러나 아치의 Crown(정점)부의 Hinge에서 침하 하기 때문에 고속도로, 철도교에서는 큰 충격이 발생하므로 적용이 곤란하다. 또 정점부의 Hinge를 설치하는 구조는 내하력이나 유지관리 면에서도 그다지 바람직하지 못한 단점이 있다.

② 2-Hinged Arch교

아치교에서 도로, 철도를 불문하고 가장 폭 넓게 채용되는 형식으로서 미관, 경제성이 우수하나 지지지반의 변위는 아치구조 특성에 큰 영향을 미치므로 지반상태가 좋은 위치에 한정된다.

아치 리브는 트러스 구조의 Braced Rib를 이용하는 경우에도 지간이 300m 이상의 교량에도 적용 가능한 형식이다.

③ 고정 아치교(Fixed Arch Bridge)

아치교로서는 가장 경제적인 형식이나 지점에서 수평반력 외에 고정모멘트가 크기 때문에 특히 지지력이 매우 양호한 지반이 필요하다. 이 형식은 다른 형식에 비해 강성이 크므로 처짐량은 작으나 지간이 긴 아치교에서는 처짐에 의한 부가응력이 상당히 크므로 이에 대한 세심한 검토가 필요하다.

④ Tied Arch교

타이드 아치교는 아치리브에서의 수평반력을 Tie로 부담시키므로 평상시 작용하중에 대해서는 Arch의 받침에서는 연직반력만이 전달된다.

그러므로 기초지반에 수평력이 크게 작용하지 않아 지반상태가 양호하지 않은 곳에서도 적용 가능한 형식이다.

그러나 가설시 응력 조정의 어려움은 물론 경제적인 측면에서도 매우 불리한 단점이 있다.

2) Arch Rib 형상에 따른 특징

① Solid-Rib Arch교

미관은 우수하나 지간이 긴 경우 아치 리브의 중량이 증가하여 제작, 운반 가설 등의 어느 면에서도 공사비가 증가하여 불리하게 된다.

② Braced Rib Arch교

미관적인 측면에서는 Solid Rib Arch교에 비교하여 뒤떨어지나 경제성 및 강도가 크다는 점과 고정 아치교에서는 아치 Springing에서 구조적 처리가 용이하여 교량길이가 긴 경우에 일반적으로 유리하다.

③ Spandral Braced Arch교

미관이나 강성측면에서는 Braced Rib Arch교와 거의 같다. 아치교에서는 일반적으로 전단력이 적으므로 지간이나 Rise가 크면 Spandral(복부)재나 보강거더의 중량이 증가하여 비경제적이다. 이러한 형식은 아치의 지간이 100m 이상에서는 거의 사용하지 않는다. 그러나 연속구조이고 F.C.M의 가설법을 이용될 때는 유리하게 된다.

④ Pipe Arch교

아치리브를 강관을 사용하여 계획하는 경우 종래의 박스단면 및 I-형 단면과 비교하면은 다음과 같다.

ⓐ 압축, 비틀림에 대하여 유리하다.
ⓑ 등방성으로 단면 2차 반경이 크다
ⓒ I-형 단면, 박스단면에 비교하여 풍압계수가 적다.
ⓓ 미관이 우수하다.

이러한 장점은 있으나 Pipe Arch교에 대한 논문, 보고서가 적어 참고 자료가 미비하고, 현장 연결

격점구조의 문제, 일반 교량에서 사용하는 H.T Bolt 채용, 현장 용접에 대한 연구가 필요하다.

3) Langer교

아치리브에는 작용하중에 의해 축방향력만이 발생하는 것으로 설계한다.

따라서 Lohse교에 비교하여 아치리브의 단면이 작아 지고 수직재와 Arch Rib의 격점구조가 간단해진다. 일반적으로 하로교에 많이 적용되며, 상로교 형식에서는 역 Langer교(혹은 Stabbogen교)라고 불리며, Langer는 Lohse교와 같이 양지점이 보강 거더로 연결되어 있어 Tied Arch교의 일종으로 취급하기도 한다.

Langer교의 구조는 그림 10.1.4와 같이 Arch Rib는 해석상 수직재와의 결합점(격점)에서 Pin 결합으로 가정된 축방향력만 받는 부재가 된다. 보 강거더의 형식으로서는 I-형 거더, 박스거더, Truss 형식에 사용되는 일이 많다.

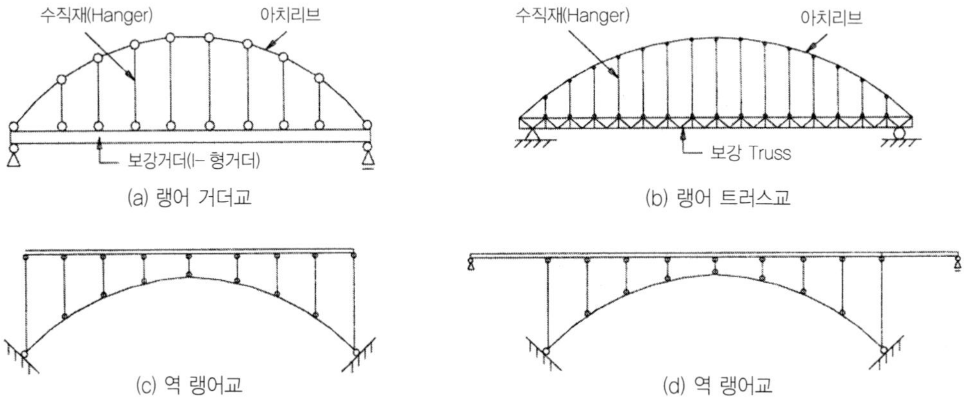

그림 10.1.4 Langer교의 종류

Langer교의 일반적인 특징은 다음과 같다

① 아치리브는 축력만을 부담하므로 보강거더 보다도 단면이 다소 작고, 보강거더에 비해 섬세한 느낌을 준다.

② 아치리브와 보강거더의 거더단부에서의 관계구조가 복잡해진다.

③ 아치리브의 강성이 로제형교에 비해 낮아지므로 행어간격을 로제형교보다 좁게 할 필요가 있다.

또한 특수한 구조형식의 Langer교는 그림 10.1.4(a)~(d)에 나타낸 구조 이외에 그림 10.1.5(a)~(h)와 같은 여러 가지의 형식이 있다. 그림 10.1.5(a), (b)는 보강거더가 Gerber 형식과 연속거더 형식의 것으로 Gerber 거더와 연속거더로 보강한 구조이다.

그림 10.1.5(c)는 보강거더가 다수의 세로보(Stringer)와 가로보(Floor Beam)로 구성된 격자 거더로 이들이 Arch Rib에 의해 보강된 것이다.

이 경우에는 교량 단부에 작용하는 아치리브의 축력을 다수의 세로보에 전달해야 하므로 교량 단부에는 견고한 수평 Bracing이 필요하다.

그림 10.1.5(d)는 아치의 축력을 취하기 위해 Rope 또는 강봉(Rod)을 사용한 것으로 바닥틀의 격자구조와 수직재는 일체로 작용하는 아치구조형식이다. 타이작용을 하는 Rope 와 Rod 또는 격자거더는 지간 중앙에서 결합되고, 교축 방향의 힘은 격자 거더의 받침에 전달된다.

그림 10.1.5(e)는 2경간 연속 Langer교로 중간 지점부위의 휨모멘트가 커지므로 적당한 Prestress를 도입할 필요가 있다.

그림 10.1.5(f)는 중앙거더(Mitteltrger) 형식의 Langer교로 Arch Rib는 교축 위에 설치되어 있다.

그림 10.1.5(g), (h)는 아치의 수직재 대신 사재를 이용한 Langer교 형식이다.

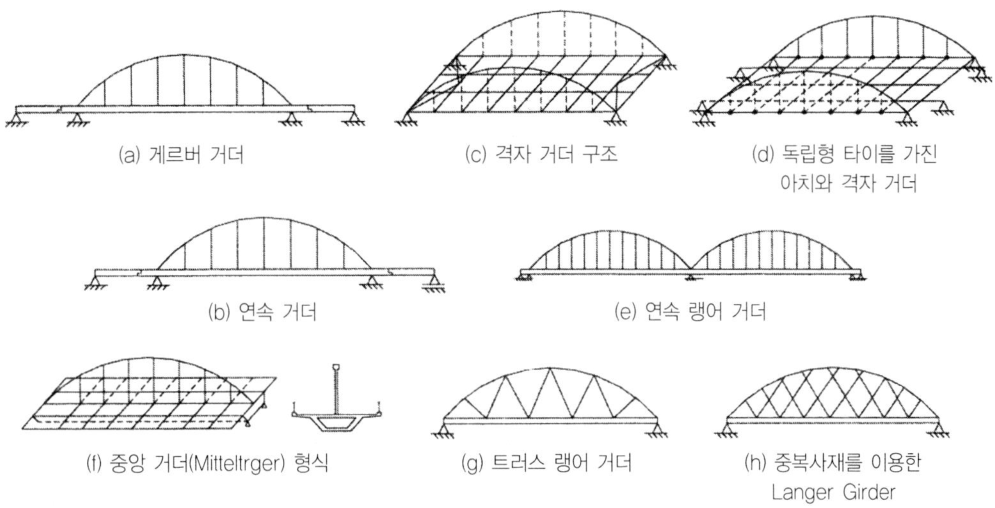

그림 10.1.5 특수한 구조의 Langer교

4) Lohse교

로제교(Lohse교)는 그림 10.1.6과 같이 Arch Rib와 보강거더를 구성하는 2개의 휨강성을 가지는 아치리브를 그 양단에서 연결하고, 아치리브와 보강거더간을 양단 Hinger의 수직재로 연결한 구조이며,

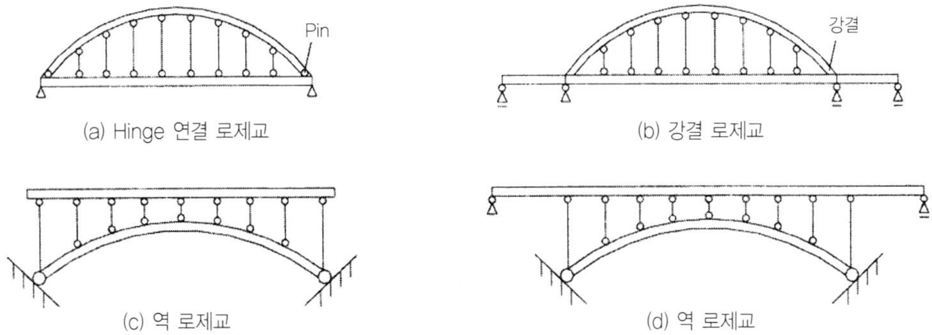

그림 10.1.6 Lohse교의 종류

Langer교와 Tied Arch교와의 중간적인 성질을 갖는다.

Lohse교의 특징은 다음과 같다.

① 아치리브와 보강거더의 단면 2차 모멘트의 비를 임으로 선정한다.

② 아치리브와 보강거더는 역학적 성질이 동일한 부제이므로 양단 구조의 설계가 비교적 용이하다. Langer교에서 Arch Rib는 이론적으로 휨모멘트(B.M)을 받지 않은 압축부재이므로 통상 박스형 단면으로 또 보강거더는 휨모멘트(B.M)와 축방향력 N을 받는 부재이므로 통상 I-형 단면으로 각각 설계한다. 따라서 Langer교에서는 이 양부재를 거더 끝에서 연결하는 것은 반드시 용이하지 않다. 그러나 Lohse교의 경우에는 Arch Rib와 보강거더가 모두 B.M과 N을 받는 부재이므로 거더 단부의 연결은 비교적 용이하다.

③ Arch Rib의 단면은 충복 Tied Arch의 Rib 보다 작으므로 교량 전체의 중심이 아래쪽에 있어 안정감을 준다.

④ 보강거더의 단면을 전체 지간에 걸쳐 거의 일정하게 할 수 있다.

⑤ Arch Rib의 강성이 크기 때문에 Langer교 보다 수직재 또는 지주의 간격을 다소 크게 할 수 있다.

⑥ 2-Hinge Arch교에 비해 일반적으로 기하학적인 비선형이 영향이 적은 것으로 되어 있다.

⑦ Floor Beam 설치가 간단하다.

5) Nielsen교

Nielsen교는 1922년 스웨덴의 O.F Nielsen에 의해 제안된 교량형식으로 Tied Arch, Langer교, Lohse교 등 Arch부분을 가진 교량형식이 수직재를 Warren Truss형으로 조립한 flexible한 사인장재(Rod, 강봉), Rope로 치환한 교량을 총칭하여 Nielsen계 교량이라고 한다.

Double Warren Truss식과 중복 Warren Truss식계 Nielsen계 교량으로 대별한다.

① 일반 아치교에 비해서 Arch Rib의 휨모멘트를 축방향력을 증가시키지 않고 저감할 수 있다.

② 경사재의 간격, 경사각을 적당히 선정함으로써 경사재를 모두 인장부재로 설계할 수 있다. 단부의 경사재의 작은 압축력이 생기는 경우에는 Counter Weight 또는 Prestress의 도입에 의해 순인장재로 설계 할 수 있다.

③ 일반적인 아치교에 비교해 휨모멘트와 마찬가지로 Nielsen계 교량은 최대 처짐이 상당히 작다. 이것은 경사재가 교량의 전단변형 억제에 크게 기여하기 때문이다. 또 이동하중에 의한 처짐 변동도 적다.

④ 일반적인 아치교의 휨 진동의 1차(2차) 진동 모드가 역대칭형(대칭형)이 되는 데에 대해 닐센계 교량의 그것은 1차(2차) 진동 모드가 대칭형(역대 칭형)이 되어 완전히 반대이다. 또 1차 고유 진동수는 일반적인 아치교의 1.5~4.0배이고, 진동에 대한 강성비는 진동수비의 2승이므로 일반적으로 동적 강성은 정적 강성보다도 크다. 따라서 닐센계 교량에서는 진동면에서는 유리한 교형이라고 할 수 있다. 일반 랭거 거더가 요동되어 문제가 되었던 경우가 있는데 닐센계 교량에서는 이러한

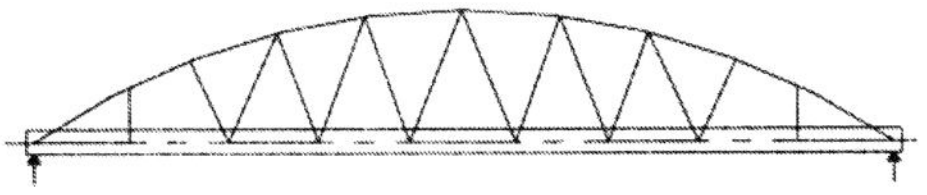

(a) Single Warren Truss식 계

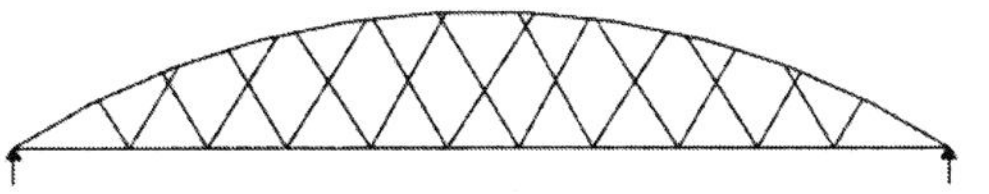

(b) Double Warren Truss식 계

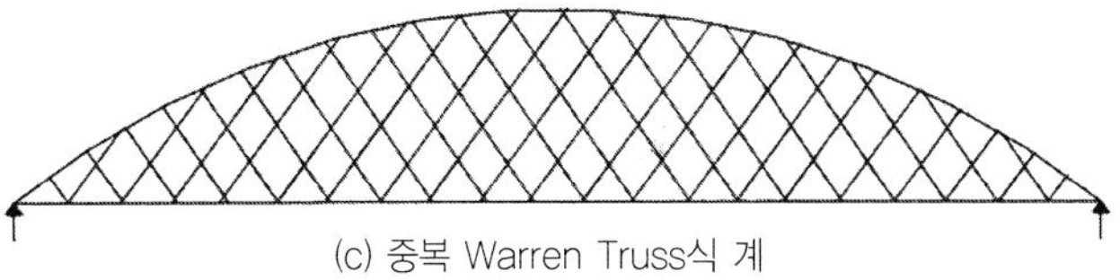

(c) 중복 Warren Truss식 계

그림 10.1.7 Nielsen계 교량의 종류

염려는 적다.

10.1.3 설계순서

일반적인 Arch교는 합리적인 설계이론에 따라 그림 10.1.8에 나타낸 Flow Chart 순서에 따라 설계하는 것이 가장 능률적이다.

아치교의 주구조 설계를 제외한 수평브레싱, 교문브레이싱, 수직브레이싱의 설계는 제 9장의 강트러교에 준해서 한다.

아치교의 아치부분의 부재축선은 골조선과 일치시키는 것을 원칙으로 하며, 구조해석에서 활하중에 의해 생기는 골조선의 모양의 변화는 이를 배려한 변위의 영향을 검사하여 무시할 수 없는 경우에는 그 영향을 고려하여야 한다.

또한 아치의 모양과 부재단면의 모양을 선정할 때에는 아치로서의 면 내외의 전체 좌굴이 생기지 않도록 배려함과 동시에 부재는 휨모멘트와 축방향력을 받는 부재로서도 안전하도록 설계하여야 한다.

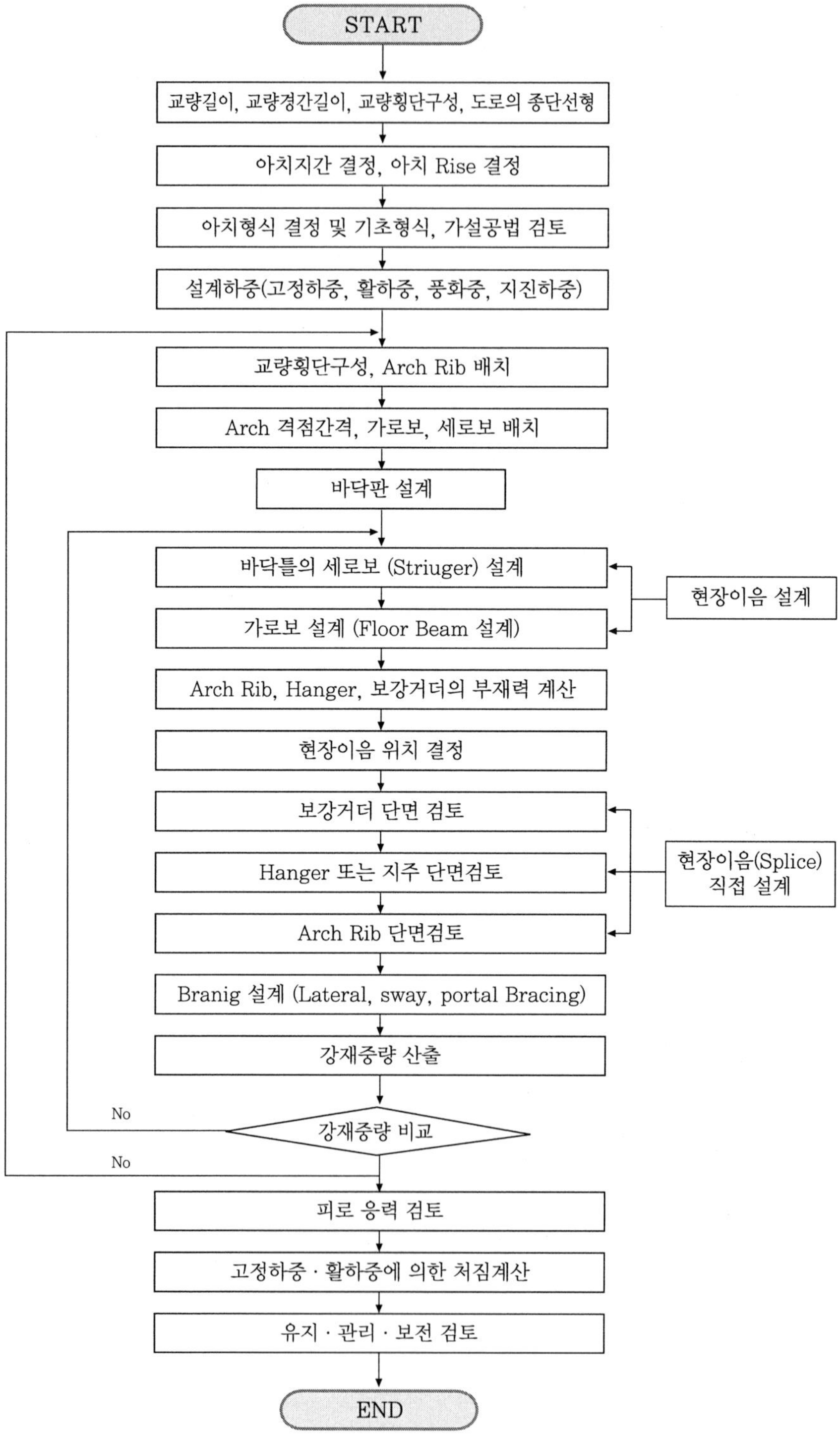

그림 10.1.8 일반 아치교의 설계흐름

10.2 강아치교의 계획

10.2.1 적용지간 길이

아치교의 적용지간은 50~300m 정도의 실적이 많이 있다. 아치교의 지간은 교량계획 위치의 현지조건 즉, 기초가설기능성 여부에 따라 지간이 결정되고 있다.

아치교의 각 형식에 적합한 지간길이를 표 10.2.1에 나타냈다. 그리고 표 10.2.1는 세계의 장대 아치교 중에서 지간 길이가 300m 이상인 교량에 대 한 현황을 나타낸 것이다.

⊙ 표 10.2.1 표준 적용길이

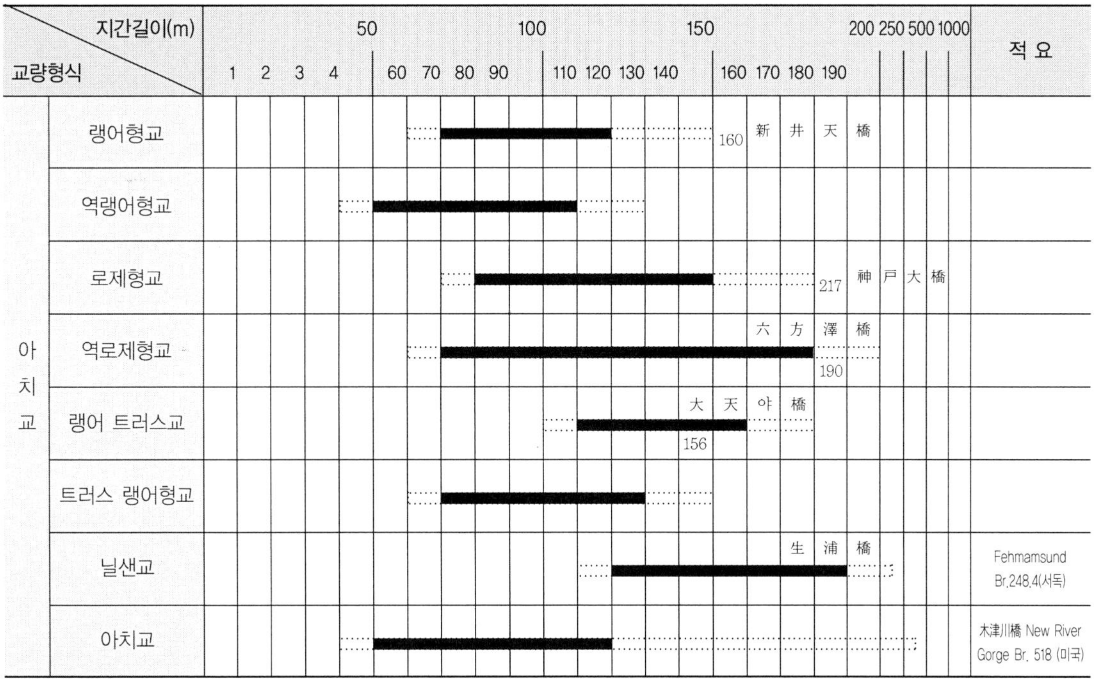

주 ▬ 일반적으로 많이 적용되는 범위 ┆┄┄┆ 비교적 적용되는 범위 적용된 대지간예

⊙ 표 10.2.2 세계의 장대 아치교(1)

순위	지방지역	나라명	완성년도	지간장(m)
1	New River George교	미국	1977	518
2	Bayonne교	미국	1931	504
3	Sydney Harbor교	호주	1932	503
4	Fremont교	미국	1973	383
5	Port-Mann교	캐나다	1964	366
6	Thatcher교	파나마	1962	344
7	Laviolette교	캐나다	1967	335

⊙ 표 10.2.2 세계의 장대 아치교(2)

순위	지방지역	나라명	완성년도	지간장(m)
8	Zbakov-Most교	체코슬로바키아	1967	330
9	The River Mersey교	영국	1961	330
10	Birchenough교	짐바브웨이	1935	329
11	Glen Canyon교	미국	1959	313.3

10.2.2 아치교의 강재중량

아치교의 I-형 거더교, 박스 거더교와는 달리 바닥틀 부재 이외에 아치부재는 축방향으로 받고, 보강거더는 휨과 전단 및 축방향력을 받는 부재로서 아치교의 라이즈 f와 지간 L의 비 f/L에 의해 강재의 중량이 결정되어 f/L가 너무 커지면 역시 강재 중량이 증가한다.

강재의 소요중량은 교량의 등급, 지간, 교량의 폭원, 사용 강재의 재질에 따라 다르므로 정확한 중량을 추정하기는 매우 곤란하다.

일반적으로 아치교의 소요강재 중량에 영향을 주는 주요인자는 다음과 같다.

① 고정하중(g)와 활하중(p)의 비 g/p와의 관계
② 아치 Rise(f)와 지간(L)과의 비 (f/L)와의 관계
③ Panel수(Cross Beam수)
④ 아치교의 형식(Langer, Lohse, Nielsen ....)
⑤ 아치Rib의 형상(Solid, Braced Rib .....) 및 높이
⑥ 아치교의 노면의 위치(상로, 중로, 하로........)
⑦ Hanger(수직재), 지지재의 간격
⑧ 부재의 강재재질(강종)
⑨ 좌굴 길이
⑩ 기 타

이상의 설계 변수를 고려하여 설계 변수의 범위를 지정 전자계산기에 의해 반복계산을 하여 이들의 조합한 결과를 출력하여 최적의 강재 중량을 산정하는 것이 바람직하다. 실제 설계에서 과거의 유사 설계 실적을 조사하여 강재중량을 비교하여 설계에 반영하는 것이 편리하다.

최근의 일본에서 실시한 실적조사에 의하면 아치지간과 단위 강재중량 관계는 그림 10.2.1과 같다.

또, 실적조사에 의한 각 아치형식마다의 아치지간과 단위강재 중량의 관계 는 그림 10.2.2과 같다.

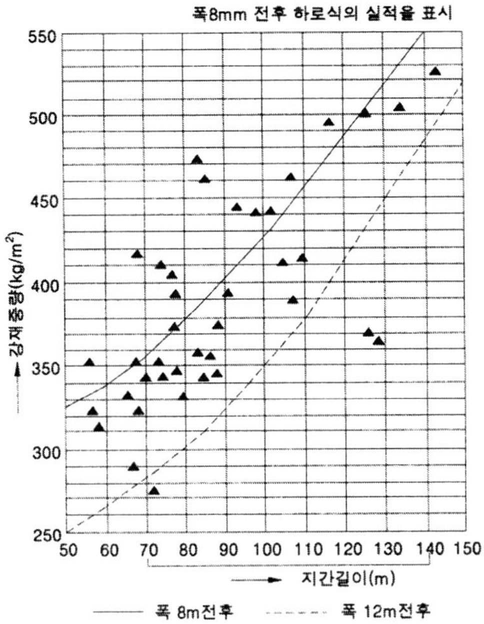

(디자인데이터북에서)

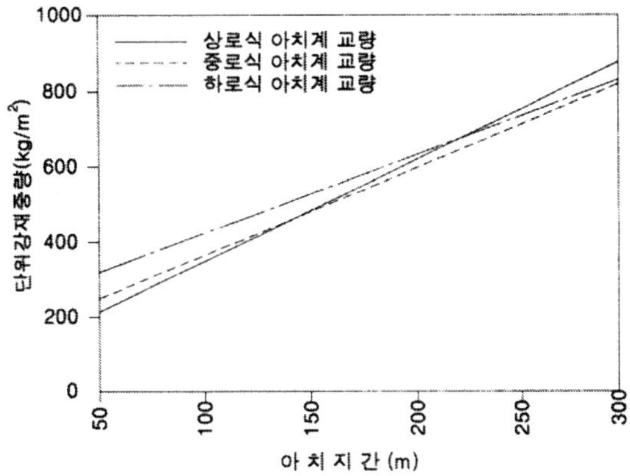

(아치교의 실적조사 보고에서)

그림 10.2.1 아치지간과 단위강재 중량

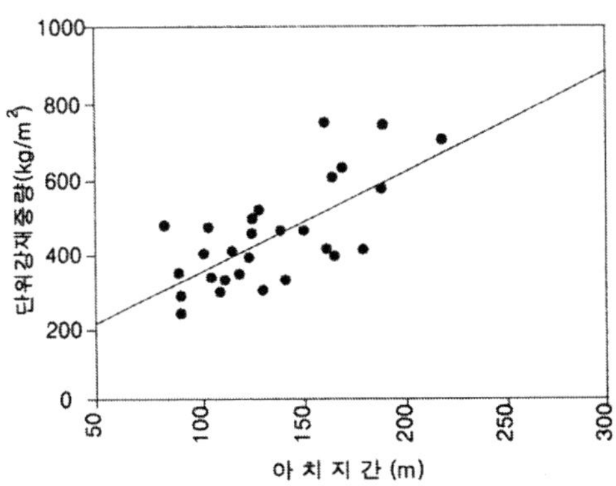

(a) 상로 아치교

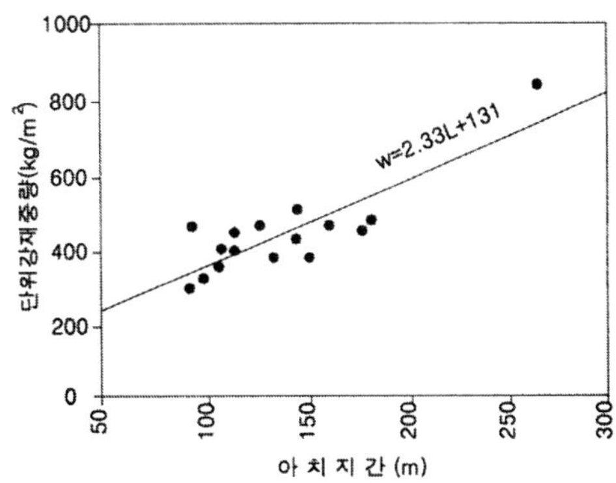

(b) 중로 아치교

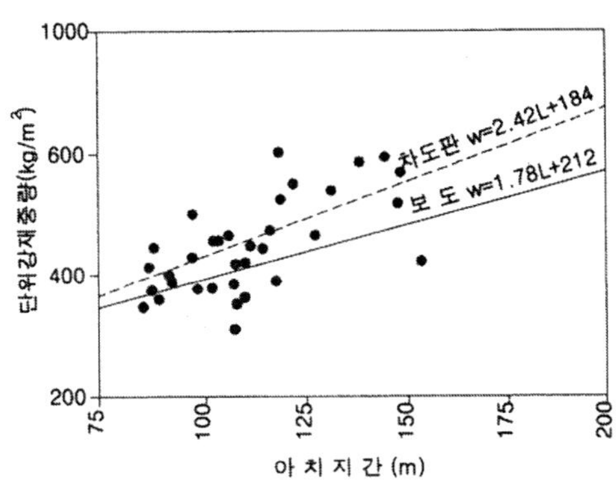

(c) 하로 Langer교

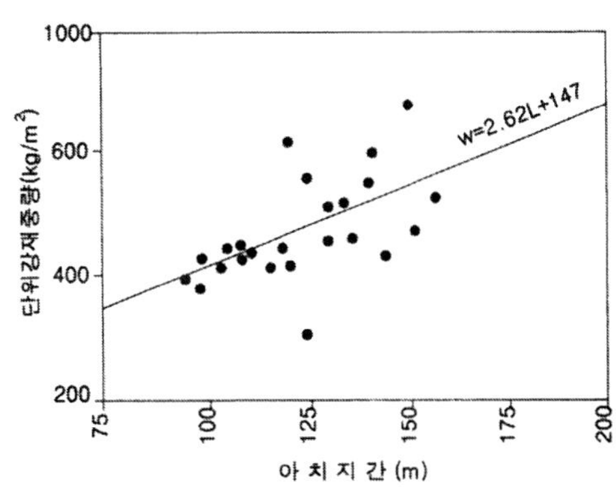

(d) 하로 Trussed Langer교

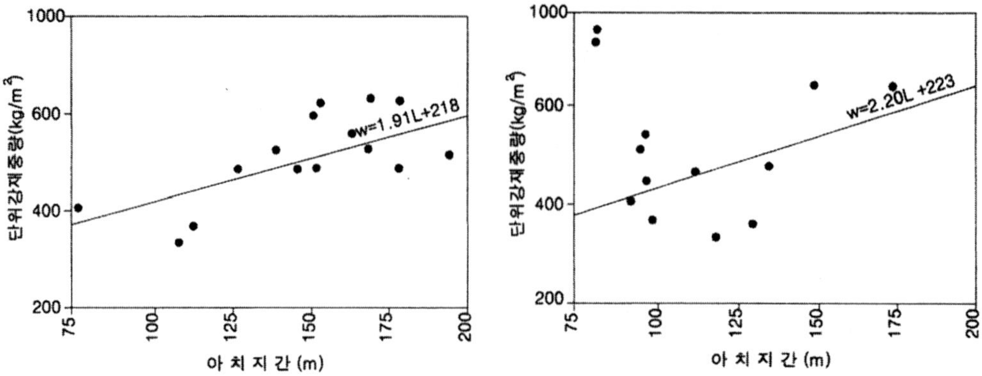

(e) Nielsen교

(f) 하로 Lohse교, 하로 2-Hinge Arch교

그림 10.2.2 각종 아치교의 지간에 따른 단위 강재중량 (아치교의 실적조사 보고서)에서

10.2.3 아치 라이즈(Arch Rise)

통상 Arch교의 Rise(f)와 지간길이(ℓ)의 비 f/ℓ는 아치교량 형식에 관계없이 1/5～1/10 정도로 취하는 것이 많은데, 경우에 따라서 1/2.5 또는 1/17라는 극단적인 것도 있다. 하로 아치계교의 경우 f/ℓ은 상부구조의 경제성이나 경관에 의해 결정되는 일이 많다. 상로 혹은 중로 아치계교의 경우에 교량가설 지점의 지형, 지질조건을 고려해서 결정해야 한다. f/ℓ의 값은 강재 중량에 미치는 영향이 크므로 선정에 세심한 주의를 요한다.

일반적으로 f/ℓ이 작은 편평한 Arch교일 수록 미관이 좋다고 하나, 아치의 강재중량은 증가하여 처짐에 의한 부가응력이나 전단력도 커진다. 한편 f/ℓ가 지나치게 커지면 역시 부재의 길이가 길어져 강재 중량이 증가하여 비경제적이고 가로방향의 안전도가 나빠지고, 아치의 수평면위에 의한 부가 응력이 커진다. 그림 10.2.3는 고정하중과 활하중의 강도 비 g/P를 Parameter로 강재 중량은 f/ℓ의 관계를 나타

⊙ 표 10.2.3 아치지간길이와 라이즈의 실적조사식 (단위 : m)

형 식		Rise 산정식	적용지간길이에 대한 f/ℓ	
			지간길이 ℓ	f/ℓ
상로식아치계교		f=0.222ℓ −5.6	90～160	1/6.3～1/5.3
중로식아치계교		f=0150ℓ +2.2	90～160	1/5.7～1/6.1
하로식	랭어형교	f=0.128ℓ +2.2	90～120	1/6.6～1/6.8
하로식	트러스드랜거형고	f=0.143ℓ +0.3	90～130	1/6.8～1/6.9
하로식	로제형교	f=0.0951ℓ +6.4	90～150	1/6.0～1/7.3
하로식	2힌지 아치교	f=0.0951ℓ +6.4	90～150	1/6.0～1/7.3
하로식	닐슨계 교량	f=0.149ℓ +0.7	130～190	1/6.5

주) 조사식은 아치지간길이 90m 이상을 대상으로 하고 있다. (아치교의 실적조사보고)에서

낸 것이다. 최근 일본의 실적조사에 의하면 아치지간 길이와 라이즈 관계는 그림 10.2.4 및 표 10.2.3와 같다.

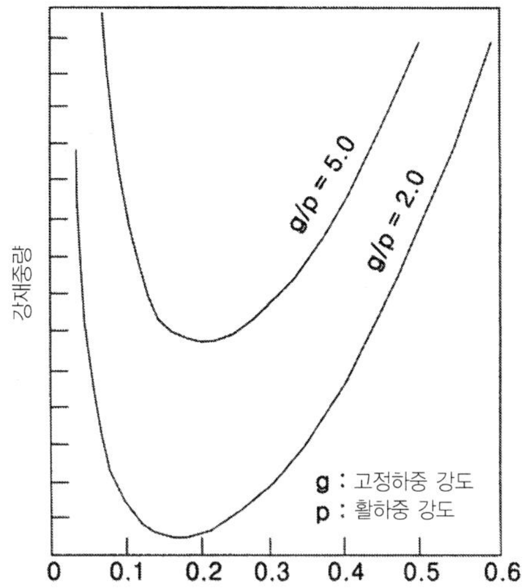

그림 10.2.3 강재중량과 f/l, g/r의 관계

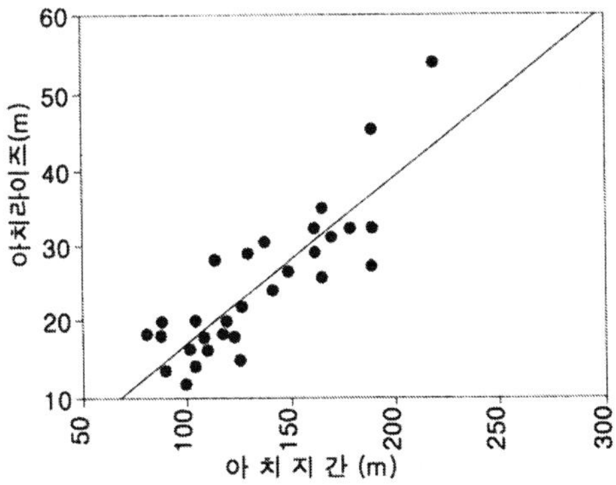

(a) 상로 아치교

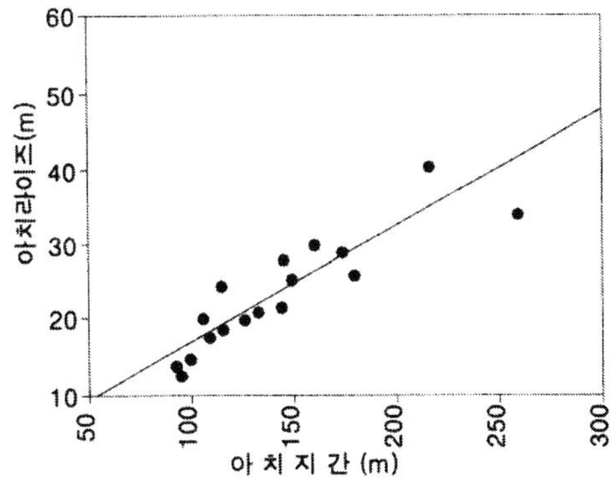

(b) 중로 아치교

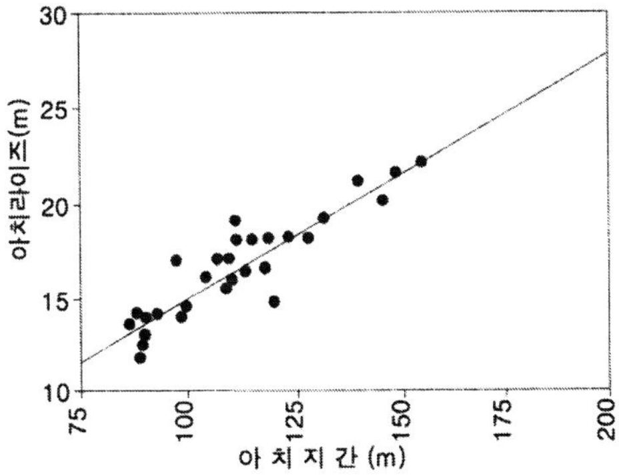

(c) 하로 Langer교

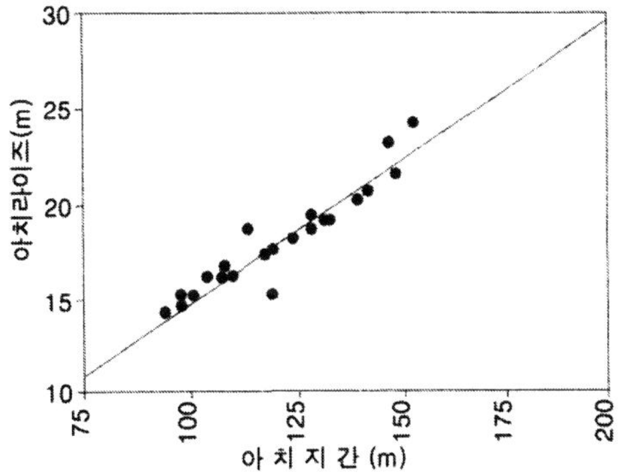

(d) 하로 Trussed Langer교

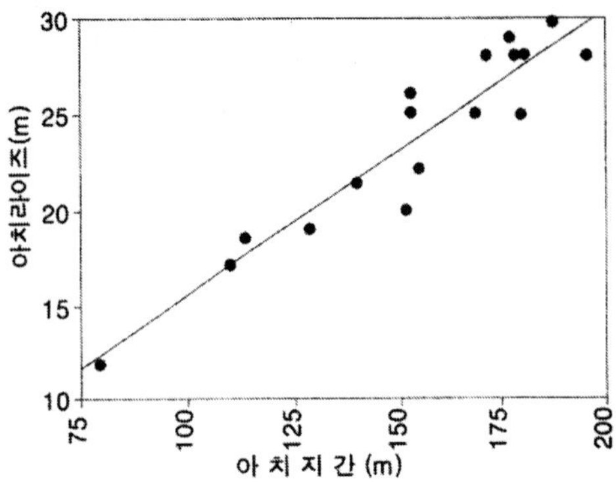

(e) Nielsen교

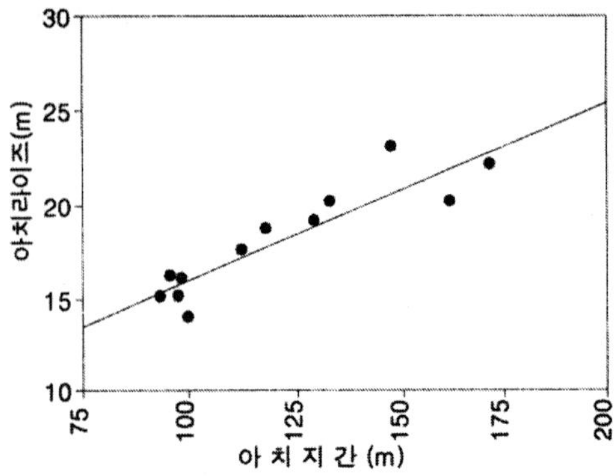

(f) 하로 Lohse교, 하로 2-Hinge 아치교

그림 10.2.4 아치지간과 아치라이즈 (아치교 실적조사보고)에서

10.2.4 아치리브 및 보강거더 높이

보통 이용되는 Arch Rib의 높이 값을 참고로 그림 10.2.5에 나타내었다. 아치리브의 높이 h를 크게하면 부정정 아치교에서는 온도하중에 의한 응력이 증가하는데, 이것은 당연한 현상이지만 처짐에 의한 부가 응력은 감소 한다. 그러나 적당한 아치리브이 높이는 f/ℓ 을 결정한 후에 구해지는 지간 ℓ /4점 부근의 주하중에 의한 최대응력에 따라 거의 결정된다고 생각할 수 있다. Langer교에서 보강 거더의 높이 h는 일반 거더교의 그것보다 낮게 할 수 있다. F. Schleicher에 의하면 ℓ /30 ~ℓ /50이라고 제안하고 있으며, 또 G. Schaper에 의하면 ℓ /25 ~ ℓ /40이 적당하다고 말하고 있다.

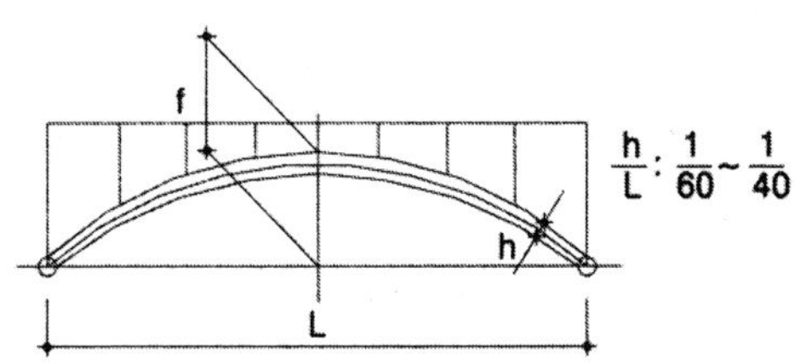

(a) Solid Arch Rib

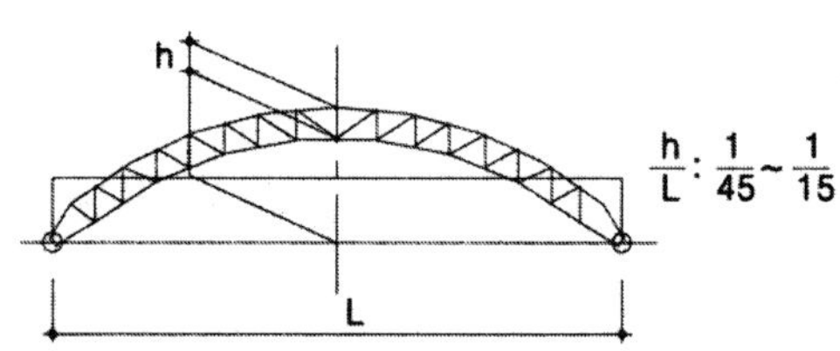

(b) Braced Arch Rib

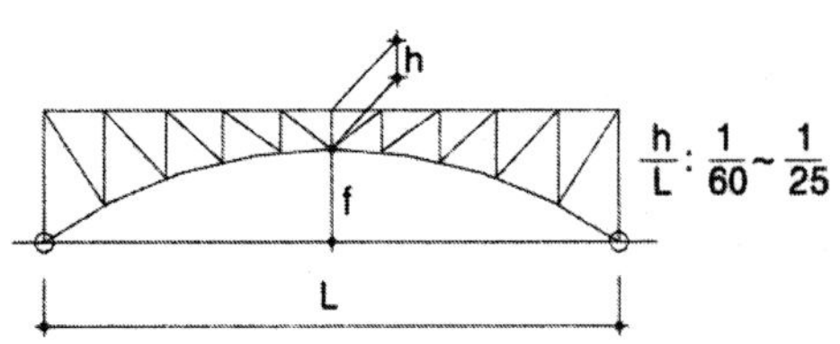

(c) Spandral Braced Arch

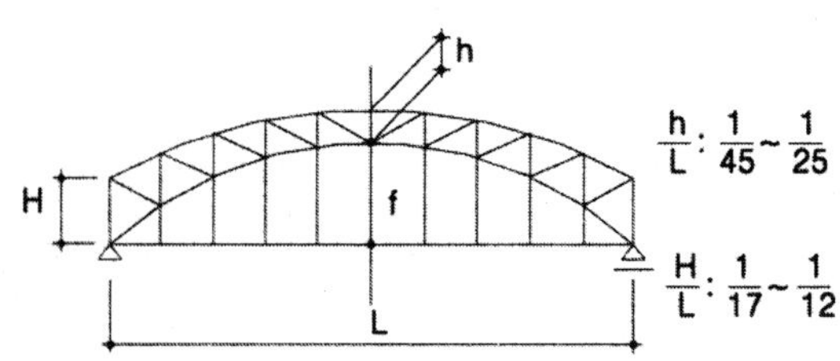

(d) Tied Arch Braced Arch Rib

그림 10.2.5 아치교의 Arch Rib의 높이

그림 10.2.6는 과거 교량 실적 조사 결과를 Plot한 것인데 지간이 큰 것 일수록 ℓ /40에 가까운 값을 취하고, 보강거더 높이 h을 낮게 할 수 있다는 것을 알 수 있다. 또한 그림 10.2.6에서 T로 부기된 것을 보강 거더가 트러스인 경우이며, Lange교의 Arch Rib의 높이 h는 F. Schleicher에 의하면 ℓ /100 ~ ℓ /200, G. Shaper에 의하면 hb=ℓ (1-ℓ /400) ~ (2/3)(1-ℓ /400)이 적당하다고 제안하고 있다.

단, ℓ 과 hb의 단위는 각각(m)와 (cm)이다.

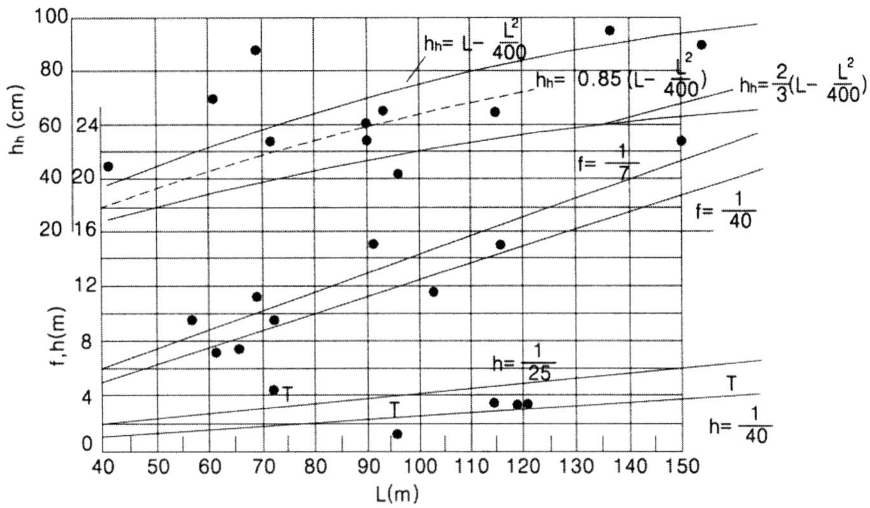

그림 10.2.6 랭거 거더의 스팬 l과 라이즈 f, 보강 거더 높이 h, 아치 리브높이 h_b의 관계

다음 그림 10.2.7은 Lohse교의 아치지간과 Arch Rib 부재의 높이에 대한 실적을 Plot한 것이며, 그림 10.2.8은 Lohse교의 아치지간과 보강거더의 부재의 높이에 대한 실적을 Plot한 것이다.

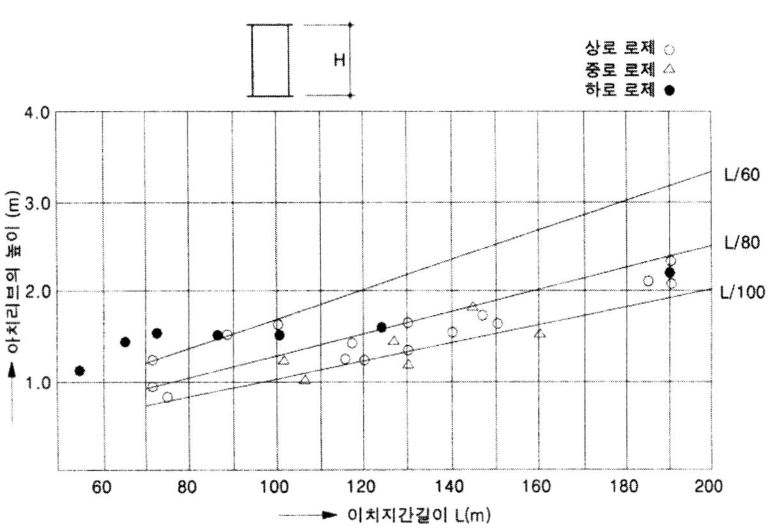

그림 10.2.7 아치지간과 아치리브 높이 (메탈디자인 데이터북)에서

부재의 단면 형상은 박스단면과 I-형 거더 단면에 대한 것이다.

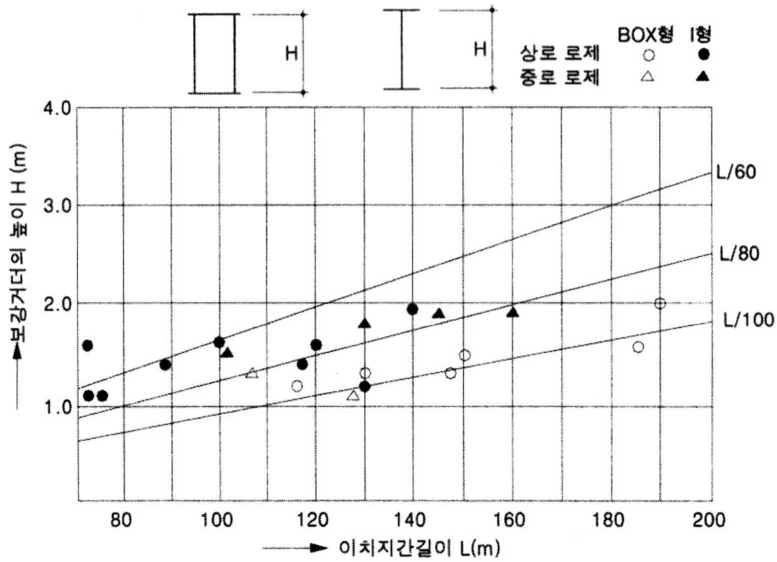

그림 10.2.8 아치지간과 보강거더의 높이 (메탈디자인 데이터북)에서

10.3 아치교의 주요부재 배치

아치교의 부재배치 계획은 교량가설 위치의 현장조건, 아치의 지지조건, 교량의 폭원 등을 감안하여 형식을 결정하여야 하며, 부재의 배치에 따른 경제성, 교량의 안정성을 감안하여 배치하여야 한다.

다음 그림 10.3.1를 일반적인 아치교의 주요 부재배치의 결정순서를 나타낸 것이다.

10.3.1 Arch Rib 및 보강 거더의 간격

(1) 전도에 대한 고려

1) Arch Rib 또는 보강거더의 간격은 도로 폭원이 지배적인 요소이다. 장대지간의 아치교에서는 현수교와 사장교의 경우와 마찬가지로 부재 및 교량 전체의 내풍 안전성을 고려해야 한다.
   또한 일반적인 아치교에서는 횡하중(풍하중, 지진하중 등)에 대한 안전성에 대한 배려가 필요하다. 아치교에 대해서는 전도에 대한 안전성 검토제한 기준은 설정되어 있지 않으나 상로 아치교의 경우 아치리브 지점 간격은 아치 지간의 1/20 정도를 적용한 예가 많다.
2) 상로 아치계 교량에서는 교량의 중심 위치가 높기 때문에 지간에 비교해서 교량 폭원이 좁은 경우는 교량축 직각 방향의 수평하중에 대한 안전성을 확보하기 위하여 그림 10.3.2(b)와 같이 Arch Rib를 경사지게 배치한 Backet Handle 형식으로 한다.

(a) 상로 아치교　　　(b) 하로 아치교

그림 10.3.1 아치교의 주요 부재배치 결정 순서

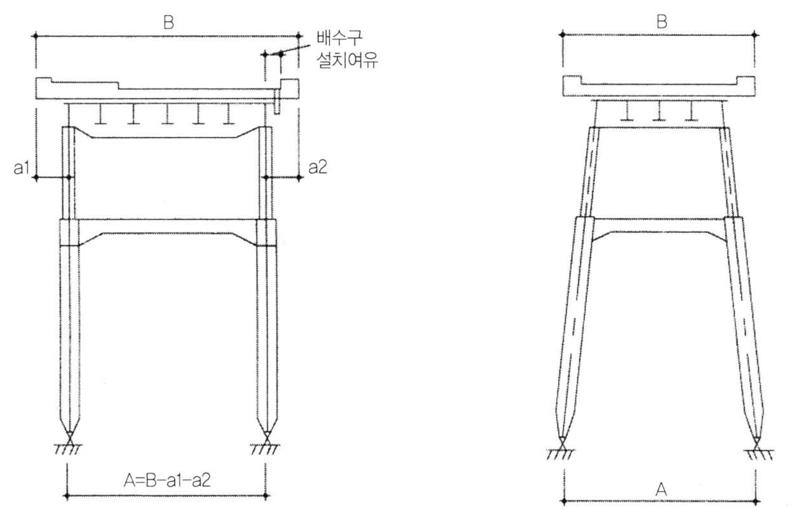

(a) Arch Rib를 평행하게 배치형식　　　(b) Arch Rib를 경사지게 배치형식

그림 10.3.2 상로 아치계 교량 Arch Rib의 간격

(2) 하로 아치교의 경우

Arch Rib는 교량바닥 연석 외측과의를 200mm 이상 확보하여 교량 바닥판 시공시 거푸집 설치 · 철거의 작업성을 고려해야 한다. 즉 아치리브의 간격은 교량 총폭원+곡선라이즈+보강거더의 폭+400mm 이상으로 하여야 한다.(중로 아치교의 경우도 이에 준해서 결정한다)

또한 Arch Rib 외측에 Bracket를 설치하여 보도부를 Bracket 위에 설치하 는 경우에는 이구조의 Floor Beam의 지간을 축소하여 휨모멘트의 균일화를 의도하여 배치하든가, 부재수를 늘려서 유지관리상의 문제점을 감안하여 채용하여야 한다.(그림 10.3.3, 제 9장 그림 9.3.1 참조)

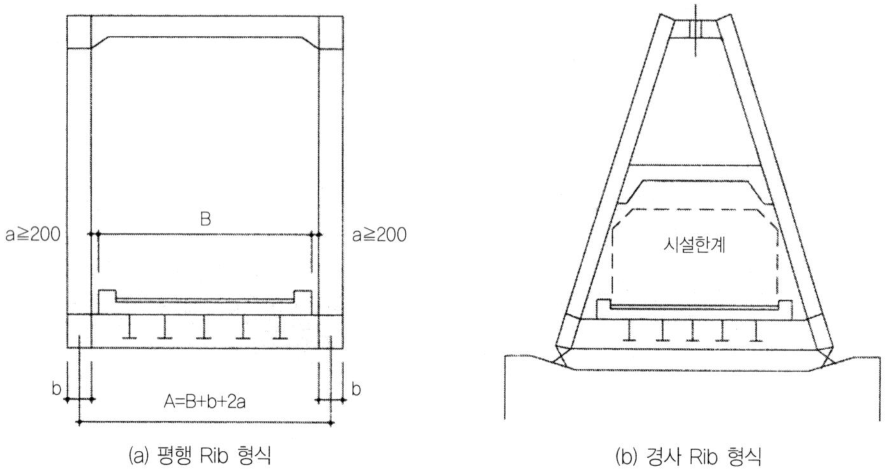

그림 10.3.3 하로 아치계 교량의 Arch Rib 및 보강거더

(3) 상로 아치교의 경우

1) 도로의 폭원은 직접 아치리브의 간격에 영향이 있고, 바닥판의 Cantilver 길이는 외측아치리브에 작용 하중의 Balance를 고려하여야 한다.

각각의 아치리브에 작용하중을 균등 분배하는 것은 아치리브 및 보강거더의 단면구성을 통일시키는 것은 당연하고 고정하중에 의한 제작 Camber가 일정하며, Floor Beam, 지지재를 수평으로 설치할 수 있어 제작상의 큰 이점이 있기 때문이다. 이것에 대한 사항은 트러스교의 경우와 동일하다. (그림 9.3.1 참조)

2) 상로 아치계 교량의 경우는 그림 10.3.2(a)와 같이 도로폭, 바닥판의 Cantilever 길이, 배수구 설치 여유량을 고려해서 결정한다.

(4) 다음과 같은 경우

양 Arch Rib를 경사지게 배치하고 교량 전체의 비틀림 강성을 높이는 것이 좋다.(그림 10.3.3(b) 참조)

1) 하로 Arch교 형식으로 도로 폭원이 대단히 넓고 상부 수평브레싱 부재가 지나치게 길어질 때
2) 상로 또는 중로 아치교 형식으로 도로 폭원이 좁고 아치지간이 길 때

10.3.2 Arch Rise 및 Arch Rib의 축선

(1) Arch Rise

1) 상로교에 있어서 Arch Rise는 교량 노면 계획고에 의해 결정되는 보강거더의 축선계획 높이, 아치리브의 Hinger 받침의 Hinge 중심의 계획 높이 및 아치지간 길이를 고려해서 결정한다.(그림 10.3.4 참조)

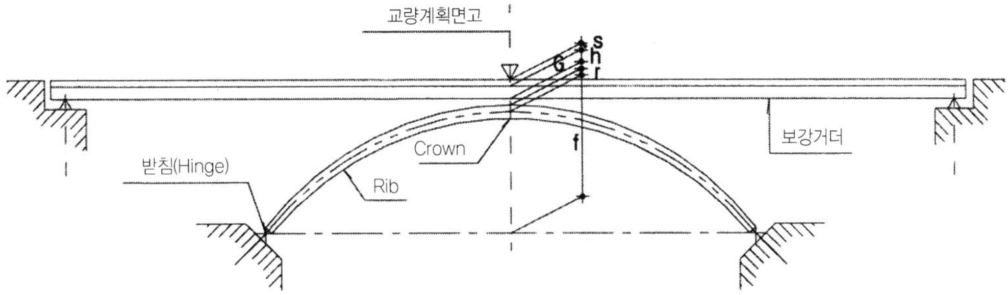

여기서, S : 교량바닥판 두께 + 교량의 편경사 + 포장두께
G : 보강거의 높이
h : 보강거더와 Arch Rib와의 순간격
r : Arch Rib 두께의 1/2
f : Arch Rise

그림 10.3.4 상로 아치교의 Rise

2) 상로교에서 Arch Rise는 Crown부(정점부)의 보강거더와 Arch Rib와의 격점구조를 검토하여 필요한 간격을 확보하여 이것을 통합한 값으로 하는 것이 일반적이다.
3) 하로 아치계의 교량에서는 10.2.8절에 기술한 바와 같이 상부구조의 경제성으로 결정된다. 최적의 Rise와 교량의 미관을 고려하여 Arch Rise를 결정한다.
4) 일반적으로는 Arch Rise를 다소 높게 계획해서 수평분력을 줄이고, Arch Rib 단면을 적게 하는 것이 경제적이다. 그러나 교량길이가 긴 경우에는 내풍 안전성을 고려하면 Arch Rise를 낮추는 것이 유리하다.
5) 중로 아치계 교량의 경우는 상로 · 하로 아치계 교량 보다 일반적으로 Arch Rise가 높아진다.
또 중로 Lohse교의 경우에는 그림 10.3.5과 같이 보강거더를 Arch Rib의 1/4 부근에서 강결시키는 것이 수직방향 변위에 대하여 유리해 진다.
6) 하로 아치계 교량에서는 보강거더 중심 축선에서 Arch Rib Crown부 중심축선 간의 높이를 Rise

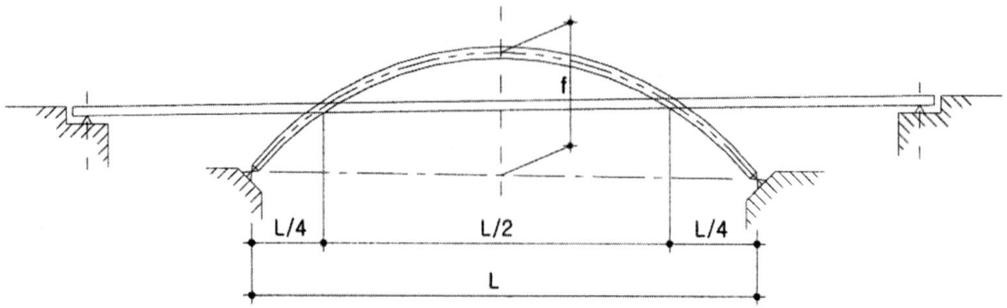

그림 10.3.5 중로 Lohse교의 Arch Rise

로 취한다.

(2) Arch Rib의 축선

1) 일반적으로 Arch Rib의 축선은 2차포물선, 원곡선을 사용한다.

2) 아치축선에 적용하고 있는 2차포물선 식은 다음과 같다.

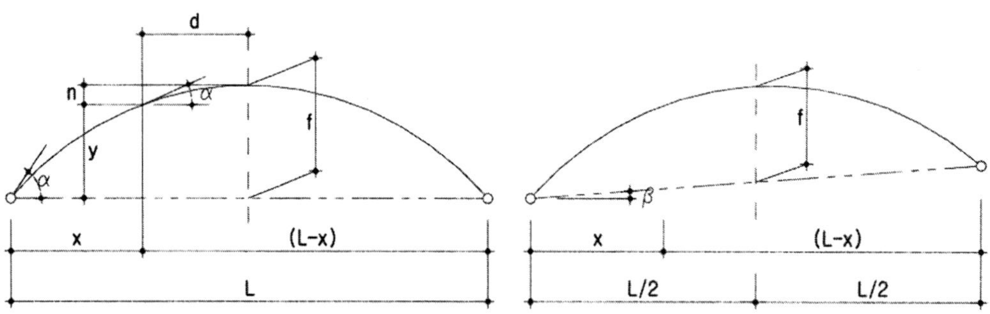

(a) 대칭 2차 포물선 (b) 비대칭 2차 포물선

- $g = \frac{4f}{\ell^2} \cdot (\ell - x) = \frac{4f}{\ell^2}(\ell x - x^2)$, $y' = \frac{4f}{\ell^2}(\ell x - x^2) - x \cdot \tan b$
- $n = \frac{4f}{\ell^2} \cdot d^2$
- $\tan \alpha_k = \frac{8f}{2\ell}$
- $\tan \alpha = \frac{8 \cdot f \cdot x}{\ell^2}$
- 2차 포물선의 길이(약산) : $L = 2\sqrt{a^2 + 1,3333f^2}\ (a = \ell/2)$

그림 10.3.6 아치리브 축선의 2차 포물선

3) 아치축선에 적용하고 있는 원곡선 식은 다음과 같다.

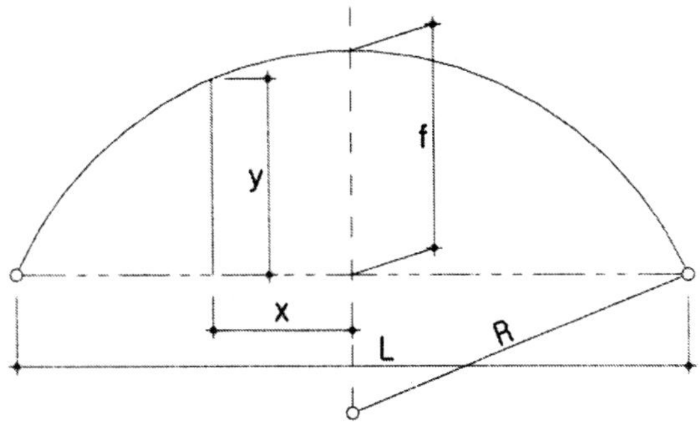

- $R = \dfrac{\ell^2 + 4f^2}{8f}$
- $y = \sqrt{R^2 - x^2} - \sqrt{R^2 - (\ell/2)^2}$

그림 10.3.7 아치 리브 축선의 원곡선

10.3.3 상로 아치교의 Crown부 높이

(1) 상로 아치교의 Crown부(정점부)에서 보강거더 하부 Flange 하면과 Arch Rib 상부 Flange의 간격은 연결부(격점부)의 크기, 시공성을 고려해서 되도록 작게 하는 것이 미관상 바람직하다.

(2) 일반적으로 보강거더와 Arch Rib의 순간격 h는 I- 형 거더의 경우에는 50cm, 박스형 단면인 경우에는 100cm로 설계하고 있다.(그림 10.3.8 참조)

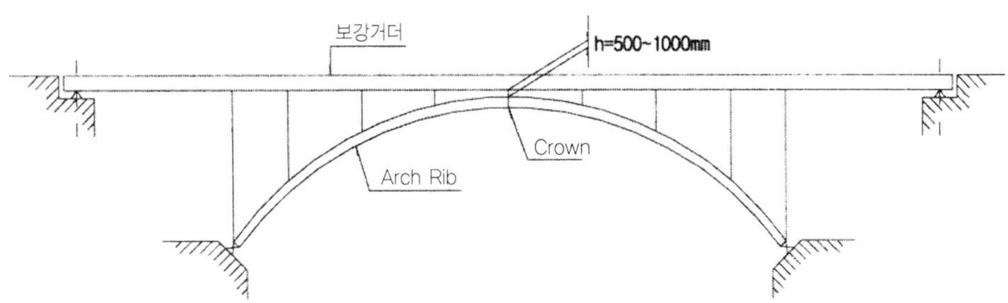

그림 10.3.8 Arch Crown부에 대한 Arch Rib와 보강거더의 순간격

10.3.4 보강거더의 지점조건

(1) 상로 아치계 교량의 보강거더 지점조건은 양단가동 또는 일단고정, 타단 가동으로 한다.(그림 10.3.9)(a), (b))

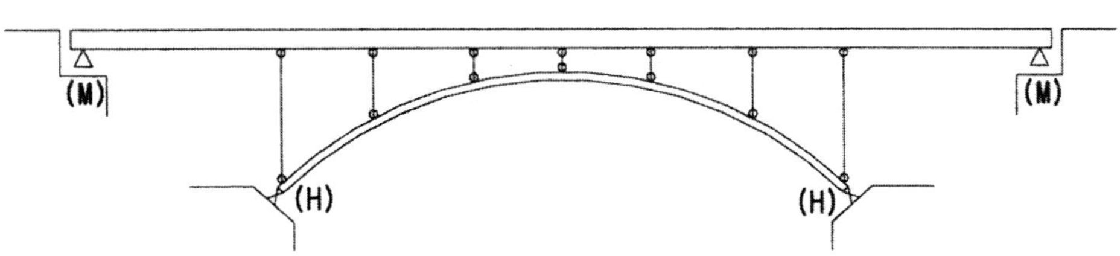

(a) 양단 Move

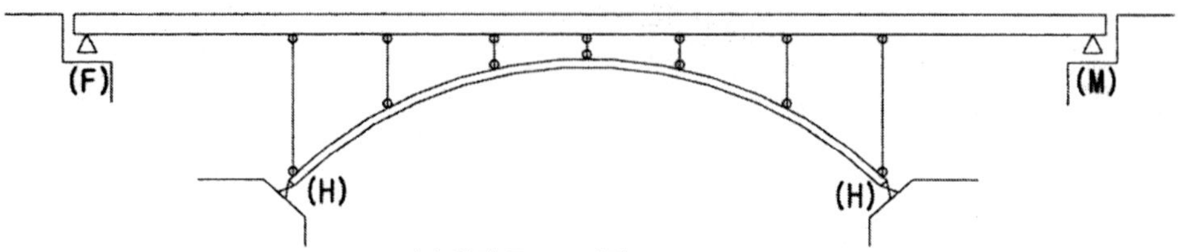

(b) 일단 Fixed, 타단 Move

그림 10.3.9 상로 아치계 교량의 보강거더 지점 조건

(2) 이 경우에는 아치 크라운부는 교축방향 수평력은 Arch Rib에 전달하기 위하여 보강거더와 Arch Rib 구조를 일체 구조로 한다.

(3) 상로 아치교 또는 중로 아치교의 보강거더 한단을 고정으로 하면 활하중 편재하시(Crown까지만 재하시)에 수직방향의 변형이 적어지며, 동시에 내진성이 개선된다. 이때 고정받침에서는 활하중, 온도하중, 지진하중에 의해 수평력(종방향)이 크게 작용하므로 이 수평력에 대한 대책이 필요하다. 또한 교량받침에 대하여 수평력에 대한 Anchor Bolt, 상하 Body의 강성, 받침의 Stoper에 대한 전단력을 충분한 검토를 하여 안전성을 확보하여야 한다.(그림 10.3.10 참조)

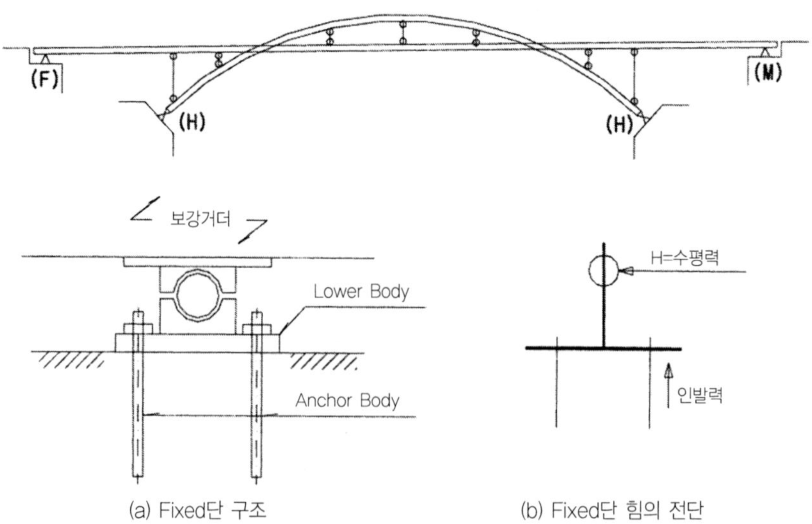

(a) Fixed단 구조　　(b) Fixed단 힘의 전단

그림 10.3.10 중로, 상로 아치교의 고정단 수평력 전달 체계

(4) 하로 자정 아치계 교량에서는 외부정정계가 되도록 일단고정, 타단가동으로 하는 것이 일반적이다. 이때 교량받침의 설치 위치는 아치리브 축선과 보강거더 축선의 교점 위치에 설치하는 것이 바람직하다.

아치리브 축선과 보강거더 축선의 교점을 벗어나서 설치하는 경우에는 이에 대한 안전성 검토를 하여야 한다.

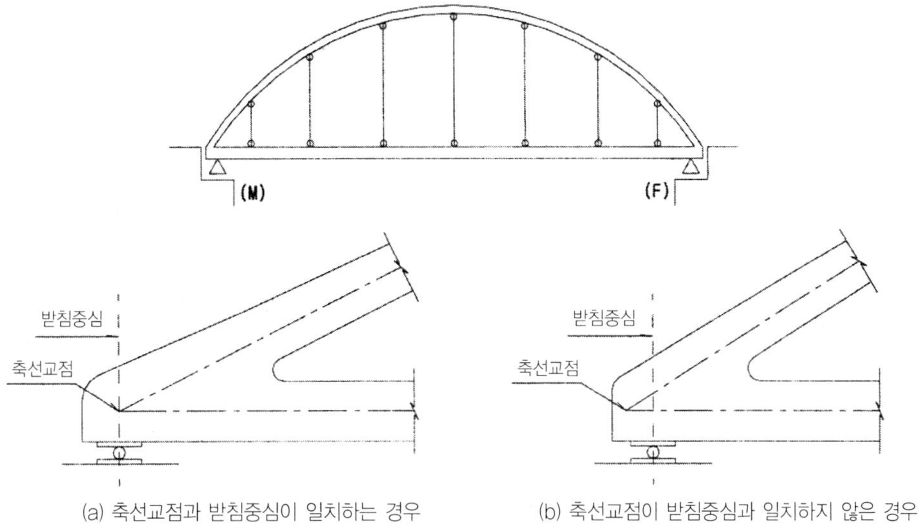

그림 10.3.11 하로교의 지점 조건

10.3.5 Pannel 분할(지주간격, Hanger 간격)

(1) 상로 아치교의 지주 간격은 경제성, 시공성, 미관등을 고려해서 결정하는 것이 바람직하다.

(2) 격간길이(중간지주 · Hanger의 간격)는 Arch Rib의 단면력에 주는 영향이 작으므로 보통 격간 길이가 긴쪽이 경제적이고, 미관상으로 바람직하다.

(3) 격간길이를 과도하게 길게 하면 아치부재(Arch Rib)의 좌굴길이, 휨에 의한 2차 응력, 보강거더의 응력, 바닥틀(Floor System)의 세로보와 가로보의 응력증대 등에 의해 강재 중량이 증가하여 비경제적이 될 경우도 있다.

(4) 격간길이는 I-형 거더, 박스거더의 바닥틀에 준해서 설계하면 바닥틀의 중량이 적정하게 된다.

(5) 최근의 일본에서 실적조사에 따르면 격간길이는 일반적으로 6~12m 범위에 있고 아치지간 길이가 길어질수록 큰 격간길이를 잡고 있다.

(6) Nielsen계 교량의 경사재(경사 Hanger)의 배치는 다음 점에 유의한다.

① Pannel 길이는 종래의 트러스교의 그 것보다도 좀 크게 하고, 일반적으로 10~15m 정도를 표준으로 한다.
지간이 길어질수록 간격을 크게 하는 편이 좋다.

② Hanger의 결합은 Double warren truss Type과 중복 Warren Truss Type으로 한다.

③ Hanger의 경사각도는 60° 정도의 범위로 하고 Hanger를 평행하게 배치하는 것이 일반적이다.

④ Arch Rib의 크기를 고려해서 Rod(강봉), Rope의 정착부에서 서로 간섭되지 않도록 Hanger의 각도를 조정한다.

⑤ 단부의 경사 Hanger에 압축력이 발생하는 경우에는 다음의 방법으로 처리한다.

(a) 수직 Hanger를 사용하는 방법
(b) Prestress를 도입하는 방법
(c) Courter weight를 사용하는 방법 등을 고려하여 처리하는 방법이 사용되고 있다.

10.3.6 Arch Rib의 단면

① Arch Rib의 단면으로서는 박스형 단면과 Pipe 단면을 많이 사용하고 있다.
② 미관상, 내풍성에서는 Pipe 단면이 좋은 점은 있으나 Pipe의 가공, 제작 및 시공상의 이유로 박스형 단면을 일반적으로 사용된다.
③ 표준적인 Arch Rib의 단면구성은 표 10.3.1와 같다.
④ Arch Rib의 단면을 박스단면을 사용하는 경우에는 제작시 및 가설시의 현장이음의 작업성을 고려해서 Manhole이 무리 없이 설치 가능한 폭 및 높이로 하는 것이 바람직하다.
④ Arch Rib의 최소 필요한 Manhole의 형상치수는 그림 10.3.12 같고, Rib의 최소폭 B는 600mm이상, 높이 H는 800 이상으로 하는 것이 바람직하다.
Arch Rib의 폭과 높이는 Arch Rib 축선방향 Rib의 치수에 의해 규격이 결정된다는 점을 설계자는 유의하여야 한다.(그림 10.2.5(a), 그림 10.2.7 참조)

⊙ 표 10.3.1 표준적인 Arch Rib의 단면구성 및 적용 예

종 류	특 징	적용 예
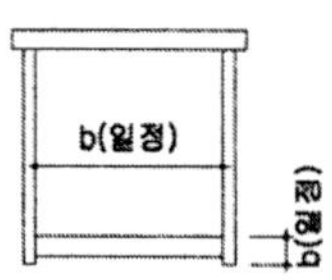	• 트러스의 상현재와 동일한 형식으로 설계와 단면 구성에 적용할 수 있다. • 상부 플랜지 판과 복부판의 내면 용접은 작용하는 휨모멘트의 크기가 클 경우에 적용된다.	하로식 랭거, 로제형의 아치리브
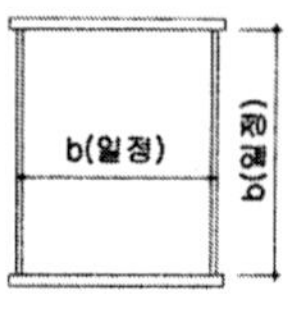	• 상자형의 단면과 동일한 단면 구성형태이다. • 휨 모멘트와 축력을 받는 부재로서 플지와 복부판에 보강재를 부착한다. • 상자형 단면의 크기는 내부에서의 작업성을 확보하기 위하여 일반적으로 폭×높이가 600×1000이상일 경우에 적용한다.	상로, 중로식의 아치교 닐센계 로제형의 아치리브
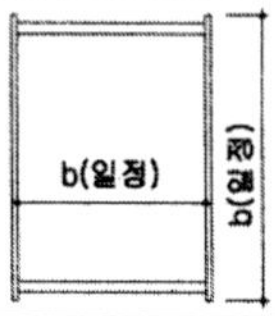	• 아치 리브와 보강형이 만나는 부분에서는 복부판을 관통하는 구조로 적용할 수 있다. • 플랜지의 폭에 비해 복부판의 높이가 큰 경우의 단면에서 사용된다.	장지간의 중로식 로제형의 아치리브
	• 플랜지와 복부판의 용접은 모서리 용접으로 시공되는 형식이다.	장 지간의 아치리브

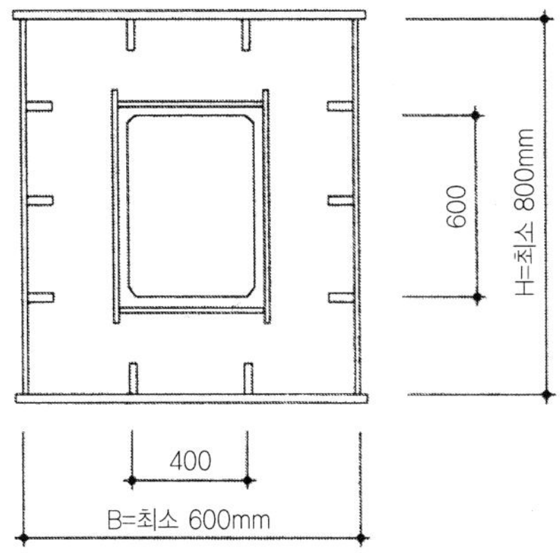

그림 10.3.12 아치리브의 박스단면

10.3.7 보강거더의 단면

(1) 보강거더는 Truss 형식의 보강거더를 제외하고는 일반적으로 단면을 I-형 거더단면과 박스형 단면을 사용한다.

(2) 보강거더의 단면 형상은 교량의 폭원 및 지간을 고려해서 I-형 단면 또는 Box형 단면을 사용한다.

(3) 보강거더의 단면 형상을 박스형 단면을 사용하는 하로교 및 중로교의 아치계 교량에서는 Arch Rib의 Web(복부판) 간격과 보강거더의 Web간격을 같게 하는 것이 이들의 연결관계를 고려하는데 유리하다.(그림 10.3.13 참조)

(4) 하로 Nielsen계 교량에서는 보강 거더의 높이와 Arch Rib의 높이를 동일하게 하는 경우가 많다.

(5) 보강거더의 단면산정시 그림 10.2.6, 그림 10.2.8 및 그림 10.3.12을 참고하여 단면계획을 하면 편리하다.

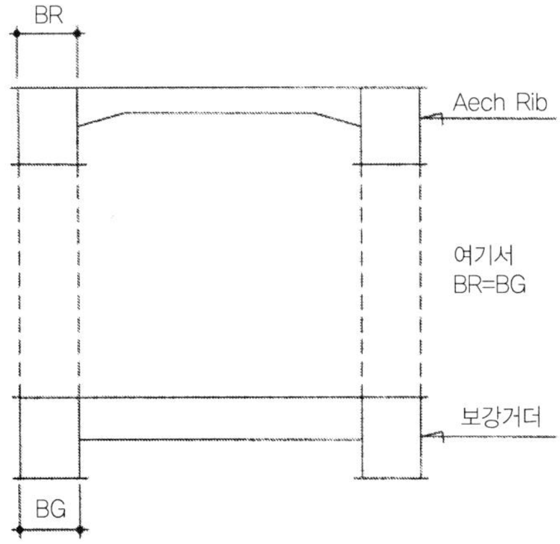

그림 10.3.13 박스단면의 보강거더와 Arch Rib와의 관계

10.3.8 지주 및 Hanger의 단면

(1) 지주의 단면은 H-형단면 또는 박스형 단면으로 하고 단면의 강축은 주브 레이싱 내면 방향으로 한다.

(2) 상로교에서 지주의 높이가 높은 경우에는 면외 방향의 유효좌굴 길이를 저감하기 위하여 Sway Bracing을 설치한다.

(3) 하로 Langer계 아치교에서 Hanger(수직재)에서는 H-형단면을 채용하고 있는 예가 많지만 Rod(강봉)의 경우도 있다.

(4) 상로 · 중로 아치교에서 지주는 비교적 작용 부재력이 작으므로 지주의 단면 치수가 세장비에 의해 결정되는 경우가 많다. 또 단면의 강성이 낮기 때문에 떨림(풍금진동)이 발생하기 쉽기 때문에 설계시 주의를 해야 한다.

(5) 상로 아치계 교량의 지간 중앙부(Crown부)의 단지주에서는 차량의 주행시에 Arch Rib와 보강거더의 수평방향(교축방향) 상대변위에 의해서 휨에 의한 2차 응력이 발생한다.
2차 응력이 과대하지는 경우에는 구조적으로 이에 대해 고려해야 한다.

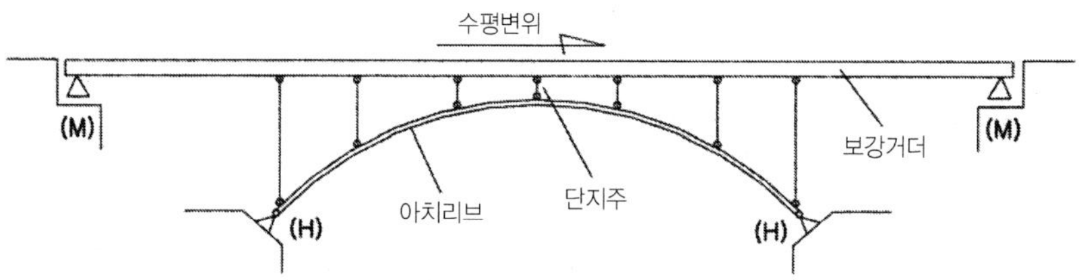

그림 10.3.14 Arch Rib와 보강거더의 수평방향 상대변위에 대한 단지주의 2차 응력

(6) 하로 아치계 교량의 수직재(Hanger)의 표준 형식은 그림 10.3.15와 같은 단면을 사용하고 있다.

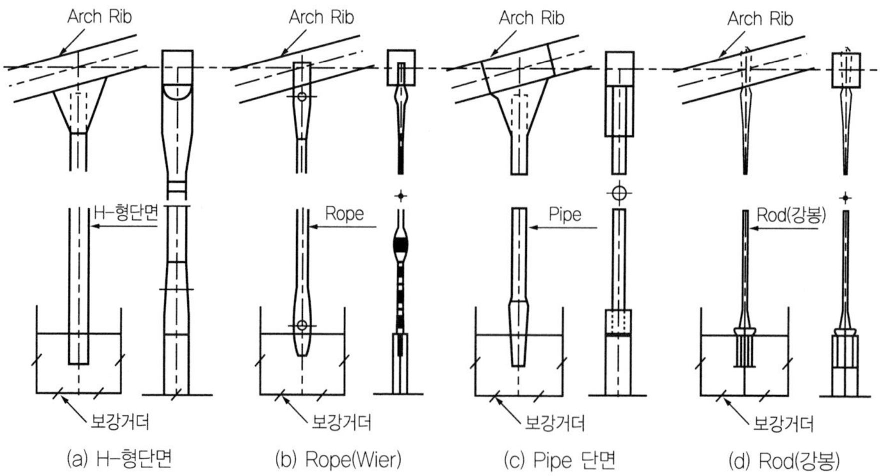

그림 10.3.15 Hanger(달재) 표준 형식

10.3.9 바닥틀(Floor system)의 배치

(1) 아치계 교량에서는 바닥판의 형식으로 철근콘크리트 바닥판이 일반적으로 많이 적용하고 있다. 또한 교량의 폭원이 넓거나, 교량길이가 긴 경우에는 강바닥판의 사용의 예도 있다.

(2) 바닥틀만의 비교에서는 철근콘크리트 박닥판이 경제적이나, 강바닥판 형식의 경우에는 고정하중(자중)의 가볍고, 또한 바닥틀부(Stringer와 Floor Beam)를 격자(Grid)구조로 하여 보강거더와 일체화하면 Arch Rib 및 보강 거더를 포함한 전체의 공사비를 비교하여 형식을 결정하여야 한다.

(3) 세로보(Stringer)의 높이 및 배치하는 격간길이에 따라서 결정한다. Stringer의 간격을 철근콘크리트의 바닥판의 경우에는 3.0m 이하 Precast 콘크리트 바닥판의 경우 최대 7.3m까지 할 수 있으며 가급적이면 6.0m이하로하여 하는 것이 바닥판의 중량을 줄 일수 있는 방안을 강구해야 한다.

(4) 가로보(Floor Beam)는 격점위치에 설치해서 세로보로 부터의 분배하중을 가로보를 통하여 Arch Rib에 전달하는 구조로 계획한다.

(5) 바닥틀의 가로보(Floor Beam)는 온도하중, 콘크리트의 건조수축 등의 종방향 하중에 의해 수직면내에 휨변형을 일으키는 동시에 보강거더의 축방향 변형에 의해 그림 10.3.16과 같이 수평면내의 변형을 일으킨다.

하로아치계 교량의 경우는 특히 이 변형이 크므로 설계시의 주의를 요한다.

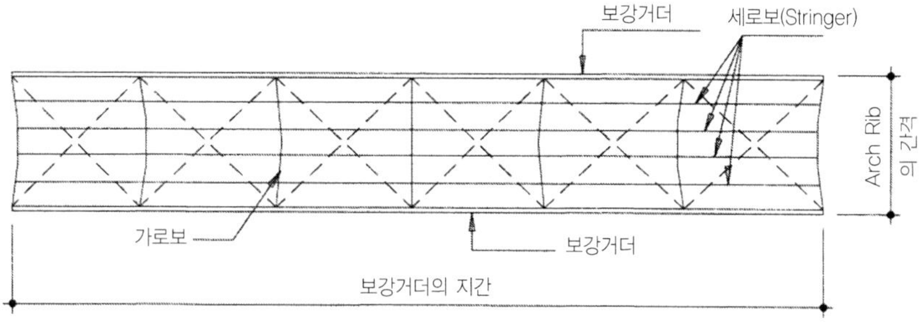

그림 10.3.16 Arch Rib의 변형에 수반하는 바닥틀의 변형

(6) 가로보 수평내의 휨강성이 클 경우, 또 Brack Lateral Bracing은 바닥틀 양단에 설치한 경우에는 가로보 수평면내에 변형이 작아지나 세로보에서는 보강거더와 거의 동등한 축방향 변형에 해당하는 축력을 받게 되므로 설계시 이점에 충분한 배려가 있어야 한다.

10.3.10 상로 아치교의 단부지주

(1) 단부지주에서는 그림 10.3.17와 같이 수직브레이싱 형식과 라멘 형식이 있는데, 수직브레이싱 형식의 것이 일반적이다.

(2) 미관은 라멘형식으로 하는 것이 좋지만, 수직브레이싱 형식이 경제적이다.

(3) 단주지주를 지점부의 구조를 분류하면 그림 10.3.18과 같은 3가지 타입으로 분류된다. 아래에 이들 구조특성을 기술하면 다음과 같다.

1) (a)는 아치리브의 기초부와 단부지주의 기초부를 일체화한 형식이며, 받침이 하나로 되고 기초가 콤펙트하게 되나 기초부 구조가 복잡해진다.

2) 아치리브와 단부지주의 받침을 일체화한 형식으로 (b)와 같이 기초를 콤펙트하게 할 수 있지만, 교량받침 Upper body 형상치수는 아치리브와 단주지주의 단면 형상으로 결정되고, 받침의 Upper · Lower Body가 언벨런스가 되는 동시에 교량받침 Upper body 구조가 복잡해진다.

3) (c)는 아치리브와 단부지부를 완전히 분리시킨 형식으로 아치리브 받침부근의 구조가 심플해지나 기초는 커진다.

(4) 단부지주와 보강거더와의 결합은 강결합해 있는 예도 있지만, 힌지결합이 일반적이다.

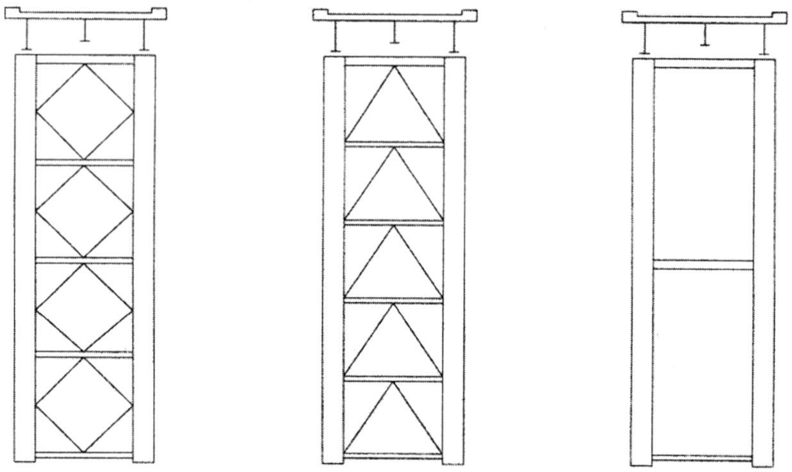

(a) 수직브레이싱 형식(마름모형) (b) 수직브레이싱 형식(역V형) (c) 라멘형식

그림 10.3.17 단부지주의 형식

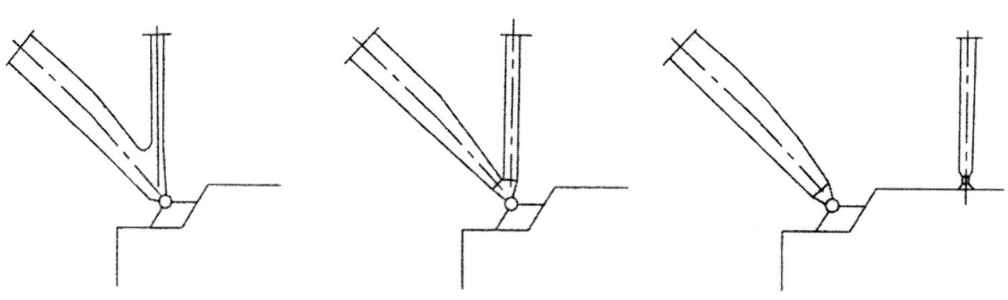

(a) (b) (c)

그림 10.3.18 단부지주의 지점 형식

10.3.11 교문 Bracing(교문구)

하로 아치교 Lohse · Langer교에 있어서 상부 수평브레이싱의 양단이 시설한계를 침범하지 않도록 그림 10.3.19에 나타낸 바와 같이 개구부를 설치한다. 그 때문에 정면의 개구부에 수평브레이싱으로부터 큰 수평력이 작용하므로 충분한 강도를 가진 문형구조(Portal Rahmen) 즉 교문 Bracing이 필요하다.

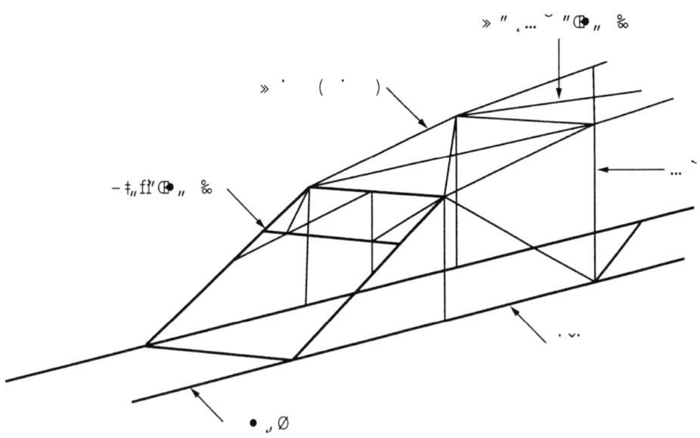

그림 10.3.19 교문 Bracing(교문구)의 배치

(1) 교문 브레이싱은 하로교의 Arch Rib에 작용하는 횡하중의 모든 반력을 교량받침에 전달하는 구조로서 I-형단면, 박스단면의 부재를 사용하며 Arch Rib의 Flange에 직접연결 시키는 것이 좋다.
(2) I-형 단면을 사용하는 경우에는 Arch Rib의 도심위치에 연결하고 응력전달이 확실히 이루어 지도록 하여야 한다.
(3) 교문 브레이싱은 아치 격점부에 설치하며 지지대(Strut)의 높이의 결정은 노면에서 시설한계르 침범하지 않도록 하여야 한다.

그림 10.3.20은 아치교의 교문 bracing(교문구)의 예를 나타낸 것이다.

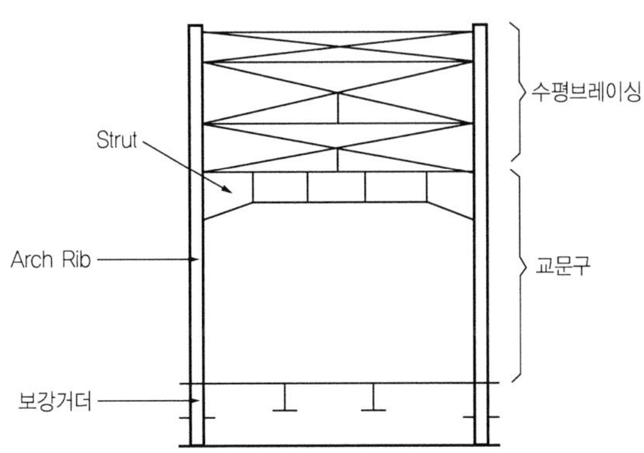

그림 10.3.20 교문브레이싱 예

10.3.12 수평브레싱의 배치

(1) 상로 아치교의 상부수평브레싱의 결합에는 X형, K형, 마름모형의 3가지 형식이 있다.

(2) 하부수평브레이싱의 결합으로서는 상기의 트러스식 이외에 아치리브의 강성을 이용한 Virendeel이 있다.

(3) 상 · 하 수평브레싱으로 결합을 바꾸는 것이 보통이나, 이것은 결합방식 으로 바꿈으로써 비틀림 강성이 높아지는 효과가 있기 때문이다.

(4) 하로 아치계 교량의 상부수평브레이싱 결합방식에서는 그림 10.3.21와 같이 3가지 형식이 있다. 그림 10.3.21(a)는 수평하중에 의한 반력을 P의 위치에 대한 수직 교문브레이싱에 의해 보강거더를 통해서 받침에 전하는 구조이다. (b)는 아치면내에서 교문브레이싱을 설치, 수평하중을 직접 받침으로 전하는 구조이고, (c)는 아치부재간에 Virendeel형식의 수평브레이싱을 사용하여 (b)와 같이 수평하중을 직접받침으로 전하는 구조이다. 교문브레이싱은 교량의 미관과 건축한계의 종합적으로 충분히 주의해서 형상을 결정한다.

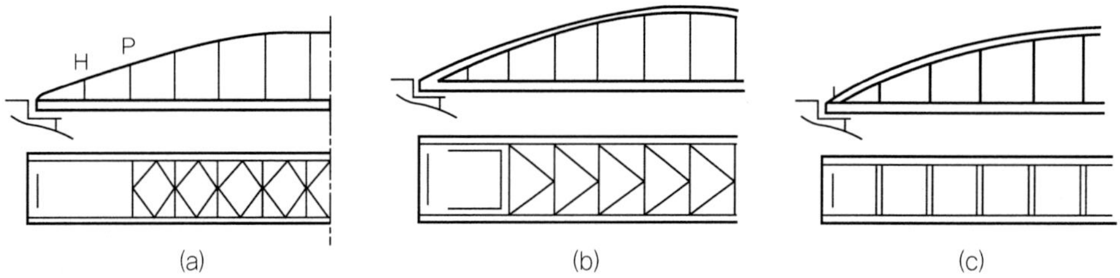

그림 10.3.21 하로 아치계교량의 상부수평브레이싱의 결합방법

10.4 강아치교의 예(외국)

① 木津川新(Kizugawa)橋 (일본)

(a) Arch span : 305m

(b) Rise : 57.0m

(c) 교량 유효폭 : 11.25m(차도 : 8.0m , 보도 3.0m)

(d) 형식 : 강바닥판 Balanced Arch(중앙경간 : Nielsen, 측경간 : Virendeel)

② 神戸(Kbe)大橋 (일본 : 1970년 준공)

(a) Arch span : 217.0m

(b) Rise : 40.0m

(c) 교량 유효폭 : 상로 = 14.0m , 하로 = 20.0m

(d) 형식 : 3경간 연속 Doukle Deck Arch)

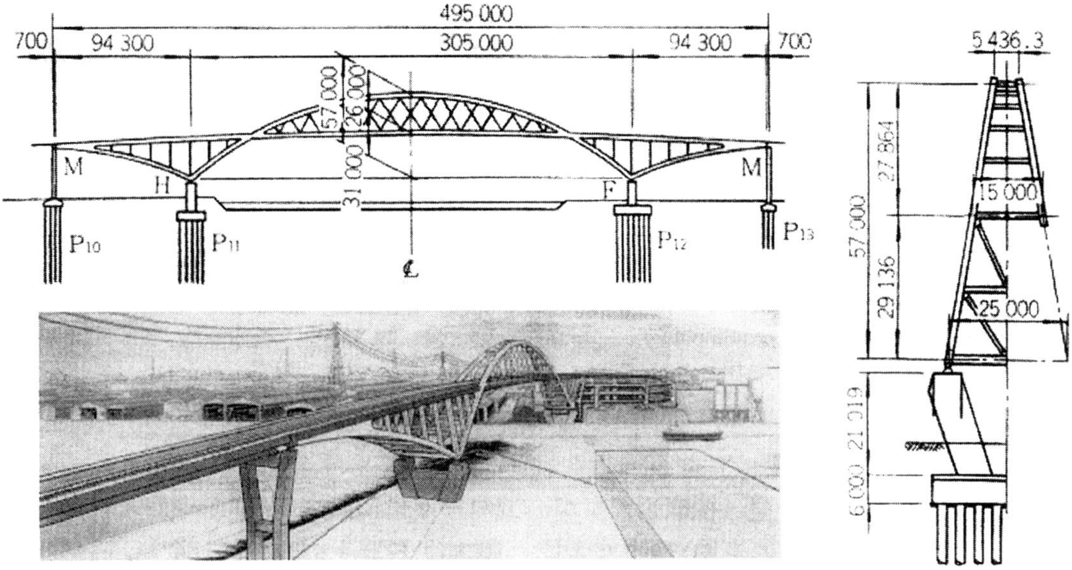

그림 10.4.1 Kizugawa교

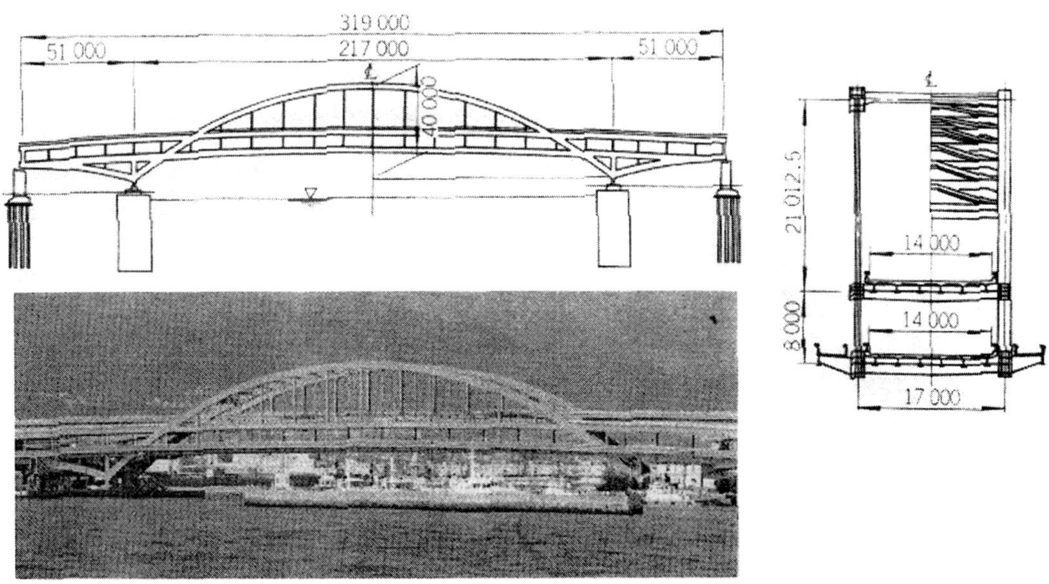

그림 10.4.2 Köbe Bridge

③ Portpia 大橋 (일본 : 1980년 준공)

(a) Arch Span : 155.668m

(b) Rise : 18.985m

(c) 교량유효 폭 : 10.65m

(d) 형식 : 4경간 연속 Gerber, 1-Arch Lose교

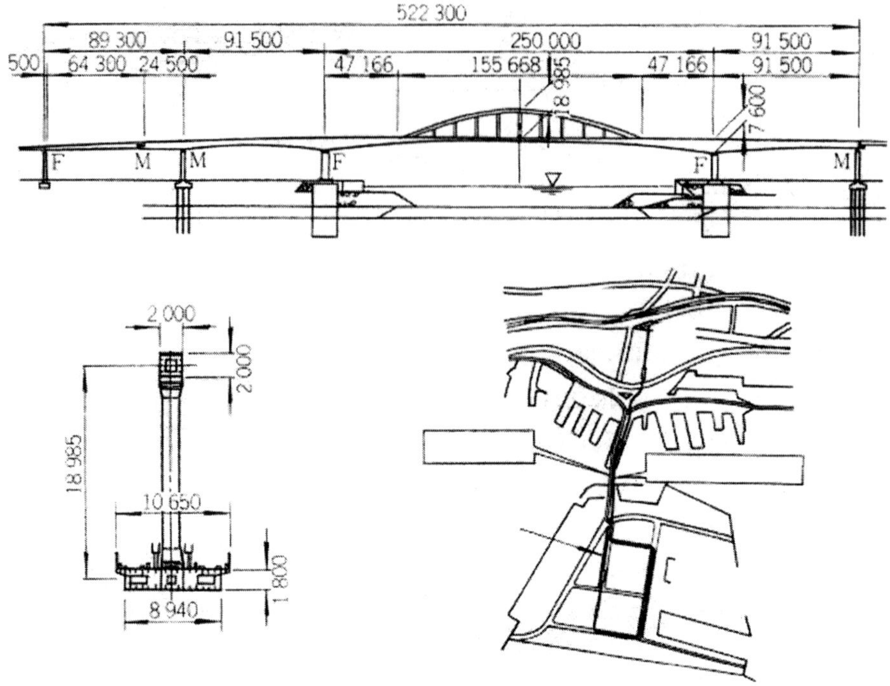

그림 10.4.3 Portpia Bridge

④ 西海(Sai Kai)橋 (일본 : 1955년 준공)

(a) Arch Span : 216m

(b) Rise : 34.5m

(c) 교량 유효폭 : 7.5m

(d) 형식 : 고정 Braced Rib Arch

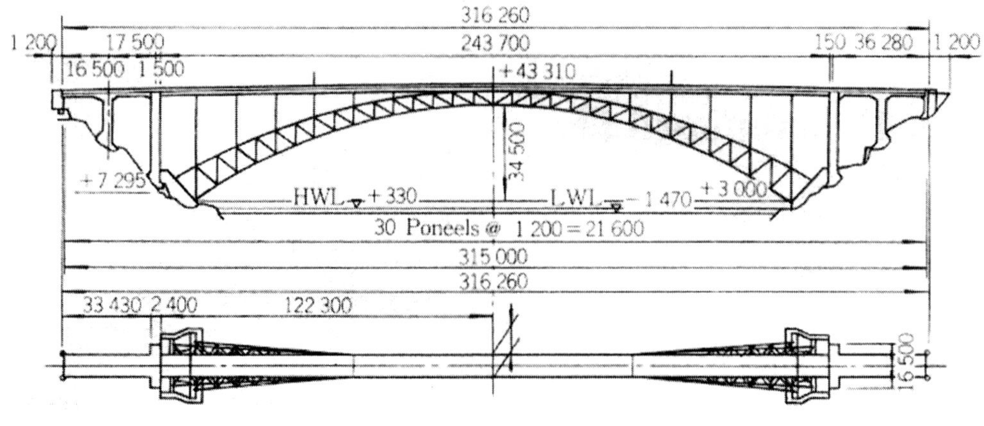

그림 10.4.4 Sai kai교

⑤ Van Brienenoord Bridge(오란다, 로즈테르담), 1965년 준공

(a) Arch Span : 287.09m

(b) Rise : 39.23m

(c) 교량 유효폭 : 차도 21.5m, 보도 7.0m

(d) 형식 : Nielsen Lohse

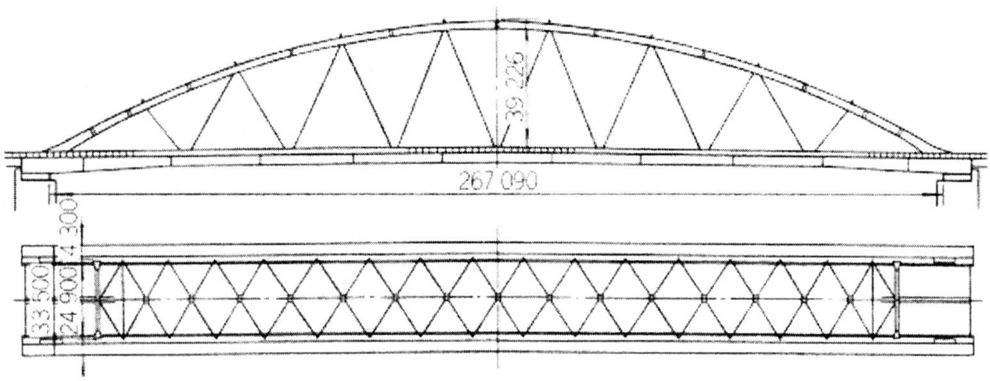

그림 10.4.5 Van, Brienenoord Bridge

⑥ Sydney Har bour Bridge(호주 시드니, 1932년 준공)

(a) Arch Span : 503.0m

(b) Rise : 100m

(c) 폭원 : 49.0m

(d) 형식 : 2-Hinge Braced Rib Arch

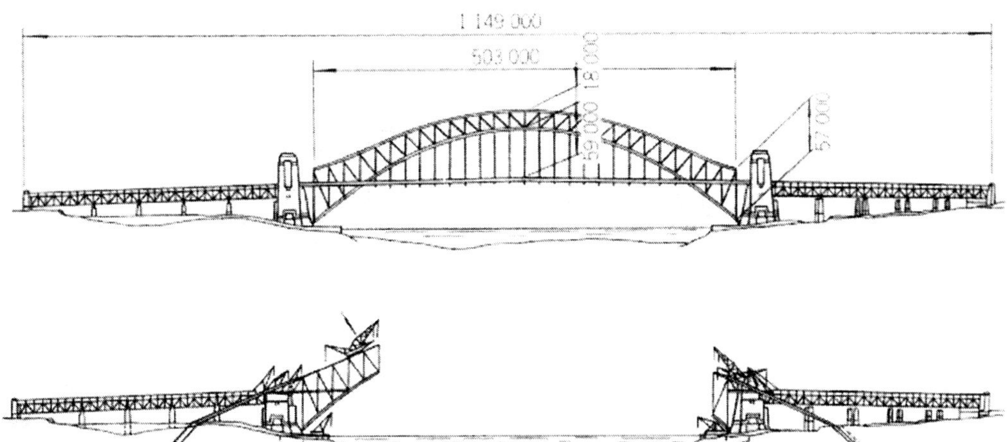

그림 10.4.6 Sydney Harber Bridge (1)

그림 10.4.6 Sydney Harber Bridge (2)

제Ⅱ편 강교

11장

STEEL RAHMEN BRIDGE (강 라멘교) 및 강제교각

⊙ 제 11 장_ STEEL RAHMEN BRIDGE(강 라멘교) 및 강제교각

11.1 강 라멘교

11.1.1 일반사항

(1) 개요

라멘교는 Rigid frame을 주구조로 하는 교량을 말하며, 교량의 상부구조와 하부구조를 강절로 연결함으로써 전체구조의 강성을 높임과 동시에 지간내에 발생하는 휨모멘트의 크기를 줄이는 대신 이를 교대 또는 교각에 부담하게 하는 교량이다. 교각 또는 교대가 상부구조와 일체가 되어 외적으로 부정정구조인 것 많다.

라멘교의 부재는 일반적으로 축방향력, 휨모멘트, 전단력(Torsion 포함)을 동시에 받으므로 단면응력검토, 국부적 또는 전체적인 좌굴검토에 세심한 주의를 기울어야 한다.

또한 설계시 하중재하에 의해 골조(Frame)의 형상이 변하더라도 절점에 모인 부재축의 교각은 변하지 않은 것이 기본 전제 조건이므로 절점구조 설계에서 이 조건을 만족시킬 수 있어야 한다.

그리고 기초(Footing)와 교대 또는 교각의 하단부와의 접촉위치나, 기초의 마루(정점)위치를 고정절점으로 하여 라멘의 부재길이를 취하는 것은 이런 뜻으로 적절치 않은 경우가 있다.

외적 부정정 구조인 경우에는 하부구조의 각 변위가 상부구조에 불리한 영향을 끼치지 않도록 기초설계에 주의하여야 한다.

(2) Rahmen교의 특징

1) 상부구조와 일체로 되기 때문에 교각 또는 교대에 받침이 불필요하다.
2) 상부구조의 부재 높이를 연속교 또는 단순교에 비교하여 낮게 할 수 있다.
3) 교량의 미관상 유리하다.
4) 유지관리비가 저렴하다.
5) 연속교와 같이 낙교방지 시설을 하지 않아도 지진시 수평력을 각 교각이 분산 저항하므로 연속 거더교에 비하여 유리하게 되는 경우가 있다.
6) 도로, 철도, 하천 등의 횡단시 경사교각을 사용하면 미관 또는 경제적인 설계가 가능하다.

7) 부정정 구조이기 때문에 온도하중 바닥판의 건조수축, 기초의 부등침하에 의한 영향이 커지는 경우가 있다.

8) 고정하중에 의한 하부구조의 수평력이 작용하는 경우가 많다.(교각 받침 설계시 유의 요망)
이러한 장단점을 충분히 인지하고 교량계획 위치의 지형조건이나 시공조건에 따라 좌우되는 사항에 대하여 라멘교를 설계할 때 상기의 사항의 득실과 세심한 가설조건을 검토가 필요하다.

(3) 강 라멘교의 종류

라멘교는 부재의 첨가, 점점에서 부재의 연결방법 여하에 따라 여러 가지 종류의 형식을 만들 수 있으나, 일반적으로 교량에 적용하고 있는 강라멘교의 종류는 종단면 형상에 따른 구분과 노면위치 및 상부구조의 형식에 따라 구분하기도 한다.

1) 종단 골조 형상에 의한 구분

도로교에서 많이 적용되고 있는 Rahmen교의 종방향 골조 형상은 다음 그림 11.1.1와 같다.

2) 노면위치에 의한 분류

① 상로교 형식은 그림 11.1.1(a), (b), (c), (d), (e), (f), (g), (j)의 일반적으로 적용되고 있다.
② 하로교 형식은 그림 11.1.1(h), (i)의 형식이 있다.
③ 2층교 형식으로 그림 11.1.1(k)의 V-형 교각 2층 라멘교가 있다.

3) 상부구조의 형식에 의한 구분(횡단면)

① I-형 거더 형식
② 강박스거더 형식
③ Truss 형식
④ Portal Rahmen 형식(Virendeel교)

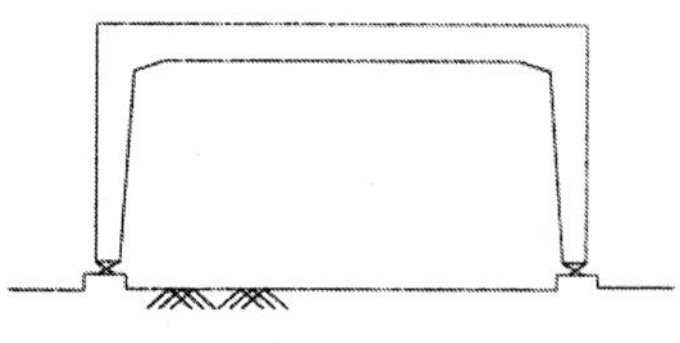

(a) 문형 라멘교(Portal Rahmen)

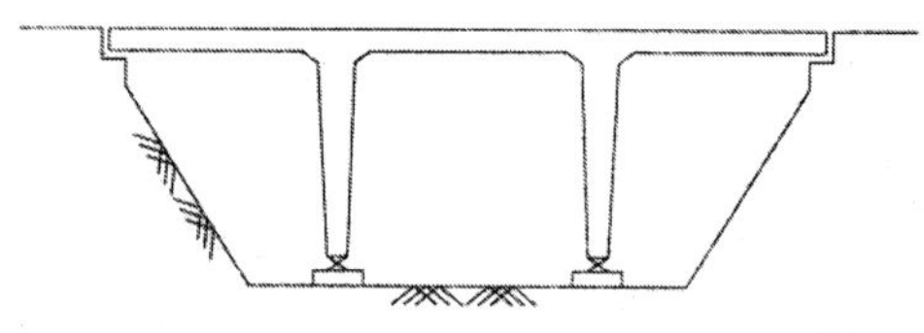

(b) π-형 라멘교

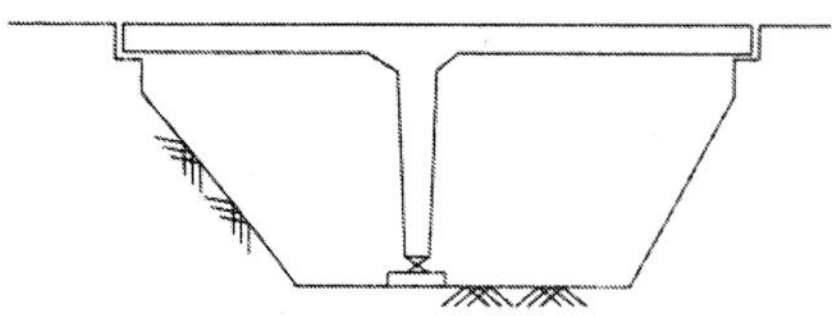

(c) T-형 라멘교

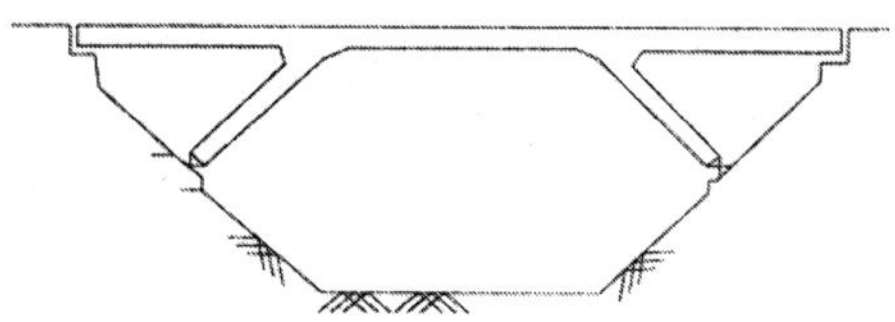

(d) 경사교각 라멘교

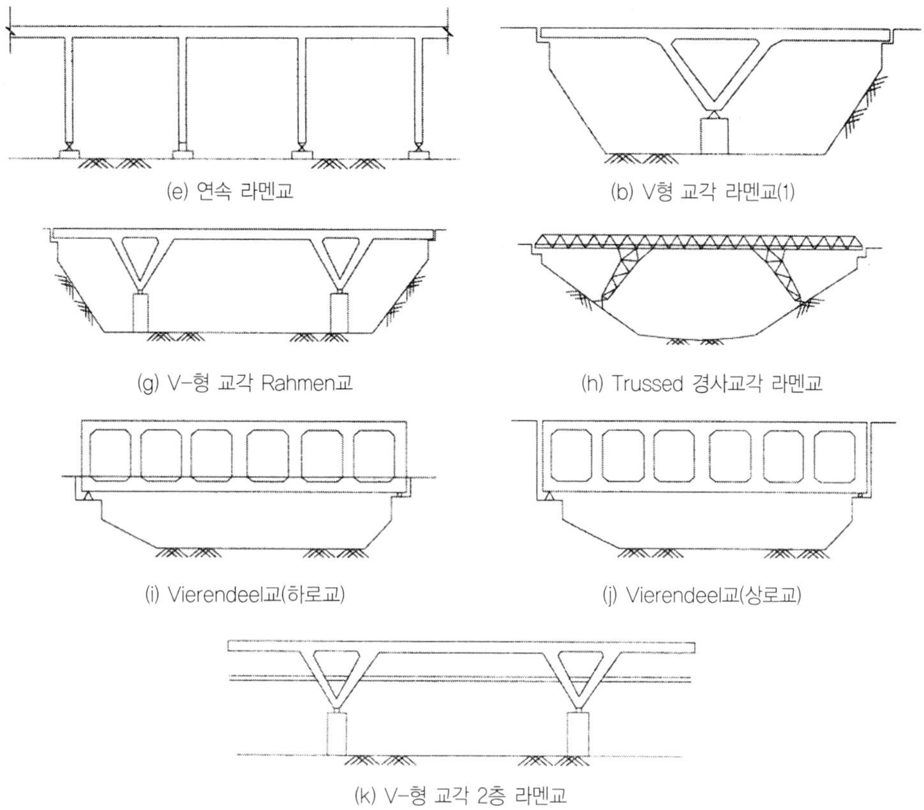

그림 11.1.1 강라멘교의 종방향 골조형상

11.1.2 각 형식의 적용성

(1) 강제문형 라멘교(Portal Rahmen Bridge) (그림 11.1.1(a))

이 형식은 일반적으로 도로교에서는 적용은 하지 않으며 보도교에 적용한 예가 많다. 이 형식을 도로교에서 적용시에는 교대부 배면의 토사와 접하는 면을 보호 및 장래유지관리를 위한 공간설치 또는 강합성 교대로 하는 점에 유의해야 한다.

또한 적용시 교대의 높이가 높아 경제성이 떨어지는 경우가 있으므로 거더교와 시공성, 경제성, 다리밑 공간 등을 검토하여 설계에 반영하여야 한다.

(2) 연속 라멘교, π-형 라멘교, T-형 라멘교

1) 연속라멘교는 다리밑 공간 확보 목적으로 도시 고가교에 많이 적용하고 있으며, 그림 11.1.2(a)와 같이 교각 하단을 고정으로 강결시키는 경우 상부구조의 온도변화 바닥판 콘크리트 건조수축, Creep 등의 영향에 의하여 교각에 작용하는 수평력 및 휨모멘트가 커진다. 따라서 하단(교각 Footing과 연결부)을 고정시키는 경우에는 교각이 Flexible하여야하며 다경간 연속의 경우에는 그

림 11.1.2(b), (c)와 같이 지점조건을 설정하여 계획하는 것이 합리적인 경우가 있다.

적용지간은 40~60m 정도의 중소교량에 적용하는 예가 많으며, 교량의 받침수, 신축이음의 개소가 적기 때문에 유지관리가 용이 할 뿐만 아니라 고차 부정정 구조물이기 때문에 내진성이 뛰어난다.

이 형식은 교량을 계획시 온도변화에 따른 부정력이 크기 때문에 교각의 높이가 다르거나, 교각의 높이가 전체적으로 낮은 경우에는 교각에 큰 단면력이 발생하여 설계가 곤란한 경우가 있으니 충분한 검토가 따라야 한다.

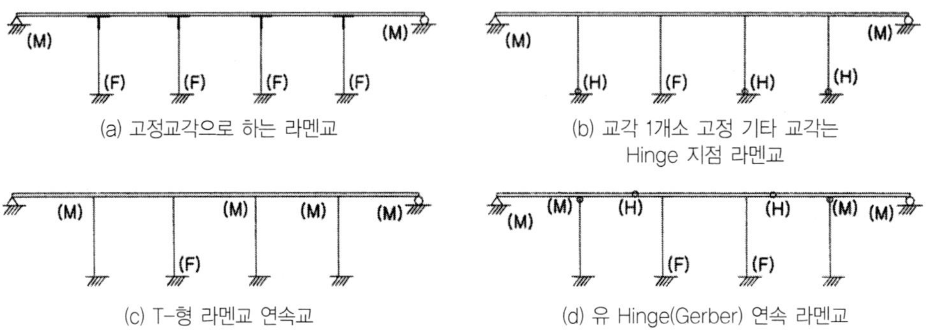

(a) 고정교각으로 하는 라멘교

(b) 교각 1개소 고정 기타 교각는 Hinge 지점 라멘교

(c) T-형 라멘교 연속교

(d) 유 Hinge(Gerber) 연속 라멘교

그림 11.1.2 연속라멘교의 지점조건

2) 2경간 또는 3경간 연속 라멘교는 교각의 지점조건을 고정으로 설계하는 경우가 많으나, 3경간 연속의 경우 종방향 수평력이 큰 경우에는 교각 Footing의 단면의 커지는 경우에는 교각 1개소를 Hinge로 지점을 설계하는 것이 바람직하다.

(3) 경사교각 라멘교

라멘교로서는 가장 많이 적용하는 형식으로서 깊은 계곡이나 도로의 양측을 절취하여 교량을 가설하는 중소 지간의 교량에 많이 적용하고 있다. 경사교각 라멘교는 형식적으로는 상로 아치교와 비슷하고, 휨모멘트, 축방향력 및 전단력이 동시에 작용하는 부재로 성립되어 있다.

교량 아래의 계곡이나 시설물(도로, 철도 등) 등의 환경을 손상시키지 않고 가설 할 수 있고, 또한 기둥(교각)과 거더가 일체구조로 되어 있음으로 미관면에서도 우수한 교량형식이다.

경사교각라멘교의 거더에 있어서는 지배적인 휨모멘트의 분포형상이 기둥과 거더의 지점으로 하는 연속거더와 비슷하다는 점에서 연속 I-형 거더교, 연속 박스거더교와 같은 방법으로 설계하여도 된다.

그림 11.1.3(a)는 측경간과 중앙 경간을 연속시키는 측경간 연속 Type(a)와 그림 11.1.3(b)는 측경간에 Hinge를 설치하는 Type(b)이 있다. Type(a)는 일반적으로 교량 중심 평면곡선의 곡률반경이 큰 경우에 사용되고, Type(b)는 교량평면 곡률반경이 작은 경우에 사용할 수도 있다.

교각의 하단부에 있어서는 축력과 수평력(전단력)을 Footing(기초)에 전달하도록 Pin구조(Hinge 구조)로 하고 있다. 측경간 연속 Type(a)에서는 온도변화에 의한 이동이나 활하중의 처짐에 의한 이동이 원활하게 하기 위하여 교대 양단에 가동받침을 설치하도록 설계하고 있다.

또한 다른 단부에 고정받침으로 하는 경우도 하능하지만, 수평력이 크기 때문에 하부공이 커지는 점이 있기 때문에 거의 적용은 하지 않고 있다.

측경간을 Gerber하는 Type(b)는 측경간의 수직반력 및 수평력을 π-형 라멘에 전달하도록 하고 휨모멘트는 전달하지 않도록 하는 구조이다.

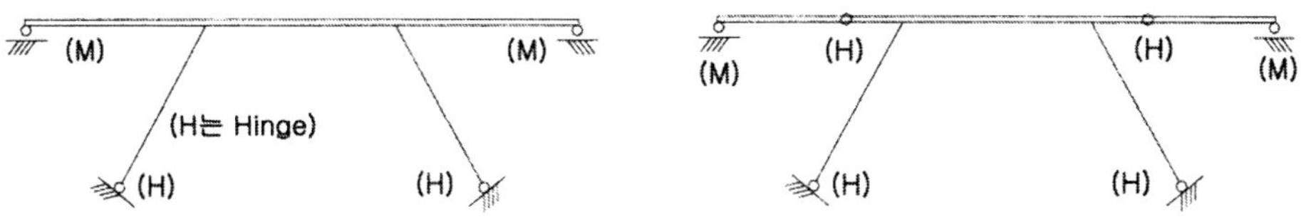

(a) 측경간 연속 Type(a)   (b) 측경간 Gerber Type(b)

그림 11.1.3 경사교각 라멘교의 지점 조건

(4) V-형 교각 라멘교

이 교량 형식은 교량 종방향으로 교각을 V-자 형으로 하여 상부거더의 휨모멘트을 저감하도록 하는 형식으로서, 주로 교량의 미관, 상부거더의 높이를 낮게 하여야 하는 지역 또는 계획상의 특색을 나타내는 경우에 많이 적용된다. 이 형식은 교각 하단부에 Pin 받침(Hinge)를 설치하여 지진시 수평력에 의한 휨모멘트를 기초에 전달하지 않게 하는 것이 가능하다.(Pin 받침 대신 Rocker 받침을 사용하는 경우도 있다.) 이 형식은 연속라멘교에 비교하여 동일 높이의 거더에서 장경간 길이로 설계가 가능한 이점이 있으므로 산악지대의 계곡을 횡단하는 교량에 적용하였을때 미관상으로 우수하고 자연을 훼손하지 않은 이점이 있다. 다경간 연속교로 설계하고저 하는 경우 온도하중, 콘크리트 바닥판의 건조수축 및 Creep에 의한 수평이동량이 클 때는 그림 11.1.4(c)와 같은 Gerber 형식을 적용하여 이에 대한 대책을 강구하는 경우도 있다.

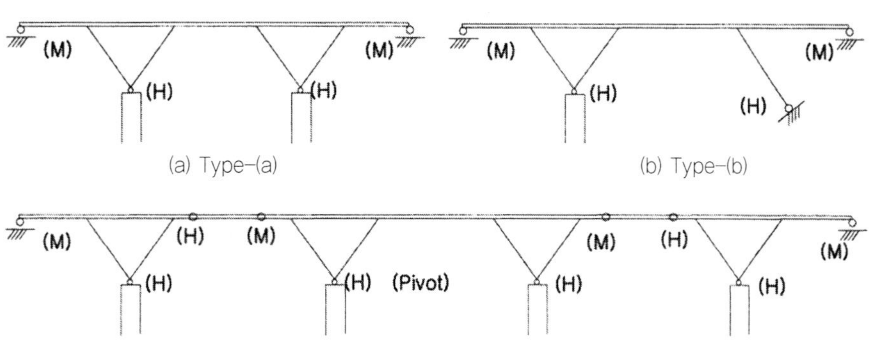

(a) Type-(a)   (b) Type-(b)

(c) Type-(c)

그림 11.1.4 V-형 교각 라멘교의 지점조건

(5) 비이렌딜(Vierendeel)교

비이렌딜교는 Truss교의 경사재(diagonal)을 삭제하고 상 · 하현재(Chord)와 수직재 만으로 구성된 Rigid Frame girder로 된 교량를 말한다.

경우에 따라서는 Open Web Girder교, Vierendeel Girder교라고 부르기도 한다.

현재(Chord)는 평행 현재 또는 곡선 현재를 적용하고 있다. 유럽 등지에 많이 적용하고 있으나 미국에서는 적용을 기피하고 있는 실정이다. 이는 Truss교에 비교하여 경제성이 떨어지고 있기 때문이다.

일본에서는 다리밑 공간의 제약을 받는 경우 또는 일부 보도교에 적용한 예가 있으며, 우리나라에서는 현재까지 도로교에서 적용한 예를 찾아 볼 수 없다.

건축에서는 적용한 예가 있다.

11.1.3 적용지간

라멘교의 적용지간은 교량종방향 형상에 따라 다음 표 11.1.1의 범위 내에서 적용한다.

⊙ 표 11.1.1 강제 라멘교의 적용 지간 길이(m)

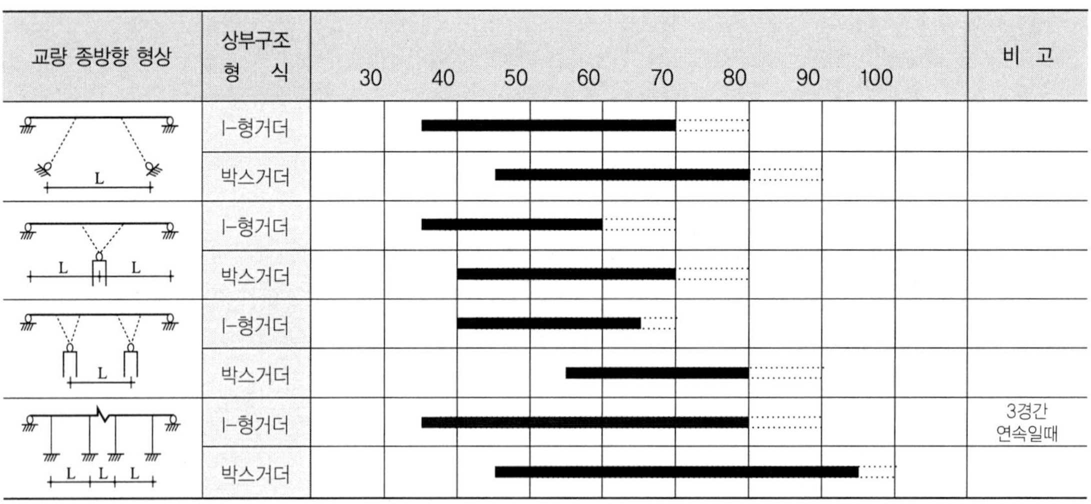

11.1.4 라멘교의 강재 중량

라멘교는 상부구조의 횡방향 형상는 I-형, Box형을 갖추고 있으며, 기둥에 작용하는 단면은 Arch교와 유사한 면이 있다. 연속라멘교는 제외한 경사교각, V-교각을 갖는 라멘교의 경우에는 교각의 지점간 거리(L_2)와 내부격점(기둥과 상부구조 교점)간길이(L_1)와의 비(L_2/ L_1)의해 단위 m²당 강재 중량이 상이하게 나타나고 있다.

그림 11.1.5는 일본 Design Data Book【(사)일본교량 건설 협회】에서 인용한 것이고 그림 11.1.6, 그

림 11.1.7 일본 교량 년감의 내용을 분석하여 도표한 것이다.(경사 교각 라멘교에 대한 분석임)

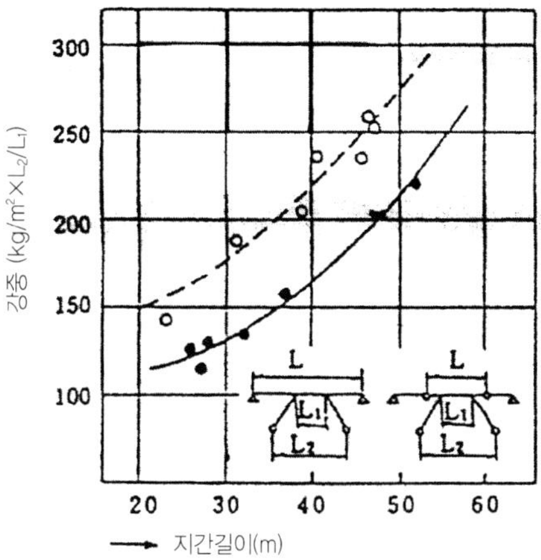

여기서,
a) • : 연속보 형식
 ◦ : Gerber 형식
b) L_1 : 상부구조 격점간 길이(m)
 L_2 : 지간길이(m)
c) L : 연속보 형식의 교량길이(m)
 Gerber교의 지점간 길이(cm)

그림 11.1.5 경사교각을 갖는 라멘교의 지간에 따른 강재중량

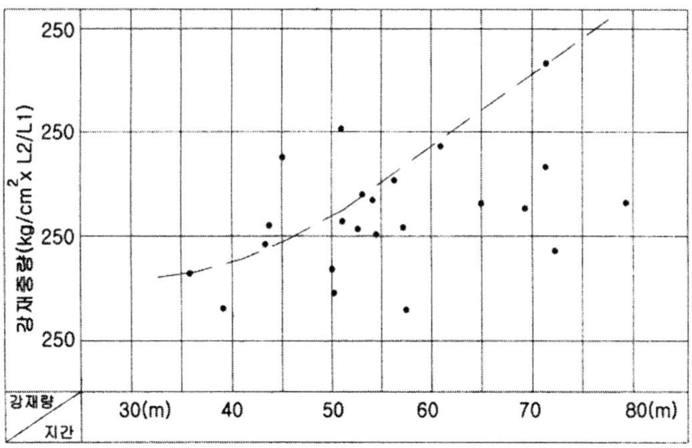

(a) I-형 거더 경사 교각 라멘교의 지간에 따른 강재중량

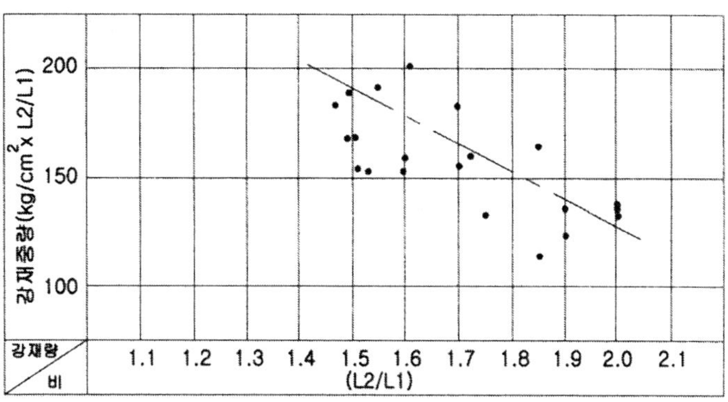

(b) I-형 거더 경사 교각 라멘교의 L_2/L_1에 따른 강재중량

그림 11.1.6 I-형 거더 라멘교의 강재중량

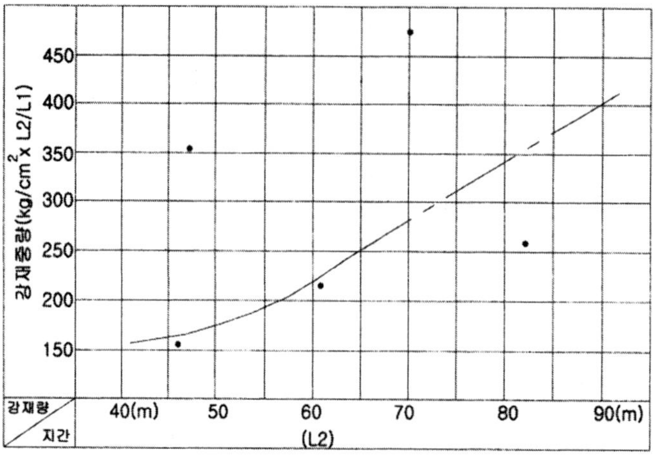

(a) 박스거더 경사교각 라멘교의 지간에 다른 강재중량

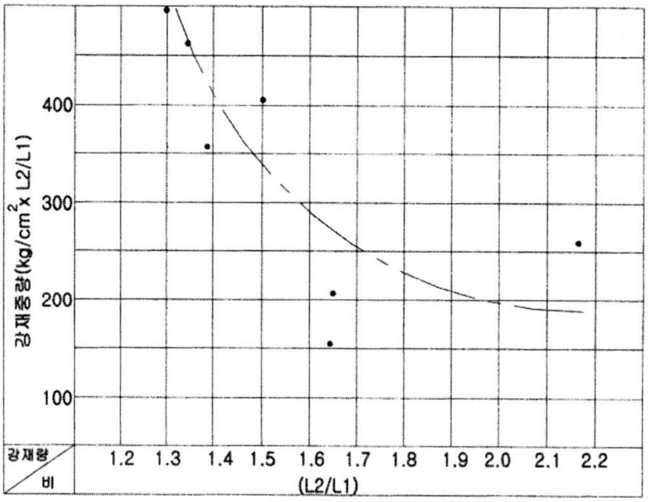

(b) 박스거더 경사 교각 라멘교의 L_2/L_1에 따른 강재중량

그림 11.1.7 박스거더 라멘교의 강재중량

또한 "일본 교량년감"에 있는 1등교에서 기타형식에 대하여 강재중량을 조사한 결과 박스 라멘교 형식은 다음과 같은 범위의 강재가 소요되는 것으로 나타났다.

① V-형 교각 1기일 때 : W = 350~390kg/m²(지간 $L \geq$ 50m)

② V-형 교각 2기일 때 : W = 240~450kg/m²(지간 $L \geq$ 50m)

③ 연속라멘교 : W = 520~660kg/m²(지간 $L \geq$ 50m)

11.1.5 경사교각, V-형 교각의 격점간 길이 및 경사각

(1) 경사교각의 기둥의 경사각 θ는 45°~65°의 범위로 설계하는 것이 바람직하다.

(2) 경사교각의 라멘교 경우에 지간길이(L_2)중앙 격점간 길이(L_1)에 대한 비(L_2/L_1)는 일반적으로 1.5~2.0 범위에서 설계한 예가 많다.

그림 11.1.6(b), 그림 11.1.7(b)에서 알수 있듯이 L_2/L_1이 적을수록 소요 강재량이 적게 드는 것을 알수 있다. 그러나 이들의 비(L_2/L_1)는 교량가설 위치의 지형조건, 지반조건에 의해 결정되는 것이기 때문에 절대적인 것은 아니며, 일반적으로 L_2/L_1의 비는 1.5~1.7 정도의 범위에서 설계를 많이 하고 있다.

(3) V-형 교각의 경우 경사 각도는 경사교각 라멘교와 마찬가지로 경사각도를 45° ~ 65° 범위에서 결정하며, 중앙격점간 길이(L_1)는 교량가설 위치의 지형조건, 가설조건 및 지반조건 등에 따라 다르나 주거더가 박스 거더인 경우에는 L_1 = 30~50m 정도, V-형 교각 두부정점간 길이(Lc)는 20~40m 정도가 적당하다.

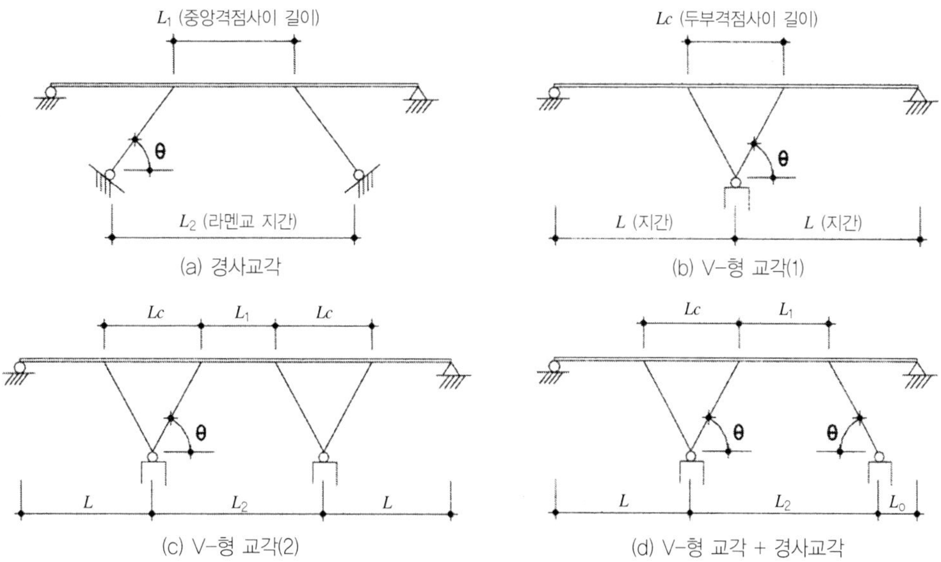

여기서, θ : 45° ~ 65°, L_2/L_1 = 1.5~2.0 범위
$L_1 \leqq$ 90m , Lc = 20~40m(주거더 : 박스거더 형식)
$L_1 \leqq$ 30~50m 정도

그림 11.1.8 경사 교각의 경사각 및 L_2/L_1의 비

11.1.6 바닥틀(Floor System)

(1) 주거더(주형) 배치

1) 바닥판의 Cantilever 길이는 1.0~1.5m 정도로 해서 주거더를 배치한다.
2) 현장타설콘크리트 바닥판을 하는 경우 주거더의 순간격은 3.0m를 넘지 않는 것이 좋다. 철근콘크리트 바닥판의 최소두께 22cm를 초과 하면 바닥판 자중 증가에 따른 고정하중 증가가 있기 때문에 제한하는 것이다.

3) 주거더의 배치는 교량 폭에 좌우되지만 가급적이면 2-거더으로 하는 것이 경제적이다.
그림 11.1.9과 같이 (a)의 경우에는 교량가설 위치의 다리 밑 높이 제한을 받는 경우, 활하중에 의한 처짐이 허용 처짐량을 초과할 때를 제외하고는 세로보(Stringe)를 사용하여 2-거더으로 설계하는 것이 바람직하다.

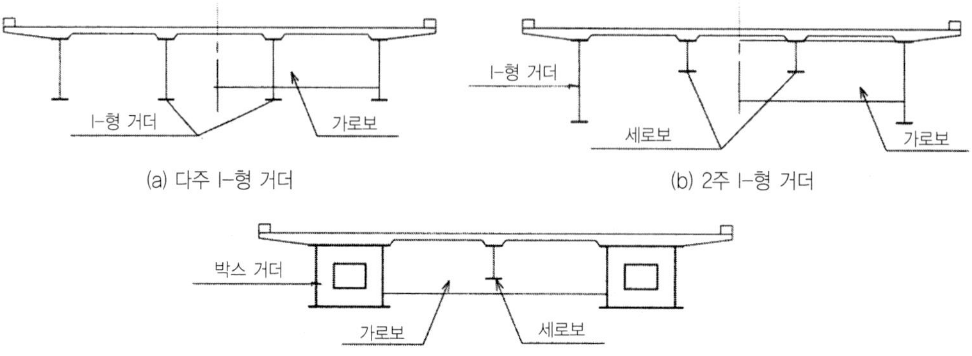

(a) 다주 I-형 거더
(b) 2주 I-형 거더
(c) 2주 박스거더

그림 11.1.9 주거더 배치 예

4) 라멘교는 되도록 직교로 하는 것이 바람직하나 교량가설 지점의 제약, 교대부근에 확폭이 있는 경우에는 하중편심 재하에 따른 영향을 검토해야 한다.
5) 도로의 평면선형이 곡선인 경우에는 교각두부와 주거더의 격점에서 그림 11.1.10와 같이 주거더를 꺾어 배치 할 때도 있다. 이와 같이 거더를 꺾을 때는 바닥판의 Cantilever 길이가 길어져 고정하중의 증가를 초래하여 주거더에 비틀림이 발생하므로 이에 대한 충분한 검토가 따라야 한다.
또한 이와 같은 거더중심에 대하여 대칭이 아닌 라멘교의 경우에는 작용 하중이 편기되기 때문에 그 영향을 I-형 거더의 경우 수직브레이싱(Sway Bracing), 수평브레이싱(Lateral Bracing)의 단면력으로서 고려하여야 한다.
6) 도로의 평면선형이 곡선인 경우 경사교각 라멘교의 경우 측경간을 Gerber 형식 즉 단순거더 형식으로 하여 직교로 설계하는 경우도 있다. 이때에 지점부의 설계에 세심한 주의를 하여야 한다.(그림 11.1.10(b) 참조)

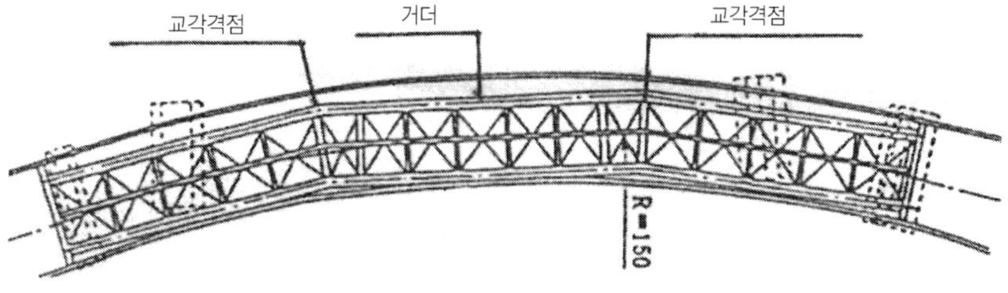

(a) 연속거더 형식에서 거더를 평면적으로 꺾인 형상

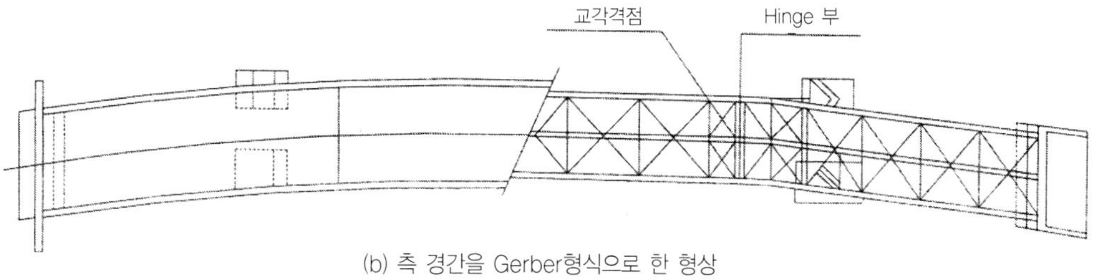

(b) 측 경간을 Gerber형식으로 한 형상

그림 11.1.10 경사 교각인 라멘교의 평면형상

7) 주거더의 배치에 대한 제한 사항은 I-형 거더의 경우 전술한 6.4.5 (4)항 박스거더의 경우 6.4.5(5)항에 따른다.

(2) 가로보(Floor Beam, Cross Beam), 세로보(Stringer) 배치

1) 가로보의 배치는 주거더 단부, 주거더와 교각 교점에는 필히 배치한다.
2) 가로보의 간격는 4.0~6.0m가 일반적이다.
3) Gerber 형식에서는 Hinge 부에는 가로보를 배치하고 횡하중에 대한 안전성이 확보되도록 설계하여야 한다.
4) 가로보 배치 방법은 전술한 제 5장 5.2.5 (1), (2)항에 따른다.
5) 세로보 배치 방벙은 전술한 제 5장 5.2.1 (2)항에 따른다.

(3) I-형 거더의 수직브레이싱 및 수평브레이싱 배치

1) 수직브레이싱(Sway Bracing) 배치는 전술한 제 5장 5.1.5 (1)절에 따른다.
2) 수평브레이싱(Lateral Bracing)배치는 전술한 제 5장 5.1.5 (2)절에 따른다.

11.1.7 경사교각부의 수직브레이싱

경사교각을 갖는 라멘교에서 수평방향의 하중을 원활한 지점에 전달하기 위해 수직브레이싱을 배치하는 것이 일반적이다.

(1) 교각에 배치하는 수직브레이싱은 그림 11.1.11와 같이 수직브레이싱 형 식과 라멘형식이 있는데, 수직브레이싱 형식은 주거더가 I-형 거더인 경우에 적용하고, 라멘형식은 주거더가 박스거더 인 경우에 적용하는 것이 일반적이다.

(2) 연속라멘교에서 박스단면의 교각의 경우 좌굴길이를 고려해서 수직브레이싱을 배치하지 않은 경우도 있으며, 교각의 높이가 높은경우에는 라멘형식을 채용하는 것이 일반적이다.

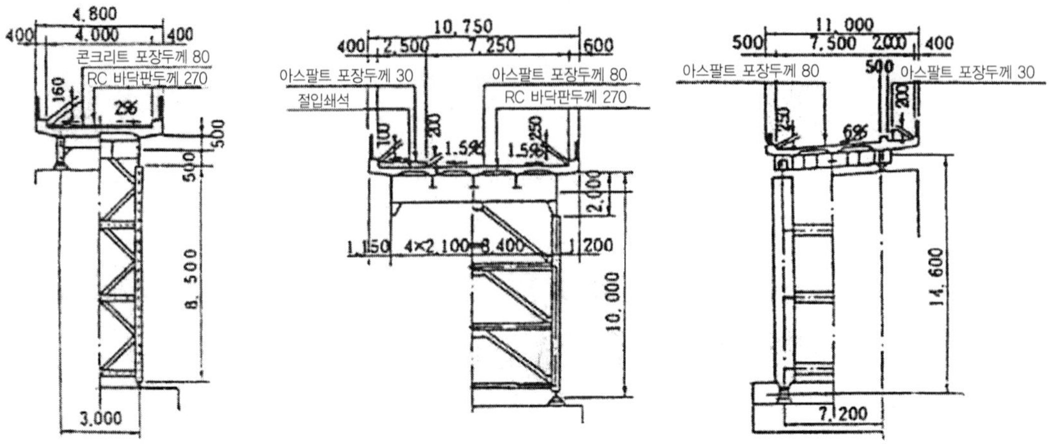

(a) 마름모형 트러스 (b) K트러스 (c) 라멘

그림 11.1.11 교각 수직브레이싱 형상 예

11.1.8 주거더의 단면 형상

(1) 주거더의 단면 형상은 I-형 거더 단면과 박스거더 단면이 있으며, I-형 거더는 소규모 라멘교, 박스거더는 중 · 대 규모의 라멘교에 적용한다.

(2) 특수한 단면 즉 사다리 꼴, ⊔형 단면(개방단면)등은 우각부(거도와 교각의 교점부 : 격점부)의 구조가 복잡해 지고, 또 응력 흐름의 불명확성 · 응력집중 등의 문제가 있으므로 설계에 적용하지 않고 있다.

(3) 주거더의 단면 계획은 I-형 거더의 경우 전술한 제 5장 5.1.4 (2)항, 박스거더의 경우 제 6장 6.1.5절에 따른다.

(4) 기타 상세사항은 전술한 제 5장 및 제 6장에 따라 계획한다.

① 강제라멘교의 예

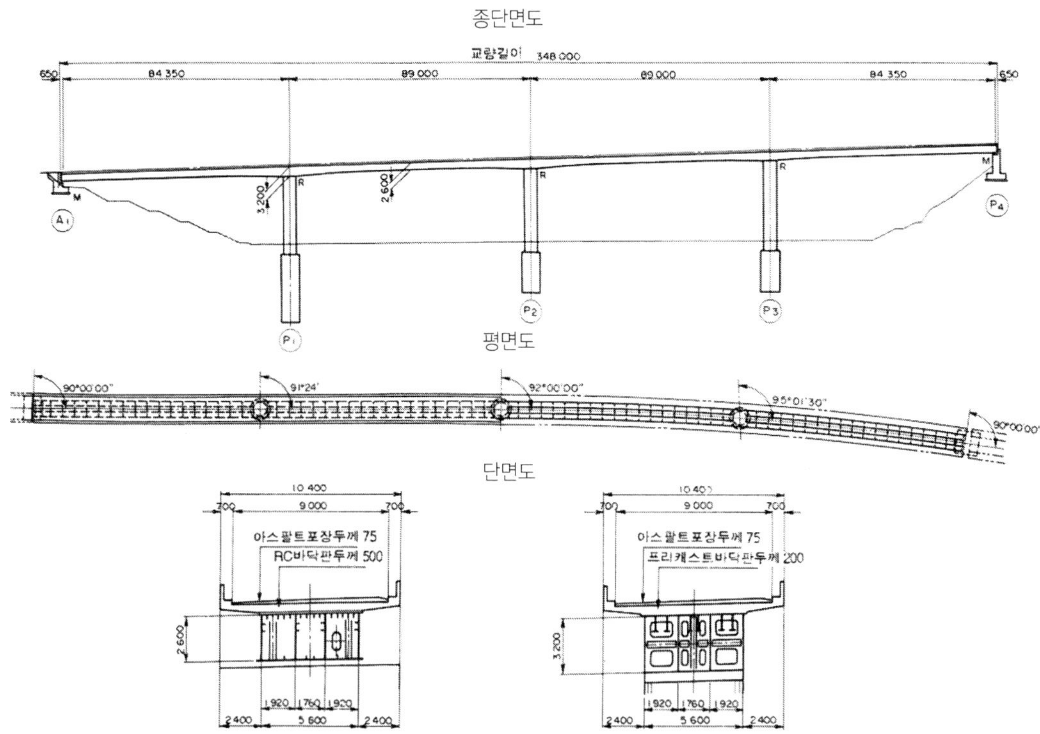

그림 11.1.12 기타지쿠마가와교 (연속 라멘교)

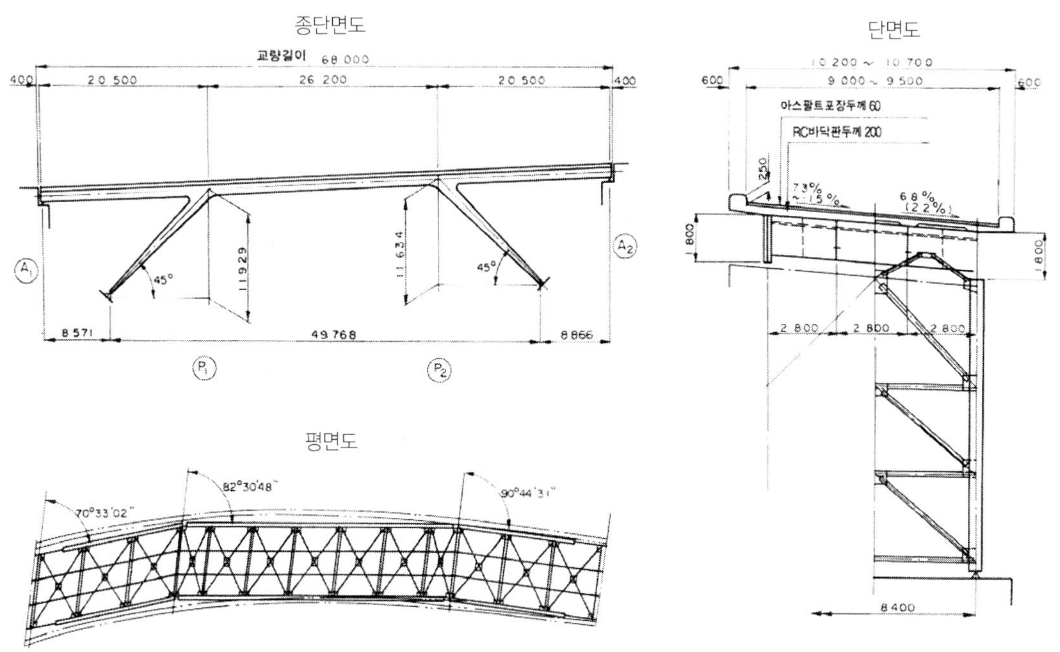

그림 11.1.13 오사가케교 (경사교각 라멘교)

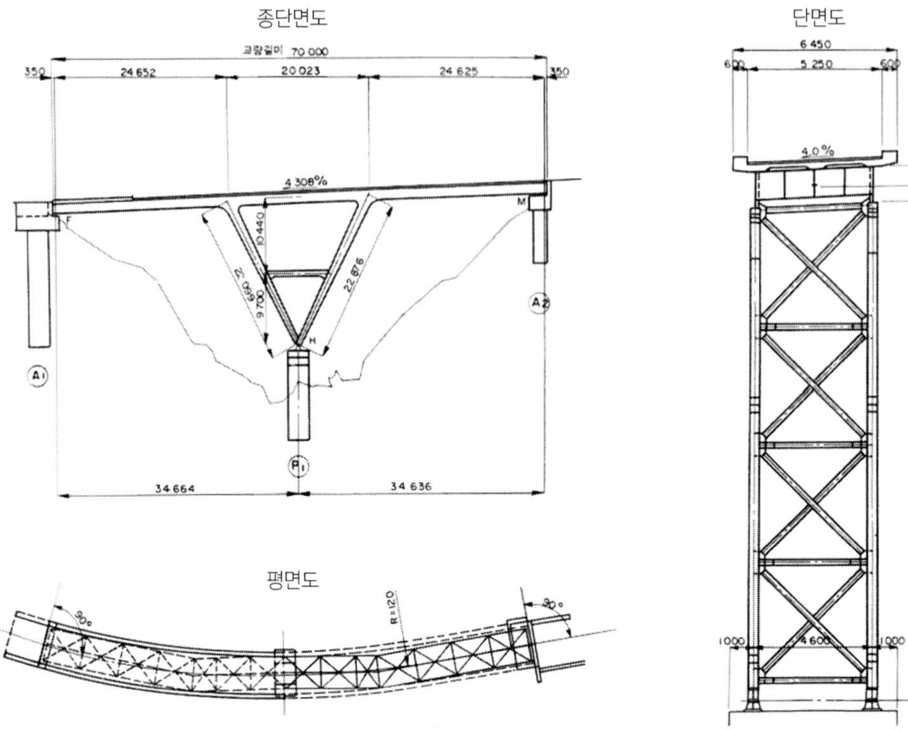

그림 11.1.14 도쿠라 4호교 (V-형 교각 라멘교)

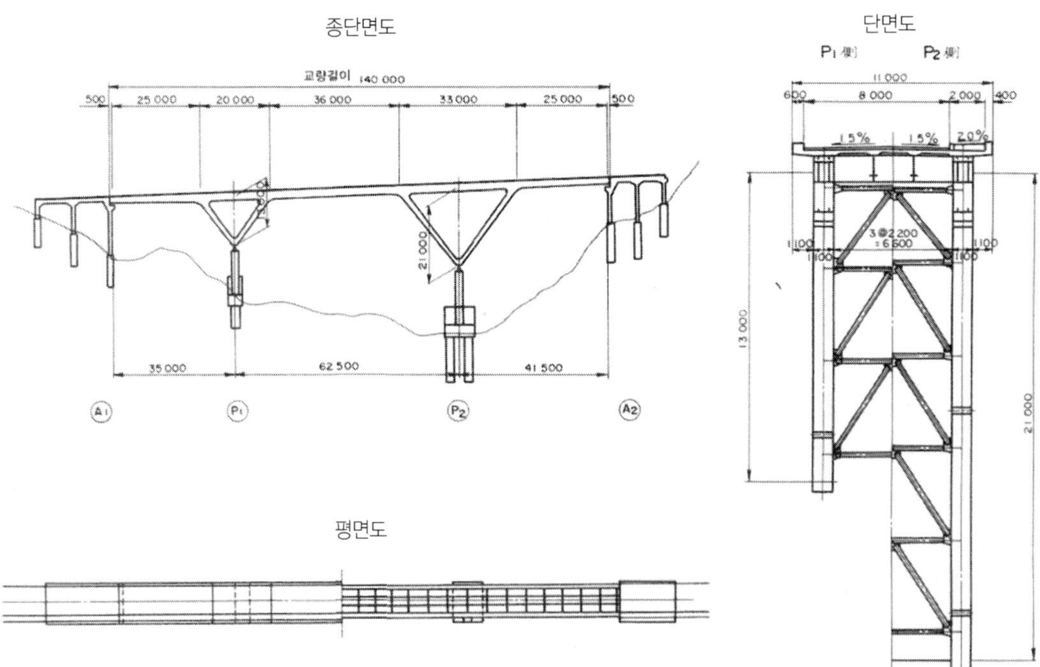

그림 11.1.15 오데크보 대교 (V-형 교각 연속라멘교)

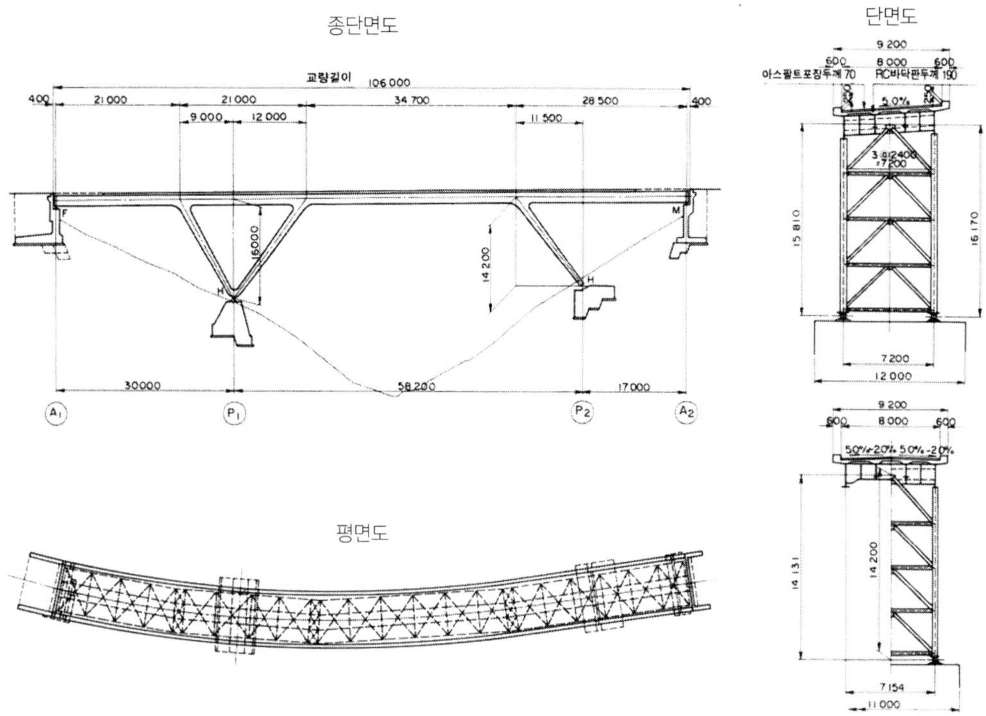

그림 11.1.16 하야치미네댐3호교 (V-형 교각 + 경사교각 라멘교)

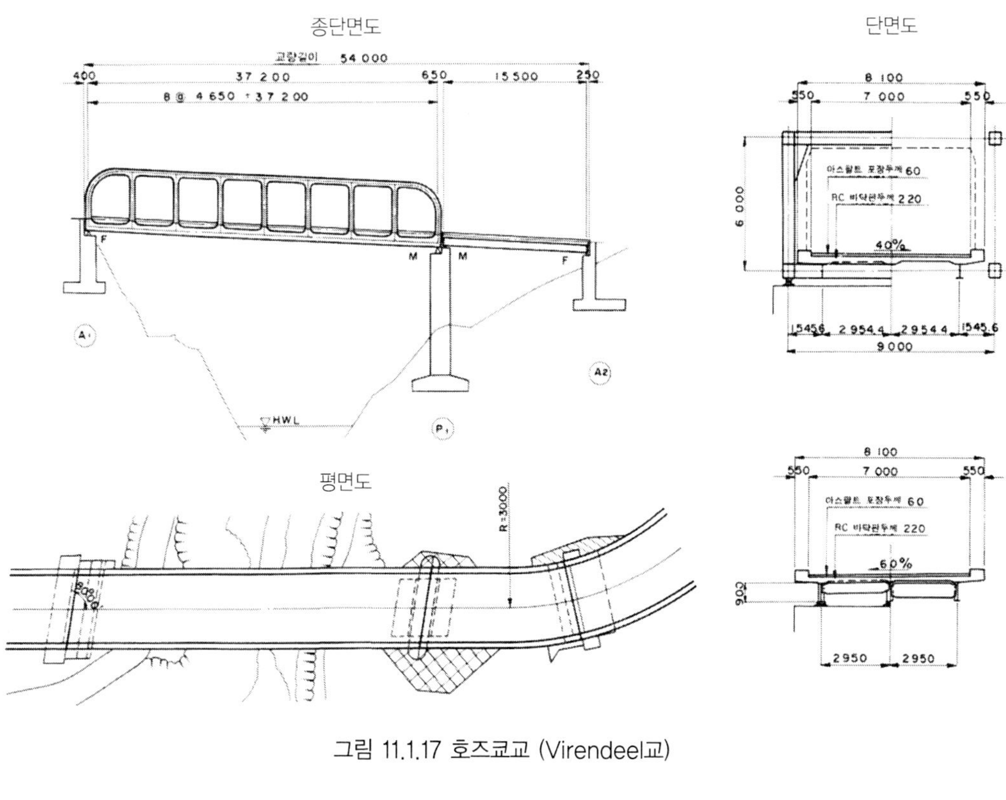

그림 11.1.17 호즈쿄교 (Virendeel교)

11.2 강제라멘 교각

11.2.1 일반사항

일반적인 교량의 교각은 교각설치 입지조건, 기능성, 경제성, 보수성 및 환경성을 고려하여 결정하며 경제성과 유지관리성 등에서는 강제교각보다 철근콘크리트 구조로 하는 교각을 사용하는 것이 좋다.

육상교통의 발달에 따라 도시내 육교 및 고속도로교 등의 교각설치 위치에서 하부도로 교통처리에 따른 교각의 규모 및 기둥의 위치에 따라 제약을 받는 경우에 라멘교각을 채용하는 경우가 많다.

이 때에 라멘교각의 경간 길이가 긴 경우에는 철근콘크리트 교각보다 강제구조를 많이 채용하고 있다. 이와 같은 교각을 설계하는 데는 상부구조의 하중을 안전하고 경제적으로 기초에 전달하는 형식으로 하고 가설지점의 상황에 가장 적합해야 한다. 또한 상부구조 형식이 교각의 변위가 상부구조에 직접 영향을 미치는 경우에는 지지조건을 충분히 만족하는지 주의하지 않으면 안된다.

강제라멘교각의 일반구조 명칭을 그림 11.2.1에 나타냈으며 그림에서 강제교각을 기초구조(철근 콘크리트 푸팅 등)의 가운데에 Anchor Frame을 매립하고 그 위에 강제교각 본체를 놓고 Anchor Bolt로 완성한 예를 보여준 것이다.

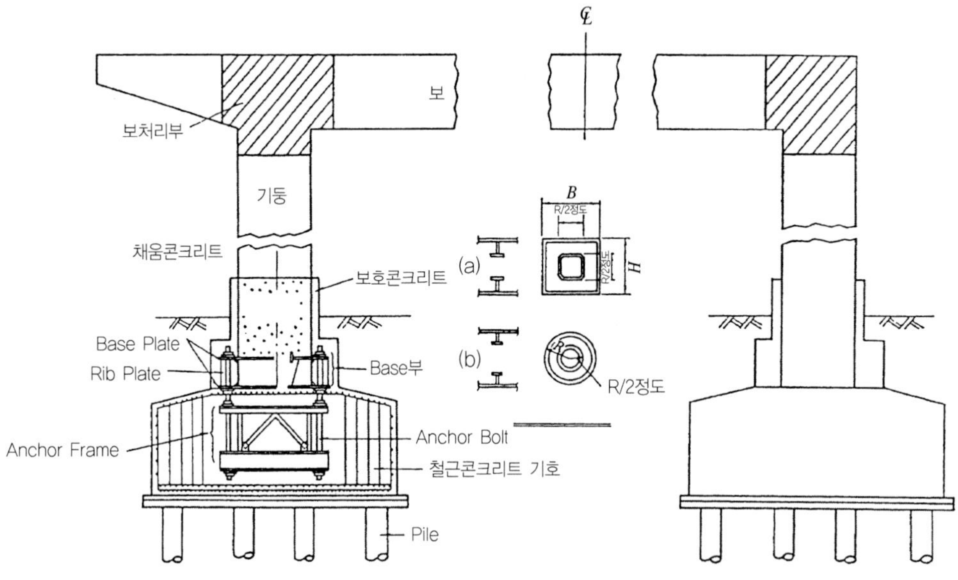

그림 11.2.1 강제교각의 일반구조 명칭

11.2.2 교각형식 및 단면형상

교각의 형식은 설치위치의 입지조건, 고가도로가 놓이는 위치 및 역학조건에 따라 단주형식, 라멘형식 및 벽식형식으로 구분된다. 또한 각각의 단면형상은 원형, 사각형, 트랙(Track)형 등을 고려하고 이에 대하여 설계조건에 적합한 형식을 채용한다. 따라서 지지하는 상부구조의 폭원이 20m 정도의 교각에서는 단주형식을 표준으로 하고 그 이상의 설계하중이 작용하는 경우와 기둥의 설치위치가 교통처리, 지하매설물, 기타 지장물에 의해 제약을 받는 경우에는 라멘형식의 교각을 채용한다.

또한 교각기둥의 단면형상을 원형으로 할 것인가 사각형, 트랙형으로 적용할 것인가의 판단은 여러 가지 요인에 의해 좌우되므로 이는 아주 복잡한 문제이다.

교각기둥의 단면을 원형으로 하는 경우, 역학적인 이점으로는 국부좌굴강도 및 비틀림 저항이 크고, 하중작용에 있어 방향성이 없어서 좋다. 그리고 하천제외측 내의 유수중에 설치하는 경우는 물흐름을 원활하게 하고 기초의 세굴이 적게하는 점이 있고 육상부에서는 미관성, 지형적인 제약 때문에 원형을 사용하는 경우가 많다.

한편, 사각기둥의 경우는 원형과 비교하여 외곽치수가 동일한 경우에는 강성이 비교적 크다. 또한 하중이 작용하는 방향에 따라 단면치수, 부재두께를 적절히 조정이 가능한 이점이 있다.

사각기둥의 경우는 제작상에 원형에 비교하여 결함이 발생하는 경우가 많고 보강재 부착에 의한 제작품이 많이 들어가는 단점이 있다.

11.2.3 단면계획

(1) 단면변화수

강제교각은 휨모멘트의 변화가 심하여 단면변화가 많아지기 쉽지만 단면변화를 많이하여도 경제성 측면에서는 제작품 및 재료비가 많이 들어가 그다지 바람직하지 않은 것으로 여겨지기 때문에 극단적으로 단면을 많이 변화시키는 것을 피하는 것이 좋다.

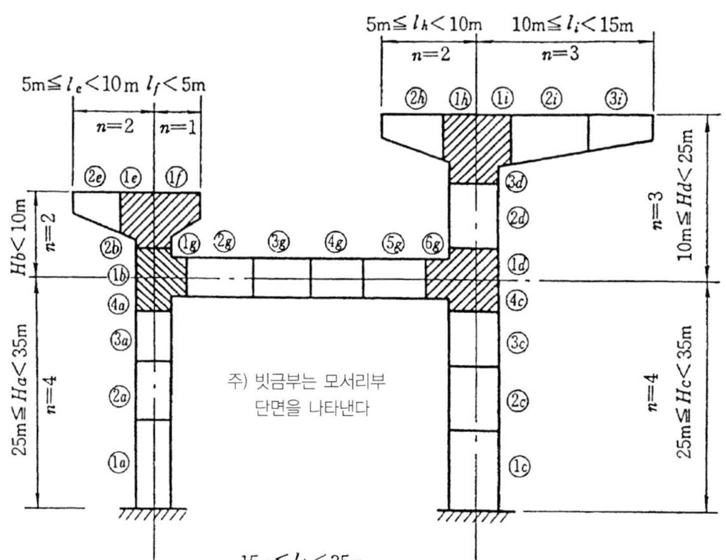

〈참고〉
일본: 阪神 고속도로공단 표준적 단면변화수를 채용한 예임.

그림 11.2.2 강제교각의 단면수의 예

⊙ 표 11.2.1 강제교각의 단면수(예)

(a) 라멘의 보

지간(m)	단면수
ℓ < 15	3~4
15≦ℓ <35	5~6
35≦ℓ <55	7~8

(b) cantilever 보

cantilever 길이(m)	단면수
ℓ < 5	1
5≦ℓ <10	2
10≦ℓ <15	3

(c) 기둥

기둥높이(m)	단면수
H < 10	2
10≦H<25	3
25≦H<35	4

그림 11.2.2와 표 11.2.1에 표시한 단면변화수는 최대 단면변화수를 나타낸 것으로 보의 전체 길이, 기둥인 경우에는 각 기둥의 층별마다의 수로서 우각부 단면은 이들의 수속에 포함하는 것으로 한다.

(2) 단면변화

단면변화를 시킬 때는 인접 단면의 판두께 차이는 최대 12mm를 기준으로 한다. 다만 모서리부 및 기둥 하단면으로부터 일반단면으로 변화하는 경우 등 부득이한 경우에는 20mm까지 허용해도 좋다.

부재의 판두께 변화는 그림 11.2.3에서 표기한 방향으로 하는 것이 교량계획시 계획고를 설정하는 것과 다리밑 공간 확보하는데 바람직하므로 이를 따르는 것이 좋다.

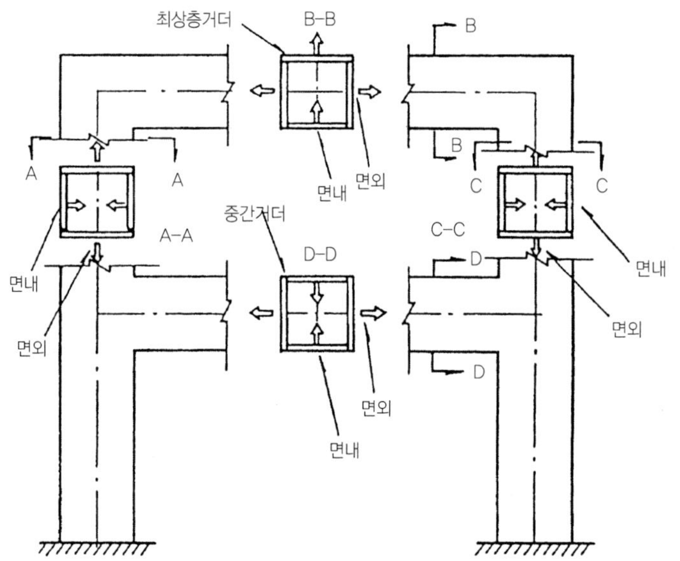

그림 11.2.3 부재의 판두께 변화방향

11.2.4 모서리부 설계

(1) 모서리부의 범위

모서리부 단면으로부터 일반부 단면으로 이동하는 위치는 그림 11.2.4에서 표시한 것과 같이 박스형 단면의 경우 모서리로부터 거더 복수판 간격의 1/2이상, 원형단면의 경우 외측지름의 1/2이상 떨어진 점을 표준으로 한다.

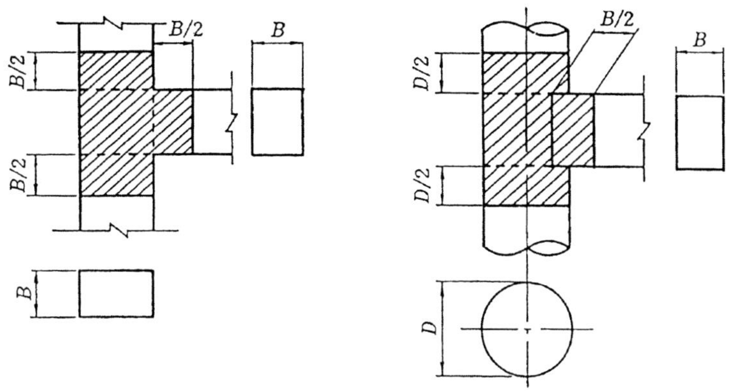

(a) 박스형 단면　　(b) 원형단면

그림 11.2.4 모서리부의 범위

(2) 원형단면 기둥의 최소판두께

기둥부재로 원형단면을 사용하는 경우 기둥의 외측반지름은 1000mm이상으로 하여야 하며 단면의 최소강판두께는 표 11.2.2의 값 이상으로 사용하여야 한다.

⊙ 11.2.2 원형 단면 기둥의 최소두께/반지름비(t/R)

구분 \ 강종	SS 400 SM 400 SMA 400	SM 490	SM 490Y SM 520 SMA 490	SM 570 SMA 570
일반부	1/110	1/80	1/70	1/60
모서리부	1/40	1/40	1/40	1/40

(t : 관두께, R : 반지름)

(3) 맨홀(manhole)

맨홀은 교각 내부에 우수가 침투되지 않은 구조로 하며 교각의 강도 및 외관상 지장이 없는 위치에 설치한다.

맨홀의 최근 규격은 400mm×600mm이상으로 한다.

또한 맨홀을 rend에 설치하는 경우는 지상으로부터 20m 이상인 위치에, 거더의 경우는 거더의 선단 또는 상부 Flange의 단면에 여유가 있는 위치에 설치한다.

11.2.5 다이아프램

(1) 중간 다이아프램과 맨홀

1) 상부구조 받침이 설치되는 거더의 받침부는 고정하중, 활하중 등의 연직하중 및 지정하중, 풍하중 등의 수평하중이 집중되는 곳으로서 충분한 강성을 갖는 다이아프램을 설치하여야 한다.
2) 받침부 이외의 일반부에서의 중간 다이아프램의 간격은 5.0m 이내로 하는 것이 좋으며 또한 원형 단면기둥의 경우에는 외부지름의 3배 이내로 중간 다이아프램을 설치하는 것으로 한다.
3) 거더에 설치하는 중간 다이아프램 내 맨홀형상은 모서리부와 같은 형상으로 하며 그 크기는 지점부 이외에서 모서리부가 없는 경우 거더 높이의 1/2정도로 한다.
중간 다이아프램의 맨홀의 규격은 다음 그림 11.2.5를 참고하여 계획하면 된다.

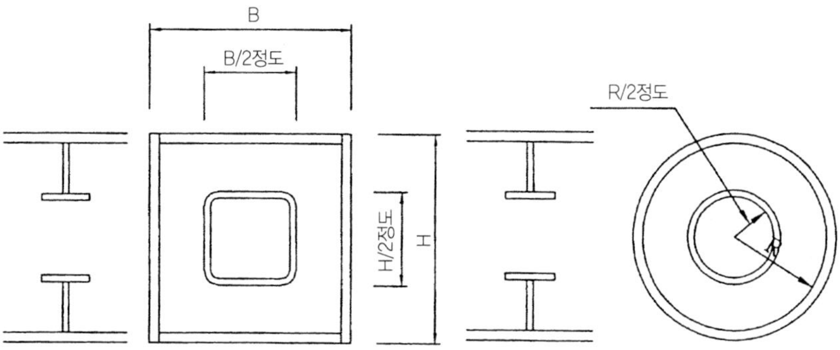

(a) 박스형 단면의 중간 다이아프램 (b) 원형 단면의 중간 다이아프램

그림 11.2.5 중간 다이아프램 및 맨홀규격

(2) 모서리부 다이아프램고 맨홀

1) 박스형 단면의 기둥의 경우

① 모서리부의 다이아프램은 모서리부의 Flange와 동일한 재질 및 판두께를 사용한다.
② 다이아프램에 맨홀을 설치하는 경우 단면의 중앙부근에 설치해야 하며 단면손실분은 그림 11.2.6과 같이 보강재로 보강하여야 한다. 단, 원형단면의 경우 개구부에 설치된 보강플랜지를 포함하지

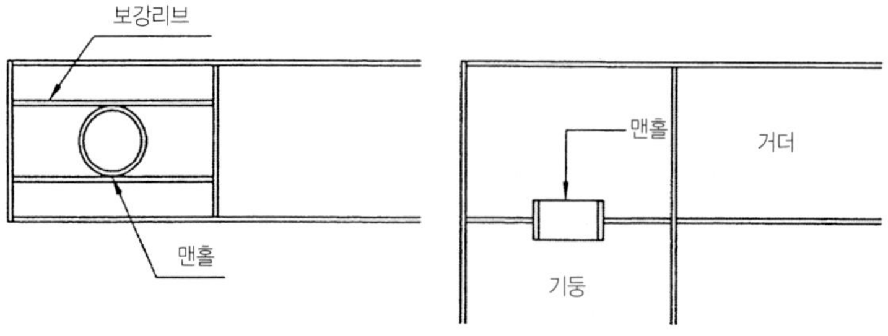

그림 11.2.6 박스형 단면 기둥으 모서리부 다이아프램

않는다.

2) 원형 단면 기둥의 경우

원형 단면 기둥 모서리부의 다이아프램 구조는 그림 11.2.7을 표준으로 한다.

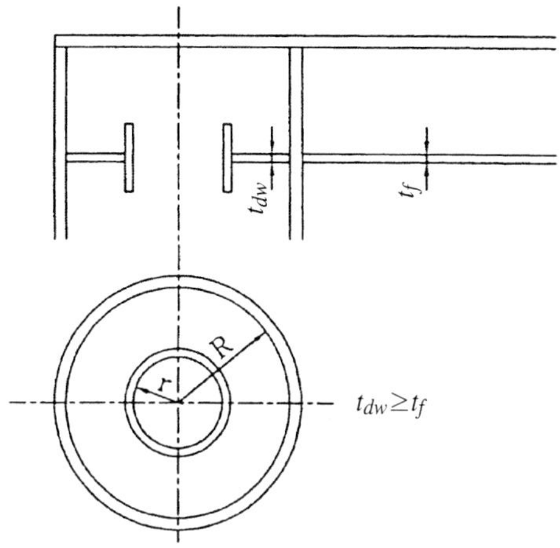

그림 11.2.7 원형 단면 기둥의 모서리부 다이아프램

① 다이아프램의 맨홀 지름은 다이아프램의 강도를 고려하고 원형단면 기둥 내부의 시공 및 점검을 위한 최소의 크기로 정해져야 하며, 다이아프램의 내측(맨홀측)에는 다이아프램의 국부좌굴 방지를 위한 플랜지를 설치한다.

② 다이아프램의 최소 판두께 t_{dw}는 상자형보 하부플랜지 판두께 t_f 이상으로 하며, 재질은 거더 플랜지의 재질과 동일한 것으로 하며, 다이아프램의 두께는 다음의 간략식으로 구할 수 있다.

$$t_{dw} = t_f \bullet \left[1.8 \cdot \left(\frac{R-r}{R} - 1 \right)^4 + 1 \right] \quad \text{단,} \ \frac{R-r}{R} \geqq 0.25$$

③ 원형 단면 기둥 모서리부의 다이아프램 규격은 응력검토 결과에 따라 정하는 것을 원칙으로 하며 상기의 다이아프램 두께에 관한 간략식에 의해 결정된 경우 및 다음의 경우에는 다이아프램의 응력계산을 생략할 수 있다.

a) $R \leq 1{,}500$mm

b) $tf \leq 25$mm

c) $r \leq R/2$

d) $t_{dw} \geq t_f$ 또는 $t_{dw} \geq b_{dw}/17$

e) $t_{df} \cdot b_d \geq 250 t_f$

여기서, (그림 11.2.8 참조)

R : 원형 단면 기둥의 반경(mm)

r : 맨홀의 반경(mm)

t_f : 거더의 플랜지 두께(mm)

t_{dw} : 다이아프램의 복부판 두께(mm)

t_{df} : 다이아프램의 플랜지 두께(mm)

b_d : 다이아프램의 플랜지 폭(mm)

b_{dw} : 다이아프램의 복부판 높이(mm)

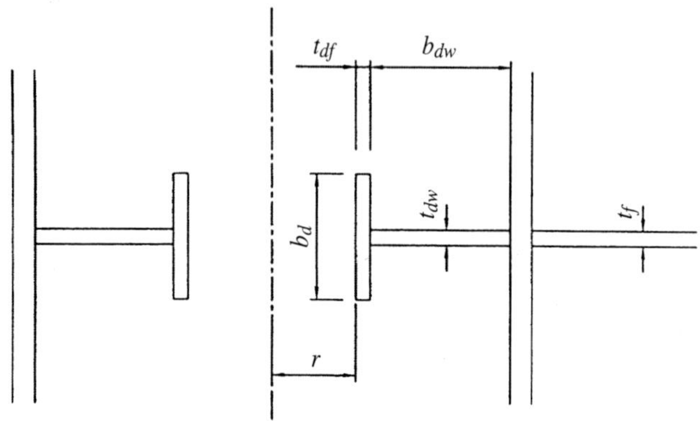

그림 11.2.8 원형 단면 기둥의 다이아프램

11.2.6 세로(종)리브

(1) 박스형 단면의 Flange 및 web에는 좌굴 방지를 위해서 세로(종)리브를 설치하고 응력검토는 도로교설계기준 3.3.2와 3.4.2에 따라 한다.

(2) 기둥단면에 사용하는 세로리브의 재질은 플랜지 또는 web와 같은 것을 사용한다.

(3) 박스형 단면의 폭 또는 높이가 1500mm이하인 경우, 세로리브는 단면산정시 고려하지 않아도 된다. 또한 이 경우 종리브는 연결하지 않아도 된다.

다만, 이음부에 있어서는 판의 국부좌굴에 대해 특별히 주의를 해야 한다. 다만, 단면계산시 세로리브를 고려하는 경우는 이음부에서 세로리브를 연속구조로 하여야 한다.

세로리브 이음부에서의 판국부좌굴에 대한 보강"예"를 그림 11.2.9에 나타내었다.

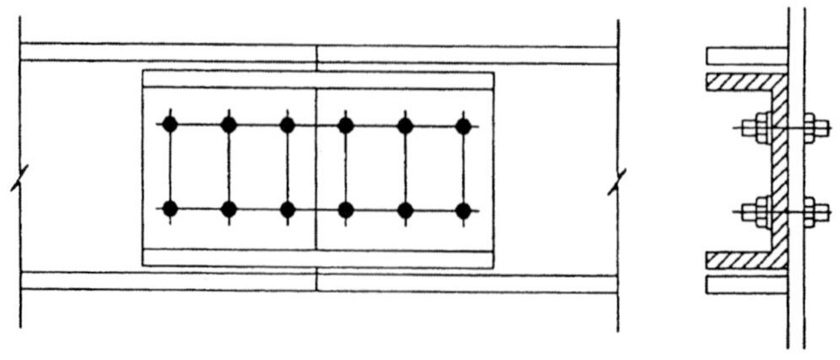

그림 11.2.9 종리브 이음부의 보강 (예)

11.2.7 강제기둥 기초부의 설계

강제기둥 기초부는 Base부, Anchor Frame부로 구성되며, 이를 철근콘크리트 기초에 매립한 구조로 Base plate 하면의 콘크리트는 외력에 의한 압축력에 저항하고 인장력에 대해서는 Anchor Bolt 및 Anchor Frame 으로 저항하는 것으로 하고 Anchor Frame은 Base plate로부터 작용하는 힘을 확실하게 기초콘크리트에 전달할 수 있는 구조로 설계해야 한다.

(1) Base부

Base부의 구조 및 재원은 그림 11.2.10 및 그림 11.2.11에 나타낸 것을 표준으로 한다.

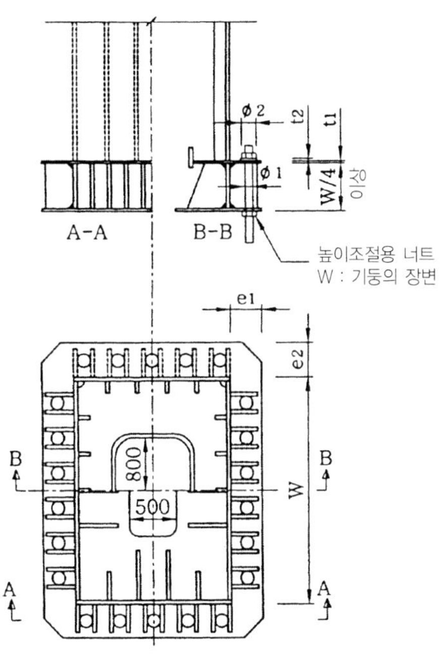

그림 11.2.10 박스형 단면 기둥의 베이스부

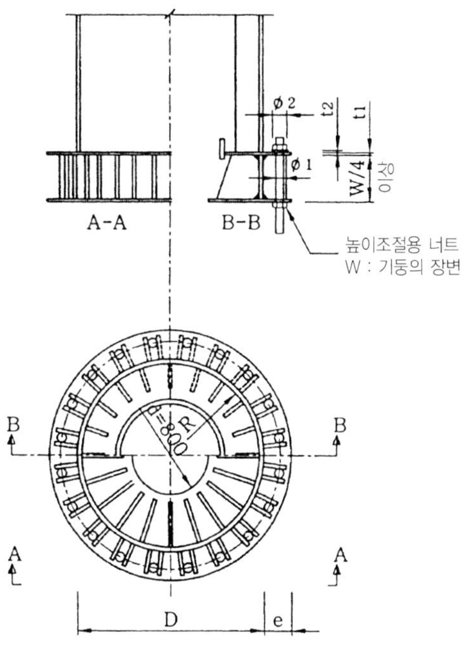

그림 11.2.11 원형 단면 기둥의 베이스부

여기서,

t_1 : 베이스 플레이트의 두께, ≧ 25mm

t_2 : 와셔의 두께, 22mm를 표준으로 한다.

ϕ_1 : 앵커볼트의 직경, ≧ 50mm

ϕ_2 : 와셔의 직경, $2\phi_1$ 정도로 한다.

e, e_1, e_2 : 기둥의 외측 연단과 앵커볼트 중심까지의 거리, ≧ 200mm

(2) Anchor Frame

1) Base부와 Anchor Frame 사이에는 Base부 설치시 높이 및 수평조정이 가능하도록 적절한 높이 조정용 장치를 설치해야 한다.

2) Anchor Frame의 구조는 그림 11.2.12를 표준으로 한다.

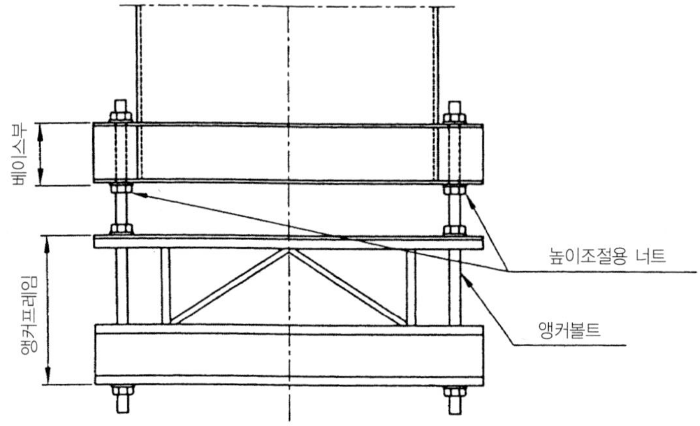

그림 11.2.12 Anchor Frame 의 구조

11.2.8 교량 받침부

(1) 교량 받침부에서 교각 멍에보 단부까지의 거리

교량 받침부에서 교각 멍에보 단부까지의 거리는 받침설치, 유지관리, 보수 등을 위하여 받침부 받침판에서부터 교량받침부에서부터 300mm이상 확보한다.

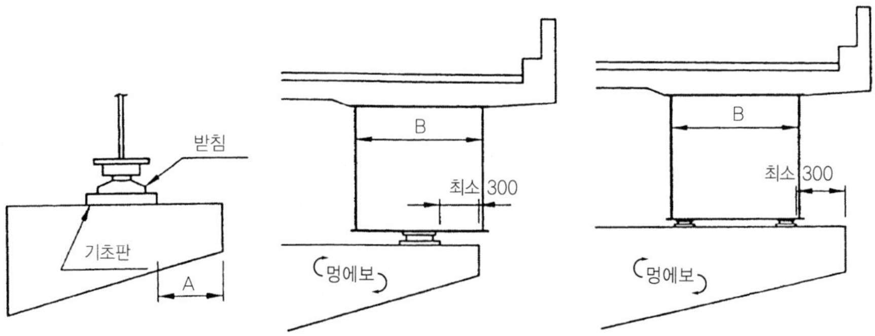

A≧300mm (a) 받침 1개의 경우 (b) 받침 2개인 경우

그림 11.2.13 교량받침부에서 교각멍에보 단부까지 최소거리

(2) 교량받침판 설치

1) 강제교각 상에 설치하는 교량받침은 용접에 의해 연결하는 것을 원칙으로 한다.

2) 강제교각의 교량 받침 위치에서는 30mm 이상의 받침판을 설치해야 한다.

3) 교량받침의 용접은 거더의 상부플랜지와 교량받침 사이의 높이(H)에 따라 다음과 같이 적용한다.

① H<130mm인 경우, 판 받침 사용

② H>130mm인 경우, 박스형 받침 사용

다만, 용접 목두께가 12mm를 초과하는 등 부득이한 경우에는 볼트로 연결한다.

4) 상향력이 작용하는 교량 받침부의 용접은 안전성이 확보되도록 충분히 검토하여야 한다.

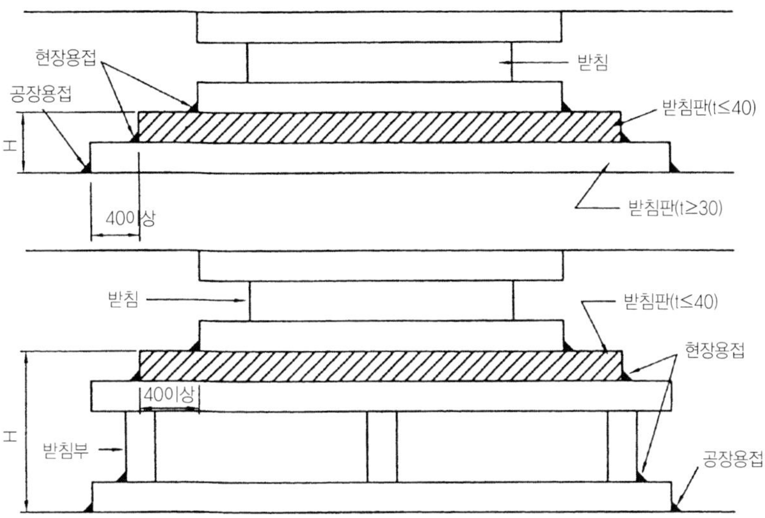

그림 11.2.14 교량 받침판의 설치

참고문헌

1. 한국도로교통협회(2005) : 도로교 설계기준, 건설교통부 제정
2. 대한토목학회(2008) : 도로교 설계기준 · 해설, 교량설계핵심기술단
3. 건설교통부(2006) : 강도로교 상세부 설계지침
4. 국토해양부(2008) : 도로설계편람 제 5편 교량
5. 한국도로공사(2001) : 도로설계요령, 제 3권 교량
6. 한국도로공사(2009) : 도로설계요령 제 3권 교량
7. 한국강구조학회( ) : 강구조편람 4권 강도로교의 설계
8. (사)일본도로협회(평성14년) : 도로교 시방서 · 동해설 Ⅱ 강교편
9. 일본토목학회 : 강 · 콘크리트 합성구조의 설계 가이드 라인
10. 小西一郎編 : 강교(鋼橋) 설계 I 편 환선주식회사
11. 小西一郎編 : 강교(鋼橋) 설계 Ⅱ 편 환선주식회사
12. 일본한신고속도로공단(평성6년) : 설계기준(구조물 설계기준 교량편) (2000)
13. 中井博 · 北田俊行 : 강교설계의 기초 共立出版株式會社(1992)
14. 일본건설산업조사 편 : 최신 교량 설계, 시공 핸드북
15. 일본교량건설협회 편 : 강교의 계획과 설계 · 시공, 과학기술
16. 일본도로협회 편 : 강도로교 설계편람 (1980) 丸善
17. C.P.HEINS, DA, FiRMAGE : Design of Modern Steel Highway Bridge A Wiley-Interscience Publication.
18. 이종득역 : 새로운 합성구조와 교량, 도서출판 일광
19. 園田惠一郎 : 강 · 콘크리트 복합구조 이론과 설계(응용설계편) 일본토목학회
20. Ms Troitsky D. Sc : Orthotropic Bridge
21. 島田靜雄 : 아치교의 기본 교량과 기초, 1991.8, p48~52, 건설도서
22. 杉崎守 : 강아치교의 특징(Caracteristics of Steel Arch Bridge)
교량과 기초, 1991.8, p58~64, 건설도서
23. 大森邦雄 : 강아치교의 설계상의 유의점, 교량과 기초, 1991.8, p102~107, 건설도서
24. 瀧澤文雄 : 강아치교의 구조세목, 교량과 기초, 1991.8, p108~111, 건설도서
25. 石橋和美 : 강트러스교의 설계상의 유의점, 교량과 기초, 1993.8, p36~39, 건설도서
26. 中井, 北田 : 강교설계의 기초, 共立出版(1992)
27. 渡邊保之 : 강트러스교의 격점구조, 교량과 기초, 1993.8, p40~44, 건설도서
28. 장동일 감수 : 강구조의 보강설계, 건설도서
29. 일본토목학회 : 강구조물 설계지침 Part B 합성구조물 1997.
30. 中井博編 : precast 상판의 설계 · 시공, 森北出版, 1988
31. 일본도로공단 : 설계요령 제 2집, 1998
32. 일본교량건설협회 : 철근콘크리트계 precast 상판설계 · 시공의 입문(안), 1994
33. 일본교량건설협회 : 프리스트레스트계 precast 상판설계 · 시공의 입문(안), 1994
34. 한국도로공사 : 소수 주거더교 설계지침(2004)
35. 한국도로공사 : 소수 주거더교 설계합리화 방안

36. 대한토목학회 : 2주형 강교량 바닥판 설계기준 및 지침작성 연구
37. 한국철강협회 스틸컨스트럭션 센터 : 소수주형(2주형 곡선)강교량 설계요령집, 2003
38. 포항산업과학원 : 설계, 제작, 사례 소수 주거더교, 구미서관, 2009
39. 河井章好外 2人 : 강제 라멘교각의 설계와 해설, 理工圖書, 소화 54년
40. 오제택 : 교량계획과 설계(2003) 반석기술
41. wai-Fah Chen, Liau Duan : Bridge Engineering Handbook, CRC press
42. M.J.Ryall, GAR. Rart, and J.E.Harding : Manual of Bridge Engineering, The Institution of Civil Engineers.
43. 교량공학 Hand Book 편집위원회 : 橋梁工學 Hand Book, 지보당출판(일)
44. 角昌隆와/인 : 파형강판 web PC 상형교, 교량과 기초 Vol.36, No8

토목구조기술사 **오제택**

- 1978年 전남대학교 토목과 졸업
- 1988年 (주)우대기술단
- 1990年 (주)삼안건설기술공사
- 1995年 동신기술개발주식회사
- 전 (주)우대기술단
- 현 (주)혜인E&C

- 2001年 대통령 표창 수상 (토목의 날)
- 2002年 광주광역시 시장표창 수상
- 2003年 수원시장 표창
- 2004年 대통령 표창 수상 (건설의 날)
- 2004年 수원시장 표창
- 2004年 (사)대한토목학회 저술상 수상 (교량 계획과 설계)

주요저서

- PC교의 캔틸레버가설공법(역서) 1995年
- 프리스트레스트콘크리트공법 설계시공지침(역서) 1995年
- 교량계획과 설계 2003年
- 강재를 이용한 교량 2005年
- 우리의 옛다리

새로운 구성

교량계획과 설계 NO. 1

저자 오제택
인쇄일 2010. 06. 05
발행일 **초판 1쇄** 2010년 06월 15일
초판 2쇄 2010년 11월 10일
초판 3쇄 2023년 03월 31일
발행처 도서출판 반석기술
발행인 황희재
등록번호 제2017-000084호
등록연월일 2002년 12년 10일
주소 서울특별시 영등포구 신풍로77 118-505
전화번호 (02) 831-1224
팩스번호 (02) 831-1226

ISBN 978-89-92312-41-7
978-89-92312-40-0 (세트)

※ 가격은 뒤표지에 있습니다.